中文版

AutoCAD 2018 建筑设计完全自学一本通

黄晓瑜 田婧 编著

電子工業出版社
Publishing House of Electronics Industry

内 容 简 介

本书以目前最新版本的 AutoCAD 2018 为平台，从实际操作和应用的角度出发，全面讲述 AutoCAD 2018 的基本功能及其在建筑工程行业中的实战应用。

全书共 21 章，从建筑设计与 AutoCAD 建筑制图基础、AutoCAD 2018 的基础操作、建筑图纸设计流程等进行了详细、全面的讲解，使读者通过学习本书，彻底掌握 AutoCAD 2018 在建筑工程设计领域的应用方法。

本书从软件的基本应用及行业知识入手，以 AutoCAD 2018 软件和建筑工程制图的应用流程为主线，以实例为引导，按照由浅入深、循序渐进的方式讲解软件的新特性和软件的操作方法，使读者能快速掌握建筑设计和软件制图的技巧。

本书定位于初学者，旨在为建筑设计、建筑结构设计、室内设计等初学者打下良好的工程设计基础，同时让读者学习到相关专业的基础知识。本书可作为大中专院校和相关培训学校的教材。

图书在版编目（CIP）数据

AutoCAD 2018 中文版建筑设计完全自学一本通 / 黄晓瑜，田婧编著 . -- 北京：电子工业出版社，2018.5

ISBN 978-7-121-33881-6

Ⅰ. ① A… Ⅱ. ①黄… ②田… Ⅲ. ①建筑设计－计算机辅助设计－ AutoCAD 软件 Ⅳ. ① TU201.4

中国版本图书馆 CIP 数据核字（2018）第 053013 号

责任编辑：姜　伟
特约编辑：刘红涛
印　　刷：涿州市京南印刷厂
装　　订：涿州市京南印刷厂
出版发行：电子工业出版社
　　　　　北京市海淀区万寿路 173 信箱　　邮编：100036
开　　本：787×1092　1/16　印张：34　字数：979.2 千字
版　　次：2018 年 5 月第 1 版
印　　次：2020 年 10 月第 6 次印刷
定　　价：89.80 元（含光盘 1 张）

凡所购买电子工业出版社图书有缺损问题，请向购买书店调换。若书店售缺，请与本社发行部联系，联系及邮购电话：（010）88254888，88258888。

质量投诉请发邮件至 zlts@phei.com.cn，盗版侵权举报请发邮件至 dbqq@phei.com.cn。

本书咨询联系方式：（010）88254161 ～ 88254167 转 1897。

AutoCAD是Autodesk公司开发的通用计算机辅助绘图和设计软件。被广泛应用于建筑、机械、电子、航天、造船、石油化工、土木工程、冶金、气象、纺织、轻工等领域。在中国，AutoCAD已成为工程设计领域应用最为广泛的计算机辅助设计软件之一。AutoCAD 2018是适应当今科学技术快速发展和用户需要而开发的面向21世纪的CAD软件包。它延续了Autodesk公司一贯为广大用户考虑的方便性和高效率，为多用户合作提供了便捷的工具、规范和标准，以及方便的管理功能，因此用户可以与设计组密切而高效地共享信息。

本书内容

本书以目前最新版本AutoCAD 2018为平台，从实际操作和应用的角度出发，全面讲述了AutoCAD 2018的基本功能及其在建筑工程行业中的实战应用。

全书共21章，从建筑设计与AutoCAD建筑制图基础、AutoCAD 2018的基础操作、建筑图纸设计流程等都进行了详细、全面的讲解，使读者通过学习本书，彻底掌握AutoCAD 2018软件在建筑工程设计领域的实际应用方法。

- 第1章：主要介绍建筑工程制图和AutoCAD制图的基础知识。
- 第2~5章：主要介绍的是AutoCAD 2018软件的入门与基础操作知识，其内容包括AutoCAD 2018的软件介绍、基本界面认识、绘图环境设置、AutoCAD图形与文件的基本操作等。
- 第6~12章：主要介绍建筑图形中各部分组成要素的绘制方法与详细操作步骤，包括图形绘制、尺寸标注与注释、建筑图块与图层等。
- 第13~21章：主要介绍了建筑工程制图的所有图纸制图方法、图形表达形式、建筑零件三维建模技巧及打印出图等知识。

本书特色

本书从软件的基本应用及行业知识入手，以AutoCAD 2018软件模块和建筑工程制图的应用流程为主线，以实例为引导，按照由浅入深、循序渐进的方式，讲解软件的新特性和软件的操作方法，使读者能快速掌握建筑设计和软件制图的技巧。

对于AutoCAD 2018软件在建筑制图中的拓展应用，本书内容讲解得非常详细。

本书的最大特色在于：

- 功能指令全。
- 穿插海量且典型的实例。
- 结合书中内容介绍和大量的教学视频，使读者更好地融入。
- 随时光盘中赠送大量有价值的学习资料及练习素材，能使读者充分利用软件功能进行相关设计。

本书定位于初学者，旨在为建筑设计、建筑结构设计、室内设计等初学者打下良好的工程设计基础，同时让读者学习到相关专业的基础知识。本书可作为大中专院校和相关培训学校的教材。

作者信息

本书由桂林电子科技大学信息科技学院的黄晓瑜和田婧老师共同编著，参与本书编写的还有郭方文、魏玉伟、宋一兵、马震、罗来兴、张红霞、陈胜、官兴田、贾广浩、吕英波、赵甫华、张庆余、黄成。

感谢你选择了本书，希望我们的努力对你的工作和学习有所帮助，也希望你能把对本书的意见和建议告诉我们。

目录
CONTENTS

第 1 章

建筑设计与 AutoCAD 制图

本章内容

在国内，AutoCAD 软件在建筑设计中的应用最广泛，掌握好该软件，是每位建筑专业学子必须掌握的技能。为了读者能够顺利地学习和掌握这些知识和技能，在正式讲解之前有必要对建筑设计工作的特点、建筑设计的流程，以及 AutoCAD 在此过程中大致充当的角色有一个初步的了解。此外，无论是手工制图还是计算机制图，都要运用常用的建筑制图知识，遵照国家有关制图标准和规范来进行。因此，在正式讲解 AutoCAD 制图之前，有必要对这部分知识和要点做一个简要的回顾。

知识要点

- ☑ 建筑设计概述
- ☑ 建筑设计图的表达
- ☑ 建筑工程制图基本常识
- ☑ 建筑图样的画法
- ☑ CAD 制图的尺寸标注
- ☑ 建筑设计过程与设计阶段

1.1 建筑设计概述

建筑设计是指建筑物在建造之前，设计者按照建设任务，把施工过程和使用过程中所存在的或可能发生的问题，事先进行通盘的设想，拟定好解决这些问题的办法和方案，并用图纸和文件表达出来。

建筑设计一般总体来讲由三大阶段构成，即方案设计、初步设计和施工图设计。

方案设计主要是构思建筑的总体布局，包括各个功能空间的设计以及高度、层高、外观造型等内容。

初步设计是对方案设计的进一步细化，确定建筑的具体尺度和大小，包括建筑平面图、建筑剖面图和建筑立面图等。

施工图设计则是将建筑构思变成图纸的重要阶段，这也是建造建筑物的主要依据。除包括建筑平面图、建筑剖面图和建筑立面图等外，还包括各幅建筑大样图、建筑构造节点图以及其他专业设计图纸，如结构施工图、电气设备施工图、暖通空调设备施工图等。总体来说，建筑施工图越详细越好，并且要准确无误。

1.1.1 建筑设计参考标准

在建筑设计中，须按照国家规范及标准进行设计，确保建筑的安全、经济和适用等，须遵守的国家建筑设计规范，主要包括：

- 《房屋建筑制图统一标准》 GB/T50001—2017
- 《建筑制图标准》 GB/T50104—2010
- 《建筑内部装修设计防火规范》 GB50222 — 2017
- 《建筑工程建筑面积计算规范》 GB/T50353—2016
- 《民用建筑设计通则》 GB50352—2016
- 《建筑设计防火规范》 GB50016-2014
- 《建筑采光设计标准》 GB/T50033—2013
- 《建筑设计防火规范》 GB50016 — 2014
- 《建筑照明设计标准》 GB50034 — 2013
- 《汽车库、修车库、停车场设计防火规范》 GB50067 — 2014
- 《自动喷水灭火系统设计规范》 GB50084—2017
- 《公共建筑节能设计标准》 GB50189-2013。
- 等等。

> **提示：**
> 建筑设计规范中 GB 的含义为国家标准，此外还有行业规范、地方标准等。

建筑设计是为人们工作、生活与休闲提供环境空间的综合艺术和科学。建筑设计与人们日常生活息息相关，从住宅到商场大楼，从写字楼到酒店，从教学楼到体育馆，无处不与建筑设计紧密联系，如图 1-1 和图 1-2 所示的是建设和使用中的国内外建筑物。

图 1-1　高层办公大楼

图 1-2　国外某建筑局部

1.1.2　建筑设计特点

建筑设计是根据建筑物的使用性质、所处环境和相应标准，运用物质技术手段和建筑美学原理，创造功能合理、舒适优美、满足人们物质和精神生活需要的室内外空间环境设计。设计构思时，需要运用物质技术手段，即各类装饰材料和设施设备等，还需要遵循建筑美学原理，综合考虑使用功能、结构施工、材料设备、造价标准等多种因素。

如从设计者的角度来分析，建筑设计的方法主要有以下几点。

1. 总体与细部深入推敲

总体推敲，即建筑设计应考虑的几个基本观点，有一个设计的全局观念。细处着手指具体进行设计时，必须根据建筑的使用性质，深入调查、收集信息，掌握必要的资料和数据，从最基本的人体尺度、人流动线、活动范围和特点、家具与设备等的尺寸和使用它们必需的空间等着手。

2. 里外、局部与整体协调统一

建筑室内外空间环境需要与建筑整体的性质、标准、风格，以及与室外环境相协调统一，它们之间有着相互依存的密切关系，设计时需要从里到外，从外到里多次反复推敲，使其更趋于完美、合理。

3. 立意与表达

设计的构思和立意至关重要。可以说，一项设计没有立意就等于没有“灵魂”，设计的难度也往往在于要有一个好的构思。一个较为成熟的构思，往往需要足够的信息量，有商讨和思考的时间，在设计前期和确定方案的过程中使立意和构思逐步明确，形成一个好的构思。

提示：

对于建筑设计来说，正确、完整，又有表现力地表达出建筑室内外空间环境设计的构思和意图，使建设者和评审人员能够通过图纸、模型、说明等，全面地了解设计意图，也是非常重要的。

1.1.3 建筑设计阶段

建筑设计根据设计的进程，通常可以分为4个阶段，即准备阶段、方案阶段、施工图阶段和实施阶段。

1. 准备阶段

设计准备阶段主要是接受委托任务书、签订合同，或者根据标书要求参加投标，明确设计任务和要求，如建筑设计任务的使用性质、功能特点、设计规模、等级标准、总造价，根据任务的使用性质所需创造的建筑室内外空间环境氛围、文化内涵或艺术风格等。

2. 方案阶段

方案设计阶段是在设计准备阶段的基础上，进一步收集、分析、运用与设计任务有关的资料与信息。构思立意，进行初步方案设计。深入设计，进行方案的分析与比较。确定初步设计方案，提供设计文件，如平面图、立面图、透视效果图等，如图1-3所示为某个体育场项目建筑设计方案的效果图。

图1-3 某体育场建筑设计方案

3. 施工图阶段

施工图设计阶段是提供有关平面、立面、构造节点大样，以及设备管线图等施工图纸，满足施工的需要，如图1-4所示为某个项目建筑平面施工图。

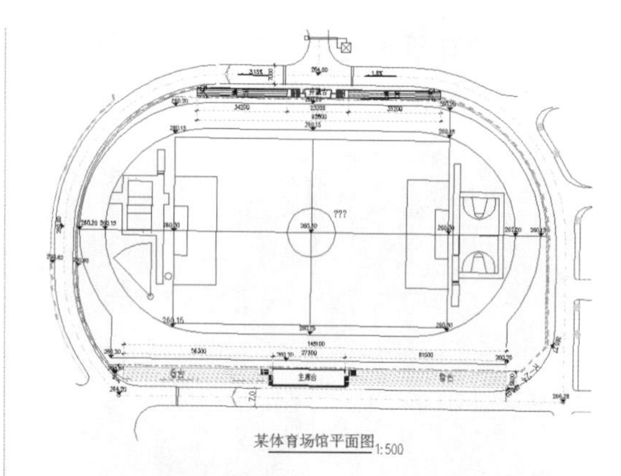

图1-4 建筑平面施工图（局部）

4. 实施阶段

设计实施阶段也就是工程的施工阶段。建筑工程在施工前，设计人员应向施工单位进行设计意图说明及图纸的技术交底；工程施工期间须按图纸要求核对施工实况，有时还需要根据现场实况提出对图纸的局部修改或补充。施工结束时，会同质检部门和建设单位进行工程验收，如图1-5所示为正在施工中的建筑。

图1-5 施工中的建筑

提示：

为了使设计取得预期效果，建筑设计人员必须抓好设计各阶段的环节，充分重视设计、施工、材料、设备等各个方面，协调好与建设单位和施工单位之间的相互关系，在设计意图和构思方面取得沟通与共识，以期取得理想的设计工程成果。

1.1.4　建筑分类及其房屋组成

建筑是技术与艺术的结合，建筑的三要素为实用、经济和美观。

1. 建筑的分类

建筑的分类如下：

- 按功能分：工业建筑、民用建筑（居住、公共）。
- 按建筑材料分：木结构、砖石结构、钢结构、钢筋混凝土结构。
- 按建筑结构分：砖混结构、框架结构。
- 按层数分：低层建筑、多层建筑、高层建筑。

2. 建筑房屋的结构与组成

房屋建筑根据使用功能和使用对象的不同分为很多种，一般可归纳为民用建筑和工业建筑两大类，但其基本的组成元素是相似的。

如图 1-6 所示为某建筑房屋的剖开结构图，从而可以清晰地观察房屋结构。

图 1-6　建筑房屋的基本结构

建筑房屋一般由以下结构组成：

- 基础：位于墙或柱的底部，起支撑建筑物的作用。
- 墙体：承受屋顶及楼层传来的荷载并传给基础，抵御风雨对室内的侵蚀，外墙起围护作用，内墙可分隔房间。
- 楼面：在垂直方向将房屋分隔成若干层，并且是水平承重结构的。
- 楼梯：房屋的垂直交通设施。
- 门窗：具有联系内外、通风采光的作用。
- 屋顶：房屋顶部的承重结构，同时起防水、隔热、保温等作用。
- 配件：包括阳台、雨蓬、台阶、勒脚、散水、雨水管、天沟等。

1.1.5　建筑设计施工图纸

一套工业与民用建筑的建筑施工图，通常包括的图纸有：总平面图、平面图、立面图、剖面图、详图与效果图等几大类。

1. 建筑总平面图

建筑总平面图反映了建筑物的平面形状、位置以及周围的环境，是施工定位的重要依据。总平面图的特点如下：

- 由于总平面图包括的范围大，因此绘制时用较小比例进行，一般为 1:2000、1:1000、1:500 等。
- 总平面图上的尺寸标注一律以米（m）为单位。
- 标高标注以米（m）为单位，一般注至小数点后两位，采用绝对标高（注意室内外标高符号的区别）。

总平面图的内容包括新建筑物的名称、层数、标高、定位坐标或尺寸、相邻有关的建筑物（已建、拟建、拆除）、附近的地形地貌、道路、绿化、管线、指北针或风玫瑰图、补充图例等，如图 1-7 所示。

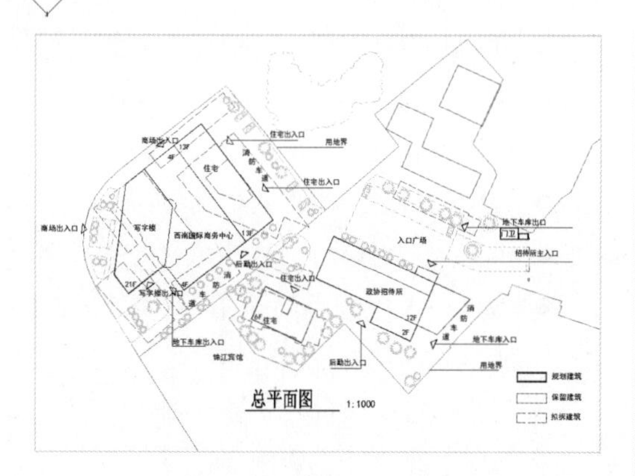

图 1-7 建筑总平面图

2. 建筑平面图

建筑平面图是按一定比例绘制的建筑水平剖切图。

可以这样理解，建筑平面图就是将建筑房屋的窗台以上部分进行剖切，将剖切面以下的部分投影到一个平面上，然后用直线和各种图例、符号等直观地表示建筑在设计和使用上的基本要求和特点。

建筑平面图一般比较详细，通常采用较大的比例，如 1:200、1:100 和 1:50，并标出实际的详细尺寸，如图 1-8 所示为某建筑标准层平面图。

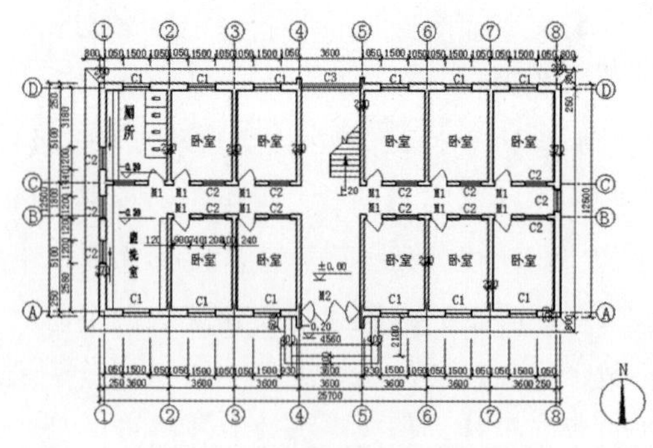

图 1-8 某建筑标准层平面图

3. 建筑立面图

建筑立面图主要用来表达建筑物各个立面的形状、尺寸及装饰等。它表示的是建筑物的外部形式，说明建筑物长、宽、高的尺寸，表现地面标高、屋顶的形式、阳台位置和形式、门窗洞口的位置和形式、外墙装饰的设计形式、材料及施工方法等，如图 1-9 所示为某图书馆建筑的立面图。

图 1-9 图书馆建筑立面图

4. 建筑剖面图

建筑剖面图是将某个建筑立面进行剖切，而得到的一个视图。建筑剖面图表达了建筑内部的空间高度、室内立面布置、结构和构造等情况。

在绘制剖面图时，剖切位置应选择在能反映建筑全貌、构造特征，以及有代表性的位置，如楼梯间、门窗洞口及构造较复杂的部位。

建筑剖面图可以绘制一幅或多幅，这要根据建筑物的复杂程度而定。

如图 1-10 所示为某楼房的建筑剖面图。

5. 建筑详图

由于总剖面图、平面图及剖面图等所反映的建筑范围大，难以表达建筑物的细部构造，因此需要绘制建筑详图。

制建筑详图主要用于表达建筑物的细部构造、节点连接形式以及构件、配件的形状大小、材料与做法，如楼梯详图、墙身详图、构件详图、门窗详图等。

详图要用较大比例绘制（如 1:20、1:5 等），尺寸标注要准确、齐全，文字说明要详细，如图 1-11 所示为墙身（局部）详图。

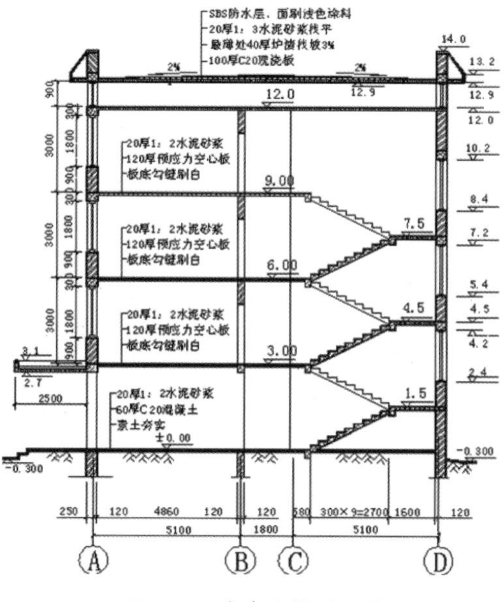

图 1-10　某建筑物剖面图

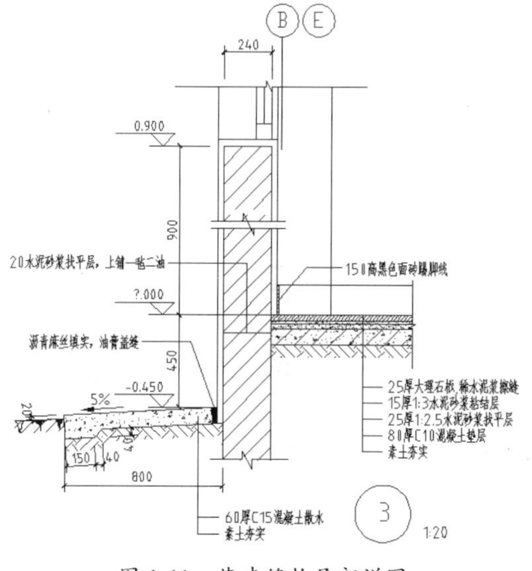

图 1-11　某建筑物局部详图

6. 建筑透视图

除上述图纸外，在实际建筑工程中还经常要绘制建筑透视图。由于建筑透视图表示建筑物内部空间或外部形体与实际所能看到的建筑本身相类似的主体图像，它具有强烈的三维空间透视感，非常直观地表现了建筑的造型、空间布置、色彩和外部环境等多方面内容。因此，常在建筑设计和销售时作为辅助图纸使用。

建筑透视图一般要严格地按比例绘制，并进行绘制上的艺术加工，这种图纸通常被称为“建筑表现图”或“建筑效果图”。一幅绘制精美的建筑表现图就是一件艺术作品，具有很强的艺术感染力，如图 1-12 所示为某楼盘的三维透视图。

图 1-12　某楼盘的三维透视图

1.2　建筑工程制图的基本常识

建筑设计图纸是交流设计思想、传达设计意图的技术文件。尽管各种 CAD 软件功能强大，但它们毕竟不是专门为建筑设计定制的软件，一方面需要在用户的正确操作下才能实现其绘图功能，另一方面需要遵循统一的制图规范，在正确的制图理论及方法的指导下来操作，才能生成合格的图纸。因此，即使在当今大量采用计算机绘图的形势下，仍然有必要掌握基本绘图知识。

1.2.1 建筑制图的概念

建筑图纸是建筑设计人员用来表达设计思想、传达设计意图的技术文件，是方案投标、技术交流和建筑施工的要件。建筑制图要根据正确的制图理论及方法，按照国家统一的建筑制图规范将设计思想和技术特征清晰、准确地表现出来。建筑图纸包括方案图、初设图、施工图等类型。国家标准《房屋建筑制图统一标准》（GB/T 50001-2010）、《总图制图标准》（GB/T 50103-2010）和《建筑制图标准》（GB/T 50104-2010）是建筑专业手工制图和计算机制图的依据。

1. 建筑制图的方式

建筑制图有手工制图和计算机制图两种方式。手工制图又分为徒手绘制和工具绘制两种。

手工制图应该是建筑师必须掌握的技能，也是学习各种绘图软件的基础。手工制图体现出一种绘图素养，直接影响计算机制图的质量，而其中的徒手绘画，则往往是建筑师职场上的闪光点和敲门砖，绝不可偏废。采用手工绘图的方式可以绘制全部的图纸文件，但是需要花费大量的精力和时间。计算机制图是指操作计算机绘图软件绘制出所需图形，并形成相应的图形电子文件，可以进一步通过绘图仪或打印机将图形文件输出，形成具体图纸的过程。它快速、便捷，便于文档存储，便于图纸的重复利用，可以大幅提高设计效率。因此，目前手绘制图主要用在方案设计的前期，而后期成品方案图以及初设图、施工图都采用计算机绘制完成。

2. 建筑制图程序

建筑制图的程序是与建筑设计的程序相对应的。从整个设计过程来看，其遵循方案图、初设图、施工图的顺序来进行。后面阶段的图纸在前一阶段的基础上进行深化、修改和完善。就每个阶段来看，一般遵循平面、立面、剖面、详图的过程来绘制。至于每种图样的制图程序，将在后面章节结合 AutoCAD 的操作来讲解。

1.2.2 建筑制图的要求及规范

要设计建筑工程图，就要遵循建筑设计制图的相关国家标准。下面来学习建筑制图的规范。

1. 图幅

图幅即图面的大小，分为横式和立式两种。根据国家标准的规定，按图面的长和宽确定图幅的等级。建筑常用的图幅有 A0（也称 0 号图幅，其他类推）、A1、A2、A3 及 A4，每种图幅的长宽尺寸见表 1-1。

表 1-1　图幅标准（单位：mm）

幅面代号 / 尺寸代号	A0	A1	A2	A3	A4
b×l	841×1189	594×841	420×594	297×420	210×297
c	10			5	
a	25				

需要微缩复制的图纸，其一个边上应附有一段准确米制尺度，4 个边上均附有对中标志，米制尺度的总长应为 100mm，分格应为 10mm。对中标志应画在图纸各边长的中点处，线宽应为 0.35mm，伸入框内应为 5mm。

A0~A3 图纸可以在长边加长，但短边一般不应加长，加长尺寸如表 1-2 所示。如有特殊需要，可采用 b×l=841×891 或 1189×1261 的幅面。

表 1-2　图纸长边加长尺寸（单位：mm）

图幅	长边尺寸	长边加长后尺寸
A0	1 189	1 486、1 635、1 783、1 932、2 080、2 230、2 378
A1	841	1 051、1 261、1 471、1 682、1 892、2 102
A2	594	743、891、1 041、1 189、1 338、1 486、1 635、1 783、1 932、2 080
A3	420	630、841、1 051、1 261、1 471、1 682、1 892

2．标题栏

标题栏包括设计单位名称、工程名称、签字区、图名区及图号区等内容。一般标题栏格式如图 1-13 所示，如今不少设计单位采用自己个性化的标题栏格式，但是仍必须包括这几项内容。

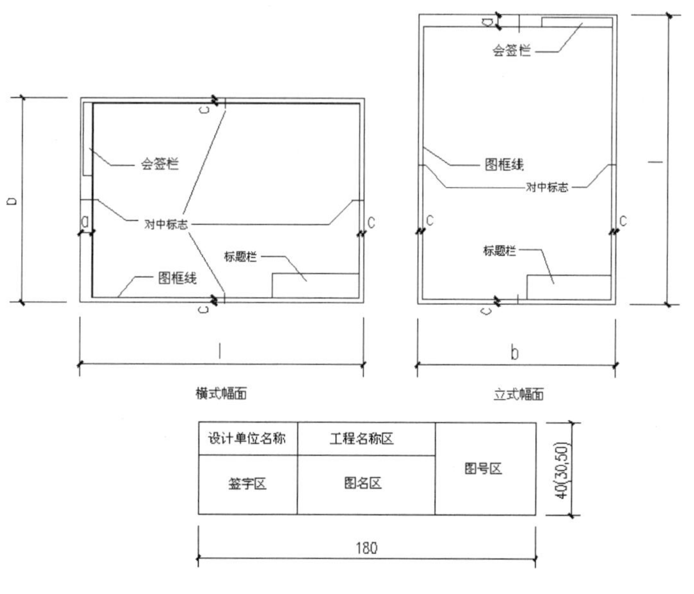

图 1-13　图纸中的标题栏格式

3．会签栏

会签栏是为各工种负责人审核后签名用的表格，它包括专业、姓名、日期等内容，如图 1-14 所示。对于不需要会签的图纸，可以不设此栏。

（专业）	（实名）	（签名）	（日期）

图 1-14　会签栏格式

4．线型要求

建筑图纸主要由各种线条构成，不同的线型表示不同的对象和不同的部位，代表着不同的含义。为了图面能够清晰、准确、美观地表达设计思想，工程实践中采用了一套常用的线型，并规定了它们的使用范围，现统计如表 1-3 所示。

图线宽度 *b*，宜从下列线宽中选取：2.0mm、1.4mm、1.0mm、0.7mm、0.5mm、0.35mm。不同的 *b* 值，产生不同的线宽组。在同一张图纸内，各不同线宽组中的细线，可以统一采用较细的线宽组中的细线。对于需要微缩的图纸，线宽不宜≤0.18mm。

表 1-3　常用线型统计表

名　称		线　型	线宽	适用范围
实线	粗	━━━━━━	*b*	建筑平面图、剖面图、构造详图的被剖切主要构件截面轮廓线；建筑立面图外轮廓线；图框线；剖切线。总图中的新建建筑物轮廓
	中	——————	0.5*b*	建筑平、剖面中被剖切的次要构件的轮廓线；建筑平、立、剖面图构配件的轮廓线；详图中的一般轮廓线
	细	——————	0.25*b*	尺寸线、图例线、索引符号、材料线及其他细部刻画用线等
虚线	中	- - - - - -	0.5*b*	主要用于构造详图中不可见的实物轮廓；平面图中的起重机轮廓；拟扩建的建筑物轮廓
	细	- - - - - -	0.25*b*	其他不可见的次要实物轮廓线
点画线	细	—-—-—-—	0.25*b*	轴线、构配件的中心线、对称线等
折断线	细	——⌇——	0.25*b*	省画图样时的断开界限
波浪线	细	～～～	0.25*b*	构造层次的断开界线，有时也表示省略画出时断开的界限

5．尺寸标注

尺寸标注的一般原则是：

- 尺寸标注应力求准确、清晰、美观大方。同一张图纸中标注风格应保持一致。

- 尺寸线应尽量标注在图样轮廓线以外，从内到外依次标注从小到大的尺寸，不能将大尺寸标在内，而小尺寸标在外，如图 1-15 所示。

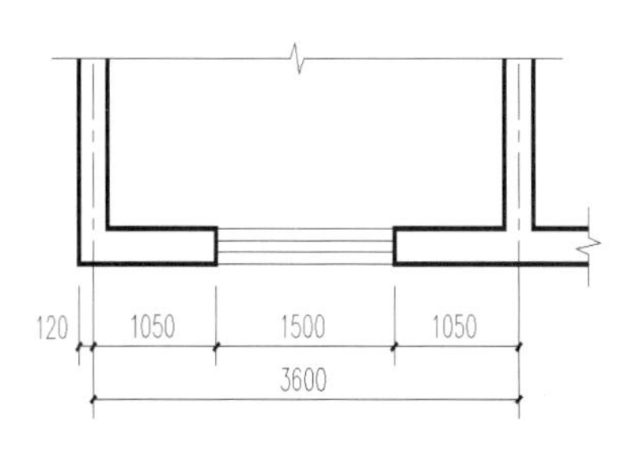

正确

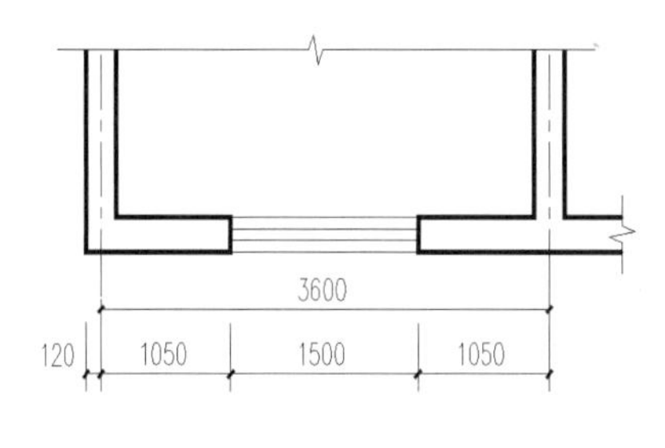

错误

图 1-15　尺寸标注的正误对比

- 最内一道尺寸线与图样轮廓线之间的距离不应小于 10mm，两道尺寸线之间的距离一般为 7~10mm。
- 尺寸界线朝向图样的端头，距图样轮廓的距离应 ≥2mm，不宜直接与其相连。
- 在图线拥挤的地方，应合理安排尺寸线的位置，但不宜与图线、文字及符号相交；可以考虑将轮廓线用作尺寸界线，但不能作为尺寸线。
- 室内设计图中连续重复的构配件等，当不易标明定位尺寸时，可在总尺寸的控制下，定位尺寸不用数值而用“均分”或“EQ”字样表示，如图 1-16 所示。

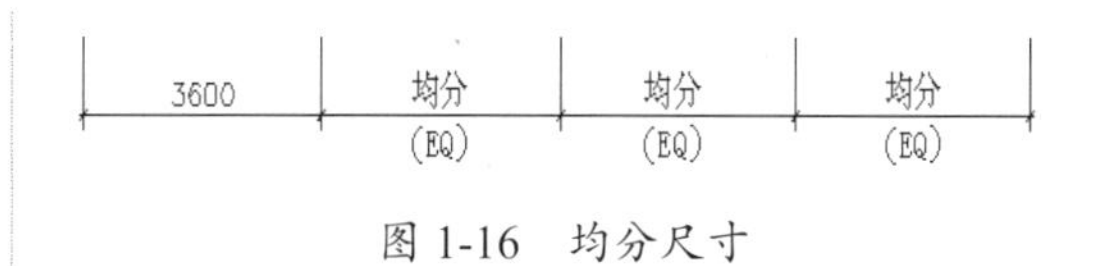

图 1-16　均分尺寸

6. 文字说明

在一幅完整的图纸中用图线方式表现得不充分和无法用图线表示的地方，就需要进行文字说明，例如设计说明、材料名称、构配件名称、构造做法、统计表及图名等。文字说明是图纸内容的重要组成部分，制图规范对文字标注中的字体、字的大小、字体字号搭配等方面做了一些具体规定。

（1）一般原则

字体端正，排列整齐，清晰准确，美观大方，避免过于个性化的文字标注。

（2）字体

一般标注推荐采用仿宋字，大标题、图册封面、地形图等的汉字，也可以书写成其他字体，但应易于辨认。字形示例如下：

- 仿宋：建筑（小四）建筑（四号）建筑（二号）
- 黑体：建筑（四号）建筑（小二）
- 楷体：建筑 建筑（二号）
- 字母、数字及符号：
  0123456789abcdefghijk% @ 或
  0123456789abcdefghijk%@

（3）字的大小

标注的文字高度要适中。同一类型的文字采用同一大小的字。较大的字用于较概括性的说明内容，较小的字用于较细致的说明内容。文字的字高，应从如下尺寸中选用：3.5mm、5mm、7mm、10mm、14mm、20mm。如需要书写更大的字，其高度应按 $\sqrt{2}$ 的比值递增。注意字体及大小搭配的层次感。

7．常用图示标志

（1）详图索引符号及详图符号

平、立、剖面图中，在需要另设详图表示的部位，标注一个索引符号，以表明该详图的位置，这个索引符号即详图索引符号。详图索引符号采用细实线绘制，圆圈直径为10mm，如图1-17所示，图中（d）、（e）、（f）、（g）用于索引剖面详图，当详图就在本张图纸时，采用(a)，详图不在本张图纸时，采用（b）、（c）、（d）、（e）、（f）和（g）的形式。

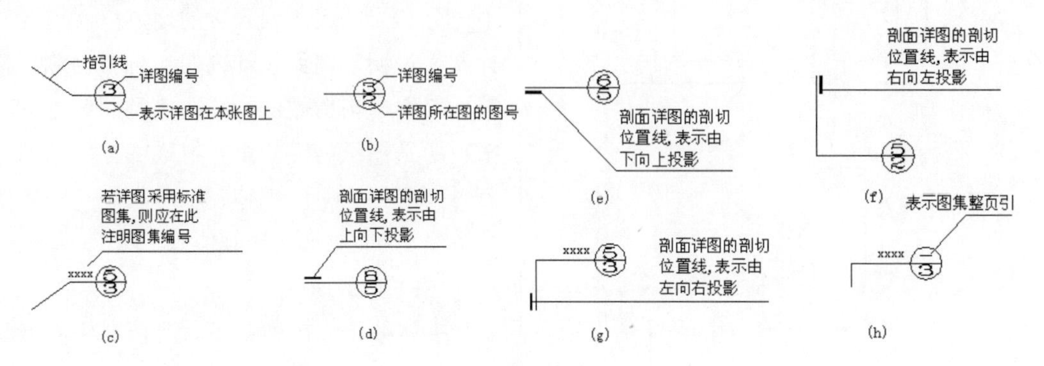

图 1-17　详图索引符号

详图符号即详图的编号，用粗实线绘制，圆圈直径为14mm，如图1-18所示。

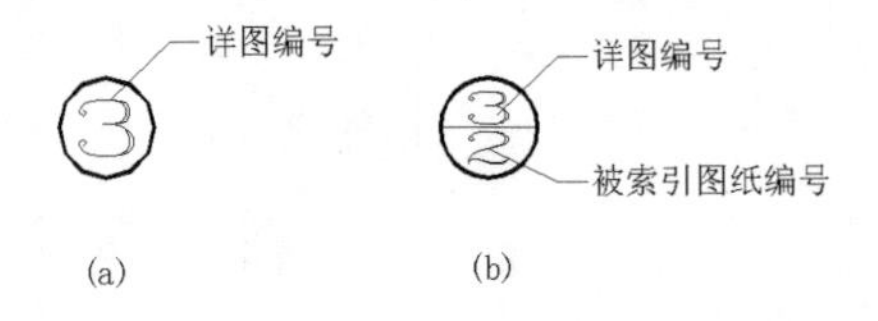

图 1-18　详图符号

（2）引出线

由图样引出一条或多条线段指向文字说明，该线段就是引出线。引出线与水平方向的夹角一般采用0º、30º、45º、60º、90º，常见的引出线形式如图1-19所示。图中（a）、（b）、（c）、（d）为普通引出线，（e）、（f）、（g）、（h）为多层构造引出线。使用多层构造引出线时，应注意构造分层的顺序应与文字说明的分层顺序一致。文字说明可以放在引出线的端头，如图1-19（a）~（h）所示，也可放在引出线水平段之上，如图1-19（i）所示。

（3）内视符号

内视符号标注在平面图中，用于表示室内立面图的位置及编号，建立平面图和室内立面图之间的联系。内视符号的形式如图1-20所示。图中立面图编号可用英文字母或阿拉伯数字表示，黑色的箭头指向表示的立面方向；图（a）为单向内视符号，图（b）为双向内视符号，图（c）为四向内视符号，A. B. C. D 顺时针标注。

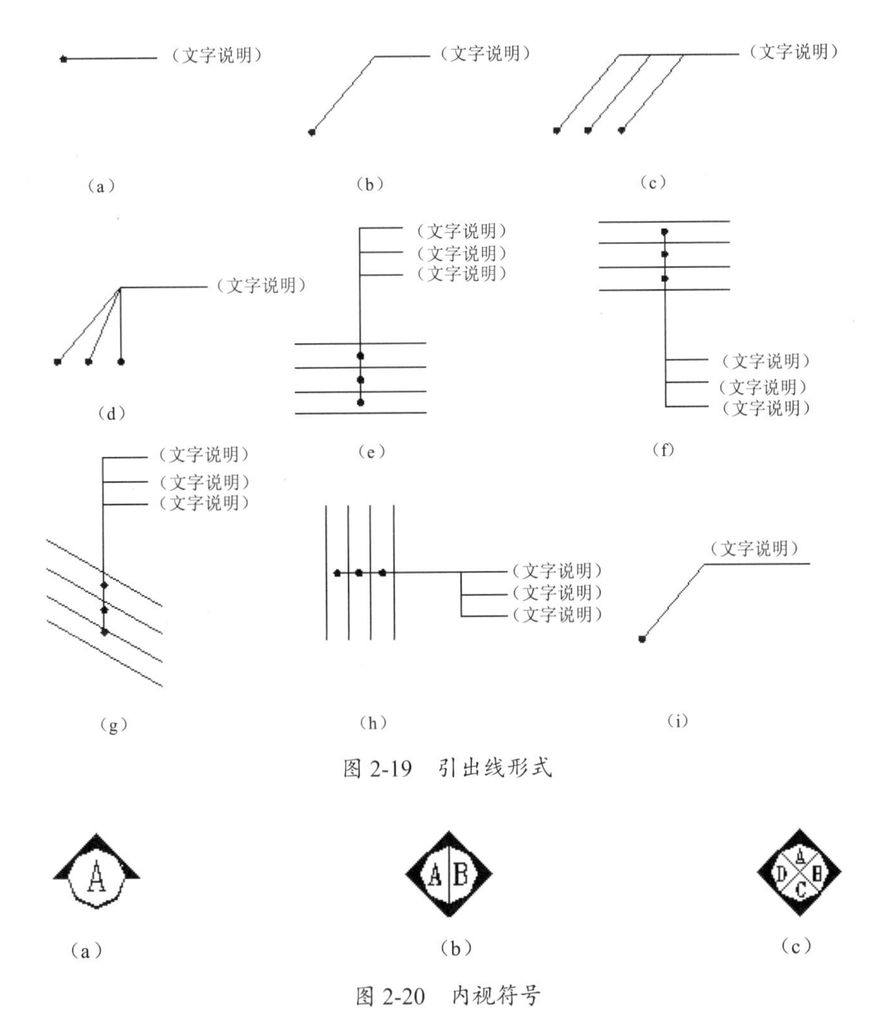

图 2-19　引出线形式

图 2-20　内视符号

其他符号图例统计，见表 1-4 所示。

表 1-4　建筑常用符号图例

符 号	说 明	符 号	说 明
3.600　3.600	标高符号，线上数字为标高值，单位为 m 右侧方式在标注位置比较拥挤时采用	i=5%	表示坡度
1　A	轴线号	1/1　1/A	附加轴线号
1　1	标注剖切位置的符号，标数字的方向为投影方向，1 与剖面图的编号 1-1 对应	2　2	标注绘制断面图的位置，标数字的方向为投影放向，2 与断面图的编号 2-2 对应
	对称符号。在对称图形的中轴位置画此符号，可以省画另一半图形		指北针

续表

符 号	说 明	符 号	说 明
	方形坑槽		圆形坑槽
	方形孔洞		圆形孔洞
@	表示重复出现的固定间隔，例如"双向木格栅 @500"。	Φ	表示直径，如 Φ30
平面图 1:100	图名及比例	1 1：5	索引详图名及比例
宽×高或Φ 底(顶或中心)标高	墙体预留洞	宽×高或Φ 底(顶或中心)标高	墙体预留槽
	烟道		通风道

8．常用材料符号

建筑图中经常应用材料图例来表示材料，在无法用图例表示的地方，也采用文字说明。为了方便了解，将常用的图例总结于表 1-5。

表 1-5　常用材料图例

材料图例	说 明	材料图例	说 明
	自然土壤		夯实土壤
	毛石砌体		普通转
	石材		砂、灰土
	空心砖		松散材料

续表

	混凝土		钢筋混凝土
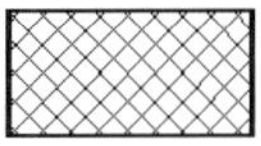	多孔材料	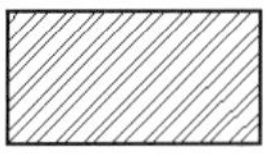	金属
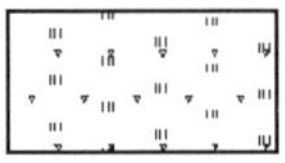	矿渣、炉渣	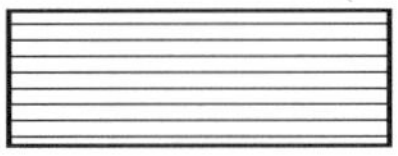	玻璃
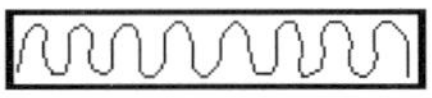	纤维材料		防水材料 上下两种根据绘图比例大小选用
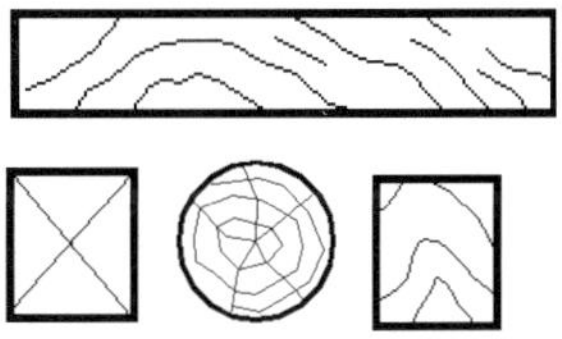	木材	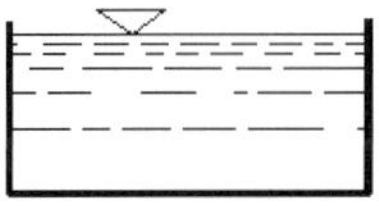	液体，须注明液体名称

9．常用绘图比例

下面列出常用绘图比例，可以根据实际情况灵活使用。

（1）总图：1:500、1:1000、1:2000。

（2）平面图：1:50、1:100、1:150、1:200、1:300。

（3）立面图：1:50、1:100、1:150、1:200、1:300。

（4）剖面图：1:50、1:100、1:150、1:200、1:300。

（5）局部放大图：1:10、1:20、1:25、1:30、1:50。

（6）配件及构造详图：1:1、1:2、1:5、1:10、1:15、1:20、1:25、1:30、1:50。

1.2.3　建筑制图的内容及编排顺序

建筑制图的内容包括总图、平面图、立面图、剖面图、构造详图和透视图、设计说明、图纸封面、图纸目录等。

图纸编排顺序一般应为图纸目录、总图、建筑图、结构图、给水排水图、暖通空调图、电气图等。对于建筑专业，一般顺序为目录、施工图设计说明、附表（装修做法表、门窗表等）、平面图、立面图、剖面图、详图等。

1.3 建筑图样的画法

熟悉并掌握建筑图样的画法至关重要，它关系到你是否能读懂建筑工程图。下面将图样的画法做详细的介绍。

1.3.1 投影法

在建筑工程制图中，常用第一角投影（国际标准）的方法来绘制图样，如图 1-21 所示，自前方 *A* 投影称为“正立面图”，自上方 *B* 投影称为“平面图”，自左方 *C* 投影称为“左侧立面图”，自右方 *D* 投影称为“右侧立面图”，自下方 *E* 投影称为“底面图”，自后方 *F* 投影称为“背立面图”。

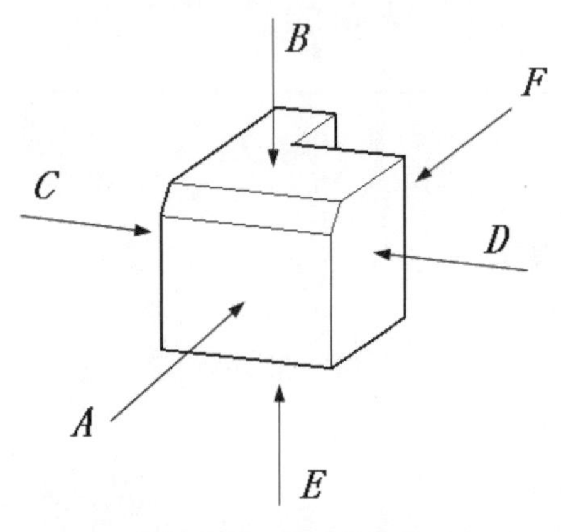

图 1-21 第一角画法

当视图用第一角画法绘制不易表达时，可用镜像投影法绘制（如图 1-22a 所示）。但应在图名后注写“镜像”二字（如图 1-22b 所示），或按如图 1-22c 所示画出镜像投影识别符号。

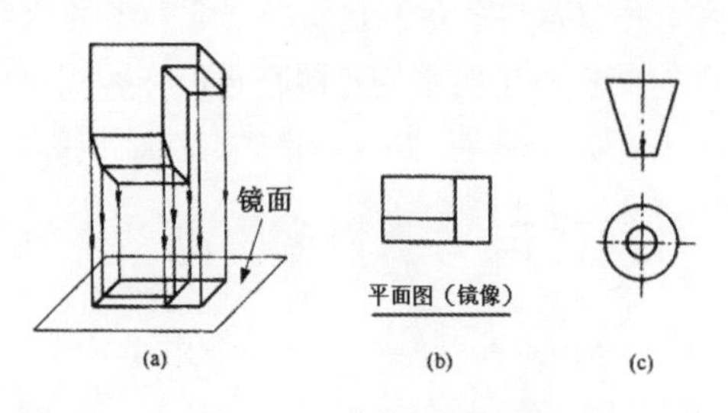

图 1-22 镜像投影画法

1.3.2 视图配置

如在同一张图纸上绘制若干个视图时，各视图的位置宜按如图 1-23 所示的顺序配置。

每个视图一般均应标注图名。图名宜标注在视图的下方或一侧，并在图名下用粗实线绘一条横线，其长度应以图名所占长度为准。使用详图符号作为图名时，符号下不再画线。

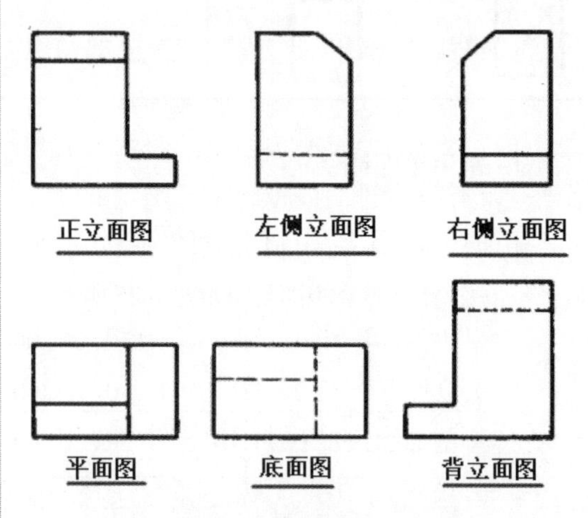

图 1-23 视图配置

分区绘制的建筑平面图，应绘制组合示意图，指出该区在建筑平面图中的位置。各分区视图的分区部位及编号均应一致，并应与组合示意图一致，如图 1-24 所示。

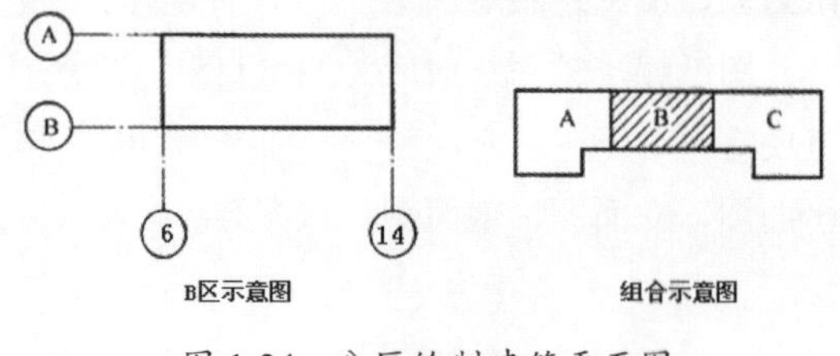

图 1-24 分区绘制建筑平面图

同一工程不同专业的总平面图，在图纸上的布图方向均应一致；单体建（构）筑物平面图在图纸上的布图方向，必要时可与其在总平面图上的布图方向不一致，但必须标明方位；不同专业的单体建（构）筑物平面图，在图纸上的布图方向均应一致。

建（构）筑物的某些部分，如与投影面不平行（如圆形、折线形、曲线形等），在画立面图时，可将该部分展至与投影面平行，再以正投影法绘制，并应在图名后注写“展开”字样。

1.3.3　剖面图和断面图

剖面图除应画出剖切面切到部分的图形外，还应画出沿投射方向看到的部分，被剖切面切到部分的轮廓线用粗实线绘制，剖切面没有切到，但沿投射方向可以看到的部分，用中实线绘制；断面图则只需（用粗实线）画出剖切面切到部分的图形，如图 1-25 所示。

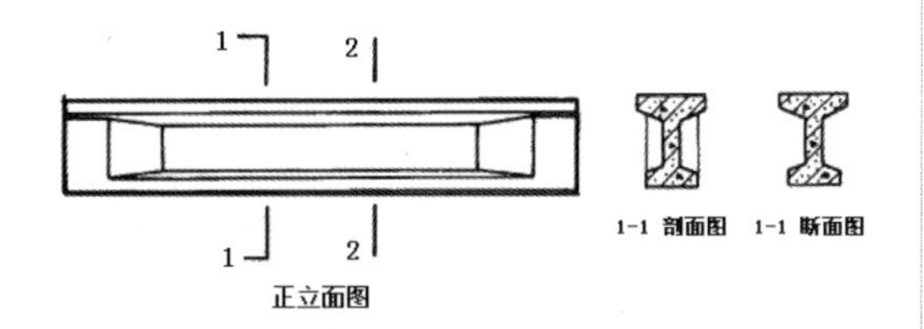

图 1-25　剖面图与断面图的区别

剖面图和断面图应按下列方法剖切后绘制。

- 用一个剖切面剖切，如图 1-26 所示。
- 用两个或两个以上平行的剖切面剖切，如图 1-27 所示。
- 用两个相交的剖切面剖切，如图 1-28 所示。用此法剖切时，应在图名后注明“展 开”字样。

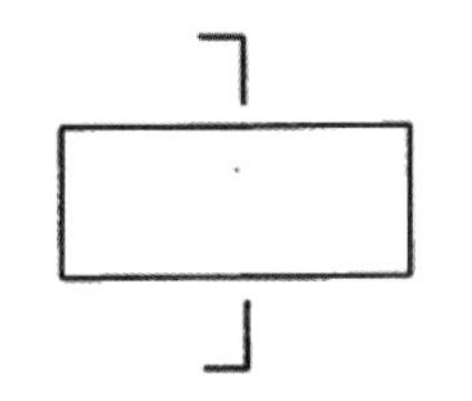

图 1-26　一个剖切面剖切

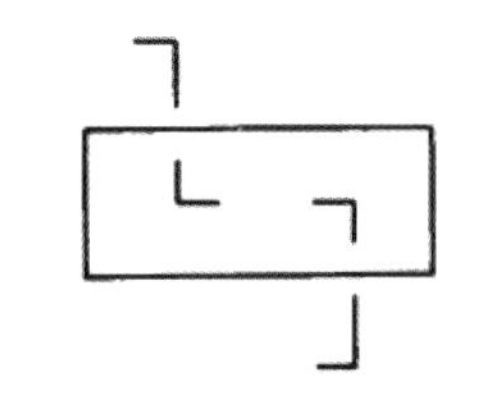

图 1-27　多个剖切面剖切

图 1-28　两个相交的剖切面剖切

分层剖切的剖面图，应按层次以波浪线将各层隔开，波浪线不应与任何图线重合，如图 1-29 所示。

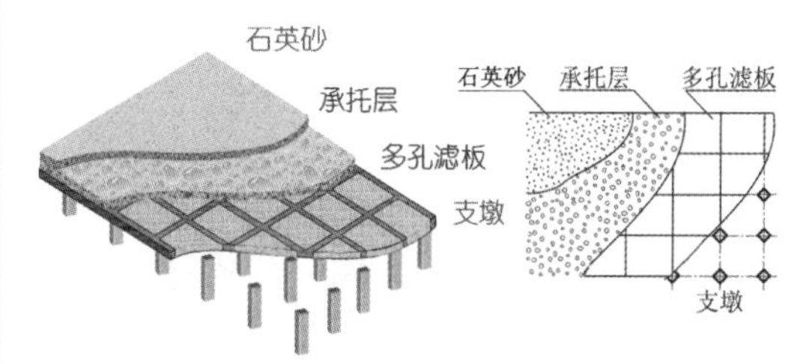

图 1-29　分层剖切的剖面图

有的物体内部结构层次较多，用一个剖切平面剖开物体，不能将物体内部全部显示出来，可用两个或两个以上相互平行的剖切平面剖切。

采用阶梯剖切画剖面图应注意以下两点。

- 标注剖切符号时，为使转折的剖切位置线不与其他图线发生混淆，应在转折处的外侧加注与该符号相同的编号，如图 1-30 所示。

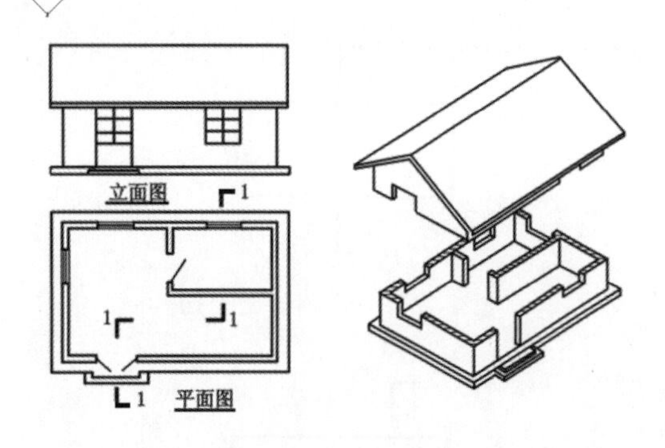

图 1-30　平行剖切

- 画剖面图时，应把几个平行的剖切平面视为一个剖切平面，在图中，不可画出平行的剖切平面所剖到的两个断面在转折处的分界线，如图 1-31 所示。

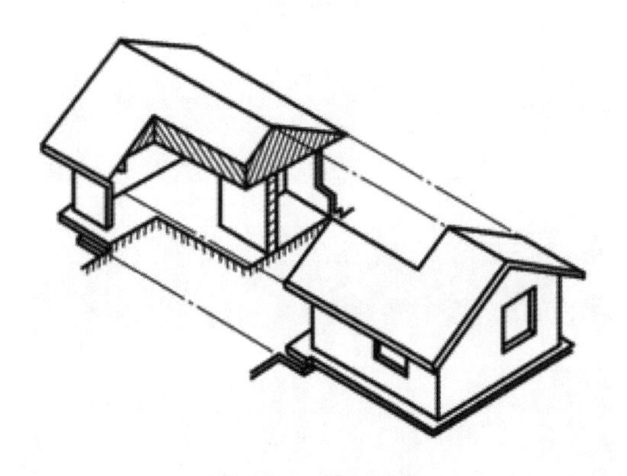

图 1-31　转折剖切

1.3.4　简化画法

构配件的视图有一条对称线，可只画该视图的 1/2；视图有两条对称线，可只画该视图的 1/4，并画出对称符号，如图 1-32 所示。图形也可以稍超出其对称线，此时可不画对称符号，如图 1-33 所示。

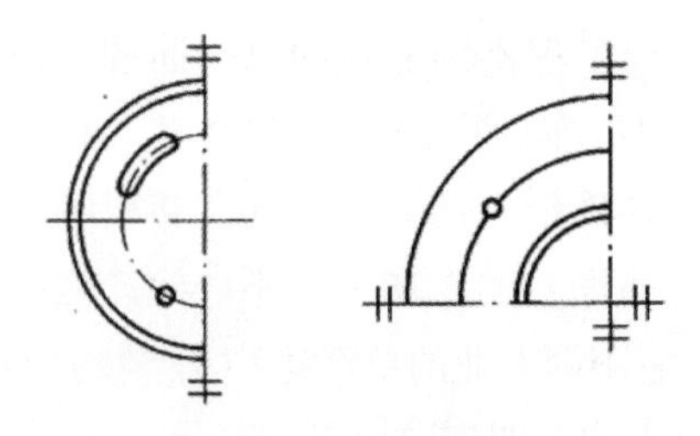

图 1-32　画出对称符号

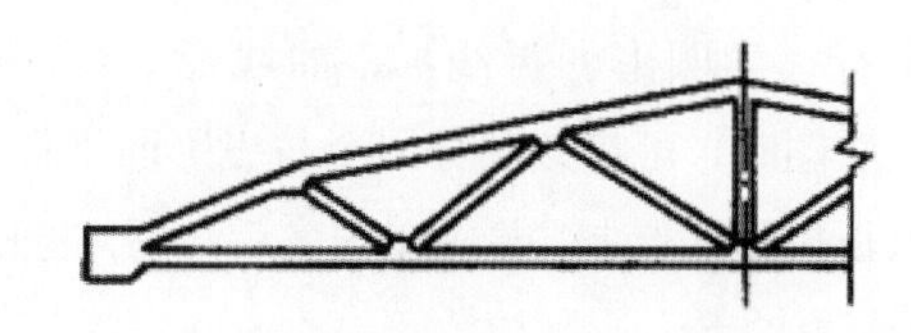

图 1-33　不画对称符号

构配件内多个完全相同而连续排列的构造要素，可以仅在两端或适当位置画出其完整形状，其他部分以中心线或中心线交点表示，如图 1-34a 所示。

如相同构造要素少于中心线交点，则其他部分应在相同构造要素位置的中心线交点处用小圆点表示，如图 1-34b 所示。

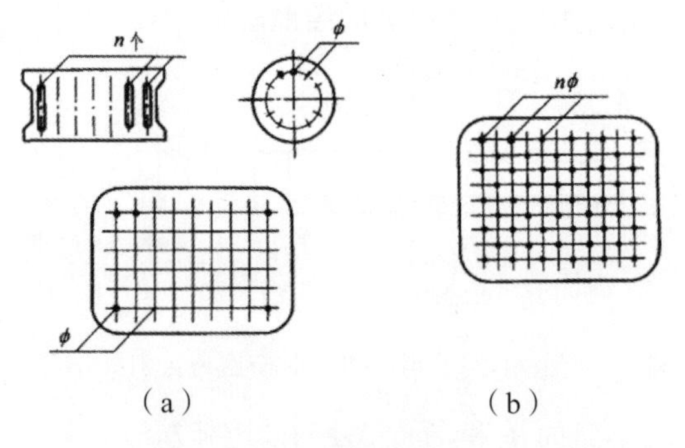

（a）　　（b）

图 1-34　相同要素简化画法

较长的构件，如沿长度方向的形状相同或按一定规律变化，可断开省略绘制，断开处应以折断线表示，如图 1-35 所示。

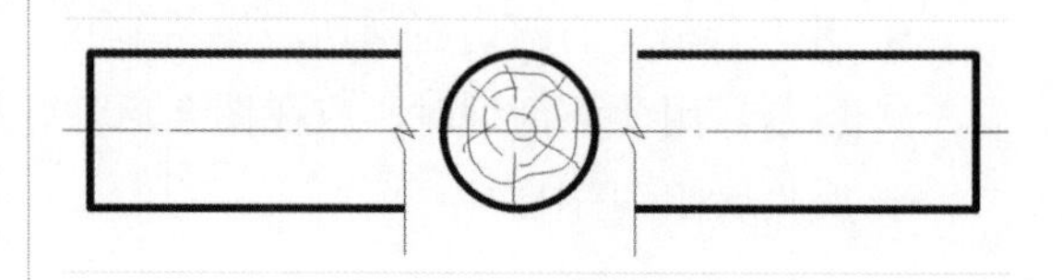

图 1-35　折断简化画法

1.4　AutoCAD 制图的尺寸标注

建筑图样上标注的尺寸具有以下独特的元素：尺寸界线、尺寸线、尺寸起止符号和标注文字（尺寸数字），对于圆标注还有圆心标记和中心线，如图 1-36 所示。

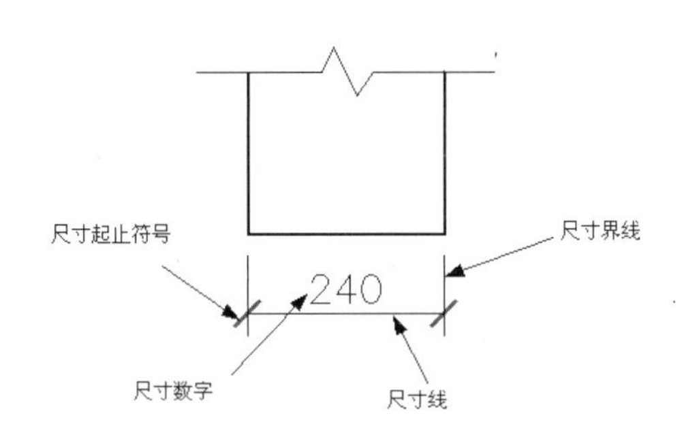

图 1-36　尺寸标注组成要素

《房屋建筑制图统一标准》GB-T 50001-2001 中对建筑制图中的尺寸标注有着详细的规定。下面分别介绍“规范”对尺寸界线、尺寸线、尺寸起止符号和标注文字（尺寸数字）的相关要求。

1．尺寸界线、尺寸线及尺寸起止符号

- 尺寸界线应用细实线绘制，一般应与被注长度垂直，其一端应离开图样轮廓线不小于 2mm，另一端宜超出尺寸线 2~3mm。图样轮廓线可用作尺寸界线，如图 1-37 所示。

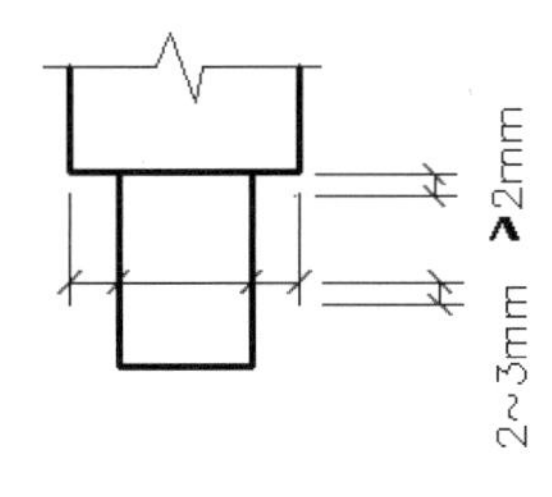

图 1-37　尺寸标注范例

- 尺寸线应用细实线绘制，应与被注长度平行。图样本身的任何图线均不得用作尺寸线。因此尺寸线应调整好位置避免与图线重合。
- 尺寸起止符号一般用中粗斜短线绘制，其倾斜方向应与尺寸界线成顺时针 45°角，长度宜为 2~3mm。半径、直径、角度与弧长的尺寸起止符号，宜用箭头表示，如图 1-38 所示。

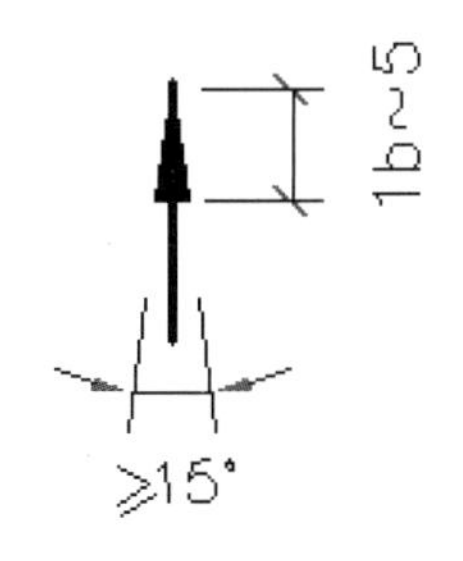

图 1-38　尺寸起至符号

2．尺寸数字

图样上的尺寸应以尺寸数字为准，不得从图上直接量取。但建议按比例绘图，这样可以减少绘图错误。图样上的尺寸单位，除标高及总平面以 m（米）为单位外，其他必须以 mm（毫米）为单位。

尺寸数字的方向，按如图 1-36 左图所示规定注写。若尺寸数字在 30° 斜线区内，宜按如图 1-39 右图所示形式注写。

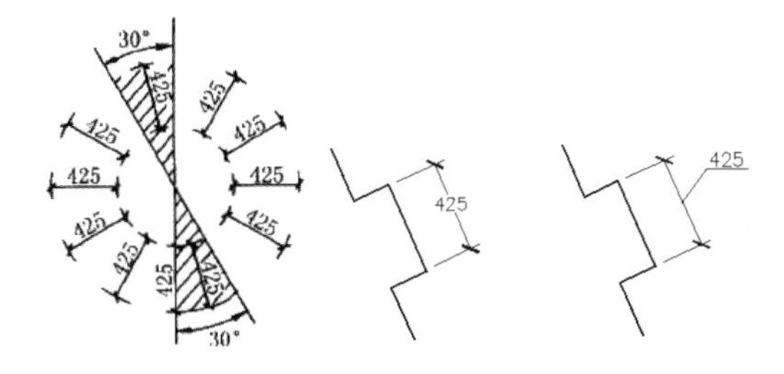

尺寸数字的规定方向　30° 斜线区内尺寸数字的方向

图 1-39　尺寸数字方向

尺寸数字一般应依据其方向注写在靠近尺寸线的上方中部。如没有足够的注写位置，最外边的尺寸数字可注写在尺寸界线的外侧，中间相邻的尺寸数字可错开注写，如图 1-40 所示。

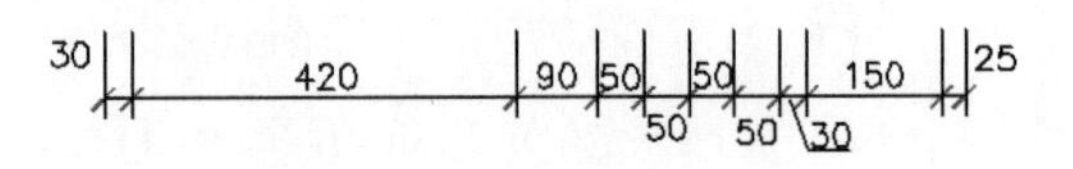

图 1-40　尺寸数字的注写位置

3. 尺寸的排列与布置

尺寸宜标注在图样轮廓以外，不宜与图线、文字及符号等相交，如图 1-41 所示。

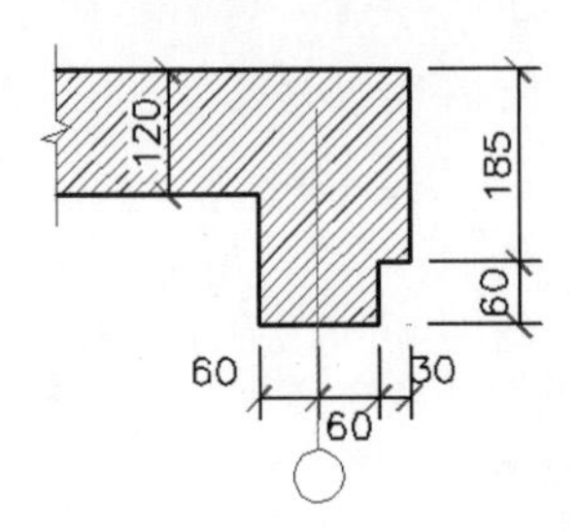

图 1-41　尺寸数字的注写

互相平行的尺寸线，应从被注写的图样轮廓线由近向远整齐排列，较小尺寸应离轮廓线较近，较大尺寸应离轮廓线较远，如图 1-42 所示。

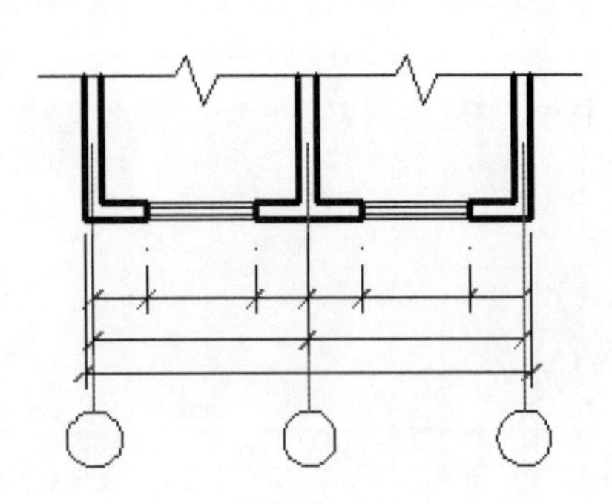

图 1-42　尺寸的排列

图样轮廓线以外的尺寸线，距图样最外轮廓之间的距离不宜小于 10mm。平行排列的尺寸线的间距宜为 7~10mm，并应保持一致。

总尺寸的尺寸界线应靠近所指部位，中间的分尺寸的尺寸界线可稍短，但其长度应相等。

4. 半径、直径、球的尺寸标注

半径的尺寸线应一端从圆心开始，另一端画箭头指向圆弧。半径数字前应加注半径符号 R。标注圆的直径尺寸时，直径数字前应加直径符号 Φ。在圆内标注的尺寸线应通过圆心，两端画箭头指至圆弧。

如图 1-43 所示为圆、圆弧的半径与直径尺寸标注方法。

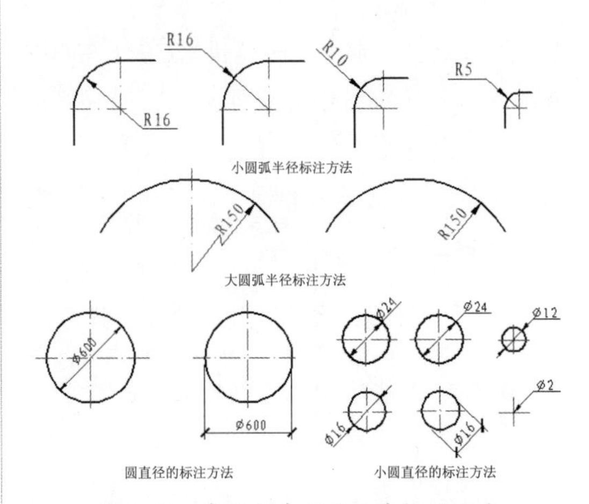

图 1-43　半径与直径的尺寸标注方法

标注球的半径尺寸时，应在尺寸前加注符号 SR。标注球的直径尺寸时，应在尺寸数字前加注符号 $S\Phi$。注写方法与圆弧半径和圆直径的尺寸标注方法相同。

5. 角度、弧度、弧长的标注

角度的尺寸线应以圆弧表示。该圆弧的圆心应是该角的顶点，角的两条边为尺寸界线。起止符号应以箭头表示，如没有足够位置画箭头，可用圆点代替，角度数字应按水平方向注写，如图 1-44 所示。

标注圆弧的弧长时，尺寸线应以与该圆

弧同心的圆弧线表示，尺寸界线应垂直于该圆弧的弦，起止符号用箭头表示，弧长数字上方应加注圆弧符号“⌒”，如图 1-44 所示。

标注圆弧的弦长时，尺寸线应以平行于该弦的直线表示，尺寸界线应垂直于该弦，起止符号用中粗斜短线表示，如图 1-44 所示。

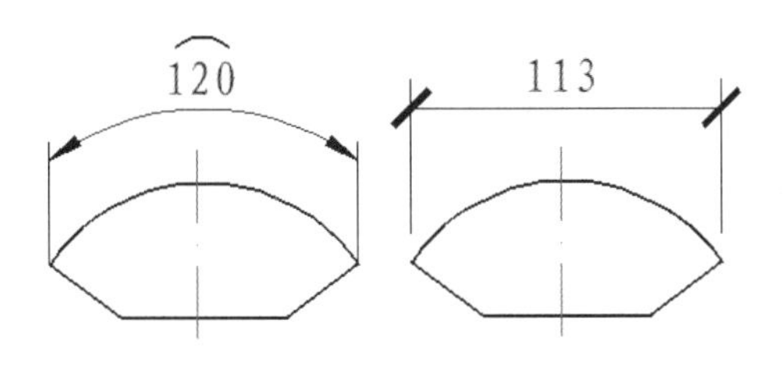

角度的标注方法　　　　弧长的标注方法

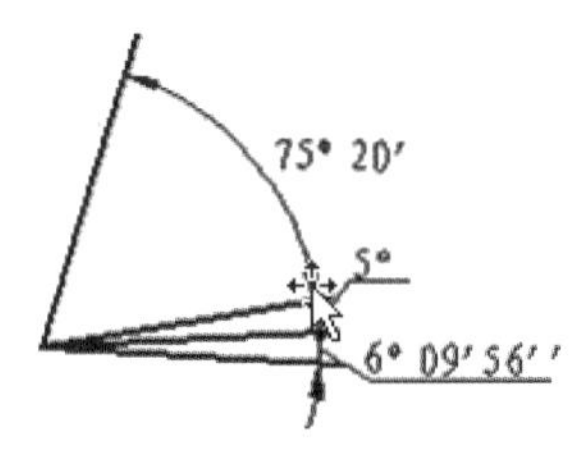

弦长的标注方法

图 1-44　角度、弧度、弧长的标注方法

6. 薄板厚度、正方形、坡度、非圆曲线等的尺寸标注

- 薄板厚度、正方形、网格法标注曲线尺寸标注样式，如图 1-45~ 图 1-47 所示。

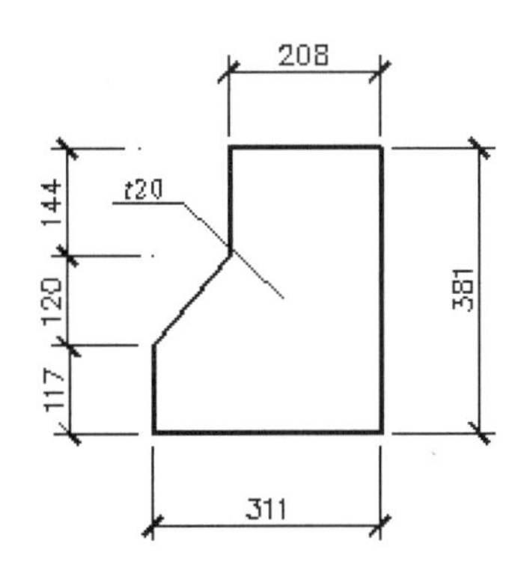

图 1-45　薄板厚度标注

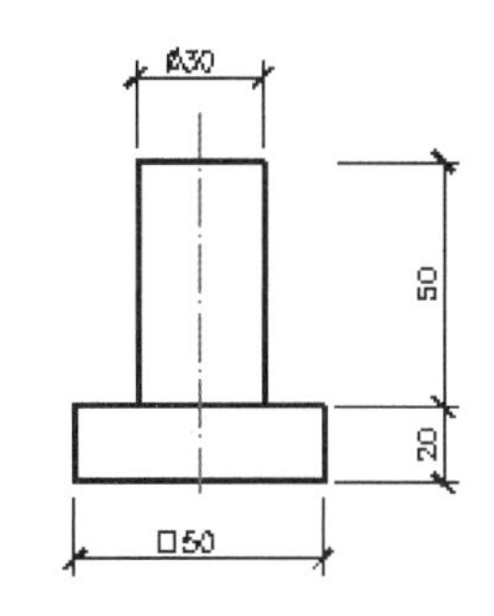

图 1-46　网格法标注曲线尺寸标注

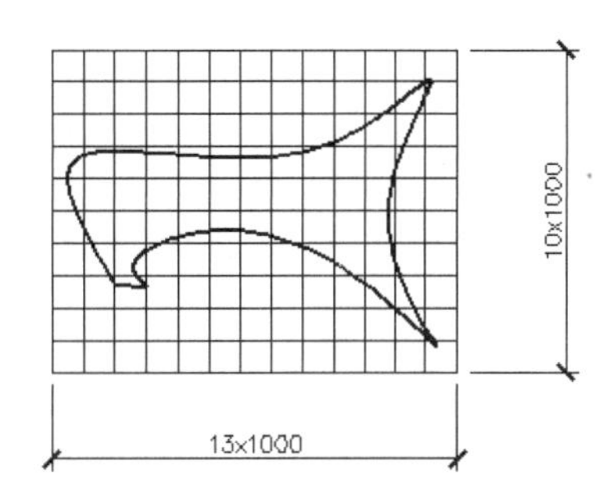

图 1-47　正方形尺寸标注

- 坡度尺寸标注，如图 1-48 所示。

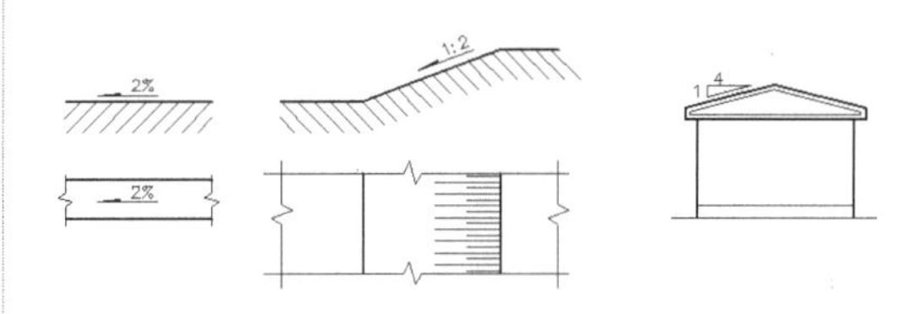

图 1-48　坡度尺寸标注

- 坐标法标注曲线尺寸，如图 1-49 所示。

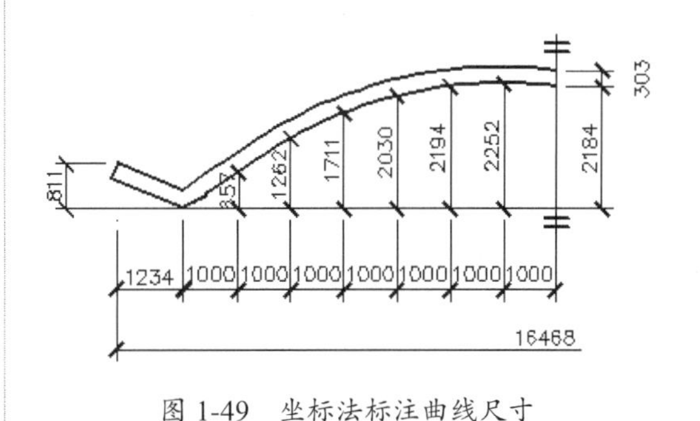

图 1-49　坐标法标注曲线尺寸

7. 尺寸的简化标注

建筑制图中的简化尺寸标注方法如下。

● 等长尺寸简化标注方法，如图 1-50 所示。
● 相同要素尺寸标注方法，如图 1-51 所示。

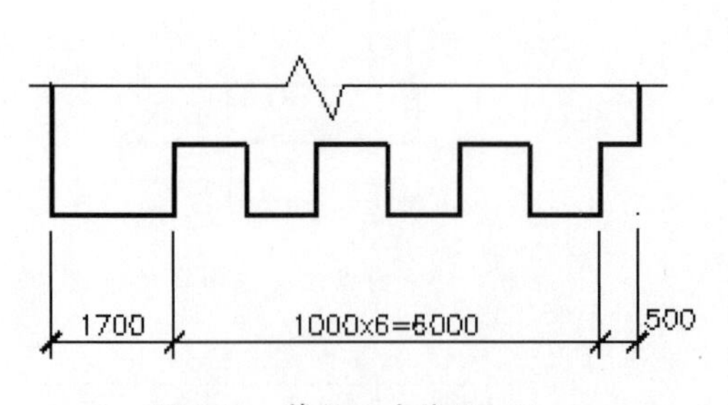

图 1-50　等长尺寸简化标注

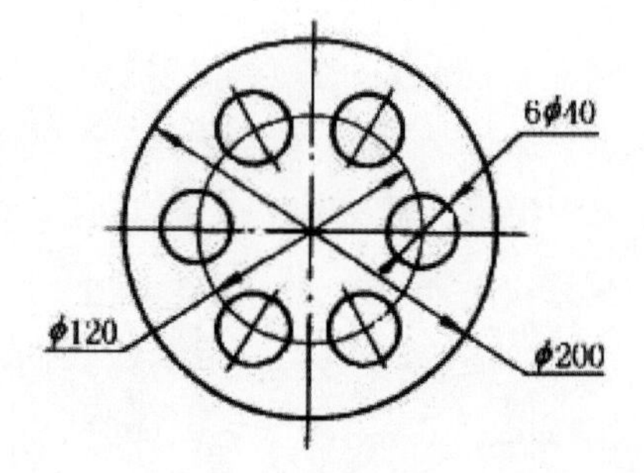

图 1-51　相同要素尺寸标注

● 对称构件尺寸标注方法，如图 1-52 所示。
● 相似构件尺寸标注方法，如图 1-53 所示。

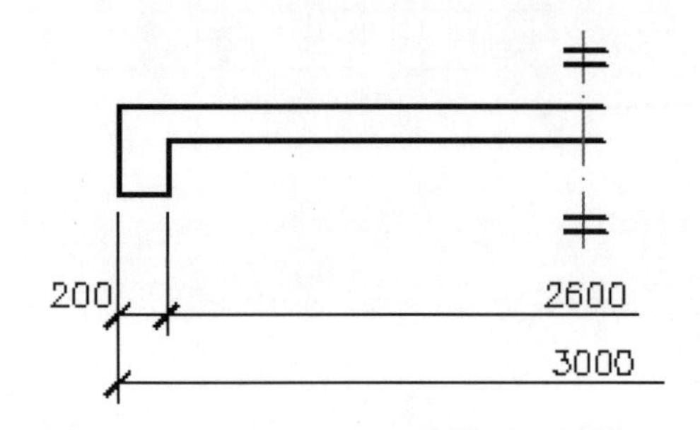

图 1-52　对称构件尺寸标注

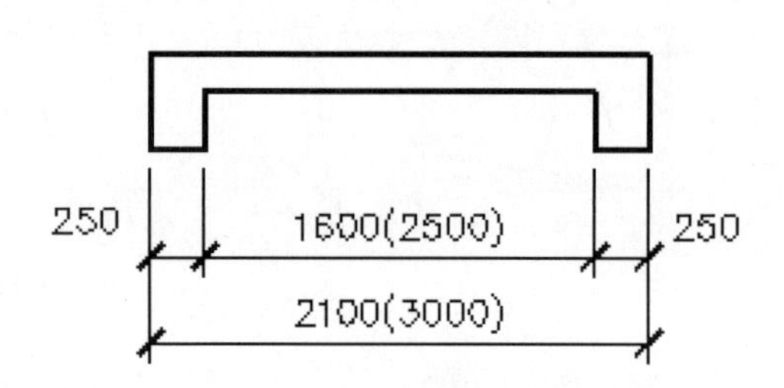

图 1-53　相似构件尺寸标注

● 相似构配件尺寸标注方法，如图 1-54 所示。

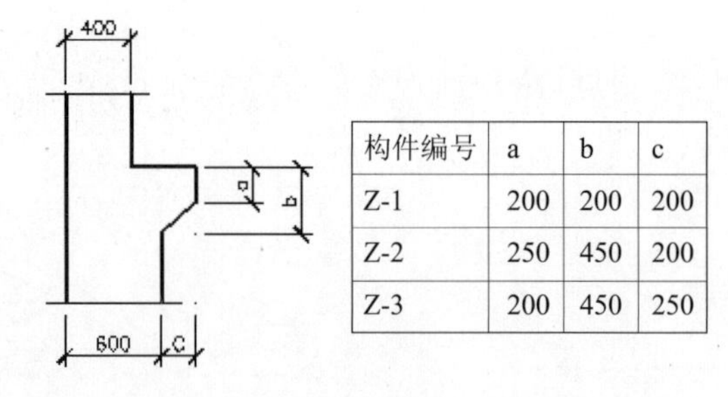

构件编号	a	b	c
Z-1	200	200	200
Z-2	250	450	200
Z-3	200	450	250

图 1-54　相似构配件尺寸标注

1.5　建筑设计过程与设计阶段

建筑设计一般分为初步设计和施工图设计两个阶段，对于大型的、比较复杂的工程，还有一个技术设计阶段。

建筑设计依据文件有：

- 主管部门有关建设任务使用要求、建筑面积、单方造价和总投资的批文，以及国家有关部、委或各省、市、地区规定的有关设计定额和指标。
- 工程设计任务书。
- 城建部门同意设计的批文。
- 委托设计工程项目表。

1.5.1　设计前的准备工作

1．熟悉设计任务书

设计任务书的内容有：

- 建设项目总的要求和建造目的的说明。
- 建筑物的具体使用要求、建筑面积，以及各类用途房间之间的面积分配。
- 建设项目的总投资和单方造价，并说明土建费用、房屋设备费用，以及道路等室外设施的费用情况。
- 建设基地的范围、大小，周围原有建筑、道路、地段环境的描述，并附有地形测量图。
- 供电、供水和采暖、空调等设备的方向要求，并附有水源、电源接用许可文件。
- 设计期限和项目的建设进程要求。

2．收集必要的设计原始数据

需要收集的气象资料包括：

- 基地地形及地质水文资料。
- 水电等设备的管线资料。
- 设计项目的有关定额指标。

3．设计前的调查研究

设计前调查研究的主要内容包括：

- 建筑物的使用要求。
- 建筑材料供应和结构施工等技术条件。
- 基地勘察。
- 当地传统建筑经验和生活习惯。

4．学习有关方针政策，以及同类型设计的文字、图纸资料

1.5.2 初步设计阶段

初步设计的图纸和设计文件包括：

- 建筑总平面
- 各层平面及主要剖面、立面
- 说明书
- 建筑概算书
- 根据设计任务的需要，可能辅以建筑透视图或建筑模型

1.5.3 施工图设计阶段

施工图设计的图纸及设计文件包括：

- 建筑总平面
- 各层建筑平面、各个立面及必要的剖面
- 建筑构造节点详图
- 各工种相应配套的施工图
- 建筑、结构及设备等的说明书
- 结构及设备的计算书
- 工程预算书

第2章 AutoCAD 2018 应用入门

本章内容

AutoCAD 是专用于二维绘图的工具软件。学会这款软件，首先要掌握一些基础知识，本章将把 AutoCAD 软件的界面与文件管理方面的知识介绍给大家，为后面的学习打好基础。

知识要点

☑ AutoCAD 2018 软件下载
☑ 安装 AutoCAD 2018
☑ AutoCAD 2018 的欢迎界面
☑ AutoCAD 2018 的工作界面
☑ 绘图环境的设置
☑ AutoCAD 系统变量与命令

2.1 AutoCAD 2018 软件下载

AutoCAD 2018 软件除了通过正规渠道购买正版软件以外，Autodesk 公司还在其官方网站提供了 AutoCAD 2018 试用版软件供免费下载使用。

动手操练——AutoCAD 2018 的官网下载方法

step 01 首先打开计算机上安装的任意一款网络浏览器，并输入 http://www.autodesk.com.cn/ 网址，进入 Autodesk 中国官方网站，如图 2-1 所示。

step 02 在首页标题栏的“产品”中单击展开 Autodesk 公司提供的所有免费试用版软件列表，然后选中 AutoCAD 产品，如图 2-2 所示。

图 2-1 进入 Autodesk 中国官方网站

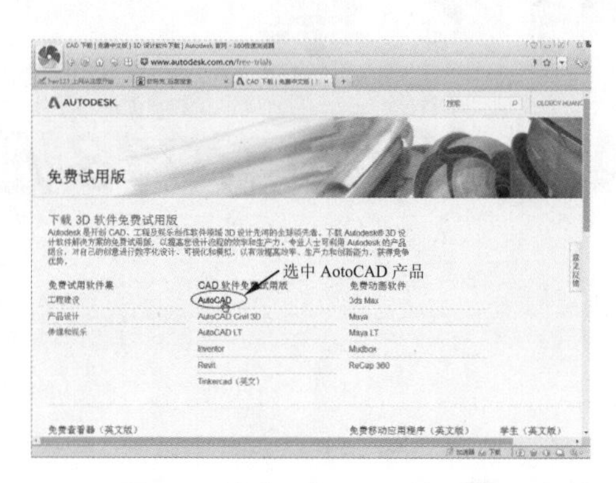

图 2-2 选中 AutoCAD 产品

step 03 进入 AutoCAD 产品介绍的网页页面，并在左侧选择“AutoCAD 2018”免费试用版，单击“开始下载”按钮，进入下载页面，如图 2-3 所示。

step 04 在 AutoCAD 产品下载页面设置试用版软件的语言和操作系统，并同时选中下方的“我接受许可和服务协议的条款”和“我接受上述试用版隐私声明的条款，并明确同意接受声明中所述的个性化营销”下载协议复选框，最后单击“继续”选项按钮，下载 AutoCAD 2018 的安装器 AutodeskDownloadManagerSetup.exe，如图 2-4 所示。

图 2-3 单击“开始下载”按钮

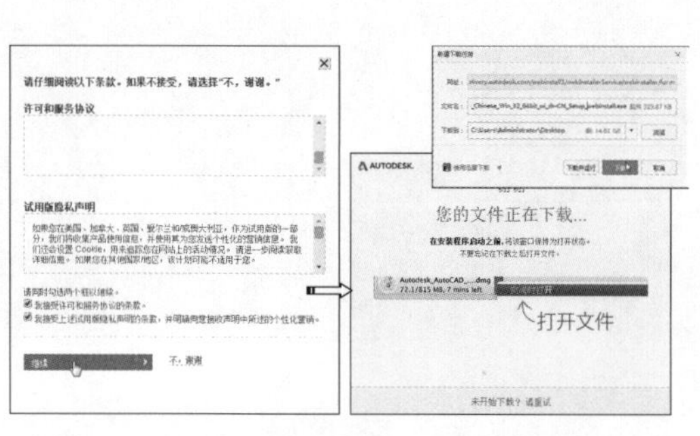

图 2-4 同意接受服务协议，并开始下载安装器

提示：

在选择操作系统时，一定要查看自己计算机的操作系统是 32 位的还是 64 位的。查看方法是：在 Windows 7/Windows 8 系统的桌面上右键单击“计算机”图标，在弹出的快捷菜单中选择“属性”命令，弹出系统控制面板，随后就可以看到计算机的系统类型是 32 位的还是 64 位的了，如图 2-5 所示。

图 2-5　查看系统类型

step 05　完成安装器的下载后，双击此安装器，随后弹出安装 AutoCAD 2018 的“Autodesk Download Manager”对话框，选择“我同意”单选按钮并单击“安装”按钮，如图 2-6 所示。

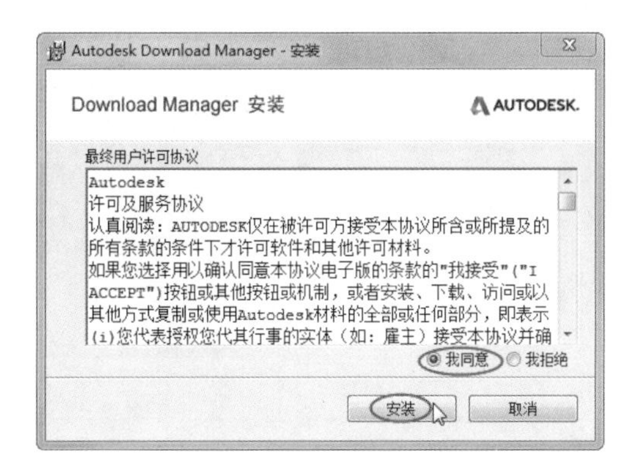

图 2-6　接受许可协议并安装软件

step 06　接下来会自动在线下载 AutoCAD 2018 软件，如图 2-7 所示。

图 2-7　下载 AutoCAD 2018

提示：

如果你安装了迅雷 7、网络快车等下载软件，此时将自动弹出这些下载软件的页面，如图 2-8 所示为自动弹出的迅雷 7 下载对话框，直接单击“立即下载”按钮即可自动下载软件。

图 2-8　通过迅雷下载

2.2　安装 AutoCAD 2018

AutoCAD 2018 的安装过程可分为安装和注册并激活两个步骤，接下来将对 AutoCAD 2018 简体中文版软件的安装与卸载过程做详细介绍。

在独立的计算机上安装产品之前，需要确保计算机已满足软件的最低系统要求。

动手操练——安装 AutoCAD 2018

AutoCAD 2018 的安装过程如下：

step 01 在安装程序包中双击 setup.exe 文件（如果是在线安装则会自动启动），AutoCAD 2018 安装程序进入安装初始化进程，并弹出安装初始化界面，如图 2-9 所示。

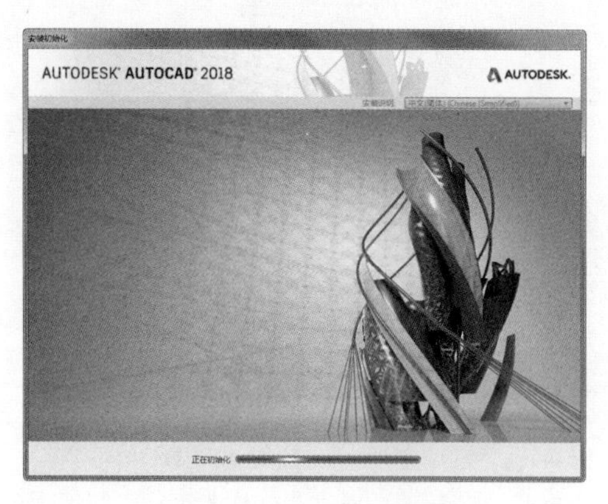

图 2-9　安装初始化

step 02 安装初始化进程结束后，弹出 AutoCAD 2018 安装窗口，如图 2-10 所示。

图 2-10　AutoCAD 2018 安装窗口

step 03 在 AutoCAD 2018 安装窗口中单击“安装”按钮，弹出 AutoCAD 2018 安装“许可协议”的界面窗口。在该窗口中选择“我接受”单选按钮，保持其他选项的默认设置，再单击“下一步”按钮，如图 2-11 所示。

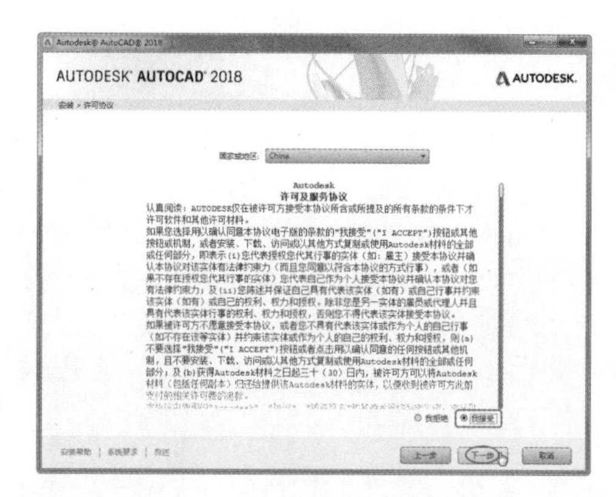

图 2-11　接受许可协议

注意：

如果不同意许可的条款并希望终止安装，可单击“取消”按钮。

step 04 设置产品和用户信息的安装步骤完成后，在 AutoCAD 2018 窗口中显示“配置安装”界面，若保留默认的配置进行安装，单击窗口中的“安装”按钮，系统开始自动安装 AutoCAD 2018 软件。也可以在此界面选择或取消选择安装某些组件，如图 2-12 所示。

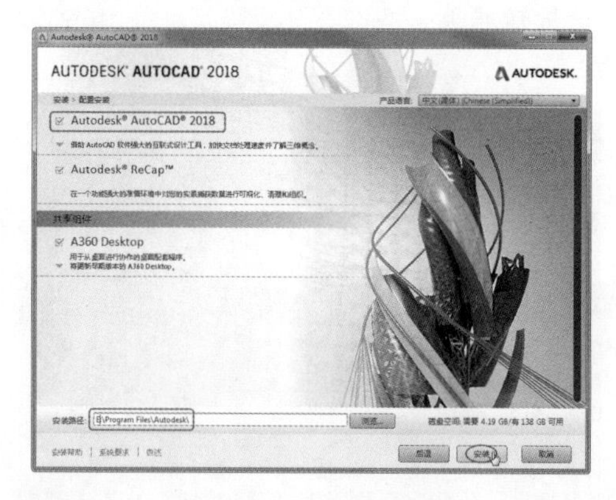

图 2-12　执行安装命令

step 05 随后系统依次安装用户选择的程序组件，并最终完成 AutoCAD 2018 主程序的安装，如图 2-13 所示。

step 06 AutoCAD 2018 组件安装完成后，单击 AutoCAD 2018 窗口中的“完成”按钮，结束安装操作，如图 2-14 所示。

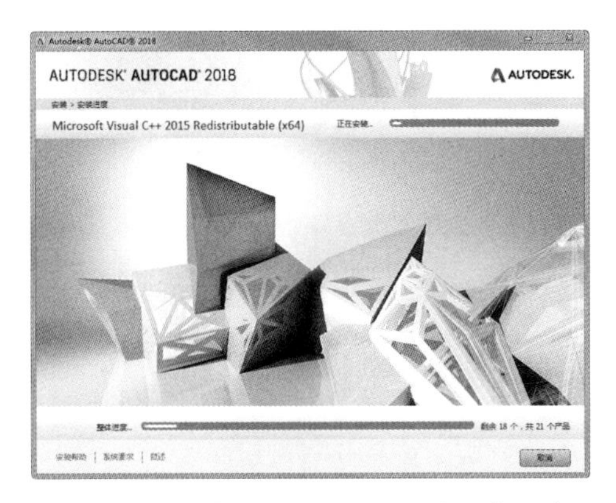

图 2-13　安装 AutoCAD 2018 的程序组件

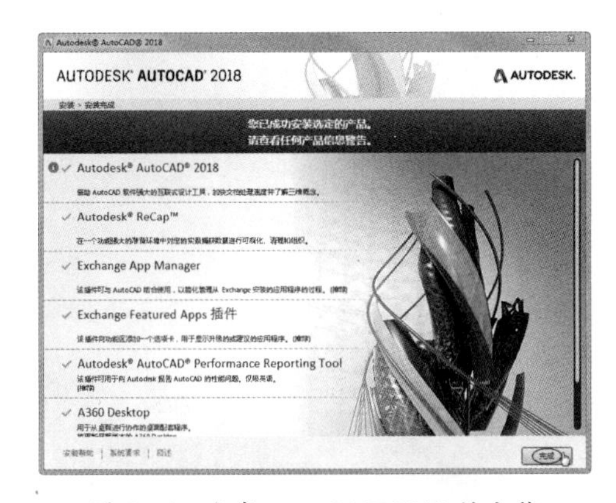

图 2-14　完成 AutoCAD 2018 的安装

动手操练——注册与激活 AutoCAD 2018

用户在第一次启动 AutoCAD 时，将显示产品激活向导。可在此时激活 AutoCAD，也可以先运行 AutoCAD 以后再激活它。

软件注册与激活的操作步骤如下：

step 01 在桌面上双击“AutoCAD 2018-Simplified Chinese”快捷方式图标，启动 AutoCAD 2018。AutoCAD 程序开始检查许可，如图 2-15 所示。

图 2-15　检查许可

step 02 随后弹出软件许可设置界面。选择“输入序列号”方式，如图 2-16 所示。

图 2-16　选择许可方式

step 03 程序弹出“Autodesk 许可”对话框，单击“我同意”按钮，如图 2-17 所示。

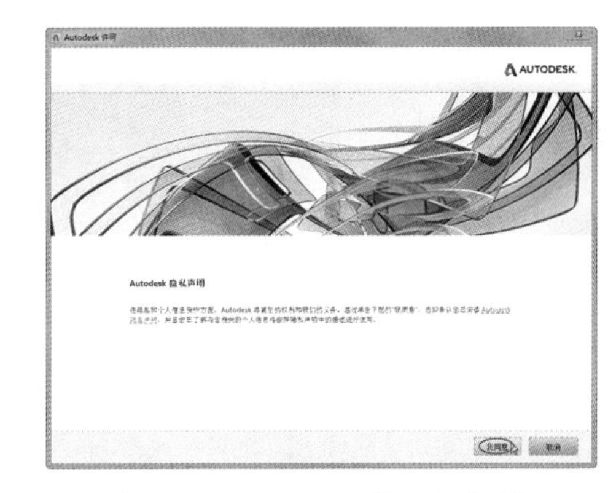

图 2-17　“Autodesk 许可”对话框

step 04 如果你有正版软件许可，接下来单击“激活”按钮，否则单击“运行”按钮试用软件，如图 2-18 所示。

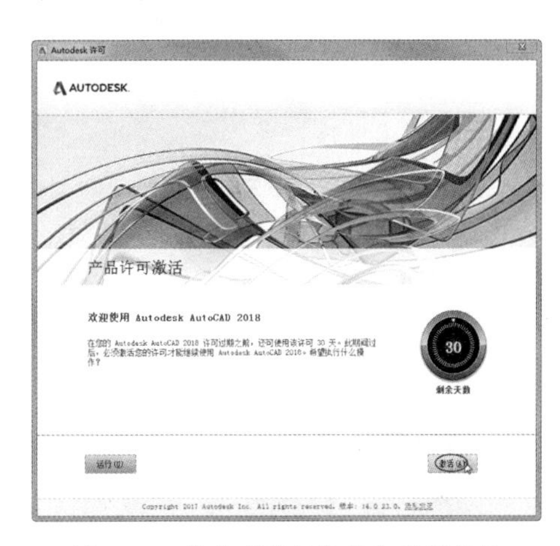

图 2-18　单击“激活”按钮激活软件

step 05 在随后弹出的“请输入序列号和产品密钥”界面中输入产品序列号与产品秘钥（软件包装中已提供），然后单击“下一步”按钮，如图 2-19 所示。

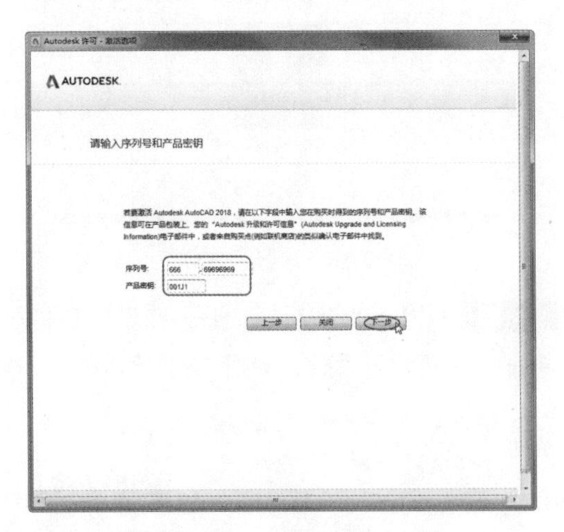

图 2-19　输入产品序列号与钥匙

提示：

在此处输入的信息是永久的，将显示在AutoCAD 软件的窗口中，由于以后无法更改此信息（除非卸载该软件），所以需要确保在此处输入信息的正确性。

step 06 接着弹出“产品许可激活选项”界面，界面中提供了两种激活方法：一种是通过 Internet 注册并激活，另一种就是直接输入 Autodesk 公司提供的激活码。选择“我具有 Autodesk 提供的激活码”单选按钮，并在展开的激活码列表中输入激活码（使用复制 / 粘贴的方法），然后单击“下一步”按钮，如图 2-20 所示。

step 07 随后自动完成产品的注册，单击“Autodesk 许可 - 激活完成”对话框中的“完成”按钮，结束 AutoCAD 产品的注册与激活操作，如图 2-21 所示。

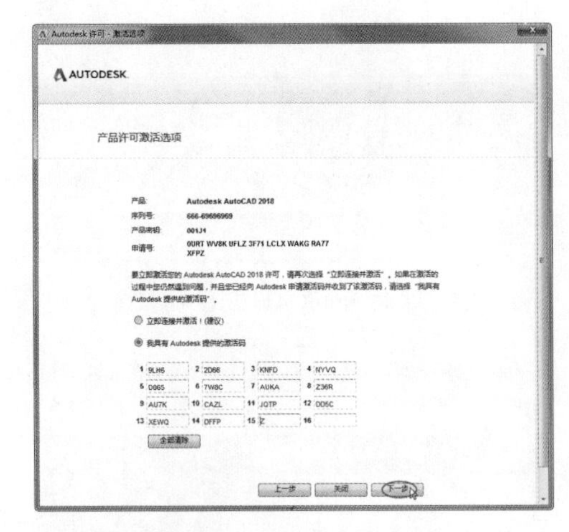

图 2-20　输入产品激活码

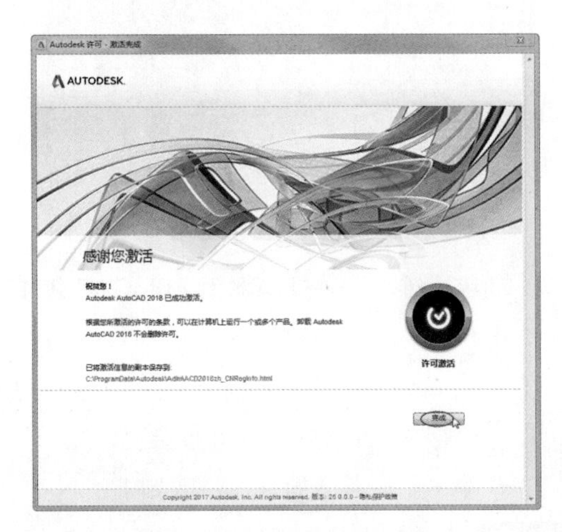

图 2-21　完成产品的注册与激活

技巧点拨：

上面主要介绍的是单机注册与激活的方法。如果连接了 Internet，可以使用联机注册与激活的方法，也就是选择“立即连接并激活”单选按钮。

2.3　AutoCAD 2018 欢迎界面

AutoCAD 2018 的欢迎界面延续了 AutoCAD 旧版软件的新选项区域功能，启动 AutoCAD 2018 会打开如图 2-22 所示的界面。

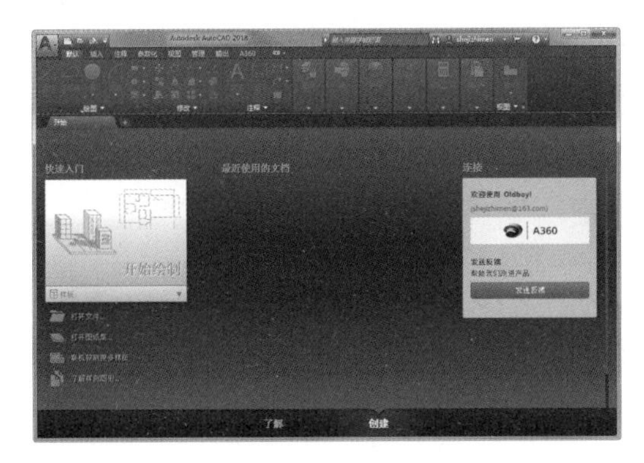

图 2-22　AutoCAD 2018 欢迎界面

该界面称为“新选项区域”。启动程序、打开新选项区域（+）或关闭一个图形时，将显示新选项区域。新选项区域为用户提供了便捷的绘图入门功能介绍：“了解”页面和“创建”页面。默认打开的状态为“创建”页面。下面来熟悉一下两个页面的基本功能。

2.3.1　“了解”页面

在“了解”页面，可以看到“新特性”“快递入门视频”“功能视频”“安全更新”和“联机资源”等功能。

动手操练——熟悉“了解”页面的基本操作

step 01　“新特性”功能。在“新特性”中能观看 AutoCAD 2018 软件中新增功能的介绍视频，如果你是新手，那么务必观看该视频。单击“新特性”中的视频播放按钮，会打开 AutoCAD 2018 自带的视频播放器来播放“新功能概述”视频，如图 2-23 所示。

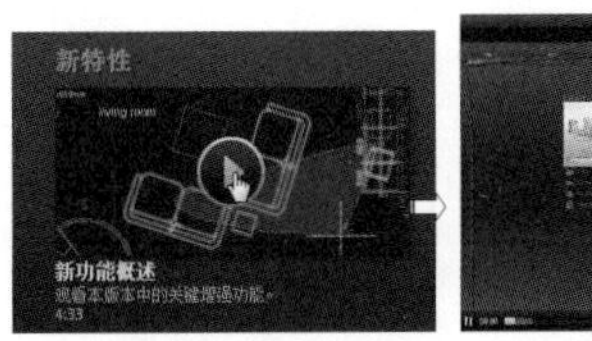

图 2-23　观看版本新增功能介绍视频

step 02　当播放完成时或者中途需要关闭播放器，在播放器右上角单击“关闭”按钮即可，如图 2-24 所示。

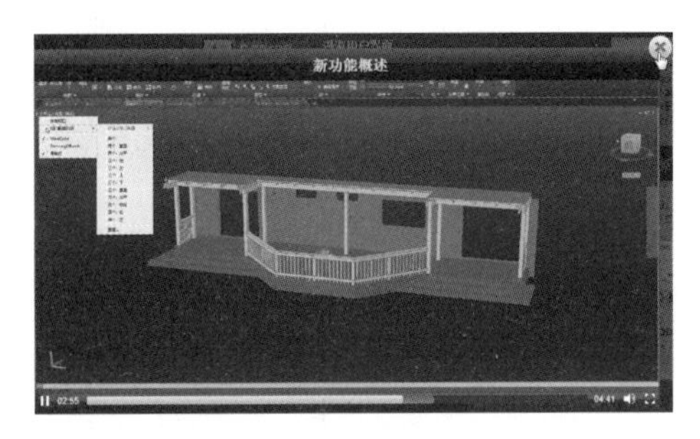

图 2-24　关闭播放器

step 03　熟悉“快速入门视频”功能。在“快速入门视频”列表中，可以选择其中的视频观看，这些视频是帮助你快速熟悉 AutoCAD 2018 工作空间界面及相关操作的功能指令，例如，单击“漫游用户界面”视频进行播放，会打开“漫游用户界面”的演示视频，如图 2-25 所示。“漫游用户界面”主要介绍 AutoCAD 2018 的视图、视口及模型的操控方法。

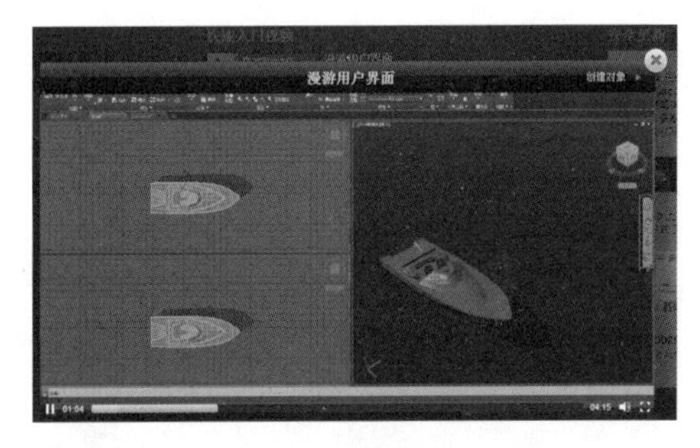

图 2-25　观看“漫游用户界面”演示视频

step 04　熟悉“功能视频”功能。“功能视频”是帮助新手了解 AutoCAD 2018 高级功能的视频。当你掌握了 AutoCAD 2018 的基础设计能力后，观看这些视频能提升你的软件操作水平。例如，单击“改进的图形”视频进行观看，会看到 AutoCAD 2018 的新增功能——平滑线显示图形。以前旧版本中在绘制圆形或斜线时，会显示出极不美观的“锯齿”，在有了“平滑线显示图形”功能后，能很清晰、平滑地显示图形了，如图 2-26 所示。

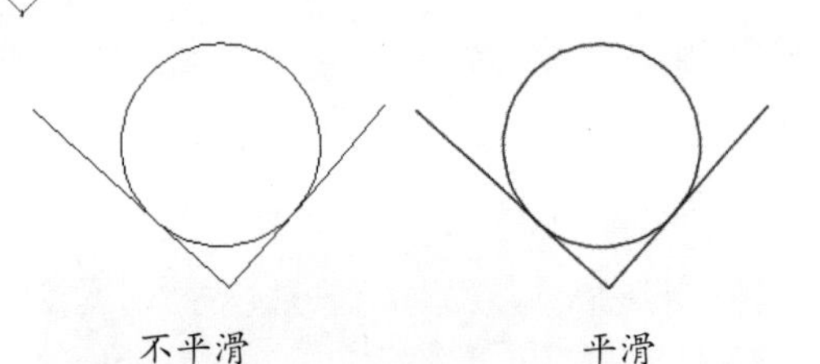

图 2-26　改进的图形平滑显示

step 05 熟悉“安全更新”功能。“安全更新”是发布 AutoCAD 及其插件程序的补丁和软件更新信息的窗口。单击“单击此处以获取修补程序和详细信息”链接地址，可以打开 Autodesk 官方网站的补丁程序信息发布页面，如图 2-27 所示。

图 2-27　AutoCAD 及其插件程序的补丁下载信息

提示：

默认页面是英文显示的，要想用中文显示网页中的内容，有两种方法：一种是使用 Google Chrome 浏览器自动翻译；另一种就是在此网页右侧的语言下拉列表中选择“Chinese (Simplified)”选项，再单击“View Original”按钮，即可用简体中文显示网页，如图 2-28 所示。

图 2-28　翻译网页

step 06 熟悉“联机资源”功能。“联机资源”是进入 AutoCAD 2018 联机帮助的窗口。单击“AutoCAD 基础知识漫游”图标，即可打开联机帮助文档网页，如图 2-29 所示。

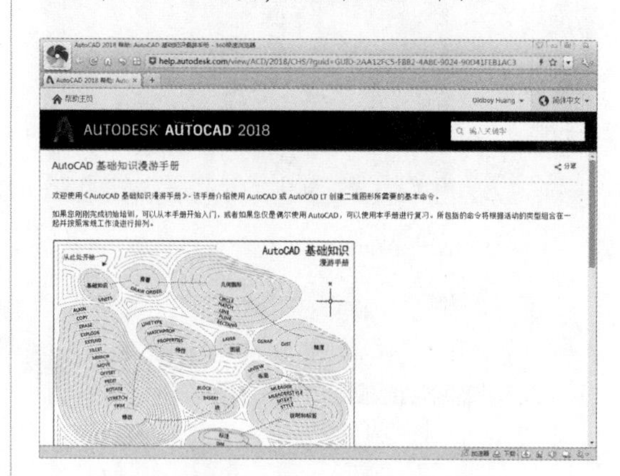

图 2-29　打开联机帮助文档网页

2.3.2　“创建”页面

在“创建”页面中，包括“快速入门”“最近使用的文档”和“连接”3 个引导功能，下面通过操作来演示如何使用这些引导功能。

动手操练——熟悉“创建”页面的功能应用

step 01 “快速入门”功能是新用户进入 AutoCAD 2018 的关键一步，作用是教会你如何选择样板文件、打开已有文件、打开已创建的图纸集、获取更多联机的样板文件和了解样例图形等。

step 02 如果直接单击“开始绘制”大图标，将进入 AutoCAD 2018 的工作空间，如图 2-30 所示。

技巧点拨：

直接单击“开始绘制”按钮，AutoCAD 2018 将自动选择公制的样板进入工作空间中。

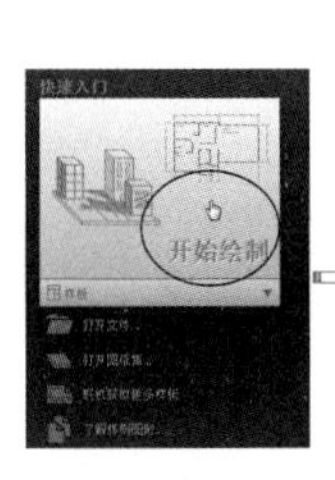

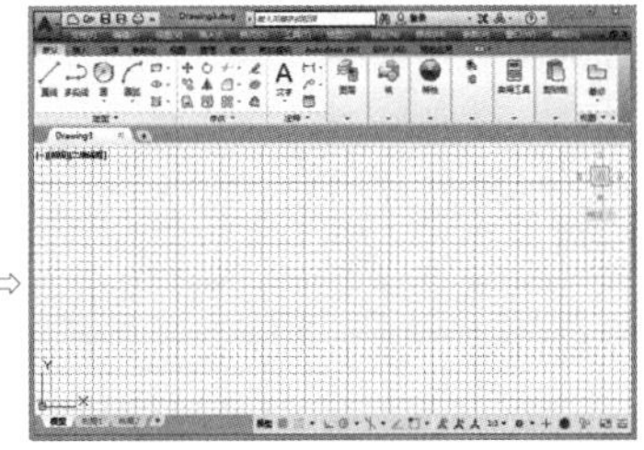

图 2-30　直接进入 AutoCAD 2018 的工作空间

step 03 若展开样板列表，你会发现有很多 AutoCAD 样板文件可供选择，选择何种样板将取决于即将绘制的是公制还是英制的图纸，如图 2-31 所示。

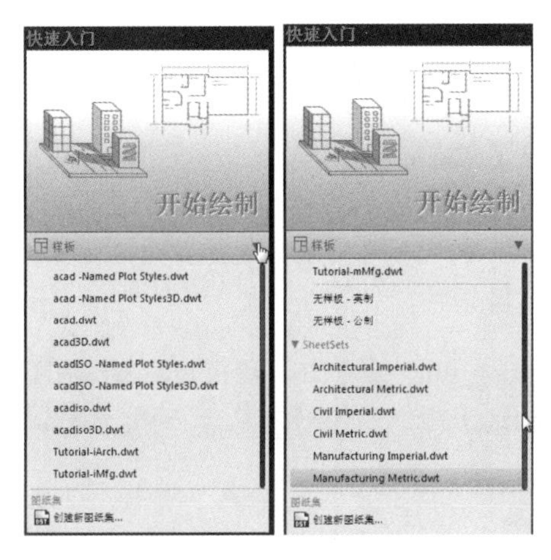

图 2-31　展开样板列表

技巧点拨：

样板列表中包含 AutoCAD 所有样板文件，大致分为 3 种。首先是英制和公制的常见样板文件，凡是样板文件名中包含 iso 的都是公制样板，反之是英制样板。其次是无样板的空模板文件，最后是机械图纸和建筑图纸的模板，如图 2-32 所示。

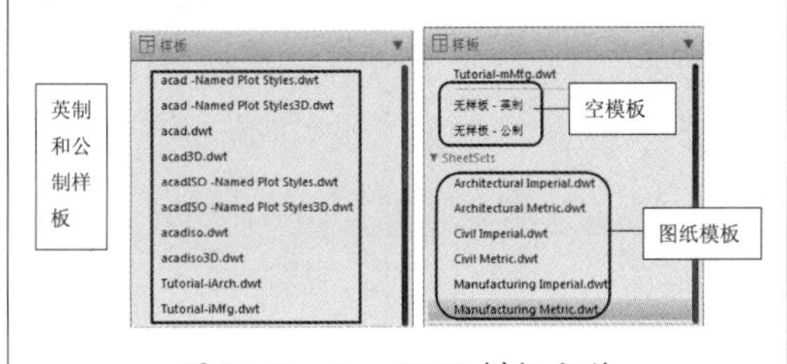

图 2-32　AutoCAD 样板文件

step 04 如果选择“打开文件”选项，会弹出“选择文件”对话框。从系统路径中找到 AutoCAD 文件并打开，如图 2-33 所示。

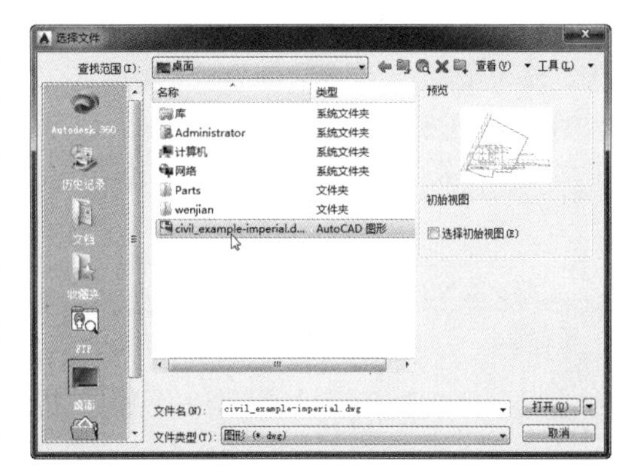

图 2-33　打开文件

step 05 选择“打开图纸集”选项，可以打开“打开图纸集”对话框。选择用户先前创建的图纸集并打开即可，如图 2-34 所示。

图 2-34　打开图纸集

提示：

关于图纸集的作用及如何创建图纸集，将在后面相应章节中详细介绍。

step 06 选择“联机获取更多样板”选项，将可以到 Autodesk 官方网站下载各种符合设计要求的样板文件，如图 2-35 所示。

step 07 选择“了解样例图形”选项，可以在随后弹出的“选择文件”对话框中，打开

AutoCAD 自带的样例文件，这些样例文件包括建筑、机械、室内等图纸样例和图块样例，如图 2-36 所示为在 X（AutoCAD 2018 软件安装盘符）:\Program Files\Autodesk\AutoCAD 2018\Sample\Sheet Sets\Manufacturing 路径下打开的机械图纸样例 VW252-02-0200.dwg。

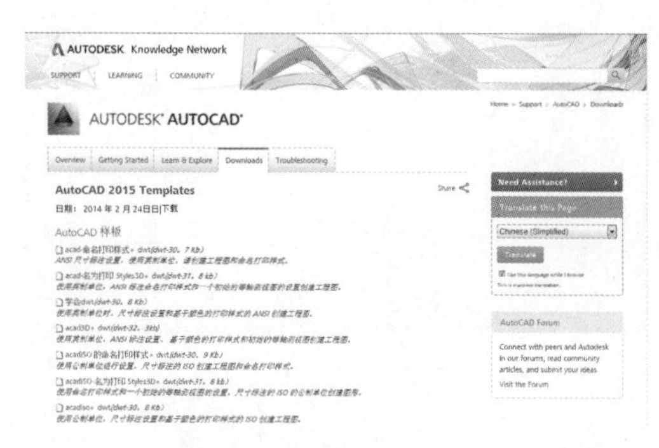

图 2-35 联机获取更多样板

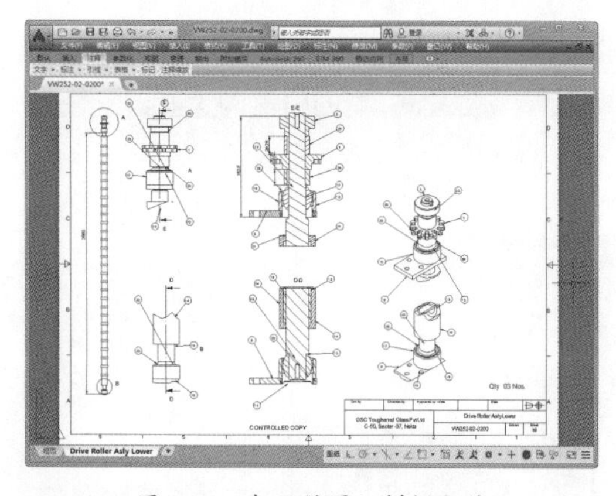

图 2-36 打开的图纸样例文件

step 08 “最近使用的文档”功能可以快速打开之前建立的图纸文件，而不用通过“打开文件”的方式去寻找文件，如图 2-37 所示。

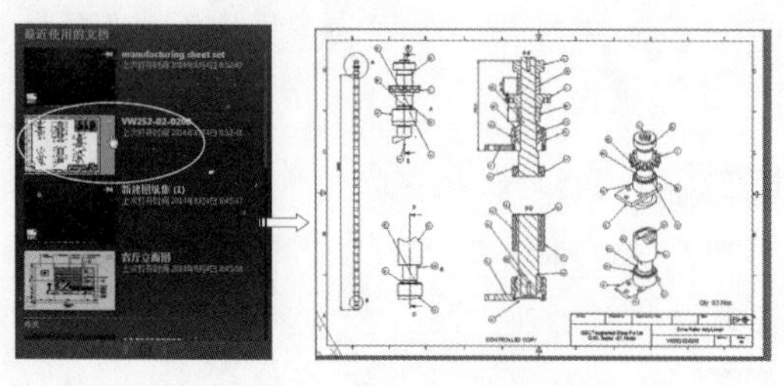

图 2-37 打开最近使用的文档

技巧点拨：

“最近使用文档”底部的 3 个按钮——大图标、小图标和列表，可以分别显示大小不同的文档预览图片，如图 2-38 所示。

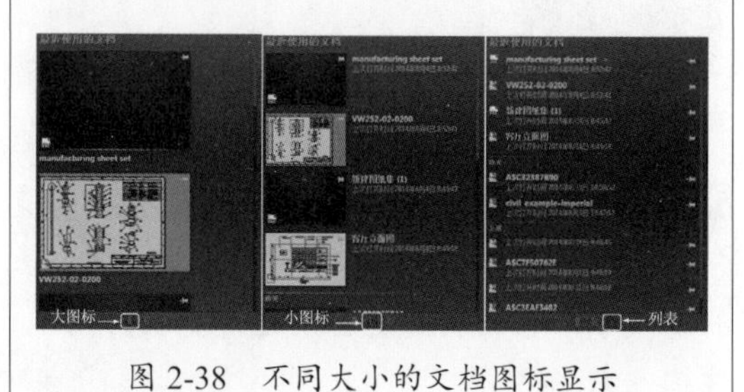

图 2-38 不同大小的文档图标显示

step 09 “连接”功能除了可以在此登录 Autodesk 360，还可以将用户在使用 AutoCAD 2018 过程中所遇到的困难或者发现软件自身的缺陷反馈给 Autodesk 公司。单击“登录”按钮，将弹出“Autodesk 登录”对话框，如图 2-39 所示。

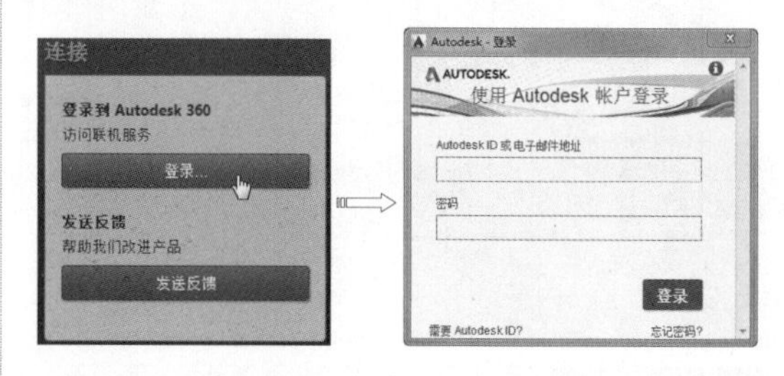

图 2-39 登录 Autodesk 360

step 10 如果没有账户，可以单击 Autodesk 登录”对话框下方的“需要 Autodesk ID？”按钮，在打开的“Autodesk 创建账户”对话框中创建属于自己的账户，如图 2-40 所示。

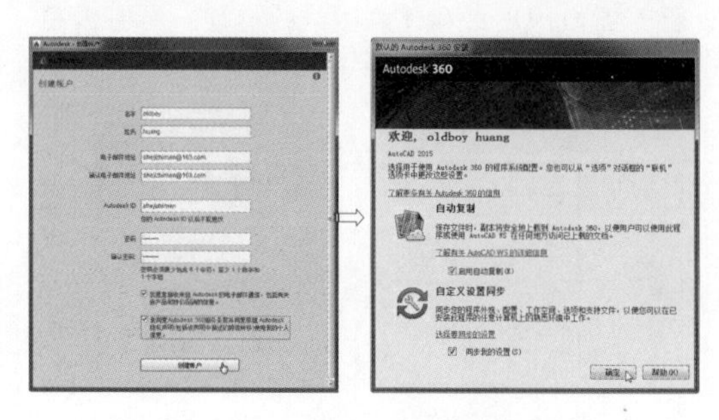

图 2-40 注册 Autodesk 360 账户

2.4　AutoCAD 2018 工作界面

AutoCAD 2018 提供了“二维草图与注释”“三维建模”和“AutoCAD 经典”3 种工作空间模式，用户在工作状态下可以随时切换工作空间。

在程序默认状态下，窗口中打开的是“二维草图与注释”工作空间。“二维草图与注释”工作空间的工作界面主要由菜单浏览、快速访问工具栏、信息搜索中心、菜单栏、功能区、文件选项区域、绘图区、命令行、状态栏等元素组成，如图 2-41 所示。

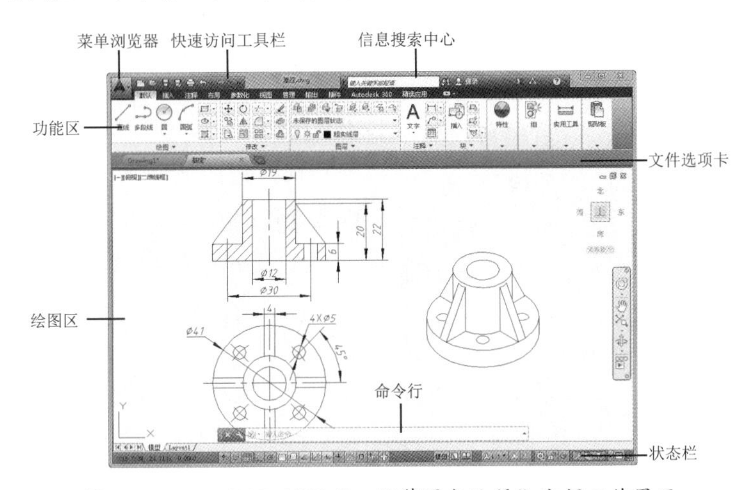

图 2-41　AutoCAD 2018“二维草图与注释”空间工作界面

提示：

初始打开 AutoCAD 2018 软件显示的界面为黑色背景，与绘图区的背景颜色一致，如果觉得黑色不美观，可以通过在菜单栏中选择“工具”|“选项”命令，打开“选项”对话框，然后在“显示”选项卡中设置窗口的配色方案为“明”，如图 2-42 所示。

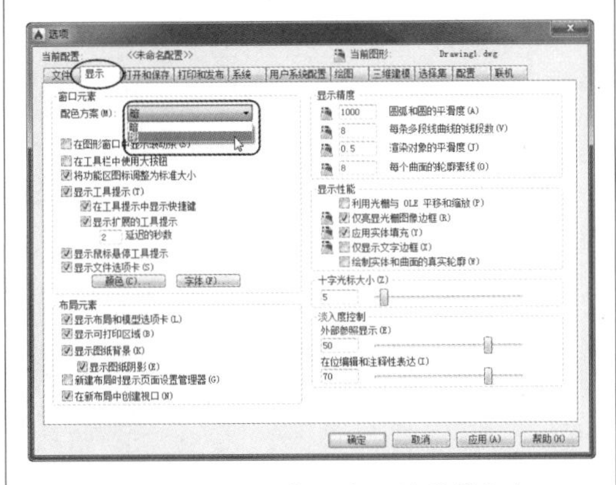

图 2-42　设置功能区窗口的背景颜色

技巧点拨：

同样，如果需要设置绘图区的背景颜色，同样需要在“选项”对话框的“显示”选项卡中进行颜色设置，如图 2-43 所示。

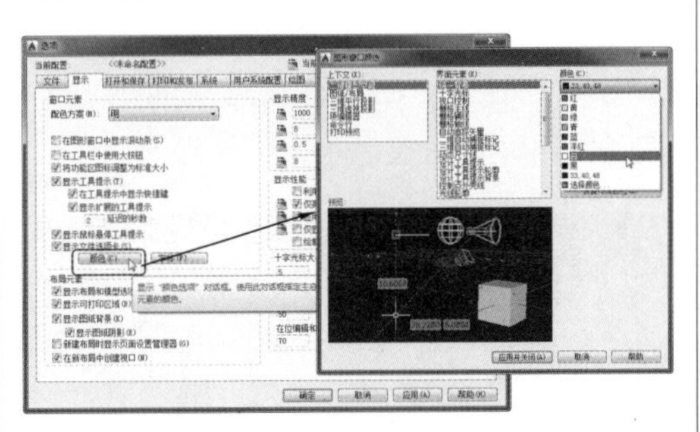

图 2-43　设置绘图区背景颜色

2.5 绘图环境的设置

通常情况下，用户可以在 AutoCAD 2018 默认设置的环境下绘制图形，但有时为了使用特殊的定点设备、打印机，或者提高绘图效率，需要在绘制图形前先对系统参数、绘图环境做必要的设置。这些设置包括系统变量设置、选项设置、草图设置、特性设置、图形单位设置，以及绘图图限设置等，接下来做详细介绍。

2.5.1 选项设置

选项设置是用户自定义的程序设置，它包括文件、显示、打开和保存、打印和发布、系统、用户系统配置、绘图、三维建模、选择集、配置等一系列设置。选项设置是通过“选项”对话框来完成的，用户可以通过以下命令打开“选项”对话框：

- 菜单栏：选择“工具”|“选项”命令。
- 右键快捷菜单：在命令窗口中单击鼠标右键，或者（在未运行任何命令也未选择任何对象的情况下）在绘图区域中单击鼠标右键，然后在弹出的快捷菜单中选择“选项”命令。
- 命令行：输入 OPTIONS 并按 Enter 键。

打开的“选项”对话框如图 2-44 所示。该对话框包含文件、显示、打开和保存、打印和发布、系统、用户系统配置、绘图、三维建模、选择集、配置等设置功能选项卡，下面介绍各功能含义。

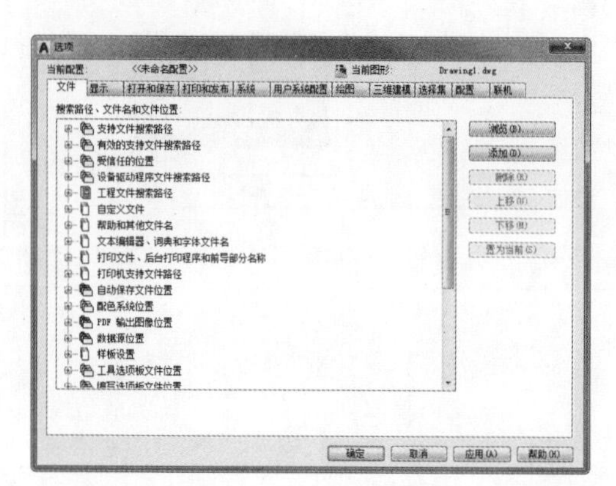

图 2-44 “选项”对话框

1. “文件”选项卡

在“文件”选项卡中，列出了程序在其中搜索支持文件、驱动程序文件、菜单文件和其他文件的文件夹，还列出了用户定义的可选设置，例如，哪个目录用于进行拼写检查。“文件”选项卡如图 2-44 所示。

2. “显示”选项卡

“显示”选项卡如图 2-45 所示。该选项卡包括“窗口元素”“布局元素”“显示精度”“显示性能”“十字光标大小”“淡入度控制”选项卡，其主要功能含义如下：

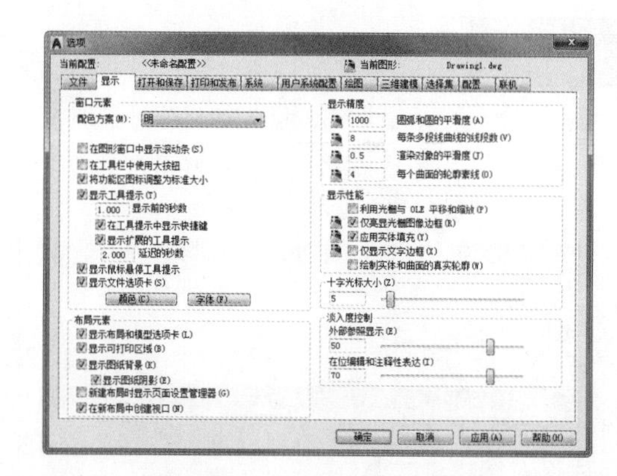

图 2-45 “显示”选项卡

- “窗口元素”选项组：设置绘图环境特有的显示方式。
- “布局元素”选项组：控制现有布局和新布局的选项，布局是一幅图纸的空间环境，用户可在其中绘制图形并进行打印。
- “显示精度”选项组：控制对象的显

示质量，如果设置较高的值提高显示质量，则性能将受到一定的影响。

- “显示性能”选项组：控制影响性能的显示设置。
- “十字光标大小”选项组：控制十字光标的尺寸。
- “淡入度控制”选项组：控制影响性能的显示设置，指定在位编辑参照的过程中对象的褪色度。

在该选项组中，包含“颜色”和“字体”功能设置按钮。“颜色”按钮用于设置应用程序中每个上下文界面元素的显示颜色。单击“颜色”按钮，则弹出如图 2-46 所示的“图形窗口颜色”对话框。

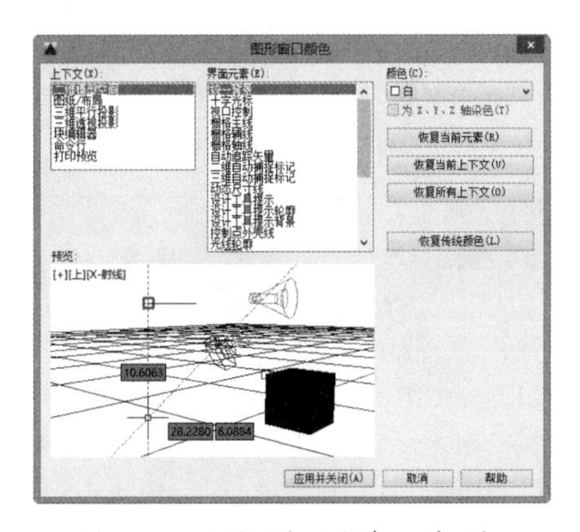

图 2-46　“图形窗口颜色”对话框

在命令行中若需要更改显示的字体时，可通过“字体”按钮来设置，单击“字体”按钮，则弹出如图 2-47 所示的“命令行窗口字体”对话框。

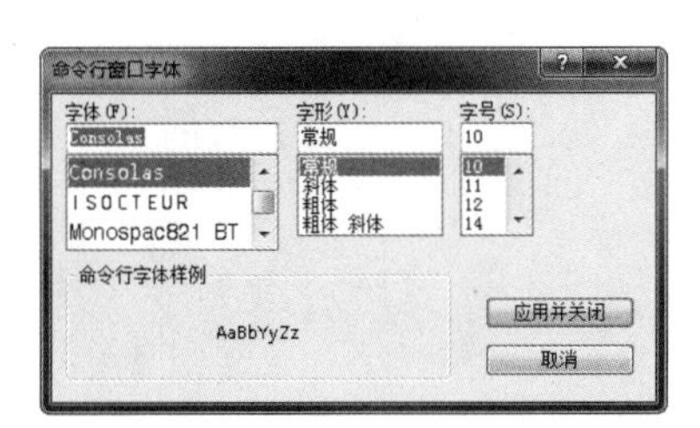

图 2-47　“命令行窗口字体”对话框

提示：

屏幕菜单字体是由 Windows 系统字体设置控制的。如果使用屏幕菜单，应将 Windows 系统字体设置为符合屏幕菜单尺寸限制的字体和字号。

3. “打开和保存”选项卡

“打开和保存”选项卡用于控制打开和保存文件，如图 2-48 所示。

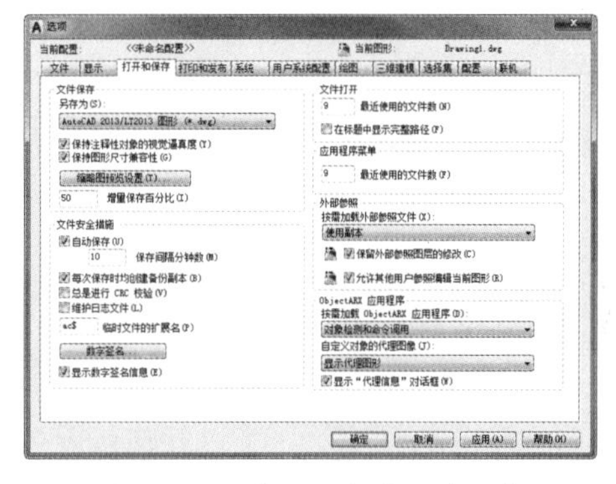

图 2-48　“打开和保存”选项卡

提示：

AutoCAD 2004、AutoCAD 2005 和 AutoCAD 2006 版本使用的图形文件格式相同。AutoCAD 2007 和 AutoCAD 2018 版本的图形文件格式也是相同的。

该选项卡包括“文件保存”“文件安全措施”“文件打开”“应用程序菜单”“外部参照”“ObjectARX 应用程序”等选项组，其功能含义如下：

- “文件保存”选项组：控制保存文件的相关设置。
- “文件安全措施”选项组：帮助避免数据丢失及检测错误。
- “文件打开”选项组：控制最近使用文件的显示个数和方式。
- “应用程序菜单”选项组：控制菜单

栏的“最近使用的文档”快捷菜单中所列出的最近使用过的文件数，以及控制菜单栏的“最近执行的动作”快捷菜单中所列出的最近使用过的菜单动作数。

- “外部参照”选项组：控制与编辑和加载外部参照有关的设置。
- “ObjectARX 应用程序”选项组：控制“AutoCAD 实时扩展”应用程序及代理图形的有关设置。

在该选项组中，还可以控制保存图形时是否更新缩略图预览。单击“缩略图预览设置”按钮，则弹出如图 2-49 所示的“缩略图预览设置”对话框。

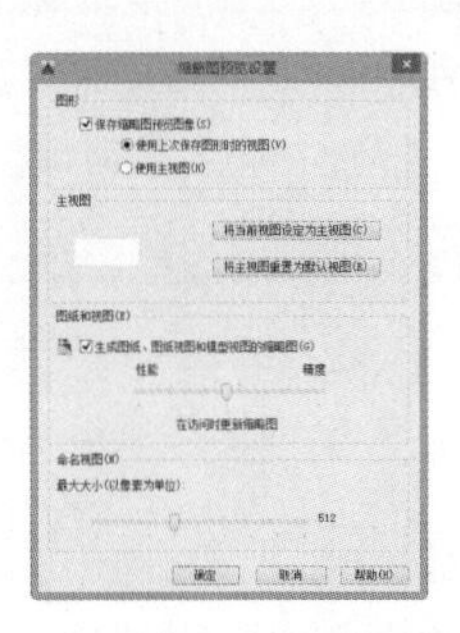

图 2-49　“缩略图预览设置”对话框

4. “打印和发布”选项卡

“打印和发布”选项卡中包含控制与打印和发布相关的选项设置，如图 2-50 所示。

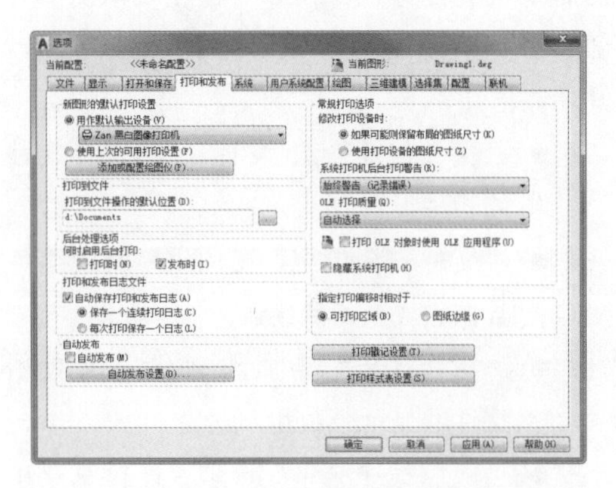

图 2-50　“打印和发布”选项卡

该选项卡中包括“新图形的默认打印设置”“打印到文件”“后台处理选项”“打印和发布日志文件”“自动发布”“常规打印选项”“指定打印偏移时相对于”选项组，其主要功能含义如下：

- “新图形的默认打印设置”选项组：控制新图形或在 AutoCAD R14 或更早版本中创建的没有用 AutoCAD 2000 或更高版本格式保存的图形的默认打印设置。
- “打印到文件”选项组：为打印到文件操作指定默认位置。
- “后台处理选项”选项组：指定与后台打印和发布相关的选项。可以使用后台打印启动要打印或发布的作业，然后立即返回绘图工作，系统将在用户工作的同时打印或发布作业。

> **提示：**
>
> 当在脚本（SCR 文件）中使用 -PLOT、PLOT、-PUBLISH 和 PUBLISH 时，BACKGROUNDPLOT 系统变量的值将被忽略，并在前台执行 -PLOT、PLOT、-PUBLISH 和 PUBLISH 命令。

- “打印和发布日志文件”选项组：控制用于将打印和发布日志文件另存为逗号分隔值 (CSV) 文件（可以在电子表格程序中查看）的选项。
- “自动发布”选项组：指定图形是否自动发布为 DWF 或 DWFx 文件。还可以控制用于自动发布的选项。
- “常规打印选项”选项组：控制常规打印环境（包括图纸尺寸设置、系统打印机警告方式和图形中的 OLE 对象）的相关选项。
- “指定打印偏移时相对于”选项组：

指定打印区域的偏移是从可打印区域的左下角开始，还是从图纸的边开始。

5. “系统”选项卡

“系统”选项卡主要控制 AutoCAD 的系统设置。其功能选项如图 2-51 所示。

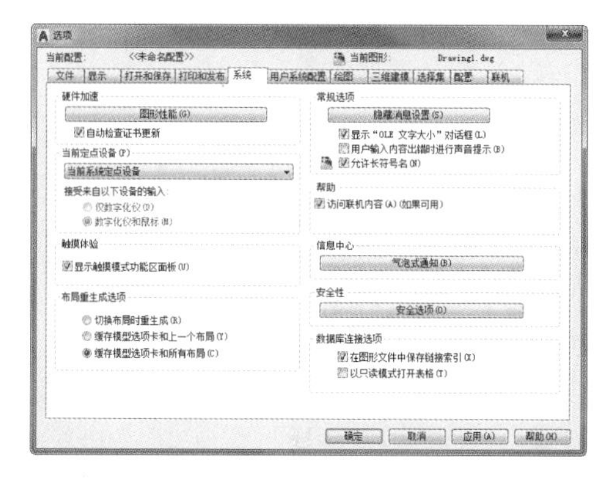

图 2-51　“系统”选项卡

该选项卡中包括“硬件加速”“当前定点设备”“布局重生成选项”“常规选项”“数据库连接选项”等选项组，其功能含义如下：

- “硬件加速”选项组：控制与三维图形显示系统配置相关的设置。
- “当前定点设备”选项组：控制与定点设备相关的选项。
- “布局重生成选项”选项组：指定“模型”和“布局”选项组上的显示列表如何更新。对于每个选项组，更新显示列表的方法可以是切换到该选项组时重生成图形，也可以是切换到该选项组时将显示列表保存到内存并只重生成修改的对象。修改这些设置可以提高性能。
- “数据库连接选项”选项组：控制与数据库连接信息相关的选项。
- “常规选项”选项组：控制与系统设置相关的基本选项。

6. “用户系统配置”选项卡

“用户系统配置”选项卡中包含控制优化工作方式的选项，如图 2-52 所示。该选项卡中包括“Windows 标准操作”“插入比例”“超链接”“字段”“坐标数据输入的优先级”“关联标注”“放弃 / 重做”等选项组，其功能含义如下：

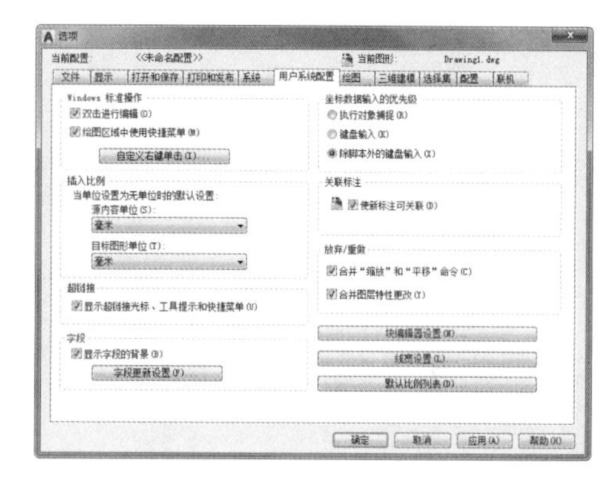

图 2-52　“用户系统配置”选项卡

- “Windows 标准操作”选项组：控制单击和单击鼠标右键操作。
- “插入比例”选项组：控制在图形中插入块和图形时使用的默认比例。
- “超链接”选项组：控制与超链接的显示特性相关的设置。
- “字段”选项组：设置与字段相关的系统配置。
- “坐标数据输入的优先级”选项组：控制程序响应坐标数据输入的方式。
- “关联标注”选项组：控制是创建关联标注对象还是创建传统的非关联标注对象。
- “放弃 / 重做”选项组：控制“缩放”和“平移”命令的“放弃”和“重做”。

在“用户系统配置”选项卡中还包含“自定义右键单击”“线宽设置”等其他功能设置。“自定义右键单击”用于控制在绘图区域中右键的作用，单击“自定义右键单击”按钮，则弹出“自定义右键单击”对话框，如图 2-53 所示。

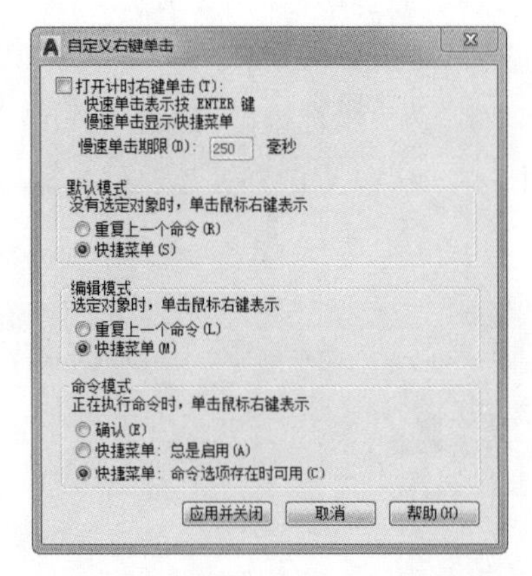

图 2-53 “自定义右键单击”对话框

“线宽设置”可以设置当前线宽、设置线宽单位、控制线宽的显示和显示比例，以及设置图层的默认线宽值。单击“线宽设置”按钮，则弹出“线宽设置”对话框，如图 2-54 所示。

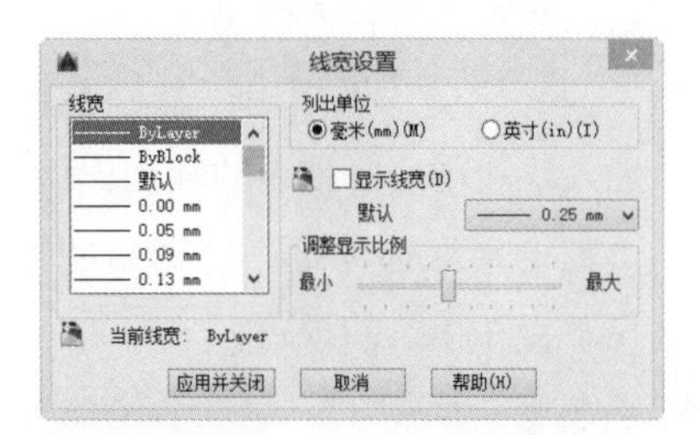

图 2-54 “线宽设置”对话框

7. “绘图”选项卡

“绘图”选项卡中包含设置多个编辑功能的选项（包括自动捕捉和自动追踪），如图 2-55 所示。

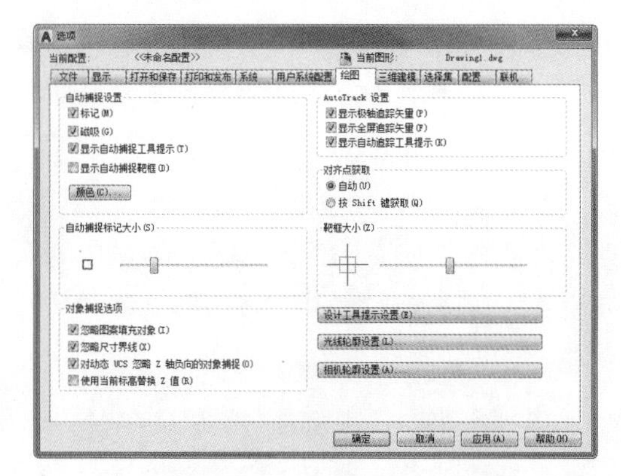

图 2-55 “绘图”选项卡

该选项卡中包括“自动捕捉设置”“自动捕捉标记大小”“对象捕捉选项”“Auto Track 设置”“对齐点获取”“靶框大小”等选项组，其功能含义如下：

- “自动捕捉设置”选项组：控制使用对象捕捉时显示的形象化辅助工具（称作自动捕捉）的相关设置。
- “自动捕捉标记大小”选项组：设置自动捕捉标记的显示尺寸。
- “对象捕捉选项”选项组：指定对象捕捉的选项。
- “Auto Track 设置”选项组：控制与 AutoTrack™（自动追踪）方式相关的设置，此设置在极轴追踪或对象捕捉追踪打开时可用。
- “对齐点获取”选项组：控制在图形中显示对齐矢量的方法。
- “靶框大小”选项组：设置自动捕捉靶框的显示尺寸。
- “设计工具提示设置”功能按钮：控制绘图工具提示的颜色、大小和透明度。
- “光线轮廓设置”功能按钮：显示光线轮廓的当前外观并在更改时进行更新。
- “相机轮廓设置”功能按钮：指定相机轮廓的外观。

在“绘图”选项卡中，用户还可以通过“设计工具提示设置”“光线轮廓设置”和“相机轮廓设置”等功能来设置相关选项。“设计工具提示设置”主要控制工具提示的外观。单击此功能按钮，可弹出“工具提示外观”对话框。通过该对话框，可以设置工具提示的相关选项，如图 2-56 所示。

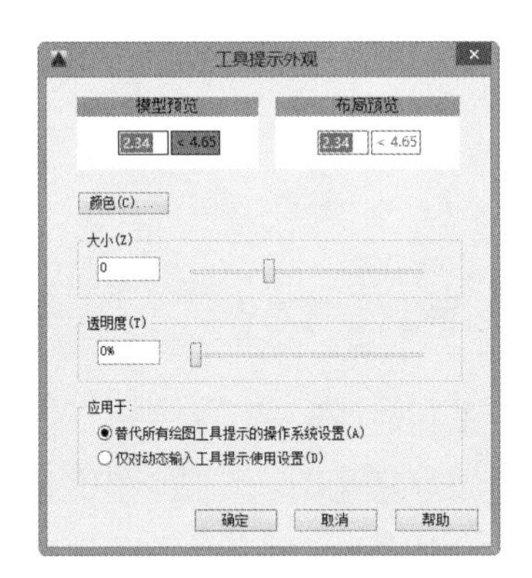

图 2-56　“工具提示外观”对话框

提示：

使用 TOOLTIPMERGE 系统变量可将绘图工具提示合并为单个工具提示。

“光线轮廓设置”用于指定光线轮廓的外观。单击此功能按钮，程序弹出“光线轮廓外观”对话框，如图 2-57 所示。

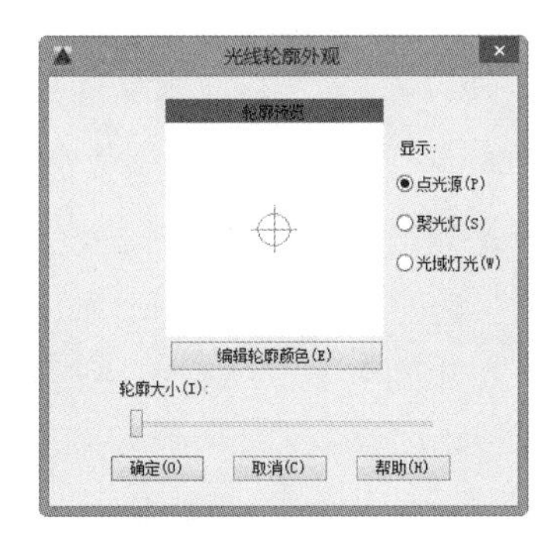

图 2-57　“光线轮廓外观”对话框

“相机轮廓设置”用于指定相机轮廓的外观。单击此功能按钮，程序弹出“相机轮廓外观”对话框，如图 2-58 所示。

图 2-58　“相机轮廓外观”对话框

8. “三维建模”选项卡

“三维建模”选项卡中包含设置在三维对象中使用实体和曲面的选项，如图 2-59 所示。

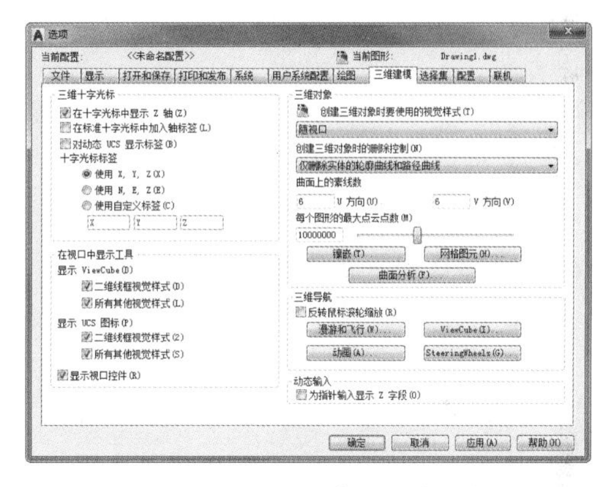

图 2-59　“三维建模”选项卡

该选项卡中包括“三维十字光标”“显示 ViewCube”或“显示 UCS 图标”“动态输入”“三维对象”“三维导航”等选项组，其功能含义如下：

- “三维十字光标”选项组：控制三维操作中十字鼠标指针的显示样式。
- “显示 ViewCube”或“显示 UCS 图标”选项组：控制 ViewCube 和 UCS 图标的显示。
- “动态输入”选项组：控制坐标项的动态输入字段的显示。
- “三维对象”选项组：控制三维实体

和曲面的显示的设置。

- “三维导航”选项组：设置漫游、飞行和动画选项以显示三维模型。

9. “选择集”选项卡

“选择集”选项卡中包含设置选择对象的选项，如图 2-60 所示。

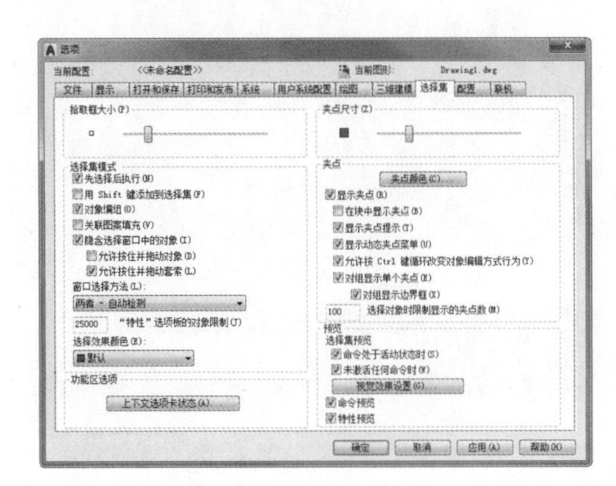

图 2-60 “选择集”选项卡

该选项卡中包括有“拾取框大小”“预览”“选择集模式”“夹点尺寸”“夹点”等选项组，其功能含义如下：

- “拾取框大小”选项组：控制拾取框的显示尺寸。拾取框是在编辑命令中出现的对象选择工具。
- “集预览”选项组：当拾取框光标滚动过对象时，亮显对象。
- “选择集模式”选项组：控制与对象选择方法相关的设置。
- “夹点尺寸”选项组：控制夹点的显示尺寸。
- “夹点”选项组：控制与夹点相关的设置。在对象被选中后，其上将显示夹点，即一些小方块。

在“选择集”选项卡中，用户还可以设置选择预览的外观。单击“视觉效果设置”功能按钮，则弹出“视觉效果设置”对话框，如图 2-61 所示。该对话框用来设置选择预览效果和区域选择效果。

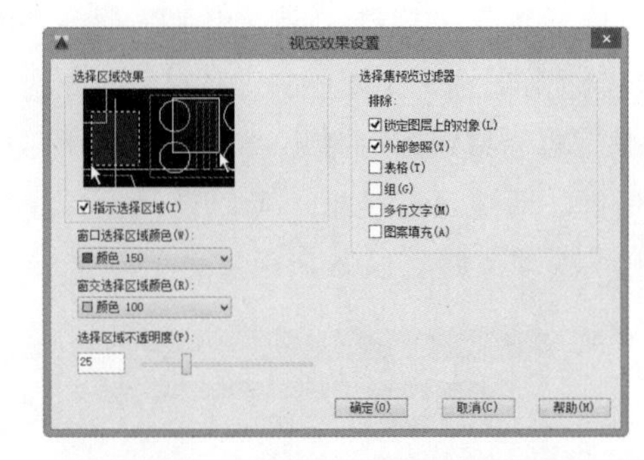

图 2-61 “视觉效果设置”对话框

10. “配置”选项卡

“配置”选项卡用于控制配置的使用。配置是由用户定义的。选项卡中的各功能选项如图 2-62 所示。

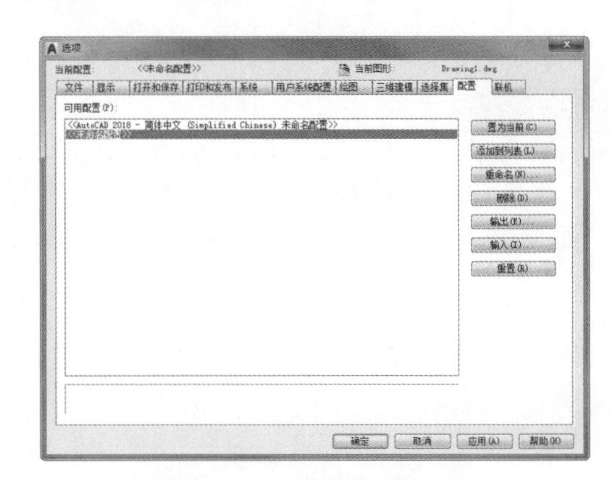

图 2-62 “配置”选项卡

该选项卡中的各功能按钮含义如下：

- “置为当前”按钮：使选定的配置成为当前配置。
- “添加到列表”按钮：用其他名称保存选定配置。
- “删除”按钮：删除选定的配置（除非它是当前配置）。
- “输出”按钮；将配置文件输出为扩展名为 .arg 的文件，以便可以与其他用户共享该文件。

- “输入”按钮：输入使用“输出”选项创建的配置文件（文件扩展名为 .arg）。
- “重置”按钮：将选定配置中的值重置为系统默认设置。

2.5.2　草图设置

草图设置主要是为绘图工作时的一些类别进行设置，如“捕捉和栅格”“极轴追踪”“对象捕捉”“动态输入”“快捷特性”等。这些类别的设置是通过“草图设置”对话框来实现的，用户可通过以下方式来打开“草图设置”对话框：

- 菜单栏：选择“工具”|“绘图设置”命令。
- 状态栏：在状态栏绘图工具区域的“捕捉”“栅格”“极轴”“对象捕捉”“对象追踪”“动态”或“快捷特性”工具上选择右键快捷菜单中的“设置”命令。
- 命令行：输入DSETTINGS并按Enter键。

执行上述命令后打开“草图设置”对话框，如图 2-63 所示。

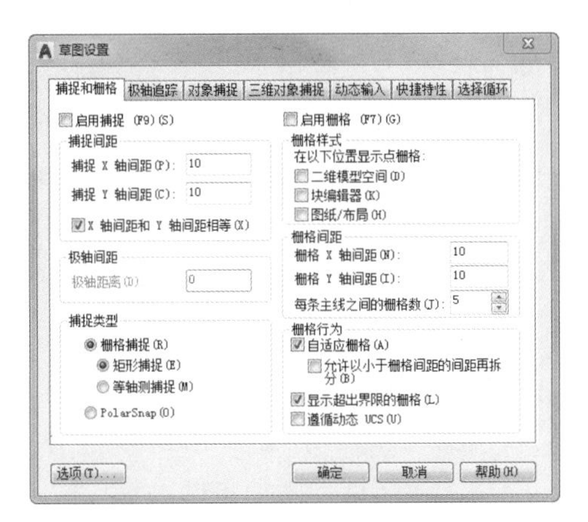

图 2-63　“草图设置”对话框

对话框中包含了多个功能选项卡，下面介绍其中选项的含义。

1. “捕捉和栅格”选项卡

该选项卡主要用于指定捕捉和栅格设置，选项卡中各选项的含义如下：

启用捕捉：打开或关闭捕捉模式。“捕捉”栏是控制光标移动的大小。

> **提示：**
>
> 用户也可以通过单击状态栏上的“捕捉模式”按钮、按 F9 键或使用 SNAPMODE 系统变量，来打开或关闭捕捉模式。

启用栅格：打开或关闭栅格。“栅格间距”用于控制栅格显示的间距大小。

> **提示：**
>
> 用户也可以通过单击状态栏上的“栅格显示”按钮、按 F7 键或使用 GRIDMODE 系统变量，来打开或关闭栅格模式。

- 捕捉间距：控制捕捉位置的不可见矩形栅格，以限制光标仅在指定的 X 和 Y 间隔内移动。
  - 捕捉 X 轴间距：指定 X 方向的捕捉间距。间距值必须为正实数。
  - 捕捉 Y 轴间距：指定 Y 方向的捕捉间距。间距值必须为正实数。
  - X 轴间距和 Y 轴间距相等：为捕捉间距和栅格间距强制使用同一 X 和 Y 间距值。捕捉间距可以与栅格间距不同。
- 极轴间距：选定“捕捉类型”选项组下的 PolarSnap 单选按钮时，设置捕捉增量距离。如果该值为 0，则 PolarSnap 距离采用“捕捉 X 轴间距”的值。“极轴距离”设置与极坐标追踪和/或对象捕捉追踪结合使用。如果两个追踪功能都未启用，则“极轴间距”选项设置无效。

➢ 栅格捕捉：设置栅格捕捉类型。如果指定点，光标将沿垂直或水平栅格点进行捕捉。

提示：

栅格捕捉类型包括“矩形捕捉”和“等轴测捕捉”。用户若是绘制二维图形，可采用“矩形捕捉”类型，若是绘制三维或等轴测图形，采用“等轴测捕捉”类型绘图较为方便。

➢ PolarSnap：用于将捕捉类型设置为PolarSnap。如果启用了“捕捉”模式并在极轴追踪打开的情况下指定点，光标将沿在“极轴追踪”选项卡上相对于极轴追踪起点设置的极轴对齐角度进行捕捉。

● 栅格间距；控制栅格的显示，有助于形象化显示距离。

➢ 栅格 *X* 轴间距：指定 *X* 方向上的栅格间距。如果该值为 0，则栅格采用“捕捉 *X* 轴间距”的值。

➢ 栅格 *Y* 轴间距：指定 *Y* 方向上的栅格间距。如果该值为 0，则栅格采用“捕捉 *Y* 轴间距”的值。

➢ 每条主线之间的栅格数：指定主栅格线相对于次栅格线的频率。

➢ 栅格行为；控制当 VSCURRENT 设置为除二维线框之外的任何视觉样式时，所显示栅格线的外观。

➢ 自适应栅格：缩小时，限制栅格密度；放大时，生成更多间距更小的栅格线。主栅格线的频率确定这些栅格线的频率。

➢ 显示超出界线的栅格：显示超出 LIMITS 命令指定区域的栅格。

➢ 遵循动态 UCS：更改栅格平面以跟随动态 UCS 的 *XY* 平面。

2. “极轴追踪”选项卡

“极轴追踪”选项卡的作用是控制自动追踪设置。该选项卡中各功能选项如图 2-64 所示。

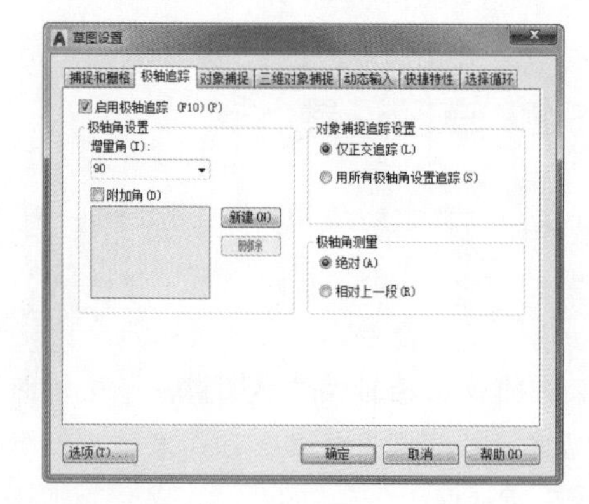

图 2-64 “极轴追踪”选项卡

提示：

单击状态栏上的“极轴追踪”按钮和“对象捕捉追踪”按钮，也可以打开或关闭极轴追踪和对象捕捉追踪。

各选项含义如下：

● 启用极轴追踪：打开或关闭极轴追踪。

● 极轴角设置：设置极轴追踪的对齐角度。

● 增量角：设置用来显示极轴追踪对齐路径的极轴角增量。可以输入任何角度，也可以从列表中选择 90、45、30、21-5、18、15、10 或 5 这些常用角度数值。

● 附加角：对极轴追踪使用列表中的任意一种附加角度。

● 角度列表：如果选中“附加角”复选框，将列出可用的附加角度。若要添加新的角度，单击“新建”按钮即可。要删除现有的角度，单击“删除”按钮。

提示：

附加角度是绝对的，而非增量的。

- 新建：最多可以添加 10 个附加极轴追踪对齐角度。

技巧点拨：

添加分数角度之前，必须将 AUPREC 系统变量设置为合适的十进制精度以防止不需要的舍入。例如，系统变量 AUPREC 的值为 0（默认值），则输入的所有分数角度将舍入为最接近的整数。

- 用所有极轴角设置追踪：将极轴追踪设置应用于对象捕捉追踪。使用对象捕捉追踪时，光标将从获取的对象捕捉点起沿极轴对齐角度进行追踪。

技巧点拨：

在“对象捕捉追踪设置”选项组中，若绘制二维图形，选择“仅正交追踪”单选按钮，若绘制三维及轴测图形，选择“用所有极轴角设置追踪”单选按钮。

- 绝对：根据当前用户坐标系（UCS）确定极轴追踪角度。
- 相对上一段：根据上一个绘制线段确定极轴追踪角度。

3. “对象捕捉”选项卡

“对象捕捉”选项卡用于设置对象捕捉。使用执行对象捕捉设置（也称为对象捕捉），可以在对象上的精确位置指定捕捉点。选择多个选项后，将应用选定的捕捉模式，以返回距离靶框中心最近的点。按 Tab 键以在这些选项之间循环。该选项卡中的功能选项如图 2-65 所示。

图 2-65　“对象捕捉”选项卡

提示：

在精确绘图过程中，“最近点”捕捉选项不能设置为固定的捕捉对象，否则将对图形的精确度影响至深。

4. “动态输入”选项卡

“动态输入”选项卡的作用是控制指针输入、标注输入、动态提示及绘图工具提示的外观。该选项卡中的功能选项如图 2-66 所示。

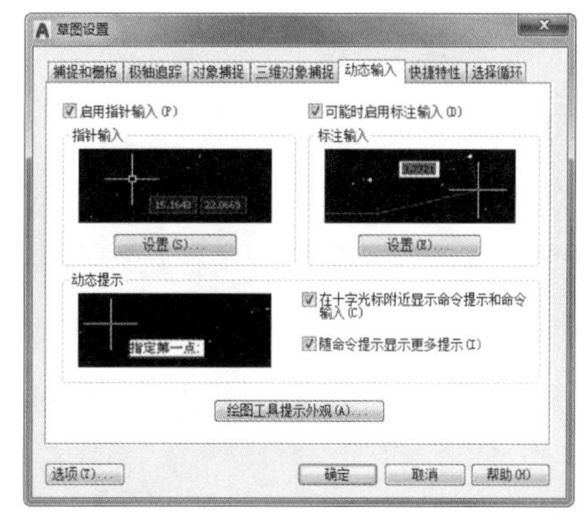

图 2-66　“动态输入”选项卡

其含义如下：

- 启用指针输入：用于打开指针输入。如果同时打开指针输入和标注输入，则标注输入在可用时将取代指针输入。
- 指针输入：用于将工具提示中的十字光标位置的坐标值显示在光标旁边。

命令行提示输入点时，可以在工具提示中输入坐标值，而不用在命令行上输入。

- 启用标注输入：打开标注输入。标注输入不适用于某些提示输入第二个点的命令。
- 标注输入：当命令行提示输入第二个点或距离时，将显示标注和距离值与角度值的工具提示。标注工具提示中的值将随光标移动而更改。可以在工具提示中输入值，而不用在命令行上输入值。
- 动态提示：需要时将在光标旁边显示工具提示中的提示，以完成命令。可以在工具提示中输入值，而无须在命令行上输入值。
- 在十字光标附件显示命令行提示和命令输入；显示“动态输入”工具提示中的提示。
- 绘图工具提示外观：控制工具提示的外观。

5. “快捷特性”选项卡

“快捷特性”选项卡的作用是指定用于显示快捷特性面板的设置。该选项卡中的功能选项如图 2-67 所示。

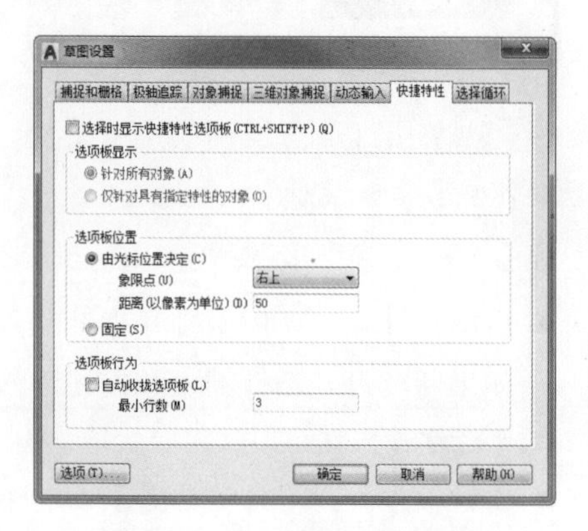

图 2-67 “快捷特性”选项卡

其含义如下：

- 选择时显示快捷特性选项板：根据对象类型打开或关闭“快捷特性”面板的显示。
- 针对所有对象：将“快捷特性”面板设置为对选择的任何对象都显示。
- 仅针对具有指定特性的对象：将“快捷特性”选项板设置为仅对已在自定义用户界面（CUI）编辑器中定义为显示特性的对象显示。
- 选项板位置：设置“快捷特性”选项板的显示位置。
- 由光标位置决定：将“选项板位置”模式设置为“由光标位置决定”。在光标模式下，“快捷特性”选项板将显示在相对于所选对象的位置。
- 自动收拢选项板：使“快捷特性”选项板在空闲状态下仅显示指定数量的特性。
- 最小行数：为“快捷特性”选项板设置在收拢的空闲状态下显示的默认特性数量。可以指定 1~30 的值（仅限整数值）。

2.5.3 特性设置

特性设置是指要复制到目标对象的源对象的基本特性和特殊特性设置。特性设置可通过“特性设置”对话框来完成。

用户可通过以下方式来打开“特性设置”对话框：

- 在菜单栏中选择“修改”|“特性匹配”命令，选择源对象后在命令行输入 S。
- 在命令行输入 matchprop 或 painter，执行命令并选择源对象后再输入 S。

打开的“特性设置”对话框如图 2-68 所示。

在此对话框中，用户可通过选中或取消选中相应复选框来设置要匹配的特性。

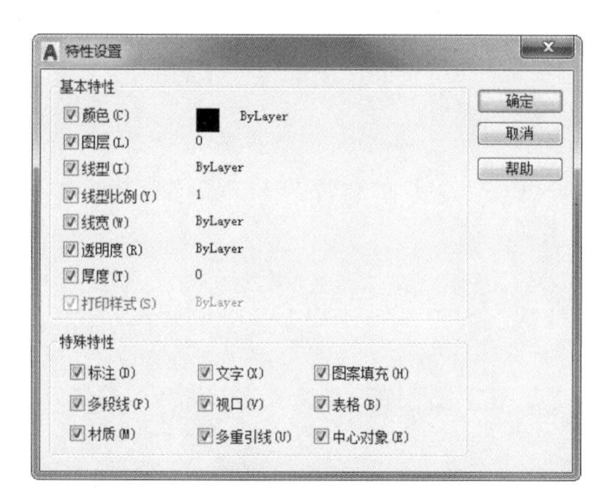

图 2-68　“特性设置”对话框

2.5.4　图形单位设置

绘图时使用的长度单位、角度单位，以及单位的显示格式和精度等参数是通过“图形单位”对话框来设置的。用户可通过以下方式来打开“图形单位”对话框：

- 在菜单栏中选择“格式”|“单位”命令。
- 在命令行输入 UNITS。

打开的“图形单位”对话框如图 2-69 所示。

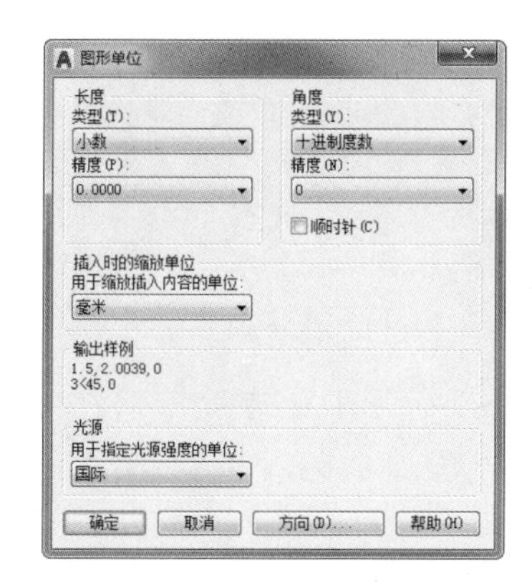

图 2-69　“图形单位”对话框

对话框中各选项的含义如下：

- 长度：指定测量的当前单位及当前单位的精度。
  - ➢ 类型：设置测量单位的当前格式。该值包括“建筑”“小数”“工程”“分数”和“科学”。其中，“工程”和“建筑”格式提供英尺和英寸显示并假定每个图形单位表示一英寸。其他格式可表示任何真实世界单位。
  - ➢ 精度：设置线性测量值显示的小数位数或分数大小。
- 角度：指定当前角度格式和当前角度显示的精度。
  - ➢ 类型（角度）：设置当前角度格式。
  - ➢ 精度（角度）：设置当前角度显示的精度。
  - ➢ 顺时针：以顺时针方向计算正的角度值。默认的正角度方向是逆时针方向。

提示：

当提示用户输入角度时，可以单击所需方向或输入角度，而不必考虑“顺时针”的设置。

- 插入时的缩放单位：控制插入到当前图形中的块和图形的测量单位。如果块或图形创建时使用的单位与该选项指定的单位不同，则在插入这些块或图形时，将对其按比例缩放。插入比例是源块或图形使用的单位与目标图形使用的单位之比。如果插入块时不按指定单位缩放，需选择“无单位”选项。

提示：

当将源块或目标图形中的“插入比例”设置为“无单位”时，可在“选项”对话框的“用户系统配置”标签中，设置“源内容单位”和“目标图形单位”。

- 输出样例：显示用当前单位和角度设置的例子。
- 光源：控制当前图形中光度控制光源强度的测量单位。

2.5.5 绘图图限设置

图限就是图形栅格显示的界限、区域。用户可通过以下方式来设置图形界限：

- 在菜单栏中选择“格式”|“图形界限”命令。
- 在命令行输入 LIMITS。

执行上述命令后，命令行提示操作如下：

```
指定左下角点或 [ 开 (ON) / 关 (OFF) ] <0.0000,0.0000>:
当在图形左下角指定一个点后，命令行提示操作如下：
指定右上角点 <277.000,201-500>:
```

按照命令行的操作提示在图形的右三角指定一个点，随后将栅格界限设置为通过两点定义的矩形区域，如图 2-70 所示。

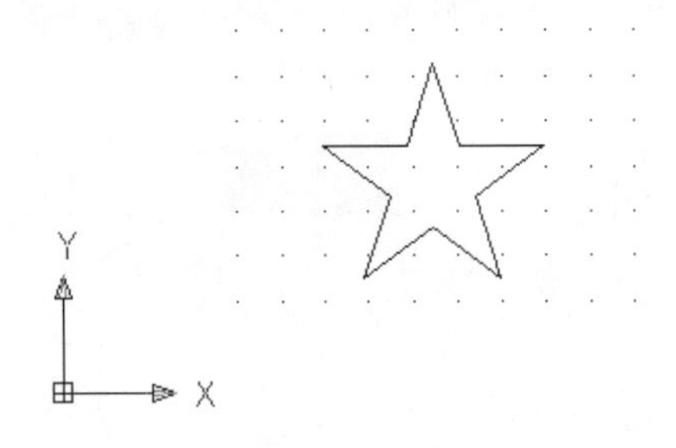

图 2-70　定义的矩形区域图形界限

技巧点拨：

要显示两点定义的栅格界限矩形区域，需在“草图设置”对话框中选中“启用栅格”复选框。

2.6 CAD 系统变量与命令

在 AutoCAD 中提供了各种系统变量（System Variables），用于存储操作环境设置、图形信息和一些命令的设置（或值）等。利用系统变量可以显示当前状态，也可控制 AutoCAD 的某些功能和设计环境、命令的工作方式。

2.6.1 系统变量定义与类型

CAD 系统变量是控制某些命令工作方式的设置。系统变量可以打开或关闭模式，如“捕捉模式”“栅格显示”或“正交模式”等；也可以设置填充图案的默认比例；还能存储有关当前图形和程序配置的信息；有时用户使用系统变量来更改一些设置；在其他情况下，还可以使用系统变量显示当前状态。

系统变量通常有 6~10 个字符长的缩写名称，许多系统变量有简单的开关设置。系统变量主要有以下几种类型：整数型、实数型、点、开 / 关或文本字符串等，如表 2-1 所示。

表 2-1　系统变量类型

类型	定义	相关变量
整数	（用于选择） 此类型的变量用不同的整数值来确定相应的状态	如变量 SNAPMODE、OSMODE
	（用于数值） 该类型的变量用不同的整数值来进行设置	如 GRIPSIZE、ZOOMFACTOR 等变量
实数	实数类型的变量用于保存实数值	如 AREA. TEXTSIZE 等变量
点	（用于坐标） 该类型的变量用于保存坐标点	如 LIMMAX、SNAPBASE 等变量
	（用于距离） 该类型的变量用于保存 *X*、*Y* 方向的距离值	如变量 GRIDUNIT、SCREENSIZE
开 / 关	此类型的变量有 ON（开）/OFF（关）两种状态，用于设置状态的开关	如 HIDETEXT、LWDISPLAY 等变量

2.6.2　系统变量的查看和设置

有些系统变量具有只读属性，用户只能查看而不能修改只读变量。而对于没有只读属性的系统变量，用户可以在命令行中输入系统变量名或者使用 SETVAR 命令来改变这些变量的值。

提示：

DATE 是存储当前日期的只读系统变量，可以显示但不能修改该值。

通常，一个系统变量的取值都可以通过相关的命令来改变。例如当使用 DIST 命令查询距离时，只读系统变量 DISTANCE 将自动保持最后一个 DIST 命令的查询结果。除此之外，用户可以通过如下两种方式直接查看和设置系统变量：

- 在命令行直接输入变量名。
- 使用 setvar 命令来指定系统变量。

1．在命令行直接输入变量名

对于只读变量，系统将显示其变量值。而对于非只读变量，系统在显示其变量值的同时还允许用户输入一个新值来设置该变量。

2．使用 SETVAR 命令来指定系统变量

对于只读变量，系统将显示其变量值。而对于非只读变量，系统在显示其变量值的同时还

允许用户输入一个新值来设置该变量。SETVAR 命令不仅可以对指定的变量进行查看和设置，还使用“?”选项来查看全部系统变量。此外，对于一些与系统命令相同的变量，如 AREA 等，只能用 SETVAR 来查看。

SETVAR 命令可通过以下方式来执行：

- 菜单栏：选择“工具”|“查询”|“设置变量”命令。
- 命令行：输入 SETVAR 并按 Enter 键。

命令行操作提示如下：

```
命令：
SETVAR 输入变量名或 [?]:                    //输入变量以查看或设置
```

提示：

SETVAR 命令可透明使用。CAD 系统变量大全请参见本书附录 A。

2.6.3 命令

本节主要针对系统变量及一般命令的输入方法做简要介绍。

除了前面介绍的几种命令执行方式外，在 AutoCAD 中，还可以通过键盘来执行，如使用键盘快捷键来执行绘图命令。下面介绍其他方式。

1. 在命令行输入替代命令

在命令行中输入命令条目，需输入全名，然后通过按 Enter 键或空格键来执行。用户也可以自定义命令的别名来替代，例如，在命令行中可以输入 C 代替 CIRCLE（圆）命令，并以此来绘制一个圆。命令行操作提示如下：

```
命令：c                              //输入命令别名
CIRCLE 指定圆的圆心或 [三点(3P)/两点(2P)/切点、切点、半径(T)]:
                                     //在图形窗口中指定圆心
指定圆的半径或 [直径(D)]: 200        //输入圆半径并按 Enter 键
```

绘制的圆如图 2-71 所示。

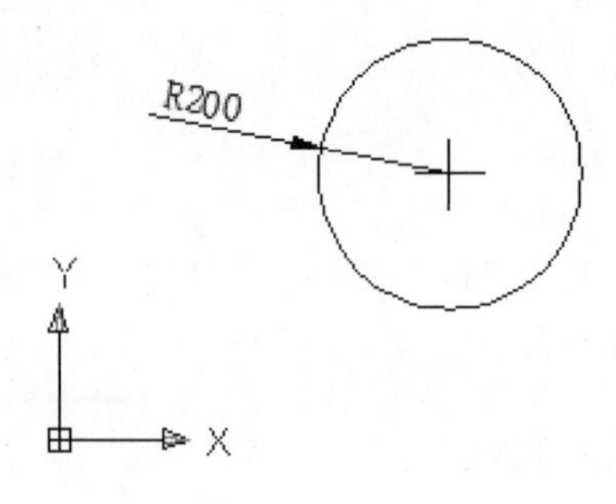

图 2-71　输入命令别名来绘制的图形

提示：

命令的别名不同于键盘的快捷键，例如 U（放弃）命令的键盘快捷键是 Ctrl+Z。

2. 在命令行输入系统变量

用户可以通过在命令行直接输入系统变量来设置命令的工作方式。例如 GRIDMODE 系统变量用来控制打开或关闭点栅格显示。在这种情况下，GRIDMODE 系统变量在功能上等价于 GRID 命令。当命令行显示如下操作提示时：

```
命令 :: GRIDMODE                         // 输入变量
输入 GRIDMODE 的新值 <0>:                 // 输入变量值
```

按命令行提示输入 0，可以关闭栅格显示；若输入 1，可以打开栅格显示。

3. 利用鼠标功能

在绘图窗口，光标通常显示为“十”字线形式。当将光标移至菜单选按钮、工具或对话框内时，它会变成一个箭头。无论光标是“十”字线形式还是箭头形式，当单击或者按鼠标按键时，都会执行相应的命令或动作。在 AutoCAD 中，鼠标按键是按照下述规则定义的。

- 左键：拾取键，用于指定屏幕上的点，也可以用来选择 Windows 对象、AutoCAD 对象、工具栏按钮和菜单命令等。
- 右键：按 Enter 键，功能相当于键盘的 Enter 键，用于结束当前使用的命令，此时程序将根据当前绘图状态而弹出不同的快捷菜单。
- 中键：按住鼠标中键，相当于 AutoCAD 中的 PAN 命令（实时平移）。滚动鼠标中键，相当于 AutoCAD 中的 ZOOM 命令（实时缩放）。
- Shift+ 右键：弹出“对象捕捉”快捷菜单。对于三键鼠标，通常鼠标中间的按钮用于弹出快捷菜单，如图 2-72 所示。
- Shift+ 中键：三维动态旋转视图，如图 2-73 所示。
- Ctrl+ 中键：上、下、左、右旋转视图，如图 2-74 所示。

图 2-72　“对象捕捉”快捷菜单

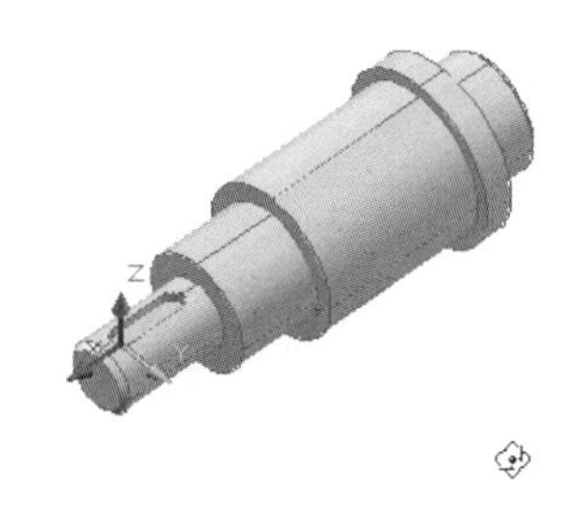

图 2-73　动态旋转视图

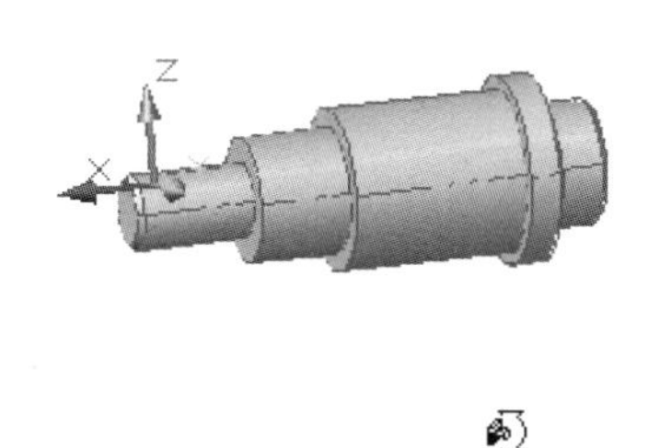

图 2-74　上下左右旋转视图

4．键盘快捷键

快捷键是指用于启动命令的键组合。例如，可以按 Ctrl+O 组合键来打开文件，按 Ctrl+S 组合键来保存文件，结果与从“文件”菜单中选择“打开”和“保存”命令相同。表 2-2 显示了“保存”快捷键的特性，其显示方式与在“特性”窗格中的显示方式相同。

表 2-2 “保存”快捷键的特性

“特性”窗格项目	说明	群例
名称	该字符串仅在 CUI 编辑器中使用，并且不会显示在用户界面中	保存
说明	文字用于说明元素，不显示在用户界面中	保存当前图形
扩展型帮助文件	当光标悬停在工具栏或面板按钮上时，将显示已显示的扩展型工具提示的文件名和 ID	
命令显示名称	包含命令名称的字符串，与命令有关	QSAVE
宏	命令宏。遵循标准的宏语法	^C^C_qsave
键	指定用于执行宏的按键组合。单击“…”按钮以打开“快捷键”对话框	Ctrl+S
标签	与命令相关联的关键字。标签可提供其他字段用于在菜单栏中进行搜索	
元素 ID	用于识别命令的唯一标记	ID_Save

提示：

快捷键从用于创建它的命令中继承自己的特性。

用户可以为常用命令指定快捷键（有时称为加速键），还可以指定临时替代键，以便通过按键来执行命令或更改设置。

临时替代键可以临时打开或关闭在“草图设置”对话框中设置的某个绘图辅助工具（例如，“正交模式”“对象捕捉”或“极轴追踪”模式）。表 2-3 显示了“对象捕捉替代：端点”临时替代键的特性，其显示方式与在“特性”窗格中的显示方式相同。

表 2-3 “对象捕捉替代：端点”临时替代键的特性

“特性”窗格项目	说明	样例
名称	该字符串仅在 CUI 编辑器中使用，并且不会显示在用户界面中	对象捕捉替代 : 端点
说明	文字用于说明元素，不显示在用户界面中	对象捕捉替代 : 端点
键	指定用于执行临时替代的按键组合。单击“…”按钮以打开“快捷键”对话框	SHIFT+E
宏 1（按下键时执行）	用于指定应在用户按下按键组合时执行宏	^P’ _.osmode 1 $(if,$(eq,$(getvar, osnapoverride),’ _.osnapoverride 1)
宏 2（松开键时执行）	用于指定应在用户松开按键组合时执行宏。如果保留为空，AutoCAD 会将所有变量恢复至以前的状态	

用户可以将快捷键与命令列表中的任一命令相关联，还可以创建新快捷键或者修改现有的快捷键。

动手操练——定制快捷键

例如，为自定义的命令创建快捷键的操作步骤如下：

step 01 在功能区的“管理”选项卡中的“自定义设置”面板中单击“用户界面”按钮，程序弹出“自定义用户界面”对话框，如图 2-75 所示。

图 2-75　“自定义用户界面”对话框

step 02 在对话框的“所有自定义文件”下方的选项组中单击“键盘快捷键”项目旁边的“+”号，将此节点展开，如图 2-76 所示。

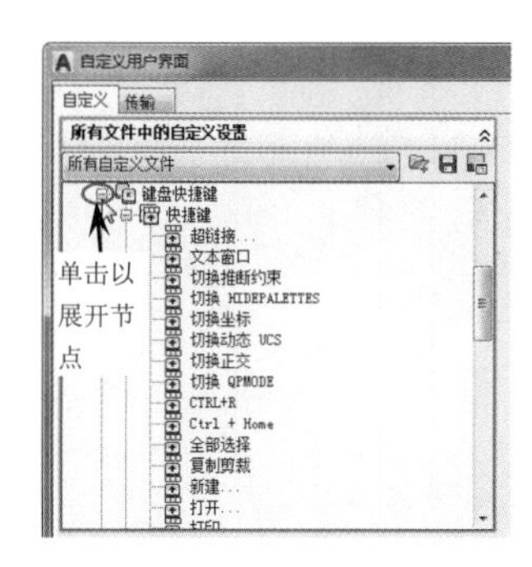

图 2-76　展开“键盘快捷键”节点

step 03 在按类别过滤命令下拉列表中选择“自定义命令”选项，将用户自定义的命令显示在下方的命令选项组中，如图 2-77 所示。

step 04 使用鼠标左键将自定义的命令从命令选项组向上移拖到“键盘快捷键”节点中，如图 2-78 所示。

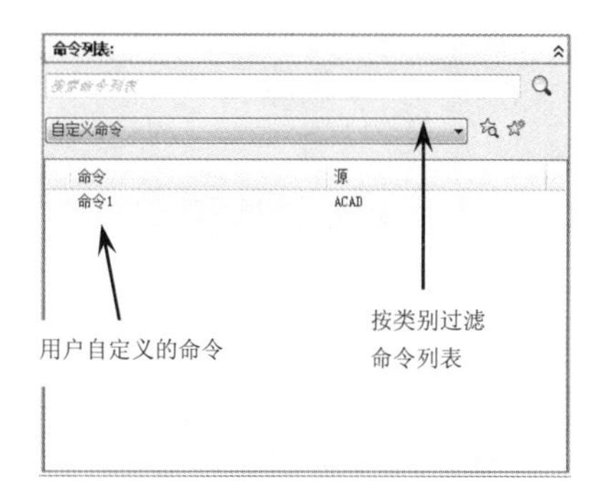

图 2-77　显示用户自定义的命令

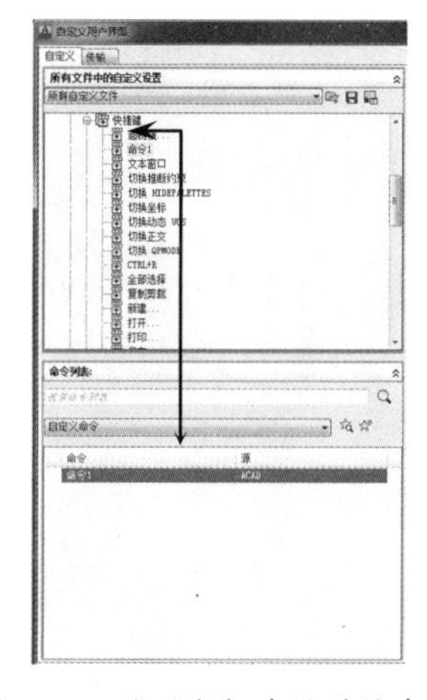

图 2-78　使用鼠标左键移拖命令

step 05 选择上步创建的新快捷键，为其创建一个组合键。然后在对话框右边的“特性”中选择“键”行，并单击“…”按钮，如图 2-79 所示。

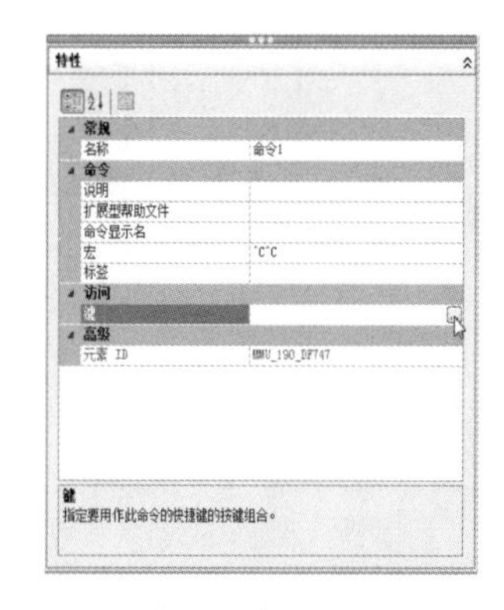

图 2-79　为“快捷键”指定组合键

step 06 随后程序弹出“快捷键”对话框，再使用键盘为“命令 1”快捷键指定组合键，指定后单击“确定”按钮，完成自定义键盘快捷键的操作。创建的快捷键将在“特性”的“键”选项行中显示，如图 2-80 所示。

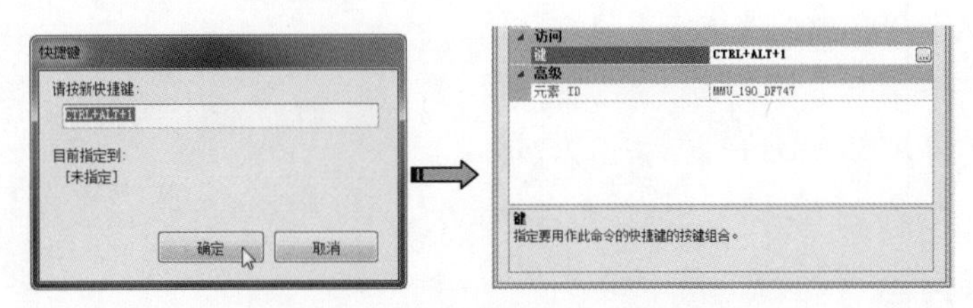

图 2-80　使用键盘指定快捷键

step 07 最后单击“自定义用户界面”对话框中的“确定”按钮，完成操作。

```
命令行：输入 LAYMRG
```

2.7　入门范例——绘制门

本实例通过一个 1200×2000 的门的绘制，学习“矩形”命令的基本用法。门的绘制主要是画出门洞、门扇及门的装饰线，可以先绘制出一扇门，然后使用“镜像”命令绘制另外一扇门。要绘制的门如图 2-81 所示。

step 01 在菜单栏中选择“文件”|“新建”命令，创建一个新的图形文件。

step 02 在菜单栏中选择“绘图”|“矩形”命令，绘制一扇门的轮廓线，如图 2-82 所示。

```
命令：_rectang
指定第 1 个角点或 [倒角(C)/标高(E)/圆角(F)/厚度(T)/宽度(W)]: //任意选取一点
指定另一个角点或 [尺寸(D)]: @600,2000
```

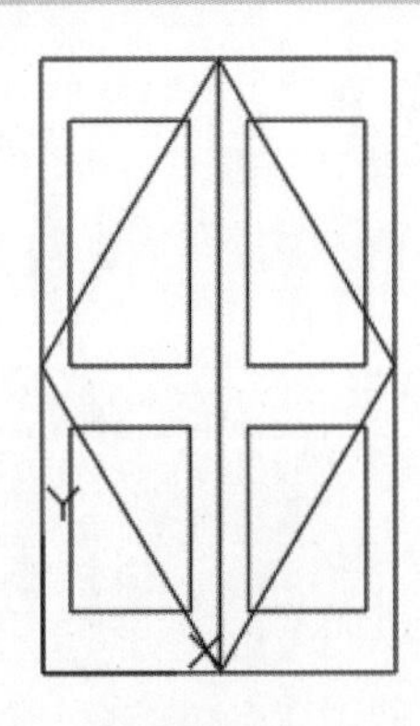

图 2-81　门

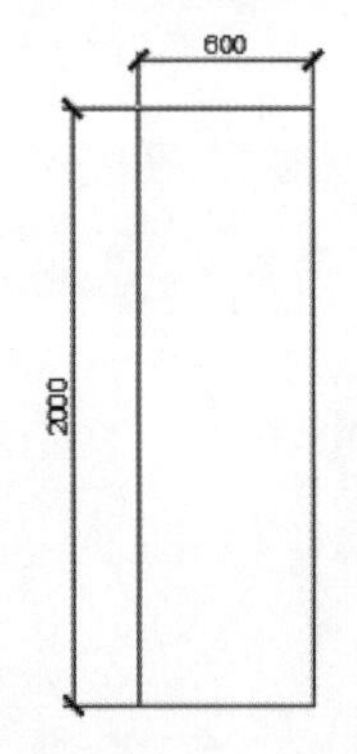

图 2-82　绘制一扇门的轮廓线

技巧点拨：

1. 点的输入主要分为两种方式：一种是通过鼠标在绘图窗口中直接单击取点，另一种是通过键盘输入点的坐标取点；2. 坐标的输入方式包括绝对直角坐标、相对直角坐标、相对极坐标、球面坐标和柱面坐标。本例中使用的是相对直角坐标的输入方式。

step 03 在命令行输入 osnap 命令后按 Enter 键，弹出“草图设置”对话框。在“对象捕捉”

选项卡中，确保选中“端点”和“中点”复选框，使用端点和中点对象捕捉模式，如图 2-83 所示。

提示：

对象捕捉的作用是帮助用户准确地在工作区上定位图形上某一确定的点，则当对象捕捉开启后，无论是移动、拉伸或选取图形时，鼠标都会自动选取满足对象捕捉的点，这样可以大幅提升作图的准确性和效率。

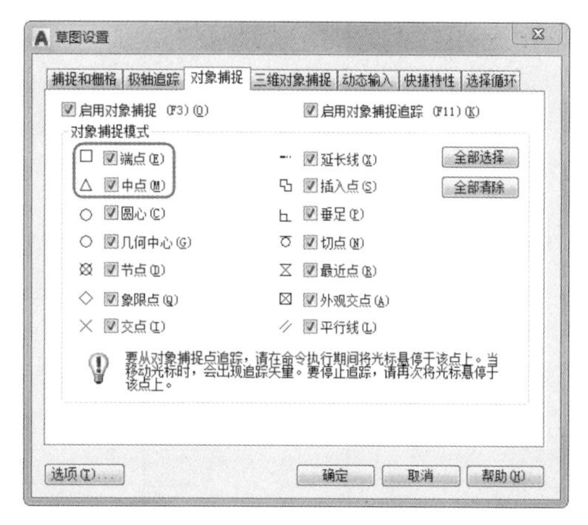

图 2-83　设置对象捕捉

step 04 在命令行输入 ucs 命令后按 Enter 键，改变坐标原点，使新的坐标原点为门的轮廓线的左下端点。

```
命令: ucs
当前 UCS 名称: *世界*
输入选项
[新建(N)/移动(M)/正交(G)/上一个(P)/恢复(R)/保存(S)/删除(D)/应用(A)/?/世界(W)]
<世界>: o
指定新原点 <0,0,0>:                    //对象捕捉到矩形下条边的左端点
```

提示：

在建筑绘图的过程中，有时候建筑物的一些本身特征尺寸是已知的，在确定这个特征点的坐标时，如果用绝对坐标，由于需要计算它的坐标值，往往非常麻烦。这时通过 ucs 命令改变坐标的原点，则很容易做出该图形。

step 05 选择“绘图”|“矩形”命令，绘制门的上、下两个门格，如图 2-84 所示。

```
命令: _rectang
指定第 1 个角点或 [倒角(C)/标高(E)/圆角(F)/厚度(T)/宽度(W)]: 100,200
指定另一个角点或 [尺寸(D)]: @400,600
命令: _rectang
指定第 1 个角点或 [倒角(C)/标高(E)/圆角(F)/厚度(T)/宽度(W)]: 100,1000
指定另一个角点或 [尺寸(D)]: @400,800
```

step 06 选择“绘图”|“直线”命令，绘制门的装饰线，注意使用点的对象捕捉命令，如图 2-85 所示。

```
命令: _line
指定第 1 点:                              //对象捕捉到矩形的一个顶点
指定下一点或 [放弃(U)]:                   //对象捕捉到矩形的一个中点
指定下一点或 [放弃(U)]:                   //对象捕捉到矩形的一个顶点
指定下一点或 [闭合(C)/放弃(U)]:           //按 Enter 键
```

step 07 选择“修改”|“镜像”命令，绘制另外一扇门，并最终完成门的绘制，如图 2-86 所示。

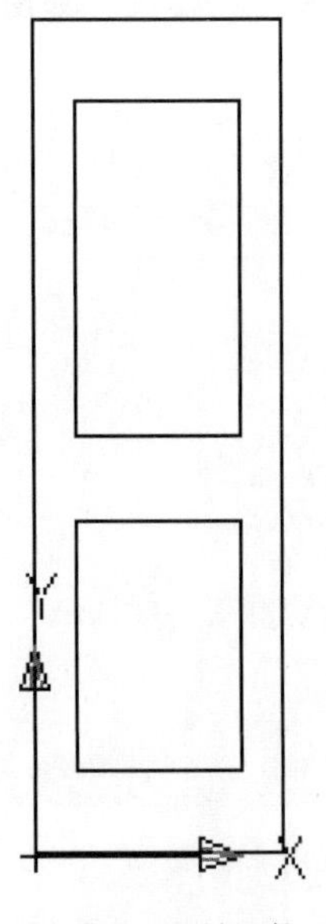

图 2-84　绘制门格

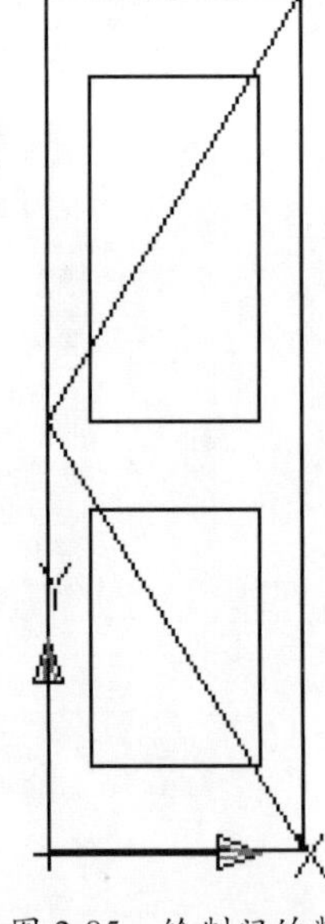

图 2-85　绘制门的装饰线

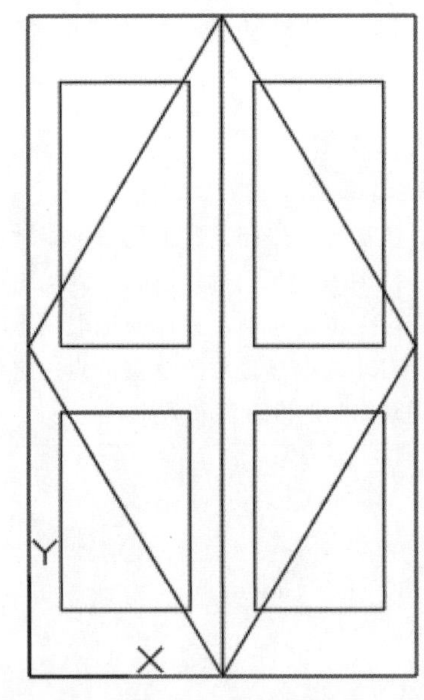

图 2-86　绘制完成的门

```
命令： _mirror
选择对象： 指定对角点： 找到 5 个              // 选中绘制的单扇门
选择对象：                                    // 按 Enter 键
指定镜像线的第 1 点：                          // 对象捕捉到门外轮廓线的左侧端点
指定镜像线的第 2 点：                          // 对象捕捉到门外轮廓线的右侧端点
是否删除源对象？ [ 是 (Y)/ 否 (N)] <N>:
```

提示：

mirror（镜像）命令是 AutoCAD 作图中一个非常有用的命令，无论图形的形状是否规则，只要满足对称的要求，即可只做其中的 1/2 图形，甚至 1/4、1/8 图形，然后使用此命令即可做出整个图形。

2.8　AutoCAD 认证考试习题集

一、单选题

（1）下面哪个系统可以安装 AutoCAD 2018？

A. Windows Vista Enterprise　　B. Windows 2000 Professional

C. Windows XP　　D. Windows 7/8/10

正确答案（ ）

（2）AutoCAD 2018 在“二维草图与注释的工作空间”中位于绘图区顶部的区域称作什么？

A. 功能区　　B. 下拉菜单
C. 子菜单　　D. 快捷菜单

正确答案（ ）

（3）AutoCAD 2018 中，工作空间的切换按钮放在哪个位置？

A. 绘图区的上方　　B. 状态栏
C. 菜单栏　　D. 功能区

正确答案（ ）

（4）要将当前图形文件保存为另一个文件名，应使用哪个命令？

A. 保存　　B. 另存为
C. 新建　　D. 修改

正确答案（ ）

（5）“选项”命令是在下面哪个菜单中？

A. “文件”菜单　　B. “视图”菜单
C. “窗口”菜单　　D. “工具”菜单

正确答案（ ）

（6）创建新图形“使用样板”时，符合中国技术制图标准的样板名代号是什么？

A. Gb　　B. Din
C. Ansi　　D. Jis

正确答案（ ）

（7）要将当前图形文件直接存储，应使用哪个命令？

A. 保存　　B. 另存为
C. 新建　　D. 修改

正确答案（ ）

（8）“打开”和“保存”按钮是在哪一个工具栏或菜单栏上？

A. “CAD”标准工具栏　　B. “标准”工具栏
C. “文件”菜单栏　　D. “快速访问工具栏”工具栏

正确答案（ ）

（9）在十字光标处被调用的菜单称为什么？

A. 鼠标菜单　　B. 十字交叉线菜单
C. 此处不出现菜单　　D. 快捷菜单

正确答案（ ）

（10）取消命令需要按的键是哪个？

A. 按 Esc 键　　B. 按鼠标右键
C. 按 Enter 键　　D. 按 F1 键

正确答案（ ）

（11）重复执行上一个命令的最快方式是什么？

A. 按 Enter 键　　　　B. 按空格键

C. 按 Esc 键　　　　D. 按 F1 键

正确答案（ ）

（12）如何操作可以进入文本窗口？

A. 按 F1 键　　　　B. 按 F2 键

C. 按 F3 键　　　　D. 修改

正确答案（ ）

（13）以下说法错误的是哪个？

A. 系统临时保存的文件与原图形文件名称相同，但后缀不同，默认保存在系统的临时文件夹中

B. 用户可以设定 SAVETIME 系统变量为 0

C. 手动执行 QSAVE、SAVE 或 SAVEAS 命令后，SAVETIME 系统变量的计时器将被重置并重新开始计时

D. AutoCAD 文件保存后产生的备分文件可以使用 AutoCAD 直接打开

正确答案（ ）

二、绘图练习

（1）练习一

按如图 2-88 所示标注的尺寸绘制一个矩形和一条直线，左下角的坐标为任意坐标位置。

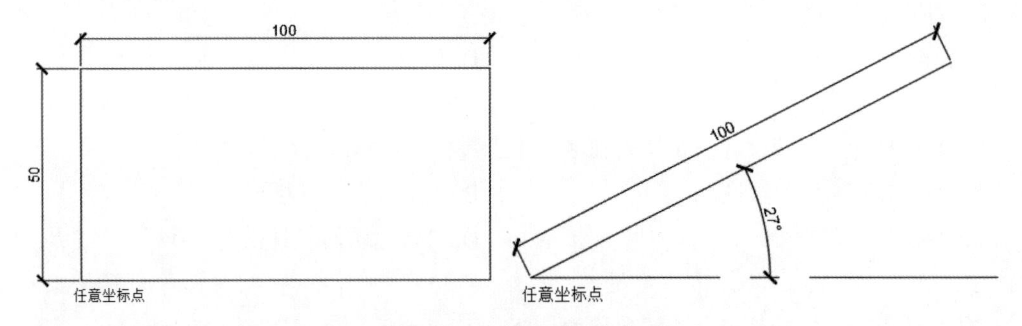

图 2-88　绘制矩形和直线

（2）练习二。

先执行 line 命令绘制一个三角形，三角形的 3 个顶点分别为（45,125）、（145,125）、（95,210）。然后绘制这个三角形的内切圆和外接圆，如图 2-89 所示。

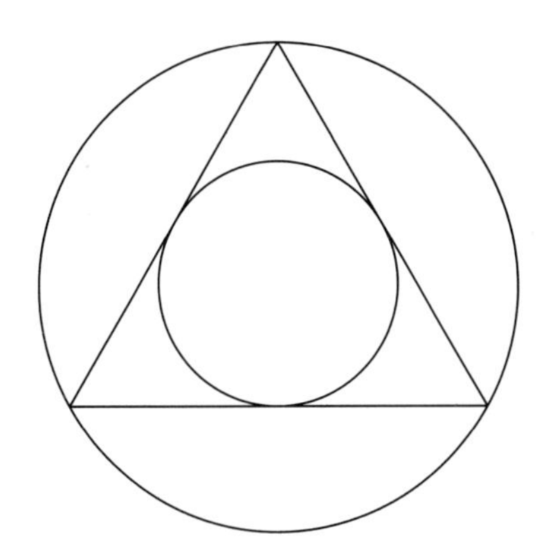

图 2-89　画图练习

A. 画外接圆：circle 命令（“三点”选项）。

B. 画内切圆的方法有两种：

- 方法一：执行 circle 命令，选择“相切、相切、相切”选项，分别单击三角形的 3 条边。
- 方法二：先执行 xline 命令（参照线），选择“平分线（B）”选项平分三角形的顶点，平分线的交点即为三角形的中心点；以中心点为圆的圆心，执行 circle 命令绘制内切圆（此种方法要使用“对象捕捉”命令，但不如方法一简单、快捷）。

第 3 章

AutoCAD 文件与管理

本章内容

在本章将介绍 AutoCAD 2018 图形文件管理的基础知识，包括 AutoCAD 文件的打开方式、图形文件的保存、AutoCAD 命令的执行方式、AutoCAD 文件的输出与转换等。

知识要点

- ☑ 创建 AutoCAD 图形文件的 3 种方法
- ☑ 打开 AutoCAD 文件
- ☑ 保存图形文件
- ☑ AutoCAD 命令的执行方式
- ☑ 修复或恢复图形

3.1 创建 AutoCAD 图形文件的 3 种方法

AutoCAD 提供了 3 种图形文件的创建方式，下面介绍这些创建方法。

将 STARTUP 和 FILEDIA 系统变量都设置为 1。单击“快速访问工具栏”中的“新建”按钮，打开“创建新图形”对话框，如图 3-1 所示。

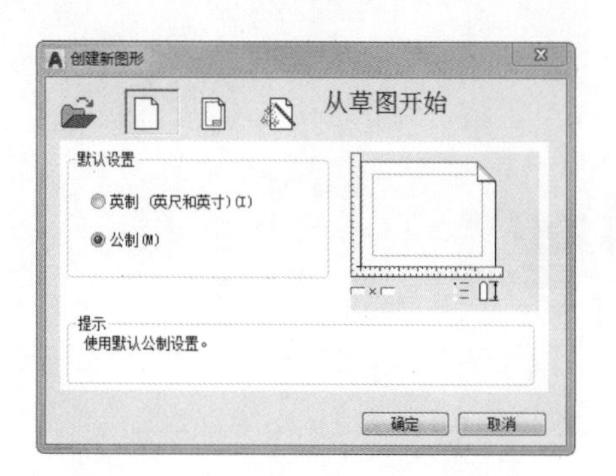

图 3-1 “创建新图形”对话框

> **注意：**
>
> 如果不设置 STARTUP 系统变量为 1，默认的 AutoCAD 图形文件创建方式是“选择样板”。

3.1.1 方法一：从草图开始

在“从草图开始”创建文件的方法中有量个默认的设置：

- 英制（英尺和英寸）
- 公制

> **提示：**
>
> 英制和公制分别代表不同的计量单位，英制为英尺、英寸、码等单位；公制是是指千米、米、厘米等单位。我国实行“公制”的测量制度。

使用默认的“公制”设置，单击“创建新图形”对话框中的“确定”按钮，创建新的 AutoCAD 文件并进入其工作空间中。

3.1.2 方法二：使用样板

在“创建新图形”对话框中单击“使用样板”按钮，显示“选择样板”样板文件列表，如图 3-2 所示。

图 3-2 “选择样板”文件列表

图形样板文件包含标准设置，可以从提供的样板文件中选择一个，或者创建自定义样板文件。图形样板文件的扩展名为 .dwt。

如果根据现有的样板文件创建新图形，则新图形中的修改不会影响样板文件。可以使用随 AutoCAD 提供的一个样板文件，或者创建自定义的样板文件。

需要创建使用相同规则和默认设置的多个图形时，通过创建或自定义样板文件而不是每次启动时都指定规则和默认设置可以节省很多时间。通常存储在样板文件中的规则和设置包括：

（1）单位类型和精度
（2）标题栏、边框和徽标
（3）图层名
（4）捕捉、栅格和正交设置
（5）栅格界限
（6）标注样式
（7）文字样式
（8）线型

提示：

默认情况下，图形样板文件存储在安装目录下的 acadm\template 文件夹中，以便查找和访问。

3.1.3　方法三：使用向导

在“创建新图形”对话框中单击“使用向导”按钮，打开“使用向导”选项卡，如图 3-3 所示。

设置向导逐步建立基本图形，这里有两个向导选项用来设置图形：

- “快速设置”向导：设置测量单位、显示单位的精度和栅格界限。
- “高级设置”向导：设置测量单位、显示单位的精度和栅格界限，还可以进行角度设置、角度测量、角度方向和区域设置。单击“确定”按钮，可打开如图 3-4 所示的“高级设置”对话框。直至设置完成“区域”（就是绘图的区域，标准图纸的尺寸）后，即可进入 AutoCAD 工作空间。

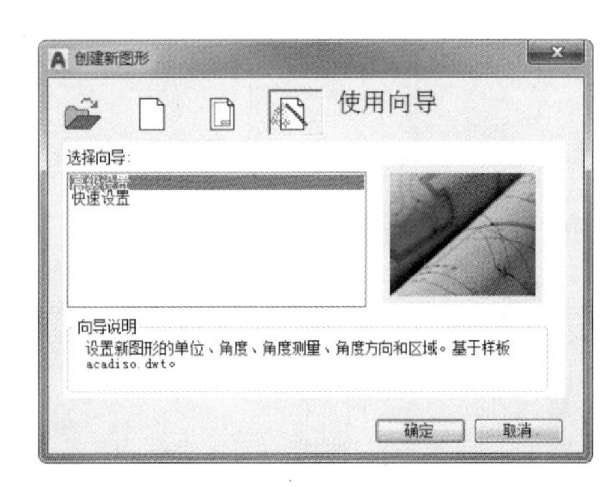

图 3-3　“使用向导”选项卡

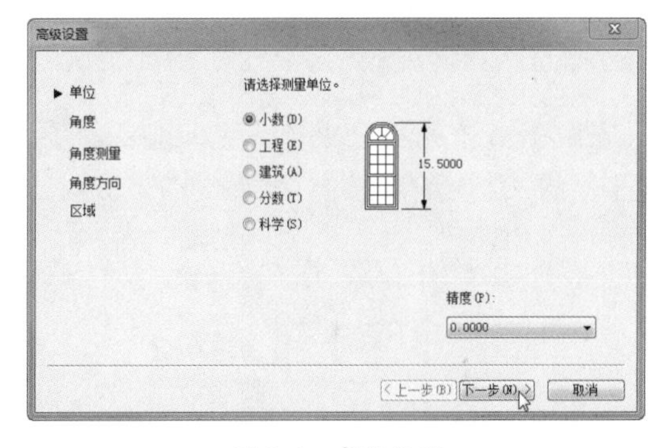

图 3-4　高级设置

3.2　打开 AutoCAD 文件

打开 AutoCAD 文件有以下几种途径和方法。

当用户需要查看、使用或编辑已有的图形时，可以使用“打开”命令，执行该命令主要有以下几种途径：

- 选择“文件”|“打开”命令。
- 单击“快速访问工具栏”中的“打开”按钮。
- 在命令行输入 Open 并按 Enter 键。
- 按 Ctrl+O 组合键。

动手操作——常规打开方法

step 01 选择“打开”命令，打开“选择文件”对话框。

step 02 在“选择文件”对话框中选择需要打开的图形文件，如图 3-5 所示。单击“打开”按钮，即可将此文件打开，如图 3-6 所示。

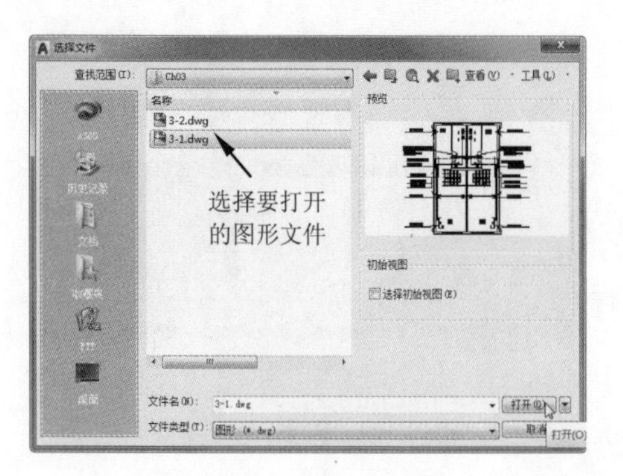

图 3-5 选择文件

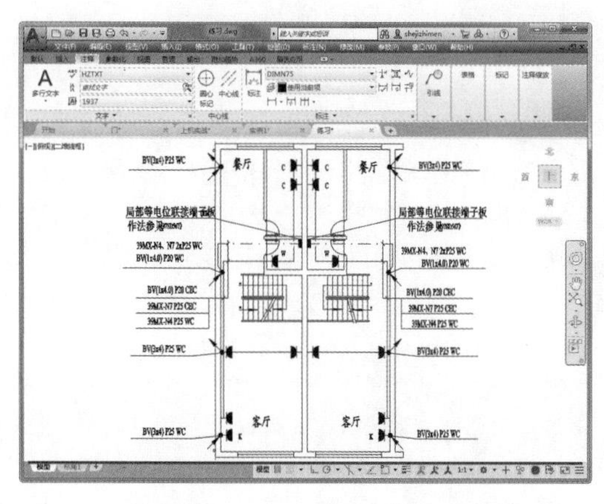

图 3-6 打开的图形文件

动手操作——以查找方式打开文件

step 01 单击“选择文件”对话框上的“工具”按钮，打开下拉菜单，如图 3-7 所示。

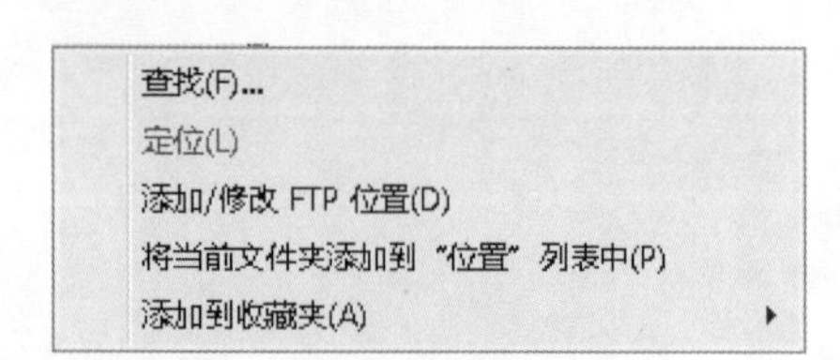

图 3-7 “工具”下拉菜单

step 02 选择“查找”选项，打开“查找”对话框，如图 3-8 所示。

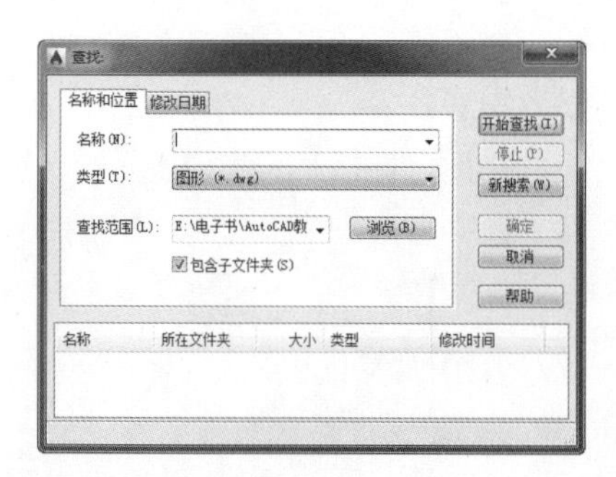

图 3-8 “查找”对话框

step 03 在该对话框中，可以由用户自定义文件的名称、类型以及查找的范围，最后单击“开始查找”按钮进行查找。这非常有利于用户在大量的文件中查找目标文件。

动手操作——局部打开图形

“局部打开”命令允许用户只处理图形中的某个部分，只加载指定视图或图层的几何图形。如果图形文件为局部打开，指定的几何图形和命名对象将被加载到图形文件中。命名对象包括：“块”“图层”“标注样式”“线型”“布局”“文字样式”“视口配置”“用户坐标系”及“视图”等。

step 01 在菜单栏中选择“文件”|“打开”命令。

step 02 在打开的“选择文件”对话框中，指定需要打开的图形文件后，单击“打开”按钮右侧的▼按钮，弹出下拉菜单，如图 3-9 所示。

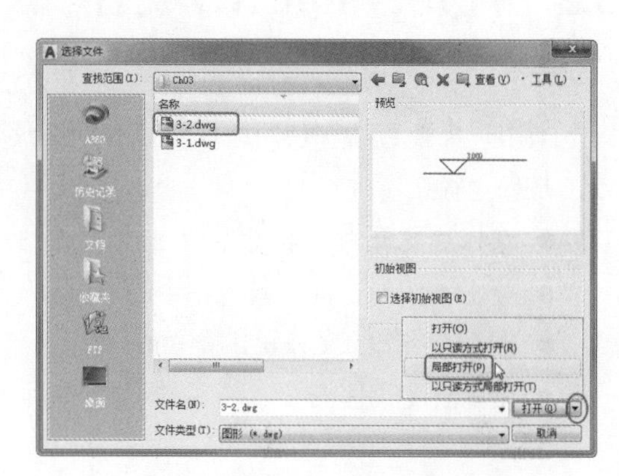

图 3-9 “打开”按钮下拉菜单

step 03 选择其中的“局部打开”或“以只读方式局部打开”选项，系统将进一步打开“局部打开”对话框，如图 3-10 所示。

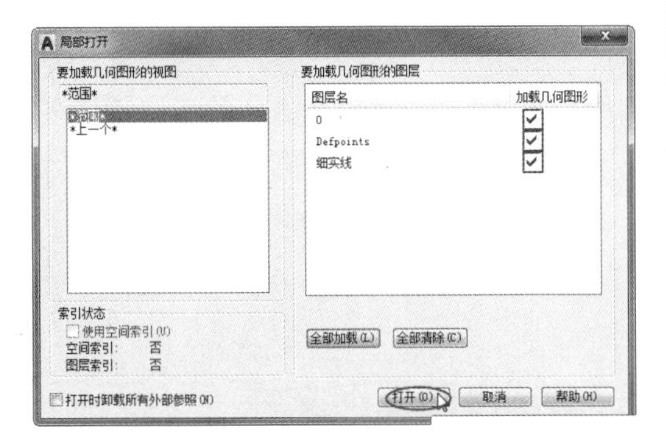

图 3-10　“局部打开”对话框

step 04 在该对话框的“要加载几何图形的视图”选项组中显示了选定的视图和图形中可用的视图，默认的视图是“* 范围 *”。用户可以在列表中选择某个视图并进行加载。

step 05 在“要加载几何图形的图层”选项组中显示了选定图形文件中所有有效的图层。用户可以选择一个或多个图层进行加载，选定图层上的几何图形将被加载到图形中，包括模型空间和图纸空间几何图形。选择 dashed 图层和 object 图层进行加载，加载到 AutoCAD 工作空间中的结果，如图 3-11 所示。

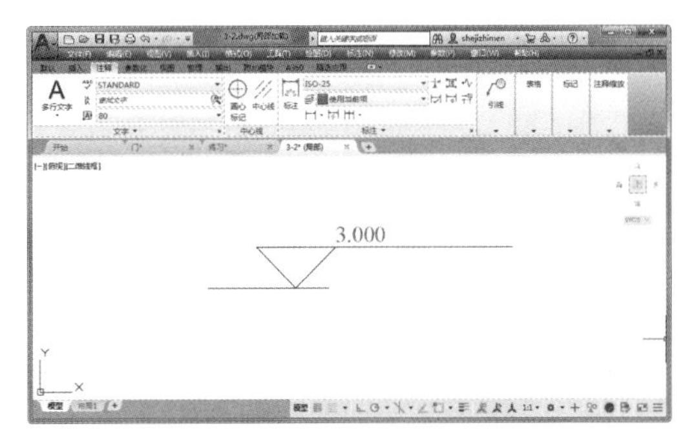

图 3-11　局部加载的图形

注意：

用户可以单击“全部加载”按钮选择所有图层，或单击“全部清除”按钮取消所有的选择。如果用户选择了“打开时卸载所有外部参照”复选框，则不加载图形中包括的外部参照。

提示：

如果没有指定任何图层进行加载，那么选定视图中的几何图形也不会被加载，因为其所在的图层没有被加载。用户也可以使用 partialopen 或 –partialopen 命令，以命令行的形式来局部打开图形文件。

3.3　保存图形文件

“保存”命令就是用于将绘制的图形以文件的形式进行存储，存储的目的就是为了方便以后查看、使用或编辑等。

3.3.1　保存与另存文件

- 保存：按照原路径保存文件，将原文件覆盖，存储新的进度。
- 另存：继续保留原文件不将其覆盖，另存后出现新的文件。另存时可以对文件的路径、名称、格式等进行重新设置。

1. “保存”文件命令

选择“保存”命令主要有以下几种方式：

- 选择“文件”“保存”命令。
- 单击“快速访问工具栏”中的“保存”按钮。
- 在命令行输入 QSAVE。
- 按 Ctrl+S 组合键。

选择“保存”命令后，可打开“图形另存为”对话框，如图 3-12 所示。在此对话框中设置保存路径、文件名和文件格式后，单击“保存”按钮，即可将当前文件存储。

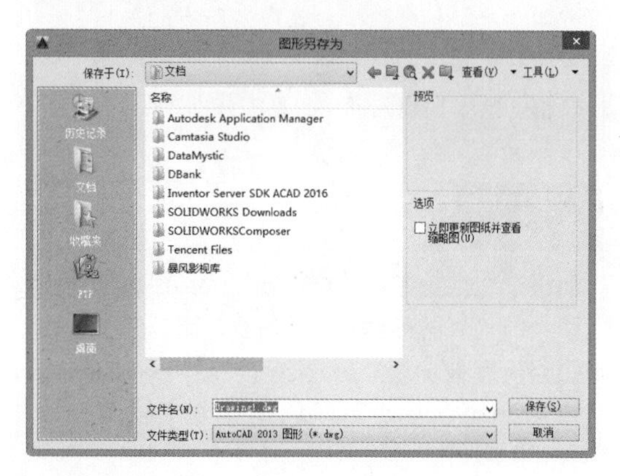

图 3-12 “图形另存为”对话框

注意：

AutoCAD 默认的存储类型为“AutoCAD 2013 图形（*.dwg）”，使用这种格式存储文件后，只能被 AutoCAD 2013 及其以后的版本打开，如果用户需要在 AutoCAD 早期版本中打开该文件，必须使用低版本的文件格式存储。

2. “另存为”命令

当用户在已保存的图形文件基础上进行了其他的修改工作，又不想将原来的图形覆盖，可以使用“另存为”命令，将修改后的图形文件以不同的路径或不同的文件名存储。

选择“另存为”命令有以下几种方式：

- 选择“文件”|“另存为”命令，
- 按 Crtl+Shift+S 组合键。

3.3.2 自动保存文件

为了防止断电、死机等意外情况对工作造成的损失，AutoCAD 使用了“自动保存”这个非常人性化的功能。启用该功能后，系统将持续在设定的时间内自动保存文件。

选择“工具”|“选项”命令，打开“选项”对话框，并进入“打开和保存”选项卡，此处可以设置自动保存的文件格式和时间间隔等参数，如图 3-13 所示。

图 3-13 “打开和保存”选项卡

3.4 AutoCAD 执行命令的方式

AutoCAD 2018 是人机交互式软件，当用该软件绘图或进行其他操作时，首先要向 AutoCAD 发出指令，AutoCAD 2018 为用户提供了多种执行命令的方式，可以根据自己的习惯和熟练程度选择更顺手的方式执行软件中繁多的命令。下面分别讲解 3 种常用的执行命令的方式。

3.4.1　通过菜单栏执行

这是一种最简单、最直观的命令执行方法，初学者很容易掌握，只需要单击菜单栏上的命令，即可执行对应的 AutoCAD 命令。但是使用这种方式往往较慢，需要手动在庞大的菜单栏中寻找命令，用户需要对软件有一定的了解。

下面用执行菜单栏中命令的方式绘制一个图形。

动手操作——绘制办公桌

绘制如图 3-14 所示的办公桌。

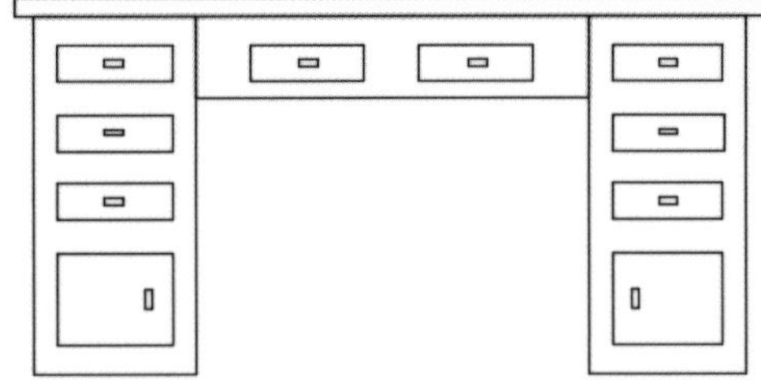

图 3-14　办公桌

step 01 在菜单栏中选择“绘图”|“矩形”命令，绘制 858×398 的矩形，如图 3-15 所示。

```
命令：_rectang
指定第一个角点或 [倒角(C)/标高(E)/圆角(F)/厚度(T)/宽度(W)]：  //指定起点
指定另一个角点或 [面积(A)/尺寸(D)/旋转(R)]：@398,858↙       //按Enter键
```

step 02 按 Enter 键再选择“矩形”命令，并在矩形内部绘制 4 个矩形，自定义尺寸和位置关系，如图 3-16 所示。

step 03 在菜单栏中选择“参数”|“标注约束”|“水平”或“竖直”命令，对 4 个矩形进行尺寸和位置约束，结果如图 3-17 所示。

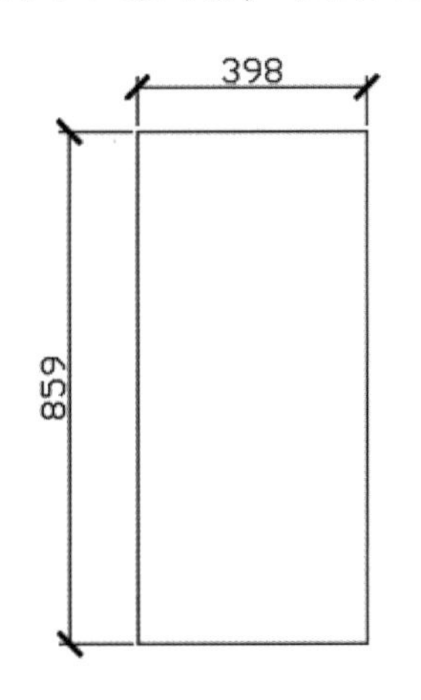

图 3-15　绘制矩形

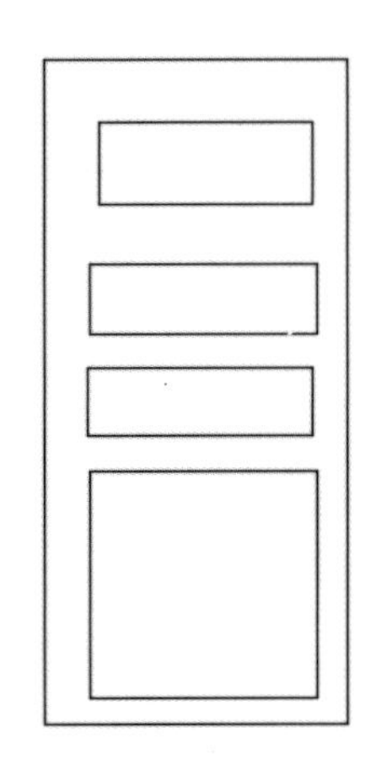

图 3-16　再绘制 4 个矩形

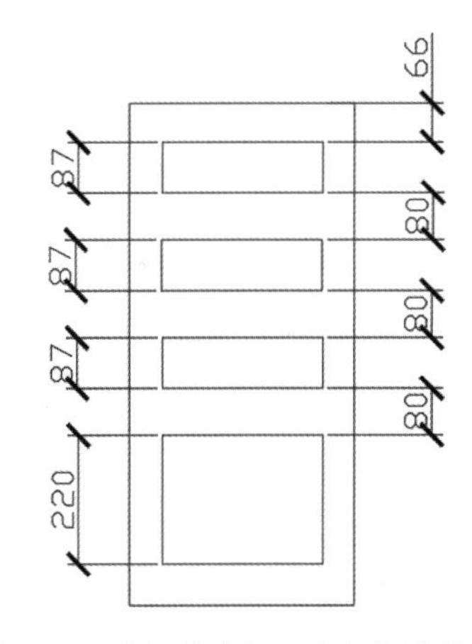

图 3-17　对矩形进行尺寸和位置约束

step 04 在菜单栏中选择“绘图”|“矩形”命令，利用极轴追踪功能在前面绘制的 4 个矩形中心位置再绘制一系列的小矩形作为抽屉的把手，然后执行菜单栏中的“参数”|“标注约束”|“水平”或“竖直”命令，对 4 个小矩形分别进行定形和定位，结果如图 3-18 所示。

step 05 在菜单栏中选择“绘图”|“矩形”命令，在合适的位置绘制一个矩形作为桌面，绘制结果如图 3-19 所示。

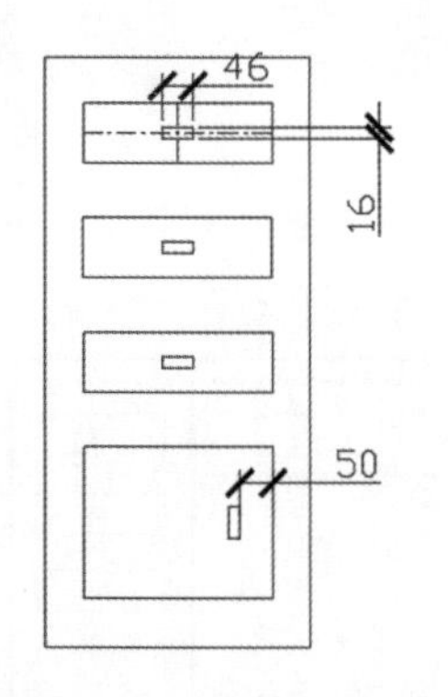

图 3-18 绘制矩形

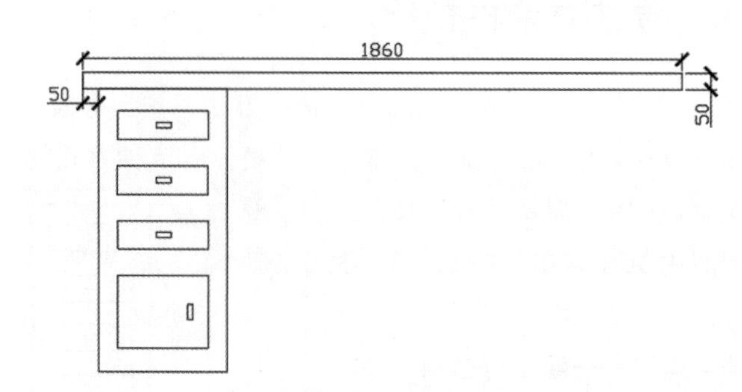

图 3-19 绘制桌面

step 06 在菜单栏中选择“绘图”|“直线”命令，然后捕捉桌面矩形的中点绘制竖直中心线，如图 3-20 所示。

step 07 在菜单栏中选择“修改”|“镜像”命令，然后将如图 3-21 所示的图形镜像到竖直中心线的右侧。命令行提示如下：

```
命令：_mirror
选择对象：指定对角点：找到 9 个    ↙
选择对象：
指定镜像线的第一点：指定镜像线的第二点：
要删除源对象吗？[是(Y)/否(N)] <N>:↙
```

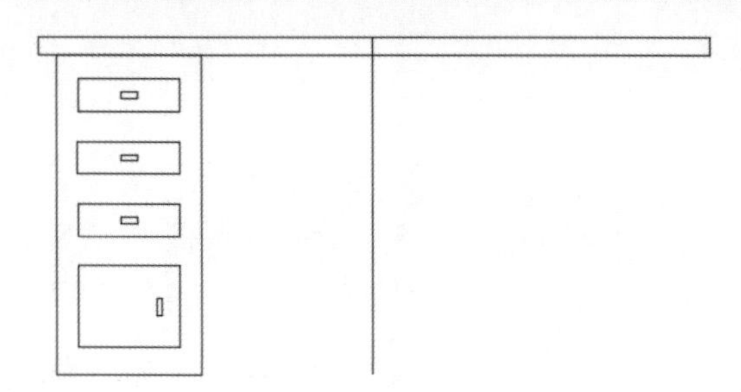

图 3-20 绘制竖直中心线

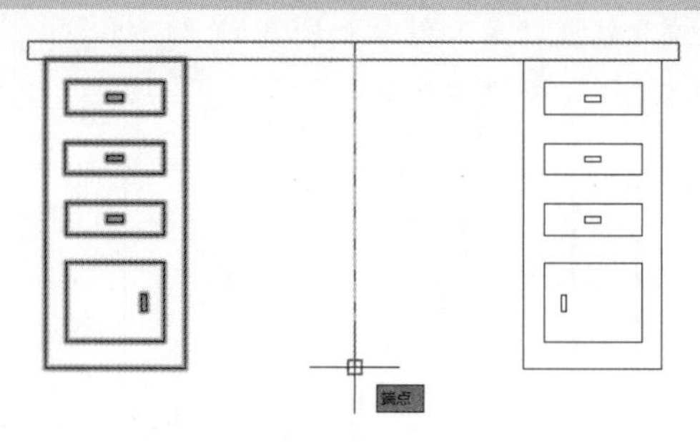

图 3-21 镜像图形

step 08 删除中心线。选择“矩形”命令，绘制如图 3-22 所示的矩形。

step 09 在菜单栏中选择“修改”|“复制”命令，然后将抽屉图形水平复制到中间的矩形中，共复制两次，如图 3-23 所示。

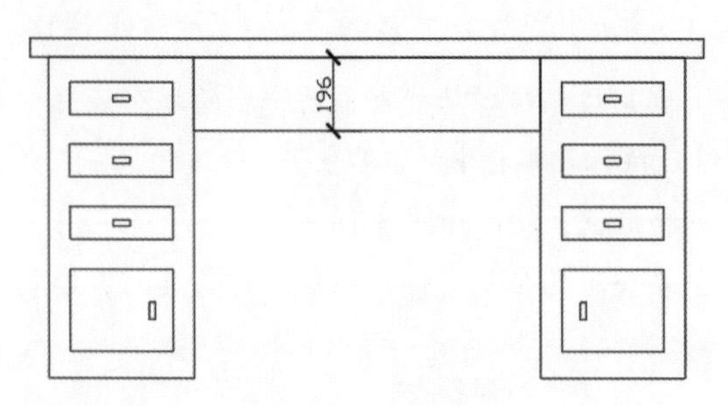

图 3-22 绘制矩形

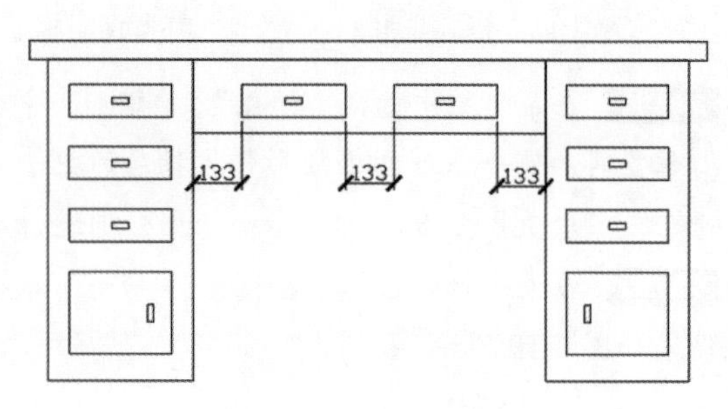

图 3-23 复制抽屉图形

step 10 至此，完成了办公桌图形的绘制。

3.4.2 使用命令行输入

通过键盘在命令行输入对应的命令后按 Enter 键或空格键，即可执行对应的命令，然后 AutoCAD 会给出提示，提示用户应执行的后续操作。要想采用这种方式，需要用户记住各个 AutoCAD 命令的写法。

当执行完某个命令后，如果需要重复执行该命令，除可以通过上述两种方式执行该命令外，还可以用以下方式重复执行命令。

- 直接按 Enter 键或空格键。
- 在绘图窗口单击鼠标右键，弹出快捷菜单，并在菜单的第一行显示出重复执行上一次所执行的命令，选择此命令可重复执行对应的命令。

> **提示：**
>
> 命令执行过程中，可通过按 Esc 键，或在绘图窗口单击鼠标右键，从弹出的快捷菜单中选择“取消”命令，终止当前命令的执行。

动手操作——绘制窗户

本例主要通过直线、偏移、矩形等命令绘制窗户，窗户的绘制主要是画出上下窗台、玻璃的内外轮廓线，可以先绘制出外轮廓线，然后使用“插入”命令绘制内轮廓线，制作完成后的窗户图形如图 3-24 所示。

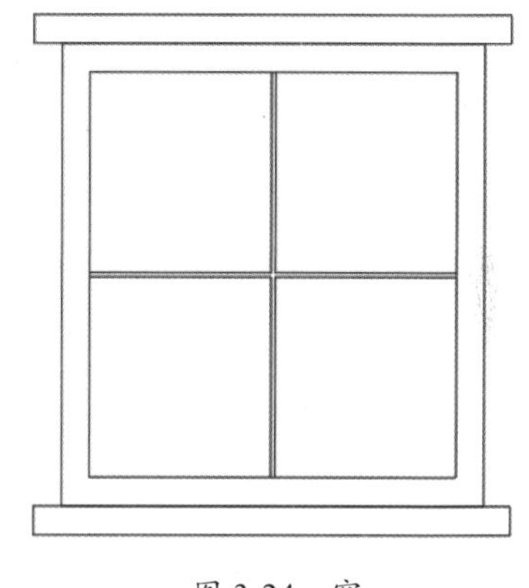

图 3-24　窗

step 01 选择“文件”|“新建”命令，创建一个新的文件。

step 02 选择“绘图”|“矩形”命令，绘制窗户下部的窗台，如图 3-25 所示。

```
    命令: _rectang
    指定第 1 个角点或 [倒角(C)/标高(E)/圆角(F)/厚度(T)/宽度(W)]: //在屏幕上任意选
取一点
    指定另一个角点或 [尺寸(D)]: @1700,100      //输入对角点的相对坐标
```

step 03 在命令行输入 osnap 后按 Enter 键，弹出“草图设置”对话框。在“对象捕捉”选项卡中，选中“端点”和“中点”复选框，开启端点和中点对象捕捉模式，如图 3-26 所示。

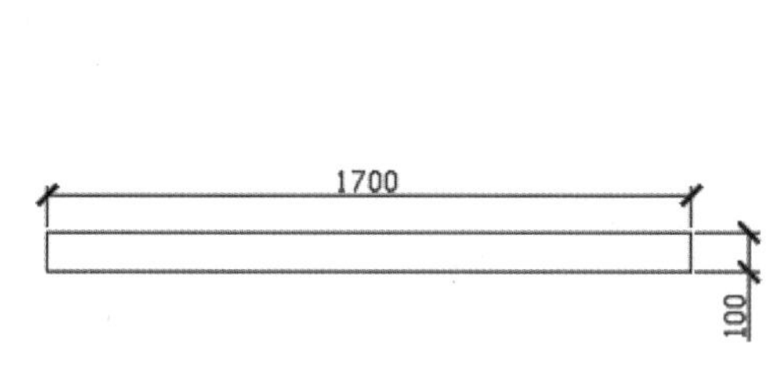

图 3-25　绘制窗户下部的窗台

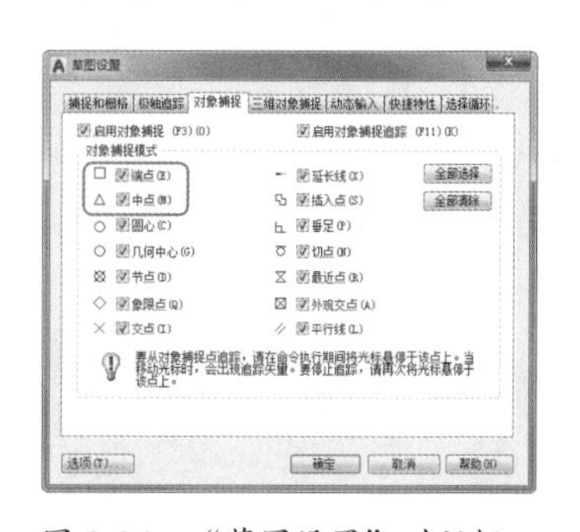

图 3-26　“草图设置”对话框

step 04 输入 ucs 命令后按 Enter 键，改变坐标原点，使新的坐标原点为窗台上条边的中点。

```
命令：ucs
当前 UCS 名称：*世界*
输入选项
[新建(N)/移动(M)/正交(G)/上一个(P)/恢复(R)/保存(S)/删除(D)/应用(A)/?/世界(W)]
<世界>: o
指定新原点 <0,0,0>:                        //对象捕捉到矩形上条边的中点
```

step 05 选择"绘图"|"矩形"命令，绘制窗户的外轮廓线，然后选择"绘图"|"偏移"命令，绘制内轮廓线，如图 3-27 所示。

```
命令：_rectang
指定第1 个角点或 [倒角(C)/标高(E)/圆角(F)/厚度(T)/宽度(W)]: -750,0
指定另一个角点或 [尺寸(D)]: 750,1600
命令：_offset
指定偏移距离或 [通过(T)] <1.0000>: 100
选择要偏移的对象或 <退出>:                  //选择外侧窗户轮廓线
指定点以确定偏移所在一侧：                  //选择偏移的方向
选择要偏移的对象或 <退出>:
```

技巧点拨：

"偏移"命令能够将所选对象沿着指定的方向偏移指定的距离。对于线段，作用和"复制"命令相同；对于圆、椭圆、多边形，能够将对象往外或者往内偏移相同的距离。

step 06 选择"绘图"|"多线"命令，绘制窗格，注意使用点对象捕捉命令，如图 3-28 所示。

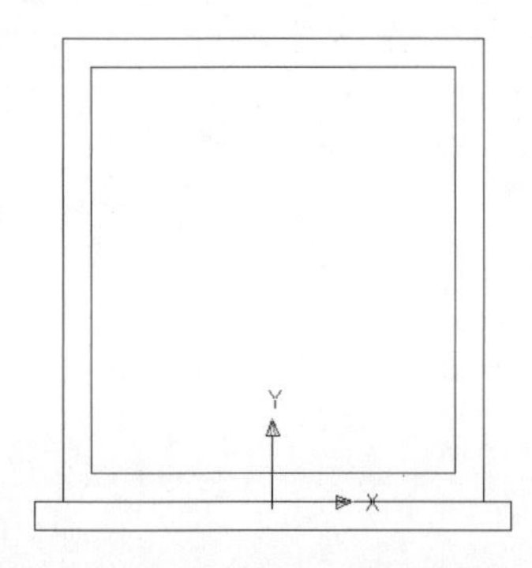

图 3-27 绘制窗户的内外轮廓线

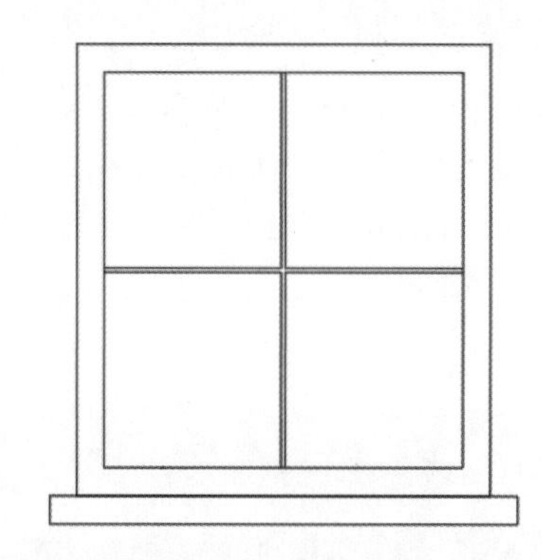

图 3-28 绘制窗格

```
命令：mline
当前设置：对正 = 上，比例 = 20.00，样式 = STANDARD
指定起点或 [对正(J)/比例(S)/样式(ST)]: s
输入多线比例 <20.00>: 15                      //设置窗格间距
当前设置：对正 = 上，比例 = 15.00，样式 = STANDARD
指定起点或 [对正(J)/比例(S)/样式(ST)]: j
输入对正类型 [上(T)/无(Z)/下(B)] <上>: z      //设置多线的对齐类型
当前设置：对正 = 无，比例 = 15.00，样式 = STANDARD
指定起点或 [对正(J)/比例(S)/样式(ST)]:         //对象捕捉到矩形的一个中点
指定下一点：                                  //对象捕捉到矩形的一个中点
命令：mline
当前设置：对正 = 无，比例 = 15.00，样式 = STANDARD
指定起点或 [对正(J)/比例(S)/样式(ST)]:         //对象捕捉到矩形的一个中点
指定下一点：                                  //对象捕捉到矩形的一个中点
指定下一点或 [放弃(U)]:
```

提示：

“多线”命令所绘制的图形就是我们平常所说的平行线，在“多线样式”中可以设置多线的值、对齐方式等。虽然“直线”命令也可以绘制平行的直线，但是“多线”命令大幅提升了制图的速度。

step 07 选择“修改”|“对象”|“多线”命令，弹出“多线编辑工具”对话框。选中其中的“十字合并”图标，对绘制窗格的多线进行编辑，如图 3-29 所示。

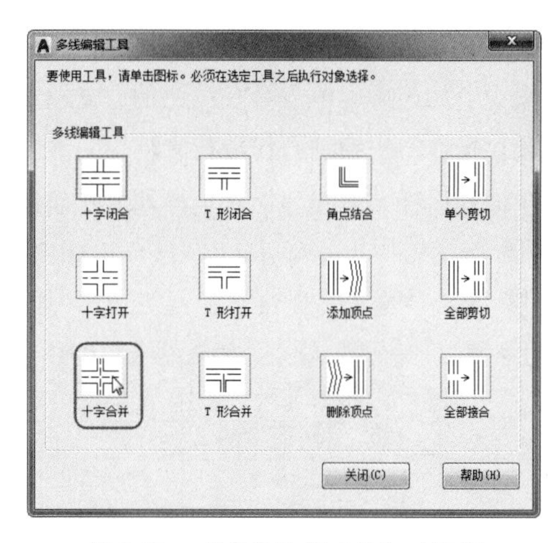

图 3-29　“多线编辑工具”对话框

step 08 完成多线编辑的窗格，如图 3-30 所示。

step 09 选择“修改”|“镜像”命令，绘制窗户的上窗台，并最终完成窗户的绘制，如图 3-31 所示。

```
命令：_mirror
选择对象：指定对角点：找到 1 个              //选中绘制的单扇门
选择对象：                                   //按 Enter 键
指定镜像线的第 1 点：                        //对象捕捉到窗户外轮廓线的中点
指定镜像线的第 2 点：                        //对象捕捉到窗户外轮廓线的中点
是否删除源对象？[是(Y)/否(N)] <N>:
```

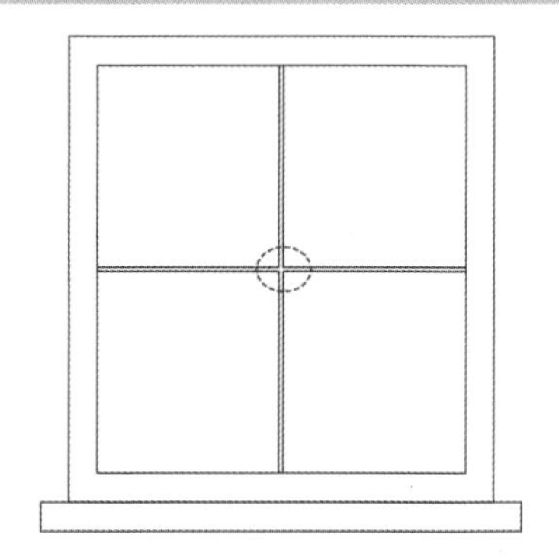

图 3-30　多线编辑完成后的窗格

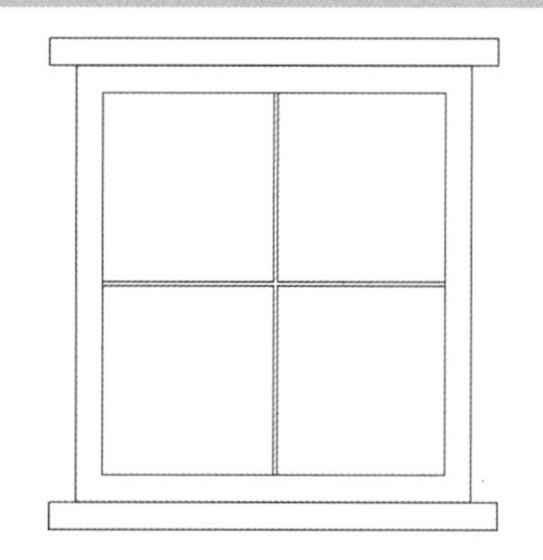

图 3-31　绘制完成后的窗户

提示：

rectang 命令也可以绘制窗台，但是使用 mirror 命令绘制更快捷、准确，所以在绘制图形之前要注意观察图形的对称关系。

3.4.3　在功能区单击命令按钮

对于新手来说，最简单的绘图方式就是通过在功能区单击命令按钮来执行相应的绘图命令。功能区中包含了 AutoCAD 绝大部分的绘图命令按钮，可以满足基本的制图要求。功能区的相关命令这里就不过多介绍了，我们将在后面章节陆续介绍这些功能命令。下面以一个图形绘制案例来说明如何采用单击命令按钮的方式绘制图形。

动手操作——绘制石作雕花大样

下面利用样条曲线和绝对坐标输入法绘制如图 3-32 所示的石作雕花大样图。

step 01 新建文件并进入 AutoCAD 绘图环境，在绘图区底部的状态栏打开正交功能。

step 02 单击“直线”按钮，起点为（0,0），向右绘制一条长 120 的水平线段。

step 03 重复“直线”命令，起点仍为（0,0），向上绘制一条长 80 的垂直线段，如图 3-33 所示。

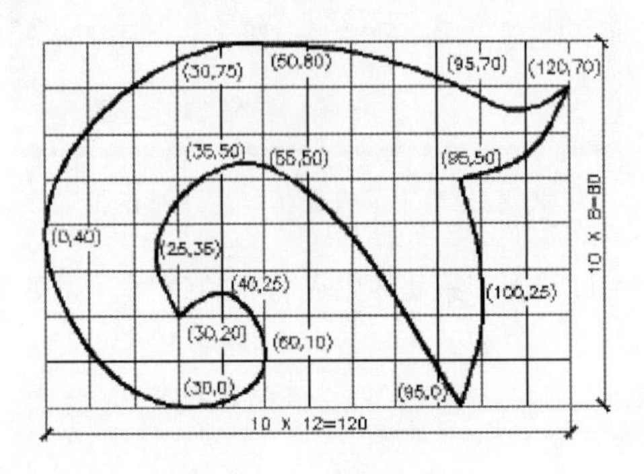

图 3-32 石作雕花大样

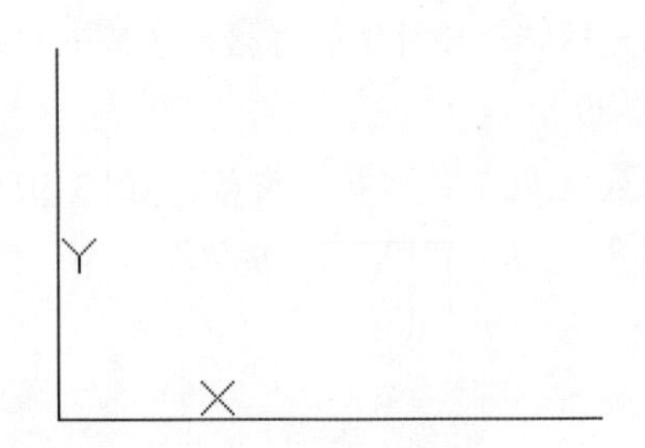

图 3-33 绘制直线

step 04 单击“阵列”按钮，选择长度为 120 的直线为阵列对象，在“阵列创建”选项卡中设置参数，如图 3-34 所示。

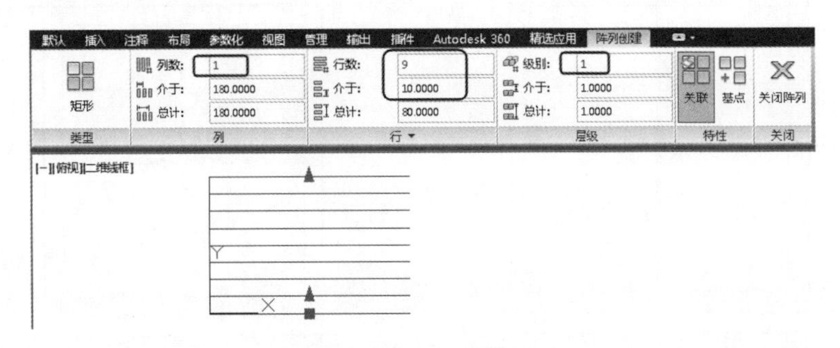

图 3-34 阵列线段

step 05 单击“阵列”按钮，选择长度为 80 的直线为阵列对象，在“阵列创建”选项卡中设置参数，如图 3-35 所示。

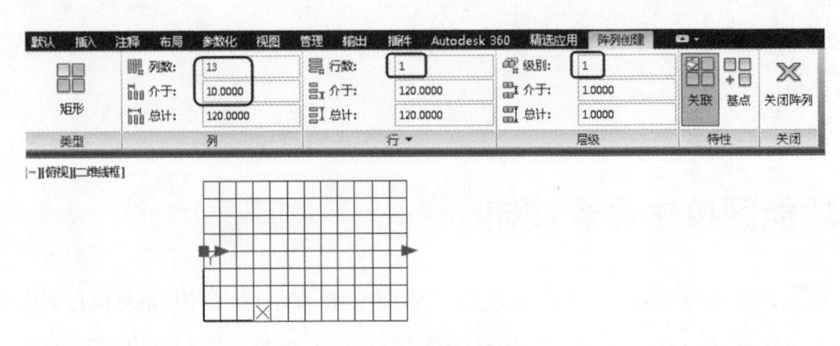

图 3-35 阵列线段

step 06 单击“样条曲线”按钮，利用绝对坐标输入法依次输入各点的坐标，分段绘制样条曲线，如图 3-36 所示。

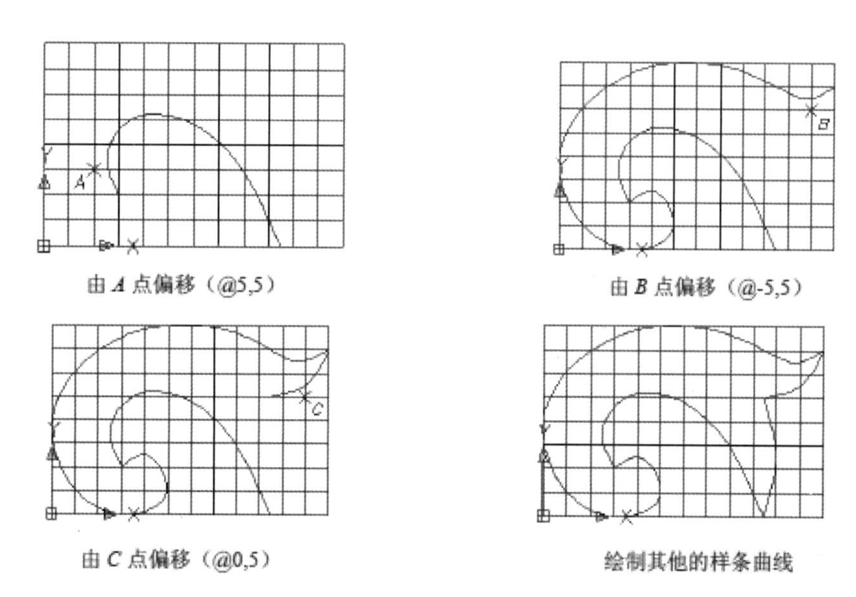

图 3-36　各段样条曲线的绘制过程

> **提示：**
>
> 有时在工程制图中不会给出所有点的绝对坐标，此时可以捕捉网格交点来输入偏移坐标，确定形状，图 3-36 中的提示点为偏移参考点，也可以使用这种方法来制作。

3.5　修复或恢复图形

硬件问题、电源故障或软件问题会导致 AutoCAD 程序意外终止，此时的图形文件容易被损坏。用户可以通过使用相应命令查找并更正错误或通过恢复备份文件，修复部分或全部数据。本节将着重介绍修复损坏的图形文件、创建和恢复备份文件以及图形修复管理器等内容。

3.5.1　修复损坏的图形文件

在 AutoCAD 出现错误时，诊断信息被自动记录在 AutoCAD 的 acad.err 文件中，用户可以使用该文件查看出现的问题。

> **提示：**
>
> 如果在图形文件中检测到损坏的数据或者用户在程序发生故障后要求保存图形，那么该图形文件将标记为“已损坏”。

如果图形文件只是轻微受损，有时只需打开图形，程序便会自动修复。若损坏得比较严重，可以使用修复、使用外部参照修复及核查命令来进行修复。

1．修复

“修复”工具可用来修复受损的图形。用户可通过以下方式执行此命令：

- 菜单栏：选择“文件”|“图形实用工具”|“修复”命令。
- 命令行：输入 RECOVER 并按 Enter 键。

执行 RECOVER 命令后，弹出“选择文件”对话框，通过该对话框选择要修复的图形文件，如图 3-37 所示。

选择要修复的图形文件并打开，程序自动对图形进行修复，并弹出图形修复信息对话框。该对话框中详细描述了修复过程及结果，如图 3-38 所示。

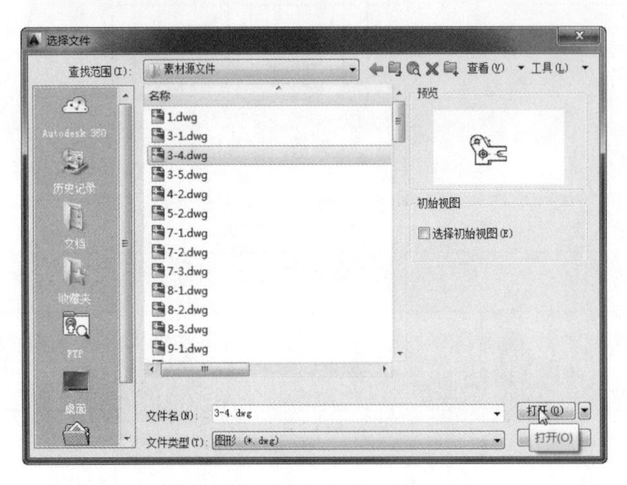

图 3-37　选择要修复的图形文件

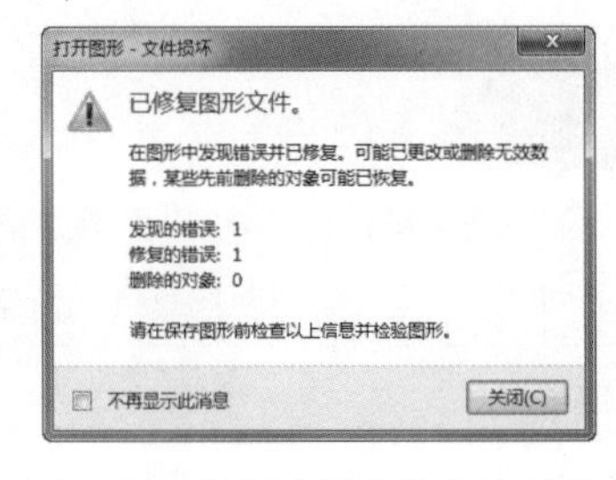

图 3-38　修复图形文件信息对话框

2．使用外部参照修复

“使用外部参照修复”工具可修复受损的图形和外部参照。用户可通过以下方式执行此命令：

- 菜单栏：选择“文件”|“图形实用工具”|“修复图形和外部参照”命令。
- 命令行：输入 RECOVERALL 并按 Enter 键。

3．核查

“核查”工具可以用来检查图形的完整性并更正某些错误。用户可以通过以下方式执行此操作。

- 菜单栏：选择“文件”|“图形实用工具”|“核查”命令。
- 命令行：输入 AUDIT 并按 Enter 键。

在 AutoCAD 图形窗口中打开一个图形，执行 AUDIT 命令，命令行显示如下操作提示：

```
是否更正检测到的任何错误？ [是(Y)/否(N)] <N>:
若图形没有任何错误，命令行窗口显示如下核查报告：
核查表头
核查表
第 1 阶段图元核查
阶段 1 已核查 100 个对象
第 2 阶段图元核查
阶段 2 已核查 100 个对象
核查块
已核查 1 个块
共发现 0 个错误，已修复 0 个
已删除 0 个对象
```

提示：

如果将 AUDITCTL 系统变量设置为 1，执行 AUDIT 命令将创建 ASCII 文件，用于说明问题及采取的措施，并将此报告放置在当前图形所在的相同目录中，文件扩展名为 .adt。

3.5.2　创建和恢复备份文件

备份文件有助于确保图形数据的安全。当 AutoCAD 程序出现问题时，用户可以恢复图形备份文件，以避免不必要的损失。

1. 创建备份文件

在“选项”对话框的“打开和保存”选项卡中，可以指定在保存图形时创建备份文件，如图 3-39 所示。执行此操作后，每次保存图形时，图形的早期版本将保存为具有相同名称并带有扩展名 .bak 的文件。该备份文件与图形文件位于同一个文件夹中。

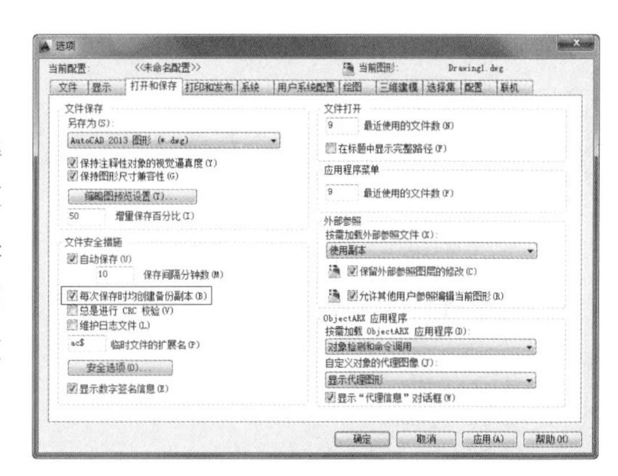

图 3-39　设置备份文件的保存选项

2. 从备份文件恢复图形

从备份文件恢复图形的操作步骤如下：

（1）在备份文件保存路径中，找到以 .bak 文件扩展名标识的备份文件。

（2）将该文件重命名，输入新名称，文件扩展名为 .dwg。

（3）在 AutoCAD 中通过“打开”命令，将备份图形文件打开。

3.5.3　图形修复管理器

程序或系统出现故障后，用户可以通过图形修复管理器来打开图形文件。用户可以通过以下方式打开图形修复管理器：

- 菜单栏：选择“文件”|“图形实用工具”|“图形修复管理器”命令。
- 命令行：输入 DRAWINGRECOVERY 并按 Enter 键。

执行 DRAWINGRECOVERY 命令打开的图形修复管理器，如图 3-40 所示。图形修复管理器将显示所有打开的图形文件列表，列表中的文件类型包括图形文件（DWG）、图形样板文件（DWT）和图形标准文件（DWS）。

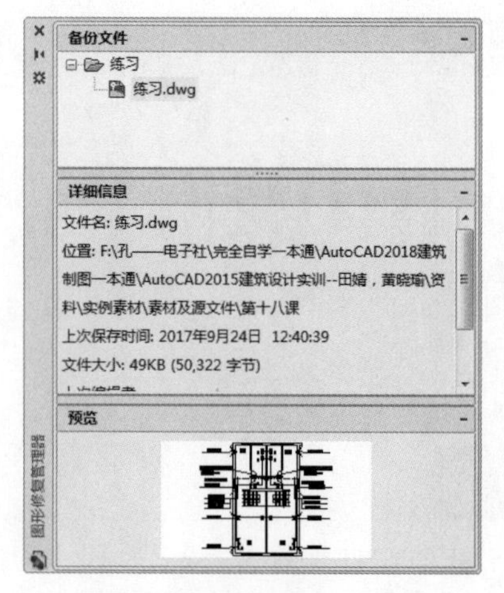

图 3-40　图形修复管理器

3.6　课后练习

1．绘制燃气灶

利用直线、圆弧、圆、复制、镜像等命令，绘制如图 3-41 所示的燃气灶。

2．绘制马桶

利用直线、椭圆、偏置等命令，绘制如图 3-42 所示的马桶图形。

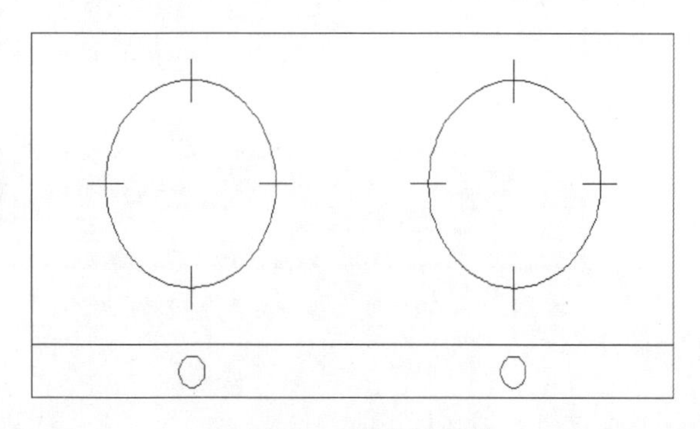

图 3-41　燃气灶图形

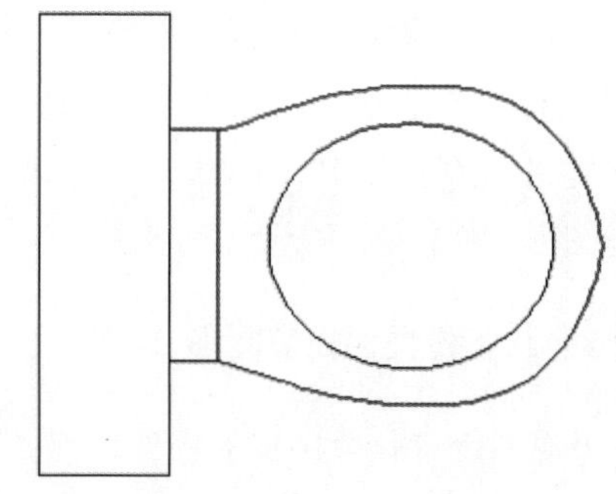

图 3-42　马桶图形

第 4 章

AutoCAD 基础操作

本章内容

踏出 AutoCAD 2018 的关键第三步，是我们本章所要掌握的知识。本章将帮助大家熟悉 AutoCAD 2018 的视图操作、坐标系、导航栏和 ViewCube、模型视口、选项板、绘图窗口的用法和管理。

这些基本功能将会在三维建模和平面绘图时经常用到，希望大家牢记并掌握。

知识要点

☑ 坐标系
☑ 控制图形视图
☑ 测量工具
☑ 快速计算器

4.1 AutoCAD 2018 坐标系

用户在绘制精度要求较高的图形时，经常使用用户坐标系 UCS 的二维坐标系、三维坐标系来输入坐标值，以满足设计需要。

4.1.1 认识 AutoCAD 坐标系

坐标（*X,Y*）是表示点的最基本方法。为了输入坐标及建立工作平面，需要使用坐标系。在 AutoCAD 中，坐标系由世界坐标系（简称 WCS）和用户坐标系（简称 UCS）构成。

1. 世界坐标系（WCS）

世界坐标系是一个固定的坐标系，也是一个绝对坐标系。通常在二维视图中，WCS 的 *X* 轴水平，*Y* 轴垂直。WCS 的原点为 *X* 轴和 *Y* 轴的交点（0,0）。图形文件中的所有对象均由 WCS 坐标定义。

2. 用户坐标系（UCS）

用户坐标系是可以移动的坐标系，也是一个相对坐标系。一般情形下，所有坐标输入以及其他许多工具和操作均参照当前的 UCS。使用可以移动的用户坐标系 UCS 创建和编辑对象通常更方便。

在默认情况下，UCS 和 WCS 是重合的，如图 4-1 所示为用户坐标系在绘图操作中的定义。

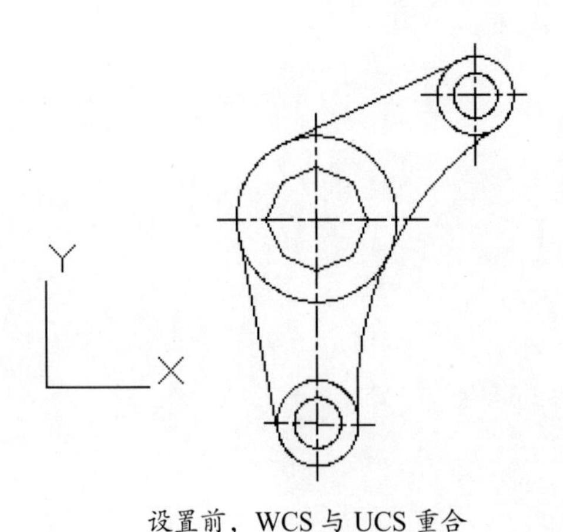

设置前，WCS 与 UCS 重合

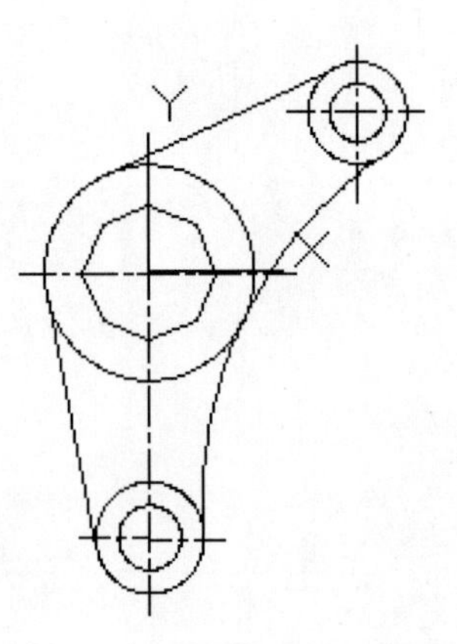

设置后的 UCS

图 4-1 设置 UCS

4.1.2　笛卡儿坐标系

笛卡儿坐标系有 3 个轴，即 *X*、*Y* 和 *Z* 轴。输入坐标值时，需要指示沿 *X*、*Y* 和 *Z* 轴相对于坐标系原点（0,0,0）的距离（以单位表示）及其方向（正或负）。在二维中，在 *XY* 平面（也称为“工作平面”）上指定点。工作平面类似于平铺的网格纸。笛卡儿坐标的 *X* 值指定水平距离，*Y* 值指定垂直距离。原点（0,0）表示两轴相交的位置。

在二维中输入笛卡儿坐标，在命令行输入以逗号分隔的 *X* 值和 *Y* 值即可。笛卡儿坐标输入分为绝对坐标输入和相对坐标输入。

1．绝对坐标输入

当已知要输入点的精确坐标的 *X* 和 *Y* 值时，最好使用绝对坐标。若在浮动工具条上（动态输入）输入坐标值，坐标值前面可以选择添加“＃”号（不添加也可以），如图 4-2 所示。

若在命令行输入坐标值，则无须添加“＃”号，在命令行操作提示如下：

```
命令：line
指定第一点：30,60 ↙                          // 输入直线第一点坐标
指定下一点或 [ 放弃 (U)]：150,300 ↙           // 输入直线第二点坐标
指定下一点或 [ 放弃 (U)]：* 取消 *            // 输入 U 或按 Enter 键或单击 Esc 键
```

绘制的直线如图 4-3 所示。

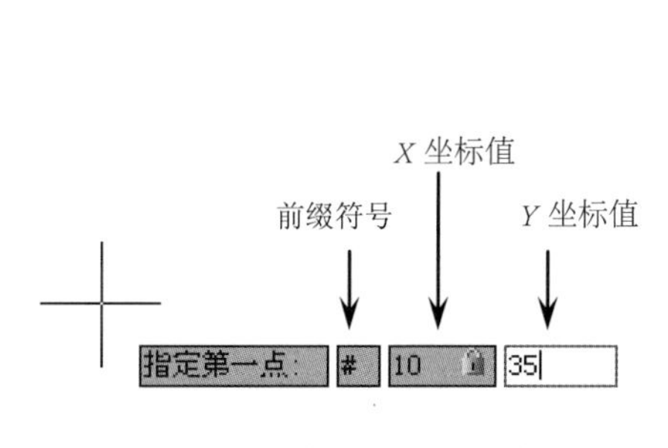

图 4-2　动态输入时添加前缀

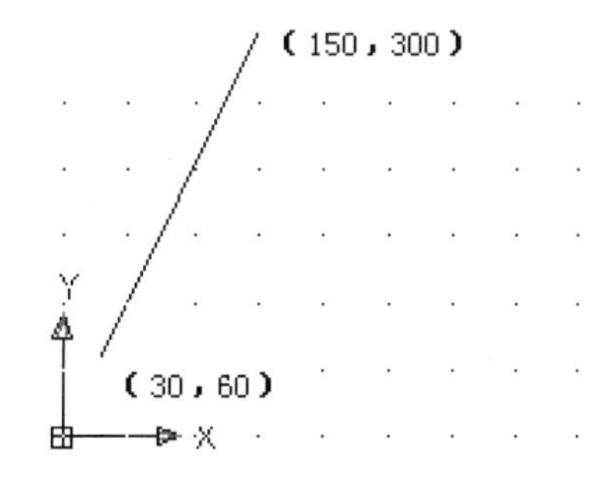

图 4-3　命令行无须输入前缀

2．相对坐标输入

“相对坐标”是基于上一输入点的。如果知道某点与前一点的位置关系，可以使用相对坐标。要指定相对坐标，需要在坐标前面添加一个“@”符号。

例如，在命令行输入“@3,4”指定一点，此点沿 *X* 轴方向距离上一指定点有 3 个单位，沿 *Y* 轴方向距离上一指定点有 4 个单位。在图形窗口中绘制了一个三角形的 3 条边，命令行的操作提示如下：

```
命令：line
指定第一点：-2,1 ↙                                    // 第一点绝对坐标
指定下一点或 [ 放弃 (U)]：@5,0 ↙                        // 第二点相对坐标
指定下一点或 [ 放弃 (U)]：@0,3 ↙                        // 第三点相对坐标
指定下一点或 [ 闭合 (C)/ 放弃 (U)]：@-5,-3 ↙            // 第四点相对坐标
指定下一点或 [ 闭合 (C)/ 放弃 (U)]：c ↙                 // 闭合直线
```

绘制的三角形如图 4-4 所示。

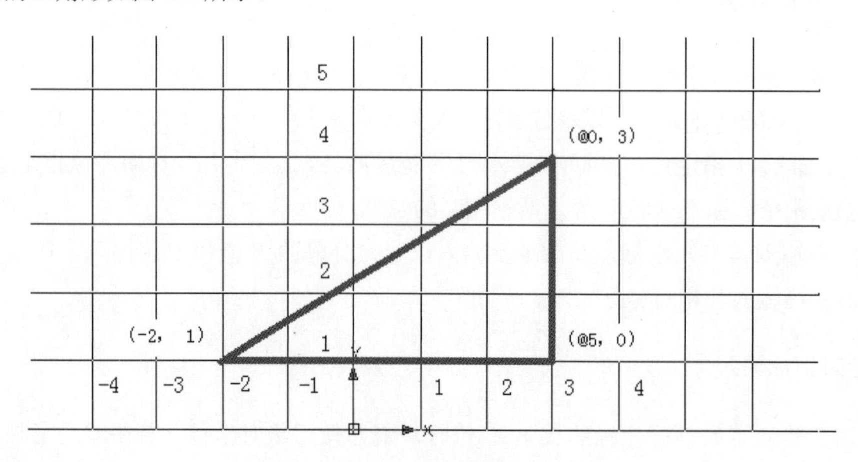

图 4-4　绘制的三角形

动手操练——利用笛卡儿坐标绘制五角星和多边形

使用相对笛卡儿坐标绘制五角星和正五边形，如图 4-5 所示。

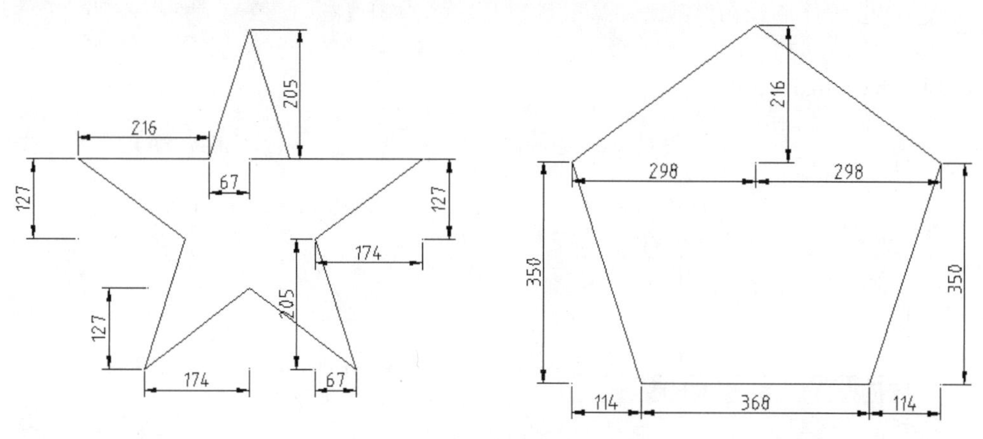

图 4-5　绘制五角星和正五边形

绘制五角星的步骤：

step 01 新建文件进入 AutoCAD 绘图环境。

step 02 使用“直线”命令，在命令行输入 L，然后按 Enter 键确定，在绘图窗口指定第一点，提示下一点时输入坐标（@216,0），确定后即可完成五角星左上边的第一条横线的绘制。

step 03 再次输入坐标（@67,205），确定后即可绘制第二条斜线的绘制。

step 04 再次输入坐标（@67,-205），确定后即可绘制第三条斜线的绘制。

step 05 再次输入坐标（@216,0），确定后完成第四条横线的绘制。

step 06 再次输入坐标 (@-174,-127)，确定后完成第五条斜线的绘制。

step 07 再次输入坐标 (@67,-205)，确定后完成第六条斜线的绘制。

step 08 再次输入坐标 (@-174,127)，确定后完成第七条斜线的绘制。

step 09 再次输入坐标（@-174,-127），确定后完成第八条斜线的绘制。

step 10 再次输入（@67,205），确定后完成第九条斜线的绘制。

step 11 再次输入坐标（@-174,127），确定后完成最后第十条斜线的绘制。

绘制五边形的步骤：

step 01 使用“直线”命令，在命令行输入 L，然后按 Enter 键确定，在绘图窗口指定第一点，提示下一点时输入坐标（@298,216），确定后即可完成正五边形左上边第一条斜线的绘制。

step 02 再次输入坐标（@298,-216），确定后即可完成第二条斜线的绘制。

step 03 再次输入坐标（@-114,-350），确定后即可完成第三条斜线的绘制。

step 04 再次输入坐标（@-368,0），确定后即可完成第四条横线的绘制。

step 05 再次输入坐标（@-114,350），确定后即可完成最后第五条斜线的绘制。

4.1.3　极坐标系

在平面内由极点、极轴和极径组成的坐标系称为“极坐标系”。在平面上取定一点 O，称为极点。从 O 出发引一条射线 Ox，称为极轴。再取定一个长度单位，通常规定角度取逆时针方向为正。这样，平面上任意一点 P 的位置即可用线段 OP 的长度 ρ 以及从 Ox 到 OP 的角度 θ 来确定，有序数对（ρ,θ）就称为 P 点的极坐标，记为 $P(\rho,\theta)$；ρ 称为 P 点的极径，θ 称为 P 点的极角，如图 4-6 所示。

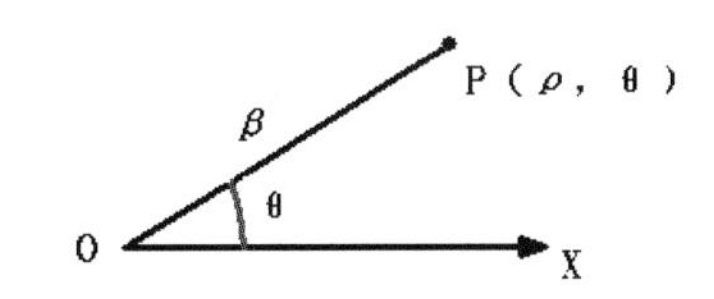

图 4-6　极坐标的定义

在 AutoCAD 中要表达极坐标，需要在命令行输入角括号（＜＝分隔的距离和角度）。默认情况下，角度按逆时针方向增大，按顺时针方向减小。要指定顺时针方向，为角度输入负值。例如，输入 1<315 和 1<-45 都代表相同的点。极坐标的输入包括绝对极坐标输入和相对极坐标输入。

1．绝对极坐标输入

当知道点的准确距离和角度坐标时，一般情况下使用绝对极坐标。绝对极坐标从 UCS 原点（0,0）开始测量，此原点是 X 轴和 Y 轴的交点。

使用动态输入，可以使用“#”前缀指定绝对坐标。如果在命令行而不是工具提示中输入动态输入坐标，则不使用“#”前缀。例如，输入“#3<45”指定一点，此点距离原点有 3 个单位，并且与 X 轴成 45° 角。命令行操作提示以下：

```
命令：line
指定第一点：0,0                                    //指定直线起点
指定下一点或 [放弃(U)]：4<120                      //指定第二点
指定下一点或 [放弃(U)]：5<30                       //指定第三点
指定下一点或 [闭合(C)/放弃(U)]：*取消*             //按 Esc 键或 Enter 键
```

绘制的线段如图 4-7 所示。

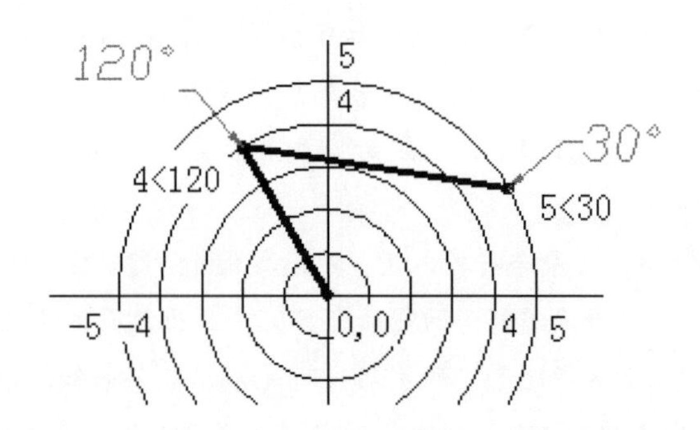

图 4-7 以绝对极坐标方式绘制线段

2. 相对极坐标输入

相对极坐标是基于上一输入点而确定的。如果知道某点与前一点的位置关系，可以使用相对 *X*,*Y* 极坐标来输入。

要输入相对极坐标，需要在坐标前面添加一个“@”符号。例如，输入“@1<45”来指定一点，此点距离上一指定点有一个单位，并且与 *X* 轴成 45° 角。

例如，使用相对极坐标来绘制两条线段，线段都是从标有上一点的位置开始的。在命令行输入以下提示命令：

```
命令：line
指定第一点：-2,3                                    //指定直线起点
指定下一点或 [放弃(U)]：2,4                          //指定第二点
指定下一点或 [放弃(U)]：@3<45                        //指定第三点
指定下一点或 [放弃(U)]：@5<285                       //指定第四点
指定下一点或 [闭合(C)/放弃(U)]：*取消*                //按Esc键或Enter键
```

绘制的两条线段如图 4-8 所示。

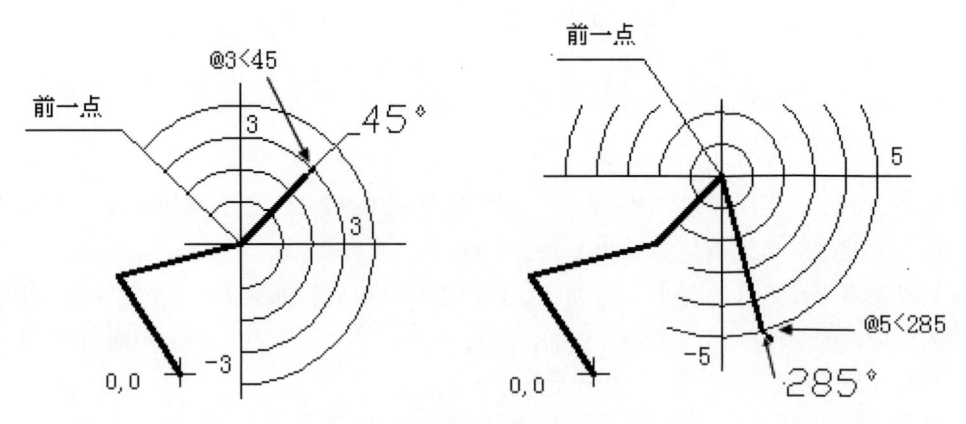

图 4-8 以相对极坐标方式绘制线段

动手操练——利用极坐标绘制五角星和正五边形

使用相对极坐标绘制的五角星和正五边形，如图 4-9 所示。

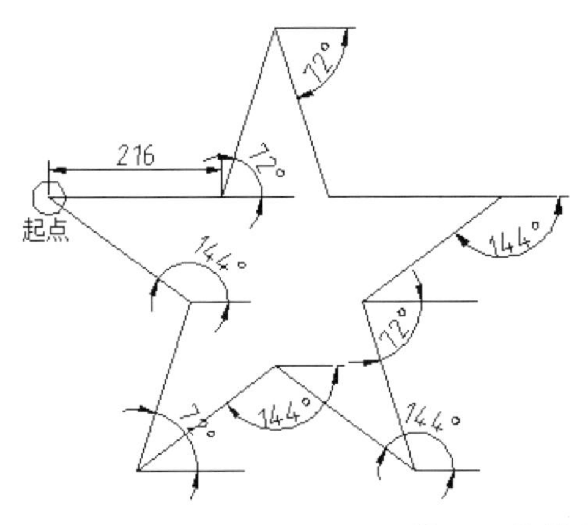

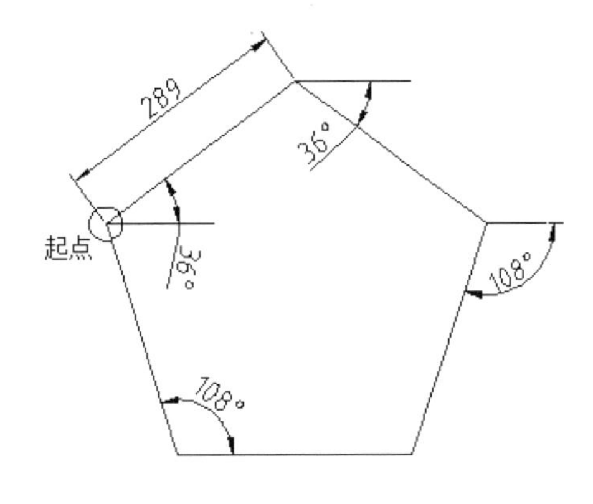

图 4-9　绘制五角星和正五边形

操作步骤

绘制五角星的步骤：

step 01 新建文件进入 AutoCAD 绘图环境。

step 02 使用“直线”命令，在命令行输入 L，然后按 Enter 键确定，在绘图窗口指定第一点，提示下一点时输入坐标（@216<0），确定后即可完成五角星左上边第一条横线的绘制。

step 03 再次输入坐标（@216<72），确定后即可绘制第二条斜线的绘制。

step 04 再次输入坐标（@216<-72），确定后即可绘制第三条斜线的绘制。

step 05 再次输入坐标（@216<0），确定后完成第四条横线的绘制。

step 06 再次输入坐标（@216<-144），确定后完成第五条斜线的绘制。

step 07 再次输入坐标（@216<-72），确定后完成第六条斜线的绘制。

step 08 再次输入坐标（@216<144），确定后完成第七条斜线的绘制。

step 09 再次输入坐标（@216<-144），确定后完成第八条斜线的绘制。

step 10 再次输入（@216<72），确定后完成第九条斜线的绘制。

step 11 再次输入坐标（@216<144），确定后完成最后第十条斜线的绘制。

绘制正五边形的步骤：

step 01 使用“直线”命令，在命令行输入 L，然后按 Enter 键确定，在绘图窗口指定第一点，提示下一点时输入坐标（@289<36），确定后即可完成正五边形左上边第一条斜线的绘制。

step 02 再次输入坐标（@289<-36），确定后即可完成第二条斜线的绘制。

step 03 再次输入坐标（@289<-108），确定后即可完成第三条斜线的绘制。

step 04 再次输入坐标（@289<180），确定后即可完成第四条横线的绘制。

step 05 再次输入坐标（@289<108），确定后即可完成最后第五条斜线的绘制。

技巧点拨：

在输入笛卡儿坐标时，绘制直线可启用正交，如五角星上边两条直线，在打开正交的状态下，用光标指引向右的方向，直接输入 216 代替（@216,0）更加快捷。再如五边形下边的直线，打开正交后，光标向左，直接输入 368 代替（@-368,0）更加方便。在输入极坐标时，直线同样可启用正交，用光标指引直线的方向，直接输入 216 代替（@216<0），输入 289 代替（@289<180）更加方便。

4.2 控制图形视图

在 AutoCAD 2018 中，用户可以使用多种方法来观察绘图窗口中绘制的图形，如使用“视图”菜单中的命令、使用“视图”工具栏中的工具按钮，以及使用视口和鸟瞰视图等。通过这些方法可以灵活地观察图形的整体效果或局部细节。

4.2.1 视图缩放

按一定比例、位置和角度显示图形效果称为“视图”。在 AutoCAD 中，可以通过缩放视图来观察图形对象，如图 4-10 所示为放大的视图。

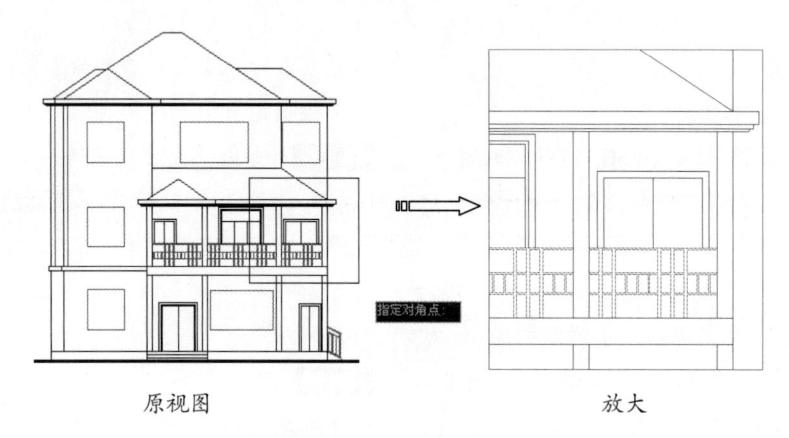

原视图　　放大

图 4-10　放大的视图

缩放视图可以增加或减少图形对象在屏幕中显示的尺寸，但对象的真实尺寸保持不变。通过改变显示区域和图形对象的大小，可以更准确、更详细地绘图。用户可以通过以下方式执行此操作。

- 菜单栏：选择“视图”|“缩放”|“实时”命令或“缩放”子菜单上的其他命令。
- 快捷菜单：在绘图区域单击鼠标右键，在弹出的快捷菜单中选择“缩放”命令。
- 命令行：输入 ZOOM 并按 Enter 键。

“缩放”子菜单中的命令，如图 4-11 所示。

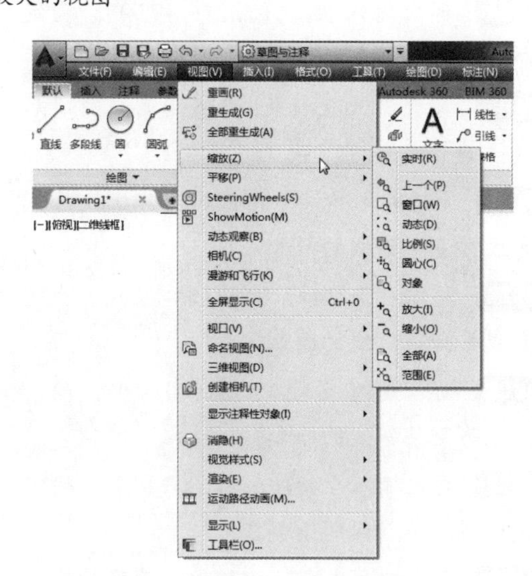

图 4-11　缩放”子菜单中的命令

1. 实时

“实时”就是利用定点设备，在逻辑范围内向上或向下动态缩放视图。进行视图缩放时，光标将变为带有加号（+）和减号（–）的放大镜，如图 4-12 所示。

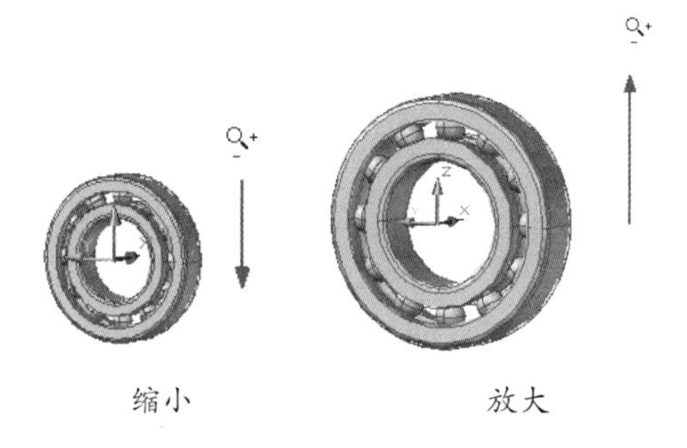

缩小　　　　　　　　放大

图 4-12　视图的实时缩放

技巧点拨：

达到放大极限时，光标上的加号将消失，表示将无法继续放大；达到缩小极限时，光标上的减号将消失，表示将无法继续缩小。

2. 上一步

“上一步”指缩放显示到上一个视图的状态，最多可以恢复此前的 10 个视图。

3. 窗口

“窗口”指缩放显示由两个角点定义的矩形框定的区域，如图 4-13 所示。

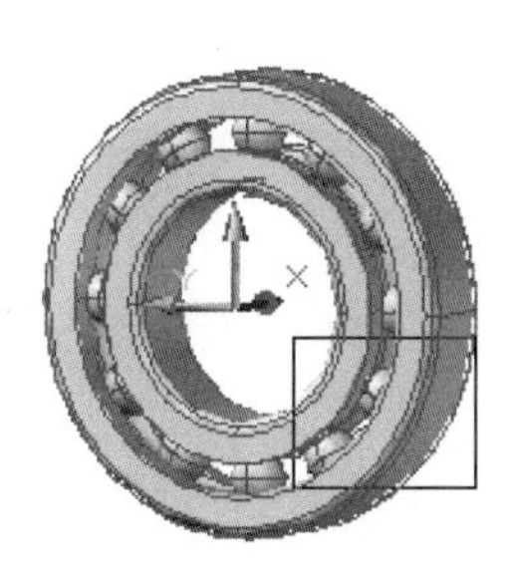

定义矩形放大区域　　　　　　放大效果

图 4-13　视图的窗口缩放

4. 动态

“动态”指缩放显示在视图框中的部分图形。视图框表示视口，可以改变其大小，或在图形中移动。移动视图框或调整它的大小，将其中的图像平移或缩放，以充满整个视口，如图 4-14 所示。

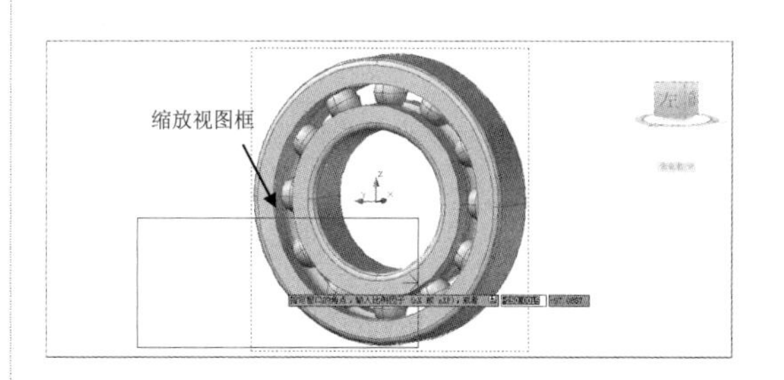

设定视图框的大小及位置

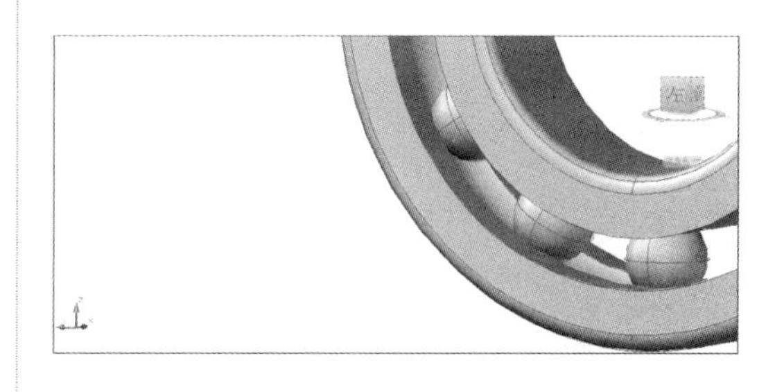

动态放大后的效果

图 4-14　视图的动态缩放

技巧点拨：

使用“动态”缩放视图，应首先显示平移视图框。将其拖至所需位置并单击，继而显示缩放视图框。调整其大小然后按 Enter 键进行缩放，或单击以返回平移视图框。

5. 比例

“比例”指以指定的比例因子缩放显示。

6. 圆心

“圆心”就是缩放显示由圆心和放大比例（或高度）定义的窗口。高度值较小时增加放大比例；高度值较大时减小放大比例，如图 4-15 所示。

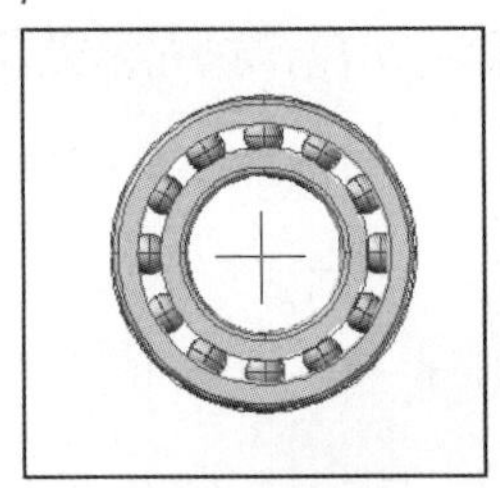
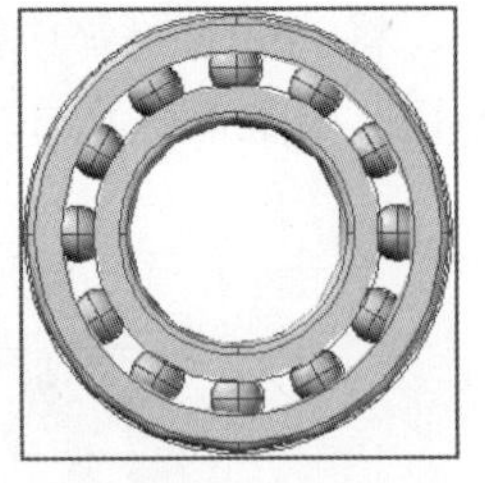

指定中心点　　　比例放大效果

图 4-15　视图的圆心缩放

7．对象

“对象”指缩放以便尽可能大地显示一个或多个选定的对象，并使其位于绘图区域的中心。

8．放大

“放大”指在图形中选择一个定点，并输入比例值来放大视图。

9．缩小

“缩小”指在图形中选择一个定点，并输入比例值来缩小视图。

10．全部

“全部”指在当前视口中缩放显示整个图形。在平面视图中，所有图形将被缩放到栅格界限和当前范围两者中较大的区域中。在三维视图中，“全部”选项与“范围”选项等效。即使图形超出了栅格界限也能显示所有对象，如图 4-16 所示。

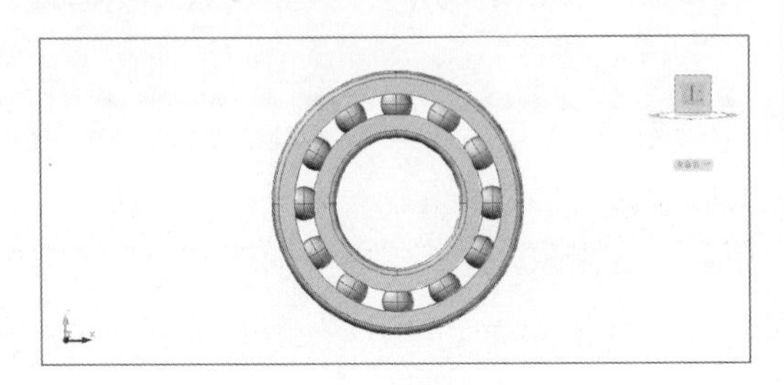

图 4-16　全部缩放视图

11．范围

“范围”指缩放以显示图形范围，并尽最大可能显示所有对象。

4.2.2　平移视图

使用“平移视图”命令，可以重新定位图形，以便看清图形的其他部分。此时不会改变图形中对象的位置或比例，只改变视图。

用户可以通过以下方式进行平移视图的操作：

- 菜单栏：选择“视图”|“平移”|“实时”命令或“平移”子菜单上的其他命令。
- 面板：在“默认”选项卡的“实用程序”面板中单击“平移”按钮。
- 快捷菜单：在绘图区域单击鼠标右键，在弹出的快捷菜单中选择“平移”命令。
- 状态栏：单击“平移”按钮。
- 命令行：输入 PAN 并按 Enter 键。

技巧点拨：

如果在命令行提示下输入 –pan，PAN 将显示另外的命令行提示，用户可以指定要平移图形显示的位移。

“平移”子菜单中的命令，如图 4-17 所示。

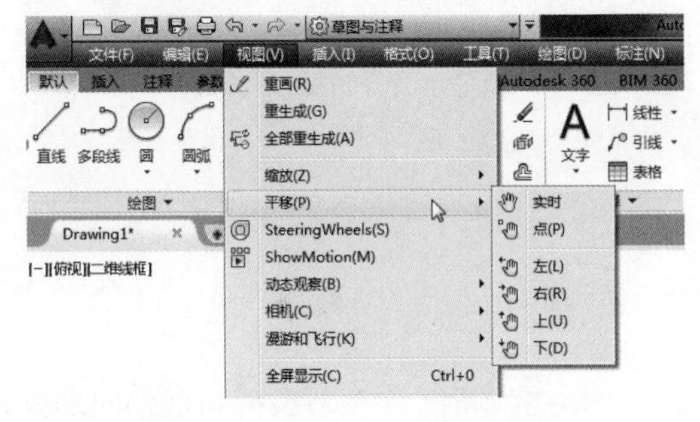

图 4-17　“平移”子菜单中的命令

1. 实时

“实时”指利用定点设备，在逻辑范围内上、下、左、右平移视图。进行视图平移时，光标形状变为手形，按住鼠标左键并拖曳，视图将随着光标向同一方向移动，如图 4-18 所示。

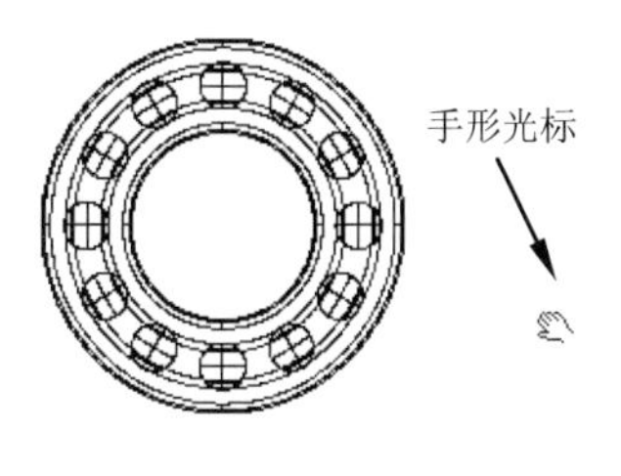

图 4-18　实时平移视图

2. 左、右、上、下

当平移视图到达图纸空间或窗口的边缘时，将在此边缘的手形光标上显示边界栏。程序根据边缘处于图形顶部、底部还是两侧，将相应地显示出水平（顶部或底部）或垂直（左侧或右侧）边界栏，如图 4-19 所示。

图 4-19　手形光标上的边界栏

3. 定点

“定点”是通过指定视图基点的位移距离来平移视图。执行此操作的命令行提示如下：

```
命令：'_-pan 指定基点或位移：指定第二点：              // 指定基点（位移起点）
命令：'_-pan 指定基点或位移：指定第二点；              // 指定位移的终点
```

使用“定点”方式来平移视图的示意图，如图 4-20 所示。

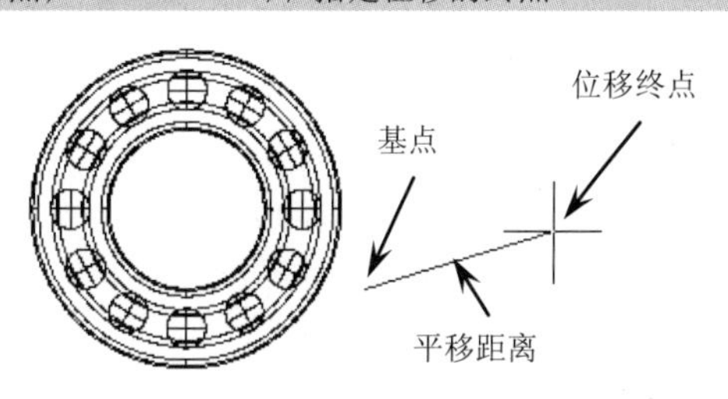

图 4-20　“定点”平移视图

4.2.3　重画与重生成

“重画”功能就是刷新显示所有视口。当控制点标记打开时，可以使用“重画”功能将所有视口中编辑命令留下的点标记删除，如图 4-21 所示。

“重生成”功能可以在当前视口中重生成整个图形并重新计算所有对象的屏幕坐标，而且还会重新创建图形数据库索引，从而优化显示和对象选择的性能。

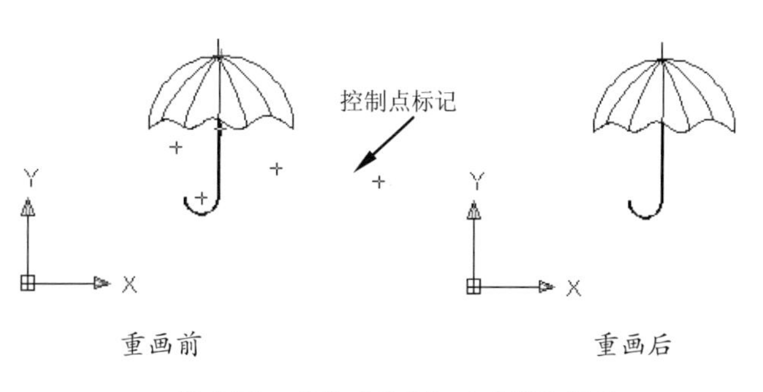

图 4-21　应用“重画”功能消除标记

技巧点拨：

控制点标记可通过输入 BLIPMODE 命令来打开，ON 为“开”，OFF 为“关”。

4.2.4　显示多个视口

有时为了编辑图形的需要，经常将模型视图窗口划分为若干个独立的小区域，这些小区域则称为模型空间视口。视口是显示不同视图的区域，用户可以创建一个或多个视口，也可以新建或重命名视口，还可以合并或拆分视口，如图 4-22 所示为创建 4 个视口的效果图。

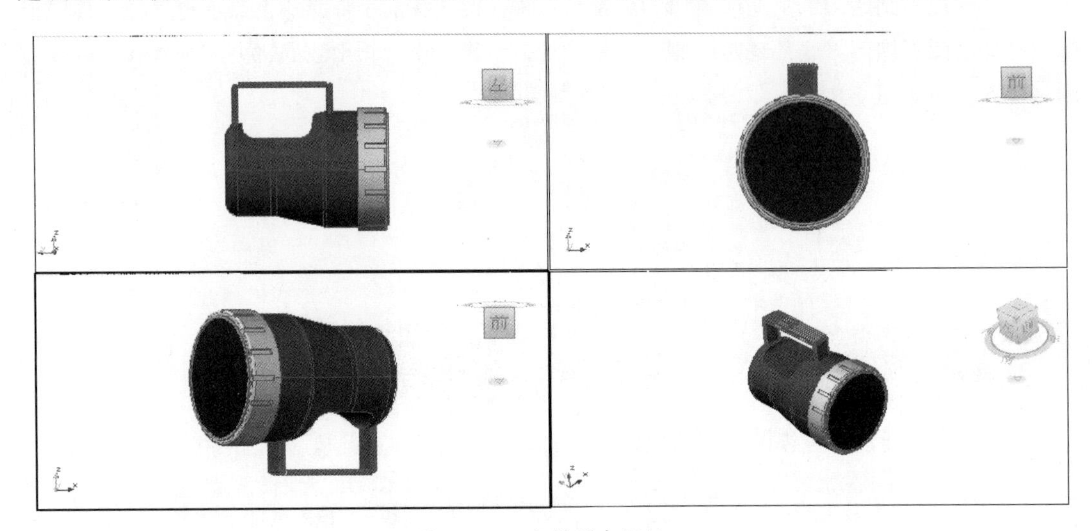

图 4-22　4 个模型空间视口

1．新建视口

要创建新的视口，可以通过“视口”对话框的“新建视口”选项卡（如图 4-23 所示）来配置模型空间并保存设置。

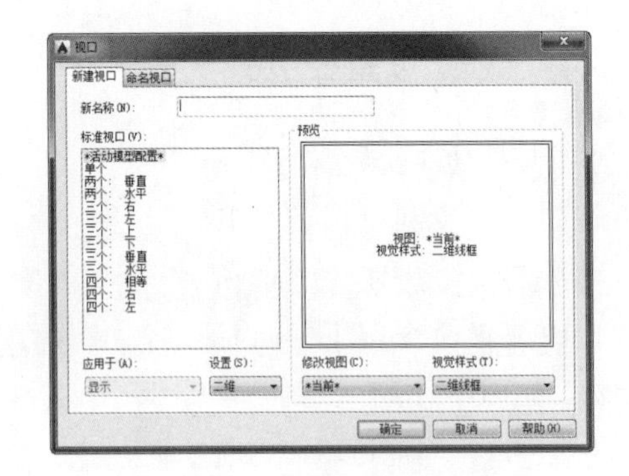

图 4-23　“新建视口”选项卡

用户可以通过以下方式打开该对话框：

- 菜单栏：选择“视图”|“视口”|“新建视口”命令。
- 命令行：输入 VPORTS 并按 Enter 键。

在“视口”对话框中，“新建视口”选项卡显示标准视口配置列表并配置模型空间视口。“命名视口”选项卡则显示图形中任意已保存的视口配置。

“新建视口”选项卡中各选项的含义如下：

- 新名称：为新建的模型空间视口指定名称。如果不输入名称，则新建的视口配置只能应用而不被保存。

- 标准视口：列出并设定标准视口配置，包括当前配置。
- 预览：显示选定视口配置的预览图像，以及在配置中被分配到每个单独视口的默认视图。
- 应用于：将模型空间视口配置应用到“显示”窗口或“当前视口”。“显示”是将视口配置应用到整个显示窗口，此选项是默认设置；“当前视口”是仅将视口配置应用到当前视口。
- 设置：指定二维或三维设置。若选择“二维”选项，新的视口配置将最初通过所有视口中的当前视图来创建；若选择“三维”选项，一组标准正交三维视图将被应用到配置中的视口。
- 修改视图：使用从“标准视口”列表中选择的视图替换选定视口中的视图。
- 视觉样式：将视觉样式应用到视口。“视觉样式”下拉列表中包括“当前”“二维线框”“三维隐藏”“三维线框”“概念”和“真实”等视觉样式。
- 预览：“预览”选项区域显示选定视口配置的预览图像，以及在配置中被分配到每个单独视口的默认视图。

2. 命名视口

“命名视口”设置是通过“视口”对话框的“命名视口”选项卡来完成的。“命名视口”选项卡的功能是显示图形中任意已保存的视口配置，如图 4-24 所示。

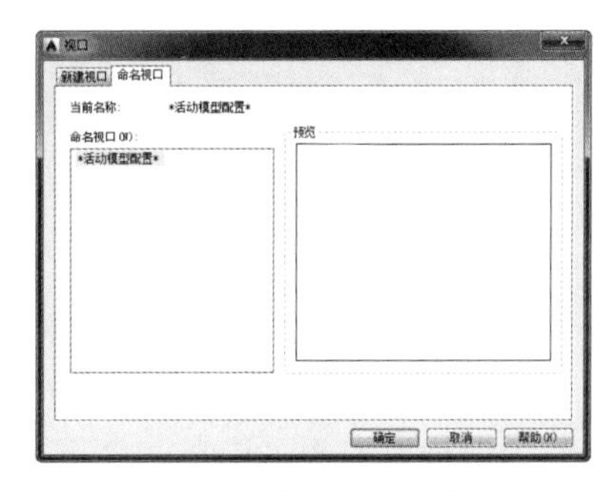

图 4-24　“命名视口”选项卡

3. 拆分或合并视口

视口拆分就是将单个视口拆分为多个视口，或者在多视口的一个视口中进行再拆分。若在单个视口中拆分视口，直接在菜单栏中选择“视图”|“视口”|“两个”命令，即可将单个视口拆分为两个视口。

例如，将图形窗口的两个视口中的一个视口再次拆分，操作步骤如下：

step 01 在图形窗口中选择要拆分的视口，如图 4-25 所示。

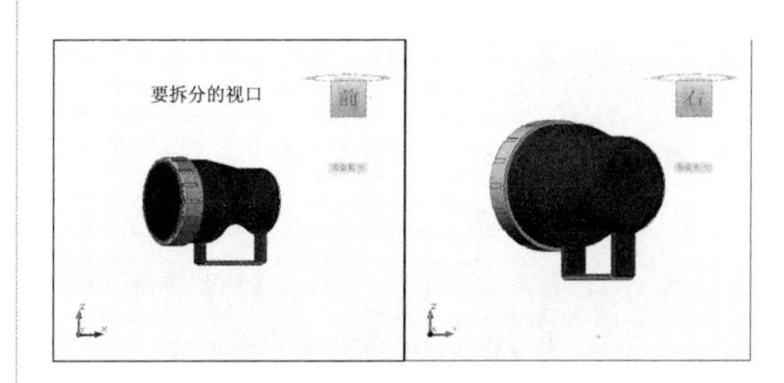

图 4-25　选择要拆分的视口

step 02 在菜单栏中选择“视图”|“视口”|“两个”命令，程序自动将选择的视口拆分为两个小视口，效果如图 4-26 所示。

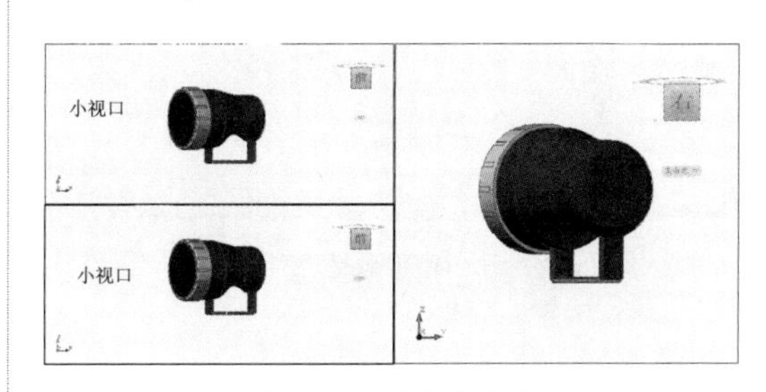

图 4-26　拆分的结果

合并视口是将多个视口合并为一个视口的操作。

用户可以通过以下方式执行此操作。

- 菜单栏：选择“视图”|“视口”|“合并”命令。
- 命令行：输入 VPORTS 并按 Enter 键。

合并视口操作需要先选择一个主视口，然后选择要合并的其他视口。执行命令后，选择的其他视口将合并到主视口中。

4.2.5　命名视图

用户可以在一张工程图纸上创建多个视图。当要观看、修改图纸上的某一部分视图时，将该视图恢复出来即可。要创建、设置、重命名、修改和删除命名视图（包括模型命名视图）、相机视图、布局视图和预设视图，则可以通过“视图管理器”对话框来设置。

用户可以通过以下方式执行此操作。

- 菜单栏：选择“视图”|“命名视图”命令。
- 命令行：输入 VIEW 并按 Enter 键。

执行 VIEW 命令，将弹出“视图过滤器”对话框，如图 4-27 所示。在此对话框中可以设置模型视图、布局视图和预设视图。

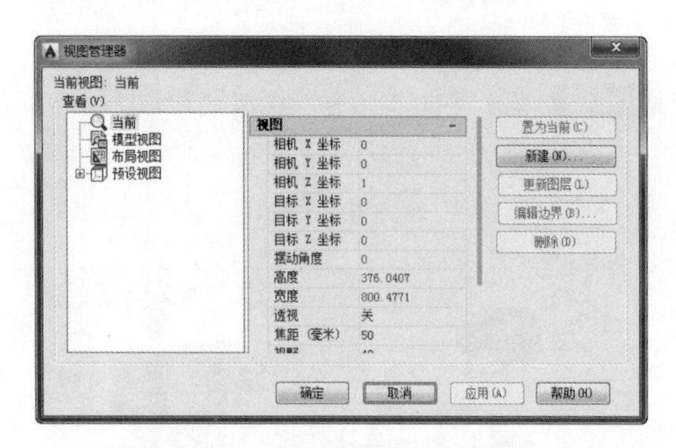

图 4-27　“视图管理器”对话框

4.2.6　ViewCube 和导航栏

ViewCube 和导航栏主要用来恢复和更改视图方向、模型视图的观察与控制等。

1. ViewCube

ViewCube 是用户在二维模型空间或三维视觉样式中处理图形时显示的导航工具。通过 ViewCube，用户可以在标准视图和等轴测视图之间切换。

在 AutoCAD 功能区“视图”选项卡的“视口工具”面板中可以通过单击“ViewCube”按钮显示或隐藏图形区右上角的 ViewCube 界面。ViewCube 界面如图 4-28 所示。

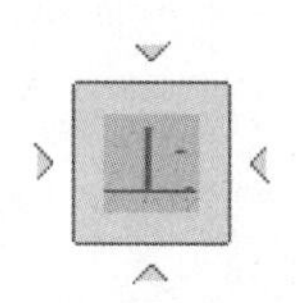

图 4-28　ViewCube 界面

ViewCube 的视图控制方法之一是单击 ViewCube 界面中的》、︽、《和︾图标，也可以在图形区左上方选择俯视、仰视、左视、右视、前视及后视视图，如图 4-29 所示。

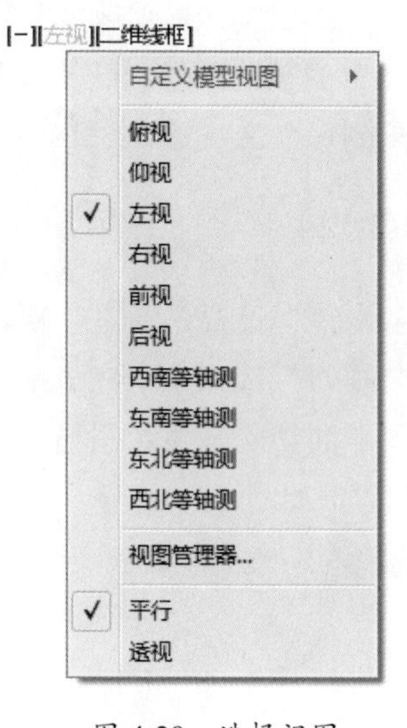

图 4-29　选择视图

ViewCube 的视图控制方法之二是单击 ViewCube 界面中的角点、边或面，如图 4-30 所示。

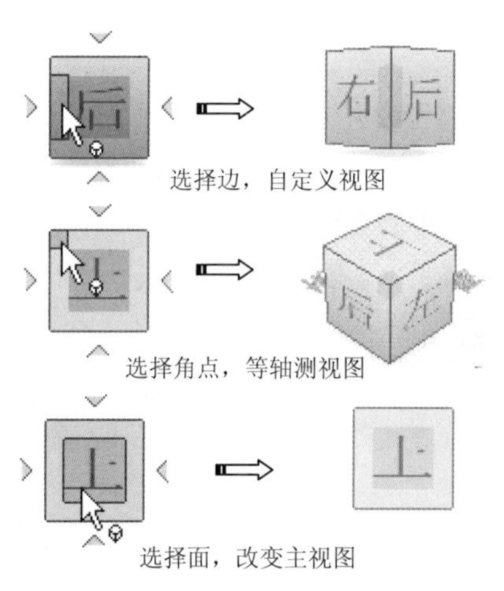

图 4-30　选择 ViewCube 改变视图

技巧点拨：

用户可以在 ViewCube 上按住鼠标左键并拖曳，从而自定义视图的方向。

ViewCube 的外围是指北针，用于指示为模型定义的北向。可以单击指北针上的基本方向字母以旋转模型，也可以单击并拖曳指北针环以交互方式围绕轴心点旋转模型，如图 4-31 所示为指北针。

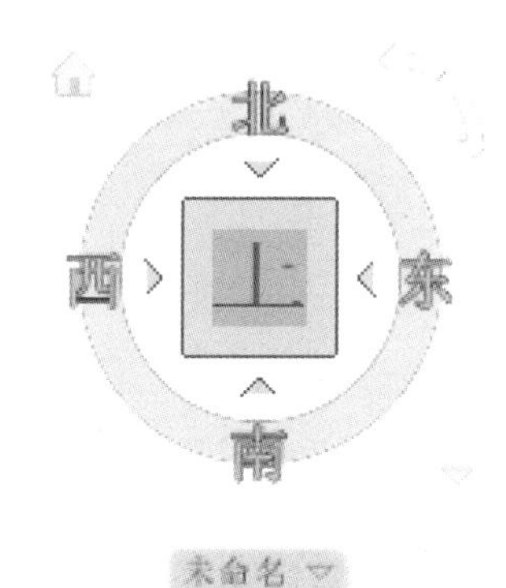

图 4-31　指北针

指北针的下方是 UCS 坐标系的下拉菜单选按钮：WCS 和新 UCS。WCS 就是当前的世界坐标系，也是工作坐标系。UCS 是指用户自定义坐标系，可以为其指定坐标轴进行定义，如图 4-32 所示。

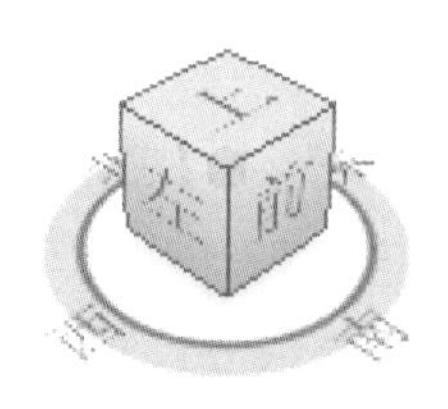
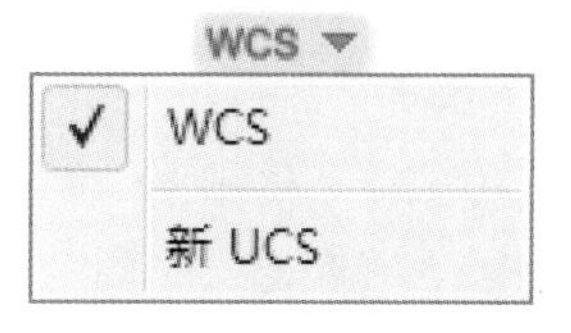

图 4-32　ViewCube UCS 坐标系菜单

2．导航栏

导航栏是一种用户界面元素，用户可以从中访问通用导航工具和特定于产品的导航工具，如图 4-33 所示。

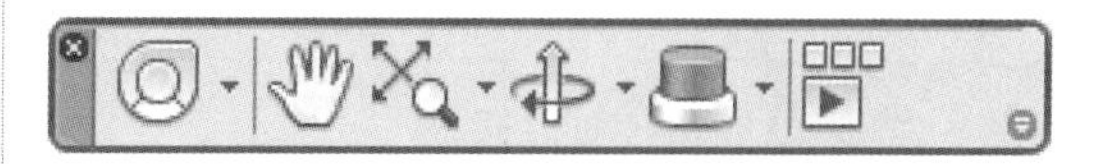

图 4-33　导航栏

导航栏中提供以下通用导航工具：

- 导航控制盘菜单：提供在专用导航工具之间快速切换的控制盘集合。
- 平移：用于平移视图中的模型及图纸。
- 范围缩放菜单：用于缩放视图的所有命令集合。
- 动态观察菜单：用于动态观察视图的命令集合。
- ShowMotion：用户界面元素，可以提供用于创建和回放功能以便进行设计查看、演示和书签样式导航的屏幕显示。

4.3 测量工具

使用 AutoCAD 提供的查询功能可以查询面域的信息、测量点的坐标、两个对象之间的距离、图形的面积与周长等。下面将介绍各种查询工具的使用方法。

动手操练——查询坐标

step 01 在功能区“默认”选项卡的“实用工具”面板中单击“点坐标”按钮。

step 02 命令行提示“指定点：”，用户可以在图形中指定要测量坐标值的点对象，如图 4-34 所示。

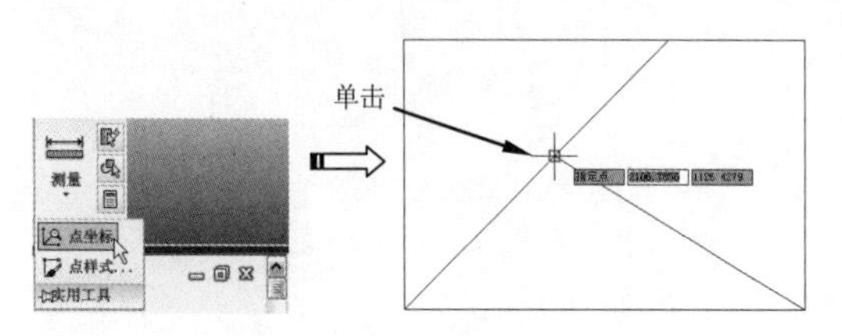

图 4-34 选择点来查询该点的坐标

step 03 当用户指定点对象后，命令行将列出指定点的 *X*、*Y* 和 *Z* 值，并将指定点的坐标存储为上一点坐标，如图 4-35 所示。

技巧点拨：

在绘图操作中，用户可以通过在输入点的提示时输入“@”符号来引用查询到的点坐标。

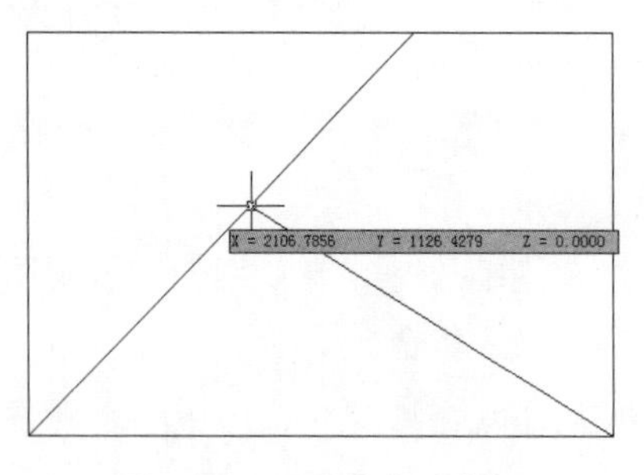

图 4-35 显示该点的坐标

动手操练——查询距离

使用距离测量工具可以计算出 AutoCAD 中真实的三维距离。*XY* 平面中的倾角相对于当前 *X* 轴，与 *XY* 平面的夹角相对于当前 *ZY* 平面。如果忽略 *Z* 轴的坐标值，计算的距离将采用第一点或第二点的当前距离。

step 01 在功能区“默认”选项卡的“实用工具”面板中单击“测量”下拉按钮。

step 02 在弹出的下拉菜单中选择“距离”选项，命令行将提示“指定第一点”，用户需要指定测量的第一个点，如图 4-36 所示。

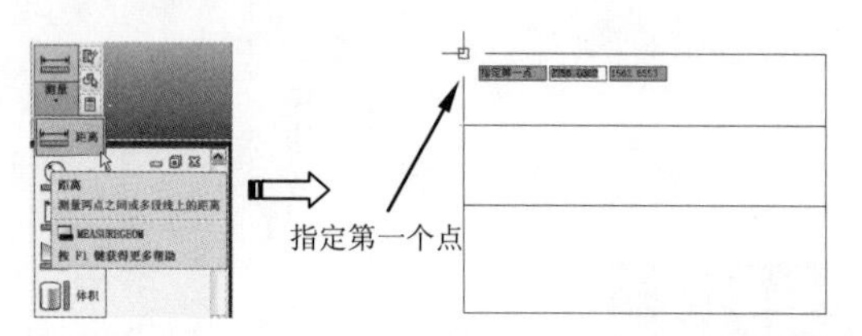

图 4-36 指定第一点

step 03 当指定了测量的第一个点后，命令行将继续提示“指定第二点”，当指定测量的第二个点后，命令行将显示测量的结果，如图 4-37 所示。

step 04 最后在弹出的菜单中选择“退出(X)”命令，结束测量操作。

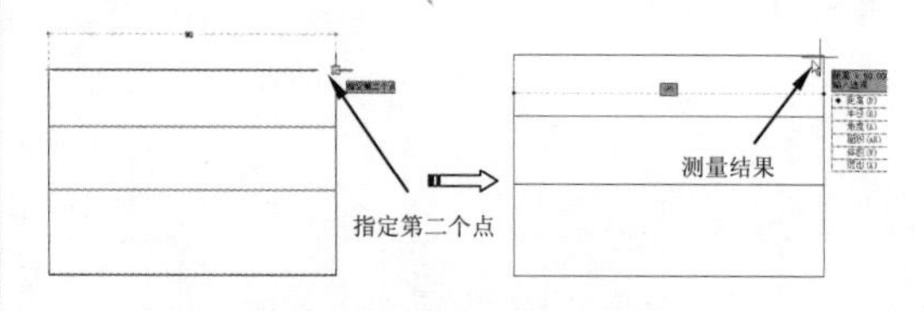

图 4-37 指定第二点并得到测量结果

动手操练——查询半径

step 01 单击“实用工具”面板中的“测量”下拉按钮。

step 02 在弹出的下拉菜单中选择“半径”选项，命令行将提示“选择圆弧或圆：”，当指定测量的对象后，命令行将显示半径的测量结果，如图 4-38 所示。

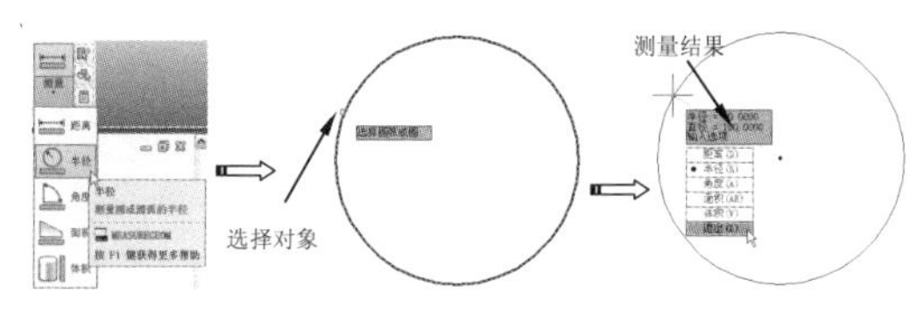

图 4-38　测量半径

step 03 在弹出的菜单中选择“退出（X）”命令结束操作。

动手操练——查询夹角的角度

step 01 单击“实用工具”面板中的 测量 下拉按钮。

step 02 在弹出的下拉菜单中选择“角度”选项，命令行将提示“选择圆弧、圆、直线或 < 指定顶点 >:”，这时，只需指定测量的对象或夹角的第一条线段即可，如图 4-39 所示。

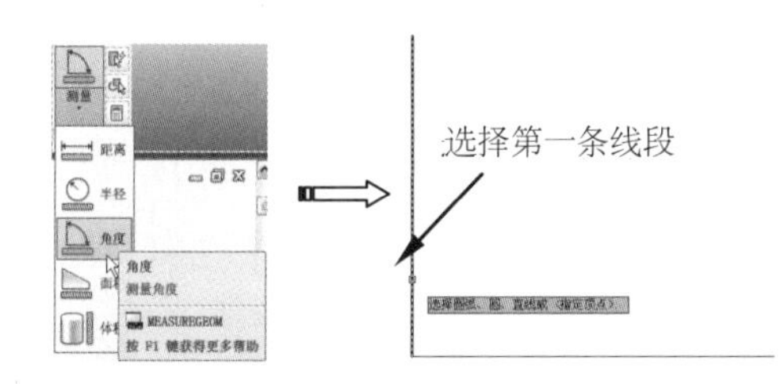

图 4-39　为查询角度选择第一条线段

step 03 当指定测量的第一条线段后，命令行将继续提示“选择第二条直线 :”，当指定测量的第二条线段后，命令行将显示角度的测量结果，如图 4-40 所示。

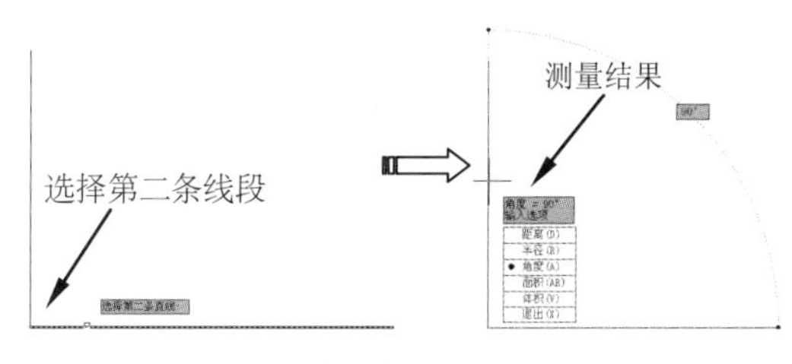

图 4-40　选择第二条线段并完成测量角度

step 04 最后在弹出的菜单中选择“退出（X）”命令结束操作。

动手操练——查询圆或圆弧的弧度

单击“实用工具”面板中的 测量 下拉按钮，在弹出的下拉菜单中选择“角度”选项后，直接选择要测量的对象即可显示测量的结果，如图 4-41 所示。

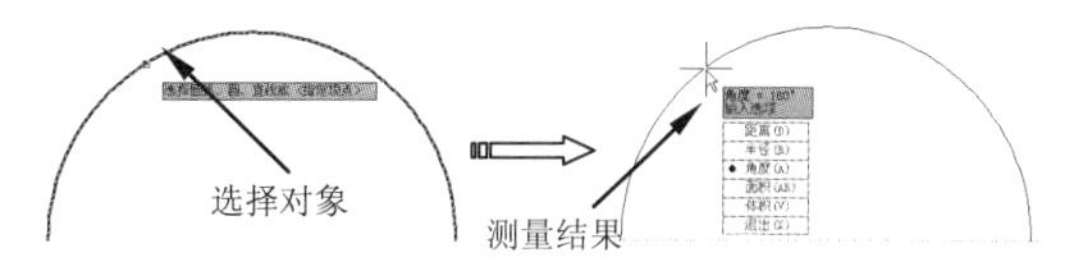

图 4-41　查询弧度

动手操练——查询对象面积和周长

step 01 单击“实用工具”面板中的 测量 下拉按钮。

step 02 在弹出的下拉菜单中选择“面积”选项，命令行中将提示“指定第一个角点或 [对象 (O)/ 增加面积 (A)/ 减少面积 (S)/ 退出 (X)] < 对象 (O)>:”，在此提示下选择“对象（O）”选项，如图 4-42 所示。

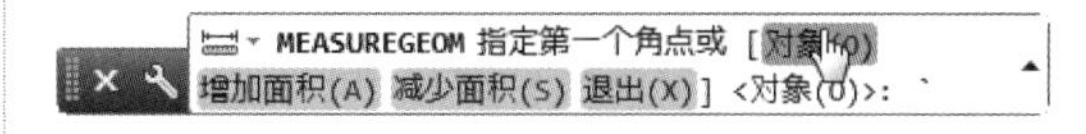

图 4-42　选择命令行中的选项

step 03 命令行将提示“选择对象 :”，当选中要测量的对象后，命令行将显示测量的结果，包括对象的面积和周长值，然后在弹出的菜单中选择“退出（X）”命令结束操作，如图 4-43 所示。

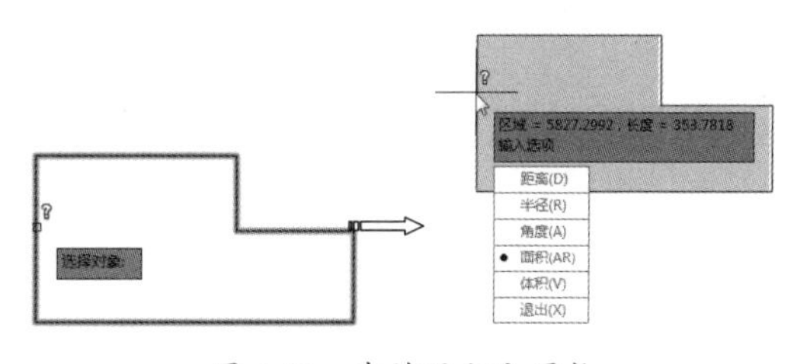

图 4-43　查询面积和周长

动手操练——查询区域面积和周长

测量区域面积和周长时，需要依次指定构成区域的角点。

step 01 打开“动手操练 \ 源文件 \Ch04\ 建筑平面 .dwg”图形文件，如图 4-44 所示。

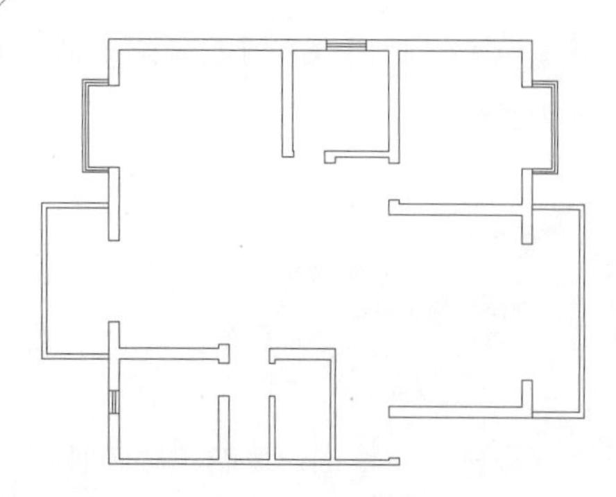

图 4-44　打开的图形

step 02 单击“实用工具”面板中的[测量]下拉按钮，在弹出的下拉菜单中选择“面积”选项。

step 03 当命令行提示“指定第一个角点或 [对象 (O)/ 增加面积 (A)/ 减少面积 (S)/ 退出 (X)] <对象 (O)>:”时，指定建筑区域的第一个角点，如图 4-45 所示。

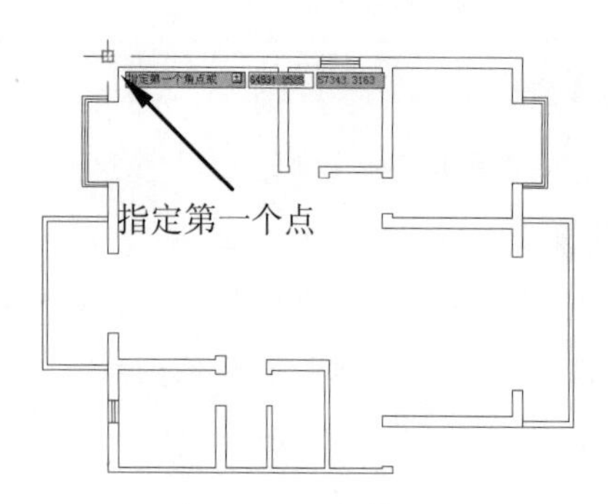

图 4-45　指定第一点

step 04 当命令行提示“指定下一个点或 [圆弧 (A)/ 长度 (L)/ 放弃 (U)]:”时，指定建筑区域的下一个角点，如图 4-46 所示。

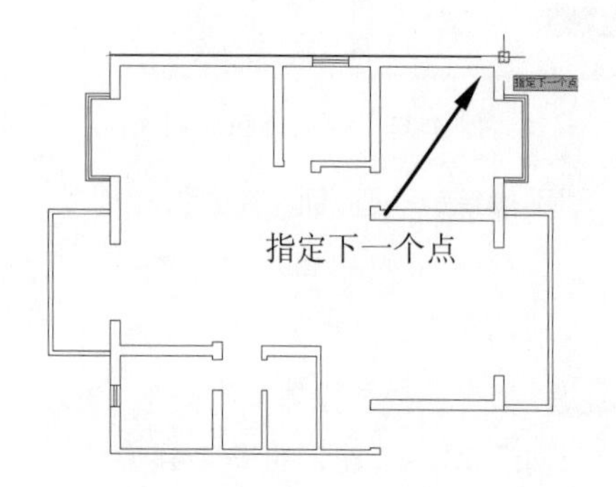

图 4-46　指定下一个点

step 05 根据命令行的提示，继续指定建筑区域的其他角点，然后按 Enter 键确定，命令行将显示测量出的结果，如图 4-47 所示，记下测量值后退出操作。

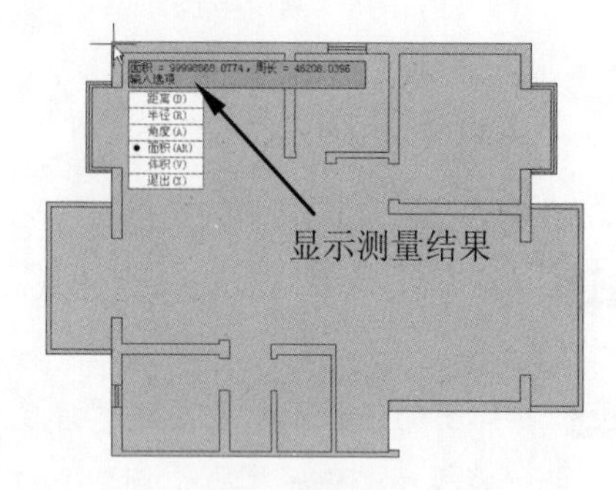

图 4-47　显示测量结果

step 06 根据测量值得出建筑面积约为 100m²，选择“文字（T）”命令，记录测量的结果，如图 4-48 所示，完成本案例的制作。

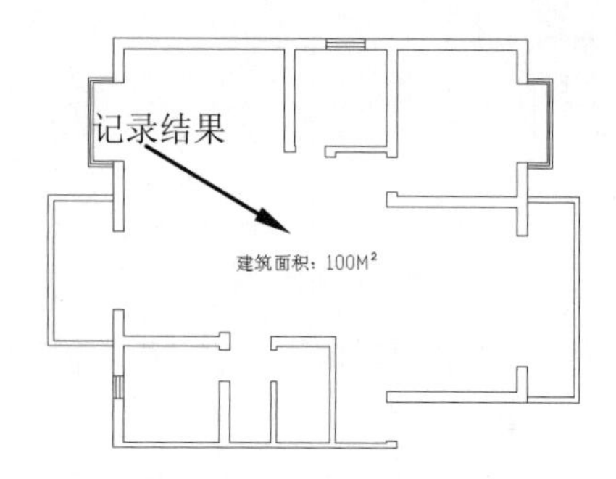

图 4-48　记录测量结果

动手操练——查询体积

step 01 单击“实用工具”面板中的[测量]下拉按钮。

step 02 在弹出的下拉菜单中选择“体积”选项，命令行将提示“指定第一个角点或 [对象 (O)/ 增加面积 (A)/ 减少面积 (S)/ 退出 (X)] <对象 (O)>:”。在此提示下输入 O，或者选择“对象 (O)”命令。

step 03 命令行继续提示“选择对象 :”，当选择了要测量的对象后命令行将显示体积的测量结果，然后在弹出的菜单中选择“退出（X）”命令结束操作，如图 4-49 所示。

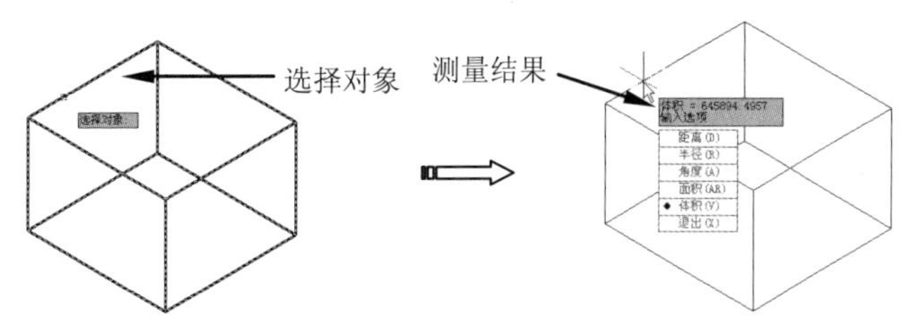

图 4-49　查询体积

技巧点拨：

查询区域体积的方法与查询区域面积的方法基本相同，在执行测量“体积”命令后指定构成区域体积的点，再按 Enter 键确定，系统即可显示测量的结果。

4.4　快速计算器

快速计算器包括与大多数标准数学计算器类似的基本功能。另外，快速计算器还具有特别适用于 AutoCAD 的功能，例如几何函数、单位转换区域和变量区域。

4.4.1　了解快速计算器

与大多数计算器不同的是，快速计算器是一个表达式生成器。为了获取更大的灵活性，它不会在用户单击某个函数时立即计算出答案。相反，它会让用户输入一个可以轻松编辑的表达式。

在功能区“默认”选项卡中单击“实用工具”面板中的“快速计算器”按钮，打开“快速计算器”面板，如图 4-50 所示。

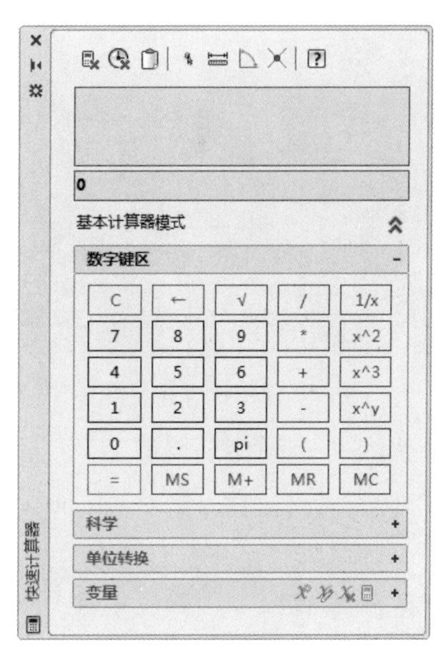

图 4-50　“快速计算器”面板

使用“快速计算器”可以进行以下操作。

- 执行数学计算和三角计算。
- 访问和检查以前输入的计算值并进行重新计算。
- 从“特性”选项板中访问计算器来修改对象特性。
- 转换测量单位。
- 执行与特定对象相关的几何计算。
- 向“特性”选项板和命令行提示复制、粘贴值和表达式。
- 计算混合数字（分数）、英寸和英尺。

● 定义、存储和使用计算器变量。

● 使用 CAL 命令中的几何函数。

技巧点拨：

单击计算器上的“更少”按钮，将只显示输入框和“历史记录”区域。单击“展开”按钮或“收拢”按钮可以选择打开或关闭区域。还可以通过拖动快速计算器的边框控制其大小；通过拖动快速计算器的标题栏改变其位置。

4.4.2 使用快速计算器

在功能区“默认”选项卡中单击“实用工具”面板中的“快速计算器”按钮，打开“快速计算器”面板，然后在文本输入框中输入要计算的内容。

输入要计算的内容后单击快速计算器中的“等号”按钮或按 Enter 键确定，此时在文本输入框中显示计算的结果，在“历史记录”区域中将显示计算的内容和结果。在“历史记录”区域单击鼠标右键，在弹出的快捷菜单中选择“清除历只记录”命令，可以将“历史记录”区域的内容删除，如图 4-51 所示。

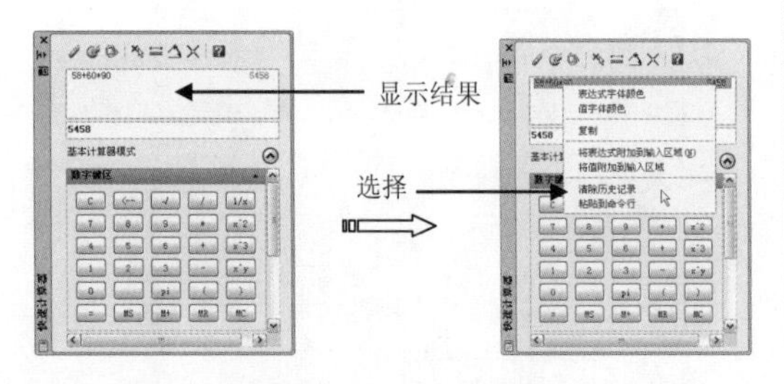

图 4-51 使用快速计算器

动手操练——使用快速计算器

step 01 打开“动手操练 \ 源文件 \Ch04\ 平面图 .dwg”图形文件，如图 4-52 所示。

step 02 单击“实用工具”面板中的“快速计算器”按钮，打开“快速计算器”面板。

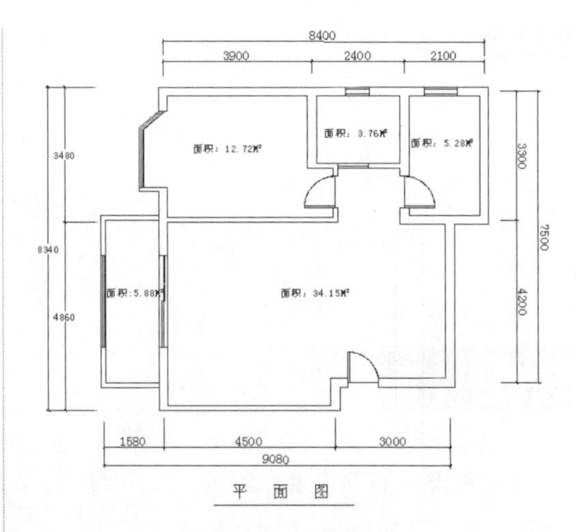

图 4-52 打开的图纸

step 03 在文本输入框中输入各房间面积相加的算式“12.72+3.76+5.28+34.15+5.88”，如图 4-53 所示。

图 4-53 输入相加的算式

step 04 单击快速计算器中的“等号”按钮，在文本输入框中将显示计算的结果，如图 4-54 所示。

图 4-54 计算结果

step 05 选择“文字（T）”命令，将计算结果——室内面积 61.79m^2，记录在图形下方“平面图”的右侧，完成本案例的制作，如图 4-55 所示。

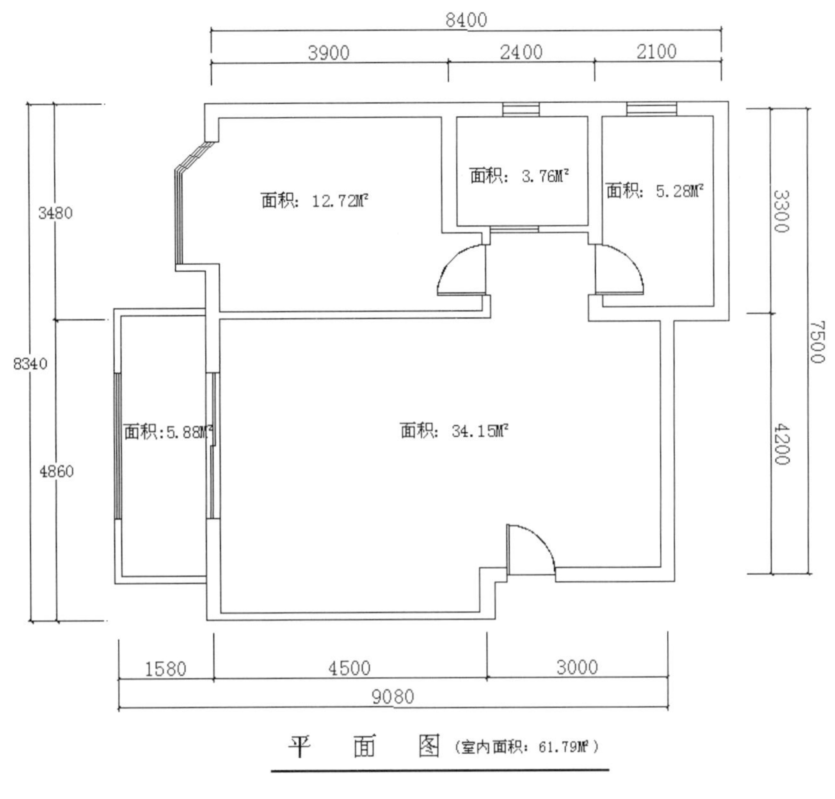

图 4-55　记录结果

4.5　AutoCAD 认证考试习题集

一、单选题

（1）默认的世界坐标系的简称是什么？

A. CCS　　B. UCS

C. WCS　　D. UCIS

正确答案（ ）

（2）将当前图形生成 4 个视口，在一个视口中新画一个圆并将全图平移，其他视口的结果是什么？

A. 其他视口生成圆也同步平移　　B. 其他视口不生成圆但同步平移

C. 其他视口生成圆但不平移　　D. 其他视口不生成圆也不平移

正确答案（ ）

（3）“缩放”命令在执行过程中改变了什么？

A. 图形界限的范围　　B. 图形的绝对坐标

C. 图形在视图中的位置　　D. 图形在视图中显示的大小

正确答案（ ）

（4）按比例改变图形实际大小的命令是什么？

A. OFFSET　　B. ZOOM

C. SCALE　　D. STRETCH

正确答案（ ）

（5）“移动”和“平移”命令相比有什么不同？

A. 都是移动命令，效果一样　　B. 移动速度快，平移速度慢

C. 移动的对象是视图，平移的对象是物体　　D. 移动的对象是物体，平移的对象是视图

正确答案（ ）

（6）当图形中只有一个视口时，“重生成”的功能与什么功能相同？

A. 重画　　B. 窗口缩放

C. 全部重生成　　D. 实时平移

正确答案（ ）

（7）对于图形界限非常大的复杂图形，什么工具能快速、简便地定位图形中的任意部分以便观察？

A. 移动　　B. 缩小

C. 放大　　D. 鸟瞰视图

正确答案（ ）

（8）以下哪种输入方式是绝对坐标输入方式？

A. 10　　B. @ 10,10,0

C. 10,10,0　　D. @ 10 ＜ 0

正确答案（ ）

（9）要快速显示整个图限范围内的所有图形，可以使用哪个命令？

A. “视图”|“缩放”|“窗口”　　B. “视图”|“缩放”|“动态”

C. “视图”|“缩放”|“范围”　　D. “视图”|“缩放”|“全部”

正确答案（ ）

（10）在 AutoCAD 中，要将左右两个视口改为左上、左下、右 3 个视口可以选择什么命令？

A. “视图”|“视口”|“一个视口”　　B. “视图”|“视口”|“三个视口”

C. “视图”|“视口”|“合并”　　D. “视图”|“视口”|“两个视口”

正确答案（ ）

（11）在 AutoCAD 中，使用什么组合键可以在打开的图形之间来回切换，但是，在某些时间较长的操作（例如重生成图形）期间不能切换图形？

A. Ctrl+F9 键或 Ctrl+Shift 键　　B. Ctrl+ F8 键或 Ctrl+Tab 键

C. Ctrl+F6 键或 Ctrl +Tab 键　　　　D. Ctrl+F7 键或 Ctrl+Lock

正确答案（ ）

二、绘图练习

（1）将长度和角度精度设置为小数点后 3 位，绘制如图 4-56 所示图形。

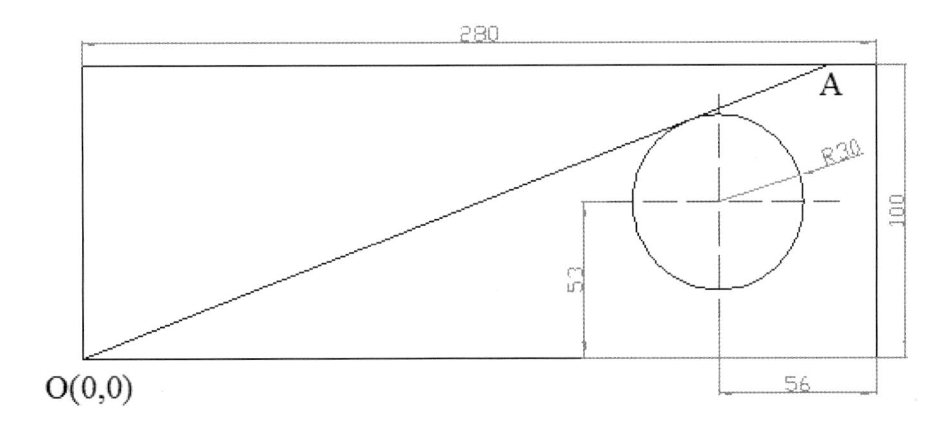

图 4-56　绘图练习一

（2）将长度和角度精度设置为小数点后 3 位，绘制如图 4-57 所示的图形。

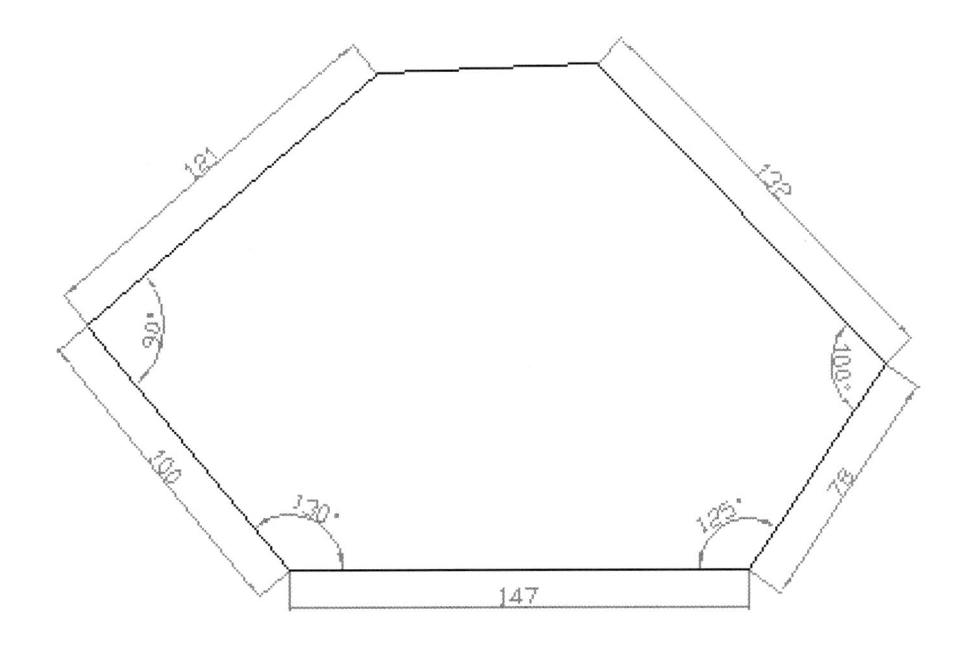

图 4-57　绘图练习二

（3）将长度和角度精度设置为小数点后 3 位，绘制如图 4-58 所示图形。

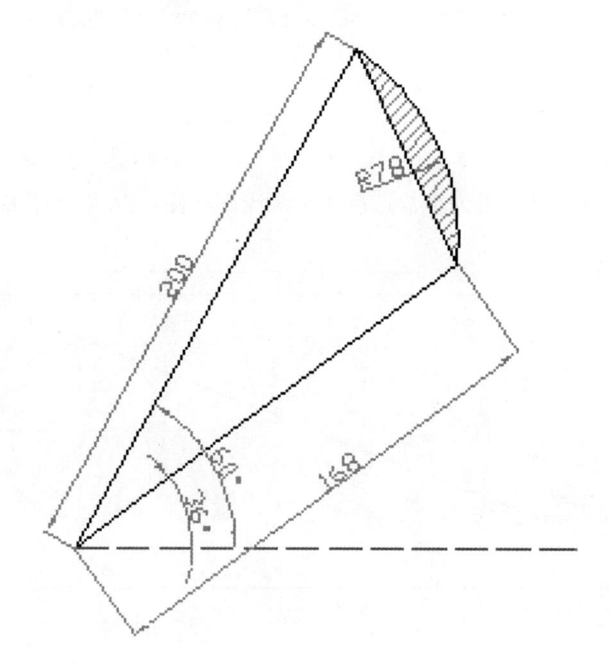

图 4-58　绘图练习二

第 5 章

高效辅助作图工具

本章内容

绘制图形之前，用户需要了解一些基本的操作，以熟悉和熟练使用 AutoCAD。本章将对 AutoCAD 2018 的精确绘图的辅助工具的应用、图形的简单编辑工具应用、图形对象的选择方法等进行详细介绍。

知识要点

- ☑ 精确绘图
- ☑ 图形的操作
- ☑ 对象的选择技巧

5.1 精确绘制图形

在绘图的过程中，经常要指定一些已有对象上的点，例如端点、圆心和两个对象的交点等。如果只凭观察来拾取，不可能非常准确地找到这些点。为此，AutoCAD 提供了精确绘制图形的功能，可以迅速、准确地捕捉到某些特殊点，从而精确绘制图形。

5.1.1 设置捕捉模式

在绘制图形时，尽管可以通过移动光标来指定点的位置，但却很难精确指定点的某一位置。因此，要精确定位点，必须使用坐标输入或启用捕捉功能。

技巧点拨：

“捕捉模式”可以单独开启，也可以和其他模式一同开启。“捕捉模式”用于设定光标移动的间距。使用“捕捉模式”功能，可以提高绘图效率，如图 5-1 所示，打开捕捉模式后，光标按设定的移动间距来捕捉点位置，并绘制出图形。

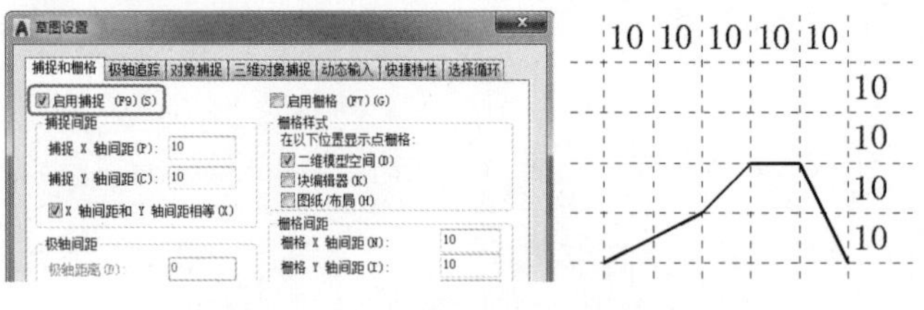

图 5-1　打开“捕捉模式”绘制的图形

用户可以通过以下方式开启或关闭“捕捉”功能：

- 状态栏：单击“捕捉模式”按钮。
- 组合键：按 F9 键。
- “草图设置”对话框：在“捕捉和栅格”选项卡中，选中或取消选中“启用捕捉”复选框。
- 命令行：输入 SNAPMODE 并按 Enter 键。

5.1.2 栅格显示

“栅格”是一些标定位置的小点，起到坐标纸的作用，可以提供直观的距离和位置参照。利用栅格可以对齐对象并直观显示对象之间的距离。若要提高绘图的速度和效率，可以显示并捕捉矩形栅格，还可以控制其间距、角度和对齐方式。

用户可以通过以下方式开启或关闭“栅格”功能：

- 状态栏：单击“栅格”按钮▦。
- 组合键：按 F7 键。
- “草图设置”对话框：在“捕捉和栅格”选项卡中，选中或取消选中“启用栅格”复选框。
- 命令行：输入 GRIDDISPLAY 并按 Enter 键。

栅格的显示可以为点矩阵，也可以为线矩阵。仅在当前视觉样式设置为“二维线框”时栅格才显示为点，否则栅格将显示为线，如图 5-2 所示。在三维环境中工作时，所有视觉样式都显示为线栅格。

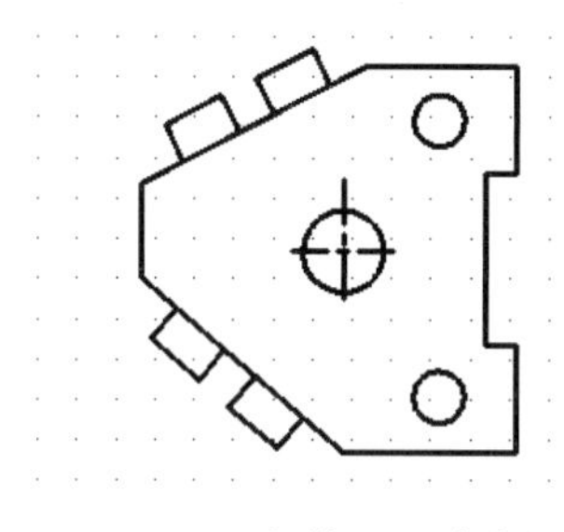

栅格显示为点

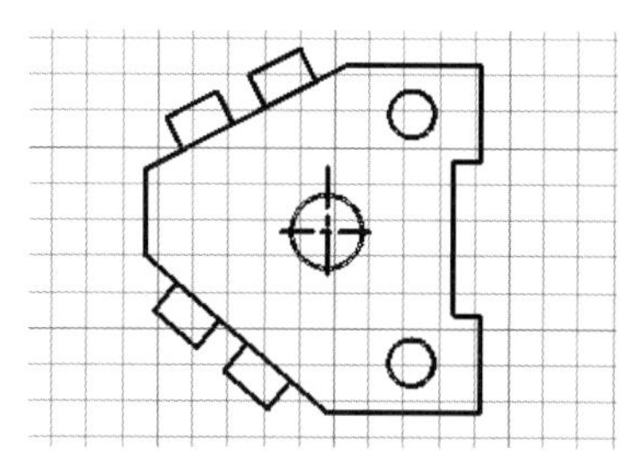

栅格显示为线

图 5-2　栅格的显示

技巧点拨：

默认情况下，UCS 的 X 轴和 Y 轴以不同于栅格线的颜色显示。用户可在“图形窗口颜色”对话框中控制颜色，此对话框可以从“选项”对话框的“草图”选项卡中访问。

5.1.3　对象捕捉

在绘图的过程中，经常要指定一些已有对象上的点，例如端点、中点、圆心、节点等来进行精确定位。因此，对象捕捉功能可以迅速、准确地捕捉到某些特殊点，从而精确地绘制图形。

无论何时提示输入点，都可以指定对象捕捉。默认情况下，当光标移到对象的对象捕捉位置时，将显示标记和工具提示。此功能称为 AutoSnap™（自动捕捉），其提供了视觉提示，指示哪些对象捕捉正在使用。

1．特殊点对象捕捉

AutoCAD 提供了命令行、状态栏和右键快捷菜单 3 种执行特殊点对象捕捉的方法。

使用如图 5-3 所示的工具栏中的“对象捕捉”工具。

利用快捷菜单实现此功能。该菜单可以通过同时按 Shift 键和鼠标右键来激活，菜单中列出了 AutoCAD 提供的对象捕捉模式，如图 5-4 所示。

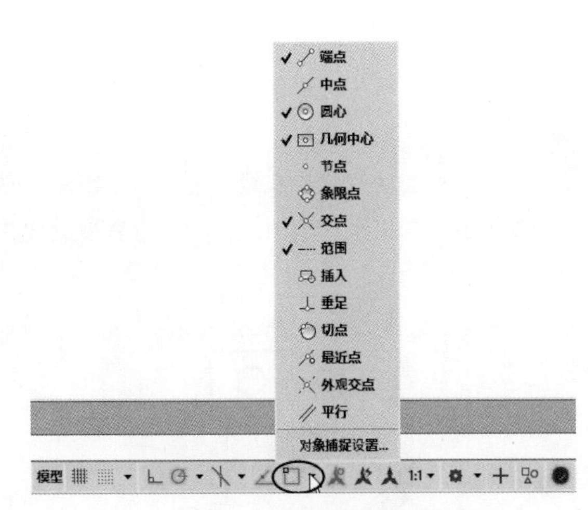

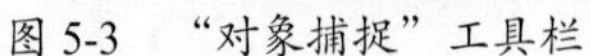

图 5-3 “对象捕捉”工具栏

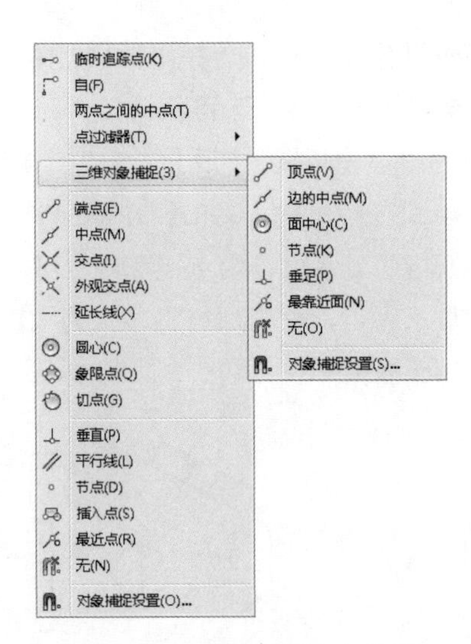

图 5-4 对象捕捉快捷菜单

表 5-1 列出了对象捕捉的模式及其功能，与“对象捕捉”工具栏图标及对象捕捉快捷菜单命令相对应，在后面将对其中一部分捕捉模式进行介绍。

表 5-1 特殊位置点捕捉

捕捉模式	快捷命令	功 能
临时追踪点	TT	建立临时追踪点
两点之间的中点	M2P	捕捉两个独立点之间的中点
捕捉自	FRO	与其他捕捉方式配合使用建立一个临时参考点，作为指出后继点的基点
端点	ENDP	用来捕捉对象（如线段或圆弧等）的端点
中点	MID	用来捕捉对象（如线段或圆弧等）的中点
圆心	CEN	用来捕捉圆或圆弧的圆心
节点	NOD	捕捉用 POINT 或 DIVIDE 等命令生成的点
象限点	QUA	用来捕捉距光标最近的圆或圆弧上可见部分的象限点，即圆周上 0°、90°、180°、270° 位置上的点
交点	INT	用来捕捉对象（如线、圆弧或圆等）的交点
延长线	EXT	用来捕捉对象延长路径上的点
插入点	INS	用于捕捉块、形、文字、属性或属性定义等对象的插入点
垂足	PER	在线段、圆、圆弧或它们的延长线上捕捉一个点，使之与最后生成的点的连线与该线段、圆或圆弧正交
切点	TAN	最后生成的一个点到选中的圆或圆弧上引切线的切点位置
最近点	NEA	用于捕捉离拾取点最近的线段、圆、圆弧等对象上的点
外观交点	APP	用来捕捉两个对象在视图平面上的交点。若两个对象没有直接相交，则系统自动计算其延长后的交点；若两对象在空间上为异面直线，则系统计算其投影方向上的交点
平行线	PAR	用于捕捉与指定对象平行方向的点
无	NON	关闭对象捕捉模式
对象捕捉设置	OSNAP	设置对象捕捉

技巧点拨：

仅当提示输入点时，对象捕捉才生效。如果尝试在命令行提示下使用对象捕捉，将显示错误消息。

动手操练——利用“交点和平行捕捉”绘制防护栏立面图

交点捕捉是捕捉图元上的交点。启动平行捕捉后，如果创建对象的路径平行于已知线段，AutoCAD 将显示一条对齐路径，用于创建平行对象，如图 5-5 所示。

本节将利用交点捕捉和平行捕捉功能，绘制如图 5-6 所示的防护栏立面图。

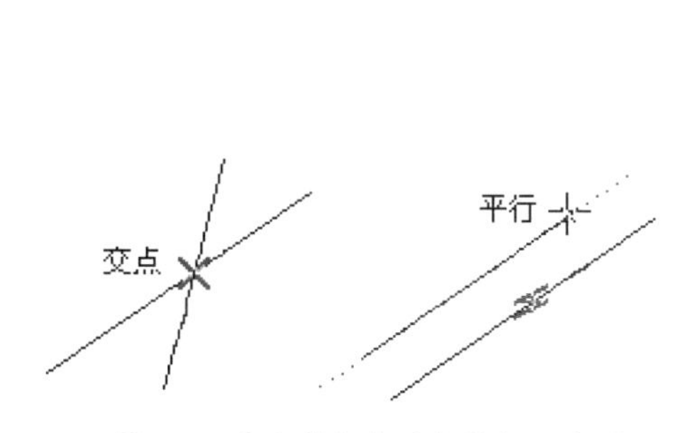

图 5-5　交点捕捉与平行捕捉示意图

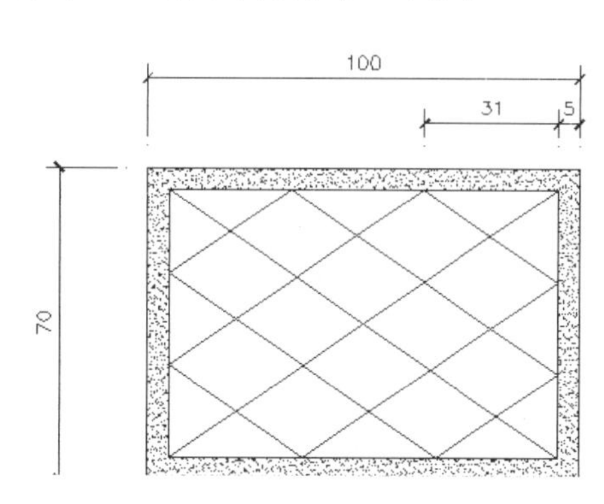

图 5-6　防护栏立面图

step 01 设置对象捕捉方式为交点和平行捕捉。

step 02 单击“矩形”按钮，绘制长为 100、宽为 70 的矩形。

step 03 单击“偏移”按钮，创建矩形的偏移，结果如图 5-7 所示。命令行提示如下：

```
命令： _offset
当前设置： 删除源 = 否图层 = 源 OFFSETGAPTYPE=0
指定偏移距离或 [ 通过 (T) / 删除 (E) / 图层 (L) ] < 通过 >: 5            // 输入偏移距离
选择要偏移的对象，或 [ 退出 (E) / 放弃 (U) ] < 退出 >: // 选择矩形
指定要偏移的那一侧上的点，或 [ 退出 (E) / 多个 (M) / 放弃 (U) ] < 退出 >: // 在矩形内部单击
```

step 04 单击“直线”按钮，捕捉交点，绘制线段 *AB*，如图 5-8 所示。

图 5-7　绘制并偏移矩形

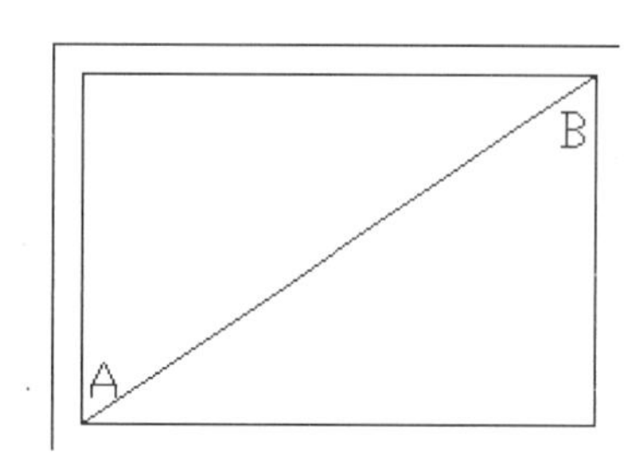

图 5-8　绘制线段

step 05 重复“直线”命令，捕捉斜线绘制平行线。结果如图 5-9 所示。

```
命令： _line 指定第一点： _tt 指定临时对象追踪点： // 单击临时追踪点按钮，捕捉 B 点
指定第一点 :31                          // 输入追踪距离，确定线段的第一点
指定下一点或 [ 放弃 (U) ]:              // 捕捉平行延长线与矩形边的交点
```

step 06 利用类似方法绘制其他线段，结果如图 5-10 所示。

step 07 捕捉交点，绘制线段 *CD*，如图 5-11 所示。

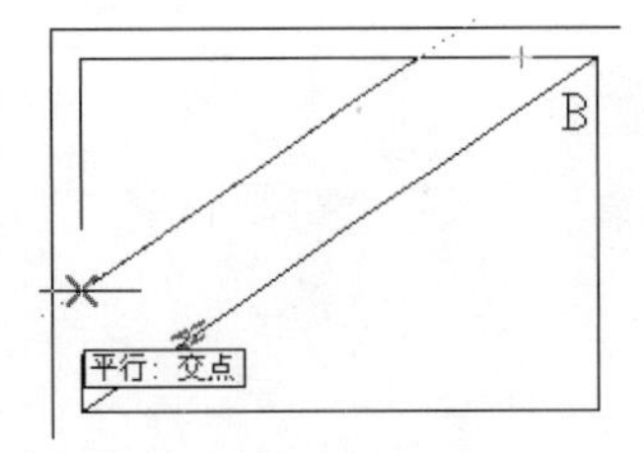

图 5-9 平行捕捉绘制线段

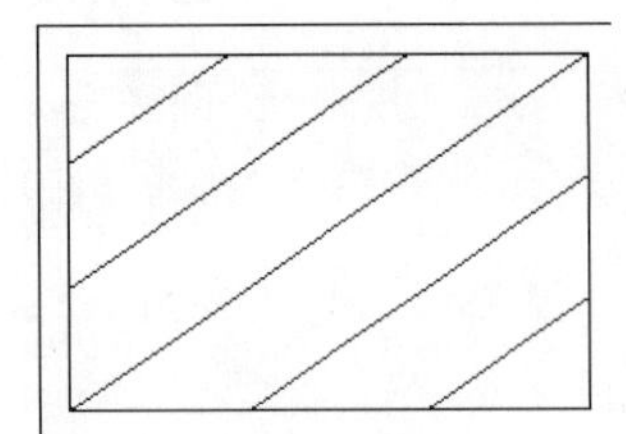

图 5-10 绘制其他线段

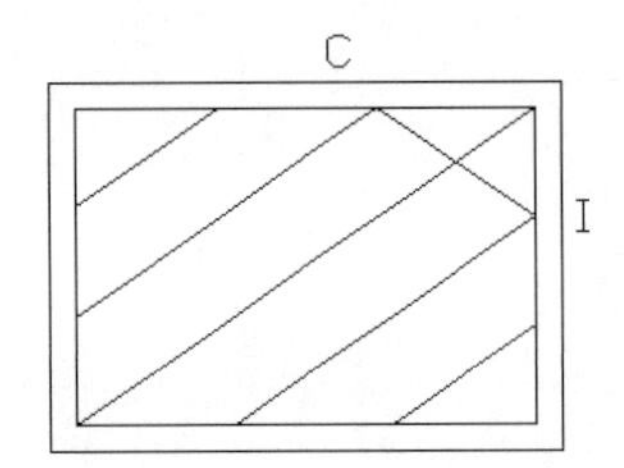

图 5-11 捕捉交点绘制线段

step 08 利用相同方法捕捉交点，绘制其他线段，完成绘图。

2. 捕捉设置

在 AutoCAD 中绘图之前，可以根据需要事先设置开启一些对象捕捉模式，绘图时系统就能自动捕捉这些特殊点，从而加快绘图速度，提高绘图质量。

用户可以通过以下命令方式进行对象捕捉设置：

- 命令行：输入 DDOSNAP 并按 Enter 键。
- 菜单栏："工具" | "绘图设置"。
- 工具栏："对象捕捉"|"对象捕捉设置"按钮。
- 状态栏："对象捕捉"按钮（仅限于打开与关闭）。
- 快捷键：<F3>键（仅限于打开与关闭）。
- 快捷菜单："捕捉替代" | "对象捕捉设置"。

执行上述操作后，系统打开"草图设置"对话框，单击"对象捕捉"选项卡，如图 5-12 所示，利用此选项卡可以对对象捕捉方式进行设置。

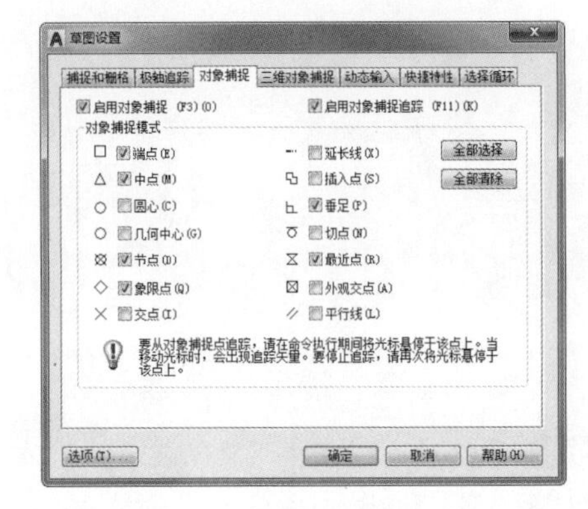

图 5-12 "对象捕捉"选项卡

动手操练——利用"象限点"捕捉绘制水池平面图

象限点捕捉用于捕捉圆弧、圆、椭圆或椭圆弧的象限点，如图 5-13 所示。

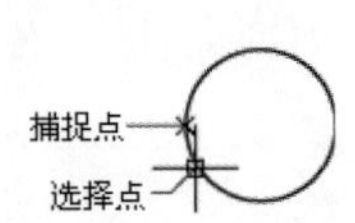

图 5-13 象限点捕捉示意图

本例将利用象限点捕捉绘制如图 5-14 所示的水池平面图。

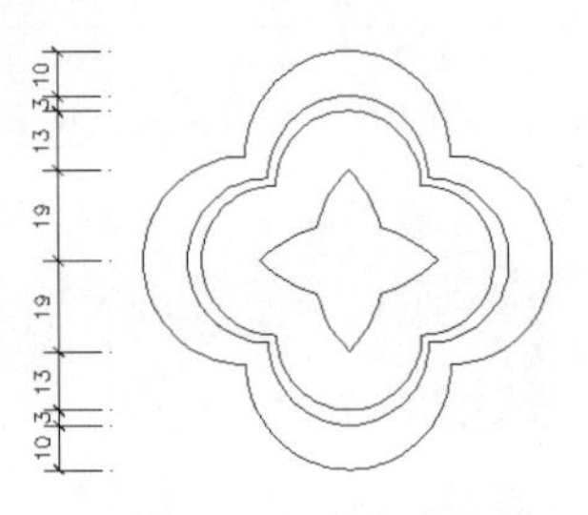

图 5-14 水池平面图

step 01 设置对象捕捉方式为端点、象限点、交点捕捉。

step 02 绘制垂直辅助线，捕捉交点并画圆，捕捉象限点画圆弧，如图 5-15 左图所示，然后修剪图形至如图 5-15 右图所示的状态。

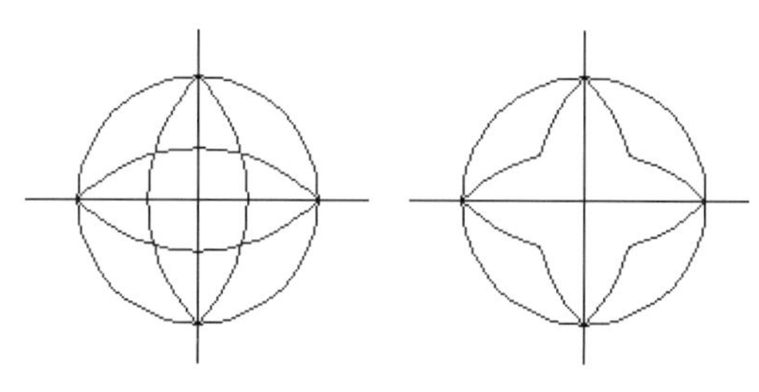

图 5-15　绘制圆弧

step 03 向外偏移圆，捕捉象限点绘制多边形，利用中点和象限点捕捉绘制圆弧，如图 5-16 所示。

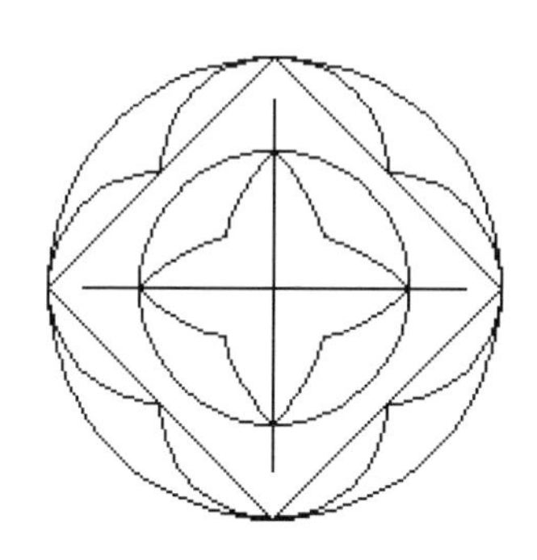

图 5-16　绘制圆弧

step 04 删除多边形。向外偏移圆，如图 5-17 左图所示，删除圆 *A*，绘制正多边形，利用中点和象限点捕捉画圆弧，如图 5-17 右图所示。

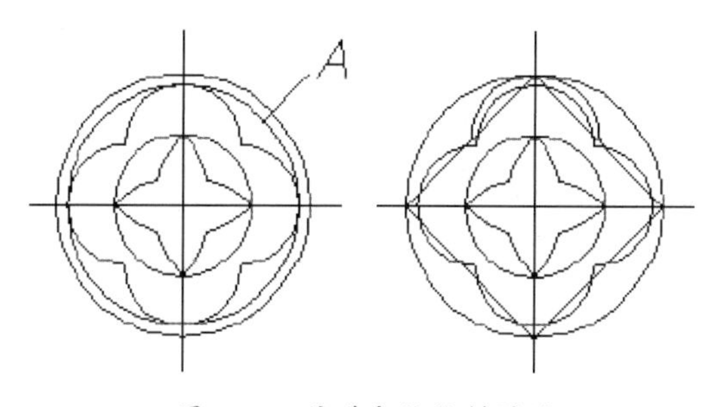

图 5-17　偏移定位绘制圆弧

5.1.4　对象追踪

对象追踪可以按指定角度绘制对象，或者绘制与其他对象有特定关系的对象。对象追踪分“极轴追踪”和“对象捕捉”追踪两种，是常用的辅助绘图工具。

1．极轴追踪

极轴追踪是按程序默认给定或用户自定义的极轴角度增量来追踪对象点的。如极轴角度为 45°，光标则只能按照给定的 45°范围来追踪，即光标可以在整个象限的 8 个位置上追踪对象点。如果事先知道要追踪的方向（角度），使用极轴追踪是比较方便的。

用户可以通过以下方式开启或关闭“极轴追踪”功能：

- 状态栏：单击“极轴追踪”按钮。
- 组合键：按 F10 键。
- “草图设置”对话框：在“极轴追踪”选项卡中，选中或取消选中“启用极轴追踪”复选框。

创建或修改对象时，还可以使用“极轴追踪”以显示由指定的极轴角度所定义的临时对齐路径。例如，设定极轴角度为 45°，使用“极轴追踪”功能来捕捉的点的示意图，如图 5-18 所示。

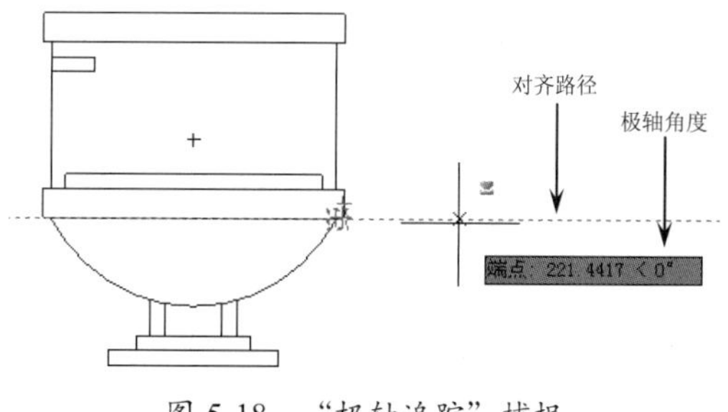

图 5-18　“极轴追踪”捕捉

技巧点拨：

在没有特别指定极轴角度时，默认角度测量值为90°；可以使用对齐路径和工具提示绘制对象；与“交点”或“外观交点”对象捕捉一起使用极轴追踪，可以找出极轴对齐路径与其他对象的交点。

动手操练——利用“极轴追踪”绘制采暖管道投影图

本例将利用极轴追踪功能绘制让图 5-19 所示的采暖管道投影图，如图 5-20 所示为制作过程分析图。

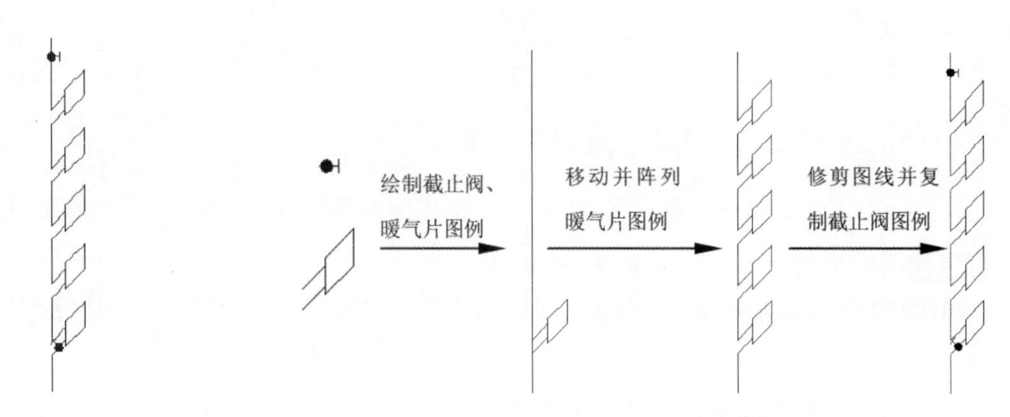

图 5-19　采暖管道投影图　　图 5-20　制作过程分析图

step 01 执行 dsettings 命令，弹出“草图设置”对话框。

step 02 在“极轴追踪”选项卡中，将“增量角”设置为 45，如图 5-21 所示。

step 03 在“对象捕捉”选项卡中，设置捕捉方式为端点、中点捕捉，然后单击“确定”按钮，关闭“草图设置”对话框。

step 04 单击“直线”按钮，绘制暖气片图例，结果如图 5-22 所示。

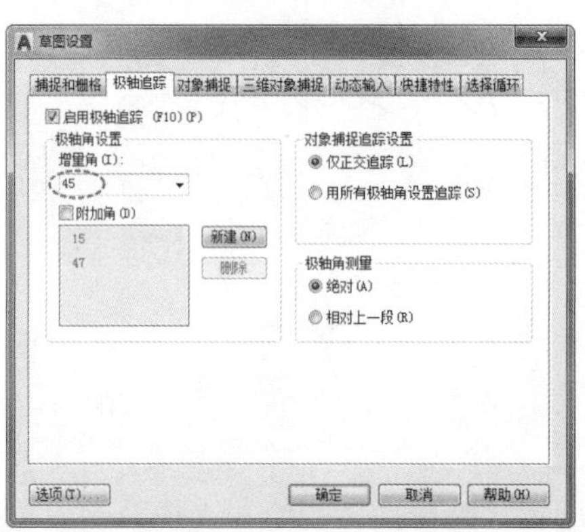

图 5-21　设置极轴增量角

```
命令：_line 指定第一点：                        // 在屏幕任意位置单击，确定直线的第 1 点
指定下一点或 [ 放弃 (U)]：8                     // 向右沿 45° 追踪，输入数值，确定第 2 点
指定下一点或 [ 放弃 (U)]：2                     // 向下沿 270° 追踪，输入数值，确定第 3 点
指定下一点或 [ 闭合 (C)/ 放弃 (U)]：10          // 向右沿 45° 追踪，输入数值，确定第 4 点
指定下一点或 [ 闭合 (C)/ 放弃 (U)]：9           // 向上沿 90° 追踪，输入数值，确定第 5 点
指定下一点或 [ 闭合 (C)/ 放弃 (U)]：10          // 向左沿 225° 追踪，输入数值，确定第 6 点
指定下一点或 [ 闭合 (C)/ 放弃 (U)]：2           // 向下沿 270° 追踪，输入数值，确定第 7 点
指定下一点或 [ 闭合 (C)/ 放弃 (U)]：8           // 向左沿 225° 追踪，输入数值，确定第 8 点
指定下一点或 [ 闭合 (C)/ 放弃 (U)]：            // 按 Enter 键
```

step 05 重复“直线”命令，分别捕捉 *A*、*B* 两个端点画线段，如图 5-23 所示。

step 06 重复“直线”命令，在绘图区中任意位置单击作为线段的第一点，绘制一段长为 120 的竖直线段。

step 07 单击“修改”工具栏中的“移动”按钮✥，选择暖气片图例，将其移动至线段上的 C 点处，如图 5-24 所示。

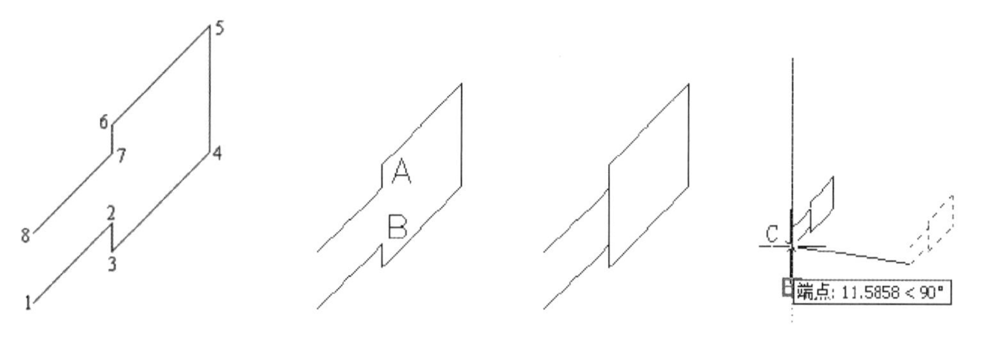

图 5-22　绘制的图例　　　　图 5-23　添加线段　　　　图 5-24　移动图例到直线上

step 08 框选暖气片图例，单击“矩形阵列”按钮▦，在弹出的“阵列创建”选项卡中设置各参数，如图 5-25 所示。

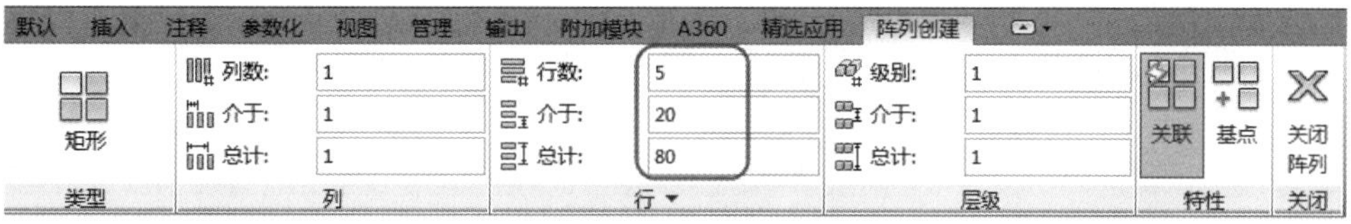

图 5-25　设置矩形阵列参数

step 09 单击“阵列创建”选项卡的“关闭阵列”按钮，完成矩形阵列，结果如图 5-26 所示。

step 10 单击“修剪”按钮-/--，将图线修剪成如图 5-27 所示的状态。

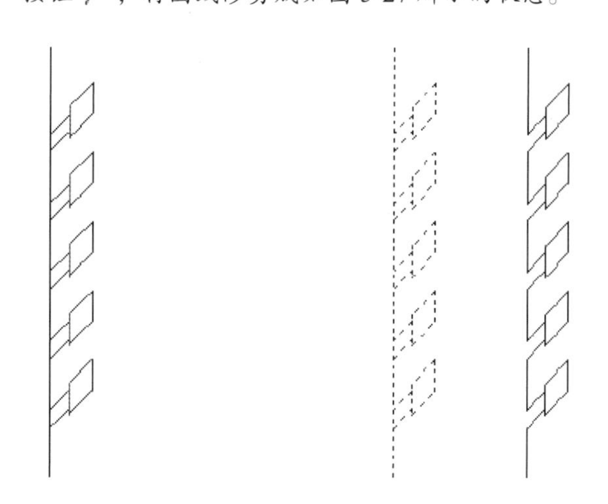

图 5-26　阵列结果　　　　图 5-27　修剪前后的图线比较

step 11 单击“直线”按钮／，在绘图区空白处单击确定线段的起点，竖直向下追踪，绘制一段长为 3 的线段。重复执行“直线”命令，捕捉线段中点，向左画一条长为 3 的线段，如图 5-28 所示。

step 12 在菜单栏中选择“绘图”|“圆环”命令。截止阀绘制的结果，如图 5-29 所示。

```
命令：_donut
指定圆环的内径 <0.5000>:0            // 确定圆环内径为 0
指定圆环的外径 <2.0000>:3            // 确定圆环外径为 3
指定圆环的中心点或 < 退出 >:          // 捕捉端点 E，确定圆环的中心位置
指定圆环的中心点或 < 退出 >:          // 按 Enter 键
```

step 13 单击“复制”按钮，将截止阀图例分别复制到 *F* 点和中点 *G* 上，如图 5-30 左图所示。

step 14 单击“旋转”按钮，框选 *F* 点处的截止阀图例，以中点 *H* 为旋转基点向左沿 135°追踪进行旋转，旋转后的结果如图 5-30 右图所示。

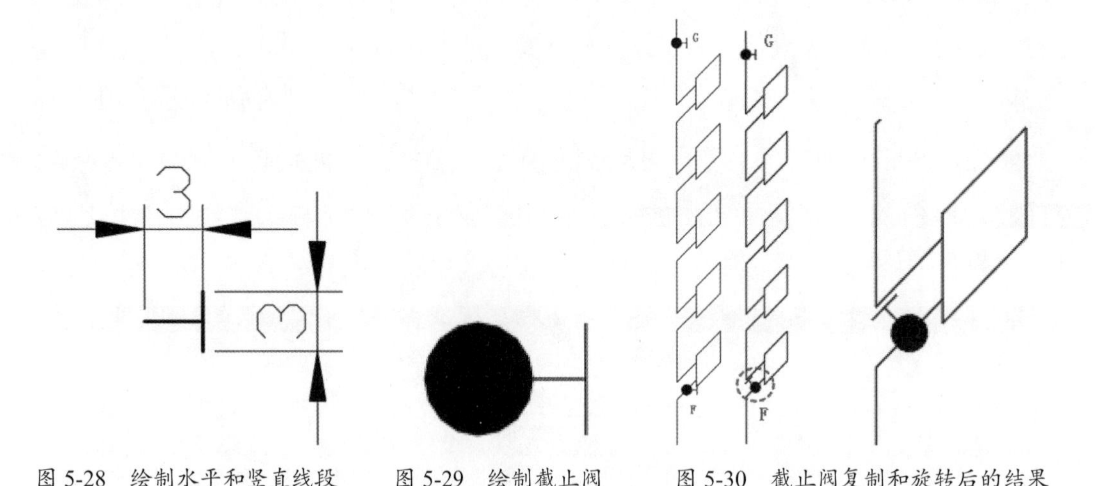

图 5-28　绘制水平和竖直线段　　图 5-29　绘制截止阀　　图 5-30　截止阀复制和旋转后的结果

2. 对象捕捉追踪

对象捕捉追踪按照与对象的某种特定关系来追踪，这种特定的关系确定了一个未知角度。如果事先不知道具体的追踪方向（角度），但知道与其他对象的某种关系（如相交、垂直等），则用对象捕捉追踪。极轴追踪和对象捕捉追踪可以同时使用。

用户可以通过以下方式来打开或关闭“对象捕捉追踪”功能：

- 状态栏：单击“对象捕捉追踪”按钮。
- 组合键：按 F11 键。

使用对象捕捉追踪，在命令中指定点时，光标可以沿基于其他对象捕捉点的对齐路径进行追踪，如图 5-31 所示。

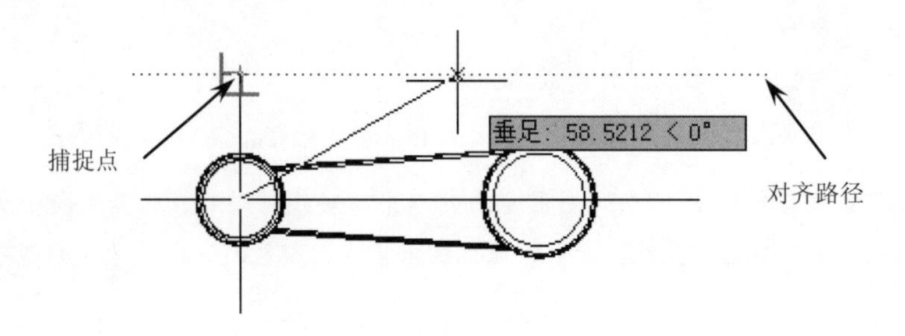

图 5-31　“对象追踪追踪”捕捉

技巧点拨：

要使用对象捕捉追踪，必须打开一个或多个对象捕捉。

动手操练——利用“对象捕捉追踪”绘制檐口大样图

本例将利用对象捕捉追踪功能绘制如图 5-32 所示的檐口大样图。

step 01 开启极轴追踪、对象捕捉及对象追踪功能，设置对象捕捉方式为端点、平行捕捉。

step 02 单击“直线”按钮，绘制如图 5-33 所示的图形。

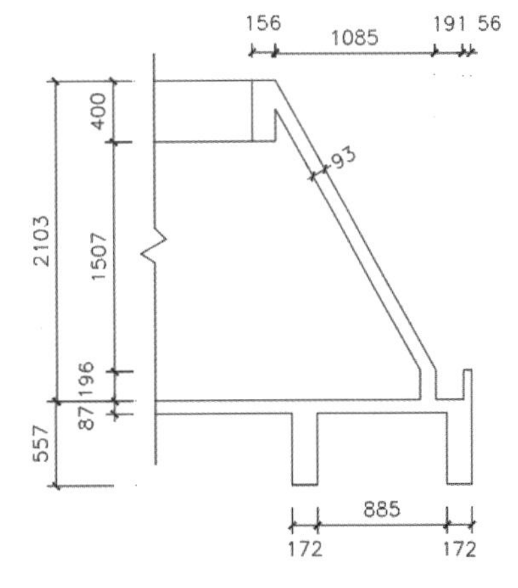

图 5-32　利用对象捕捉画线

```
命令： _line 指定第一点：                              // 单击，确定线段第一点 A
指定下一点或 [ 放弃 (U)]:                              // 向右追踪一段距离，确定 B 点
指定下一点或 [ 放弃 (U)]:470                           // 向下追踪并输入 BC 的长度
指定下一点或 [ 闭合 (C)/ 放弃 (U)]:172                 // 向右追踪并输入 CD 的长度
指定下一点或 [ 闭合 (C)/ 放弃 (U)]:                    // 在 B 点处建立追踪参考点以确定 E 点
指定下一点或 [ 闭合 (C)/ 放弃 (U)]:885                 // 向右追踪并输入 EF 的长度
指定下一点或 [ 闭合 (C)/ 放弃 (U)]:                    // 在 D 点处建立追踪参考点以确定 G 点
指定下一点或 [ 闭合 (C)/ 放弃 (U)]:172                 // 向右追踪并输入 GH 的长度
指定下一点或 [ 闭合 (C)/ 放弃 (U)]:753                 // 向上追踪并输入 HI 的长度
指定下一点或 [ 闭合 (C)/ 放弃 (U)]:56                  // 向左追踪并输入 IJ 的长度
指定下一点或 [ 闭合 (C)/ 放弃 (U)]:196                 // 向下追踪并输入 JK 的长度
指定下一点或 [ 闭合 (C)/ 放弃 (U)]:191                 // 向左追踪并输入 KL 的长度
指定下一点或 [ 闭合 (C)/ 放弃 (U)]:                    // 在 J 点处建立追踪参考点以确定 M 点
指定下一点或 [ 闭合 (C)/ 放弃 (U)]: @-1085,1907                  // 输入 N 点的偏移坐标
指定下一点或 [ 闭合 (C)/ 放弃 (U)]:156                 // 向左追踪并输入 NO 的长度
指定下一点或 [ 闭合 (C)/ 放弃 (U)]:400                 // 向下追踪并输入 OP 的长度
指定下一点或 [ 闭合 (C)/ 放弃 (U)]:                    // 在 N 点处建立追踪参考点以确定 Q 点
指定下一点或 [ 闭合 (C)/ 放弃 (U)]:                    // 按 Enter 键结束
```

技巧点拨：

由于图形左侧是折断线，因此线段 AB 的长度可任意设置。

step 03 重复“直线”命令，绘制内部轮廓。

```
命令： LINE 指定第一点： 87                   // 在 A 点处向上追踪，输入追踪距离确定 B 点
指定下一点或 [ 放弃 (U)]:107                  // 在 C 点处向左追踪，输入追踪距离确定 D 点
指定下一点或 [ 闭合 (C)/ 放弃 (U)]:           // 在 E 点处建立追踪参考点以确定 H 点
指定下一点或 [ 闭合 (C)/ 放弃 (U)]:
                           // 捕捉斜线段的平行线和 F 点，确定 G 点，如图 5-61 左图所示
指定下一点或 [ 闭合 (C)/ 放弃 (U)]:           // 捕捉 F 点
```

step 04 绘制结果如图 5-34 右图所示。

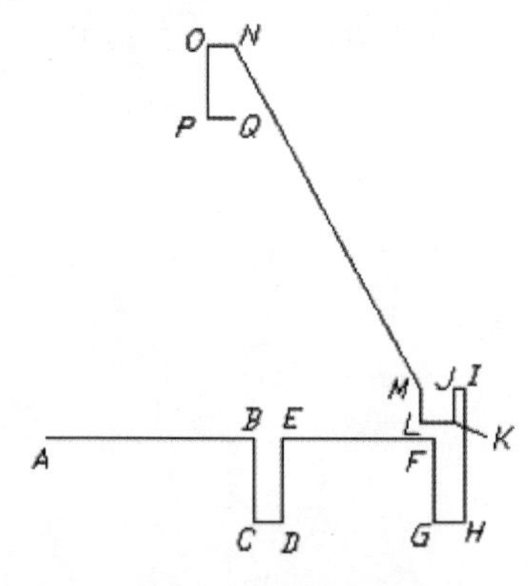

图 5-33　绘制的直线

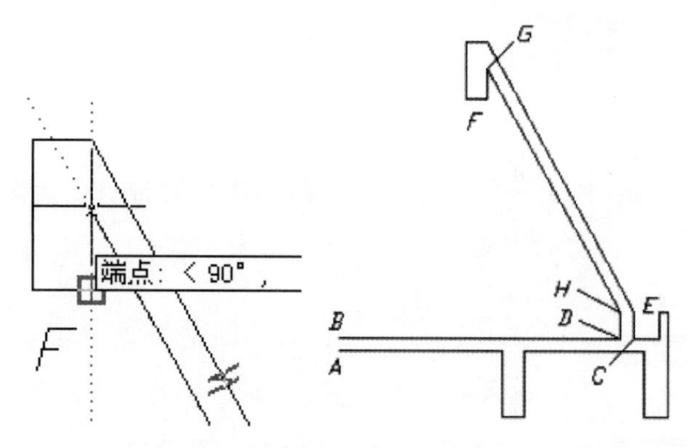

图 5-34　绘制内部轮廓线

step 05 设置捕捉方式为最近点捕捉。

step 06 单击"直线"按钮，绘制其他线条，如图 5-35 所示。

step 07 单击"修剪"按钮，选择图形，范围如图 5-36 所示，然后修剪成图。

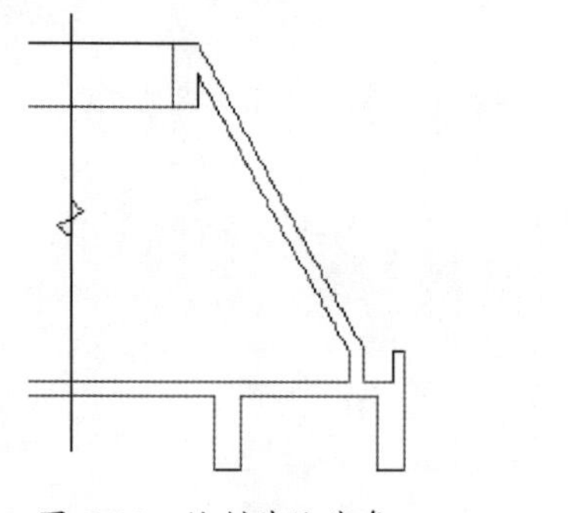
图 5-35　绘制其他线条

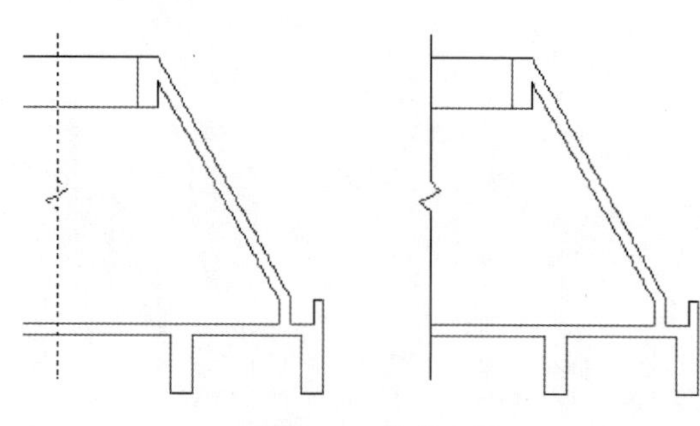
图 5-36　修剪成图

5.1.5　正交模式

正交模式用于控制是否以正交方式绘图，或者在正交模式下追踪对象点。在正交模式下，可以方便地绘出与当前 X 轴或 Y 轴平行的直线。

用户可以通过以下命令方式打开或关闭正交模式：

- 状态栏：单击"正交模式"按钮。
- 组合键：按 F8 键。
- 命令行：输入 ORTHO 并按 Enter 键。

创建或移动对象时，使用"正交"模式将光标限制在水平或垂直轴上。移动光标时，无论水平轴或垂直轴哪个距离光标最近，拖引线都将沿着该轴移动，如图 5-37 所示。

> **提示：**
>
> 打开"正交"模式时，使用直接距离输入方法以创建指定长度的正交线或将对象移动指定的距离。

在“二维草图与注释”空间中，打开“正交”模式，拖引线只能在 *XY* 工作平面的水平方向和垂直方向上移动。在三维视图的“正交”模式下，拖引线除了可以在 *XY* 工作平面的 *X*、-*X* 方向和 *Y*、-*Y* 方向上移动外，还能在 *Z* 和 -*Z* 方向上移动，如图 5-38 所示。

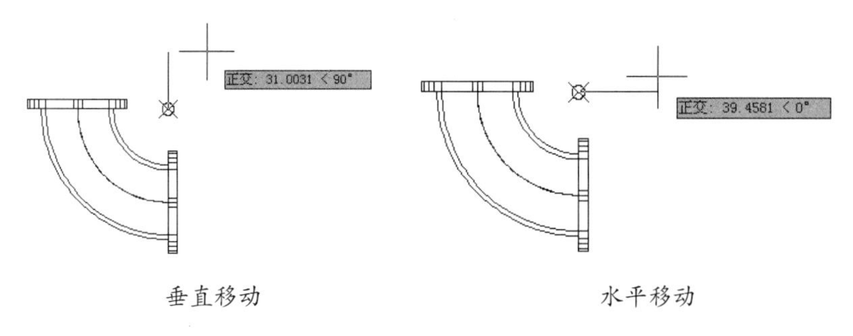

图 5-37　“正交”模式的垂直移动和水平移动

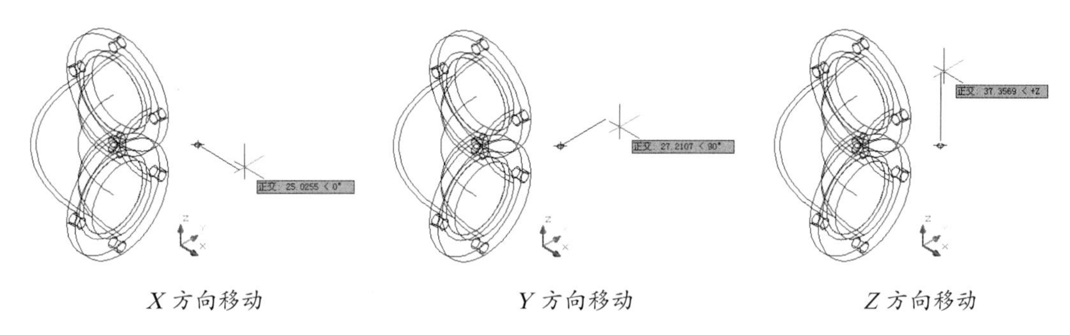

图 5-38　三维空间中“正交”模式的拖引线移动

提示：

在绘图和编辑过程中，可以随时打开或关闭“正交”模式。输入坐标或指定对象捕捉时将忽略“正交”。使用临时替代键时，无法使用直接距离输入方法。

动手操练——利用“正交”模式绘制承台配筋剖面图

本例将利用正交功能绘制如图 5-39 左图所示的承台配筋剖面图的外轮廓线，结果如图 5-39 右图所示。

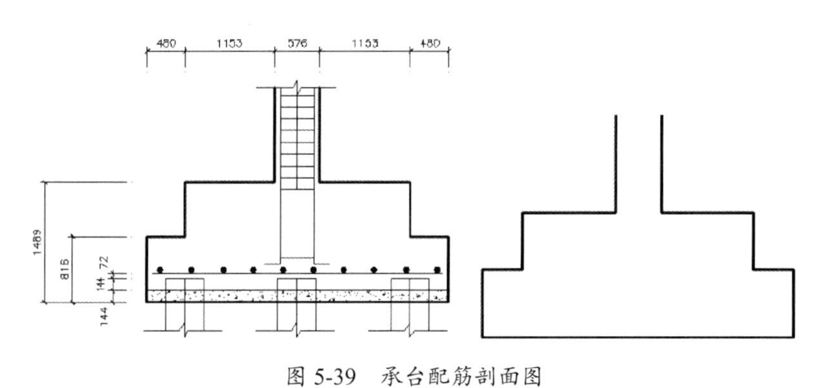

图 5-39　承台配筋剖面图

step 01 单击状态栏中的按钮，打开“正交”模式，或按 F8 键。

step 02 单击“直线”按钮，绘制轮廓线。

```
命令： _line 指定第一点：                          // 在图形区中任意位置单击，确定起点 A
指定下一点或 [ 放弃 (U)]：                         // 向下移动鼠标单击，确定 B 点
指定下一点或 [ 放弃 (U)]： 1153                    // 向左移动鼠标并输入线段 BC 的长度
指定下一点或 [ 闭合 (C)/ 放弃 (U)]： 673           // 向下移动鼠标并输入线段 CD 的长度
指定下一点或 [ 闭合 (C)/ 放弃 (U)]： 480           // 向左移动鼠标并输入线段 DE 的长度
指定下一点或 [ 闭合 (C)/ 放弃 (U)]： 816           // 向下移动鼠标并输入线段 EF 的长度
指定下一点或 [ 闭合 (C)/ 放弃 (U)]： 3842          // 向右移动鼠标并输入线段 FG 的长度
指定下一点或 [ 闭合 (C)/ 放弃 (U)]： 816           // 向上移动鼠标并输入线段 HG 的长度
指定下一点或 [ 闭合 (C)/ 放弃 (U)]： 480           // 向左移动鼠标并输入线段 HI 的长度
指定下一点或 [ 闭合 (C)/ 放弃 (U)]： 673           // 向上移动鼠标并输入线段 IJ 的长度
指定下一点或 [ 闭合 (C)/ 放弃 (U)]： 1153          // 向左移动鼠标并输入线段 JK 的长度
指定下一点或 [ 闭合 (C)/ 放弃 (U)]：               // 在 A 点附近单击，确定 L 点的大致位置
指定下一点或 [ 闭合 (C)/ 放弃 (U)]：               // 按 Enter 键
```

step 03 结果如图 5-40 所示。

5.1.6 锁定角度

用户在绘制几何图形时，有时需要指定角度替代，以锁定光标来精确输入下一个点。通常，指定角度替代的方法是，在命令行提示指定点时输入左尖括号（<），其后输入一个角度。

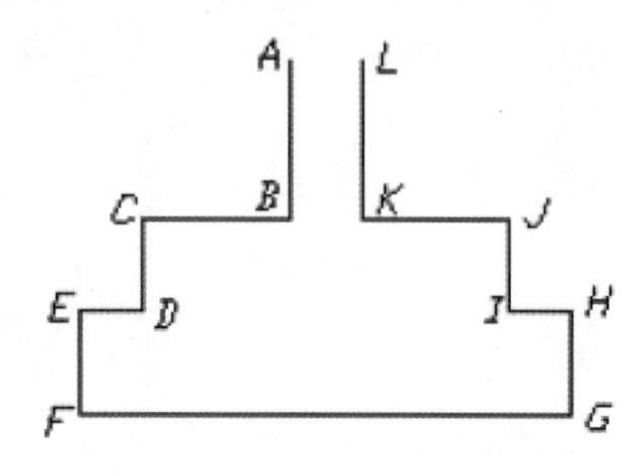

图 5-40 绘制桩承台轮廓线

例如，如下所示的命令行操作提示中显示了在 LINE 命令过程中输入 30° 替代。

```
命令：line
指定第一点：                                       // 指定直线的起点
指定下一点或 [ 放弃 (U)]：<30 ↙                    // 输入符号及角度值
角度替代：30
指定下一点或 [ 放弃 (U)]：                         // 指定直线下一点
```

技巧点拨：

所指定的角度将锁定光标，替代“栅格捕捉”和“正交”模式。坐标输入和对象捕捉优先于角度替代。

5.1.7 动态输入

“动态输入”功能是控制指针输入、标注输入、动态提示以及绘图工具提示的外观。

用户可以通过以下方式执行此操作。

- “草图设置”对话框：在“动态输入”选项卡中选中或取消选中“启用指针输入”等复选框。
- 状态栏：单击“动态输入”按钮。
- 组合键：按 F12 键。

启用“动态输入”时，工具提示将在光标附近显示信息，该信息会随着光标的移动而动态

更新。当某命令处于活动状态时，工具提示将为用户提供输入的位置，如图 5-41 所示为绘图时动态和非动态输入的比较。

动态输入有 3 个组件：指针输入、标注输入和动态提示。用户可以通过“草图设置”对话框来设置动态输入时显示的内容。

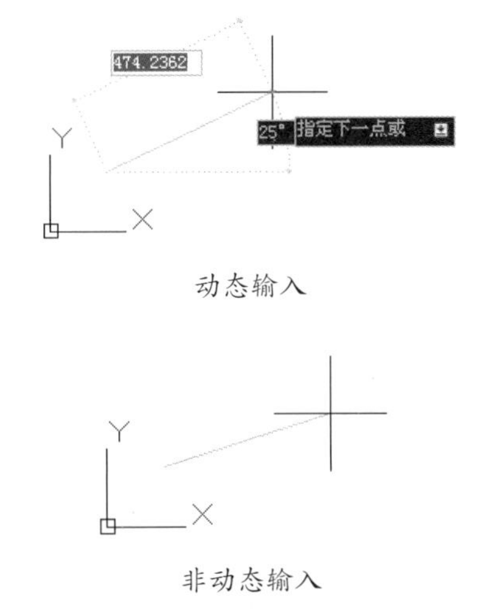

图 5-41　动态和非动态输入比较

1．指针输入

当启用指针输入且有命令在执行时，十字光标的位置将在光标附近的工具提示中显示为坐标。绘制图形时，用户可以在工具提示中直接输入坐标值来创建对象，免去在命令行中另行输入的麻烦，如图 5-42 所示。

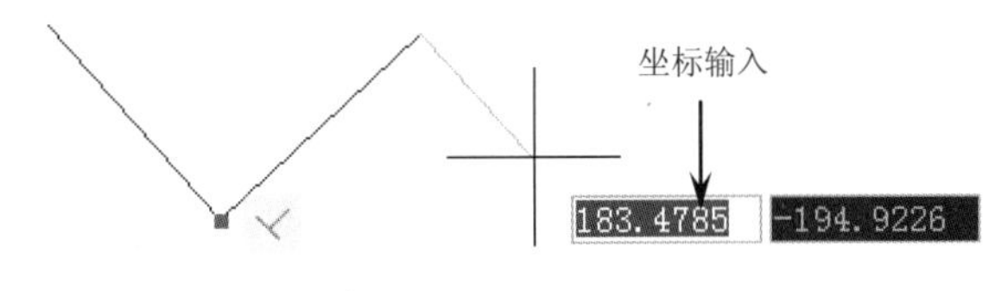

图 5-42　指针输入

技巧点拨：

指针输入时，如果是相对坐标输入或绝对坐标输入，其输入格式与在命令行中输入相同。

2．标注输入

若启用标注输入，当命令行提示输入第二点时，工具提示将显示距离（第二点与起点的长度值）和角度值，且在工具提示中的值将随光标的移动而发生改变，如图 5-43 所示。

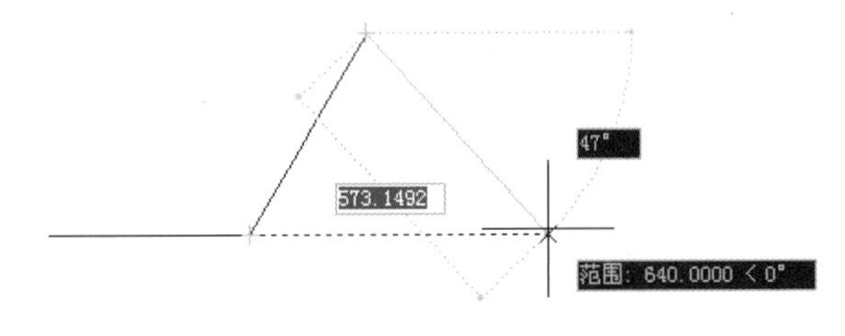

图 5-43　标注输入

技巧点拨：

在标注输入时，按 Tab 键可以交换动态显示长度值和角度值。

用户在使用夹点（夹点的概念及使用方法将在本书第 5 章详细介绍）来编辑图形时，标注输入的工具提示框中可能会显示旧的长度、移动夹点时更新的长度、长度的改变、角度、移动夹点时角度的变化、圆弧的半径等信息，如图 5-44 所示。

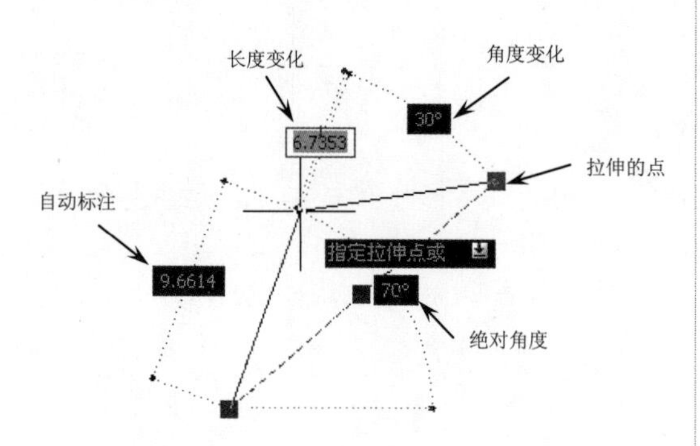

图 5-44　使用夹点编辑时的标注输入

技巧点拨：

使用标注输入设置，工具提示框中显示的是用户希望看到的信息，要精确指定点，可在工具提示框中输入精确数值即可。

3. 动态提示

启用动态提示时，命令行提示和命令输入会显示在光标附近的工具提示中。用户可以在工具提示（而不是在命令行）中直接输入数值，如图 5-45 所示。

技巧点拨：

按下箭头↓键可以查看和选择选项。按上箭头↑键可以显示最近的输入。要在动态提示工具提示中使用 PASTECLIP（粘贴），可在输入字母后、在粘贴输入之前用空格键将其删除。否则，输入将作为文字粘贴到图形中。

图 5-45　使用动态提示

动手操练——使用动态输入功能绘制图形

利用动态输入功能绘制如图 5-46 所示的图形。

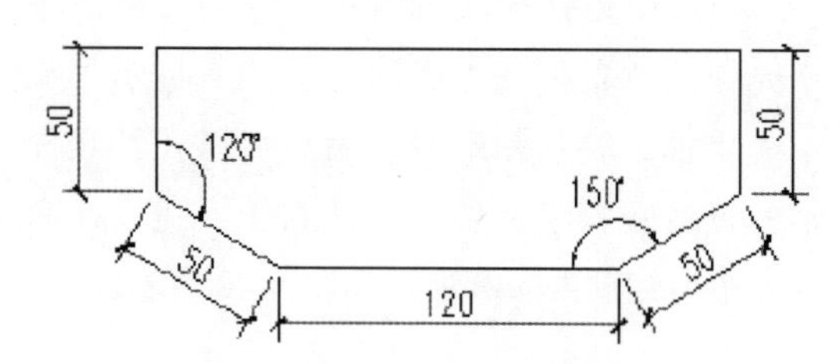

图 5-46　利用动态输入画线

step 01 单击“直线”按钮，在屏幕上单击，确定线段的第一点。

step 02 向下移动鼠标，在 90° 的方向上输入线段的长度为 50，如图 5-47 所示。

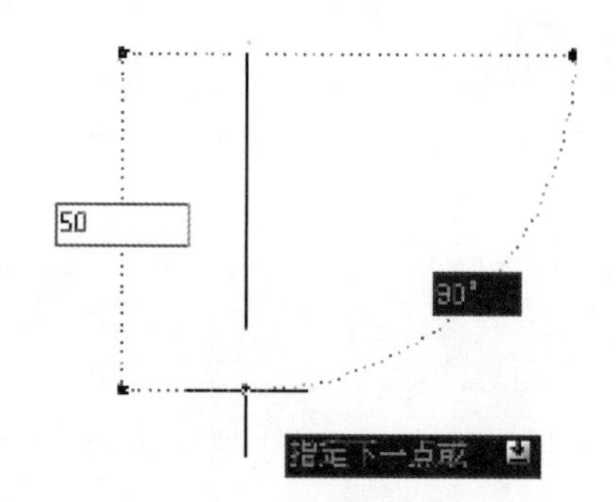

图 5-47　输入线段长度

step 03 按 Tab 键，转换到角度文本框中，输入角度为 30，如图 5-48 所示，再按 Tab 键，转换到长度文本框中，此时角度文本框中的数值呈锁定状态，输入线段长度为 50，如图 5-49 所示。

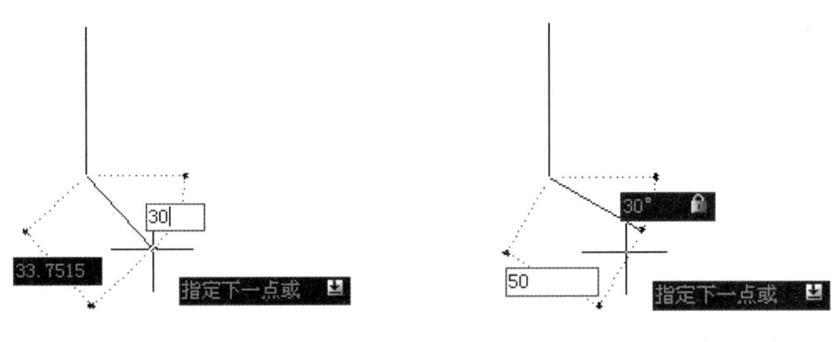

图 5-48　输入角度　　　　图 5-49　输入线段长度

step 04 向右移动鼠标，在 0° 方向上输入线段长度为 120。

step 05 向右上方移动鼠标，按 Tab 键，转换到角度文本框中，输入角度为 30，再按 Tab 键，转换到长度文本框中，输入线段长度值为 50，线段位置如图 5-50 所示。

step 06 向上移动鼠标，在 90° 方向上输入线段长度为 50，按向下箭头键，在出现的菜单中选择“闭合”选项，如图 5-51 所示。

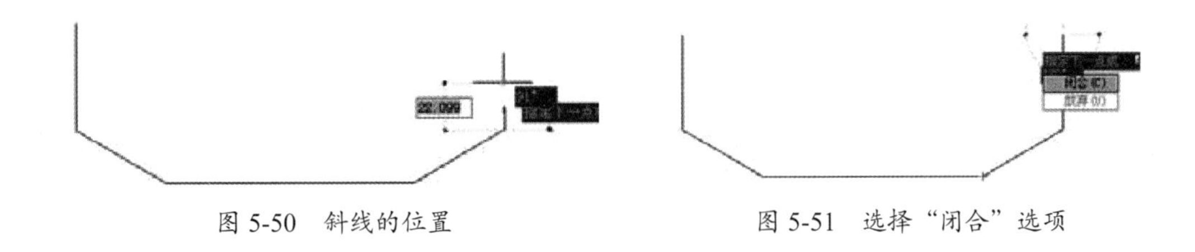

图 5-50　斜线的位置　　　　图 5-51　选择“闭合”选项

5.2　图形的操作

当绘制图形后，需要进行简单的修改操作时，经常使用一些简单编辑工具来操作。这些简单编辑工具包括更正错误工具、删除对象工具、Windows 通用工具（复制、剪切和粘贴）等。

5.2.1　更正错误

当用户绘制的图形出现错误时，可以使用多种方法来更正。

1. 放弃单个操作

在绘制图形过程中，若要放弃单个操作，最简单的方法就是单击“快速访问”工具栏上的“放弃”按钮或在命令行输入 U 命令。许多命令自身也包含 U（放弃）选项，无须退出此命令即可更正错误。

例如，创建直线或多段线时，输入 U 命令即可放弃上一个线段。命令行操作提示如下：

```
命令：pline                          //输入命令
指定起点：                            //指定多段线的起点
```

```
当前线宽为 0.0000                    // 线宽
指定下一个点或 [ 圆弧 (A) / 半宽 (H) / 长度 (L) / 放弃 (U) / 宽度 (W)]:  // 指定多段线的第二点
指定下一点或 [ 圆弧 (A) / 闭合 (C) / 半宽 (H) / 长度 (L) / 放弃 (U) / 宽度 (W)]: u↙
                                     // 放弃上一步操作
```

技巧点拨：

默认情况下，进行放弃或重做操作时，UNDO 命令将设置为把连续平移和缩放命令合并为一个操作。但是，从菜单开始的平移和缩放命令不会合并，并且始终保持为独立的操作。

2. 一次放弃几步操作

在快速访问工具栏上单击“放弃”下拉列表的下三角按钮▾，在展开的下拉列表中，可以选择多个已执行的命令，再单击（执行放弃操作），即可一次性放弃几步操作，如图 5-52 所示。

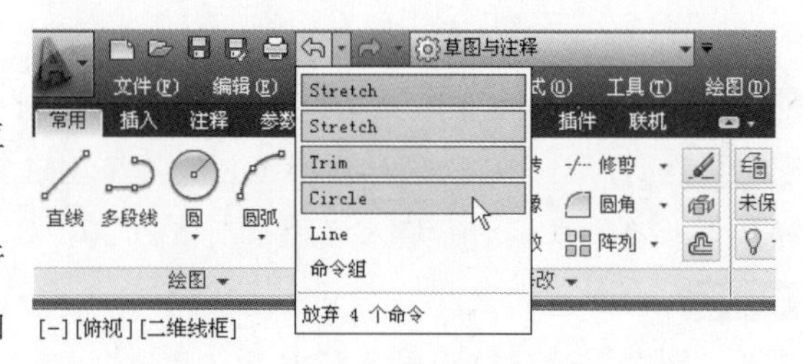

图 5-52 选择操作条目来放弃

在命令行输入 UNDO 命令，用户可以输入操作步骤的数目来放弃操作。例如，将绘制的图形放弃 5 步操作，命令行操作提示如下：

```
命令：undo
当前设置：自动 = 开，控制 = 全部，合并 = 是，图层 = 是
输入要放弃的操作数目或 [ 自动 (A) / 控制 (C) / 开始 (BE) / 结束 (E) / 标记 (M) / 后退 (B)]
<1>: 5                                  // 输入放弃的操作数目
LINE  LINE  LINE  LINE  LINE            // 放弃的操作名称
```

放弃前 5 步操作后的图形变化，如图 5-53 所示。

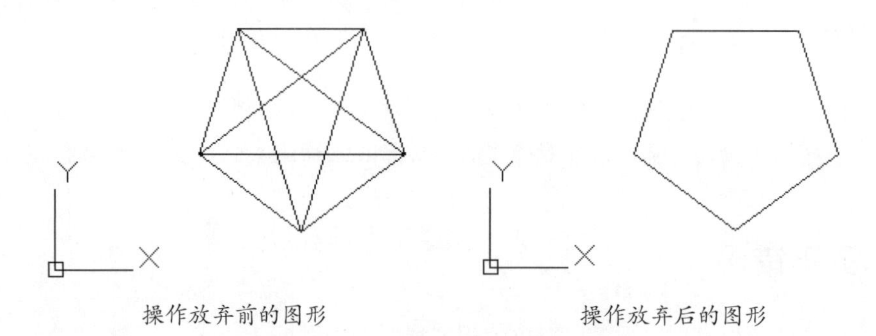

操作放弃前的图形　　　　操作放弃后的图形

图 5-53 放弃操作的图形前后对比

3. 取消放弃的效果

“取消放弃的效果”也就是重做的意思，即恢复上一个用 UNDO 或 U 命令放弃的效果。用户可以通过以下方式执行此操作。

- 快速工具栏：单击“重做”按钮。
- 菜单栏：选择“编辑”|“重做”命令。
- 组合键：Ctrl+Z。

4．删除对象的恢复

在绘制图形时，如果误删除了对象，可以使用 UNDO 命令或 OOPS 命令将其恢复。

5．取消命令

AutoCAD 中，若要终止进行中的操作，或取消未完成的命令，可以通过按 Esc 键来执行取消操作。

5.2.2　删除对象

在 AutoCAD 2018 中，删除对象的方法大致可以分为 3 种：一般对象删除、消除显示和删除未使用的定义与样式。

1．一般对象删除

用户可以使用以下方法来删除对象：

- 使用 ERASE（清除）命令，或在菜单栏中选择“编辑”|“清除”命令来删除对象。
- 选择对象，然后使用 Ctrl+X 组合键将它们剪切到剪贴板。
- 选择对象，然后按 Delete 键。

通常，当选择“删除”命令后，需要选择要删除的对象，然后按 Enter 键或 Space 键结束对象选择，同时删除已选择的对象。

如果在“选项”对话框（在菜单栏中选择“工具”|“选项”命令）的“选择集”选项卡中，选中“选择集模式”选项组中的“先选择后执行”复选框，即可先选择对象，然后单击“删除”按钮删除，如图 5-54 所示。

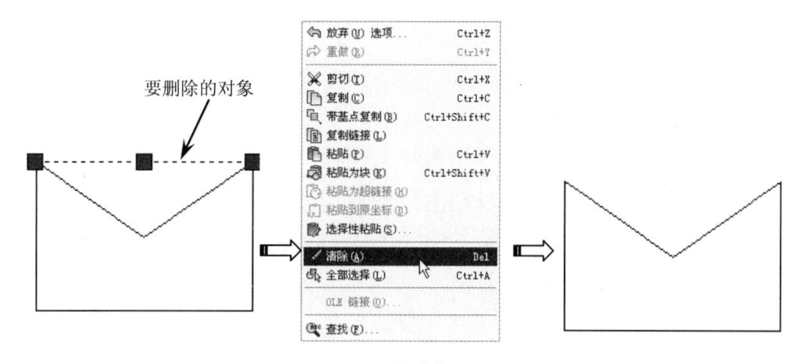

图 5-54　先选择后删除

> **技巧点拨：**
>
> 可以使用 UNDO 命令恢复意外删除的对象；OOPS 命令可以恢复最近使用 ERASE、BLOCK 或 WBLOCK 命令删除的所有对象。

2．消除显示

用户在进行某些编辑操作时留在显示区域中的加号形状的标记（称为点标记）和杂散像素都可以删除。删除标记使用 REDRAW 命令；删除杂散像素则使用 REGEN 命令。

3．删除未使用的定义与样式

用户还可以使用 PURGE 命令删除未使用的命名对象，包括块定义、标注样式、图层、线型和文字样式。

5.2.3 Windows 通用工具

当用户要使用另一个应用程序的图形对象时，可以先将这些对象剪切或复制到剪贴板，然后将它们从剪贴板粘贴到其他的应用程序中。Windows 通用工具包括剪切、复制和粘贴。

1．剪切

剪切就是从图形中删除选定对象并将它们存储到剪贴板上，然后即可将对象粘贴到其他 Windows 应用程序中。用户可以通过以下方式来执行此操作：

- 菜单栏：选择“编辑”|“剪切”命令。
- 组合键：按 Ctrl+X 组合键。
- 命令行：输入 CUTCLIP 并按 Enter 键。

2．复制

复制就是使用剪贴板将图形的部分或全部复制到其他应用程序创建的文档中。复制与剪切的区别是，剪切不保留原有对象，而复制则保留原对象。

用户可以通过以下方式来执行此操作：

- 菜单栏：选择“编辑”|“复制”命令。
- 组合键：按 Ctrl+C 组合键。
- 命令行：输入 COPYCLIP 并按 Enter 键。

3．粘贴

粘贴就是将剪切或复制到剪贴板上的图形对象，粘贴到图形文件中。将剪贴板的内容粘贴到图形中时，将使用保留信息最多的格式。用户也可以将粘贴信息转换为 AutoCAD 格式。

5.3 对象的选择技巧

在对二维图形元素进行修改之前，首先选择要编辑的对象。对象的选择方法有很多种，例如，可以通过单击对象逐个拾取，也可以利用矩形窗口或交叉窗口选择；可以选择最近创建的对象、前面的选择集或图形中的所有对象，也可以向选择集中添加对象或从中删除对象，等等。接下来将对象的选择方法及类型做详细介绍。

5.3.1 常规选择

图形的选择是 AutoCAD 的重要基本技能之一，它常用于对图形进行修改编辑之前。常用的选择方式有点选、窗口和窗交 3 种。

1. 点选

“点选”是最基本、最简单的对外选择方式，此种方式一次仅能选择一个对象。在命令行“选择对象：”的提示下，系统自动进入点选模式，此时光标指针切换为矩形选择框，将选择框放在对象的边沿上单击，即可选择该图形，被选中的图形对象以虚线显示，如图 5-55 所示。

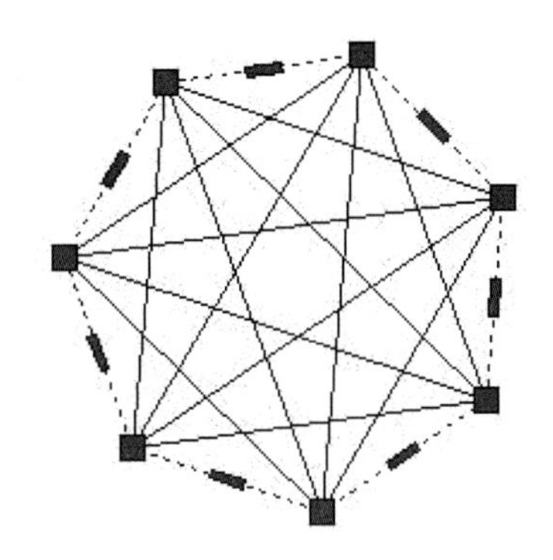

图 5-55　点选

2. 窗口选择

“窗口选择”也是一种常用的选择方式，使用此方式一次可以选择多个对象。当未激活任何命令的时候，在窗口中从左向右拖曳出一个矩形选择框，此选择框即为窗口选择框，选择框以实线显示，内部以浅蓝色填充，如图 5-56 所示。

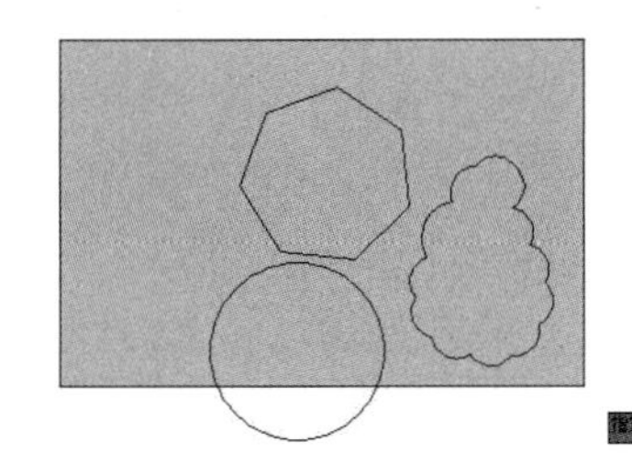

图 5-56　窗口选择框

当指定窗口选择框的对角点之后，所有完全位于框内的对象都能被选中，如图 5-57 所示。

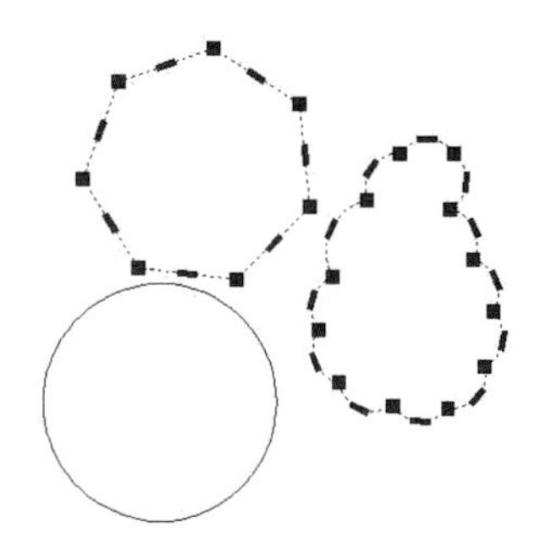

图 5-57　选择结果

3. 窗交选择

“窗交选择”是使用频率非常高的选择方式，使用此方式一次也可以选择多个对象。当未激活任何命令时，在窗口中从右向左拖曳出一矩形选择框，此选择框即为窗交选择框，选择框以虚线显示，内部绿填充，如图 5-58 所示。

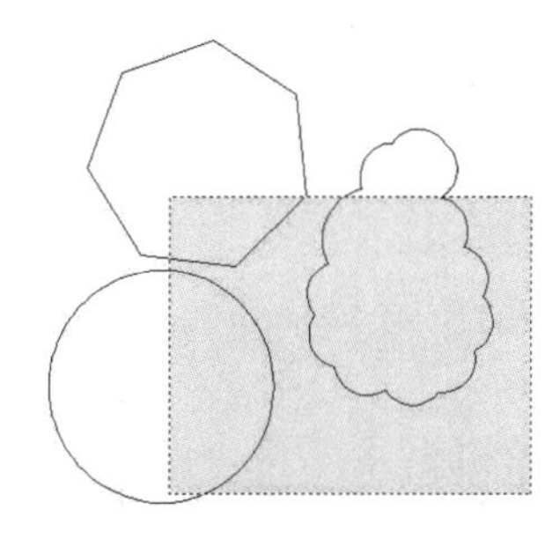

图 5-58　窗交选择框

当指定选择框的对角点之后，所有与选择框相交和完全位于选择框内的对象都能被选中，如图 5-59 所示。

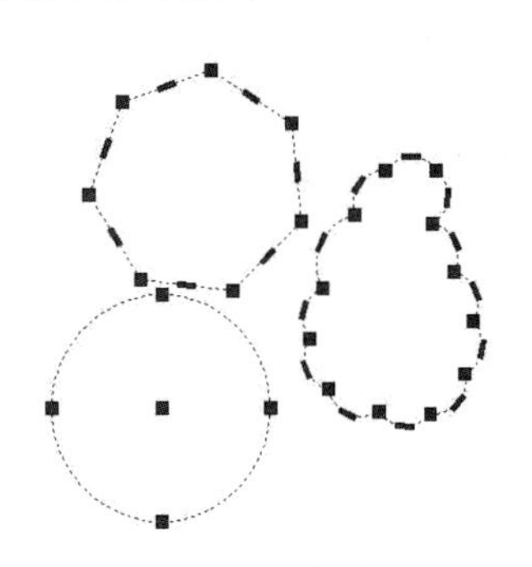

图 5-59　选择结果

5.3.2 快速选择

用户可以使用“快速旋转”命令来进行快速选择，该命令可以在整个图形或现有选择集的范围内，通过包括或排除符合指定对象类型和对象特性条件的所有对象创建一个选择集。同时，用户还可以指定该选择集用于替换当前选择集，还是将其附加到当前选择集。

选择“快速旋转”命令的方式有以下几种：

- 选择“工具”|“快速选择”命令。
- 终止任何活动命令，右键单击绘图区，在打开的快捷菜单中选择“快速选择”命令。
- 在命令行输入 Qselect 按 Enter 键。
- 在“特性”“块定义”等窗口或对话框中也提供了“快速选择”按钮以便访问“快速选择”命令。

执行该命令后，打开“快速选择”对话框，如图 5-60 所示。

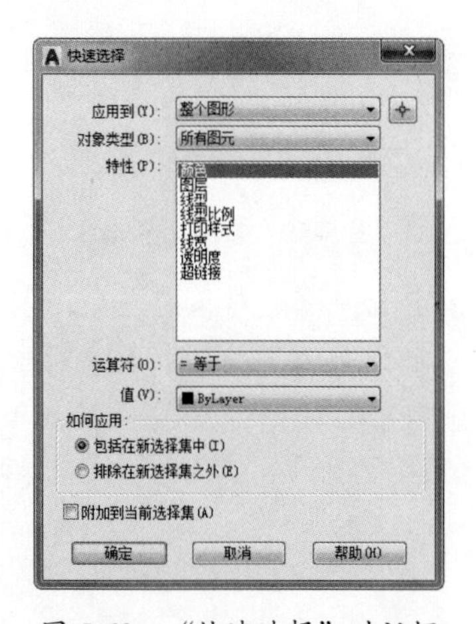

图 5-60 “快速选择”对话框

该对话框中各选项的具体说明如下：

- “应用到”：指定过滤条件应用的范围，包括“整个图形”或“当前选择集”。用户也可以单击其右侧的按钮返回绘图区来创建选择集。
- “对象类型”：指定过滤对象的类型。如果当前不存在选择集，则该列表将包括 AutoCAD 中的所有可用对象类型及自定义对象类型，并显示默认值“所有图元”；如果存在选择集，此列表只显示选定对象的对象类型。
- “特性”：指定过滤对象的特性。此列表包括选定对象类型的所有可搜索特性。
- “运算符”：控制对象特性的取值范围。
- “值”：指定过滤条件中对象特性的取值。如果指定的对象特性具有可用值，则该项显示为列表，用户可以从中选择一个值；如果指定的对象特性不具有可用值，则该项显示为编辑框，用户根据需要输入一个值。此外，如果在“运算符”下拉列表中选择了“选择全部”选项，则“值”项将不可显示。
- “如何应用”：指定符合给定过滤条件的对象与选择集的关系。
- “包括在新选择集中”：将符合过滤条件的对象创建一个新的选择集。
- “排除在新选择集之外”：将不符合过滤条件的对象创建一个新的选择集。
- “附加到当前选择集”：选择该项后通过过滤条件所创建的新选择集将附加到当前的选择集之中。否则将替换当前选择集。如果用户选择该项，则“当前选择集”和按钮均不可用。

动手操练——快速选择对象

快速选择方式是 AutoCAD 2018 中唯一以窗口作为对象选择界面的选择方式。通过该选择方式，用户可以更直观地选择并编辑对象。具体操作步骤如下：

step 01 启动 AutoCAD 2018，打开“动手操

练\源文件\Ch05\视图.dwg”文件，如图 5-61 所示。在命令行中输入 QSELECT 命令并按 Enter 键确认。弹出“快速选择”对话框，如图 5-62 所示。

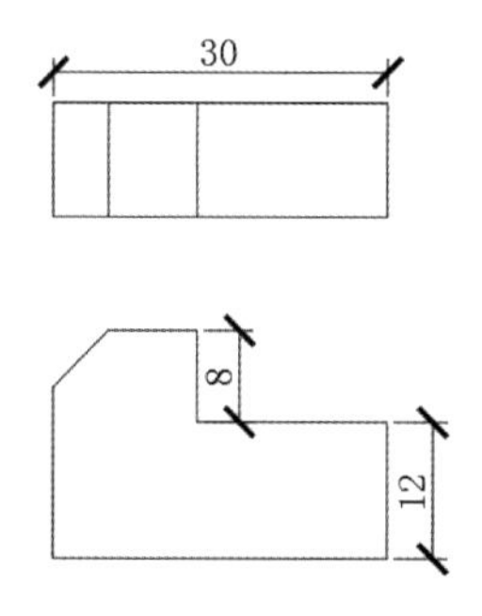

图 5-61　打开素材文件

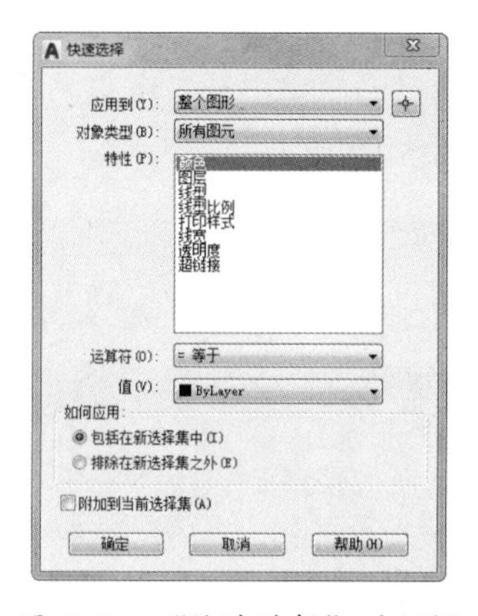

图 5-62　“快速选择”对话框

step 02 在“应用到”下拉列表中选择“整个图形”选项，在“特性”列表中选择“图层”选项，在“值”下拉列表中选择“标注”选项，如图 5-63 所示。

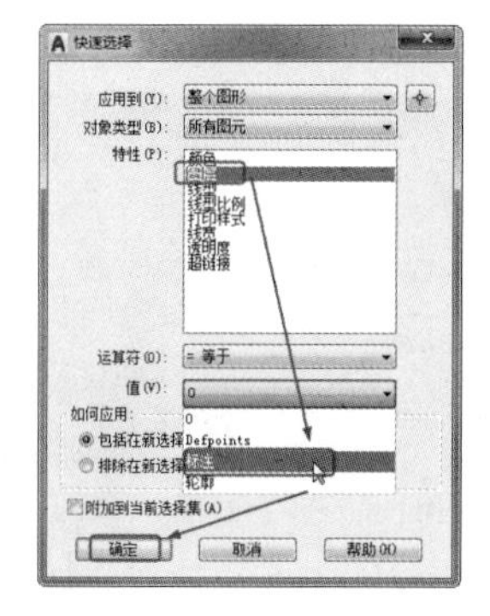

图 5-63　“快速选择”对话框

step 03 单击“确定”按钮，即可选择所有“标注”图层中的图形对象，如图 5-64 所示。

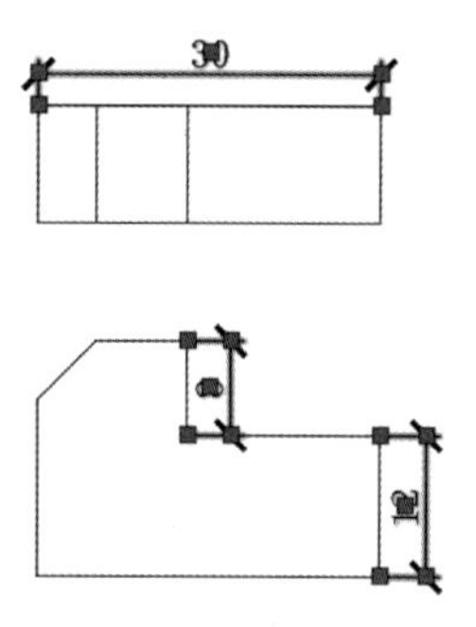

图 5-64　选择“标注”图层中的图形对象

技巧点拨：

如果想从选择集中排除对象，可以在“快速选择”对话框中设置“运算符”为“大于”，然后设置“值”，再选择“排除在新选择集之外”选项，即可将大于值的对象排除在外。

5.3.3　过滤选择

与“快速选择”相比，“对象选择管理器”可以提供更复杂的过滤选项，并可以命名和保存过滤器。执行该命令的方式为：

- 在命令行输入 filter 按 Enter 键。
- 使用命令简写 FI 按 Enter 键。

执行该命令后，打开“对象选择过滤器”对话框，如图 5-65 所示。

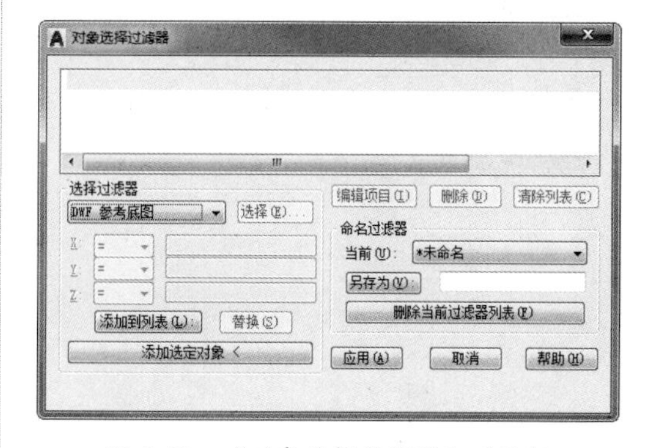

图 5-65　“对象选择过滤器”对话框

该对话框中各项的具体说明如下：

- “对象选择过滤器”列表：该列表中显示了组成当前过滤器的全部过滤器特性。用户可以单击“编辑项目”按钮编辑选定的项目；单击“删除”按钮删除选定的项目；或单击“清除列表”按钮清除整个列表。
- “选择过滤器”：该栏的作用类似于快速选择命令，可以根据对象的特性向当前列表中添加过滤器。在该栏的下拉列表中包含了可用于构造过滤器的全部对象以及分组运算符。用户可以根据对象的不同而指定相应的参数值，并通过关系运算符来控制对象属性与取值之间的关系。
- “已命名的过滤器）”：该栏用于显示、保存和删除过滤器列表。

技巧点拨：

filter 命令可透明地使用。AutoCAD 从默认的 filter.nfl 件中加载已命名的过滤器。AutoCAD 在 filter.nfl 文件中保存过滤器列表。

动手操练——过滤选择图形元素

在 AutoCAD 2018 中，如果需要在复杂的图形中选择某个指定对象，可以采用过滤选择集进行选择。具体操作步骤如下：

step 01 启动 AutoCAD 2018，打开“动手操练\源文件\Ch05\电源插头.dwg”文件，如图 5-66 所示。在命令行中输入 FILTER 命令并按 Enter 键确认。

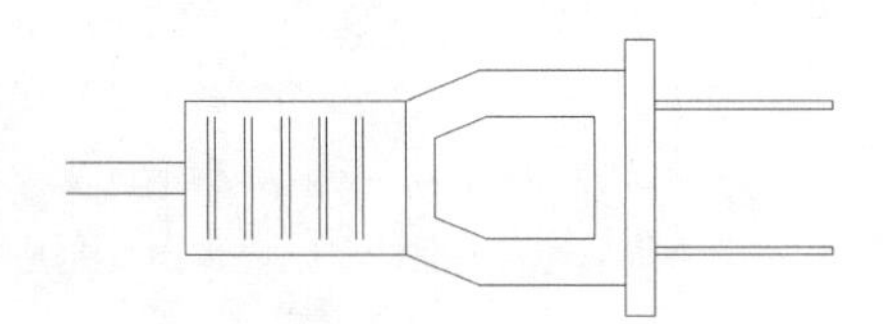

图 5-66　打开素材文件

step 02 弹出“对象选择过滤器”对话框，如图 5-67 所示。

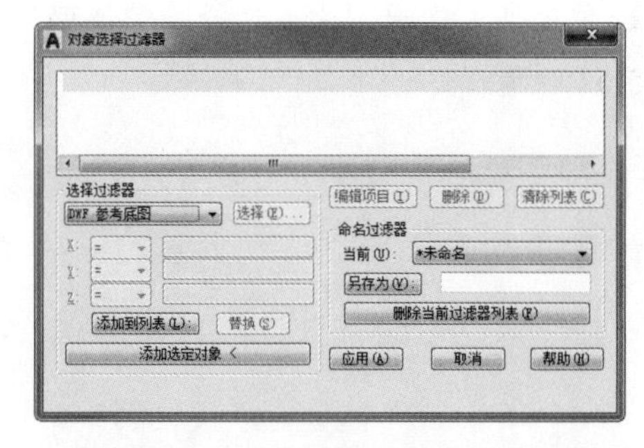

图 5-67　“对象选择过滤器”对话框

step 03 在“选择过滤器”选项组中的下拉列表中选择“** 开始 OR”选项，并单击“添加到列表”按钮，将其添加到过滤器的选项组中，此时，过滤器选项组中将显示“** 开始 OR”选项，如图 5-68 所示。

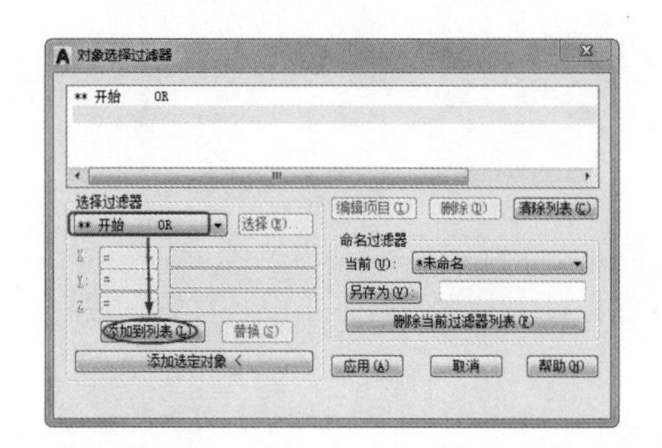

图 5-68　显示“** 开始 OR”选项

step 04 在“选择过滤器”选项组中的下拉列表中选择“圆”选项，并单击“添加到列表”按钮，结果如图 5-69 所示，使用同样的方法，将“直线”添加至过滤器选项组中。

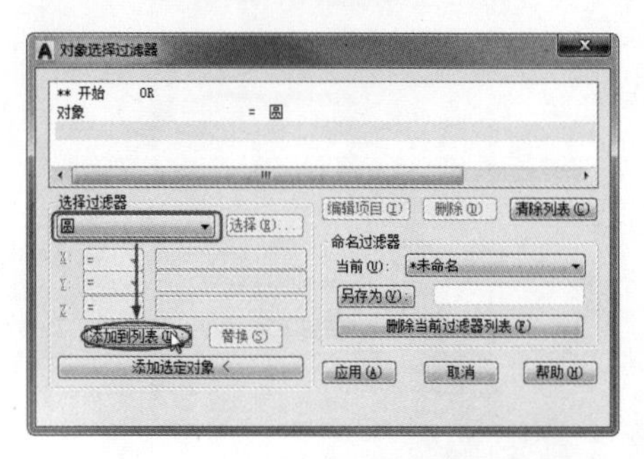

图 5-69　单击“添加到列表”按钮

step 05 在“选择过滤器”选项组中的下拉列表中选择“** 结束 OR”选项，并单击“添加到列表”按钮，此时对话框显示如图 5-70 所示。

step 06 单击“应用”按钮，在绘图区域中用窗口方式选择整个图形对象，此时满足条件的对象将被选中，效果如图 5-71 所示。

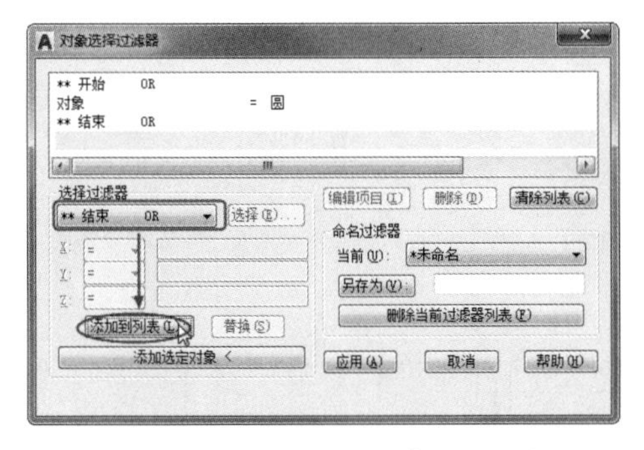

图 5-70　选择“**　结束 OR”选项

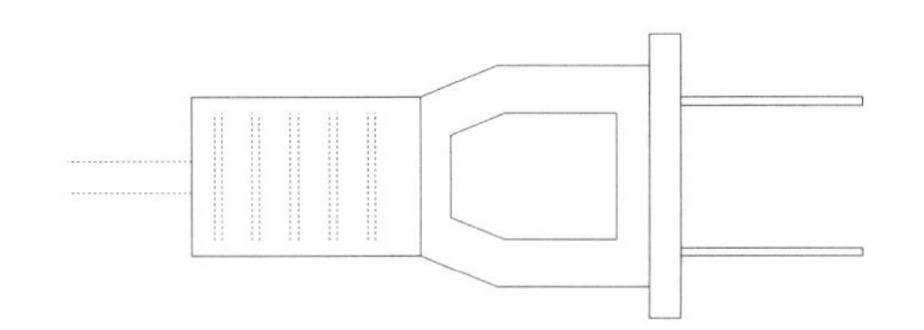

图 5-71　过滤选择后的效果

5.4　综合案例

下面用几个典型高效作图案例，熟练操作高效作图工具和作图技巧。

5.4.1　案例一：利用栅格绘制茶几

本节将利用栅格捕捉功能绘制如图 5-72 所示的茶几平面图。

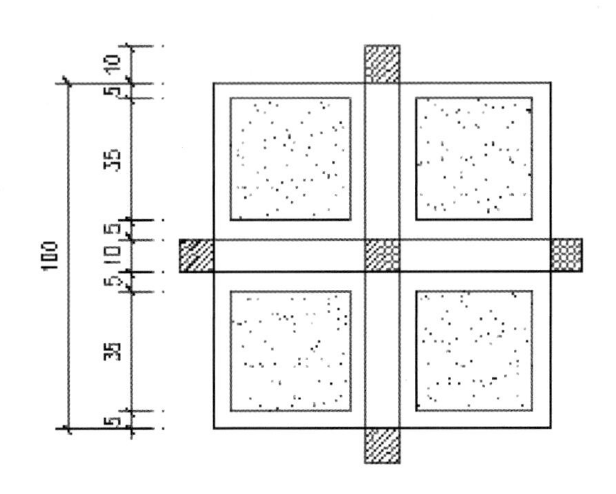

图 5-72　茶几平面图

step 01 新建文件。

step 02 在菜单栏中选择“工具”|“绘图设置”命令，随后在打开的“草图设置”对话框中，进入“捕捉和栅格”选项卡，如图 5-73 所示。最后单击“确定”按钮，关闭“草图设置”对话框。

step 03 单击“矩形”按钮，绘制矩形框。

```
命令：_rectang
指定第一个角点或 [倒角(C)/标高(E)/圆角(F)/厚度(T)/宽度(W)]:
//捕捉一个栅格，确定矩形的第一个角点
指定另一个角点或 [面积(A)/尺寸(D)/旋转(R)]: @100,100
//输入另一角点的相对坐标
```

step 04 重复选择“矩形”命令，绘制内部的矩形，结果如图 5-74 所示。

```
命令：_rectang
指定第一个角点或 [倒角(C)/标高(E)/圆角(F)/厚度(T)/宽度(W)]:
//移动光标到A点右0.5、下0.5的位置并单击，确定角点B
指定另一个角点或 [面积(A)/尺寸(D)/旋转(R)]:
//移动光标到B点右3.5、下3.5的位置单击，确定角点C
```

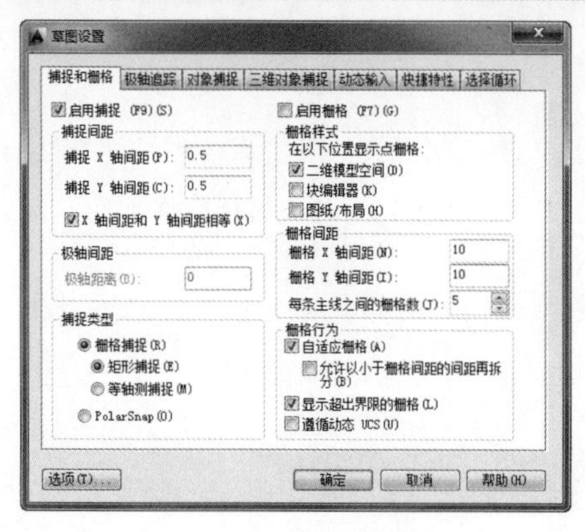

图 5-73 “草图设置”对话框

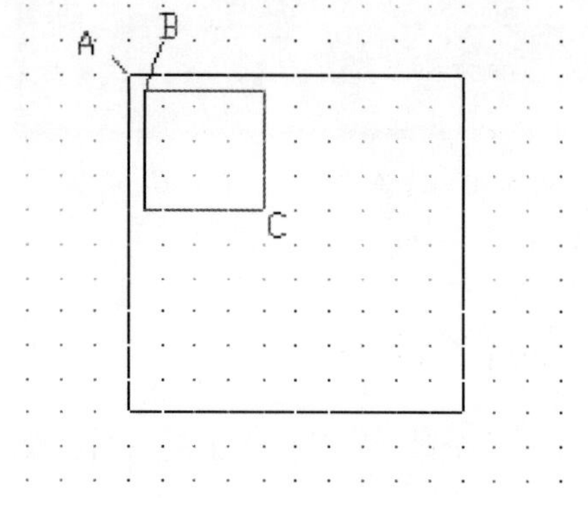

图 5-74 矩形的位置

step 05 按此方法绘制其他几个矩形，如图 5-75 所示。

step 06 利用“图案填充”命令，选择 ANSI31 图案进行填充，结果如图 5-76 所示。

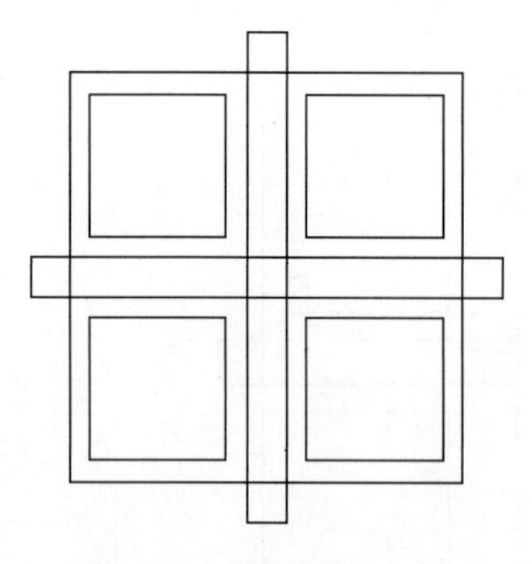

图 5-75 其他几个矩形

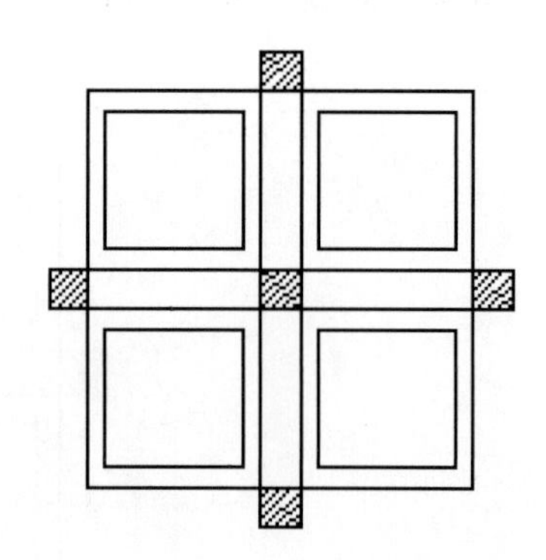

图 5-76 填充结果

5.4.2 案例二：利用对象捕捉绘制大理石拼花

端点捕捉可以捕捉图元最近的端点或角点；中点捕捉是捕捉图元的中点，如图 5-77 所示。本节将利用端点捕捉和中点捕捉功能，绘制如图 5-78 所示的理石拼花图案。

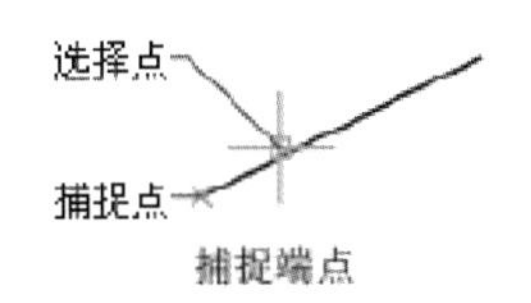

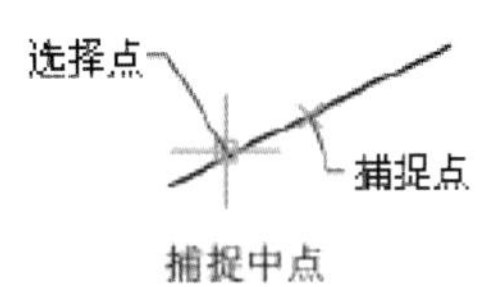

图 5-77　端点捕捉与中点捕捉示意图

图 5-78　大理石拼花图案

step 01 新建文件。

step 02 在屏幕下方的状态栏上单击“对象捕捉”按钮将其激活，并在此按钮上单击右键，在弹出的快捷菜单中选择“设置”选项，在弹出的“草图设置”对话框的“对象捕捉”选项卡中选中“端点”和“中点”复选框，如图 5-79 所示。

step 03 单击“确定”按钮，关闭“草图设置”对话框。

step 04 单击“绘图”面板中的“矩形”按钮，绘制矩形。

```
命令： _rectang
指定第一个角点或 [倒角 (C)/ 标高 (E)/ 圆角 (F)/ 厚度 (T)/ 宽度 (W)]:
                        // 在屏幕适当位置单击，确定矩形的第一个角点
指定另一个角点或 [面积 (A)/ 尺寸 (D)/ 旋转 (R)]: @16,113
                        // 输入另一个角点的相对坐标
```

step 05 单击“直线”按钮，绘制线段 *AB*，结果如图 5-80 所示。

```
命令： _line 指定第一点：                    // 捕捉 A 点作为线段的第一点
指定下一点或 [放弃 (U)]: @113,0              // 输入端点 B 的相对坐标
```

step 06 单击“矩形”按钮，捕捉 *B* 点，绘制与上一个矩形相同尺寸的矩形 *C*，如图 5-81 所示。

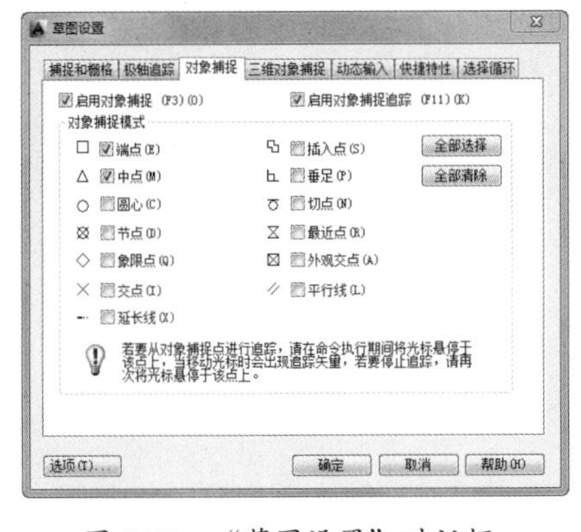

图 5-79　“草图设置”对话框

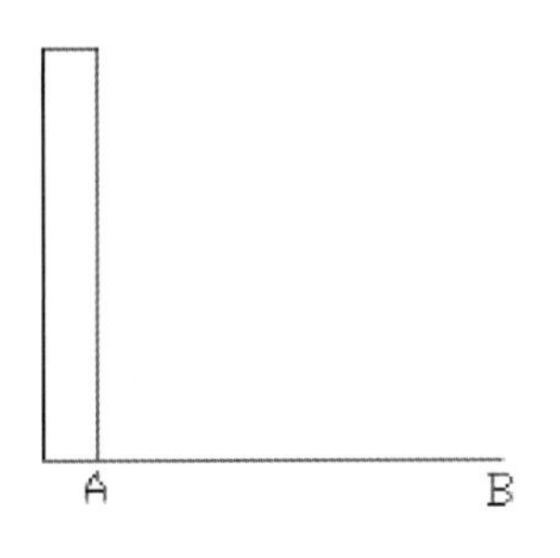

图 5-80　绘制线段 *AB*

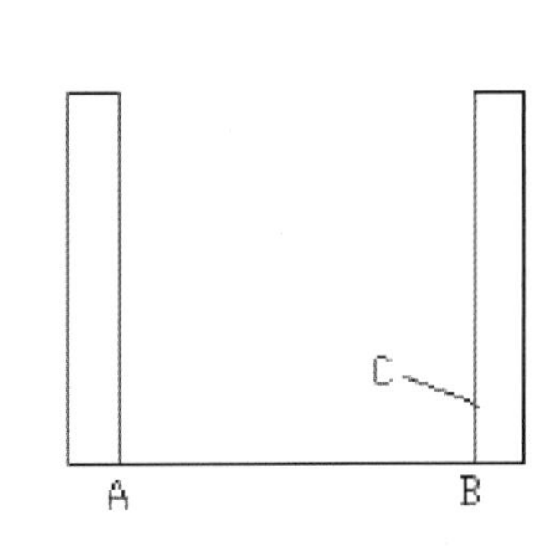

图 5-81　绘制矩形

step 07 单击“直线”按钮，捕捉端点 *D* 和 *E*，绘制线段，如图 5-82 所示。

step 08 捕捉中点 *F*、*G*、*H*、*I*，绘制线框，如图 5-83 所示。

step 09 单击“圆弧”按钮，绘制圆弧，结果如图 5-84 所示。

```
命令： _arc 指定圆弧的起点或 [圆心 (C)]:          // 捕捉中点 G，作为起点
指定圆弧的第二个点或 [圆心 (C)/ 端点 (E)]: c      // 选择“圆心 (C)”选项
```

```
指定圆弧的圆心：                                    // 捕捉端点 D
指定圆弧的端点或 [ 角度 (A) / 弦长 (L)]：            // 捕捉中点 F
```

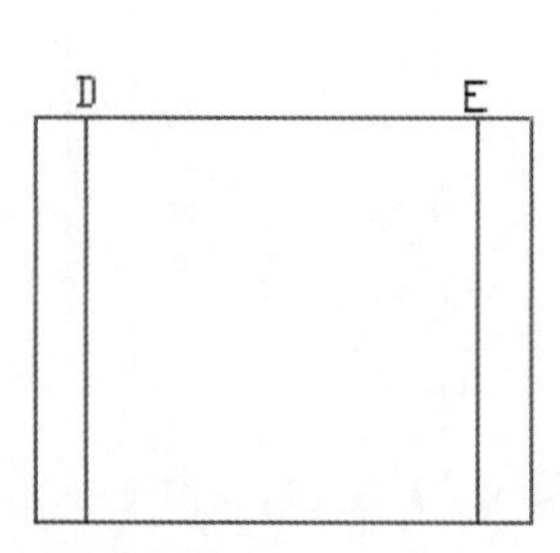

图 5-82　绘制线段

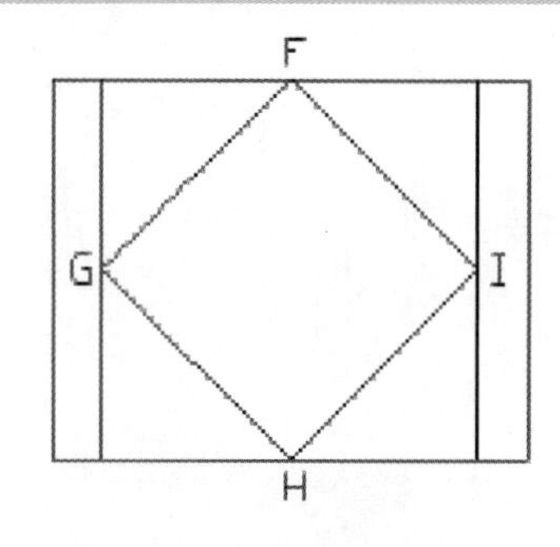

图 5-83　捕捉中点画线框

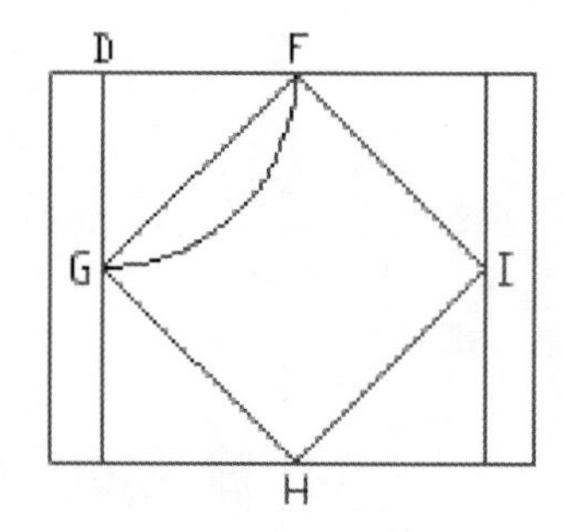

图 5-84　绘制圆弧

技巧点拨：

直线和矩形的画法相对简单，圆弧的画法归纳起来有以下两种。

（1）直接利用“画弧”命令绘制。

（2）利用“圆角”命令绘制相切圆弧。

step 10 按此方法绘制其他圆弧，如图 5-85 所示。

step 11 利用“图案填充”命令，选择 AR-SAND 图案进行填充，结果如图 5-86 所示。

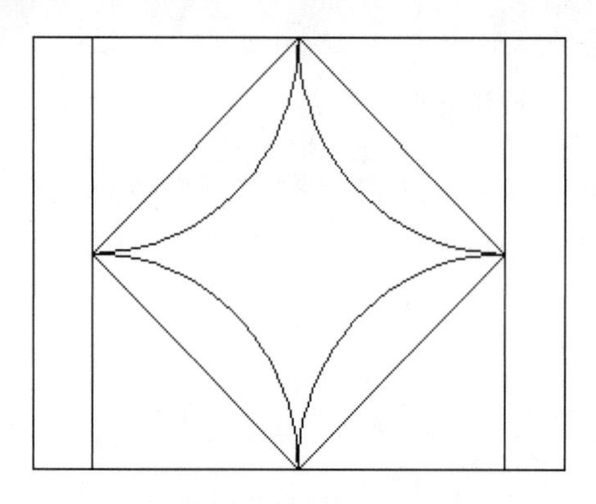

图 5-85　绘制其他圆弧

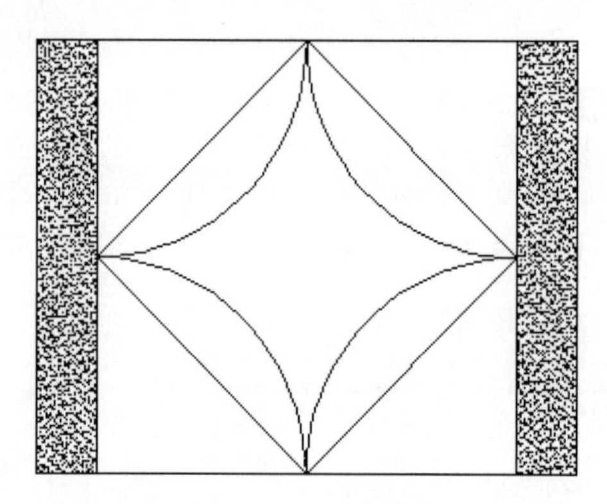

图 5-86　图案填充

5.4.3　案例三：利用 from 命令捕捉绘制三桩承台

当绘制图形需要确定一点时，输入 from 可以获取一个基点，然后输入要定位的点与基点之间的相对坐标，以此获得定位点的位置。

本节将利用 from 捕捉功能绘制如图 5-87 所示的三桩承台大样平面图。

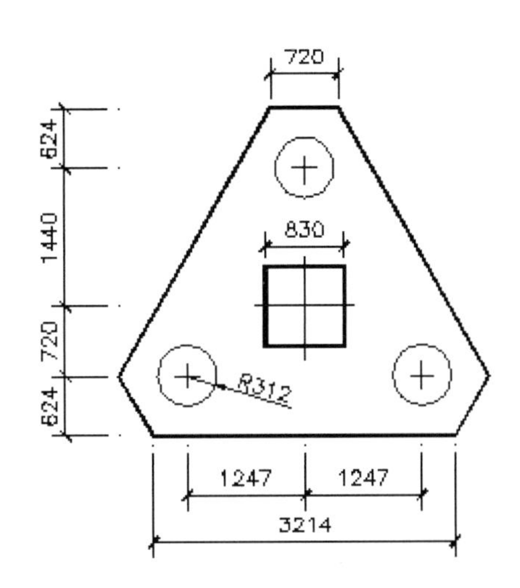

图 5-87　三桩承台大样平面图

step 01 设置捕捉方式为端点和交点捕捉。

step 02 单击“正交”按钮，再单击“直线”按钮，绘制垂直定位线。

step 03 单击“矩形”按钮，绘制线框，结果如图 5-88 所示。

```
命令： _rectang
指定第一个角点或 [倒角(C)/标高(E)/圆角(F)/厚度(T)/宽度(W)]: from
                                        //输入 from
基点：                                   //捕捉交点 A
<偏移>: @-415,415                        //输入偏移坐标，确定矩形的第一个角点
指定另一个角点或 [面积(A)/尺寸(D)/旋转(R)]: @830,-830
                                        //输入另一角点的偏移坐标
```

step 04 单击“直线”按钮，利用 from 捕捉来绘制两条水平的直线（基点仍然是 *A* 点，相对坐标参考图 5-87 中的尺寸）。再利用角度覆盖方式（输入方式为“<角度”）绘制斜度直线线段，如图 5-89 所示。

step 05 单击“修剪”按钮，修剪图形，结果如图 5-90 所示。

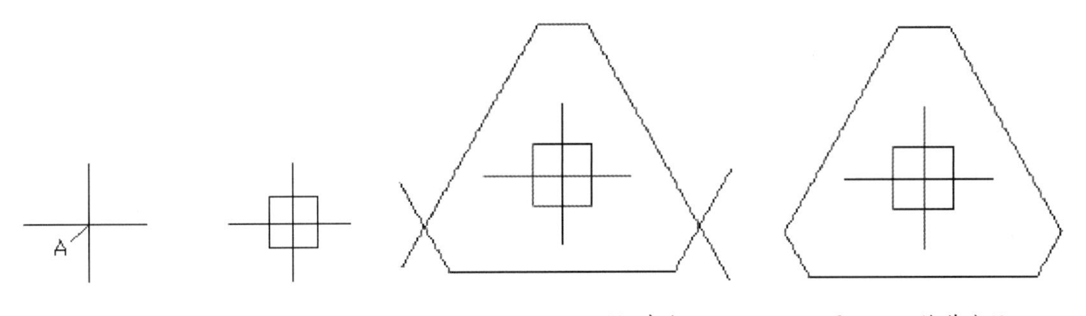

图 5-88　from 捕捉点绘制矩形线框　　图 5-89　绘制轮廓线　　图 5-90　修剪线段

step 06 单击“圆”按钮，利用 from 捕捉（基点仍然是 *A* 点，相对坐标参考图 5-87 中的尺寸），以 *B* 点为基点画圆 *C*，如图 5-91 所示。

step 07 单击“阵列”按钮，将圆形 *C* 以定位线交点为圆心进行环形阵列，如图 5-92 所示。

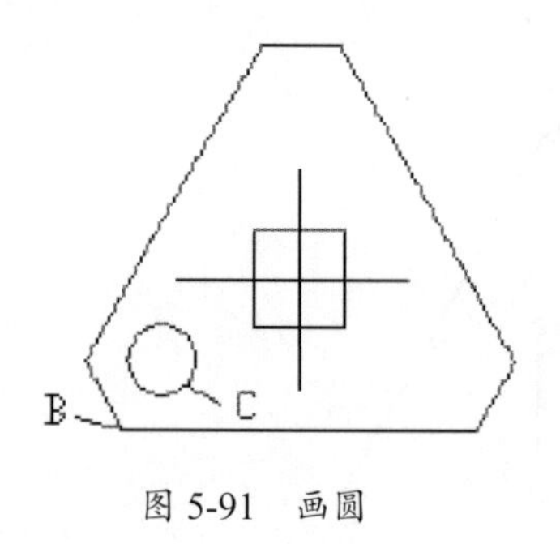

图 5-91　画圆

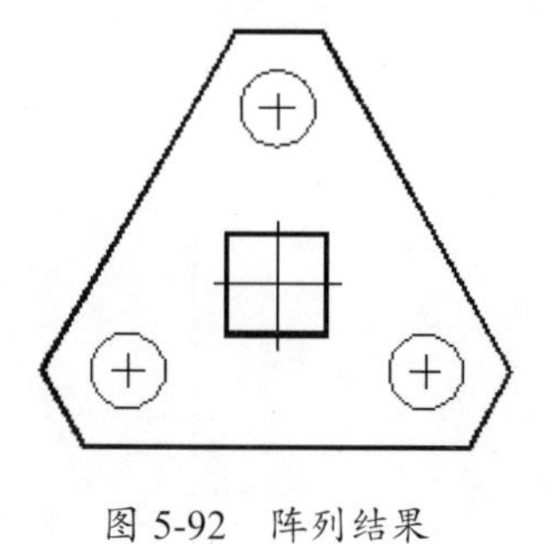

图 5-92　阵列结果

5.5　课后练习

1．绘制标高符号

本例通过绘制如图 5-93 所示的标高符号，学习“极轴追踪”和“对象追踪”功能的使用方法和追踪技巧。

2．绘制轮廓

本例通过绘制如图 5-94 所示的门轮廓图，主要学习“端点捕捉”“中点捕捉”“垂直捕捉”以及“两点之间的中点”等点的精确捕捉功能。

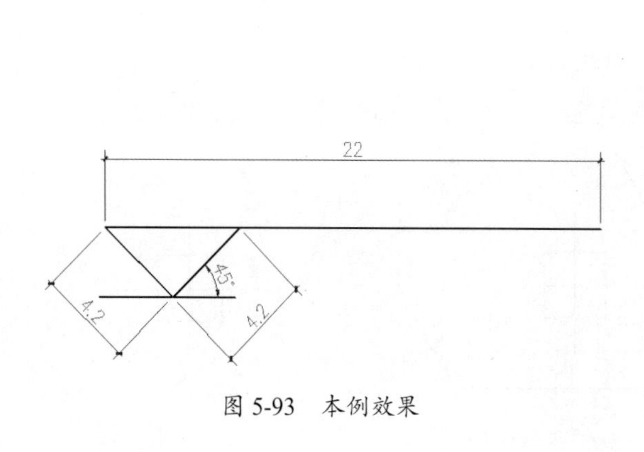

图 5-93　本例效果

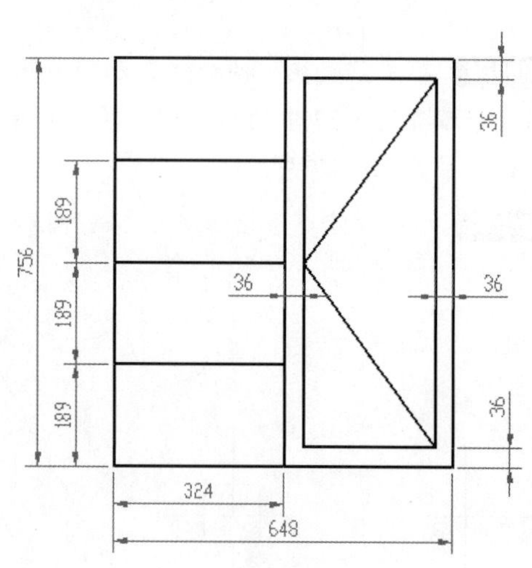

图 5-94　轮廓图

第 6 章

建筑设计常用绘图命令一

本章内容

本章介绍用 AutoCAD 2018 绘制二维平面图形的方法，本章系统地分类介绍各种点、线的绘制和编辑。例如点样式的设置、点的绘制和等分点的绘制，绘制直线、射线、构造线的方法，矩形与正多边形的绘制，圆、圆弧、椭圆和椭圆弧的绘制、多线的绘制和编辑，修改多线的样式、多线段的绘制与编辑、样条曲线的绘制等。

知识要点

☑ 点对象
☑ 直线、射线和构造线
☑ 矩形和正多边形
☑ 圆、圆弧、椭圆和椭圆弧

6.1 绘制点对象

6.1.1 设置点样式

AutoCAD 2018 为用户提供了多种点的样式，可以根据需要进行设置当前点的显示样式。执行“格式”|“点样式”命令，或在命令行输入 Ddptype 并按 Enter 键，打开“点样式”对话框，如图 6-1 所示。

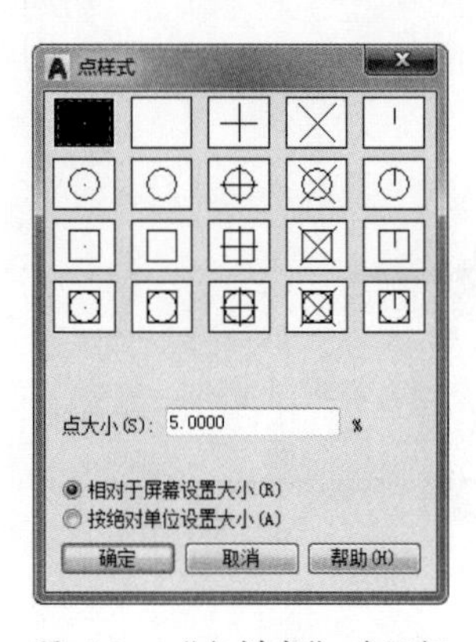

图 6-1 “点样式”对话框

“点样式”对话框中的各选项解释如下：

- “点大小”：在该文本框内，可以输入点的尺寸。
- “相对于屏幕设置尺寸”：此选项表示按照屏幕尺寸的百分比显示点。
- “用绝对单位设置尺寸”：此选项表示按照点的实际尺寸显示点。

在该对话框中罗列了 20 种点样式，只需在所需样式上单击，即可将此样式设置为当前样式。在此设置⊠为当前点样式。

动手操练——设置点样式

step 01 执行“格式”|“点样式”命令，或在命令行输入 Ddptype 并按 Enter 键，打开如图 6-1 所示的对话框。

step 02 从该对话框中可以看出，AutoCAD 共为用户提供了 20 种点样式，在所需样式上单击，即可将此样式设置为当前样式。在此设置⊠为当前点样式。

step 03 在“点大小”文本框内输入点的尺寸。其中，“相对于屏幕设置尺寸”选项表示按照屏幕尺寸的百分比进行显示点；“用绝对单位设置尺寸”选项表示按照点的实际尺寸来显示点。

step 04 单击“确定”按钮，绘图区的点被更新，如图 6-2 所示。

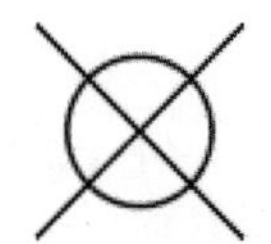

图 6-2 操作结果

技巧点拨：

默认设置下，点图形是以一个小点显示的。

6.1.2 绘制单点和多点

1. 绘制单点

“单点”命令一次可以绘制一个点对象。当绘制完单个点后，系统自动结束此命令，所绘制的点以小点的方式显示，如图 6-3 所示。

选择“单点”命令主要有以下几种方式：

- 执行“绘图”|“点”|“单点”命令。
- 在命令行输入 Point 按 Enter 键。
- 使用命令简写 PO 按 Enter 键。

图 6-3　单点示例

2. 绘制多点

“多点”命令可以连续绘制多个点对象，至到按 Esc 键结束命令为止，如图 6-4 所示。

选择“多点”命令主要有以下几种方式：

- 选择“绘图”|“点”|“多点”命令。
- 单击“绘图”面板中的 按钮。

选择“多点”命令后 AutoCAD 系统提示如下：

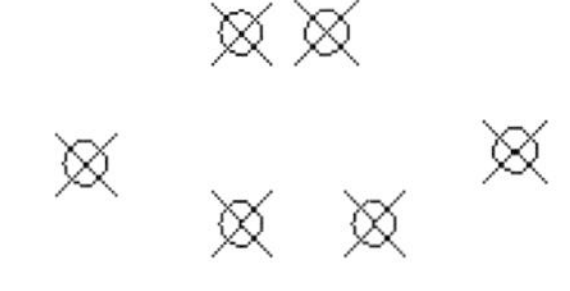

图 6-4　绘制多点

```
    命令：Point
                          当前点模式：  PDMODE=0   PDSIZE=0.0000  (Current point modes: PDMODE=0  PDSIZE=0.0000)
    指定点：                                  //在绘图区给定点的位置
    指定点：                                  //在绘图区给定点的位置
    指定点：                                  //在绘图区给定点的位置
    …
    指定点：                                  //继续绘制点或按 Esc 键结束命令
```

6.1.3　绘制定数等分点

“定数等分”命令用于按照指定的等分数目进行等分对象，对象被等分的结果仅是在等分点处放置了点的标记符号（或者是内部图块），而源对象并没有被等分为多个对象。

选择“定数等分”命令主要有以下几种方式：

- 选择“绘图”|“点”|“定数等分”命令。
- 在命令行中输入 Divide 按 Enter 键。
- 使用命令简写 DVI 按 Enter 键。

动手操练——利用“定数等分”等分直线

绘制定数等分线段。

下面通过将某水平直线段等分 5 份，学习“定数等分”命令的使用方法和操作技巧，具体操作如下：

step 01 首先绘制一条长度为 200 的水平线段，如图 6-5 所示。

step 02 选择“格式”|“点样式”命令，打开“点样式”对话框，将当前点样式设置为⊕。

step 03 选择“绘图”|“点”|“定数等分”命令，根据 AutoCAD 命令行提示进行定数等分线段，命令行操作如下：

```
    命令：_divide
    选择要定数等分的对象：                          //选择需要等分的线段
    输入线段数目或 [块(B)]：↙
```

```
需要 2 和 32767 之间的整数，或选项关键字。
输入线段数目或 [ 块（B）]：5 ↙                    // 输入需要等分的份数
```

step 04 等分结果如图 6-6 所示。

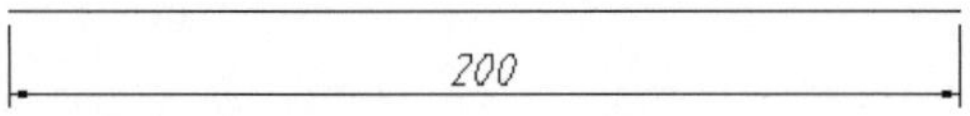

图 6-5　绘制线段

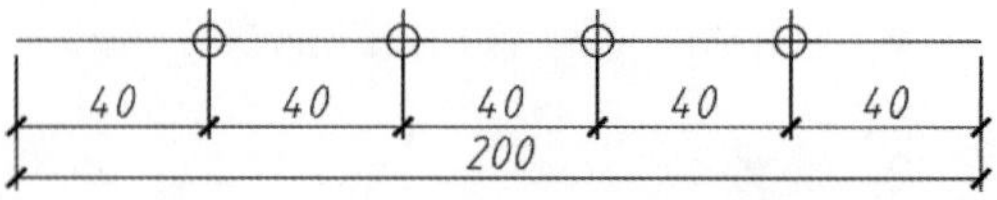

图 6-6　等分结果

技巧点拨：

“块（B）”选项用于在对象等分点处放置内部图块，以代替点标记。在执行此选项时，必须确保当前文件中存在所需使用的内部图块。

6.1.4　绘制定距等分点

“定距等分”命令是按照指定的等分距离进行等分对象。对象被等分的结果仅是在等分点处放置了点的标记符号（或者是内部图块），而源对象并没有被等分为多个对象。

选择“定距等分”命令主要有以下几种方式：

- 选择“绘图”|“点”|“定距等分”命令。
- 在命令行输入 Measure 按 Enter 键。
- 使用命令简写 ME 按 Enter 键。

动手操练——利用“定距等分”等分直线

绘制如图 6-7 所示的等距线段。

下面通过将某线段每隔 45 个单位的距离放置点标记，学习“定距等分”命令的使用方法和技巧，操作步骤如下：

step 01 首先绘制长度为 200 的水平线段。

step 02 选择“格式”|“点样式”命令，打开“点样式”对话框，设置点的显示样式为⊕。

step 03 选择“绘图”|“点”|“定距等分”命令，对线段进行定距等分。命令行操作如下：

```
命令：_measure
选择要定距等分的对象：                    // 选择需要等分的线段
指定线段长度或 [ 块（B）]：↙
需要数值距离、两点或选项关键字。
指定线段长度或 [ 块（B）]：45             // 设置等分长度
```

step 04 定距等分的结果，如图 6-7 所示。

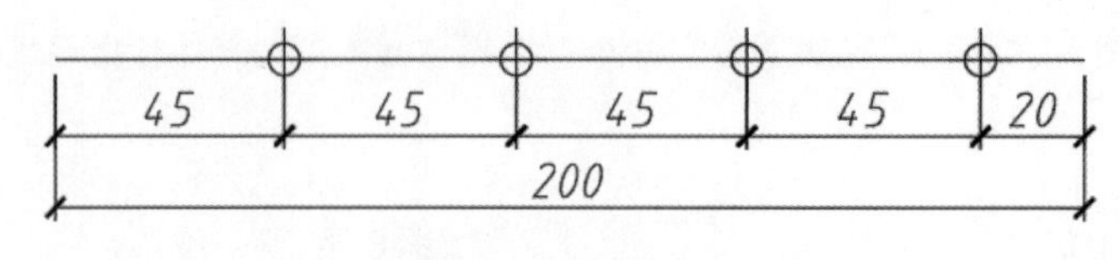

图 6-7　等分结果

6.2　直线、射线和构造线

6.2.1　绘制直线

“直线”是各种绘图中最常用、最简单的一类图形对象，只要指定了起点和终点即可绘制一条直线。

选择“直线”命令主要有以下几种方式：

- 选择“绘图”|“直线”命令。
- 单击“绘图”面板中的按钮。
- 在命令行输入 Line 按 Enter 键。
- 使用命令简写 L 按 Enter 键。

动手操练——利用“直线”命令绘制图形

绘制如图 6-8 所示的图形。

step 01 单击“绘图”面板中的“直线”按钮，然后按以下命令行提示进行操作。

```
指定第一点:      (输入 100,0，确定 A 点)
指定下一点或 [ 放弃 (U) ]: (输入“@0,-40”，按 Enter 键后确定 B 点)
指定下一点或 [ 放弃 (U) ]: (输入“@-90,0”，按 Enter 键后确定 C 点)
指定下一点或 [ 闭合 (C) / 放弃 (U) ]: (输入“@0,20”，按 Enter 键后确定 D 点)
指定下一点或 [ 闭合 (C) / 放弃 (U) ]: (输入“@50,0”，按 Enter 键后确定 E 点)
指定下一点或 [ 闭合 (C) / 放弃 (U) ]: (输入“@0,40”，按 Enter 键后确定 F 点)
指定下一点或 [ 闭合 (C) / 放弃 (U) ]: (输入“C”，按 Enter 键后自动闭合并结束命令)
```

step 02 绘制结果如图 6-8 所示。

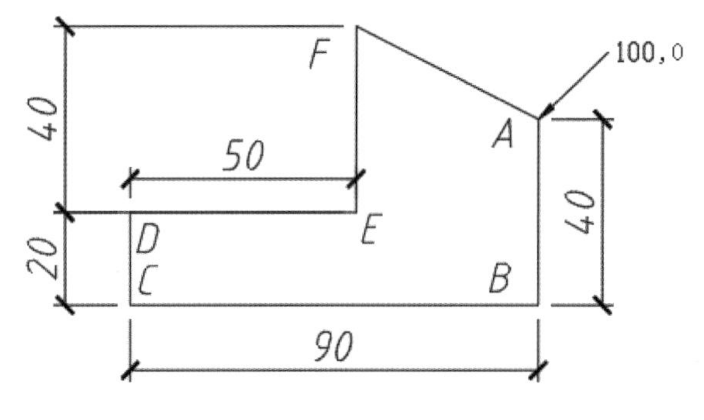

图 6-8　利用直线命令绘制图形

> **技巧点拨：**
>
> 在 AutoCAD 中，可以用二维坐标（*x,y*）或三维坐标（*x,y,z*）来指定端点，也可以混合使用二维坐标和三维坐标。如果输入二维坐标，AutoCAD 将会用当前的高度作为 *Z* 轴坐标值，默认值为 0。

6.2.2 绘制射线

“射线”为一端固定，另一端无限延伸的直线。

选择“射线”命令主要有以下几种方式：

- 选择“绘图”|“射线”命令。
- 在命令行输入 Ray 按 Enter 键。

动手操练——绘制射线

绘制如图 6-9 所示的射线。

step 01 单击“绘图”面板中的“直线”按钮。

step 02 根据命令行提示操作如下：

```
命令：RAY
指定起点：0,0            确定A点
指定通过点：@30,0
```

step 03 绘制结果如图 6-9 所示。

技巧点拨：

在 AutoCAD 中，射线主要用于绘制辅助线。

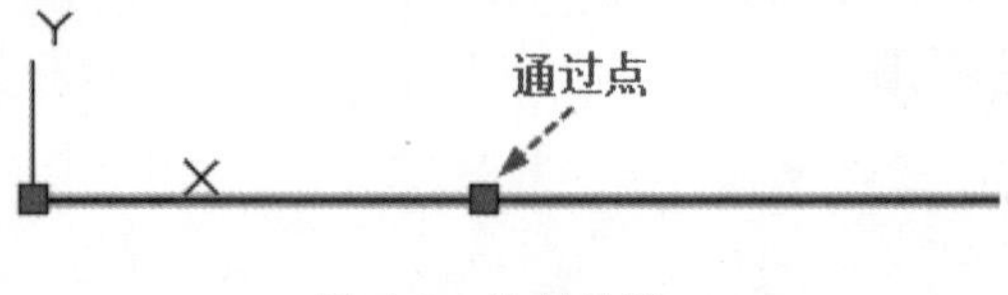

图 6-9 绘制结果

6.2.3 绘制构造线

“构造线”为两端可以无限延伸的直线，没有起点和终点，可以放置在三维空间的任意位置，主要用于绘制辅助线。

选择“构造线”命令主要有以下几种方式：

- 选择“绘图”|“构造线”命令。
- 单击“绘图”面板中的按钮。
- 在命令行输入 Xline 按 Enter 键。
- 使用命令简写 XL 按 Enter 键。

动手操练——绘制构造线

绘制如图 6-10 所示的构造线。

step 01 选择“绘图”|“构造线”命令。

step 02 根据命令行提示操作如下：

```
命令 :XL
XLINE
指定点或 [ 水平（H）/ 垂直（V）/ 角度（A）/ 二等分（B）/ 偏移（O）]:0,0
指定通过点：@30,0
指定通过点：@30,20
```

step 03 绘制结果如图 6-10 所示。

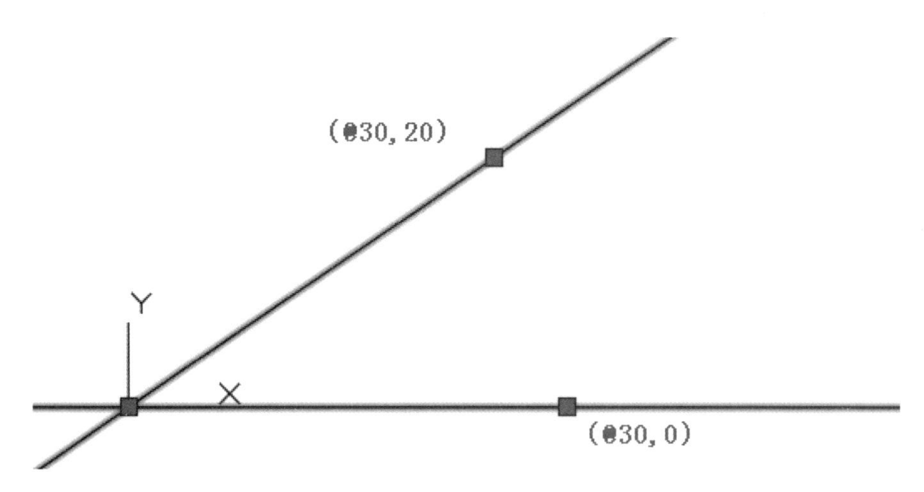

图 6-10　绘制结果

6.3　矩形和正多边形

6.3.1　绘制矩形

“矩形”是由四条直线元素组合而成的闭合对象，AutoCAD 将其看作是一条闭合的多段线。选择“矩形”命令主要有以下几种方式：

- 选择“绘图” | “矩形”命令。
- 单击“绘图”面板上“矩形”按钮。
- 在命令行输入 Rectang 按 Enter 键。
- 使用命令简写 REC 按 Enter 键。

动手操练——绘制矩形

默认设置下，绘制矩形的方式为“对角点”方式，下面通过绘制长度为 200、宽度为 100 的矩形，学习使用此种方式，绘图操作步骤如下：

step 01 单击“绘图”面板中的“矩形”按钮，激活“矩形”命令。

step 02 根据命令行的提示，使用默认对角点方式绘制矩形，操作如下：

```
命令： _rectang
指定第一个角点或 [ 倒角 (C) | 标高 (E) | 圆角 (F) | 厚度 (T) | 宽度 (W)]： // 定位一个角点
指定另一个角点或 [ 面积 (A) | 尺寸 (D) | 旋转 (R)]： @200,100          // 输入长、宽参数
```

step 03 绘制结果如图 6-11 所示。

技巧点拨：

由于矩形被看作是一条多线段，当用户编辑某一条边时，需要事先使用“分解”命令将其分解。

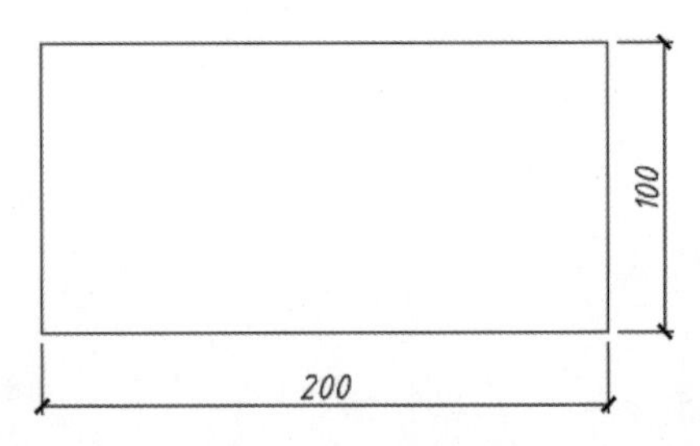

图 6-11　绘制的矩形

6.3.2　绘制正多边形

在 AutoCAD 中，可以使用“多边形”命令绘制边数为 3~1024 的正多边形。

选择“多边形”命令主要有以下几种方式：

- 选择“绘图”|“多边形”命令。
- 在“绘图”面板中单击“多边形”按钮，
- 在命令行输入 Polygon 按 Enter 键；
- 使用命令简写 POL 按 Enter 键。

绘制正多边形的方式有两种，分别是根据边长绘制和根据半径绘制。

1．根据边长绘制正多边形

绘制工程图时，经常会根据一条边的两个端点绘制多边形，这样不仅确定了正多边形的边长，也指定了正多边形的位置。

动手操练——根据边长绘制正多边形

绘制如图 6-12 所示的正多边形，其操作步骤如下：

step 01 选择“绘图”|“多边形”命令，激活“多边形”命令。

step 02 根据命令行的提示，操作如下：

```
命令： _polygon 输入侧面数 <8>: ↙                    // 指定正多边形的边数
指定正多边形的中心点或 [ 边 (E)]: e ↙               // 通过一条边的两个端点绘制
指定边的第一个端点 : 指定边的第二个端点 : 100 ↙      // 指定边长
```

step 03 绘制结果如图 6-12 所示。

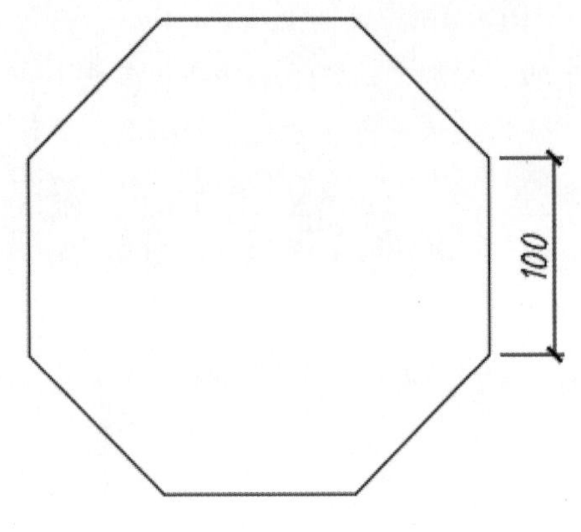

图 6-12　绘制结果

2. 根据半径绘制正多边形

动手操练——根据半径绘制正多边形

step 01 选择“绘图”|“多边形”命令，激活“多边形”命令。

step 02 根据命令行的提示，操作如下：

```
命令： _polygon 输入侧面数 <5>: ↙                  // 指定边数
指定正多边形的中心点或 [ 边 (E)]:                   // 在视图中单击，指定中心点
输入选项 [ 内接于圆 (I) | 外切于圆 (C)] <C>: I ↙   // 激活“内接于圆”选项
指定圆的半径： 100 ↙                               // 设定半径参数
```

step 03 绘制结果如图 6-13 所示。

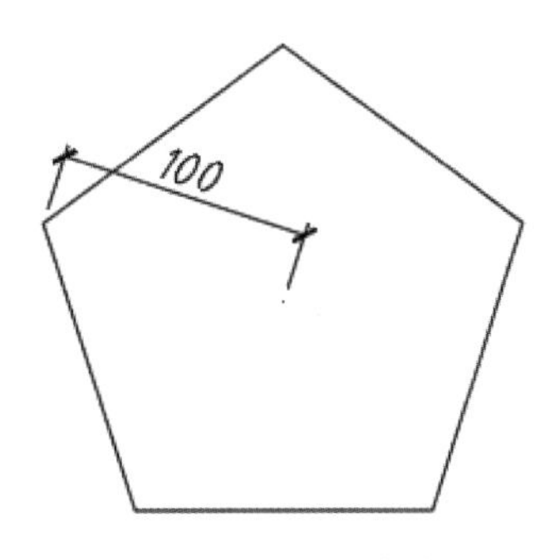

图 6-13　绘制结果

技巧点拨：

也可以不输入半径尺寸，在视图中移动光标并单击，创建正多边形。

内接于圆和外切于圆

选择“内接于圆”和“外切于圆”选项时，命令行提示输入的数值是不同的。

“内接于圆”：命令行要求输入正多边形外圆的半径，也就是正多边形中心点至端点的距离，创建的正多边形的所有顶点都在此圆周上。

“外切于圆”：命令行要求输入的是正多边形中心点至各边线中点的距离。

同样输入数值 5，创建的内接于圆正多边形小于外切于圆正多边形。

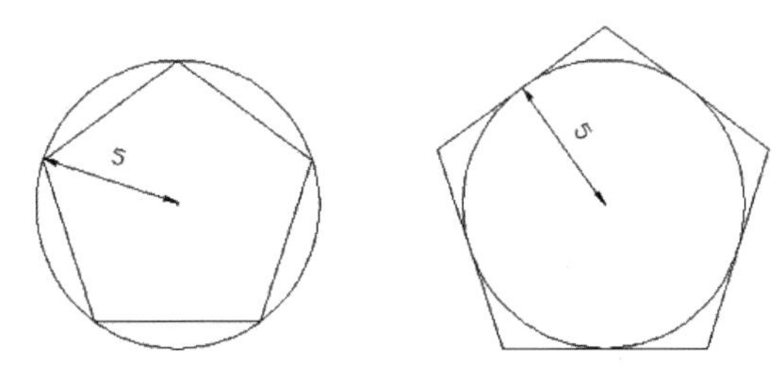

内接于圆与外切于圆正多边形的区别

6.4 圆、圆弧、椭圆和椭圆弧

在 AutoCAD 2018 中，曲线对象包括圆、圆弧、椭圆和椭圆弧、圆环等。曲线对象的绘制方法比较多，因此在绘制曲线对象时，按给定的条件来合理选择绘制方法，可以提高绘图效率。

6.4.1 绘制圆

要创建圆，可以指定圆心、半径、直径、圆周上的点和其他对象上点的不同组合。圆的绘制方法有很多种，常见的有“圆心，半径”“圆心，直径”“两点”“三点”“相切，相切，半径”和“相切，相切，相切”6 种，如图 6-14 所示。

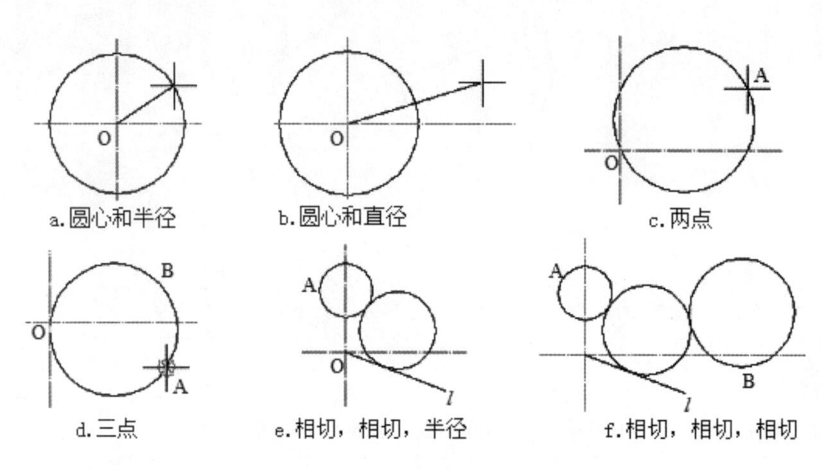

图 6-14　绘制圆的 6 种方式

“圆”是一种闭合的基本图形元素，AutoCAD 2018 共提供了 6 种画圆方式，如图 6-15 所示。

圆心、半径(R)
圆心、直径(D)
两点(2)
三点(3)
相切、相切、半径(T)
相切、相切、相切(A)

图 6-15　6 种画圆方式

选择“圆”命令主要有以下几种方式：

- 选择“绘图”|“圆”子菜单中的各种命令。
- 单击“绘图”面板中的“圆”按钮。
- 在命令行输入 Circle 按 Enter 键。

绘制圆主要有两种方式，分别是通过指定半径和直径画圆，以及通过两点或三点精确定位画圆。

1. 半径画圆和直径画圆

半径画圆和直径画圆是两种基本的画圆方式，默认方式为半径画圆。当用户定位出圆的圆心之后，只需输入圆的半径或直径，即可精确画圆。

动手操练——用半径或直径画圆

此种画圆方式的操作步骤如下：

step 01 单击“绘图”面板中的“圆”按钮，激活“圆”命令。

step 02 根据 AutoCAD 命令行的提示精确画圆，命令行操作如下：

```
命令： _circle
指定圆的圆心或 [三点(3P)|两点(2P)|切点、切点、半径(T)]:          //指定圆心位置
指定圆的半径或 [直径(D)] <100.0000>:                            //设置半径值为100
```

step 03 结果绘制了一个半径为 100 的圆，如图 6-16 所示。

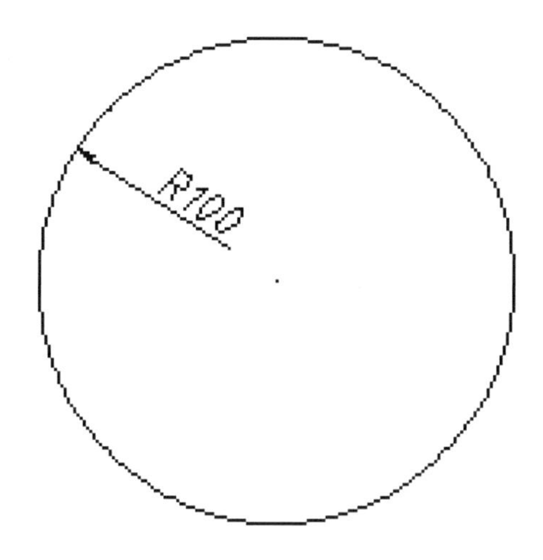

图 6-16　“半径画圆”示例

技巧点拨：

选中“直径”选项，即可按照直径方式画圆。

2．两点和三点画圆

“两点”画圆和“三点”画圆指的是定位两点或三点，即可精确画圆。所给定的两点被看作圆直径的两个端点；所给定的三点都位于圆周上。

动手操练——用两点和三点画圆

其操作步骤如下：

step 01 选择“绘图”|“圆”|“两点”命令，激活“两点”画圆命令。

step 02 根据 AutoCAD 命令行的提示进行两点画圆，命令行操作如下：

```
命令： _circle
指定圆的圆心或 [三点(3P)|两点(2P)|切点、切点、半径(T)]: _2p 指定圆直径的第一个端点：
指定圆直径的第二个端点:
```

step 03 绘制结果如图 6-17 所示。

技巧点拨：

另外，用户也可以通过输入两点的坐标值，或使用对象的捕捉追踪功能定位两点，以精确画圆。

step 04 重复“圆”命令，根据 AutoCAD 命令行的提示进行三点画圆。命令行操作如下。

```
命令： _circle
指定圆的圆心或 [ 三点 (3P) | 两点 (2P) | 切点、切点、半径 (T)]： 3p
指定圆上的第一个点 :                          // 拾取点 1
指定圆上的第二个点 :                          // 拾取点 2
指定圆上的第三个点 :                          // 拾取点 3
```

step 05 绘制结果如图 6-18 所示。

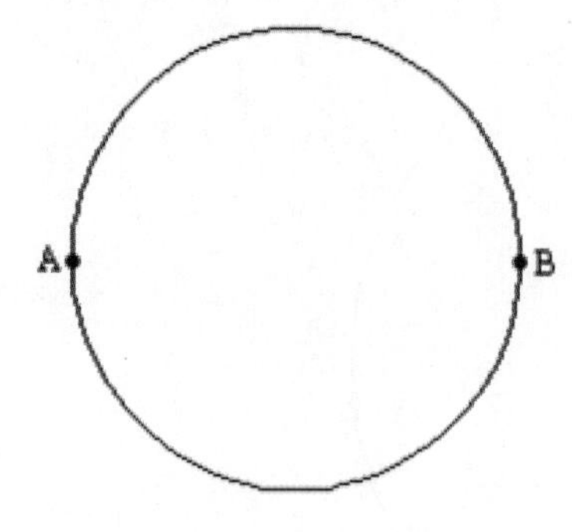

图 6-17 “两点画圆”示例

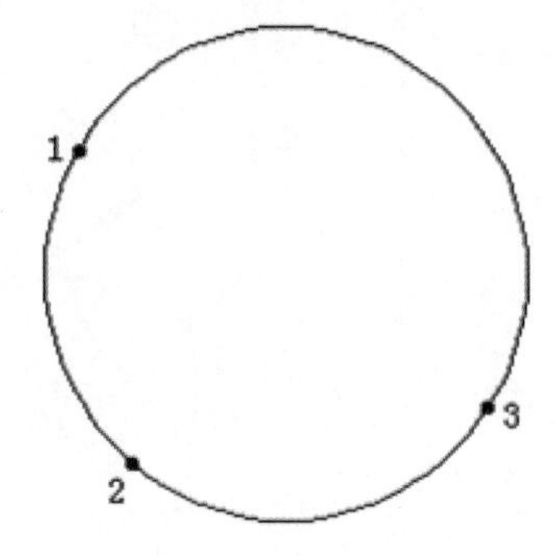

图 6-18 “三点画圆”示例

6.4.2 圆弧

在 AutoCAD 2018 中，创建圆弧的方式有很多种，包括“三点”“起点、圆心、端点”“起点、圆心、角度”“起点、圆心、长度”“起点、端点、角度”“起点、端点、方向”“起点、端点、半径”“圆心、起点、端点”“圆心、起点、角度”“圆心、起点、长度”“连续”等方式。除第一种方式外，其他方式都是从起点到端点逆时针绘制圆弧的。

1. 三点

“三点”方式是通过指定圆弧的起点、第二点和端点来绘制圆弧。用户可以通过以下方式执行此操作。

- 菜单栏：选择“绘图”|“圆弧”|“3 点”命令。
- 选项面板：在“默认”标签的“绘图”面板中单击“三点”按钮。
- 命令行：输入 ARC 并按 Enter 键。

绘制“三点”圆弧的命令行提示如下：

```
命令： _arc 指定圆弧的起点或 [ 圆心 (C)]：          // 指定圆弧起点或输入选项
指定圆弧的第二个点或 [ 圆心 (C) | 端点 (E)]：     // 指定圆弧上的第 2 点或输入选项
指定圆弧的端点：                                 // 指定圆弧上的第 3 点
```

在操作提示中有可供选择的选项来确定圆弧的起点、第二点和端点，选项含义如下：

- 圆心：通过指定圆心、圆弧起点和端点的方式来绘制圆弧。
- 端点：通过指定圆弧起点、端点、圆心（或角度、方向、半径）来绘制圆弧。

以“三点”方式来绘制圆弧，可以通过在图形窗口中捕捉点来确定，也可以在命令行输入精确点坐标来指定。例如，通过捕捉点来确定圆弧的 3 点来绘制圆弧，如图 6-19 所示。

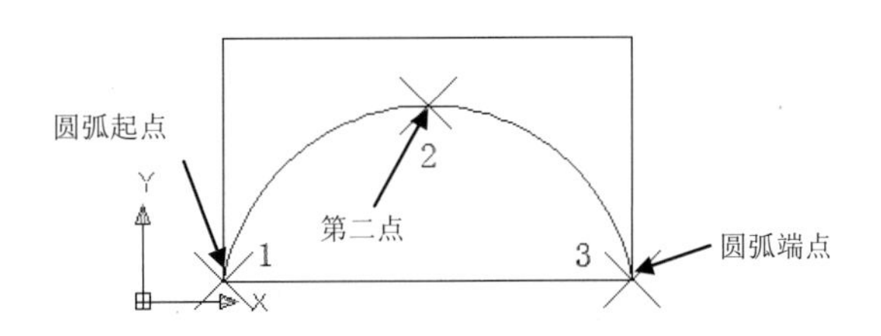

图 6-19　通过指定三点绘制圆弧

2．起点、圆心、端点

“起点、圆心、端点”方式是通过指定起点和端点，以及圆弧所在圆的圆心来绘制圆弧的。用户可以通过以下方式执行此操作。

- 菜单栏：选择“绘图”|“圆弧”|“起点、圆心、端点”命令。
- 选项面板：在“默认”标签的“绘图”面板中单击“起点、圆心、端点”按钮。
- 命令行：输入 ARC 并按 Enter 键。

以“起点、圆心、端点”方式绘制圆弧，可以按“起点、圆心、端点”的方法来绘制，如图 6-20 所示，还可以按“起点、端点、圆心”的方法来绘制，如图 6-21 所示。

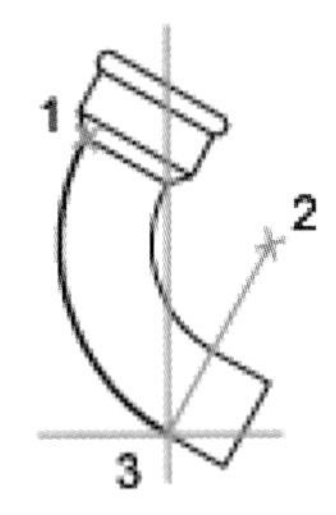

图 6-20　起点、圆心、端点

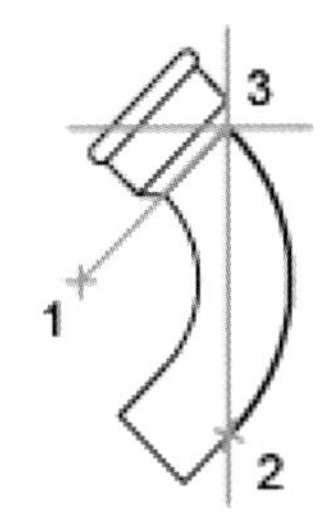

图 6-21　起点、端点、圆心

3．起点、圆心、角度

“起点、圆心、角度”方式是通过指定起点、圆弧所在圆的圆心、圆弧包含的角度来绘制圆弧的。用户可以通过以下方式执行此操作。

- 菜单栏：选择“绘图”|“圆弧”|“起点、圆心、角度”命令。
- 选项面板：在“默认”标签的“绘图”面板中单击“起点、圆心、角度”按钮。
- 命令行：输入 ARC 并按 Enter 键。

例如，通过捕捉点来定义起点和圆心，并以已知包含角度（135°）来绘制一段圆弧，其命令行提示如下：

```
命令： _arc 指定圆弧的起点或 [ 圆心 (C)]:                //指定圆弧起点或选择选项
指定圆弧的第二个点或 [ 圆心 (C)| 端点 (E)]: _c 指定圆弧的圆心:          //指定圆弧圆心
指定圆弧的端点或 [ 角度 (A)| 弦长 (L)]: _a 指定包含角: 135↙           //输入包含角
```

绘制的圆弧如图 6-22 所示。

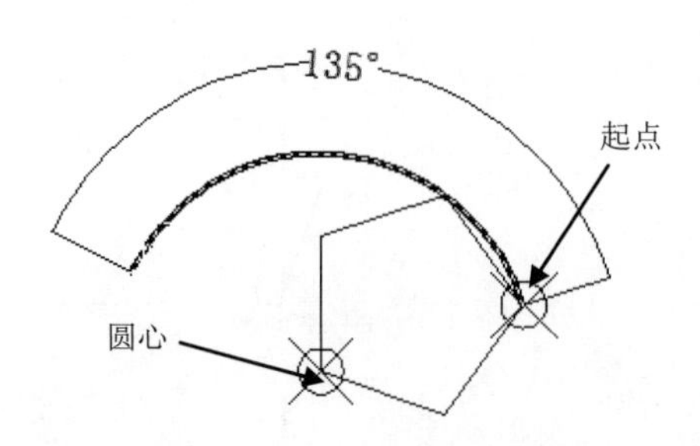

图 6-22　以“起点、圆心、角度”方式绘制圆弧

如果存在可以捕捉到的起点和圆心点，并且已知包含角度，在命令行选择“起点、圆心、角度”或“圆心、起点、角度”选项。如果已知两个端点但不能捕捉到圆心，可以选择“起点、端点、角度”选项，如图 6-23 所示。

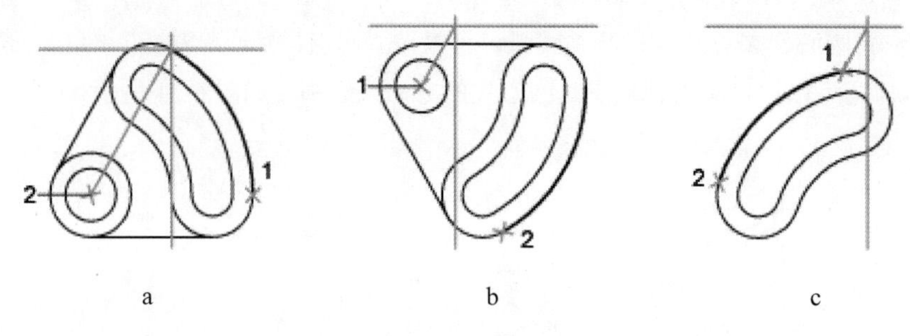

a　　b　　c

图 6-23　选择不同选项来创建圆弧

4．起点、圆心、长度

“起点、圆心、长度”方式是通过指定起点、圆弧所在圆的圆心、弧的弦长来绘制圆弧的，用户可以通过以下方式执行此操作。

- 菜单栏：选择“绘图” | “圆弧” | “起点、圆心、长度”命令。
- 选项面板：在“默认”标签的“绘图”面板中单击“起点、圆心、长度”按钮。
- 命令行：输入 ARC 并按 Enter 键。

如果存在可以捕捉到的起点和圆心，并且已知弦长，可以使用“起点、圆心、长度”或“圆心、起点、长度”选项，如图 6-24 所示。

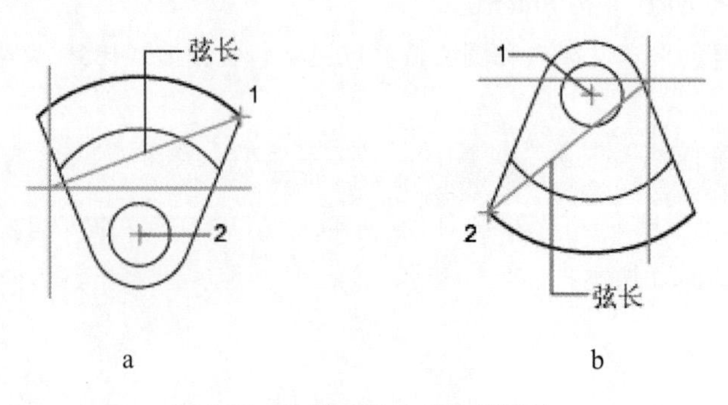

a　　b

图 6-24　选择不同选项绘制圆弧

5．起点、端点、角度

“起点、端点、角度”方式是通过指定起点、端点，以及圆心角来绘制圆弧的。用户可以通过以下方式执行此操作。

- 菜单栏：选择“绘图”|“圆弧”|“起点、端点、角度”命令。
- 选项面板：在“默认”标签的“绘图”面板中单击“起点、端点、角度”按钮。
- 命令行：输入 ARC 并按 Enter 键。

例如，在图形窗口中指定了圆弧的起点和端点，并输入圆心角为 45°来绘制圆弧，提示如下：

```
命令: _arc 指定圆弧的起点或 [圆心(C)]:                    //指定圆弧起点或选择选项
指定圆弧的第二个点或 [圆心(C)|端点(E)]: _e
指定圆弧的端点:                                           //指定圆弧端点
指定圆弧的圆心或 [角度(A)|方向(D)|半径(R)]: _a 指定包含角: 45↙
                                                          //输入包含角
```

绘制的圆弧如图 6-25 所示。

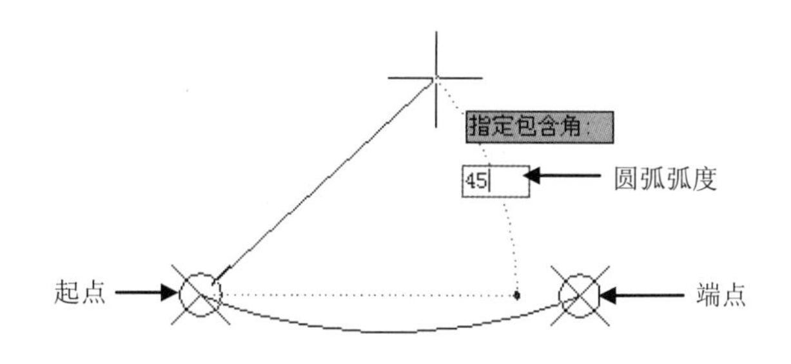

图 6-25　以“起点、端点、角度”方式绘制圆弧

6．起点、端点、方向

“起点、端点、方向”方式是通过指定起点、端点，以及圆弧切线的方向夹角（即切线与 X 轴的夹角）来绘制圆弧。用户可以通过以下方式执行此操作。

- 菜单栏：选择“绘图”|“圆弧”|“起点、端点、方向”命令。
- 选项面板：在“默认”标签的“绘图”面板中单击“起点、端点、方向”按钮。
- 命令行：输入 ARC 并按 Enter 键。

例如，在图形窗口中指定了圆弧的起点和端点，并指定切线方向夹角为 45°。绘制圆弧的命令行提示如下：

```
命令: _arc 指定圆弧的起点或 [圆心(C)]:                    //指定圆弧起点
指定圆弧的第二个点或 [圆心(C)|端点(E)]: _e
指定圆弧的端点:                                           //指定圆弧端点
指定圆弧的圆心或 [角度(A)|方向(D)|半径(R)]: _d 指定圆弧的起点切向: 45↙
                                                          //输入斜向夹角
```

绘制的圆弧如图 6-26 所示。

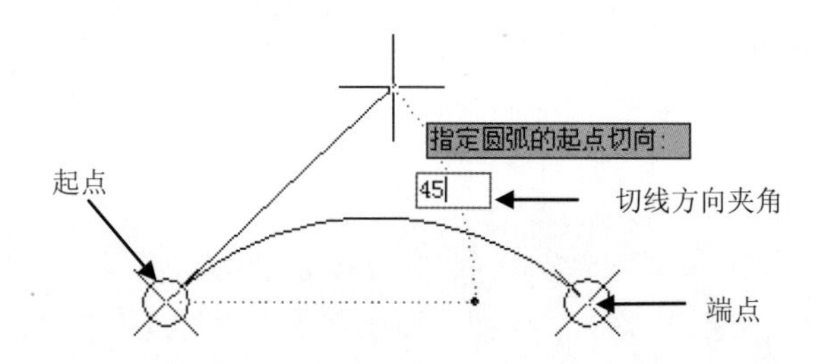

图 6-26　以“起点、端点、方向”方式绘制圆弧

7. 起点、端点、半径

“起点、端点、半径”方式是通过指定起点、端点，以及圆弧所在圆的半径来绘制圆弧的。用户可以通过以下方式执行此操作。

- 菜单栏：选择“绘图”|“圆弧”|“起点、端点、半径”命令。
- 选项面板：在“默认”标签的“绘图”面板中单击“起点、端点、半径”按钮。
- 命令行：输入 ARC 并按 Enter 键。

例如，在图形窗口中指定了圆弧的起点和端点，且圆弧半径为 30。绘制圆弧要执行的命令行提示如下，绘制的圆弧如图 6-27 所示。

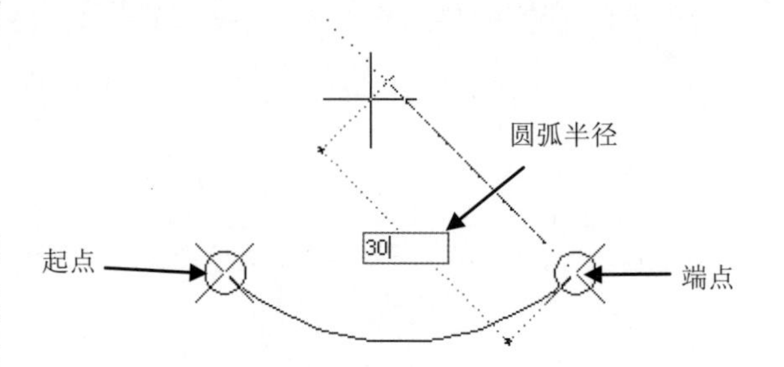

图 6-27　以“起点、端点、半径”方式绘制圆弧

```
命令: _arc 指定圆弧的起点或 [ 圆心 (C)]:                        // 指定圆弧起点
指定圆弧的第二个点或 [ 圆心 (C) | 端点 (E)]: _e
指定圆弧的端点:                                                 // 指定圆弧端点
指定圆弧的圆心或 [ 角度 (A) | 方向 (D) | 半径 (R)]: _r 指定圆弧的半径: 30 ↙
                                                               // 输入圆弧半径值
```

8. 圆心、起点、端点

“圆心、起点、端点”方式是通过指定圆弧所在圆的圆心、圆弧起点和端点来绘制圆弧的。用户可以通过以下方式执行此操作。

- 菜单栏：选择“绘图”|“圆弧”|“圆心、起点、端点”命令。
- 选项面板：在“默认”标签的“绘图”面板中单击“圆心、起点、端点”按钮。
- 命令行：输入 ARC 并按 Enter 键。

例如，在图形窗口中依次指定圆弧的圆心、起点和端点，来绘制圆弧。绘制圆弧要执行的命令行提示如下，绘制的圆弧如图 6-28 所示。

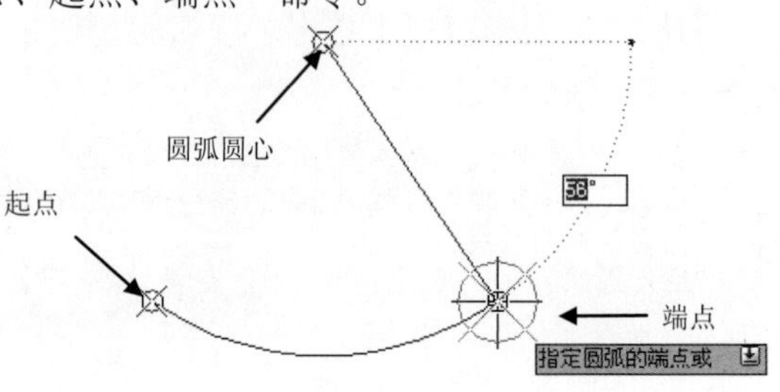

图 6-28　以“圆心、起点、端点”方式绘制圆弧

```
命令：_arc 指定圆弧的起点或 [圆心(C)]：_c 指定圆弧的圆心：          //指定圆弧圆心
指定圆弧的起点：                                                  //指定圆弧起点
指定圆弧的端点或 [角度(A)|弦长(L)]：                              //指定圆弧端点
```

9．圆心、起点、角度

“圆心、起点、角度”方式是通过指定圆弧所在圆的圆心、圆弧起点，以及圆心角来绘制圆弧的。用户可以通过以下方式执行此操作。

- 菜单栏：选择“绘图”|“圆弧”|“圆心、起点、角度”命令。
- 选项面板：在“默认”标签的“绘图”面板中单击“圆心、起点、角度”按钮。
- 命令行：输入 ARC 并按 Enter 键。

例如，在图形窗口依次指定圆弧的圆心、起点，并输入圆心角为 45°。绘制圆弧要执行的命令行提示如下，绘制的圆弧如图 6-29 所示。

```
命令：_arc 指定圆弧的起点或 [圆心(C)]：_c 指定圆弧的圆心：          //指定圆弧的圆心
指定圆弧的起点：                                                  //指定圆弧的起点
指定圆弧的端点或 [角度(A)|弦长(L)]：_a 指定包含角：45↙            //输入包含角值
```

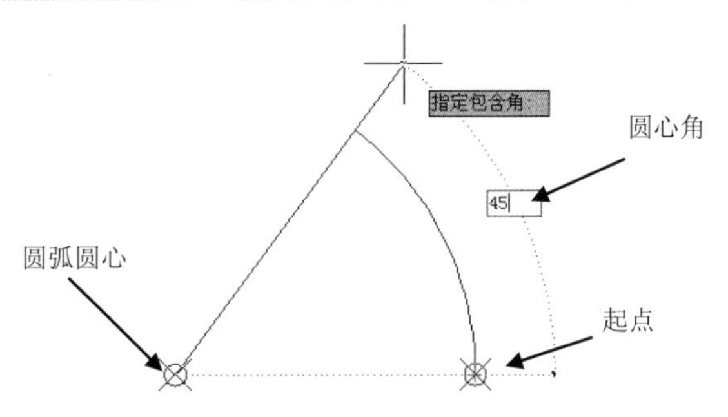

图 6-29　以“圆心、起点、角度”方式绘制圆弧

10．圆心、起点、长度

“圆心、起点、角度”方式是通过指定圆弧所在圆的圆心、圆弧起点和弦长来绘制圆弧的。用户可以通过以下方式执行此操作。

- 菜单栏：选择“绘图”|“圆弧”|“圆心、起点、长度”命令。
- 选项面板：在“默认”标签的“绘图”面板中单击“圆心、起点、长度”按钮。
- 命令行：输入 ARC 并按 Enter 键。

例如，在图形窗口依次指定圆弧的圆心、起点，并输入弦长为 15。绘制圆弧要执行的命令行提示如下：

```
命令：_arc 指定圆弧的起点或 [圆心(C)]：_c 指定圆弧的圆心：          //指定圆弧的圆心
指定圆弧的起点：                                                  //指定圆弧的起点
指定圆弧的端点或 [角度(A)|弦长(L)]：_l 指定弦长：15↙              //输入弦长值
```

绘制的圆弧如图 6-30 所示。

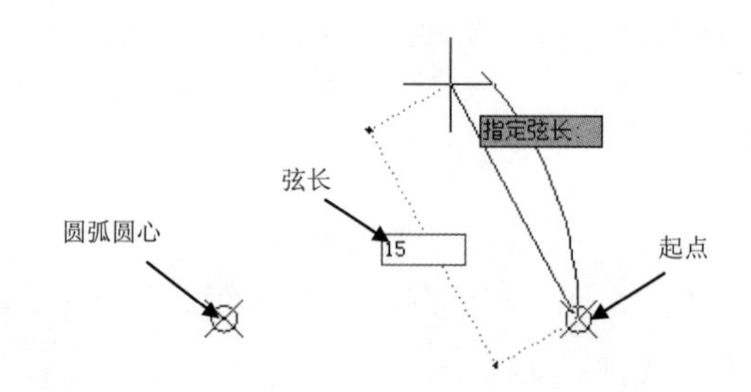

图 6-30　以“圆心、起点、长度”方式绘制圆弧

11．连续

“连续”方式是创建一个圆弧，使其与上一步绘制的直线或圆弧相切连续。用户可以通过以下方式执行此操作。

- 菜单栏：选择“绘图”|“圆弧”|“连续”命令。
- 选项面板：在“默认”标签的“绘图”面板中单击“连续”按钮。
- 命令行：输入 ARC 并按 Enter 键。

相切连续的圆弧起点就是先前绘制的直线或圆弧的端点，相切连续的圆弧端点可以通过捕捉点或在命令行输入精确坐标值来确定。当绘制一条直线或圆弧后，选择“连续”命令，程序会自动捕捉直线或圆弧的端点作为连续圆弧的起点，如图 6-31 所示。

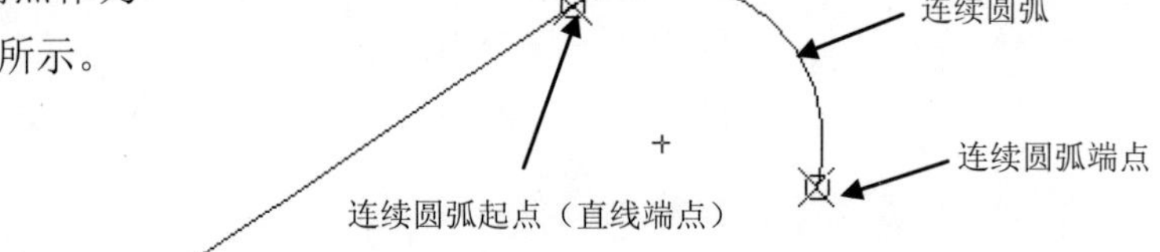

图 6-31　绘制相切连续圆弧

6.4.3　绘制椭圆

椭圆由定义其长度和宽度的两条轴来决定。较长的轴称为“长轴”，较短的轴称为“短轴”，如图 6-32 所示。椭圆的绘制有 3 种方式——“圆心”“轴和端点”和“椭圆弧”。

1．圆心

“圆心”方式是通过指定椭圆中心点、长轴的一个端点，以及短半轴的长度来绘制椭圆的。用户可以通过以下方式执行此操作。

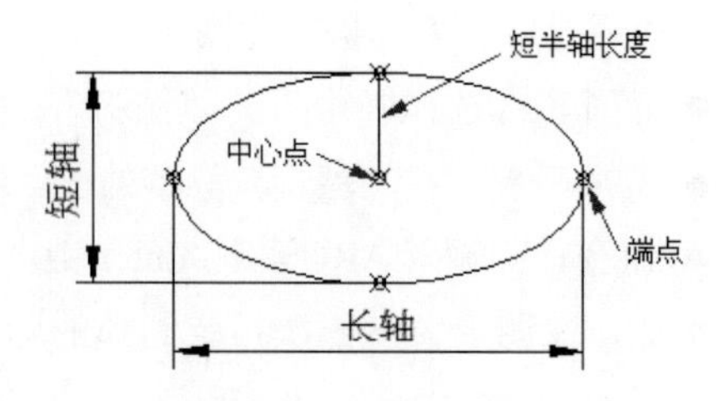

图 6-32　椭圆示意图

- 菜单栏：选择“绘图”|“椭圆”|“圆心”命令。
- 选项面板：在“默认”标签的“绘图”面板中单击“圆心”按钮。
- 命令行：输入 ELLIPSE 并按 Enter 键。

例如，绘制一个中心点坐标为（0,0）、长轴的一个端点坐标（25,0）、短半轴的长度为 12 的椭圆。绘制椭圆要执行的命令行提示如下：

```
命令：_ellipse
```

```
指定椭圆的轴端点或 [圆弧(A)|中心点(C)]: _c
指定椭圆的中心点: 0,0↙                        //输入椭圆圆心坐标值
指定轴的端点: @25,0↙                          //输入轴端点的绝对坐标值
指定另一条半轴长度或 [旋转(R)]: 12↙            //输入另半轴长度值
```

技巧点拨：

命令行中的“旋转”选项是以椭圆的短轴和长轴的比值，把一个圆绕定义的第一轴旋转成椭圆。

绘制的椭圆如图 6-33 所示。

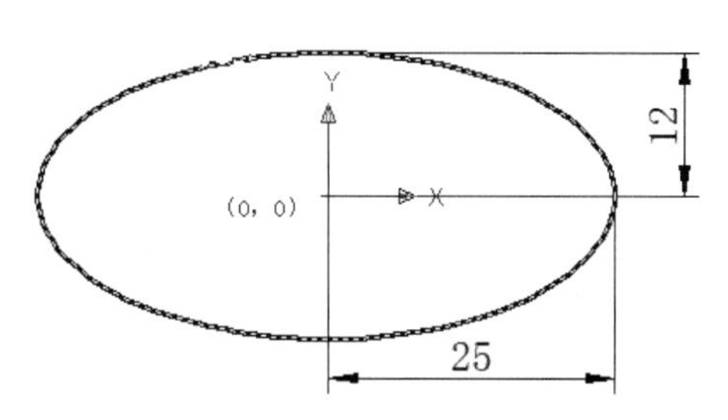

图 6-33　以“圆心”方式绘制椭圆

2．轴、端点

“轴、端点”方式是通过指定椭圆长轴的两个端点和短半轴长度来绘制椭圆的。用户可以通过以下方式执行此操作。

- 菜单栏：选择“绘图”|“椭圆”|“轴、端点”命令。
- 选项面板：在“默认”标签的“绘图”面板中单击“轴、端点”按钮。
- 命令行：输入 ELLIPSE 并按 Enter 键。

例如，绘制一个长轴的端点坐标分别为（12.5,0）和（-12.5,0）、短半轴的长度为 10 的椭圆。绘制椭圆的命令行提示如下，绘制的椭圆如图 6-34 所示。

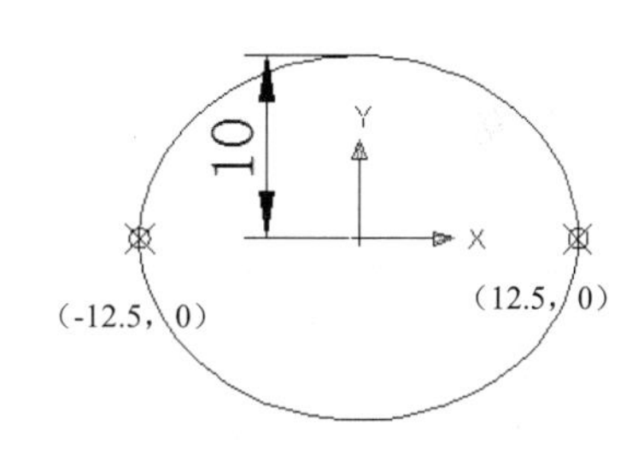

图 6-34　以“轴、端点”方式绘制椭圆

```
命令: _ellipse
指定椭圆的轴端点或 [圆弧(A)|中心点(C)]: 12.5,0↙          //输入椭圆轴端点坐标
指定轴的另一个端点: -12.5,0↙                            //输入椭圆轴另一端点坐标
指定另一条半轴长度或 [旋转(R)]: 10↙                     //输入椭圆半轴长度值
```

6.4.4　绘制椭圆弧

“椭圆弧”方式是通过指定椭圆长轴的两个端点和短半轴长度，以及起始角、终止角来绘制椭圆弧的。用户可以通过以下方式执行此操作。

- 菜单栏：选择“绘图”|“椭圆”|“椭圆弧”命令。
- 选项面板：在“默认”标签的“绘图”面板中单击“椭圆弧”按钮。
- 命令行：输入 ELLIPSE 并按 Enter 键。

椭圆弧是椭圆上的一段弧，因此需要指定弧的起始位置和终止位置。例如，绘制一个长轴的端点坐标分别为（25,0）和（-25,0）、短半轴的长度为 15 的椭圆、起始角度为 0°、终止角度为 270°的椭圆弧。绘制椭圆的命令行提示如下：

```
命令: _ellipse
指定椭圆的轴端点或 [圆弧(A)|中心点(C)]: _a
指定椭圆弧的轴端点或 [中心点(C)]: 25,0↙             |输入椭圆轴端点坐标
```

```
指定轴的另一个端点: -25,0 ↙                              | 输入椭圆另一轴端点坐标
指定另一条半轴长度或 [ 旋转 (R)]: 15 ↙                   | 输入椭圆半轴长度值
指定起始角度或 [ 参数 (P)]: 0 ↙                          | 输入起始角度值
指定终止角度或 [ 参数 (P) | 包含角度 (I)]: 270 ↙         | 输入终止角度值
```

绘制的椭圆弧如图 6-35 所示。

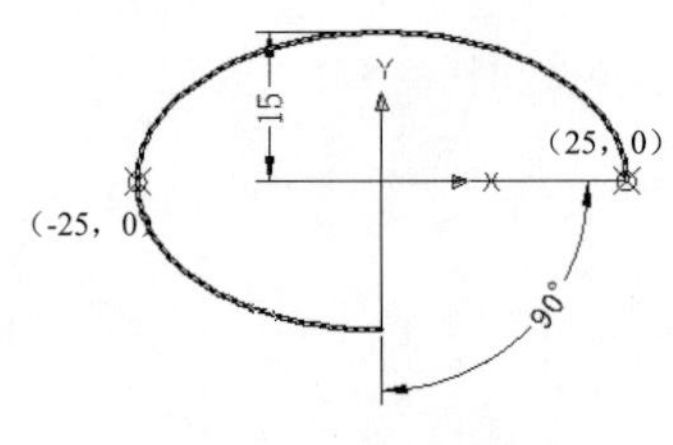

图 6-35　绘制椭圆弧

技巧点拨：

椭圆弧的角度就是终止角和起始角度的差值。另外，用户也可以使用“包含角”选项，直接输入椭圆弧的角度。

6.4.5　圆环

“圆环”工具能创建实心的圆与圆环。要创建圆环，需指定它的内、外直径和圆心。通过指定不同的圆心，可以继续创建具有相同直径的多个副本。要创建实体填充圆，需要将内径值指定为0。

用户可以通过以下命令方式来创建圆环：

- 菜单栏：选择“绘图”|“圆环”命令。
- 选项面板：在“默认”标签的“绘图”面板中单击“圆环”按钮◎。
- 命令行：输入 DONUT 并按 Enter 键。

实心圆和圆环的应用实例如图 6-36 所示。

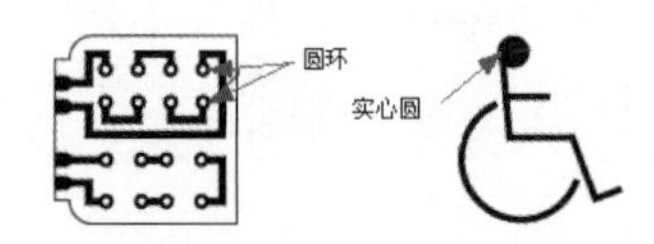

图 6-36　圆环和实心圆的应用实例

6.5　综合案例——绘制房屋横截面

房屋横切面的绘制主要是画出其墙体、柱子、门洞，注意阵列命令的应用，如图 6-37 所示。

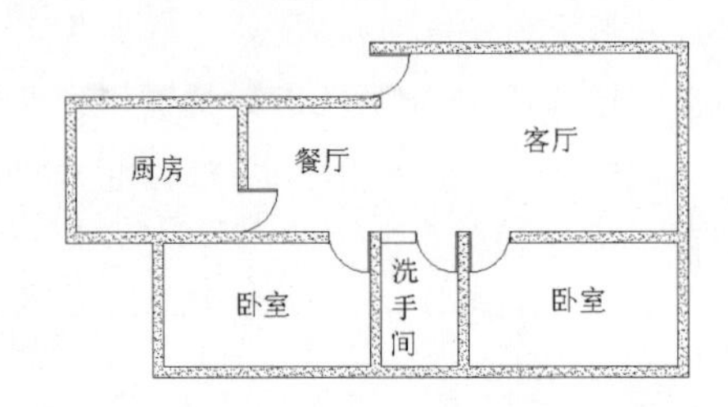

图 6-37　房屋横切面

step 01 选择“文件”|“新建”命令，创建一个新文件。

step 02 选择“工具”|“绘图设置”命令，或输入 osnap 命令后按 Enter 键，弹出“草图设置”对话框。在“对象捕捉”选项卡中，选中“端点”和“中点”复选框，使用端点和中点对象捕捉模式，如图 6-38 所示。

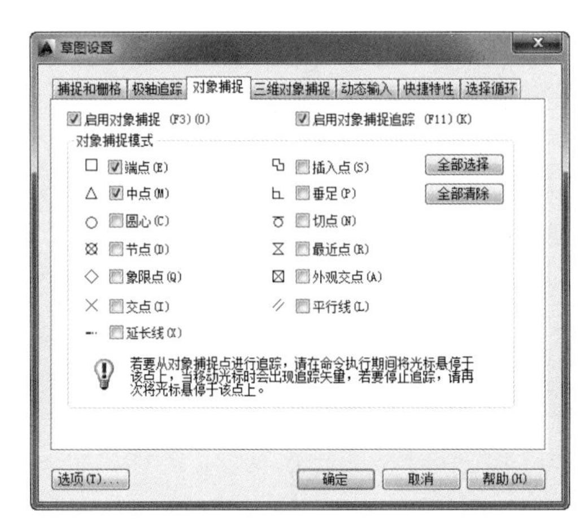

图 6-38　“草图设置”对话框

step 03 单击“直线”按钮╱，绘制两条正交直线，然后选择“修改”|“偏移”命令，对正交直线进行偏移，其中竖向偏移的值依次为 2 000、2 000、3 000、2 000、5 000；水平方向偏移的值依次为 3 000、3 000、1 200，得到的轴线网格如图 6-39 所示。

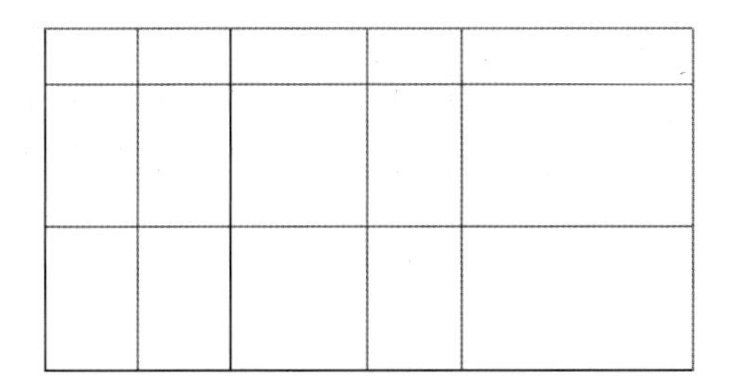

图 6-39　绘制轴线网格

step 04 选择“格式”|“多线样式”命令，弹出“多线样式”对话框，如图 6-40 所示。单击“新建”按钮，在弹出的“创建新的多线样式”对话框中输入“墙体”名称，然后单击“继续”按钮，如图 6-41 所示。

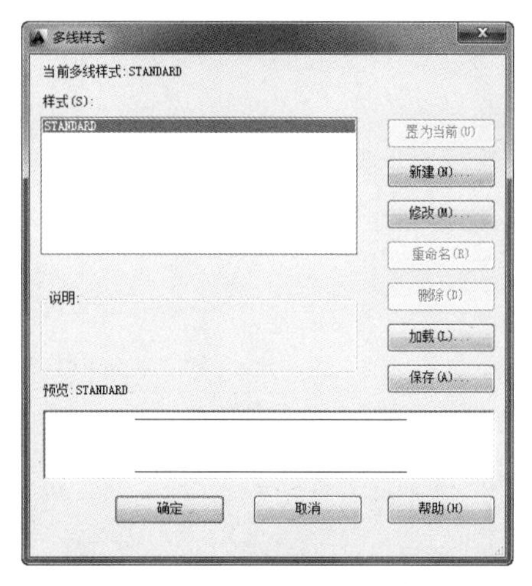

图 6-40　“多线样式”对话框

图 6-41　“创建新的多线样式”对话框

step 05 在“新建多线样式：墙体”对话框中，将“偏移”的值均设置 120，如图 6-42 所示。然后单击“确定”按钮，返回“多线样式”对话框，继续单击“确定”按钮即可完成多线样式的设置。

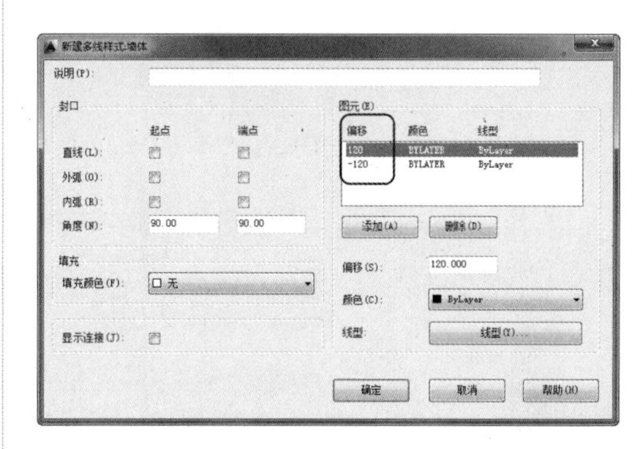

图 6-42　“新建多线样式：墙体”对话框

step 06 选择“绘图”|“多线”命令，沿着轴线绘制墙体草图，如图 6-43 所示。

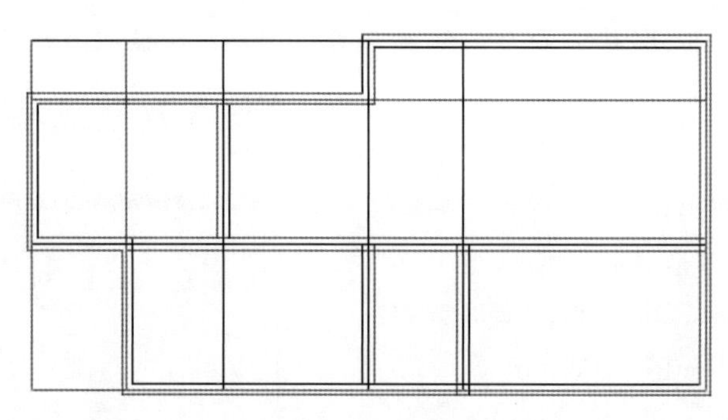

图 6-43　绘制墙体草图

```
命令： _mline
当前设置： 对正 = 上，比例 = 20.00，样式 = 墙体
指定起点或 [ 对正 (J) / 比例 (S) / 样式 (ST)]: st
输入多线样式名或 [?]: 墙体
当前设置： 对正 = 上，比例 = 20.00，样式 = 墙体
指定起点或 [ 对正 (J) / 比例 (S) / 样式 (ST)]: s
输入多线比例 <20.00>: 1
当前设置： 对正 = 上，比例 = 1.00，样式 = 墙体
指定起点或 [ 对正 (J) / 比例 (S) / 样式 (ST)]: j
输入对正类型 [ 上 (T) / 无 (Z) / 下 (B)] < 上 >: z
当前设置： 对正 = 无，比例 = 1.00，样式 = 墙体
指定起点或 [ 对正 (J) / 比例 (S) / 样式 (ST)]:
指定下一点：
指定下一点或 [ 放弃 (U)]:
指定下一点或 [ 闭合 (C) / 放弃 (U)]:
```

step 07 选择“修改”|“对象”|“多线”命令，弹出“多线编辑工具”对话框，如图 6-44 所示。选中其中合适的多线编辑图标，对绘制的多线进行编辑，完成编辑后的图形如图 6-45 所示。

```
命令： _mledit
选择第 1 条多线：                    // 选择其中一条多线
选择第 2 条多线：                    // 选择另一条多线
选择第 1 条多线或 [ 放弃 (U)]:
```

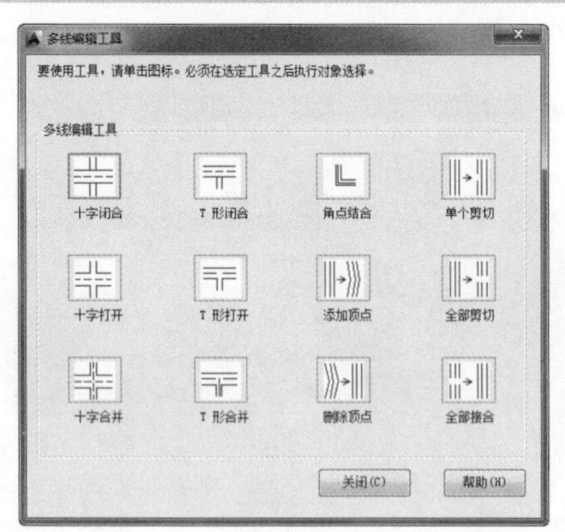

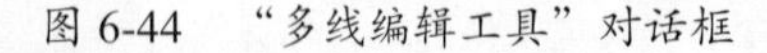

图 6-44　“多线编辑工具”对话框

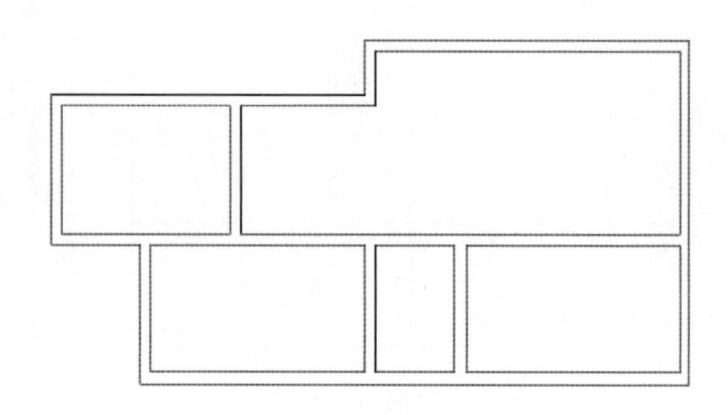

图 6-45　编辑多线

step 08 选择“插入”|“块”命令，将原来绘制的门作为一个块插入，并修剪门洞，如图 6-46 所示。

step 09 单击“图案填充”命令，选择 AR-SAND 对剖切到的墙体进行填充，如图 6-47 所示。

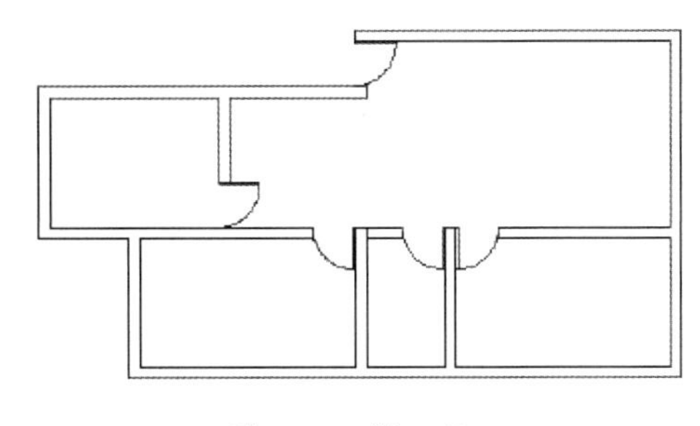

图 6-46　插入门

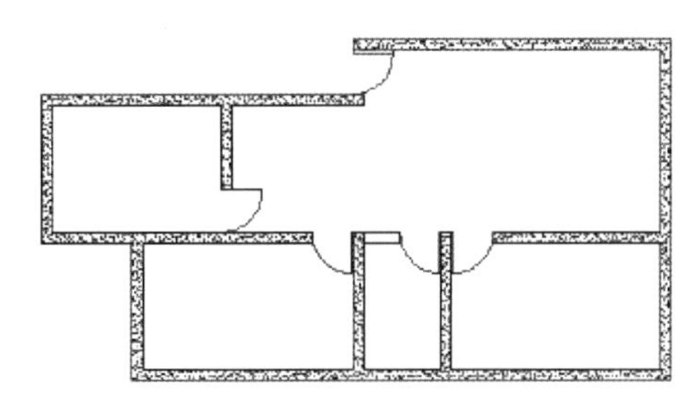

图 6-47　填充墙体

step 10　选择“绘图”|“文字”|“单行文字”命令，对绘制的墙体横切面进行文字注释，最后绘制的墙体横切面如图 6-48 所示。

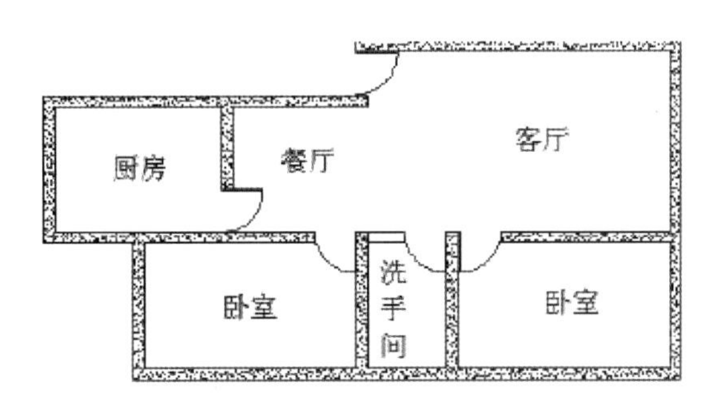

图 6-48　墙体横切面

技巧点拨：

输入文字注释时，必须将输入文字的字体改成能够显示汉字的字体，例如宋体，否则会显示乱码。

6.6　AutoCAD 认证考试习题集

单选题

（1）以下哪个命令不可绘制圆形的线条？

A. ELLIPSE　　B. POLYGON

C. ARC　　D. CIRCLE

正确答案（ ）

（2）下面哪个命令不能绘制三角形？

A. LINE　　B. RECTANG

C. POLYGON　　D. PLINE

正确答案（ ）

（3）下面哪个命令可以绘制连续的直线段，且每一部分都是单独的线对象？

A. POLYGON　　B. RECTANGLE

C. POLYLINE　　D. LINE

正确答案（ ）

（4）下面哪个对象不可以使用 PLINE 命令来绘制？

A. 直线　　B. 圆弧

C. 具有宽度的直线　　D. 椭圆弧

正确答案（ ）

（5）下面哪个命令以等分长度的方式在直线、圆弧等对象上放置点或图块？

A. POINT　　B. DIVIDE

C. MEASURE　　D. SOLIT

正确答案（ ）

（6）应用相切、相切、相切方式画圆时：

A. 相切的对象必须是直线　　B. 从菜单激活画圆命令。

C. 不需要指定圆的半径和圆心　　D. 不需要指定圆心，但要输人圆的半径

正确答案（ ）

（7）下列哪个命令用于绘制指定内外直径的圆环或填充圆？

A. 圆环　　B. 椭圆

C. 圆　　D. 圆弧

正确答案（ ）

（8）什么是 AutoCAD 中另一种辅助绘图命令，它是一条没有端点而无限延伸的线，它经常用于建筑设计和机械设计的绘图辅助工作中？

A. 样条曲线　　B. 射线

C. 多线　　D. 构造线

正确答案（ ）

（9）运用“正多边形”命令绘制的正多边形可以看作是一条什么线？

A. 多段线　　B. 构造线

C. 样条曲线　　D. 直线

正确答案（ ）

（10）在 AutoCAD 中，使用“绘图”|“矩形”命令可以绘制多种图形，以下答案中最恰当的是哪个？

A. 圆角矩形　　B. 有厚度的矩形

C. 以上答案全正确　　D. 倒角矩形

正确答案（ ）

（11）在绘制圆弧时，已知道圆弧的圆心、弦长和起点，可以使用“绘图”|“圆弧”命令中的哪个子命令绘制圆弧？

A. 起点、端点、方向　　B. 起点、端点、角度

C. 起点、圆心、长度　　D. 起点、圆心、角度

正确答案（ ）

（12）在机械制图中，经常使用“绘图”|“圆”命令中的哪个子命令绘制连接弧？

A. 相切、相切、半径　　　　B. 相切、相切、相切

C. 三点　　　　D. 圆心、半径

正确答案（ ）

（13）选择“样条曲线”命令后， 哪个选项用来输入曲线的偏差值。值越大，曲线越远离指定的点；值越小，曲线离指定的点越近？

A. 起点切向　　　　B. 拟合公差

C. 闭合　　　　D. 端点切向

正确答案（ ）

6.7　课后练习

（1）通过本章的学习，请绘制完成如图 6-49 所示的多立克圆柱。

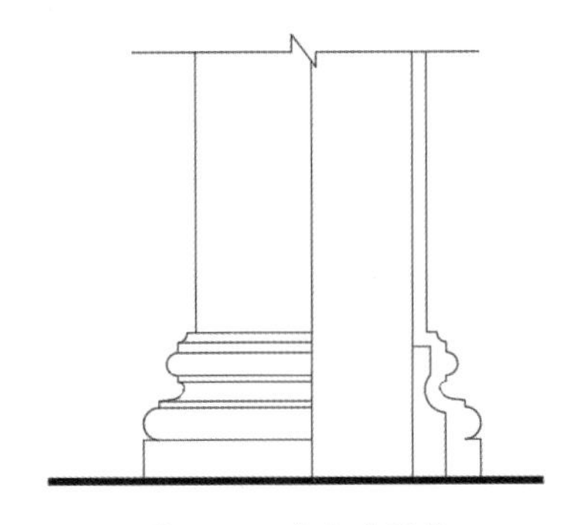

图 6-49　多立克圆柱

（2）用 LINE、XLINE、CIRCLE 及 BREAK 等命令绘制如图 6-50 所示的玄关立面图。

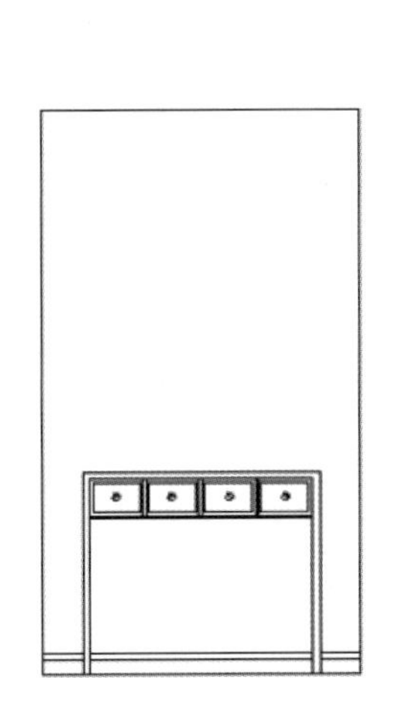

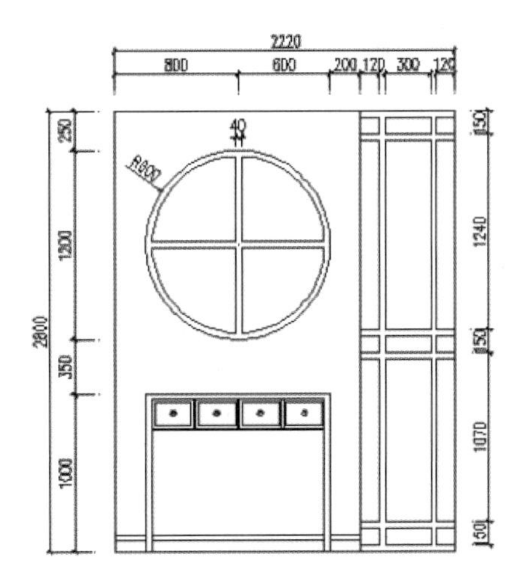

图 6-50　玄关立面图

（3）画圆、切线及圆弧连接

用 LINE、CIRCLE 及 TRIM 等命令绘制如图 6-51 所示的图形。

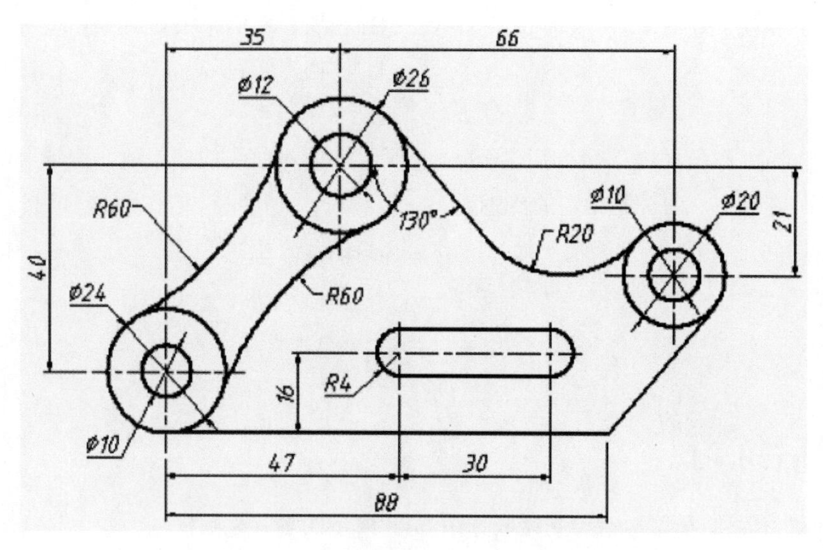

图 6-51　图形

第 7 章

建筑设计常用绘图命令二

本章内容

前面一章学习了 AutoCAD 2018 简单图形的绘制方法，掌握了基本图形的绘制方法与命令含义。在本章中，我们将学习二维高级图形的绘制指令。

知识要点

☑ 多线绘制与编辑
☑ 多段线绘制与编辑
☑ 样条曲线
☑ 绘制曲线与参照几何图形

7.1　多线绘制与编辑

多线由多条平行线组成，这些平行线称为“元素”。

7.1.1　绘制多线

“多线”是由两条或两条以上的平行元素构成的复合线对象，并且每个平行线元素的线型、颜色以及间距都是可以设置的，如图 7-1 所示。

图 7-1　多线示例

技巧点拨：

在默认设置下，所绘制的多线是由两条平行元素构成的。

选择“多线”命令主要有以下几种方式：

- 在菜单栏中选择“绘图”|“多线”命令。
- 命令行输入 Mline 按 Enter 键。
- 使用命令简写 ML 按 Enter 键。

“多线”命令常被用于绘制墙线、阳台线以及道路和管道线。

动手操练——绘制多线

下面通过绘制闭合的多线，学习使用“多线”命令，操作步骤如下：

step 01 新建文件。

step 02 选择“绘图”|“多线”命令，配合点的坐标输入功能绘制多线。命令行操作过程如下：

```
命令：_mline
当前设置：对正 = 上，比例 = 20.00，样式 = STANDARD
指定起点或 [对正(J)|比例(S)|样式(ST)]: s↙       //激活“比例”选项
输入多线比例 <20.00>: 120↙                        //设置多线比例
当前设置：对正 = 上，比例 = 120.00，样式 = STANDARD
指定起点或 [对正(J)|比例(S)|样式(ST)]:            //在绘图区拾取一点
指定下一点：@0,1800↙
指定下一点或 [放弃(U)]: @3000,0 ↙
指定下一点或 [闭合(C)|放弃(U)]: @0,-1800↙
指定下一点或 [闭合(C)|放弃(U)]: c ↙
```

step 03 使用视图调整工具调整图形的显示，绘制效果如图 7-2 所示。

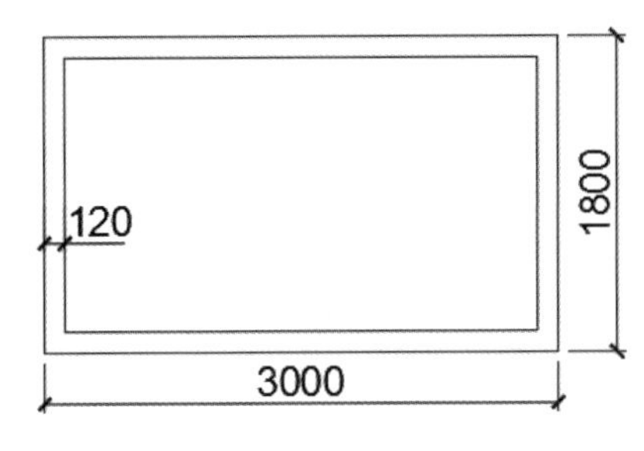

图 7-2　绘制效果

技巧点拨：

使用“比例”选项，可以绘制不同宽度的多线。默认比例为 20 个绘图单位。另外，如果用户输入的比例值为负值，那么多条平行线的顺序会发生反转。使用“样式”选项，可以随意更改当前的多线样式；“闭合”选项用于绘制闭合的多线。

AutoCAD 共提供了 3 种“对正”方式，即上对正、下对正和中心对正，如图 7-3 所示。如果当前多线的对正方式不符合用户要求，可以在命令行中单击“对正（J）”选项，系统出现如下提示：

```
指定起点或 [ 对正 (J) / 比例 (S) / 样式 (ST) ]:  J
输入对正类型 [ 上 (T) / 无 (Z) / 下 (B) ] < 上 >:          // 提示用户输入多线的对正方式
```

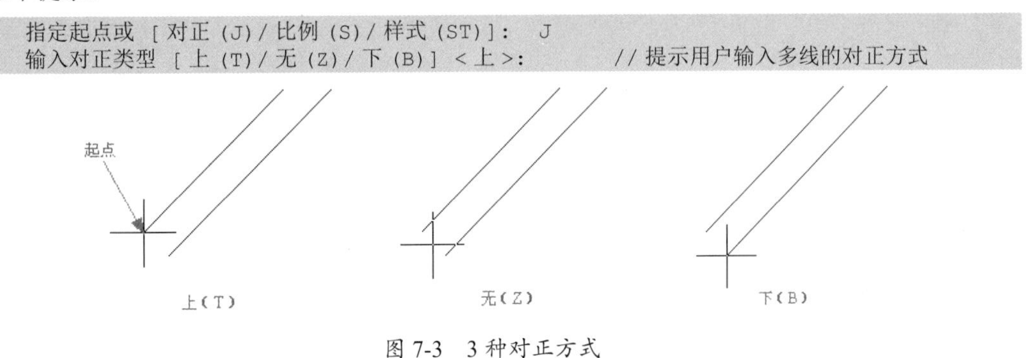

图 7-3　3 种对正方式

7.1.2　编辑多线

多线的编辑应用于两条多线的衔接。选择“编辑多线”命令主要有以下几种方式：

- 执行“修改”|“对象”|“多线”命令。
- 在命令行输入 Mledit 按 Enter 键。

动手操练——编辑多线

编辑多线的操作步骤如下：

step 01 新建文件。

step 02 绘制两条交叉多线，如图 7-4 所示。

step 03 选择“修改”|“对象”|“多线”命令，打开“多线编辑工具”对话框，如图 7-5 所示。单击“多线编辑工具”面板中的“十字打开”按钮，该对话框自动关闭。

step 04 根据命令行提示操作，操作结果如图 7-6 所示。

```
命令：_mledit
选择第一条多线：                          // 在视图中选择一条多线
选择第二条多线：                          // 在视图中选择另一条多线
```

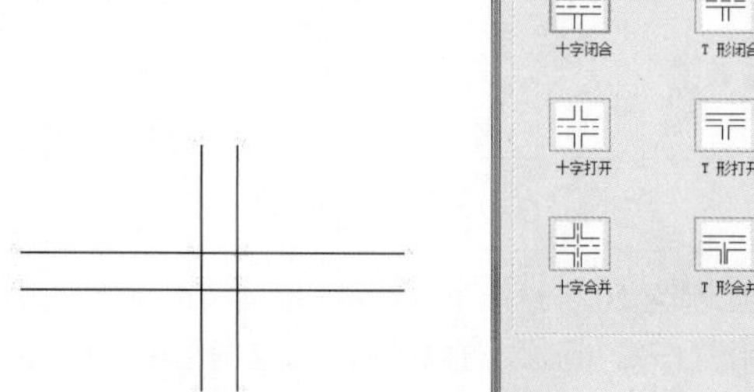

图 7-4　绘制交叉多线

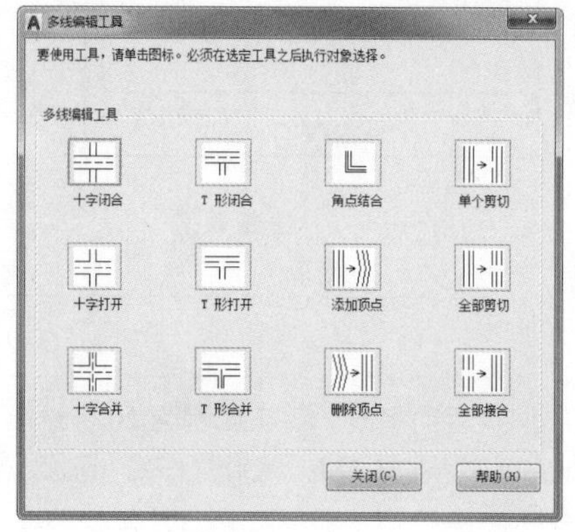

图 7-5　“多线编辑工具”对话框

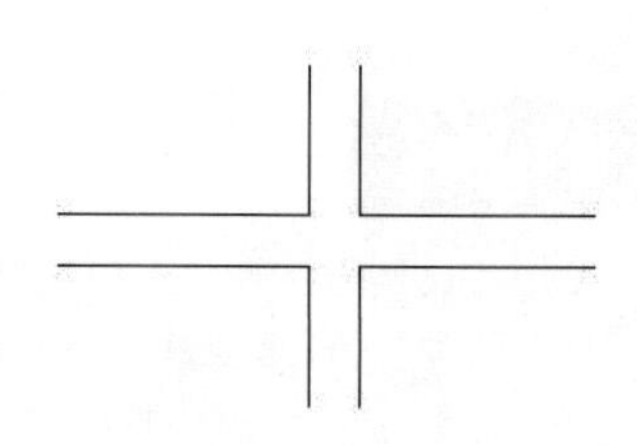

图 7-6　编辑多线示例

动手操练——绘制建筑墙体

下面以墙体的绘制实例，讲解多线绘制及多线编辑的步骤，及其绘制方法，如图 7-7 所示为绘制完成的建筑墙体。

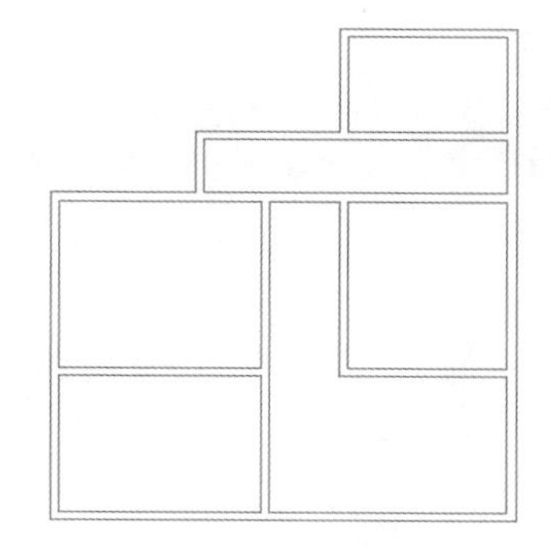

图 7-7　建筑墙体

step 01 新建一个文件。

step 02 执行 XL（构造线）命令绘制辅助线。绘制出一条水平构造线和一条垂直构造线，组成十字构造线，如图 7-8 所示。

step 03 执行 XL 命令，利用“偏移”选项将水平构造线分别向上偏移 3000、6500、7800 和 9800，绘制的水平构造线如图 7-9 所示。

```
命令：XL
XLINE 指定点或 [水平(H)/垂直(V)/角度(A)/二等分(B)/偏移(O)]：O
指定偏移距离或 [通过(T)] <通过>：3000
选择直线对象：
指定向哪侧偏移：
选择直线对象：
命令：
XLINE 指定点或 [水平(H)/垂直(V)/角度(A)/二等分(B)/偏移(O)]：O
指定偏移距离或 [通过(T)] <2500.0000>：6500
选择直线对象：
指定向哪侧偏移：
选择直线对象：
命令：
XLINE 指定点或 [水平(H)/垂直(V)/角度(A)/二等分(B)/偏移(O)]：O
指定偏移距离或 [通过(T)] <5000.0000>：7800
选择直线对象：
指定向哪侧偏移：
选择直线对象：
命令：
```

```
XLINE 指定点或 [水平(H)/垂直(V)/角度(A)/二等分(B)/偏移(O)]: O
指定偏移距离或 [通过(T)] <3000.0000>: 9800
选择直线对象：
指定向哪侧偏移：
选择直线对象：*取消*
```

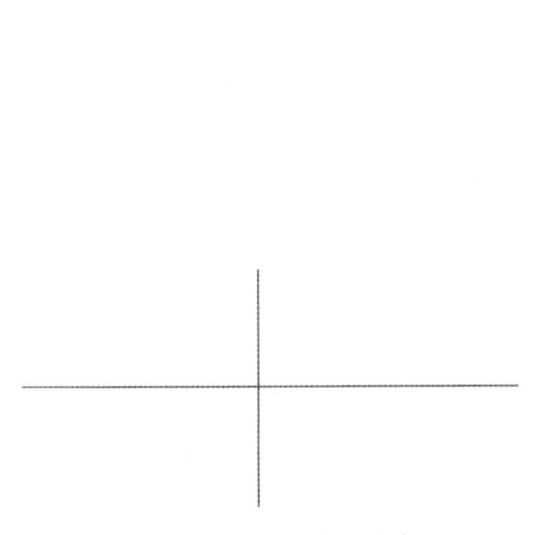

图 7-8　绘制构造线

图 7-9　绘制偏移的构造线

step 04 用同样的方法绘制垂直构造线，向右偏移依次为 3900、1800、2100 和 4500，结果如图 7-10 所示。

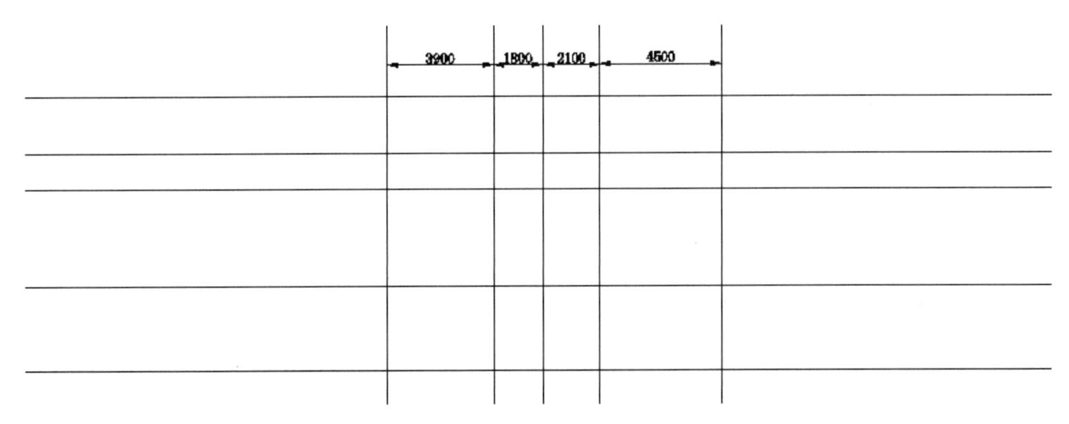

图 7-10　绘制偏移的构造线

技巧点拨：

这里也可以执行 O（偏移）命令来得到偏移直线。

step 05 执行 MLST（多线样式）命令，打开“多线样式”对话框，在该对话框中单击“新建”按钮，再打开“创建新的多线样式”对话框，在该对话框的“新样式名”文本框中输入“墙体线”，单击“继续”按钮，如图 7-11 所示。

step 06 打开“新建多线样式”对话框后，进行如图 7-12 所示的设置。

图 7-11　新建多线样式

图 7-12　设置多线样式

step 07 绘制多线墙体，结果如图 7-13 所示。命令行提示与操作如下：

```
命令： ML↙
当前设置： 对正 = 上，比例 = 20.00，样式 = STANDARD
指定起点或 [ 对正 (J) / 比例 (S) / 样式 (ST)]:  S↙
输入多线比例 <20.00>:  1↙
当前设置： 对正 = 上，比例 = 1.00，样式 = STANDARD
指定起点或 [ 对正 (J) / 比例 (S) / 样式 (ST)]:  J↙
输入对正类型 [ 上 (T) / 无 (Z) / 下 (B)] < 上 >:  Z↙
当前设置： 对正 = 无，比例 = 1.00，样式 = STANDARD
指定起点或 [ 对正 (J) / 比例 (S) / 样式 (ST)]:（在绘制的辅助线交点上指定一点）
指定下一点：（在绘制的辅助线交点上指定下一点）
指定下一点或 [ 放弃 (U)]: （在绘制的辅助线交点上指定下一点）
指定下一点或 [ 闭合 (C) / 放弃 (U)]: （在绘制的辅助线交点上指定下一点）
指定下一点或 [ 闭合 (C) / 放弃 (U)]:C↙↙
```

step 08 执行 MLED 命令打开“多线编辑工具”对话框，如图 7-14 所示。

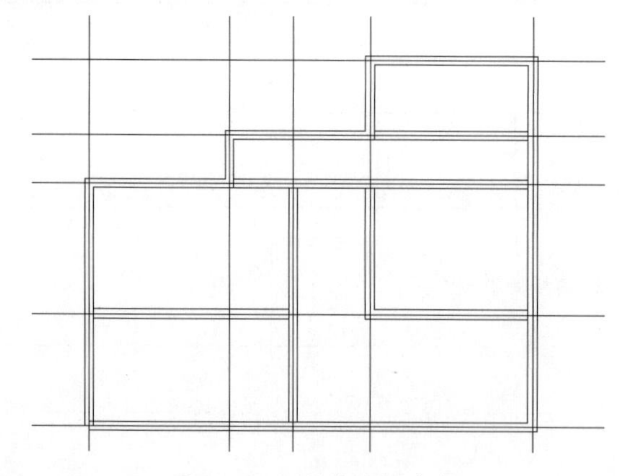

图 7-13　绘制墙体轮廓线

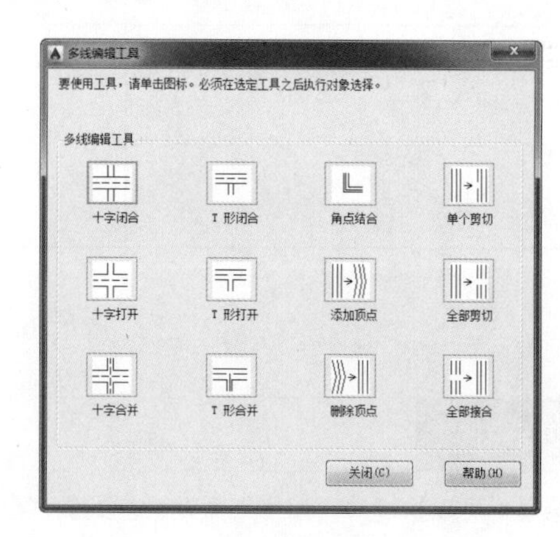

图 7-14　“多线编辑工具”对话框

step 09 选择其中的“T 形打开”和“角点结合”选项，对绘制的墙体多线进行编辑，结果如图 7-15 所示。

技巧点拨：

如果编辑多线时不能达到理想的效果，可以将多线分解，然后采用夹点模式进行编辑。

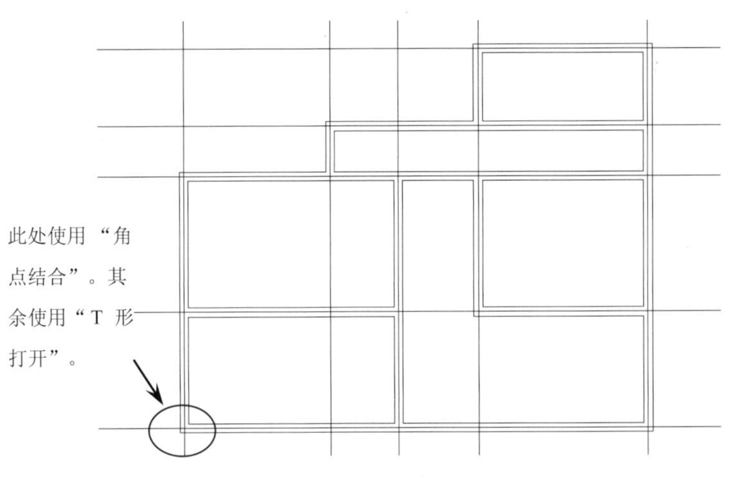

图 7-15　编辑多线

step 10 至此，建筑墙体绘制完成，最后将结果保存。

7.1.3　创建与修改多线样式

多线的外观由多线样式决定。在多线样式中，用户可以设定多线中线条的数量、每条线的颜色、线型和线间的距离，还能指定多线两个端头的形式，如弧形端头、平直端头等。

选择“多线样式”命令主要有以下几种方式：

- 执行“格式”|“多线样式”命令。
- 命令行输入 Mlstyle 按 Enter 键。

动手操练——创建多线样式

下面通过创建新多线样式来讲解“多线样式”的用法。

step 01 新建文件。

step 02 执行 MLSTYLE 命令，打开“多线样式”对话框，如图 7-16 所示。

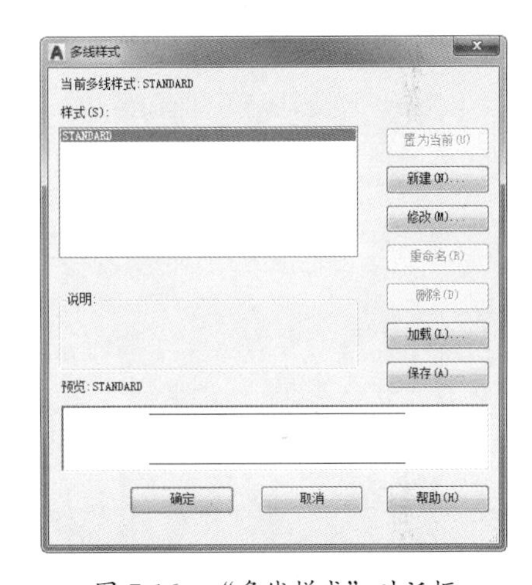

图 7-16　“多线样式”对话框

step 03 单击 新建(N)... 按钮，打开“创建新的多线样式”对话框。在“新样式名”文本框中输入新样式的名称“样式”，单击“继续”按钮 继续 ，打开“新建多线样式：样式”对话框，如图 7-17 所示。

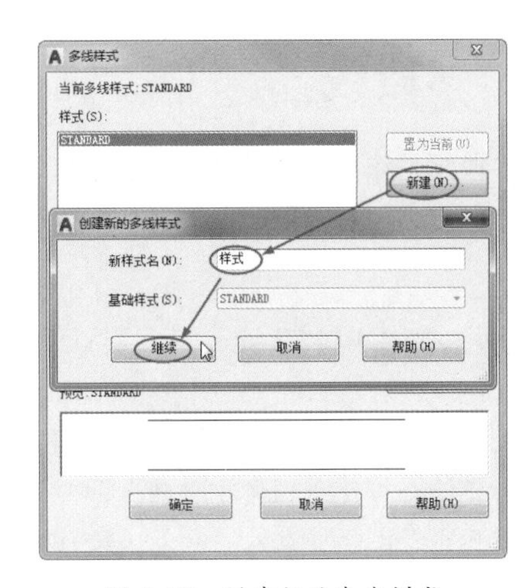

图 7-17　创建新的多线样式

step 04 在随后弹出的"新建多线样式：样式"对话框中单击"添加"按钮，可以增加新的线，单击"线型"按钮［线型(Y)...］，可以在打开的"选择线型"对话框中加载或者选择所需的线型，如图 7-18 所示。

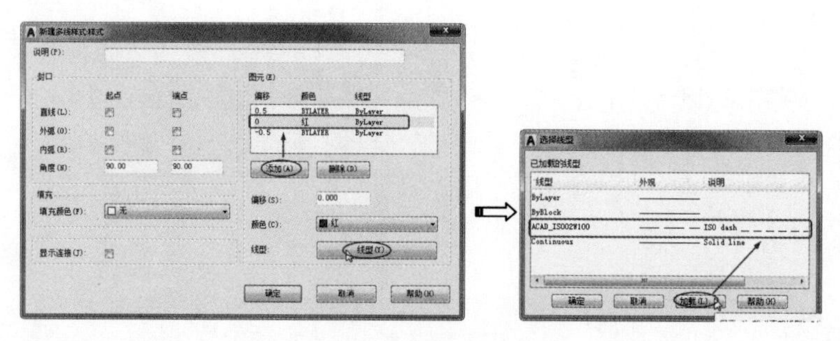

图 7-18　添加新图元

step 05 在"多线样式"对话框中，单击"置为当前"按钮［置为当前(U)］，再单击"确定"按钮［确定］，关闭对话框。

step 06 新建的多线样式如图 7-19 所示。

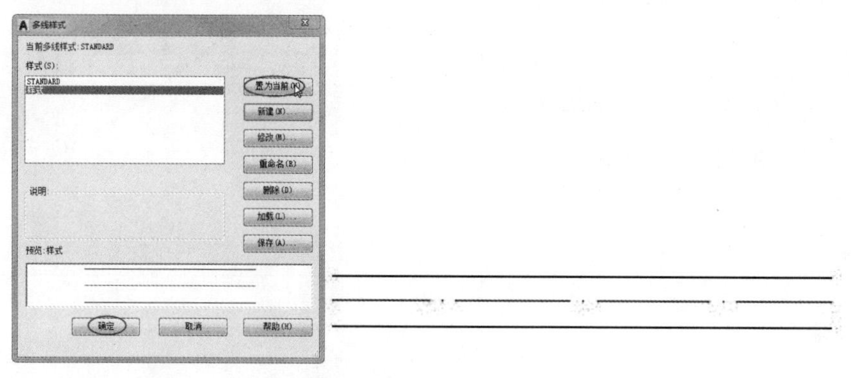

图 7-19　创建多线样式示例

7.2　多段线

多段线是作为单个对象创建的相互连接的线段序列，它是由直线段、弧线段或两者组合的线段，既可以一起编辑，也可以分别编辑，还可以具有不同的宽度。

7.2.1　绘制多段线

使用"多段线"命令不但可以绘制一条单独的直线段或圆弧，还可以绘制具有一定宽度的闭合或不闭合直线段和弧线序列。

选择"多段线"命令主要有以下几种方法：

- 执行"绘图"|"多段线"命令。

- 单击“绘图”面板中的“多段线”按钮。
- 在命令行输入简写 PL。

要绘制多段线，执行 PLINE 命令，当指定多段线起点后，命令行显示如下操作提示：

```
指定下一个点或 [圆弧(A)|半宽(H)|长度(L)|放弃(U)|宽度(W)]:
```

命令行提示中有 5 个操作选项，其含义如下：

- 圆弧（A）：若选择此选项（即在命令行输入 A），即可创建圆弧对象。
- 半宽（H）：指绘制的线性对象按设置宽度值的一倍，由起点至终点逐渐增大或减小。如绘制一条起点半宽度为 5，终点半宽度为 10 的直线，则绘制的直线起点宽度应为 10，终点宽度为 20。
- 长度（L）：指定弧线段的弦长。如果上一线段是圆弧，将绘制与上一弧线段相切的新弧线段。
- 放弃（U）：放弃绘制的前一线段。
- 宽度（W）：与“半宽”性质相同，此选项输入的值是全宽度值。

例如，绘制带有变宽度的多线段，命令行操作提示如下，绘制的多段线如图 7-20 所示。

```
命令：pline
指定起点：50,10
当前线宽为 0.0500
指定下一个点或 [圆弧(A)|半宽(H)|长度(L)|放弃(U)|宽度(W)]: 50,60
指定下一点或 [圆弧(A)|闭合(C)|半宽(H)|长度(L)|放弃(U)|宽度(W)]: A
指定圆弧的端点或
[角度(A)|圆心(CE)|闭合(CL)|方向(D)|半宽(H)|直线(L)|半径(R)|第二个点(S)|放弃(U)|宽度(W)]: W
指定起点宽度 <0.0500>:
指定端点宽度 <0.0500>: 1
指定圆弧的端点或
[角度(A)|圆心(CE)|闭合(CL)|方向(D)|半宽(H)|直线(L)|半径(R)|第二个点(S)|放弃(U)|宽度(W)]: 100,60
指定圆弧的端点或
[角度(A)|圆心(CE)|闭合(CL)|方向(D)|半宽(H)|直线(L)|半径(R)|第二个点(S)|放弃(U)|宽度(W)]: L
指定下一点或 [圆弧(A)|闭合(C)|半宽(H)|长度(L)|放弃(U)|宽度(W)]: W
指定起点宽度 <1.0000>: 2
指定端点宽度 <2.0000>: 2
指定下一点或 [圆弧(A)|闭合(C)|半宽(H)|长度(L)|放弃(U)|宽度(W)]: 100,10
指定下一点或 [圆弧(A)|闭合(C)|半宽(H)|长度(L)|放弃(U)|宽度(W)]: C
```

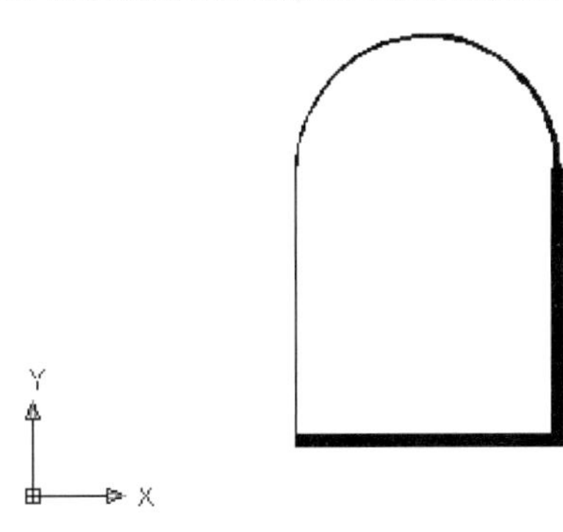

图 7-20　绘制变宽度的多段线

技巧点拨：

无论绘制的多段线包含多少条直线或圆弧，AutoCAD 都把它们作为一个单独的对象处理。

1. “圆弧”选项

此选项用于将当前多段线模式切换为画弧模式，以绘制由弧线组合而成的多段线。在命令行提示下输入 A，或在绘图区单击右键，在快捷菜单中选择“圆弧”选项，都可以激活此选项，系统自动切换到画弧状态，且命令行提示如下：

“指定圆弧的端点或 [角度(A)|圆心(CE)|闭合(CL)|方向(D)|半宽(H)|直线(L)|半径(R)|第二个点(S)|放弃(U)| 宽度(W)]:”

各次级选项功能如下：

- “角度”：用于指定要绘制圆弧的圆心角。
- “圆心”：用于指定圆弧的圆心。
- “闭合”：用于用弧线封闭多段线。
- “方向”：用于取消直线与圆弧的相切关系，改变圆弧的起始方向。
- “半宽”：用于指定圆弧的半宽值。激活此选项后，AutoCAD 将提示用户输入多段线的起点半宽值和终点半宽值。
- “直线”：用于切换直线模式。
- “半径”：用于指定圆弧的半径。
- “第二个点”：用于选择三点画弧方式中的第二个点。
- “宽度”：用于设置弧线的宽度值。

2. 其他选项

- “闭合”：激活此选项后，AutoCAD 将使用直线段封闭多段线，并结束多段线命令。当用户需要绘制一条闭合的多段线时，最后一定要使用此选项功能，才能保证绘制的多段线是完全封闭的。
- “长度”：此选项用于定义下一段多段线的长度，AutoCAD 按照上一线段的方向绘制这一段多段线。若上一段是圆弧，AutoCAD 绘制的直线段与圆弧相切。
- “半宽”|“宽度”：“半宽”选项用于设置多段线的半宽，“宽度”选项用于设置多段线的起始宽度值，起始点的宽度值可以相同，也可以不同。

技巧点拨：

在绘制具有一定宽度的多段线时，系统变量 Fillmode 控制着多段线是否被填充。当变量值为 1 时，绘制的带有宽度的多段线将被填充；变量为 0 时，带有宽度的多段线将不会填充，如图 7-21 所示。

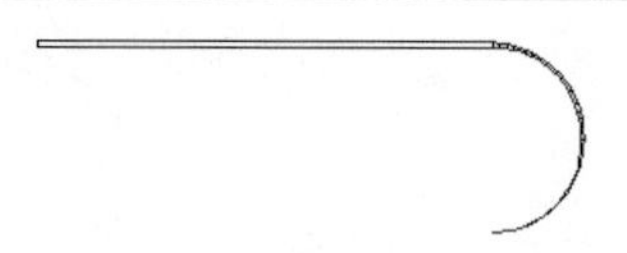

图 7-21　非填充多段线

动手操练——绘制楼梯剖面示意图

在本例中将利用 PLINE 命令结合坐标输入的方式绘制如图 7-22 所示直行楼梯剖面示意图，其中，台阶高为 150，宽为 300。读者可以结合课堂讲解中所介绍的知识来完成本实例的绘制，其具体操作如下：

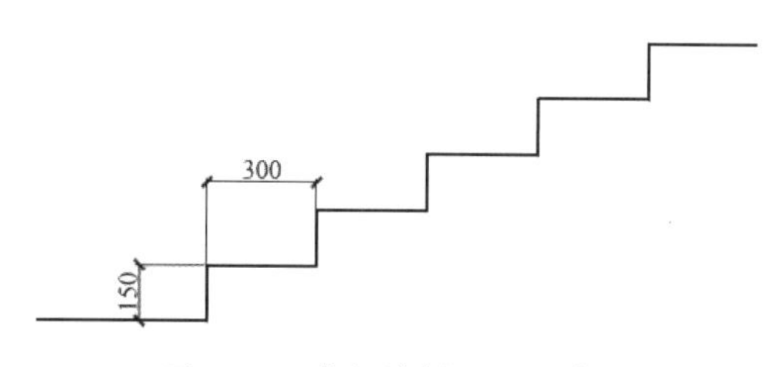

图 7-22　直行楼梯剖面示意图

step 01 新建文件。

step 02 打开正交，单击“绘图”｜“多段线”按钮，绘制带宽度的多段线。

```
命令：PLINE ↙                              // 激活 PLINE 命令绘制楼梯
指定起点：在绘图区中任意拾取一点          // 指定多段线的起点
指定下一个点或 [ 圆弧 (A) / 半宽 (H) / 长度 (L) / 放弃 (U) / 宽度 (W)]：@600,0 ↙
                                           // 指定第一点
指定下一点或 [ 圆弧 (A) / 闭合 (C) / 半宽 (H) / 长度 (L) / 放弃 (U) / 宽度 (W)]：@0,150 ↙
                                           // 指定第二点（绘制楼梯踏步的高）
指定下一点或 [ 圆弧 (A) / 闭合 (C) / 半宽 (H) / 长度 (L) / 放弃 (U) / 宽度 (W)]：@300,0 ↙
                                           // 指定第三点（绘制楼梯踏步的宽）
指定下一点或 [ 圆弧 (A) / 闭合 (C) / 半宽 (H) / 长度 (L) / 放弃 (U) / 宽度 (W)]：@0,150 ↙
                                           // 指定下一点
指定下一点或 [ 圆弧 (A) / 闭合 (C) / 半宽 (H) / 长度 (L) / 放弃 (U) / 宽度 (W)]：@300,0 ↙
                                           // 指定下一点
指定下一点或 [ 圆弧 (A) / 闭合 (C) / 半宽 (H) / 长度 (L) / 放弃 (U) / 宽度 (W)]：@0,150 ↙
                                           // 指定下一点
指定下一点或 [ 圆弧 (A) / 闭合 (C) / 半宽 (H) / 长度 (L) / 放弃 (U) / 宽度 (W)]：@300,0 ↙
                                           // 指定下一点，再根据同样的方法绘制楼梯的其他踏步
指定下一点或 [ 圆弧 (A) / 闭合 (C) / 半宽 (H) / 长度 (L) / 放弃 (U) / 宽度 (W)]：↙
                                           // 按 Enter 键结束绘制
```

step 03 保存结果。

7.2.2　编辑多段线

选择“编辑多段线”命令主要有以下几种方式：

- 执行“修改”|“对象”|“多段线”命令。
- 在命令行输入 Pedit 按 Enter 键。

执行 Pedit 命令，命令行显示如下提示信息。

```
输入选项 [ 闭合 (C) | 合并 (J) | 宽度 (W) | 编辑顶点 (E) | 拟合 (F) | 样条曲线 (S) | 非曲线化 (D) |
线型生成 (L) | 放弃 (U)]：
```

如果选择多个多段线，命令行则显示如下提示信息。

```
输入选项 [ 闭合 (C) | 打开 (O) | 合并 (J) | 宽度 (W) | 拟合 (F) | 样条曲线 (S) | 非曲线化 (D) | 线
型生成 (L) | 放弃 (U)]：
```

动手操练——绘制剪刀平面图

运用“多段线”命令绘制把手，使用“直线”命令绘制刀刃，从而完成剪刀的平面图，效果如图 7-23 所示。

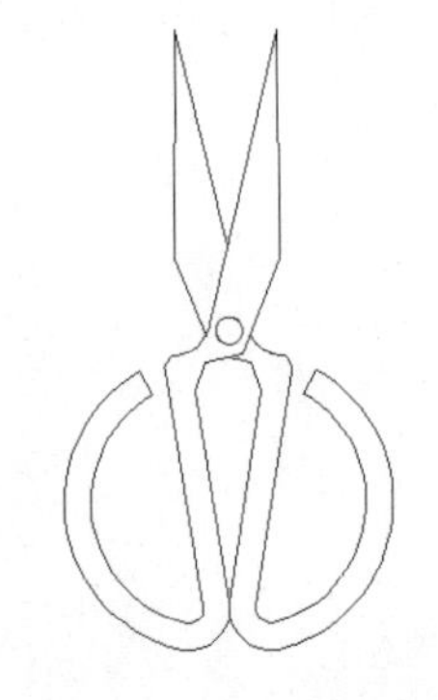
图 7-23 剪刀平面图

step 01 新建一个文件。

step 02 执行 PL（多段线）命令，在绘图区中任意位置指定起点后，绘制如图 7-24 所示的多段线，命令行提示如下。

```
命令：_pline
指定起点：
当前线宽为 0.0000
指定下一个点或 [圆弧(A)/半宽(H)/长度(L)/放弃(U)/宽度(W)]: A
指定圆弧的端点或
[角度(A)/圆心(CE)/方向(D)/半宽(H)/直线(L)/半径(R)/第二个点(S)/放弃(U)/宽度(W)]: S
指定圆弧上的第二个点：@-9，-12.7
二维点无效。
指定圆弧上的第二个点：@-9,-12.7
指定圆弧的端点：@12.7,-9
指定圆弧的端点或
[角度(A)/圆心(CE)/闭合(CL)/方向(D)/半宽(H)/直线(L)/半径(R)/第二个点(S)/放弃(U)/宽度(W)]: L
指定下一点或 [圆弧(A)/闭合(C)/半宽(H)/长度(L)/放弃(U)/宽度(W)]: @-3,19
指定下一点或 [圆弧(A)/闭合(C)/半宽(H)/长度(L)/放弃(U)/宽度(W)]:↙
```

step 03 执行 explode 命令，分解多段线。

step 04 执行 fillet 命令，指定圆角半径为 3，对圆弧与直线的下端点进行圆角处理，如图 7-25 所示。

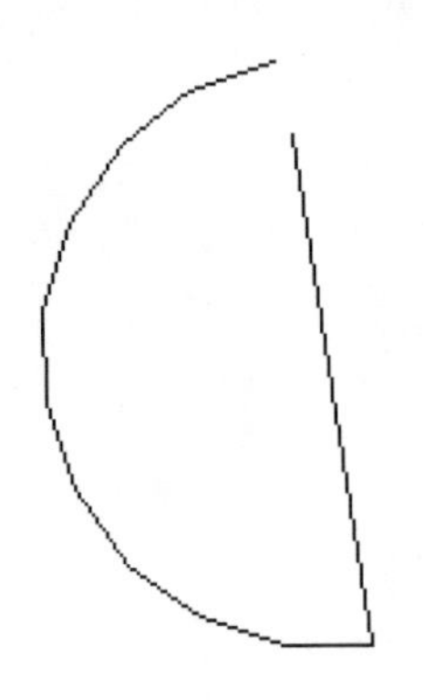
图 7-24 绘制多段线

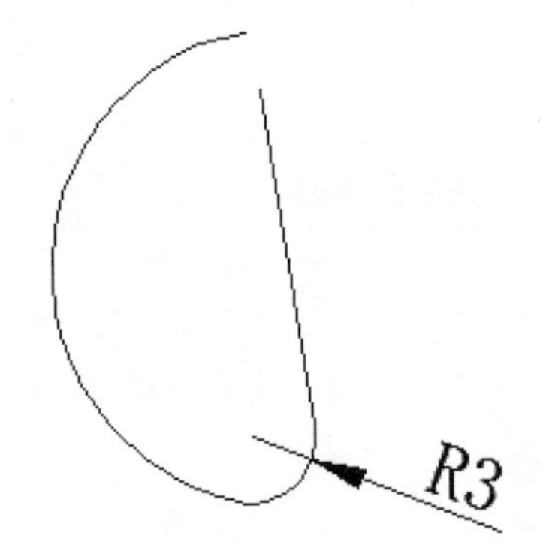

图 7-25 绘制圆角

step 05 执行 L 命令，拾取多段线中直线部分的上端点，确认为直线的第一点，依次输入（@0.8,2）、（@2.8,0.7）、（@2.8,7）、（@-0.1,16.7）、（@-6,-25），绘制多条直线，效果如图 7-26 所示，命令行提示如下。

```
命令：L
LINE 指定第一点：
指定下一点或 [放弃(U)]: @0.8,2
指定下一点或 [放弃(U)]: @2.8,0.7
指定下一点或 [闭合(C)/放弃(U)]: @2.8,7
指定下一点或 [闭合(C)/放弃(U)]: @-0.1,16.7
指定下一点或 [闭合(C)/放弃(U)]: @-6,-25
指定下一点或 [闭合(C)/放弃(U)]: ↙
```

step 06 执行fillet命令，指定圆角半径为3，对上一步绘制的直线与圆弧进行圆角处理，如图7-27所示。

step 07 执行break命令，在圆弧上的适合位置拾取一点为打断的第一点，拾取圆弧的端点为打断的第二点，效果如图7-28所示。

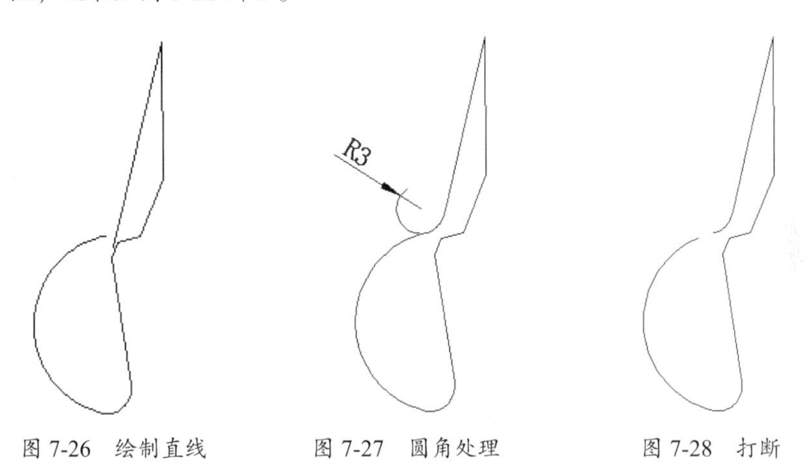

图 7-26　绘制直线　　图 7-27　圆角处理　　图 7-28　打断

step 08 执行O命令，设置偏移距离为2，选择偏移对象为圆弧和圆弧旁的直线，分别进行偏移处理，完成后的效果如图7-29所示。

step 09 执行fillet命令，输入R，设置圆角半径为1，选择偏移的直线和外圆弧的上端点，效果如图7-30所示。

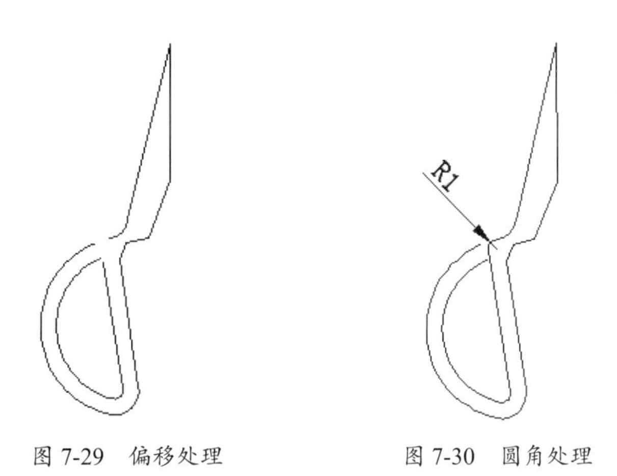

图 7-29　偏移处理　　图 7-30　圆角处理

step 10 执行L命令，连接圆弧的两个端点，结果如图7-31所示。

step 11 执行mirror（镜像）命令，拾取绘图区中所有对象，以通过最下端圆角、最右侧的象限点所在的垂直直线为镜像轴线进行镜像处理，完成后的效果如图 7-32 所示。

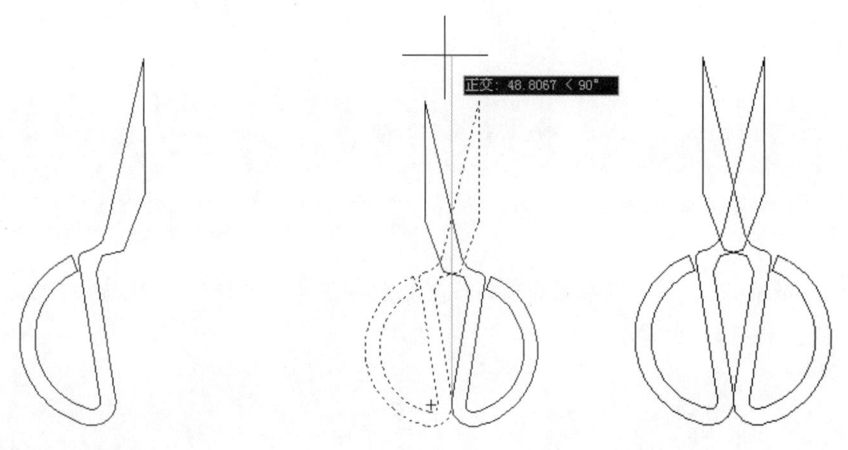

图 7-31　绘制直线　　　　图 7-32　镜像图形

step 12 执行 TR（修剪）命令，修剪绘图区中需要修剪的线段，如图 7-33 所示。

step 13 执行 C 命令，在适当的位置绘制直径为 2 的圆，如图 7-34 所示。

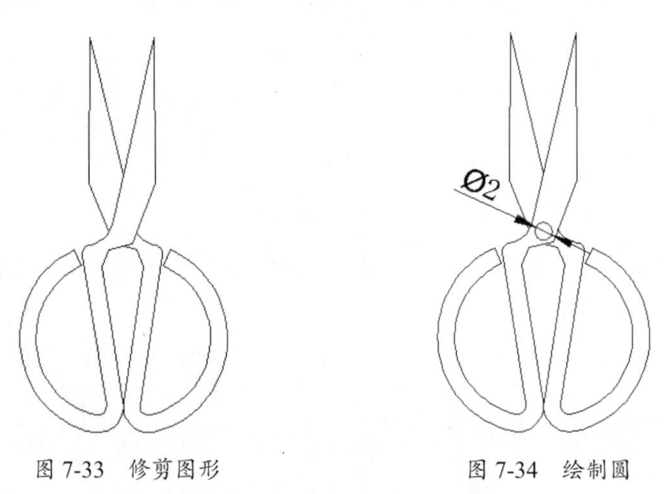

图 7-33　修剪图形　　　　图 7-34　绘制圆

step 14 至此，剪刀平面图绘制完成了，将完成后的文件保存。

7.3　样条曲线

样条曲线是经过或接近一系列给定点的光滑曲线，它可以控制曲线与点的拟合程度，如图 7-35 所示。样条曲线可以是开放的，可以是闭合的。用户还可以对创建的样条曲线进行编辑。

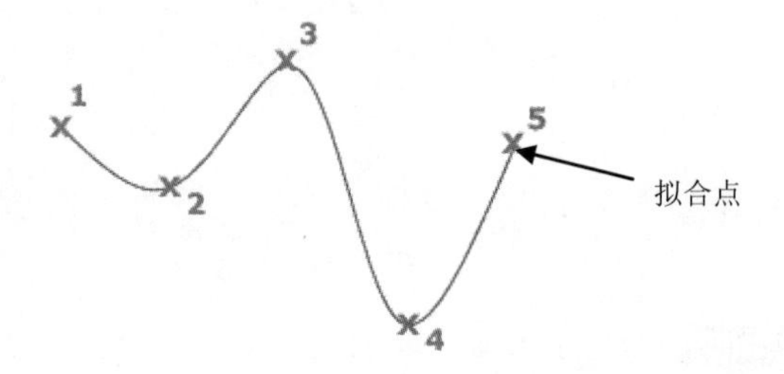

图 7-35　样条曲线

1．绘制样条曲线

绘制样条曲线就是创建通过或接近选定点的平滑曲线，用户可以通过以下命令方式来执行操作：

- 菜单栏：选择“绘图”|“样条曲线”命令。
- 选项面板：在“默认”标签的“绘图”面板中单击“样条曲线”按钮。
- 命令行：输入 SPLINE 并按 Enter 键。

样条曲线的拟合点可以通过光标指定，也可以在命令行输入精确坐标值。执行 SPLINE 命令，在图形窗口中指定样条曲线的第一点和第二点后，命令行显示如下操作提示：

```
命令：_spline
指定第一个点或 [对象(O)]:                              //指定样条曲线第 1 点或选择选项
指定下一点:                                           //指定样条曲线第 2 点
指定下一点或 [闭合(C)|拟合公差(F)] <起点切向>:         //指定样条曲线第 3 点或选择选项
```

在操作提示中，表示当样条曲线的拟合点有两个时，可以创建闭合曲线（选择“闭合”选项），如图 7-36 所示。

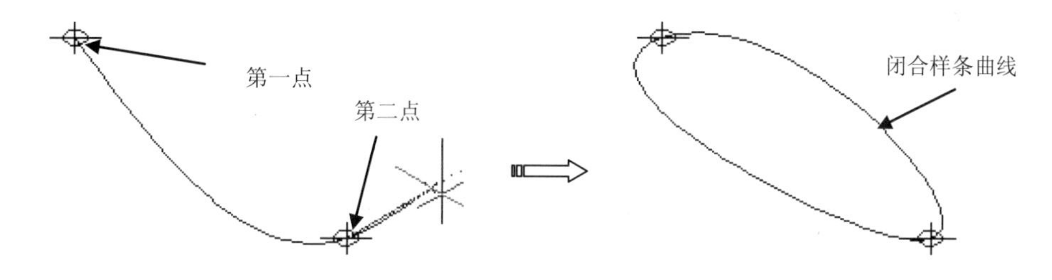

图 7-36　闭合样条曲线

还可以选择“拟合公差”选项来设置样条的拟合程度。如果公差设置为 0，则样条曲线通过拟合点。输入大于 0 的公差将使样条曲线在指定的公差范围内通过拟合点，如图 7-37 所示。

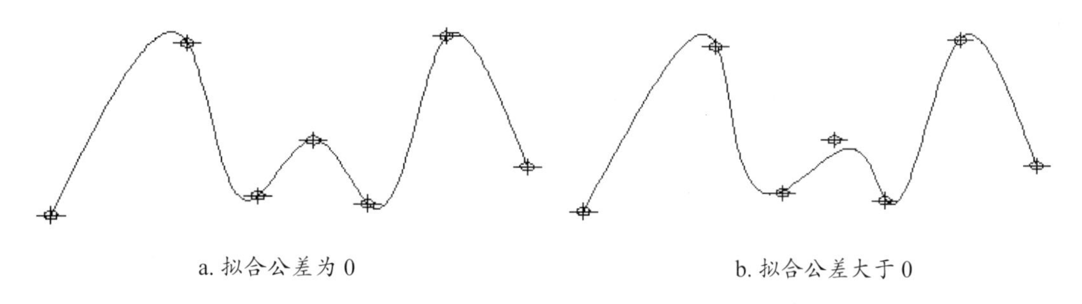

a. 拟合公差为 0　　b. 拟合公差大于 0

图 7-37　拟合样条曲线

2．编辑样条曲线

“编辑样条曲线”工具可用于修改样条曲线对象的形状。样条曲线的编辑除了可以直接在图形窗口中选择样条曲线进行拟合点的移动编辑外，还可以通过以下命令方式来执行此编辑操作：

● 菜单栏：选择“修改”|“对象”|“样条曲线”命令。

● 选项面板：在“默认”标签的“修改”面板中单击“编辑样条曲线”按钮。

● 命令行：输入 SPLINEDIT 并按 Enter 键。

执行 SPLINEDIT 命令并选择要编辑的样条曲线后，命令行显示如下操作提示：

```
输入选项 [拟合数据(F)|闭合(C)|移动顶点(M)|精度(R)|反转(E)|放弃(U)]:
```

同时，图形窗口中弹出“输入选项”菜单，如图 7-38 所示。

命令行提示中或“输入选项”菜单中的选项含义如下：

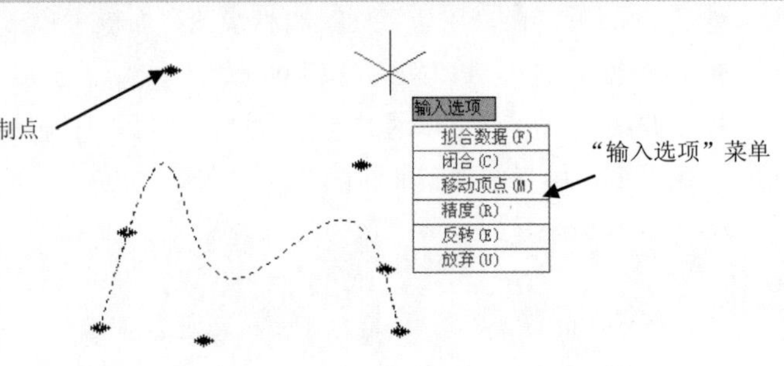

图 7-38　编辑样条曲线的“输入选项”菜单

● 拟合数据：编辑定义样条曲线的拟合点数据，包括修改公差。

● 闭合：将开放样条曲线修改为连续闭合的环。

● 移动顶点：将拟合点移动到新位置。

● 精度：通过添加、权值控制点及提高样条曲线阶数来修改样条曲线定义。

● 反转：修改样条曲线方向。

● 放弃：取消上一步编辑操作。

动手操练——绘制石作雕花大样

样条曲线可以在控制点之间产生一条光滑的曲线，常用于创建形状不规则的曲线，例如波浪线、截交线或汽车设计时绘制的轮廓线等。

下面利用样条曲线和绝对坐标输入法绘制如图 7-39 所示的石作雕花大样图。

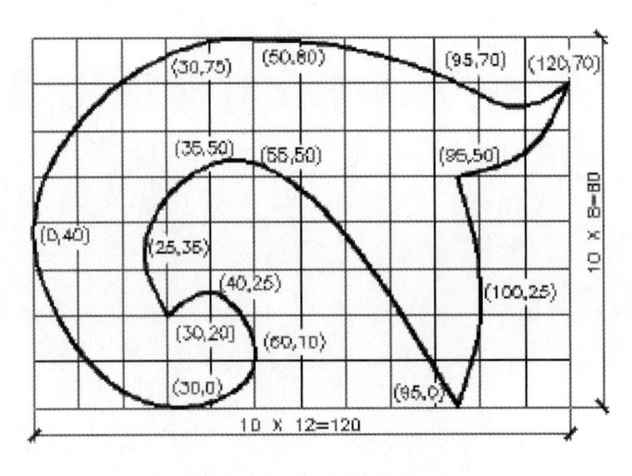

图 7-39　石作雕花大样

step 01 新建文件，并打开“正交”功能。

step 02 单击“直线”按钮，起点为（0,0），向右绘制一条长 120 的水平线段。

step 03 重复执行“直线”命令，起点仍为（0,0），向上绘制一条长 80 的垂直线段，如图 7-40 所示。

step 04 单击“阵列”按钮，选择长度为 120 的直线为阵列对象，在“阵列创建”选项卡中设置参数，如图 7-41 所示。

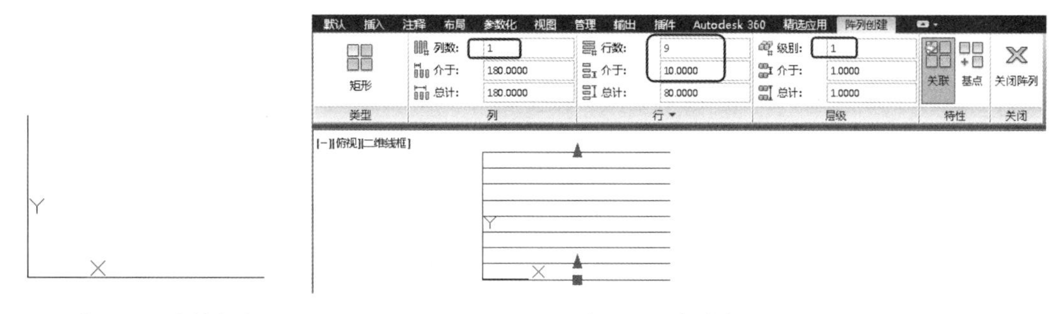

图 7-40　绘制直线　　　　图 7-41　阵列线段

step 05 单击“阵列”按钮，选择长度为 80 的直线为阵列对象，在“阵列创建”选项卡中设置参数，如图 7-42 所示。

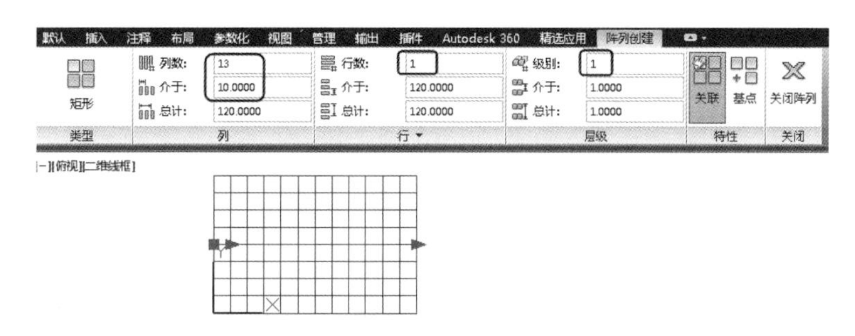

图 7-42　阵列线段

step 06 单击“样条曲线”按钮，利用绝对坐标输入法依次输入各点坐标，分段绘制样条曲线，如图 7-43 所示。

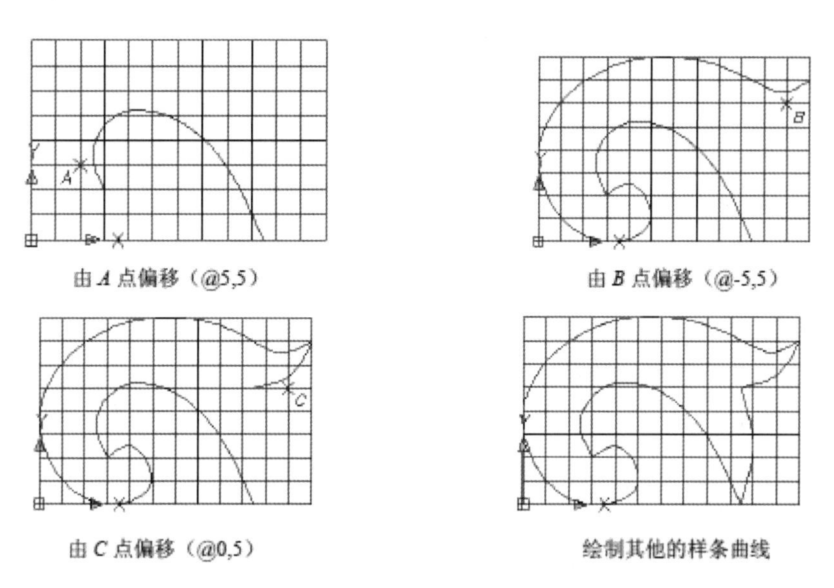

图 7-43　各段样条曲线的绘制过程

技巧点拨：

有时在工程制图中不会给出所有点的绝对坐标，此时可以捕捉网格交点来输入偏移坐标，确定其形状，图 7-47 中的提示点为偏移参考点，读者也可以试用这种方法来绘制。

7.4 绘制曲线与参照几何图形命令

螺旋线属于曲线中较为高级的，而云线则是用来作为绘制参照几何图形时而采用的一种查看、注意方法。

7.4.1 螺旋线（HELIX）

螺旋线是空间曲线。螺旋线包括圆柱螺旋线和圆锥螺旋线。当底面直径等于顶面直径时，为圆柱螺旋线；当底面直径大于或小于顶面直径时，就是圆锥螺旋线。

命令执行方式：

- 命令行：在命令行输入 HELIX 并按 Enter 键。
- 菜单栏：选择“绘图”|“螺旋”命令。
- 功能区：在“常用”选项卡的“绘图”面板中单击“螺旋”按钮。

在二维视图中，圆柱螺旋线表现为多条螺旋线重合的圆，如图 7-44 所示。圆锥螺旋线表现为阿基米德螺线，如图 7-45 所示。

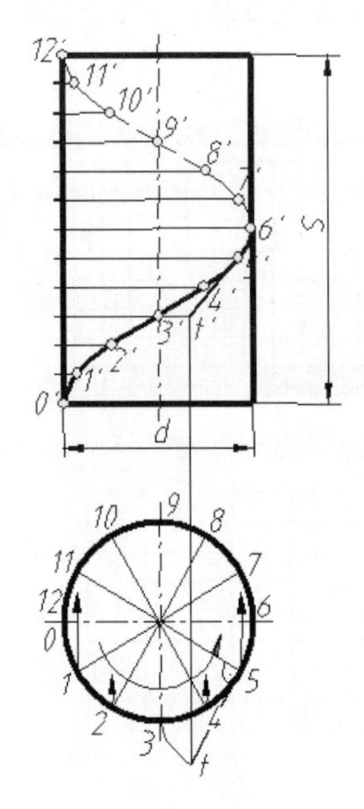

图 7-44　圆柱螺旋线

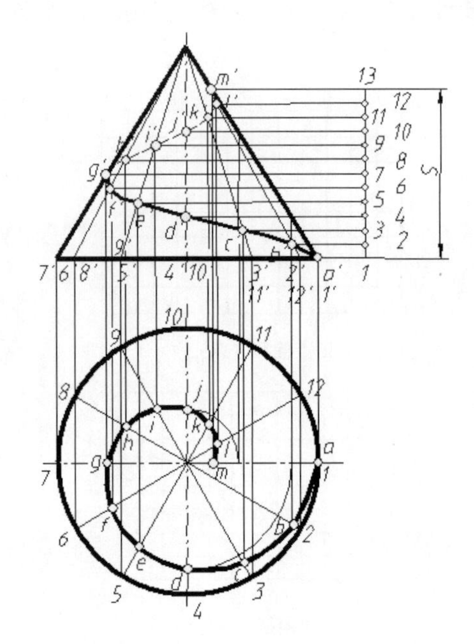

图 7-45　圆锥螺旋线

螺旋线的绘制需要确定底面直径、顶面直径和高度（导程）。当螺旋高度为 0 时，为二维的平面螺旋线；当高度值大于 0 时，则为三维的螺旋线。

技巧点拨：

底面直径和顶面直径的值不能设为 0。

执行 HELIX 命令，按命令行提示指定螺旋线中心、底面半径和顶面半径后，命令行显示如下操作提示：

```
命令: _Helix
圈数 = 3.0000      扭曲 =CCW
指定底面的中心点:                           // 指定底面中心点
指定底面半径或 [直径(D)] <335.7629>:        // 指定底面半径或选择选项
指定顶面半径或 [直径(D)] <174.8169>:        // 指定顶面半径或选择选项
指定螺旋高度或 [轴端点(A)/圈数(T)/圈高(H)/扭曲(W)] <135.7444>:
                                            // 指定螺旋高度或选择选项
```

提示中各选项含义如下：

- 中心点：指定螺旋线中心点位置。
- 底面半径：螺旋线底端面半径。
- 顶面半径：螺旋线顶端面半径。
- 螺旋高度：螺旋线 Z 向高度。
- 轴端点：导圆柱或导圆锥的轴端点，轴起点为底面中心点。
- 圈数：螺旋线的圈数。
- 圈高：螺旋线的导程。每一圈的高度。
- 扭曲：指定螺旋线的旋向，包括顺时针旋向（右旋）和逆时针旋向（左旋）。

7.4.2　修订云线（REVCLOUD，REVC）

修订云线是由连续圆弧组成的多段线，主要用于在检查阶段提醒用户注意图形的某个部分。在检查或用红线圈阅图形时，可以使用修订云线功能亮显标记，以提高工作效率，如图 7-46 所示。

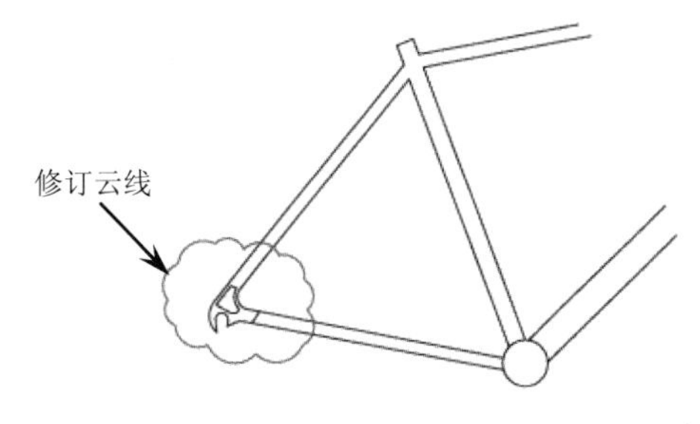

图 7-46　创建修订云线以提醒用户注意

命令执行方式：

- 命令行：在命令行输入 REVCLOUD 并按 Enter 键。

- 菜单栏：选择“绘图”|“修订云线”命令。
- 功能区：在“常用”选项卡的“绘图”面板中单击“修订云线”按钮。

除了可以绘制修订云线外，还可以将其他曲线（如圆、圆弧、椭圆等）转换成修订云线。在命令行输入 REVC 并执行命令后，将显示如下操作提示：

```
命令：_revcloud
最小弧长：0.5000    最大弧长：0.5000                //显示云线当前最小和最大弧长值
指定起点或 [弧长(A)/对象(O)/样式(S)] <对象>:   //指定云线的起点
```

命令行提示中有多个选项供用户选择，其选项含义如下：

- 弧长：指定云线中弧线的长度。
- 对象：选择要转换为云线的对象。
- 样式：选择修订云线的绘制方式，包括普通和手绘。

技巧点拨：

REVCLOUD 在系统注册表中存储上一次使用的弧长。在具有不同比例因子的图形中使用程序时，用 DIMSCALE 的值乘以此值来保持一致。

下面绘制修订云线，学习使用“修订云线”命令。

动手操练——画修订云线

step 01 新建空白文件。

step 02 选择“绘图”|“修订云线”命令，或单击“绘图”的按钮，根据命令行的步骤提示，精确绘图。

```
命令：_revcloud
最小弧长：30    最大弧长：30    样式：普通
指定起点或 [弧长(A)/对象(O)/样式(S)] <对象>:        //在绘图区拾取一点作为起点
沿云线路径引导十字光标...          //按住左键，沿着所需闭合路径拖曳鼠标，即可绘制闭合的
云线图形。
```

step 03 绘制结果如图 7-47 所示。

图 7-47　绘制云线

技巧点拨：

在绘制闭合的云线时，需要移动光标将云线的端点放在起点处，系统会自动绘制闭合云线。

1. “弧长”选项

“弧长”选项用于设置云线的最小弧和最大弧的长度。当激活此选项后，系统提示用户输入最小弧和最大弧的长度。下面通过具体实例学习该选项的功能。

下面以绘制最大弧长为 25、最小弧长为 10 的云线为例，学习“弧长”选项的应用方法。

动手操练——设置云线的弧长

step 01 新建空白文件。

step 02 单击“绘图”面板的按钮，根据命令行的步骤提示精确绘图。

```
命令： _revcloud
最小弧长： 30    最大弧长： 30    样式： 普通
指定起点或 [弧长 (A)/对象 (O)/样式 (S)] <对象>: a   //按 Enter 键，激活“弧长”选项
指定最小弧长 <30>:10                              //按 Enter 键，设置最小弧长度
指定最大弧长 <10>: 25                             //按 Enter 键，设置最大弧长度
指定起点或 [弧长 (A)/对象 (O)/样式 (S)] <对象>:     //在绘图区拾取一点作为起点
沿云线路径引导十字光标 ...                  //按住左键，沿着所需闭合路径拖曳鼠标
反转方向 [是 (Y)/否 (N)] <否>: N           //按 Enter 键，采用默认设置
```

step 03 修订云线的绘制结果，如图 7-48 所示。

图 7-48　绘制结果

2. “对象”选项

“对象”选项用于对非云线图形，如直线、圆弧、矩形以及圆图形等，按照当前的样式和尺寸，将其转化为云线图形，如图 7-49 所示。

另外，在编辑的过程中还可以修改弧线的方向，如图 7-50 所示。

图 7-49　“对象”选项示例　　　图 7-50　反转方向

3. “样式”选项

“样式”选项用于设置修订云线的样式。AutoCAD 共提供了“普通”和“手绘”两种样式，默认情况下为“普通”样式，如图 7-51 所示的云线就是在“手绘”样式下绘制的。

图 7-51　手绘示例

7.5　AutoCAD 认证考试习题集

1. 单选题

（1）用样条曲线（SPLine）通过图示的几点绘制样条曲线，样条曲线起点切向为 180°，终点切向为 0°，样条曲线的长度为？

A. 364.46　　B. 361.46

C. 无法得到　　D. 367.46

答案（）

（2）哪个命令用于绘制多条相互平行的线，每条线的颜色和线型可以相同，也可以不同，此命令常用来绘制建筑工程上的墙线？

A. 直线　　B. 多段线

C. 多线　　D. 样条曲线

答案（）

（3）运用“正多边形”命令绘制的正多边形可以看作是一条什么线？

A. 多段线　　B. 构造线

C. 样条曲线　　D. 直线

答案（）

（4）在绘制多段线时，当在命令行提示输入 A 时，表示切换到什么绘制方式？

A. 角度　　B. 圆弧

C. 直径　　D. 直线

答案（）

2. 多选题

（1）下面关于样条曲线的说法哪些是正确的？

A. 在机械图样中常用来绘制波浪线、凸轮曲线等
B. 样条曲线最少应有 3 个顶点
C. 按照给定的某些数据点（控制点）拟合生成的光滑曲线
D. 可以是二维曲线或三维曲线

答案（）

（2）样条曲线能使用下面的哪个命令进行编辑？

A. 分解　　B. 删除
C. 修剪　　D. 移动

答案（）

7.6　课后练习

1．绘制燃气灶

通过燃气灶的绘制，学习多段线、修剪、镜像等命令的绘制技巧，如图 7-52 所示。

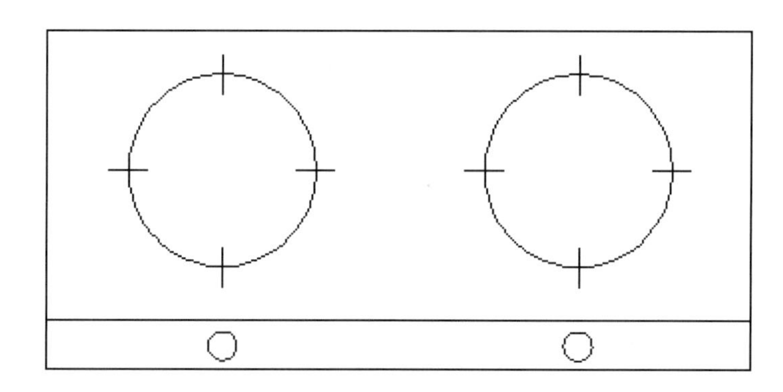

图 7-52　绘制燃气灶

2．绘制空调图形

使用直线、矩形命令绘制如图 7-53 所示的图形，再运用直接复制、镜像复制和阵列复制命令绘制如图 7-54 所示的空调图形。

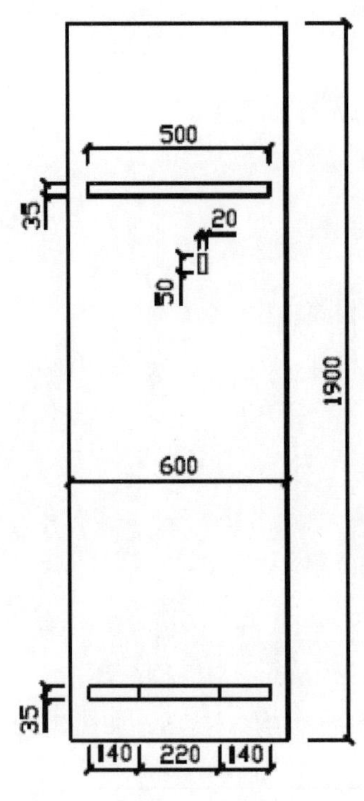

图 7-53　绘制图形

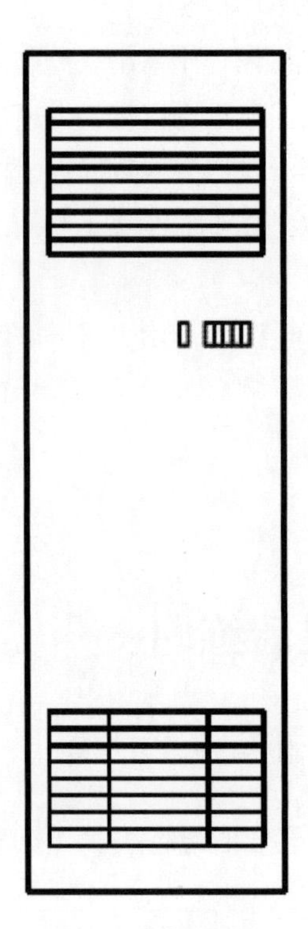

图 7-54　空调图形

3．绘制楼梯

绘制如图 7-55 所示的楼梯平面图形。

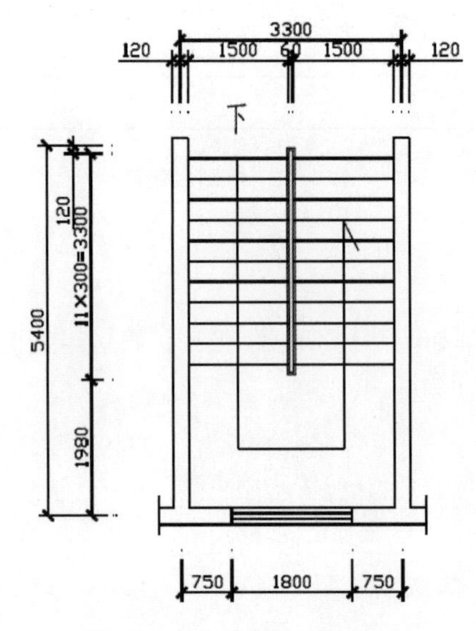

图 7-55　绘制楼梯平面图形

第 8 章

填充与渐变绘图

本章内容

在上一章学习了点与线的绘制方法的基础上，本章开始学习面的绘制与填充。面是平面绘图中最大的单位。本章可以学习到在 AutoCAD 2018 中，如何将线组成的闭合面转换成一个完整的面域、如何绘制面域以及对面域的填充方式等，还将接触到特殊图形圆环的绘制方法。

知识要点

☑ 将图形转换为面域
☑ 填充概述
☑ 使用图案填充
☑ 渐变色填充
☑ 区域覆盖

8.1　将图形转换为面域

面域是具有物理特性（例如质心）的二维封闭区域。封闭区域可以是直线、多段线、圆、圆弧、椭圆、椭圆弧和样条曲线的组合，组成面的对象必须闭合或通过与其他对象共享端点而形成闭合的区域，如图 8-1 所示。

图 8-1　形成面域的图形

面域可应用填充和着色、计算面域或三维实体的质量特性，以及提取设计信息（例如形心）。面域的创建方法有多种，可以使用“面域”命令来创建，也可以使用“边界”命令来创建，还可以使用“三维建模”空间的“并集”“交集”和“差集”命令来创建。

8.1.1　创建面域

所谓“面域”，其实就是实体的表面，它是一个没有厚度的二维实心区域，它具备实体模型的一切特性，它不但含有边的信息，还有边界内的信息，可以利用这些信息计算工程属性，如面积、重心和惯性矩等。

选择“面域”命令主要有以下几种方式。

- 执行“绘图”|“面域”命令。
- 单击“绘图”面板中的“面域”按钮。
- 在命令行输入 Region。

1．将单个对象转成面域

面域不能直接被创建，而是通过其他闭合图形进行转化的。在激活“面域”命令后，只需选择封闭的图形对象即可将其转化为面域，如圆、矩形、正多边形等。

当闭合对象被转化为面域后，看上去并没有什么变化，如果对其进行着色即可区分开，如图 8-2 所示。

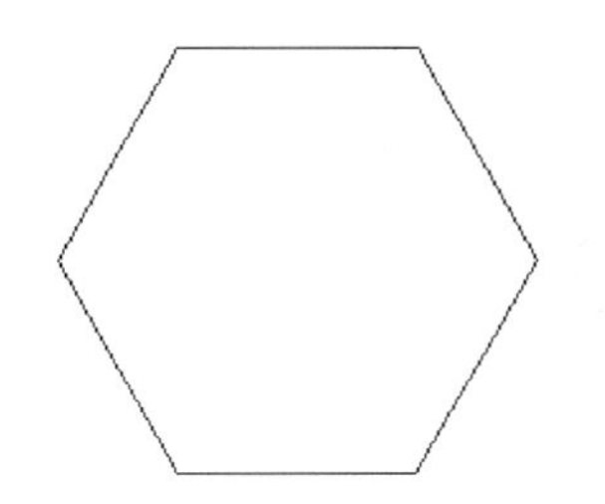

图 8-2　几何线框与几何面域

2. 从多个对象中提取面域

使用“面域”命令，只能将单个闭合对象或由多个首尾相连的闭合区域转化成面域，如果需要从多个相交对象中提取面域，则可以使用“边界”命令，在“边界创建”对话框中，将“对象类型”设置为“面域”，如图 8-3 所示。

图 8-3　“边界创建”对话框

8.1.2　对面域进行逻辑运算

1. 创建并集面域

“并集”命令用于将两个或两个以上的面域（或实体）组合成一个新的对象，如图 8-4 所示。

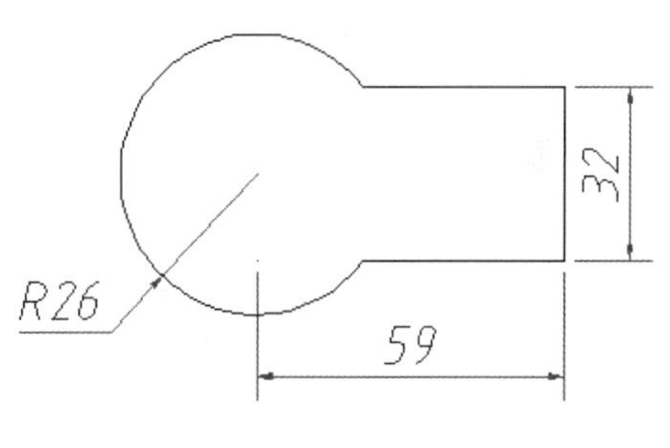

图 8-4　并集示例

选择“并集”命令主要有以下几种方法：

- 执行“修改”|“实体编辑”|“并集”命令。
- 单击“实体”工具栏中的“并集”按钮。
- 在命令行输入 Union 并按 Enter 键。

下面通过创建如图 8-5 所示的组合面域，学习使用“并集”命令。

动手操练——并集面域

step 01 首先新建空白文件，并绘制半径为 26 的圆。

step 02 选择“绘图”|“矩形”命令，以圆的圆心作为矩形左侧边的中点，绘制长度为 59 宽度为 32 的矩形，如图 8-5 所示。

step 03 选择“绘图”|“面域”命令，根据 AutoCAD 命令行操作提示，将刚绘制的两个图形转化为圆形面域和矩形面域。命令行操作如下：

```
命令： _region
选择对象：                                    // 选择刚绘制的圆图形
选择对象：                                    // 选择刚绘制的矩形
选择对象：↙                                   // 退出命令
已提取 2 个环。
已创建 2 个面域。
```

step 04 选择“修改”|“实体编辑”|“并集”命令，根据 AutoCAD 命令行的操作提示，将刚创建的两个面域组合，命令行操作如下，结果如图 8-6 所示。

```
命令： _union
选择对象：                                    // 选择刚创建的圆形面域
选择对象：                                    // 选择刚创建的矩形面域
选择对象：↙                                   // 退出命令，并集
```

图 8-5　绘制结果

图 8-6　并集示例

2. 创建差集面域

“差集”命令用于从一个面域或实体中，移去与其相交的面域或实体，从而生成新的组合实体。

选择“差集”命令主要有以下几种方法：

- 选择“修改”|“实体编辑”|“差集”命令。
- 单击“实体”工具栏中的“差集”按钮。
- 在命令行中输入 Subtract 并按 Enter 键。

下面通过上述的圆形面域和矩形面域，学习使用“差集”命令。

动手操练——差集面域

step 01 继续上例操作。

step 02 单击“实体”工具栏中的“差集”按钮，启动“差集”命令。

step 03 启动“差集”命令后，根据 AutoCAD 命令行操作提示，将圆形面域和矩形面域进行差集运算。命令行操作提示如下，差集结果如图 8-7 所示。

```
命令： _subtract
选择要从中减去的实体或面域 ...
选择对象：                                    // 选择刚创建的圆形面域
选择对象：↙                                   // 结束对象的选择
选择要减去的实体或面域 ..
选择对象：                                    // 选择刚创建的矩形面域
选择对象：↙                                   // 结束命令
```

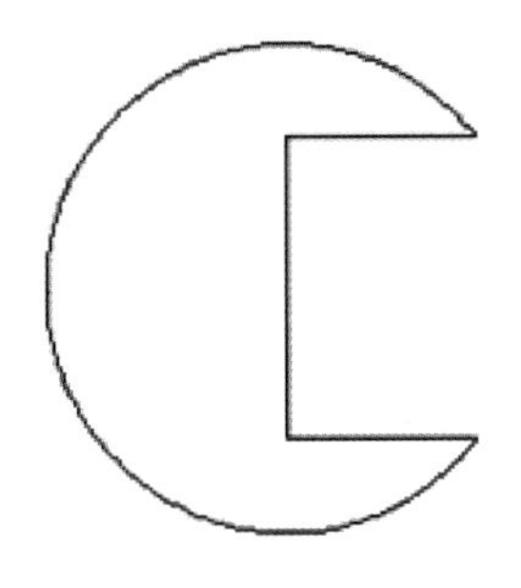

图 8-7　差集示例

技巧点拨：

在选择“差集”命令时，当选择完被减对象后一定要按 Enter 键，然后再选择需要减去的对象。

3. 创建交集面域

“交集”命令用于将两个或两个以上的面域或实体所共有的部分提取出来，组成一个新的图形对象，同时删除公共部分以外的部分。

选择“交集”命令主要有以下几种方法：

- 选择“修改”|“实体编辑”|“交集”命令。
- 单击“实体”工具栏中的“交集”按钮。
- 在命令行输入 Intersect 并按 Enter 键。

下面通过将对上述创建的圆形面域和矩形面域进行交集，学习使用“交集”命令。

动手操练——交集面域

step 01 继续上例操作。

step 02 选择“修改”|“实体编辑”|“交集”命令。

step 03 启动“交集”命令后，根据命令行操作提示，将圆形面域和矩形面域进行交集运算，交集结果如图 8-8 所示。

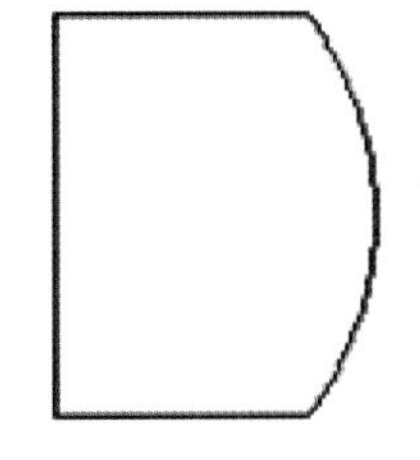

图 8-8　交集示例图

```
命令： _intersect
选择对象：                              // 选择刚创建的圆形面域
选择对象：                              // 选择刚创建的矩形面域
选择对象：↙                             // 退出命令
```

8.1.3　使用 Massprop 提取面域质量特性

Massprop 命令是对面域进行分析的命令，分析的结果可以存入文件。

在命令行输入 Massprop 命令后，打开如图 8-9 所示的窗口，在绘图区选择一个面域，单击右键，分析结果就显示出来了。

```
选择对象: *取消*
命令: MASSPROP
选择对象: 找到 1 个
选择对象:
 ----------------    面域    ----------------
面积:                    6673.8663
周长:                    322.6089
边界框:                 X: 1000.6300  --  1071.2119
                        Y: 714.9611  --  814.7258
质心:                   X: 1034.1823
                        Y: 765.7809
惯性矩:                 X: 3918996164.4267
                        Y: 7140454299.8945
惯性积:                XY: 5285606893.3598
旋转半径:               X: 766.2997
                        Y: 1034.3658
主力矩与质心的 X-Y 方向:
                        I: 2520242.0598 沿 [0.0685 0.9976]
                        J: 5318073.6337 沿 [-0.9976 0.0685]
```

图 8-9　AutoCAD 文本窗口

8.2　填充概述

填充是一种使用指定线条图案、颜色来充满指定区域的操作，经常用于表达剖切面和不同类型物体对象的外观纹理等，被广泛应用在绘制机械图、建筑图及地质构造图等各类图形中。图案的填充可以使用预定义填充图案，可以使用当前线型定义简单的线图案，也可以创建更复杂的填充图案，还可以使用实体颜色填充区域。

8.2.1　定义填充图案的边界

图案的填充首先要定义一个填充边界，定义边界的方法包括指定对象封闭的区域中的点、选择封闭区域的对象、将填充图案从工具选项板或设计中心拖至封闭区域等。填充图形时，程序将忽略不在对象边界内的整个对象或局部对象，如图 8-10 所示。

如果填充线与某个对象（例如文本、属性或实体填充对象）相交，并且该对象被选定为边界集的一部分，则图案填充将围绕该对象填充，如图 8-11 所示。

图 8-10　忽略边界内的对象

图 8-11　对象包含在边界中

8.2.2　添加填充图案和实体填充

除通过选择“图案填充”命令填充图案外，还可以通过从工具选项板拖动图案填充。使用工具选项板，可以更快、更方便地工作。在菜单栏中选择“工具”|“选项板”|“工具选项板”命令，即可打开工具选项板，然后将“图案填充”选项卡打开，如图 8-12 所示。

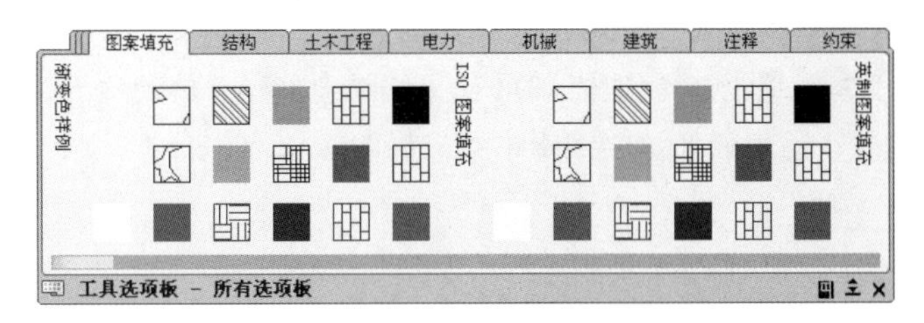

图 8-12　工具选项板

8.2.3　选择填充图案

AutoCAD 程序提供了实体填充及 50 多种行业标准填充图案，可用于区分对象的部件或表示对象的材质，还提供了符合 ISO（国际标准化组织）标准的 16 种填充图案。当选择 ISO 图案时，可以指定笔宽，笔宽决定了图案中的线宽，如图 8-13 所示。

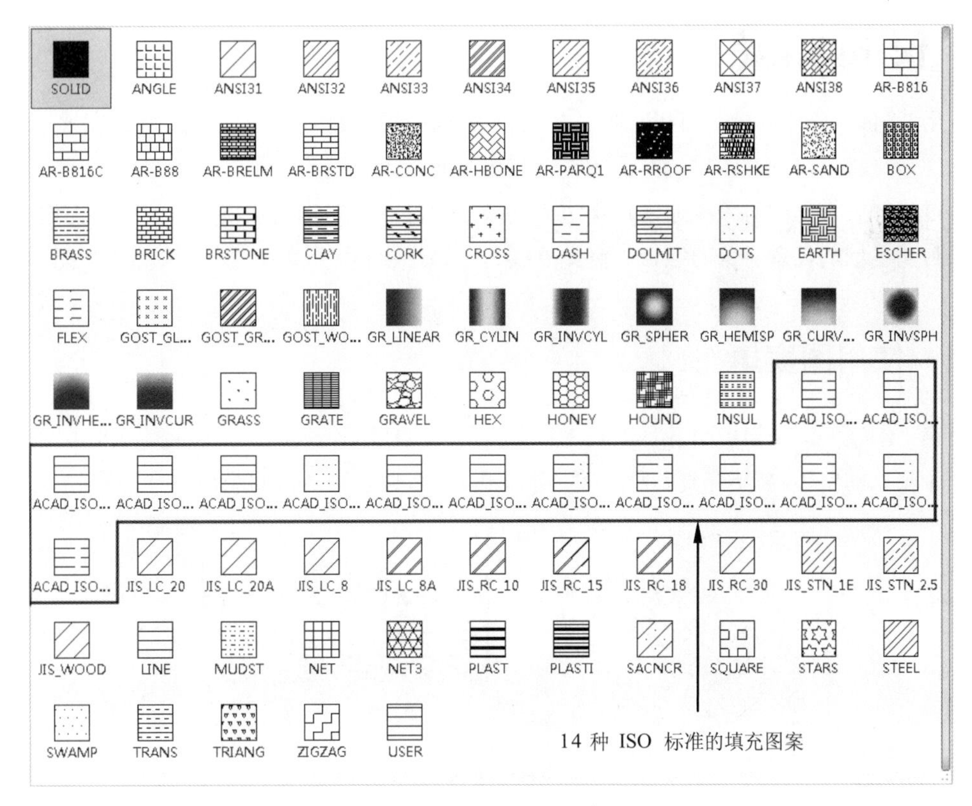

图 8-13　标准图案选择

8.2.4 关联填充图案

图案填充随边界的更改自动更新。默认情况下，用“填充图案”命令创建的图案填充区域是关联的，该设置存储在 HPASSOC 系统变量中。

使用 HPASSOC 中的设置，通过从工具选项板或 DesignCEnter™（设计中心）拖动填充图案来创建图案填充。任何时候都可以删除图案填充的关联性，或者使用HATCH创建无关联填充。当HPGAPTOL系统变量设置为0（默认值）时，如果编辑会创建开放的边界，将自动删除关联性。使用 HATCH 创建独立于边界的非关联图案填充，如图 8-14 所示。

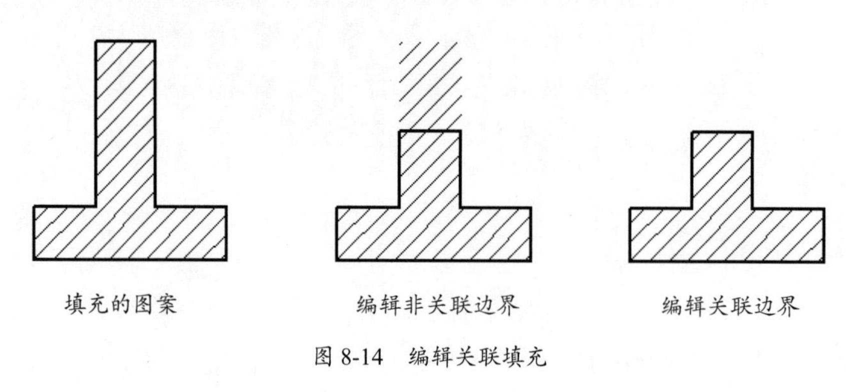

图 8-14 编辑关联填充

8.3 使用图案填充

使用“图案填充”命令，可以在填充封闭区域或在指定边界内进行填充。默认情况下，“图案填充”命令将创建关联图案填充，图案会随边界的更改而更新。

通过选择要填充的对象或通过定义边界并指定内部点来创建图案填充。图案填充边界可以是形成封闭区域的任意对象的组合，例如直线、圆弧、圆和多段线等。

8.3.1 使用图案填充

所谓“图案”，是指使用各种图线进行不同的排列组合而构成的图形元素，此类图形元素作为一个独立的整体，被填充到各种封闭的图形区域内，以表达各自的图形信息，如图8-15所示。

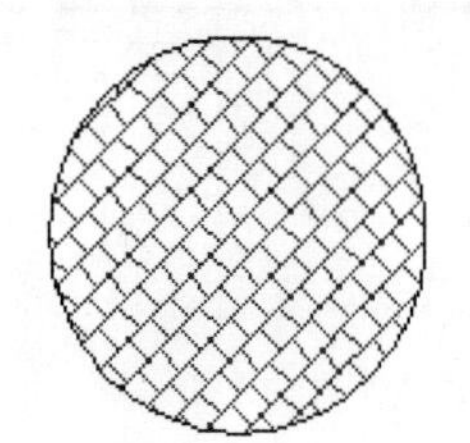
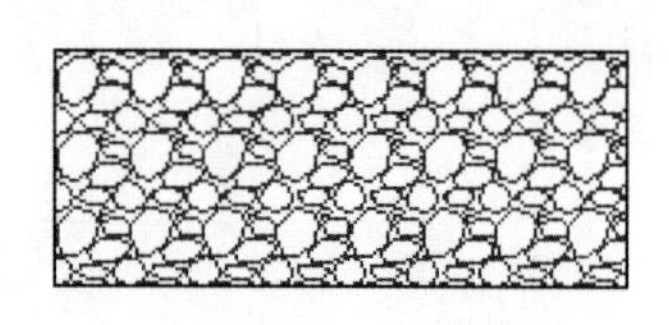

图 8-15 图案示例

选择“图案填充”命令有以下几种方式：

- 执行“绘图”|“图案填充”命令。
- 单击“绘图”面板中的“图案填充”按钮▧。
- 在命令行输入 Bhatch 并按 Enter 键。

执行上述命令后，功能区将显示“图案填充创建”选项卡，如图 8-16 所示。

图 8-16　“图案填充创建”选项卡

该选项卡中包含“边界”“图案”“特性”“原点”“选项”等工具面板，介绍如下。

1. “边界”面板

“边界”面板主要用于拾取点（选择封闭的区域）、添加或删除边界对象、查看选项集等，如图 8-17 所示。

图 8-17　“边界”面板

该面板所包含的按钮含义如下：

- “拾取点”按钮：根据围绕指定点构成封闭区域的现有对象确定边界，面板将暂时关闭，系统将会提示拾取一个点，如图 8-18 所示。

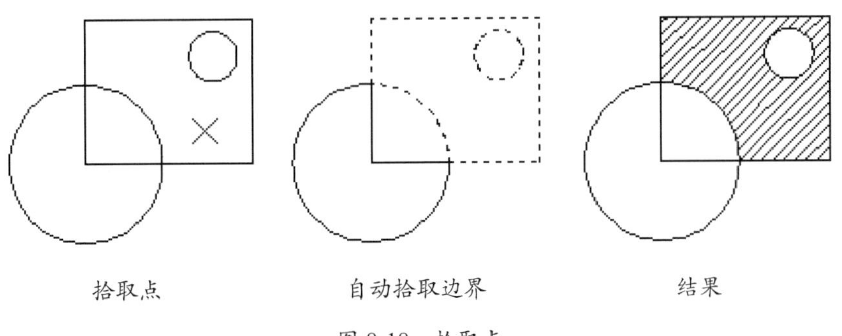

图 8-18　拾取点

- “选择对象”按钮：根据构成封闭区域的选定对象确定边界，面板将暂时关闭，系统将会提示选择对象，如图 8-19 所示。使用“选择”选项时，HATCH 不自动检测内部对象，必须选择选定边界内的对象，以按照当前孤岛检测样式填充这些对象，如图 8-20 所示。

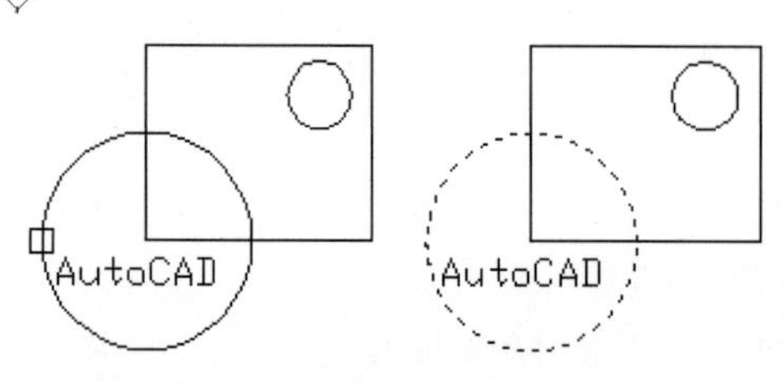

选择边界对象　　　　自动拾取边界

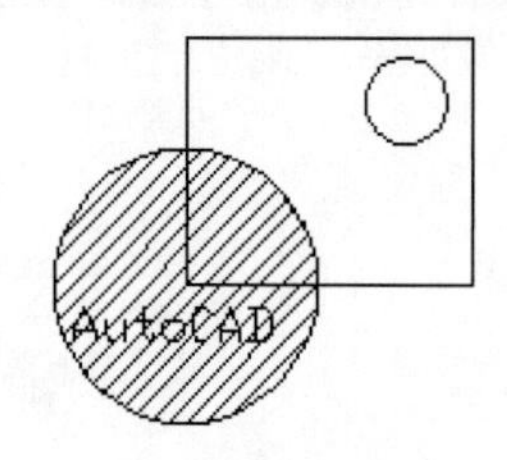

结果

图 8-19　选择边界对象

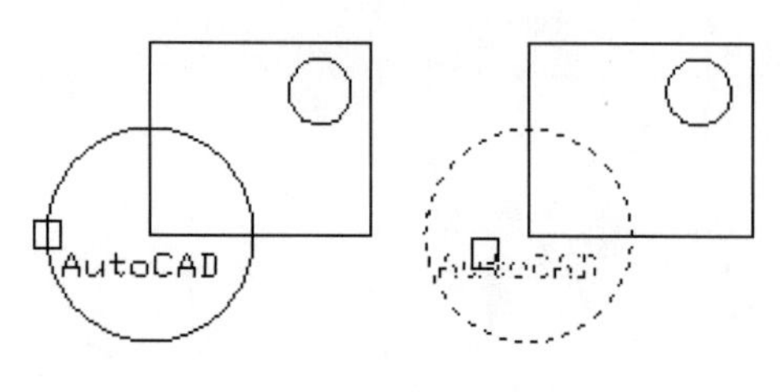

选择边界对象　　　　选择文字

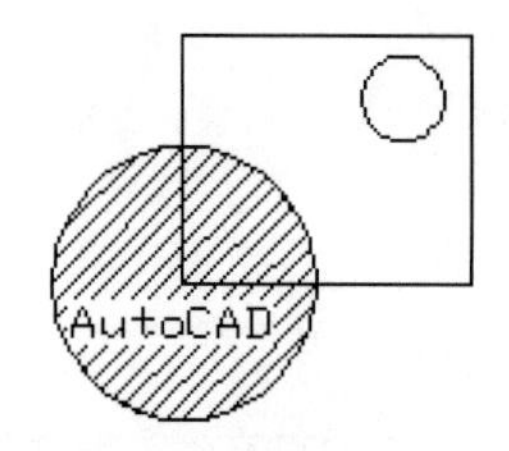

结果

图 8-20　确定边界内的对象

技巧点拨：

在选择对象时，可以随时在绘图区域单击鼠标右键以显示快捷菜单。可以利用此快捷菜单放弃最后一个或所定对象、更改选择方式，以及更改孤岛检测样式、预览图案填充或渐变填充。

- “删除边界”按钮：从边界定义中删除之前添加的任何对象。使用此命令，还可以在填充区域内添加新的填充边界，如图 8-21 所示。

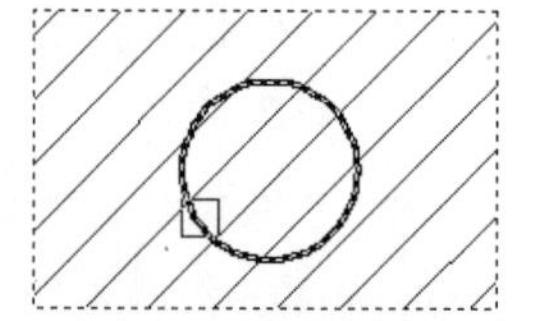

添加边界对象　　　　自动拾取的边界

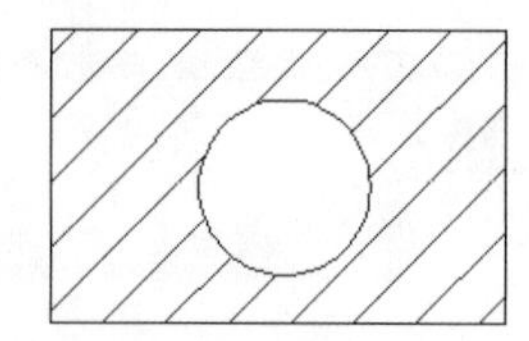

删除结果

图 8-21　删除边界对象

- “重新创建边界”按钮：围绕选定的图案填充或填充对象创建多段线或面域，并使其与图案填充对象相关联。
- “显示边界对象”按钮：暂时关闭面板，并使用当前的图案填充或填充设置显示当前定义的边界。如果未定义边界，则此选项不可用。

2．“图案”面板

“图案”面板的主要作用是定义要应用的填充图案的外观。

“图案”面板中列出可用的预定义图案。上下拖动滑块，可以查看更多图案的预览，如图 8-22 所示。

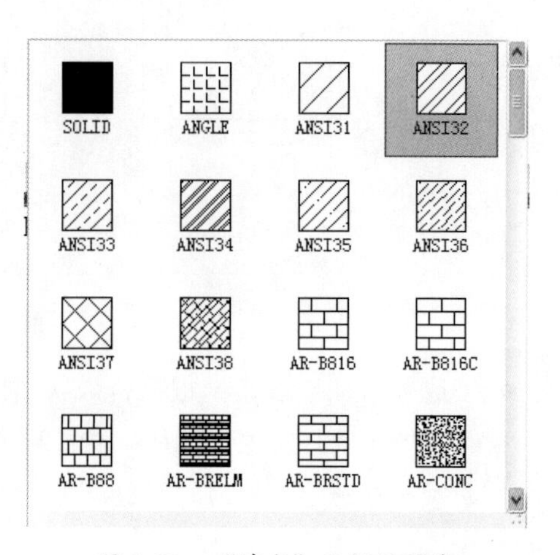

图 8-22　“填充”面板的图案

3. “特性”面板

此面板用于设置图案的特性，如图案的类型、颜色、背景色、图层、透明度、角度、填充比例和笔宽等，如图 8-23 所示。

图 8-23　“特性”面板

- 图案类型：图案填充的类型有 4 种，实体、渐变色、图案和用户定义。这 4 种类型在“图案”面板中也能找到，但在此处选择比较快捷。
- 图案填充颜色：为填充的图案选择颜色，单击列表的下三角按钮▾，展开颜色列表。如果需要选择更多的颜色，可以在颜色列表中选择“选择颜色”选项，将打开“选择颜色”对话框，如图 8-24 所示。

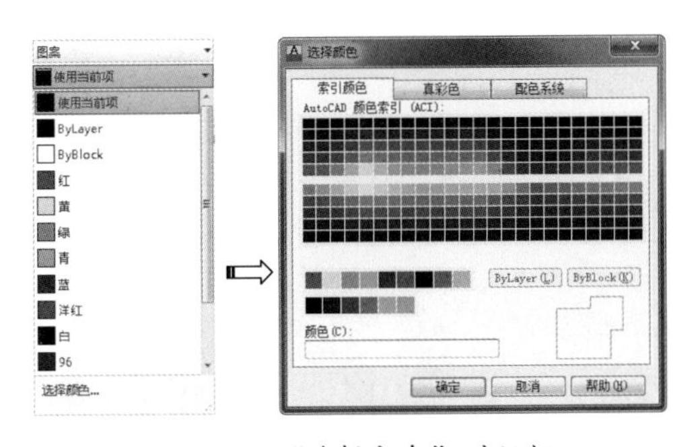

图 8-24　“选择颜色”对话框

- 背景色：指在填充区域内，除填充图案外的区域颜色设置。
- 图案填充图层替代：从用户定义的图层中为定义的图案指定当前图层。如果用户没有定义图层，则此列表中仅仅显示 AutoCAD 默认的图层 0 和图层 Defpoints。
- 相对于图纸空间：在图纸空间中，此选项被激活。此选项用于设置相对于在图纸空间中图案的比例，选择此选项，将自动更改比例，如图 8-25 所示。

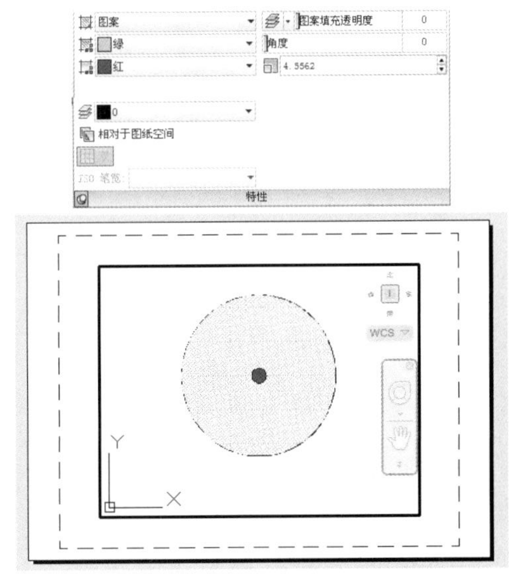

图 8-25　在图纸空间中设置相对比例

- 交叉线：当图案类型为“用户定义”时，“交叉线”选项被激活，如图 8-26 所示为使用交叉线的前后对比。

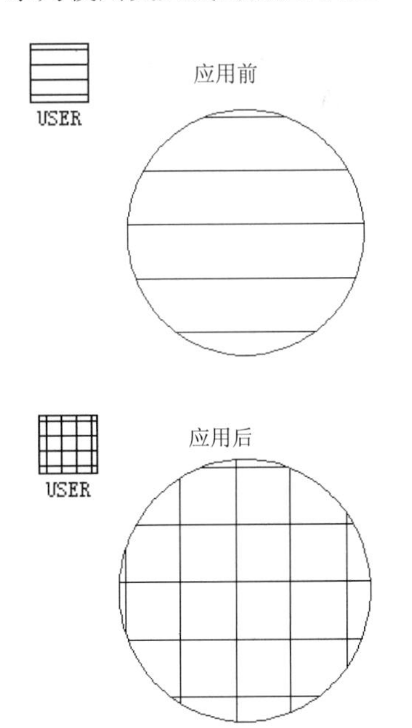

图 8-26　应用交叉线的前后对比

- ISO 笔宽：基于选定笔宽缩放 ISO 预定义图案（此选项等同于填充比例功能），仅当用户指定了 ISO 图案时才可以使用此选项。
- 填充透明度：设定新图案填充或填充的透明度，替代当前对象的透明度。
- 填充角度：指定填充图案的角度（相对当前 UCS 坐标系的 X 轴），设置角度的图案如图 8-27 所示。

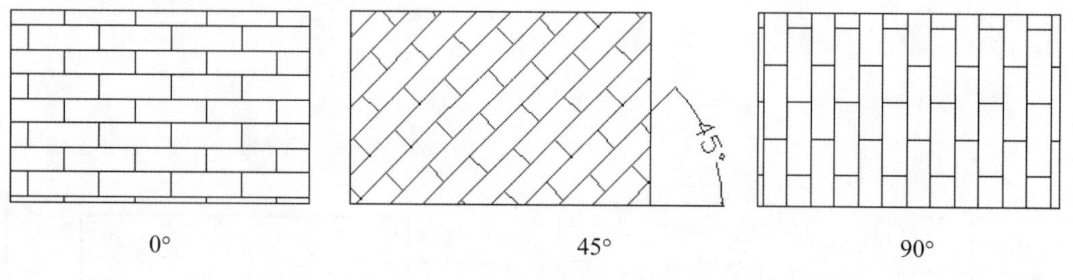

0°　　45°　　90°

图 8-27　填充图案的角度

- 填充图案比例：放大或缩小预定义或自定义图案，如图 8-28 所示。

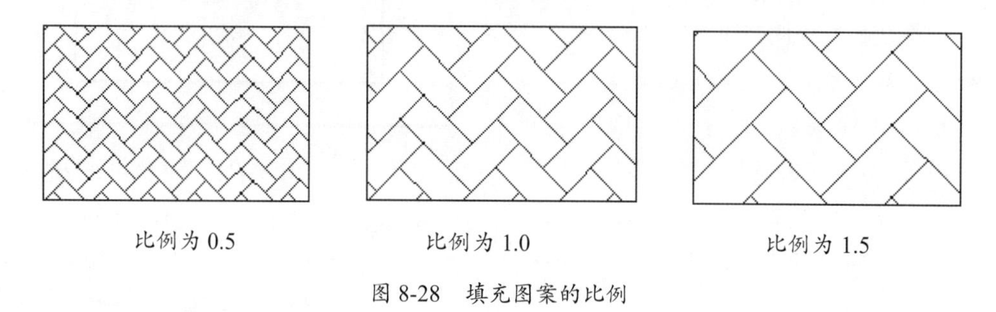

比例为 0.5　　比例为 1.0　　比例为 1.5

图 8-28　填充图案的比例

4. “原点”面板

该面板主要用于控制填充图案生成的起始位置。当某些图案填充（例如砖块图案）需要与图案填充边界上的一点对齐时，默认情况下，所有图案填充原点都对应于当前的 UCS 原点。“图案填充原点”面板中各选项如图 8-29 所示。

- 设定原点：单击此按钮，在图形区中可以直接指定新的图案填充原点。
- 左下、右下、左上、右上和中心：根据图案填充对象边界的矩形范围来定义新原点。

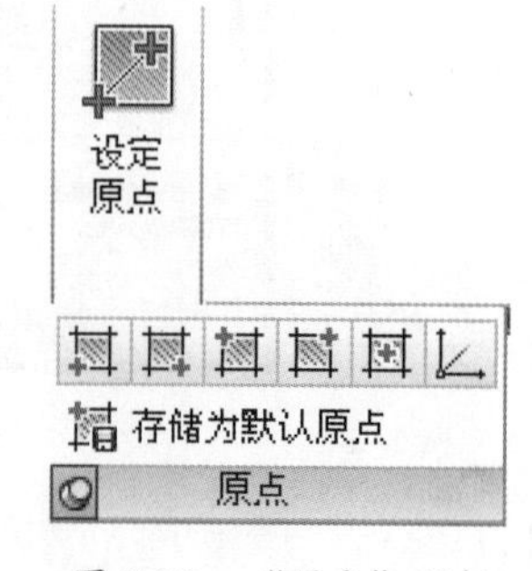

图 8-29　“原点”面板

- 存储为默认原点：将新图案填充原点的值存储在 HPORIGIN 系统变量中。

5. “选项”面板

“选项”面板主要用于控制几个常用的图案填充或填充选项，“选项”面板如图 8-30 所示。该面板中的选项含义如下：

- 注释性：指定图案填充的注释性。
- 关联：控制图案填充或填充的关联，关联的图案填充或填充在用户修改其边界时将会更新。
- 独立的图案填充：控制当指定了几个单独的闭合边界时，是创建单个图案填充对象，还是创建多个图案填充对象。当创建了两个或两个以上的填充图案时，此选项才可用。
- “孤岛检测”：填充区域内的闭合边界称为“孤岛”，控制是否检测孤岛。如果不存在内部边界，则指定孤岛检测样式没有意义。孤岛检测有 4 种方式：普通、外部、忽略和无，如图 8-31~ 图 8-34 所示。

关联
注释性
特性匹配
允许的间隙
0
创建独立的图案填充
外部孤岛检测
置于边界之后
选项

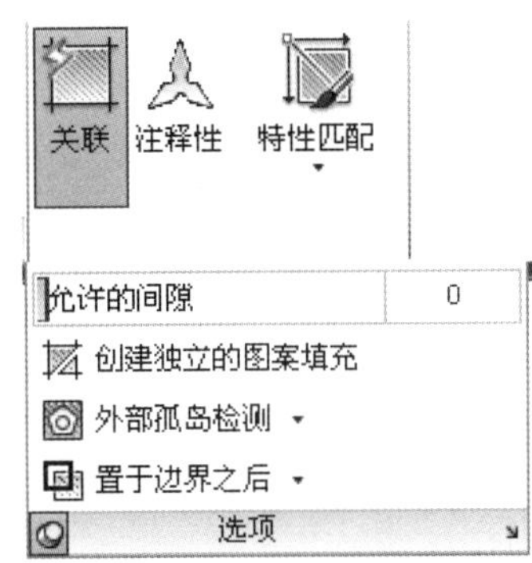

图 8-30　“选项”面板

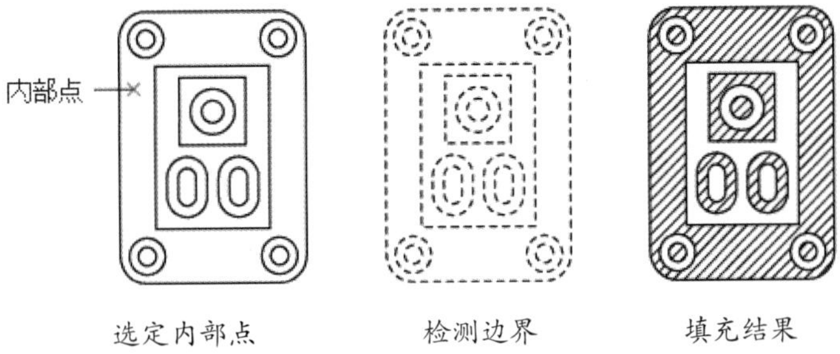
内部点
选定内部点
检测边界
填充结果

图 8-31　“普通”样式孤岛填充

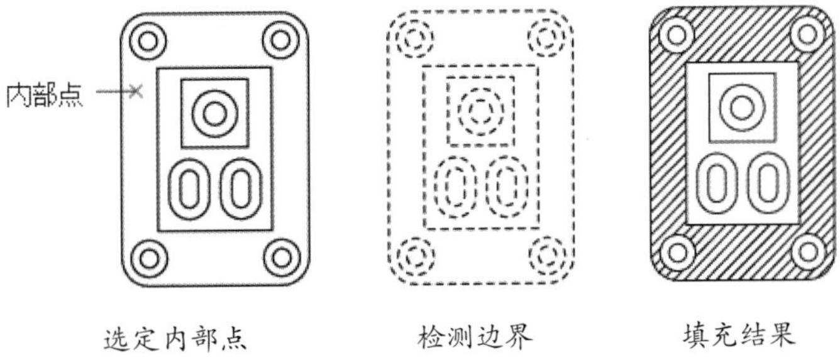
内部点
选定内部点
检测边界
填充结果

图 8-32　“外部”样式孤岛填充

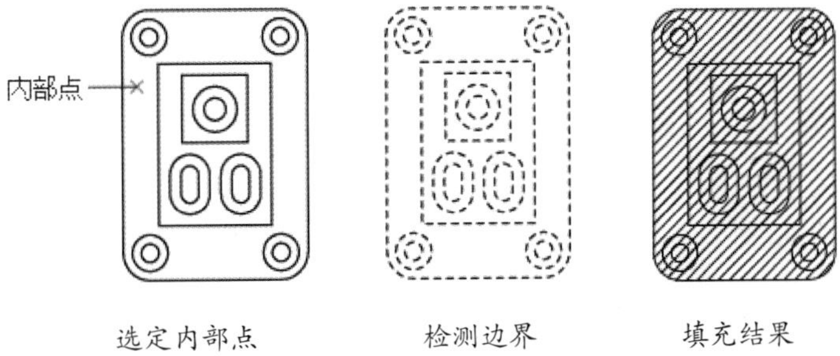
内部点
选定内部点
检测边界
填充结果

图 8-33　“忽略”样式孤岛填充

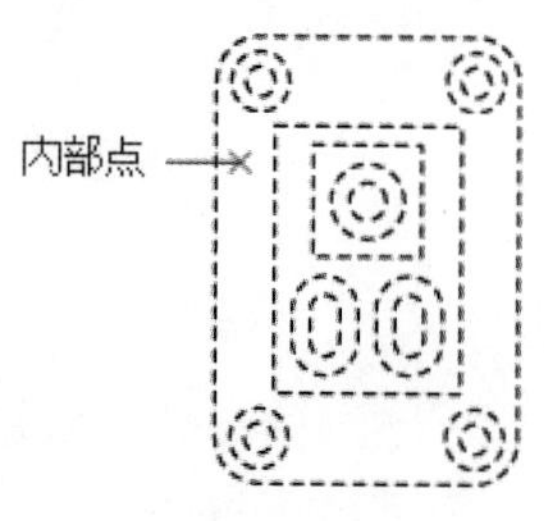

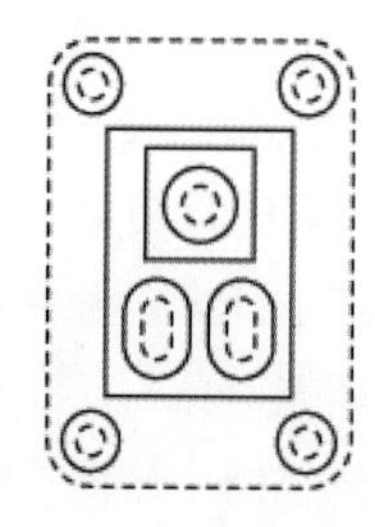
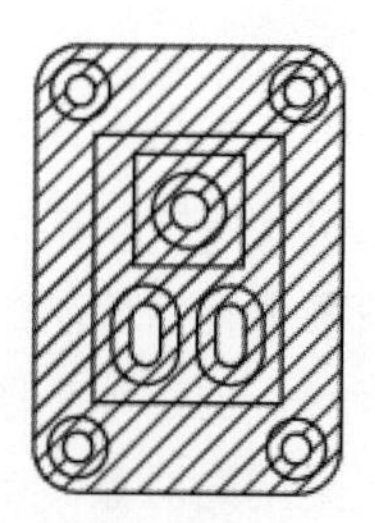

图 8-34　删除孤岛填充

- 绘图次序：为图案填充或填充指定绘图次序。图案填充可以放在所有其他对象之后、所有其他对象之前、图案填充边界之后或图案填充边界之前。在下方的列表中包括“不指定”“后置”“前置”“置于边界之后”和“置于边界之前”选项。
- “图案填充和渐变色”对话框：当在“选项”面板的右下角单击↘按钮时，会弹出“图案填充创建和渐变色”对话框，如图 8-35 所示。此对话框与 AutoCAD 2014 之前的版本中的填充图案功能对话框相同。

图 8-35　“图案填充和渐变色”对话框

8.3.2　创建无边界的图案填充

在特殊情况下，有时不需要显示填充图案的边界，用户可以使用以下几种方法创建不显示图案填充边界的图案填充。

- 使用“图案填充”命令创建图案填充，然后删除全部或部分边界对象。
- 使用“图案填充”命令创建图案填充，确保边界对象与图案填充不在同一图层上，然后关闭或冻结边界对象所在的图层，这是保持图案填充关联性的唯一方法。
- 可以用创建为修剪边界的对象修剪现有的图案填充，修剪图案填充后，删除这些对象。
- 可以通过在命令行提示下使用 HATCH 的“绘图”选项指定边界点来定义图案填充边界。

例如，只通过填充图形中较大区域的一小部分，来显示较大区域被图案填充，如图 8-36 所示。

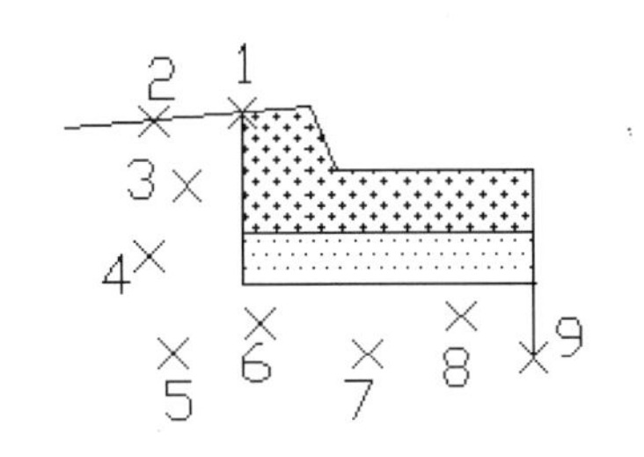

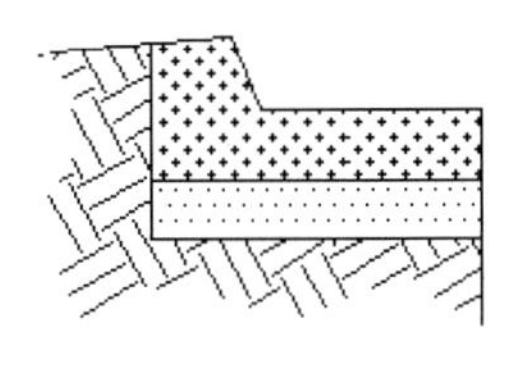

图 8-36　指定点来定义图案填充边界

动手操练——图案填充

下面通过一个小例子来学习如何使用“图案填充”。

step 01 打开 ex-1.dwg 文件。

step 02 在“默认”选项卡的“绘图”面板中单击“图案填充”按钮，功能区显示“图案填充创建”面板。

step 03 在面板中进行如下设置：选择类型“图案”；选择图案 ANSI31、角度为 90、比例为 0.8，设置完成后单击“拾取一个点”按钮，如图 8-37 所示。

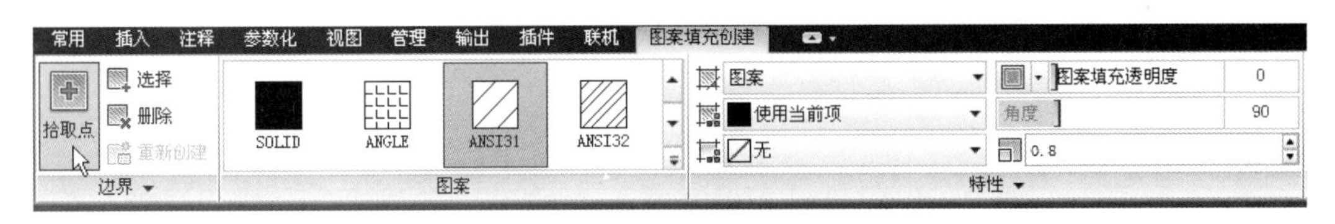

图 8-37　设置图案填充

step 04 在图形中的 6 个点上进行选择，拾取点后按 Enter 键确认，如图 8-38 所示。

step 05 在“图案填充创建”面板中单击“关闭填充图案创建”按钮，程序自动填充所选择的边界，如图 8-39 所示。

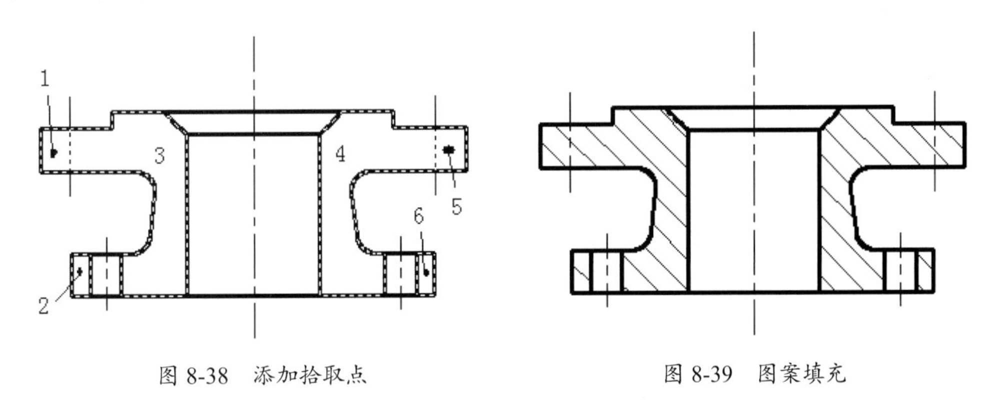

图 8-38　添加拾取点　　图 8-39　图案填充

8.4　渐变色填充

渐变填充在一种颜色的不同灰度之间或两种颜色之间使用过渡，渐变填充提供光源反射到对象上的外观，可用于增强演示图形。

8.4.1 设置渐变色

渐变色填充是通过“图案填充和渐变色”对话框中“渐变色”选项卡的选项来设置、创建的。“渐变色”选项卡如图 8-40 所示。

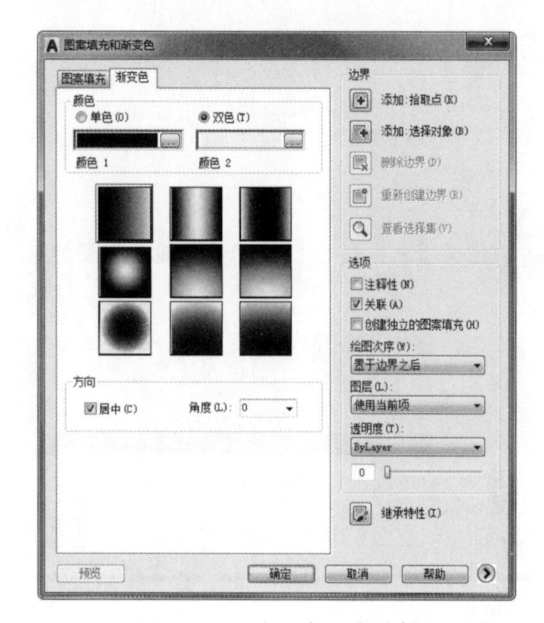

图 8-40 “渐变色”选项卡

用户可以通过以下方式打开渐变色的填充创建选项：

- 菜单栏：选择“绘图”|“渐变色”命令。
- 面板：在“默认”标签的“绘图”面板中单击“渐变色”按钮。
- 命令行：输入 GRADIENT 并按 Enter 键。

“渐变色”选项卡包含多个选项组，其中“边界”“选项”等选项组在“图案填充创建”选项卡中已详细介绍过，这里不再重复叙述。下面主要介绍“颜色”和“方向”选项组的功能。

1. “颜色”选项组

“颜色”选项组主要控制渐变色填充的颜色对比、颜色的选择等。选项组包括“单色”和“双色”颜色显示选项。

- “单色”选项：指定使用从较深着色到较浅色调平滑过渡的单色填充。选择该选项，将显示带有“浏览”按钮 ... 和“暗”“明”滑块的颜色样本，如图 8-41 所示。

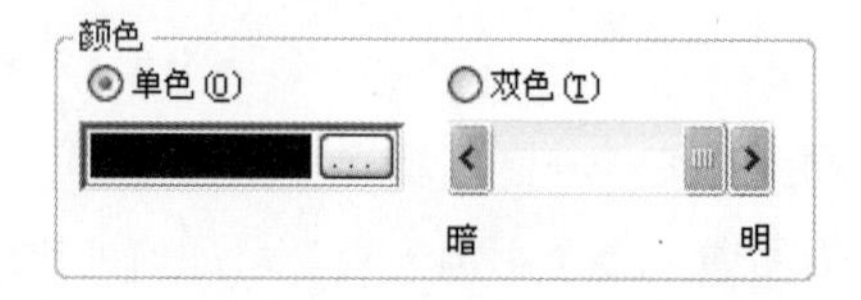

图 8-41 “单色”选项

- “双色”选项：指定在两种颜色之间平滑过渡的双色渐变填充。选择“双色”选项时，将显示颜色 1 和颜色 2 的带有“浏览”按钮的颜色样本，如图 8-42 所示。

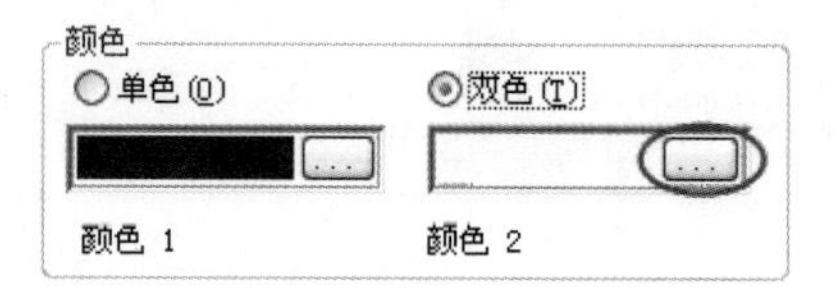

图 8-42 “双色”选项

- 颜色样本：指定渐变填充的颜色。单击“浏览”按钮 ... ，以显示“选择颜色”对话框，从中可以选择 AutoCAD 颜色索引（ACI）颜色、真彩色或配色系统颜色，如图 8-43 所示。

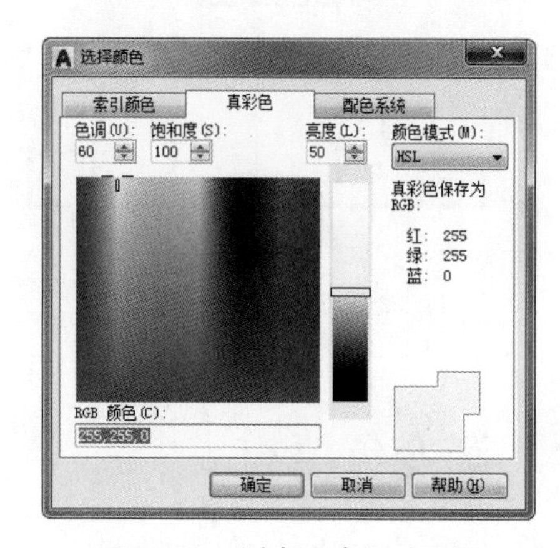

图 8-43 “选择颜色”对话框

2. 渐变图案预览

渐变填充预览显示用户所设置的 9 种颜色固定图案，这些图案包括线性扫掠状、球状和抛物面状图案，如图 8-44 所示。

图 8-44　渐变色预览

3. “方向”选项组

该选项组指定渐变色的角度及其是否对称，选项卡所包含的选项含义如下。

- 居中：指定对称的渐变配置。如果没有选定此选项，渐变填充将朝左上方变化，创建光源在对象左边的图案，如图 8-45 所示。

没有居中

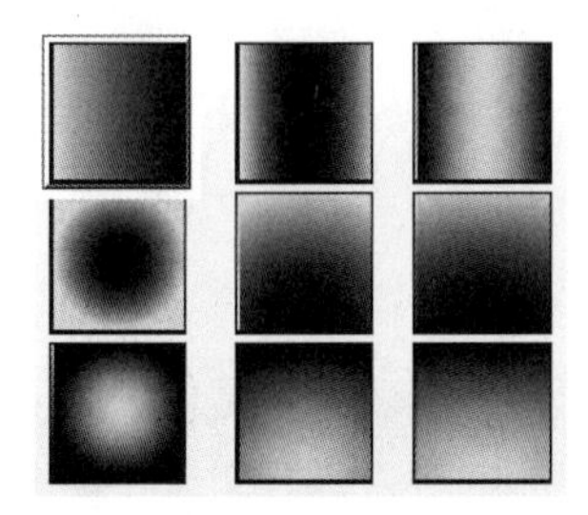

居中

图 8-45　对称的渐变配置

- 角度：指定渐变填充的角度，相对当前 UCS 指定的角度，如图 8-46 所示。此选项指定的渐变填充角度与图案填充指定的角度互不影响。

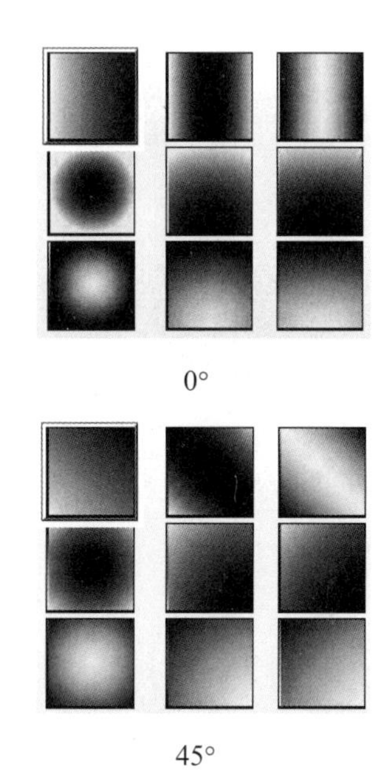

0°

45°

图 8-46　渐变填充的角度

8.4.2 创建渐变色填充

接下来以一个实例来说明渐变色填充的操作过程。本例将渐变填充颜色设为“双色”，并自选颜色、设置角度。

动手操练——创建渐变色

step 01 打开实例 ex-2.dwg 文件。

step 02 在“默认”标签的“绘图”面板中单击“渐变色”按钮，弹出“图案填充创建”选项卡。

step 03 在“特性”选项区中设置以下参数：在颜色 1 的颜色样本列表中单击“更多颜色”按钮，在随后弹出“选择颜色”对话框的“真彩色”选项卡中输入色调为 267、饱和度为 93、亮度为 77，然后关闭该对话框，如图 8-47 所示。

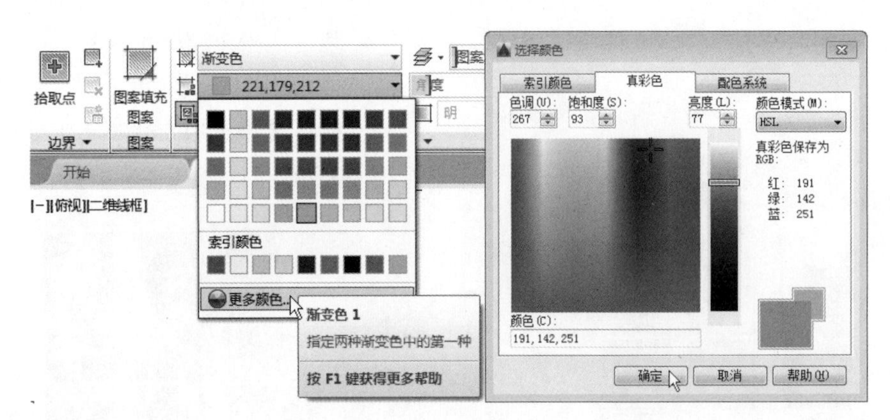

图 8-47　选择颜色

step 04 在“原点”面板中单击“居中”按钮；并设置角度为 30，如图 8-48 所示。

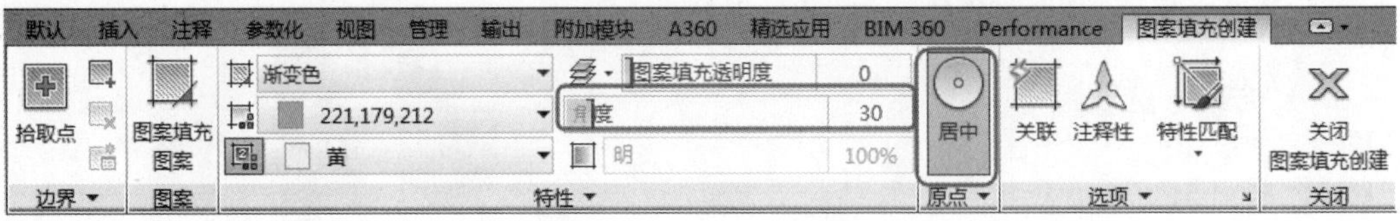

图 8-48　渐变填充的角度设置

step 05 在图形中选取一点作为渐变填充的位置点，如图 8-49 所示。单击即可进行渐变填充，结果如图 8-50 所示。

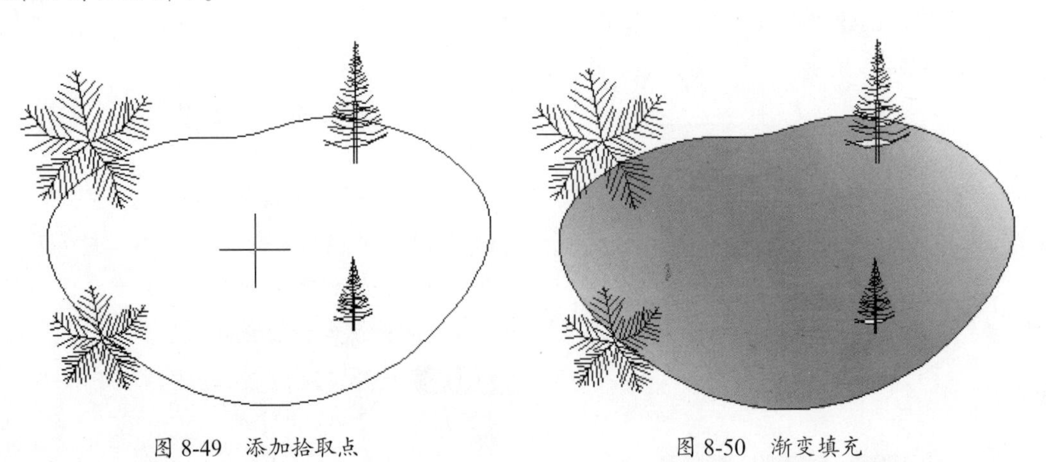

图 8-49　添加拾取点　　　　图 8-50　渐变填充

8.5　区域覆盖

区域覆盖对象是一块多边形区域，它可以使用当前背景色屏蔽底层的对象。此区域由区域覆盖边框进行绑定，可以打开此区域进行编辑，也可以关闭此区域进行打印。使用区域覆盖对象可以在现有对象上生成一个空白区域，用于添加注释或详细的蔽屏信息，如图 8-51 所示。

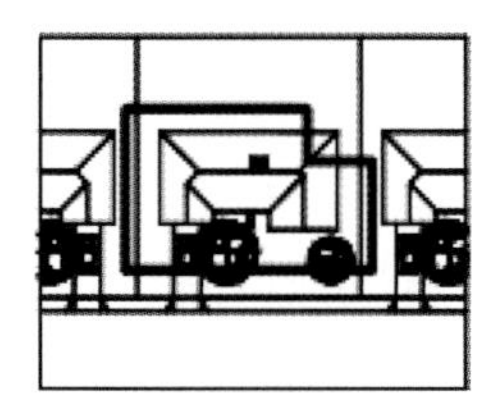

绘制多段线

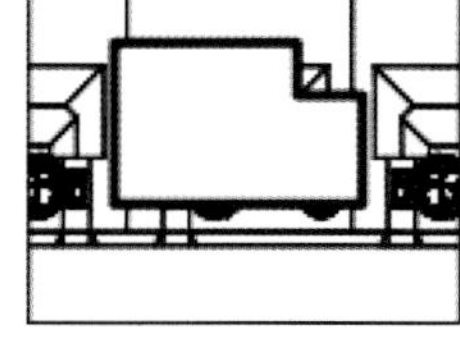

擦除多段线内的对象

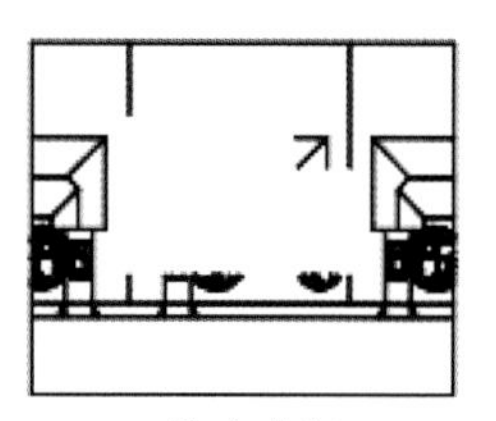

擦除边框

图 8-51　区域覆盖

用户可以通过以下方式执行此操作。

- 菜单栏：选择“绘图”|“区域覆盖”命令。
- 面板：在“默认”标签的“绘图”面板中单击“区域覆盖”按钮。
- 命令行：输入 WIPEOUT 并按 Enter 键。

执行 WIPEOUT 命令，命令行将显示如下操作提示。

```
命令：_wipeout
指定第一点或 [边框(F)/多段线(P)] <多段线>：
```

操作提示下的选项含义如下。

- 第一点：根据一系列点确定区域覆盖对象的多边形边界。
- 边框：确定是否显示所有区域覆盖对象的边。
- 多段线：根据选定的多段线，确定区域覆盖对象的多边形边界。

技巧点拨：

如果使用多段线创建区域覆盖对象，则多段线必须闭合，只包括直线段且宽度为零。

下面以实例来说明区域覆盖对象的创建过程。

动手操练——创建区域覆盖

step 01 打开文件 ex-3.dwg。

step 02 在“默认”标签的“绘图”面板中单击“区域覆盖”按钮，然后按命令行的提示进行操作。

```
命令：_wipeout
指定第一点或 [边框(F)/多段线(P)] <多段线>：↙        //选择选项或按 Enter 键
选择闭合多段线：                                    //选择多段线
是否要删除多段线？[是(Y)/否(N)] <否>：↙
```

step 03 创建区域覆盖对象的过程及结果，如图 8-52 所示。

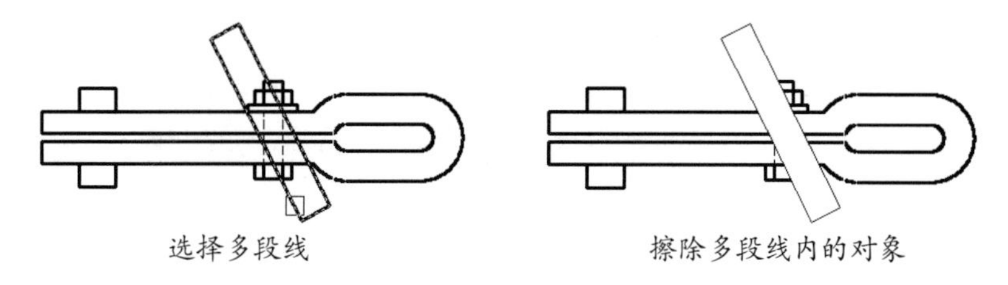

图 8-52　创建区域覆盖

8.6 综合案例

下面利用两个案例来说明面域与图案填充的综合应用过程。

8.6.1 案例一：利用面域绘制图形

本例通过绘制如图 8-29 所示的两个零件图形，主要对“边界”“面域”和“并集”等命令进行综合练习和巩固。

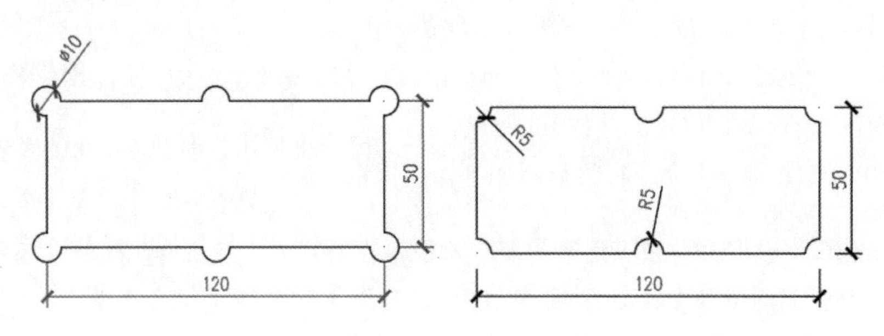

图 8-53　本例效果

step 01 创建空白文件。

step 02 使用快捷键 DS 激活“草图设置”命令，设置对象的捕捉模式为端点捕捉和圆心捕捉。

step 03 选择“图形界限”命令，设置图形界限为 240×100，并将其最大化显示。

step 04 选择“矩形”命令，绘制长度为 120、宽度为 50 的矩形，命令行操作如下。

```
命令： _rectang
指定第一个角点或 [倒角(C)/标高(E)/圆角(F)/厚度(T)/宽度(W)]:
                                  //在绘图区拾取一点
指定另一个角点或 [面积(A)/尺寸(D)/旋转(R)]: @120,50
                                  //按 Enter 键，绘制结果如图 8-54 所示。
```

step 05 单击“圆”按钮，激活“圆”命令，绘制直径为 10 的圆，命令行操作如下。

```
命令： _circle
指定圆的圆心或 [三点(3P)/两点(2P)/切点、切点、半径(T)]:
                                  //捕捉矩形左下角点作为圆心
指定圆的半径或 [直径(D)]: D        // 按 Enter 键
指定圆的直径： 10                 // 按 Enter 键，绘制结果如图 8-55 所示。
```

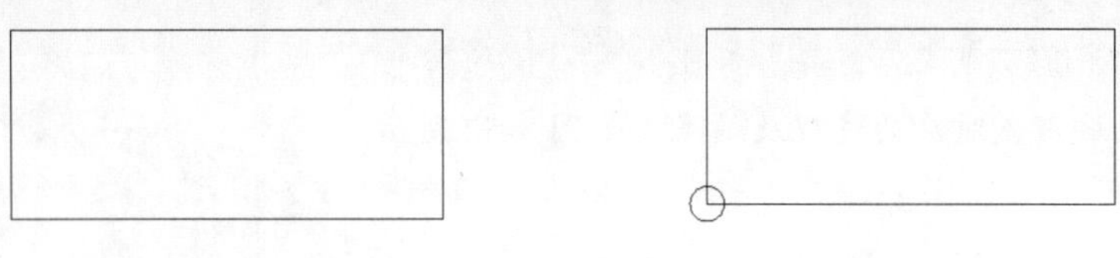

图 8-54　绘制矩形　　　　图 8-55　绘制圆

step 06 重复选择“圆”命令，分别以矩形其他 3 个角点和两条水平边的中点作为圆心，绘制直径为 10 的 5 个圆，结果如图 8-56 所示。

step 07 选择“绘图”|“边界”命令，打开如图 8-57 所示的“边界创建”对话框。

step 08 采用默认设置，单击左上角的"拾取点"按钮，返回绘图区，在命令行"拾取内部点："的提示下，在矩形内部拾取一点，此时系统自动分析出一个闭合的虚线边界，如图 8-58 所示。

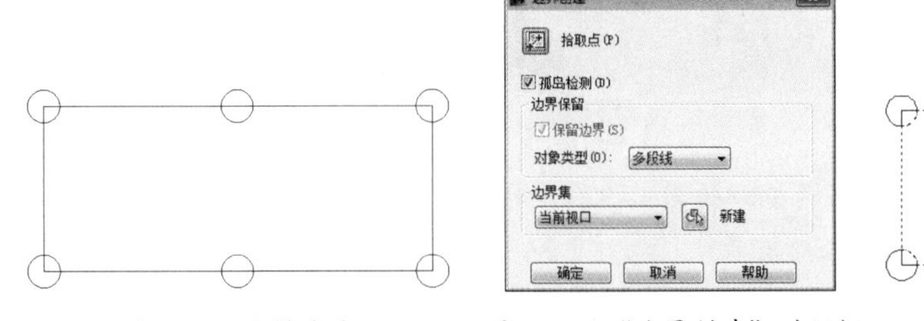

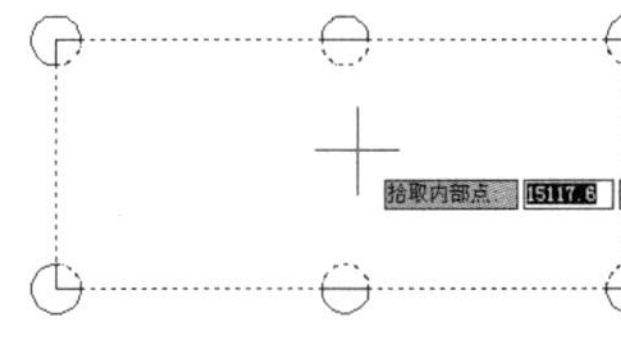

图 8-56　绘制结果　　图 8-57　"边界创建"对话框　　图 8-58　创建虚线边界

step 09 继续在命令行"拾取内部点："的提示下，按 Enter 键，结束命令，创建一个闭合的多段线边界。

step 10 按 M 键激活"移动"命令，使用"点选"的方式选择刚创建的闭合边界，将其外移，结果如图 8-59 所示。

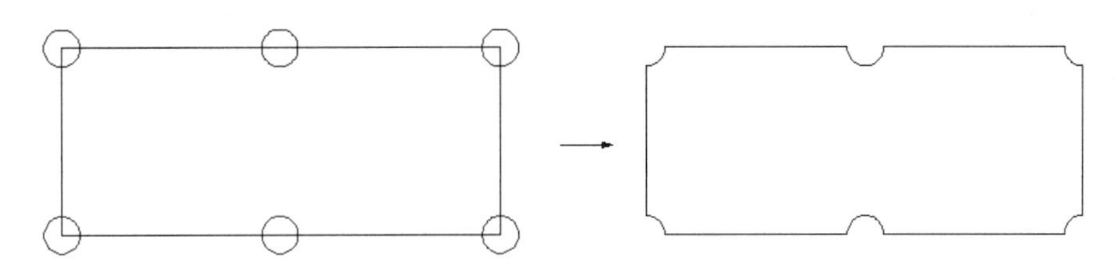

图 8-59　移出边界

step 11 执行"绘图"|"面域"命令，将 6 个圆和矩形转换为面域，命令行操作如下。

```
    命令：_region
选择对象：                    //拉出如图 8-60 所示的窗交选择框。
选择对象：                    //按 Enter 键，结果所选择的 6 个圆和 1 个矩形被转换为面域。
已提取 7 个环。
已创建 7 个面域。
```

step 12 选择"修改"|"实体编辑"|"并集"命令，将刚创建的 7 个面域合并。命令行操作如下.

```
    命令：_union
选择对象：                    //使用"框选"方式选择 7 个面域
选择对象：                    //按 Enter 键，结束命令，合并后的结果如图 8-61 所示。
```

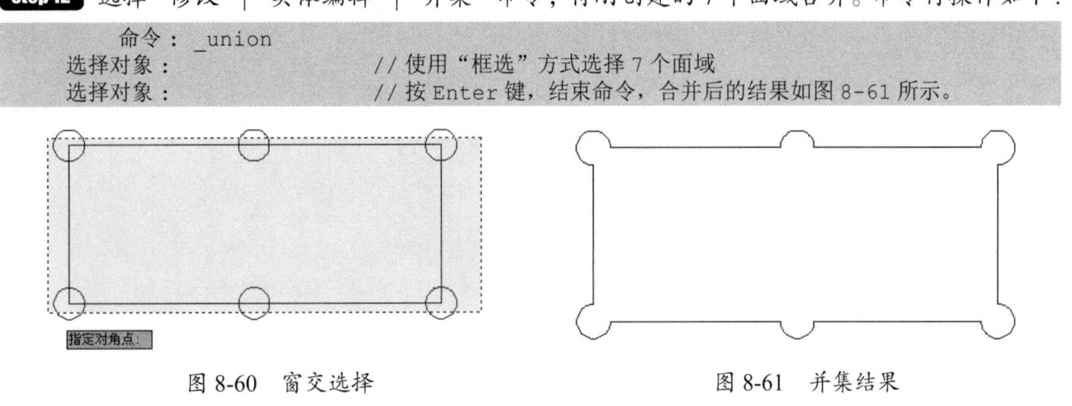

图 8-60　窗交选择　　　　图 8-61　并集结果

8.6.2 案例二：为图形填充图案

本例通过绘制如图 8-62 所示的地面拼花图例，主要对夹点编辑、图案填充等知识进行综合练习和巩固。

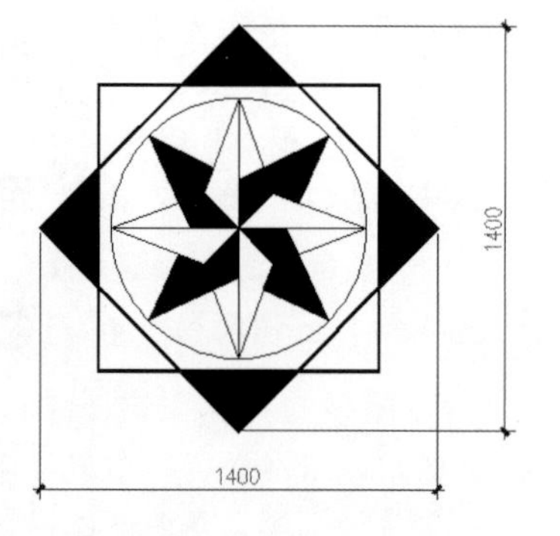

图 8-62 本例效果

step 01 快速创建空白文件。

step 02 选择“圆”命令，绘制直径为 900 的圆和圆的垂直半径，如图 8-63 所示。

step 03 在无命令执行的前提下选择垂直线段，使其夹点显示。

step 04 以半径上侧的点作为基点，对其进行夹点编辑。命令行操作过程如下。

```
命令：                                              // 进入夹点编辑模式
** 拉伸 **
指定拉伸点或 [ 基点 (B) / 复制 (C) / 放弃 (U) / 退出 (X)]: // 按 Enter 键，进入夹点移动模式
** 移动 **
指定移动点或 [ 基点 (B) / 复制 (C) / 放弃 (U) / 退出 (X)]: // 按 Enter 键，进入夹点旋转模式
** 旋转 **
指定旋转角度或 [ 基点 (B) / 复制 (C) / 放弃 (U) / 参照 (R) / 退出 (X)]:    //c 按 Enter 键
** 旋转 （多重） **
指定旋转角度或 [ 基点 (B) / 复制 (C) / 放弃 (U) / 参照 (R) / 退出 (X)]:    //20 按 Enter 键
** 旋转 （多重） **
指定旋转角度或 [ 基点 (B) / 复制 (C) / 放弃 (U) / 参照 (R) / 退出 (X)]:    //-20 按 Enter 键
** 旋转 （多重） **
指定旋转角度或 [ 基点 (B) / 复制 (C) / 放弃 (U) / 参照 (R) / 退出 (X)]:
                              // 按 Enter 键，退出夹点编辑模式，编辑结果如图 8-64 所示。
```

技巧点拨：

使用夹点旋转命令中的“多重”功能，可以在夹点旋转对象的同时，将源对象复制。

step 05 以半径下侧的点作为夹基点，对半径夹点旋转 45° ，并对其进行复制，结果如图 8-65 所示。

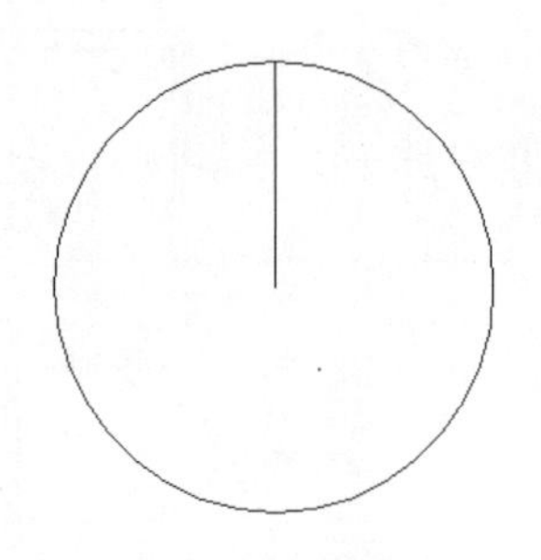

图 8-63 绘制结果

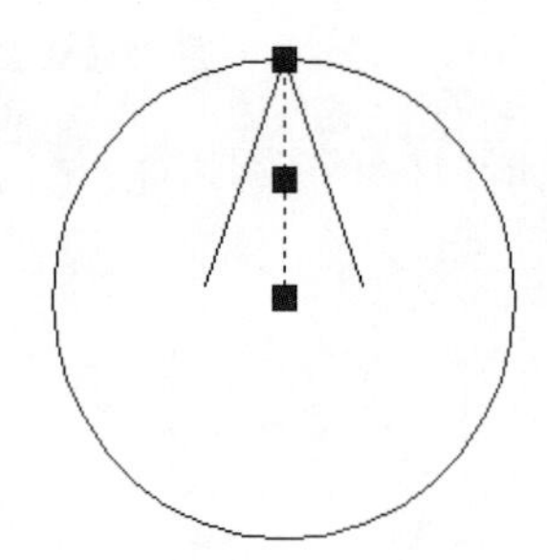

图 8-64 夹点旋转

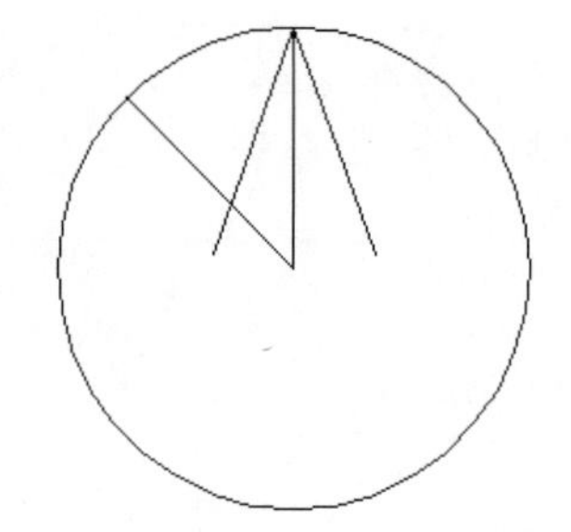

图 8-65 夹点旋转

step 06 选择如图 8-66 所示的直线，以圆心作为夹基点，对其夹点旋转复制 -45° ，结果如图 8-67 所示。

step 07 将旋转复制后的直线移动到指定交点上，结果如图 8-68 所示。

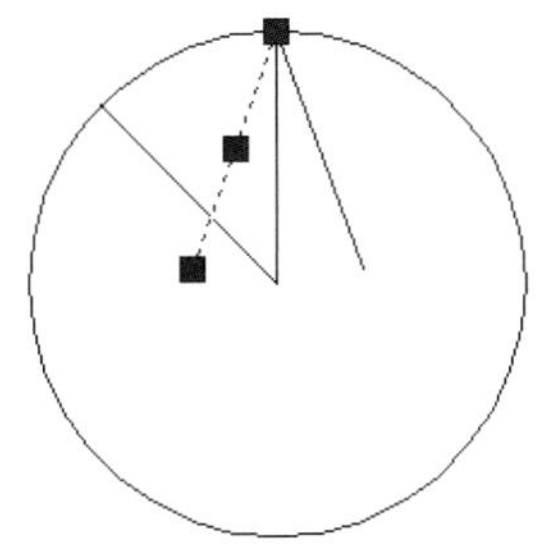
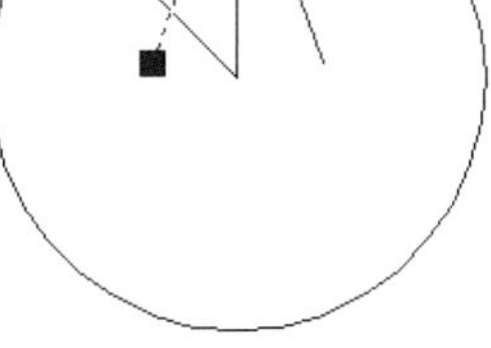

图 8-66　显示夹点

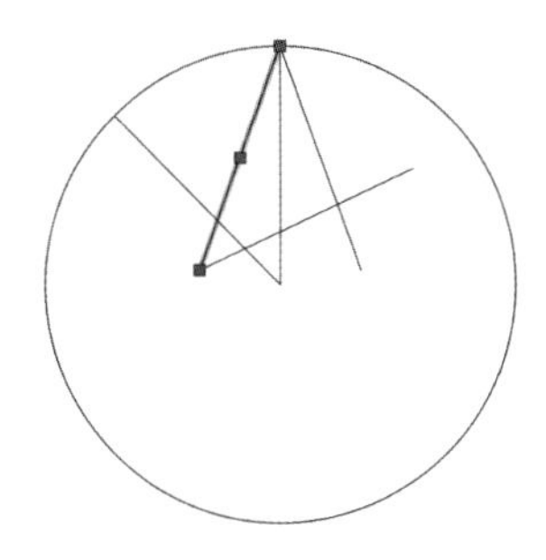

图 8-67　旋转结果

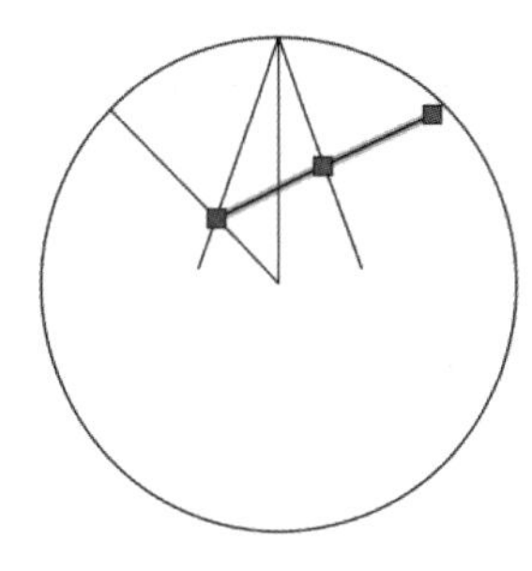

图 8-68　移动直线

step 08 使用夹点拉伸功能，对直线进行编辑，然后删除多余直线，结果如图 8-69 所示。

step 09 使用“阵列”命令，对编辑出的花格单元进行环列阵列，阵列份数为 8，结果如图 8-70 所示。

step 10 选择“绘图”|“正多边形”命令，绘制外接圆半径为 500 的正四边形，如图 8-71 所示。

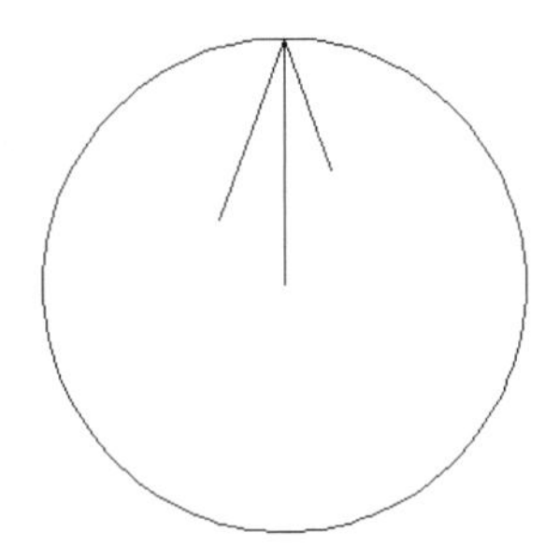

图 8-69　删除结果

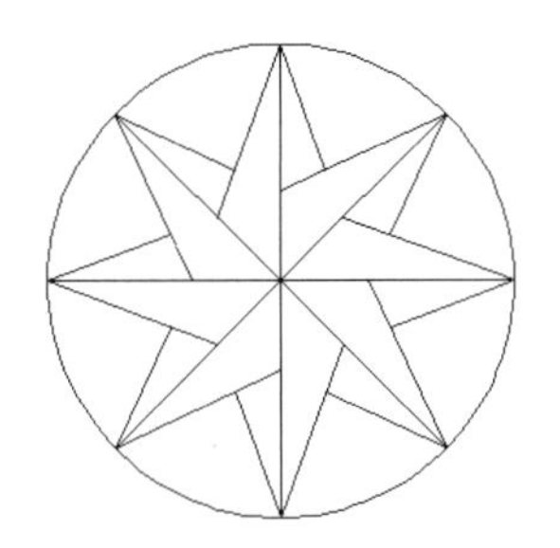

图 8-70　阵列结果

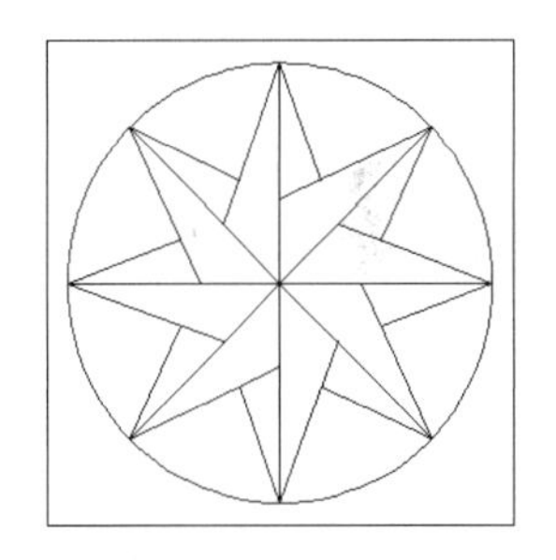

图 8-71　绘制正边形

step 11 将矩形进行旋转复制，对正四边形旋转复制 45°，如图 8-72 所示。

step 12 选择“特性”命令，选择两个正四边形，修改全局宽度为 8，结果如图 8-73 所示。

step 13 选择“绘图”|“图案填充”命令，为地花填充如图 8-74 所示的实体图案。

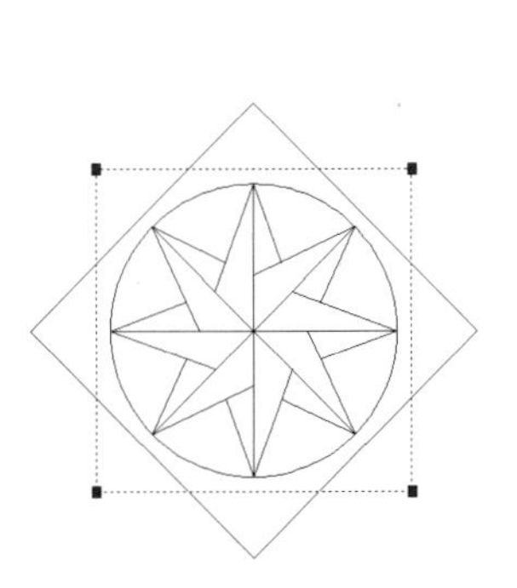

图 8-72　夹点编辑

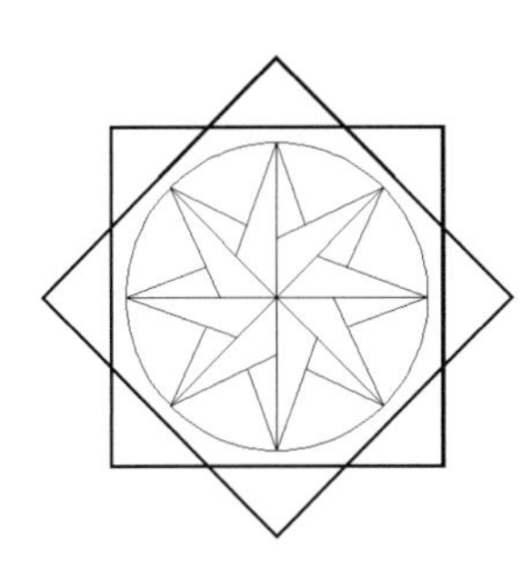

图 8-73　修改线宽

图 8-74　填充结果

8.7 AutoCAD 认证考试习题集

1. 单选及多选题

（1）在图案填充时，“添加：拾取点”方式是创建边界灵活、方便的方法，关于该方式说法错误的是？

A. 该方式自动搜索绕给定点最小的封闭边界，该边界必须封闭

B. 该方式自动搜索绕给定点最小的封闭边界，该边界允许有一定的间隙

C. 该方式创建的边界中不能存在孤岛

D. 该方式可以直接选择对象作为边界

正确答案（）

（2）什么是由封闭图形所形成的二维实心区域，它不但含有边的信息，还含有边界内的信息，用户可以对其进行各种布尔运算？

A. 块　　B. 多段线

C. 面域　　D. 图案填充

正确答案（）

（3）图案填充的“角度”是什么？

A. 以 X 轴正方向为 0°，顺时针为正　　B. 以 Y 轴正方向为 0°，逆时针为正

C. 以 X 轴正方向为 0°，逆时针为正　　D. ANSI31 角度是 45°

正确答案（）

（4）图案填充有哪几种图案的类型供用户选择？

A. 预定义　　B. 用户定义

C. 自定义　　D. 历史记录

正确答案（）

2. 绘图题

（1）画出如图 8-75 所示图形，求角度 A 的数值。

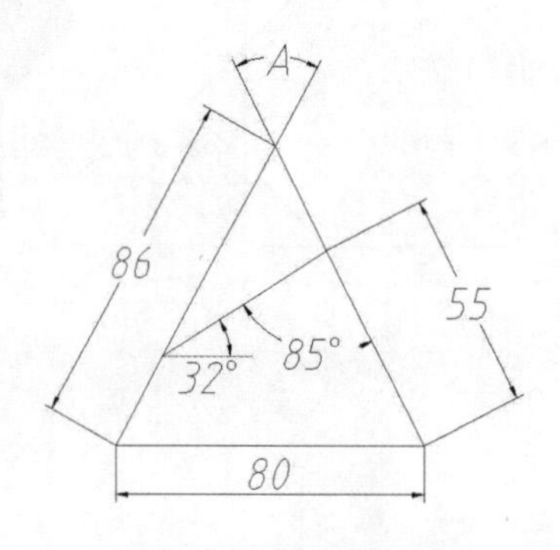

图 8-75　绘图练习一

（2）将长度和角度精度设置为小数点后 4 位，绘制如图 8-76 所示的图形，求 *G* 圆半径。

提示：*AB*=*BC*=*CD*=*DE*=*EF*

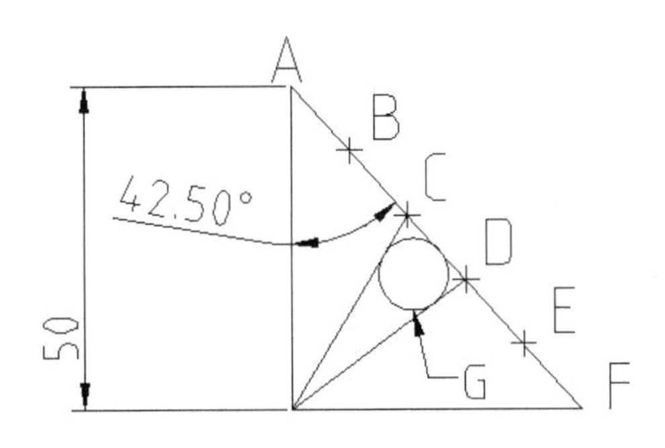

图 8-76　绘图练习二

（3）按照如图 8-77 所示的图示画出图形，并求剖面线区域的面积。

提示：圆弧 *A* 与圆弧 *B* 分别与正五边形相切，切点为正五边形的顶点。

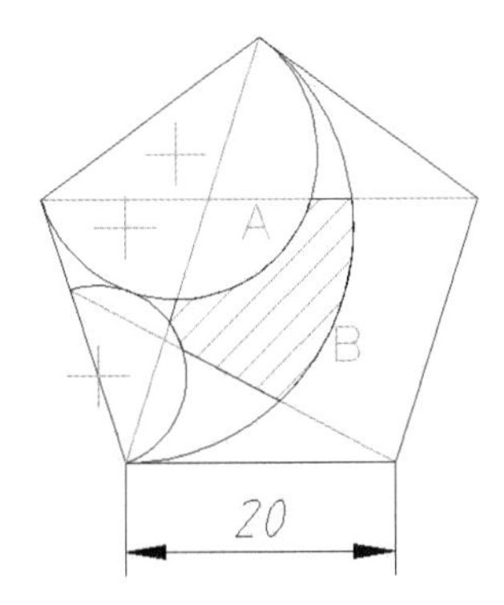

图 8-77　绘图练习三

（4）将长度和角度精度设置为小数点后 4 位，绘制如图 8-78 所示的图形，并求剖面线的区域面积。

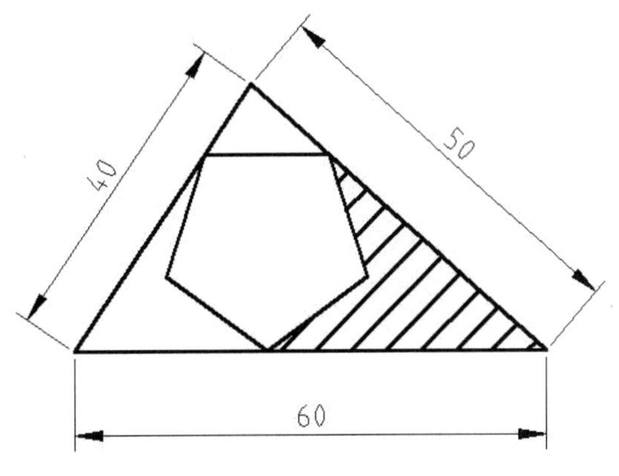

图 8-78　绘图练习四

（5）画出如图 8-79 所示的图形，求剖面线区域的周长。

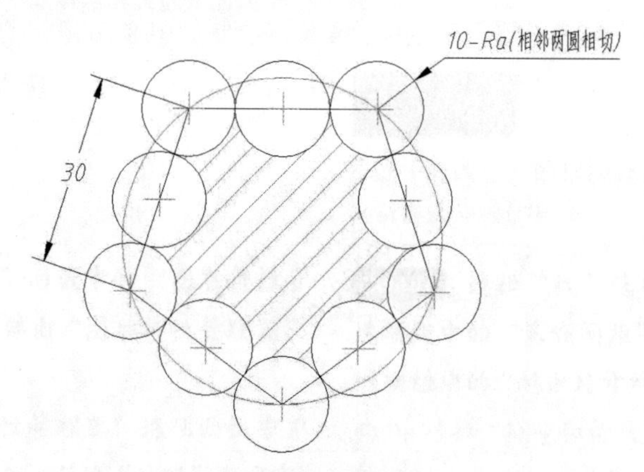

图 8-79　绘图练习五

（6）画出如图 8-80 所示的图形，求尺寸 L 的数值。

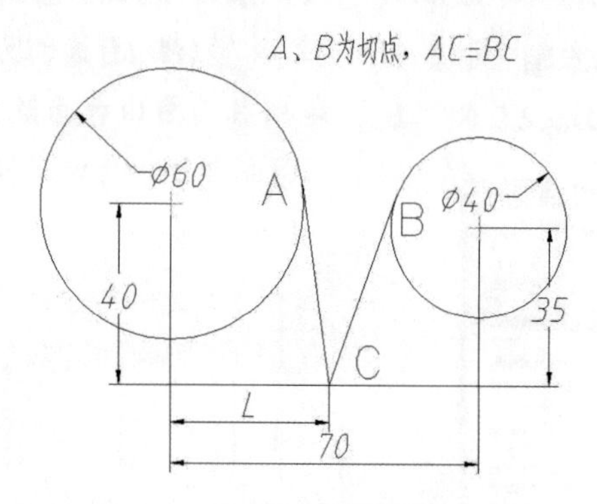

图 8-80　绘图练习六

（8）绘制如图 8-81 所示的图形，求 $R136$ 圆弧的弧长是多少？

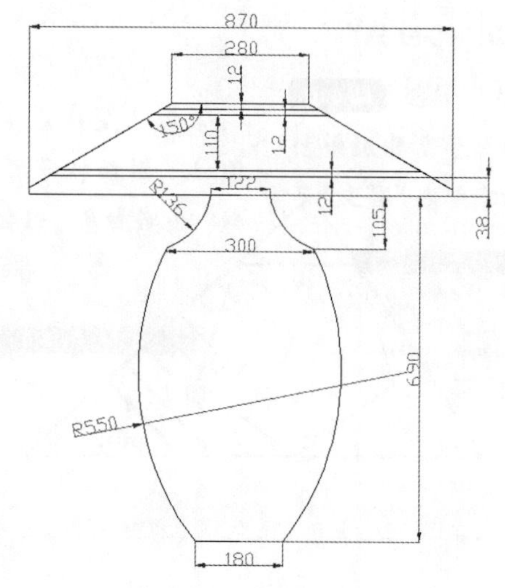

图 8-81　绘图练习八

（9）绘制如图 8-82 所示的图形，求图中网格区域的周长是多少？

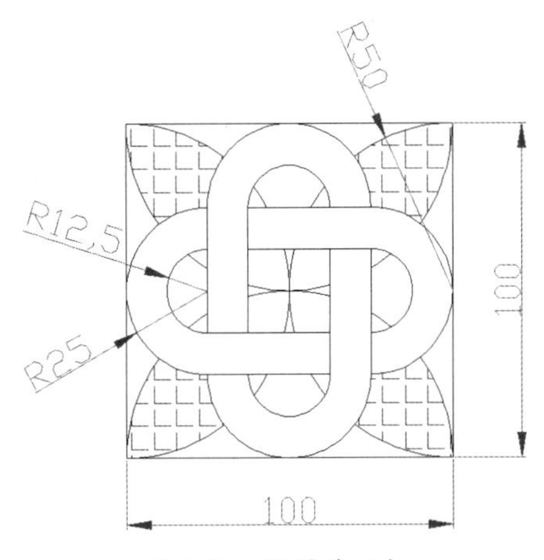

图 8-82　绘图练习九

（10）将绘图精度设置为小数点后 4 位，绘制如图 8-83 所示的图形，并回答问题。图中阴影宽度为 10，图中 *A* 的面积为是多少？

A. 2477.1337　　B. 2477.1327

C. 2477.1325　　D. 2477.1320

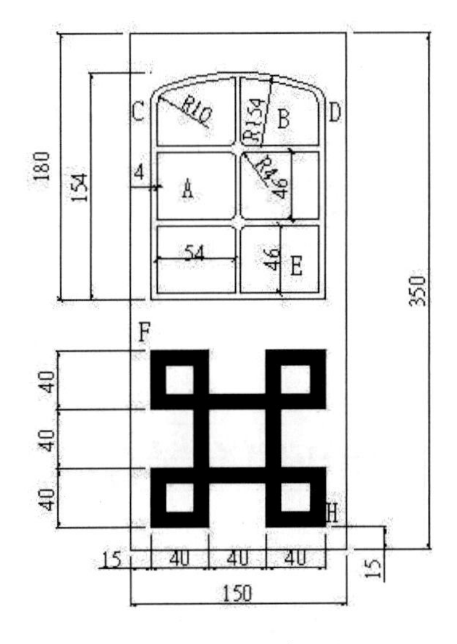

图 8-83　绘图练习十

8.8　课后练习

1．利用面域绘制图形

（1）利用面域造型法绘制如图 8-84 所示的图形。

（2）利用面域造型法绘制如图 8-85 所示的图形。

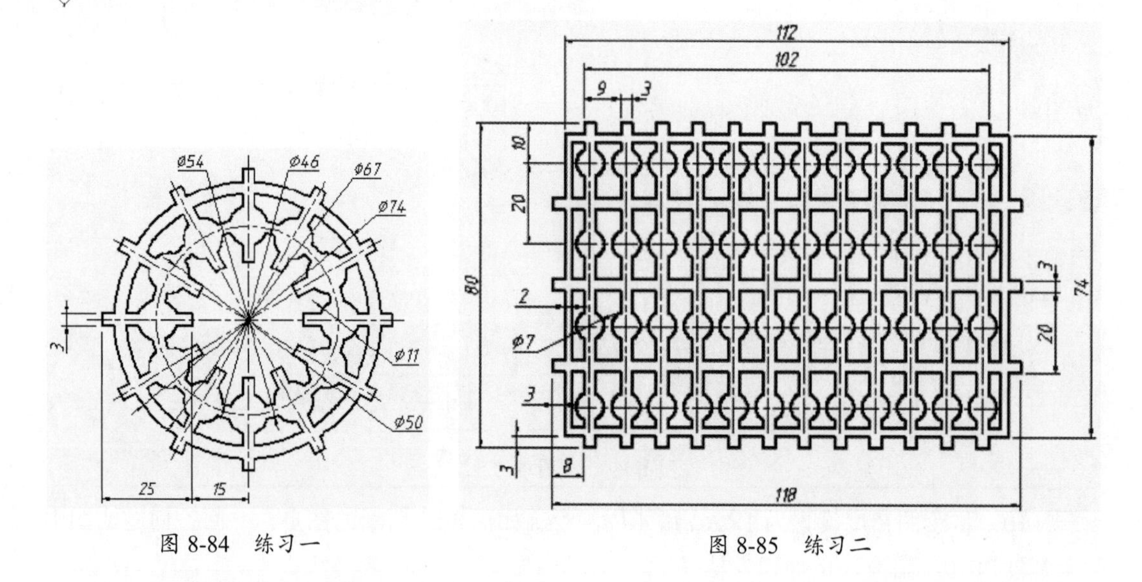

图 8-84　练习一　　　　图 8-85　练习二

2．填充剖面图案及阵列对象

利用 LINE、CIRCLE 及 ARRAY 等命令绘制如图 8-86 所示的卫生间布置图。

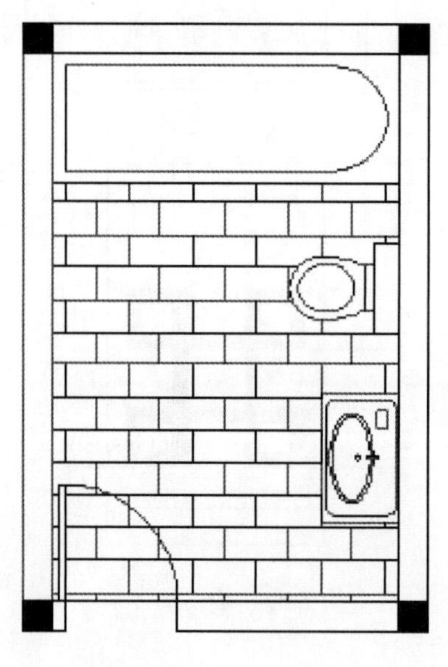

图 8-86　卫生间布置图

第 9 章

建筑图形的编辑与操作

本章内容

在 AutoCAD 中，单纯地使用绘图命令或绘图工具只能绘制一些基本的图形对象，为了绘制复杂图形，很多情况下都必须借助于图形编辑命令。AutoCAD 2018 提供了众多的图形编辑命令，如复制、移动、旋转、镜像、偏移、阵列、拉伸及修剪等。使用这些命令，可以修改已有图形或通过已有图形构造新的复杂图形。

知识要点

- ☑ 使用夹点编辑图形
- ☑ 删除指令
- ☑ 移动指令
- ☑ 复制指令

9.1 使用夹点编辑图形

使用“夹点”可以在不调用任何编辑命令的情况下，对需要进行编辑的对象进行修改。只要单击所要编辑的对象后，当对象上出现若干个夹点时，单击其中一个夹点作为编辑操作的基点，这时该点会以高亮显示，表示已成为基点。在选取基点后，即可使用 AutoCAD 的夹点功能对相应的对象进行拉伸、移动、旋转等编辑操作。

9.1.1 夹点定义和设置

当单击所要编辑的图形对象后，被选中图形的特征点（如端点、圆心、象限点等）将显示为蓝色的小方块，这些小方块被称为“夹点”。夹点有两种状态——未激活状态和被激活状态。单击某个未激活的夹点，该夹点被激活，以红色的实心小方框显示，这种处于被激活状态的夹点称为“热夹点”。

不同对象特征点的位置和数量也不相同。表 9-1 中给出了 AutoCAD 中常见对象特征的规定。

表 9-1 图形对象的特征点

对象类型	特征点的位置	对象类型	特征点的位置
直线	两个端点和中点	圆	4 个象限点和圆心
多段线	直线段的两端点、圆弧段的中点和两端点	椭圆	4 个顶点和中心点
构造线	控制点及线上邻近两点	椭圆弧	端点、中点和中心点
射线	起点及射线上的一个点	文字	插入点和第二个对齐点
多线	控制线上的两个端点	段落文字	各顶点
圆弧	两个端点和中点		

选择“工具”|“选项”命令，打开“选项”对话框，可以通过“选项”对话框的“选择集”选项卡来设置夹点的各种参数，如图 9-1 所示。

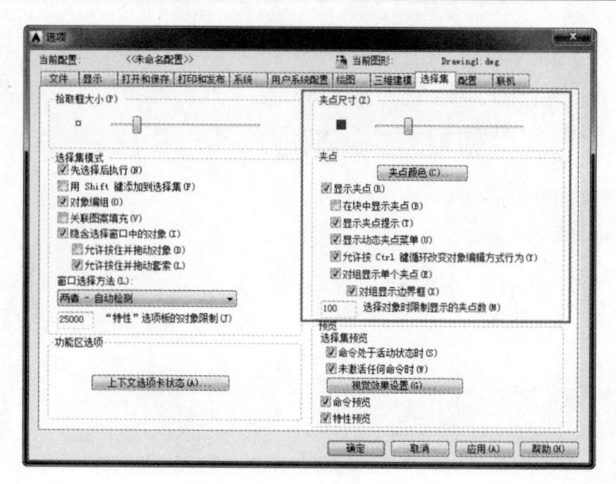

图 9-1 “选项”对话框

在“选择集”选项卡中包含了对夹点选项的设置，这些设置主要有以下几种。

- “夹点尺寸”：确定夹点小方块的大小，可以通过调整滑块的位置来设置。
- “夹点颜色”：单击该按钮，可以打开“夹点颜色”对话框，如图 9-2 所示。在此对话框中可对夹点未选中、悬停、选中几种状态以及夹点轮廓的颜色进行设置。

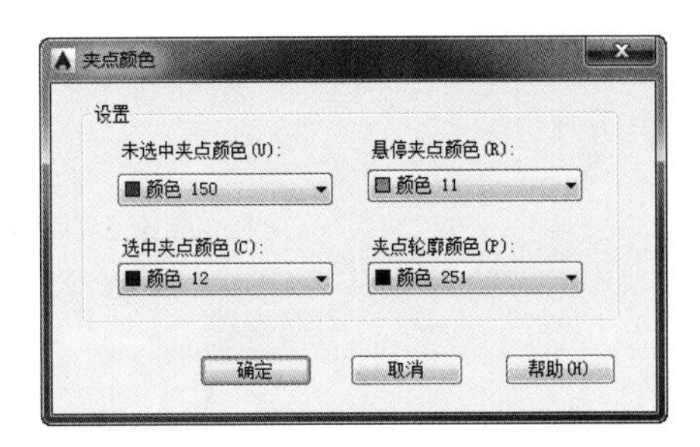

图 9-2　“夹点颜色”对话框

- “显示夹点”：设置 AutoCAD 的夹点功能是否有效。“显示夹点”复选框下面有几个复选框。用于设置夹点显示的具体内容。

9.1.2　利用“夹点”拉伸对象

在选择基点后，命令行将出现以下提示。

```
**  拉伸 **
指定拉伸点或 [基点(B)/复制(C)/放弃(U)/退出(X)]:
```

“拉伸”各选项的解释如下。

- “基点 (B)”：是重新确定拉伸基点。选择此选项，AutoCAD 将接着提示指定基点，在此提示下指定一个点作为基点来执行拉伸操作。
- “复制 (C)”：允许用户进行多次拉伸操作。选择该选项，允许用户进行多次拉伸操作。此时用户可以确定一系列的拉伸点，以实现多次拉伸。
- “放弃 (U)”：可以取消上一次操作。
- “退出 (X)”：退出当前的操作。

技巧点拨：

默认情况下，通过输入点的坐标或者直接用鼠标拾取点拉伸点后，AutoCAD 将把对象拉伸或移动到新的位置。因为对于某些夹点，移动时只能移动对象而不能拉伸对象，如文字、块、直线中点、圆心、椭圆中心和点对象上的夹点。

动手操练——拉伸图形

step 01 打开素材文件“拉伸图形 .dwg”，如图 9-3 所示。

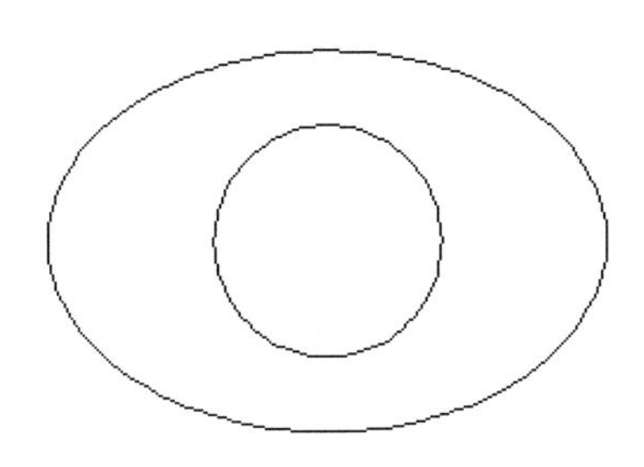

图 9-3　打开的文件

step 02 选中图中的圆形，然后拖动夹点至新位置，如图 9-4 所示。

step 03 拉伸后的结果，如图 9-5 所示。

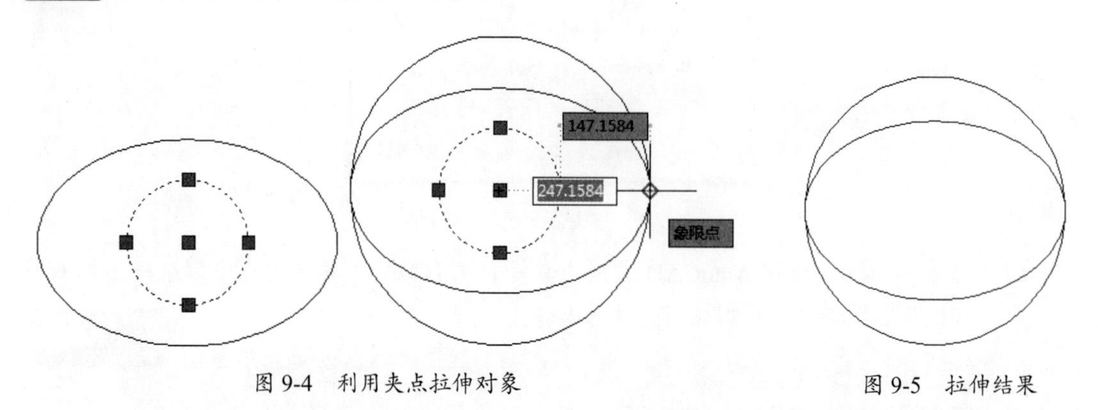

图 9-4　利用夹点拉伸对象

图 9-5　拉伸结果

9.1.3　利用“夹点”移动对象

移动对象仅是位置上的平移，对象的方向和大小并不会改变。要精确移动对象，可使用捕捉模式、坐标、夹点和对象捕捉模式。在夹点编辑模式下确定基点后，在命令行提示下输入 MO，按 Enter 键进入移动模式，命令行将显示如下提示信息。

```
** 移动 **
指定移动点或 [基点(B)/复制(C)/放弃(U)/退出(X)]:
```

通过输入点的坐标或拾取点的方式来确定平移对象的目的点后，即可以基点为平移的起点，以目的点为终点将所选对象平移到新位置，如图 9-6 所示。

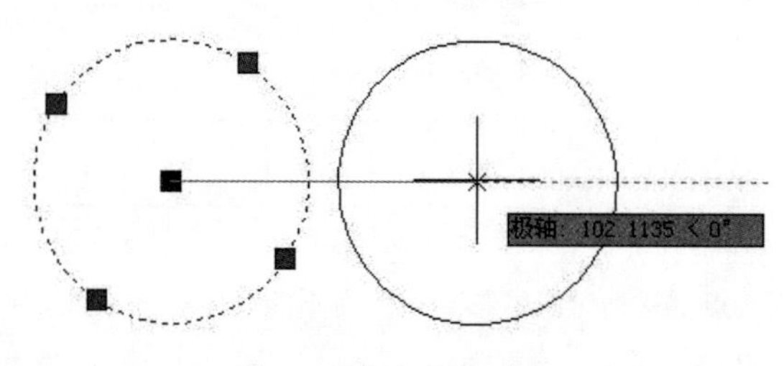

图 9-6　夹点移动对象

9.1.4　利用“夹点”旋转对象

在夹点编辑模式下，确定基点后，在命令行提示下输入 RO，按 Enter 键进入旋转模式，命令行将显示如下提示信息。

```
** 旋转 **
指定旋转角度或 [基点(B)/复制(C)/放弃(U)/参照(R)/退出(X)]:
```

默认情况下，输入旋转的角度值后或通过拖动方式确定旋转角度后，即可将对象绕基点旋转指定的角度。“旋转”效果如图 9-7 所示。

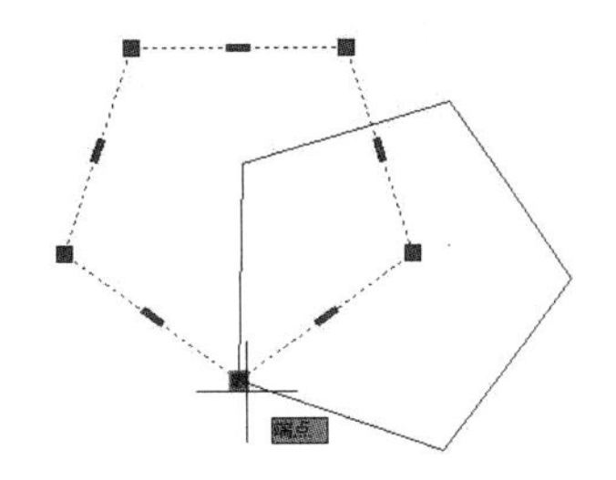

图 9-7　以夹点旋转对象

9.1.5　利用“夹点”比例缩放

在夹点编辑模式确定基点后，在命令行提示下输入 SC 进入缩放模式，命令行将显示如下提示信息。

```
** 比例缩放 **
指定比例因子或 [基点 (B)/ 复制 (C)/ 放弃 (U)/ 参照 (R)/ 退出 (X)]:
```

默认情况下，当确定了缩放的比例因子后，AutoCAD 将相对于基点进行缩放对象操作。

动手操练——缩放图形

step 01 打开素材文件“缩放图形 .dwg”，如图 9-8 所示。

step 02 选中所有图形，然后指定缩放基点，如图 9-9 所示。

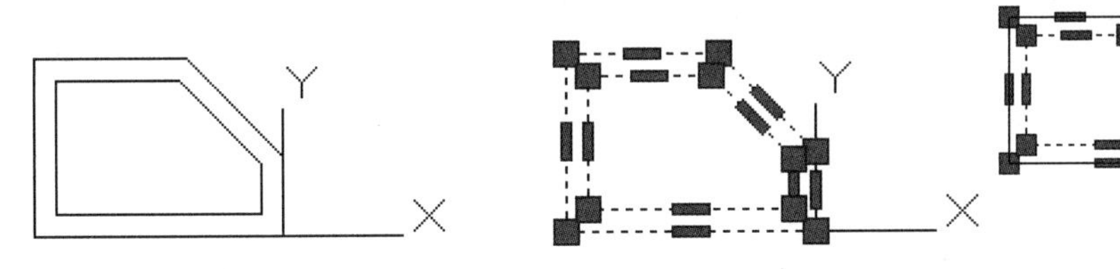

图 9-8　指定缩放基点　　图 9-9　指定缩放基点

step 03 在命令行输入 SC，执行命令后再输入缩放比例 2，如图 9-10 所示。

step 04 按 Enter 键，完成图形的缩放，如图 9-11 所示。

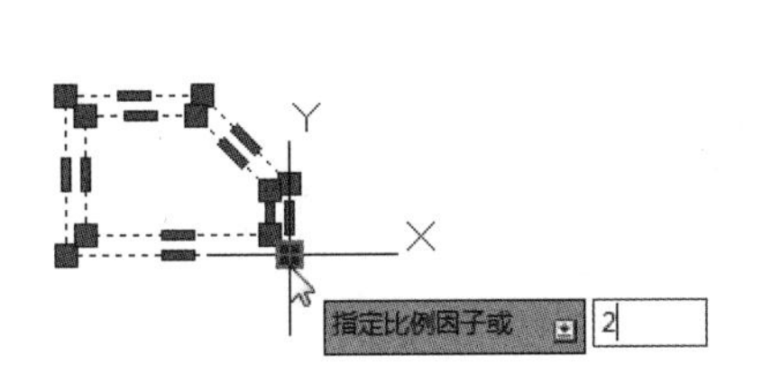

图 9-10　输入比例因子

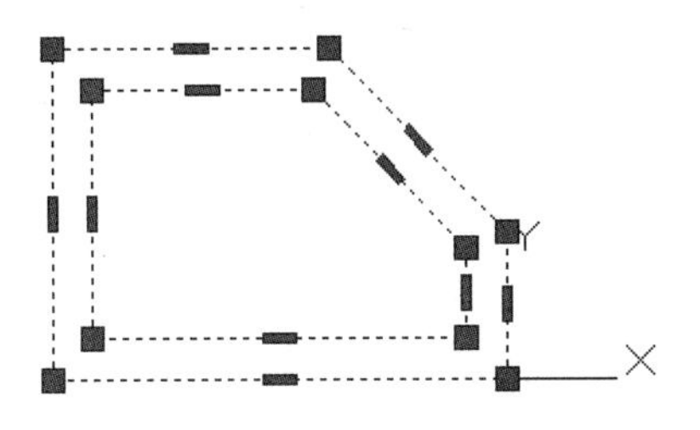

图 9-11　比例缩放结果

技巧点拨：

当比例因子大于 1 时放大对象；当比例因子大于 0 而小于 1 时缩小对象。

9.1.6 利用“夹点”镜像对象

“镜像”对象是只按镜像线改变图形的，镜像效果如图 9-12 所示。

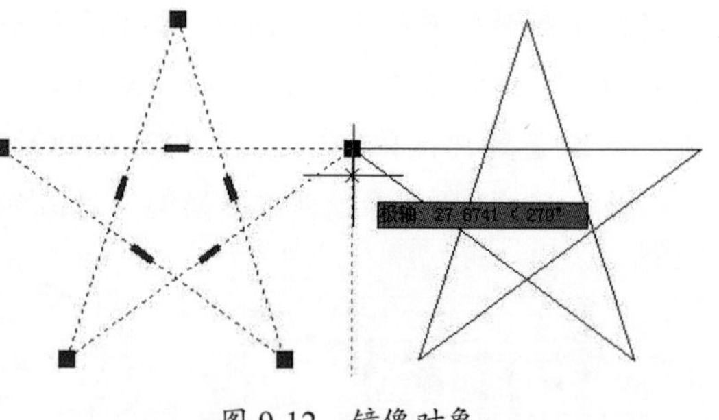

图 9-12 镜像对象

镜像在夹点编辑模式下确定基点后，在命令行提示下输入 MI 进入缩放模式，命令行将显示如下提示信息。

```
** 镜像 **
指定第二点或 [ 基点 (B) / 复制 (C) / 放弃 (U) / 退出 (X)]:
```

默认情况下，当确定了缩放的比例因子后，AutoCAD 将相对于基点进行缩放对象操作。

技巧点拨：

当比例因子大于 1 时放大对象；当比例因子大于 0 而小于 1 时缩小对象。

9.2 删除指令

在 AutoCAD 2018 中，不仅可以使用夹点来移动、旋转、对齐对象，还可以通过“修改”菜单中的相关命令来实现。下面来讲解“修改”菜单中的“删除”“移动”“旋转”“对齐”命令。

“删除”是非经常用的一个命令，用于删除画面中不需要的对象。“删除”命令的执行方式主要有以下几种。

- 执行“修改” | “删除”命令。
- 在命令行输入 Erase 按 Enter 键。
- 单击“修改”面板中的“删除”按钮。
- 选择对象，按 Delete 键。

选择“删除”命令后，命令行将显示如下提示信息。

```
命令： _erase
选择对象： 找到 1 个                          // 指定删除的对象↙
选择对象：↙                                   // 结束选择
```

9.3 移动指令

移动指令包括移动对象和旋转对象两个指令，也是复制指令的一种特殊情形。

9.3.1　移动对象

移动对象是指对象的重定位，可以在指定方向上按指定距离移动对象，对象的位置发生了改变，但方向和大小不变。

选择“移动”命令主要有以下几种方式。

- 执行“修改”|“移动”命令。
- 单击“修改”面板中的“移动”按钮。
- 在命令行输入 Move 按 Enter 键。

选择“删除”命令后，命令行将显示如下提示信息。

```
命令： _move
选择对象： 找到 1 个↙                          // 指定移动对象
选择对象：
指定基点或 [ 位移 (D)] < 位移 >:
指定第二个点或 < 使用第一个点作为位移 >:
```

如图 9-13 所示为移动俯视图的操作。

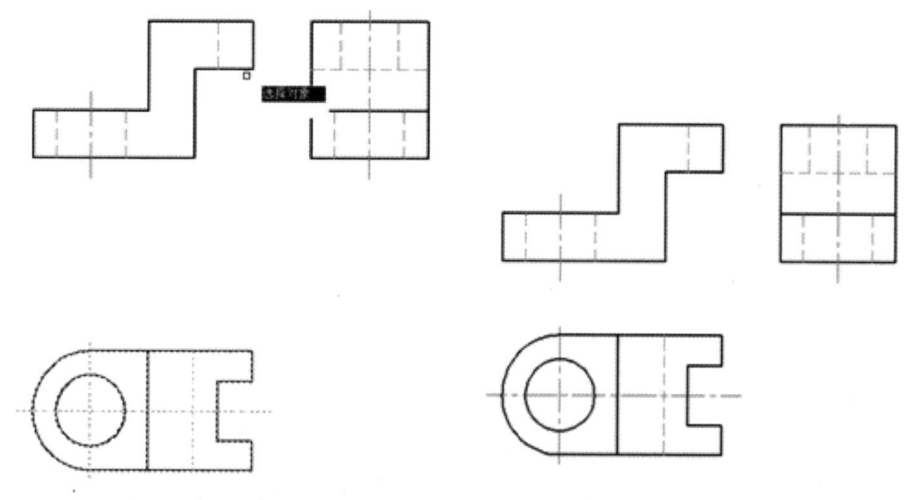

图 9-13　移动俯视图

9.3.2　旋转对象

“旋转”命令用于将选择对象围绕指定的基点旋转一定的角度。在旋转对象时，输入的角度为正值，系统将按逆时针方向旋转；输入的角度为负值，将按顺时针方向旋转。

选择“旋转”命令主要有以下几种方式：

- 在菜单栏中选择“修改”|“旋转”命令。
- 单击“修改”面板中的按钮。
- 在命令行输入 Rotate 按 Enter 键。
- 使用命令简写 RO 按 Enter 键。

动手操练——旋转对象

step 01 打开素材文件“旋转图形.dwg”，如图 9-14 所示。

step 02 选中图形中需要旋转的部分图线，如图 9-15 所示。

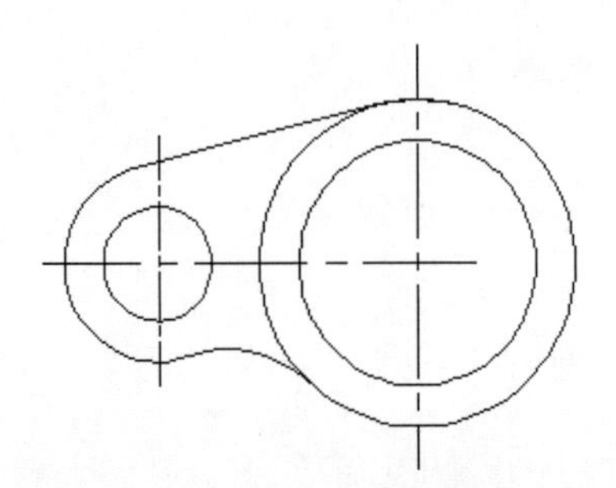

图 9-14 打开的素材文件

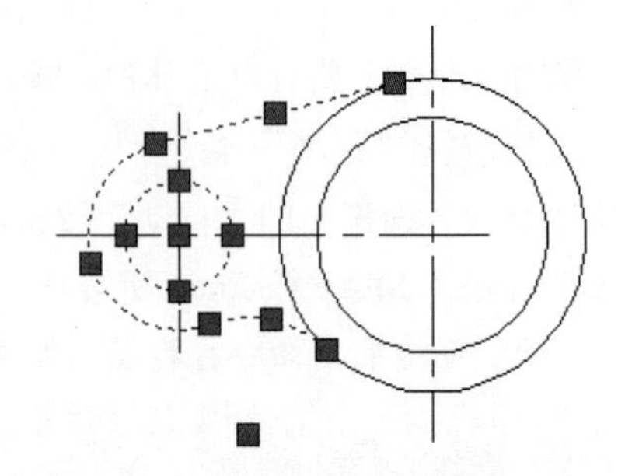

图 9-15 指定部分图线

step 03 单击“修改”面板中的按钮，激活“旋转”命令，然后指定大圆的圆心作为旋转的基点，如图 9-16 所示。

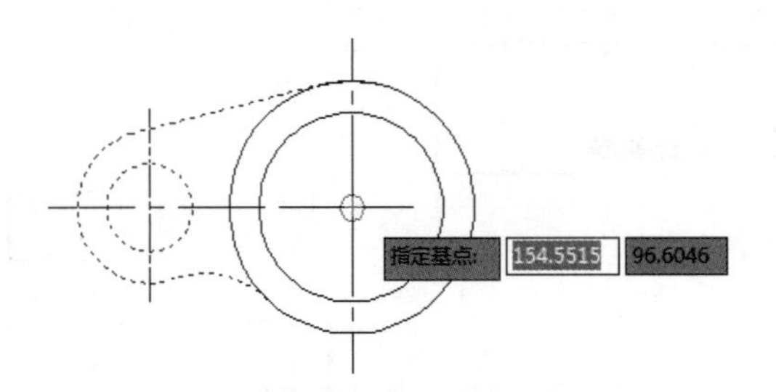

图 9-16 指定的基点

step 04 在命令行中输入 C，然后在输入旋转角度为 180，按 Enter 键即可创建如图 9-17 所示的旋转复制对象。

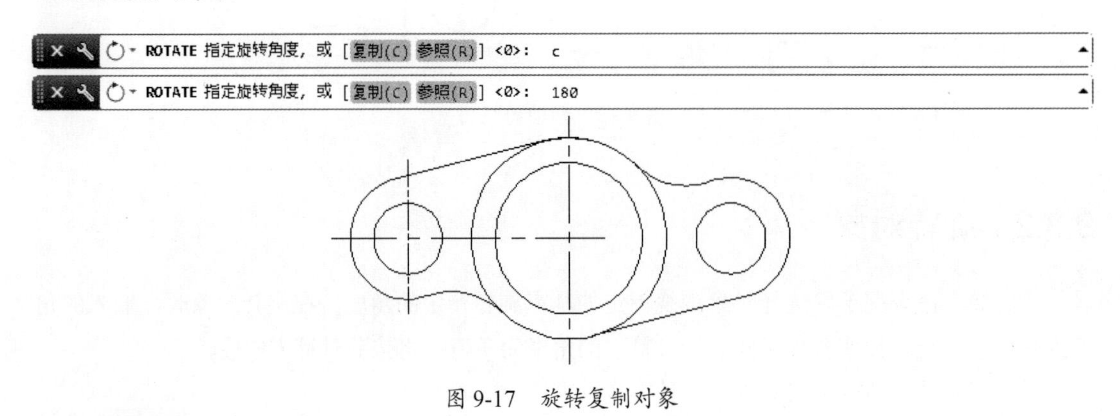

图 9-17 旋转复制对象

> **技巧点拨：**
>
> “参照”选项用于将对象进行参照旋转，即指定一个参照角度和新角度，两个角度的差值就是对象的实际旋转角度。

9.4　复制对象

在 AutoCAD 中，单纯地使用绘图命令或绘图工具只能绘制一些基本的图形对象。为了绘制复杂图形，很多情况下都必须借助于图形编辑命令。AutoCAD 2018 提供了众多的图形编辑命令，使用这些命令，可以修改已有图形或通过已有图形构造新的复杂图形。

9.4.1　复制对象

“复制”命令用于对已有的对象复制出副本，并放置到指定的位置。复制出的图形尺寸、形状等保持不变，唯一发生改变的就是图形的位置。

选择“复制”命令主要有以下几种方式。

- 执行“修改”|“复制”命令。
- 单击“修改”面板中的“复制”按钮。
- 在命令行输入 Copy 按 Enter 键。
- 使用命令简写 CO 按 Enter 键。

动手操练——复制对象

一般情况下，通常使用“复制”命令创建结构相同，位置不同的复合结构，下面通过典型的操作实例学习此命令。

step 01 新建一个空白文件。

step 02 首先选择“椭圆”和“圆”命令，配合象限点捕捉功能，绘制如图 9-18 所示的椭圆和圆。

step 03 单击“修改”面板中的“复制”按钮，选中小圆图形进行多重复制，如图 9-19 所示。

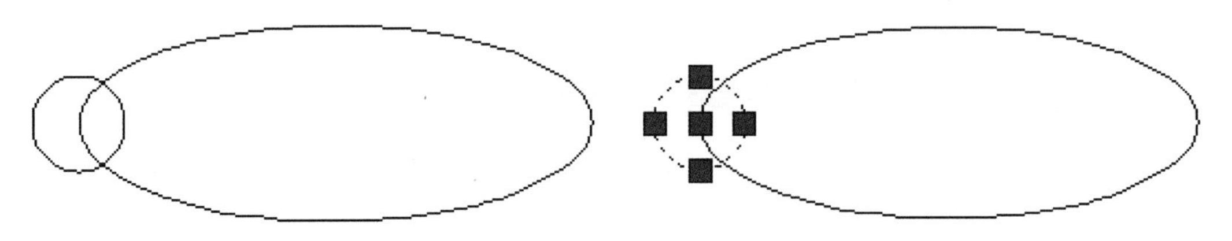

图 9-18　绘制结果　　图 9-19　选中小圆

step 04 将小圆的圆心作为基点，然后将椭圆的象限点作为指定点复制小圆，如图 9-20 所示。

step 05 重复操作，在椭圆余下的象限点上复制小圆，最后的结果如图 9-21 所示。

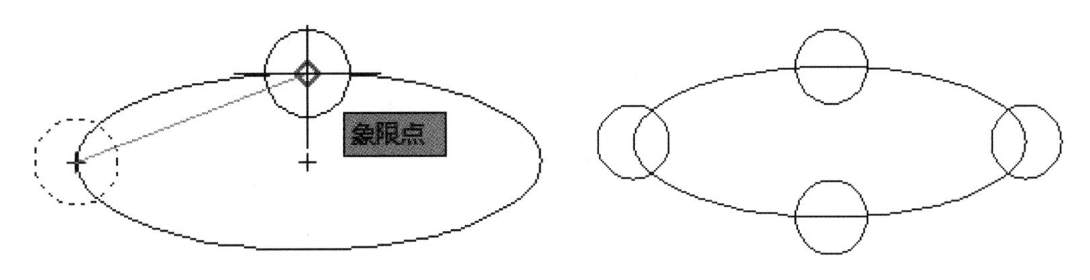

图 9-20　在象限点上复制圆　　图 9-21　最后的结果

9.4.2　镜像对象

“镜像”命令用于将选择的图形以镜像线对称复制。在镜像过程中，源对象可以保留，也可以删除。

选择“镜像”命令主要有以下几种方式。

- 执行“修改”|“镜像”命令。
- 单击“修改”面板中的“镜像”按钮。
- 在命令行输入 Mirror 按 Enter 键。
- 使用命令简写 MI 按 Enter 键。

动手操练——绘制大堂花几立面图

利用延伸、阵列和镜像等功能，在如图 9-22 左图的基础上完成右图所示的大堂花几立面图。

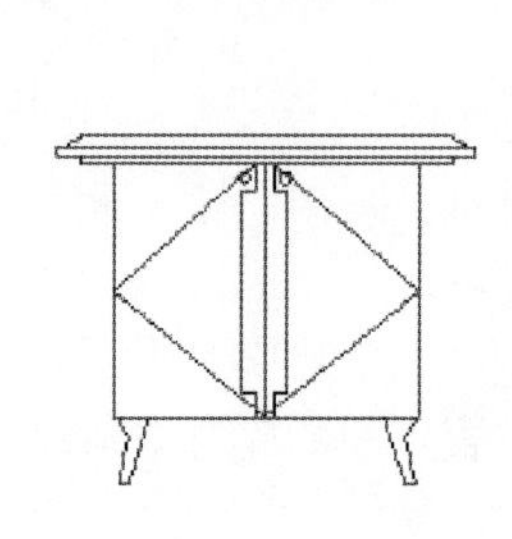
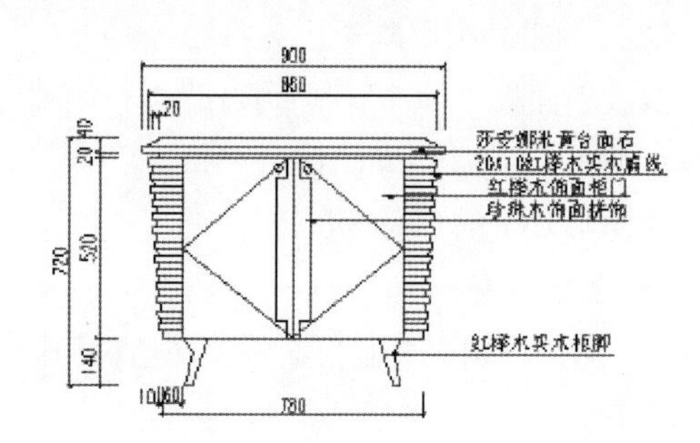

图 9-22　大堂花几立面图

step 01 打开素材文件。

step 02 单击“直线”按钮，捕捉 *A* 点向右绘制一段长为 60 的水平线段，如图 9-23 所示。

step 03 单击“阵列”按钮，选择线段并将其矩形阵列，如图 9-24 所示

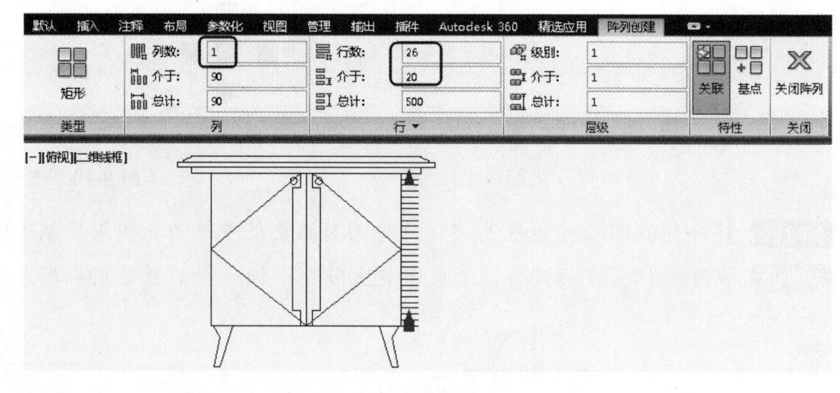

图 9-23　绘制线段　　　　图 9-24　阵列线段

step 04 利用“直线”命令绘制直线，连接 *B* 点和 *C* 点，如图 9-25 所示。

step 05 单击“直线”按钮，捕捉 *D* 点向右追踪 20，确定 *E* 点，绘制斜线 *CE*，结果如图 9-26 所示。

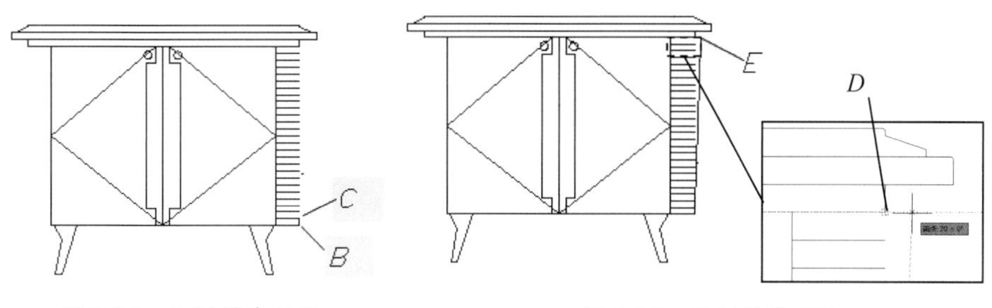

图 9-25　绘制斜线 *BC*　　　　图 9-26　绘制斜线 *CE*

step 06 单击“偏移”按钮，将斜线段 *CE* 向右侧偏移 10，如图 9-27 所示。

step 07 单击“延伸”按钮，延伸线段，结果如图 9-28 所示。

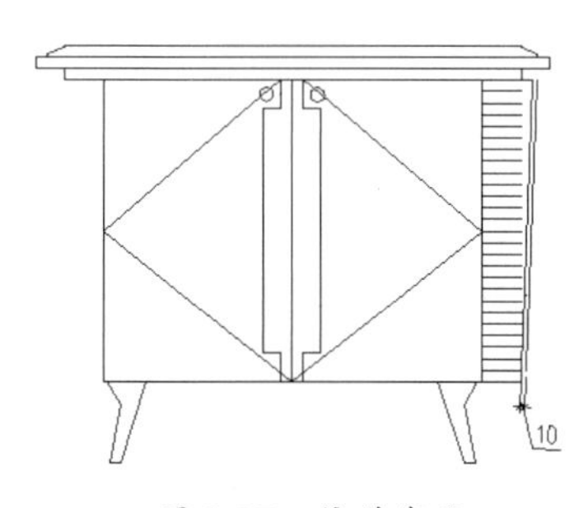

图 9-27　偏移线段

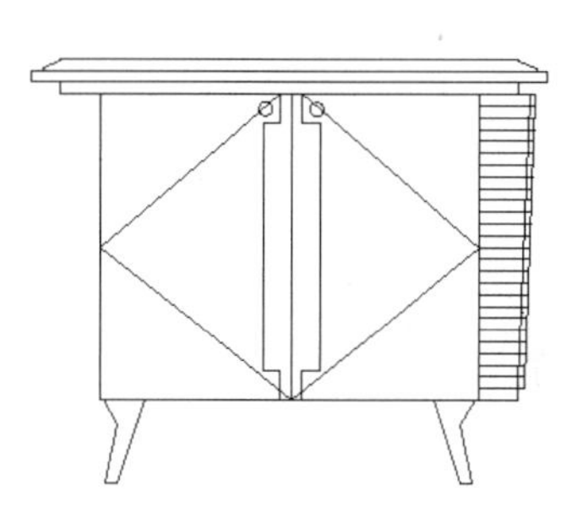

图 9-28　延伸线段

step 08 单击“修剪”按钮，修剪线段，结果如图 9-29 所示。

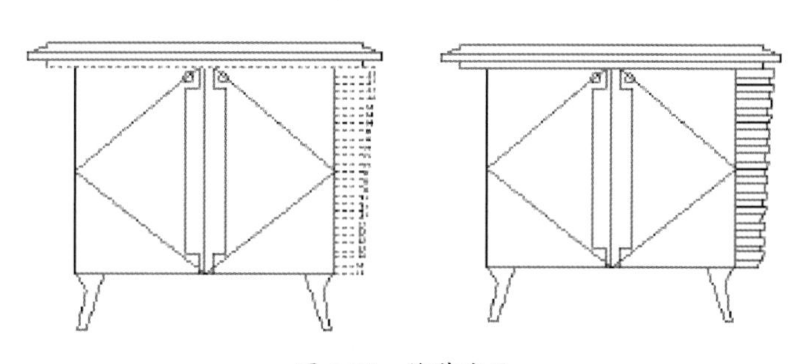

图 9-29　修剪线段

step 09 单击“镜像”按钮，以线段 *G* 为镜像轴进行左右镜像，结果如图 9-30 所示。

step 10 利用“延伸”工具修补其他部分的图线，结果如图 9-31 所示。

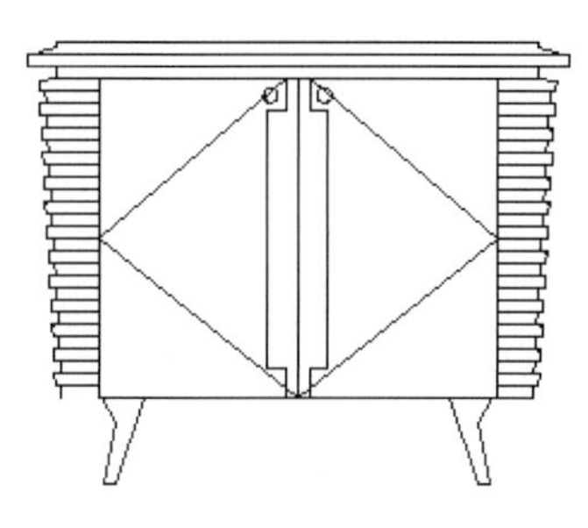

图 9-30　镜像结果

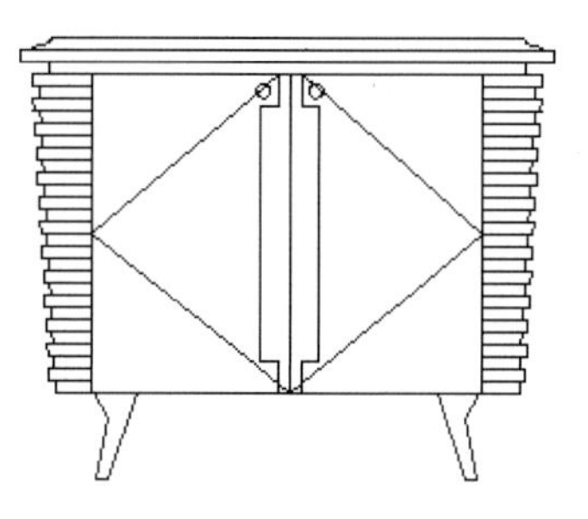

图 9-31　修补图形

9.4.3 阵列对象

“阵列”是一种用于创建规则图形结构的复合命令，使用此命令可以创建均布结构或聚心结构的复制图形。

1. 矩形阵列

所谓“矩形阵列”，就是指将图形对象按照指定的行数和列数，以“矩形”的排列方式进行大规模复制。

选择“矩形阵列”命令主要有以下几种方式。

- 执行“修改”|“阵列”|“矩形阵列”命令。
- 单击“修改”面板中的“矩形阵列”按钮。
- 在命令行输入“Arrayrect”按 Enter 键。

选择“矩形阵列”命令后，命令行操作如下。

```
命令：_arrayrect
选择对象：找到 1 个                                    //选择阵列对象
选择对象：↙                                            //确认选择
类型 = 矩形  关联 = 是
为项目数指定对角点或 [基点(B)/角度(A)/计数(C)] <计数>:
                                                       //拉出一条斜线，如图 9-32 所示
指定对角点以间隔项目或 [间距(S)] <间距>:              //调整间距，如图 9-33 所示
按 Enter 键接受或 [关联(AS)/基点(B)/行(R)/列(C)/层(L)/退出(X)] <退出>:↙
                                                       //确认，并打开如图 9-34 所示的快捷菜单
```

图 9-32 设置阵列的数目

图 9-33 设置阵列的间距

关联(AS)
基点(B)
行(R)
列(C)
层(L)
● 退出(X)

图 9-34 快捷菜单

技巧点拨：

矩形阵列的“角度”选项用于设置阵列的角度，使阵列后的图形对象沿着某一角度倾斜，如图 9-35 所示。

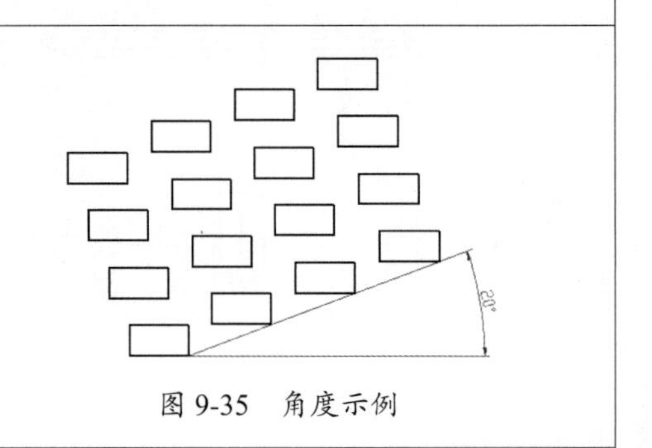

图 9-35 角度示例

动手操练——绘制栅栏正立面图

step 01 打开素材文件“栅栏.DWG”。

step 02 单击“阵列”按钮，选择栏杆图形，如图 9-36 所示。

step 03 弹出“阵列创建”选项卡，设置阵列参数，如图 9-37 所示。

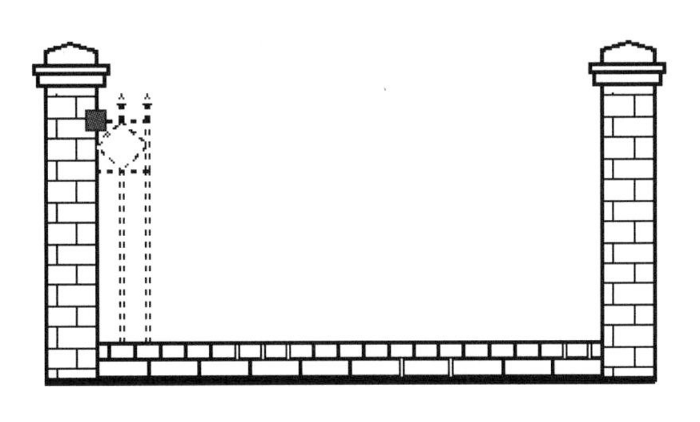

图 9-36　选择阵列图形

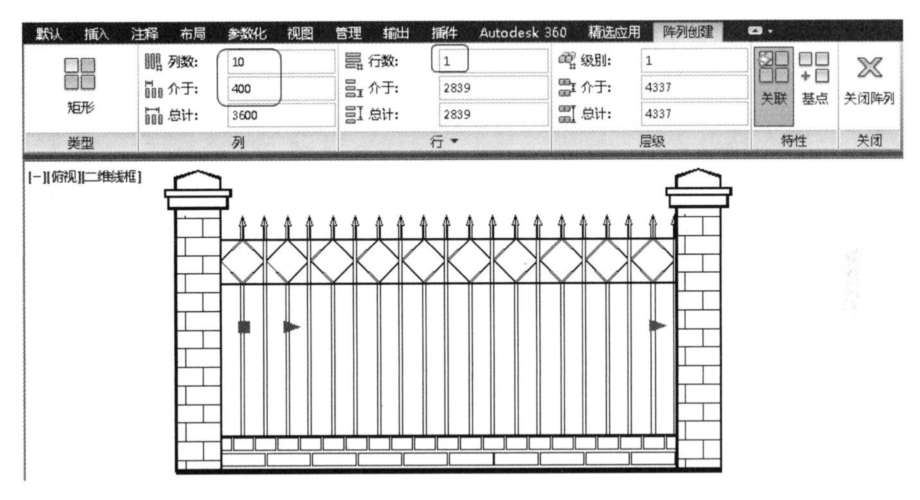

图 9-37　设置阵列参数

step 04 选择最右侧的栏杆图形，如图 9-38 所示。单击“分解”按钮分解图形，并删除多余线条，完成作图，结果如图 9-39 所示。

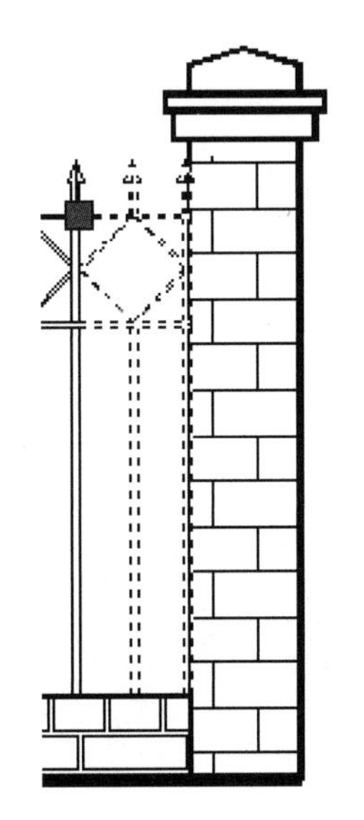

图 9-38　选择分解的图形

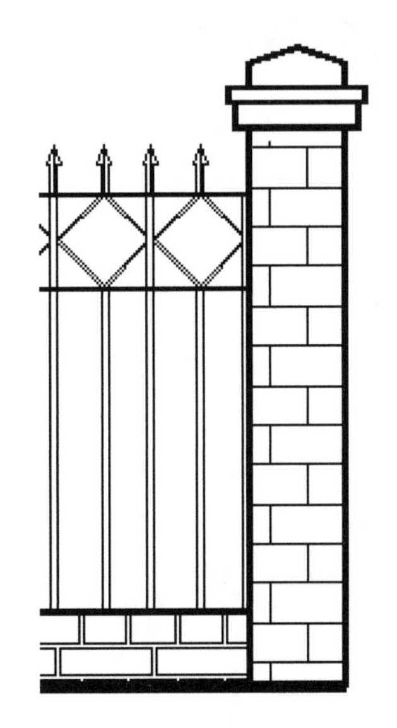

图 9-39　删除多余线条

2. 环形阵列

所谓“环形阵列”是指将图形对象按照指定的中心点和阵列数目，成“圆形”排列。选择“环形阵列”命令主要有以下几种方式：

- 选择“修改”|“阵列”|“环形阵列”命令。
- 单击“修改”面板中的“环形阵列”按钮。
- 在命令行输入 Arraypolar 按 Enter 键。

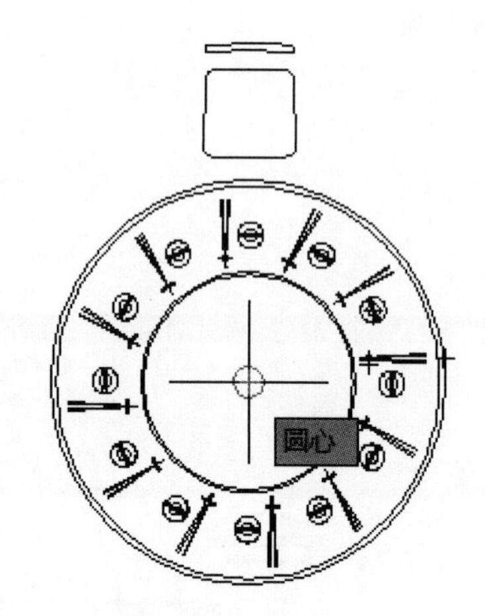

图 9-40　选择圆心

动手操练——餐桌布置平面图

step 01 打开素材文件“餐桌.DWG”，设置对象捕捉方式为圆心捕捉。

step 02 选择椅子图形，单击“环形阵列”按钮，捕捉圆心，如图 9-40 所示。

step 03 在弹出的“阵列创建”选项卡中设置阵列参数，如图 9-41 所示。

step 04 关闭“阵列创建”选项卡，创建完成的餐桌如图 9-42 所示。

默认　插入　注释　布局　参数化　视图　管理　输出　插件　Autodesk 360　精选应用　阵列创建

类型	项目		行		层级	
极轴	项目数:	12	行数:	1	级别:	1
	介于:	30	介于:	466.9159	介于:	1.0000
	填充:	360	总计:	466.9159	总计:	1.0000

图 9-41　设置阵列参数

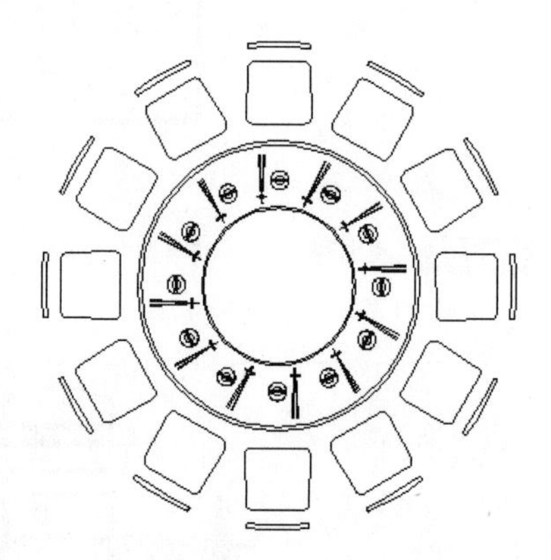

图 9-42　创建完成的餐桌

动手操练——路径阵列

下面通过一个实例讲解“路径阵列”的操作方法。

step 01 绘制一个圆。

step 02 选择“修改”|“阵列”|“路径阵列”命令，命令行操作如下。

```
命令： _arraypath
选择对象： 找到 1 个                                  // 选择“圆”图形
选择对象：↙                                          // 确认选择
类型 = 路径　关联 = 是
选择路径曲线：                                        // 选择弧形
输入沿路径的项数或 [方向(O)/表达式(E)] <方向>: 15      // 输入复制的数量
指定沿路径的项目之间的距离或 [定数等分(D)/总距离(T)/表达式(E)] <沿路径平均定数等分
(D)>: ↙                                               // 定义密度，如图 9-43 所示
```

按 Enter 键接受或 [关联(AS)/基点(B)/项目(I)/行(R)/层(L)/对齐项目(A)/Z 方向(Z)/退出(X)] <退出>: ↙　　//自动弹出快捷菜单，如图 9-44 所示

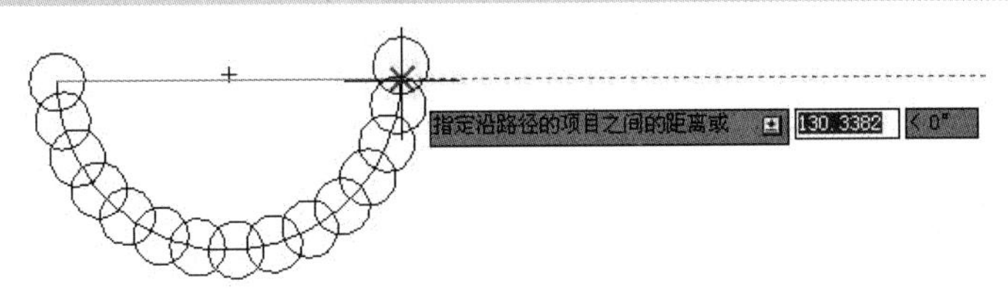

图 9-43　定义图形密度

step 03 操作结果如图 9-45 所示。

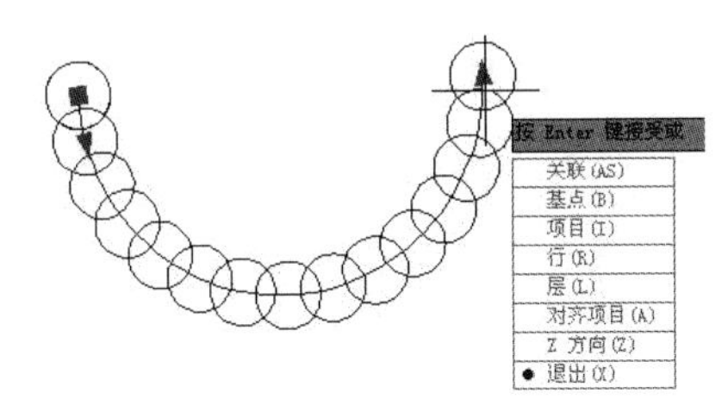

图 9-44　快捷菜单

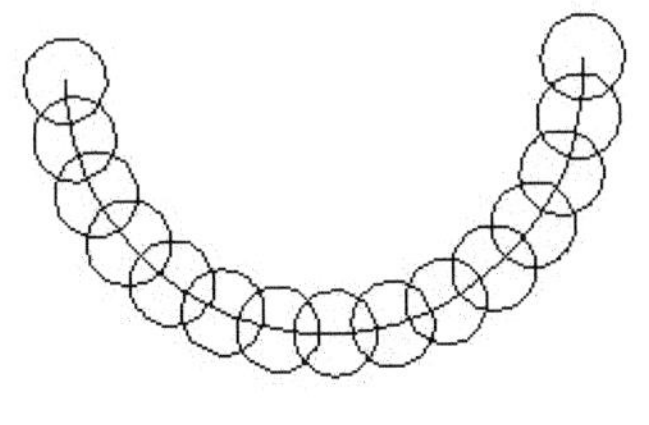

图 9-45　结果

9.4.4　偏移对象

“偏移”命令用于将图线按照一定的距离或指定的通过点，进行偏移选择的图形对象。选择“偏移”命令主要有以下几种方式。

- 执行“修改”|“偏移”命令。
- 单击“修改”面板中的“偏移”按钮。
- 在命令行输入 Offset 按 Enter 键。
- 使用命令简写 O 按 Enter 键。

1．将对象距离偏移

不同结构的对象，其偏移结果也会不同。例如在对圆、椭圆等对象偏移后，对象的尺寸发生了变化，而对直线偏移后，其尺寸则保持不变。

动手操练——利用“偏移”绘制亭基平面图

下面利用复制、镜像与偏移命令绘制如图 9-46 所示的亭基平面图。

step 01 开启极轴追踪、对象捕捉、对象追踪，设置捕捉方式为端点和中点捕捉。

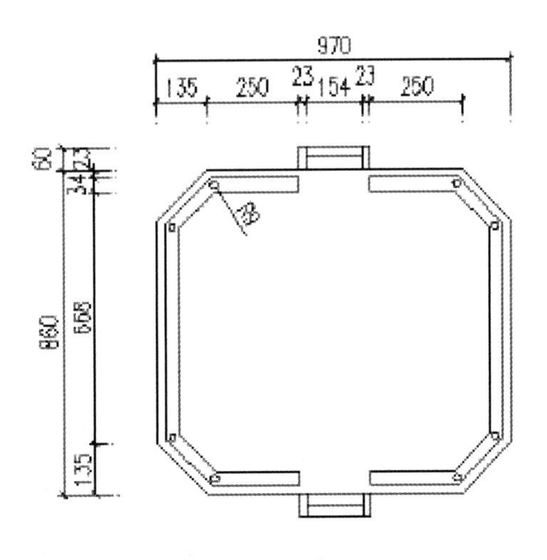

图 9-46　亭基平面图

step 02 单击“矩形”按钮，绘制长为 970，宽为 860 的矩形，其倒角距离为 135。

step 03 单击“偏移”按钮，将矩形向内偏移，结果如图 9-47 所示。

step 04 利用“直线”按钮和“偏移”按钮，绘制图形 A，如图 9-48 所示，然后将其上下镜像，结果如图 9-49 所示。

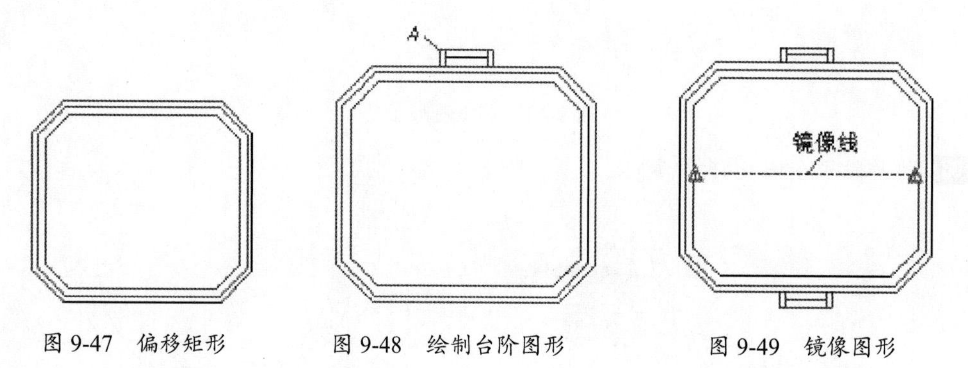

图 9-47　偏移矩形　　图 9-48　绘制台阶图形　　图 9-49　镜像图形

step 05 修剪并补充线型，如图 9-50 所示。

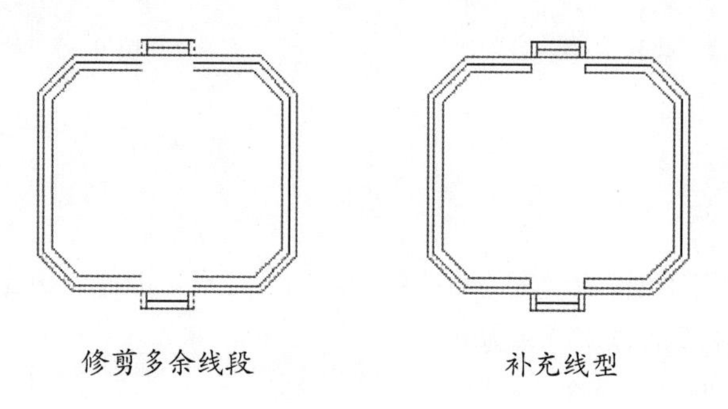

修剪多余线段　　补充线型

图 9-50　修改线型

step 06 绘制连线并捕捉连线中点画圆，如图 9-51 所示。

step 07 复制圆形并左右镜像，如图 9-52 所示。

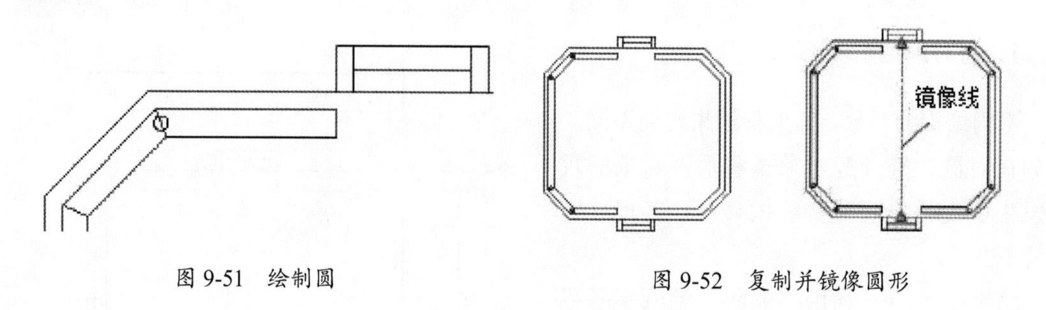

图 9-51　绘制圆　　图 9-52　复制并镜像圆形

2. 将对象定点偏移

所谓“定点偏移”，是指为偏移对象指定一个通过点，并进行偏移对象。

动手操练——定点偏移对象

此种偏移通常需要配合“对象捕捉”功能，下面通过实例学习定点偏移的操作方法。

step 01 打开源文件“定点偏移对象 .dwg”，如图 9-53 所示。

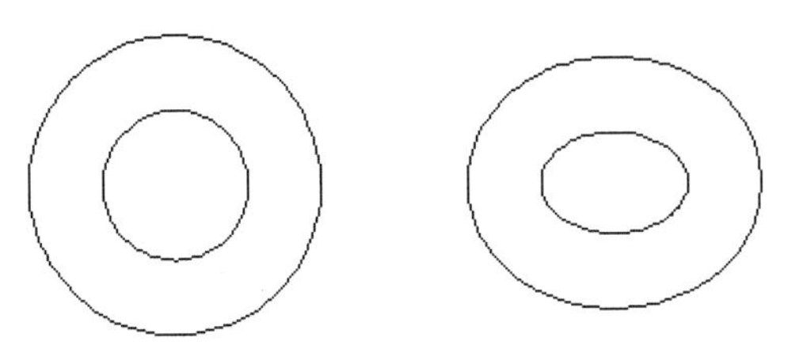

图 9-53　打开的图形

step 02 单击“修改”面板中的“偏移”按钮，激活“偏移”命令，对小圆进行偏移，使偏移出的圆与大椭圆相切，如图 9-54 所示。

step 03 偏移结果如图 9-55 所示。

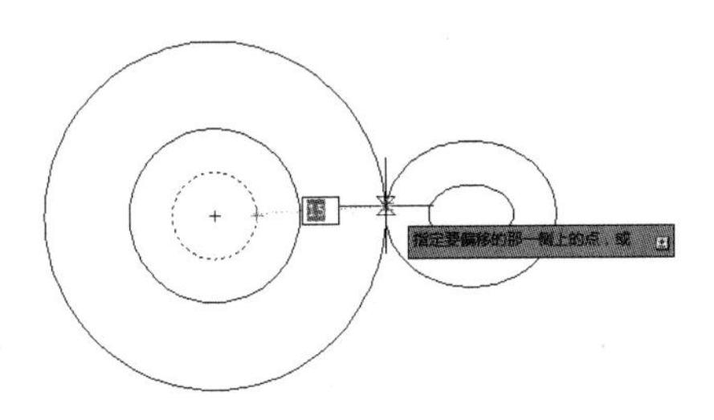

图 9-54　指定位置

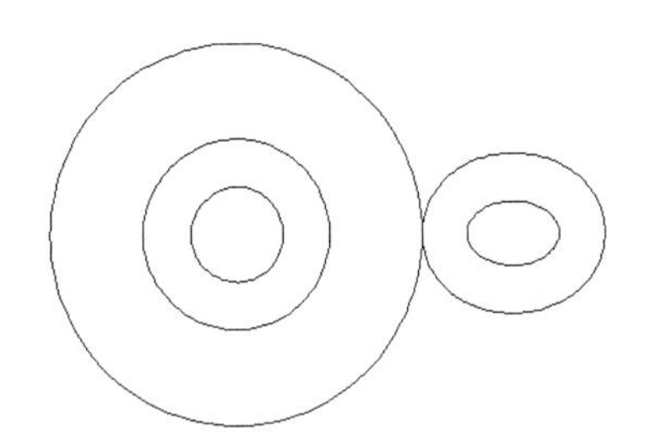

图 9-55　定点偏移

技巧点拨：
“通过”选项用于按照指定的通过点偏移对象，所偏移出的对象将通过事先指定的目标点。

9.5　综合案例——绘制客厅 A 立面图

本实例的客厅 A 立面图展示了沙发背景墙的设计方案，其效果如 9-56 图所示。

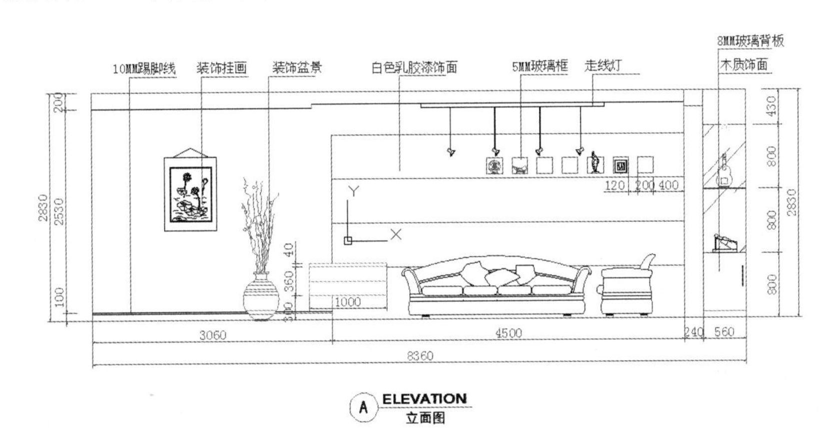

图 9-56　客厅 A 立面图

绘制客厅A立面图的内容主要包括挂画、沙发、植物等背景装饰物，在绘图过程中可以使用“插入”命令插入常见的图块，绘制客厅A立面图的操作如下。

step 01 选择“直线（L）”命令，在绘图区域绘制一条长9 060mm的水平直线，在距离水平线左端点400mm处向上绘制一条2 830mm的垂直线，如图9-57所示。

图9-57　绘制垂直线

step 02 选择“偏移（O）”命令向右偏移这条垂直线段，偏移距离为8 360mm，向上偏移水平线段，偏移距离为2 830mm，如图9-58所示。

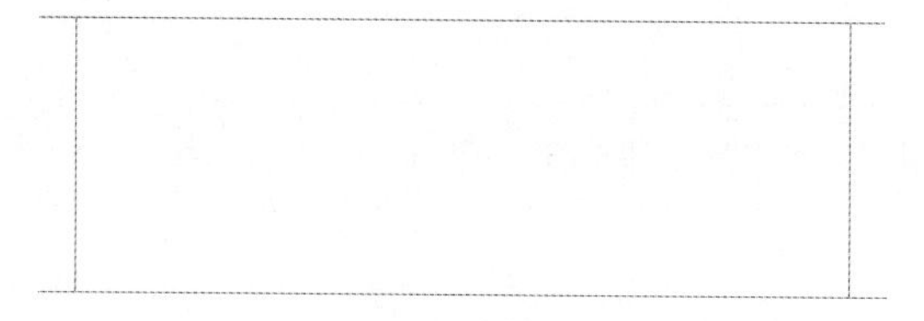

图9-58 绘制偏移线

step 03 选择“修剪（TR）”命令对偏移后的线段进行修剪，效果如图9-59所示。

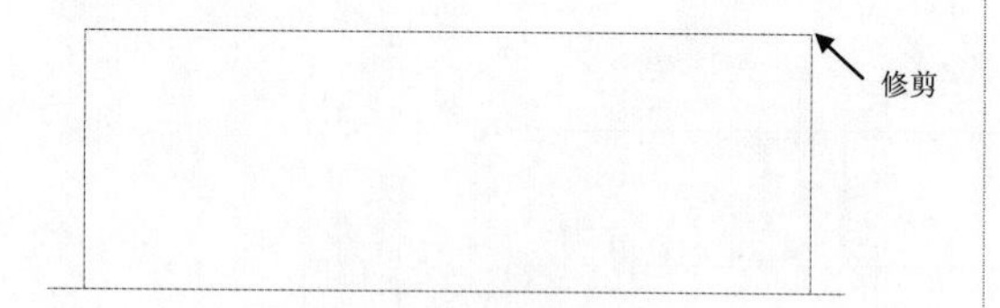

图9-59　修剪偏移线

step 04 选择“偏移（O）”命令向上偏移开始时绘制的水平线段，偏移距离依次为100mm、550mm、550mm、550mm、550mm和380mm，如图9-60所示。

图9-60　绘制偏移线

step 05 选择“偏移（O）”命令向右偏移左边的垂直线段，偏移距离依次为3 060mm、4 500mm和240mm，如图9-61所示。

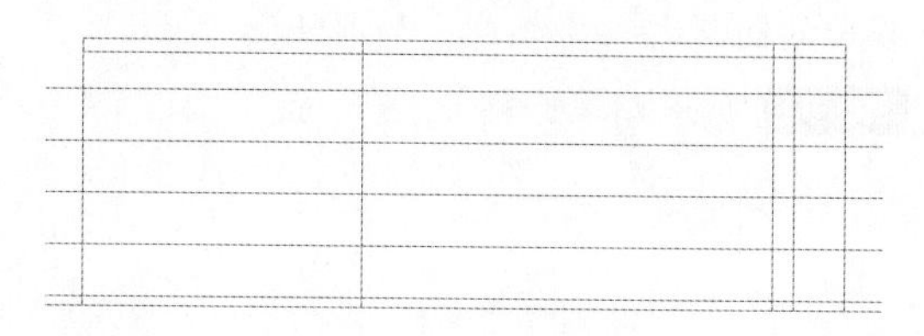

图9-61　绘制偏移线

step 06 选择“修剪（TR）”命令对线段进行修剪处理，效果如图9-62所示。

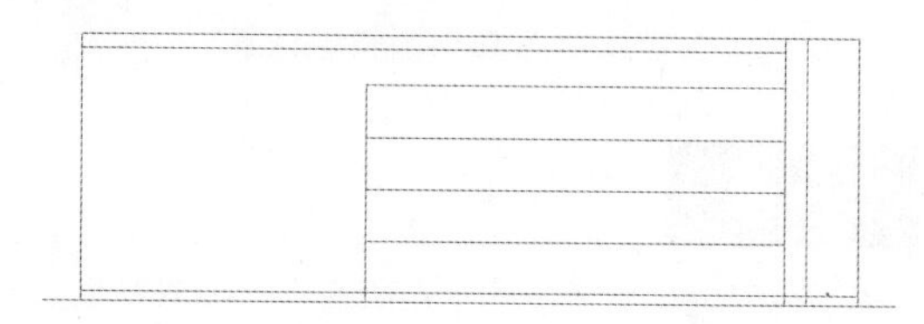

图9-62　修剪处理

step 07 参照如图9-63左图所示的图形，选择“偏移(O)”命令对线段进行偏移，使用“修剪(TR)”命令对线段进行修剪，效果如图9-63右图所示。

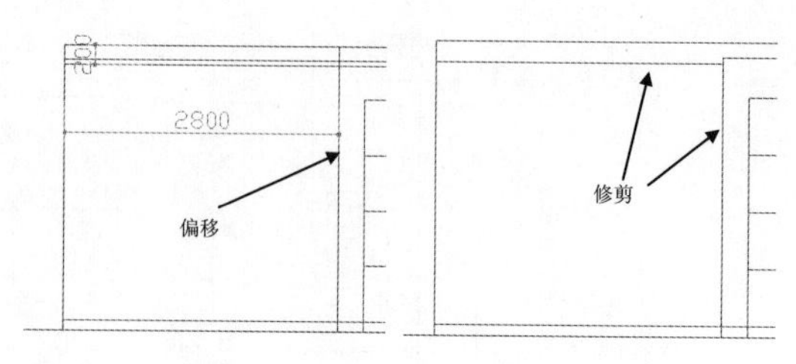

图9-63　创建偏移线并进行修剪

step 08 根据如图9-64所示的尺寸和效果，结合偏移、延伸、修剪命令创建客厅装饰柜的立面图。

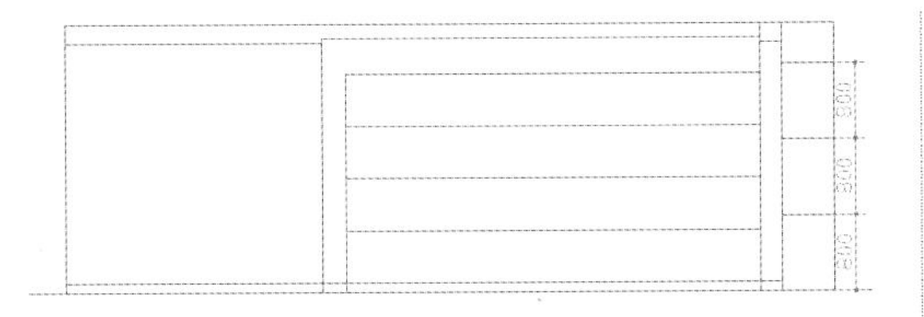

图 9-64　修剪并完成的立面图

step 09 选择“矩形（REC）”命令，绘制一个 200mm×200mm 的矩形，将其放在客厅背景墙上，复制 7 个矩形并依次排列，尺寸和效果如图 9-65 所示。

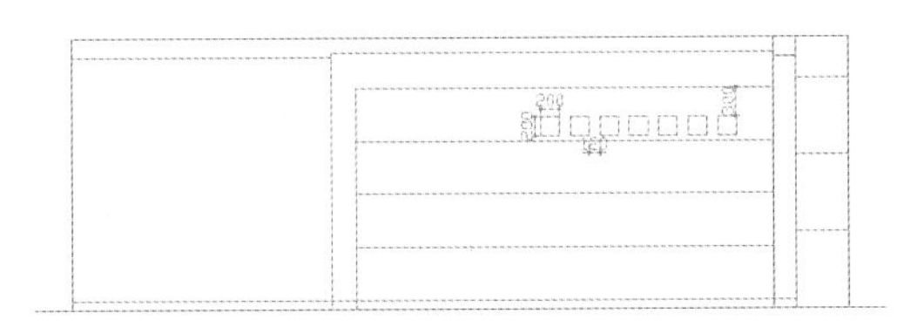

图 9-65　绘制矩形

step 10 结合“偏移（CO）”和“修剪（TR）”命令绘制出客厅搁物柜图形，尺寸和效果如图 9-66 所示。

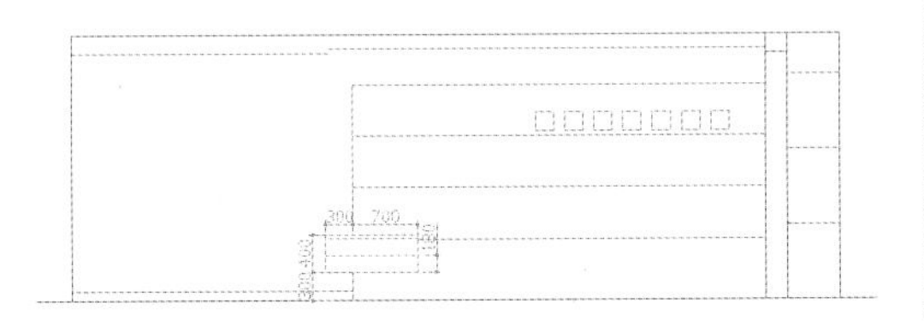

图 9-66　绘制客厅搁物柜图形

step 11 选择“工具 - 选项板 - 设计中心”命令，将“图库 .dwg”素材文件中的沙发立面图插入立面图，如图 9-67 所示。

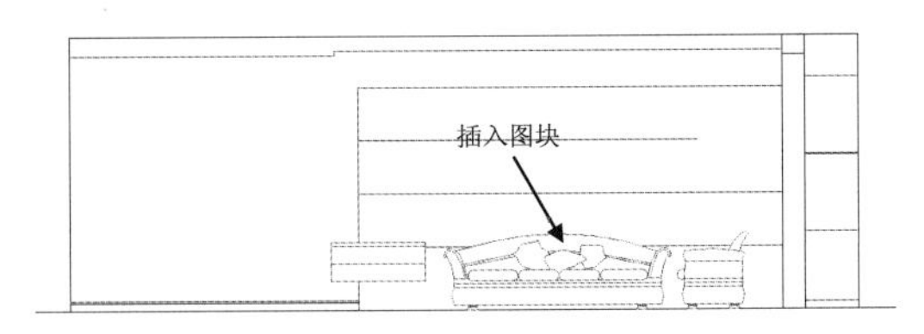

图 9-67　插入图块

step 12 继续将花瓶、装饰画、灯具等图块插入立面图，效果如图 9-68 所示。

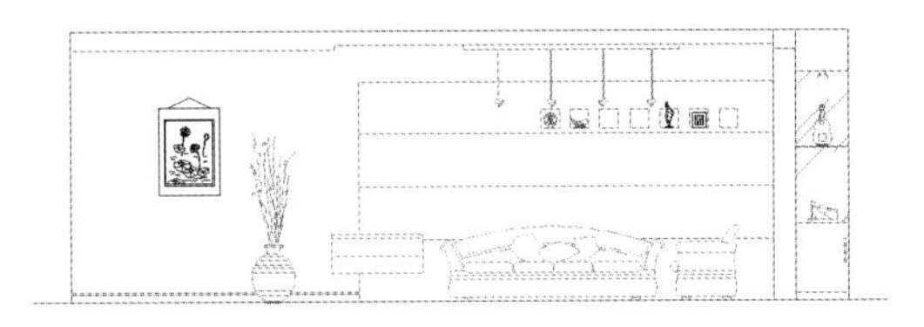

图 9-68 插入其他图块

step 13 将“标注”层设为当前层，结合使用“线性标注”和“连续标注”命令对图形进行标注，效果如图 9-69 所示。

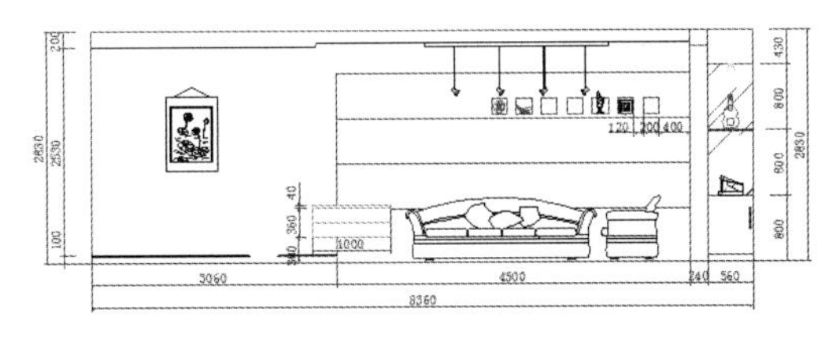

图 9-69　标注尺寸

step 14 将“文字说明”设为当前层，选择“多重引线(Mleader)”命令，绘制文字说明的引线，使用“多行文字（MT）”命令创建说明文字，如图 9-70 所示。

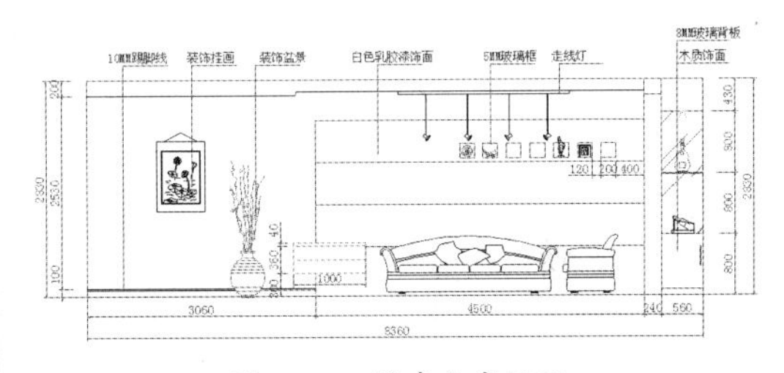

图 9-70　创建文字标注

step 15 打开“图库 .dwg”素材文件，将剖析线符号复制到 A 立面图中，完成客厅 A 立面图的绘制，效果如图 9-71 所示。

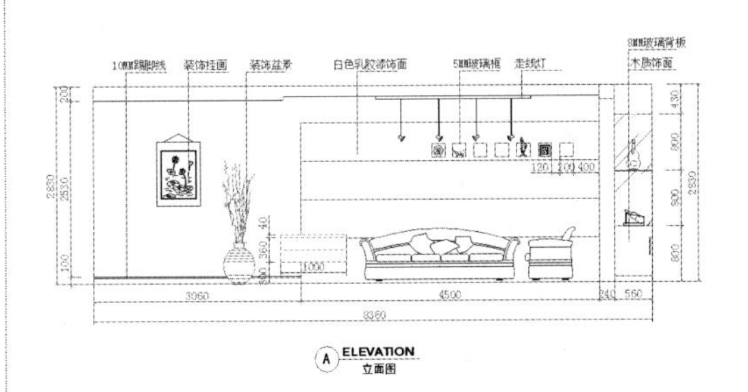

图 9-71　立面图绘制完成

9.6 AutoCAD 认证考试习题集

一、单选题

1．设置“夹点”大小及颜色是在“选项”对话框的哪个选项卡中？

A. 系统　　B. 显示

C. 打开和保存　　D. 选择

正确答案：（ ）

2．移动（Move）和平移（Pan）命令有什么特点？

A. 都是移动命令，效果一样

B. 移动（Move）速度快，平移（Pan）速度慢

C. 移动（Move）的对象是视图，平移（Pan）的对象是物体

D. 移动（Move）的对象是物体，平移（Pan）的对象是视图

正确答案：（ ）

3．使用哪个命令可以绘制出所选对象的对称图形？

A. COPY　　B. LENGTHEN

C. STRETCH　　D. MIRROR

正确答案：（ ）

4．下面哪个命令用于把单个或多个对象从它们的当前位置移至新位置，且不改变对象的尺寸和方位？

A. MOVE　　B. ROTATE

C. ARRAY　　D. COPY

正确答案：（ ）

5．如果按照简单的规律大量复制对象，可以选用下面哪个命令？

A. ROTATE　　B. ARRAY

C. COPY　　D. MOVE

正确答案：（ ）

6．下面哪个命令可以将直线、圆、多线段等对象进行同心复制，且如果对象是闭合的图形，则执行该命令后的对象将被放大或缩小？

A. SCALE　　B. ZOOM

C. OFFSET　　D. COPY

7．使用偏移命令时，下列说法正确的是哪个？

A. 偏移值可以小于 0，这是向反向偏移　　B. 可以框选对象进行 一次偏移多个对象

C. 一次只能偏移一个对象　　D. 偏移命令执行时不能删除原对象

正确答案：（ ）

8．在 AutoCAD 中不能应用修剪命令进行修剪的是什么对象？

A. 圆弧　　　　　　　　　　　　B. 圆

C. 直线　　　　　　　　　　　　D. 文字

正确答案：（ ）

二、绘图题

（1）将长度和角度精度设置为小数点后 4 位，绘制如图 9-72 所示的图形，并求图中红色区域的面积是多少？

（2）将长度和角度精度设置为小数点后 4 位，绘制如图 9-73 所示的图形，求图中角 *CAB* 的值？

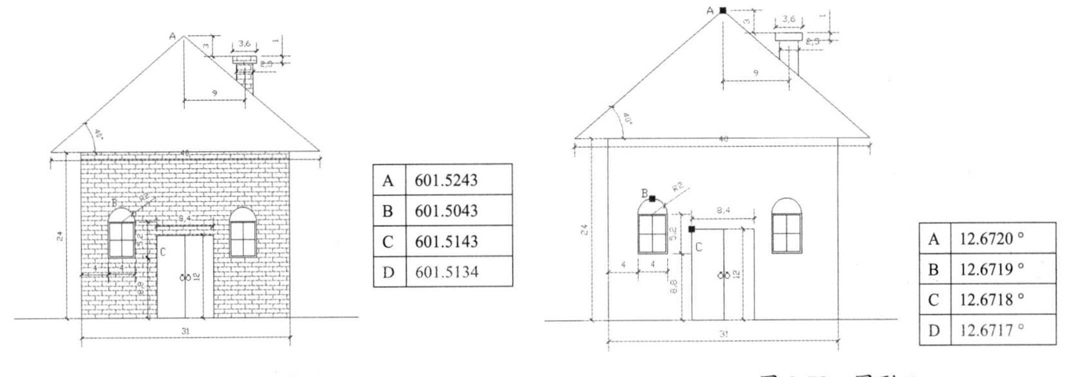

A	601.5243
B	601.5043
C	601.5143
D	601.5134

A	12.6720 °
B	12.6719 °
C	12.6718 °
D	12.6717 °

图 9-72　图形一　　　　　　图 9-73　图形二

（3）绘制如图 9-74 所示的图形，将绘图精度设置为小数点后 4 位，求图中玻璃的面积。

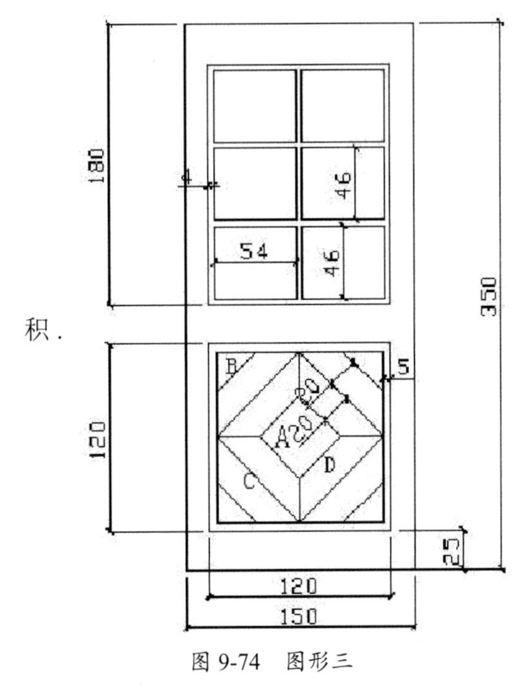

图 9-74　图形三

9.7 课后练习

1. 绘制挂轮架

利用直线、圆弧、圆、复制、镜像等命令，绘制如图 9-75 所示的挂轮架。

2. 绘制曲柄

利用直线、圆、复制等命令，绘制如图 9-76 所示的曲柄图形。

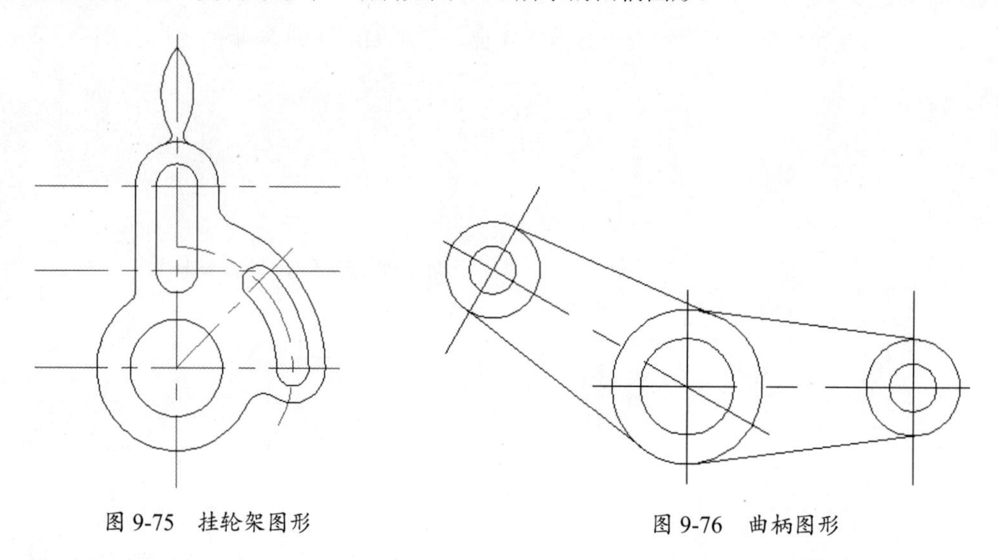

图 9-75 挂轮架图形　　图 9-76 曲柄图形

3. 绘制燃气灶

通过燃气灶图形的绘制，学习多段线、修剪、镜像等命令的绘制技巧，如图 9-77 所示。

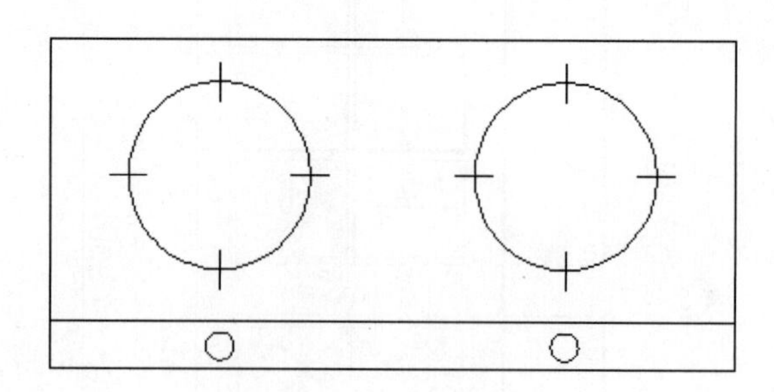

图 9-77 绘制燃气灶

第 10 章

图块与图层的应用

本章内容

在绘制建筑图形时，如果图形中有大量相同或相似的内容，或者所绘制的图形与已有的图形相同，则可以把要重复绘制的图形创建成块（也称为图块），并根据需要为块定义属性，指定块的名称、用途及设计者等信息，在需要时直接插入它们，从而提高绘图效率。

图层是建立建筑工程图的必备工具，可以帮助设计师快速、高效地管理图纸、绘制图纸。

知识要点

- ☑ 图块的定义
- ☑ 图块的应用
- ☑ 图块编辑
- ☑ 图块属性

10.1 图块的定义

在实际工程设计中，经常会重复绘制一些相同或相似的图形符号（如门、窗、标高符号等），若每个图形都重复绘制，一定会很浪费时间。所以，在绘图以前应将那些常用的图形制作成图块，以后再用时，直接将图块插入即可。如图 10-1 所示的图形都是建筑制图中经常会用到的图形，可以将这些图形分别绘制出来，并定义为一个单独的图块。

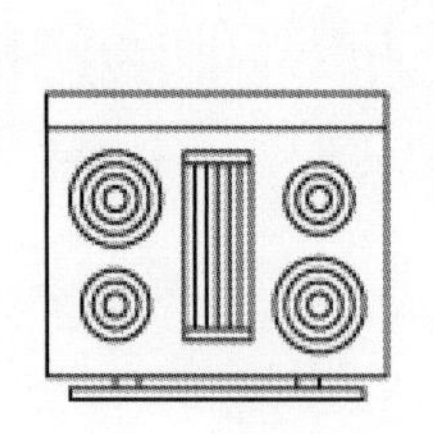
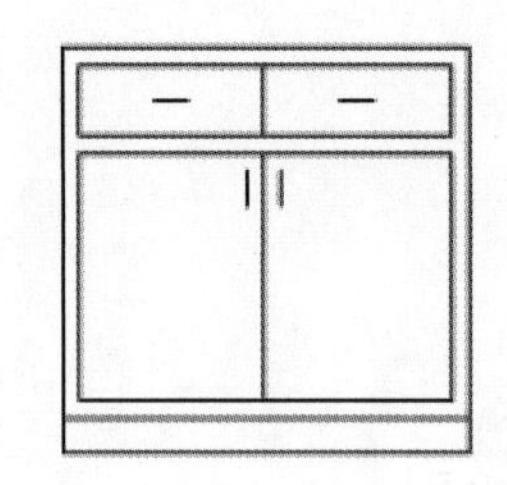
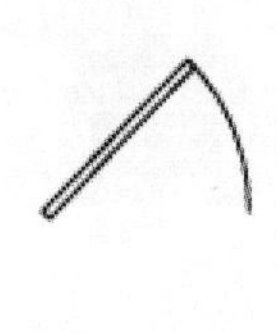
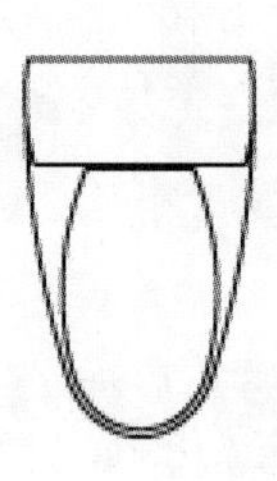

图 10-1 建筑图中常见的图块

图块是由一个或多个图形实体组成并进行命名的图形单元。要定义一个图块，首先要绘制好组成图块的图形实体，然后再对其进行定义。图块分为内部图块和外部图块两类。因此，图块定义又分为内部图块定义和外部图块定义。

10.1.1 内部块定义（BLOCK）

内部图块是指只能在定义该图块图形的内部，不能应用于其他图形的一个 AutoCAD 内部文件。通常在绘制较复杂的建筑图时，会用到内部图块。使用 BLOCK 命令可以定义内部图块，在定义内部图块时，需要指定图块的名称、插入点以及插入单位等。

动手操练——创建块

例如，使用 BLOCK 命令将如图 10-2 所示的图形定义为一个内部图块。其中，该图块名称为 DBQ、基点为 *A* 点、以毫米为单位插入图形。

step 01 打开本例素材文件“坐便器 .dwg”。

step 02 选择“创建块”命令，或在命令行中输入 BLOCK 命令，弹出“块定义”对话框。

step 03 在该对话框的“名称”下拉列表中输入 DBQ，指定图块名称。

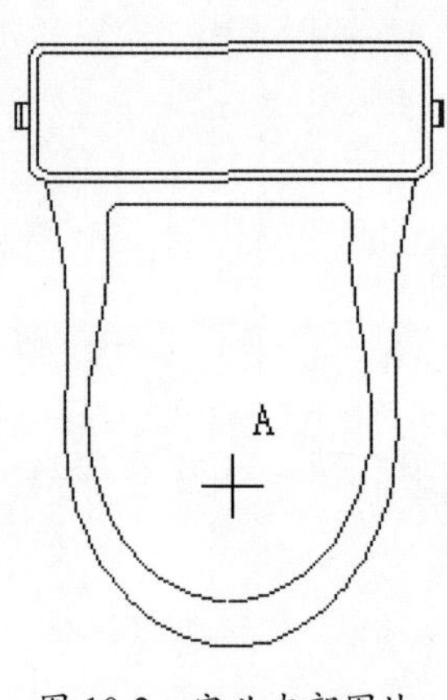

图 10-2 定义内部图块

技巧点拨：

在同一个图形文件中，不能定义两个相同名称的图块，如果输入的图块名是列表中已有的块名，则在单击“确定”按钮时，系统将提示已定义该图块，并询问是否重新定义。

step 04 在“对象”栏中单击“选择对象”按钮，系统返回绘图区，选择如图 10-2 所示的图形，按 Enter 键返回“块定义”对话框。

step 05 在“对象”栏中选中“转换为块”单选按钮，将所选图形定义为块。

step 06 在“基点”栏中单击“拾取点”按钮，返回绘图区中，拾取 A 点，系统自动返回“块定义”对话框。

step 07 在“插入单位”下拉列表中选择图块的插入单位，在此，我们选择“毫米”选项，即以“毫米”为单位插入图块，如图 10-3 所示，最后单击“确定”按钮即可。

若用户在一个图形中定义的内部图块较多时，可以在“块定义”对话框中的“说明”文本框中指定该图块的说明信息，以便区分。

通过该对话框下方的“超链接”按钮可以为图块设置一个超级链接。

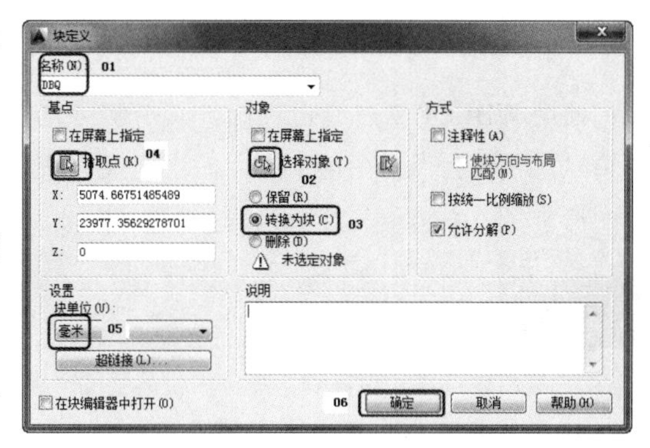

图 10-3　“块定义”对话框

10.1.2　外部块定义（WBLOCK）

使用 WBLOCK 命令可以将所选实体以图形文件的形式保存在计算机中，即外部图块。用该命令形成的图形文件与其他图形文件一样可以打开、编辑和插入。在建筑制图中，使用外部图块也比较广泛，读者可以预先将所要使用的图形绘制出来，然后用 WBLOCK 命令将其定义为外部图块，从而在实际绘图时，快速插入到图形中。

例如，使用 WBLOCK 命令将图 10-2 所示的图形定义为外部图块。其名称仍为“DBQ”，仍以“毫米”为单位插入图形，保存在 E:\ 盘根目录下。其具体的操作步骤如下：

动手操练——创建外部块

step 01 在命令行中输入 WBLOCK 命令，系统打开如图 10-4 所示的“写块”对话框。

step 02 在“源”栏中选中“对象”单选按钮，以选择对象的方式指定外部图块。

step 03 在“对象”栏中单击“选择对象”按钮，系统返回绘图区中，以窗选方式选择如图 10-5 所示的图形，按 Enter 键返回“写块”对话框。

step 04 在“基点”栏中单击“拾取点”按钮，返回绘图区，单击 A 点，返回“写块”对话框。

step 05 在“目标”栏中的“文件名和路径”下拉列表右侧，单击按钮，在打开的“浏览文件夹”对话框中选择“E:\”，指定图块保存的位置。

step 06 在“插入单位”下拉列表中选择“毫米”选项，指定图块的插入单位，如图 10-6 所示，最后单击“确定”按钮即可。

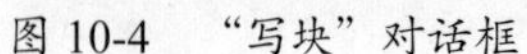
图 10-4　“写块”对话框

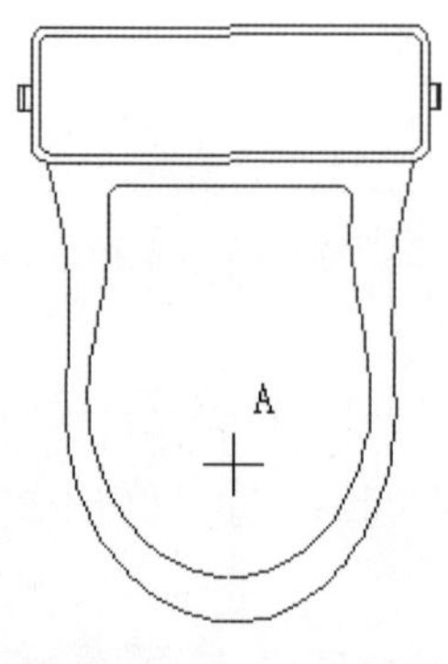

图 10-5　定义外部块

图 10-6　设置写块参数

使用 WBLOCK 命令定义的外部块实际是一个 DWG 图形文件。当用 WBLOCK 命令定义图块时，它不会保留图形中未用的层定义、块定义、线型定义等，因此可以将图形文件中的整个图形定义成外部块，并写入一个新文件。

提示：

若用户要将内部图块保存到计算机中供其他图形调用时，也可以使用 WBLOCK 命令来完成，在“写块”对话框的“源”栏中选中相应的单选按钮，在其后的下拉列表中选择已定义的内部图块名称，然后按照前面介绍的操作方法进行设置即可。

10.2　图块的应用

定义图块的目的是为了在插入相同图形时更加方便、快捷。本节主要讲述图块的各种插入方法。

10.2.1　插入单个图块

使用 INSERT 命令可以将用户定义的内部或外部图块插入到当前图形中。在插入块时，需要确定块的位置、比例因子和旋转角度。可以使用不同的 X、Y 和 Z 坐标值指定块参照的比例。

动手操练——插入单个图块

例如，使用 INSERT 命令将前面定义的“DBQ”外部图块插入如图 10-7 所示的卫生间平面图中。

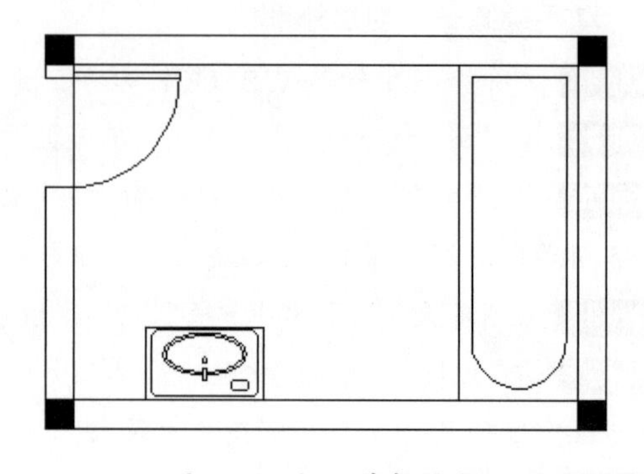

图 10-7　插入外部图块

step 01 打开本例素材源文件“卫生间平面图 .dwg”。

step 02 单击“插入”按钮，或在命令行中输入 INSERT 命令，系统打开如图 10-8 所示的“插入块”对话框。

step 03 在该对话框中单击“浏览”按钮，打开如图 10-9 所示的“选择图形文件”对话框，在该对话框中选择 DBQ.dwg 文件，单击“打开”按钮。

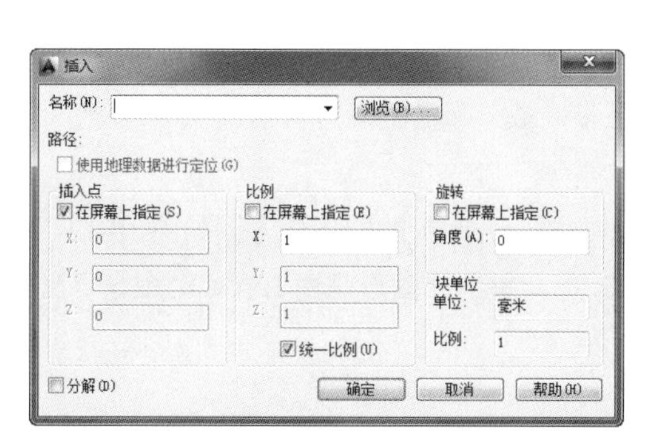

图 10-8　“插入块”对话框

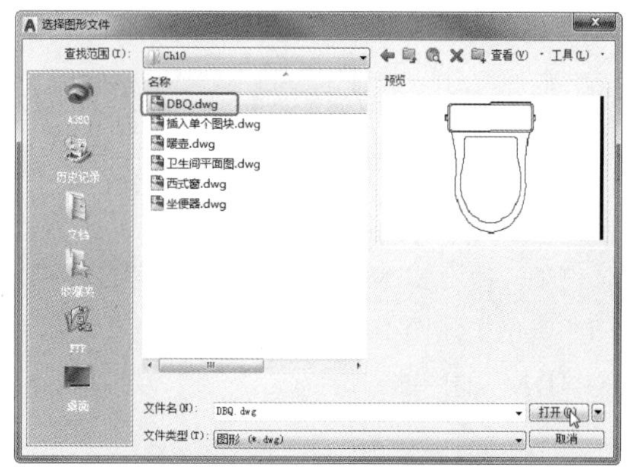

图 10-9　“选择图形文件”对话框

step 04 在“插入点”栏中选中“在屏幕上指定”复选框，单击“确定”按钮后在绘图区中动态指定图块的插入点。

step 05 在“比例”栏中选中“统一比例”复选框，在“X”文本框中输入 0.6，指定图块的缩放比例。

step 06 在“旋转”栏的“角度”文本框中输入 180，将图块旋转 180°，如图 10-10 所示。

step 07 单击“确定”按钮，系统返回绘图区，根据系统提示指定图块的插入位置。

```
命令：INSERT                                    //输入 INSERT 命令插入图块
指定插入点或 “比例 (S)/X/Y/Z/旋转 (R)/预览比例
(PS)/PX/PY/PZ/预览旋转 (PR)”：点取A点          //指定图块的插入位置，如图10-11所示。
```

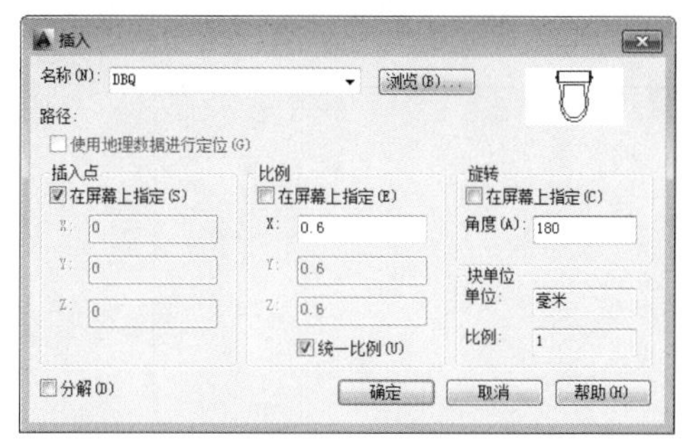

图 10-10　设置插入块参数

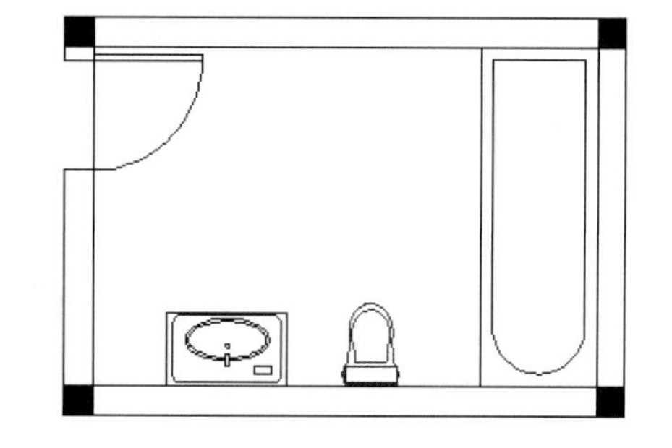

图 10-11　插入块后的图形

技巧点拨：

若要对插入的图块进行编辑，则可以在“写块”对话框中选中“分解”复选框，插入后的图块各部分是一个单独的实体。但应注意，若图块以在 *X*、*Y*、*Z* 方向不同的比例插入，则不能用 EXPLODE 命令分解。

若要插入一个内部图块，则在“写块”对话框的“名称”下拉列表中选择所需的内部图块即可，其他设置与插入外部图块相同。

用 BLOCK 和 WBLOCK 建立的图块，确定的插入点即为插入时的基点。如果直接插入外部图形文件，系统将以图形文件的原点（0,0,0）作为默认的插入基点。

10.2.2 插入阵列图块

MINSERT 命令相当于将阵列与插入命令相结合，用于将图块以矩形阵列的方式插入。用 MINSERT 命令插入图块不仅能够提高工作效率，还可以减少磁盘空间的占用。

动手操练——插入阵列图块

例如，使用 MINSERT 命令以阵列方式将如图 10-12（a）所示的图形插入到如图 10-12（b）所示中，结果如图 10-12（c）所示。其中，图 10-12（a）所示的图形是由 BLOCK 命令定义的名为“DA”的内部图块。

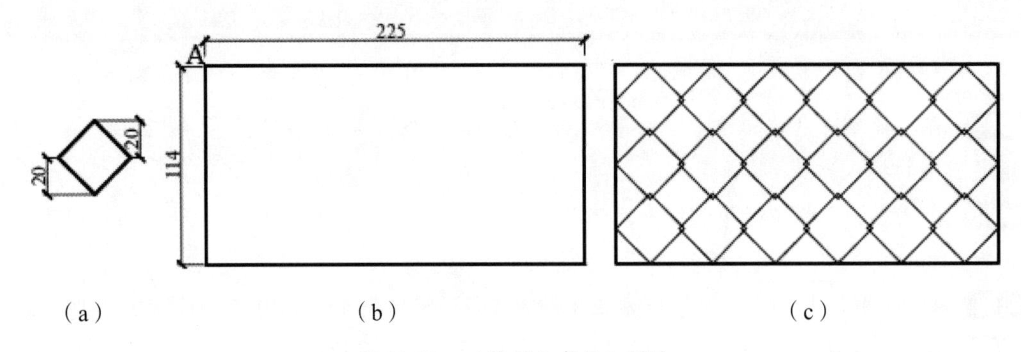

图 10-12　以阵列方式插入图块

step 01 新建文件，绘制如图 10-13 所示的图形。

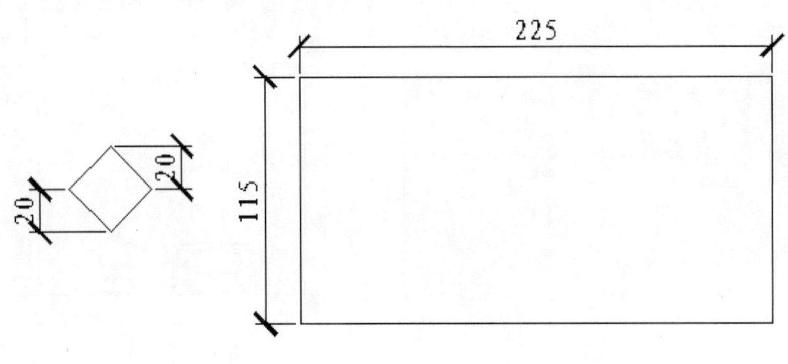

图 10-13　绘制图形

step 02 选择“创建块”命令，打开“块定义”对话框。输入块名 DA，再拾取如图 10-14 所示的 B 点作为基点，选择菱形来创建块。

图 10-14　创建块

step 03 执行 MINSERT 命令，然后按下列命令行中的提示进行操作。

```
命令：MINSERT                            // 输入 MINSERT 命令阵列插入图块
输入块名或 “?” <da>：↙                  // 默认系统提示的图块名称“DA”
指定插入点或“比例 (S)/X/Y/Z/ 旋转 (R)/ 预览比例 (PS)
/PX/PY/PZ/ 预览旋转 (PR)”：FROM         // 使用基点捕捉指定图块的插入点
基点：选取如图 10-15 所示的几点          // 指定基点
< 偏移 >：@20,0                          // 指定由基点偏移的距离即图块的插入点
输入 X 比例因子，指定对角点，或“角点 (C)/XYZ” <1>:
                                         // 不改变图块 X 方向上的缩放比例
输入 Y 比例因子或 < 使用 X 比例因子 >：     // 不改变图块 Y 方向上的缩放比例
指定旋转角度 <0>:                           // 不旋转图块
输入行数 (---) <1>：3                       // 指定阵列的行数
输入列数 (|||) <1>：6                       // 指定阵列的列数
输入行间距或指定单位单元 (---)：-37         // 指定行间距，间距值为负，图块向下阵列复制
指定列间距 (|||)：37                        // 指定列间距
```

step 04 阵列结果如图 10-16 所示。

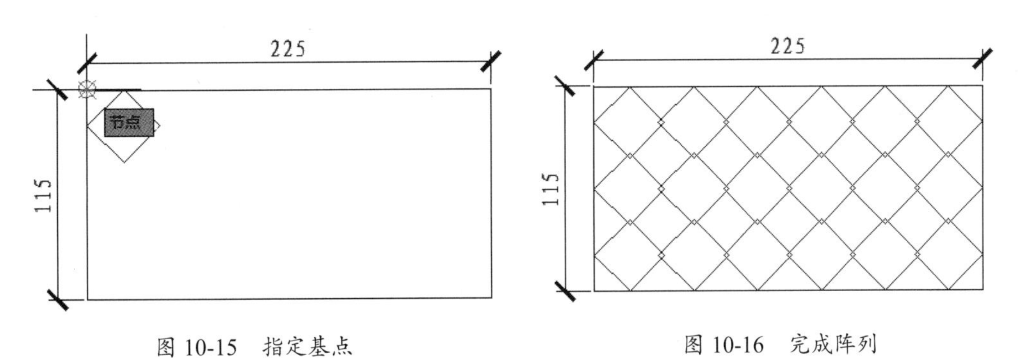

图 10-15　指定基点　　　　图 10-16　完成阵列

提示：

用 MINSERT 命令插入的所有图块是一个单独的整体，而且不能用 EXPLODE 命令炸开，但可以通过 DDMODIFY 命令改变插入块时所设置的特性，如插入点、比例因子、旋转角度、行数、列数、行距和列距等。

10.3 图块编辑

图块是由一个或多个实体组成的一个特殊实体，可以用 COPY、ROTATE 等命令对图块进行整体编辑，但 TRIM、EXPLODE、OFFSET 等命令则不能对其进行编辑。

10.3.1 图块特性

在建立一个块时，组成块的实体特性将随块定义一起存储，当在其他图形中插入块时，这些特性也随着一起插入。

1. 层上图块的特性

如果组成块的实体是在 0 层上绘制的，并且用“随层”设置特性，则该块无论插入哪一层，其特性都采用当前层的设置。0 层上“随层”块的特性随其插入层特性的改变而改变。

2. 指定颜色和线型的图块特性

如果组成块的实体具有指定的颜色和线型，则块的特性也是固定的，在插入时不受当前图形设置的影响。

3. “随块”图块特性

如果组成块的实体采用“随块”设置，则块在插入前没有任何层、颜色、线型、线宽设置，被视为白色连续线。当块插入当前图形时，块的特性按当前绘图环境的层、颜色、线型和线宽设置。“随块”图块的特性是随不同的绘图环境而变化的。

4. “随层”图块特性

如果由某个层的具有“随层”设置的实体组成一个内部块，这个层的颜色和线型等特性将设置并存储在块中，以后无论在哪一层插入都保持这些特性。

如果在当前图形中插入一个具有“随层”设置的外部块，当外部块所在层在当前图形中未定义，则 AutoCAD 自动建立该层来放置块，块的特性与块定义时一致；如果当前图形中存在与之同名而特性不同的层，当前图形中该层的特性将覆盖块原有的特性。

5. 关闭或冻结层上图块的显示

当非 0 层块在某一层插入时，插入块实际上仍处于建立该块的层中（0 层块除外），因此无论它的特性怎样随插入层或绘图环境变化，当关闭该层时，图块仍然显示，只有将建立该块的层关闭或将插入层冻结，图块才不再显示。而 0 层上建立的块，无论它的特性怎样随插入层或绘图环境变化，当关闭插入层时，插入的 0 层块随之关闭。

10.3.2　图块分解

“图块分解”命令用于将复合对象分解成若干个基本的组成对象，该命令可以用于图块、三维线框或实体、尺寸、剖面线、多线、多段线和面域等的分解。

例如，使用 EXPLODE 命令将上一节中的 DBQ 图块进行分解，如图 10-17 所示为分解前后图形的夹点编辑状态。其具体操作如下：

```
命令：EXPLODE                      // 输入 EXPLODE 命令分解图块
选择对象：选择 DBQ 图块              // 选择分解对象
选择对象：                          // 按 Enter 键结束 EXPLODE 命令
```

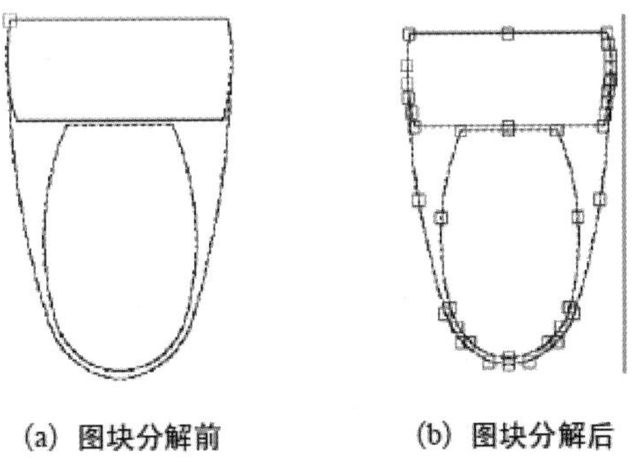

图 10-17　图块分解前后夹点的编辑状态

提示：

使用 EXPLODE 命令分解带有属性的图块后，将使属性值消失，并还原为属性定义的标签。

用 MINSERT 命令插入的图块或外部参照对象不能用 EXPLODE 命令分解。具有一定宽度的多段线分解后，AutoCAD 将放弃多段线的任何宽度和切线信息，分解后的多段线宽度、线型、颜色将随当前层改变。

10.3.3　块的重新定义

若一个图块被多次重复插入到一个图形文件中，当对这些已插入的块进行整体修改时，用块的重新定义即可一次性更新已插入的块，而不用单独修改。

重新定义块的方法一般是将一个插入块分解后加以修改编辑的，再用 BLOCK 命令重新定义为同名的块，将原有的块定义覆盖，图形中引用的相同块将全部自动更正。这种方法用于修改幅度较小的图块。

提示：

不能用一个内部块替换另一个内部块。当重新定义图块时，所有同名的图块都将被替换，其插入基点也随着替代的块而改变。

10.4 图块属性

一个图形、符号除自身的几何形状外往往还包含很多相关的文字说明、参数等信息，在AutoCAD中用属性来设置图块的附加信息，具体的信息内容则称为“属性值”。属性必须依赖于块而存在，没有块就没有属性。

10.4.1 图块属性的定义（ATTDEF）

要定义属性，需要首先创建描述属性特征的属性定义，包括标记（标识属性的名称）、插入块时显示的提示、值的信息、文字格式、位置和任何可选模式（不可见、固定、验证和预置）。

使用ATTDEF命令即可为图块定义属性。定义属性后，将其与图形一起定义为图块。然后，只要插入该图块，AutoCAD都会用指定的属性文字提示输入属性。对于每个新的插入块，可以为属性指定不同的值。

例如，使用ATTDEF命令为如图10-18（a）所示的落水管定义一个属性，结果如图10-18（b）所示。

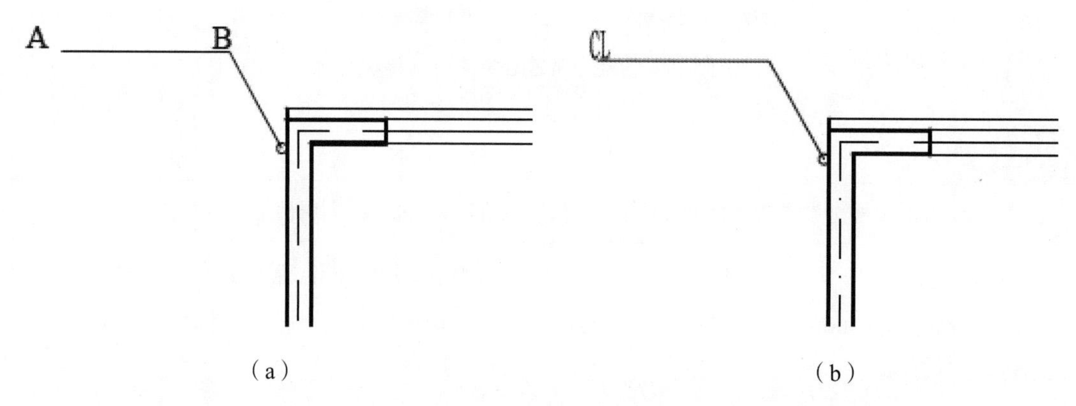

图10-18 定义图块属性

要求如下：

- 属性的显示标记为“CL”，“CL”表示属性的填写位置，插入带属性的图块时，输入的值将代替该标记。
- 在插入该图块时，系统提示“输入材料名称”。
- 该属性的默认值为“DV100PVC塑料落水管”。

具体步骤如下。

step 01 单击“定义属性”按钮，或在命令行中输入ATTDEF命令，打开如图10-19所示的“属性定义”对话框。

step 02 在“属性”栏的“标记”文本框中输入“CL”，指定属性显示标记。

step 03 在“提示”文本框中输入“输入材料名称”，指定属性的提示信息。

step 04 在“值”文本框中输入“DV100PVC塑料落水管”，指定属性的默认值。

step 05 在“文字设置”栏的“对正”下拉列表中设置文字相对于插入点的排列方式。

step 06 在“文字样式”下拉列表中设置属性文字的样式，在此仍保持默认的系统设置。

step 07 在“文字高度”文本框中输入 2.5，指定属性文字的大小。

step 08 默认文字的旋转角度为 0。

step 09 单击“确定”按钮完成属性定义。

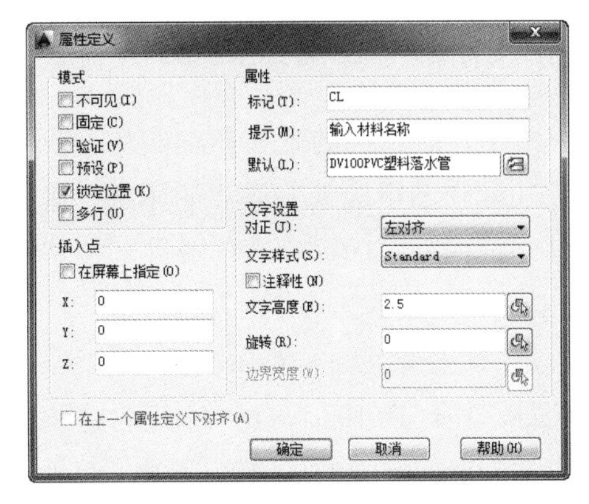

图 10-19　“属性定义”对话框

10.4.2　定义带属性的块

完成属性定义后，还并不能达到我们前面指出的要求。如在插入落水管图块时，系统还不会提示“输入材料名称：”等。要达到以上要求，需要将属性和落水管图块一起定义为一个新的图块，从而达到前面所提出的要求。关于块的定义，在此不再介绍，读者可以参照前面所学的内容完成带属性块的定义。为了便于讲解，在此我们将落水管及其属性定义为一个名为“GC”的内部图块。

10.4.3　图块属性的编辑（DDEDIT）

定义好属性后，可以使用 DDEDIT 命令对属性进行编辑，该命令可以修改属性的显示标记、提示内容及默认属性值。

例如，使用 DDEDIT 命令修改前面所定义的落水管图块属性。

```
    命令：DDEDIT                              // 输入 DDEDIT 命令修改属性
    选择注释对象或 “放弃 (U)”：选择图 10-10（b）所示 CL 属性标记          // 选择要修改的属性
    系统打开如图 10-20 所示的“编辑属性定义”对话框，在该对话框中对属性的显示标记、提示内容和
默认属性值进行修改                              // 修改属性定义
    选择注释对象或 “放弃 (U)”：                 // 按 Enter 键结束 DDEDIT 命令
```

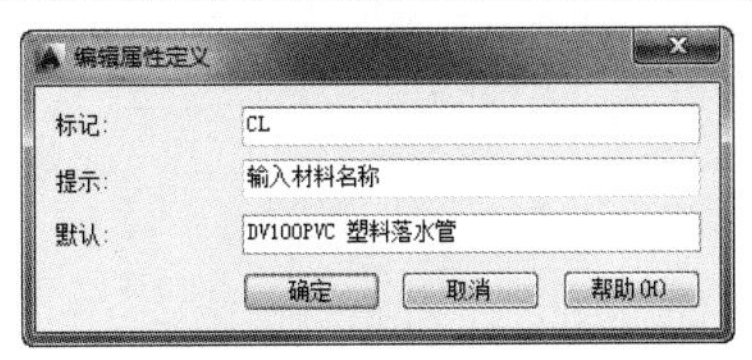

图 10-20　“编辑属性定义”对话框

提示：

DDEDIT 命令只对未定义成块的或已分解的属性块的属性起作用。

10.4.4 插入带属性的图块

完成了图块属性的定义及编辑后，我们即可在实际作图中插入带属性的图块，其插入方法与前面介绍的插入内部或外部图块的方法相同，不同的是完成插入点、插入比例等设置后，系统会多了一个属性提示。

例如，在如图 10-18（b）所示的建筑施工图中插入前面定义的“GC”图块，结果如图 10-21 所示。

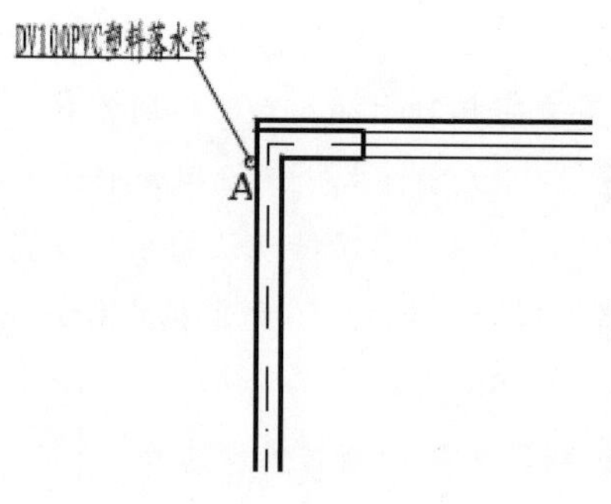

图 10-21 插入带属性的图块

具体操作步骤如下。

step 01 在命令行中输入 INSERT 命令，打开“插入”对话框。

step 02 在该对话框的“名称”下拉列表中选择“GC”图块，单击“确定”按钮，关闭“插入”对话框。

step 03 命令行出现以下提示。

```
指定插入点或“比例 (S)/X/Y/Z/ 旋转 (R)/ 预览比例 (PS)/PX/
PY/PZ/ 预览旋转 (PR)”:                  // 指定图块的插入点
输入属性值
输入材料名称：<DV100PVC 塑料落水管 >:      // 输入材料名称，即前面定义的“提示”属性
```

10.5 巧妙应用 AutoCAD 设计中心

AutoCAD 2018 为用户提供了一个直观、高效的设计中心控制面板。通过设计中心，用户可以组织对图形、块、图案填充和其他图形内容的访问；可以将源图形中的任何内容拖至当前图形中；还可以将图形、块和填充拖至工具选项板上；源图形可以位于用户的计算机、网络位置或网站上。另外，如果打开了多个图形，则可以通过设计中心，在图形之间复制和粘贴其他内容（如图层定义、布局和文字样式），从而简化绘图过程。

通过使用设计中心来管理图形，用户还可以获得以下帮助。

- 可以方便地浏览用户计算机、网络驱动器和网页上的图形内容（例如图形或符号库）。
- 在定义表中查看块或图层对象的定义，然后将定义插入、附着、复制和粘贴到当前图形中。
- 重定义块。
- 可以创建常用图形、文件夹和 Internet 网址的快捷方式。
- 向图形中添加外部参照、块和填充等内容。
- 在新窗口中打开图形文件。
- 将图形、块和填充拖至工具选项板上以便于访问。

如果在绘制复杂的图形时，所有绘图人员遵循一个共同的标准，那么绘图时的协调工作将

变得十分容易。CAD 标准就是为命名对象（例如图层和文本样式）定义的一个公共特性集。定义一个标准后，可以用样板文件的形式存储这个标准。创建样板文件后，还可以将该样板文件与图形文件相关联，借助该样板文件检查图形文件是否符合标准。

10.5.1　设计中心主界面

通过设计中心窗口，用户可以控制设计中心的大小、位置和外观。用户可以通过以下方式打开设计中心窗口。

- 菜单栏：选择“工具”|“选项板”|“设计中心”命令。
- 面板：在“视图”选项卡的“选项”面板中单击“设计中心”按钮。
- 命令行：输入 ADCEnter 并按 Enter 键。

通过执行“设计中心”命令，打开如图 10-22 所示的“设计中心”界面。

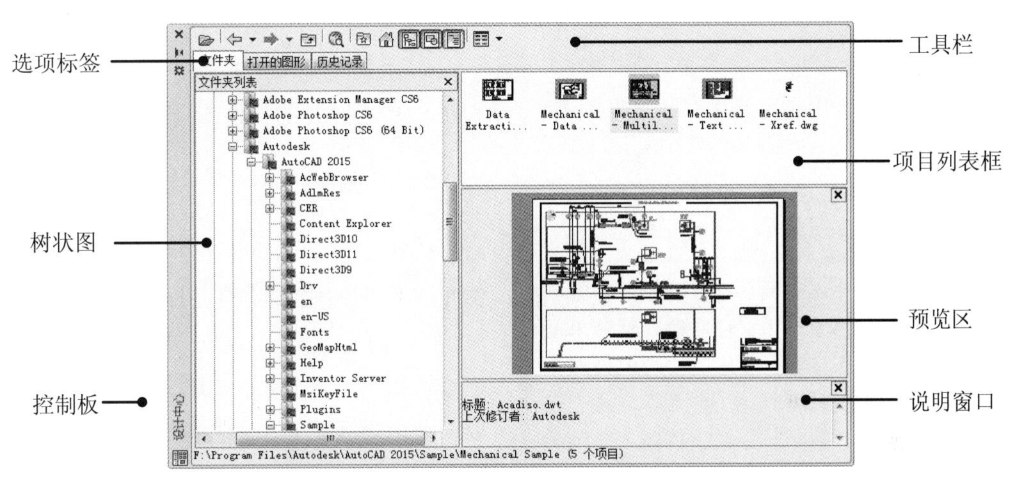

图 10-22　“设计中心”界面

默认情况下，AutoCAD 设计中心固定在绘图区的左侧，主要由控制板、树状图、项目选项区域、预览区和说明区组成。

1. 工具栏

工具栏中包含常用的工具命令按钮，如图 10-23 所示。

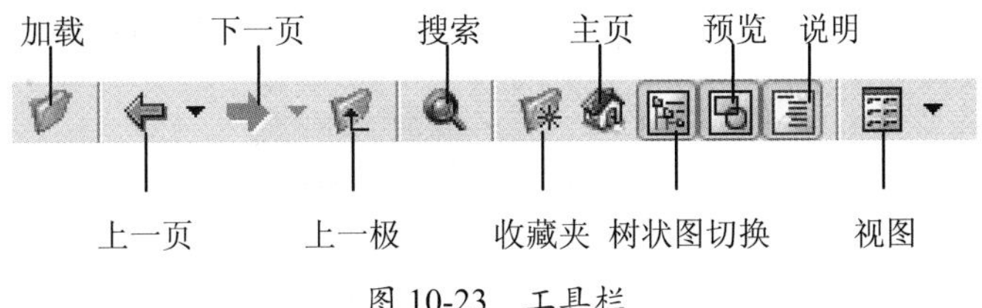

图 10-23　工具栏

工具栏中各按钮含义如下。

- 加载：单击此按钮，将打开“加载”对话框，通过“加载”对话框浏览本地和网络驱动器或 Web 上的文件，然后选择内容加载到内容区域。
- 上一页：返回历史记录列表中最近一次的位置。
- 下一页：返回历史记录列表中下一次的位置。
- 上一级：显示当前容器的上一级容器的内容。
- 搜索：单击此按钮，将打开“搜索”对话框，用户从中可以指定搜索条件，以便在图形中查找图形、块和非图形对象。
- 收藏夹：在内容区域中显示“收藏夹”文件夹的内容。

技巧点拨：

要在“收藏夹”中添加项目，可以在内容区域或树状图中的项目上单击鼠标右键，然后单击“添加到收藏夹”按钮。要删除“收藏夹”中的项目，可以使用快捷菜单中的“组织收藏夹”选项，然后使用快捷菜单中的“刷新”选项。Design CEnter 文件夹将被自动添加到收藏夹中。此文件夹包含具有可以插入在图形中的特定组织块的图形。

- 主页：显示设计中心主页中的内容。
- 树状图切换：显示和隐藏树状视图。如果绘图区域需要更多的空间，需要隐藏树状图，树状图隐藏后，可以使用内容区域浏览容器并加载内容。
- 注意：在树状图中使用“历史记录”列表时，“树状图切换”按钮不可用。
- 预览：显示和隐藏内容区域窗格中选定项目的预览。
- 说明：显示和隐藏内容区域窗格中选定项目的文字说明。
- 视图：为加载到内容区域中的内容提供不同的显示格式。

2. 选项卡

设计中心面板中有 3 个选项卡，“文件夹”“打开的图形”和“历史记录”。

- “文件夹”标签：显示计算机或网络驱动器（包括“我的电脑”和“网上邻居”）中文件和文件夹的层次结构。
- “打开的图形”标签：显示当前工作任务中打开的所有图形，包括最小化的图形。
- “历史记录”标签：显示最近在设计中心打开的文件的列表。

3. 树状图

树状图显示计算机和网络驱动器上的文件与文件夹的层次结构、打开图形的列表、自定义内容，以及上次访问过的位置的历史记录，如图 10-24 所示。选择树状图中的项目以便在内容区域中显示其内容。

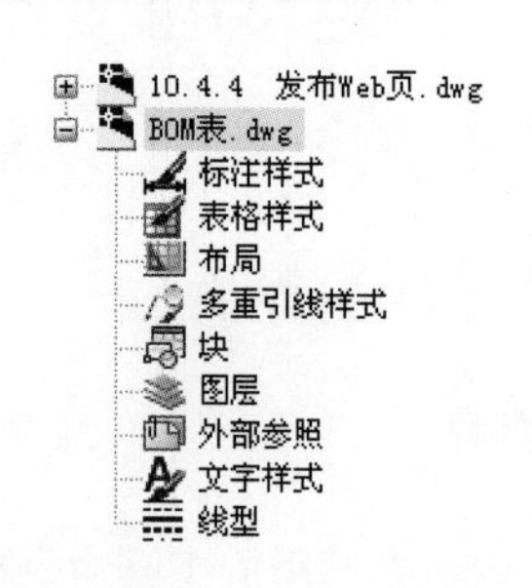

图 10-24　树状图结构

技巧点拨：

sample\designcEnter 文件夹中的图形包含可插入在图形中的特定组织块。这些图形称为“符号库图形”。使用设计中心顶部的工具栏按钮可以访问树状图选项。

4．控制板

设计中心上的控制板包括 3 个控制按钮：“特性”“自动隐藏”和“关闭”。

- 特性：单击此按钮，弹出设计中心“特性”菜单，如图 10-25 所示。可以进行移动、缩放、隐藏设计中心选项板。

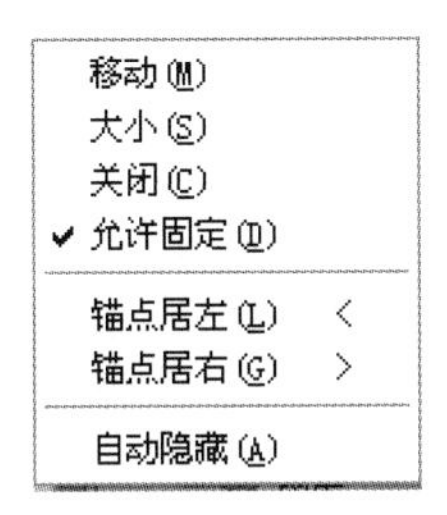

图 10-25　“特性”菜单

- 自动隐藏：单击此按钮，可以控制设计中心选项板的显示或隐藏。
- 关闭：单击此按钮，将关闭设计中心选项板。

10.5.2　利用设计中心制图

在设计中心选项板中，可以将项目列表或者“查找”对话框中的内容直接拖放到打开的图形中，还可以将内容复制到剪贴板上，然后再粘贴到图形中。根据插入内容的类型，还可以选择不同的方法。

1．以块形式插入图形文件

在设计中心选项板中，可以将一个图形文件以块的形式插入到当前已打开的图形中。首先在项目列表中找到要插入的图形文件，然后选中它，并将其拖至当前图形中。此时系统将按照所选图形文件的单位与当前图形文件图形单位的比例缩放图形。

也可以鼠标右键单击要插入的图形文件，然后将其拖至当前图形。释放鼠标后，系统将弹出一个快捷菜单，从中选择“插入为块”命令，如图 10-26 所示。

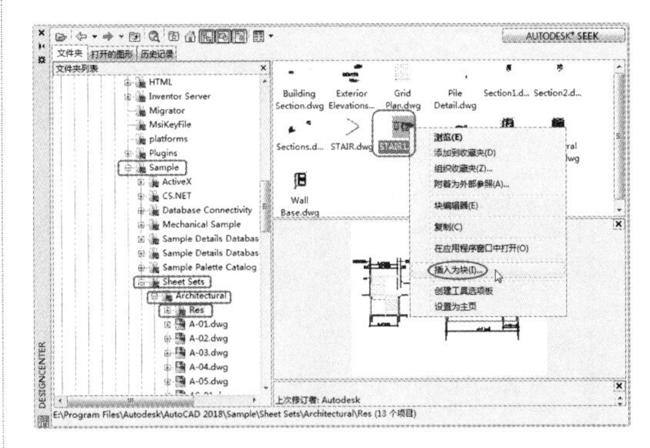

图 10-26　右键拖移图形文件

随后程序将打开“插入”对话框，用户可以利用该对话框，设置块的插入点坐标、缩放比例和旋转角度，如图 10-27 所示。

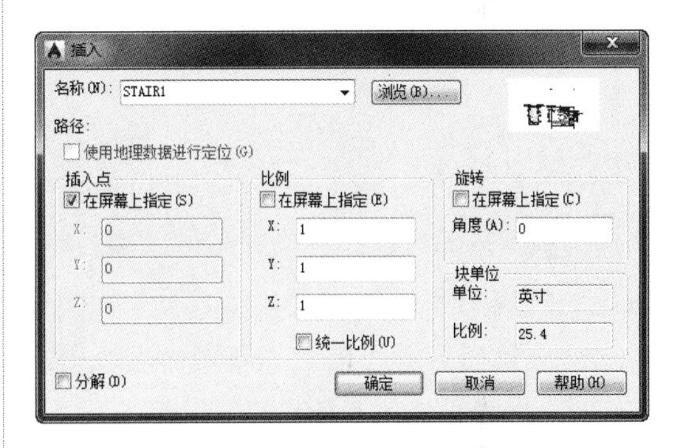

图 10-27　“插入”对话框

2．附着为外部参照

在设计中心中，可以通过各种方式在内容区中打开图形：使用快捷菜单、拖动图形同时按住 Ctrl 键，或将图形图标拖至绘图区域的图形区外的任意位置。图形名被添加到设计中心的历史记录表中，以便在将来的任务中快速访问。

使用快捷菜单时，可以将图形文件以外部参照形式在当前图形中插入，即在如图 10-22 所示的快捷菜单中，选择“附着为外部参照”命令即可，此时程序将打开“附着外部参照”对话框，用户可以通过该对话框设置参照类型、插入点坐标、缩放比例与旋转角度等，如图 10-28 所示。

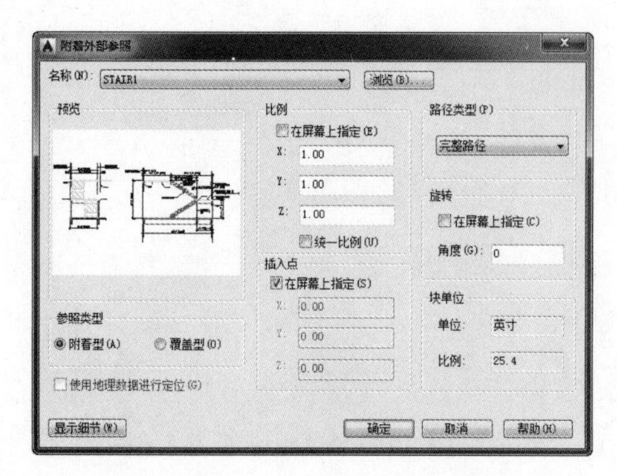

图 10-28 “外部参照”对话框

10.5.3 使用设计中心访问、添加内容

用户可通过“设计中心”访问并打开图形文件，还可以通过“设计中心”向加载的当前图形中添加内容。在“设计中心”窗口中，左侧的树状图和 3 个设计中心选项卡可以帮助用户查找内容并将内容加载到内容区中，也可以在内容区中添加所需的新内容。

1. 通过设计中心访问内容

设计中心窗口左侧的树状图和 3 个设计中心选项卡可以帮助用户查找内容并将内容显示在项目列表中。用户可以执行以下操作，通过设计中心来访问内容。

- 修改设计中心显示的内容的源。
- 在设计中心更改“主页”按钮的文件夹。
- 在设计中心中向收藏文件夹中添加项目。
- 在设计中心中显示收藏文件夹的内容。
- 组织设计中心收藏文件夹。

例如，在设计中心树状图中选择一个图形文件，单击鼠标右键并选择快捷菜单中的“设为主页”命令，然后在工具栏的单击“主页”按钮，在项目列表中将显示该图形文件的所有 AutoCAD 设计内容，如图 10-29 所示。

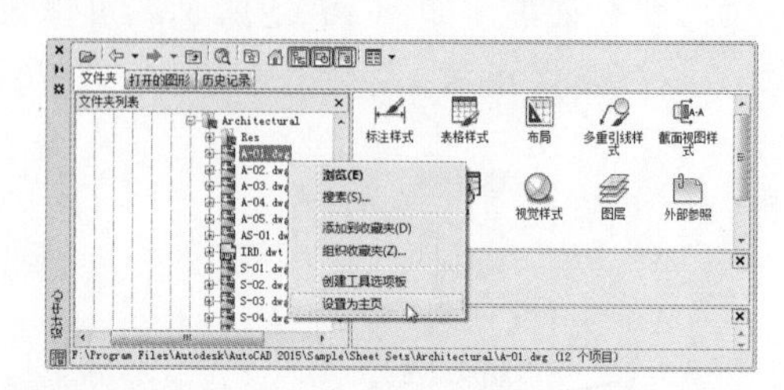

图 10-29 设置主页图形文件

技巧点拨：

每次打开设计中心选项板时，单击“主页”按钮，将显示先前设置的主页图形文件或文件夹。

2. 通过设计中心添加内容

在设计中心选项板上，通过打开的项目列表，可以对项目内容进行操作。双击项目选项区域中的项目，可以按层次顺序显示详细信息。例如，双击图形将显示若干图标，包括代表块的图标，双击“块”图标将显示图形中每个块的图像，如图 10-30 所示。

图 10-30 双击图标以显示其内容

通过设计中心，用户可以向图形中添加内容，可以更新块定义，还可以将设计中心中的项目添加到工具选项板中。

（1）向图形添加内容

用户可以使用以下方法在项目列表中向当前图形添加内容。

- 将某个项目拖至某个图形的图形区，按照默认设置（如果有）将其插入。
- 在内容区中的某个项目上单击鼠标右键，将显示包含若干选项的快捷菜单。

双击块图标将显示“插入”对话框，双击图案填充将显示“边界图案填充”对话框，如图 10-31 所示。

图 10-31　双击块图标打开“插入”对话框

（2）更新块定义

与外部参照不同，当更改块定义的源文件时，包含此块的图形的块定义并不会自动更新。通过设计中心，可以决定是否更新当前图形中的块定义。

提示：

块定义的源文件可以是图形文件或符号库图形文件中的嵌套块。

在项目列表中的块上或图形文件上单击鼠标右键，然后选择快捷菜单中的“仅重定义”或“插入并重定义”命令，可以更新选定的块，如图 10-32 所示。

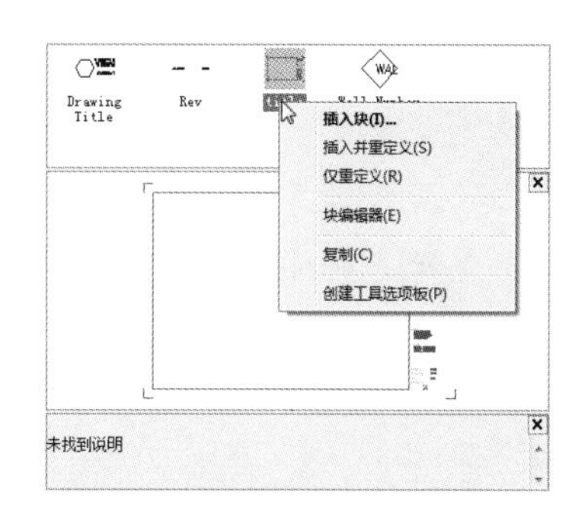

图 10-32　更新块定义的快捷菜单命令

（3）将设计中心内容添加到工具选项板

用户可以将设计中心中的图形、块和图案填充添加到当前的工具选项板中。向工具选项板中添加图形时，如果将它们拖至当前图形中，那么被拖动的图形将作为块被插入。

提示：

可以从内容区中选择多个块或图案填充，并将它们添加到工具选项板中。

下面以动手操练来说明将的步骤。

动手操练——设计中心内容添加到工具选项板

step 01 选择“工具”|“选项板”|“设计中心”命令，打开“设计中心”选项板。

step 02 在“文件夹”标签的树状图中，选中你要打开的图形文件的文件夹，在项目列表中显示该文件夹中的所有图形文件，如图 10-33 所示。

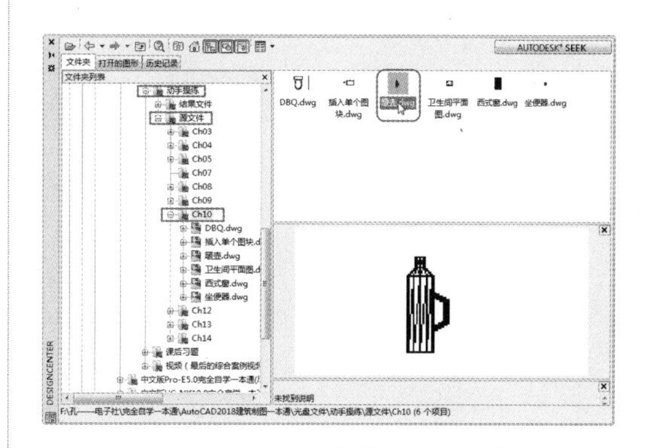

图 10-33　打开动手操练文件夹

step 03 在项目列表中选中项目，单击鼠标右键并选择快捷菜单中的“创建工具选项板”命令，弹出“工具选项板”面板，新的工具选项板将包含所选项目中的图形、块或图案填充，如图 10-34 所示。

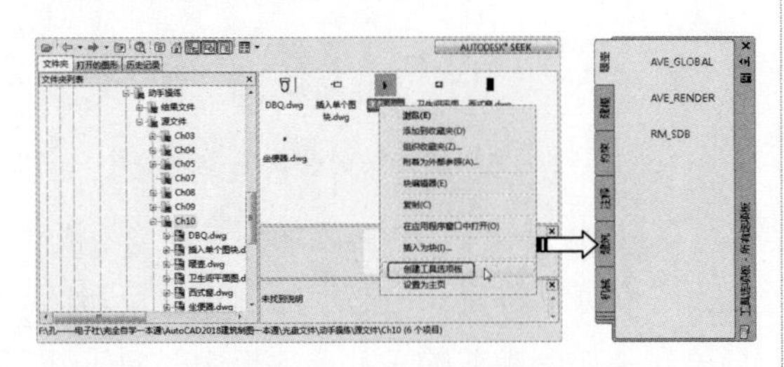

图 10-34 创建工具选项板

step 04 但新建的工具选项板中没有暖壶块，可以在设计中心拖动图形文件到新建的工具选项板中，如图 10-35 所示。

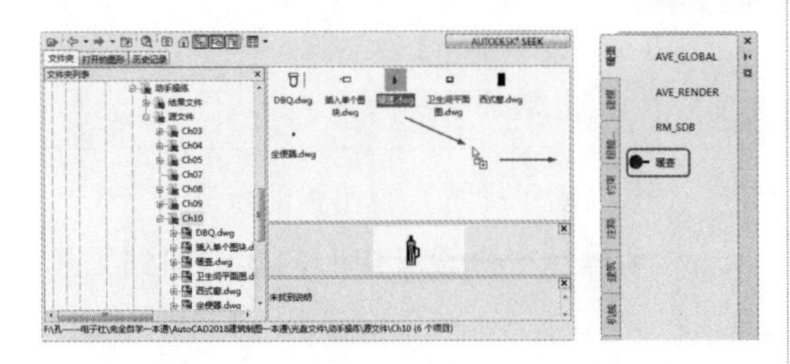

图 10-35 拖动图形文件到工具选项板中

3. 搜索指定内容

“设计中心”选项板工具栏中的“搜索”工具，可以指定搜索条件以便在图形中查找图形、块和非图形对象，以及搜索保存在桌面上的自定义内容。

单击“搜索”按钮，弹出“搜索”对话框，如图 10-36 所示。

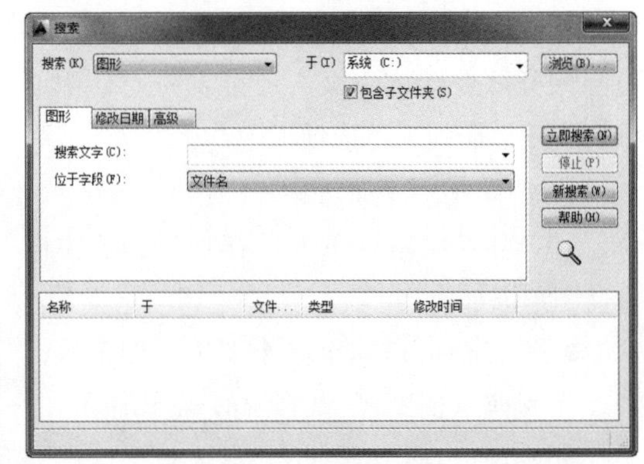

图 10-36 “搜索”对话框

该对话框中各选项含义如下。

- 搜索：指定搜索路径。若要输入多个路径，需要用分号隔开，或者在下拉列表中选择路径。
- 于：搜索范围包括搜索路径中的子文件夹。
- “浏览”按钮：单击该按钮，在“浏览文件夹”对话框中显示树状图，从中可以指定要搜索的硬盘驱动器和文件夹。
- 包含子文件夹：搜索范围包括搜索路径中的子文件夹。
- “图形”标签：显示与“搜索”列表中指定的内容类型相对应的搜索字段。可以使用通配符来扩展或限制搜索范围。
- 搜索文字：指定要在指定字段中搜索的字符串，使用星号和问号通配符可以扩大搜索范围。
- 位于字段：指定要搜索的特性字段。对于图形，除“文件名”外的所有字段均来自“图形特性”对话框中输入的信息。

技巧点拨：

此选项可在“图形”和“自定义内容”选项卡中找到。由第三方应用程序开发的自定义内容可能不为使用“搜索”对话框的搜索提供字段。

- “修改日期”标签：查找在一段特定时间内创建或修改的内容，如图 10-37 所示。

图 10-33　“修改日期”标签

- 所有文件：查找满足其他选项卡上指定条件的所有文件，不考虑创建或修改日期。
- 找出所有已创建的或已修改的文件：查找在特定时间范围内创建或修改的文件。查找的文件同时满足该选项和其他选项上指定的条件。
- 介于…和…：查找在指定的日期范围内创建或修改的文件。
- 在前…月：查找在指定的月数内创建或修改的文件。
- 在前…日：查找在指定的天数内创建或修改的文件。
- “高级”标签：查找图形中的内容，只有选定“名称”框中的“图形”后，该选项才可用，如图 10-38 所示。

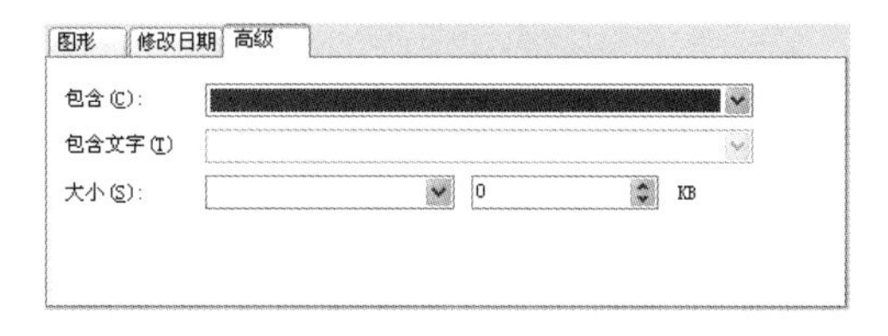

图 10-38“高级”标签

- 包含：指定要在图形中搜索的文字类型。
- 包含文字：指定要搜索的文字。
- 大小：指定文件大小的最小值或最大值。

在“搜索”对话框的“搜索”列表中选择一个类型“图形”，并在“于”列表中选择一个包含 AutoCAD 图形的文件夹，再单击“立即搜索”按钮，程序自动将该文件夹下的所有图形文件都列在下方的搜索结果列表中，如图 10-39 所示。通过拖动搜索结果列表中的图形文件，可将其拖至设计中心的项目列表中。

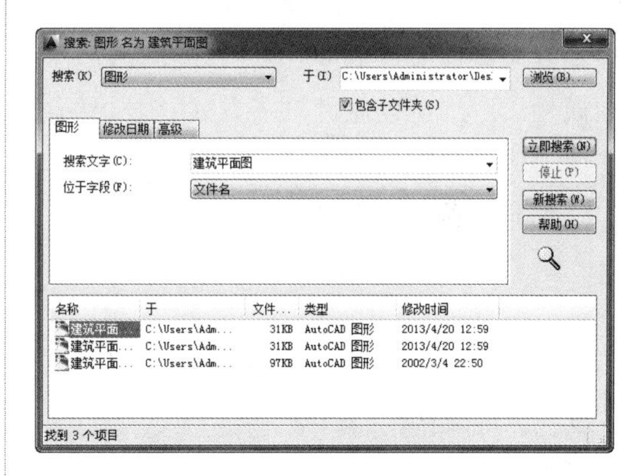

图 10-39　搜索指定内容

10.6　图层工具

图层是 AutoCAD 提供的一个管理图形对象的工具，用户可以根据图层对图形几何对象、文字、标注等进行归类处理，使用图层来管理它们，不仅能使图形的各种信息清 晰、有序、便于观察，而且也会给图形的编辑、修改和输出带来很大的方便。图层相当于图纸绘图中使用的重叠图纸，如图 10-40 所示。

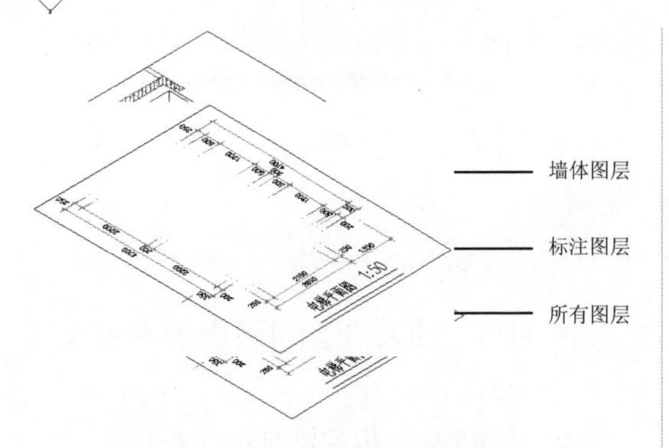

图 10-40　图层的分层含义图

AutoCAD 2018 提供了多种图层管理工具，这些工具包括图层特性管理器、图层工具等，其中图层工具中又包含如“将对象的图层置于当前”“上一个图层”“图层漫游”等功能。接下来将图层管理、图层工具等功能做简要介绍。

10.6.1　图层特性管理器

AutoCAD 提供了图层特性管理器，利用该工具可以很方便地创建图层以及设置其基本属性。用户可以通过以下方式打开“图层特性管理器”选项面板。

- 选择“格式”|“图层”命令。
- 在“常用”标签的“图层”面板中单击“图层特性”按钮。
- 在命令行输入 LAYER。

打开的“图层特性管理器”选项面板，如图 10-41 所示。新的“图层特性管理器”提供了更加直观的管理和访问图层的方式。在该对话框的右侧新增了图层选项区域，用户在创建图层时可以清楚地看到该图层的从属关系及属性，同时还可以添加、删除和修改图层。

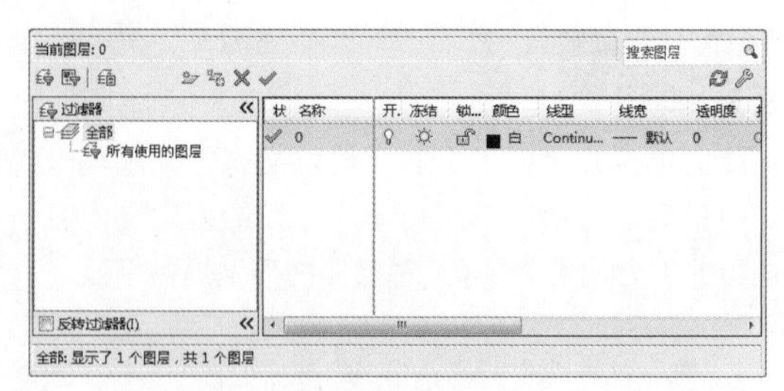

图 10-41　“图层特性管理器”选项面板

“图层特性管理器”选项面板中所包含的按钮、选项的功能介绍如下。

1. 新建特性过滤器

“新建特性过滤器”的主要功能是根据图层的一个或多个特性创建图层过滤器。单击“新建特性过滤器器”按钮，弹出“图层过滤器特性”对话框，如图 10-42 所示。

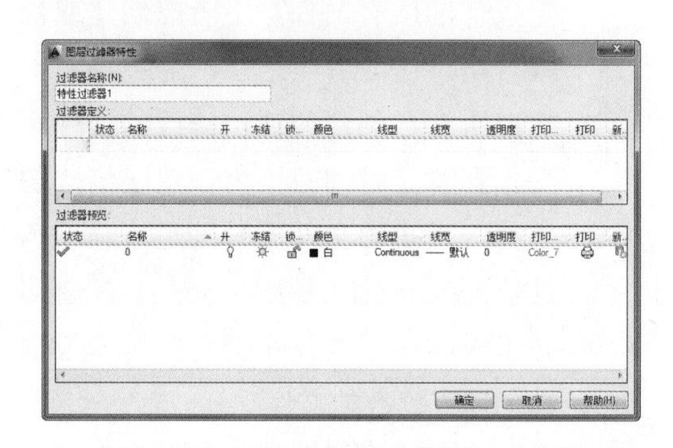

图 10-42　“图层管理器特性”对话框

在“图层特性管理器”选项面板的树状图中选定图层过滤器后，将在列表视图中显示符合过滤条件的图层。

2. 新建组过滤器

“新建组过滤器”的主要功能是创建图层过滤器，其中包含选择并添加到该过滤器的图层。

3. 图层状态管理器

“图层状态管理器”的主要功能是显示图形中已保存的图层状态列表。单击“图层

状态管理器”按钮，弹出“图层状态管理器”对话框(也可以选择“格式”|“图层状态管理器”命令），如图 10-43 所示。用户通过该对话框可以创建、重命名、编辑和删除图层状态。

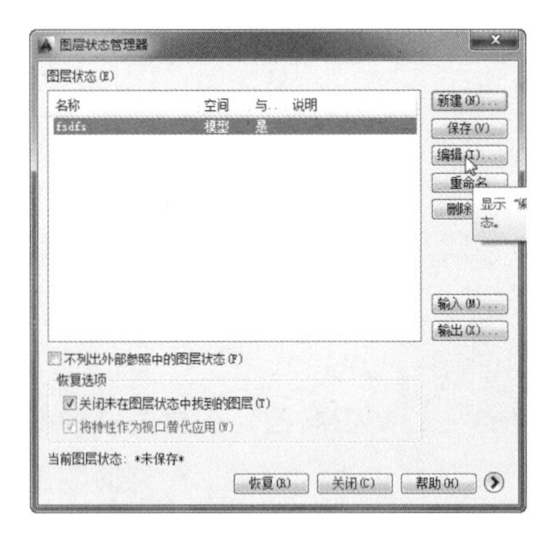

图 10-43　“图层状态器特性”对话框

4. 新建图层

“新建图层”工具用来创建新图层。单击“新建图层”按钮，列表中将显示名为“图层 1”的新图层，图层名文本框处于编辑状态。新图层将继承图层列表中当前选定图层的特性（颜色、开或关状态等），如图 10-44 所示。

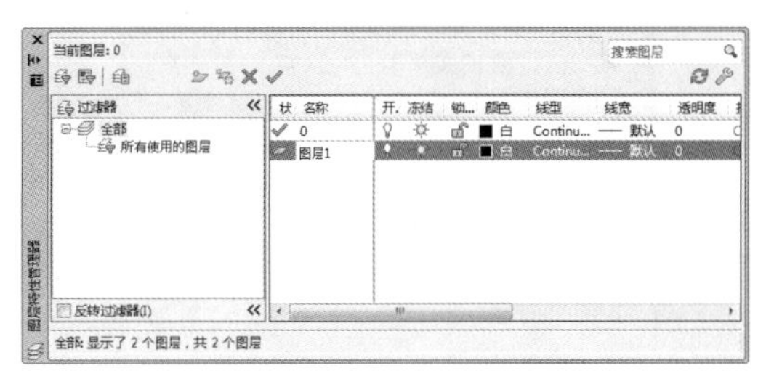

图 10-44　新建的图层

5. 所有视口中已冻结的新图层

“所有视口中已冻结的新图层”工具用来创建新图层，然后在所有现有布局视口中将其冻结。单击“在所有视口中都被冻结的新图层”按钮，列表中将显示名为“图层 2”的新图层，图层名文本框处于编辑状态。该图层的所有特性被冻结，如图 10-45 所示。

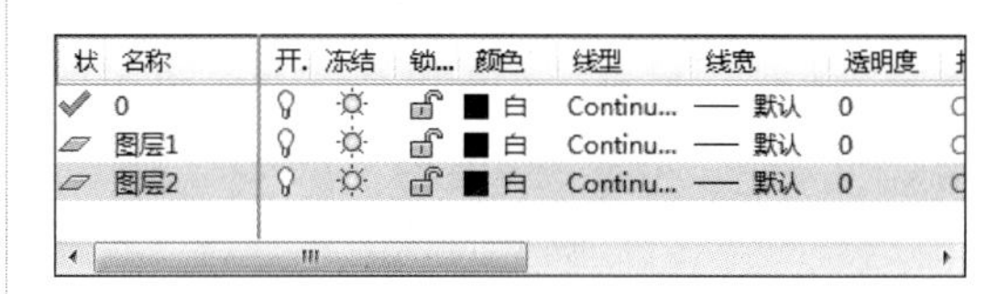

图 10-45　新建图层的所有特征被冻结

6. 删除图层

“删除图层”工具只能删除未被参照的图层。图层 0 和 DEFPOINTS、包含对象（包括块定义中的对象）的图层、当前图层以及依赖外部参照的图层是不能被删除的。

7. 设为当前

“设为当前”工具是将选定图层设置为当前图层。将某个图层设置为当前图层后，在列表中该图层的状态呈“√”显示，然后用户即可在图层中创建图形对象了。

8. 树状图

在“图层特性管理器”选项面板中的树状图可以显示图形中图层和过滤器的层次结构列表，如图 10-46 所示。顶层节点（全部）显示图形中的所有图层。单击窗格中的“收拢图层过滤器”按钮，即可将树状图窗格收拢，再单击此按钮，则展开树状图窗格。

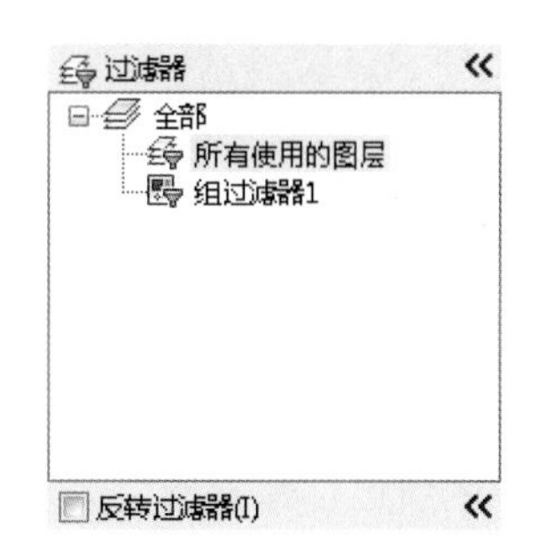

图 10-46　树状图

9．列表视图

列表视图显示了图层和图层过滤器及其特性和说明。如果在树状图中选定了一个图层过滤器，则列表视图将仅显示该图层过滤器中的图层。树状图中的“全部”过滤器将显示图形中的所有图层和图层过滤器。当选定某一个图层特性过滤器并且没有符合其定义的图层时，列表视图将为空。要修改选定过滤器中某一个选定图层或所有图层的特性，可以单击该特性的图标。当图层过滤器中显示了混合图标或“多种”时，表明在过滤器的所有图层中，该特性互不相同。

“图层特性管理器”选项面板的列表视图如图 10-47 所示。

状	名称	开	冻结	锁...	颜色	线型	线宽	透明度
	0				■ 白	Continu...	—— 默认	0
✔	图层1				■ 白	Continu...	—— 默认	0
	图层2				■ 白	Continu...	—— 默认	0

图 10-47　列表视图

列表视图中各项目含义如下。

- 状态：指示项目的类型（包括图层过滤器、正在使用的图层、空图层或当前图层）。
- 名称：显示图层或过滤器的名称。当选择一个图层名称后，再按 F2 键即可编辑图层名。
- 开：打开或关闭选定图层。单击“电灯泡”形状的符号按钮，即可将选定图层打开或关闭。当符号呈亮色时，图层已打开；当符号呈暗灰色时，图层已关闭。
- 冻结：冻结所有视口中选定的图层，包括“模型”选项卡。单击按钮，可以冻结或解冻图层，图层冻结后将不会显示、打印、消隐、渲染或重生成冻结图层上的对象。当符号呈亮色时，图层已解冻；当符号呈暗灰色时，图层已冻结。
- 锁定：锁定和解锁选定图层。图层被锁定后，将无法更改图层中的对象。单击按钮（此符号表示锁已打开），图层被锁定，单击符号按钮（此符号表示为锁已关闭），图层被解除锁定。
- 颜色：更改与选定图层关联的颜色。默认状态下，图层中对象的颜色呈黑色，单击“颜色”按钮■，弹出“选择颜色”对话框，如图 10-48 所示。在此对话框中用户可以选择任意颜色来显示图层中的对象元素。

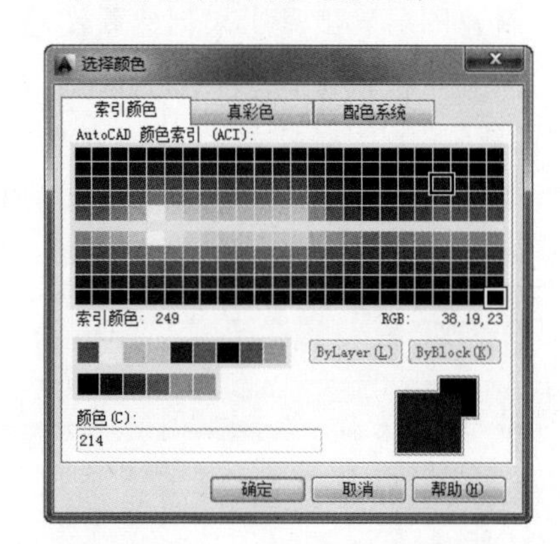

图 10-48　“选择颜色”对话框

- 线型：更改与选定图层关联的线型。选择线型名称（如 Continuous），则会弹出“选择线型”对话框，如图 10-49 所示。单击“选择线型”对话框的“加载”按钮，再弹出“加载或重载线型”对话框，如图 10-50 所示。在此对话框中，用户可以选择任意线型来加载，使图层中的对象线型为加载的线型。

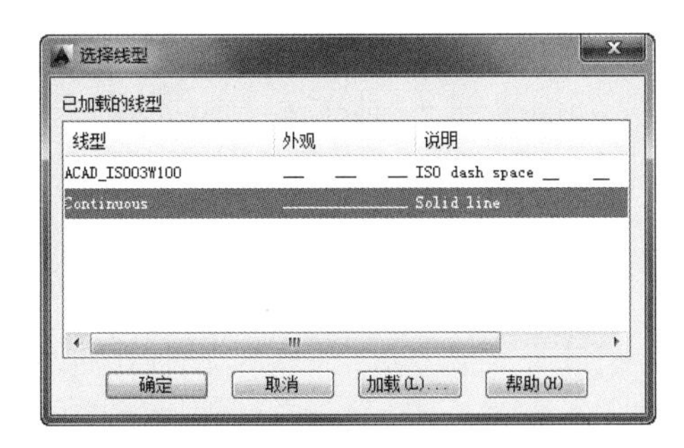

图 10-49　“选择线型”对话框

图 10-50　“加载或重载线型”对话框

- 线宽：更改与选定图层关联的线宽。选择线宽的名称后（如“—默认”），弹出“线宽”对话框，如图 10-51 所示。通过该对话框，来选择适合图形对象的线宽值。

图 10-51　“线宽”对话框

- 打印样式：更改与选定图层关联的打印样式。
- 打印：控制是否打印选定图层中的对象。
- 新视口冻结：在新布局视口中冻结选定图层。
- 说明：描述图层或图层过滤器。

10.6.2　图层工具

图层工具是 AutoCAD 向用户提供的图层创建和编辑的管理工具。选择“格式”|“图层工具”命令，即可打开图层工具子菜单，如图 10-52 所示。

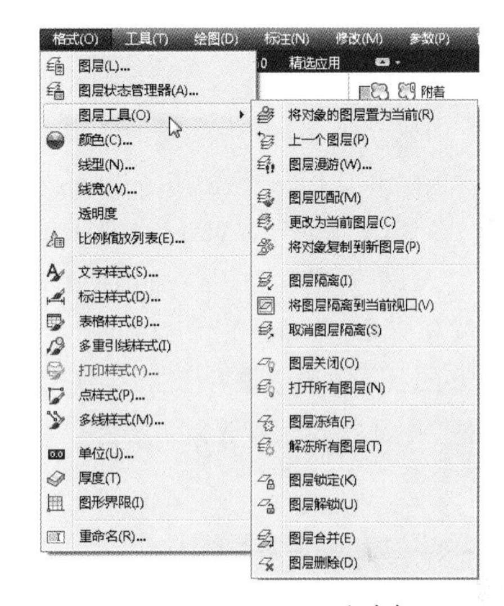

图 10-52　图层工具子菜单命令

图层工具子菜单上的工具命令除在“图层特性管理器”选项面板中已介绍的打开或关闭图层、冻结或解冻图层、锁定或解锁图层、删除图层外，还包括上一个图层、图层漫游、图层匹配、更改为当前图层、将对象复制到新图层、图层隔离、将图层隔离到当前视口、取消图层隔离及图层合并等工具，接下来将介绍这些图层工具。

1. 上一个图层

“上一个图层”工具是用来放弃对图层设置所做的更改，并返回上一个图层状态。用户可以通过以下方式执行此操作。

- 菜单栏：选择“格式”|“图层工具”|“上一个图层”命令。
- 面板：在“常用”标签的“图层”面板中单击“上一个”按钮。
- 命令行：输入 LAYERP 并按 Enter 键。

2．图层漫游

“图层漫游”工具的作用是显示选定图层上的对象，并隐藏所有其他图层上的对象。用户可以通过以下方式执行此操作。

- 菜单栏：选择“格式”|“图层工具”|“图层漫游”命令。
- 面板：在“常用”标签的“图层”面板中单击“图层漫游”按钮。
- 命令行：输入 LAYWALK 并按 Enter 键。

在“常用”标签的“图层”面板中单击“图层漫游”按钮后，则弹出“图层漫游”对话框，如图 10-53 所示。通过该对话框，用户可以在图形窗口中选择对象或选择图层进行显示、隐藏。

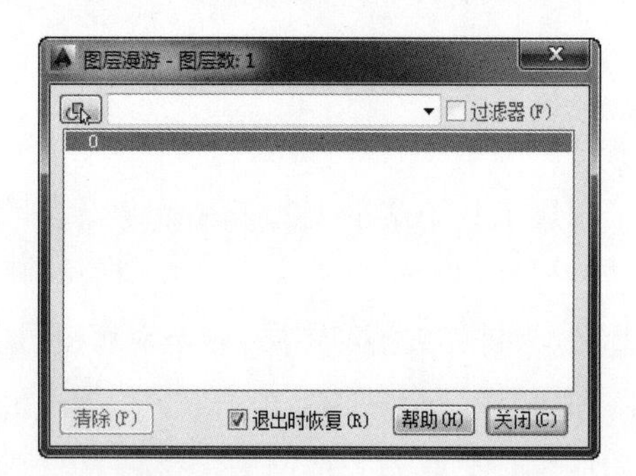

图 10-53 “图层漫游”对话框

3．图层匹配

“图层匹配”工具的作用是更改选定对象所在的图层，使之与目标图层相匹配。用户可以通过以下方式执行此操作。

- 菜单栏：选择“格式”|“图层工具”|“图层匹配”命令。
- 面板：在“常用”标签的“图层”面板中单击“图层匹配”按钮。
- 命令行：输入 LAYMCH 并按 Enter 键。

4．更改为当前图层

“更改为当前图层”工具的作用是将选定对象所在的图层更改为当前图层。用户可以通过以下方式执行此操作。

- 菜单栏：选择“格式”|“图层工具”|“更改为当前图层”命令。
- 面板：在“常用”标签的“图层”面板中单击“更改为当前图层”按钮。
- 命令行：输入 LAYCUR 并按 Enter 键。

5．将对象复制到新图层

“将对象复制到新图层”工具的作用是将一个或多个对象复制到其他图层。用户可以通过以下方式执行此操作。

- 菜单栏：选择“格式”|“图层工具”|“将对象复制到新图层”命令。
- 面板：在“常用”标签的“图层”面板中单击“将对象复制到新图层”按钮。
- 命令行：输入 COPYTOLAYER 并按 Enter 键。

6．图层隔离

“图层隔离”工具的作用是隐藏或锁定除选定对象所在图层外的所有图层。用户可以通过以下方式执行此操作。

- 菜单栏：选择“格式”|“图层工具”|“图层隔离”命令。
- 面板：在“常用”标签的“图层”面板中单击“图层隔离”按钮。
- 命令行：输入 LAYISO。

7. 将图层隔离到当前窗口

“将图层隔离到当前窗口”工具的作用是冻结除当前视口以外的所有布局视口中的选定图层。用户可以通过以下方式执行此操作。

- 菜单栏：选择“格式”|“图层工具”|“将图层隔离到当前窗口”命令。
- 面板：在“常用”标签的“图层”面板中单击“将图层隔离到当前窗口”按钮。
- 命令行：输入 LAYVPI 并按 Enter 键。

8. 取消图层隔离

“取消图层隔离”工具的作用是恢复使用 LAYISO（图层隔离）命令隐藏或锁定的所有图层。用户可以通过以下方式执行此操作。

- 菜单栏：选择“格式”|“图层工具”|“取消图层隔离”命令。
- 面板：在“常用”标签的“图层”面板中单击“取消图层隔离”按钮。
- 命令行：输入 LAYUNISO 并按 Enter 键。

9. 图层合并

“图层合并”工具的作用是将选定图层合并到目标图层中，并将以前的图层从图形中删除。用户可以通过以下方式执行此操作。

- 菜单栏：选择“格式”|“图层工具”|“图层合并”命令。
- 面板：在“常用”标签的“图层”面板中单击“图层合并”按钮。
- 命令行：输入 LAYMRG 并按 Enter 键。

动手操练——利用图层绘制楼梯间平面图

step 01 选择“文件”|“新建”命令，弹出“启动”对话框，单击“使用向导”按钮并选择“快速设置”选项，如图 10-54 所示。

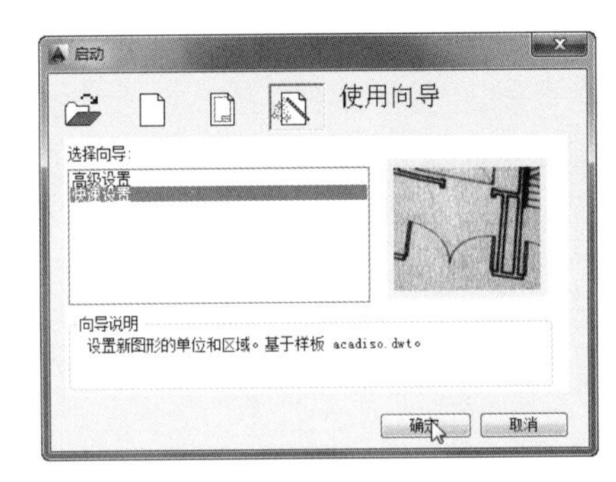

图 10-54　“启动”对话框

step 02 单击“确定”按钮，关闭对话框，弹出“快速设置”对话框，选择“建筑”单选按钮，如图 10-55 所示。

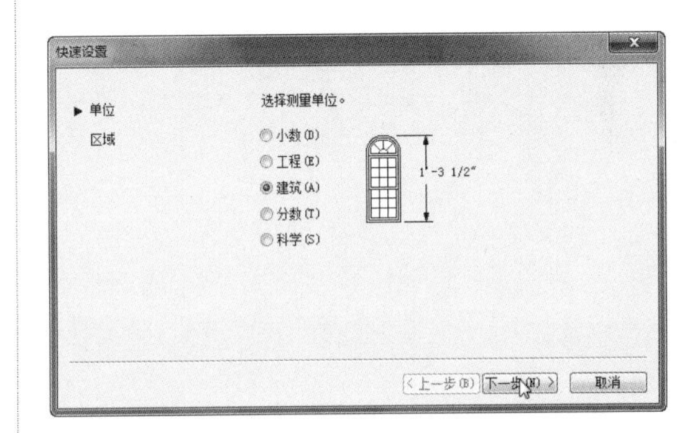

图 10-55　“快速设置”对话框

step 03 单击“下一步”按钮，设置图形界限，如图 10-56 所示，单击“完成”按钮，创建新的图形文件。

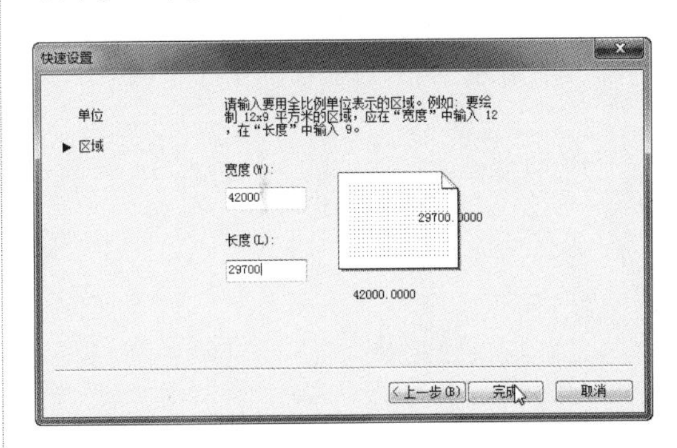

图 10-56　设置图形界限

step 04 使用“视图”命令调整绘图窗口的显示范围，使图形能够被完全显示。

step 05 选择“格式”|“图层”命令，弹出“图

层特性管理器”选项面板，单击“新建图层”按钮创建所需的新图层，并设置图层的名称和颜色等，双击墙体图层，将图层设置为当前图层，如图 10-57 所示。

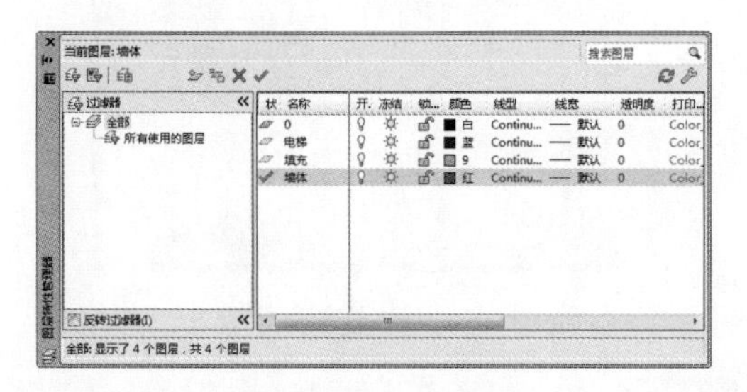

图 10-57　置为图层

step 06 选择“直线”工具，按F8键，打开“正交”模式，绘制一条垂直方向和一条水平方向的线段，效果如图 10-58 所示。

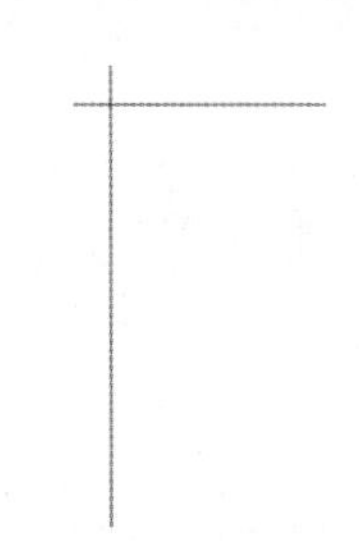

图 10-58　　绘制线段

step 07 选择“偏移”工具偏移线段图形，如图 10-59 所示。选择“修剪”工具将线段图形修剪，制作出墙体效果，如图 10-60 所示。

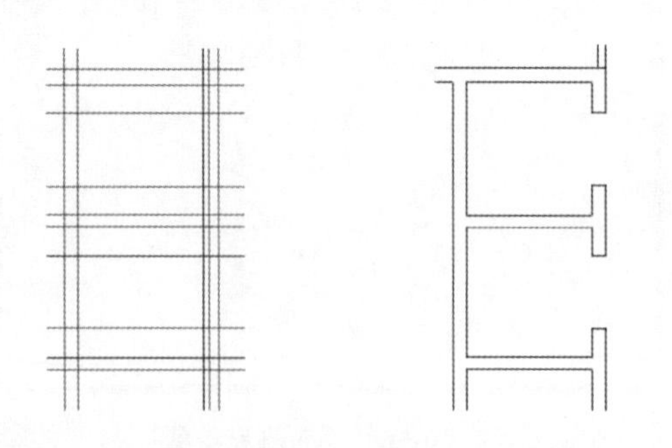

图 10-59　偏移线段　　　图 10-60　墙体效果

step 08 在“图层”工具栏的图层列表中选择电梯图层，设置电梯图层为当前图层。用“直线”工具在电梯门口位置绘制一条线段，将图形连接起来，如图 10-61 所示。再使用与前面相同的偏移复制和修剪方法，绘制出一部电梯的图形效果，如图 10-62 所示。

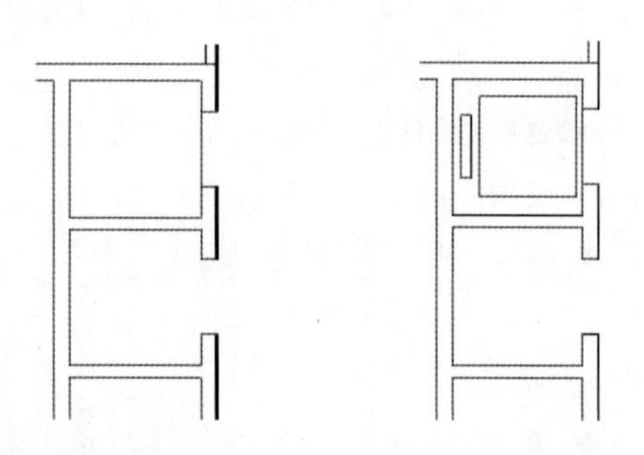

图 10-61　绘制直线　　　图 10-62　绘制电梯图

step 09 使用“直线”工具捕捉矩形的端点，在图形内部绘制交叉线标记电梯图形，如图 10-63 所示。

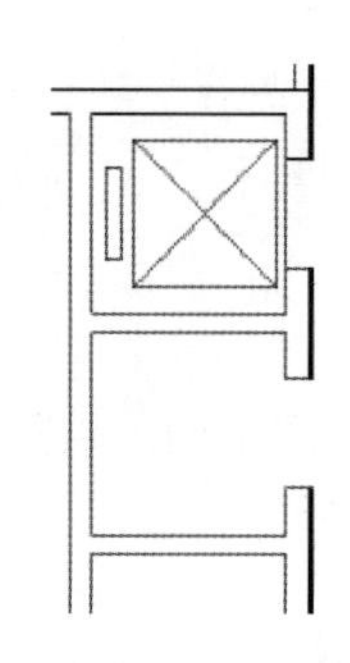

图 10-63　标记电梯图形

step 10 使用“复制”工具选择所绘制的电梯图形，复制到下面的电梯井空间中，效果如图 10-64 所示。用“直线”工具绘制线段将墙体图形封闭，如图 10-65 所示。

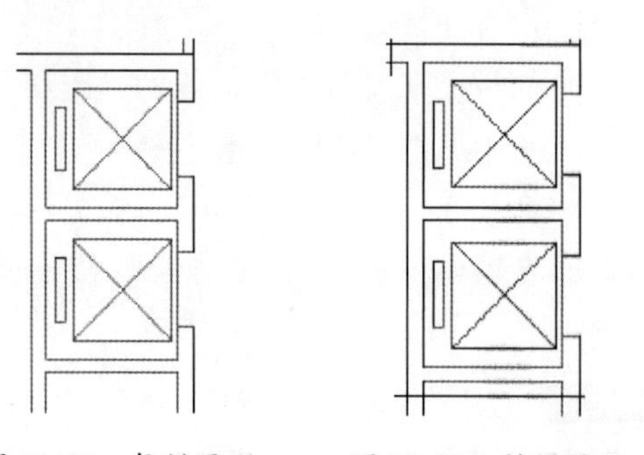

图 10-64　复制图形　　　图 10-65　封闭图形

step 11 在“图层”工具栏的图层列表中选择填充图层，设置填充图层为当前图层。

step 12 选择“图案填充”工具，弹出“填充图案创建”选项卡，选择 AR-CONC 图案，并对图形填充进行设置，如图 10-66 所示。

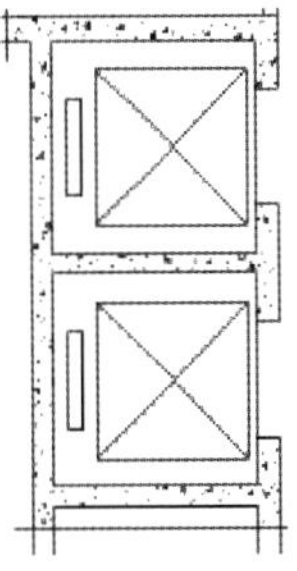

图 10-66　对图形进行填充

step 13 重新调用“图案填充”命令，选择 ANSI31 图案，并对图形填充进行设置，如图 10-67 所示。

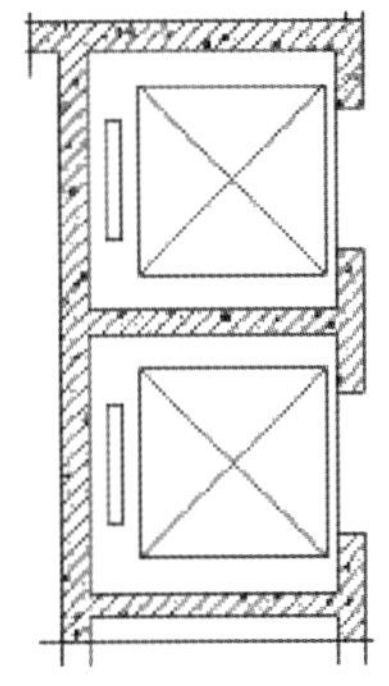

图 10-67　对图形进行填充

step 14 选择之前绘制用来封闭选择区域的线段，按 Delete 键，将线段删除，完成电梯间平面图的绘制，如图 10-68 所示。

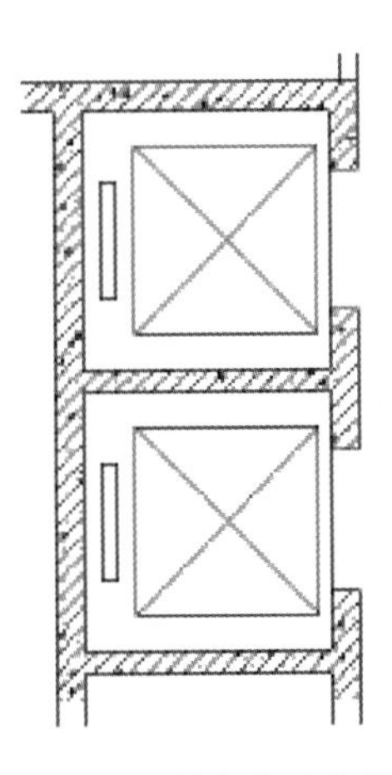

图 10-68　绘制完成的电梯间

10.7 综合训练

本章主要讲解了 AutoCAD 内部图块与外部图块的生成、应用以及对图块属性的定义、编辑等方法。通过本节的练习，读者可以掌握使用 BLOCK 命令生成内部图块，以及对图块属性定义的方法。对于实例中没有使用到的命令，可以参照课堂讲解的内容自行练习。

10.7.1 案例一：定义并插入内部图块

用内部图块（BLOCK）命令将西式窗立面图定义成一个图块，块名为“西式窗”，以 *A* 点为插入点，插入单位为“毫米”，然后将其分别以 1:1 和 1:3 的比例插入到（0,0）和（200,0）位置。

操作步骤

1. 定义内部图块

step 01 打开素材文件“西式窗 .dwg”。

step 02 单击“创建块”按钮，或是在命令行输入 BLOCK 命令，将如图 10-69 所示的西式窗定义为一个内部图块，以 *A* 点为插入基点。

图 10-69 西式窗

step 03 在命令行输入 BLOCK 命令并按 Enter 键，打开如图 10-70 所示的“块定义”对话框。

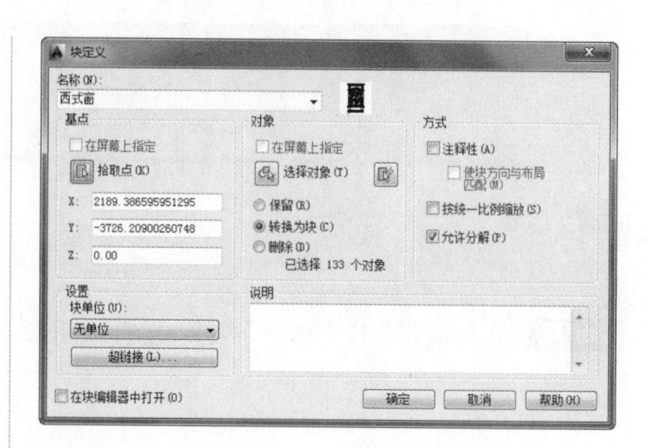

图 10-70 “块定义”对话框

step 04 在“名称”文本框中输入块名为“西式窗”。

step 05 单击“选择对象”按钮，系统暂时关闭“块定义”对话框，此时在绘图区的鼠标指针变成了小方块的样式。

step 06 用窗口选择方式选择整个标高符号，然后按 Enter 键，返回“块定义”对话框，此时在“对象”栏显示已选择的对象。

step 07 单击“拾取点”按钮，隐藏“块定义”对话框，捕捉西式窗中的 *A* 点作为图块插入基点，返回“块定义”对话框，此时在“基点”栏显示 *A* 点的坐标值。

step 08 单击“确定”按钮。

2. 插入内部图块

完成内部图块的定义后，即可使用 INSERT 命令将其插入到图形中了。在插入图块时，应注意图块缩放比例的设置方法，结果如图 10-71 所示。

图 10-71　插入内部图块

以 1:1 的比例插入“西式窗”图块，其具体操作如下。

step 01 单击“插入”按钮，或在命令行中输入 INSERT 命令，弹出如图 10-71 所示“插入”对话框。

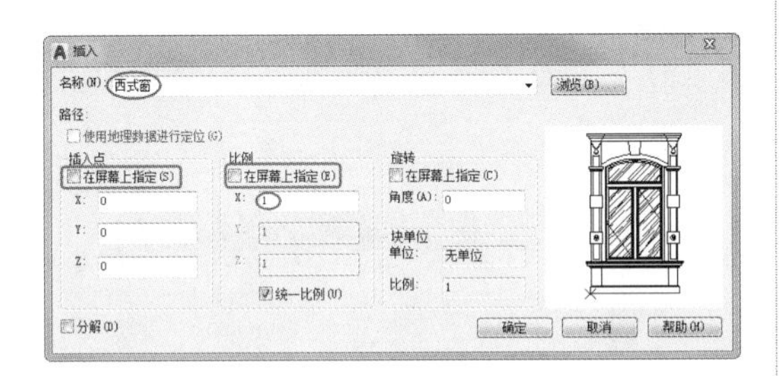

图 10-71　以 1:1 的比例插入块

step 02 在“名称”下拉列表中选择“西式窗”。

step 03 在“插入点”栏的 X、Y 和 Z 文本框中分别输入 0，即以（0,0）位置作为图块的插入点。

step 04 在“比例”栏中选中“统一比例”复选框，在 X 文本框中输入 1，即以 1:1 的比例插入内部图块。

step 05 在“旋转”栏的“角度”文本框中输入 0，不旋转内部图块。

step 06 单击“确定”按钮。

以 1:3 的比例插入“西式窗”图块，其具体操作如下。

step 07 单击“插入”按钮，或在命令行中输入 INSERT 命令，系统打开如图 10-72 所示的“插入”对话框。

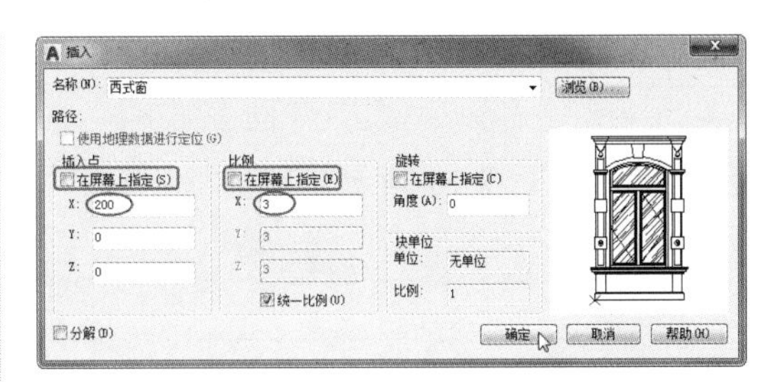

图 10-72　以 1:3 的比例插入块

step 08 在“名称”下拉列表中选择“西式窗”。

step 09 在“插入点”栏的 X 文本框中输入 200，在 Y 和 Z 文本框中分别输入 0，即以（200,0）位置作为图块的插入点。

step 10 在“比例”栏中选中“统一比例”复选框，在 X 文本框中输入 3，即以 1:3 的比例插入内部图块。

step 11 在“旋转”栏的“角度”文本框中输入 0，不旋转内部图块。

step 12 单击“确定”按钮。

10.7.2　案例二：定义图块属性

用 ATTDEF 命令为标高符号定义一个属性值，如图 10-73 所示。再使用 WBLOCK 命令将块属性及标高符号定义为一个以“毫米”为单位的外部图块，图块名为“标高符号”，保存在根目录下，然后将其插入到（0,0）的位置，设定标高值为 3.000。

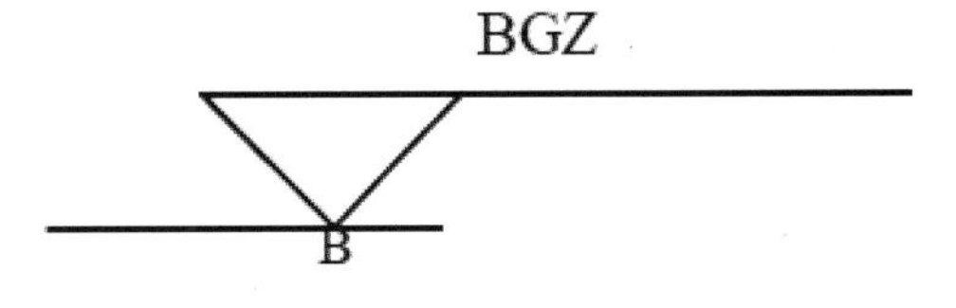

图 10-73　带属性值的标高符号

操作步骤

1. 定义图块属性

首先应使用 ATTDEF 命令定义图块的属

性，然后使用 WBLOCK 命令将属性与图块一同存为一个外部图块。其具体操作如下。

step 01 绘制如图 10-74 所示的标高符号。

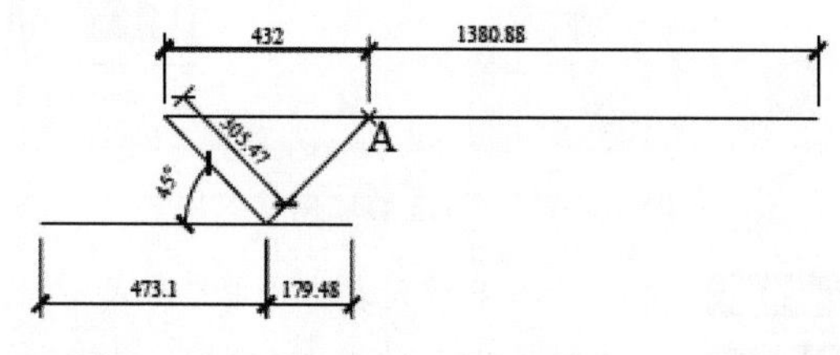

图 10-74 绘制标高符号

step 02 单击“定义属性”按钮，或在命令行输入 ATTDEF 命令并按 Enter 键，打开如图 10-75 所示的“属性定义”对话框。

图 10-75 “属性定义”对话框

step 03 在“标记”文本框中输入“BGZ”，在“提示”文本框中输入“请输入标高值”，在“默认”文本框中输入 0.000。

step 04 在“对正”下拉列表中选择“左下”选项，在“文字高度”文本框中输入 80，

step 05 选中“在屏幕上指定”复选框，单击“确定”按钮完成块属性的定义，如图 10-76 所示。

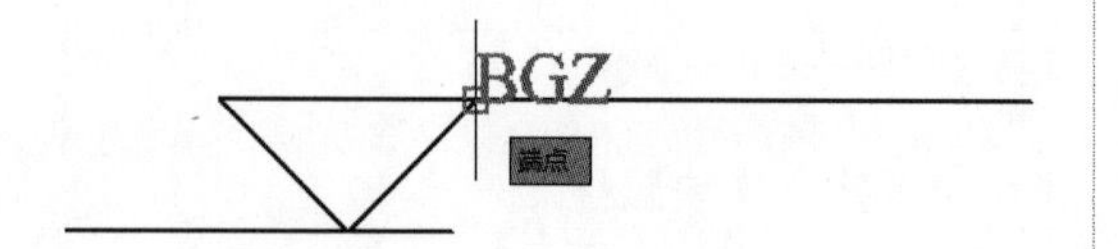

图 10-76 完成块属性的定义

step 06 单击“写块”按钮，或在命令行中输入 WBLOCK 命令，弹出“写块”对话框。

step 07 在“对象”栏中单击“选择对象”按钮，在绘图区中选择标高符号及所定义的属性值，按 Enter 键结束并返回“写块”对话框。

step 08 在“基点”栏中单击“拾取点”按钮，返回绘图区中点取 *B* 点，返回“写块”对话框，如图 10-77 所示。

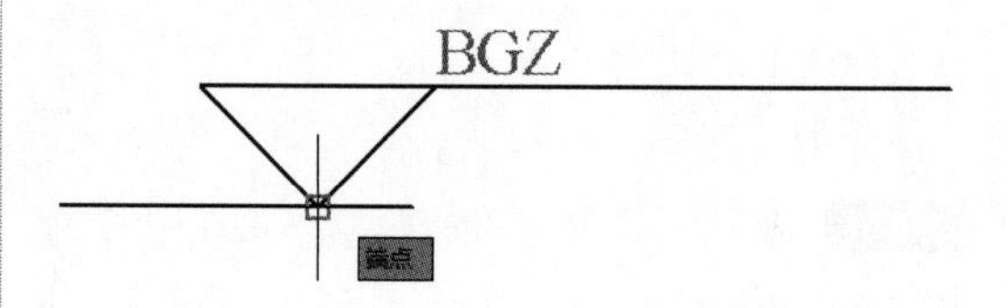

图 10-77 拾取点

step 09 在“目标”栏中的“文件名和路径”中选择文件保存路径，“插入单位”下拉列表中选择“毫米”，如图 10-78 所示。

图 10-78 写块

step 10 最后单击“确定”按钮，在弹出的“编辑属性”对话框中，单击“确定”按钮完成图块的属性定义，如图 10-79 所示。

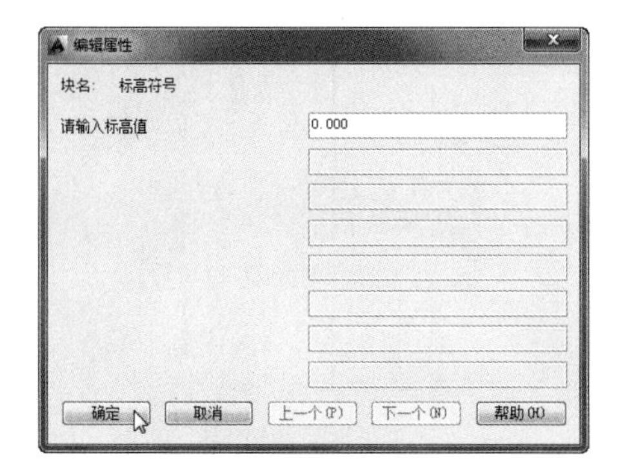

图 10-79　编辑属性

step 11 保存定义的块属性。

2. 插入外部图块

完成图块属性定义并与图形一同存为外部图块后，即可使用 INSERT 命令将图块插入到图形中了，读者应注意在插入图块时系统的提示信息。其具体操作如下。

step 01 单击"插入"按钮，或在命令行中输入 INSERT 命令，系统打开如图 10-80 所示"插入"对话框。

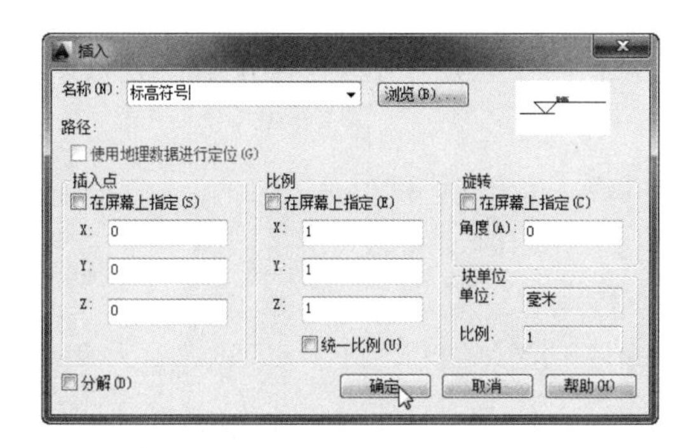

图 10-80　"插入"对话框

step 02 单击"浏览"按钮，打开"标高符号 .dwg"图块。

step 03 在"插入点"栏的 X、Y 和 Z 文本框中分别输入 0，即插入到（0,0）位置。

step 04 在"比例"栏中设置 X、Y 和 Z 的比例均为 1。

step 05 在"旋转"栏中指定旋转角度为 0。单击"确定"按钮，再打开"编辑属性"对话框。

step 06 在该对话框的"请输入标高值"文本框中输入 3.000，单击"确定"按钮，插入新块，如图 10-81 所示。

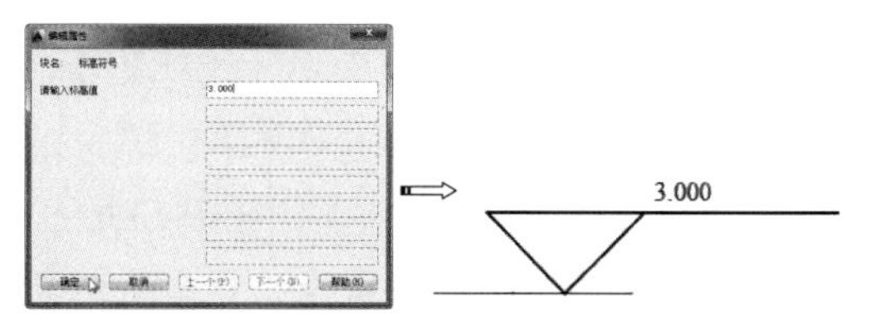

图 10-81　插入外部图块

10.7.3　案例三：绘制床图块

1. 绘制床的注意事项

绘制床时需要注意（如图 10-82 所示，图中单位为 mm）：

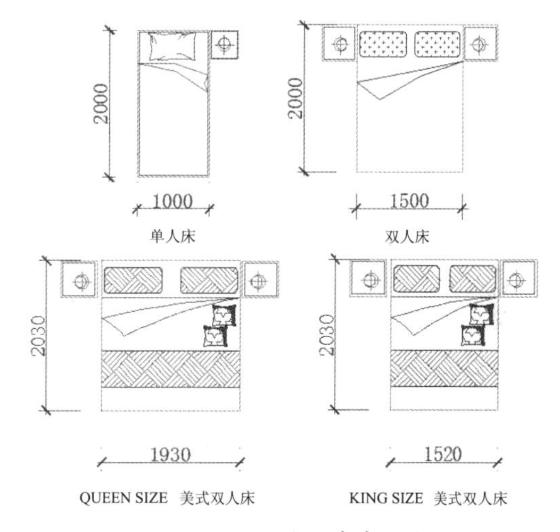

图 10-82 绘制床的参考尺寸

- 单人床参考尺寸为 1000mm×2000mm。
- 双人床参考尺寸为 1500mm×2000mm。
- QUEEN SIZE 美式双人床参考尺寸为 1930mm×2030mm。
- KING SIZE 美式双人床参考尺寸为 1520mm×2030mm。

2. 绘制双人床平面图块

图 10-83　床的实际效果

室内装饰设计中，家具的绘制是一个重要部分，在绘制家具时具体尺寸可以按实际要求确定，并非固定不变的。其中床的图形是在室内装饰图绘制过程中常用的图形，下面来绘制一个双人床的图形，如图 10-83 所示。

step 01 调用 RECTANG 命令，绘制一个大小为 2028×1800 的矩形来表示床的大体形状，如图 10-84 所示。

step 02 调用 EXPLODE 命令，将矩形分解成多个物体。

step 03 调用 OFFSET 命令，将矩形最上边向下偏移 280 用于制作床头，如图 10-85 所示。

step 04 调用 LINE 和 ARC 命令，制作被面的折角效果，如图 10-86 所示。

图 10-84　矩形的绘制

图 10-85　线的偏移

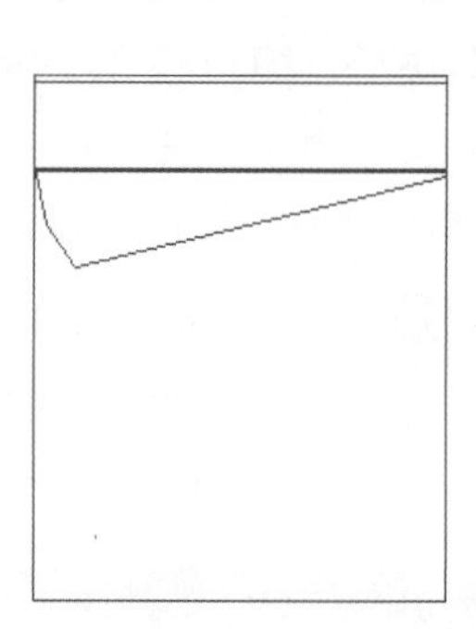
图 10-86　背面折角

step 05 调用 ARC 和 CIRCLE 命令，制作被面装饰效果，如图 10-87 所示。

step 06 调用 INSERT 命令插入枕头，完善床的绘制，如图 10-88 所示。

step 07 调用 RECTANG 命令，绘制 450×400 的矩形。

step 08 调用 OFFSET 命令，将矩形向内偏移 18，如图 10-89 所示。

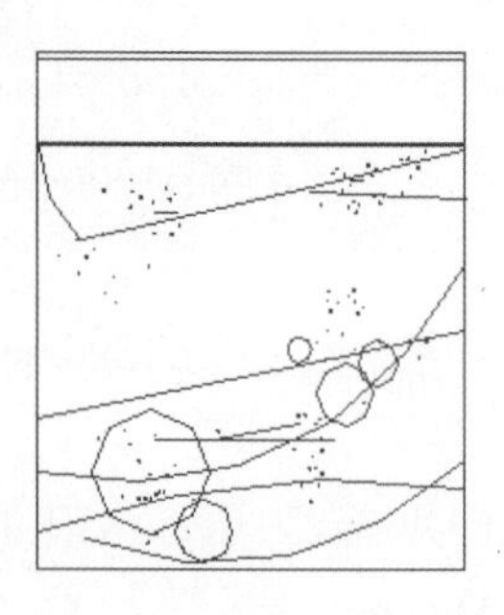
图 10-87　增加装饰图案

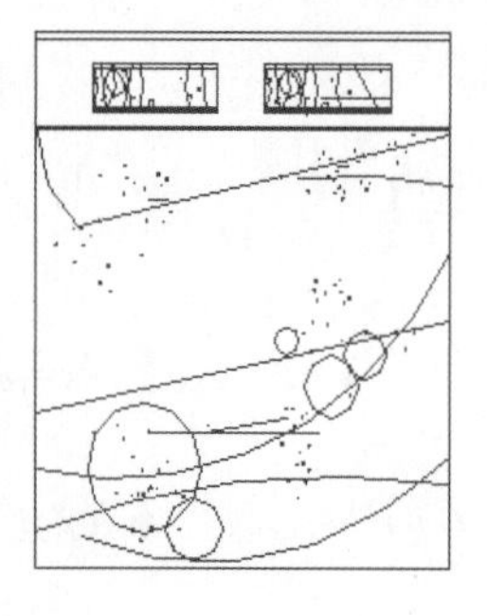
图 10-88　床的最终效果

图 10-89　矩形的绘制

step 09 调用 CIRCLE、LINE 和 OFFSET 命令绘制床头柜，如图 10-90 和图 10-91 所示。

图 10-90　圆的绘制

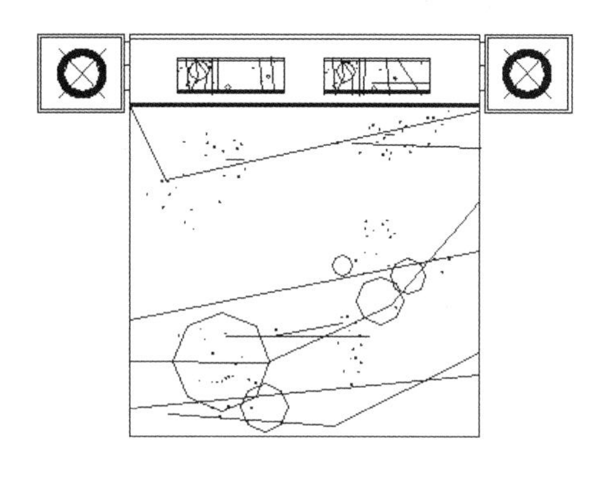

图 10-91　床头柜与床的组合效果

3．绘制双人床立面图块

床的立面效果图主要有两种，这主要取决于观看角度，下面介绍另一个观察角度下的床立面图的绘制方法。

操作步骤

step 01 调用 RECTANG 和 LINE 命令，绘制床的主体和床腿，如图 10-92 所示。

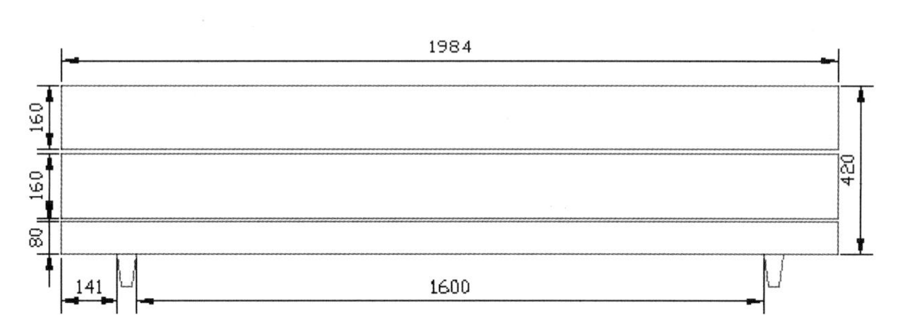

图 10-92　轮廓绘制

step 02 调用 ARC、LINE 和 OFFSET 命令绘制床头，如图 10-93 所示。

step 03 调用 ARC、LINE 和 MIRROR 命令完善床头的绘制，如图 10-94 所示。

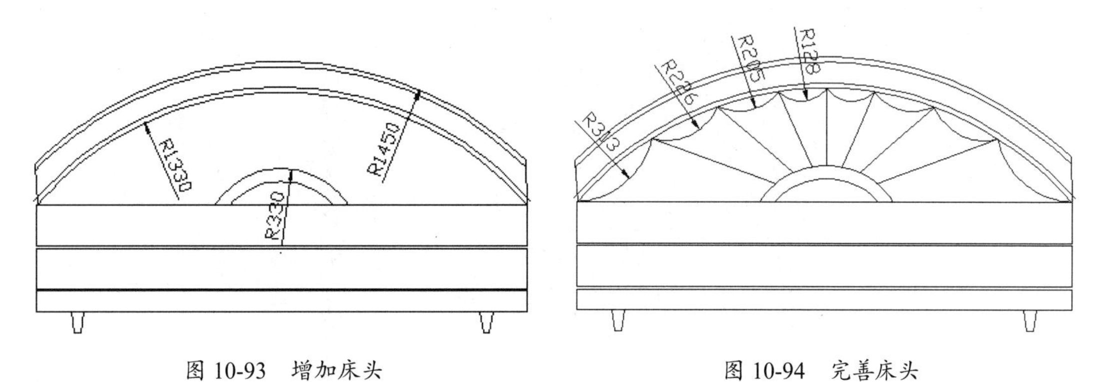

图 10-93　增加床头　　　图 10-94　完善床头

step 04 调用 RECTANG 命令在床的一侧绘制床头柜，如图 10-95 所示。

step 05 调用 SPLINE、CIRCLE、PLINE 和 TRIM 命令，绘制床头柜的装饰效果，如图 10-96 所示。

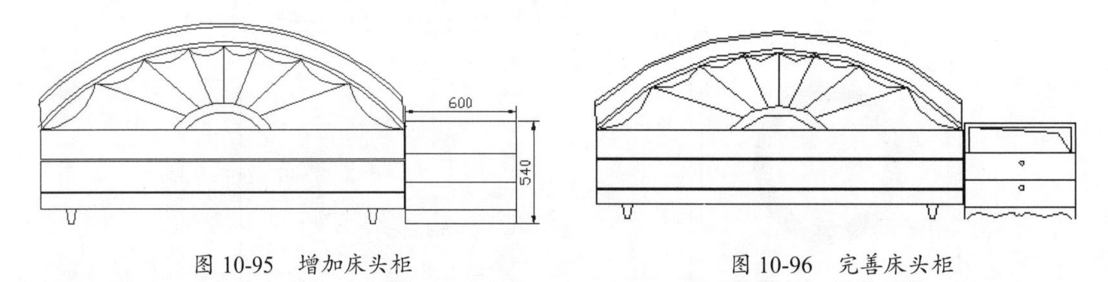

图 10-95　增加床头柜　　　　图 10-96　完善床头柜

step 06 调用 MIRROR 命令，绘制床的最终效果，如图 10-97 所示。

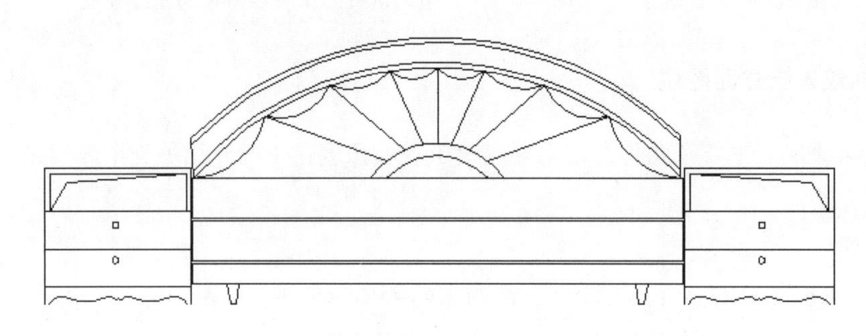

图 10-97　床的最终效果

10.7.4　案例四：绘制沙发图块

1. 绘制沙发注意事项

沙发是客厅里的重要家具，不仅可以会客、喝茶还具有极强的装饰性，是装饰风格的极强体现，沙发的种类繁多如单人和多人沙发、中式和西式沙发等，如图 10-98 所示则是一组欧式沙发的组合。

图 10-98　沙发的效果图

绘制沙发形状及尺寸时需注意（如图 10-99 所示）：

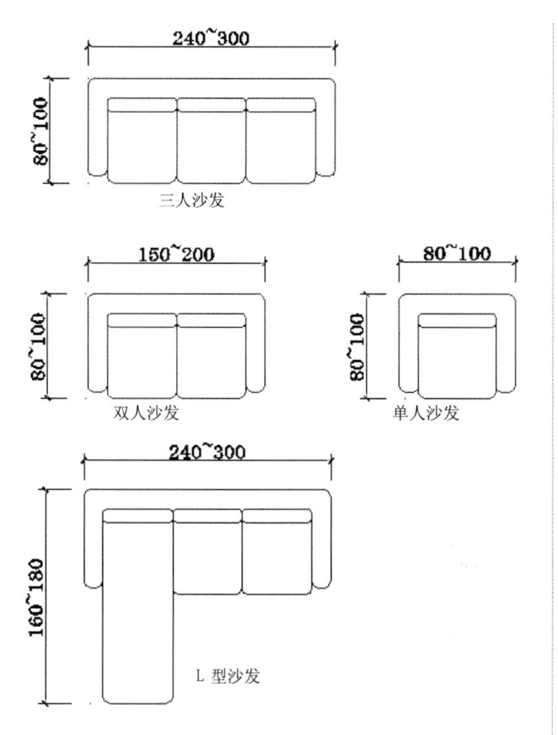

图 10-99　沙发的尺寸参考

- 一般沙发的深度为 ±80~100cm，而深度超过 100cm 的多为进口沙发，并不适合东方人的体型。
- 单人沙发参考的尺寸宽度为 ±80~100cm。
- 双人沙发参考的尺寸宽度为 ±150~200cm。
- 三人沙发参考的尺寸宽度为 ±240~300cm。
- L 型沙发——单座延长深度为 ±160~180cm。

操作步骤

2．绘制单人沙发平面图块

平面单人沙发的绘制比较简单，主要是坐垫和扶手的绘制。

step 01 调用 RECTANG 命令绘制一个 600×540 的矩形，并将其更改为梯形。

step 02 调用 OFFSET 命令，将矩形向内偏移 50 并倒角，如图 10-100 所示。

图 10-100　坐垫绘制

step 03 调用 PLINE、OFFSET 和 MIRROR 命令绘制出沙发的效果，如图 10-101 所示。

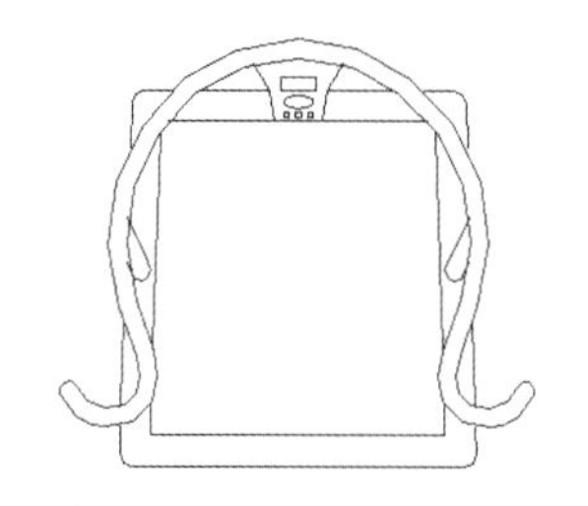

图 10-101　沙发的最终效果

3．绘制单人沙发立面图块

沙发立面的绘制主要用于客厅剖面图，是剖面客厅布置的一部分，也是非常重要的部分，过程相对复杂，但可以很好地描绘出沙发的具体形状和风格。

step 01 调用 RECTANG 命令绘制两个矩形，并将其中一个更改为梯形，如图 10-102 所示。

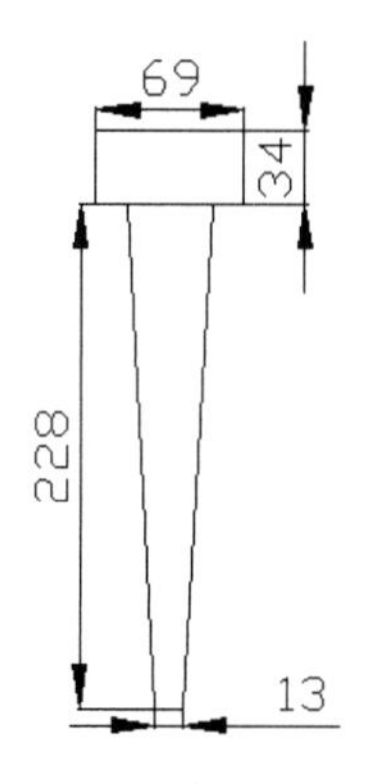

图 10-102　绘制沙发腿

step 02 调用 RECTANG 命令绘制一个矩形，如图 10-103 所示。

step 03 调用 CIRCLE 命令绘制一个圆，并调用 TRIM 命令删除圆内部的线段，如图 10-104 所示。

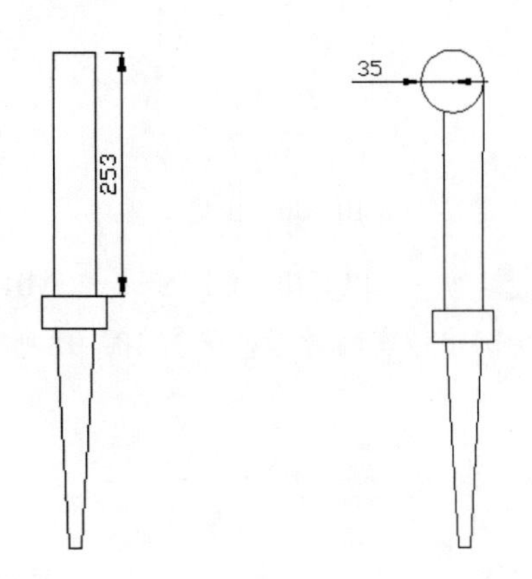

图 10-103　沙发腿　　图 10-104　绘制扶手

step 04 调用 ARC 命令绘制一侧的扶手和靠背，如图 10-105 和图 10-106 所示。

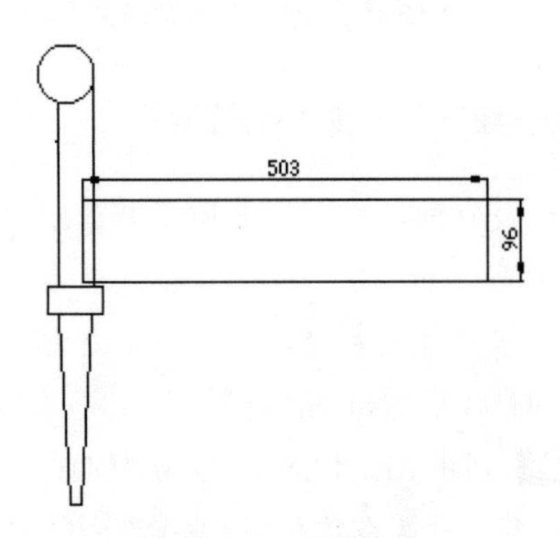

图 10-105　沙发坐垫

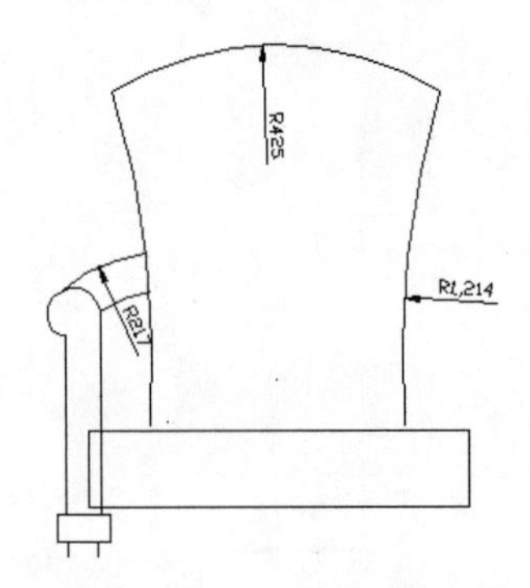

图 10-106　完善一侧的扶手

step 05 调用 MIRROR 命令绘制出另一侧的扶手，如图 10-107 所示。

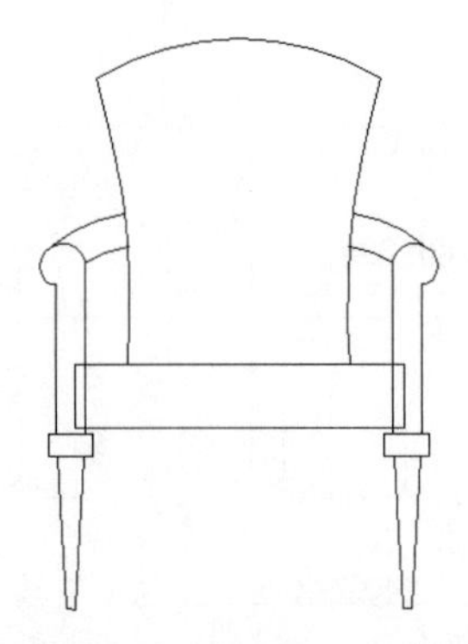

图 10-107　绘制另一侧扶手

step 06 调用 SPLINE 命令绘制出坐垫的具体形状，并调用 TRIM 命令剪掉多余的部分，如图 10-108 所示。

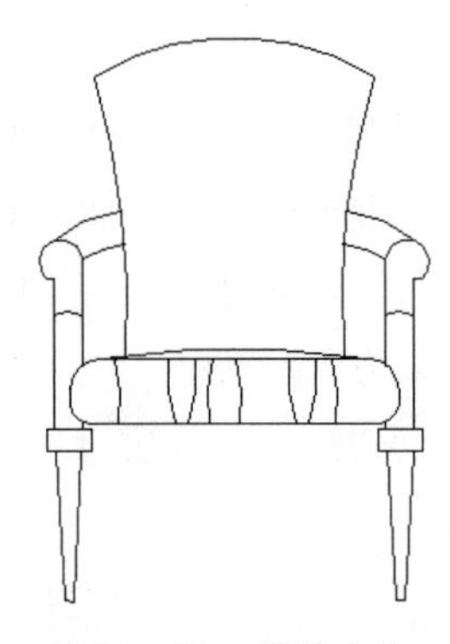

图 10-108　修改坐垫

step 07 调用 OFFSET 和 LINE 命令绘制出沙发的最终效果，如图 10-109 所示。

图 10-109　最终效果

10.7.5　案例五：绘制茶几图块

1. 绘制茶几注意事项

茶几的尺寸有很多，如 450mm×600mm、500mm×500mm、900mm×900mm、1200mm×1200mm 等。当客厅的沙发配置确定后，才将茶几图块按照空间比例的大小调整尺寸及决定形状，这样不会让茶几在配置图上的比例有误。

如图 10-110 所示为茶几的几种形状画法。

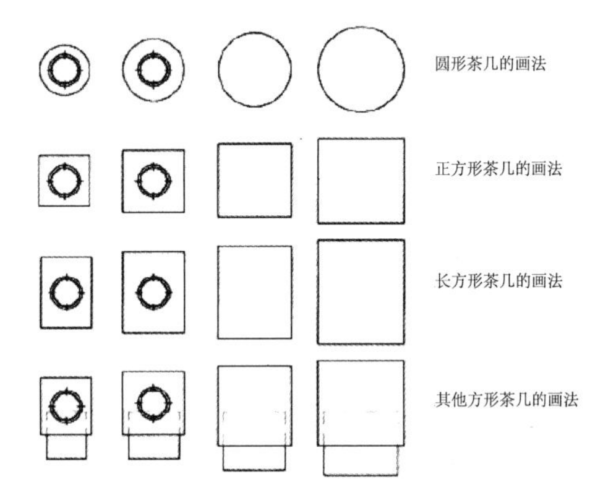

图 10-110　茶几的形状画法

茶几主要放置在客厅里的两个相近的单人沙发之间及多人沙发前面，中式茶几多为木质、不透明的，西式的茶几多为玻璃面材质的，透光性较好，如图 10-111 所示为常见的茶几在客厅中与沙发的配置关系。

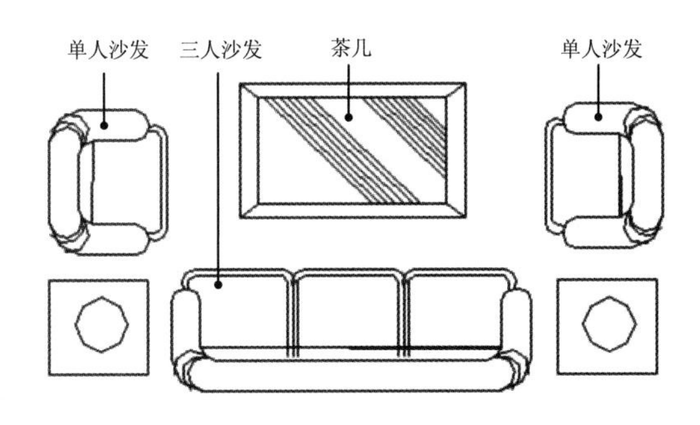

图 10-111　茶几与沙发在客厅中的配置关系

操作步骤

2. 绘制茶几平面图块

茶几的平面绘制主要用到矩形和线及倒角命令，操作相对简单。

step 01 调用 RECTANG 命令绘制 600×600 的正方形。

step 02 调用 OFFSET 命令向内偏移 114 和 12，如图 10-112 所示。

图 10-112　矩形

step 03 在内部矩形的四角绘制 4 个半径 30 的圆，如图 10-113 所示。

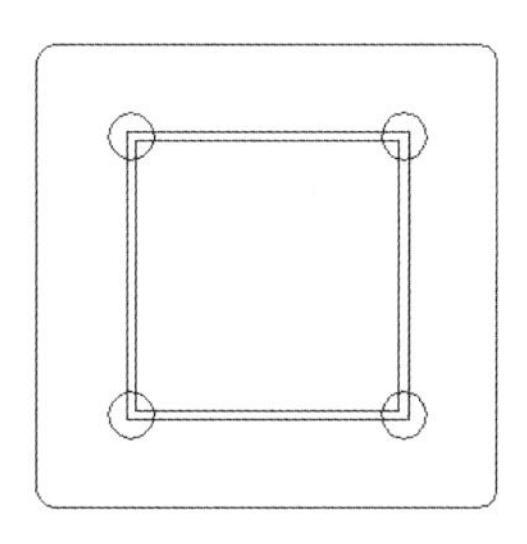

图 10-113　绘制圆

step 04 调用 TRIM 命令将圆内部的多余线段删除，如图 10-114 所示。

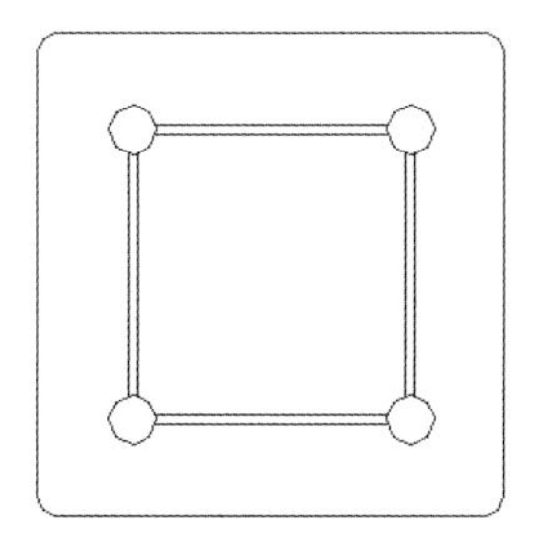

图 10-114　最终效果

3．茶几立面图块的绘制

茶几立面的绘制重点在桌腿部分，中式和西式各有不同，中式的可能有雕花和镂空，西式多为规则的多面体，下面以一个简单的中式茶几为例进行讲述。

step 01 调用 RECTANG 和 FILRT 命令绘制一个矩形，并调整为梯形再倒角，如图 10-115 所示。

step 02 调用 LINE 命令，绘制出桌腿的装饰线。

step 03 调用 LINE 和 FILLET 命令，绘制桌腿的装饰线，如图 10-116 所示。

step 04 调用 CIRCLE 命令，在梯形上部绘制一个圆，如图 10-117 所示。

step 05 调用 RECTANG 和 CIRCLE 命令，在圆上部绘制梯形和圆，如图 10-118 所示。

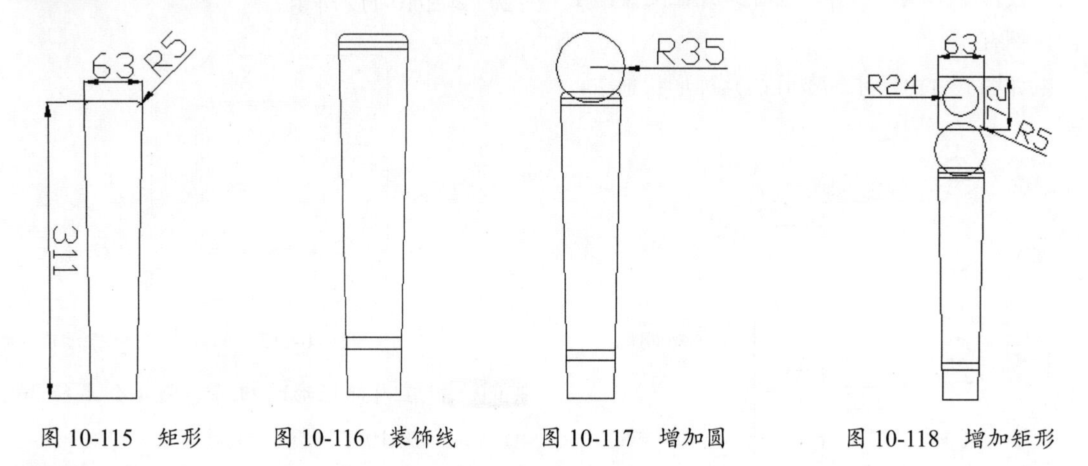

图 10-115　矩形　　图 10-116　装饰线　　图 10-117　增加圆　　图 10-118　增加矩形

step 06 调用 FILLET 和 TRIM 命令，做出桌腿的最终效果，如图 10-119 所示。

step 07 调用 RECTANG 命令绘制桌面，如图 10-120 所示。

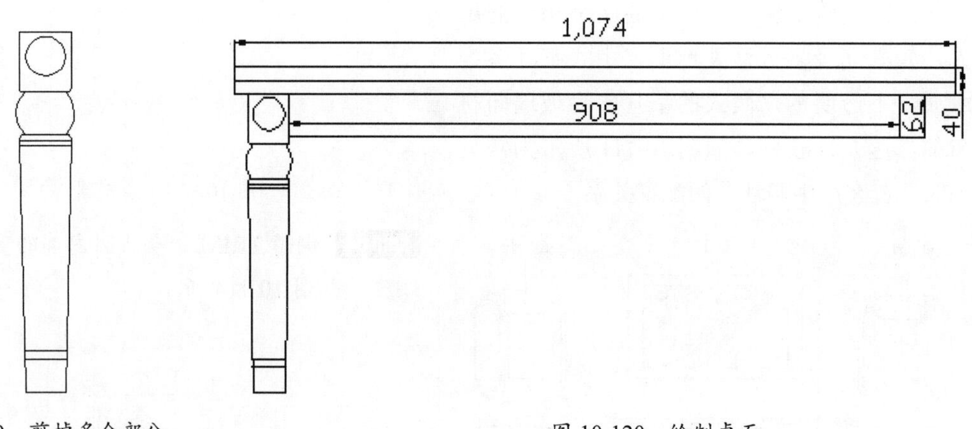

图 10-119　剪掉多余部分　　图 10-120　绘制桌面

step 08 调用 MIRROR 命令绘制另一侧桌腿，完成茶几立面的绘制，如图 10-121 所示。

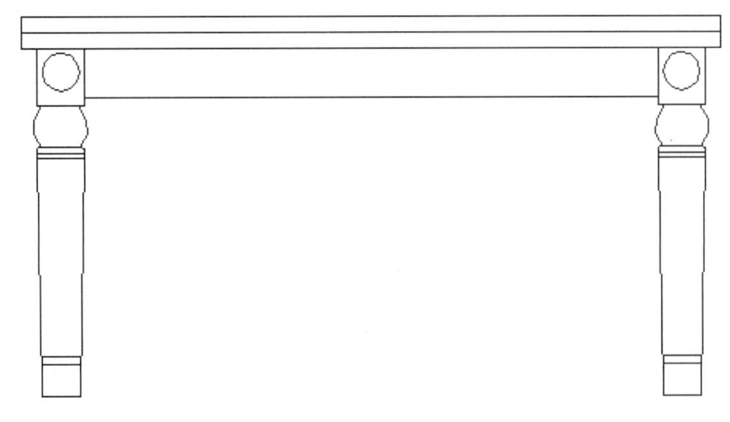

图 10-121　最终效果

10.8　AutoCAD 认证考试习题集

一、单选题

1．下面哪个命令可以将所选对象用给定的距离放置点或图块？

A. SPLIT　　B. DIVIDE

C. MEASURE　　D. POINT

正确答案（ ）

2．在创建块时，在“块定义”对话框中必须确定的要素是什么？

A. 块名、基点、对象　　B. 块名、基点、属性

C. 基点、对象、属性　　D. 块名、基点、对象、属性

正确答案（ ）

3．下面哪一项不可以被分解？

A. 关联尺寸　　B. 多线段

C. 块参照　　D. 用 MINSERT 命令插入的块参照

正确答案（ ）

4．如果要删除一个无用块，使用下面哪个命令？

A. PURGE　　B. Delete

C. Esc　　D. UPDATE

正确答案（ ）

5．在定义块属性时，要使属性为定值，可以选择什么模式？

A. 不可见　　B. 固定

C. 验证　　D. 预置

正确答案（ ）

6．在 AutoCAD 中写块（存储块）命令的快捷键是什么？

A. W　　B. I

C. L　　D. Ctrl+W

正确答案（ ）

7. 带属性的图块被分解后，属性显示为什么？

A. 提示　　B. 没有变化

C. 不显示　　D. 标记

正确答案（ ）

8. 下列关于块的描述正确的是哪一项？

A. 利用 Block 命令创建块时，名称可以不定义，默认名称为“新块”

B. 插入的块不可以改变大小和方向

C. 定义块时如果不定义基点，则默认的基点是坐标原点

D. 块被分解后，组成块的对象颜色不会变化

正确答案（ ）

二、多选题

1. 块的属性的定义什么？

A. 块必须定义属性　　B. 一个块中最多只能定义一个属性

C. 多个块可以共用一个属性　　D. 一个块中可以定义多个属性

正确答案（　）

2. AutoCAD 中的图块可以是下面哪两种类型？

A. 模型空间块　　B. 外部块

C. 内部块　　D. 图纸空间块

正确答案（　）

3. 编辑块属性的途径有哪些？

A. 双击包含属性的块进行属性编辑　　B. 应用块属性管理器编辑属性

C. 单击属性定义进行属性编辑　　D. 只可以用命令进行编辑属性

正确答案（　）

4. 使用块的优点有哪些？

A. 节约绘图时间　　B. 建立图形库

C. 方便修改　　D. 节约存储空间

正确答案（　）

5. 外部参照错误包括下面哪些选项？

A. 丢失参照文件　　B. 格式错误

C. 路径错误　　D. 循环参照

正确答案（　）

6. 图形属性一般包含哪些选项？

A. 基本　　B. 普通

C. 概要　　　　　　　　　　D. 视图

正确答案（　　）

7．在创建块和定义属性及外部参照过程中，“定义属性”可以怎样？

A. 能独立存在　　　　　　　B. 能独立使用

C. 不能独立存在　　　　　　D. 不能独立使用

正确答案（　　）

8．执行“清理”（Purge）命令后，可以实现什么操作？

A. 查看不能清理的项目

B. 删除图形中多余的块

C. 删除图形中多余的图层

D. 删除图形中多余的文字样式和线型等项目

正确答案（　　）

10.9　课后练习

1．创建图块

用前面所掌握的绘图方法绘制如图 10-122 所示的推式门平面图，并利用 ATTDEF 命令定义块的属性，最后用 WBLOCK 命令将其定义为外部图块，图块名为“推式门”。

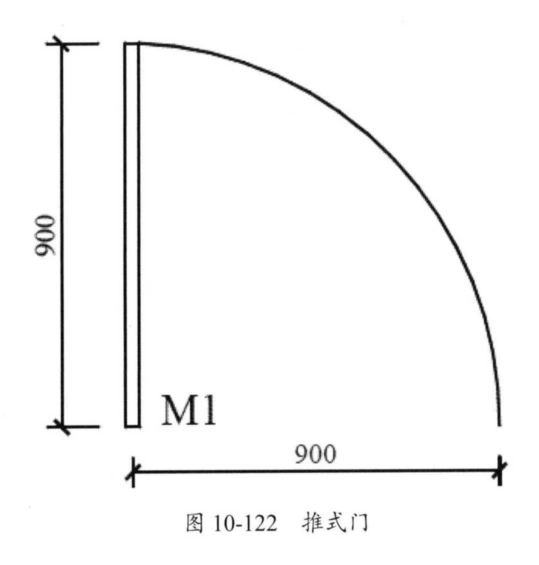

图 10-122　推式门

2．定义图块属性

打开“房屋立面图 .dwg”文件，绘制标高符号，将标高符号定义为图块，插入标高符号，如图 10-123 所示。

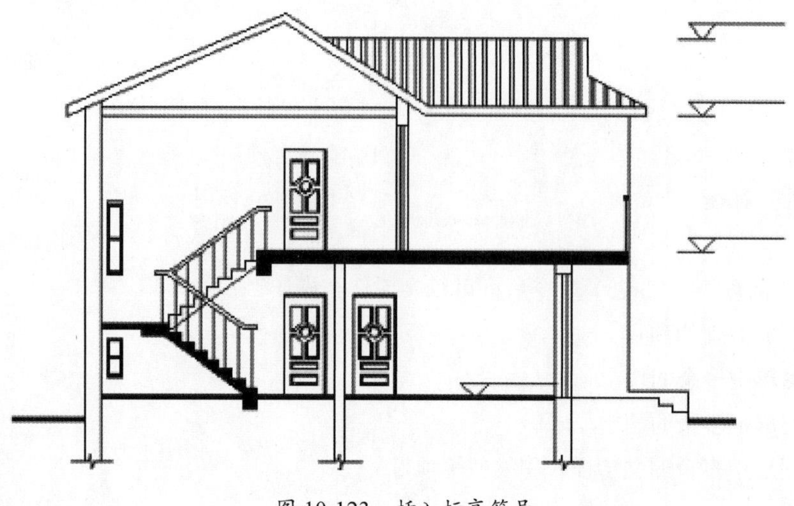

图 10-123　插入标高符号

提示：

标高符号为等腰直角三角形，高度约为 3mm，考虑到建筑图多按 1:100 的比例打印出图，可以画一个高为 300 mm 的标高符号。

step 01 使“细实线”层为当前层，先利用正交工具和端点捕捉绘制如图 10-119（a）所示的图形，直角边的长度等于 300。

step 02 用镜像命令将图 10-124（a）画为图 10-124（b）。

step 03 利用对象捕捉和正交工具，将图 10-124（b）画为图 10-124（c），删除多余的铅垂线。

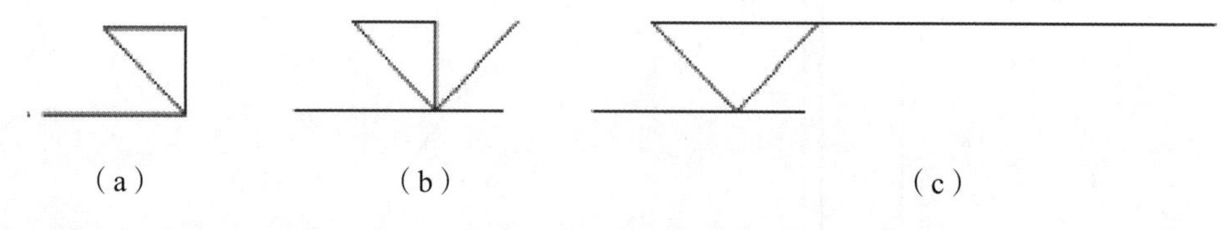

（a）　（b）　（c）

图 10-124　绘制标高符号

提示：

也可以通过输入点的相对坐标绘制出三角形，然后按上述方法绘制其他线段。

step 04 用追踪功能确定插入点，插入一个标高符号，复制生成其他标高符号。

step 05 用输入单行文字命令输入标高值，如图 10-125 所示。

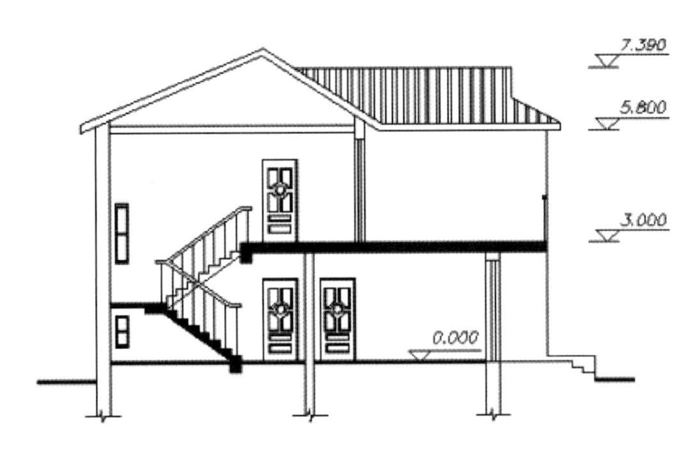

图 10-125　用输入单行文字命令输入标高值

从图 10-120 中复制、镜像标高符号，定义标高图块的属性，达到如下效果：

（1）在标高符号上显示标记 EL，如图 10-126 所示。EL 代表标高值的填写位置，插入带属性的图块时，输入值将代替该标记。

（2）在插入标高时显示提示“输入标高值：”，提示用户输入标高值。

（3）标高的默认值为 0.000。

图 10-126　定义图块属性

提示：

这 3 项分别对应于图块的 3 个属性：标记、提示、值。

step 06 从“对正”下拉列表中选择属性文字相对于插入点的排列方式，本例保留默认方式“左”。

step 07 在 高度(H) < 按钮右边的文本框中输入文字高度为 300。

step 08 使 旋转(R) < 按钮右边的文本框中的数值保持 0。

step 09 单击 拾取点(P) < 按钮，在 *A* 点处单击，选择 *A* 点为属性文字的插入点。

3．绘制楼梯立面图

新建样板文件。设置图限、图形单位、图层、文字样式、尺寸标注样式、线型及打印样式等，然后绘制如图 10-127 所示的楼梯立面图。

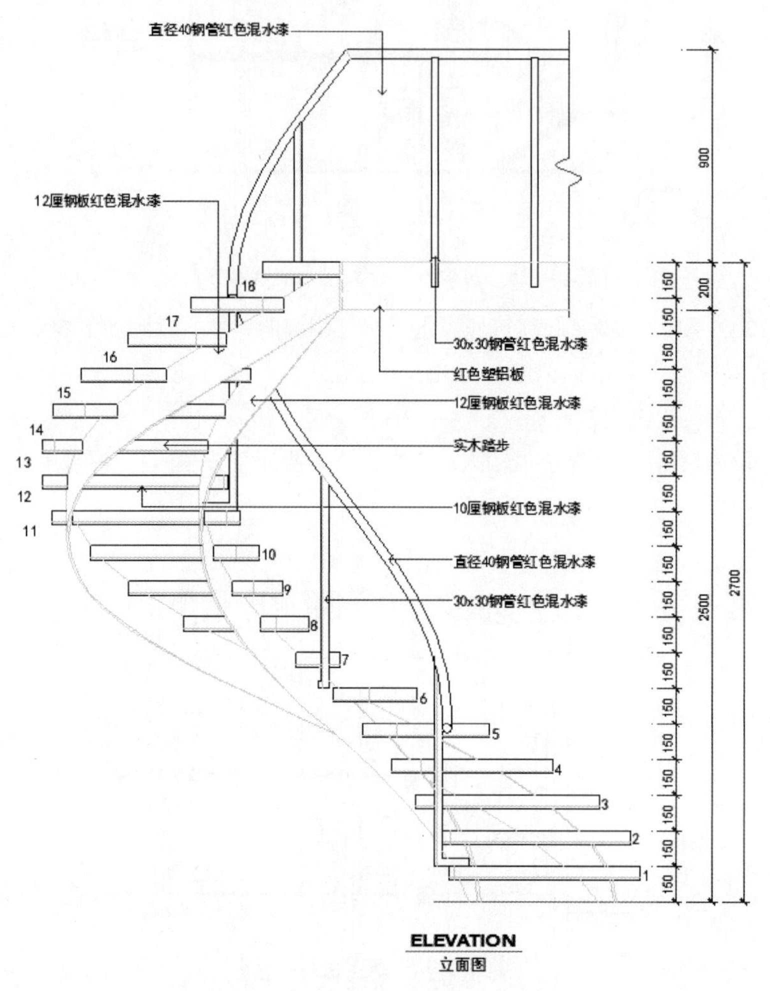

图 10-127　绘制楼梯立面图

第 11 章

建筑图形尺寸标注

本章内容

尺寸标注能准确无误地反映物体的形状、大小和相互的位置关系，是建筑工程图的重要组成部分。AutoCAD 2018 提供许多标注类型及设置标注格式的方法，可以在各个方向上为各类对象创建标注，也可以方便地以一定格式创建符合行业或项目标准的标注。

知识要点

☑ 掌握线性标注、连续标注、基线标注和对齐标注等常用标注的使用方法

☑ 掌握引线标注的使用方法及技巧

☑ 掌握建筑图中的特殊标注方法

11.1 设置尺寸样式

尺寸样式指的是尺寸的外观形式，它是通过“标注样式管理器”对话框来设置的。各项目所对应的尺寸要素如图 11-1 所示。

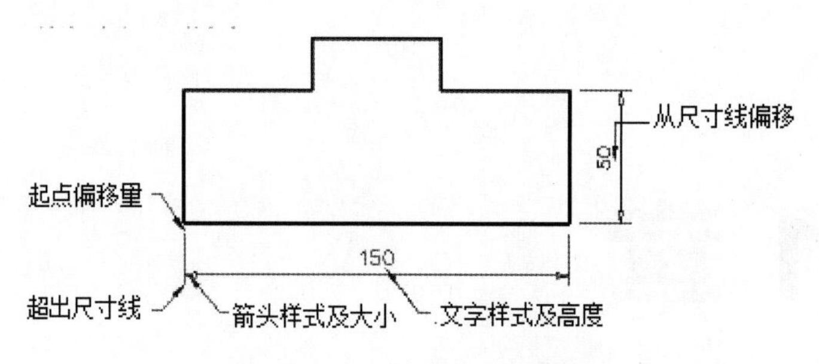

图 11-1 尺寸样式中的部分项目

下面通过一个基本尺寸样式的创建实例，来讲述尺寸样式的设置过程。

动手操练——设置尺寸样式

step 01 在菜单栏中选择“格式” | “标注样式”命令，打开“标注样式管理器”对话框，如图 11-2 所示。

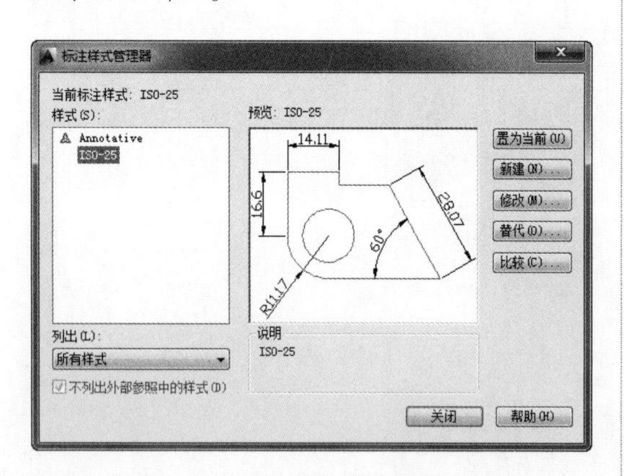

图 11-2 “标注样式管理器”对话框

step 02 单击“新建”按钮，弹出“创建新标注样式”对话框，在“新样式名”文本框内输入样式名称“建筑尺寸样式”，如图 11-3 所示。

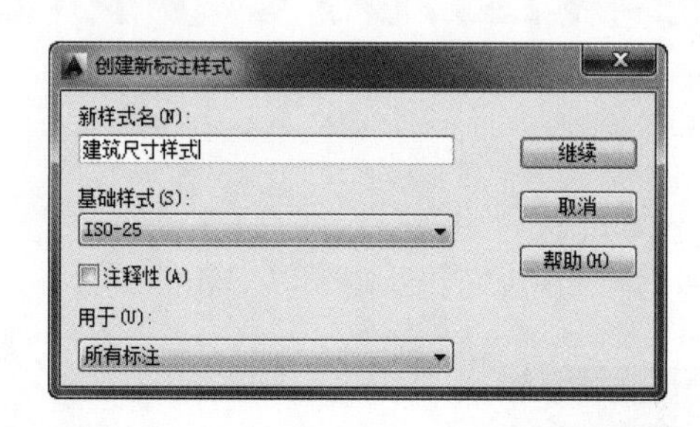

图 11-3 “创建新标注样式”对话框

step 03 单击“继续”按钮，弹出“新建标注样式：建筑尺寸样式”对话框，如图 11-4 所示。

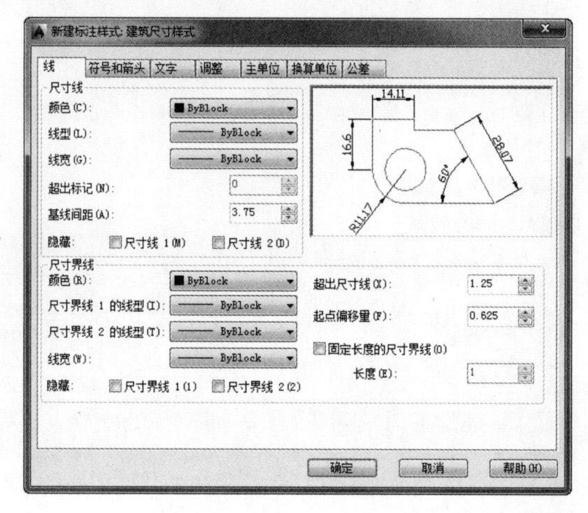

图 11-4 “新建标注样式：建筑尺寸样式”对话框

step 04 在“线”选项卡中进行设置，如图 11-5 所示。

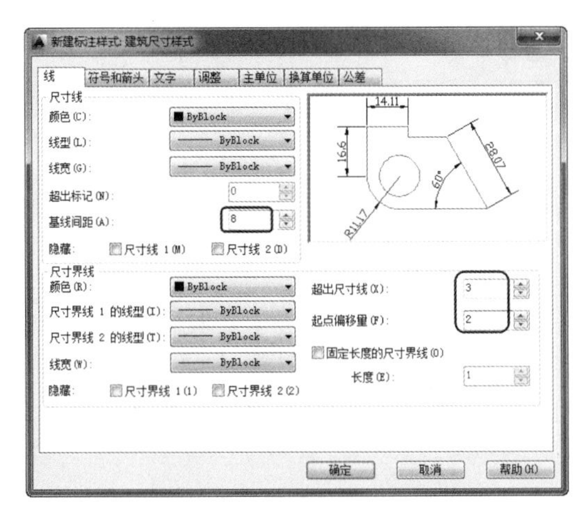

图 11-5　“线”选项卡设置

step 05 在“符号和箭头”选项卡中进行设置，如图 11-6 所示。

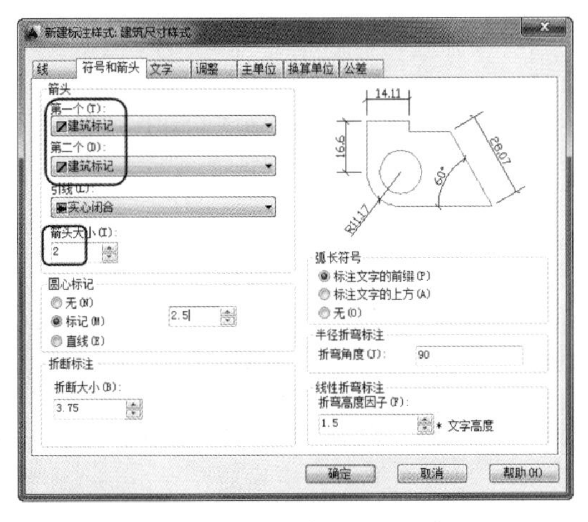

图 11-6　“符号和箭头”选项卡设置

step 06 在“文字”选项卡的“文字样式”中创建新文本样式为“数字”，字体为“romans.shx”，“宽度比例”为 0.7，“文字高度”为 3，“从尺寸线偏移”为 2，如图 11-7 所示。

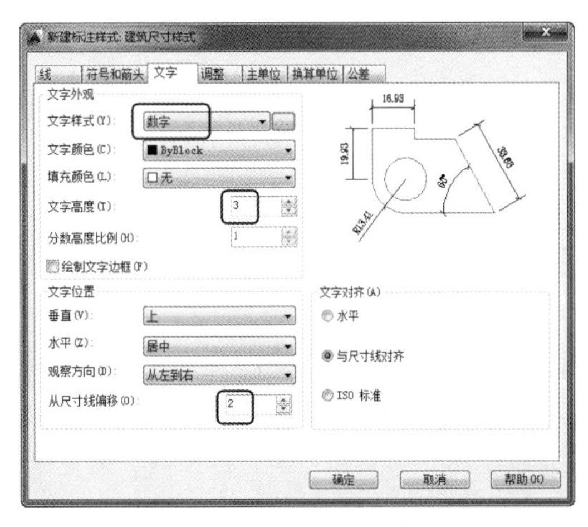

图 11-7　“文字”选项卡设置

step 07 单击“确定”按钮，返回“标注样式管理器”对话框，单击“关闭”按钮，关闭此对话框，完成“建筑尺寸样式”的设置。

> **提示：**
>
> 本例所列出的尺寸是最终打印尺寸，一般在绘图时各尺寸要素值需要乘以出图比例才能获得最终打印效果。例如最终出图比例为 1:100，可以将所有的要素值扩大 100 倍，也可以将“调整”选项卡中的“使用全局比例”值设为 100。

11.2　线性标注、连续标注和基线标注

在建筑工程制图中，线性标注是最常见的标注方法，它可以创建尺寸线水平、垂直和对齐的线性标注。

连续标注多用于标注首尾相接的线性标注。

基线标注是自同一基线处测量的多个标注，形成堆叠标注效果，如图 11-8 所示，尺寸线之间的间距称为“基线间距”。

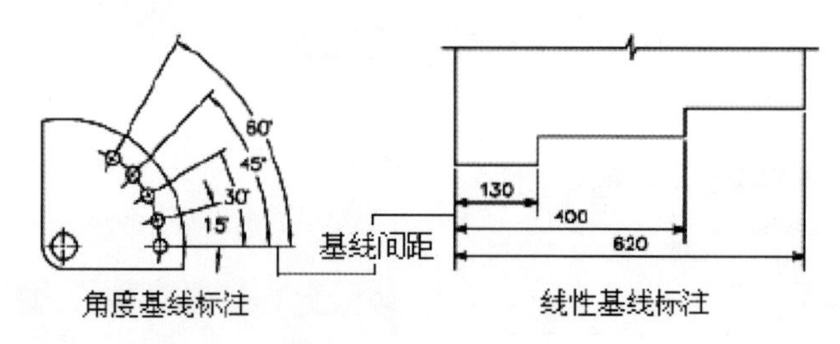

图 11-8　基线标注

动手操练——标注门套剖面图

标注门套剖面图，结果如图 11-9 所示。

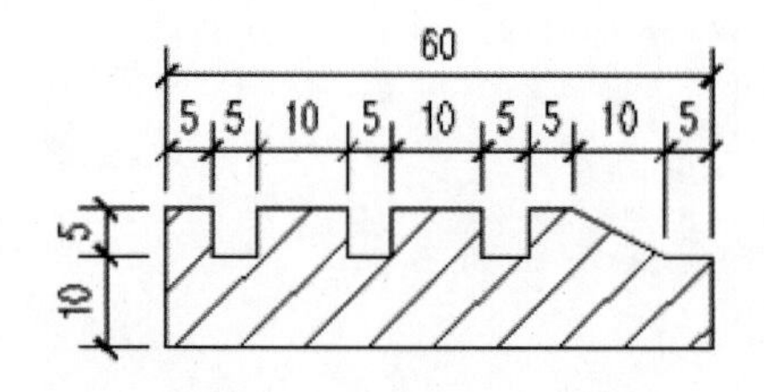

图 11-9　门套剖面尺寸

step 01 打开素材文件，根据上一节所讲步骤设置“建筑尺寸样式”。

step 02 单击“图层”中的“图层状态管理器”按钮，打开“图层状态管理器”对话框。

step 03 单击“新建图层”按钮，创建一个新图层并命名为“标注”，单击按钮，将此层置为当前层。

step 04 单击“确定”按钮，关闭“图层特性管理器”选项面板。

技巧点拨：

在标注尺寸前，一般都要为尺寸标注设置一个单独的图层，这样做的目的是为了将尺寸标注与图形的其他对象区分开，以便修改。

step 05 打开对象捕捉，设置捕捉方式为端点、中点捕捉。

step 06 单击“注释”工具栏中的“线性”标注按钮，标注尺寸，结果如图 11-10 所示。

```
命令： _dimlinear
指定第一条尺寸界线原点或 <选择对象>:          //捕捉A点
指定第二条尺寸界线原点：                      //捕捉B点
指定尺寸线位置或                              //向上移动光标指定尺寸线位置
```

step 07 在菜单栏中选择“标注”|“连续”命令，标注水平方向连接的尺寸，结果如图 11-11 所示。

```
命令： _dimcontinue
指定第二条尺寸界线原点或 [放弃(U)/选择(S)] <选择>:        //捕捉C点
标注文字 = 5
指定第二条尺寸界线原点或 [放弃(U)/选择(S)] <选择>:        //捕捉D点
标注文字 = 10
指定第二条尺寸界线原点或 [放弃(U)/选择(S)] <选择>:        //捕捉E点
标注文字 = 5
指定第二条尺寸界线原点或 [放弃(U)/选择(S)] <选择>:        //捕捉F点
标注文字 = 10
指定第二条尺寸界线原点或 [放弃(U)/选择(S)] <选择>:        //捕捉I点
标注文字 = 5
指定第二条尺寸界线原点或 [放弃(U)/选择(S)] <选择>:        //捕捉H点
标注文字 = 5
指定第二条尺寸界线原点或 [放弃(U)/选择(S)] <选择>:        //捕捉G点
```

```
标注文字 = 10
指定第二条尺寸界线原点或 [放弃(U)/选择(S)] <选择>:          //捕捉J点
```

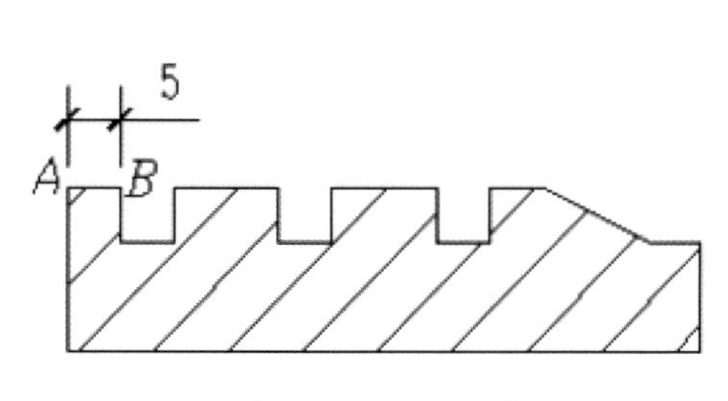

图 11-10　标注尺寸

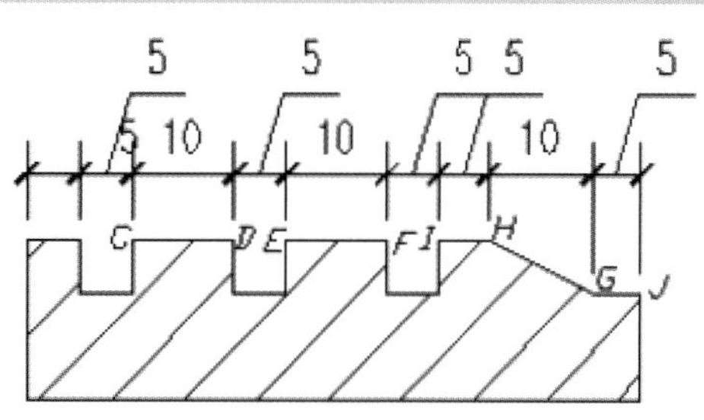

图 11-11　标注结果

step 08 用关键点编辑方式调整各尺寸文本的位置，结果如图 11-12 所示。

step 09 在菜单栏中选择"标注" | "基线"命令，标注尺寸 L，标注结果如图 11-13 所示。

```
命令: _dimbaseline
指定第二条尺寸界线原点或 [放弃(U)/选择(S)] <选择>: s     //调用"选择(S)"选项
选择基准标注:                                           //选择基线K
指定第二条尺寸界线原点或 [放弃(U)/选择(S)] <选择>:        //捕捉J点
标注文字 = 60
指定第二条尺寸界线原点或 [放弃(U)/选择(S)] <选择>:        //按Enter键
```

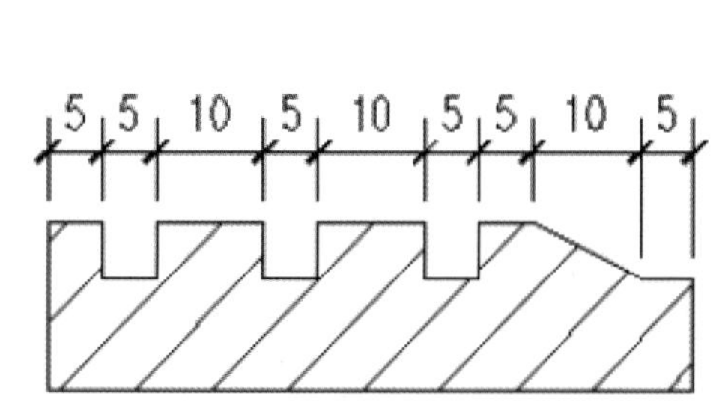

图 11-12　调整尺寸文本的位置

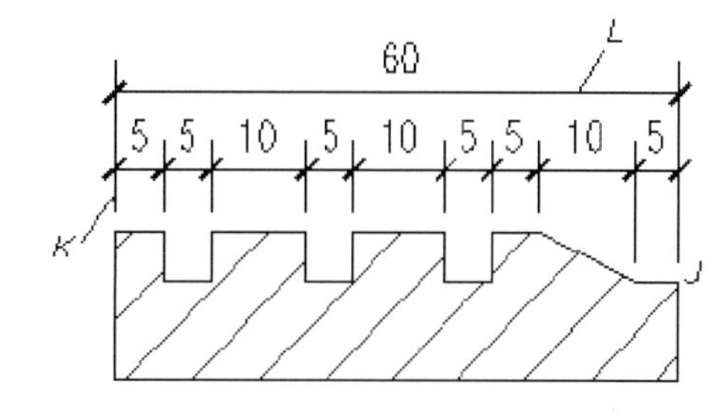

图 11-13　基线标注结果

step 10 设置捕捉方式为端点、交点捕捉。

step 11 单击"线性"按钮，标注左侧尺寸，结果如图 11-14 右图所示。

```
命令: _dimlinear
指定第一条尺寸界线原点或 <选择对象>:               //捕捉A点
指定第二条尺寸界线原点:            //自M点向左追踪，捕捉交点，如图11-14左图所示
指定尺寸线位置或 [多行文字(M)/文字(T)/角度(A)/水平(H)/垂直(V)/旋转(R)]:
                                   //向左移动光标指定尺寸线位置
```

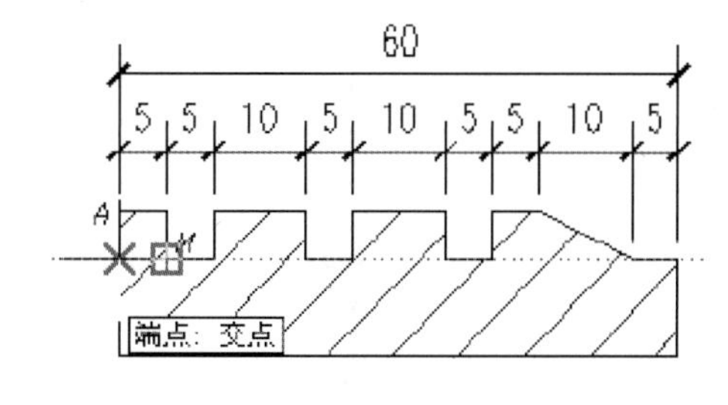

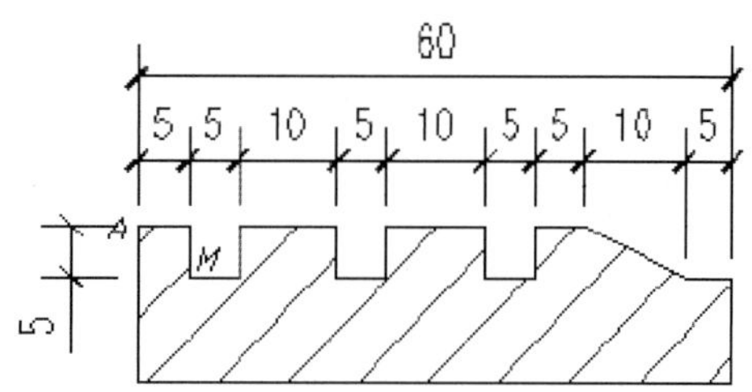

图 11-14　标注左侧尺寸

step 12 单击“连续”按钮，捕捉 N 点，标注尺寸，如图 11-15 所示。

step 13 关闭端点、交点捕捉，只使用中点捕捉，利用关键点编辑方式调整尺寸文本的位置，如图 11-16 所示。

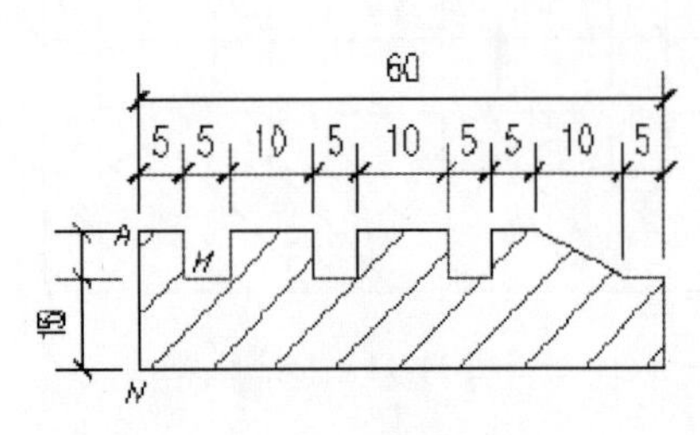

图 11-15　标注尺寸

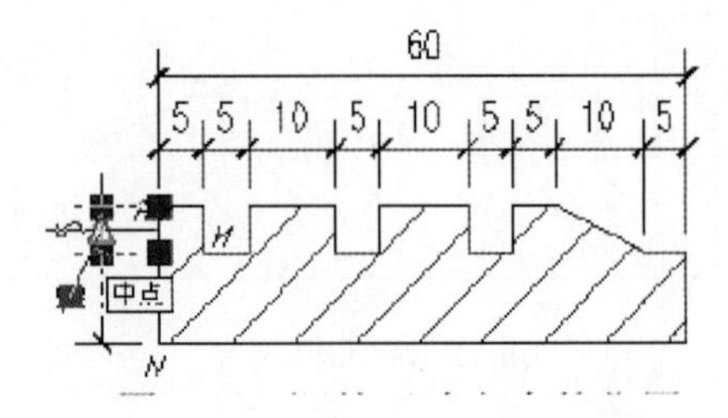

图 11-16　调整尺寸文本的位置

动手操练——标注楼梯间平面图

利用线性标注、连续标注及基线标注等，标注楼梯间的平面图尺寸，如图 11-17 所示。

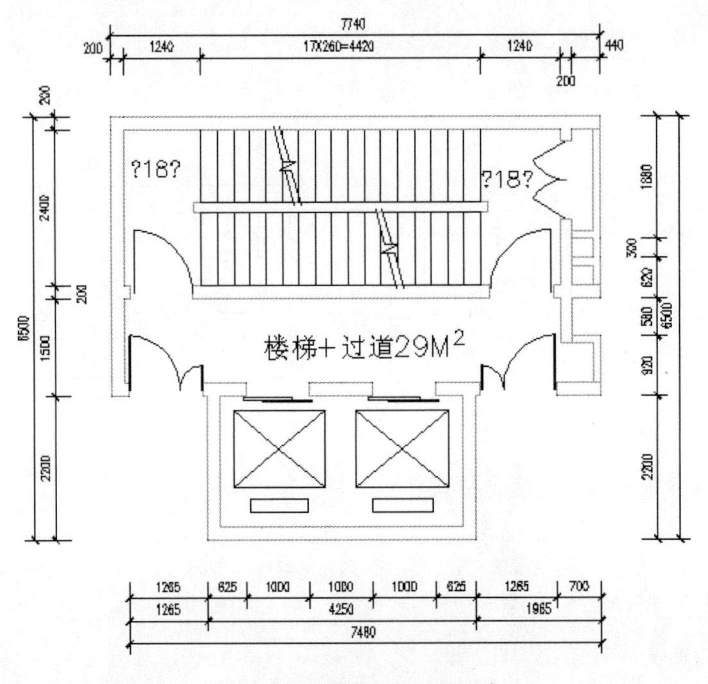

图 11-17　楼梯间平面图尺寸

step 01 打开素材文件“楼梯间 .DWG”，开启对象捕捉和对象追踪，设置捕捉方式为端点、交点捕捉。

step 02 新建“建筑尺寸样式”，其中“基线间距”为 7，“使用全局比例”为 50。

step 03 在“直线”选项卡中选中“固定长度的尺寸界线”复选框，并设置“长度”为 5，如图 11-18 所示。

step 04 在“调整”选项卡中选中“调整选项” | “文字始终保持在尺寸界线之间”选项和“文字位置” | “尺寸线上方，不带引线”选项，然后将“使用全局比例”设为 50。

技巧点拨：

默认情况下，尺寸界线从标注的对象开始绘制，一直到放置尺寸线的位置，如果选中了“固定长度的尺寸界线”复选框，尺寸界线将限制为指定的长度。

step 05 新建“标注”图层，并将其设为当前层。

step 06 单击“线性”按钮，标注尺寸，标注结果如图 11-19 所示。

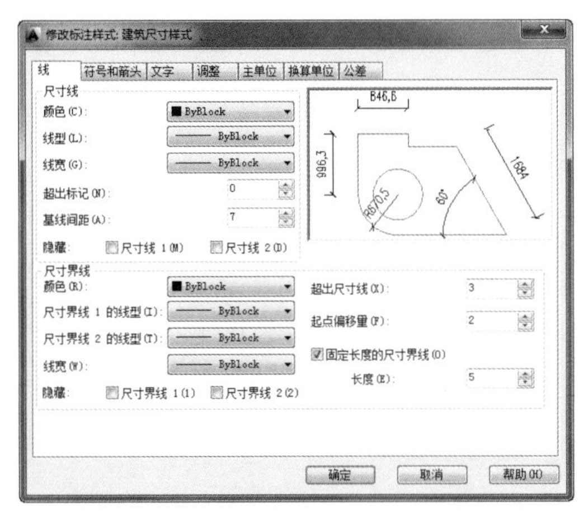

图 11-18　“直线”选项卡内的设置

图 11-19　线性标注结果

```
命令：_dimlinear
指定第一条尺寸界线原点或 <选择对象>：//捕捉A点
指定第二条尺寸界线原点：//捕捉B点向上追踪交点C
指定尺寸线位置或 [多行文字(M)/文字(T)/角度(A)/水平(H)/垂直(V)/旋转(R)]：900
//沿A点向上追踪900
标注文字 = 200
```

step 07 利用夹点移动方式，将标注文字移至尺寸线外侧。

step 08 单击“连续”按钮，标注第一排尺寸，如图 11-20 所示。

step 09 单击鼠标右键选择标注文字 4420，然后在弹出的快捷菜单中选择“快捷特性”命令，打开特性面板，在“文字替代”栏内输入 17×260=<>，如图 11-21 所示。

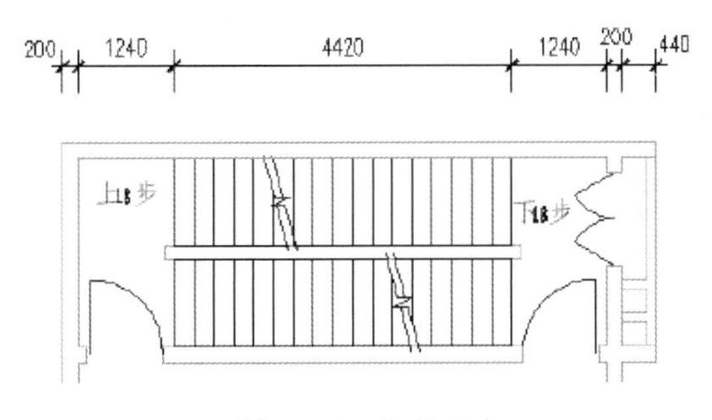

图 11-20　标注尺寸

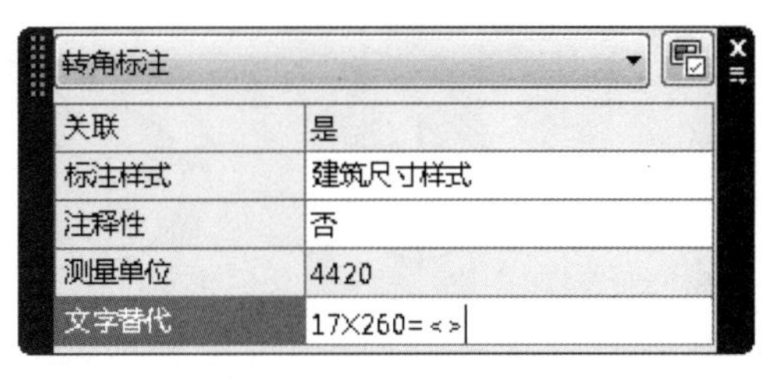

图 11-21　“特性”对话框形态

step 10 单击“基线”按钮，选择左端尺寸为基准标注，标注基线尺寸。

step 11 标注其他方向上的尺寸。

11.3　对齐标注、角度标注和半径标注

在工程制图中，经常要对斜面或斜线进行尺寸标注，此时即可使用对齐标注方式。对齐标注的尺寸线平行于倾斜的标注对象，如图 11-22 所示，点 *1* 表示对象的选择点，点 *2* 表示对齐标注的位置。

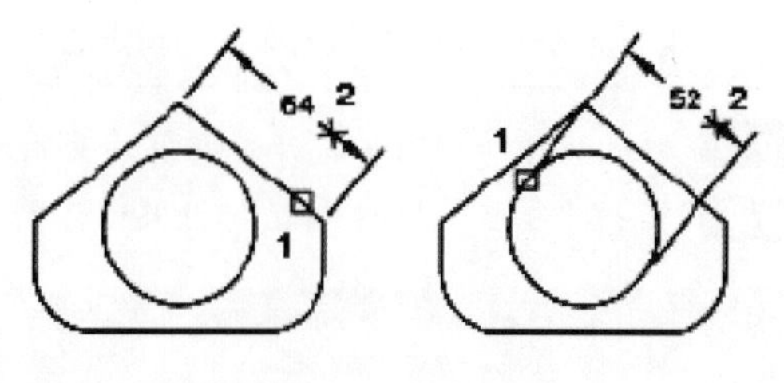

图 11-22　对齐标注

角度标注可以测量圆、圆弧的角度，两条直线或 3 个点之间的角度，如图 11-23 所示。

角度标注可以根据标注放置的位置来确定所标注的角度是内角还是外角。

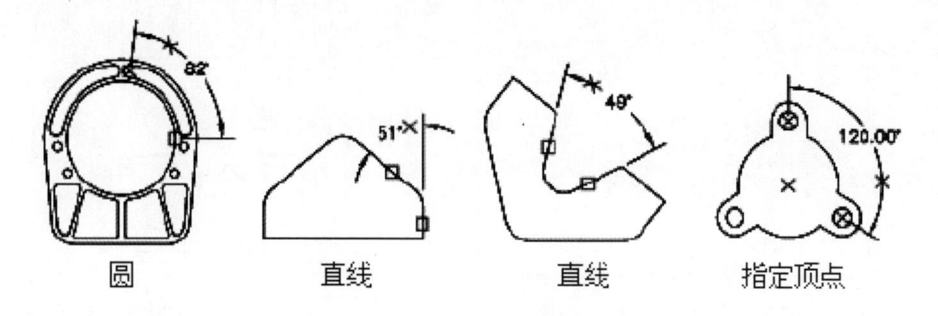

图 11-23　角度标注

径向标注是工程制图中另一种比较常见的尺寸，包括半径标注和直径标注，如图 11-24 和图 11-25 所示。

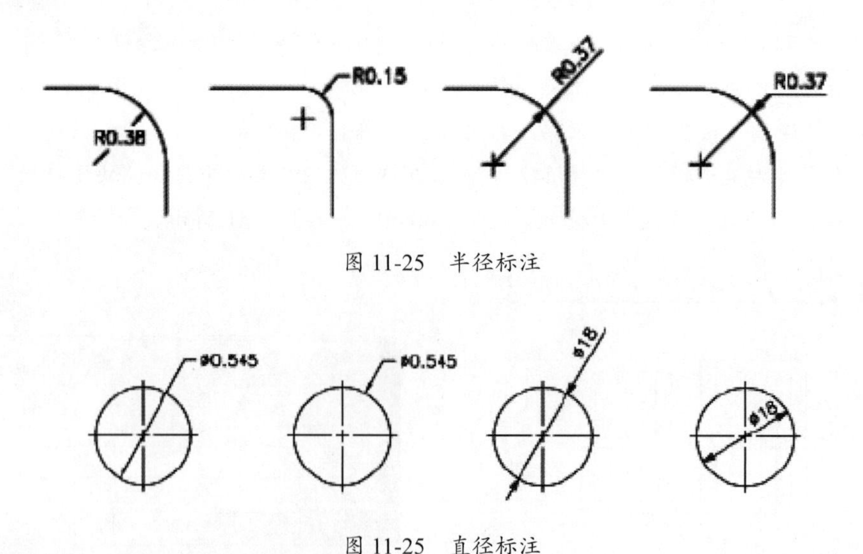

图 11-25　半径标注

图 11-25　直径标注

动手操练——标注安全抓杆侧立面图

标注安全抓杆侧立面图，结果如图 11-26 所示。

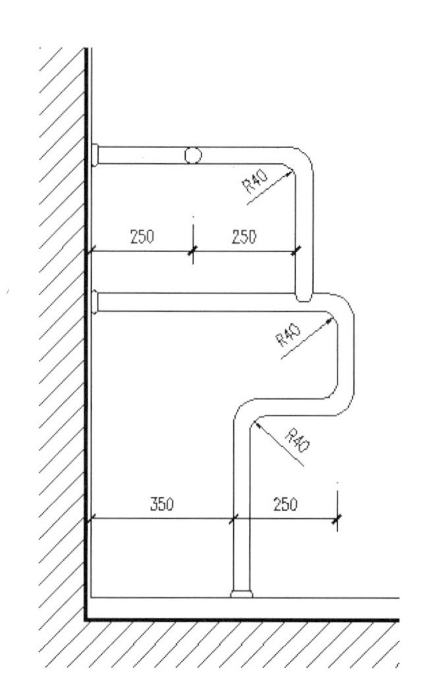

图 11-26　安全抓杆侧立面图

step 01 打开素材文件“安全抓杆 .DWG”，开启极轴、对象捕捉和对象追踪，设置捕捉方式为端点、最近点捕捉。

step 02 新建“标注”层，将其置为当前层。

step 03 单击“标注样式”按钮，打开“标注样式管理器”对话框，将“建筑尺寸样式”置为当前样式，并设置“使用全局比例”为 10。

step 04 返回“标注样式管理器”对话框，在出现的“创建新标注样式”对话框中打开“用于”下拉列表，选择其中的“半径标注”选项，如图 11-27 所示。

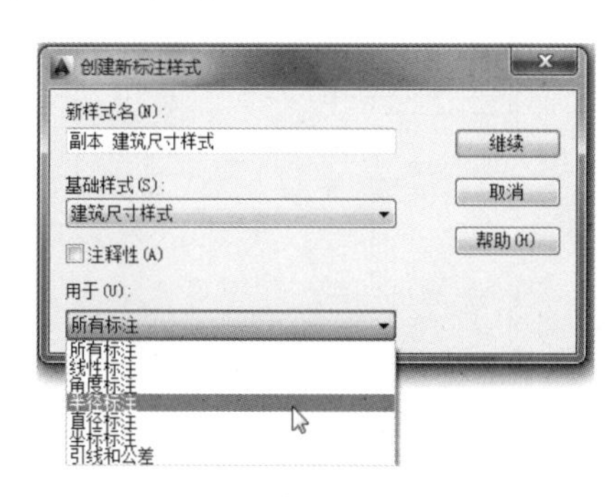

图 11-27　半径标注的位置

技巧点拨：

此下拉列表中的标注子样式从属于“基础样式”。通常子样式都是相对某一具体的尺寸标注类型而言的，即子样式仅适用于某一种尺寸标注类型。设置标注子样式后，当标注某一类型尺寸时，AutoCAD 先搜索其下是否有与该类型相对应的子样式。如果有，AutoCAD 将按照该子样式中设置的模式来标注尺寸；若没有，AutoCAD 将按“基础样式”中的模式来标注尺寸。

step 05 单击“继续”按钮，在“创建新标注样式”对话框中设置参数，如图 11-28 所示。

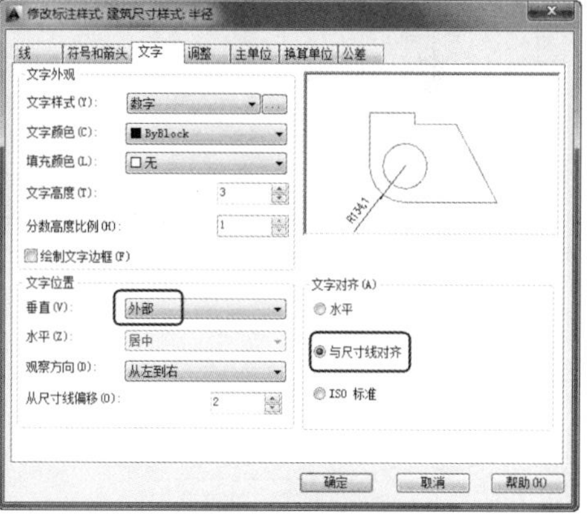

图 11-28　设置标注样式

step 06 依次单击“确定”按钮和“关闭”按钮，关闭“标注样式管理器”对话框。

step 07 单击“线性”按钮，标注尺寸，结果如图 11-29 所示。

```
命令：_dimlinear
```

```
指定第一条尺寸界线原点或 <选择对象>:                      //在A点附近单击
指定第二条尺寸界线原点: _cen 于                          //捕捉圆心B
指定尺寸线位置或[多行文字(M)/文字(T)/角度(A)/水平(H)/垂直(V)/旋转(R)]:
                                                        //向下移动鼠标指定尺寸线位置
命令: _dimcontinue                                      //连续标注
指定第二条尺寸界线原点或 [放弃(U)/选择(S)] <选择>:        //捕捉端点C
```

step 08 利用关键点编辑方式调整尺寸线的位置，如图 11-30 所示。

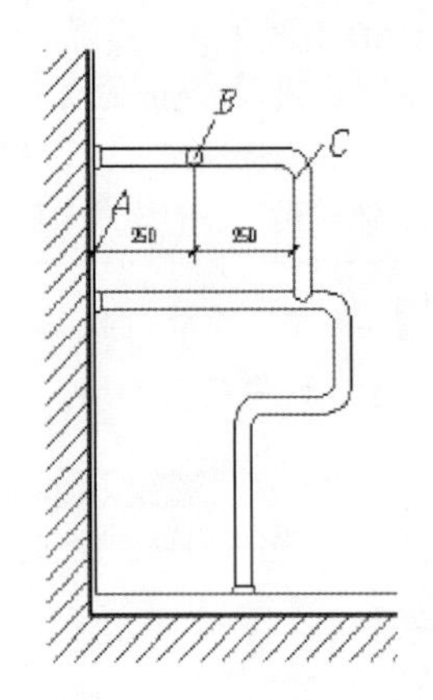

图 11-29　线性标注结果

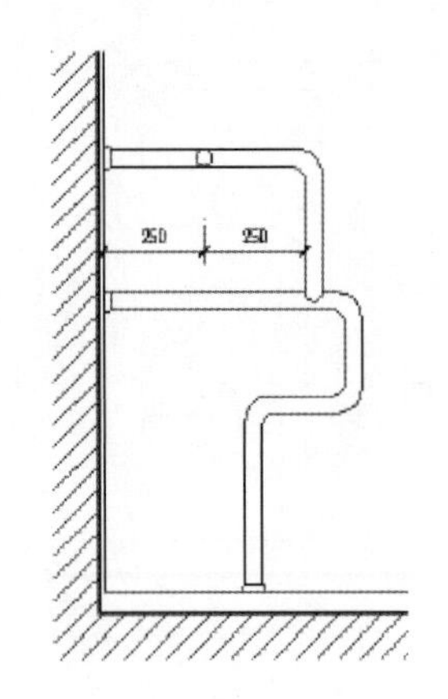

图 11-30　调整尺寸线位置

step 09 利用“线性”标注和“连续”标注，标注如图 11-31 所示的尺寸。

step 10 单击“半径”按钮，标注圆弧半径，结果如图 11-32 所示。

```
命令: _dimradius
选择圆弧或圆:                                            //选择圆弧D
标注文字 = 40
指定尺寸线位置或 [多行文字(M)/文字(T)/角度(A)]:            //指定位置
命令:DIMRADIUS                                          //重复命令
选择圆弧或圆:                                            //选择圆弧E
标注文字 = 40
指定尺寸线位置或 [多行文字(M)/文字(T)/角度(A)]:            //指定位置
命令:DIMRADIUS                                          //重复命令
选择圆弧或圆:                                            //选择圆弧F
标注文字 = 40
指定尺寸线位置或 [多行文字(M)/文字(T)/角度(A)]:            //指定位置
```

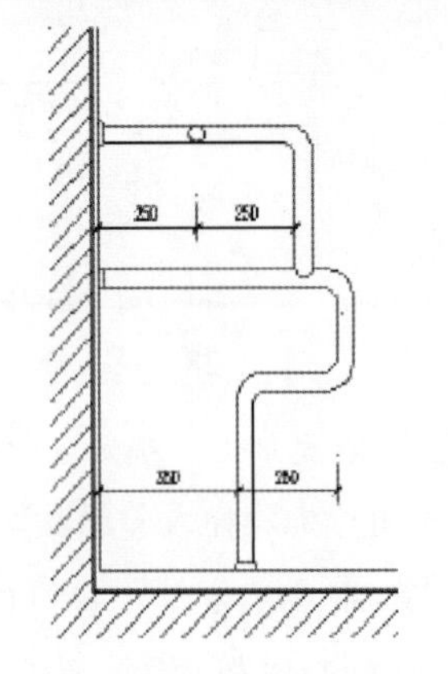

图 11-31　标注线性尺寸

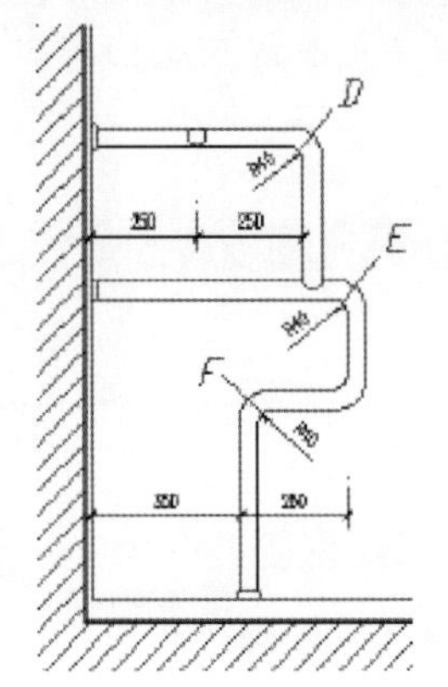

图 11-32　标注半径

动手操练——标注大厅天花剖面图

利用对齐标注、半径标注和角度标注的方法标注天花剖面图，结果如图 11-33 所示。

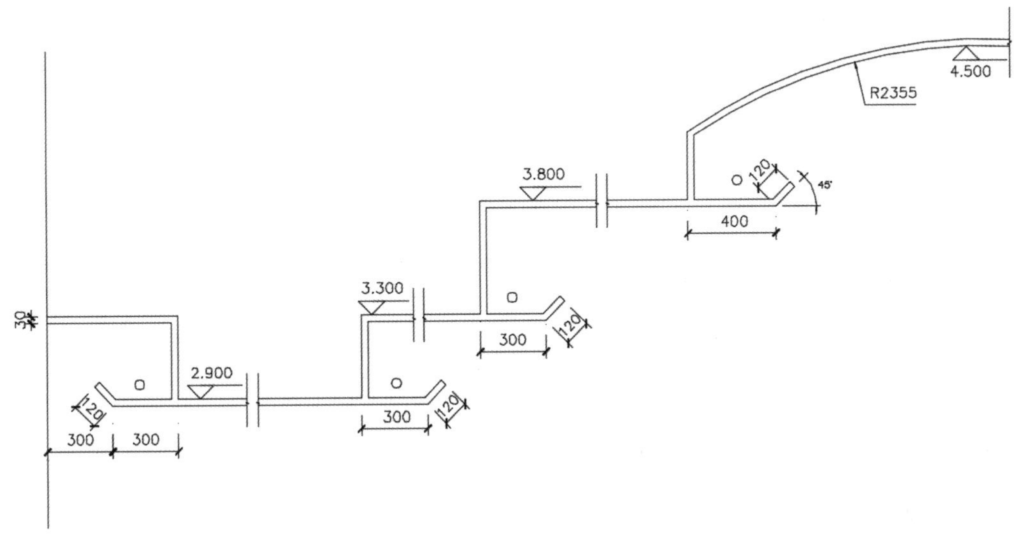

图 11-33　大厅天花剖面图尺寸

step 01 打开素材文件“大厅天花 .dwg”。

step 02 单击“标注样式”按钮，在“标注样式管理器”对话框中将“建筑尺寸样式”置为当前样式。

step 03 单击“新建”按钮，在“创建新标注样式”对话框的“用于”下拉列表中选择“角度标注”。

step 04 单击“继续”按钮，在“创建新标注样式”对话框中设置如图 11-34 所示的标注样式。

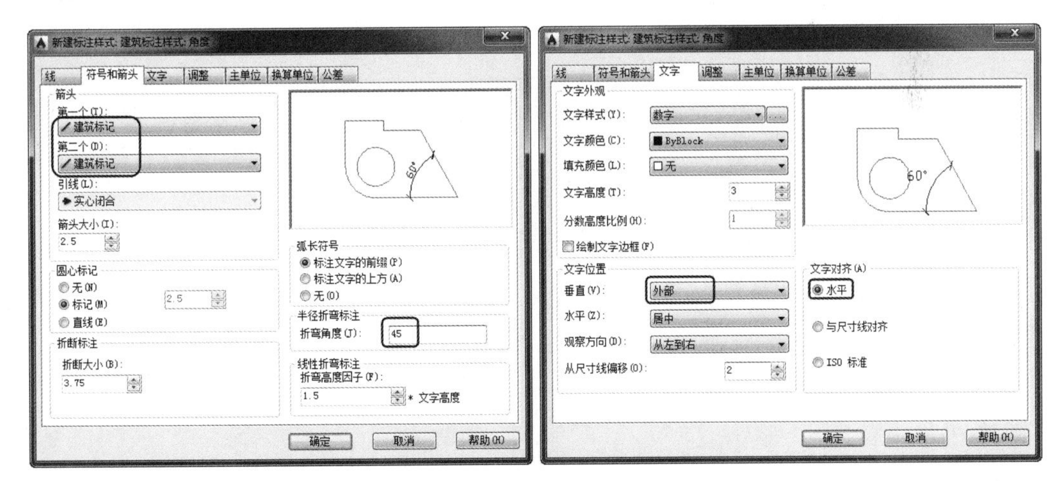

图 11-34　设置角度标注样式

step 05 完成设置后单击“确定”按钮返回“标注样式管理器”对话框，并按相同的操作新建“半径”标注样式。新建的半径标注样式设置，如图 11-35 所示。

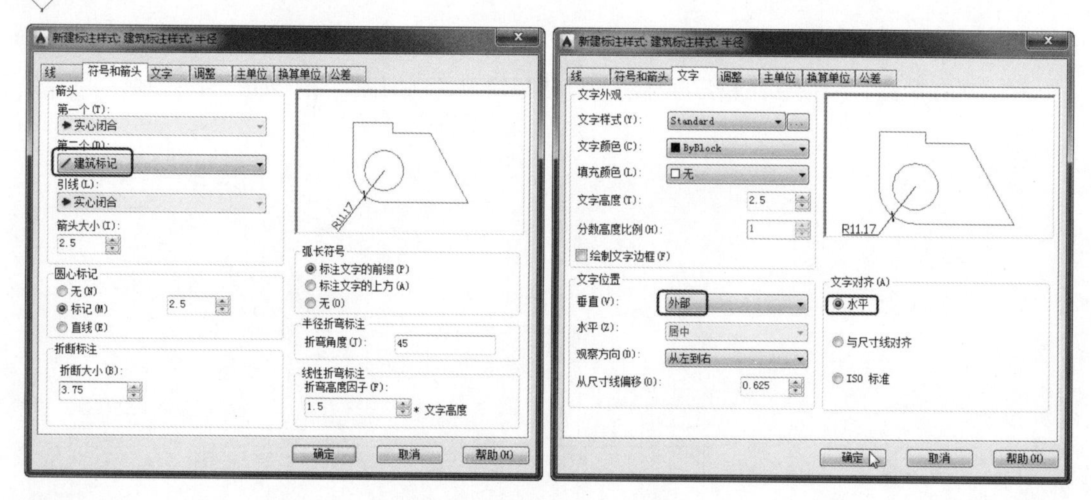

图 11-35　设置半径标注样式

step 06 完成设置后关闭“标注样式管理器”对话框。

step 07 将“标注”层设为当前层。

step 08 单击“对齐”按钮，分别捕捉图形左下角的 *A* 和 *B* 两个端点，标注尺寸，并利用关键点编辑方式调整标注文字的位置，结果如图 11-36 所示。

step 09 利用相同方法标出其他倾斜位置的尺寸，如图 11-37 所示。

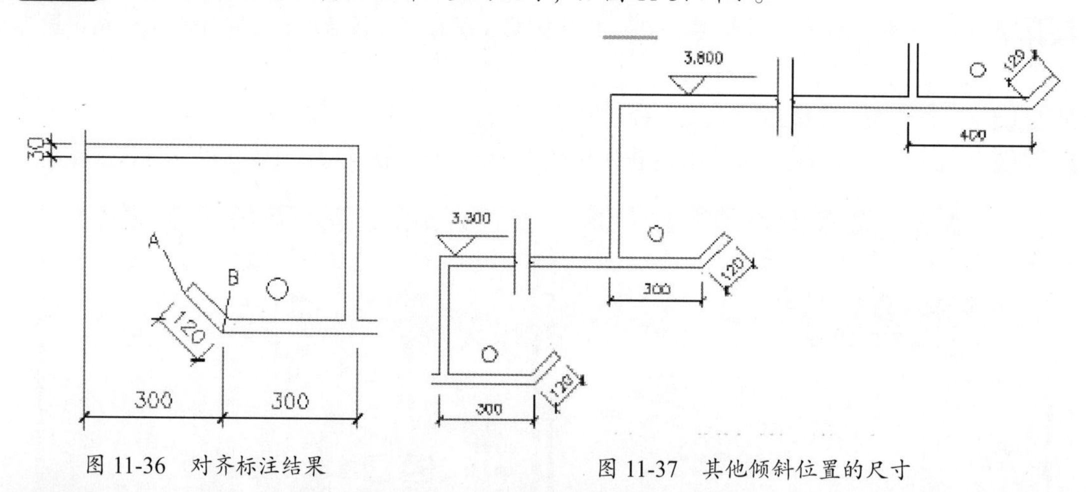

图 11-36　对齐标注结果　　　　图 11-37　其他倾斜位置的尺寸

step 10 单击“角度”按钮，标注如图 11-38 所示的角度尺寸。

```
命令: _dimangular
选择圆弧、圆、直线或 <指定顶点>:                    // 选择线段 C
选择第二条直线: // 选择线段 D
指定标注弧线位置或 [多行文字 (M)/文字 (T)/角度 (A)]:   // 在适当位置单击
标注文字 =45
```

step 11 单击“半径”按钮，选择右边内侧圆弧，标注结果如图 11-39 所示。

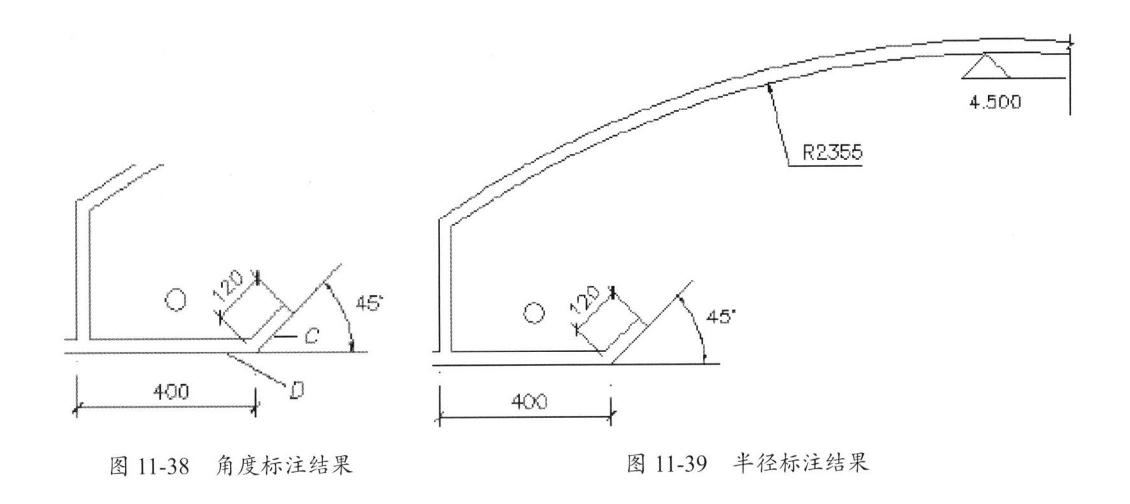

图 11-38　角度标注结果　　　　图 11-39　半径标注结果

11.4　引线标注

引线标注可以创建带有一个或多个引线的文字。引线与多行文字对象相关联，因此在重定位文字对象时，引线会相应被拉伸。

动手操练——标注通信塔剖面详图

利用引线标注说明通信塔剖面详图，结果如图 11-40 所示。

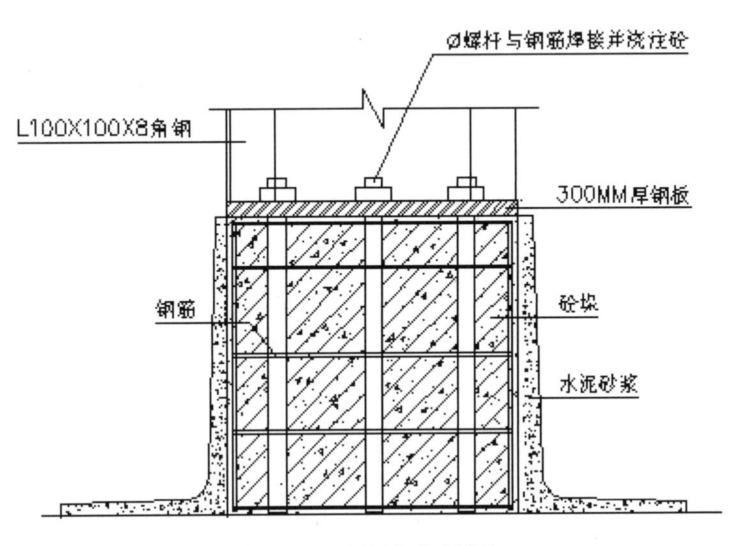

图 11-40　通信塔剖面详图

step 01 打开素材文件“通信塔 .DWG”。

step 02 单击“标注样式”按钮，在“标注样式管理器”对话框中将“建筑尺寸样式”置为当前样式。

step 03 单击“替代”按钮，打开“替代当前样式”对话框，在“文字”选项卡中进行设置，如图 11-41 所示。

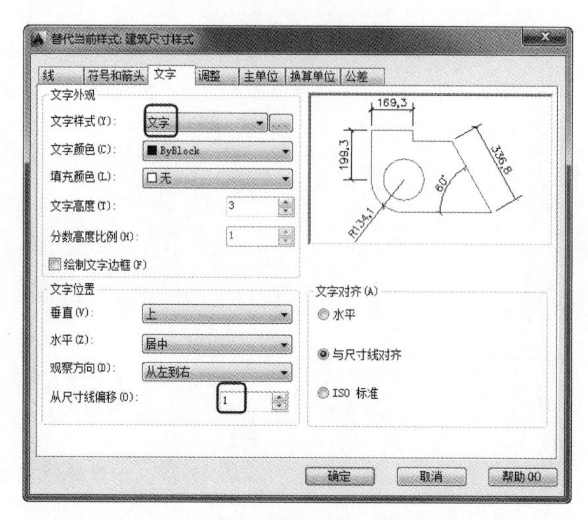

图 11-41 “替代当前样式”对话框

step 04 依次单击“确定”按钮和“关闭”按钮，关闭“标注样式管理器”对话框。

step 05 在命令行输入 _qleade，绘制引线标注。

```
命令： _qleader
指定第一个引线点或 [ 设置 (S)] < 设置 >:                    // 按 Enter 键
```

step 06 此时弹出“引线设置”对话框，在“引线和箭头”选项卡中将“箭头”设置为“无”，在“附着”选项卡中选中“最后一行加下画线”选项，如图 11-42 所示，然后单击“确定”按钮。

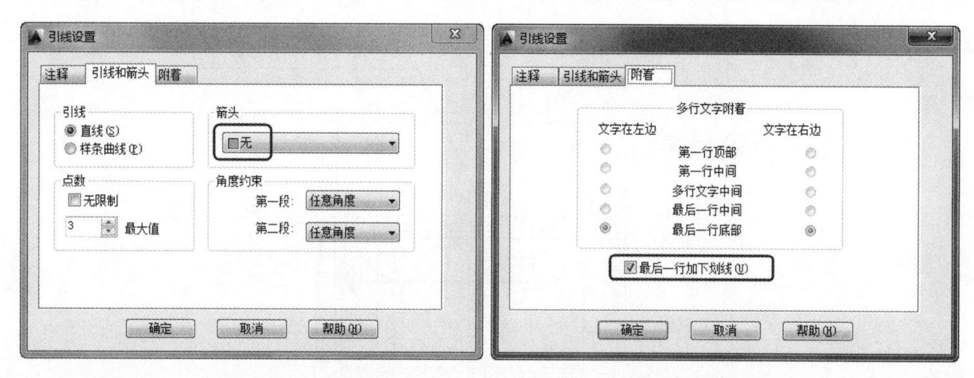

图 11-42 “引线和箭头”及“附着”选项卡中的设置

```
指定第一个引线点或 [ 设置 (S)] < 设置 >:                    // 在 A 点处单击
指定下一点 :                                              // 在 B 点处单击
指定下一点 :                                              // 按 Enter 键
指定文字宽度 <0>:                                         // 按 Enter 键
输入注释文字的第一行 < 多行文字 (M)>: %%C 螺杆与钢盘焊接并浇注砼     // 输入标注文字
输入注释文字的下一行 :                                     // 按 Enter 键
```

step 07 标注结果如图 11-43 所示。

step 08 双击标注文字，在打开的多行文字修改器窗口中选择“%%C”，将其字体修改为 Romantic，单击“确定”按钮，修改结果如图 11-44 所示。

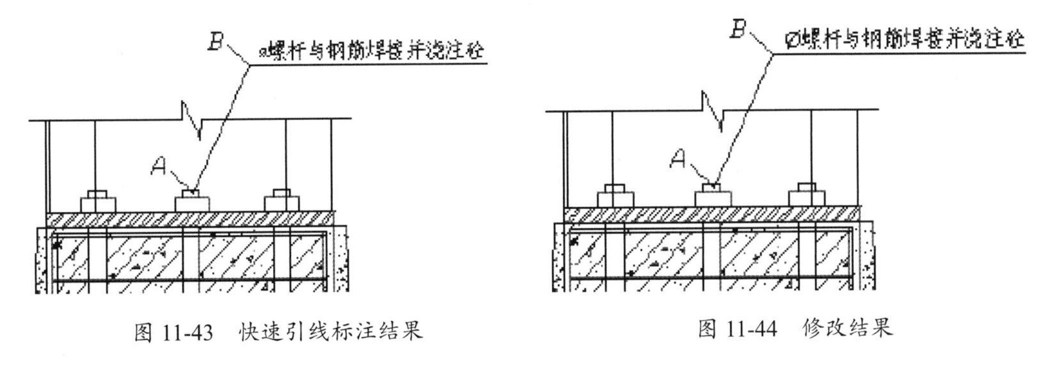

图 11-43　快速引线标注结果　　　　图 11-44　修改结果

step 09 重复命令，标注其他位置的引线，如图 11-45 所示。

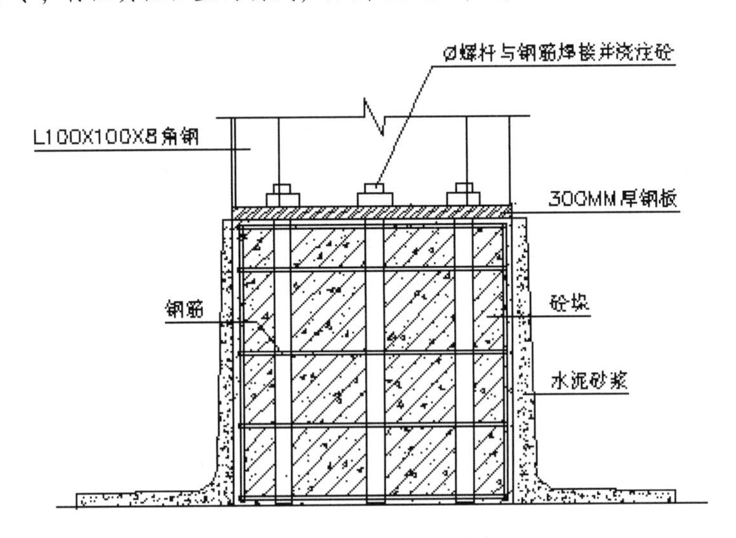

图 11-45　标注好的引线

动手操练——标注钢架组合安装图

利用快速引线标注方法标注如图 11-46 所示的钢架组合安装图。

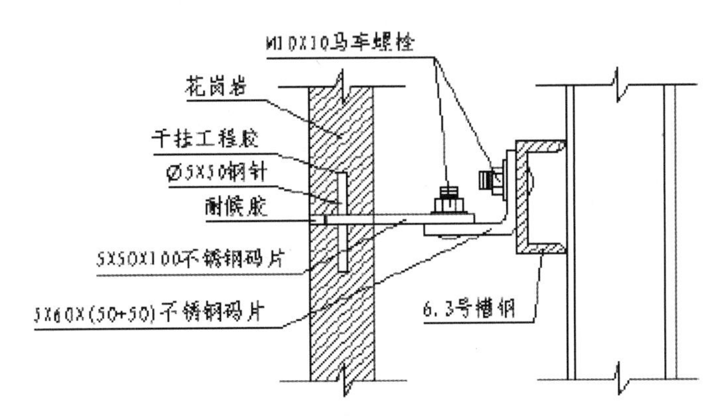

图 11-46　钢架组合安装图

step 01 打开素材文件“钢架组合.DWG”，将“建筑尺寸样式”置为当前样式，并创建“样式替代”，设置“文字样式”为“文字”。

step 02 在命令行输入“_qleade”，在弹出“引线设置”对话框中进行如图 11-47 所示的设置。

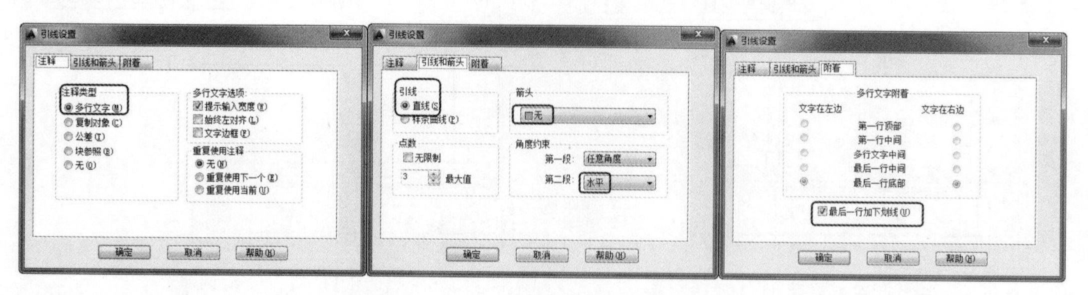

图 11-47 “引线设置”对话框

step 03 绘制引线，结果如图 11-48 所示。

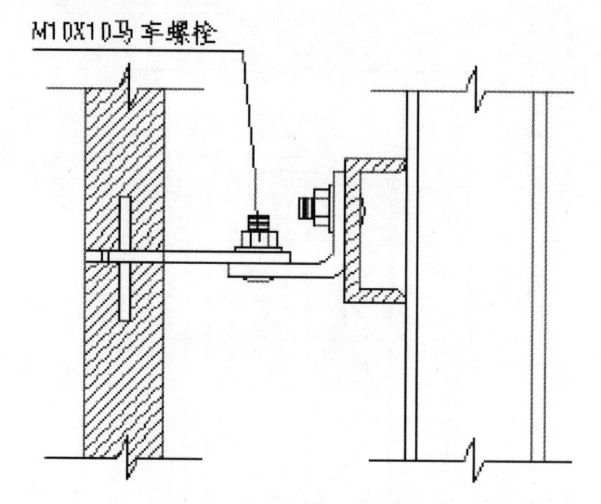

图 11-48 绘制引线

step 04 关闭对象捕捉，选择引线底部的关键点，位置如图 11-49 左图所示，单击鼠标右键，在弹出的快捷菜单中选择“复制”，将其复制到如图 11-49 右图所示的位置上。

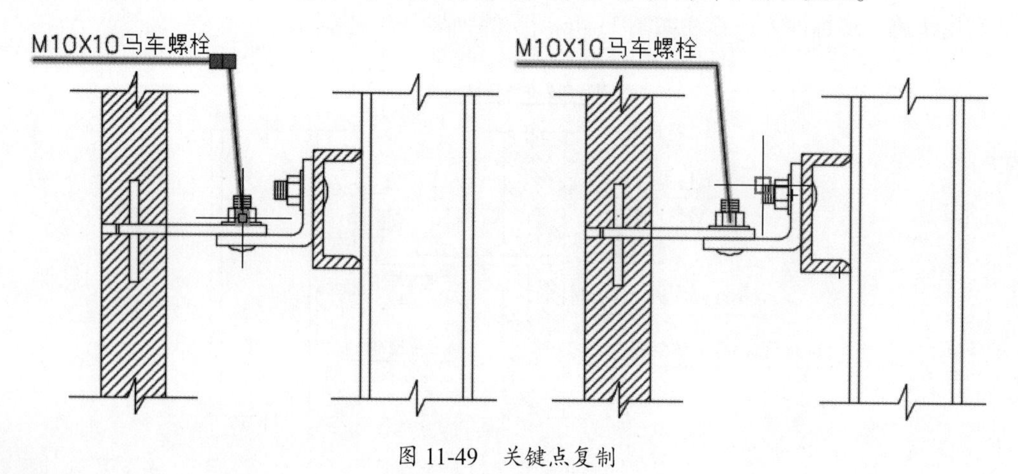

图 11-49 关键点复制

step 05 绘制其他位置的引线标注，如图 11-50 所示。

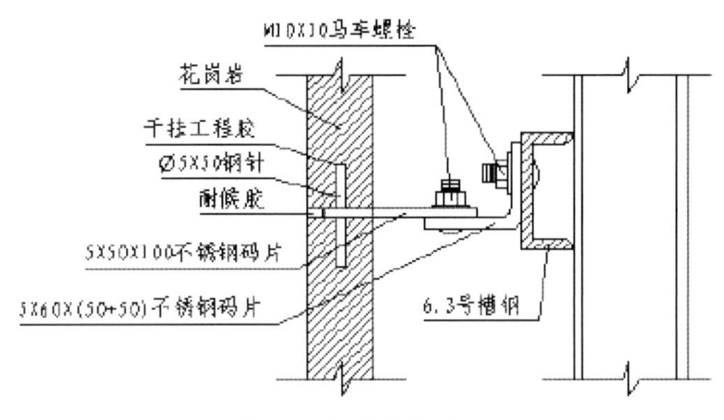

图 11-50 绘制完成的引线

11.5 建筑图中的特殊标注

在建筑图中有一些特殊标注，如轴网号、标高符号、管线型号等，有些需要直接输入，而有些则可以将其创建成块，然后利用块属性功能来绘制，本节将练习使用建筑图中特殊标注的注写方法。

动手操练——标注喷淋管路安装大样图

利用单行文字及复制命令标注喷淋管路安装大样图，结果如图 11-51 所示。

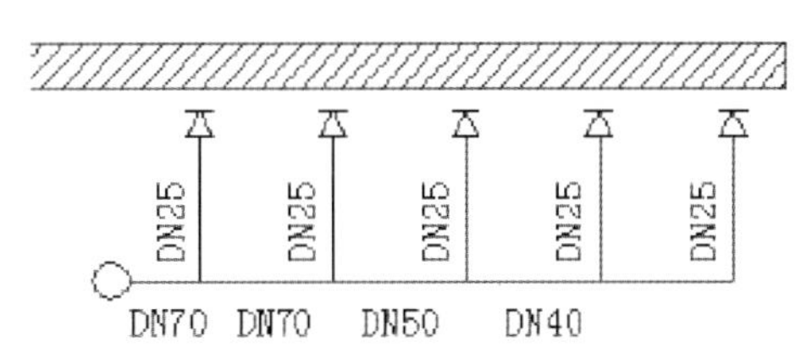

图 11-51　喷淋管路安装大样图

step 01 打开素材文件“喷淋管路 .DWG”。

step 02 在菜单栏中选择“绘图”｜“文字”｜“单行文字”命令，书写单行文字。

```
命令： _dtext
当前文字样式： Standard 当前文字高度： 3.5000
指定文字的起点或 [ 对正 (J)/ 样式 (S)]:               // 在 A 点处单击，确定文字起点
指定高度 <3.5000>: 3                                  // 指定文字高度
指定文字的旋转角度 <0>: 90                            // 设置旋转角度
输入文字： DN25                                       // 输入文字
```

step 03 结果如图 11-52 所示。

step 04 重复命令，在如图 11-53 所示的位置上书写文字。

```
命令 :TEXT
当前文字样式： Standard 当前文字高度： 3.0000
指定文字的起点或 [ 对正 (J)/ 样式 (S)]:               // 在图形左下角单击
指定高度 <3.0000>:                                    // 按 Enter 键
指定文字的旋转角度 <90>: 0                            // 指定旋转角度
输入文字： DN70                                       // 输入文字
```

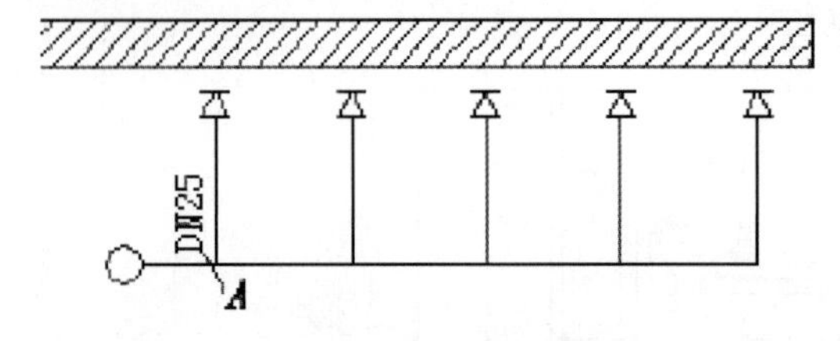

图 11-52 书写文字

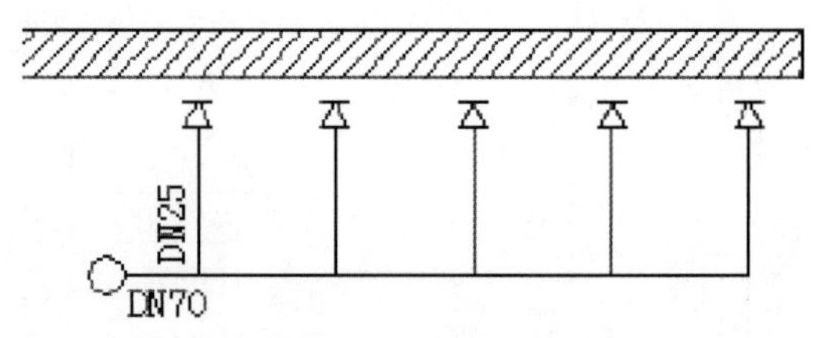

图 11-53 输入文字

step 05 打开对象捕捉，设置端点捕捉。

step 06 单击“复制”按钮，选择文字“DN25”，以如图 11-54 所示的端点为基点进行复制，结果如图 11-55 所示。

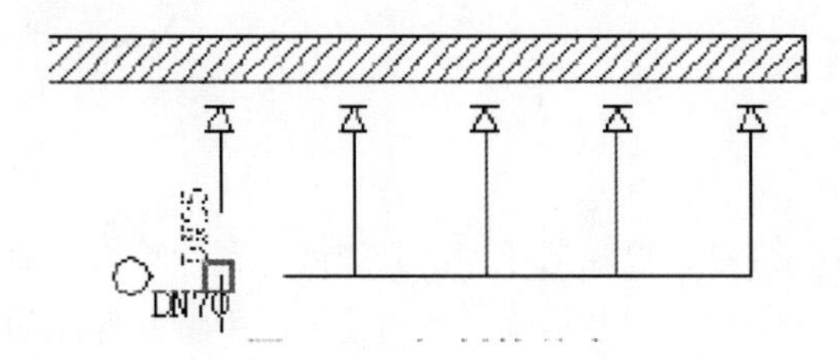

图 11-54 复制的基点

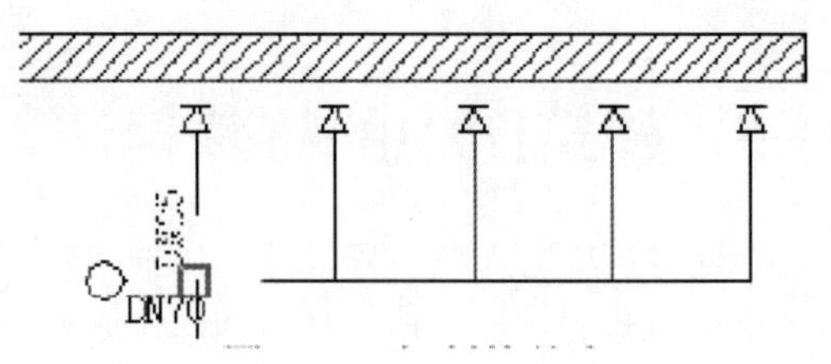

图 11-55 复制结果

step 07 重复命令，复制水平方向的文字，结果如图 11-56 所示。

技巧点拨：

复制水平方向的文字时，可关闭对象捕捉，打开正交工具。

step 08 双击左起第三列的文字“DN70”，将其改为“DN50”，如图 11-57 所示。

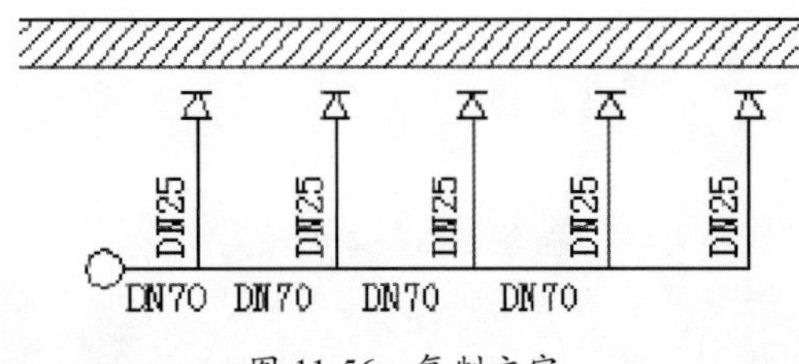

图 11-56 复制文字

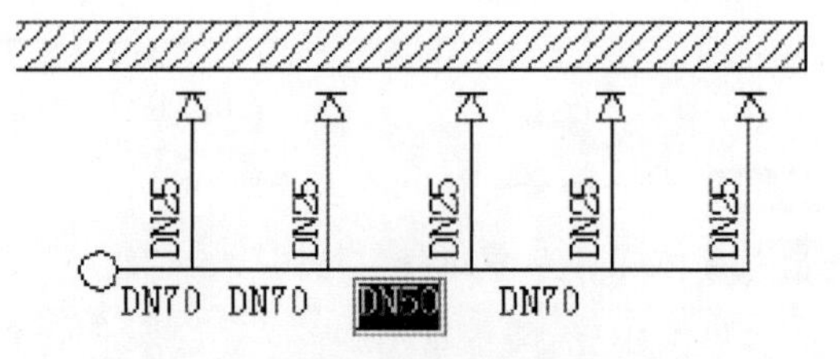

图 11-57 修改文字

step 09 利用相同的方法，将最后一列的文字修改为“DN40”，如图 11-58 所示。

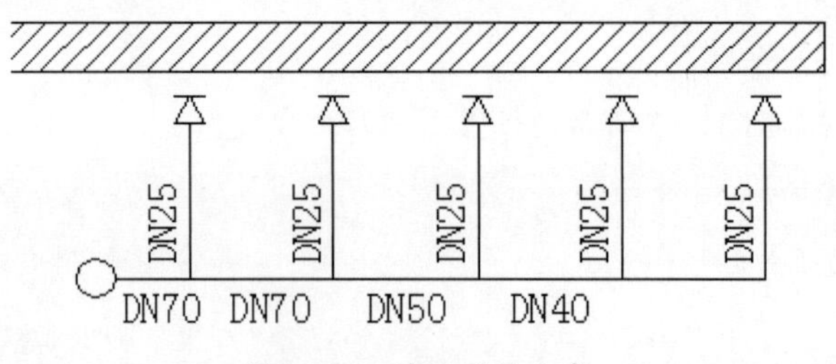

图 11-58 修改后的文字

动手操练——标注天桥平面布置图轴网号和标高

利用块属性功能绘制天桥平面布置图的轴网号和标高，结果如图 11-59 所示。

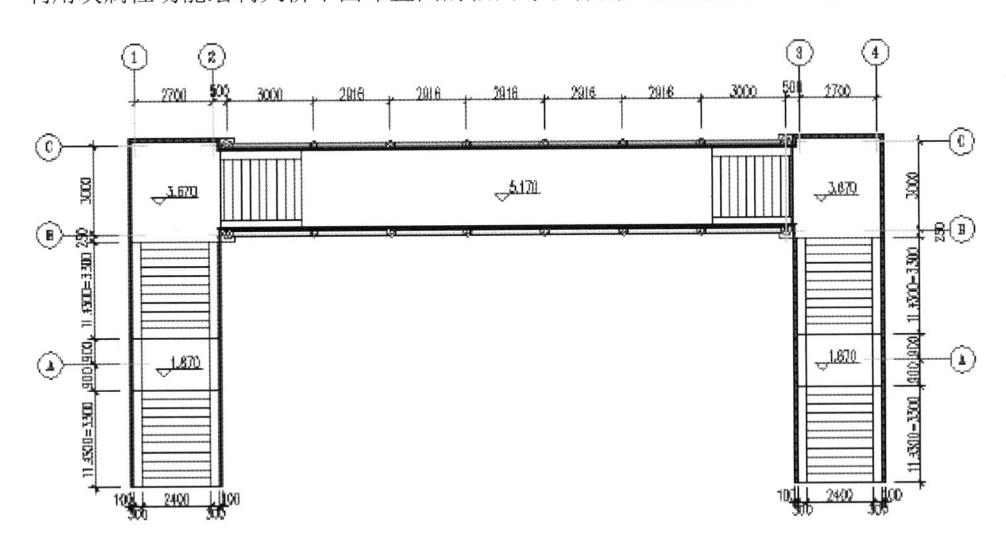

图 11-59　天桥平面布置图轴网号和标高

打开本例素材文件“天桥 .DWG”。

step 01 在菜单栏中选择“格式”|“文字样式”命令，创建一个新的文字样式，命名为“字母”，字体为“romanc.shx”，“宽度比例”值为 0.7。

step 02 单击“圆”按钮，在空白处绘制一个半径为 450 的圆。

step 03 单击“直线”按钮，捕捉圆的第三象限点，向下绘制一条长 900 的垂直线段。

step 04 在菜单栏中选择“绘图”|“块”|“定义属性”命令，出现“属性定义”对话框，在此对话框中输入各项数值，如图 11-60 所示。

step 05 单击“确定”按钮，捕捉圆心，作为数字的插入点。此时块属性定义成功，文字位置如图 11-61 所示。

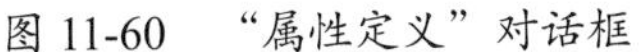
图 11-60　“属性定义”对话框

图 11-61　文字在圆内的位置

step 06 单击“创建块”按钮，出现“块定义”对话框。单击“对象”分组框内的“选择对象”按钮，选择如图 11-61 所示的图形，选中“对象”|“删除”选项，然后单击“基点”分组框

内的“拾取点”按钮，选择垂直线段的端点，如图 11-62 所示。

step 07 将图块命名为“横向轴号”，单击“确定”按钮，关闭“块定义”对话框。

step 08 单击“插入块”按钮，在弹出的“插入”对话框的“名称”下拉列表中选择“横向轴号”选项，单击“确定”按钮，插入图块。

```
命令： _insert
指定插入点或 [基点(B)/比例(S)/X/Y/Z/旋转(R)/预览比例(PS)/PX/PY/PZ/预览旋转(PR)]: //选择端点 A
输入属性值
输入横向轴号 <1>: 1 //输入轴号
```

step 09 此时轴号 1 的位置，如图 11-63 所示。

图 11-62 选择图块的插入点

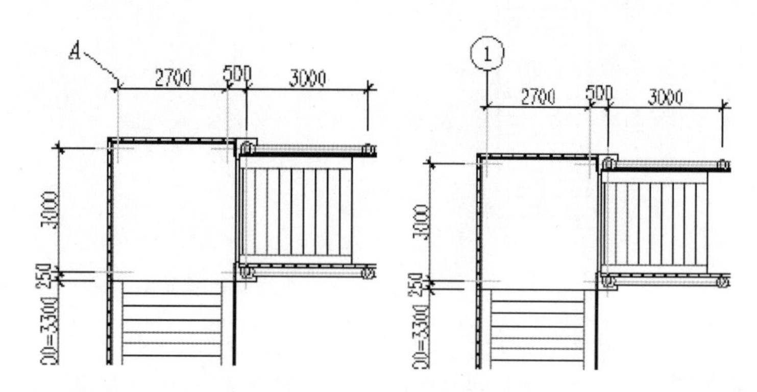

图 11-63 轴号的插入点及结果

step 10 利用相同的方法为其他横向轴线标注轴号，并在命令行的提示下输入轴的编号。

step 11 创建一个“纵向轴号 _ 左”图块，右侧端点为插入点，并定义块属性，如图 11-64 所示。

step 12 创建“纵向轴号 _ 右”，并定义块属性，然后为各轴线编号。

step 13 利用直线命令和镜像命令绘制如图 11-65 所示的左边图形，然后再删除中间的垂线，形成右边的图形。

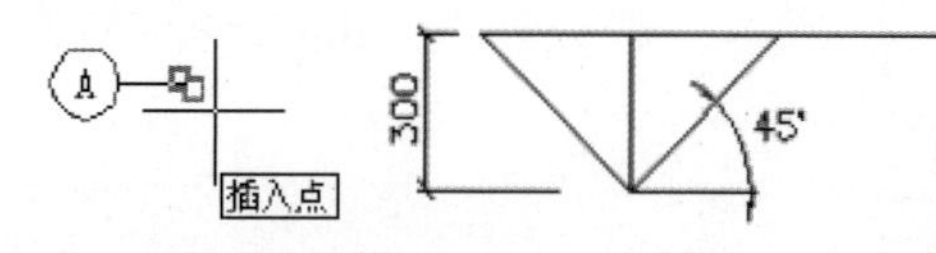

图 11-64 “纵向轴号”图块形态及插入点

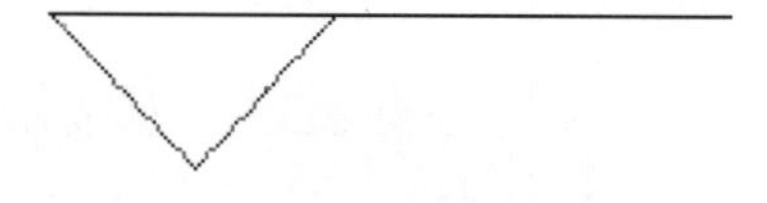

图 11-65 绘制标高符号

step 14 在菜单栏中选择“绘图” | “块” | “定义属性”命令，出现“属性定义”对话框，在此对话框中按照如图 11-66 所示进行设置，其中 *C* 为字母插入点。

step 15 把标高符号创建成块，命名为“标高符号”，插入点为下端端点。

step 16 单击“插入块”按钮，在出现的“插入”对话框的“名称”下拉列表中选择“标高符号”选项，单击“确定”按钮插入标高符号。

```
命令： _insert
指定插入点或 [基点(B)/比例(S)/X/Y/Z/旋转(R)/预览比例(PS)/PX/PY/PZ/预览旋转(PR)]:                    //指定插入点
输入属性值
输入标高值 <0.000>: 3.670                   //输入标高值
```

step 17 此时插入的标高值形态，如图 11-67 所示。

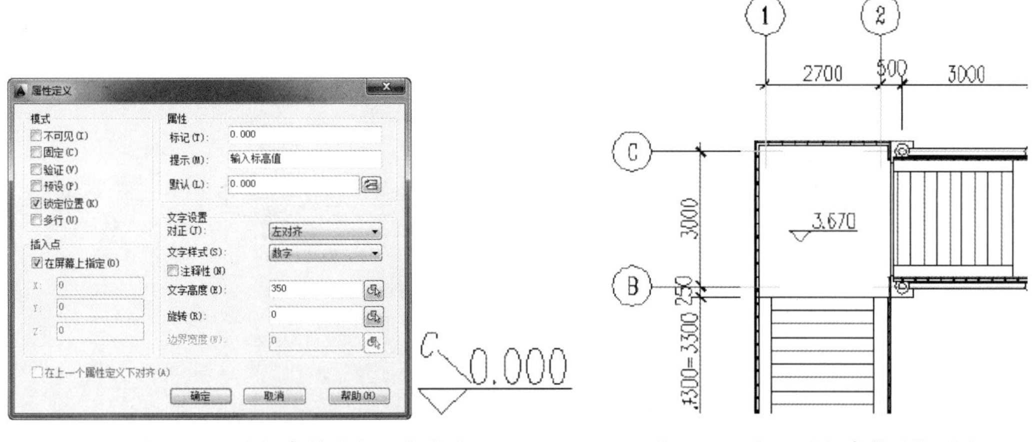

图 11-66　为标高符号定义块属性　　　　图 11-67　插入“标高符号”图块

step 18 利用相同的方法在平面图的不同位置插入标高符号，并根据命令行提示输入不同的标高值。

提示：

如果某个图块带有属性，那么在插入该图块时，可根据自行设置的图块提示为图块设置不同的文本信息。对于经常要用到的图块来说，定义块属性尤为重要，同一根轴线上其两端的轴线号必须相同。

11.6　综合案例：消防电梯间标注

在本例中，将对电梯间的尺寸进行标注，如图 11-68 所示，主要练习到 DIMSTYLED-IMLINEAR、QLEADER 等标注命令的使用方法。在进行尺寸标注前，应先设置标注格式。本例主要对尺寸线、尺寸箭头、标注文字等对象的格式进行设置；在标注对象时，主要对电梯间的过道尺寸、电梯间长、宽尺寸进行标注。

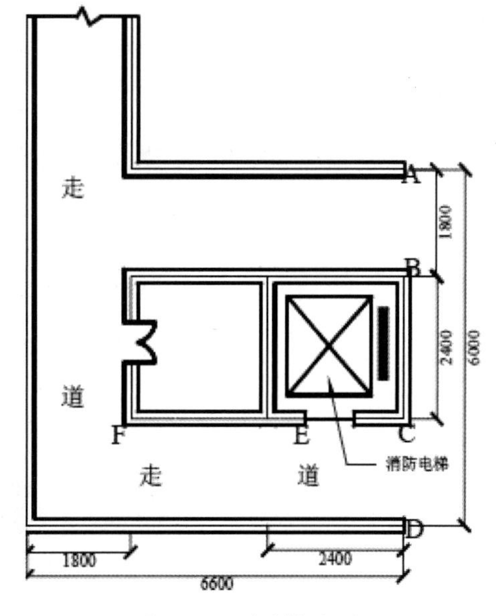

图 11-68　电梯间标注

step 01 打开素材文件“消防电梯间 .dwg”。

step 02 在命令行中输入 DIMSTYLE 命令，打开“标注样式管理器”对话框，单击“新建”按钮，打开“创建新标注样式”对话框，如图 11-69 所示。

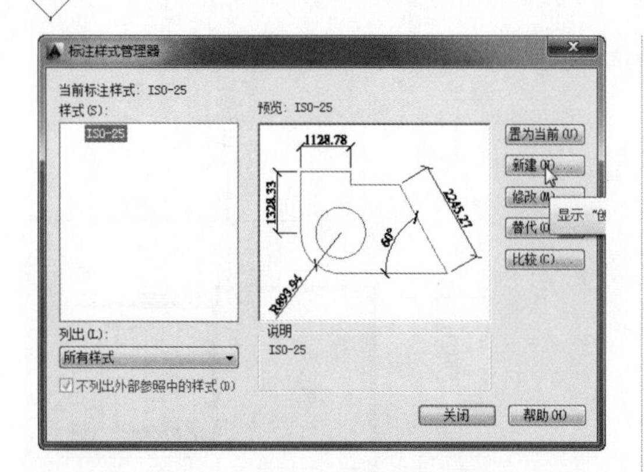

图 11-69 “标注样式管理器”对话框

step 03 在“创建新标注样式”对话框的“新样式名”文本框中输入“BZ”，单击“继续”按钮，如图 11-70 所示。

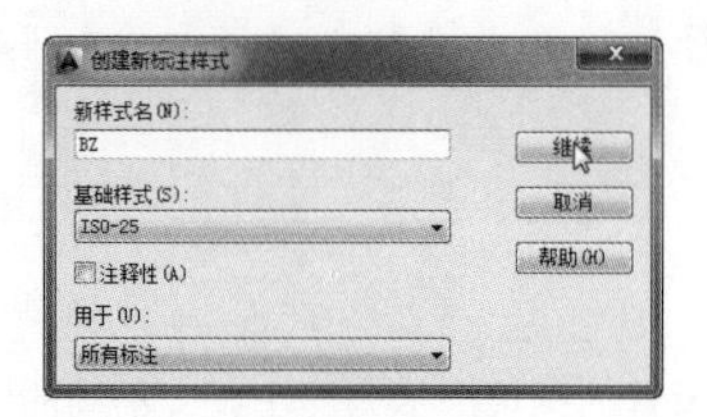

图 11-70 “创建新标注样式”对话框

step 04 打开“新标注样式”对话框，在该对话框中设置标注样式。

step 05 在“直线和箭头”选项卡中，设置标注线及箭头样式，在“箭头”栏中将箭头样式设置为“建筑标记”，在“箭头大小”文本框中输入 3，如图 11-71 所示。

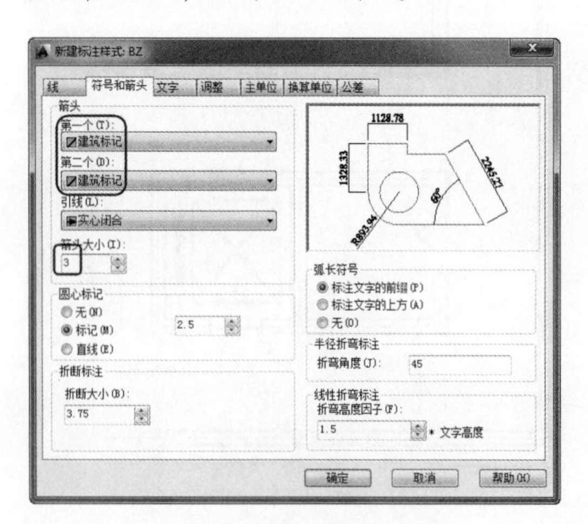

图 11-71 “直线和箭头”选项卡

step 06 在“文字”选项卡中，设置标注文本的样式，在“文字高度”文本框中输入 5，如图 11-72 所示。

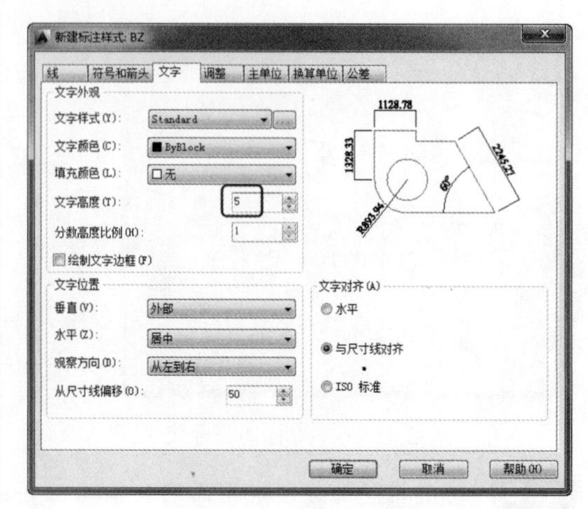

图 11-72 “文字”选项卡

step 07 在“调整”选项卡中，设置标注的调整选项，通常情况下采用默认设置即可，如图 11-73 所示。

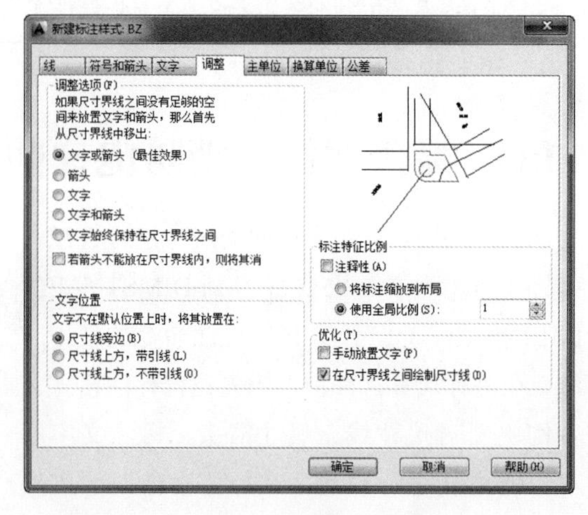

图 11-73 “调整”选项卡

step 08 在“主单位”选项卡中，设置标注的主单位样式，在“线性标注”栏的“单位格式”下拉列表中选择“小数”选项，在“精度”下拉列表中选择“0”选项，如图 11-74 所示。

step 09 完成设置后，单击“确定”按钮，返回“标注样式管理器”对话框。

step 10 单击“置为当前”按钮，当所设置的标注样式置为当前标注样式时，单击“关闭”按钮结束标注样式设置。

step 11 设置标注样式后，即可对电梯间进行标注，标注结果如图 11-75 所示。

图 11-74　“主单位”选项卡

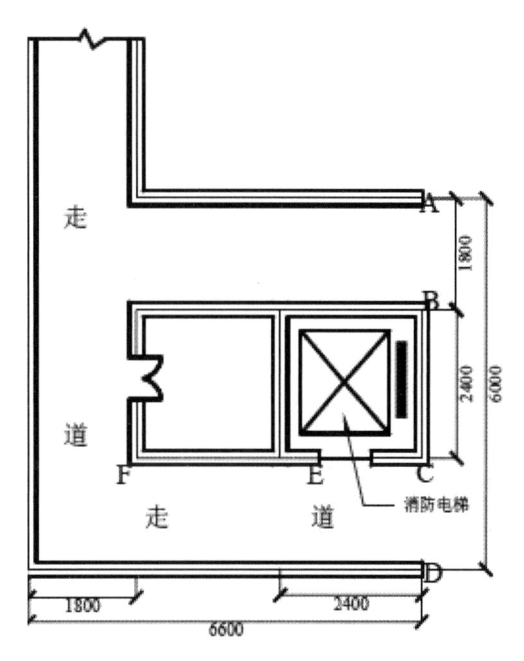

图 11-75　标注结果图

提示：

读者应注意，在标注前应先将所设置的标注样式置为“当前”，否则标注时还是以系统默认的标注样式进行标注的。

```
命令：DIMALIGNED                          // 激活 DIMALIGNED 命令标注 AB 间尺寸
指定第一条尺寸界线原点或 < 选择对象 >：按“F3”键启动
对象捕捉功能，拾取 A 点，如图 11-75 所示 .
// 启动捕捉功能，捕捉标注对象的第一点
指定第二条尺寸界线原点：拾取 B 点    // 捕捉标注对象的第二点
指定尺寸线位置或 [ 多行文字 (M) / 文字 (T) / 角度 (A) ]：            // 指定标注尺寸线的位置
标注文字 = 1800                                                      // 系统显示标注结果
命令：DIMALIGNED                          // 激活 DIMALIGNED 命令标注 BC 间尺寸
指定第一条尺寸界线原点或 < 选择对象 >：拾取 B 点                    // 捕捉标注对象的第一点
指定第二条尺寸界线原点：拾取 C 点                                    // 捕捉标注对象的第二点
指定尺寸线位置或 [ 多行文字 (M) / 文字 (T) / 角度 (A) ]：            // 指定标注尺寸线的位置
标注文字 = 2400 // 系统显示标注结果
命令：QLEADER                             // 激活 QLEADER 命令进行引线标注
指定第一个引线点或 [ 设置 (S) ] < 设置 >：拾取点        // 默认引线设置，指定第一个引线点
指定下一点：拾取点                        // 指定第二个引线点
指定下一点：拾取点                        // 指定第三个引线点
指定文字宽度 <0>：                        // 指定文字宽度
输入注释文字的第一行 < 多行文字 (M) >：消防电梯         // 输入引线标注文字
输入注释文字的下一行：                                  // 按 Enter 键结束引线标注
```

11.7 AutoCAD 认证考试习题集

一、单选题

1. 如果要标注倾斜直线的长度，应该选用下面哪个命令？

A. DIMLINEAR　　B. DIMALIGNED

C. DIMORDINATE　　D. QDIM

正确答案（　　）

2. 如果在一个线性标注数值前面添加直径符号，则执行哪个命令？

A. %%C　　B. %%O

C. %%D　　D. %%%

正确答案（　　）

3. 快速引线后不可以尾随的注释对象是哪个？

A. 公差　　B. 单行文字

C. 多行文字　　D. 复制对象

正确答案（　　）

4. 下面哪个命令用于测量，并标注被测对象之间的夹角？

A. DIMANGULAR　　B. ANGULAR

C. QUIM　　D. DIMRADIUS

正确答案（　　）

5. 下面哪个命令用于在图形中以第一尺寸线为基准标注图形尺寸？

A. DIMCONTINUS　　B. QLEADER

C. DIMBASELINE　　D. QDIM

正确答案（　　）

6. 快速标注的命令是什么？

A. DIM　　B. QLEADER

C. QDIMLINE　　D. QDIM

正确答案（　　）

7. 执行哪个命令，可以打开“标注样式管理器”对话框，在其中可对标注样式进行设置？

A. DIMSTYLE　　B. DIMDIAMETER

C. DIMRADIUS　　D. DIMLINEAR

正确答案（　　）

8. 哪个命令用于创建平行于所选对象或平行于两尺寸界线源点连线的直线型尺寸？

A. 线性标注　　B. 连续标注

C. 快速标注　　D. 对齐标注

正确答案（　　）

9. 使用“快速标注”命令标注圆或圆弧时，不能自动标注什么选项？

A. 直径　　B. 半径
C. 基线　　D. 圆心

正确答案（　　）

10．下列不属于基本标注类型的标注是哪个？

A. 线性标注　　B. 快速标注
C. 对齐标注　　D. 基线标注

正确答案（　　）

11．在“标注样式”对话框中，“文字”选项卡中的“分数高度比例”选项只有设置了什么选项后方才有效？

A. 公差　　B. 换算单位
C. 单位精度　　D. 使用全局比例

正确答案（　　）

12．所有尺寸标注公用一条尺寸界线的是哪一项？

A. 引线标注　　B. 连续标注
C. 基线标注　　D. 公差标注

正确答案（　　）

13．下列标注命令，哪个必须在已经进行了“线性标注”或“角度标注”的基础之上进行？

A. 快速标注　　B. 连续标注
C. 形位公差标注　　D. 对齐标注

正确答案（　　）

14．使用哪个命令可以同时标注出形位公差及其引线？

A. 公差　　B. 引线
C. 线性　　D. 折弯

正确答案（　　）

二、多选题

1．设置尺寸标注样式有以下哪几种方法？

A. 选择“格式”｜“标注样式”命令
B. 在命令行中输入 DDIM 命令后按 Enter 键
C. 单击“标注”工具栏上的“标注样式”按钮
D. 在命令行中输入 Style 命令后按 Enter 键

正确答案（　　）

2．对于“标注”｜“坐标”命令，以下正确的是哪一项？

A. 可以改变文字的角度　　B. 可以输入多行文字
C. 可以输入单行文字　　D. 可以一次性标注 X 坐标和 Y 坐标

正确答案（　　）

3．绘制一个线性尺寸标注，必须确保什么？

A. 确定尺寸线的位置　　B. 确定第二条尺寸界线的原点

C. 确定第一条尺寸界限的原点　　D. 确定箭头的方向

正确答案（　　）

4．在“标注样式”对话框的“圆心标记类型”选项中，所供用户选择的选项包含什么选项？

A. 标记　　B. 直线

C. 圆弧　　D. 无

正确答案（　　）

5．DIMLINEAR（线性标注）命令允许绘制哪个方向以及哪个方向的尺寸标注？

A. 垂直　　B. 对齐

C. 水平　　D. 圆弧

正确答案（　　）

11.8　课后练习

1．标注沙发背景墙面

使用 DIMALIGNED 命令根据前一个实例所设置的名为“BZ”的标注样式，对如图 11-76 所示的沙发背景墙面中百叶的长、宽尺寸进行尺寸标注。

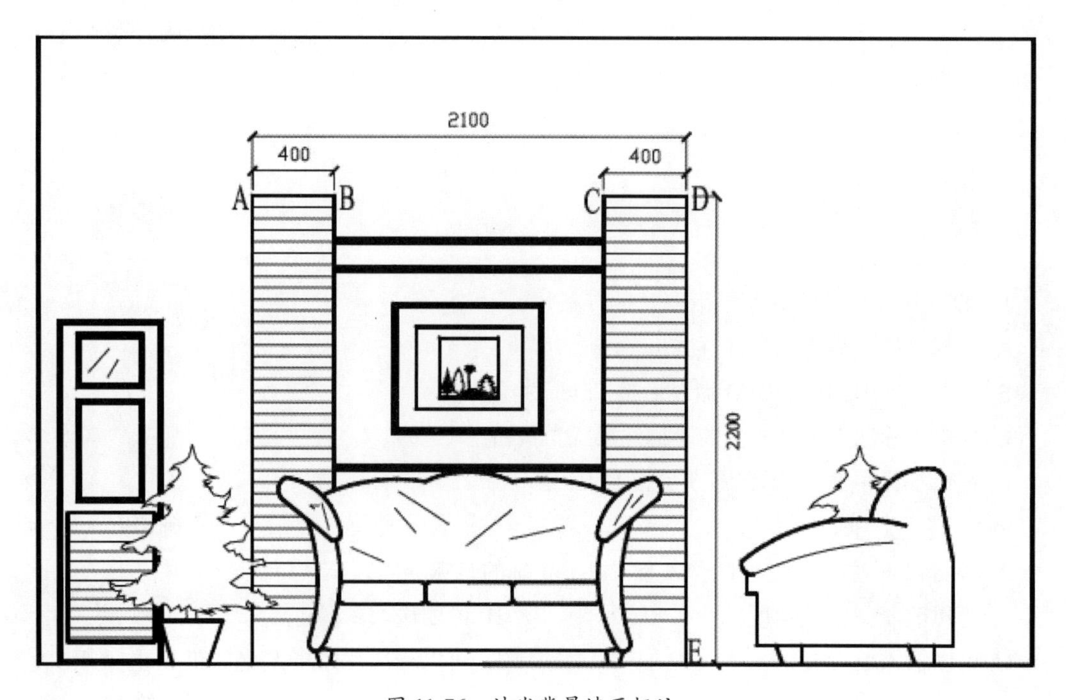

图 11-76　沙发背景墙面标注

2. 标注建筑施工图

新建建筑标注样式，然后根据该标注样式，标注如图 11-77 所示的某大楼二层建筑施工图的单间墙体尺寸及材料说明，然后用尺寸标注编辑命令对其进行修改。

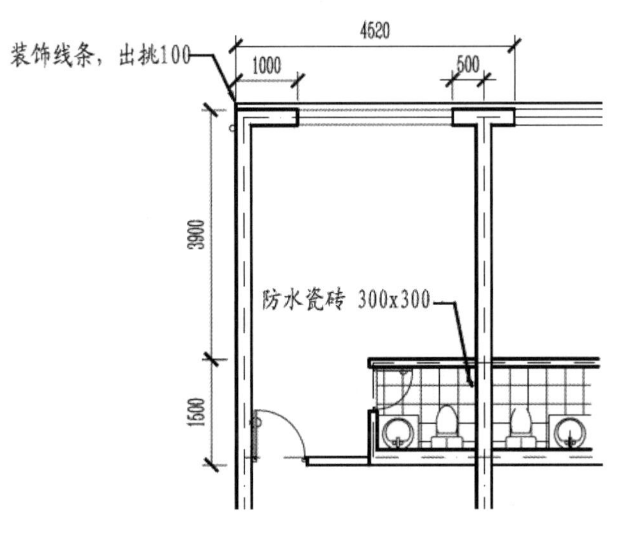

图 11-77　标注建筑施工图

3. 标注酒店标准层平面图

自定义建筑标注样式，完成如图 11-78 所示的酒店标准层平面图的标注，完成结果如图 11-79 所示。

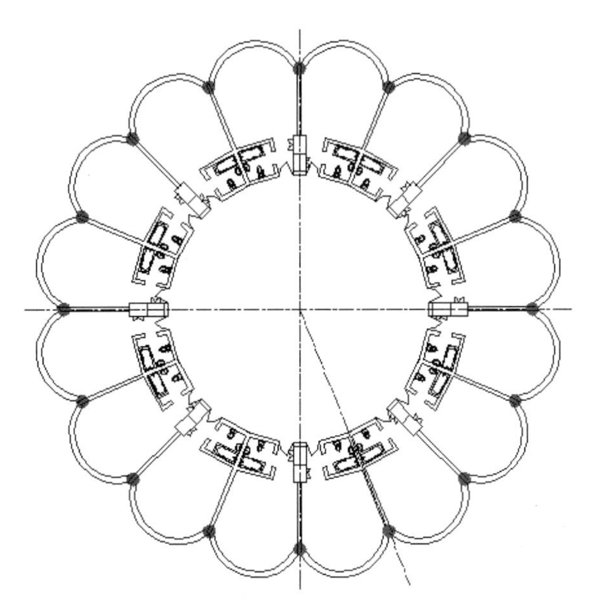

图 11-78　酒店标准层平面图

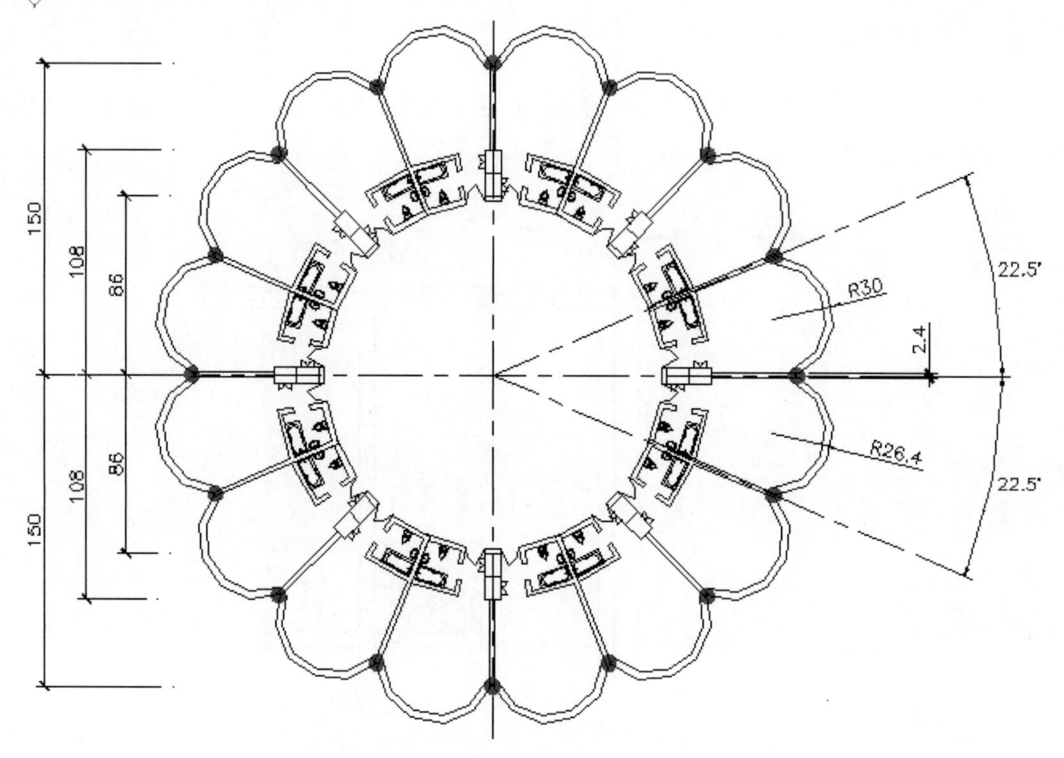

图 11-79　标注完成的结果

第 12 章

建筑图纸中的注解

本章内容

标注尺寸以后，还要添加说明文字和明细表格，这样才算一幅完整的工程图。本章将着重介绍 AutoCAD 2018 文字和表格的添加与编辑方法，并让读者详细了解文字样式、表格样式的编辑方法。

知识要点

- ☑ 文字概述
- ☑ 使用文字样式
- ☑ 单行文字
- ☑ 多行文字
- ☑ 符号与特殊符号
- ☑ 表格的创建与编辑

12.1 文字概述

文字注释是 AutoCAD 图形中很重要的图形元素，也是机械制图、建筑工程图等制图中不可或缺的重要组成部分。在一个完整的图样中，通常都包括一些文字注释从而标注图样中的一些非图形信息。例如，机械图形中的技术要求、装配说明、标题栏信息、选项卡，以及建筑工程图中的材料说明、施工要求等。

文字注释功能可以通过在“文字”面板、“文字”工具条中选择相应命令进行调用，也可以通过选择“绘图”|“文字”子菜单中的命令。“文字”面板如图 12-1 所示。“文字”工具条如图 12-2 所示。

图形注释文字包括单行文字和多行文字。对于不需要多种字体或多行的简短项，可以创建单行文字。对于较长、较复杂的内容，可以创建多行或段落文字。

在创建单行或多行文字前，要指定文字样式并设置对齐方式。

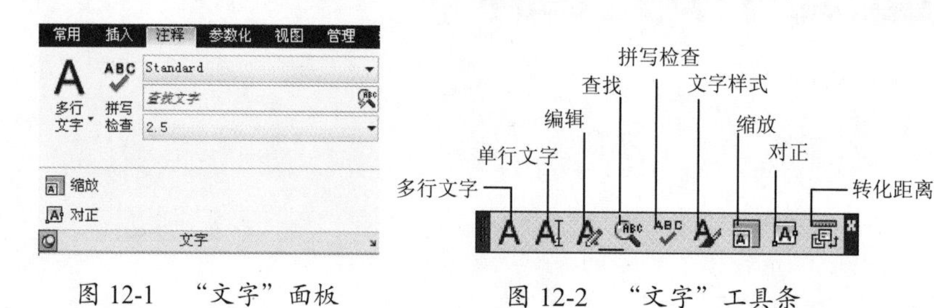

图 12-1 “文字”面板　　图 12-2 “文字”工具条

12.2 使用文字样式

在 AutoCAD 中，所有文字都有与之相关联的文字样式。文字样式包括文字“字体”“字形”“高度”“宽度系数”“倾斜角”“反向”“倒置”以及“垂直”等参数。在图形中输入文字时，当前的文字样式决定输入文字的字体、字号、角度、方向和其他文字特征。

12.2.1 创建文字样式

在创建文字注释和尺寸标注时，AutoCAD 通常使用当前的文字样式，用户也可根据具体要求重新设置文字样式或创建新的样式。文字样式的新建、修改是通过“文字样式”对话框来实现的，如图 12-3 所示。

用户可以通过以下方式打开“文字样式”对话框：

- 菜单栏：选择“格式”|“文字样式”命令。
- 工具条：单击“文字样式”按钮。

- 面板：“默认”选项卡“注释”面板中单击“文字样式”按钮。
- 命令行：输入 STYLE 并按 Enter 键。

图 12-3　“文字样式”对话框

“字体”选项组用于设置字体名、字体格式及字体样式等属性。其中，“字体名”下拉列表中列出 FONTS 文件夹中所有注册的 TrueType 字体和所有编译的形字体（SHX）的字体族名。“字体样式”选项指定字体格式，如粗体、斜体等。“使用大字体”复选框用于指定亚洲语言的大字体文件，只有在“字体名”列表下选择带有 SHX 后缀的字体文件，该复选框才被激活，如选择 iso.shx。

“大小”选项组：该选项组可以设置字体的高度值和注释性。注释性表示有注释含义的文字，作提醒、警示用。

“效果”选项组：设置字体的形状、位置、方向及宽度等。

12.2.2　修改文字样式

修改多行文字对象的文字样式时，已更新的设置将应用到整个对象中，单个字符的某些格式可能不会被保留，或者会保留。例如，颜色、堆叠和下画线等格式将继续使用原格式，而粗体、字体、高度及斜体等格式，将随着修改的格式而发生改变。

通过修改设置，可以在“文字样式”对话框中修改现有的样式，也可以更新使用该文字样式的现有文字来反映修改的效果。

提示：

某些样式设置对多行文字和单行文字对象的影响不同。例如，修改“颠倒”和“反向”选项对多行文字对象无影响，修改“宽度因子”和“倾斜角度”对单行文字无影响。

12.3　单行文字

对于不需要多种字体或多行的简短项，可以创建单行文字。使用“单行文字”命令创建文本时，可以创建单行的文字，也可以创建出多行文字，但创建的多行文字的每一行都是独立的，可以对其进行单独编辑，如图 12-4 所示。

AutoCAD2015

建筑设计

图 12-4　使用“单行文字”命令创建多行文字

12.3.1 创建单行文字

单行文字可以输入单行文本，也可以输入多行文本。在文字创建过程中，在图形窗口中选择一个点作为文字的起点，并输入文本文字，通过按 Enter 键来结束每一行，若要停止命令，则按 Esc 键。单行文字的每行文字都是独立的对象，可以重新定位、调整格式或进行其他修改。

用户可以通过以下方式执行此操作。

- 菜单栏：选择“绘图”|“文字”|“单行文字”命令。
- 工具条：单击“单行文字”按钮AI。
- 面板：“注释”选项卡“文字”面板中单击“单行文字”按钮AI。
- 命令行：输入 TEXT 并按 Enter 键。

执行 TEXT 命令，命令行将显示如下操作提示：

```
命令：text
当前文字样式：“Standard”  文字高度：2.5000  注释性：否            // 文字样式设置
指定文字的起点或 [ 对正 (J) / 样式 (S)]:                             // 文字选项
```

上述操作提示中的选项含义下。

- 文字的起点：指定文字对象的起点。当指定文字起点后，命令行再显示“指定高度 <2.5000>：”，若要另行输入高度值，直接输入即可创建指定高度的文字。若使用默认高度值，按 Enter 键即可。
- 对正：控制文字的对齐方式。
- 样式：指定文字样式，文字样式决定文字字符的外观。使用此选项，需要在“文字样式”对话框中新建文字样式。

在操作提示中若选择“对正”选项，接着命令行会显示如下提示。

```
输入选项
[ 对齐 (A) / 布满 (F) / 居中 (C) / 中间 (M) / 右对齐 (R) / 左上 (TL) / 中上 (TC) / 右上 (TR) / 左
中 (ML) / 正中 (MC) / 右中 (MR) / 左下 (BL) / 中下 (BC) / 右下 (BR)]:
```

此操作提示下的各选项含义如下：

- 对齐：通过指定基线端点来指定文字的高度和方向，如图 12-5 所示。
- 布满：指定文字按照由两点定义的方向和一个高度值布满一个区域。此选项只适用于水平方向的文字，如图 12-6 所示。

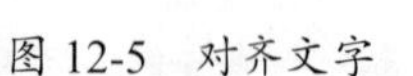
图 12-5　对齐文字

图 12-6　布满文字

技巧点拨：

对于对齐文字，字符的大小根据其高度按比例调整。文字字符串越长，字符越矮。

- 居中：以基线的水平中心对齐文字，此基线是由用户给出的点指定的，另外居中文字还可以调整其角度，如图 12-7 所示。
- 中间：文字在基线的水平中点和指定高度的垂直中点上对齐，中间对齐的文字不保持在基线上，如图 12-8 所示（“中间”选项也可以使文字旋转）。

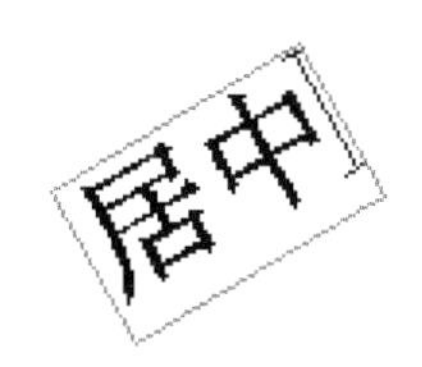

图 12-7　居中文字

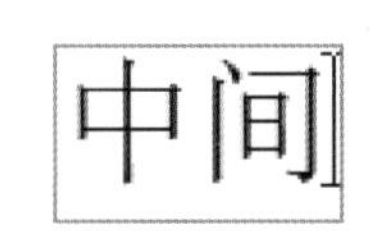

图 12-8　中间文字

其他的选项所表示的文字对正方式，如图 12-9 所示。

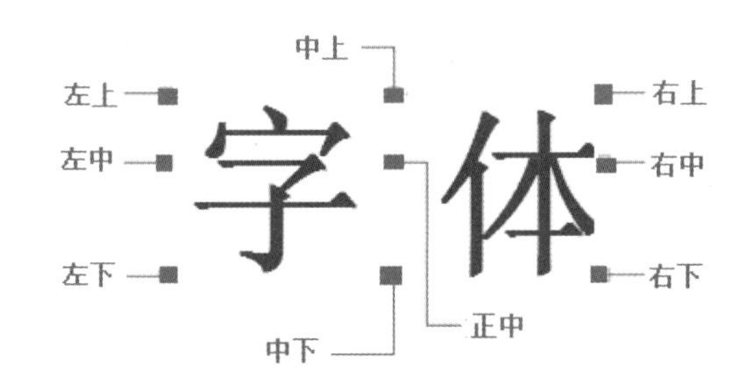

图 12-9　文字的对正方式

动手操练——标注雨篷钢结构图

用单行文字标注雨篷钢结构图，结果如图 12-10 所示。

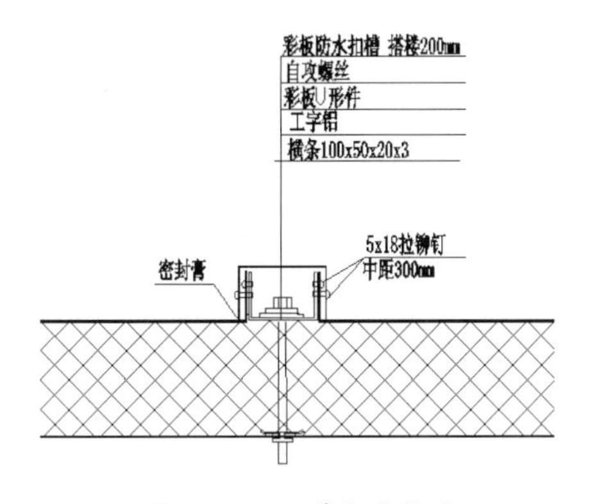

图 12-10　雨篷钢结构图

step 01 打开素材文件“雨篷钢结构图.DWG”。开启正交、对象捕捉、对象追踪，设置捕捉方式为插入点捕捉。

step 02 在菜单栏中选择“绘图”|“文字”|“单行文字”命令，输入文字，文字样式为“文字”，高度为 300，结果如图 12-11 所示。

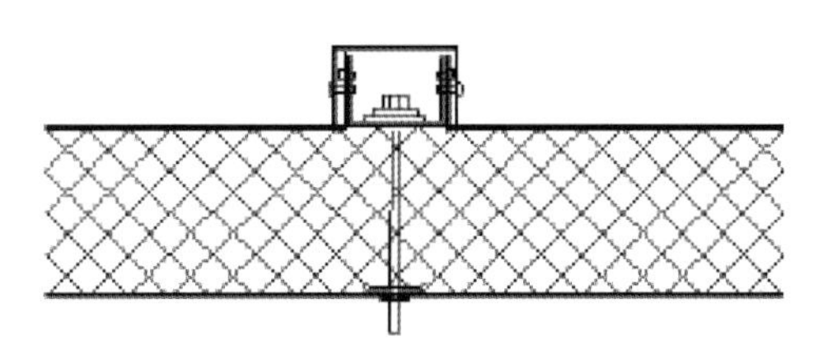

图 12-11　书写单行文字

step 03 开启正交，单击“直线”按钮，在第一行文字下方绘制一条水平线，如图 12-12 所示。

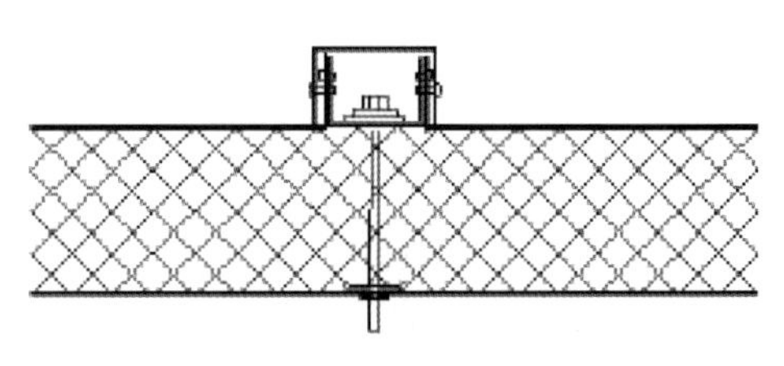

图 12-12　绘制水平线

step 04 选择直线，单击“阵列”按钮，将直线矩形阵列，设置阵列行数为 5，列数为 1，捕捉相邻两行文字的插入点为行偏移距离，如图 12-13 所示。阵列结果如图 12-14 所示。

彩板防水扣槽 搭接200mm
自攻螺丝
彩板□形件
工字铝
檩条100×50×20×3

图 12-13　捕捉插入点

彩板防水扣槽 搭接200mm
自攻螺丝
彩板□形件
工字铝
檩条100×50×20×3

图 12-14　阵列结果

step 05 选择所有的文字，并适当向下移动，使其更靠近直线。

step 06 将插入点捕捉改为端点捕捉。单击“直线”按钮╱，捕捉最上层线段的端点，绘制一条垂直线段，结果如图 12-15 所示。

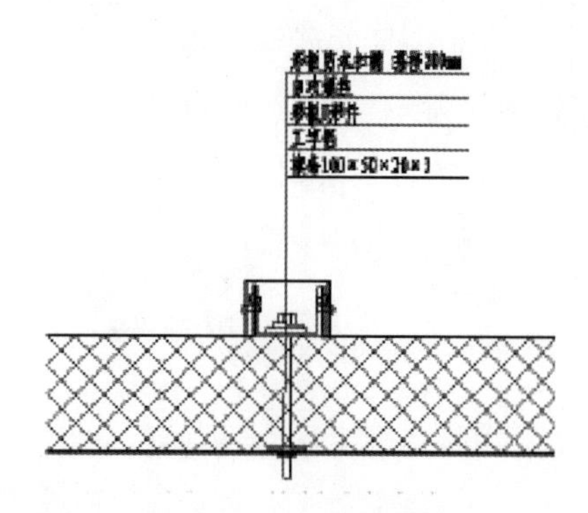

图 12-15　绘制垂直直线

step 07 关闭正交。利用对象追踪功能绘制折线，如图 12-16 所示。

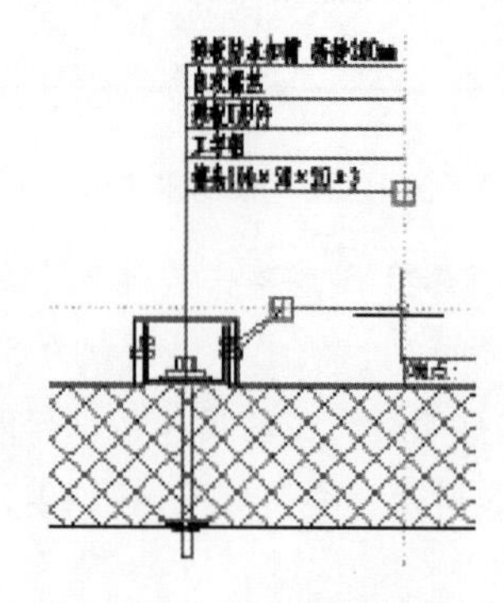

图 12-16　定位折线的端点

step 08 输入单行文字，结果如图 12-17 所示。

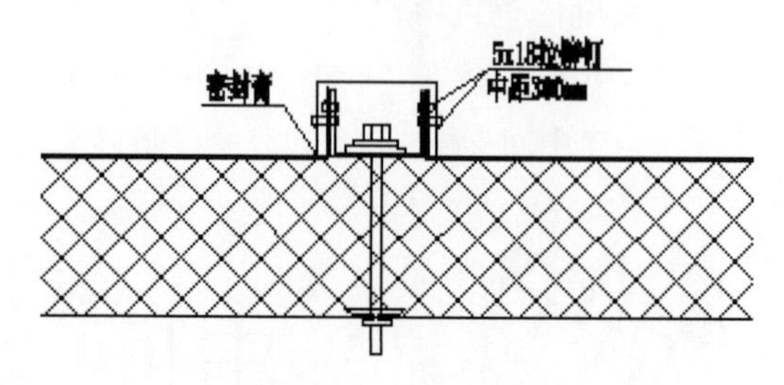

图 12-17　完成的结果图

12.3.2　编辑单行文字

编辑单行文字包括编辑文字的内容、对正方式及缩放比例。用户可以通过选择“修改”|“对象”|“文字”子菜单中的相应命令来编辑单行文字。编辑单行文字的命令，如图 12-18 所示。

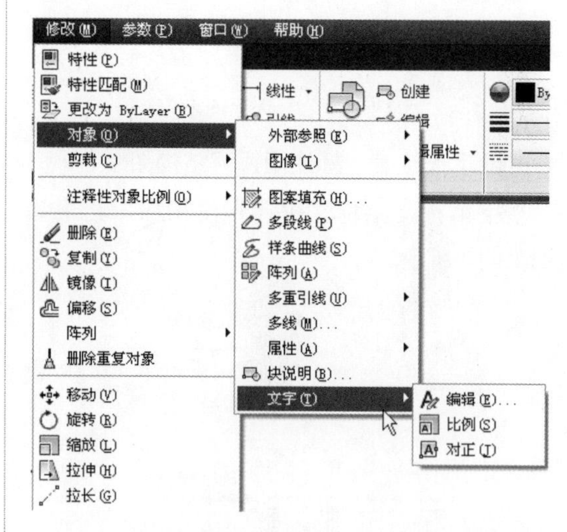

图 12-18　编辑单行文字的命令

用户也可以在图形区中双击要编辑的单行文字，然后重新输入内容。

1. “编辑”命令

“编辑”命令用于编辑文字的内容。选择“编辑”命令后，选择要编辑的单行文字，即可在激活的文本框中重新输入文字，如图 12-19 所示。

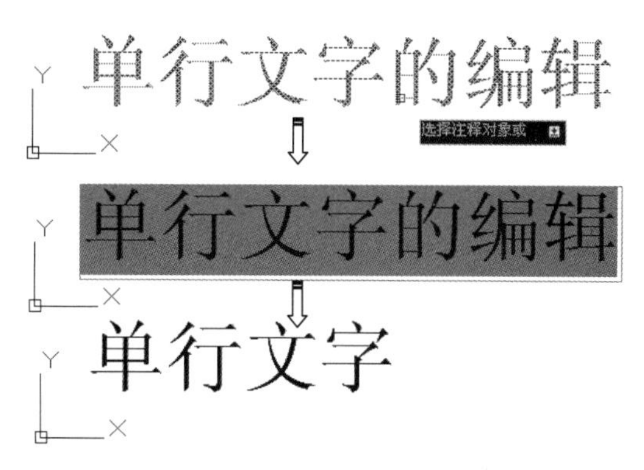

图 12-19　编辑单行文字

2. “比例”命令

“比例”命令用于重新设置文字的图纸高度、匹配对象和比例因子，如图 12-20 所示。

单行文字的编辑

输入缩放的基点选项
- 现有 (E)
- 左对齐 (L)
- 居中 (C)
- 中间 (M)
- 右对齐 (R)
- 左上 (TL)
- 中上 (TC)
- 右上 (TR)
- 左中 (ML)
- 正中 (MC)
- 右中 (MR)
- 左下 (BL)
- 中下 (BC)
- 右下 (BR)

图 12-20　设置单行文字的比例

命令行提示如下。

```
SCALETEXT
选择对象： 找到 1 个
选择对象： 找到 1 个 (1 个重复)，总计 1 个
选择对象：
输入缩放的基点选项
[现有 (E)/左对齐 (L)/居中 (C)/中间 (M)/右对齐 (R)/左上 (TL)/中上 (TC)/右上 (TR)/
左中 (ML)/正中 (MC)/右中 (MR)/左下 (BL
)/中下 (BC)/右下 (BR)] <现有>: C
指定新模型高度或 [图纸高度 (P)/匹配对象 (M)/比例因子 (S)] <1856.7662>:
1 个对象已更改
```

3. “对正”命令

“对正”命令用于更改文字的对正方式。选择“对正”命令，选择要编辑的单行文字后，图形区显示对齐菜单。命令行中的提示如下。

```
命令： _justifytext
选择对象： 找到 1 个
选择对象：
输入对正选项
[左对齐 (L)/对齐 (A)/布满 (F)/居中 (C)/中间 (M)/右对齐 (R)/左上 (TL)/中上 (TC)/右
上 (TR)/左中 (ML)/正中 (MC)/右中 (MR)
/左下 (BL)/中下 (BC)/右下 (BR)] <居中>:
```

12.4 多行文字

“多行文字”又称为“段落文字”，是一种更易于管理的文字对象，可以由两行以上的文字组成，而且各行文字都是作为一个整体处理的。在机械制图中，常使用多行文字功能创建较为复杂的文字说明，如图样的技术要求等。

12.4.1 创建多行文字

在 AutoCAD 2018 中，多行文字创建与编辑功能得到了增强。用户可以通过以下方式执行此操作。

- 菜单栏：选择“绘图”|“文字”|“单行文字”命令。
- 工具条：单击“单行文字”按钮A。
- 面板：在“注释”选项卡的“文字”面板中单击“单行文字”按钮A。
- 命令行：输入 MTEXT 并按 Enter 键。

执行 MTEXT 命令，命令行显示的操作信息提示用户需要在图形窗口中指定两点作为多行文字的输入起点与段落对角点。指定点后，程序会自动打开“文字编辑器”选项卡和“在位文字编辑器”，“文字编辑器”选项卡，如图 12-21 所示。

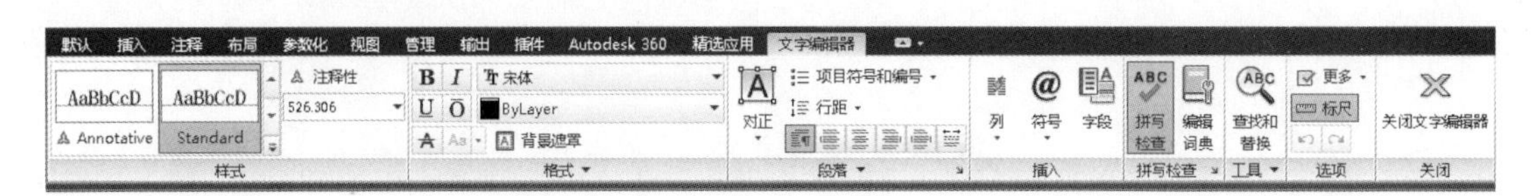

图 12-21 “文字编辑器”选项卡

AutoCAD 在位文字编辑器，如图 12-22 所示。

“文字编辑器”选项卡包括“样式”面板、“格式”面板、“段落”面板、“插入”面板、“拼写检查”面板、“工具”面板、“选项”面板和“关闭”面板。

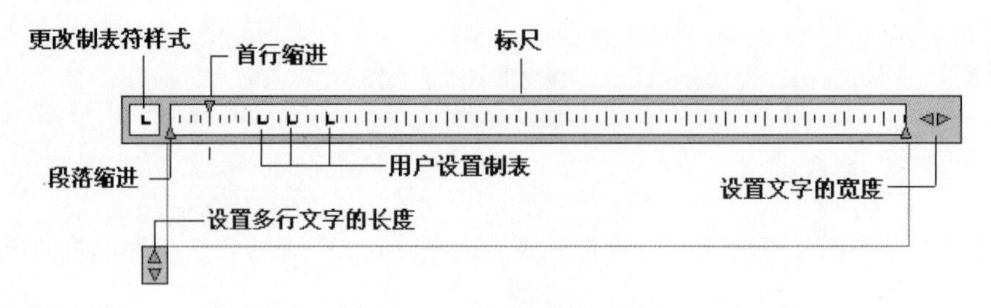

图 12-22 文字编辑器

1. “样式”面板

“样式”面板用于设置当前多行文字样式、注释性和文字高度。面板中包含 3 个命令：选择文字样式、注释性、选择和输入文字高度，如图 12-23 所示。

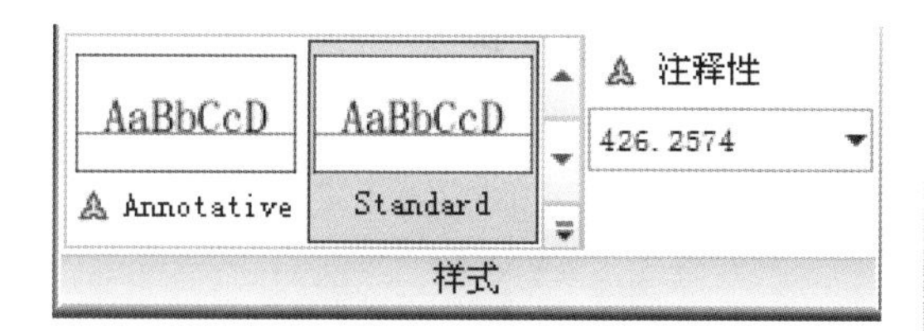

图 12-23　“样式”面板

面板中个命令含义如下。

- 文字样式：向多行文字对象应用文字样式。如果用户没有新建文字样式，单击“展开”按钮，在弹出的样式列表中选择可用的文字样式。
- 注释性；单击“注释性”按钮，打开或关闭当前多行文字对象的注释性。
- 功能区组合框 - 文字高度：按图形单位设置新文字的字符高度或修改选定文字的高度。用户可以在文本框内输入新的文字高度来替代当前文本高度。

图 12-24　“格式”面板

2．“格式”面板

“格式”面板用于字体的大小、粗细、颜色、下画线、倾斜、宽度等格式设置，面板中的命令如图 12-24 所示。

面板中各命令的含义如下。

- 粗体：开启或关闭新文字或选定文字的粗体格式。此选项仅适用于使用 TrueType 字体的字符。
- 斜体：打开或关闭新文字或选定文字的斜体格式。此选项仅适用于使用 TrueType 字体的字符。
- 下画线：打开或关闭新文字或选定文字的下画线。
- 上画线：打开和关闭新文字或选定文字的上画线。
- 选择文字的字体：为新输入的文字指定字体或改变选定文字的字体。单击下拉三角按钮，即可弹出文字字体列表，如图 12-25 所示。

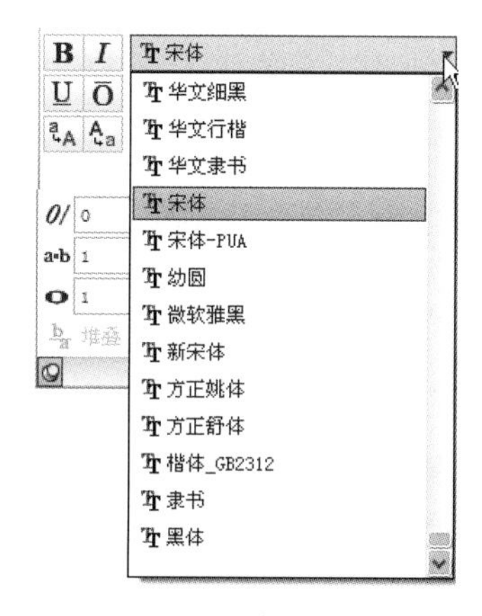

图 12-25　选择文字字体

- 选择文字的颜色：指定新文字的颜色或更改选定文字的颜色。单击下拉三角按钮，即可弹出字体颜色下拉列表，如图 12-26 所示。

图 12-26　选择文字颜色

- 倾斜角度：确定文字是向前倾斜的还是向后倾斜的。倾斜角度表示的是相对于 90° 角方向的偏移角度。输入一个 -85~85 的数值使文字倾斜。倾斜角度的值为正时文字向右倾斜；倾斜角度的值为负时文字向左倾斜。
- 追踪：增大或减小选定字符之间的空间。1.0 是常规间距。设置为大于 1.0 可以增大间距，设置为小于 1.0 可以减小间距。
- 宽度因子：扩展或收缩选定字符。1.0 代表此字体中字母的常规宽度。

3. “段落”面板

“段落”面板包含设置段落的对正、行距、段落格式、段落对齐，以及段落的分布和编号等功能。在“段落”面板右下角单击↘按钮，会弹出“段落”对话框，如图 12-27 所示。“段落”对话框可以为段落和段落的第一行设置缩进。指定制表位和缩进，控制段落对齐方式、段落间距和段落行距等。

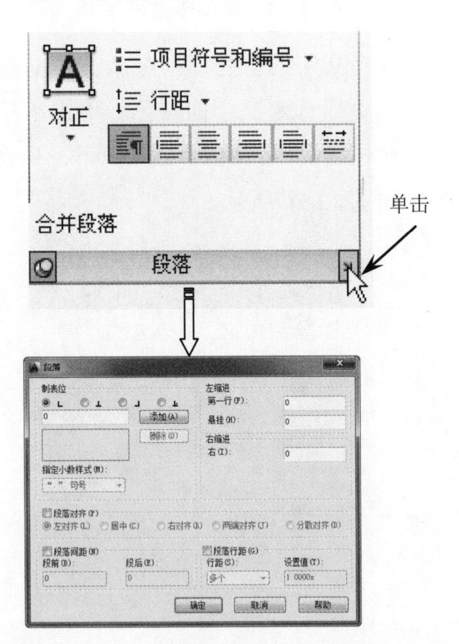

图 12-27 “段落”面板与“段落”对话框

“段落”面板中各命令的含义如下。

- 对正：单击“对正”按钮，弹出文字对正方式菜单，如图 12-28 所示。

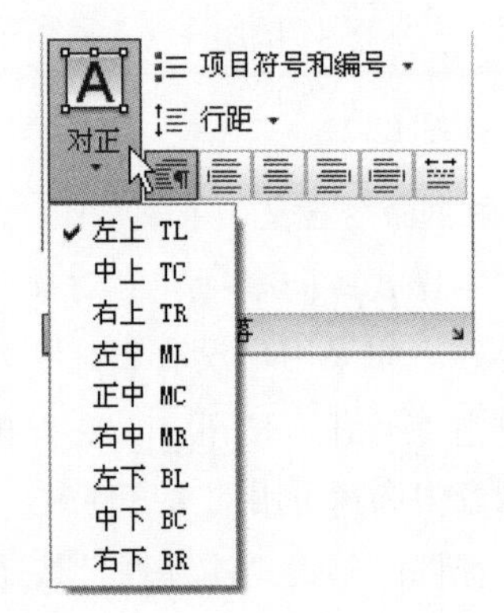

图 12-28 “对正”菜单

- 行距：单击此按钮，显示程序提供的默认间距值菜单，如图 12-29 所示。选择菜单上的“更多”命令，则弹出“段落”对话框，在该对话框中设置段落行距。

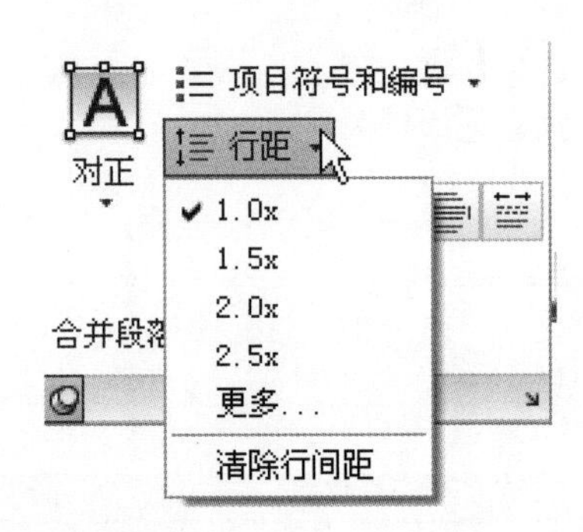

图 12-29 “行距”菜单

> **提示：**
>
> 行距是多行段落中文字的上一行底部和下一行顶部之间的距离。在 AutoCAD 2018 及早期版本中，并不是所有针对段落和段落行距的新选项都受到支持。

- 项目符号和编号：单击此按钮，显示用于创建列表的选项菜单，如图 12-30 所示。

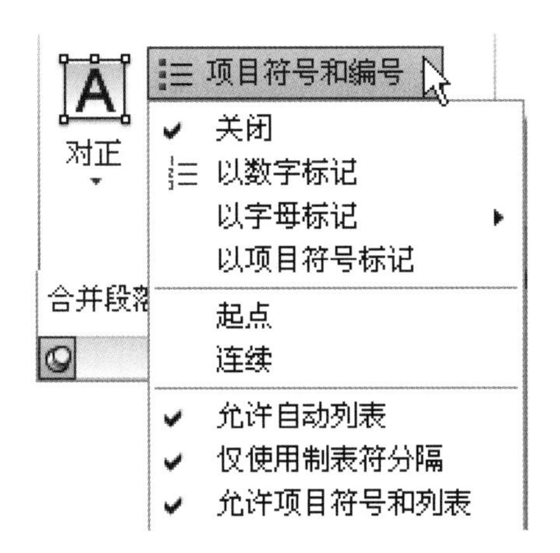

图 12-30　“编号”菜单

- 左对齐、居中、右对齐、分布对齐：设置当前段落或选定段落的左、中或右文字边界的对正和对齐方式。包含在一行的末尾输入的空格，并且这些空格会影响行的对正。
- 合并段落：当创建多行的文字段落时，选择要合并的段落，此命令被激活，然后选择此命令，多段落文字变成只有一个段落的文字，如图 12-31 所示。

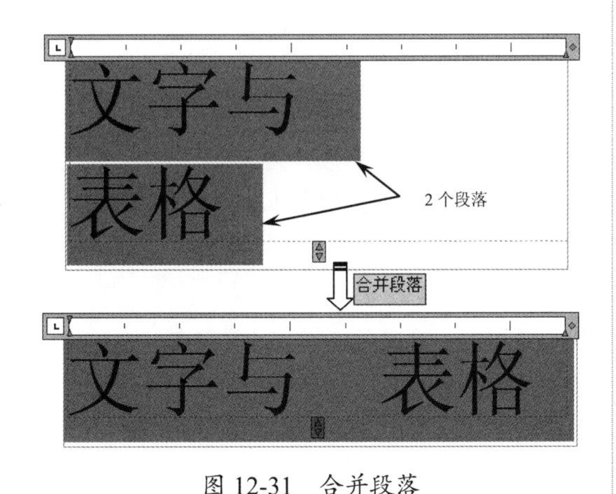

图 12-31　合并段落

4. “插入”面板

“插入”面板主要用于插入字符、列、字段的设置。“插入点”面板，如图 12-32 所示。

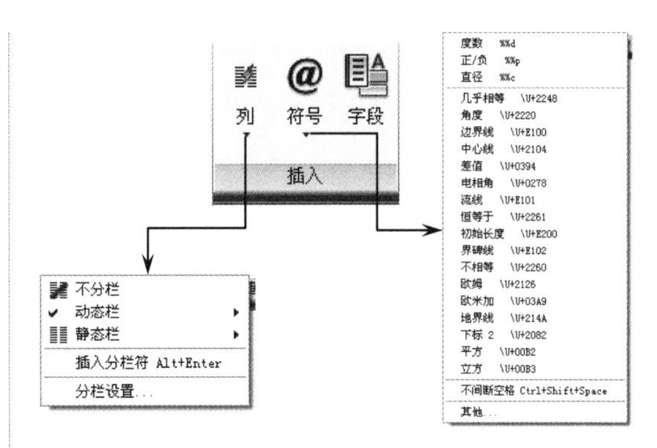

图 12-32　“插入”面板

面板中的命令含义如下。

- 符号：在光标位置插入符号或不间断空格，也可以手动插入符号。单击此按钮，弹出符号菜单。
- 字段：单击此按钮，打开“字段”对话框，从中可以选择要插入到文字中的字段。
- 列：单击此按钮，显示栏菜单，该菜单提供 3 个栏选项：“不分栏”“静态栏”和“动态栏”。

5. “拼写检查”“工具”和“选项”面板

3 个命令执行面板主要用于字体的查找和替换、拼写检查，以及文字的编辑等，如图 12-33 所示。

图 12-33　3 个命令执行的面板

面板中各命令的含义如下。

- 查找和替换：单击此按钮，可以弹出“查找和替换”对话框，如图 12-34 所示。在该对话框中输入文字以查找并替换。

● 拼写检查：打开或关闭“拼写检查”功能。在文字编辑器中输入文字时，使用该功能可以检查拼写错误。例如，在输入有拼写错误的文字时，该段文字下将以红色虚线标记，如图 12-35 所示。

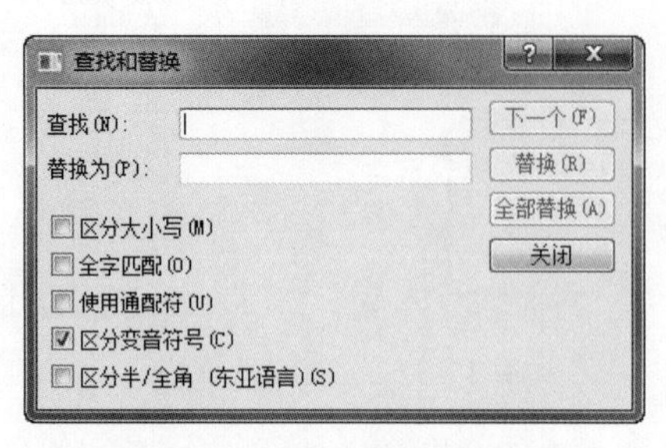

图 12-34 “查找和替换”对话框

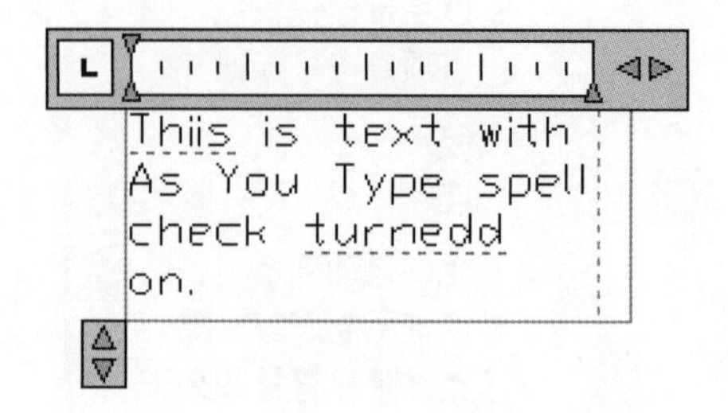

图 12-35 虚线表示拼写有错误

● 放弃：放弃在“多行文字”选项卡中执行的操作，包括对文字内容或文字格式的更改。
● 重做：重做在“多行文字”选项卡中执行的操作，包括对文字内容或文字格式的更改。
● 标尺：在编辑器顶部显示标尺。拖动标尺末尾的箭头，可以更改多行文字对象的宽度。
● 选项：单击此按钮，显示其他文字选项列表。

6. “关闭”面板

“关闭”面板上只有一个选项命令，即“关闭文字编辑器”命令，执行该命令，将关闭在位文字编辑器。

动手操练——输入楼板说明文字

利用多行文字书写如图 12-13 所示的内容。

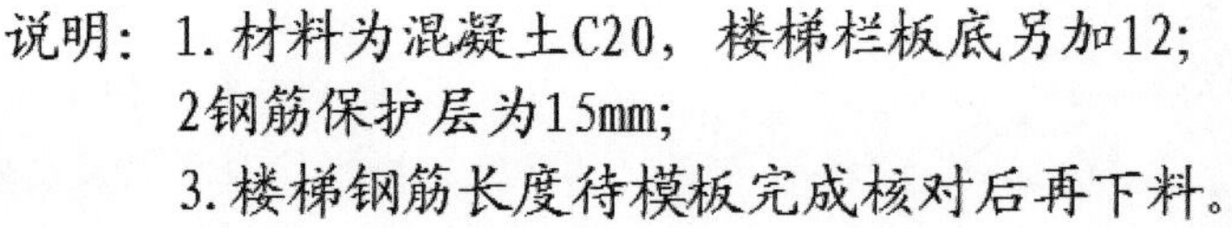

说明：1. 材料为混凝土C20，楼梯栏板底另加12;
2钢筋保护层为15mm;
3. 楼梯钢筋长度待模板完成核对后再下料。

图 12-36 输入的文字

step 01 单击“多行文字”按钮A，在绘图区的适当位置单击，确定 *A* 角点，向右下方移动鼠标，AutoCAD 将显示一个随鼠标光标移动的方框，到合适位置以后单击，确定 *B* 角点，如图 12-37 所示。此时会弹出“文字格式”工具栏及写字板，如图 12-38 所示。

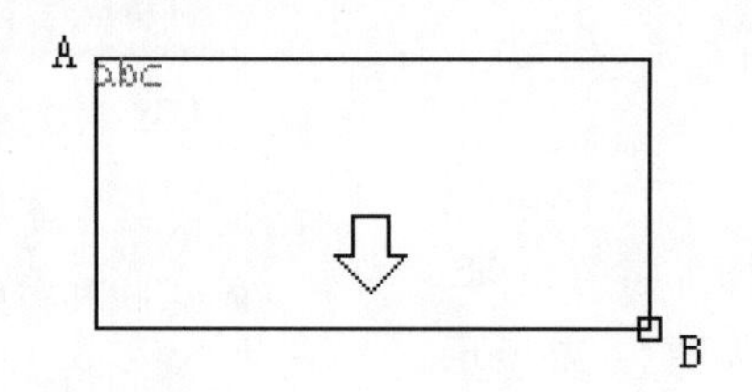

图 12-37 多行文字定位框

默认
插入
注释
布局
参数化
视图
管理
输出
插件
Autodesk 360
精选应用
文字编辑器
Annotative
Standard
样式
注释性
2.5
ByLayer
背景遮罩
格式
对正
项目符号和编号
行距
段落
列
符号
字段
插入
拼写检查
编辑词典
拼写检查
查找和替换
工具
更多
标尺
选项
关闭文字编辑器
关闭
[−][俯视][二维线框]

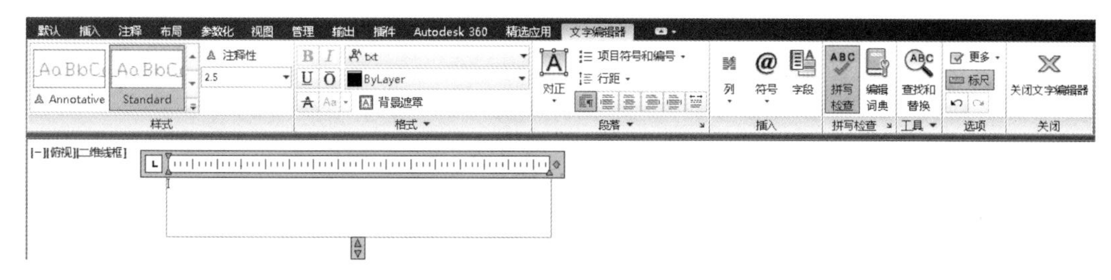

图 12-38　“文字格式”工具栏及写字板

step 02 选择字体为“楷体 _GB2312”，然后输入文字。如果写字板内以竖排形式罗列文字，可以调整写字板区域，如图 12-39 所示，使整篇文字全部显示出来。

说明：1. 材料为混凝土C20，楼梯栏板底另加12;
2钢筋保护层为15mm;
3. 楼梯钢筋长度待模板完成核对后再下料。

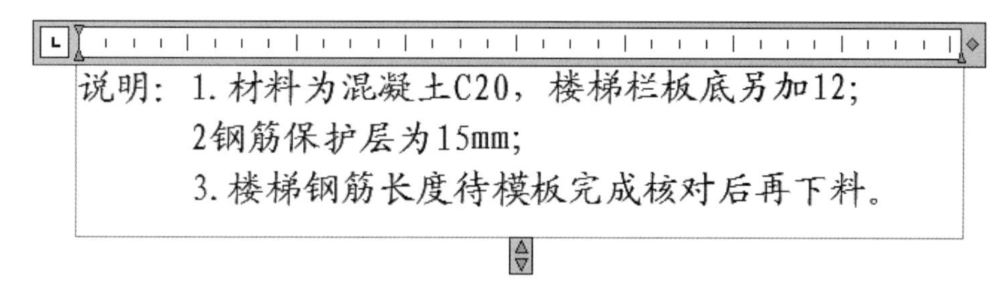

图 12-39　调整写字板范围

step 03 单击“文字编辑器”选项卡中的“关闭文字编辑器”按钮，完成输入后的文字如图 12-40 所示。

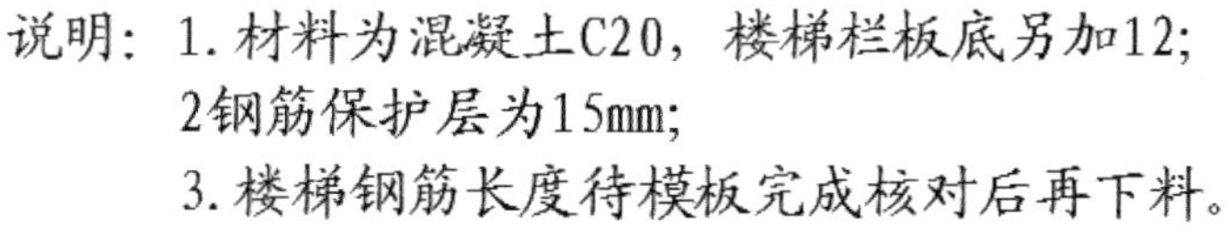

说明：1. 材料为混凝土C20，楼梯栏板底另加12;
2钢筋保护层为15mm;
3. 楼梯钢筋长度待模板完成核对后再下料。

图 12-40　输入完成的文字

12.4.2　编辑多行文字

多行文字的编辑，可以通过选择“修改”|“对象”|“文字”|“编辑”命令，或者在命令行输入 DDEDIT，并选择创建的多行文字，打开多行文字编辑器，然后修改并编辑文字的内容、格式、颜色等特性来实现。

用户也可以在图形窗口中双击多行文字，以此打开文字编辑器。

下面以动手操练来说明多行文字的编辑方法。本例是在原多行文字的基础上再添加文字，并改变文字的高度和颜色。

动手操练——编辑多行文字

step 01 新建文件。

step 02 在图形窗口中双击多行文字，打开文字编辑器，如图 12-41 所示。

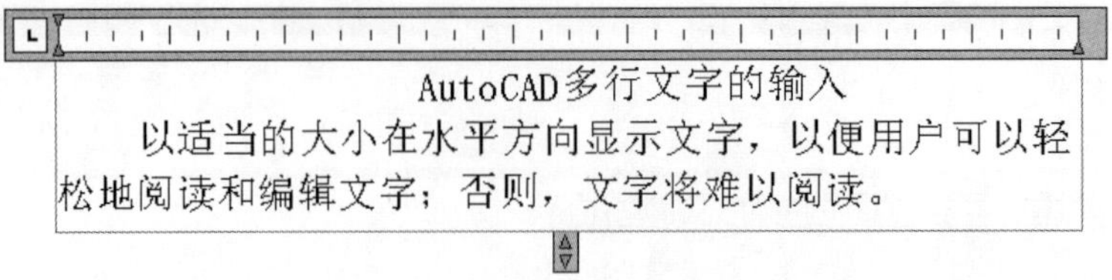

AutoCAD多行文字的输入
以适当的大小在水平方向显示文字，以便用户可以轻松地阅读和编辑文字；否则，文字将难以阅读。

图 12-41 打开文字编辑器

step 03 选择多行文字中的“AutoCAD 多行文字的输入”字段，将其高度设为 4，颜色设为红色，字体设为“粗体”，如图 12-42 所示。

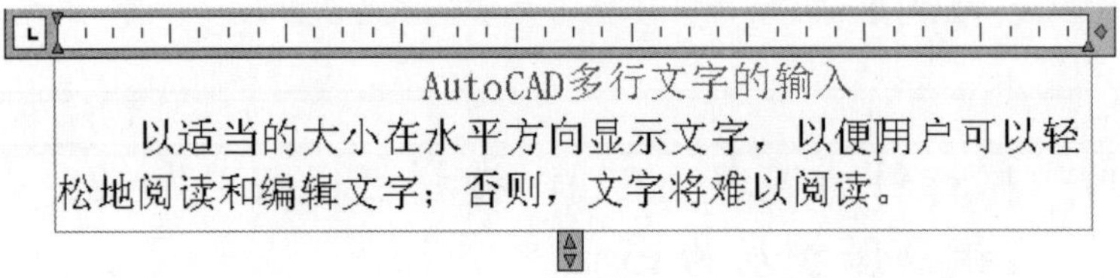

AutoCAD多行文字的输入
以适当的大小在水平方向显示文字，以便用户可以轻松地阅读和编辑文字；否则，文字将难以阅读。

图 12-42 修改文字高度、颜色、字体

step 04 选择其他的文字，加上下画线，字体设为斜体，如图 12-43 所示。

AutoCAD多行文字的输入
以适当的大小在水平方向显示文字，以便用户可以轻松地阅读和编辑文字；否则，文字将难以阅读。

图 12-43 修改文字高度、颜色和字体

step 05 单击“关闭”面板中的“关闭文字编辑器”按钮，退出文字编辑器。创建的多行文字如图 12-44 所示。

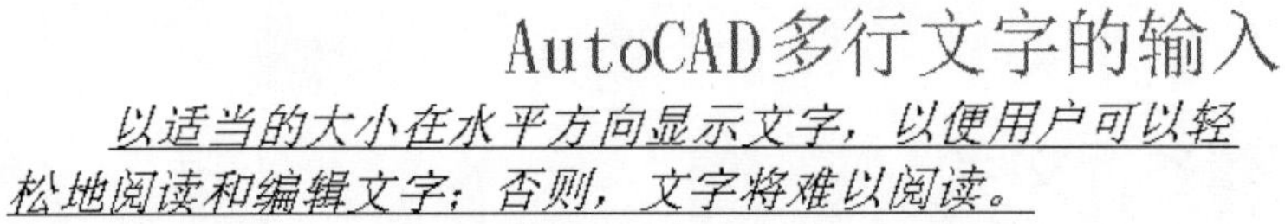

AutoCAD多行文字的输入
以适当的大小在水平方向显示文字，以便用户可以轻松地阅读和编辑文字；否则，文字将难以阅读。

图 12-44 创建、编辑的多行文字

step 06 最后将创建的多行文字另存为“编辑多行文字”。

12.5 符号与特殊字符

在工程图标注中，往往需要标注一些特殊的符号和字符。例如度的符号“°”、公差符号 ± 或直径符号 Φ，用键盘不能直接输入。因此，AutoCAD 通过输入控制代码或 Unicode 字符串可以输入这些特殊字符或符号。

AutoCAD 常用标注符号的控制代码、字符串及符号如表 12-1 所示。

表 12-1　AutoCAD 常用标注符号

控制代码	字符串	符号
%%C	\U+2205	直径（Φ）
%%D	\U+00B0	度（°）
%%P	\U+00B1	公差（±）

若要插入其他的数学、数字符号，可以在展开的“插入”面板中单击“符号”按钮，或在快捷菜单中选择“符号”命令，也可以在文本编辑器中输入适当的 Unicode 字符串。如表 12-2 所示为其他常见的数学、数字符号及字符串。

表 12-2　数学、数字符号及字符串

名称	符号	Unicode 字符串	名称	符号	Unicode 字符串
约等于	≈	\U+2248	界碑线	ML	\U+E102
角度	∠	\U+2220	不相等	≠	\U+2260
边界线	BL	\U+E100	欧姆	Ω	\U+2126
中心线	℄	\U+2104	欧米加	Ω	\U+03A9
增量	△	\U+0394	地界线	⅊	\U+214A
电相位	ɸ	\U+0278	下标 2	5_2	\U+2082
流线	FL	\U+E101	平方	5^2	\U+00B2
恒等于	≌	\U+2261	立方	5^3	\U+00B3
初始长度	○→	\U+E200			

用户还可以通过利用 Windows 提供的软键盘来输入特殊字符，先将 Windows 的文字输入法设为“智能 ABC”，鼠标右键单击“定位”按钮，然后在弹出的菜单中选择“符号软键盘”命令，打开软键盘后，即可输入需要的字符，如图 12-45 所示。打开的“数学符号”软键盘，如图 12-46 所示。

✔ P C 键盘　标点符号
希腊字母　数字序号
俄文字母　数学符号
注音符号　单位符号
拼　音　制表符
日文平假名　特殊符号
日文片假名
标准

图 12-45　快捷菜单命令

图 12-46　“数学符号”软键盘

12.6 表格

表格是由包含注释（以文字为主，也包含多个块）的单元构成的矩形阵列。在 AutoCAD 2018 中，可以使用“表格”命令建立表格，还可以从其他应用软件，如 Microsoft Excel 中直接复制表格，并将其作为 AutoCAD 表格对象粘贴到图形中。此外，还可以输出来自 AutoCAD 的表格数据，以供在 Microsoft Excel 或其他应用程序中使用。

12.6.1 新建表格样式

表格样式控制一个表格的外观，用于保证标准的字体、颜色、文本、高度和行距。可以使用默认的表格样式，也可以根据需要自定义表格样式。

创建新的表格样式时，可以指定一个起始表格。起始表格是图形中用作设置新表格样式格式的样例表格。一旦选定表格，用户即可指定要从此表格复制到表格样式的结构和内容。表格样式是在“表格样式”对话框中创建的，如图 12-47 所示。

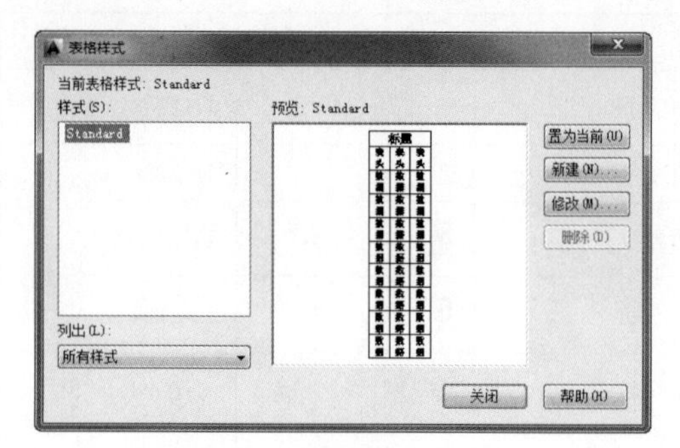

图 12-47 “表格样式”对话框

用户可以通过以下方式打开此对话框。

- 菜单栏：选择“格式”|“表格样式”命令。
- 面板：在“注释”选项卡的“表格”面板中单击“表格样式”按钮。
- 命令行：输入 TABLESTYLE 并按 Enter 键。

执行 TABLESTYLE 命令，程序弹出“表格样式”对话框。单击该对话框的“新建”按钮，再弹出“创建新的表格样式”对话框，如图 12-48 所示。

输入新的表格样式名后，单击“继续”按钮，即可在随后弹出的“新建表格样式”对话框中设置相关选项，以此创建新表格样式，如图 12-49 所示。

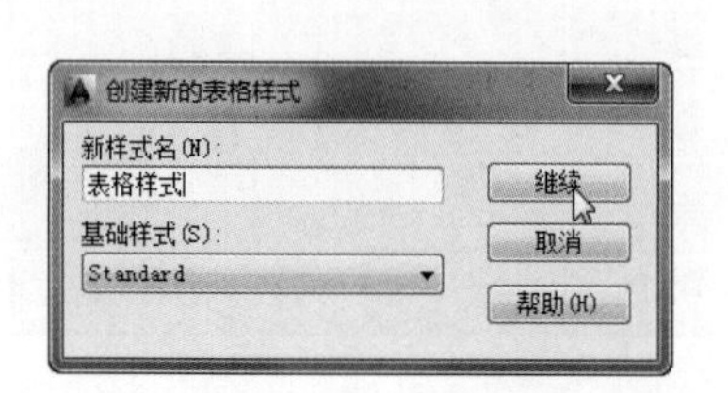

图 12-48 “创建新的表格样式”对话框

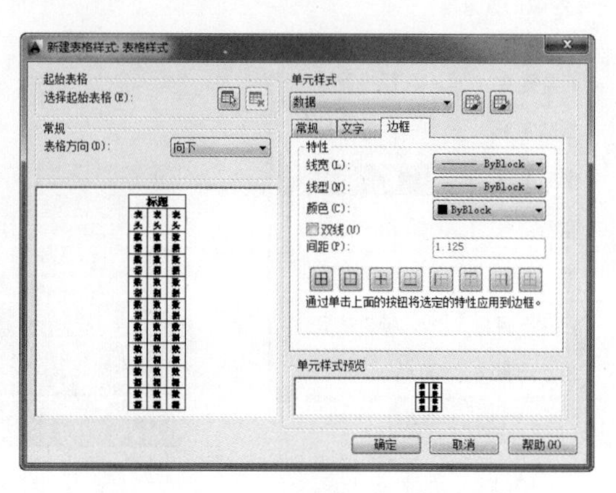

图 12-49 “新建表格样式”对话框

"新建表格样式"对话框包含 4 个功能选项区和一个预览区域。接下来将对各选项区做详细介绍。

1. "起始表格"选项区

该选项使用户可以在图形中指定一个表格用作样例来设置此表格样式的格式。选择表格后，可以指定要从该表格复制到表格样式的结构和内容。

单击"选择一个表格用作此表格样式的起始表格"按钮，程序暂时关闭对话框，用户在图形窗口中选择表格后，会再次弹出"新建表格样式"对话框。单击"从此表格样式中删除起始表格"按钮，可以将表格从当前指定的表格样式中删除。

2. "常规"选项区

该选项用于更改表格的方向。在选项区的"表格方向"下拉列表中，包括"向上"和"向下"两个方向选项，如图 12-50 所示。

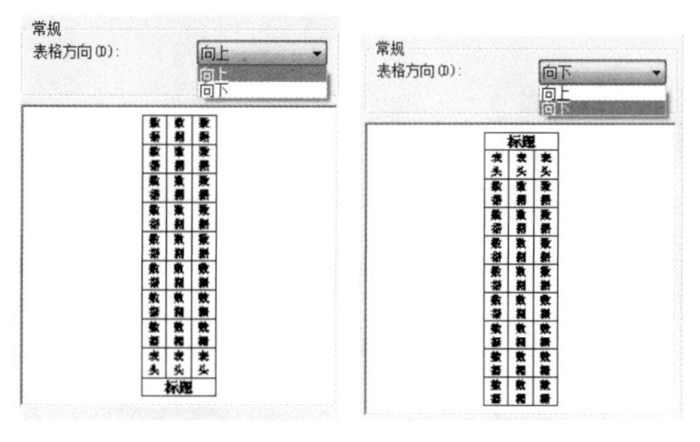

表格方向向上　　表格方向向下

图 12-50　"常规"选项区

3. "单元格式"选项区

该选项可以定义新的单元样式或修改现有单元样式，也可以创建任意数量的单元样式。选项区中包含 3 个小的选项卡：常规、文字、边框，如图 12-51 所示。

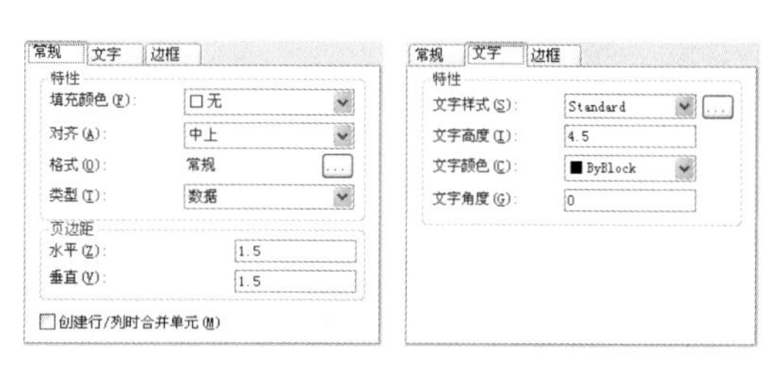

"常规"选项卡　　"文字"选项卡

"边框"选项卡

图 12-51　"单元格式"选项卡

"常规"选项卡主要设置表格的背景颜色、对齐方式、表格的格式、类型，以及页边距的设置等；"文字"选项卡主要设置表格中文字的高度、样式、颜色、角度等特性；"边框"选项卡主要设置表格的线宽、线型、颜色以及间距等特性。

在单元样式下拉列表中，列出了多个表格样式，以便用户自行选择合适的表格样式，如图 12-52 所示。

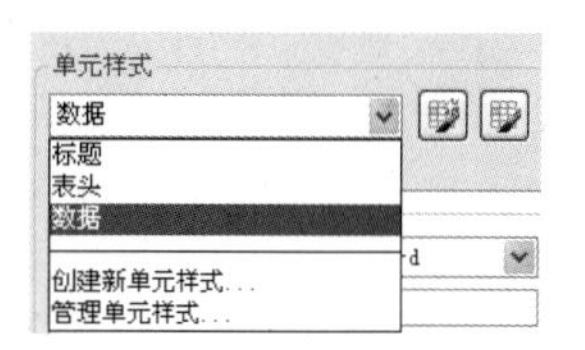

图 12-52　"单元样式"选项组

单击"创建新单元样式"按钮，可以在弹出的"创建新单元样式"对话框中输入新名称，以创建新样式，如图 12-53 所示。

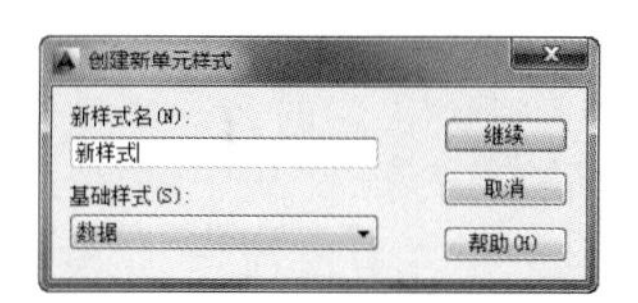

图 12-53　"创建新单元样式"对话框

若单击“管理单元样式”按钮，则弹出“管理单元样式”对话框，该对话框显示当前表格样式中的所有单元样式并使用户可以创建或删除单元样式，如图 12-54 所示。

图 12-54 “管理单元样式”对话框

4. “单元样式预览”选项区

该选项显示当前表格样式设置效果的样例。

12.6.2 创建表格

表格是在行和列中包含数据的对象。创建表格对象，首先要创建一个空表格，然后在其中添加要说明的内容。

用户可以通过以下方式执行此操作。

- 菜单栏：选择“绘图”|“表格”命令。
- 面板：在“注释”选项卡的“表格”面板中单击“表格”按钮。
- 命令行：输入 TABLE 并按 Enter 键。

执行 TABLE 命令，弹出“插入表格”对话框，如图 12-55 所示。该对话框包括“表格样式”选项区、“插入选项”选项区、“预览”选项区、“插入方式”选项区、“列和行设置”选项区和“设置单元样式”选项区，各选项区的内容及含义如下。

- 表格样式：在要从中创建表格的当前图形中选择表格样式。通过单击下拉列表旁边的按钮，可以创建新的表格样式。
- 插入选项：指定插入选项的方式。包括“从空表格开始”“自数据连接”和“自图形中的对象数据”方式。
- 预览：显示当前表格样式的样例。
- 插入方式：指定表格位置。包括“指定插入点”和“指定窗口”方式。
- 列和行设置：设置列和行的数目和大小。
- 设置单元样式：对于那些不包含起始表格的表格样式，需要指定新表格中行的单元格式。

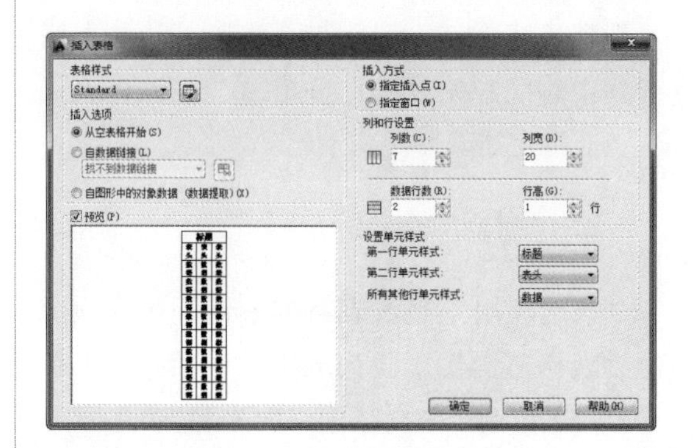

图 12-55 “插入表格”对话框

提示：

表格样式的设置尽量按照 IOS 国际标准或国家标准进行。

动手操练——创建表格

一个表格包含数据、列标题和标题，创建表格就是要确定这些元素的基本设置，以及设置表格的行数和列数。表格形式如图 12-56 所示。

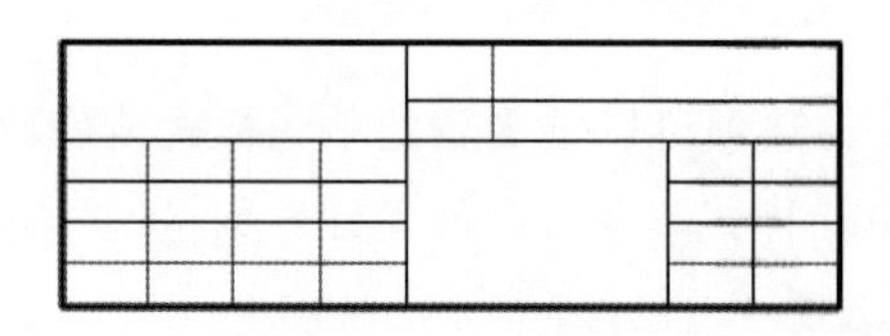

图 12-56 表格形式

step 01 在菜单栏中选择“格式” | “文字样式”命令，创建如下 3 种文字样式，其中“仿宋”为当前文字样式。

- “仿宋”：字体为“仿宋体_GB2312”、宽度比例为 0.7。
- “窄仿宋”：字体为“仿宋体_GB2312”、宽度比例为 0.5。
- “隶书”：字体为“隶书”、宽度比例为 1。

step 02 单击“矩形”按钮，创建一个长为 90，宽为 30 的矩形，作为辅助边界。

step 03 单击“绘图”工具栏中的“表格”按钮，弹出“插入表格”对话框，如图 12-57 所示。

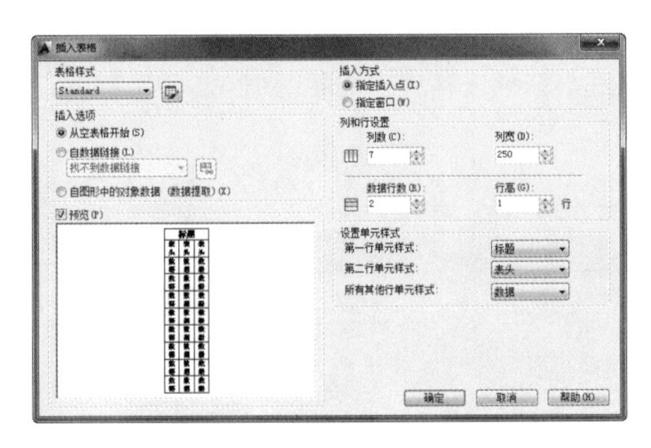

图 12-57　“插入表格”对话框

step 04 单击“表格样式名”下方的按钮，弹出“表格样式”对话框，如图 12-58 所示。

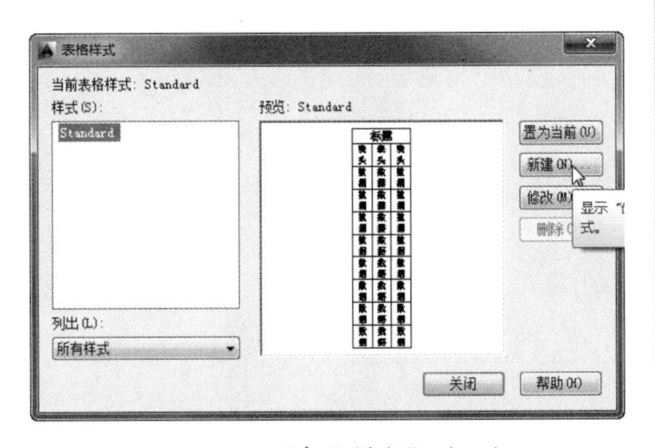

图 12-58　“表格样式”对话框

step 05 单击“新建”按钮，在弹出的“创建新的表格样式”对话框中将新样式命名为“表格 1”，然后单击“继续”按钮，出现“新建表格样式”对话框，其中包含“数据”“列标题”和“标题”选项区，如图 12-59 所示。

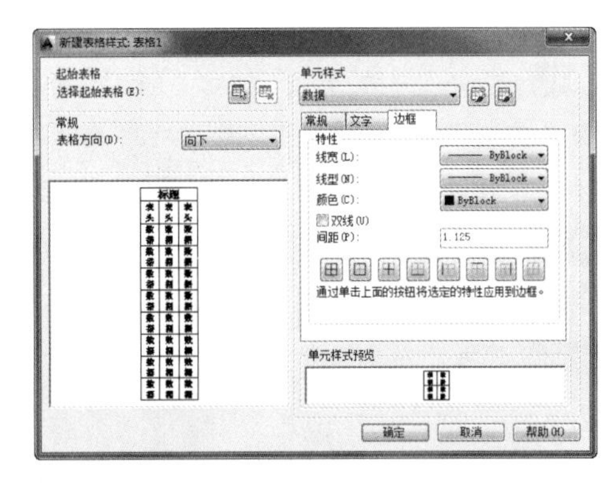

图 12-59　“新建表格样式”对话框

技巧点拨：

也可以单击“修改”按钮，修改当前表格样式。

step 06 在“数据” | “常规”选项卡内设置“对齐”方式为“正中”。

step 07 在“文字”选项卡中设置“文字样式”为“仿宋”，“文字高度”为 2.5，在“边框”选项卡中设置“线宽”为 0.30，选择“外边框”，如图 12-60 所示。

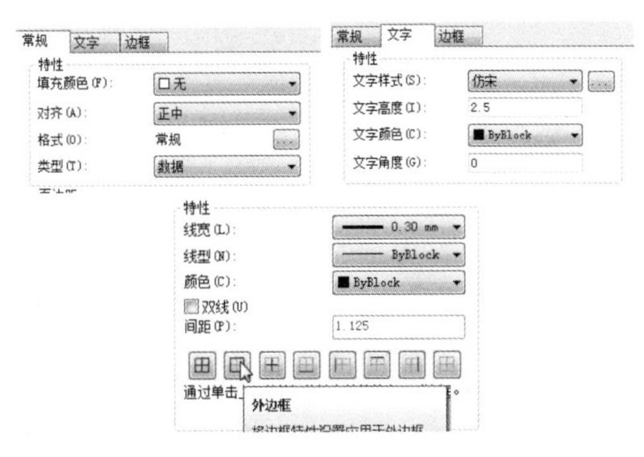

图 12-60　“数据”选项卡的设置

step 08 在“列标题”选项卡中取消选中“单元特性” | “包含页眉行”复选框，使本表格不带页眉。

step 09 在“标题”选项卡中取消选中“单元特性”|“包含标题行”复选框，使本表格不含标题。

step 10 单击“确定”按钮，返回“表格样式”对话框。

step 11 单击“置为当前”按钮，将“表格 1”置为当前表格样式。单击“关闭”按钮，关闭“表格样式”对话框。

step 12 在“插入表格”对话框中设置表格为 9 列 6 行，其他参数设置如图 12-61 所示。

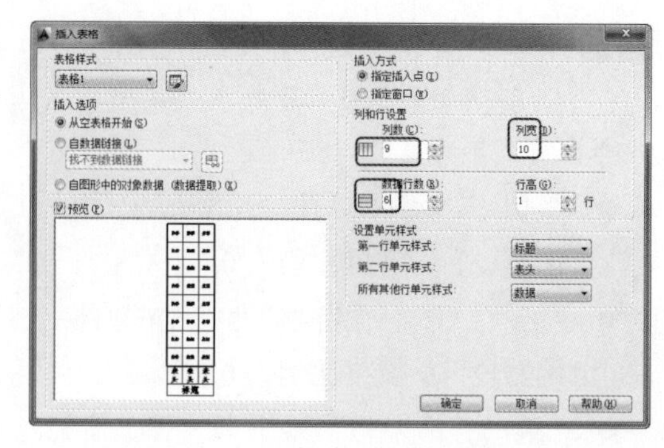

图 12-61 “插入表格”对话框中的设置

step 13 单击“确定”按钮，捕捉矩形的左上端点，插入表格。

12.6.3 修改表格

表格创建完成后，用户可以单击或双击该表格上的任意网格线以选中该表格，然后通过使用“特性”选项板或夹点来修改该表格。单击表格线显示的表格夹点，如图 12-62 所示。

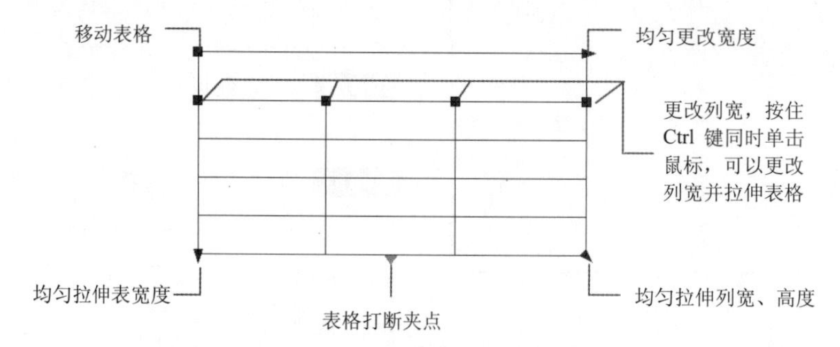

图 12-62 使用夹点修改表格

双击表格线显示的“特性”面板和属性面板，如图 12-63 所示。

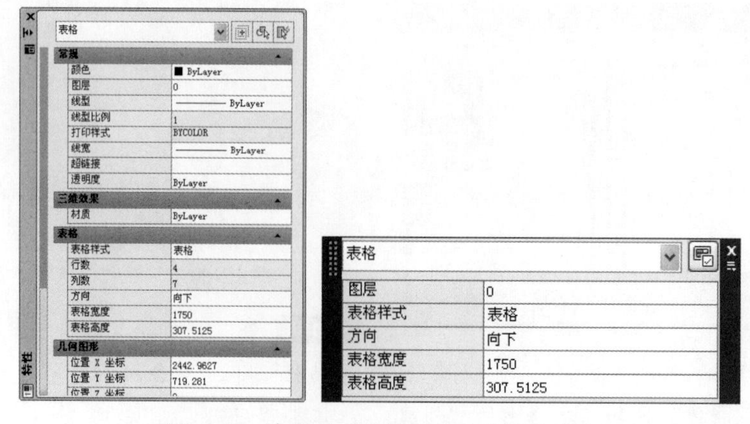

图 12-63 表格的“特性”面板和属性面板

1. 修改表格的行与列

用户在更改表格的高度或宽度时，只有与所选夹点相邻的行或列才会更改，表格的高度或宽度均保持不变，如图 12-64 所示。

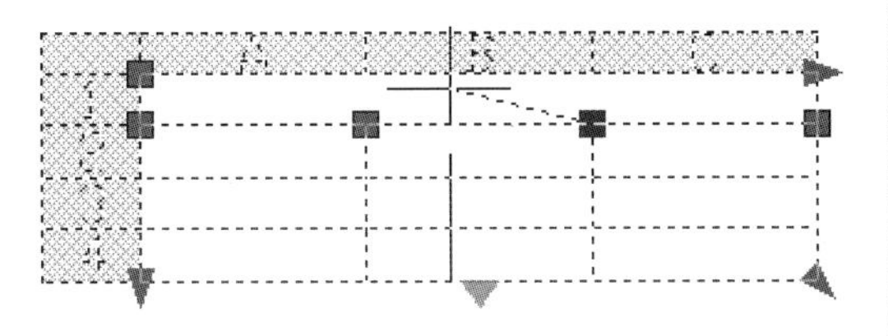

图 12-64　更改列宽、表格大小不变

使用列夹点时按 Ctrl 键可以根据行或列的大小按比例编辑表格的大小，如图 12-65 所示。

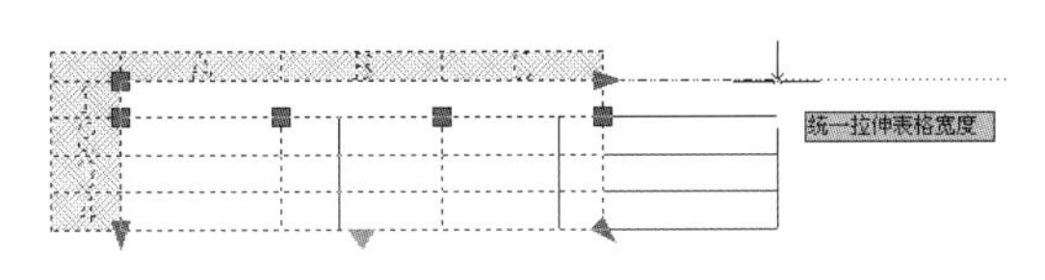

图 12-65　按 Ctrl 键同时拉伸列宽

2. 修改单元表格

若要修改单元表格，可以在单元表格内单击以选中，单元边框的中央将显示夹点。拖曳单元上的夹点可以使单元及其列或行更宽或更窄，如图 12-66 所示。

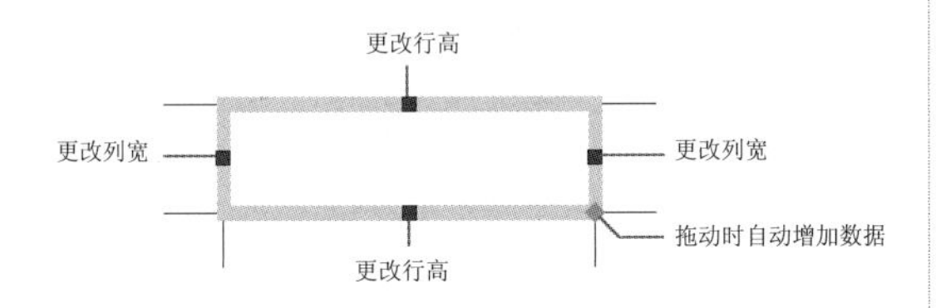

图 12-66　编辑单元格

技巧点拨：

选择一个单元，再按 F2 键可以编辑该单元格内的文字。

若要选择多个单元，单击第一个单元格后，在多个单元上拖动。或者按住 Shift 键并在另一个单元内单击，也可以同时选中这两个单元以及它们之间的所有单元，如图 12-67 所示。

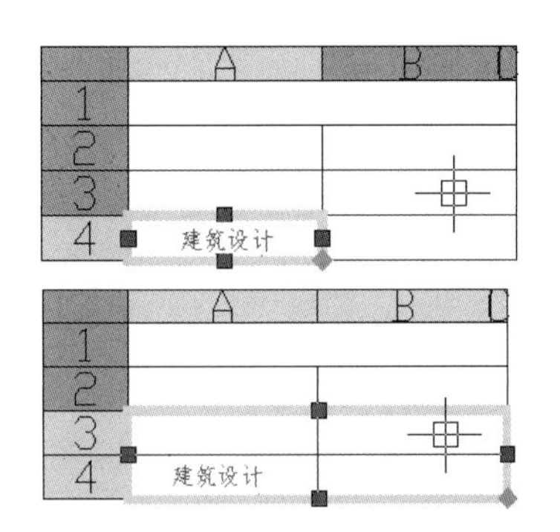

图 12-67　选择多个单元格

动手操练——修改表格

继续上例。当插入表格后，会出现与多行文字相同的“文字格式”工具栏，光标会停留在需要输入数据的单元格内，如图 12-68 所示。

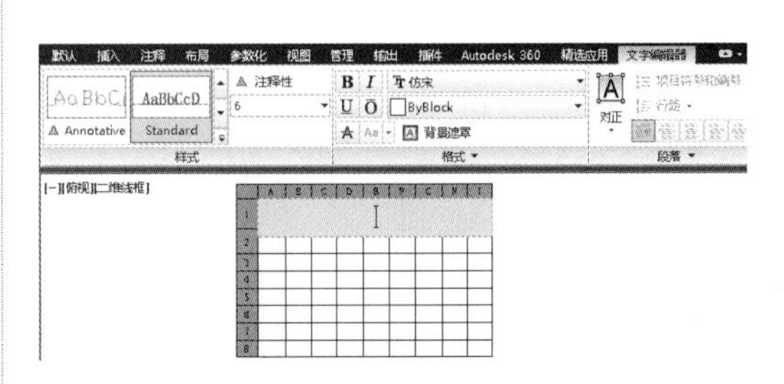

图 12-68　插入表格时的状态

step 01 单击“关闭文字编辑器”按钮。

step 02 单击表格，选择表格的右下夹点，将其移动至矩形框的右下角点处，然后删除矩形。

step 03 在如图 12-69 所示的虚线框右下角按住左键，并向左上角拖动，选择虚线框所经过的单元格，如图 12-70 所示。

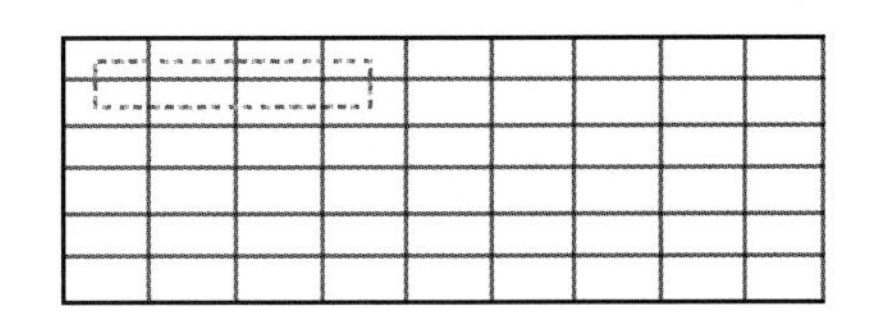

图 12-69　光标经过的区域

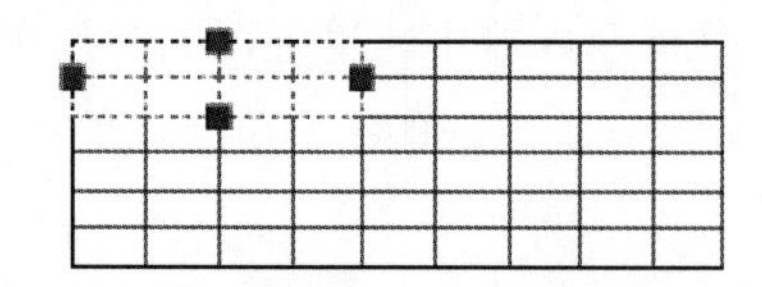

图 12-70　选择的单元格

step 04 单击右键，在弹出的快捷菜单中选择"合并单元"/"全部"命令，将选择的单元格合并起来。

step 05 利用相同的方法，将其他单元格合并为如图 12-71 所示的形态。

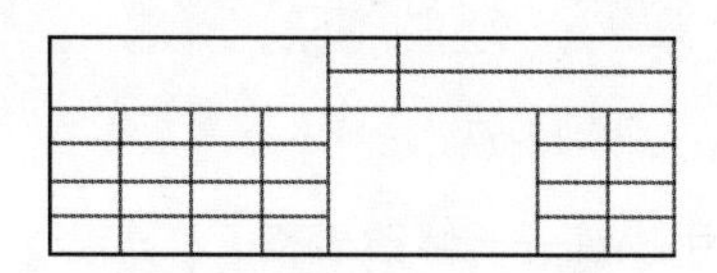

图 12-71　表格修改结果

3. 在表格中输入文字

动手操练——表格中输入文字

step 01 接上例。选择左上角的第一个单元格并双击，打开"文字格式"工具栏后，输入文字"XXX 设计院"，字高为 4。

step 02 按键盘上的向下箭头键，选择下一单元格，输入文字"院 长"。

技巧点拨：

两个字之间加入两个空格。

step 03 利用键盘上的箭头键选择其他单元格。

- 选择"窄仿宋"，输入"设计负责人"和"工程负责人"。
- 选择"隶书"，输入"总平面布置图"，字高为 3。

step 04 单击"线宽"按钮，显示线宽。

在"插入表格"对话框中，常用选项含义如下。

- "插入方式"栏：指定表位置。
- "指定插入点"：指定表左上角的位置。如果表样式将表的方向设置为由下而上读取，则插入点位于表的左下角。
- "指定窗口"：指定表的大小和位置。选定此选项时，行数、列数、列宽和行高取决于窗口的大小，以及列和行的设置。
- "列和行设置"栏：设置列和行的数目和大小。
- "列"：指定列数。如果以"指定窗口"选项为插入方式，并且指定"列宽"值，列数就由表的宽度自动控制。
- "列宽"：指定列的宽度。如果以"指定窗口"选项为插入方式，并且指定列数，列宽就由表的宽度自动控制。
- "数据行"：指定行数。如果以"指定窗口"选项为插入方式，则行数由表的高度自动控制。
- "行高"：指单元格内实际字高的倍数，实际字高 =“文字高度”× $1\frac{1}{3}$，表格中实际单行高度 =“文字高度”× $1\frac{1}{3}$ ×“行高”+“垂直”单元边距 ×2。

实际字高和单行高度的区别，如图 12-72 所示。

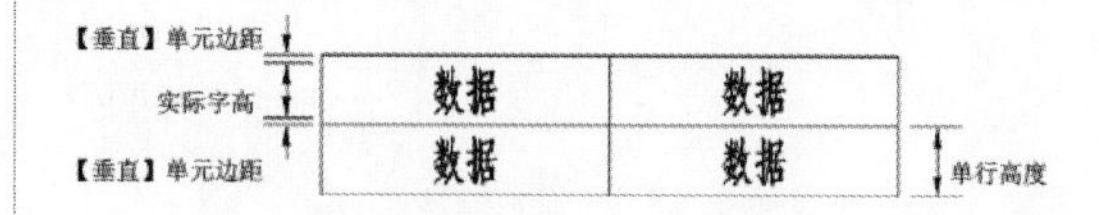

图 12-72　实际字高和单行高度图示

在"新建表格样式"对话框中，常用选项含义如下。

- "单元特性"栏：设置当前选项卡（"数据""列标题"或"标题"）的外观。

● “文字样式”：列出图形中的所有文字样式。
● “文字高度”：设置文字高度。数据和列标题的默认文字高度为 0.18，标题的默认文字高度为 0.25。
● “文字颜色”：指定文字颜色。
● “对齐”：设置表中文字的对正和对齐方式。
● “边框特性”栏：控制单元边界的外观，其中包括栅格线的线宽和颜色。
● “基本”栏：更改表的方向。
● “向下”：创建由上而下读取的表。标题行和列标题行位于表的顶部。
● “向上”：创建由下而上读取的表。标题行和列标题行位于表的底部。
● “单元边距”栏：控制单元边界和单元内容之间的间距。
● “水平”：设置单元中的文字或块与左右单元边界之间的距离。
● “垂直”：设置单元中的文字或块与上下单元边界之间的距离。

4. 打断表格

当表格太多时，用户可以将包含大量数据的表格打断成主要和次要的表格片断。使用表格底部的表格打断夹点，可以使表格覆盖图形中的多列或操作已创建的不同表格部分。

动手操练——打断表格的操作

step 01 打开光盘源文件“表格 .dwg”。

step 02 单击表格线，然后拖动表格打断夹点向表格上方拖动至如图 12-73 所示的位置。

step 03 在合适位置处单击，原表格被分成两个表格排列，但两部分表格之间仍然有关联关系，如图 12-74 所示。

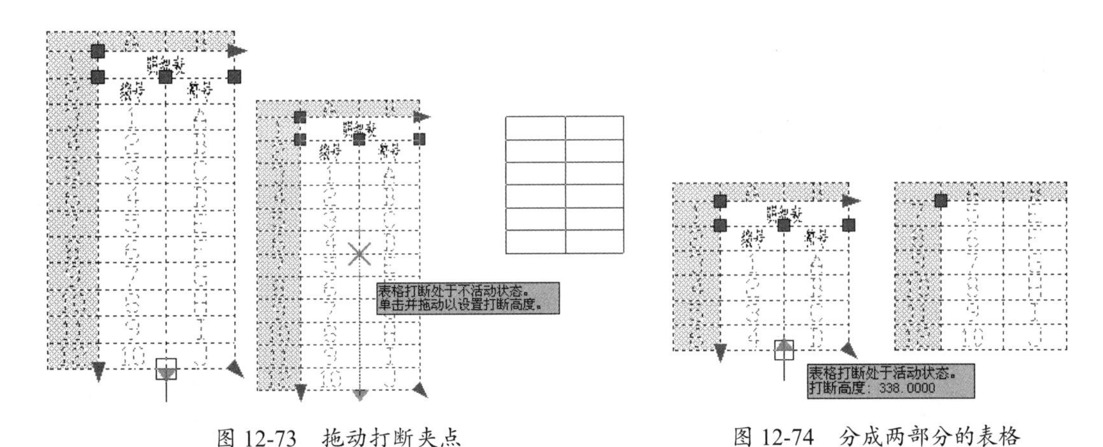

图 12-73　拖动打断夹点　　　　图 12-74　分成两部分的表格

技巧点拨：

被分隔出去的表格，其行数为原表格总数的一半。如果将打断点移动至少于总数一半的位置时，将会自动生成 3 个及 3 个以上的表格。

step 04 此时，若移动一个表格，则另一个表格也会随之移动，如图 12-75 所示。

step 05 单击鼠标右键，并在弹出的快捷菜单中选择“特性”命令，弹出“特性”选项面板。在该选项面板的“表格打断”选项组的“手动位置”下拉列表中选择“是”，如图 12-76 所示。

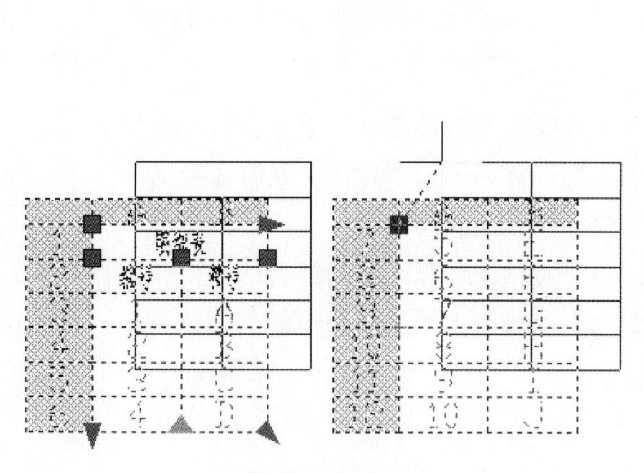

图 12-75　移动表格

表格

常规

三维效果

表格

几何图形

位置 X 坐标	4201.4805
位置 Y 坐标	755.8405
位置 Z 坐标	0

表格打断

启用	是
方向	右
重复上部标签	否
重复底部标签	否
手动位置	是
手动高度	是 / 否
打断高度	386.1661
间距	220

特性

图 12-76　设置表格打断的特性

step 06 关闭“特性”选项面板，移动单个表格，另一个表格则不会移动，如图 12-77 所示。

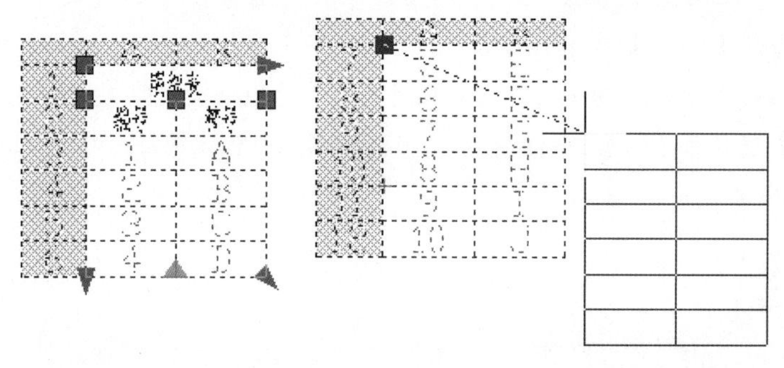

图 12-77　移动表格

step 07 最后将打断的表格保存。

12.6.4　功能区“表格单元”选项卡

在功能区处于活动状态时单击某个单元表格，功能区将显示“表格单元”选项卡，如图 12-78 所示。

图 12-78　“表格单元”选项卡

1. “行数”面板与“列数”面板

“行数”面板与“列数”面板主要是编辑行与列的，如插入行与列或删除行与列。“行数”面板与“列数”面板，如图 12-79 所示。

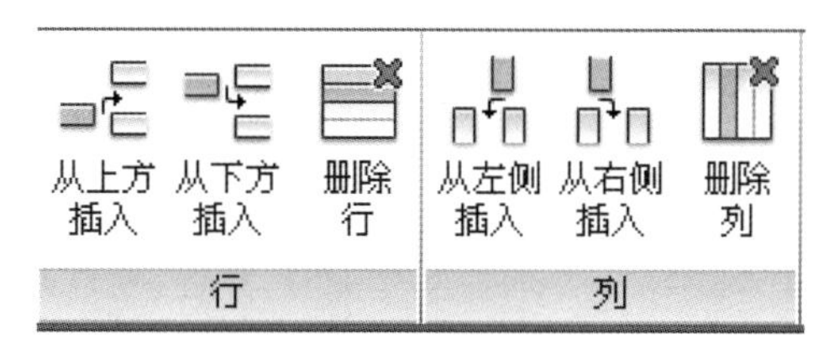

图 12-79　“行”面板与“列”面板

面板中的选项含义如下。

- 从上方插入：在当前选定单元格或行的上方插入行，如图 12-80a 所示。
- 从下方插入：在当前选定单元格或行的下方插入行，如图 12-80b 所示。
- 删除行：删除当前选定行。
- 从左侧插入：在当前选定单元格或行的左侧插入列，如图 12-80c 所示。
- 从右侧插入：在当前选定单元格或行的右侧插入列，如图 12-80d 所示。
- 删除列：删除当前选定列。

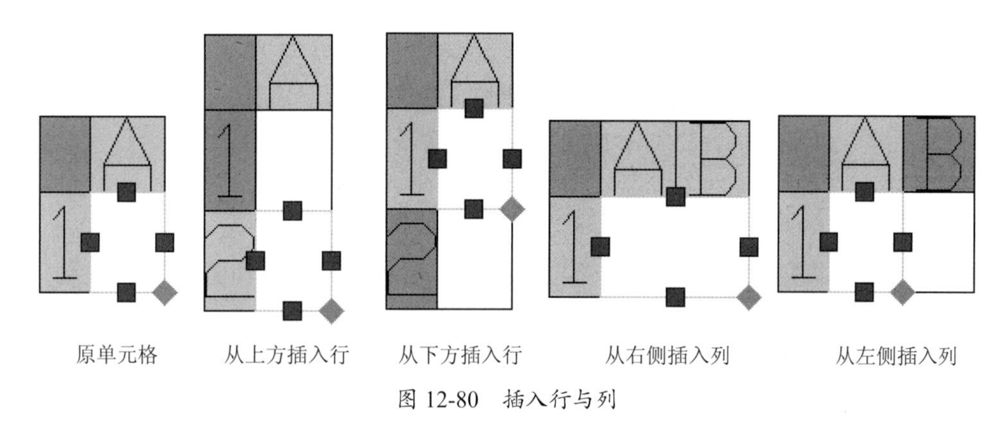

原单元格　　从上方插入行　　从下方插入行　　从右侧插入列　　从左侧插入列

图 12-80　插入行与列

2. “合并”面板、“单元样式”面板和“单元格式”面板

“合并”面板、“单元样式”面板和“单元格式”面板的主要功能是合并和取消合并单元、编辑数据格式和对齐、改变单元边框的外观、锁定和解锁编辑单元，以及创建和编辑单元样式。3 个面板的工具命令，如图 12-81 所示。

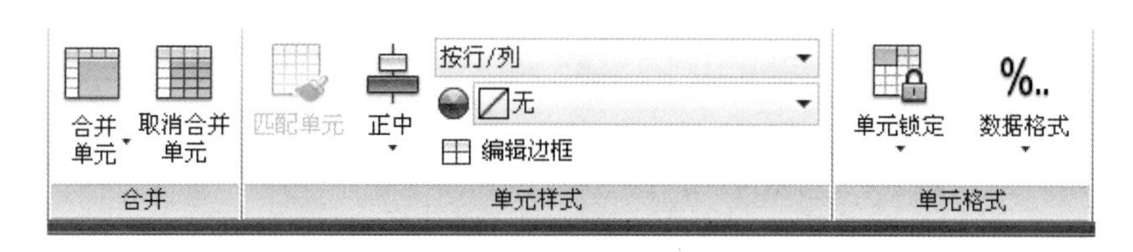

图 12-81　3 个面板的工具命令

面板中的选项含义如下。

- 合并单元：当选择多个单元格后，该命令被激活。执行此命令，将选定单元格合并为一个大单元格中，如图 12-82 所示。

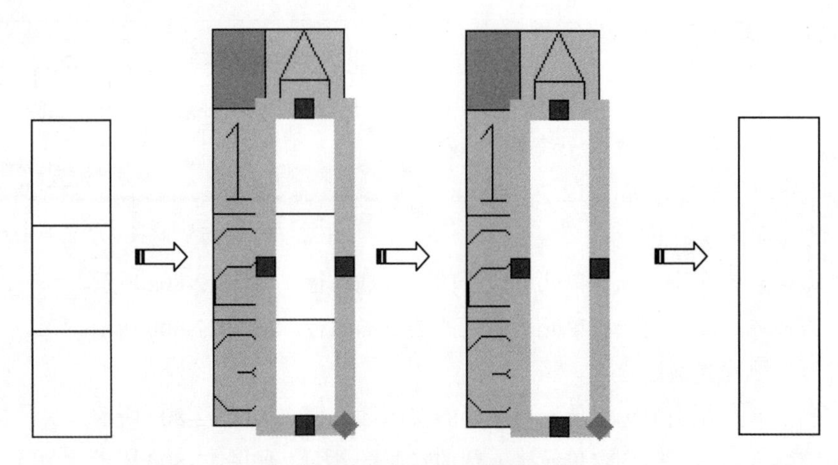

图 12-82　合并单元格的过程

- 取消合并单元：对之前合并的单元格取消合并。
- 匹配单元：将选定单元格的特性应用到其他单元格。
- “单元样式”列表：列出包含在当前表格样式中的所有单元格样式。单元格样式标题、表头和数据通常包含在任意表格样式中，且无法删除或重命名。
- 背景填充：指定填充颜色。选择“无”或选择一种背景色，或者选择“选择颜色”命令，以打开“选择颜色”对话框，如图 12-83 所示。
- 编辑边框：设置选定单元格的边界特性。单击此按钮，将弹出如图 12-84 所示的“单元边框特性”对话框。

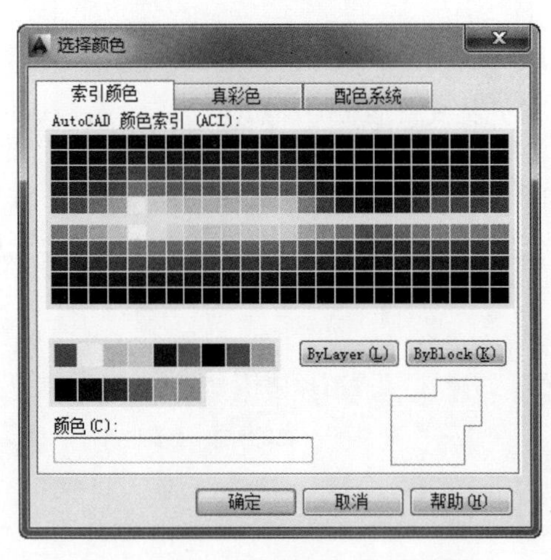

图 12-83　“选择颜色”对话框

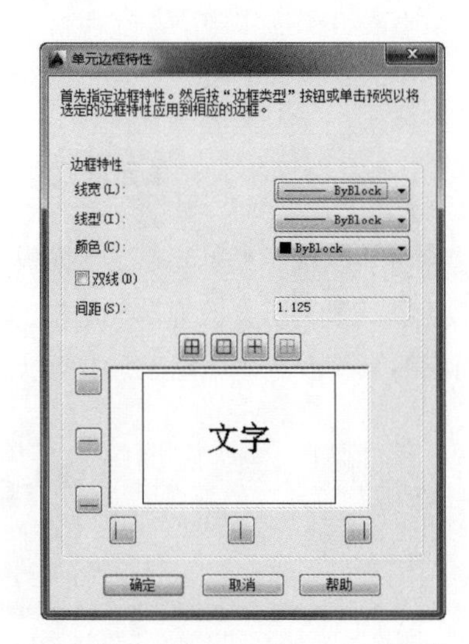

图 12-84　“单元边框特性”对话框

- “对齐方式”列表：对单元格内的内容指定对齐方式。内容相对于单元格的顶部边框和底部边框进行居中对齐、上对齐或下对齐。内容相对于单元的左侧边框和右侧边框居中对齐、左对齐或右对齐。
- 单元锁定：锁定单元内容和 / 或格式（无法进行编辑）或对其解锁。

- 数据格式：显示数据类型列表（“角度”“日期”“十进制数”等），从而设置表格行的格式。

3. “插入”面板和“数据”面板

“插入”面板和“数据”面板中的工具命令所起的主要作用是插入块、字段和公式、将表格链接至外部数据等。“插入”面板和“数据”面板中的工具命令，如图 12-85 所示。

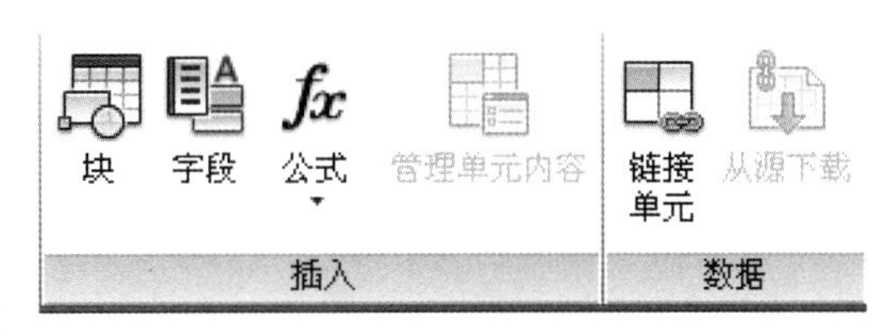

图 12-85　“插入点”面板和“数据”面板

面板中所包含的工具命令的含义如下。

- 块：将块插入当前选定的表格单元中，单击此按钮，将弹出“在表格单元中插入块”对话框，如图 12-86 所示。
- 字段：将字段插入当前选定的表格单元中。单击此按钮，将弹出“字段”对话框，如图 12-87 示。通过单击“浏览”按钮，查找创建的块。单击“确定”按钮即可将块插入单元格。

图 12-86　“在表格单元中插入块”对话框

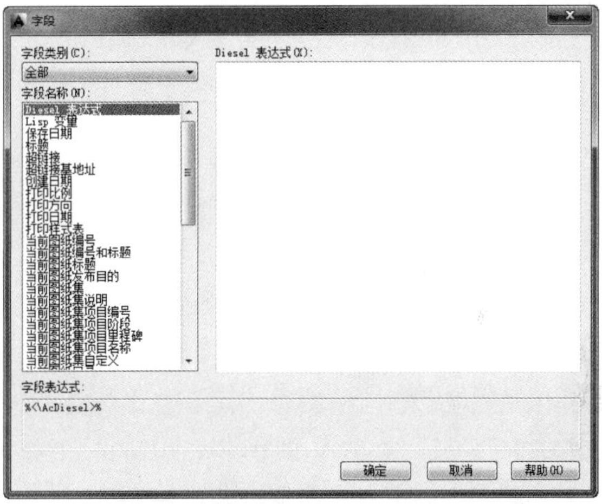

图 12-87　“字段”对话框

- 公式：将公式插入当前选定的单元格中，公式必须以等号（=）开始。用于求和、求平均值和计数的公式将忽略空单元格以及未解析为数值的单元。

提示：

如果在算术表达式中的任何单元为空，或者包含非数字数据，则其他公式将显示错误（#）。

- 管理单元内容：显示选定单元的内容。可以更改单元内容的次序以及单元内容的显示方向。
- 链接单元：将数据从在 Microsoft Excel 中创建的电子表格链接至图形中的表格。
- 从源下载：更新由已建立的数据链接中的已更改数据参照的表格单元中的数据。

12.7 综合案例：注释建筑立面图

新建一个文本标注样式，使用该标注样式对如图 12-88 所示的沙发背景立面图进行文本标注，在该立面图的右侧输入备注内容，最后使用 FIND 命令将标注文本中的“门窗”替换为“窗户”。其中，标注样式名为“建筑设计文本标注”，标注文本的字体为楷体，字号为 150。设置文本以“左上”方式对齐，宽度为 5000，并调整其行间距至少为 1.5 倍。

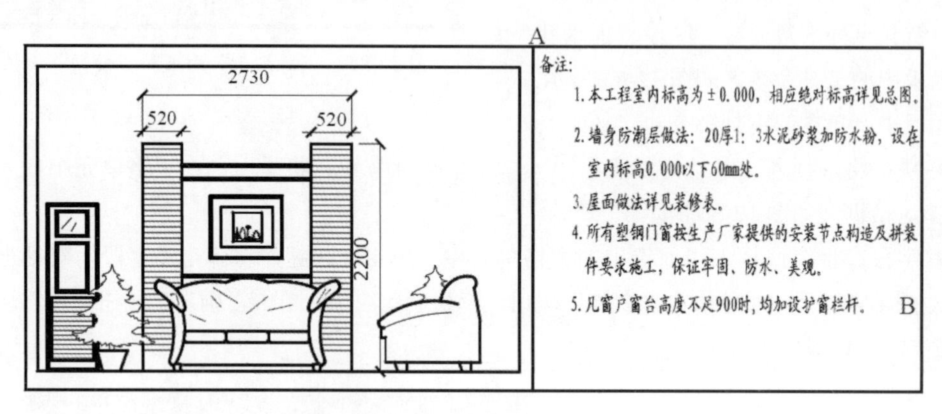

图 12-88 建筑立面图文本标注

操作步骤

1. 新建文本标注样式

根据要求，首先新建一个文本标注样式，设置其字体、字号等格式，文本标注样式可以通过“文字样式”对话框来进行设置。其具体操作如下。

step 01 打开本例源文件“建筑立面图 .dwg”。

step 02 在命令行中输入 STYLE 命令，打开如图 12-89 所示“文字样式”对话框。

step 03 单击“新建”按钮，打开如图 12-90 所示“新建文字样式”对话框，在该对话框中输入“建筑设计文本标注”，单击“确定”按钮返回“文字样式”对话框。

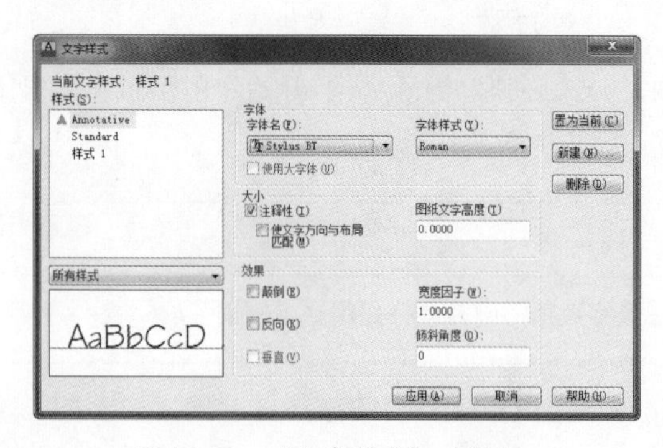

图 12-89 “文字样式”对话框

图 12-90 “新建文字样式”对话框

step 04 在“字体”栏的“字体名”下拉列表中选择“楷体 _GB2312”选项，在“高度”文本框中输入 150。

提示：

不同版本的 Windows 操作系统，其自带的字体也会有所不同。如果没有“楷体 _GB2312”字体，可以从网络下载并存放到 C:\Windows\Fonts 文件夹中。

step 05 默认其他设置，单击“应用”按钮，再单击“完成”按钮。

2．注释建筑立面图

完成标注样式的设置后，即可使用 MTEXT 命令标注建筑立面图了，读者应注意特殊符号的标注方法，其具体操作如下。

step 01 在命令行中输入 MTEXT 命令，系统提示如下。

```
    命令：MTEXT ↙          // 激活 MTEXT 命令对立面图进行文本标注
    当前文字样式：”建筑设计文本标注”当前文字高度：150// 系统显示当前文字样式
    指定第一角点：点取 A 点，如图 12-15 所示          // 指定标注区域的第一点
    指定对角点或“高度 (H)/ 对正 (J)/ 行距 (L)/ 旋转 (R)/ 样式 (S)/ 宽度 (W)”：点取 B 点
// 指定标注区域的对角点，也可以选择相应的选项对标注进行设置
```

step 02 打开“多行文字编辑器”对话框，在该对话框下方的文本编辑框中输入如图 12-91 所示的标注文本。

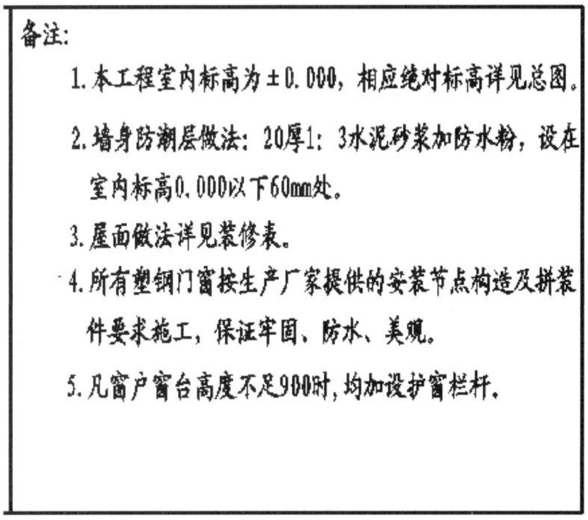

备注:

1. 本工程室内标高为±0.000，相应绝对标高详见总图。
2. 墙身防潮层做法：20厚1：3水泥砂浆加防水粉，设在室内标高0.000以下60mm处。
3. 屋面做法详见装修表。
4. 所有塑钢门窗按生产厂家提供的安装节点构造及拼装件要求施工，保证牢固、防水、美观。
5. 凡窗户窗台高度不足900时，均加设护窗栏杆。

图 12-91　输入文字

提示：

读者可以试着思考，如何在标注文本中输入“±0.000”。

step 03 进入“特性”选项卡，在“对正”下拉列表中选择“左上”方式，在“宽度”下拉列表中输入 5000。

step 04 单击“行距”选项卡，在“行距”下拉列表中选择“至少”选项，再在其后的“精度值”下拉列表中选择“1.5 倍”选项。

step 05 单击“确定”按钮。

3. 替换标注文本

完成文本标注后，再使用 FIND 命令将“门窗”替换为“窗户”，其具体操作如下。

step 01 在命令行中输入 FIND 命令，打开如图 12-92 所示的“查找和替换”对话框。

step 02 在“查找内容”下拉列表中输入“门窗”，在“替换为”下拉列表中输入“窗户”，确定要查找和替换的字符。

step 03 在“搜索范围”下拉列表中选择“整个图形”选项。

step 04 单击“选项”展开按钮，在该对话框中选中“标注 / 引线文字”“单行 / 多行文”和“全字匹配”复选框，如图 12-93 所示

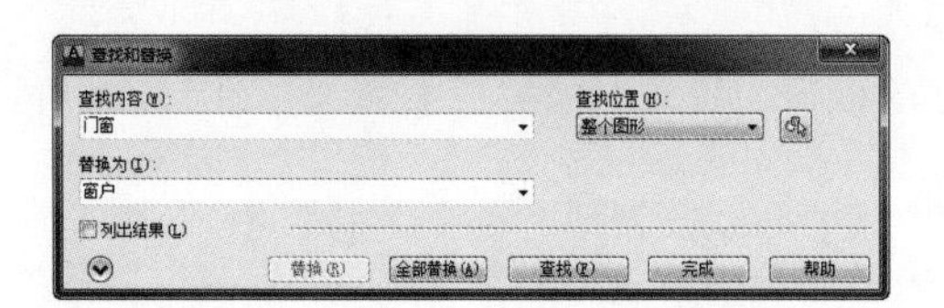

图 12-92“查找和替换”对话框

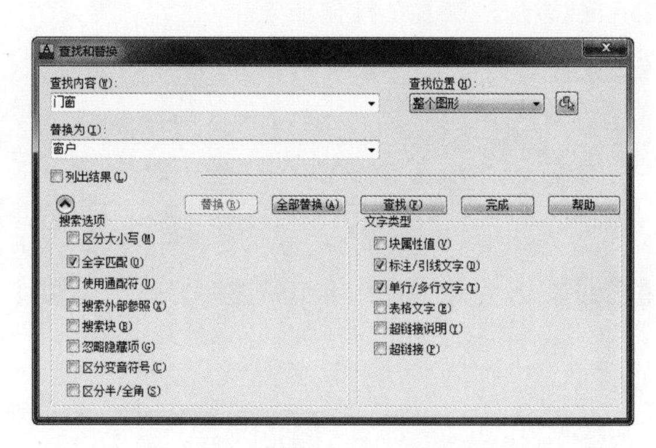

图 12-93“查找和替换”对话框

step 05 单击“全部替换”按钮，在“查找和替换”对话框下方将显示替换的结果。

step 06 单击“完成”按钮。

12.8 AutoCAD 认证考试习题集

一、单选题

1. 快速引线后不可以尾随的注释对象是什么？

A. 公差　　　　B. 单行文字

C. 多行文字　　　　D. 复制对象

正确答案（　　）

2. 下面哪个命令用于为图形标注多行文本、表格文本和下画线文本等特殊文字？

A. MTEXT　　　　B. TEXT

C. DTEXT　　　　D. DDEDIT

正确答案（　　）

3. 下面哪一类字体是中文字体？

A. gbenor.shx　　　　B. gbeitc.shx

C. gbcbig.shx　　　　D. txt.shx

正确答案（　　）

4．下面哪个命令用于对 TEXT 命令标注的文本进行查找和替换？

A. SPEL　　　　B. QTEXT

C. FIND　　　　D. EDIT

正确答案（　　）

5．多行文本标注命令是什么？

A. WTEXT　　　　B. QTEXT

C. TEXT　　　　D. MTEXT

正确答案（　　）

6．在 AutoCAD 中，用户可以使用哪个命令将文本设置为快速显示方式，使图形中的文本以线框的形式显示，从而提高图形的显示速度？

A. MTEXT　　　　B. WTEXT

C. TEXT　　　　D. QTEXT

正确答案（　　）

7．下列文字特性不能在“多行文字编辑器”对话框的“特性”选项卡中设置的是什么属性？

A. 高度　　　　B. 宽度

C. 旋转角度　　　　D. 样式

正确答案（　　）

8．在 AutoCAD 中创建文字时，圆的直径的表示方法是什么？

A. %% C　　　　B. %% D

C. %% P　　　　D. %% R

正确答案（　　）

9．在文字输入过程中，输入 1/2，在 AutoCAD 中运用什么命令，可以把此分数形式改为水平分数形式？

A. 文字样式　　　　B. 单行文字

C. 对正文字　　　　D. 多行文字

正确答案（　　）

12.9　课后练习

1．创建表格输入文字

根据本章所学知识，使用文本标注命令制作如图 12-94 所示的某大楼门窗材料规格表，然后使用文本编辑功能对其进行修改。

39#楼门窗表:

序号	位置	名　称	编号	洞口尺寸	总数	备 注
1	窗	塑钢玻璃窗	C2520	2500X2000	8	
2		塑钢玻璃窗	C2920	2900x2000	8	
3		塑钢玻璃窗	C3220	3200x2000	16	
4						
5	门	卷帘门	JIM2532	2500x3200	4	
6		卷帘门	JIM2932	2900x3200	4	
7		卷帘门	JIM3232	3200x3200	8	
8		夹板门	M0718	700x1800	8	
9		夹板门	M0720	700x2000	24	
10		夹板门	M0921	900x2100	16	

图 12-94　某大楼门窗材料规格表

2. 建筑施工图文本标注

采用本章所设置文本标注样式对如图 12-95 所示的建筑施工图进行文本标注。其中，标注文本以“正中”方式对齐，宽度为 22800，设置行间距为“单倍”，最后使用 SCALETEXT 命令将标注文本缩放 0.8 倍。

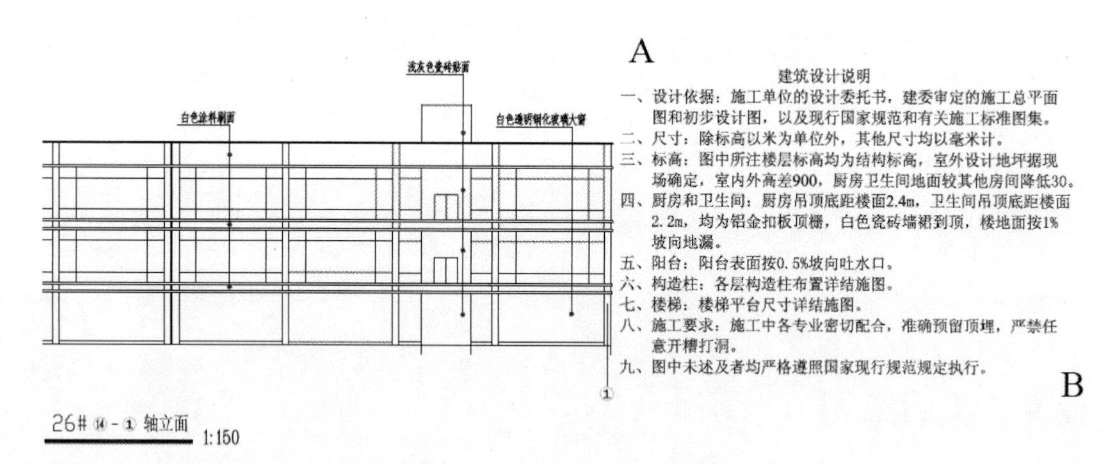

图 12-95　建筑施工图文本标注

第 13 章

绘制建筑总平面图

本章内容

建筑总平面图主要表示整个建筑基地的总体布局，具体表达新建房屋的位置、朝向以及周围环境（原有建筑、交通道路、绿化、地形）基本情况的图样，它是新建房屋定位、施工放线、布置施工现场的依据，一般在图上会标出新建筑物的外形，建筑物周围的地物和旧建筑，建成后的道路、水源、电源、下水道干线、停车的位置、建筑物的朝向等。

知识要点

- ☑ 建筑总平面图设计概述
- ☑ 绘制图纸样板
- ☑ 绘制建筑总平面图的方法

13.1 建筑总平面图设计概述

建筑施工中，建筑总平面图是将拟建的、原有的、要拆除的建筑物或构筑物，以及新建、原有道路等内容，用水平投影方法在地形图上绘制出来，便于让施工人员阅读。

13.1.1 建筑总平面图的功能与作用

建筑总平面图的功能与作用表现如下。

- 总平面图在方案设计阶段着重体现拟建建筑物的大小、形状及周边道路、房屋、绿地和建筑红线之间的关系，表达室外空间设计效果。
- 在初步设计阶段，通过进一步推敲总平面设计中涉及到的各种因素和环节，推敲方案的合理性和科学性。初步设计阶段总平面图是方案设计阶段的总平面图的细化，为施工图阶段的总平面图打基础。
- 施工图设计阶段的总平面图，是在深化初步设计阶段内容的基础上完成的，能准确描述建筑的定位尺寸、相对标高、道路竖向标高、排水方向及坡度等。是单体建筑施工放线、确定开挖范围及深度、场地布置以及水、暖、电管线设计的主要依据，也是道路及围墙、绿化、水池等施工的重要依据。
- 总平面设计在整个工程设计、施工中具有极其重要的作用，而建筑总平面图则是总平面设计当中的图纸部分，在不同的设计阶段作用有所不同。

由于总平面图采用较小比例绘制，各建筑物和构筑物在图中所占面积较小，根据总平面图的作用，无须绘制得很详细，可以用相应的图例表示，《总图制图标准》中规定的几种常用图例，见表 13-1。

表 13-1 建筑总平面图的常见图例

符 号	说 明	符 号	说 明
	新建建筑物。粗线绘制。 需要时，表示出入口位置▲及层数 X 轮廓线以 ±0.00 处外墙定位轴线或外墙皮线为准 需要时，地上建筑用中实线绘制，地下建筑用细虚线绘制		新建地下建筑或构筑物，用粗虚线绘制
	拟扩建的预留地或建筑物，用中虚线绘制		原有建筑，用细线绘制
	拆除的建筑物，用细实线表示		建筑物下面的通道

续表

符 号	说 明	符 号	说 明
	广场铺地		台阶，箭头指向表示向上
	烟囱。实线为下部直径，虚线为基础。必要时，可以注写烟囱高度和上下口直径		实体性围墙
	通透性围墙		挡土墙。被挡土在“凸出”的一侧
	填挖边坡。边坡较长时，可以在一端或两端局部表示		护坡。边坡较长时，可以在一端或两端局部表示
X323.38 Y586.32	测量坐标	A123.21 B789.32	建筑坐标
32.36(±0.00)	室内标高	32.36	室外标高

13.1.2　AutoCAD 建筑总平面图的绘制方法

在实际工作中，建筑绘图一般是从一层平面开始绘制的。因此绘制总平面图的方法是将经过修改后的屋顶层平面加上一层平面中详尽的环境及室外附属工程调入方案，比较后再进行修改和深化，加上辅助说明性图素，即可完成总平面图的绘制。

1．绘图准备

使用 AutoCAD 绘图之前，首先应对绘图环境做必要的设置，以便以后的工作。建立总平面图的绘图环境，其中包括图域、图层、线型、字体与尺寸标注格式等参数的设置。

2．绘制地形图

任何建筑都是基于甲方提供的地形现状图进行设计的，在进行设计之前，设计师必须首先绘制地形现状图。总平面图中的地形现状图的输入，依据具体的条件不同，内容也不尽相同，有繁有简。一般可以分为 3 种情况：一是高差起伏不大的地形，可以近似看作平地，用简单的绘图命令即可完成；二是较复杂的地形，尤其是高差起伏较剧烈的地形，应用 line、mline、pline、arC. spline、sketch 等命令绘制等高线或网格形体；三是特别复杂的地形，可以用扫描仪扫描为光栅文件，用 xref 命令进行外部引用，也可以用数字化仪直接输入为矢量文件。

3. 地物的绘制

对于现状图中的地物通常用简单的二维绘图命令按相应规范绘制即可。这些地物主要包括铁路、道路、地下管线、河流、桥梁、绿化、湖泊、广场、雕塑等。

地物的一般绘制步骤为先用 mline、pline 等命令绘制一定宽度的平行线，也可以用 line 命令和 offset 命令绘制平行线，然后用 fillet、chamfer、trim、change 等编辑命令进行倒角、剪切等操作，最后用点画线绘制道路中心线，用 solid 命令填充铁路短黑线，用 hatch 命令填充流水等。

现状图上的其他地物也可以用基本的二维绘图方法绘制，如用户拥有其他具有专业图库的建筑软件或已在 AutoCAD 中建立了专业图形库，也可以用 insert 命令插入相应形体（如树、绿化带、花台等），然后用 array、copy、offset、move、scale、lengthen 等命令进行修改编辑，直到符合要求为止。用户可以通过不同途径绘制这些地物地貌，达到同一目的，关键是用户需要在不断地绘图实践中总结方法与技巧，熟练运用编辑命令。

4. 绘制原有建筑

建筑设计规范规定，原有建筑在总平面图设计中用细实线绘制，而且在总平面图设计中，必须反映新旧建筑的关系。在方案设计阶段，由于一般建筑形体都比较规则，往往只需绘制若干个简单的形体，这些形体只要尺寸和位置准确，用二维绘图命令即可完成全部图形的绘制。绘制原有建筑物、构筑物的二维绘图方法，通常可以用 line、pline、arC. circle、polygon、ellipse 等二维绘图命令绘制。绘制时应该注意形体的定位，另外，对于一些需用符号表示的构筑物，如水塔、泵房、消火栓、电杆、变压器等应符合制图规范，并可以将这些图例统一绘制成块以供调用，也可以从专业图库中调用。

5. 绘制红线

在建筑设计中有两种红线——建筑红线和用地红线。用地红线是主管部门或城市规划部门依据城市建设总体规划要求，确定的可以使用的用地范围；建筑红线是拟建建筑可以摆放在该用地范围中的位置，新建建筑不可超出建筑红线。用地红线一般用点画线绘制，建筑红线一般用粗虚线绘制，它一般由比较简单的直线或弧线组成，颜色宜设为红色。

6. 辅助图素的绘制

在总平面图设计中的其他辅助图素（如大地坐标、经纬度、绝对标高、特征点标高、风玫瑰图、指北针等）可以用尺寸标注、文本标注等方式标注或调用（绘制）图块。由于这些数值或参数是施工设计和施工放样的主要参考标准，因此设计绘图中应做到绘制精确、定位准确。通常单体设计项目大多先布置建筑，而后布置相关道路，而群体规划项目则大多先布置道路网，而后布置建筑。需要注意的是，新建建筑必须在图中以粗实线表示，不能超出建筑红线的范围。

绿化与配景可以直接用二维绘图命令绘制。如果用预先建立好的各种建筑配景图块直接插入，即可提高工作效率。在平常练习中可以有针对性地画一些常用配景。

13.2　案例一：绘制图纸样板

AutoCAD 的样板图是一种图形文件。样板图中可以包括任何内容，但只有通用的内容才有意义。在手工绘图时，绘图者可以利用所在单位提供的标准图纸来画图，其实这种图纸就是一种样板图，图纸上有符合国家标准的边框，还有符合单位标准的标题栏、会签栏等内容。AutoCAD 的样板图可以包括更多的内容，例如图幅、边框、标题栏、会签栏、图层、绘图单位、作图精度、图块、文字、尺寸式样、运行中的对象捕捉方式等。

AutoCAD 2018 在其 Template 文件夹中提供了许多样板图文件，但由于该软件是美国的 Autodesk 公司开发的，其中的样板图没有一个能够完全符合我国的国家标准，因而读者应当学会自己建立样板图。

13.2.1　绘图基本设置

step 01 在命令行输入 UN 并按 Enter 键，调出“图形单位”对话框。在“精度”下拉列表中选择 0.000 选项，如图所示，设置完成后单击”确定”按钮即可。

图 13-1　“图形单位”设置

技巧点拨：

“图形单位”对话框用来设置整个 AutoCAD 绘图系统的长度、角度等单位精度，对于一般的建筑制图来说，精度设为 0 即可满足要求。

step 02 在菜单栏中选择“工具”|“绘制设置”命令，调出“草图设置”对话框，然后切换到“对象捕捉”选项卡。

step 03 选中“端点”“中点”“圆心”“节点”“象限点”“交点”“垂足”“切点”8 项（这几种模式为绘制建筑施工图中常用的对象捕捉模式，在绘图过程中还可以临时改变对象捕捉模式），单击“确定”按钮完成设置，如图 13-2 所示。

图 13-2　设置捕捉模式

step 04 在菜单栏中选择“格式”|“线宽”命令，弹出“线宽设置”对话框，如图 13-3 所示。选中“显示线宽”复选框，设置线宽为 0.25mm，最后单击“确定”按钮完成线宽设置。

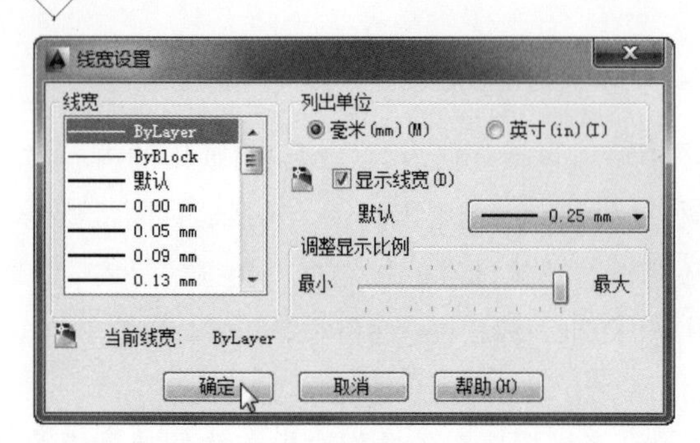

图 13-3　线宽设置

13.2.2　设置图层

step 01 在菜单栏中选择“格式”|“图层”命令或单击“默认”选项卡中“图层”面板中的“图层特性”按钮，弹出“图层特性管理器”选项面板，如图 13-4 所示。

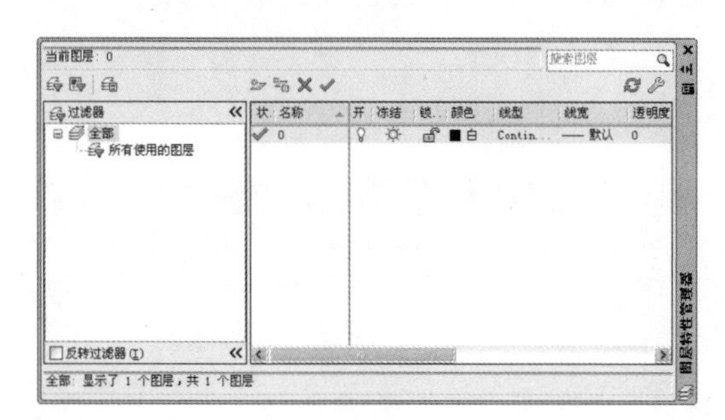

图 13-4　“图层特性管理器”选项面板

step 02 单击该选项面板中的按钮，新建一个图层，设置图层的名称为“轴线”，然后单击该图层相应颜色栏中的色块，弹出“选择颜色”对话框，从中选择红色，如图 13-5 所示，单击“确定”按钮将颜色设置为红色。

step 03 单击“线型”栏中的 Continuous 选项，弹出“选择线型”对话框。单击“加载”按钮，弹出“加载或重载线型”对话框，然后加载 ACAD_IS004W100 线型，如图 13-6 所示。

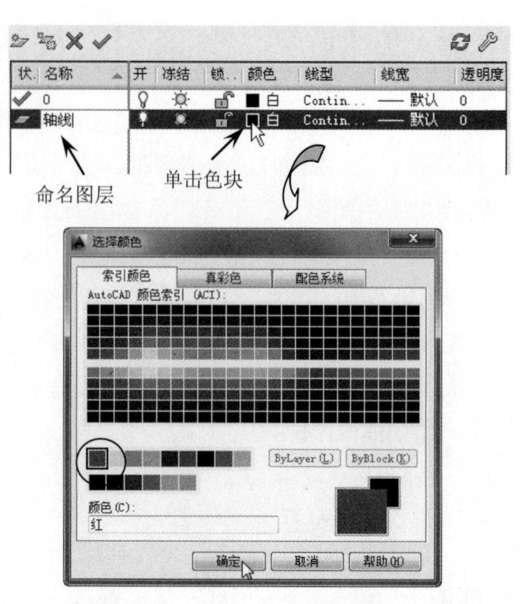

图 13-5　创建图层并设置图层颜色

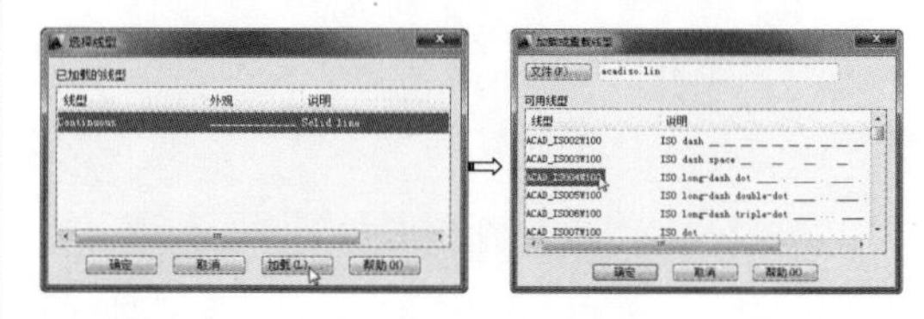

图 13-6　加载线型

step 04 在“选择线型”对话框中选中刚加载的 ACAD_IS004W100 线型，然后单击“确定”按钮，“轴线”图层的线型就设置完成了，如图 13-7 所示。

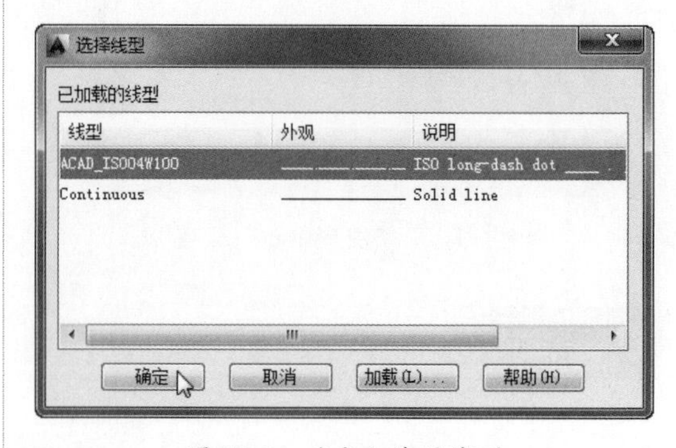

图 13-7　确定加载的线型

step 05 同理，建立其他建筑施工图中常用的图层，(包括中心线、轮廓实线等)并设置颜色、线型和线宽，如图 13-8 所示。

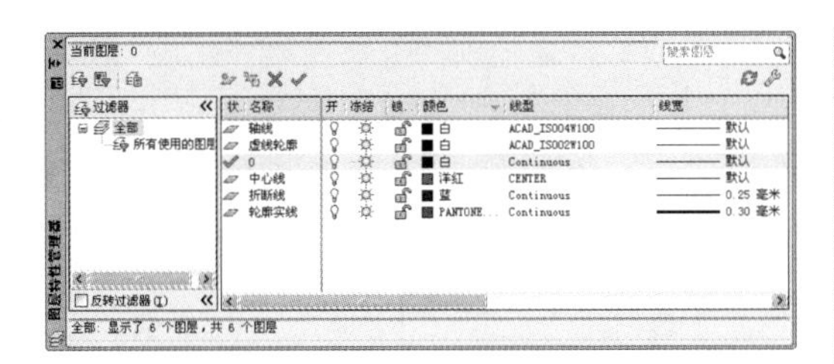

图 13-8　创建建筑设计的常用图层

step 06　完成图层设置后，关闭”图层特性管理器”选项面板。

技巧点拨：

通过“图层特性管理器”选项面板，可以为不同的图层设置不同的线宽。在某个图层的相应“线宽”栏处单击，弹出“线宽”对话框，如图 13-9 所示。从中选择相应的线宽值，单击“确定”按钮，即完成相应图层的线宽设置。

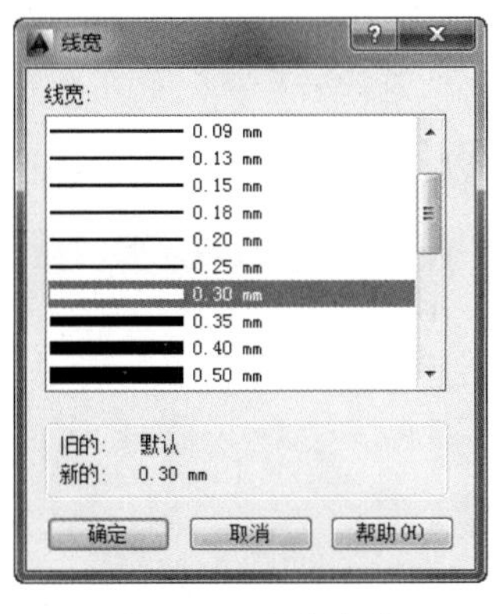

图 13-9　设置线宽

13.2.3　设置文本样式和标注样式

在 AutoCAD 中，可以事先设置图形中将要用到的文字样式。到后面文字标注的时候，可以直接调用设定的文字样式，而不必每次都从字体下拉列表中的一大堆字体中选择。标注样式与文字样式相同，设置好后便可调用它们，调用时只需将其置为“当前”即可。

step 01　在菜单栏中选择“格式”｜“文字样式”命令，弹出如图 13-10 所示的“文字样式”对话框。

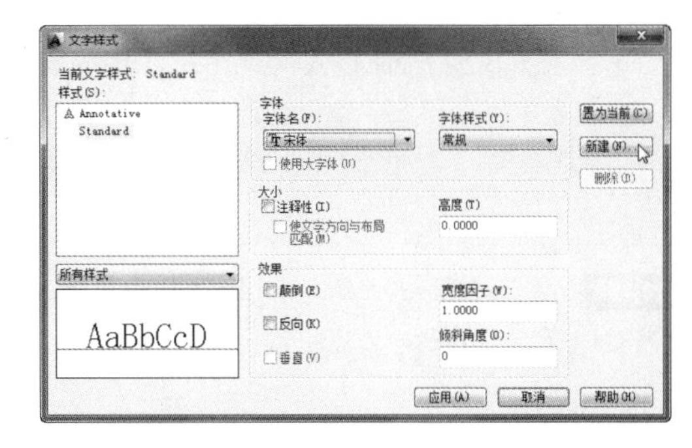

图 13-10　“文字样式”对话框

step 02　单击“新建”按钮，弹出“新建文字样式”对话框，在“样式名”文本框中输入名称为“GB 建筑文字”，如图 13-11 所示，单击”确定”按钮关闭该对话框。

图 13-11　输入新文字样式名称

step 03　在“文字样式”对话框的“SHX 字体”下拉列表中选择 simplex.shx 选项，选中“使用大字体”复选框，接着在“大字体”下拉列表中选择 gbcbig.shx 选项。“宽度因子”设为 0.8000，最后单击“应用”按钮完成建筑文字样式的设定，如图 13-12 所示。

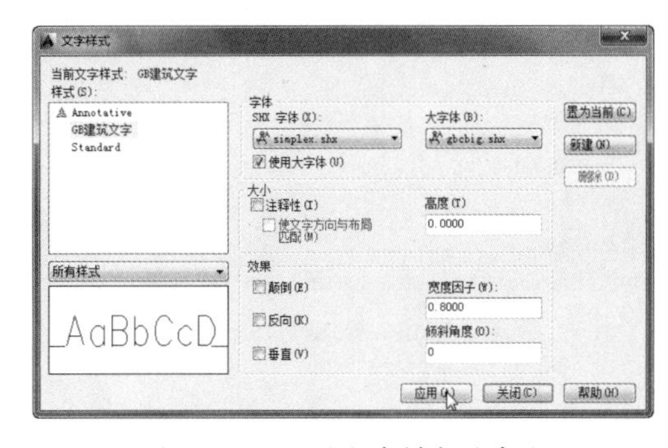

图 13-12　设置文字样式的字体

技巧点拨：

当选择的字体为 *.shx 格式的字体时，其字体下拉列表中“使用大字体”复选框可选，当选择该复选框后，“大字体”下拉列表中除 *.shx 格式的字体外，其他字体将不显示。

step 04 在菜单栏中选择“格式”|“标注样式”命令，弹出“标注样式管理器”对话框，如图 13-13 所示。

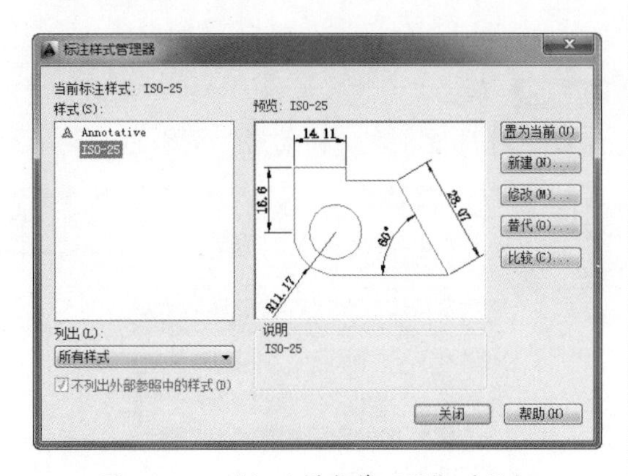

图 13-13 “标注样式管理器”对话框

step 05 单击对话框中的“新建”按钮，弹出“创建新标注样式”对话框，输入新样式名为“建筑标注 -1”，单击“继续”按钮，如图 13-14 所示。

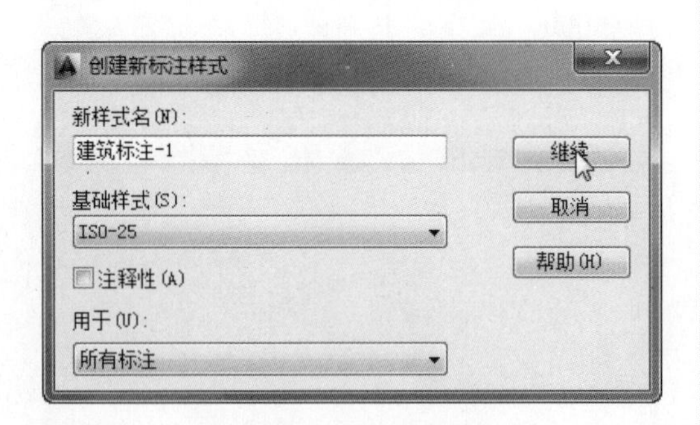

图 13-14 输入新样式名

step 06 随后弹出“新建标注样式：建筑标注 -1”对话框。在“线”选项卡中设置尺寸线和尺寸界线的颜色、尺寸以及箭头标记和尺寸，如图 13-15 所示。

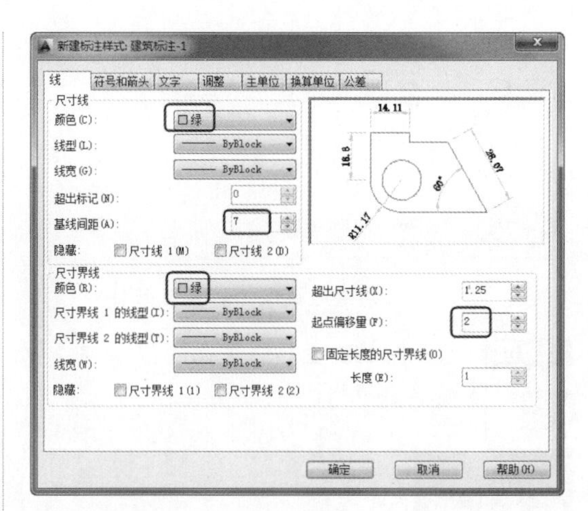

图 13-15 设置尺寸线及尺寸界线样式

技巧点拨：

尺寸线和尺寸界线的颜色设置可依个人习惯而定，在建筑图中常用绿色表示。

step 07 在“符号和箭头”选项卡中，设置建筑符号与箭头，如图 13-16 所示。

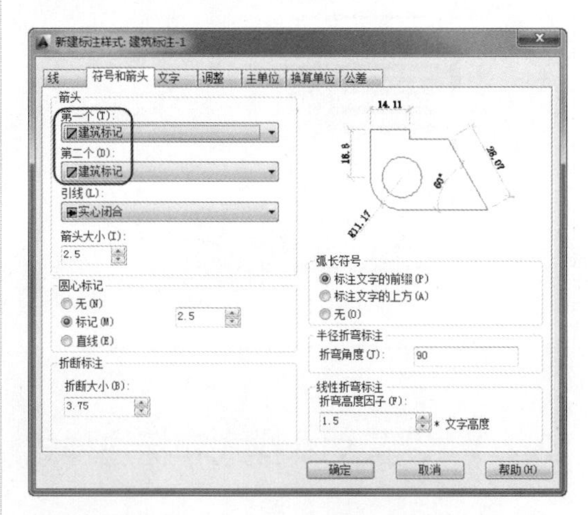

图 13-16 设置建筑符号与箭头

step 08 在“文字”选项卡中设置如图 13-17 所示的标注文字样式。

step 09 在“调整”选项卡中，选择“文字位置”为“尺寸线上方，带引线”，如图 13-18 所示。

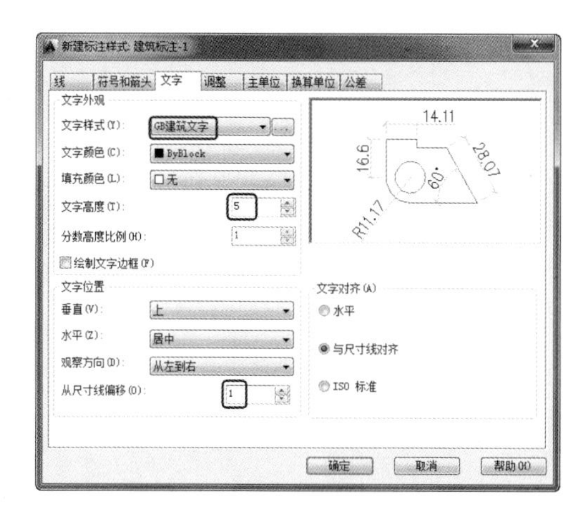

图 13-17　设置标注文字

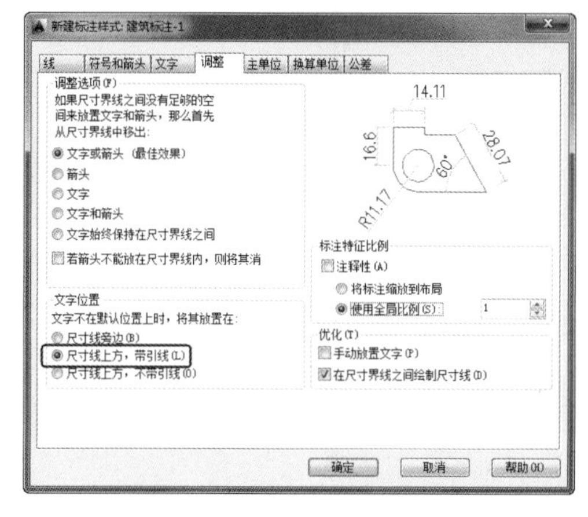

图 13-18　设置”调整”选项卡

step 10 在“主单位”选项卡中，将“线性标注”的“精度”设为 0，如图 13-19 所示。

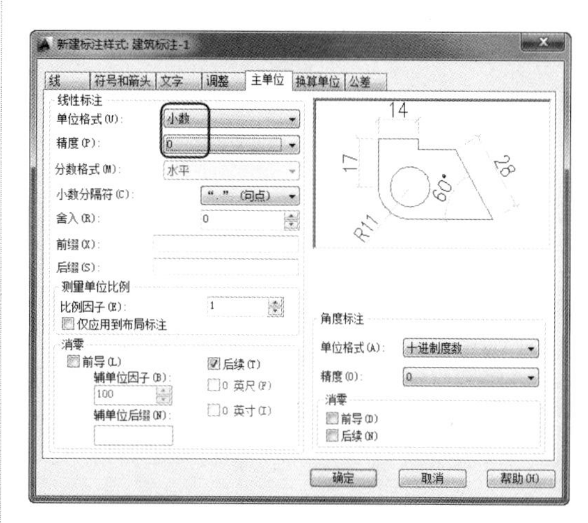

图 13-19　设置”主单位”选项卡

step 11 其他的设置为系统默认值，单击“确定”按钮，返回“标注样式管理器”对话框。单击“置为当前”按钮，再单击“关闭”按钮，完成标注样式的设定。

13.2.4　设置图限并创建图纸

step 01 在命令行执行 limits 命令，或在菜单栏中选择“格式” | “图形界限”命令，设置绘图图限，如图 13-20 所示。其命令行操作如下。

```
命令： ‘_limits
重新设置模型空间界限：
指定左下角点或 [开(ON)/关(OFF)] <0,0>:
指定右上角点 <420,297>: 594,420
```

技巧点拨：

要显示设置的图限，需要在”草图设置”对话框的”捕捉和栅格”选项卡中取消选中”显示超出界限的栅格”复选框。

step 02 通过”图层特性管理器”窗口新建一个图层并命名为“标题栏”，将其置为当前层。

step 03 使用“矩形”命令绘制如图 13-21 所示的边框。

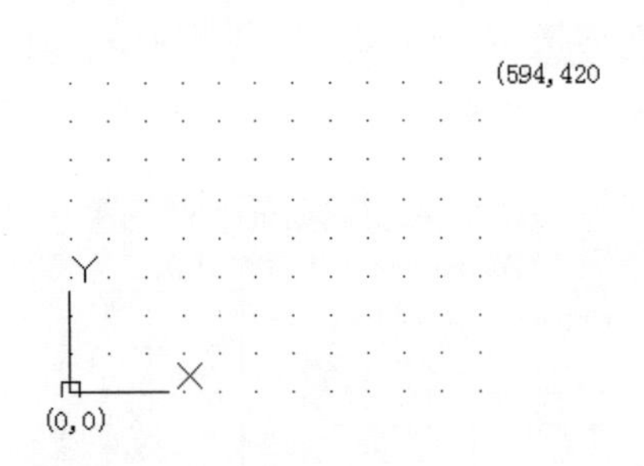

图 13-20　设置绘图图限

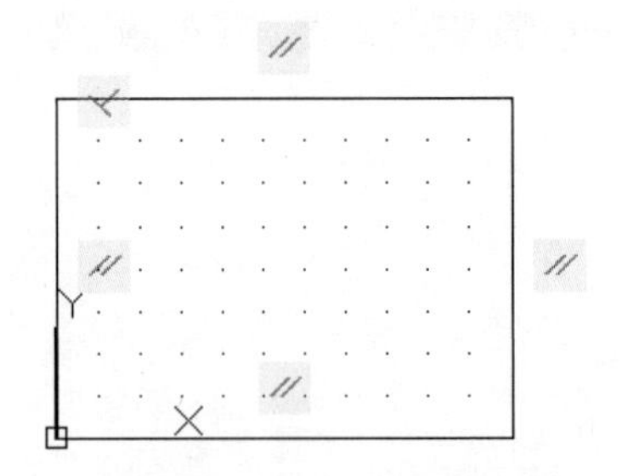

图 13-21　绘制矩形边框

step 04 绘制标题栏。启用“直线”命令在边框的右下角绘制标题栏的总轮廓线，结果如图 13-22 所示。

step 05 使用“多行文字”命令，在标题栏中输入文字，结果如图 13-23 所示。

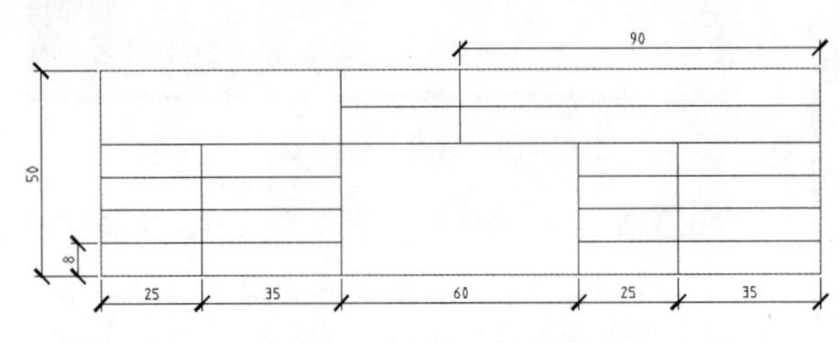

图 13-22　绘制标题栏

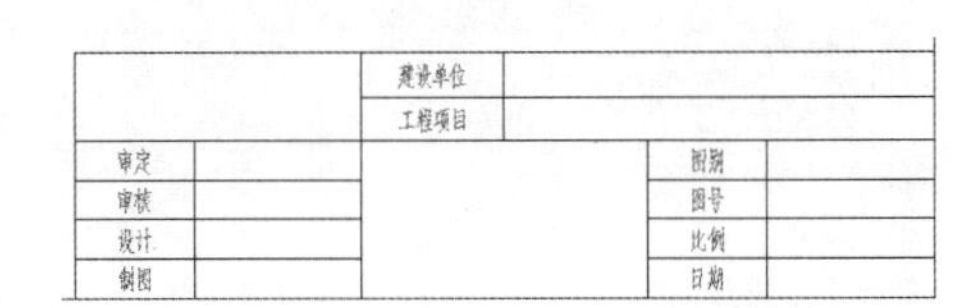

图 13-23　输入标题栏文字

step 06 使用“偏移”命令，将边框分别以距离 10 和 24 进行偏移，得到装订边样式。

step 07 再使用“直线”命令，在图纸边框至装订边之间，绘制长度为 15 的直线，结果如图 13-24 所示。

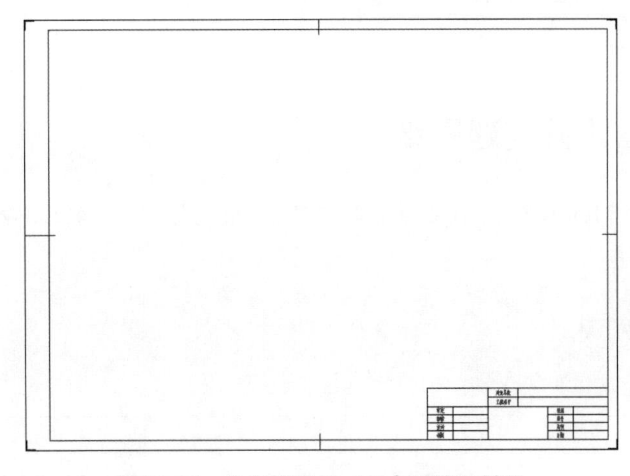

图 13-24　绘制完成的 A2 建筑图纸样板

step 08 至此，A2 建筑图纸的样板文件设计完成，最后将文件以 .dwt 格式保存。

提示：

同理，其他建筑图纸样板文件按此方法绘制。

13.3　案例二：绘制建筑总平面图

介绍了绘制建筑总平面图的知识引导后，下面进入建筑总平面图的分析与设计阶段。本例主要是以“建筑总平面图”的实例来阐述，利用 AutoCAD 2018 进行绘制的方法及技巧。

本例由于总平面图比较大，且其地理环境是纵向伸展的，但又不能使用 A0 或 A1 的图纸，因此特意制作了一个新的图纸样板，此样板文件保存在随书素材的本例文件夹中，读者可以随意调用。本例绘制的建筑部平面图，如图 13-25 所示。

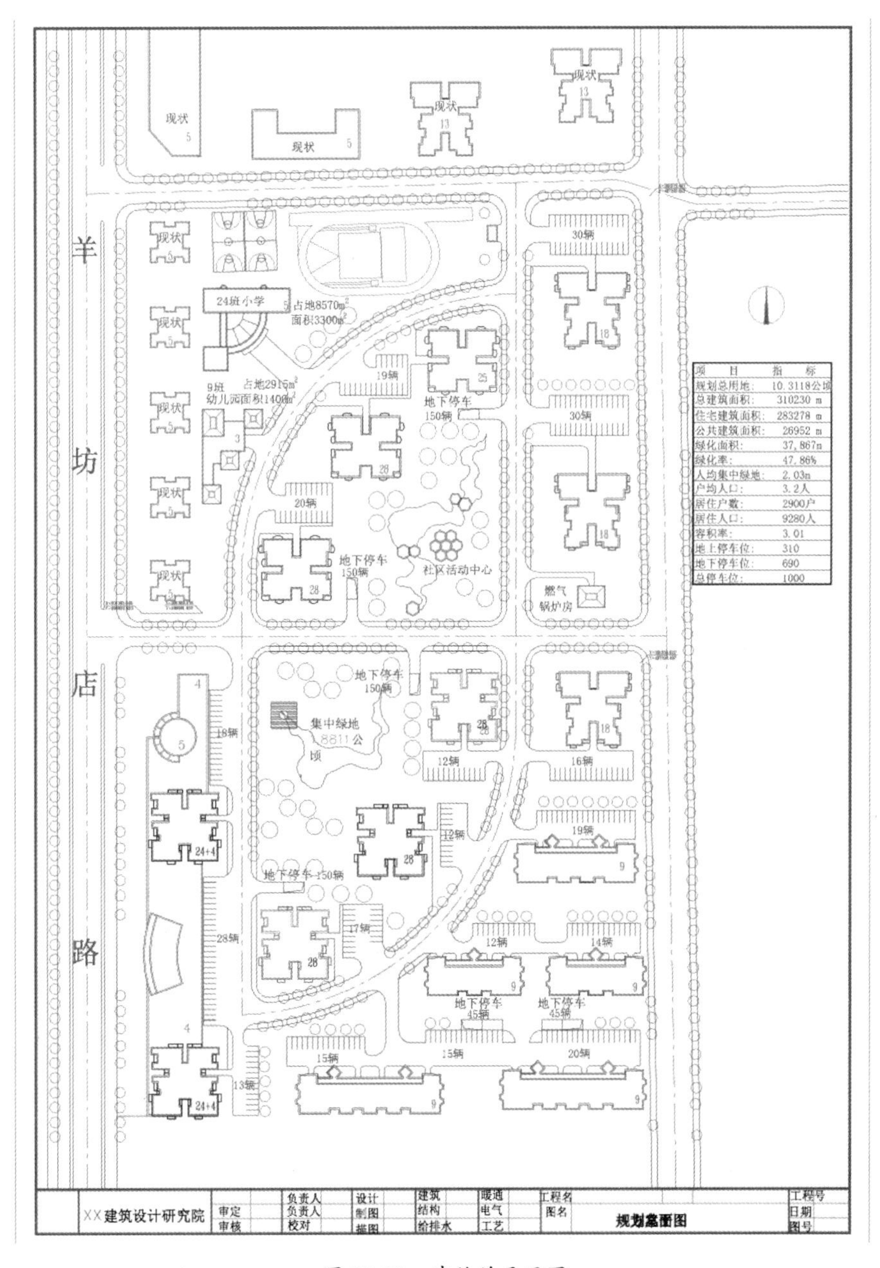

图 13-25　建筑总平面图

13.3.1　绘制道路轴线

step 01 新建文件，将其另存为“建筑总平面图 .dwg”。

step 02 单击“新建”按钮，弹出“选择样板文件”对话框，选择图纸样板文件“建筑总平面图 .dwt”，单击“打开”按钮，新建一个图形文件，如图 13-26 所示，

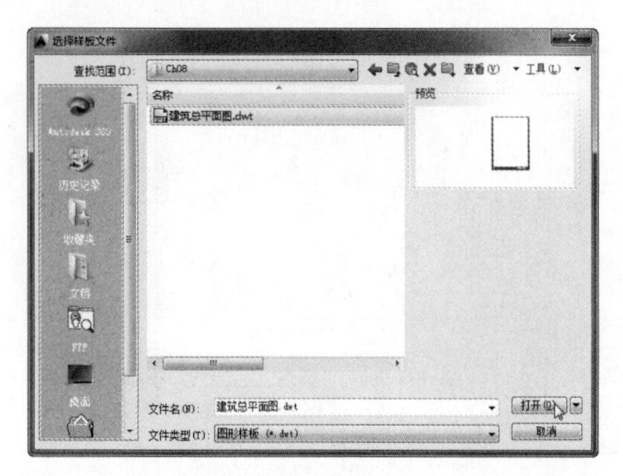

图 13-26　选择图纸样板文件

step 03 打开的 A2 竖放制图样板文件如图 13-27 所示。图纸样板文件中已经设置了建筑总平面图的所有制图属性，包括图层、标注样式、文字样式等。

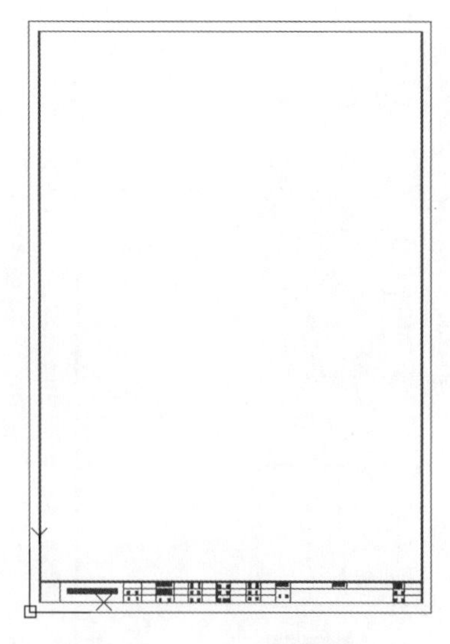

图 13-27　打开的样板图形文件

step 04 将图层设为“道路轴线”图层。用直线和圆弧命令，加以对象捕捉的应用，在边框内绘制道路轴线，如图 13-28 所示。

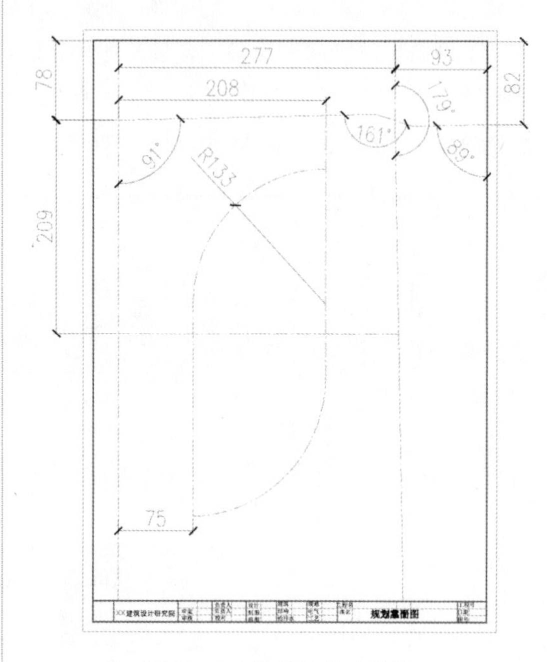

图 13-28　绘制的道路轴线

技巧点拨：

图中的单位为“米”。通常在总平图中所需的地理位置、环境、交通路线等指标，在有关部门都有详细的资料，在实际绘制总平图的过程中可直接借用。

13.3.2　绘制道路

step 01 用“偏移”命令绘制道路主干线，结果如图 13-29 所示。

step 02 修剪偏移的道路线，然后对交叉路口的道路进行倒圆处理，并将道路图线转换成实线，如图 13-30 所示。

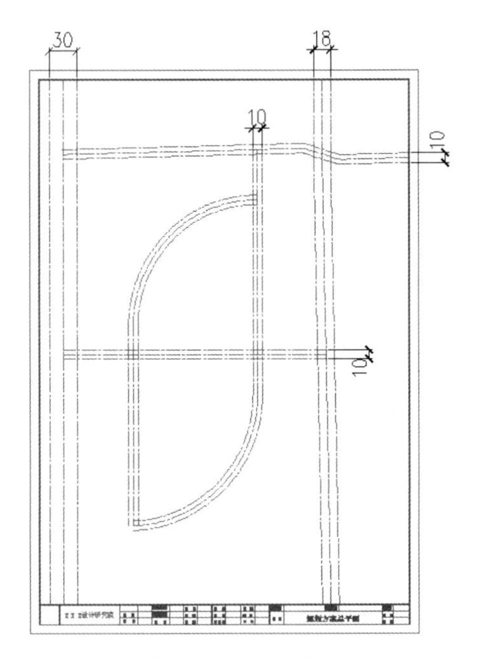

图 13-29　绘制道路

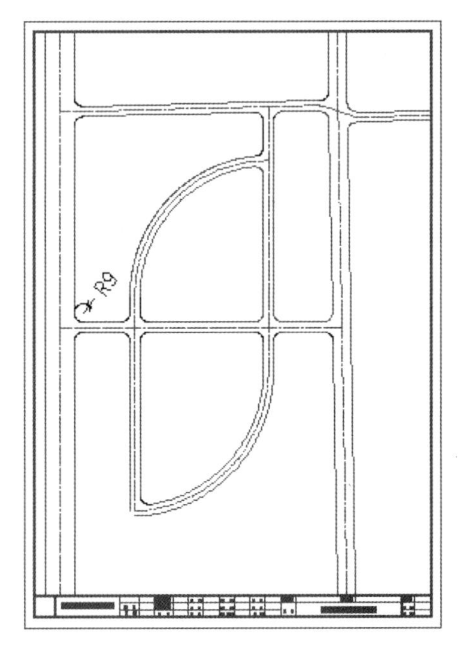

图 13-30　绘制道路

step 03 使用“偏移”命令，从道路线开始偏置，距离为 3，成为园区中间绿化带的界限，结果如图 13-31 所示。

step 04 在园区左侧道路绘制绿化带界限，结果如图 13-32 所示。

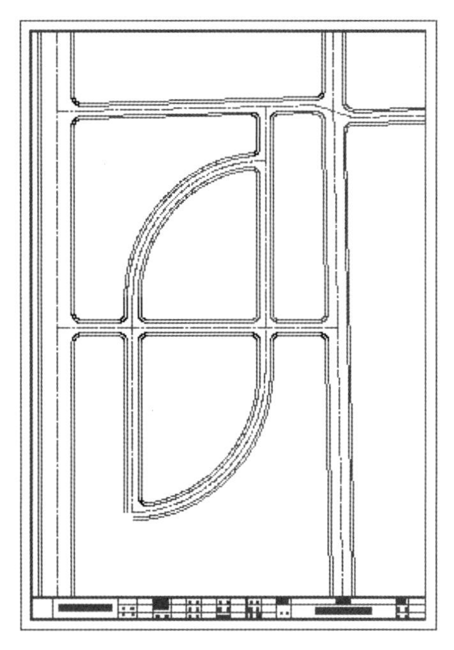

图 13-31　绘制园区中间绿化带

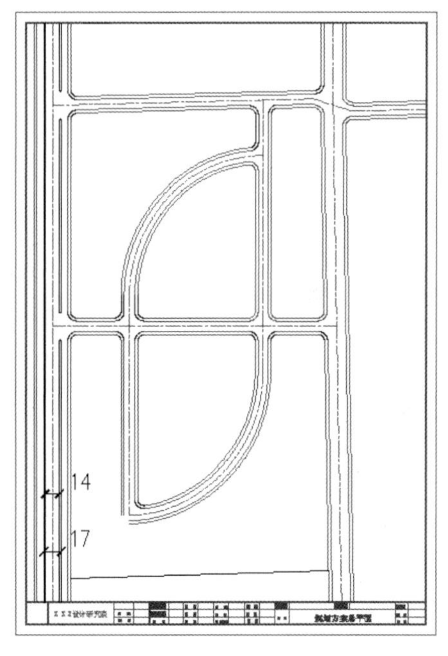

图 13-32　绘制园区左侧绿化带

13.3.3　绘制主建筑

建筑群是小区规划中尤为重要的一部分。

在小区规划中，建筑通常分为原有建筑、住宅、公建等部分。故使用 AutoCAD 绘制总平图中的建筑时，要分图层、分颜色来绘制。读者可以根据习惯来规划不同类型的建筑的图层及其颜色。

step 01 将素材文件中的“建筑图块.dwg”文件打开，然后将所有建筑图块插入当前的建筑总平面图中，结果如图 13-33 所示。

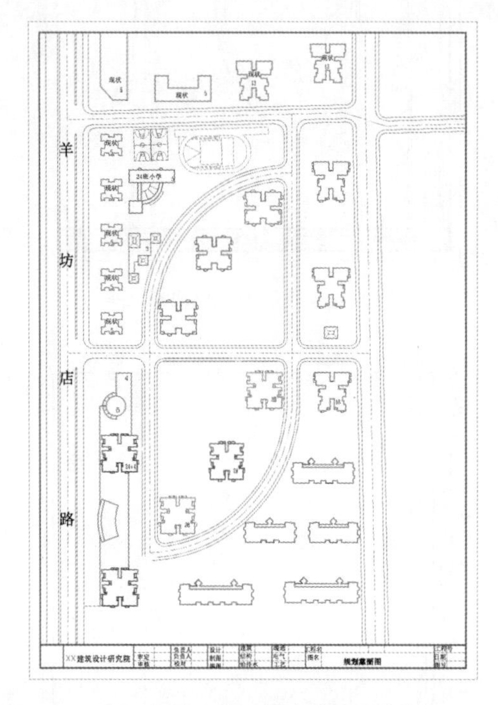

图 13-33 插入原有建筑图块

step 02 将停车场图块依次插入相应位置，结果如图 13-34 所示。

> **注意：**
>
> 值得注意的是，插入建筑时，是按大概位置来插入的，而再插入停车位时，可能需要适度调整建筑的位置。在下一个步骤中，主园路至停车位的小区道路的宽度至少为 5m。从建筑物到停车位之间的路宽度是 3m；小区道路的拐角位置需要进行倒圆。

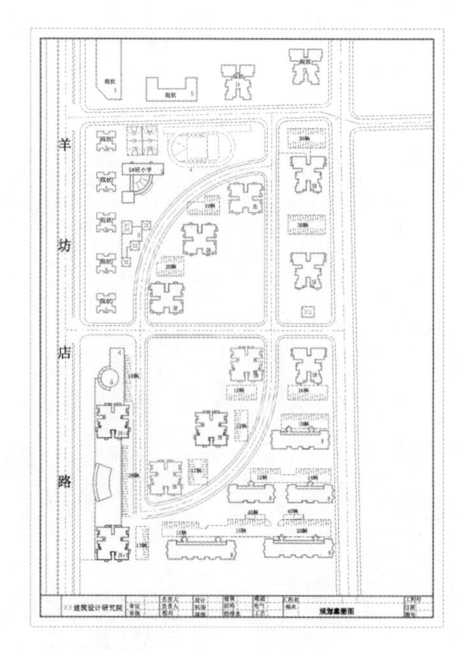

图 13-34 插入原有建筑的图块

step 03 根据建筑群所在的位置，利用“直线”“修剪”“圆弧”等命令，绘制出停车场和园区主干道至建筑的小区道路，结果如图 13-35 所示。

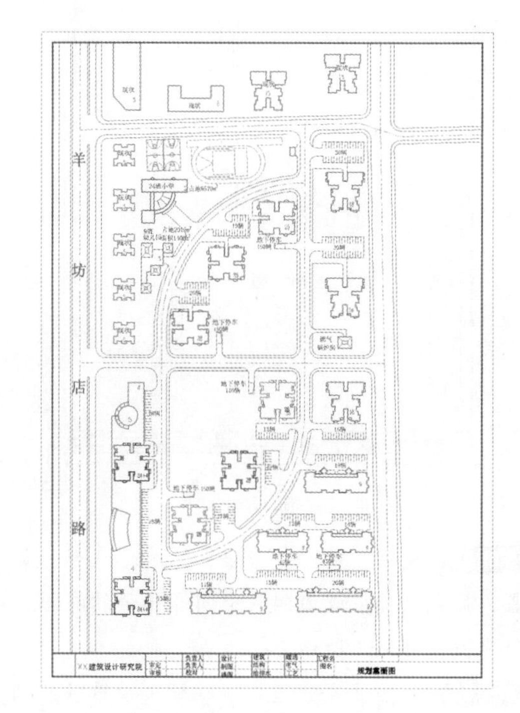

图 13-35 绘制小区道路

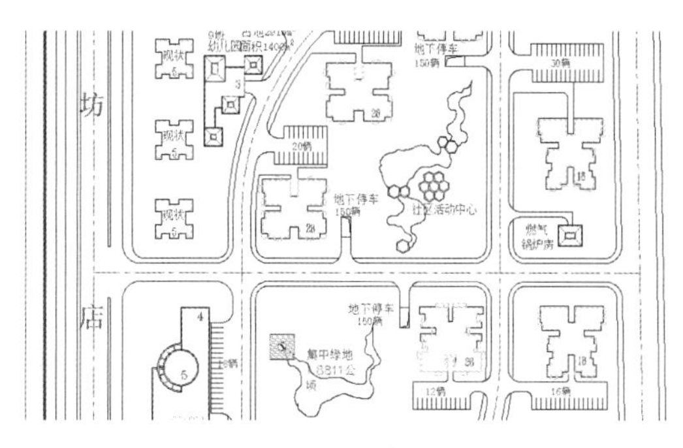

图 13-36　插入绿地和湖泊图块

step 04 除了小区道路外，还要绘制地下停车场至主园区路的通道。本例中绘制的通道均标注了“地下停车场”字样。

step 05 将园区绿地图块和湖泊图块插入总平面图，结果如图 13-36 所示。

13.3.4　绘制小区规划中的绿化部分

绿化在现代小区规划设计中是极其重要且不可缺少的部分。在建筑总平面图中，多用绿色圆圈表示树木，即规划图中的绿化部分。

step 01 将“绿化”图层置为当前层，然后绘制一个小圆圈表示树木。

step 02 用阵列或复制等命令，将绿色圆圈在道路两侧复制出多个。

step 03 用缩放命令将圆圈适当放大，再在重点绿化区复制多个，结果如图 13-37 所示。

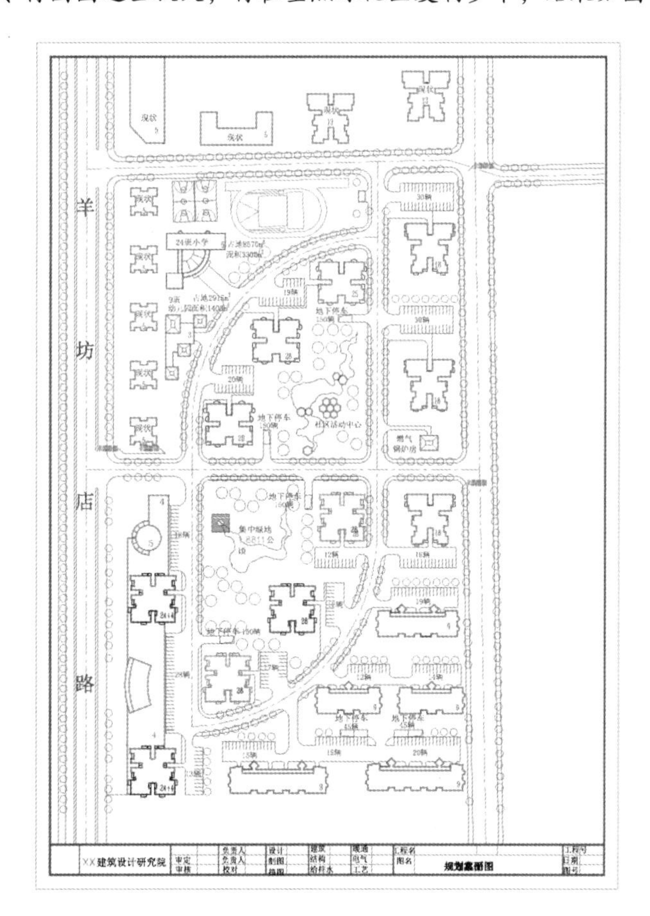

图 13-37　绘制绿化图形

13.3.5 文字标注

尺寸标注完成后，就要为图形输入说明性的文字，这就需要首先设置文字样式。

step 01 用圆和多段线命令绘制如图 13-38 所示的指北针图形，并将其定义成图块。

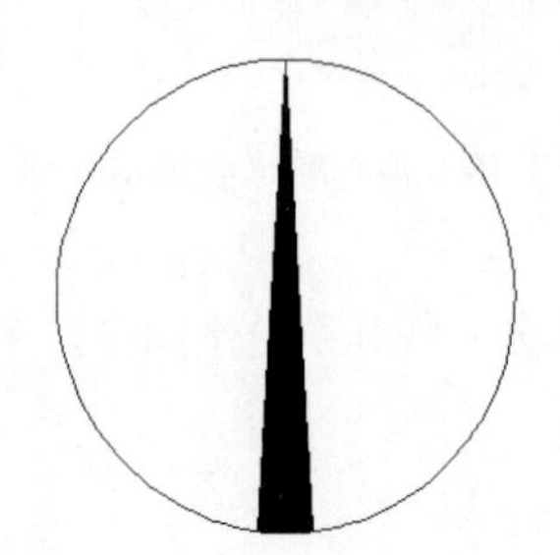

图 3-38 绘制的指北针图形

> **技巧点拨：**
>
> 指北针图形中的实心指针可通过多段线来绘制，只需将其起点宽度设为 0，而端点宽度设为相应比例的宽度即可（这里可设为 2000）；另外实心指针还可通过图案填充的方法来完成。

step 02 用矩形、直线及阵列命令绘制如图 13-39 所示的表格。

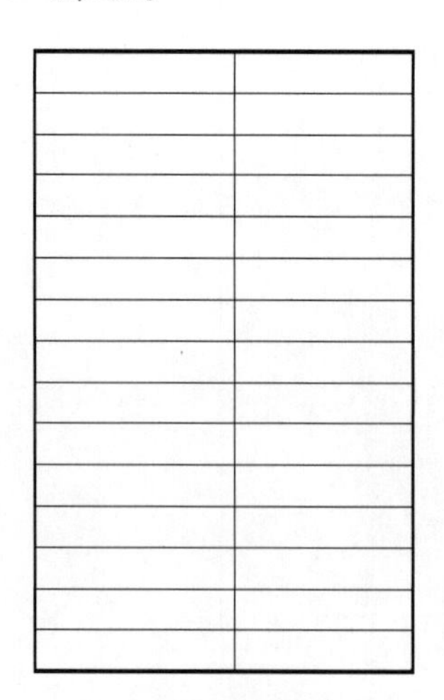

图 13-39 绘制的表格

step 03 用单行文字命令输入表格中的文字内容，结果如图 13-40 所示。

项　　目	指　　标
规划总用地:	10.3118公顷
总建筑面积:	310230 m²
住宅建筑面积:	283278 m²
公共建筑面积:	26952 m²
绿化面积:	37,867m²
绿化率:	47.86%
人均集中绿地:	2.03m²
户均人口:	3.2人
居住户数:	2900户
居住人口:	9280人
容积率:	3.01
地上停车位:	310
地下停车位:	690
总停车位:	1000

图 13-40 输入表格内容

> **技巧点拨：**
>
> AutoCAD 2018 中提供了绘制表格的功能，但笔者认为其并不是很好用，有一定的限制，读者若有兴趣可自行了解。

step 04 用单行文字命令或多行文字命令输入图纸名称和绘图比例，完成整幅建筑平面图的绘制，结果如图 13-41 所示。

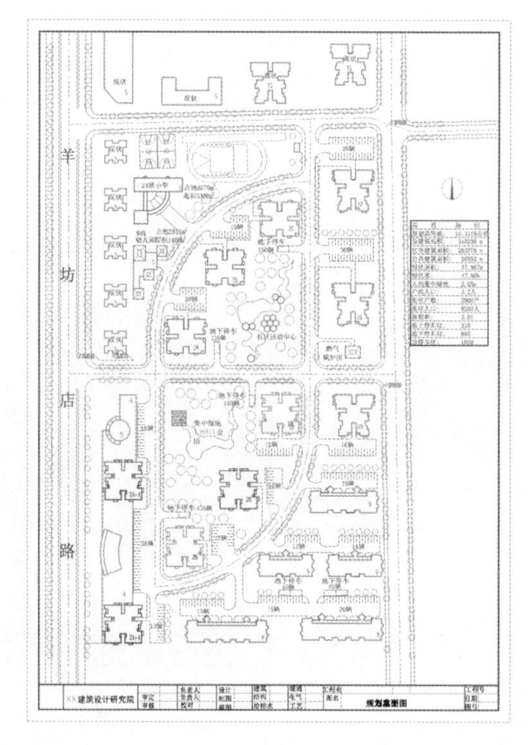

图 13-41 建筑平面图

13.4　课后练习

1．绘制某综合楼总平面图

根据本章所介绍的知识，结合实例中介绍的建筑总平面图的绘制方法，尝试绘制如图 13-42 所示的某综合楼总平面图。

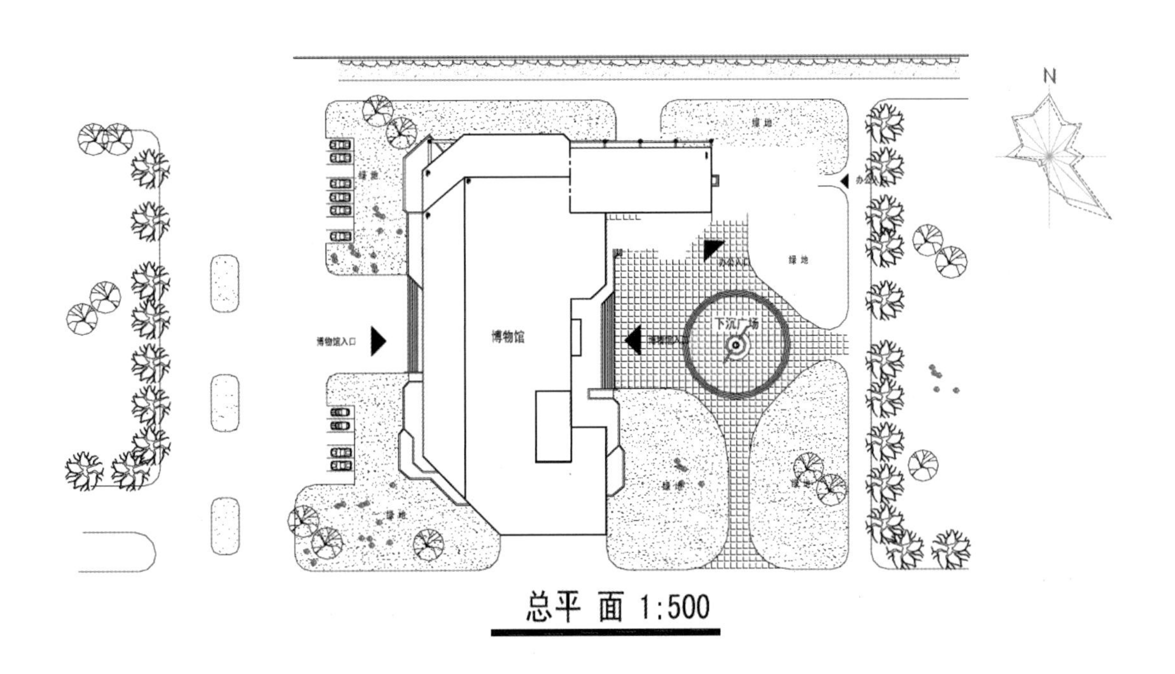

图 13-42　绘制某综合楼总平面图

2．绘制某规划总平面图

练习绘制如图 13-43 所示的总平面图。该建筑座落于小区的 40#、45#、56# 和 39# 楼之间的一块不规则的地带。

要绘制该总平面图，应首先绘制总平坐标轴网，以方便图形定位及施工放线。总平面轴网绘制完成后再绘制已有地形地貌、用地红线及建筑红线，最后绘制拟建建筑、标注拟建建筑层以及拟建建筑坐标定位。

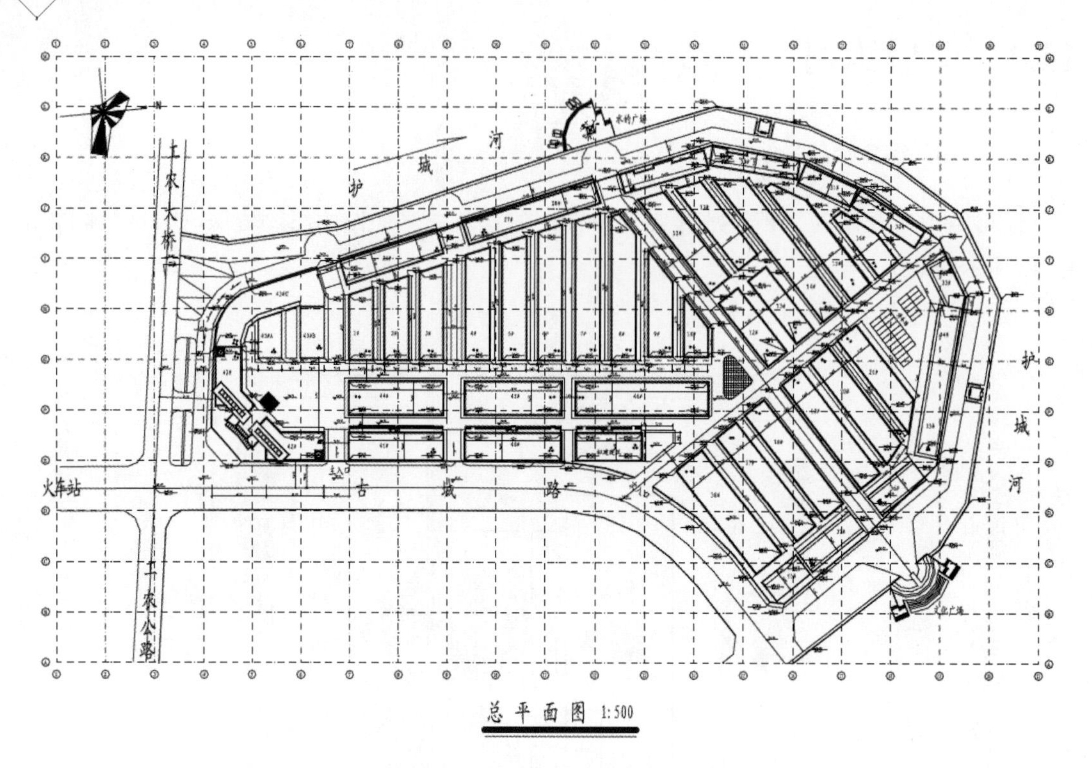

图 13-43 绘制总平面图

第 14 章

绘制建筑平面图

本章内容

建筑平面图是表示建筑物在水平方向，房屋各部分的组合关系，对于单独的建筑设计而言，其设计的好坏取决于建筑的平面设计。建筑平面图一般由墙体、柱、门、窗、楼梯、阳台、室内布置，以及尺寸标注、轴线和说明文字等辅助图组组成。

知识要点

- ☑ 建筑平面图的形成
- ☑ 建筑平面图的内容和作用
- ☑ 讲解建筑平面图绘制要求及绘制方法
- ☑ 单元式住宅建筑平面图的绘制实例

14.1　建筑平面图概述

建筑平面图是整个建筑平面的真实写照，用于表现建筑物的平面形状、布局、墙体、柱子、楼梯，以及门窗的位置等。

14.1.1　建筑平面图的形成与内容

为了便于理解，建筑平面图可以用另一种方式表达：用一个假想的水平剖切平面经过房屋的门窗洞口，把房屋剖切开，剖切面剖切的房屋实体部分为房屋截面，将此截面位置向房屋底平面做正投影，所得到的水平剖面图即为建筑平面图，如图 14-1 所示。

建筑平面图其实就是房屋各层的水平剖面图。虽然平面图是房屋的水平剖面图，但按习惯不必标注其剖切位置，也不必称为剖面图。

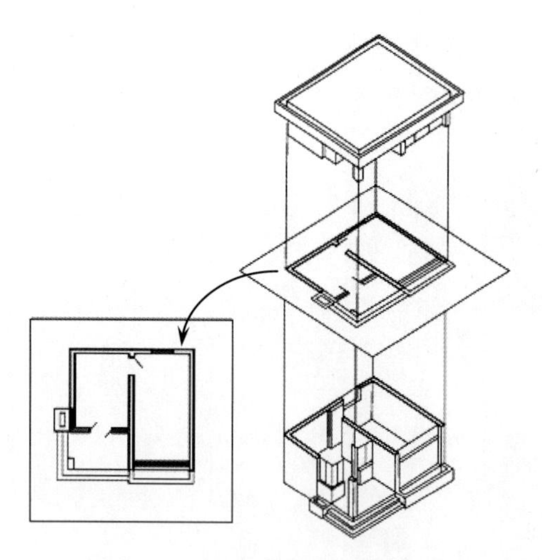

图 14-1　建筑平面图的形成示意图

一般情况下，房屋有几层就应画几幅平面图，并在图的下方标注相应的图名，如“底层平面图”“二层平面图”等。图名下方应加一粗实线，图名右侧标注比例。

建筑平面图主要分以下几种图纸。

1．标准层平面图

当房屋中间若干层的平面布局、构造情况完全一致时，则可以用一幅平面图来表达这些相同布局的若干层，称为“标准层平面图”。对于高层建筑，标准层平面图比较常见。

2．底层平面图

底层平面图（一层平面图）应画出房屋本层相应的水平投影，以及与本栋房屋有关的台阶、花池、散水等的投影，如图 14-2 所示。

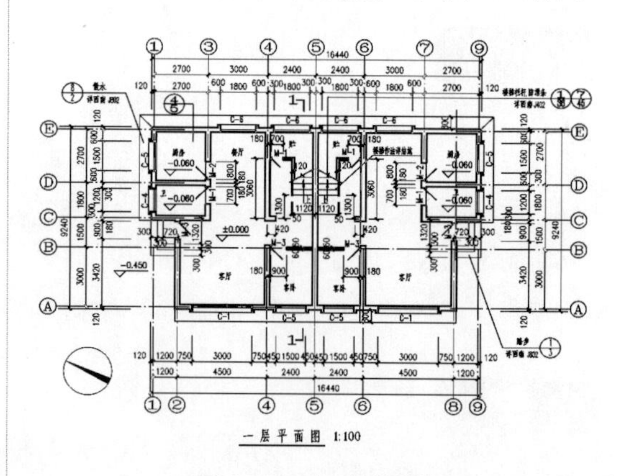

图 14-2　底层平面图

从图 14-2 中可以看出，建筑平面图中的主要构成元素如下。

- 定位轴线：横向和纵向定位轴线的位置及编号、轴线之间的间距（表示出房间的开间和进深）。定位轴线用细单点画线表示。

- 墙体、柱：表示出各承重构件的位置。剖到的墙、柱断面轮廓用粗实线表示，并画图例，如钢筋混凝土用涂黑表示，未剖到的墙用中实线表示。
- 内外门窗：门的代号用 M 表示：木门为 MM；钢门为 GM；塑钢门为 SGM；铝合金门为 LM；卷帘门为 JM；防盗门为 FDM；防火门为 FM。窗的代号用 C 表示：木窗为 MC；钢窗为 GC；铝合金窗为 LC；木百叶窗为 MBC。在门窗的代号后面写上编号，如 M1、M2　和 C1、C2 等，同一编号表示同一类型的门窗，它们的构造与尺寸都一样，从图中可以表示门窗洞的位置及尺寸。剖到的门扇用中实线（单线）或细实线（双线）表示，剖到的窗扇用细实线（双线）表示。
- 标注的三道尺寸：第一道为总体尺寸，表示房屋的总长、总宽；第二道为轴线尺寸，表示定位轴线之间的距离；第三道为细部尺寸，表示外部门窗洞口的宽度和定位尺寸。建筑平面图的内部尺寸表示内墙上门窗洞口和某些构配件的尺寸和定位。
- 标注：建筑平面图常以一层主要房间的室内地坪为零点（标记为 ±0.000），分别标注出各房间楼地面的标高。
- 其他设备位置及尺寸：表示楼梯位置、楼梯上下方向、踏步数和主要尺寸。表示阳台、雨蓬、窗台、通风道、烟道、管道井、雨水管、坡道、散水、排水沟、花池等的位置及尺寸。
- 画出相关符号：剖面图的剖切符号位置及指北针、标注详图的索引符号。
- 文字标注说明：注写施工图说明、图名和比例。

3．二层平面图

二层平面图除画出房屋二层范围的投影内容之外，还应画出底层平面图无法表达的雨篷、阳台、窗眉等内容，而对于底层平面图上已表达清楚的台阶、花池、散水等内容就不再画出，如图 14-3 所示。

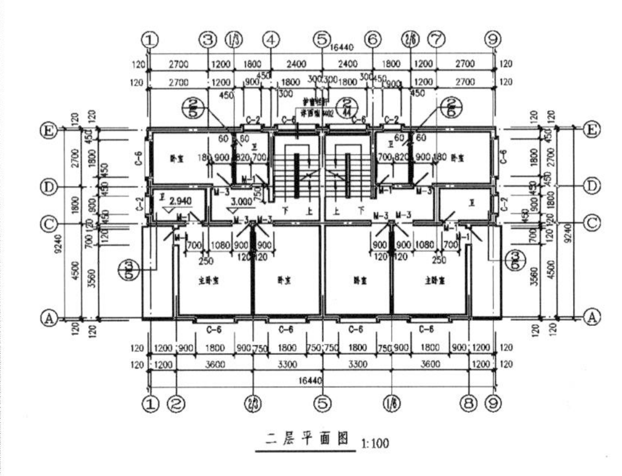

图 14-3　二层平面图

4．三层及三层以上平面图

三层及三层以上的平面图则只需画出本层的投影内容及下一层的窗眉、雨蓬等下一层无法表达的内容，如图 14-4 所示。

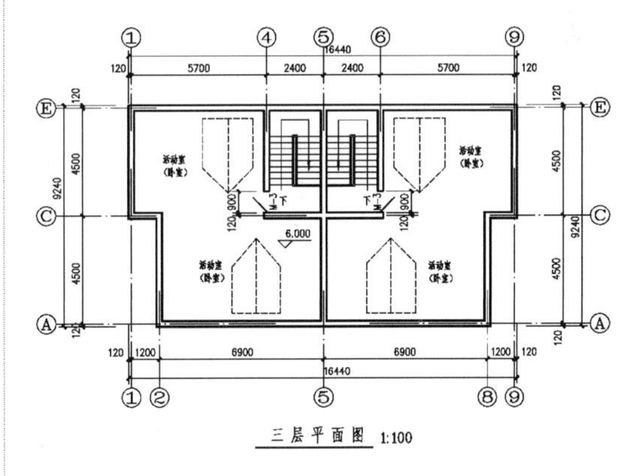

图 14-4　三层平面图

5．屋顶平面图

屋顶平面图主要用来表达房屋屋顶的形

状、女儿墙位置、屋面排水方向及坡度、檐沟、水箱位置等的图形，如图 14-5 所示。

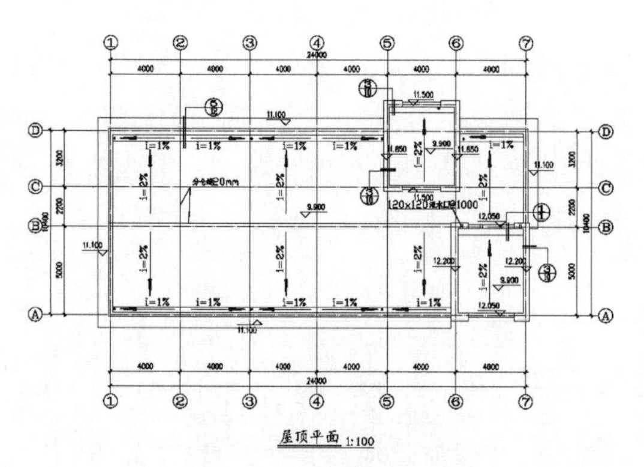

图 14-5　屋顶平面图

6．局部平面图

当某些楼层的平面布置图基本相同仅局部不同时，则这些不同部分可以用局部平面图表示。

常见的局部平面图有厕所间、盥洗室、楼梯间等的平面图，如图 14-6 所示。

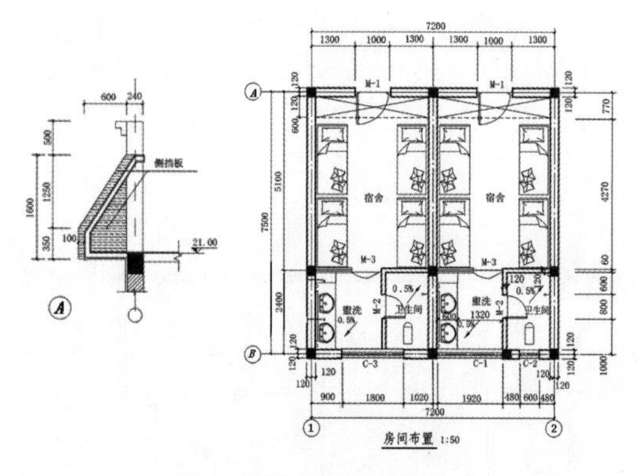

图 14-6　局部平面图

14.1.2　建筑平面图的表现

建筑平面图简称“平面图”，其作用表现在以下几个方面。

- 主要反映房屋的平面形状、大小和房间布置，墙（或柱）的位置、厚度和材料，门窗的位置、开启方向等，如图 14-7 所示。
- 建筑平面图可以作为施工放线、砌筑墙、柱、门窗安装和室内装修及编制预算的重要依据。

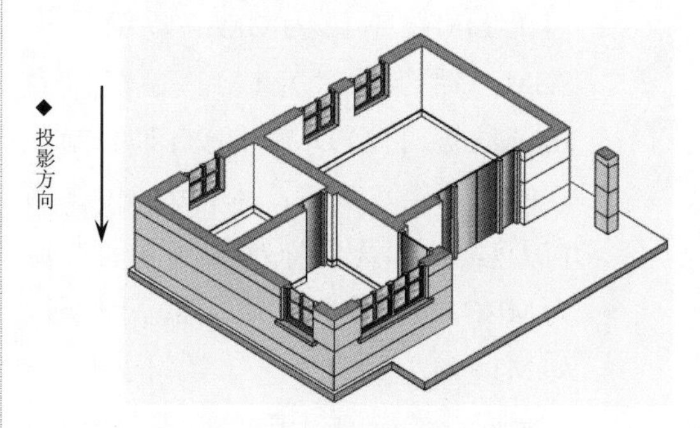

图 14-7　建筑平面图的作用

14.1.3　建筑平面图绘制规范

在绘制建筑平面图时（无论是绘制底层平面图、楼层平面图、大详平面图、屋顶平面图等），都应遵循国家制定的相关规定，使绘制的图形更加符合规范。

1．比例、图名

绘制建筑平面图的常用比例有 1 ∶ 50、1 ∶ 100、1 ∶ 200 等，而实际工程中则常用 1 ∶ 100 的比例进行绘制。

平面图下方应注写图名，图名下方应绘一条短粗实线，右侧应注写比例，比例字高宜比图名的字高小，如图 14-8 所示。

三层平面 字体高度=5
1:100 字体高度=3

图 14-8　图名及比例的标注

提示：

如果几个楼层平面布置相同时，也可以只绘制一个“标准层平面图”，其图名及比例的标注，如图 14-9 所示。

三至七层平面图 1:100

图 14-9　相同楼层的图名标注

2．图例

建筑平面图由于比例小，各层平面图中的卫生间、楼梯间、门窗等投影难以详尽表示，便采用国标规定的图例来表达，而相应的详尽情况则另用较大比例的详图来表达。

建筑平面图的常见图例，如图 14-10 所示。

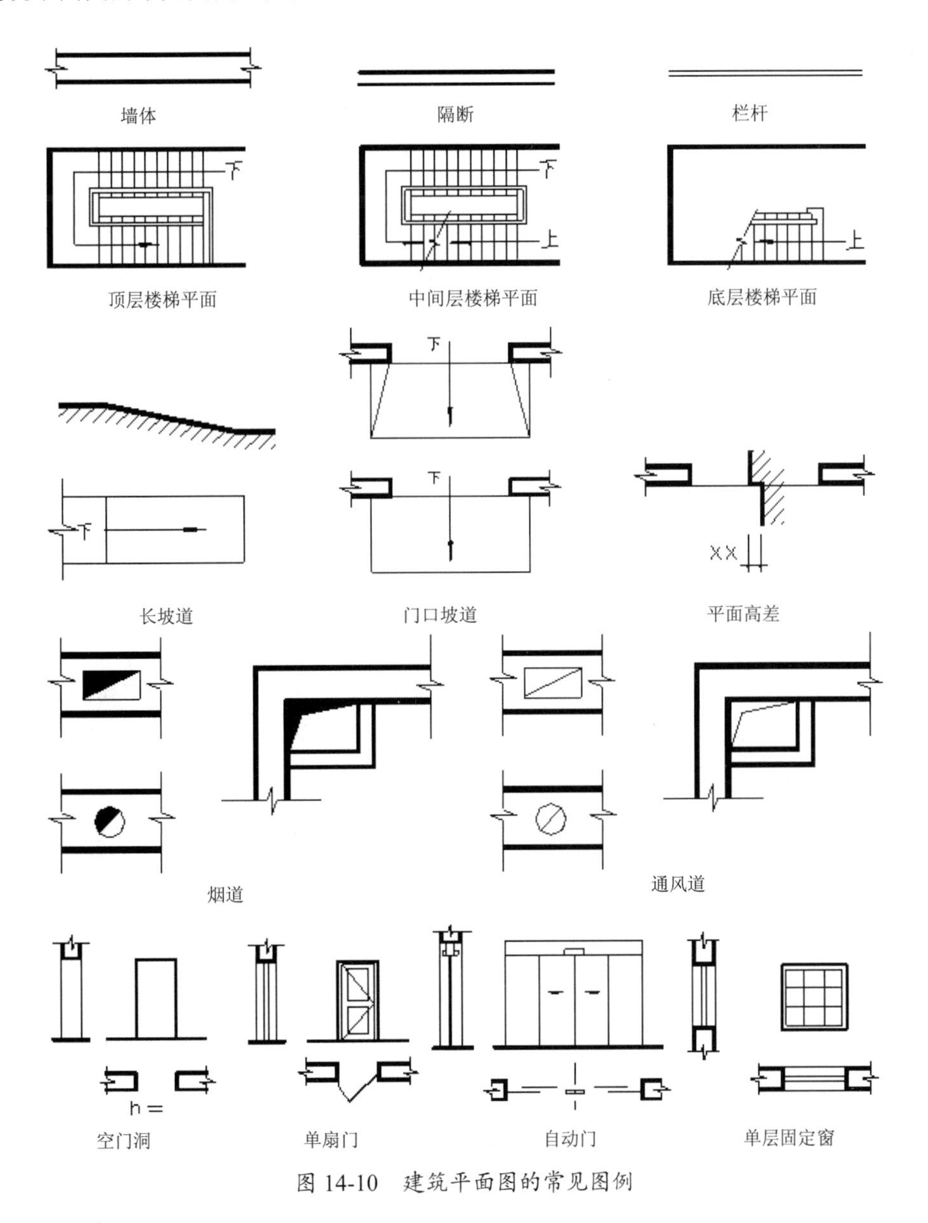

图 14-10　建筑平面图的常见图例

3．图线

线型比例大致取出图比例倒数的 50% 左右（在 AutoCAD 的模型空间中应按 1 ∶ 1 的比例进行绘图）。

- 用粗实线绘制被剖切到的墙、柱断面轮廓线。
- 用中实线或细实线绘制没有剖切到的可见轮廓线（如窗台、梯段等）。
- 尺寸线、尺寸界线、索引符号、高程符号等用细实线绘制。
- 轴线用细单点长画线绘制。

如图 14-11 所示为建筑平面图中的图线。

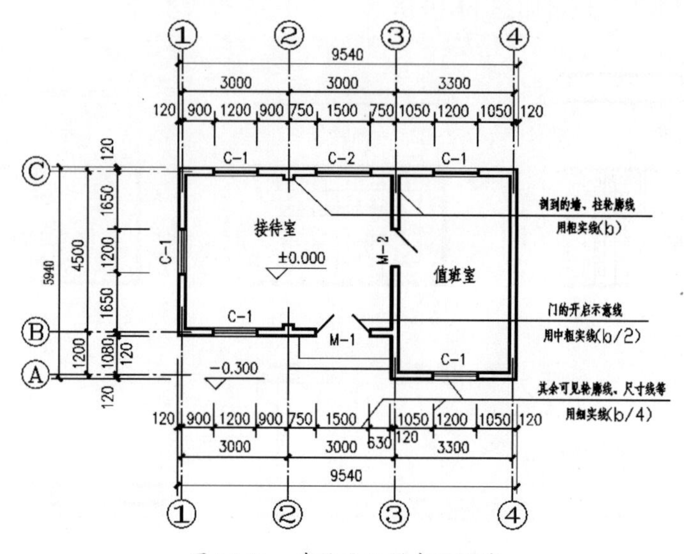

图 14-11　建筑平面图中的图线

4．字体

汉字字形优先考虑采用 hztxt.shx 和 hzst.shx；西文优先考虑 romans.shx 和 simplex 或 txt.shx。所有中英文标注宜按如表 14-1 所示执行。

表 14-1　建筑平面图中常用字形

用途	图纸名称	说明文字标题	标注文字	说明文字	总说明	标注尺寸
	中文	中文	中文	中文	中文	中文
字形	St64f.shx	St64f.shx	Hztxt.shx	Hztxt.shx	St64f.shx	Romans.shx
字高	10mm	5mm	3.5mm	3.5mm	5mm	3mm
宽高比	0.8	0.8	0.8	0.8	0.8	0.7

5．尺寸标注

建筑平面图的标注包括外部尺寸、内部尺寸和标高。

- 外部尺寸：在水平方向和垂直方向各标注 3 道。

> **提示：**
>
> 第一道尺寸：标注房屋的总长、总宽尺寸，称为总尺寸。
> 第二道尺寸：标注房屋的开间、进深尺寸，称为轴线尺寸。
> 第三道尺寸：标注房屋外墙的墙段、门窗洞口等尺寸，称为细部尺寸。

- 内部尺寸：标出各房间长、宽方向的净空尺寸、墙厚及与轴线之间的关系、柱子截面、房内部门窗洞口、门垛等细部尺寸。
- 标高：平面图中应标注不同楼地面标高、房间及室外地坪等标高，且是以米为单位，精确到小数点后两位。

6．剖切符号

剖切位置线长度宜为 6~10mm，投射方向线应与剖切位置线垂直，画在剖切位置线的同一侧，长度应短于剖切位置线，宜为 4~6mm。为了区分同一形体上的剖面图，在剖切符号上宜用字母或数字表示，并注写在投射方向线一侧。

7．详图索引符号

图样中的某一局部或构件，如需另见详图，应以索引符号标出。索引符号是由直径为 10mm 的圆和水平直线组成，圆及水平直线均以细实线绘制。详图的位置和编号，应以详图符号表示。详图符号的圆应以直径为 14mm 的粗实线绘制。

8．引出线

引出线应以细实线绘制，宜采用水平方向的直线，与水平方向成 30°、45°、60°、90°的直线，或经上述角度再折为水平线。文字说明宜注写在水平线的上方，也可以注写在水平线的端部。

9．指北针

指北针是用来指明建筑物朝向的。圆的直径宜为 24mm，用细实线绘制，指针尾部的宽度宜为3mm，指针头部应标示“北”或“N”。需用较大直径绘制指北针时，指针尾部宽度宜为直径的 1/8。

10．高程

高程符号用细实线绘制的等腰直角三角形表示，其高度控制在 3mm 左右。在模型空间绘图时，等腰直角三角形的高度应是 30mm 乘以出图比例的倒数。

高程符号的尖端，指向被标注高程的位置。高程数字写在高程符号的延长线一端，以米为单位，注写到小数点的第 3 位。零高程应写成“±0.000”，正数高程不用加“+”，但负数高程应注上“－”。

11．定位轴线及编号

定位轴线确定房屋主要承重构件（墙、柱、梁）的位置及标注尺寸的基线称为“定位轴线”，如图 14-12 所示。

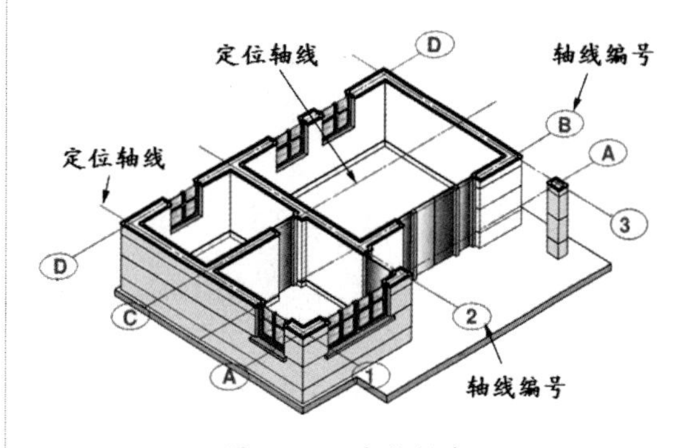

图 14-12　定位轴线

定位轴线用细单点长画线表示。定位轴线的编号注写在轴线端部的 ϕ8~10 的细线圆内。

- 横向轴线：从左至右，用阿拉伯数字标注。
- 纵向轴线：从下至上，用大写拉丁字母进行标注，但不用 I、O、Z 三个字母，以免与阿拉伯数字 0、1、2 混淆。

一般承重墙柱及外墙编为主轴线，非承重墙、隔墙等编为附加轴线（又称分轴线）。

如图 14-13 所示为定位轴线的编号注写。

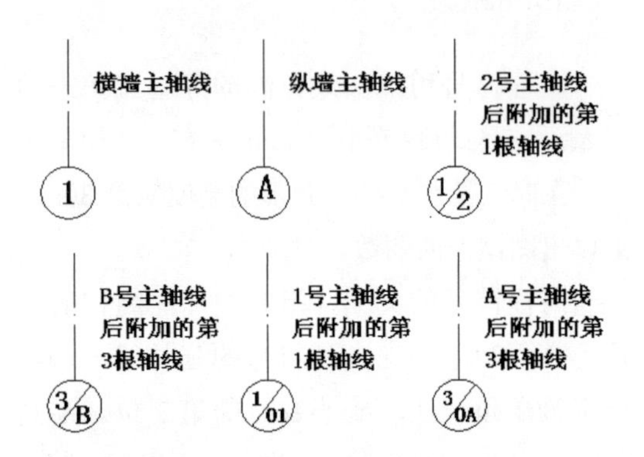

图 14-13　定位轴线的编号注写

提示：

在定位轴线的编号中，分数形式表示附加轴线编号。其中分子为附加编号，分母为前一轴线编号。1 或 A 轴前的附加轴线分母为 01 或 0A。

为了让读者便于理解，下面用图形来表达定位轴线的编号形式。

定位轴线的分区编号如图 14-14 所示；圆形平面定位轴线编号如图 14-15 所示；折线形平面定位轴线编号如图 14-16 所示。

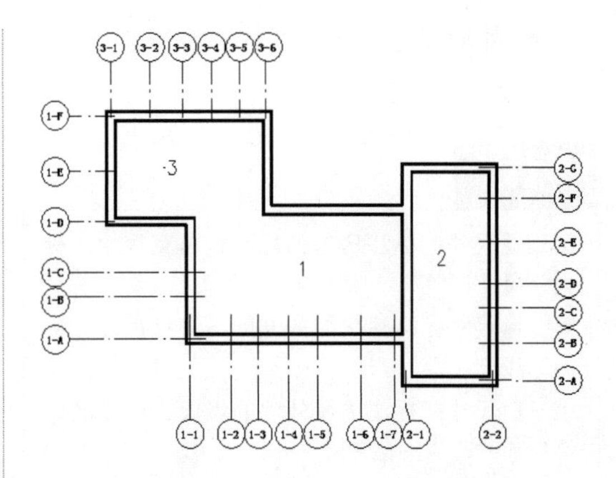

图 14-14　定位轴线的分区编号

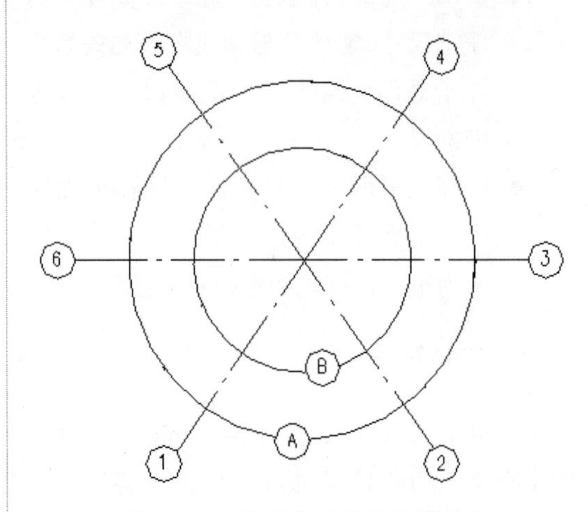

图 14-15　圆形平面定位轴线编号

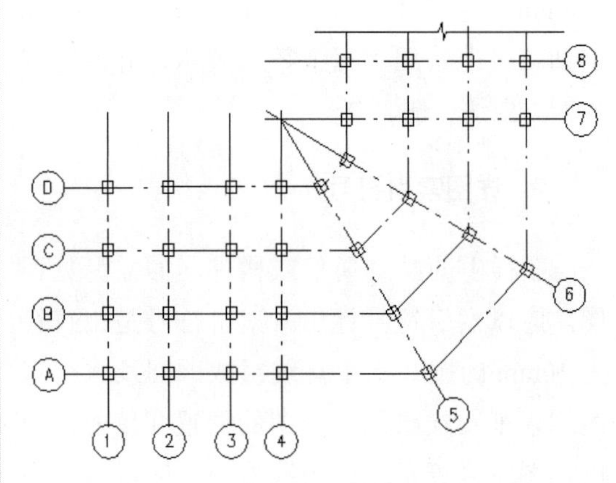

图 14-16　折线形平面定位轴线编号

14.2　案例一：绘制居室平面图

居室平面图是现代建筑中应用最广泛的一种建筑结构形式，是现代民用建筑中的最基本组成元素。由于居室平面图是一种多平行图线图形，所以为了准确绘制居室平面图，一般首先需要绘制辅助线网，然后依次绘制墙体、阳台和门窗等，最后进行必要的文字标注和文字说明。

本实例的制作思路为：依次绘制墙体、门窗和建筑设备，最后进行尺寸和文字说明标注。

在绘制墙体的过程中，首先绘制主墙，然后绘制隔墙，最后进行合并调整。绘制门窗时，首先在墙上开出门窗洞，然后在门窗洞上绘制门和窗户；绘制建筑设备时，充分利用建筑设备图库中的图例，从而提高绘图效率。对于建筑平面图，尺寸标注和文字说明是一个非常重要的部分，建筑各个部分的具体大小和材料作法等都以尺寸标注、文字说明为依据，在本实例中都充分体现了这一点，如图 14-17 所示为某商品房平面图。

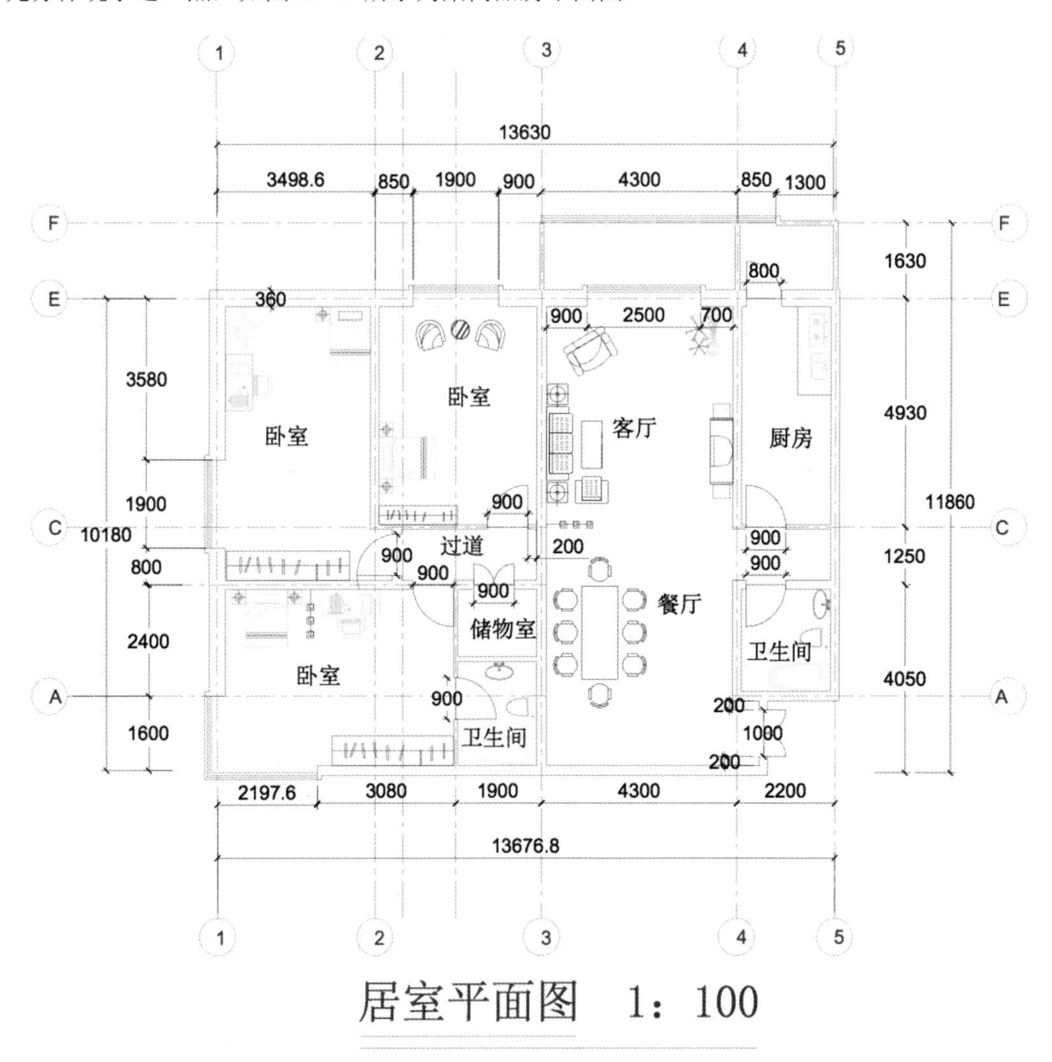

图 14-17　商品房平面图

14.2.1 绘图设置

1．设置图层

step 01 单击“图层”面板中的“图层特性管理器”按钮，系统弹出“图层特性管理器”选项面板。

step 02 在“图层特性管理器”选项面板中单击“新建图层”按钮，新建“轴线”和“窗”图层，指定图层颜色分别为115和洋红色；新建“墙体”图层，指定颜色为红色；新建“门”和“设备”图层，指定颜色为蓝色；新建“标注”和“文字”图层，指定颜色为白色；其他采用默认设置。这样就得到了初步的图层设置，如图14-18所示。

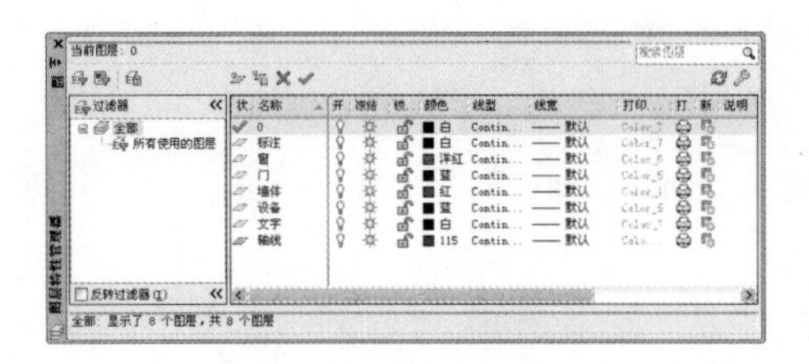

图 14-18 图层设置

2．设置标注样式

step 01 选择“标注”|“标注样式”命令，系统弹出“标注样式管理器”对话框，如图14-19所示。单击“修改”按钮，系统弹出“修改标注样式：ISO-25”对话框。

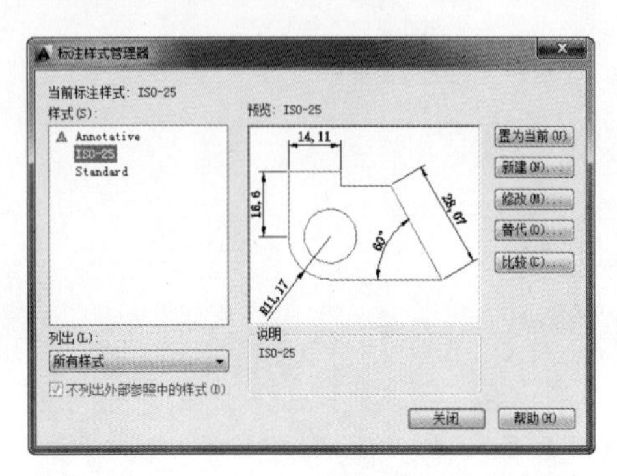

图 14-19 “标注样式管理器”对话框

技巧点拨：

除了修改已有的标注样式外，用户也可以创建新样式并进行编辑。

step 02 选择“线”选项卡，设定“尺寸线”选项组中的“基线间距”为1，设定“延伸线”选项组中的“超出尺寸线”为1，“起点偏移量”为0；选择“符号和箭头”选项卡，单击“箭头”选项组中的“第一个”后的下拉按钮，在弹出的下拉列表中选择“建筑标记”选项，单击“第二个”后的下拉按钮，在弹出的下拉列表中选择“建筑标记”选项，并设定“箭头大小”为2.5，设置结果如图14-20所示。

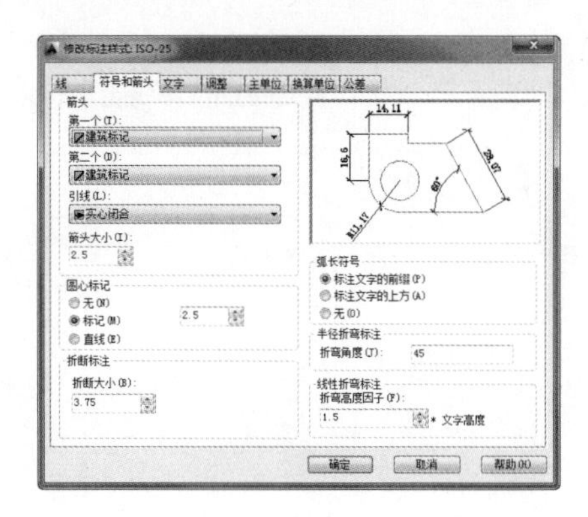

图 14-20 设置“符号和箭头”选项卡

step 03 选择“文字”选项卡，在“文字外观”选项组中设定“文字高度”为2。这样就完成了“文字”选项卡的设置，结果如图14-21所示。

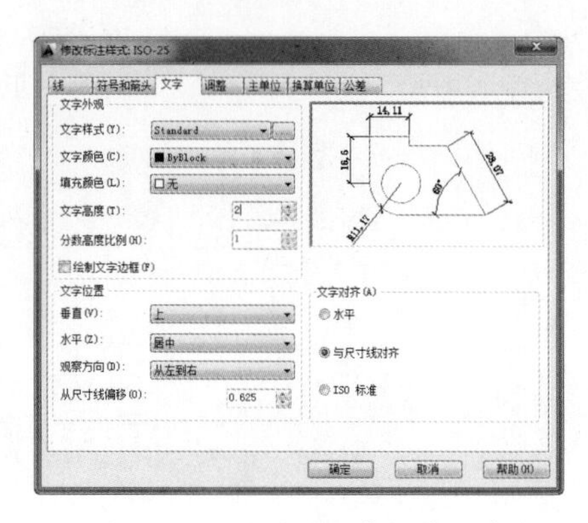

图 14-21 设置“文字”选项卡

step 04 选择“调整”选项卡，在“调整选项”选项组中选择“箭头”单选按钮，在“文字位置”选项组中选择“尺寸线上方，不带引线”单选按钮，在“标注特征比例”选项组中指定“使用全局比例”为 1。这样就完成了“调整”选项卡的设置，结果如图 14-22 所示。单击“确定”按钮返回“标注样式管理器”对话框，最后单击“关闭”按钮返回绘图区。

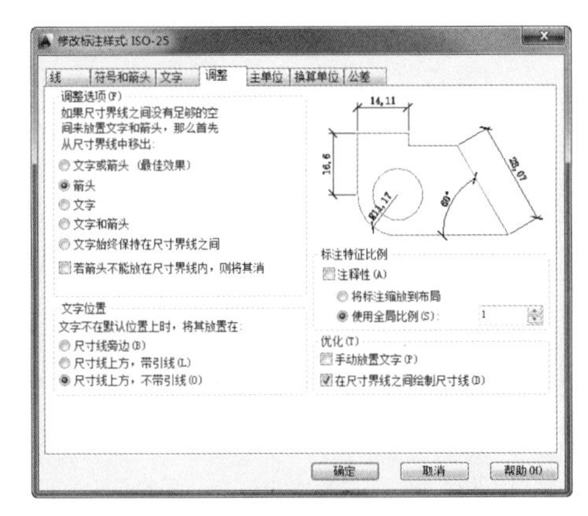

图 14-22　设置“调整”选项卡

14.2.2　绘制轴线

step 01 单击“图层”工具栏中的“图层控制”下拉按钮，选取“轴线”选项，使当前图层为“轴线”。

step 02 单击“绘图”工具栏中的“构造线”按钮，在正交模式中绘制一条竖直构造线和水平构造线，组成十字轴线网。

step 03 单击“绘图”工具栏中的“偏移”按钮，将水平构造线连续向上偏移 1600、2400、1250、4930、1630，得到水平方向的轴线。将竖直构造线连续向右偏移 3480、1800、1900、4300、2200，得到竖直方向的轴线。它们和水平辅助线一起构成正交的轴线网，如图 14-23 所示。

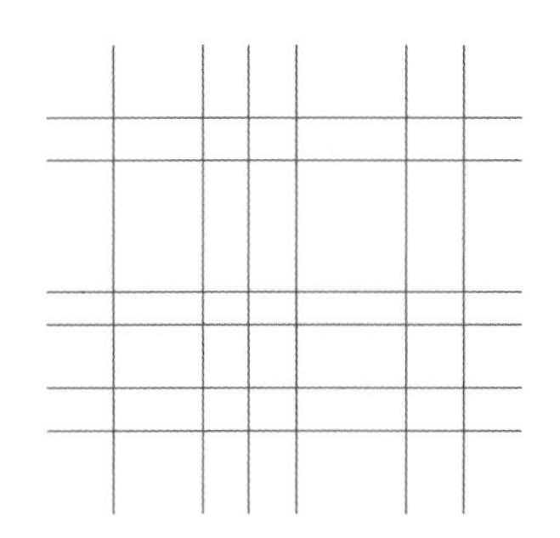

图 14-23　底层建筑轴线网格

14.2.3　绘制墙体

1. 绘制主墙

step 01 单击“图层”工具栏中的“图层控制”下拉按钮，选取“墙体”选项，使当前图层为“墙体”。

step 02 单击“绘图”工具栏中的“偏移”按钮，将轴线向两侧偏移 180，然后通过“图层”工具栏把偏移的线条更改到“墙体”图层，得到 360mm 宽主墙体的位置，如图 14-24 所示。

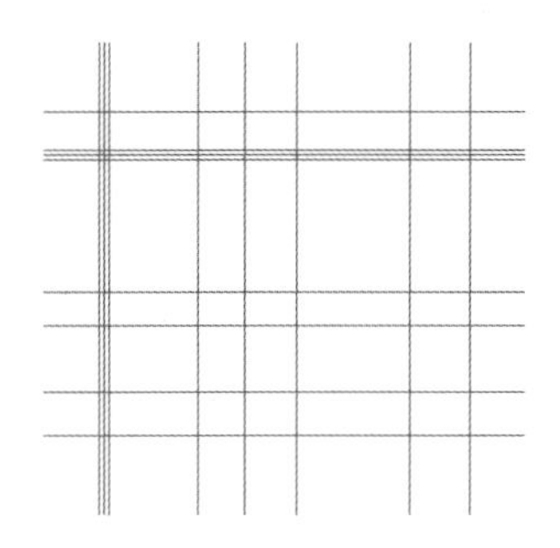

图 14-24　绘制主墙体结果

step 03 采用同样的方法绘制 200 宽的主墙体。单击“绘图”工具栏中的“偏移”按钮，将轴线向两侧偏移 100，然后通过“图层”工具栏把偏移得到的线条更改到“墙体”图层，绘制结果如图 14-25 所示。

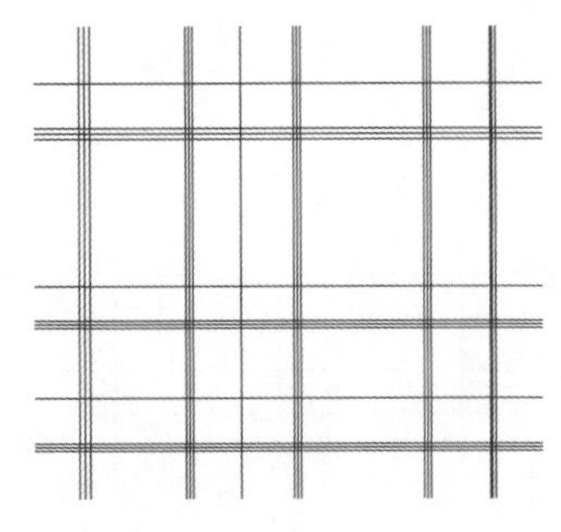

图 14-25　绘制主墙体结果

step 04 单击“修改”工具栏中的“修剪”按钮，把墙体交叉处多余的线条修剪掉，使墙体连贯，修剪结果如图 14-26 所示。

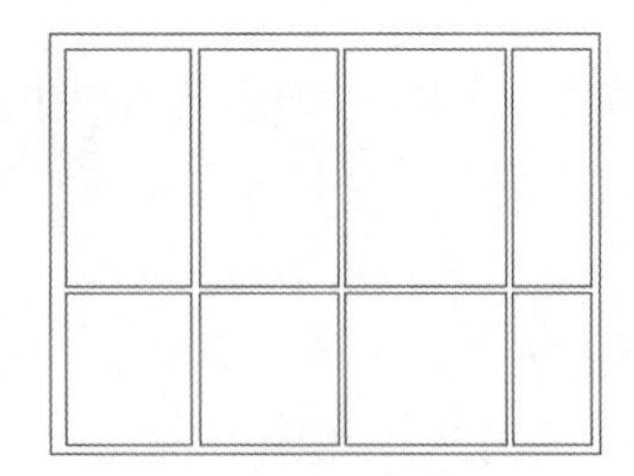

图 14-26　主墙绘制结果

2. 绘制隔墙

隔墙宽为 100，主要通过多线来绘制，绘制的具体步骤如下。

step 01 选择菜单栏中的“格式”|“多线样式”命令，弹出“多线样式”对话框，单击“新建”按钮，弹出“创建新的多线样式”对话框，输入多线名称为 100，如图 14-27 所示。

step 02 单击“继续”按钮，弹出“新建多线样式: 100”对话框，把其中的图元偏移量设为 50 和 -50，如图 14-28 所示，单击“确定”按钮，返回“多线样式”对话框，选取多线样式 100，单击“置为当前”按钮，然后单击“确定”按钮完成隔墙墙体多线的设置。

图 14-27　“多线样式”对话框

图 14-28　“新建多线样式”对话框

step 03 选择菜单栏中的“绘图”|“多线”命令，根据命令行提示设定多线样式为 100，比例为 1，对正方式为“无”，根据轴线网格绘制如图 14-29 所示的隔墙。操作如下。

```
命令：mline↙
当前设置：对正 = 上，比例 = 20.00，样式 = 100
指定起点或 [对正(J)/比例(S)/样式(ST)]: st↙
输入多线样式名或 [?]: 100↙
当前设置：对正 = 上，比例 = 20.00，样式 = 100
指定起点或 [对正(J)/比例(S)/样式(ST)]: s↙
输入多线比例 <20.00>: 1↙
当前设置：对正 = 上，比例 = 1.00，样式 = 100
指定起点或 [对正(J)/比例(S)/样式(ST)]: j↙
输入对正类型 [上(T)/无(Z)/下(B)] <上>: z↙
```

```
当前设置：对正 = 无，比例 = 1.00，样式 = 100
指定起点或 [对正(J)/比例(S)/样式(ST)]：（选取起点）
指定下一点：（选取端点）
指定下一点或 [放弃(U)]：↙
```

3. 修改墙体

目前的墙体还是不连贯，而且根据功能需要还要进行必要的修改，具体步骤如下。

step 01 单击“绘图”工具栏中的“偏移”按钮，将右下角的墙体分别向内偏移 1600，结果如图 14-30 所示。

step 02 单击“修改”工具栏中的“修剪”按钮，把墙体交叉处多余的线条修剪掉，使墙体连贯，修剪结果如图 14-31 所示。

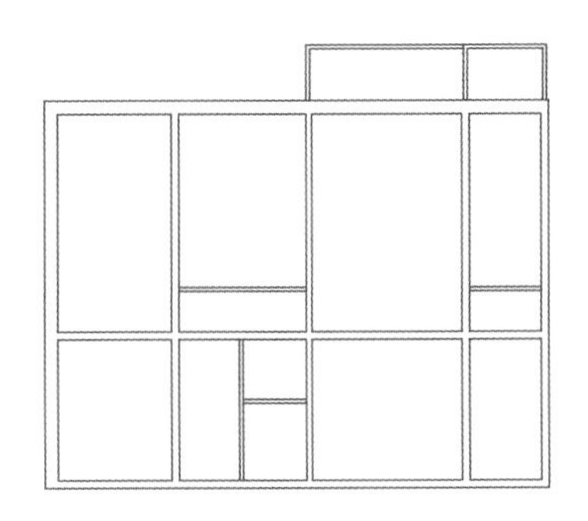

图 14-29　隔墙绘制结果

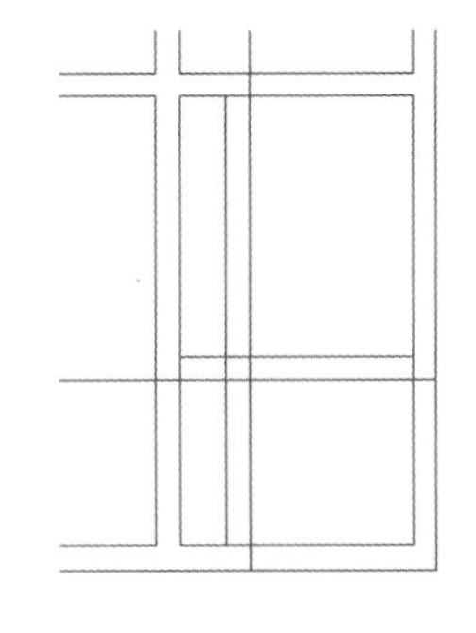

图 14-30　墙体偏移结果

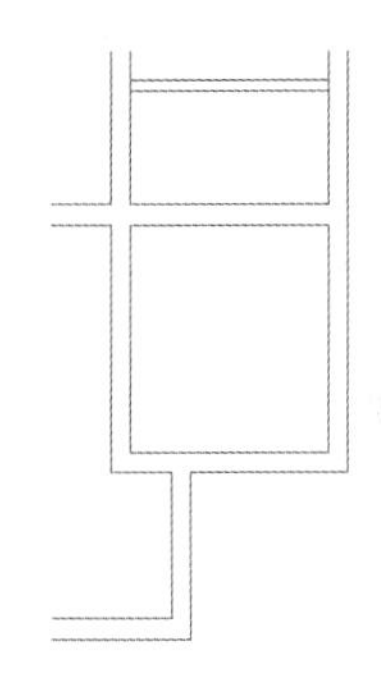

图 14-31　右下角的修改结果

step 03 单击“修改”工具栏中的“延伸”按钮，把右侧的一些墙体延伸到对面的墙线上，如图 14-32 所示。

step 04 单击“修改”工具栏中的“分解”和“修剪”按钮，把墙体交叉处多余的线条修剪掉，使墙体连贯，右侧墙体的修剪结果如图 14-33 所示。分解命令操作如下。

```
命令：explode↙
选择对象：（选取一个项目）
选择对象：↙
```

step 05 采用同样的方法修改整个墙体，使墙体连贯，符合实际功能需要，修改结果如图 14-34 所示。

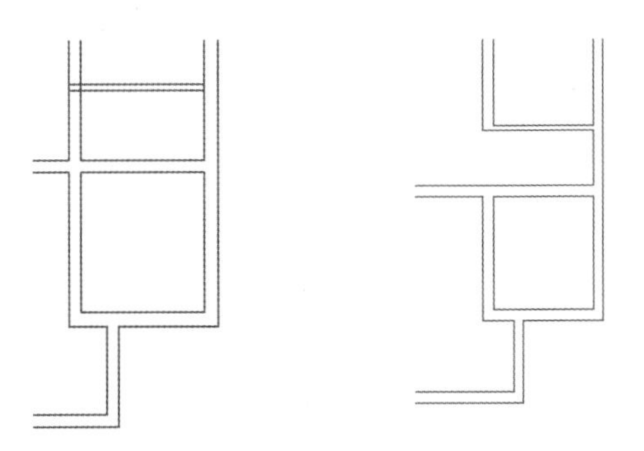

图 14-32　延伸操作结果　图 14-33　右侧墙体的修改结果

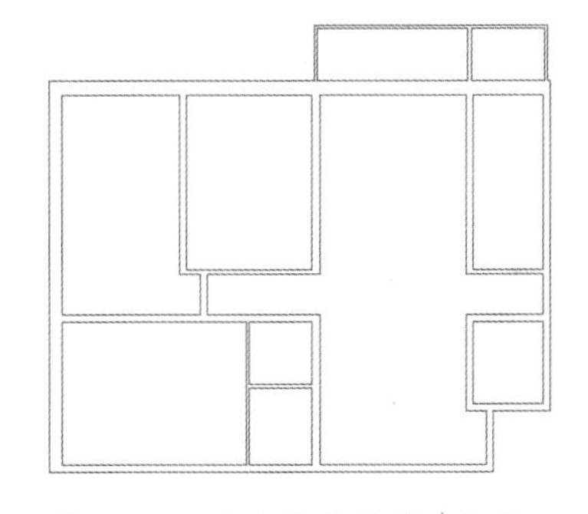

图 14-34　全部墙体的修改结果

14.2.4 绘制门窗

1. 开门窗洞

step 01 单击“绘图”工具栏中的“直线”按钮，根据门和窗户的具体位置，在对应的墙上绘制出这些门窗的一边。

step 02 单击“修改”工具栏中的“偏移”按钮，根据各个门和窗户的具体大小，将前边绘制的门窗边界偏移相应的距离，就能得到门窗洞在图上的具体位置，绘制结果如图 14-35 所示。

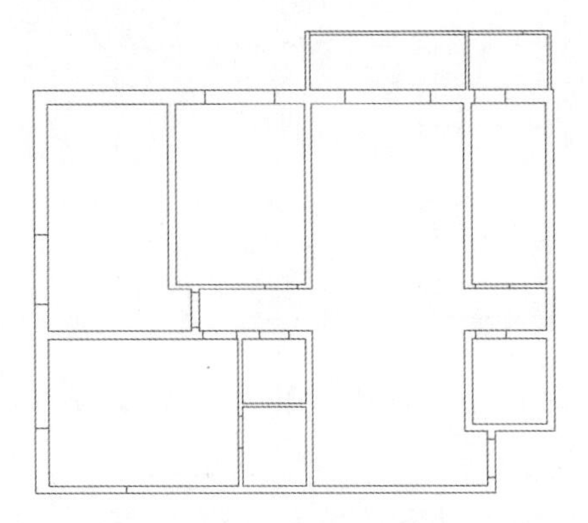

图 14-35 绘制门窗洞线

step 03 单击“修改”工具栏中的“延伸”按钮，将各个门窗洞修剪出来，就能得到全部的门窗洞，绘制结果如图 14-36 所示。

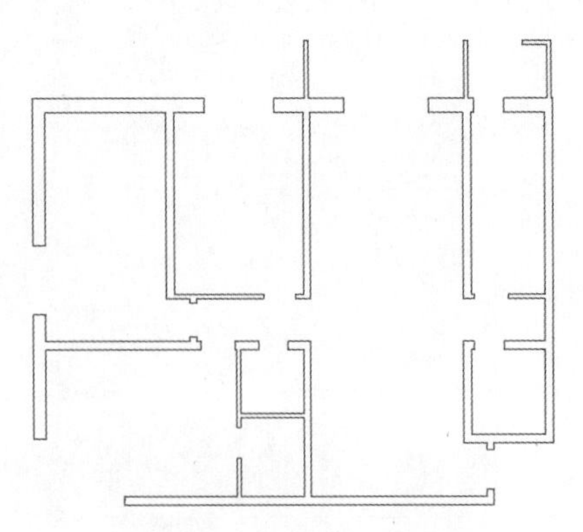

图 14-36 开门窗洞结果

2. 绘制门

step 01 单击“图层”工具栏中的“图层控制”下拉按钮，选取“门”，使当前图层为“门”。

step 02 单击“绘图”工具栏中的“直线”按钮，在门上绘制出门板线。

step 03 单击“绘图”工具栏中的“圆弧”按钮，绘制圆弧表示门的开启方向，得到门的图例。双扇门的绘制结果如图 14-37 所示；单扇门的绘制结果如图 14-38 所示。

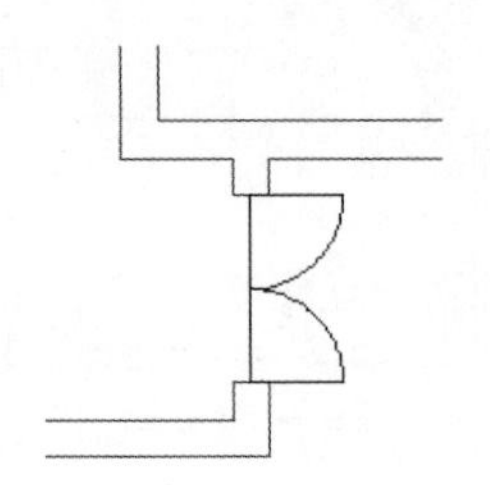

图 14-37 双扇门的绘制结果

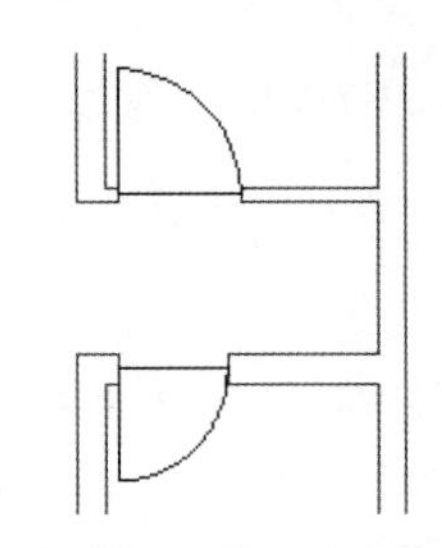

图 14-38 单扇门的绘制结果

step 04 继续按照同样的方法绘制所有的门，绘制的结果如图 14-39 所示。

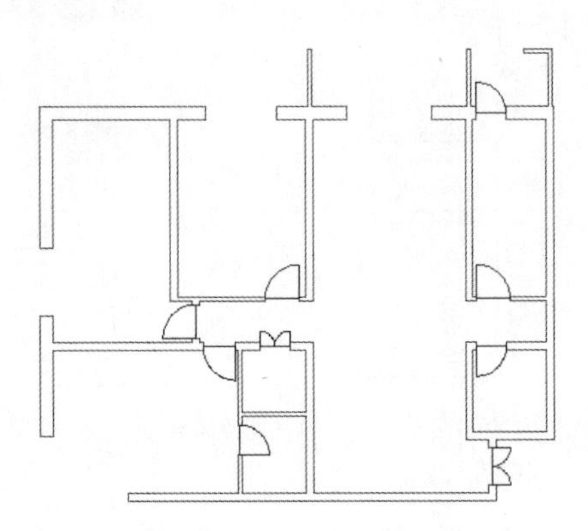

图 14-39 全部门的绘制结果

3. 绘制窗

利用“多线”命令，绘制窗户的具体步骤如下。

step 01 单击“图层”工具栏中的“图层控制”下拉按钮，选取“窗”，使当前图层为“窗”。

step 02 选择菜单栏中的“格式”|“多线样式”命令，新建多线样式名称为 150，如图 14-40 所示；设置图元偏移量分别为 0、50、100、150，其他采用默认设置，设置结果如图 14-41 所示。

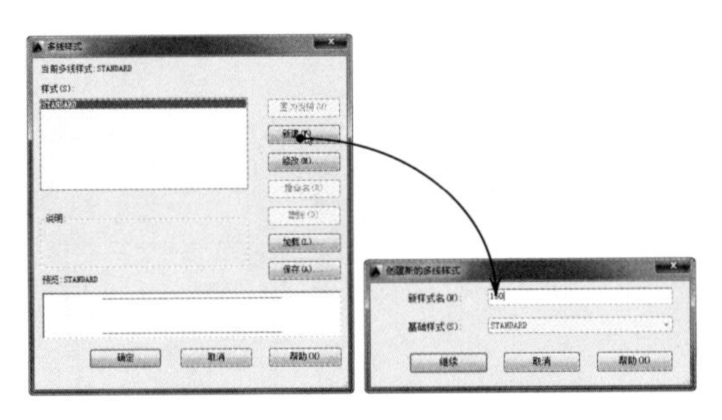

图 14-40　“多线样式”对话框

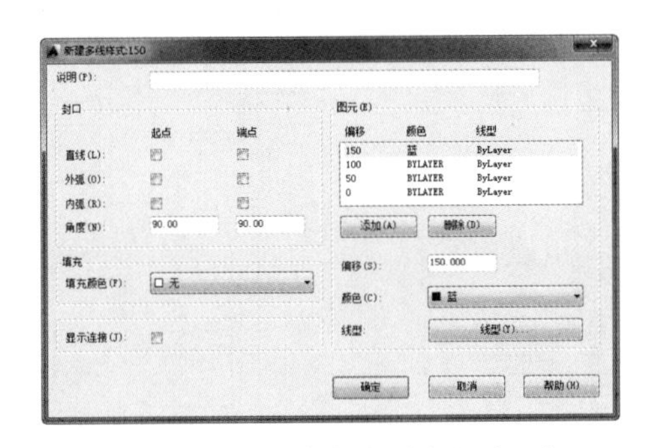

图 14-41　“新建多线样式”对话框

step 03 单击“绘图”工具栏中的“矩形”按钮，绘制一个 100×100 的矩形。单击“修改”工具栏中的“复制”按钮，把该矩形复制到各个窗户的外边角上，作为凸出的窗台，结果如图 14-42 所示。

step 04 单击“修改”工具栏中的“修剪”按钮，修剪掉窗台和墙的重合部分，使窗台和墙合并、连通，修剪结果如图 14-43 所示。

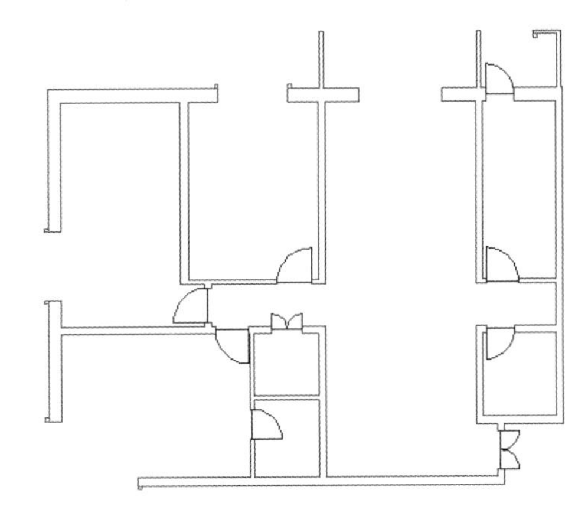

图 14-42　复制矩形窗台的结果

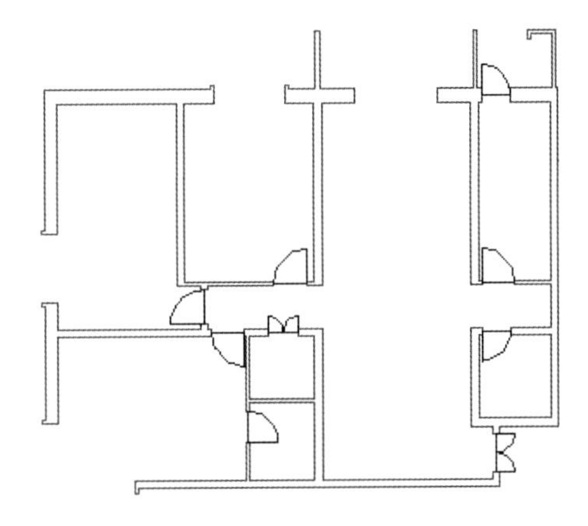

图 14-43　修剪结果

step 05 选择菜单栏中的“绘图”|“多线”命令，根据命令行提示，设定多线样式为 150，比例为 1，对正方式为“无”，根据各个角点绘制如图 14-44 所示的窗户。

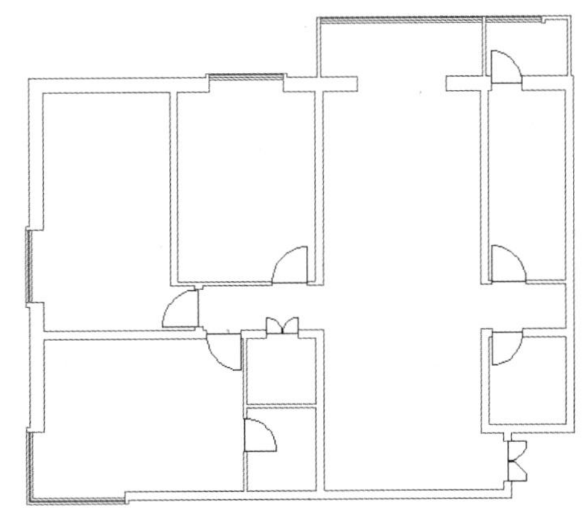

图 14-44　绘制窗户的结果

14.2.5 绘制建筑设备

step 01 单击“图层”工具栏中的“图层控制”下拉按钮，选取“设备”，使当前图层为“设备”。

step 02 单击“绘图”工具栏中的“插入块”按钮，弹出“插入”对话框，单击“浏览”按钮，弹出“选择图形文件”对话框，找到要插入的图形，单击“打开”按钮，返回“插入”对话框，单击“确定”按钮，返回绘图区，此时根据需要设置基点、比例、旋转，并插入其他建筑设备，左上部分的绘制结果如图 14-45 所示。操作如下。

```
命令： insert↙
指定插入点或 [基点(B)/比例(S)/旋转(R)]: s↙
指定 XYZ 轴的比例因子 <1>: (输入比例值)↙
指定插入点或 [基点(B)/比例(S)/旋转(R)]:(选取插入基点)
```

提示：

要插入的建筑图块，可以在随书素材源文件夹中找到。

step 03 采用同样的方法继续插入其他的建筑设备，右上部分的绘制结果如图 14-46 所示。

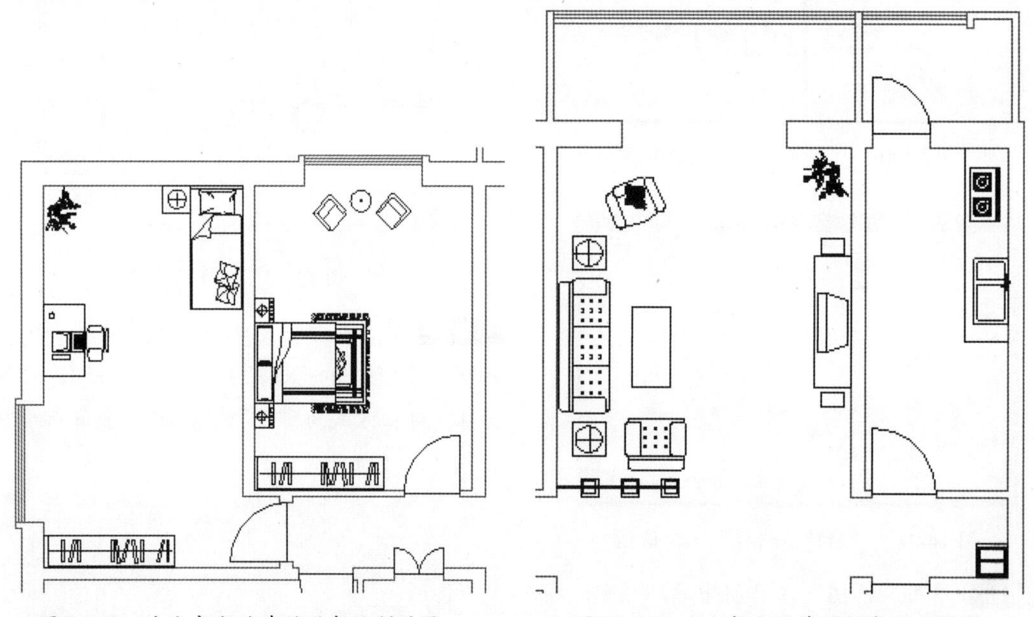

图 14-45　左上部分的建筑设备绘制结果　　图 14-46　右上部分的建筑设备绘制结果

step 04 采用同样的方法继续插入其他的建筑设备，左下部分的绘制结果如图 14-47 所示。

step 05 采用同样的方法继续插入其他的建筑设备，右下部分的绘制结果如图 14-48 所示。

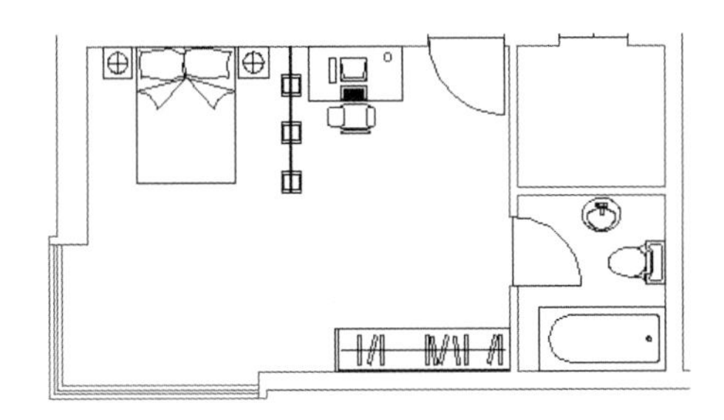

图 14-47　左下部分的建筑设备绘制结果

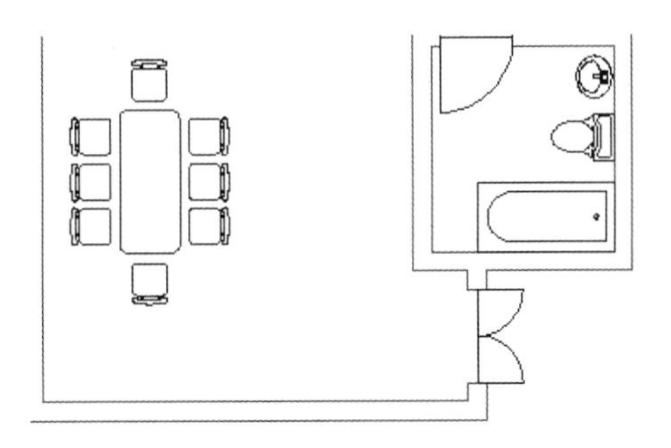

图 14-48　右下部分的建筑设备绘制结果

step 06 所有设备插入后的结果，如图 14-49 所示。

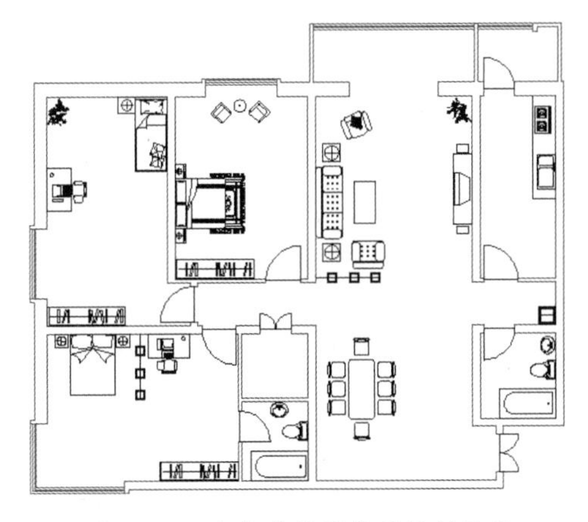

图 14-49　全部建筑设备的绘制结果

14.2.6　尺寸标注和文字说明

1. 文字标注

step 01 单击"图层"工具栏中的"图层控制"下拉按钮，选取"文字"选项，使当前图层为"文字"。

step 02 单击"绘图"工具栏中的"多行文字"按钮，在各个房间中进行文字标注，设定文字高度为 300，文字标注的结果如图 14-50 所示。

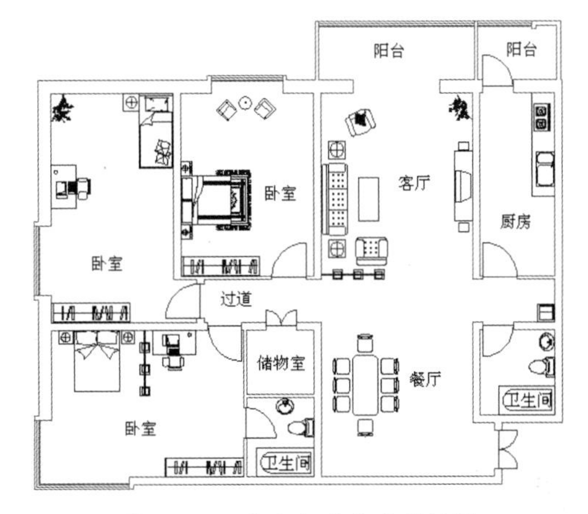

图 14-50　文字标注完成的结果

2. 尺寸标注

step 01 单击"图层"工具栏中的"图层控制"下拉按钮，选取"标注"选项，使当前图层为"标注"。

step 02 选择菜单栏中的"标注"|"对齐"命令，进行尺寸标注，建筑外围标注的结果如图 14-51 所示。

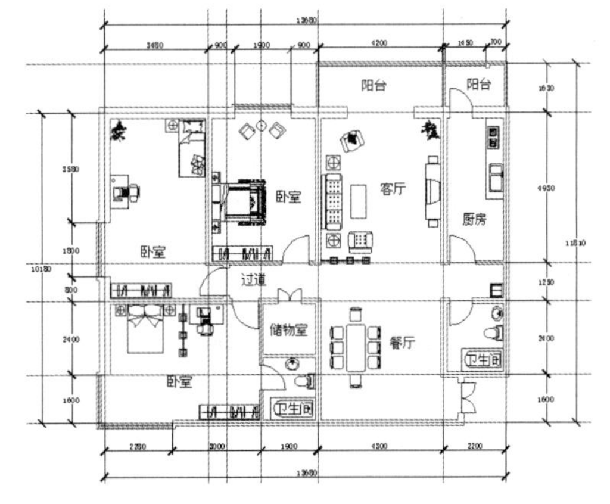

图 14-51　外围尺寸标注结果

step 03 选择菜单栏中的“标注”|“对齐”命令，进行内部尺寸标注，结果如图 14-52 所示。

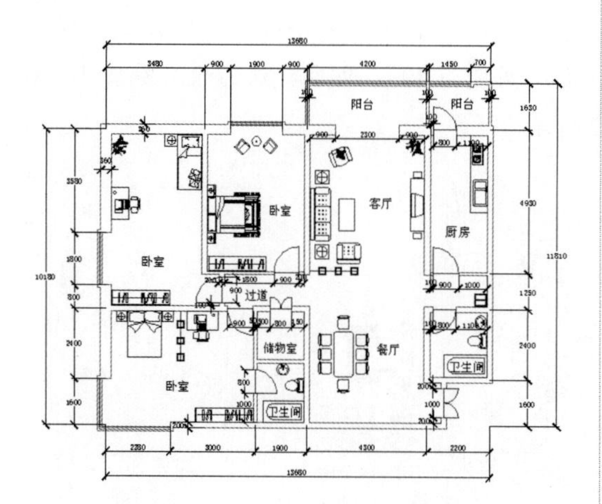

图 14-52　内部的尺寸标注结果

技巧点拨：

平面图内部的尺寸若无法看清，可以参考本例完成的 AutoCAD 结果文件进行标注。

3．轴线编号

要进行轴线间编号，要先绘制轴线。建筑制图规范中规定使用点画线来绘制轴线。

step 01 单击“图层”工具栏中的“图层控制”下拉按钮，选取“轴线”选项，使当前图层为“轴线”。

step 02 选择菜单栏中的“格式”|“线型”命令，加载“ACAD_ISO04W100”线型，设定“全局比例因子”为 50，设置如图 14-53 所示。

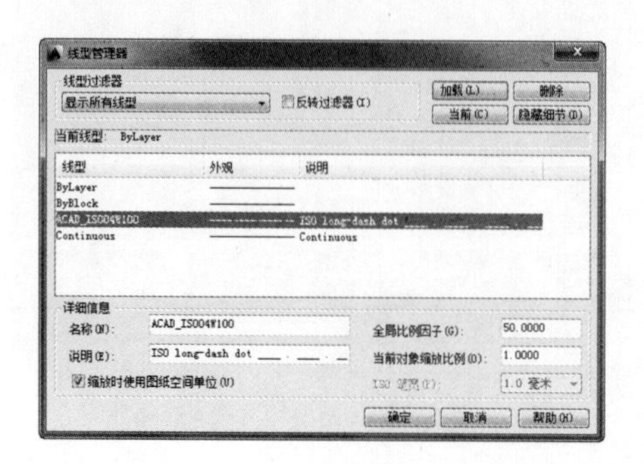

图 14-53　“线型管理器”对话框

step 03 单击“图层”工具栏中的“图层特性管理器”按钮，弹出“图层特性管理器”选项面板。修改“轴线”图层线型为“ACAD_ISO04W100”，关闭“图层特性管理器”选项面板，轴线显示的结果如图 14-54 所示。

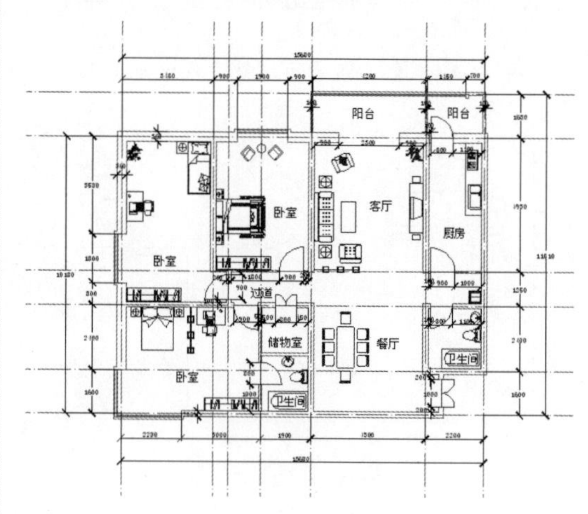

图 14-54　轴线显示结果

step 04 单击“绘图”工具栏中的“构造线”按钮，在尺寸标注的外侧绘制构造线，截断轴线后单击“修改”工具栏中的“修剪”按钮，修剪掉构造线外侧的轴线，结果如图 14-55 所示。

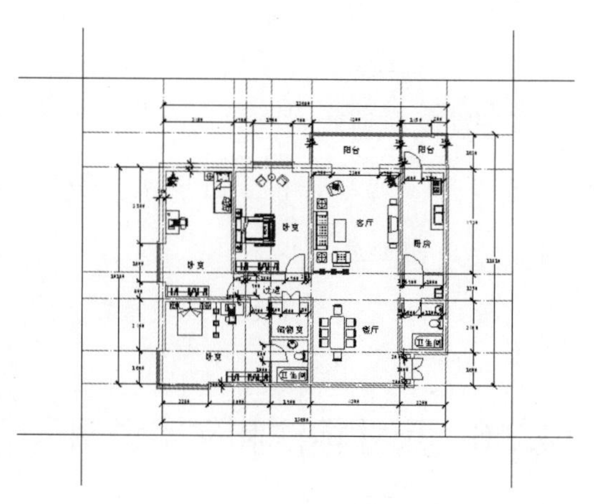

图 14-55　截断轴线结果

step 05 将构造线删除，结果如图 14-56 所示。

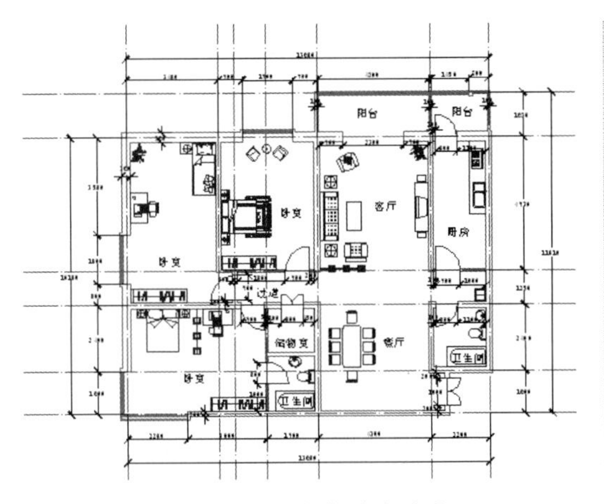

图 14-56　删除构造线结果

step 06 单击“绘图”工具栏中的“圆”按钮，绘制一个半径为400的圆。单击“绘图”工具栏中的“多行文字”按钮A，绘制文字“A”，指定文字高度为300。单击“修改”工具栏中的“移动”按钮，把文字“A”移动到圆的中心，再将轴线编号移动到轴线的端部，这样就能得到一个轴线编号。

step 07 单击“修改”工具栏中的“复制”按钮，把轴线编号复制到其他轴线的端部。

step 08 双击轴线编号内的文字，修改轴线编号内的文字，横向使用1、2、3、4……作为编号，纵向使用A、B、C、D……作为编号，结果如图14-57所示。

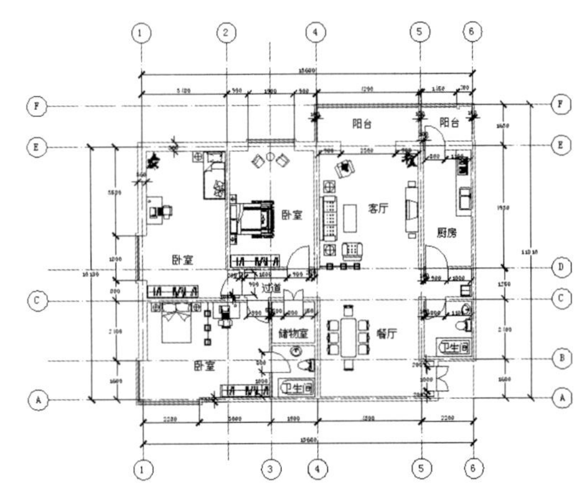

图 14-57　轴线编号结果

step 09 单击“绘图”工具栏中的“多行文字”按钮A，设定文字大小为600，在平面图的正下方标注“居室平面图 1:100”。

step 10 至此，商品房单元平面图绘制完成。最后将绘制完成的结果文件保存。

14.3　案例二：绘制办公楼底层平面图

某办公楼底层平面图如图14-58所示，A3图幅，按照1∶100的比例绘制。与前面一个案例的平面图的绘制方法类似，某办公楼底层平面图也是按绘制墙体→门窗→建筑设备→尺寸标注→文字注释的流程来进行的。下面进行绘制实例的操作。

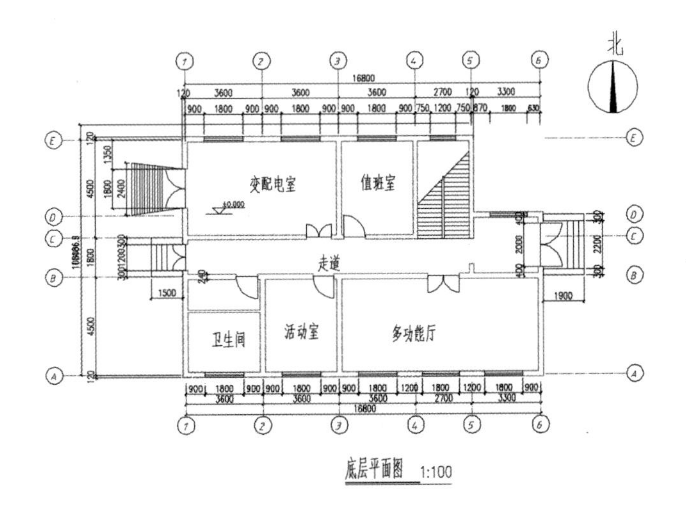

图 14-58　底层平面图

14.3.1 设置文字和标注样式

1. 线型设置

用 Layer 命令或单击“图层”工具栏上的”图层特性管理器”按钮，创建图层并设置线型、颜色和线宽。按《房屋建筑制图统一标准》（GB/T 50001—2001）的规定，图线的宽度 *b*，宜从下列线宽系列中选取：2.0、1.4、1.0、0.7、0.5、0.35mm。每个图样，应根据复杂程度与比例大小，先选定基本线宽 *b*，再选用表 14-2 中相应的线宽组。

表 14-2 线宽组（mm）

线宽比	线宽组					
B	2.0	1.4	1.0	0.7	0.5	0.35
0.5b	1.0	0.7	0.5	0.35	0.25	0.18
0.25b	0.5	0.35	0.25	0.18	—	—

注：1. 需要微缩的图纸，不宜采用 0.18mm 及更细的线宽。
2. 同一张图纸内，各不同线宽中的细线，可以统一采用较细的线宽组的细线。

根据标准，设置图层的名称、颜色、线型和线宽，如图 14-59 所示。

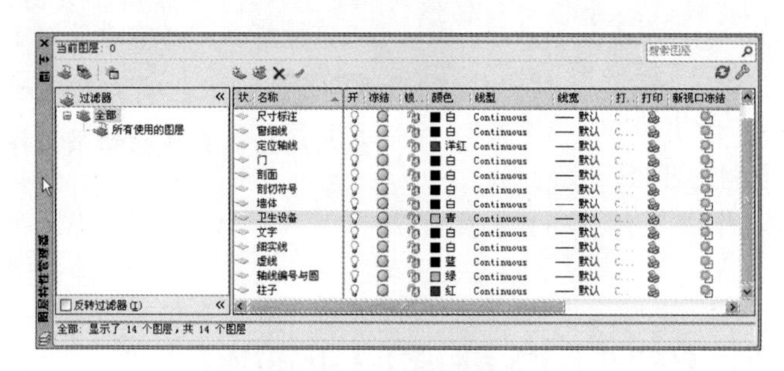

图 14-59 线型设置

2. 设置文字样式

创建“工程图中汉字”和“数字和字母”文字样式。图样及说明中的汉字宜采用“长仿宋体”，宽度与高度的关系应符合表 14-3 的规定。

表 14-3 长仿宋体字高、宽关系（mm）

字高	20	13	10	7	5	3.5
字宽	13	10	7	5	3.5	2.5

大标题、图册封面、地形图等的汉字，也可以书写成其他字体，但应易于辨认。拉丁字母、阿拉伯数字与罗马数字，如需写成斜体字，其斜度应从字的底线逆时针向上倾斜 75°。斜体字的高度与宽度应与相应的直体字相等。拉丁字母、阿拉伯数字与罗马数字的字高应不小于 2.5mm。书写规则应符合表 14-4 的规定。

表 14-4　拉丁字母、阿拉伯数字与罗马数字的书写规则

书写格式	一般字体	窄字体
小写字母高度	*h*	*h*
小写字母高度（上、下均无延伸）	7/10*h*	10/13*h*
小写字母伸出的头部或尾部	3/10*h*	4/13*h*
笔画宽度	1/10*h*	1/13*h*
字母间距	1/10*h*	2/13*h*
上、下行基准线最小间距	15/10*h*	21/13*h*

3. “工程图中汉字”样式的创建过程

step 01 从菜单中选择“格式”|“文字样式”命令，弹出“文字样式”对话框，如图 14-60 所示。

step 02 单击“新建”按钮，弹出“新建文字样式”对话框，输入文字样式名为“工程图中汉字”，单击”确定”按钮，返回“文字样式”对话框。

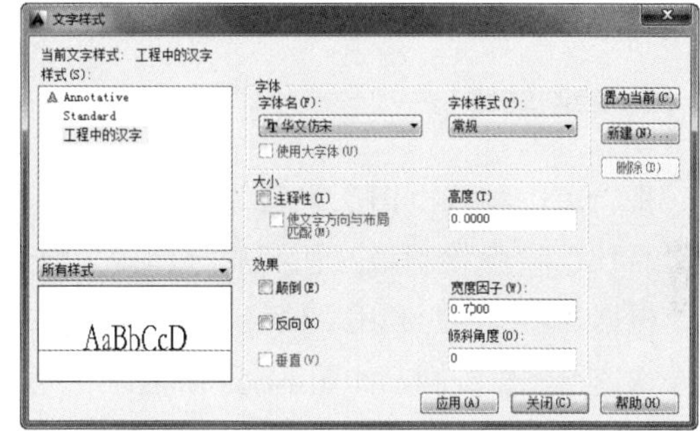

图 14-60　汉字样式设置

step 03 在“字体名”下拉列表中选择“T 仿宋 _GB2312”字体（注意：不要选择“T@ 仿宋 _GB2312”字体，这种字体的书写方式是从右向左的，并且字体的间距也不同），在“高度”中设高度值为 0.00，在“宽度比例”中设宽度比例值为 0.7，其他使用默认值。

step 04 单击“应用”按钮完成创建。

4. “数字和字母”样式的创建过程：

step 01 打开“文字样式”对话框。

step 02 单击“新建”按钮，弹出“新建文字样式”对话框，输入文字样式名为“数字和字母”，单击“确定”按钮，返回“文字样式”对话框，如图 14-61 所示。

step 03 在“字体”下拉列表中选择“gbeitc.shx 字体”（注意：不要选择 gbenor.shx”字体），在“高度”中设高度值为 0.00，设置“宽度比例”值为 1，设置“倾斜角度”值为 0°，字体本身带有倾斜角度。

step 04 设置完成后，单击“应用”按钮完成创建。

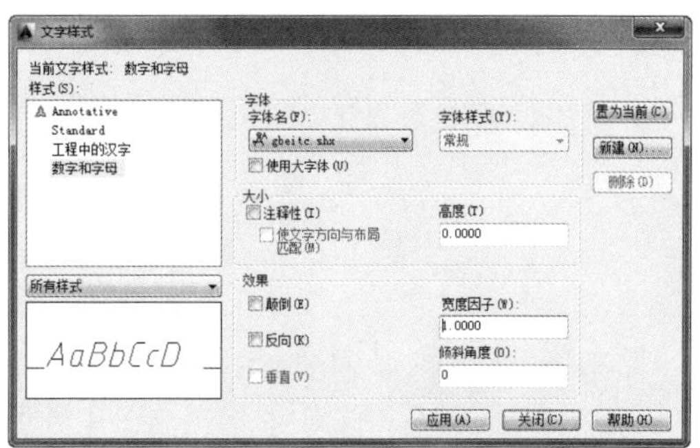

图 14-61　数字样式的设置

5．绘制图框、标题栏和会签栏

用 pline、rectangle、line 命令画图框、标题栏和会签栏（不注写具体内容）。具体尺寸与要求如图 14-62 所示。

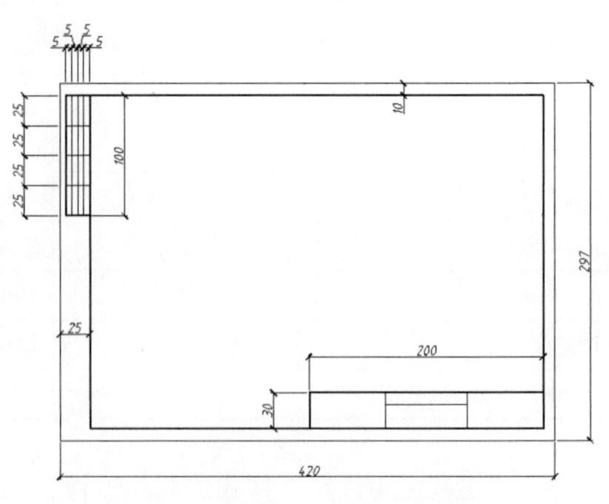

图 14-62　图幅、图框和标题栏

14.3.2　绘制平面图的定位轴线

根据建筑物的开间和进深尺寸绘制墙和柱子的定位轴线，定位轴线应用细点画线绘制。

1．绘制轴线

将“定位轴线”图层设置为当前图层，用“直线”命令绘制最左侧和底部的定位轴线，根据各轴线间距利用“偏移”或“复制”命令快速绘制轴线网，如图 14-63 所示。

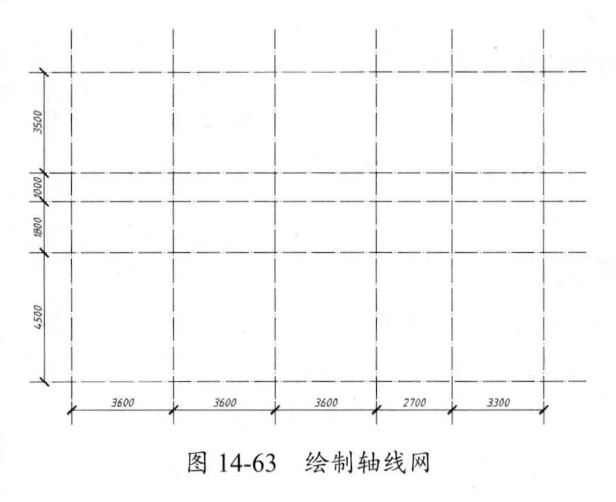

图 14-63　绘制轴线网

2．绘制定位轴线编号

定位轴线应编号，编号注写在轴线端部的圆内。圆应用细实线绘制，直径为 8~10mm。定位轴线圆的圆心，应在定位轴线的延长线上。平面图上定位轴线的编号，宜标注在图样的下方与左侧。横向编号应用阿拉伯数字，按从左至右的顺序编写；竖向编号应用大写拉丁字母，从下至上注写。

采用创建属性块的方法，可以实现对轴线编号的快速插入。插入点的选择很关键，在创建块的过程中要注意。如图 14-64 所示的插入点在圆周的 4 分点上，选择时应把“捕捉”功能打开，以准确定位。

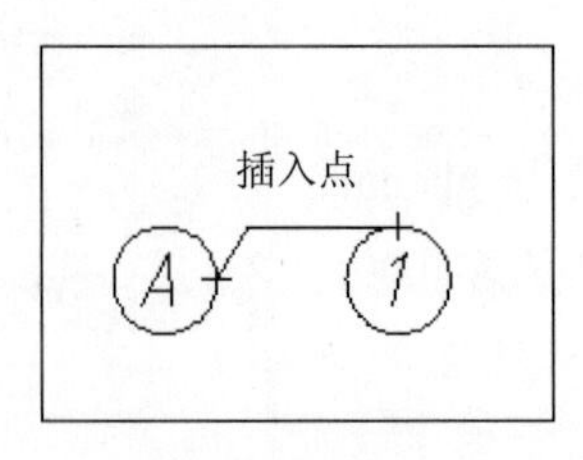

图 14-64　插入点

step 01 在“轴线编号与圆”图层上，用 circle 命令绘制出直径为 8mm 的圆。

step 02 选择“绘图”|“块”|“定义属性”命令，弹出“属性定义”对话框。

step 03 在“定义属性”对话框中，设置属性模式并输入标记信息、位置和文字选项。为使轴线编号中心位于定位轴线圆的圆心，在“文字”选项的“对正”方式中选择“中间”对正方式，所设内容如图 14-65 所示。单击“确定”按钮后，在屏幕上指定文字的插入点时，利用“捕捉”功能指定定位轴线圆的圆心。

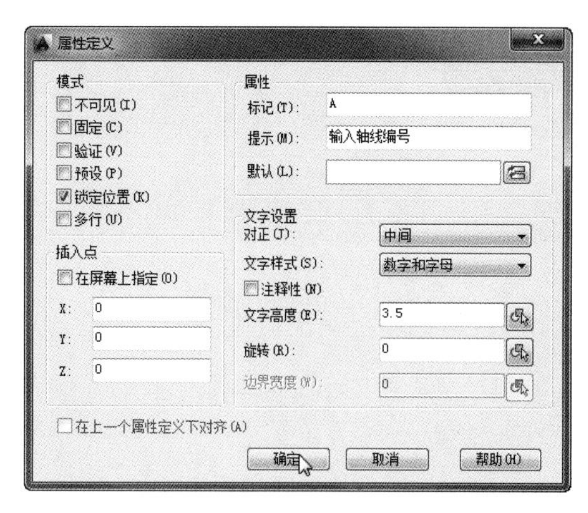

图 14-65　定义轴线编号块的属性

step 04 选择“绘图”工具栏上的“创建块”工具，创建“轴线编号”块。

step 05 选择“绘图”工具栏上的“插入块”工具，在“插入”对话框的“名称”中选择已经定义的轴线编号。

如果使用定点设备指定插入点、比例和旋转角度，需要选择“在屏幕上指定”选项。否则，需要在“插入点”“缩放比例”和“旋转”框中分别输入值。

命令行提示如下。

```
    命令： _insert
    指定插入点或 [基点(B)/比例(S)/X/Y/Z/旋转(R)/预览比例(PS)/PX/PY/PZ/预览旋转(PR)]:                    //在图上单击要插入的点
    输入 X 比例因子，指定对角点，或 [角点(C)/XYZ] <1>:        //按 Enter 键不改变图块 X 方向上的比例
    输入 Y 比例因子或 <使用 X 比例因子>: 1     //按 Enter 键或输入值 1 表示 Y 方向上不缩放
    指定旋转角度 <0>: 0                        //不旋转图块
    输入属性值
    输入轴线编号 : A    //重复插入，完成对所有定位轴线编号的插入，如图 14-66 所示
```

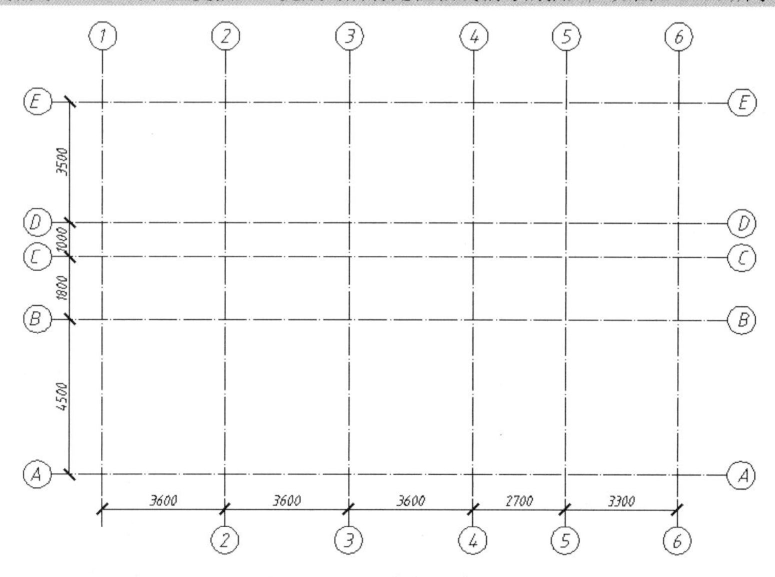

图 14-66　轴线与轴线编号

技巧点拨：

为方便绘制，将插入点统一捕捉为各轴线的端点，待全部编号绘制完成后，再利用“移动”命令将偏向一侧的编号移至合适位置。

14.3.3 绘制平面图的墙体

根据墙厚标注尺寸绘制墙体，可以暂时不考虑门窗洞口，画出全部墙线。用多线（Mline）命令绘制墙体。

Mline 命令按当前多线样式指定的线型、条数、比例及端口形式绘制多条平行线段。最外侧两线的间距可以在该命令中重新指定。用 Mine 命令绘制建筑平面图中的墙体十分方便。

1. 多线样式的创建

step 01 选择“格式”|“多线样式”命令，打开“多线样式”对话框。

step 02 单击“新建”按钮，弹出“创建新的多线样式”对话框。在此对话框输入多线样式的名称并选择开始绘制的多线样式。该多线的名称为“建筑墙体”，然后单击“继续”按钮，如图 14-67 所示。

step 03 在随后弹出的“新建多线样式：建筑墙体”对话框中，建好两种样式，分别为“外墙线”和“内墙线”，“外墙线”是两端封口的，“内墙线”的端口不闭合，设置完后单击“确定”按钮，如图 14-68 所示。

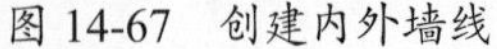

图 14-67　创建内外墙线　　　　图 14-68　创建内外墙线参数设置

技巧点拨：

根据规范要求，比例小于 1 ∶ 50 的图，墙体断面不填充；由已知的尺寸标注可知，平面图中建筑墙体的墙厚是 240mm，元素偏移选为 ±120；多线的线型、颜色都为随层设置，粗实线，黑色，线宽为 0.7mm。说明是可选的，最多可以输入 255 个字符（包括空格），可输入对所设多线的描述。

step 04 在“多线样式”对话框中，单击“保存”按钮，将多线样式保存到文件中（默认文件为 acad.mln），可以将多个多线样式保存到同一个文件中。

技巧点拨：

如果要创建多个多线样式，可以在创建新样式之前保存当前样式，否则，将丢失对当前样式所做的修改。

2．绘制墙体

step 01 从菜单中选择“绘图”|“多线”命令，用“外墙线”绘制外墙，用“内墙线”绘制内墙，完成对所有墙体的绘制，效果如图 14-69 所示。命令行提示与输入操作的过程如下。

```
命令： _mline
当前设置： 对正 = 上，比例 = 20.00，样式 = STANDARD
指定起点或 [ 对正 (J) / 比例 (S) / 样式 (ST) ]:  S↙
输入多线比例 <20.00>:  1↙
当前设置： 对正 = 上，比例 = 1.00，样式 = STANDARD
指定起点或 [ 对正 (J) / 比例 (S) / 样式 (ST) ]: J
输入对正类型 [ 上 (T) / 无 (Z) / 下 (B) ] < 上 >: Z
当前设置： 对正 = 无，比例 = 20.00，样式 = STANDARD
指定起点或 [ 对正 (J) / 比例 (S) / 样式 (ST) ]: ST
当前设置： 对正 = 无，比例 = 20.00，样式 = 外墙线
指定起点或 [ 对正 (J) / 比例 (S) / 样式 (ST) ]: J
输入多线比例 <20.00>: 240（设置多线间距为 240）
当前设置： 对正 = 无，比例 = 240.00，样式 = 外墙线
指定起点或 [ 对正 (J) / 比例 (S) / 样式 (ST) ]: （根据墙体的定位轴线）
指定下一点或 [ 放弃 (U) ]:（直到完成所有的墙体）
```

step 02 从菜单中选择“修改”|“修剪”命令，对定位轴线进行修剪，处理后的效果如图 14-70 所示。

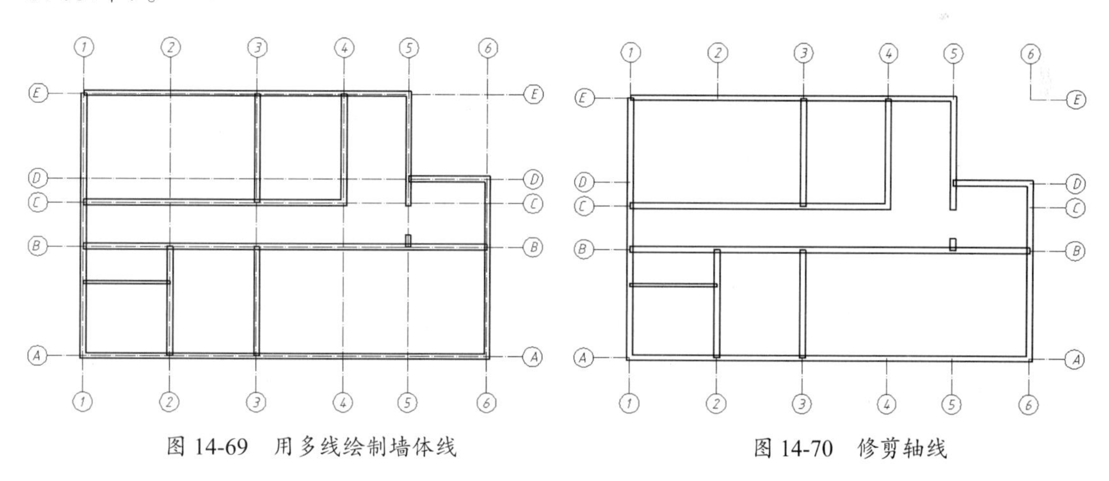

图 14-69　用多线绘制墙体线　　　　图 14-70　修剪轴线

3．编辑墙体线

MLEDIT 命令可以编辑多线的交点，可以根据不同的交点类型（十字交叉、T 形相交或顶点），采用不同的工具进行编辑，还可以使一条或多条平行线断开或连接。

step 01 从菜单中选择“修改”|“多线”命令，或在命令中输入 MLEDIT 并按 Enter 键。

step 02 输入命令后，弹出“多线编辑工具”对话框，如图 14-71 所示。

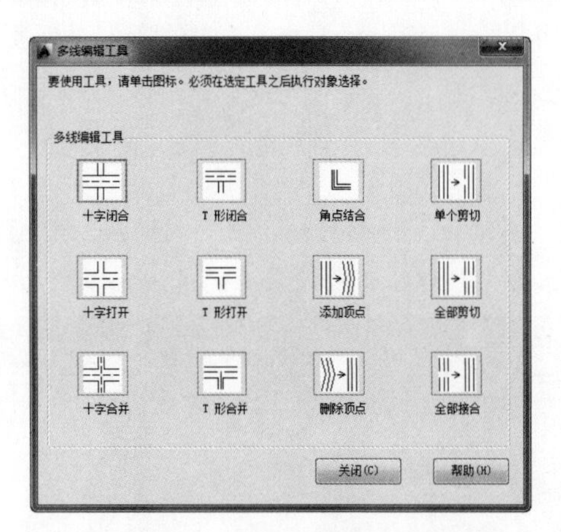

图 14-71 “多线编辑工具”对话框

step 03 在弹出的“多线编辑工具”对话框中，单击“T 形打开”和“角点结合”按钮，对墙体线 T 形和角点部位分别进行打开和结合编辑。“T 形打开”打开后的结果如图 14-72 所示。

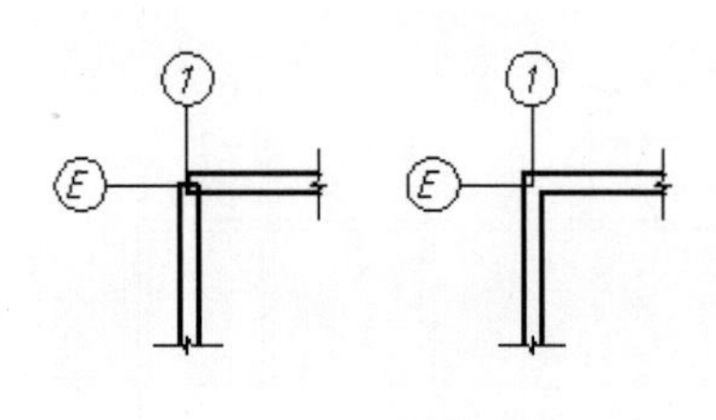

打开前　　打开后

图 14-72 多线的编辑

step 04 选择角点结合，结合墙体角点的效果如图 15-73 所示。

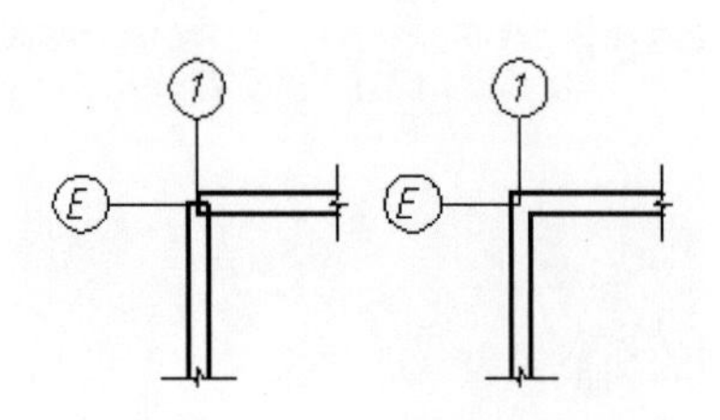

图 14-73 角点结合前、后的修改

step 05 编辑后的墙体，如图 14-74 所示。

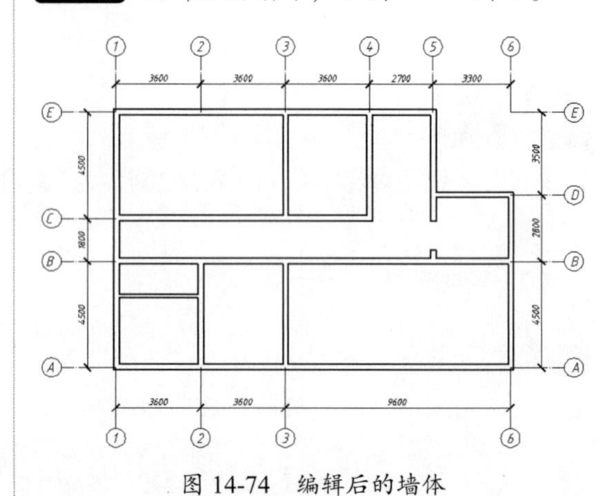

图 14-74 编辑后的墙体

4. 绘制门洞和窗洞

根据门窗的大小及位置，确定门窗的洞口位置，然后利用“绘图”工具栏上的”直线”工具，按图中尺寸绘制门窗边界的辅助线，绘制用于修剪门窗的边界线，然后选取“修改”工具栏上的”修剪”工具，修剪得到门窗洞，如图 14-75 所示。

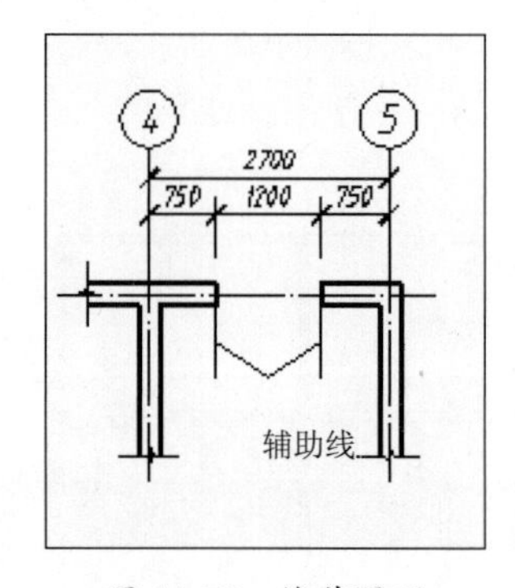

图 14-75 修剪图形

用同样的方法完成对其他所有门窗洞的绘制。

14.3.4 绘制平面图的门窗

该平面图中的门有 3 种类型：M-1、M-2、M-3，窗户有 4 种类型：C-1、C-2、C-3、C-4。

按规定图例绘制门窗符号，创建成块，实现相同或者类似图形的插入，提高绘图效率并便于修改。

1. 窗户的绘制

窗户图例由 4 条细线组成，总厚度与墙相同，宽度包括 1800mm 和 1200mm 两种。此处采用 1800mm 的窗户绘制。

step 01 定义图块并创建“窗户”块，1800mm 的窗户可以直接插入，宽度为 1200mm 的窗户需改变 X 方向的比例因子再进行插入。1200mm 的窗户插入，如图 14-76 所示。操作过程如下。

```
    命令: _insert
    指定插入点或 [基点(B)/比例(S)/X/Y/Z/旋转(R)/预览比例(PS)/PX/PY/PZ/预览旋转
(PR)]:                                          //捕捉窗户的插入点
    输入X比例因子，指定对角点，或 [角点(C)/XYZ] <1>:3/4（或0.667）
    输入Y比例因子或 <使用X比例因子>: 1
    指定旋转角度 <0>: 0                          //插入1200mm窗户
```

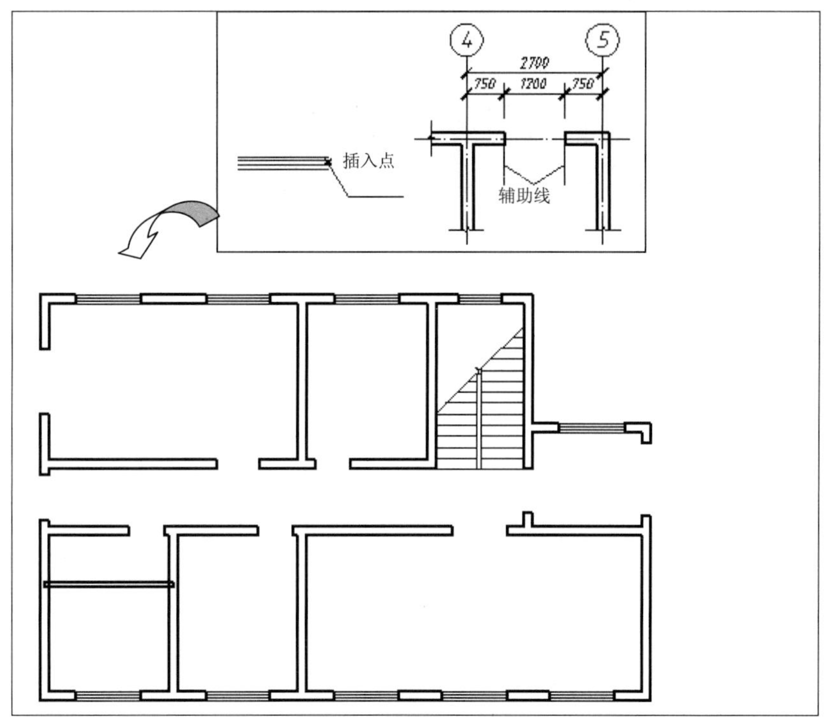

图 14-76　插入“窗户”块

step 02 以同样的方法，完成对所有窗户的插入。

2. 门的绘制

用中粗线绘制门宽为 1000mm 的门的图例，创建“门”块。插入门块时要注意门的大小、位置和方向，如图 14-77 所示给出了不同参数下门的方向与位置，需要根据门的具体大小、位置与方向调整参数。

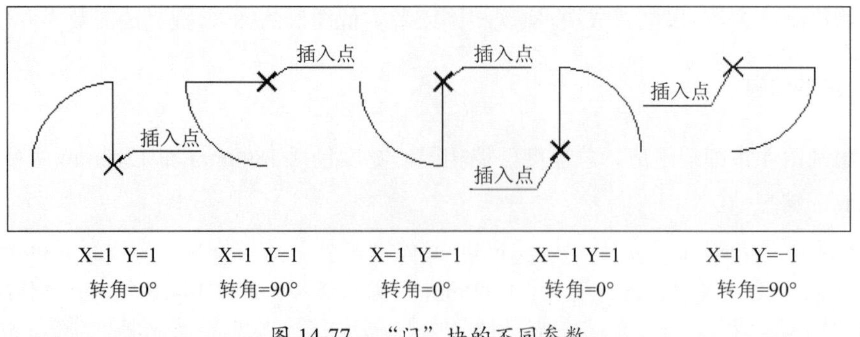

图 14-77　“门”块的不同参数

左侧楼道门的插入过程如下，操作结果如图 14-78 所示。

```
命令： _insert
指定插入点或 [基点(B)/比例(S)/X/Y/Z/旋转(R)]:            //选择在屏幕上指定插入点
输入X比例因子，指定对角点，或 [角点(C)/XYZ(XYZ)] <1>: 0.9
输入Y比例因子或 <使用X比例因子>:
指定旋转角度 <0>:
命令：
INSERT                                                   //插入另外半扇门
指定插入点或 [基点(B)/比例(S)/X/Y/Z/旋转(R)]:
输入X比例因子，指定对角点，或 [角点(C)/XYZ(XYZ)] <1>: 0.9
输入Y比例因子或 <使用X比例因子>: -0.9
指定旋转角度 <0>:
```

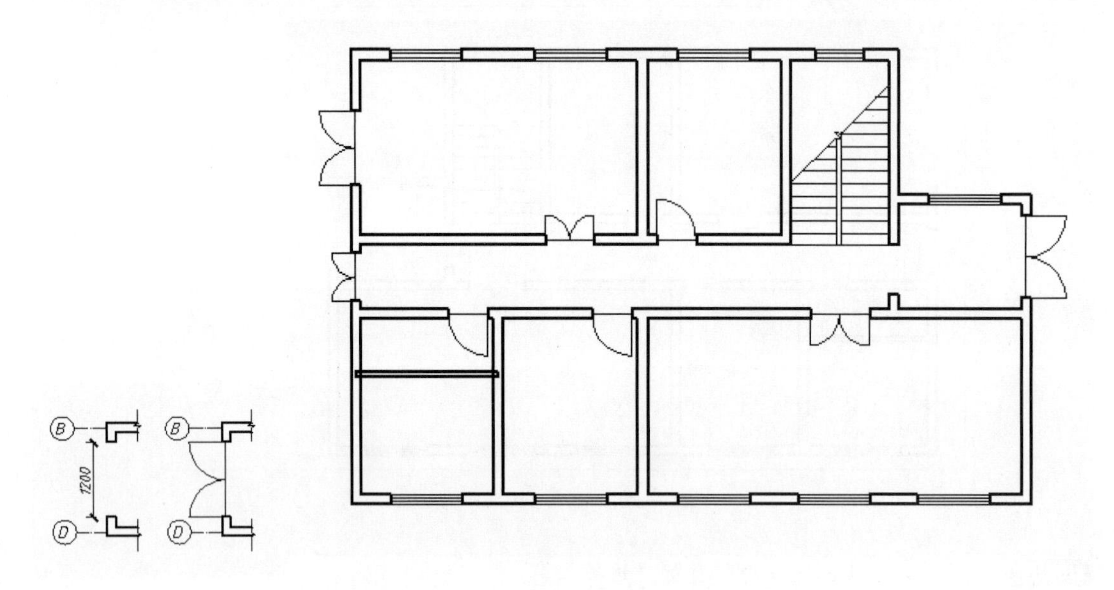

图 14-78　门的插入

14.3.5　绘制室外台阶、散水、楼梯、卫生器具、家具

室外的散水和台阶可以直接利用细实线，依据图上所标的尺寸绘制，楼梯也可以直接绘出。而室内的家具和卫生器具经常采用插入图例给出。所需的图例可以从设计中心、建筑图

库或从自己建立的图库中调用，特殊图例应自己绘制，线型为细实线。如图 14-79 所示为室外台阶的绘制方法。

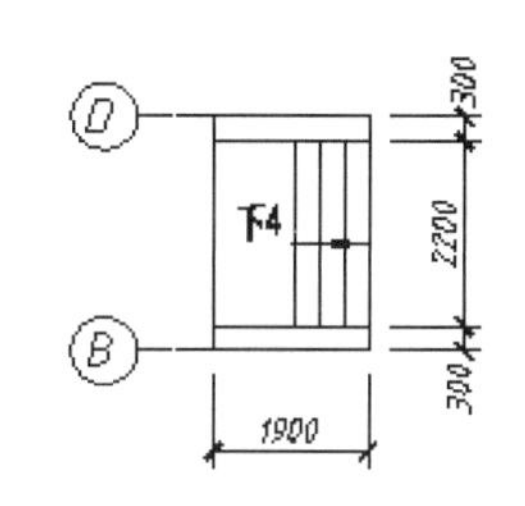

图 14-79　室外台阶的绘制

14.3.6　文本标注

标注尺寸、房间名称、门窗名称及其他符号，完成全图的绘制。

平面图中的外墙尺寸一般有三层，最内层为门、窗的大小和位置尺寸（门、窗的定形和定位尺寸）；中间层为定位轴线的间距尺寸（房间的开间和进深尺寸）；最外层为外墙总尺寸（房屋的总长和总宽）。内墙上的门窗尺寸可以标注在图形内。此外，还需要标注某些局部尺寸，如墙厚、台阶、散水等，以及室内、外等处的标高。

下面，以如图 14-80 所示为例对左侧部分进行连续尺寸的标注。

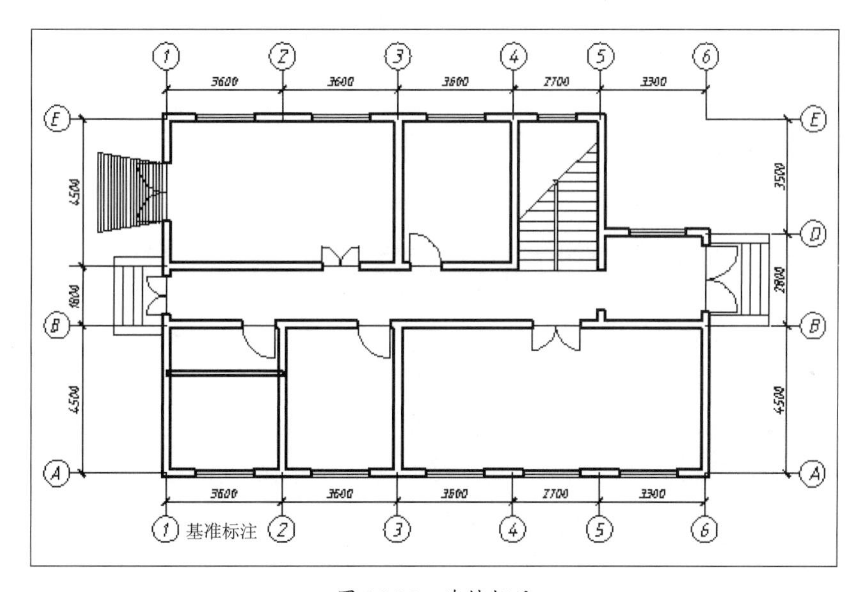

图 14-80　连续标注

1．连续标注

step 01 将“尺寸标注”层设为当前图层。

step 02 打开“标注”工具栏。

step 03 开启“对象捕捉”功能，选中常用的端点、垂足、中点等。

step 04 在“标注”工具栏中选取“线性”工具，线性标注定位轴线 *A* 至 *B*。

step 05 把4500尺寸作为尺寸基准，选取“标注”工具栏中的“继续”工具，连续标注标*B*~*C*间，*C*~*F*间定位轴线的尺寸。命令行提示如下。

step 06 重复步骤 4 和步骤 5，完成对其他定位轴线间尺寸的标注。

```
命令： _dimlinear
指定第一条尺寸界线原点或 <选择对象>:
指定第二条尺寸界线原点：
指定尺寸线位置或
[多行文字 (M)/文字 (T)/角度 (A)/水平 (H)/垂直 (V)/旋转 (R)]:
标注文字 = 4500
命令： _dimcontinue
指定第二条尺寸界线原点或 [放弃 (U)/选择 (S)] <选择>:
标注文字 = 1800
指定第二条尺寸界线原点或 [放弃 (U)/选择 (S)] <选择>:
标注文字 = 4500
```

2. 基线标注

step 01 把完成定位轴线标注的图作为尺寸基准，如图 14-81 所示。

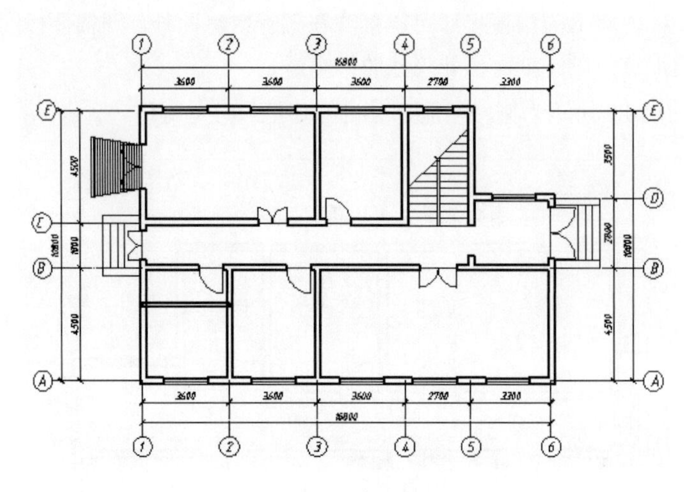

图 14-81　基线标注

step 02 选择“标注”工具栏上的“基线”工具，标注定位轴线 *A* 至 *E*。

step 03 当命令行提示选择“基准标注”时，把 4500 尺寸作为尺寸基准。

step 04 完成对外形总体尺寸的标注，命令行提示如下。

```
命令： _dimbaseline
指定第二条尺寸界线原点或 [放弃 (U)/选择 (S)] <选择>:s
选择基准标注：
指定第二条尺寸界线原点或 [放弃 (U)/选择 (S)] <选择>:
标注文字 = 11040
指定第二条尺寸界线原点或 [放弃 (U)/选择 (S)] <选择>:U
```

3. 高程的注写

标高符号应以直角等腰三角形表示，用细实线绘制，平面图中标高符号的具体画法如图 14-82 所示。

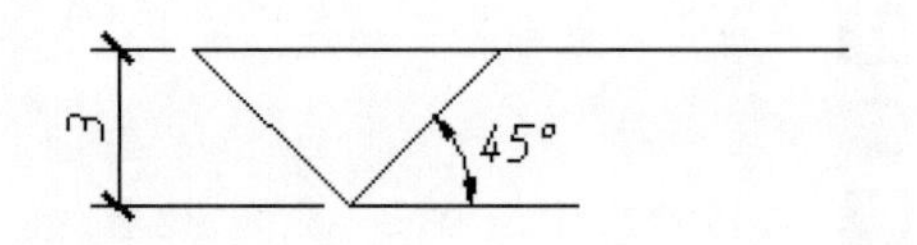

图 14-82　高程符号的绘制要求

step 01 将“细实线”层设为当前图层。

step 02 开启 DYN 功能，即“动态输入”功能。

step 03 开启“对象捕捉”功能，把常用的端点、垂足设成捕捉。

step 04 选择“绘图”工具栏上的”直线”工具，绘制等腰直角三角形和高程注写位置线。

step 05 从菜单中选择”绘图”|”文字”|”单行文字”命令，选择“数字和字母”文字样式，注写底层室内的高程 ±0.000 和室外高程－0.450，如图 14-83 所示。

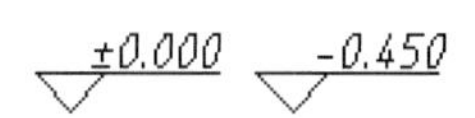

图 14-83　底层室内外高程的注写

提示：

正负号的输入采用“%%P”的方式。

4．指北针、图名及比例的绘制

step 01 把“细实线”层设为当前图层。

step 02 在“绘图”工具栏中选取“圆”工具，绘制出直径为 24mm 的圆。

step 03 打开象限点、交点等对象捕捉功能。

step 04 选择“绘图”工具栏中的“直线”工具，绘制出内部的箭头。

step 05 从菜单中选择“绘图”|“文字”|“单行文字”命令，选择“数字和字母”文字样式，注写“北”，表明朝向。

step 06 单击“绘图”工具栏中的“多行文字”按钮，设定文字大小为 1000，在平面图的正下方标注“底层平面图 1:100”。绘制完成的办公楼底层平面图，如图 14-84 所示。

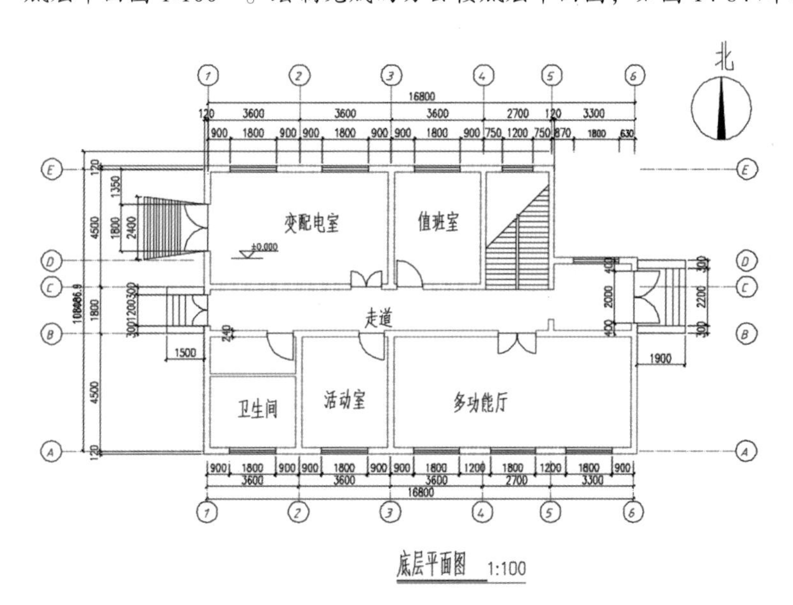

图 14-84　绘制完成的底层平面图

step 07 最后将绘制完成的结果保存。

14.4 课后练习

1. 绘制学生宿舍楼一层的平面图

通过如图 14-85 所示的某学生宿舍楼建筑平面图的绘制，练习图层、轴线、柱子、墙体和门窗的绘制技巧。主要难点是绘制墙体和门窗，要特别注意多线命令和块命令的应用。

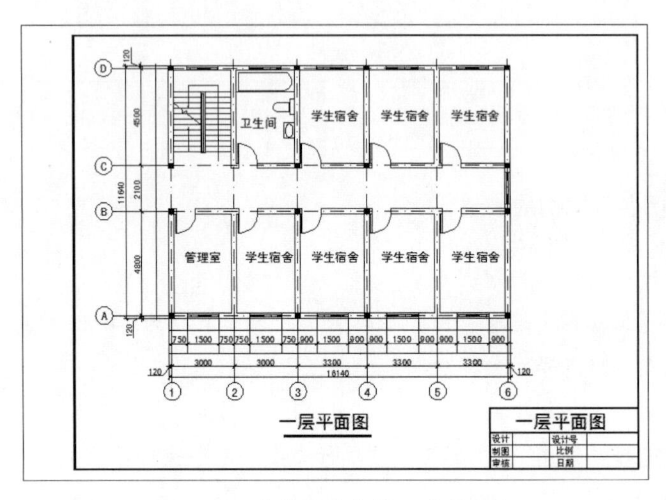

图 14-85 某学生宿舍楼一层平面图

2. 绘制某住宅楼二层平面图

本练习的建筑平面图如图 14-86 所示。其绘制方法是：根据需要绘制的设计方案对绘图环境进行设置，然后确定网柱，再绘制墙体、门窗、阳台、楼梯、雨篷、踏步、散水、设备，标注初步尺寸和必要的文字说明。

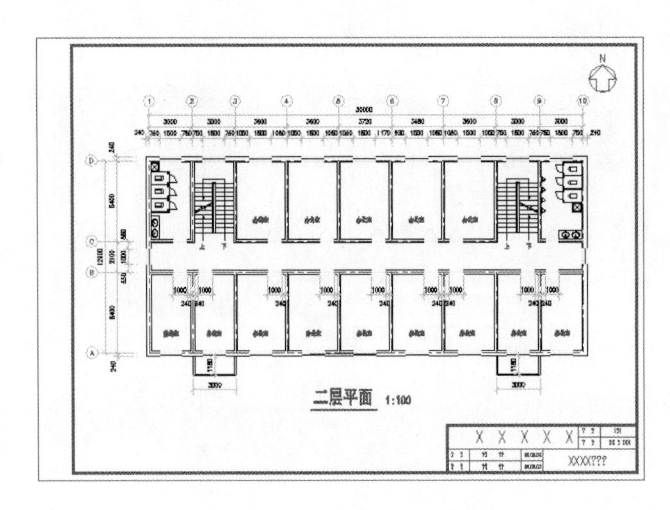

图 14-86 住宅楼平面图

第 15 章

绘制立面图与剖面图

本章内容

建筑立面图是指用正投影法对建筑各个外墙面进行投影所得到的正投影图。与平面图一样，建筑的立面图也是表达建筑物的基本图样之一，它主要反映建筑物的立面形式和外观情况。

建筑剖面图是指用一个假想的剖切面将房屋垂直剖开所得到的投影图。建筑剖面图是与平面图和立面图相互配合表达建筑物的重要图样，它主要反映建筑物的结构形式、垂直空间利用、各层构造做法和门窗洞口高度等情况。

知识要点

☑ 建筑立面图概述
☑ 绘制办公楼立面图
☑ 建筑部面图概述
☑ 绘制学生宿舍立面图

15.1 建筑立面图概述

本节简要归纳建筑立面图的概念、图示内容、命名方式，以及一般的绘制步骤，为下一步结合实例讲解 AutoCAD 绘制操作做准备。

15.1.1 立面图的形成、用途与命名方式

在与建筑立面平行的铅直投影面上所做的正投影图称为“建筑立面图”，简称“立面图”，如图 15-1 所示，从房屋的 4 个方向投影所得到的正投影图，就是各向立面图。

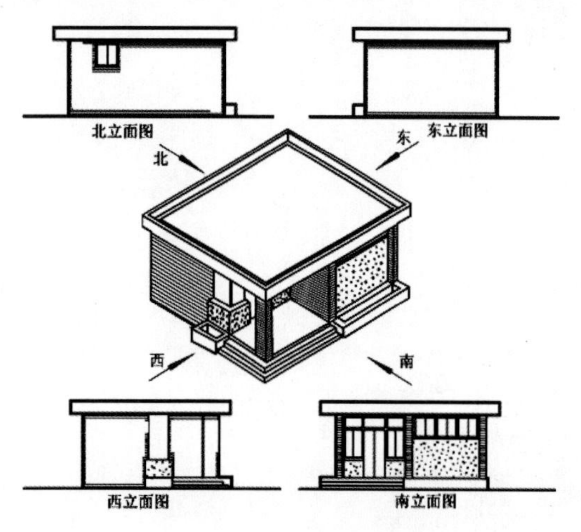

图 15-1 立面图的形成

立面图是用来表达室内立面形状（造型）、室内墙面、门窗、家具、设备等的位置、尺寸、材料和做法等内容的图样，是建筑外装修的主要依据。

立面图的命名方式有 3 种。

- 按各墙面的朝向命名：建筑物的某个立面面向那个方向，就称为那个方向的立面图，如东立面图、西立面图、西南立面图、北立面图等。
- 按墙面的特征命名：将建筑物反映主要出入口或比较显著地反映外貌特征的那一面称为正立面图，其他立面图依次为背立面图、左立面图和右立面图。
- 用建筑平面图中轴线两端的编号命名：按照观察者面向建筑物从左到右的轴线顺序命名。如① - ③立面图、Ⓒ - Ⓐ立面图等。

施工图中这 3 种命名方式都可以使用，但每套施工图只能采用其中一种命名方式。

15.1.2 建筑立面图的内容及要求

如图 15-2 所示为某住宅建筑的南立面图。从图中可以得知，建筑立面图应该表达的内容和要求有：

- 画出室外地面线及房屋的踢脚、台阶、花台、门窗、雨篷、阳台，以及室外的楼梯、外墙、柱、预留孔洞、檐口、屋顶、流水管等。
- 注明外墙各主要部分的标高，如室外地面、台阶、窗台、阳台、雨篷、屋顶等处的标高。
- 一般情况下，立面图上可以不注明高度、方向、尺寸，但对于外墙预留孔洞除注明标高尺寸外，还应注出其大小和定位尺寸。
- 注出立面图中图形两端的轴线及编号。
- 标出各部分构造、装饰节点详图的索

引符号。用图例或文字来说明装修材料及方法。

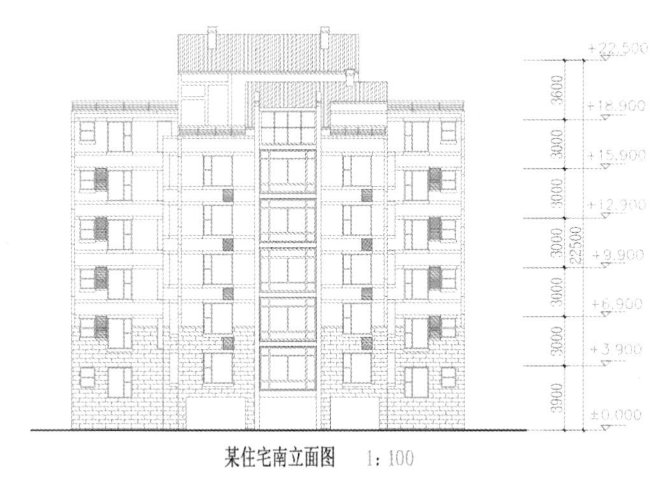

图 15-2　住宅建筑立面图

15.2　案例一：绘制办公楼立面图

如图 15-3 所示的办公大楼立面图比较复杂，主要由一个底层、4 个标准层和一个顶层组成。

绘制立面图的一般原则是自下而上。由于现在的建筑物立面越来越复杂，需要表现的图形元素也越来越多。在绘制的过程中，根据建筑物立面相似或相同的图形对象很多，一般需要灵活应用复制、镜像、阵列等操作，才能快速绘制出建筑立面图。

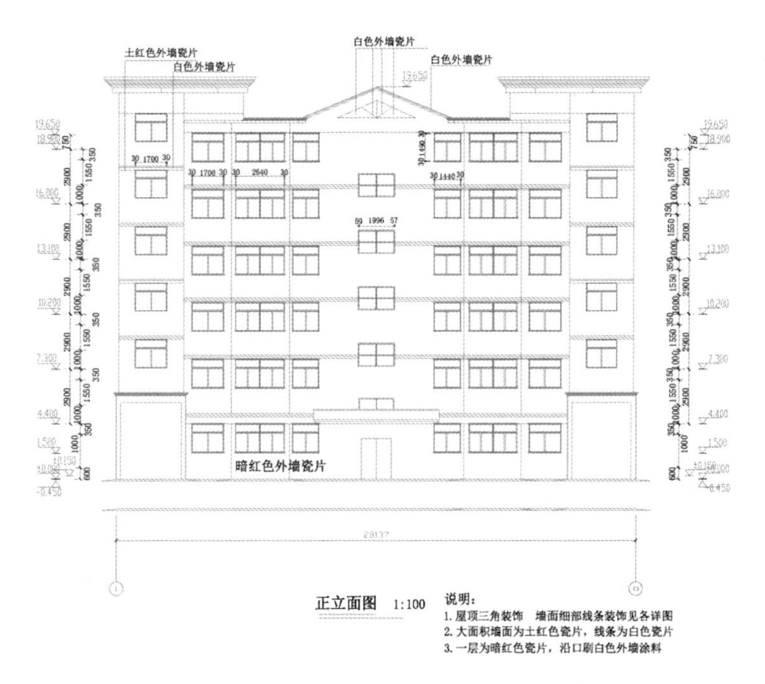

图 15-3　办公楼立面图

15.2.1　设置绘图参数

建立本章需要的图层的具体步骤如下。

step 01 单击“图层”工具栏中的“图层特性管理器”按钮，弹出“图层特性管理器”选项面板。

step 02 在“图层特性管理器”选项面板中单击“新建图层”按钮，新建“轴线”和“门”图层，指定图层颜色为洋红色；新建“墙”和“屋顶房”图层，指定颜色为红色；新建“屋板”和“窗户”图层，指定颜色为蓝色；新建“标注”图层，其他设置采用默认设置。这样就得到了初步的图层设置，如图 15-4 所示。

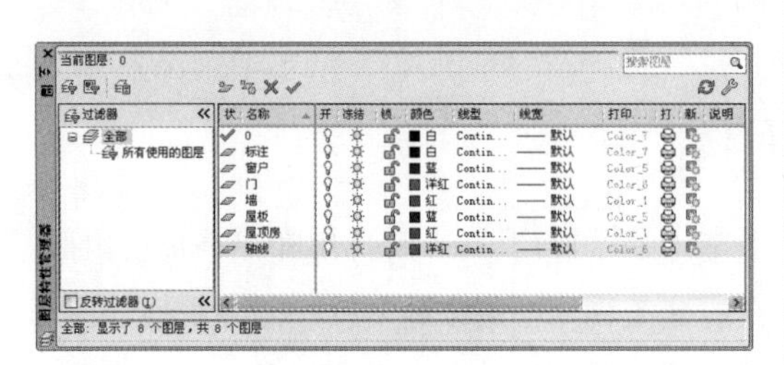

图 15-4　图层设置

15.2.2　设置标注样式

step 01 选择菜单栏中的“标注”｜“标注样式”命令，弹出“标注样式管理器”对话框，如图 15-5 所示。单击“修改”按钮，则系统弹出“修改标注样式：ISO-25”对话框。

step 02 设置“线”和“符号和箭头”选项卡。在“线”选项卡中设定“尺寸线”选项组的“基线间距”为 1，设定“延伸线”选项组中的“超出尺寸线”为 100，“起点偏移量”为 200；在“符号和箭头”选项卡中单击“箭头”选项组中的“第一个”后的“下拉按钮，在弹出的下拉列表中选择“建筑标记”选项，单击“第二个”后的“下拉按钮，在弹出的下拉列表中选择“建筑标记”选项，并设定“箭头大小”为 150，设置结果如图 15-6 所示。

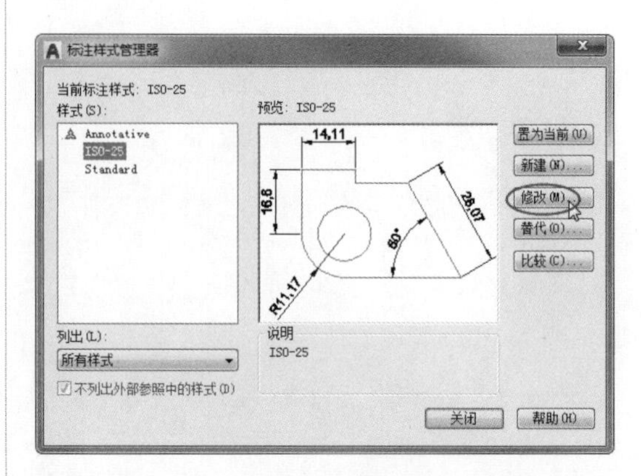

图 15-5　“标注样式管理器”对话框

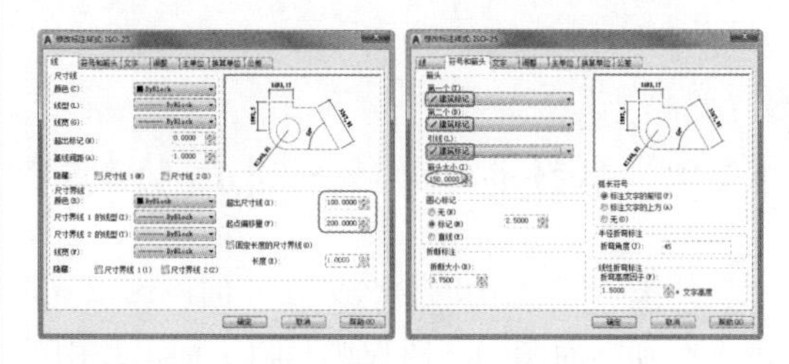

图 15-6　设置“线”与“符号和箭头”选项卡

step 03 选择“文字”选项卡，在“文字外观”选项组中设定“文字高度”为 300，在“文字位置”选项组中设定“从尺寸线偏移”为 150，设置结果如图 15-7 所示。

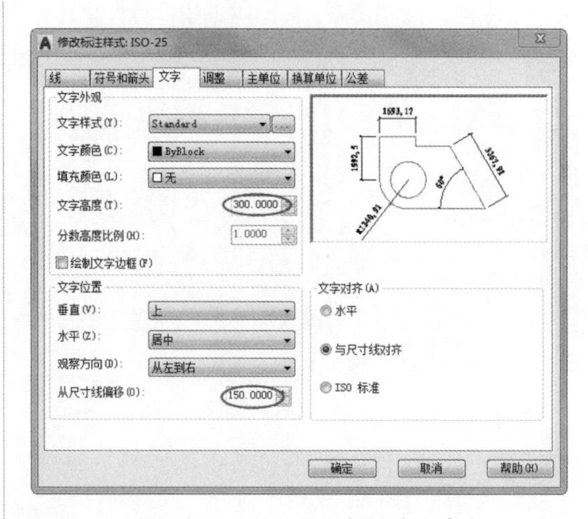

图 15-7　设置“文字”选项卡

step 04 选择“调整”选项卡，在“调整选项”

选项组中选择“箭头”单选按钮，在“文字位置”选项组中选择“尺寸线上方，不带引线”单选按钮，设置结果如图 15-8 所示。单击“确定”按钮返回“标注样式管理器”对话框，最后单击“关闭”按钮返回绘图区。

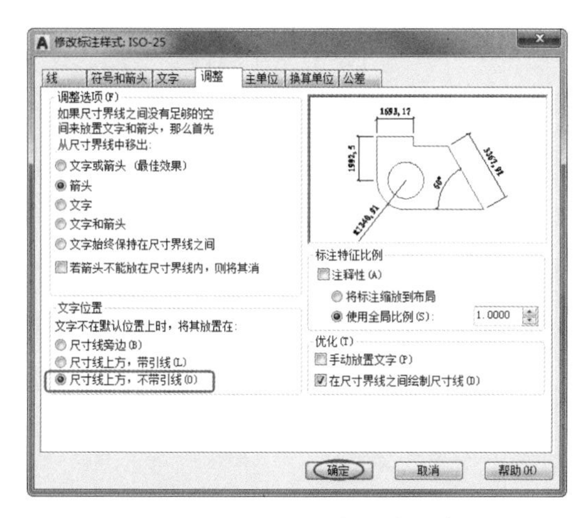

图 15-8　设置“调整”选项卡

15.2.3　绘制底层立面图

1. 绘制轴线

step 01 单击“图层”工具栏中的“图层控制”下拉按钮，在弹出的下拉列表中选择“轴线”选项，使当前图层为“轴线”。

step 02 单击“绘图”工具栏中的“构造线”按钮，在正交模式下绘制一条竖直构造线和水平构造线，组成十字轴线网。

step 03 单击“绘图”工具栏中的“偏移”按钮，将竖直构造线连续向右偏移 3500、2580、3140、1360、1170、750；将水平构造线连续向上偏移 100、2150、750、800、350、350，它们和水平辅助线一起构成正交的轴线网，如图 15-9 所示。

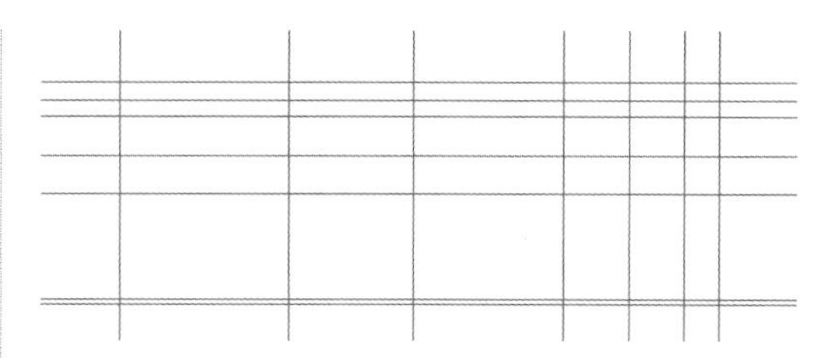

图 15-9　底层的轴线网

2. 绘制墙体

step 01 单击“图层”工具栏中的“图层控制”下拉按钮，在弹出的下拉列表中选取“墙”选项，使当前图层为“墙”。

step 02 单击“绘图”工具栏中的“偏移”按钮，把左边的两根竖直线往左、右两侧各偏移 120，得到墙的边界线，如图 15-10 所示。

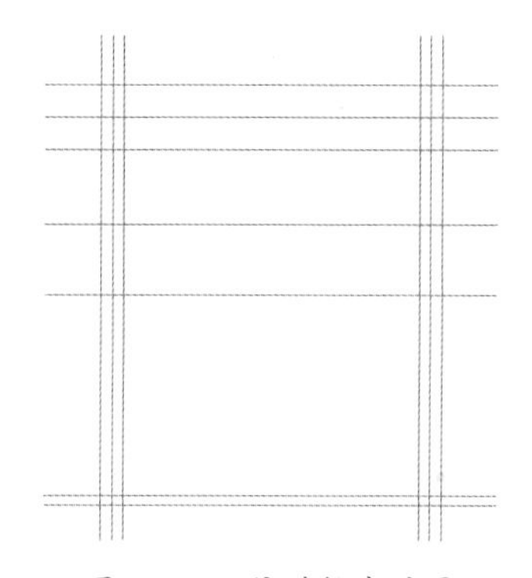

图 15-10　偏移轴线结果

step 03 单击“绘图”工具栏中的“多段线”按钮，设定多段线的宽度为 50，根据轴线绘制出墙轮廓，结果如图 15-11 所示。

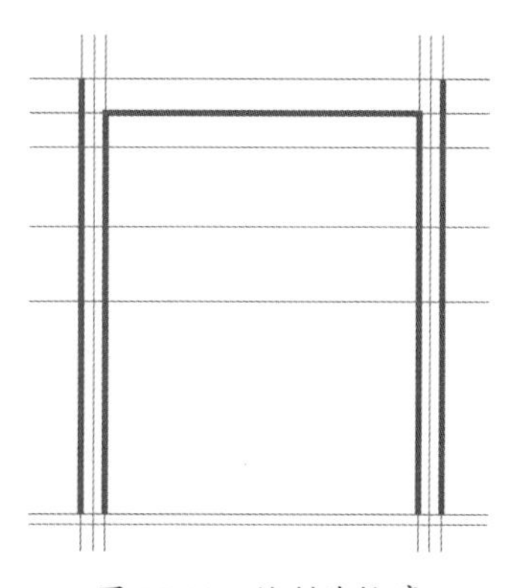

图 15-11　绘制墙轮廓

step 04 单击“绘图”工具栏中的“多段线”按钮，根据轴线绘制出中间的墙轮廓，结果如图 15-12 所示。

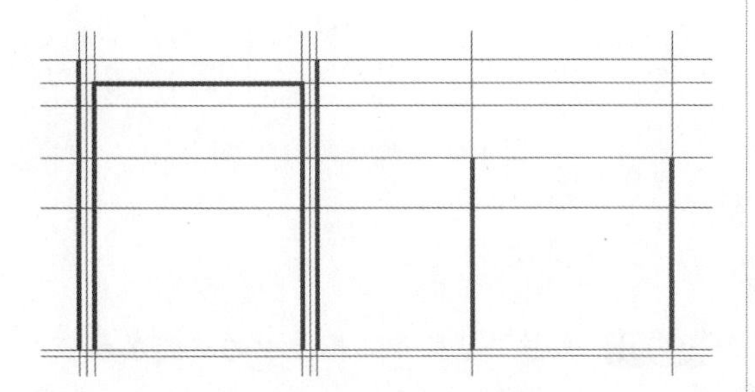

图 15-12 绘制中间墙轮廓

step 05 单击“绘图”工具栏中的“直线”按钮，沿着中间墙边界绘制两条长 1520 的竖直线，然后单击“修改”工具栏中的“移动”按钮，把左侧的线向右移动 190，把右侧的直线向左移动 190，得到中间的墙体，结果如图 15-13 所示。

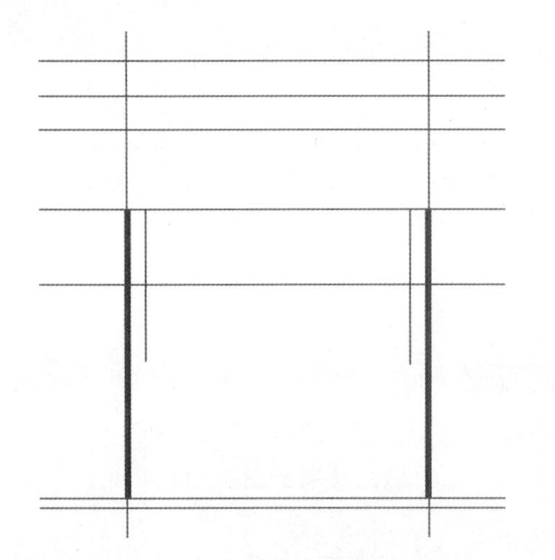

图 15-13 中间墙体的绘制结果

step 06 单击“绘图”工具栏中的“多段线”按钮，设定多段线的宽度为 20，根据右侧的轴线绘制出一条水平直线。单击“修改”工具栏中的“偏移”按钮，把刚才绘制的直线连续向上偏移 100、60、580、60，结果如图 15-14 所示。

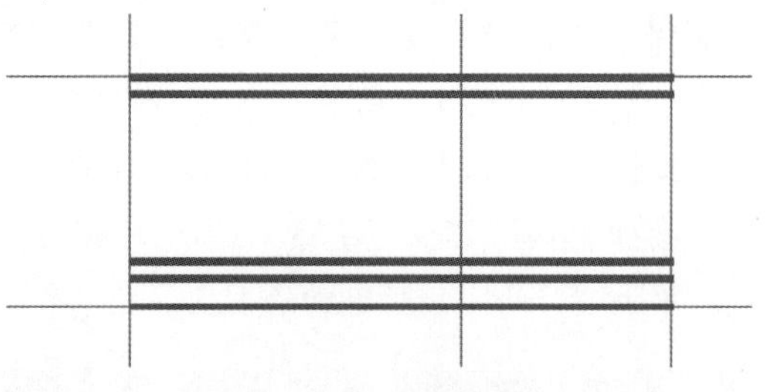

图 15-14 绘制直线

step 07 单击“修改”工具栏中的“偏移”按钮，把竖直轴线向左偏移 40，向右偏移 60。然后使用夹点编辑命令将上边的 4 条直线拉到左侧偏移轴线，把下边的一条直线拉到右侧偏移轴线，结果如图 15-15 所示。

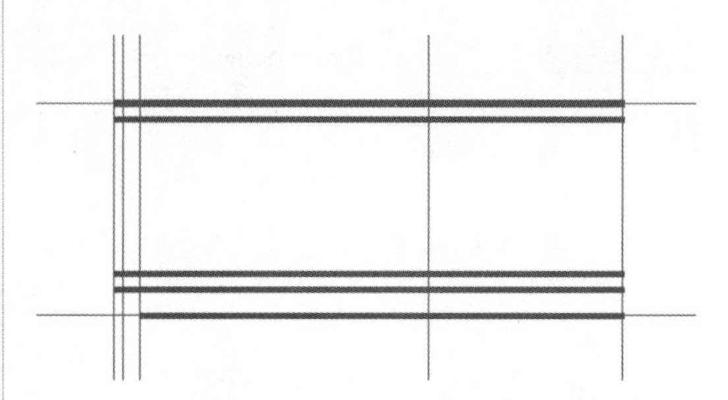

图 15-15 夹点编辑结果

step 08 单击“绘图”工具栏中的“多段线”按钮，绘制多段线把左侧的偏移直线连接，结果如图 15-16 所示。

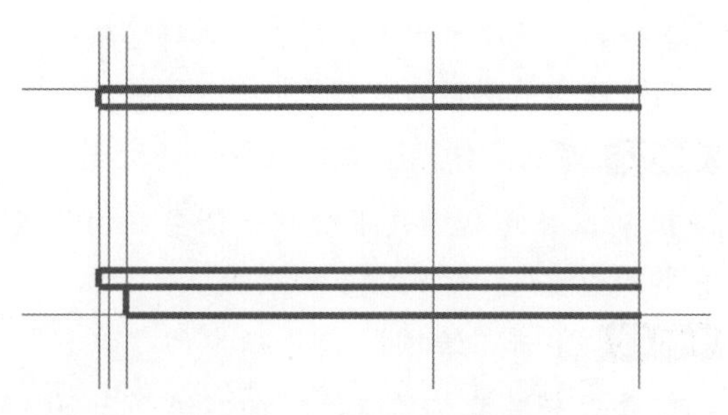

图 15-16 多线段连接结果

step 09 单击“修改”工具栏中的“偏移”按钮，把墙边的轴线往外偏移 900。然后单击“绘图”工具栏中的“多段线”按钮，绘制剖切的斜地面共 4 段，如图 15-17 所示。

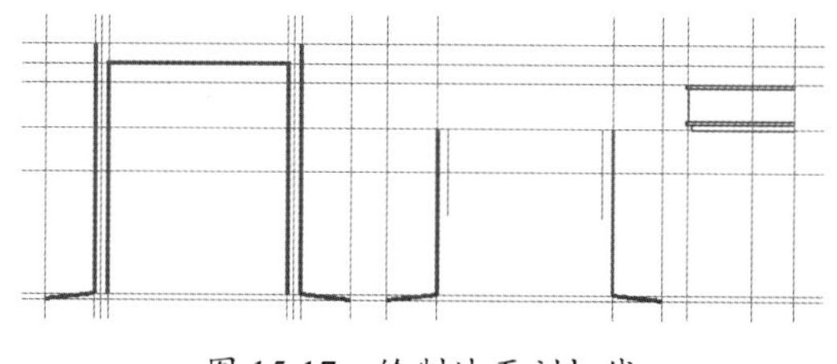

图 15-17　绘制地面剖切线

3．绘制屋板

step 01 单击“图层”工具栏中的“图层控制”下拉按钮，在弹出的下拉列表中选取“屋板”选项，使当前图层为“屋板”。

step 02 单击“绘图”工具栏中的“多段线”按钮，设定多段线的宽度为 0，在墙上绘制如图 15-18 所示的檐边线。

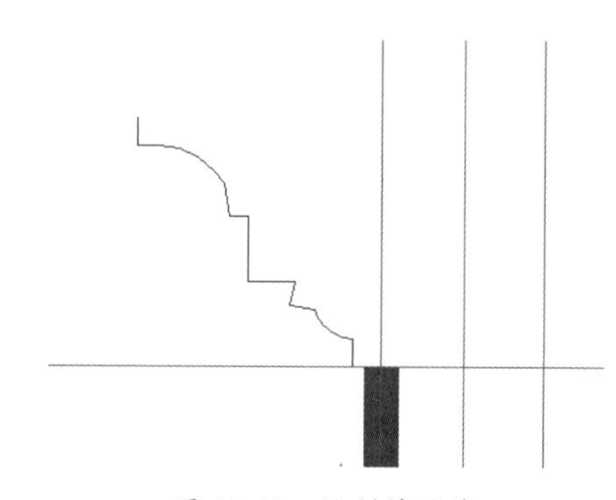

图 15-18　绘制檐边线

step 03 单击“修改”工具栏中的“镜像”按钮，镜像得到另一侧的檐边线，绘制结果如图 15-19 所示。

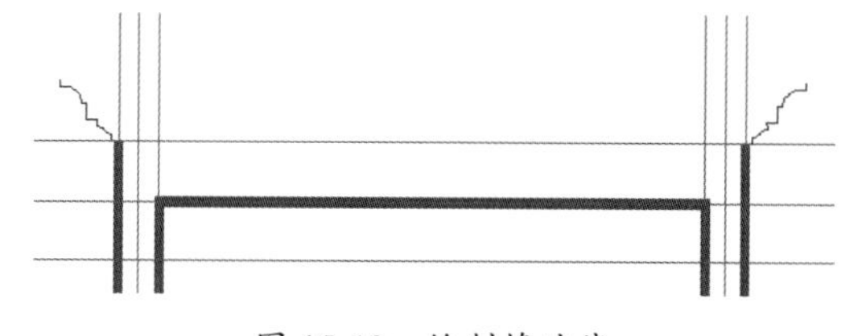

图 15-19　绘制檐边线

step 04 单击“绘图”工具栏中的“直线”按钮，捕捉两边檐边线的对称点，并绘制直线，绘制结果放大后如图 15-20 所示，屋板整体的结果如图 15-21 所示。

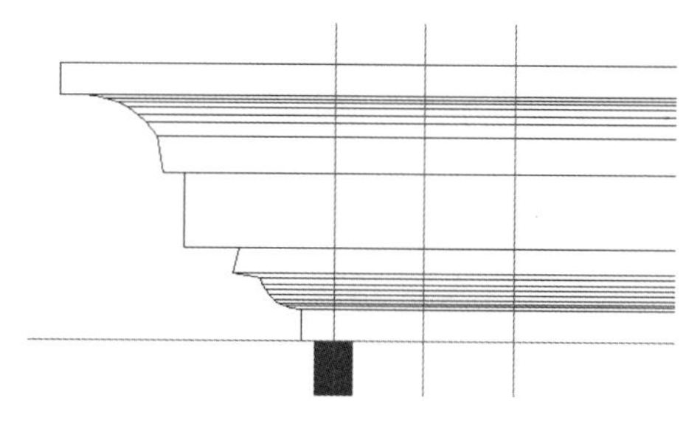

图 15-20　屋板放大图

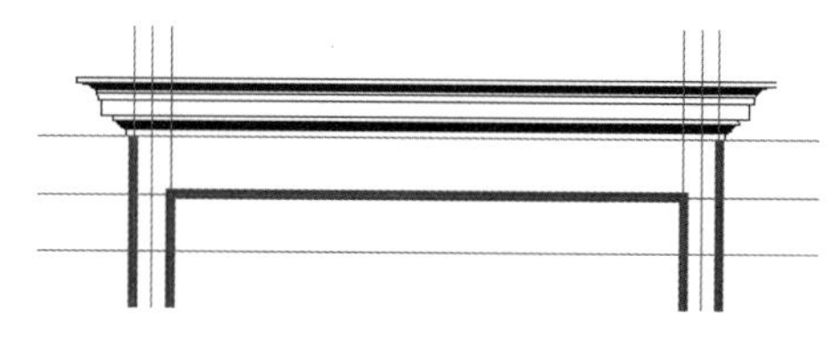

图 15-21　屋板整体绘制结果

4．绘制门窗

step 01 单击“图层”工具栏中的“图层控制”下拉按钮，在弹出的下拉列表中选取“窗户”选项，使当前图层为“窗户”。

step 02 单击“绘图”工具栏中的“直线”按钮，绘制 3 种不同规格的窗户，各种窗户的具体规格，如图 15-22 所示。

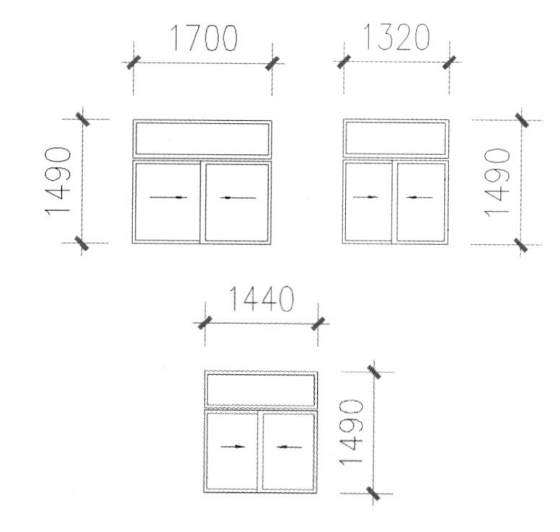

图 15-22　绘制 3 种不同的窗户

step 03 单击“修改”工具栏中的“复制”按钮，复制窗户到立面图中，如图 15-23 所示。其中最左侧的是宽为 1700 的窗户，中间的两个都是1320宽的，最右边的是1440宽的窗户。

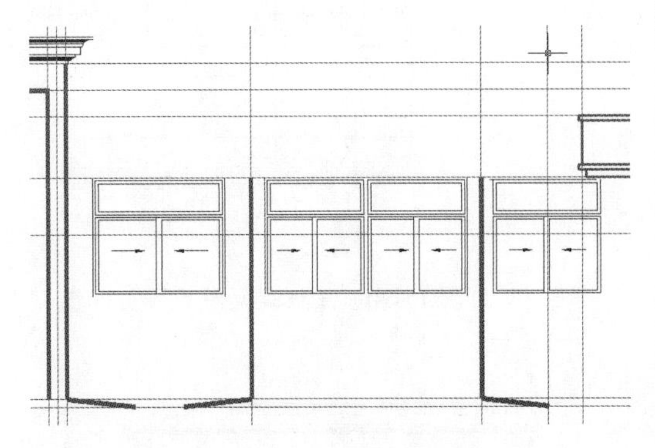

图 15-23 复制窗户结果

step 04 单击“修改”工具栏中的“复制”按钮，复制屋板的中间直线部分到窗户上方。单击“修改”工具栏中的“延伸”按钮，把屋板线延伸到两边的墙上，得到中间的屋板，绘制结果如图 15-24 所示。

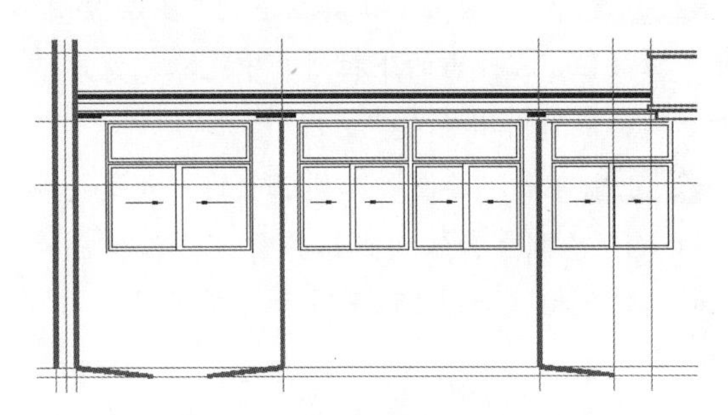

图 15-24 绘制中间的屋板

step 05 单击“绘图”工具栏中的“直线”按钮，在入口屋板上绘制一个冒头的窗户，结果如图 15-25 所示。

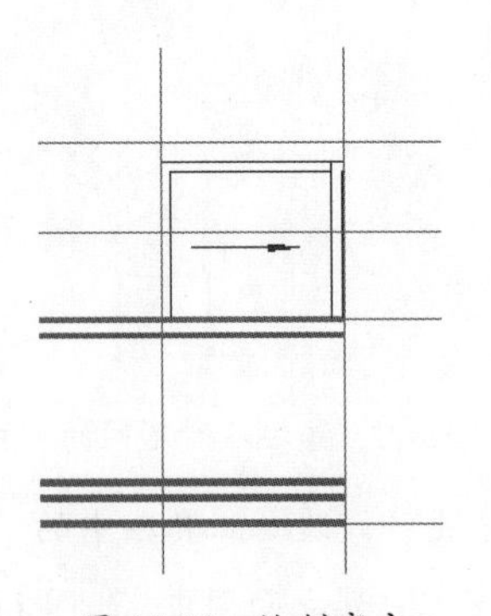

图 15-25 绘制窗户

step 06 单击“图层”工具栏中的“图层控制”下拉按钮，在弹出的下拉列表中选择“门”选项，使当前图层为“门”。

step 07 单击“绘图”工具栏中的“直线”按钮，根据辅助线绘制入口的大门，绘制结果如图 15-26 所示。

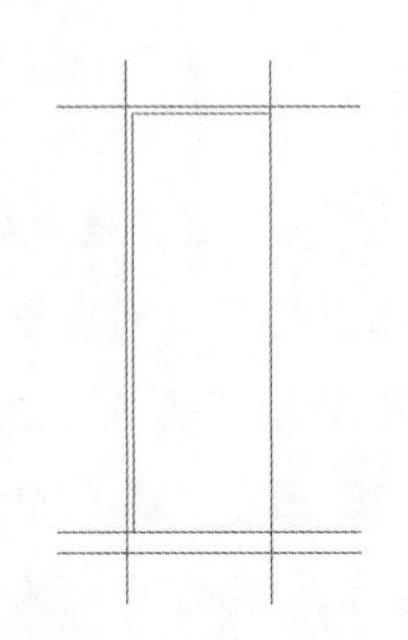

图 15-26 绘制大门

step 08 单击“绘图”工具栏中的“直线”按钮，按照辅助线把地面线绘制出来。

step 09 单击“绘图”工具栏中的“多段线”按钮，指定线的宽度为 50，在各个窗户上方和下方绘制矩形窗台。这样底层立面图绘制完成，绘制结果如图 15-27 所示。

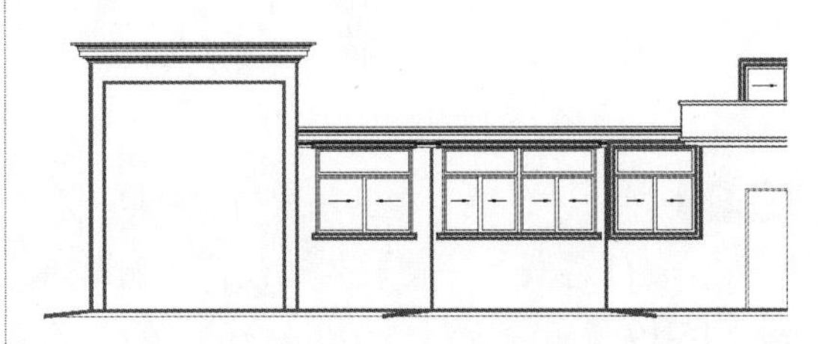

图 15-27 底层立面图的绘制效果

15.2.4 绘制标准层立面图

step 01 标准层的高度为 2900。单击“绘图”工具栏中的“多段线”按钮，绘制一条竖直的多段线（长为 2900）作为墙的边线。单击“修改”工具栏中的“复制”按钮，复制多段线到各个墙边处。单击“绘图”工具栏中的“直线”按钮，绘制两条直线在墙的端部作为顶边上边线。单击“修改”工具栏中的“偏移”按钮，将顶板上边线向下连续偏移 140、20、140，即可得到楼板线。这样标准层框架就绘制好了，绘制结果如图 15-28 所示。

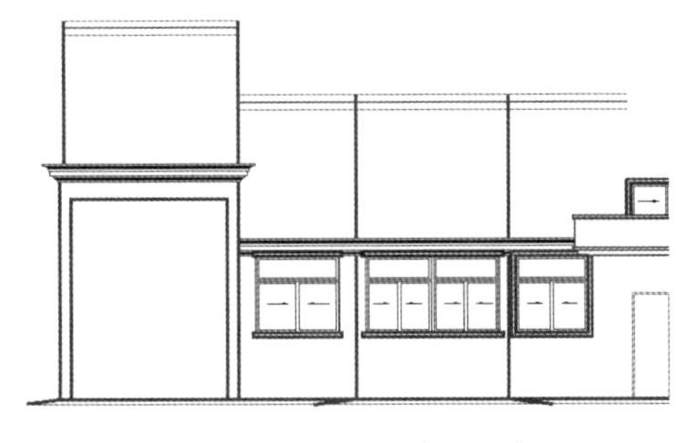

图 15-28　绘制标准层框架

step 02 单击“修改”工具栏中的“复制”按钮，复制一个宽为 1700 的窗户到左侧的房间立面上，绘制结果如图 15-29 所示。

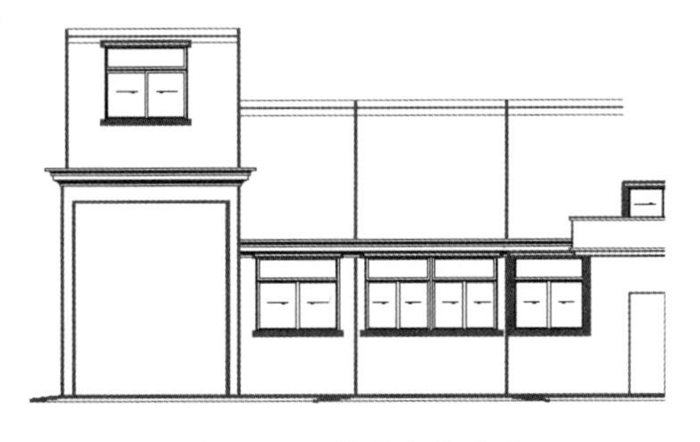

图 15-29　复制窗户结果

step 03 单击“修改”工具栏中的“复制”按钮，把底层的 4 个窗户复制到标准层对应的位置上，结果如图 15-30 所示。

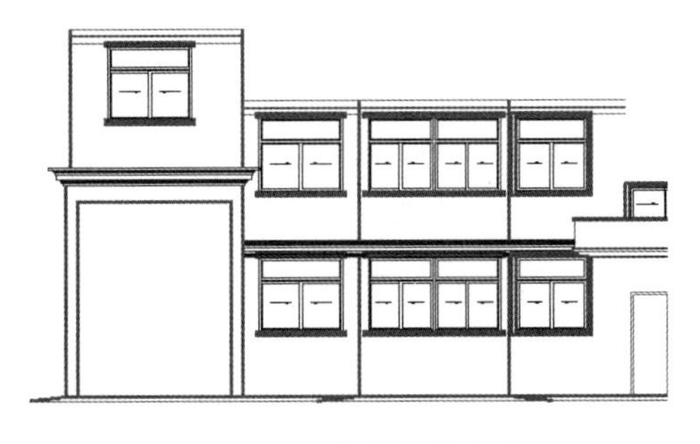

图 15-30　复制 4 个窗户

step 04 绘制标准层右侧的窗户。单击“修改”工具栏中的“复制”按钮，复制下边只有一半的窗户。单击“修改”工具栏中的“偏移”按钮，将窗户内底部的水平直线向下连续偏移 625、40、30，结果如图 15-31 所示。

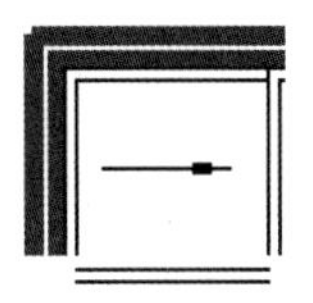

图 15-31　偏移操作结果

step 05 使用夹点编辑命令，把窗户内的直线闭合。单击“绘图”工具栏中的“多段线”按钮，使用多段线把窗户包围起来，得到窗框，绘制结果如图 15-32 所示。

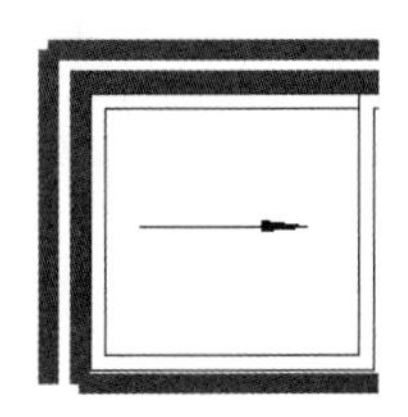

图 15-32　绘制窗框

step 06 单击“修改”工具栏中的“镜像”按钮，对前边的绘制结果进行镜像操作，即可得到标准层右侧的窗户，绘制结果如图 15-33 所示。

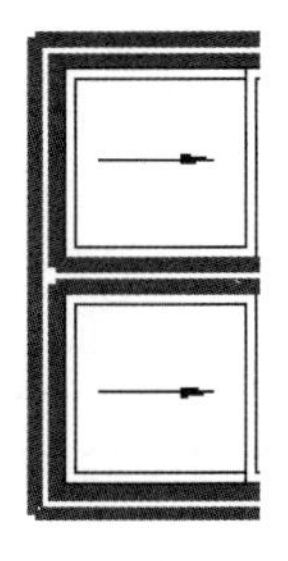

图 15-33　窗户的绘制结果

step 07 标准层绘制完毕，绘制结果如图

15-34 所示。

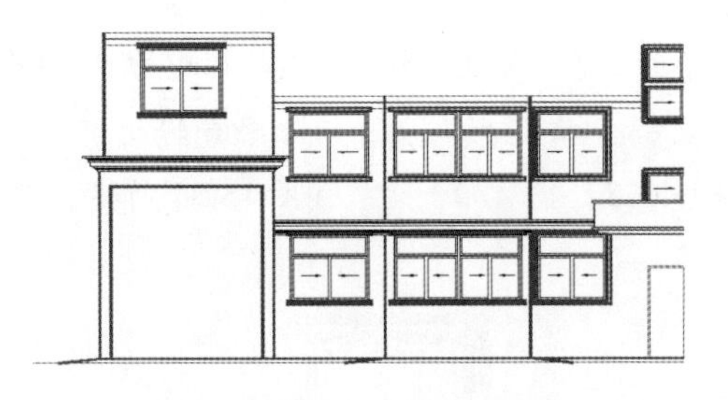

图 15-34 标准层的绘制结果

step 08 单击“修改”工具栏中的“复制”按钮，选中标准层作为复制对象，如图 15-35 所示。

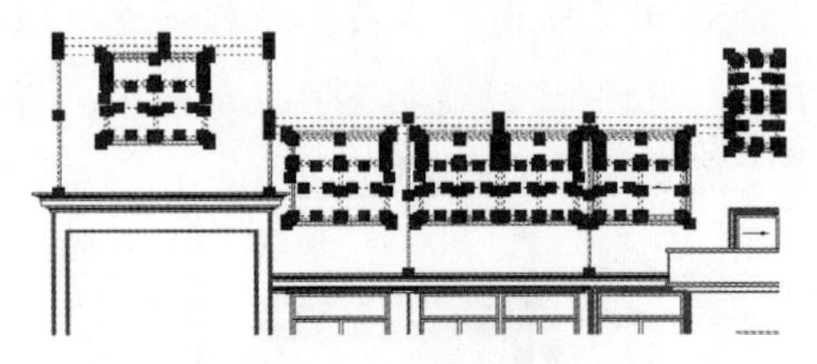

图 15-35 选择复制的对象

step 09 捕捉标准层的左下角点作为基准点，不断把标准层复制到标准层的左上角点，总共复制 4 个标准层，加上原来的一个标准层，共有 5 个标准层。绘制结果如图 15-36 所示。

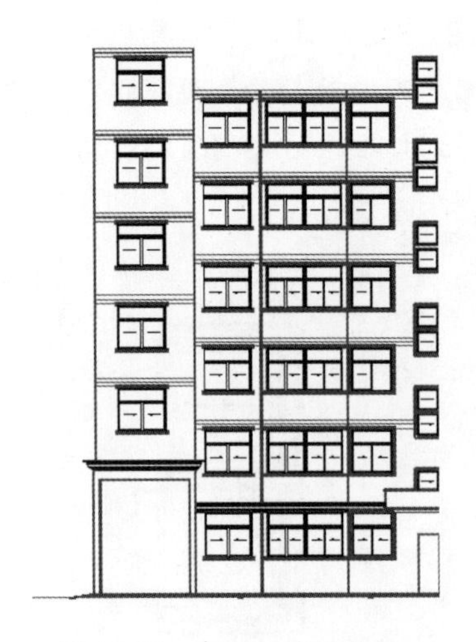

图 15-36 复制标准层结果

15.2.5 绘制顶层立面图

step 01 单击“修改”工具栏中的“删除”按钮，删除顶层立面不需要的图形元素，如右侧的窗户和楼板等，结果如图 15-37 所示。

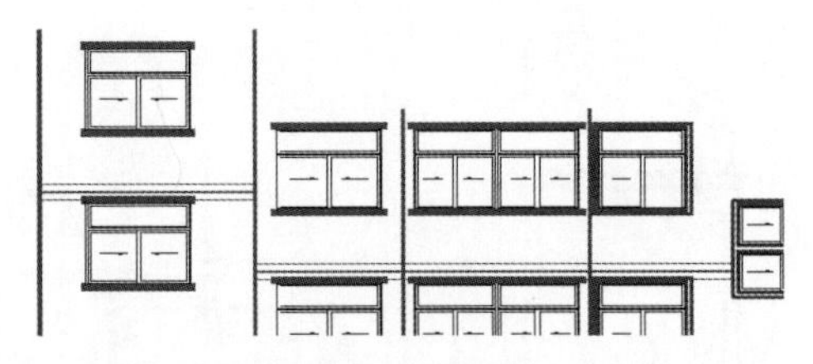

图 15-37 删除多余线条

step 02 单击“绘图”工具栏中的“多段线”按钮，在顶层上部绘制墙体框架。调出修改工具栏，单击”复制”图标，把底层的檐口边线复制到墙边处，结果如图 15-38 所示。

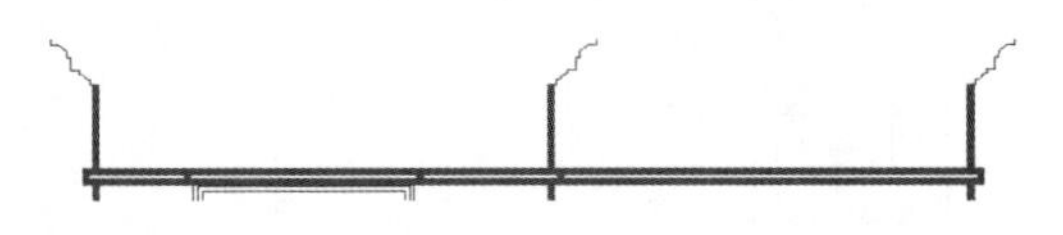

图 15-38 绘制顶层左边框架

step 03 单击“修改”工具栏中的“复制”按钮，复制底层的顶板图案到顶层的对应位置。单击“修改”工具栏中的“延伸”按钮，把所有直线延伸到最远的两端，结果如图 15-39 所示。

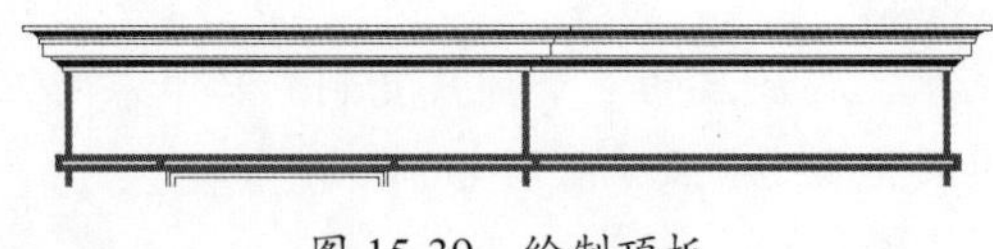

图 15-39 绘制顶板

step 04 采用同样的办法绘制下一级的顶板，绘制结果如图 15-40 所示。

step 05 单击“绘图”工具栏中的“直线”按钮，绘制一个三角形屋顶，绘制结果如图 15-41 所示。

图 15-40　立面图的绘制结果

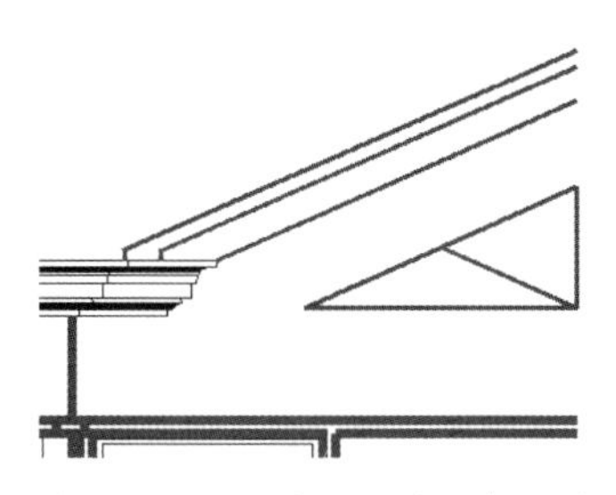

图 15-41　绘制顶层的三角形屋顶

step 06 单击“修改”工具栏中的“镜像”按钮，选中所有的图形，进行镜像操作，结果如图 15-42 所示。

图 15-42　镜像操作结果

step 07 单击“修改”工具栏中的“删除”按钮，删除右下角的墙线，然后单击“修改”工具栏中的“复制”按钮，复制两个小窗户到对应的墙面上。现在，整面墙的立面图绘制完毕，绘制结果如图 15-43 所示。

图 15-43　正立面图绘制结果

15.2.6　尺寸标注和文字说明

step 01 单击“图层”工具栏中的“图层控制”下拉按钮，在弹出的下拉列表中选择“标注”选项，使当前图层为“标注”。

step 02 单击“绘图”工具栏中的“直线”按钮，在立面图上引出折线。单击“绘图”工具栏中的“多行文字”按钮 A，在折线上标出各个立面的材料，这样就得到了建筑外立面图，如图 15-44 和图 15-45 所示。

图 15-44　墙面绘制方法

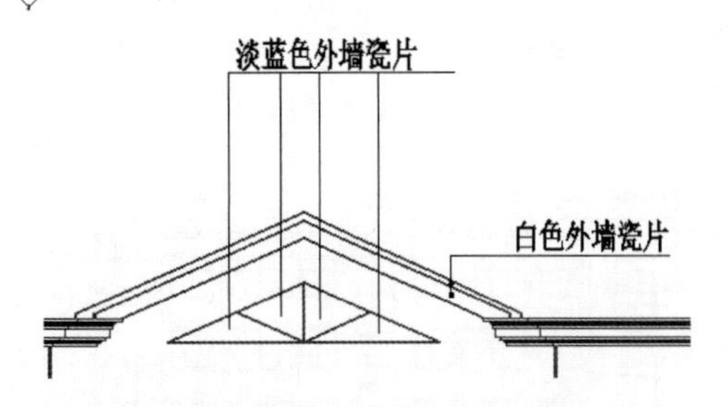

图 15-45　屋顶房绘制方法

step 03 选择菜单栏中的“标注”|“对齐”命令，进行尺寸标注，立面图内部的标注结果如图 15-46 所示。

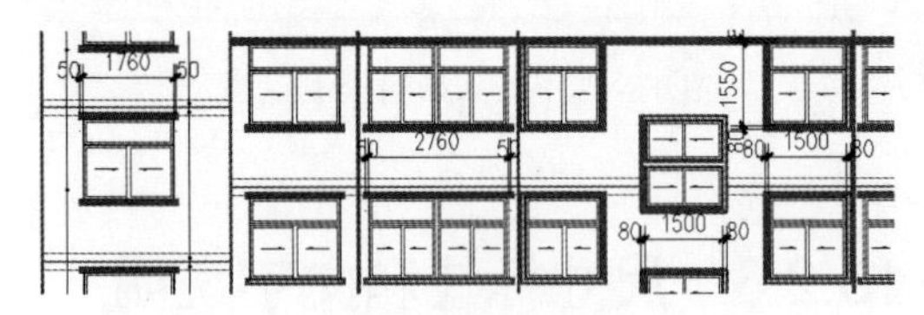

图 15-46　立面图的内部标注

step 04 选择菜单栏中的“标注”|“对齐”命令，进行尺寸标注，立面图外部的标注结果如图 15-47 所示。

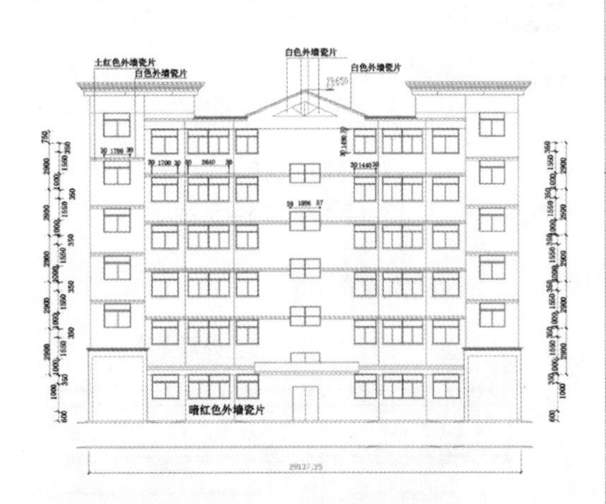

图 15-47　立面图的外部标注

step 05 单击“绘图”工具栏中的“直线”按钮，绘制一个标高符号。单击“修改”工具栏中的“复制”按钮，把标高符号复制到相应各处。单击“绘图”工具栏中的“多行文字”按钮A，在标高符号上方标出具体的高度值。标注结果如图 15-48 所示。

图 15-48　标高标注结果

step 06 绘制两侧的定位轴线编号。单击“绘图”工具栏中的“圆”按钮，绘制一个小圆作为轴线编号的圆圈。单击“绘图”工具栏中的“多行文字”按钮A，在圆圈内标上数字 1，得到 1 轴的编号。单击“修改”工具栏中的“复制”按钮，复制一个轴线编号到 13 轴处，并双击其中的文字，把其中的文字改为 15。轴线标注结果，如图 15-49 所示。

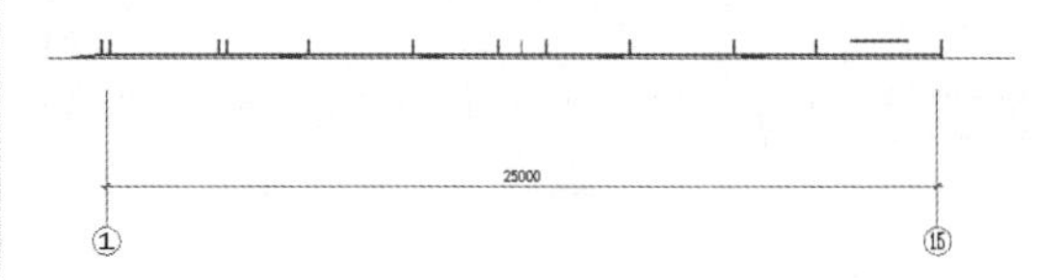

图 15-49　轴线标注结果

step 07 单击“绘图”工具栏中的“多行文字”按钮A，在右下角标注如图 15-50 所示的文字。

说明：
1. 屋顶三角装饰 墙面细部线条装饰见各详图
2. 大面积墙面为土红色瓷片，线条为白色瓷片
3. 一层为暗红色瓷片，沿口刷白色外墙涂料

图 15-50　文字说明

step 08 单击“绘图”工具栏中的“多行文字”按钮A，在图纸正下方标注图名，如图 15-51 所示。

step 09 绘制立面图的最终效果，如图 15-52 所示。

正立面图 1:100

图 15-51　绘制图名

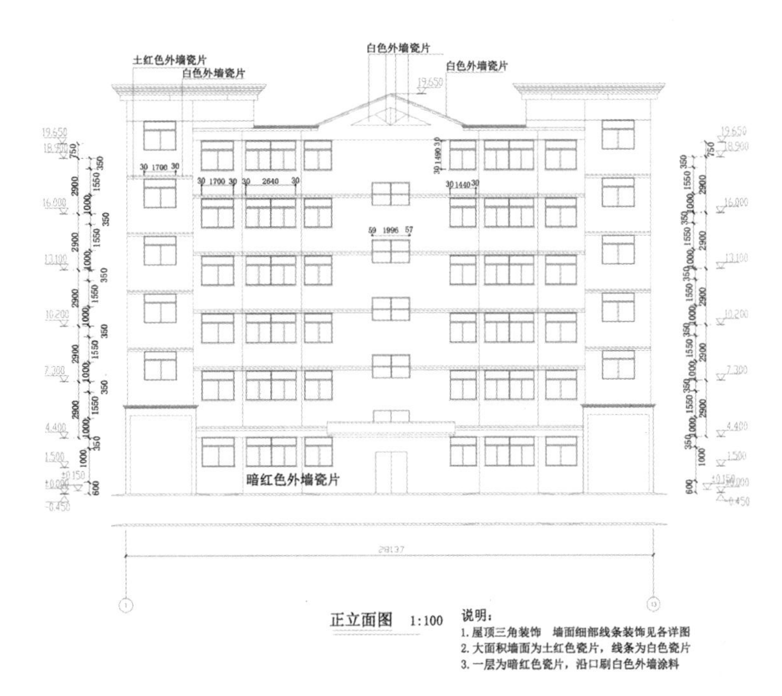

图 15-52　居民楼立面图

15.3　建筑剖面图概述

建筑剖面图是建筑施工图的一部分。本节将概要介绍建筑剖面图的基础知识，使读者了解建筑剖面图的重要性。

建筑剖面图作为建筑设计、施工图纸中的重要组成部分，其设计与平面设计是从两个不同的方面来反映建筑内部空间关系的，平面设计着重解决内部空间的水平方向的问题，而剖面设计则主要研究竖向空间的处理问题，两个方面同样都涉及建筑的使用功能、技术经济条件和周围环境等问题。

15.3.1　建筑剖面图的形成与作用

假想用一个或多个垂直于外墙轴线的铅垂剖切面将房屋剖开所得的投影图，称为“建筑剖面图”，简称“剖面图”，如图 15-53 所示。

剖面图主要是用来表达室内的内部结构、墙体、门窗等的位置、做法、结构和空间关系的。

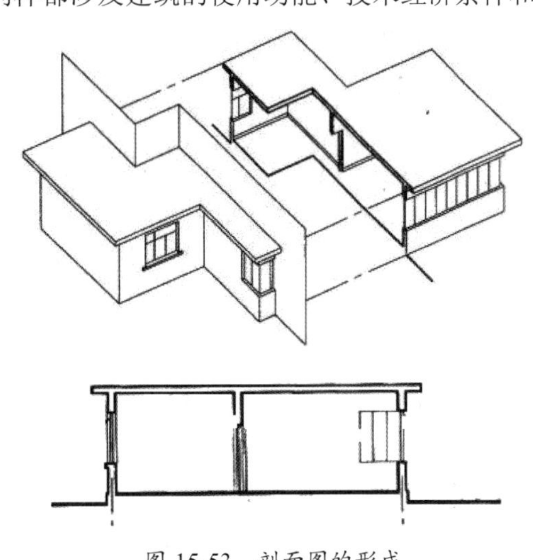

图 15-53　剖面图的形成

15.3.2 剖切位置及投射方向的选择

根据“规范”规定，剖面图的剖切部位应根据图纸的用途或设计深度，在平面图上选择空间复杂、能反映全貌和构造特征，以及有代表性的部位剖切。

投射方向一般宜向左、向上，当然也要根据工程情况而定。剖切符号标在底层平面图中，短线的指向为投射方向。剖面图编号标在投射方向一侧，剖切线若有转折，应在转角的外侧加注与该符号相同的编号。

15.4 案例二：绘制学生宿舍楼剖面图

本实例的制作思路：首先进行绘图系统的设置，然后绘制建筑剖面图。对于剖面图本身，将依据建筑结构层等级划分为 3 个部分——底层、标准层和顶层，最后进行图案填充和文字标注，如图 15-54 所示。由于该建筑物有错层设计，所以在绘制难度有所提高，具体在讲解过程中体现。整个绘图过程思路清晰，讲解也比较简单明了。

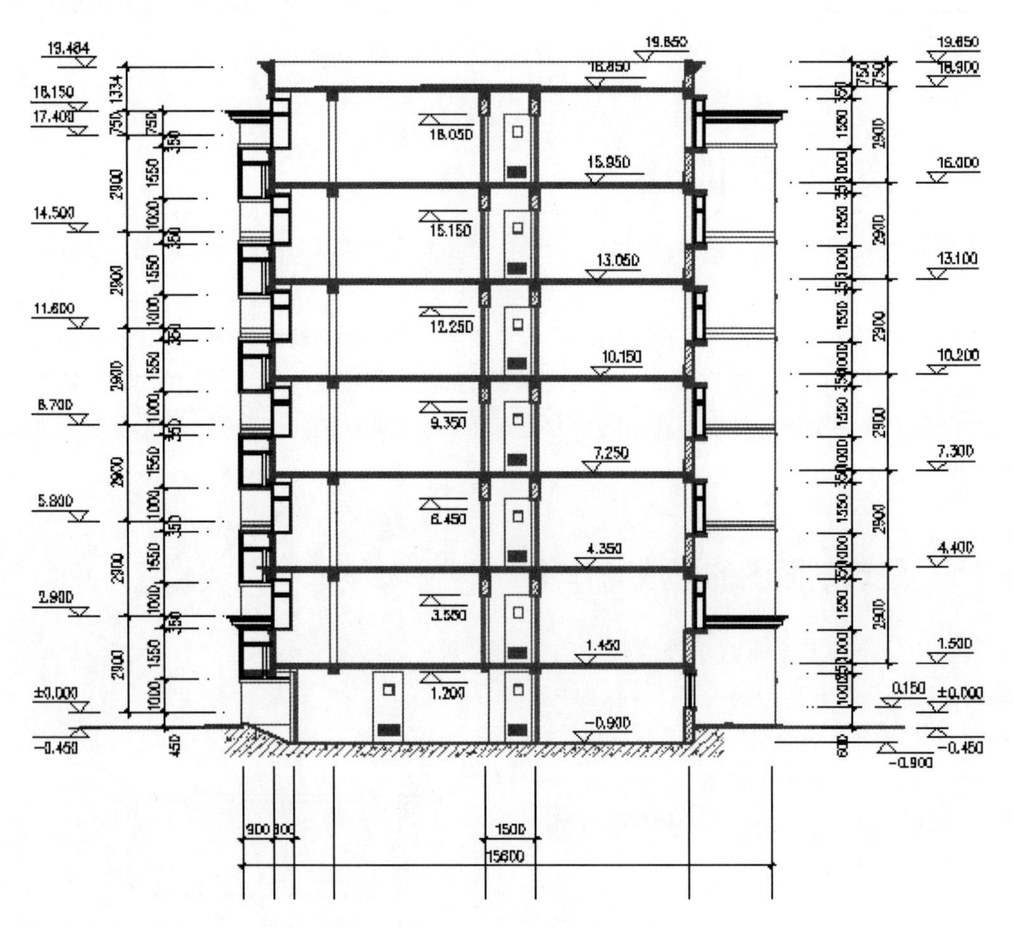

图 15-54 建筑剖面图

15.4.1　设置绘图参数

1. 设置图层

step 01 单击“图层”工具栏中的“图层特性管理器”按钮，弹出“图层特性管理器”选项面板。

step 02 在“图层特性管理器”选项面板中单击“新建图层”按钮，新建“辅助线”图层，指定图层颜色为洋红色；新建“墙”图层，指定颜色为红色；新建“门窗”图层，指定颜色为蓝色；新建“标注”图层，其他设置采用默认设置。这样就得到了初步的图层设置，如图 15-55 所示。

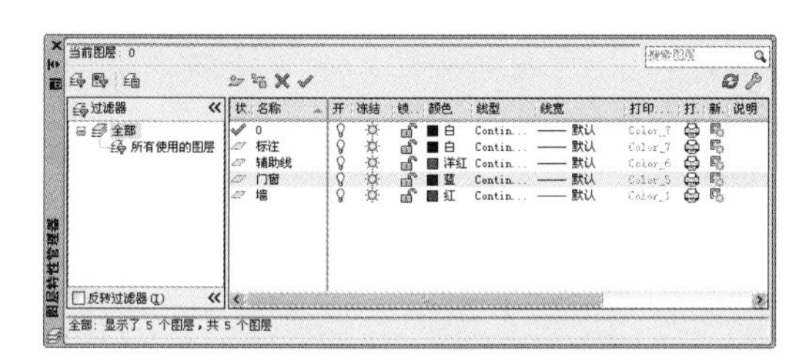

图 15-55　图层设置

2. 设置标注样式

step 01 选择菜单栏中的“标注” | “标注样式”命令，弹出“标注样式管理器”对话框，如图 15-56 所示。单击“修改”按钮，弹出“修改标注样式：ISO-25”对话框。

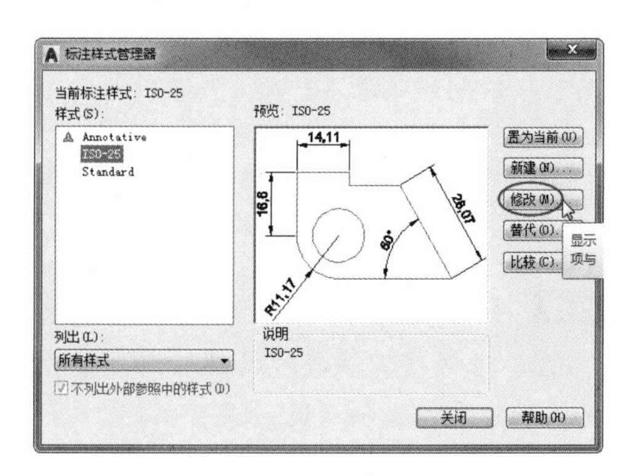

图 15-56　“标注样式管理器”对话框

step 02 选择“线”选项卡，设定“延伸线”选项组中的“超出尺寸线”为 150，“起点偏移量”为 300；选择“符号和箭头”选项卡，单击“箭头”选项组中的“第一个”后的“下拉按钮”，在弹出的下拉列表中选择“建筑标记”，单击“第二个”后的下拉按钮，在弹出的下拉列表中选择“建筑标记”，并设定“箭头大小”为 200，设置结果如图 15-57 所示。

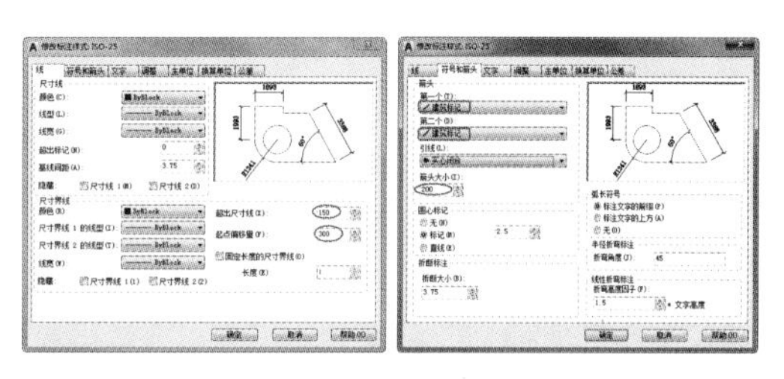

图 15-57　设置“线”和“符号和箭头”选项卡

step 03 选择“文字”选项卡，在“文字外观”选项组中设定“文字高度”为 300；在“文字位置”选项组中设定“从尺寸线偏移”为 150。这样就完成了“文字”选项卡的设置，结果如图 15-58 所示。

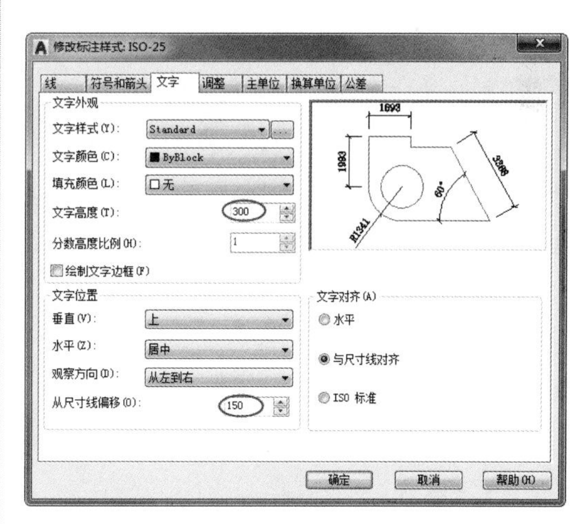

图 15-58　设置“文字”选项卡

step 04 选择“调整”选项卡，在“调整选项”选项组中选择“文字或箭头”单选按钮，在“文字位置”选项组中选择“尺寸线上方，不带引线”单选按钮，在“标注特征比例”选项组中指定“使用全局比例”为 1。这样就完成了“调整”选项卡的设置，结果如图 15-59 所示。单击“确定”按钮返回“标注样式管理器”对话框，最后单击“关闭”按钮返回绘图区。

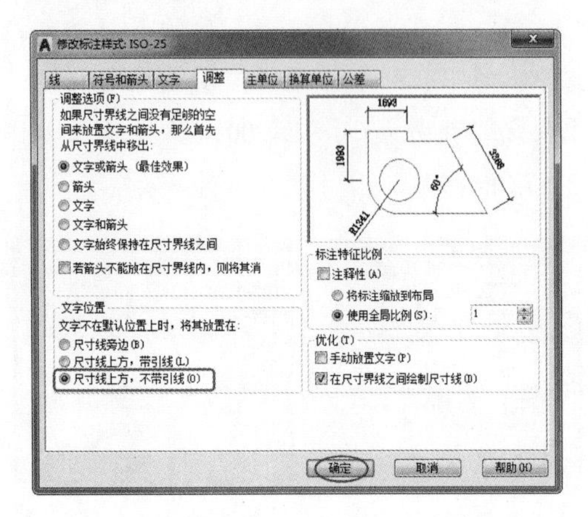

图 15-59　设置“调整”选项卡

15.4.2　绘制底层剖面图

step 01 单击“图层”工具栏中的“图层控制”下拉按钮，在弹出的下拉列表中选择“辅助线”选项，使当前图层为“辅助线”。

step 02 单击“绘图”工具栏中的“构造线”按钮，在正交模式下绘制一条竖直构造线和水平构造线，组成十字轴线网。

step 03 单击“绘图”工具栏中的“偏移”按钮，将水平构造线向上连续偏移 450、1800、100；将竖直构造线向右连续偏移 1440、240、960、240、4260、240、1260、240、4260、240、2400，结果如图 15-60 所示。

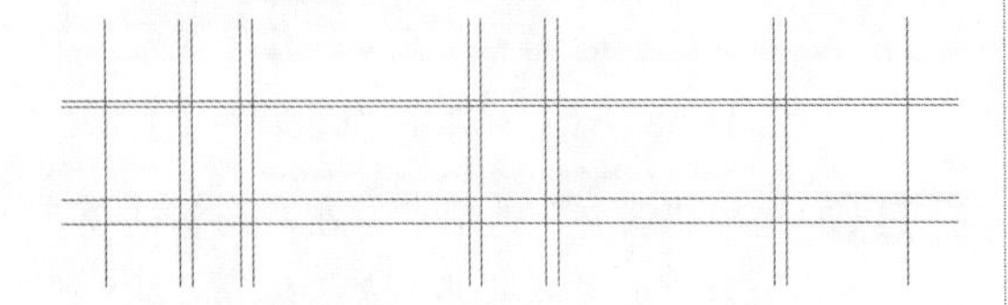

图 15-60　辅助线网绘制结果

step 04 单击“图层”工具栏中的“图层控制”下拉按钮，在弹出的下拉列表中选择“墙”选项，使当前图层为“墙”。

step 05 单击“绘图”工具栏中的“多段线”按钮，指定多段线的宽度为 50，然后根据辅助线绘制剖切到的墙体。底层顶板的左端绘制结果，如图 15-61 所示。

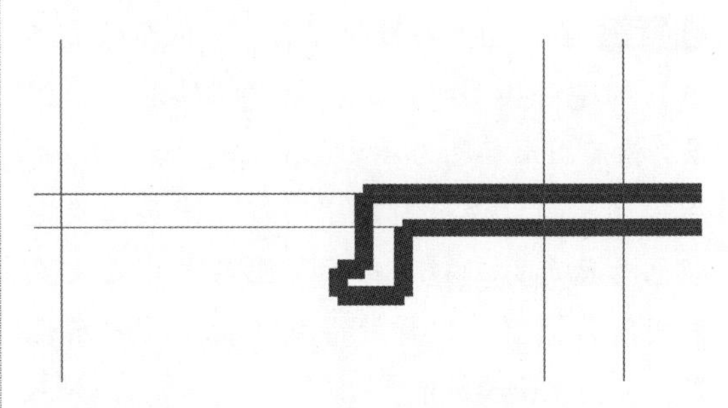

图 15-61　绘制底层顶板的左端

step 06 单击“绘图”工具栏中的“多段线”按钮，继续使用多段线绘制相邻的楼板，其中有一段梁。使用多段线绘制梁和楼板的结果，如图 15-62 所示。

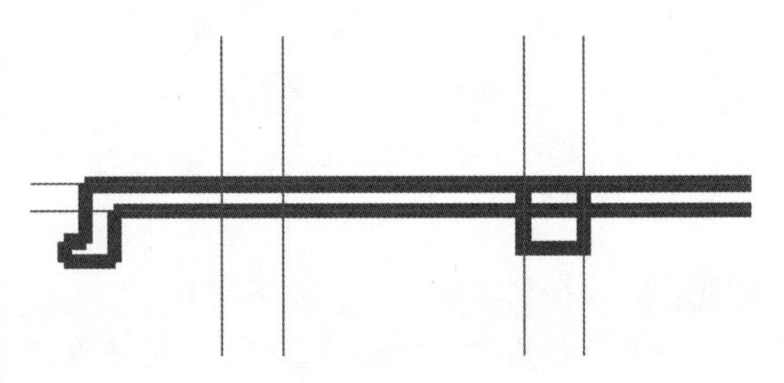

图 15-62　绘制楼板和梁

step 07 单击“绘图”工具栏中的“多段线”按钮，继续使用多段线绘制楼板的右端，底层顶板的剖切效果，如图 15-63 所示。

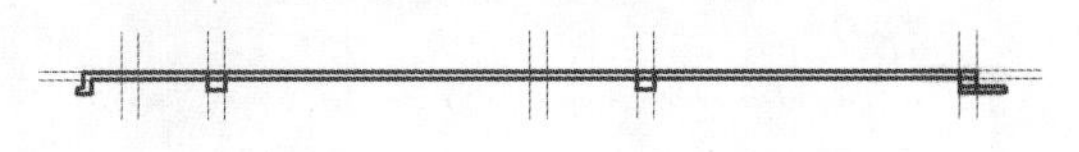

图 15-63　底层顶板的剖切效果

step 08 单击“绘图”工具栏中的“多段线”按钮，继续使用多段线按照辅助线绘制底层地板的左端，绘制结果如图 15-64 所示。

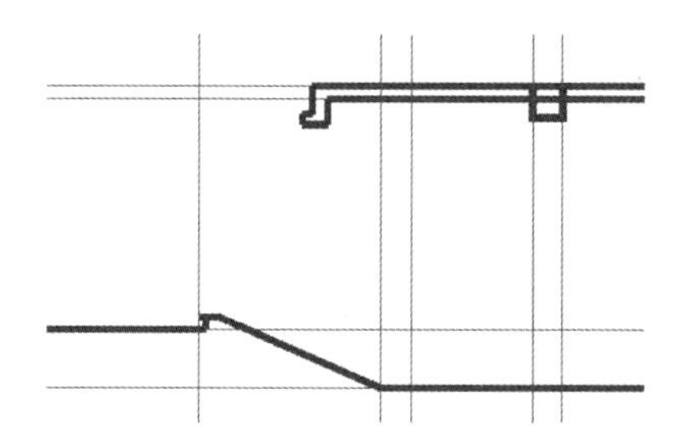

图 15-64　绘制底层地板的左端

step 09 单击“绘图”工具栏中的“多段线”按钮，继续使用多段线按照辅助线绘制底层地板的右端，绘制结果如图 15-65 所示。

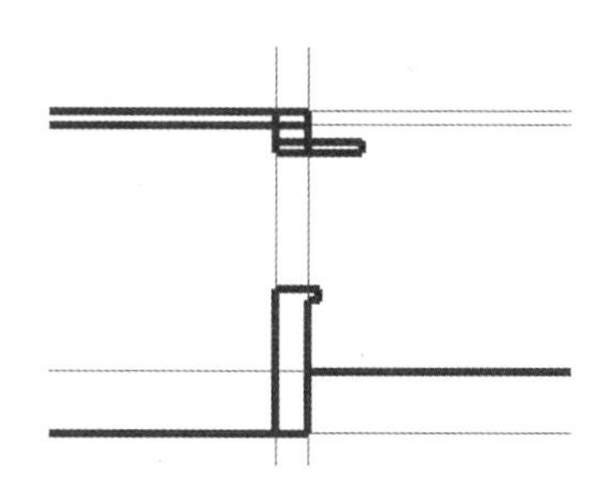

图 15-65　绘制底层地板的右端

step 10 底层的剖切效果，如图 15-66 所示。

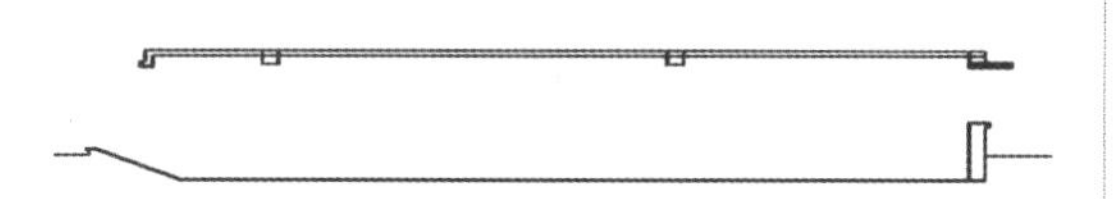

图 15-66　绘制底层剖切线

step 11 单击“图层”工具栏中的“图层控制”下拉按钮，在弹出的下拉列表中选择“门窗”选项，使当前图层为“门窗”。

step 12 单击“绘图”工具栏中的“直线”按钮，绘制底层剖切到的门和窗，绘制结果如图 15-67 所示。

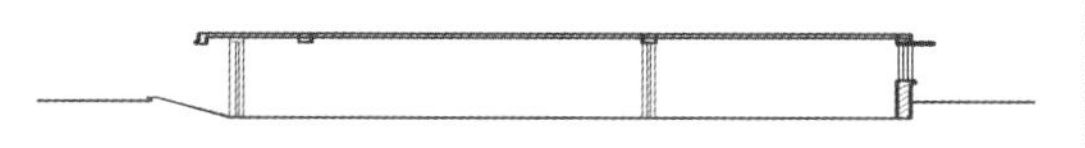

图 15-67　绘制剖切到的门和窗

step 13 在剖面图上还有一部分建筑实体没有被剖切到，所以应该使用细实线绘制它们。单击“绘图”工具栏中的“直线”按钮，绘制底层左端的一段墙体，结果如图 15-68 所示。

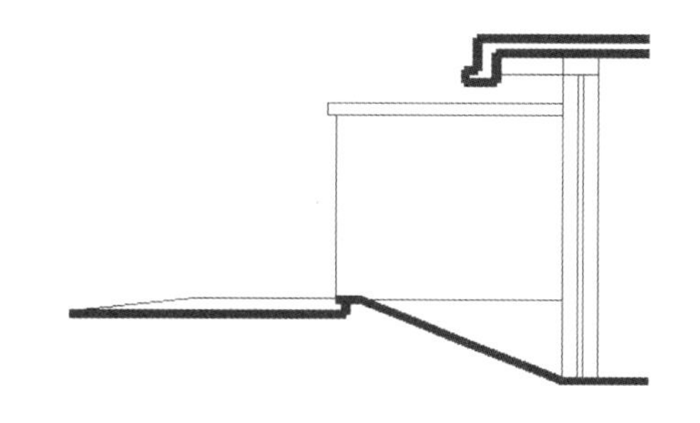

图 15-68　绘制左端的墙体

step 14 单击“绘图”工具栏中的“直线”按钮，绘制相邻的和左端相邻的一扇门，结果如图 15-69 所示。

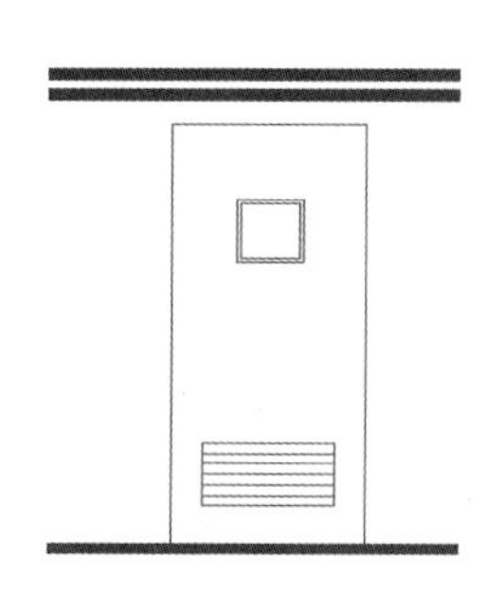

图 15-69　绘制和左端相邻的门

step 15 单击“修改”工具栏中的“复制”按钮，把刚才绘制的门复制到和右端相邻的门的位置，结果如图 15-70 所示。

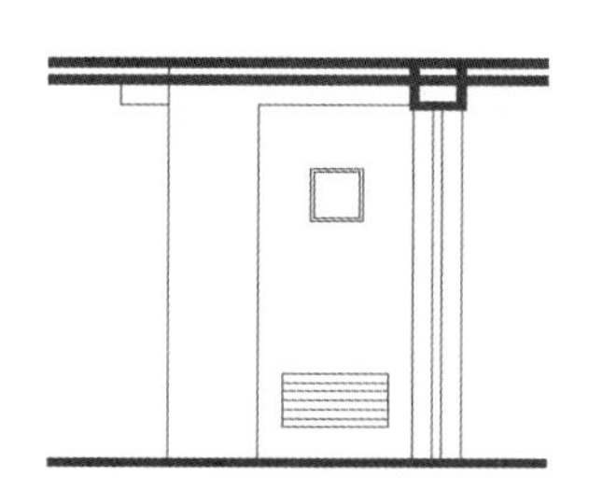

图 15-70　复制门结果

step 16 单击“绘图”工具栏中的“直线”

按钮，绘制右端的墙体和地面，结果如图 15-71 所示。

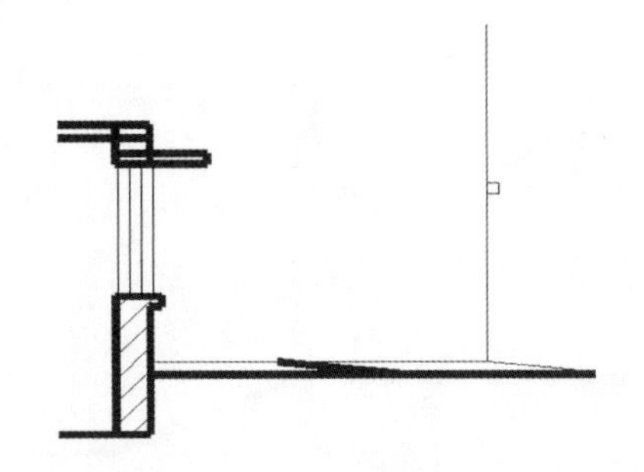

图 15-71　绘制墙体和地面

step 17　至此，底层的图形绘制完毕，如图 15-72 所示。

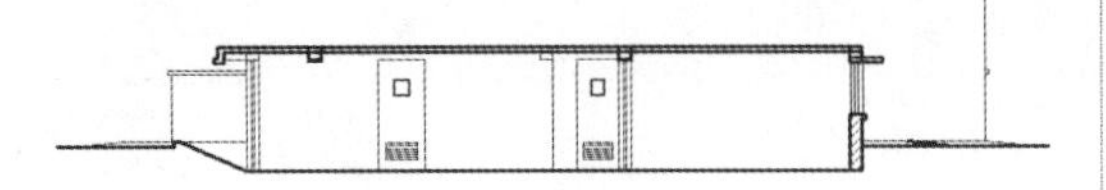

图 15-72　底层绘制结果

step 18　单击“绘图”面板中的“图案填充”按钮，然后在“图案填充创建”选项卡中选择填充图案为 SOLID，如图 15-73 所示。将绘图区中的顶板填充。

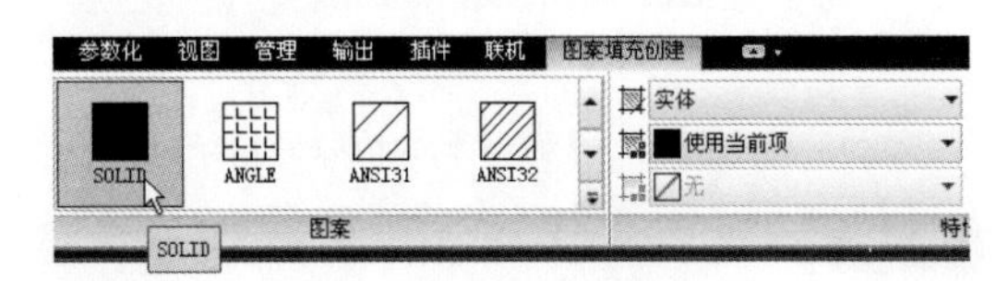

图 15-73　图案填充

step 19　单击“绘图”工具栏中的“直线”按钮，在地板下方绘制矩形区域，作为地板钢筋混凝土填充的区域，结果如图 15-74 所示。

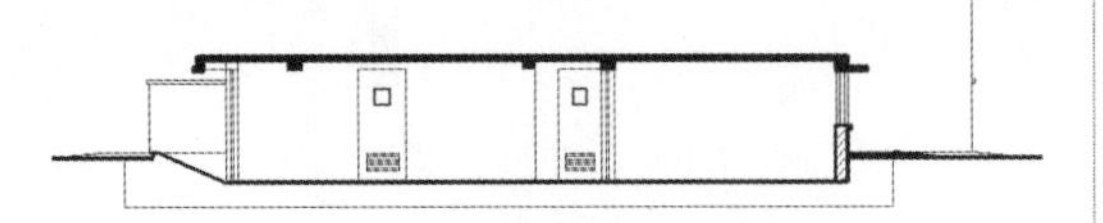

图 15-74　绘制填充区域

step 20　同理，选择填充图案为 ANSI31，更改填充比例为 60，将上一步绘制的矩形区域填充，结果如图 15-75 所示。

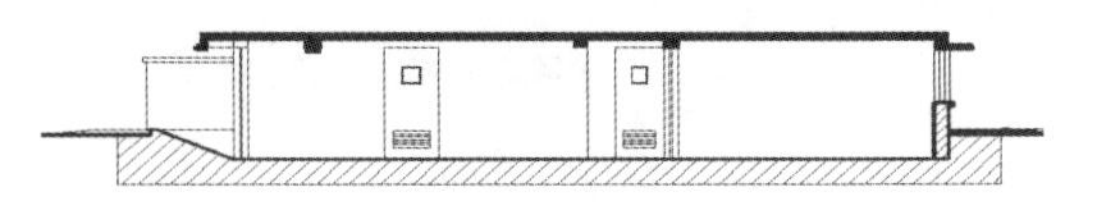

图 15-75　填充结果

step 21　继续选择填充图案为 AR-CONC，更改填充比例为 4，选择上一步的填充区域进行填充，结果如图 15-76 所示。

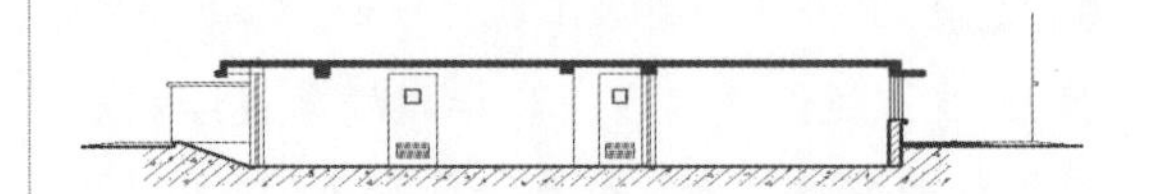

图 15-76　钢筋混凝土地板填充结果

15.4.3　绘制标准层剖面图

1．绘制标准层的轴线网

step 01　单击“图层”工具栏中的“图层控制”下拉按钮，在弹出的下拉列表中选择“辅助线”选项，使当前图层为“辅助线”。

step 02　单击“绘图”工具栏中的“偏移”按钮，将原来顶部的水平辅助线连续向上偏移 2800、100，即可得到标准层的轴线网，结果如图 15-77 所示。

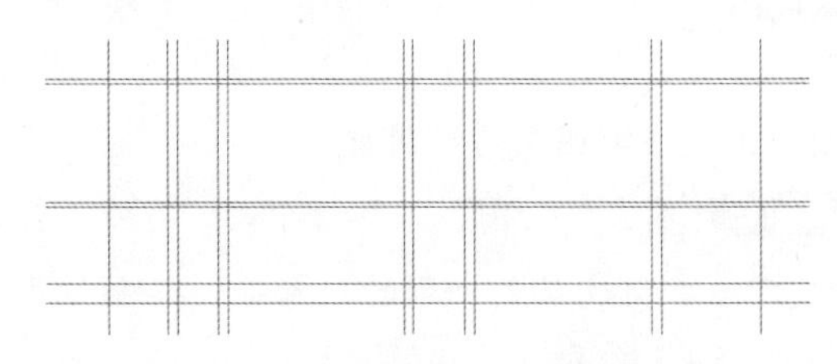

图 15-77　标准层轴线网的绘制结果

2．绘制墙体

step 01　单击“图层”工具栏中的“图层控制”下拉按钮，在弹出的下拉列表中选择“墙”选项，使当前图层为“墙”。

step 02　单击“绘图”工具栏中的“多段线”

按钮，绘制剖切到的墙体，标准层底板左端的绘制结果如图 15-78 所示，右端绘制的结果如图 15-79 所示。

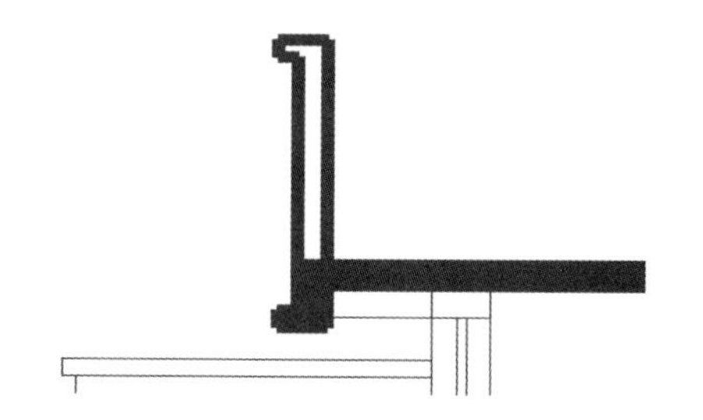

图 15-78　标准层底板左端的绘制结果

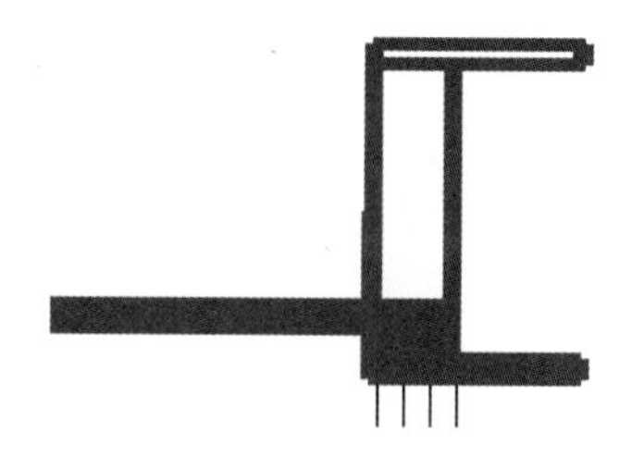

图 15-79　标准层底板右端的绘制结果

step 03 单击“绘图”工具栏中的“多段线”按钮，绘制剖切到的墙体，标准层顶板左端的绘制结果，如图 15-80 所示。

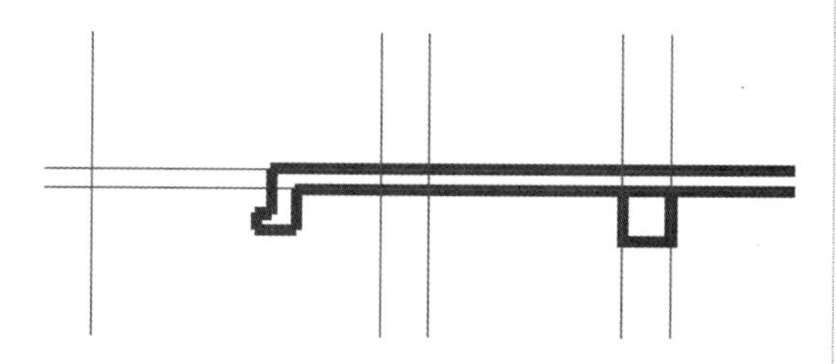

图 15-80　标准层顶板左端的绘制结果

step 04 单击“绘图”工具栏中的“多段线”按钮，绘制剖切到的墙体，标准层顶板中部的梁和楼板的绘制结果，如图 15-81 所示。

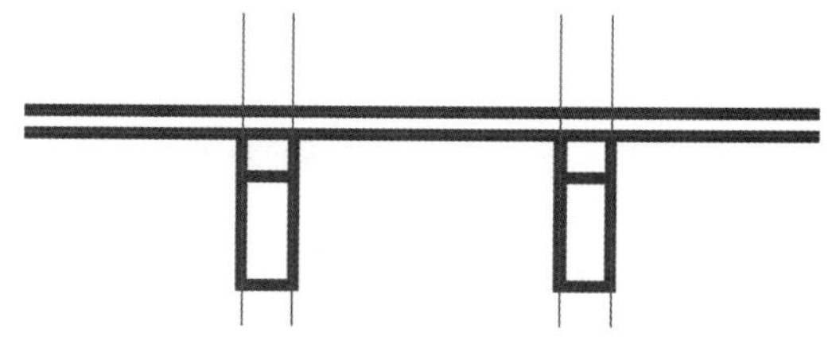

图 15-81　标准层顶板的中部绘制结果

step 05 单击“绘图”工具栏中的“多段线”按钮，绘制剖切到的墙体，标准层顶板右端的绘制结果，如图 15-82 所示。

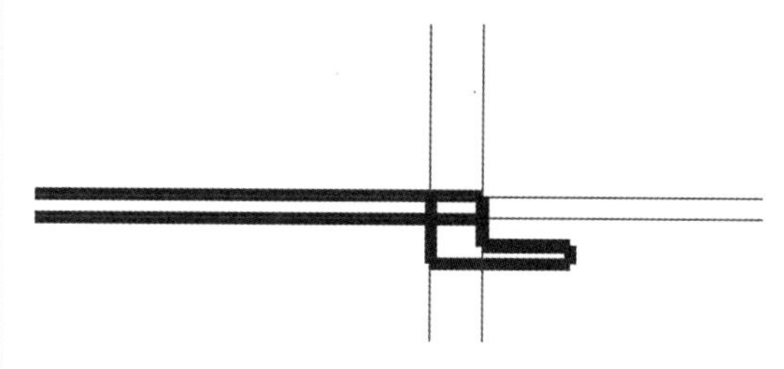

图 15-82　标准层顶板右端的绘制结果

step 06 标准层的剖切效果，如图 15-83 所示。

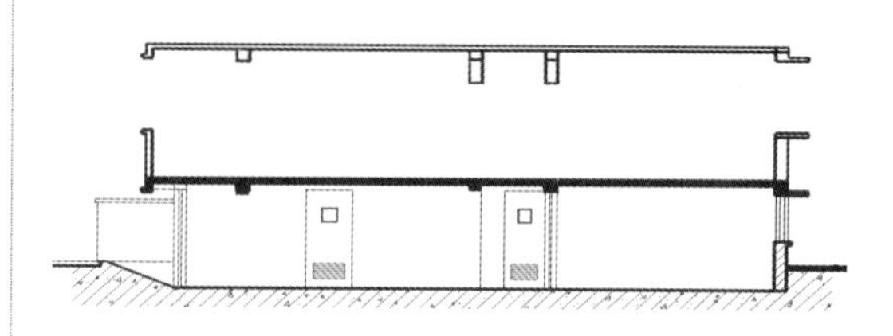

图 15-83　绘制标准层剖切线

3．绘制门窗

step 01 单击“图层”工具栏中的“图层控制”下拉按钮，在弹出的下拉列表中选择“门窗”选项，使当前图层为“门窗”。

step 02 单击“绘图”工具栏中的“直线”按钮，绘制标准层左端的窗户，绘制结果如图 15-84 所示。

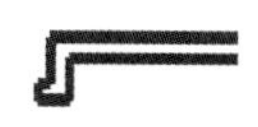

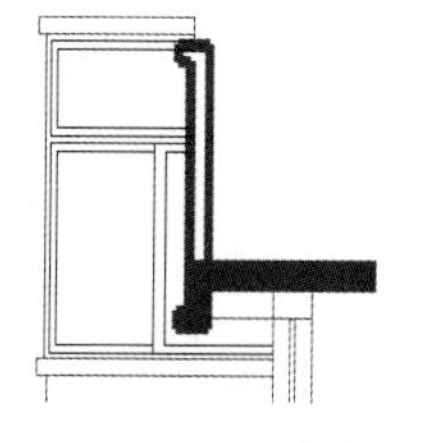

图 15-84　左端的一扇窗户

step 03 单击“绘图”工具栏中的“直线”按钮，绘制标准层左端的一扇窗户，绘制结果如图 15-85 所示。

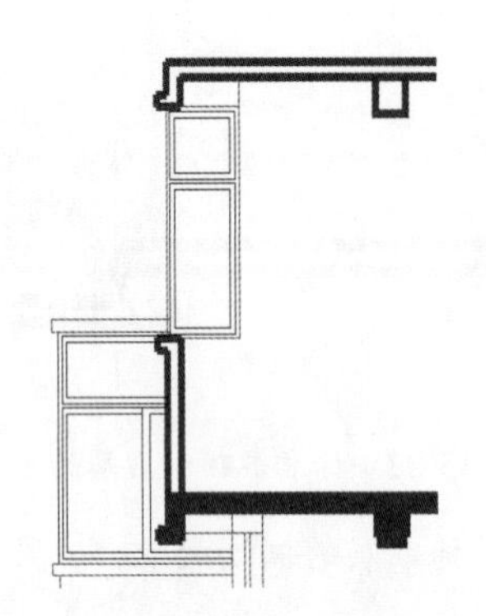

图 15-85 左端的一扇窗户

step 04 单击“绘图”工具栏中的“直线”按钮，绘制标准层中间剖切到的门，绘制结果如图 15-86 所示。

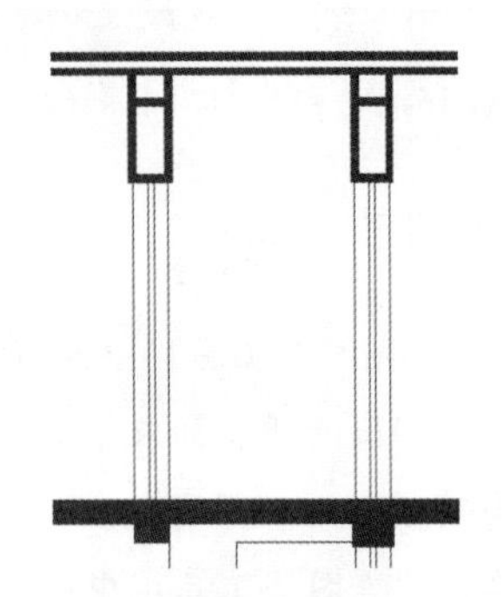

图 15-86 绘制剖切门

step 05 单击“绘图”工具栏中的“直线”按钮，绘制标准层右端的窗户，绘制结果如图 15-87 所示。

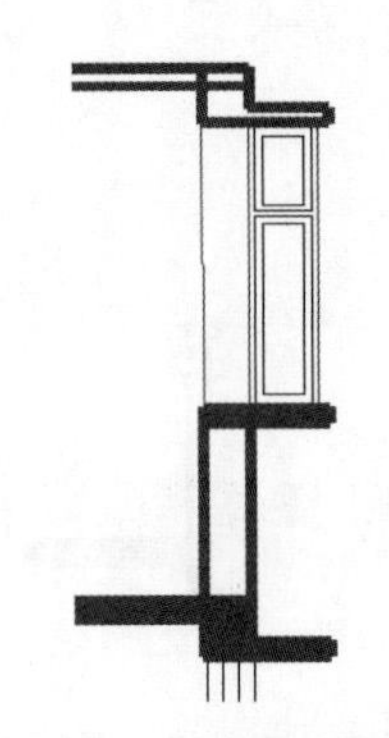

图 15-87 绘制右端的窗户

step 06 标准层的门窗绘制完毕，绘制效果如图 15-88 所示。

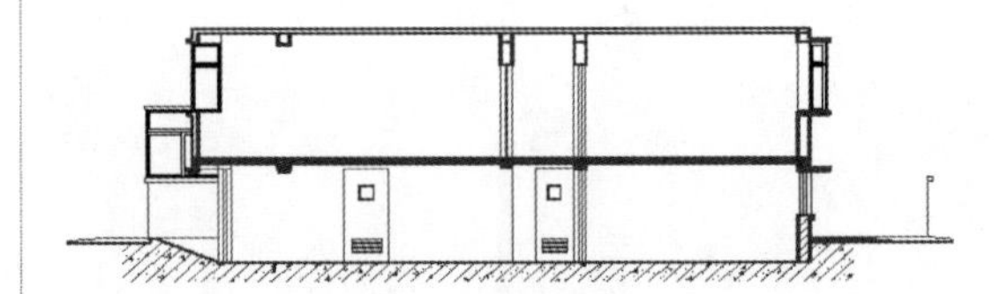

图 15-88 标准层门窗的绘制效果

step 07 使用细实线绘制标准层上没有剖切到的墙体。单击“绘图”工具栏中的“直线”按钮，绘制标准层左端的一段墙体，结果如图 15-89 所示。

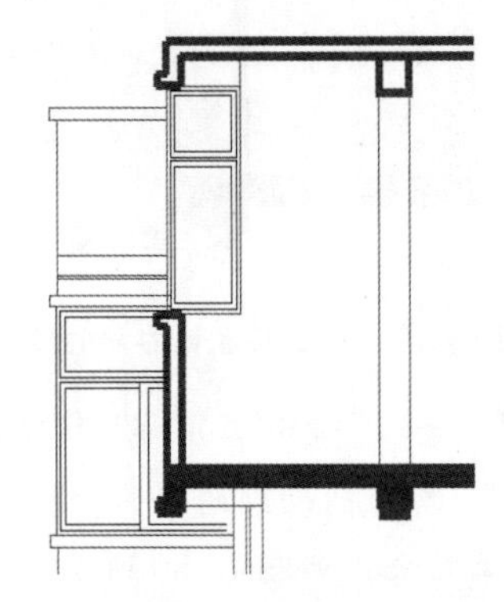

图 15-89 绘制墙体

step 08 单击“修改”工具栏中的“复制”按钮，把底层的门复制到标准层上的对应位置，得到标准层的门，结果如图 15-90 所示。

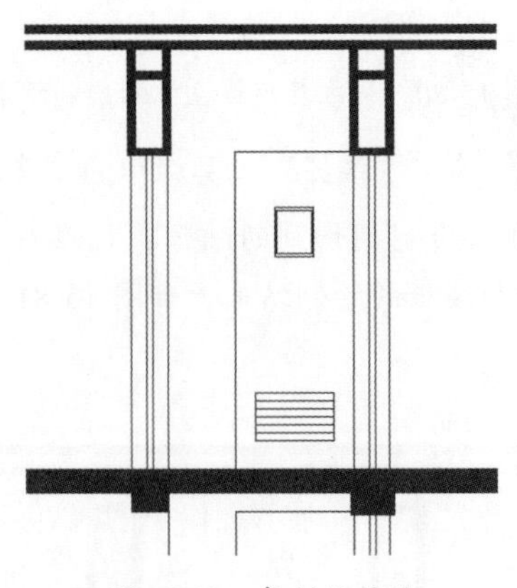

图 15-90 复制门结果

step 09 单击“绘图”工具栏中的“直线”

按钮，绘制标准层右端的墙体，结果如图 15-91 所示。

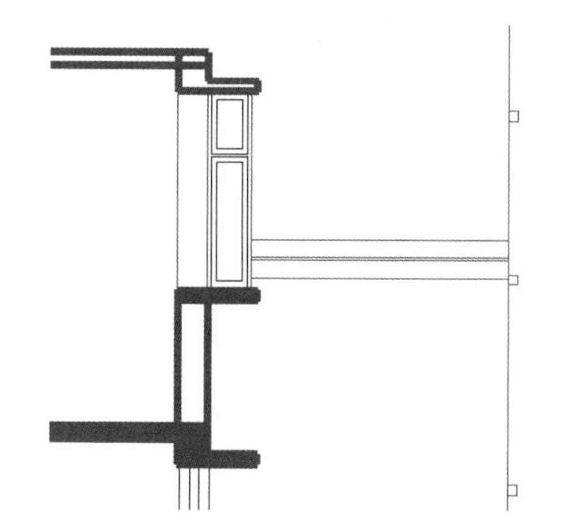

图 15-91　绘制右端的墙体

step 10 标准层的图形绘制完毕，绘制结果如图 15-92 所示。

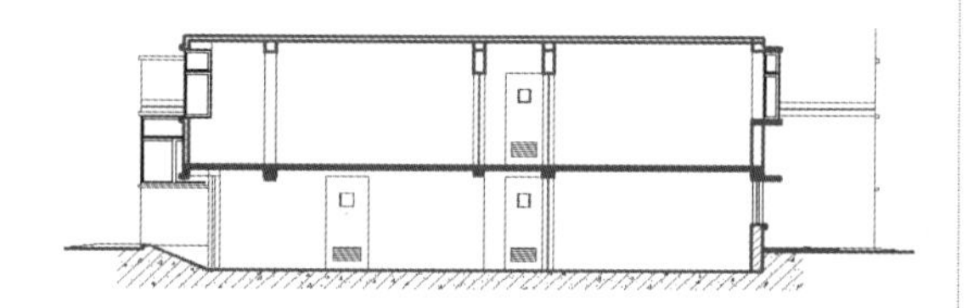

图 15-92　标准层绘制结果

step 11 单击“绘图”工具栏中的“图案填充”按钮，分别对楼板和梁填充图案，填充效果如图 15-93 所示。

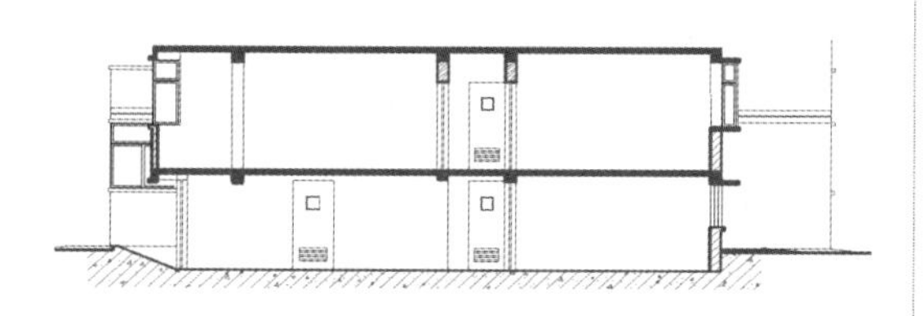

图 15-93　图案填充效果

4．组合标准层

由于大楼有错层设计，在组合标准层的时候必须进行一定的调整。具体步骤如下。

step 01 单击“修改”工具栏中的“复制”按钮，把标准层完全复制到原来的标准层之上，得到两个标准层，结果如图 15-94 所示。

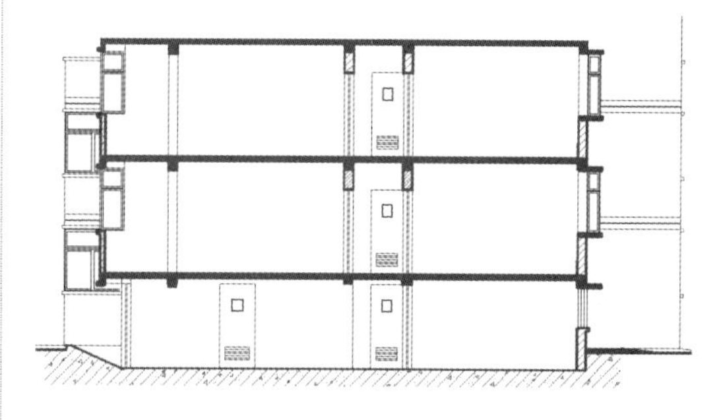

图 15-94　复制标准层结果

step 02 单击“修改”工具栏中的“删除”按钮，删除掉第二层左侧窗户上的水平窗台线。单击“绘图”工具栏中的“多段线”按钮，设定多段线的宽度为 0，在窗户上边绘制如图 15-95 所示的屋板边线。

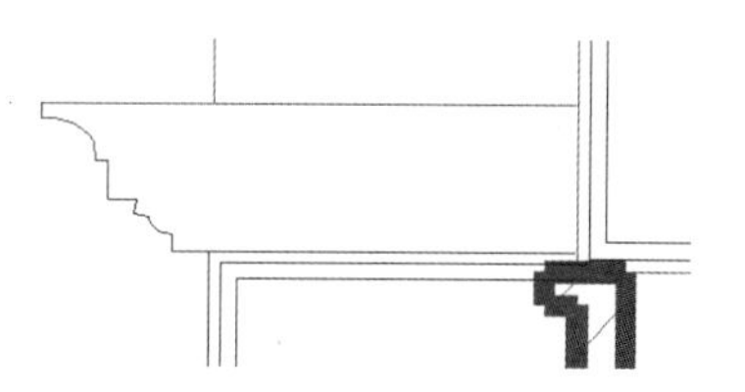

图 15-95　绘制屋板边线

step 03 单击“绘图”工具栏中的“直线”按钮，按照屋板边线绘制水平直线，得到错层的屋板绘制结果，如图 15-96 所示。

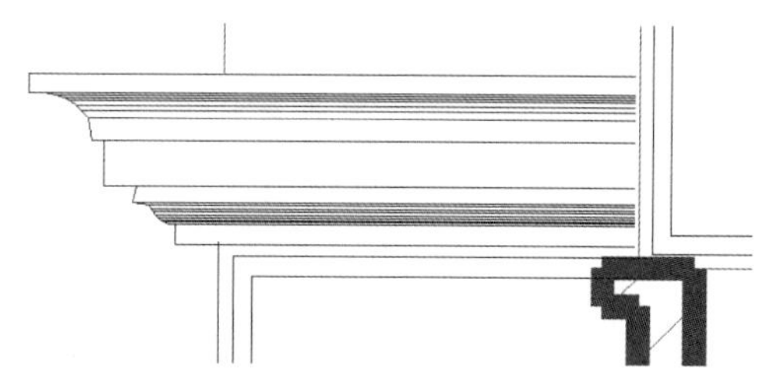

图 15-96　错层屋板左端的绘制结果

step 04 采用同样的方法，绘制错层右端的屋板，绘制结果如图 15-97 所示。

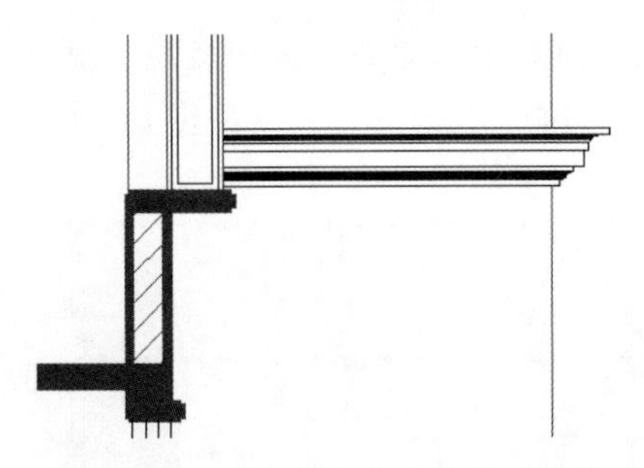

图 15-97　错层屋板右端的绘制结果

step 05 单击“修改”工具栏中的“删除”按钮，删除第二层顶板的左端，结果如图 15-98 所示。

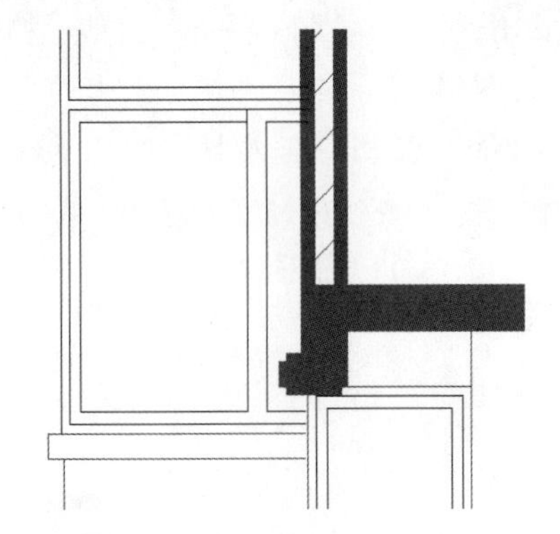

图 15-98　删除第二层顶板的左端

step 06 单击“修改”工具栏中的“复制”按钮，复制下边的屋板边线到第二层顶板的左端。单击“修改”工具栏中的“修剪”按钮，修剪掉出头的多余线条，得到一个屋檐的边线，绘制结果如图 15-99 所示。

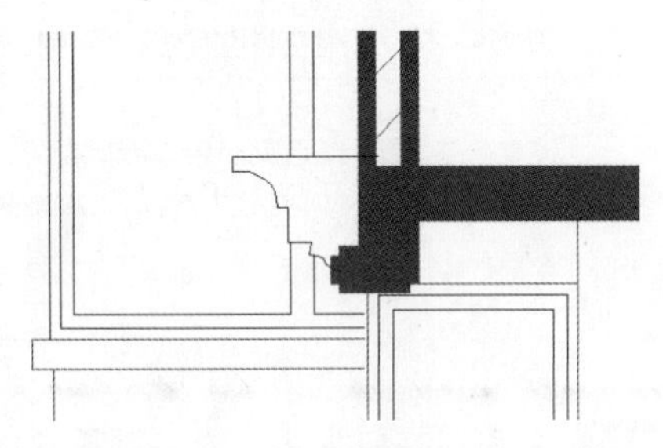

图 15-99　绘制屋檐边线

step 07 单击“绘图”工具栏中的“图案填充”按钮，对刚绘制的屋檐边线进行图案填充，结果如图 15-100 所示。

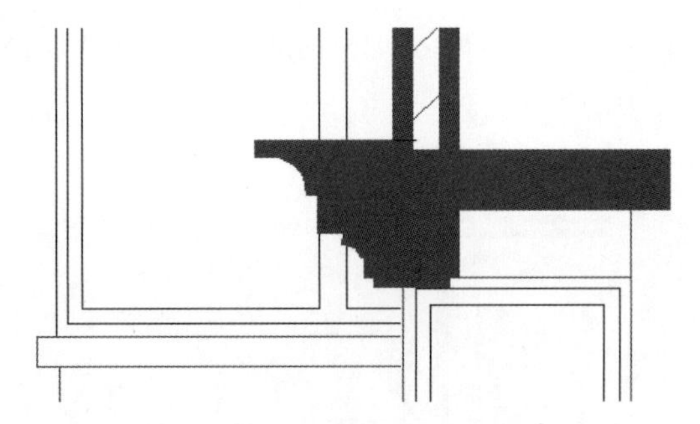

图 15-100　图案填充操作结果

step 08 第二层和第三层的绘制结果，如图 15-101 所示。

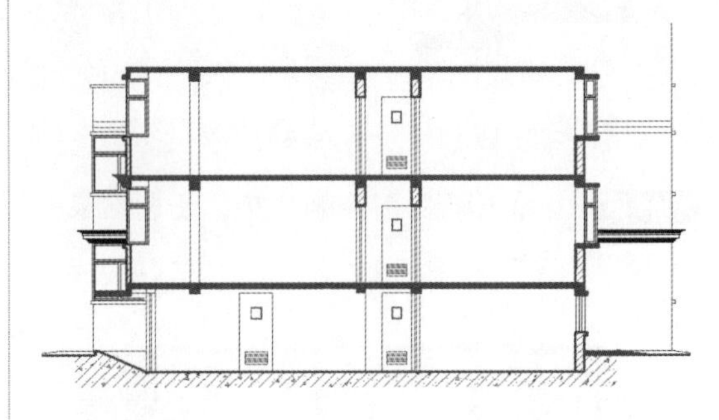

图 15-101　第二层和第三层的绘制结果

step 09 单击“修改”工具栏中的“复制”按钮，复制第三层到第三层上边得到第四层，复制第三层到第四层上边得到第五层，总共复制 4 个楼层，得到 7 个楼层，绘制结果如图 15-102 所示。这就是标准层的组合结果。

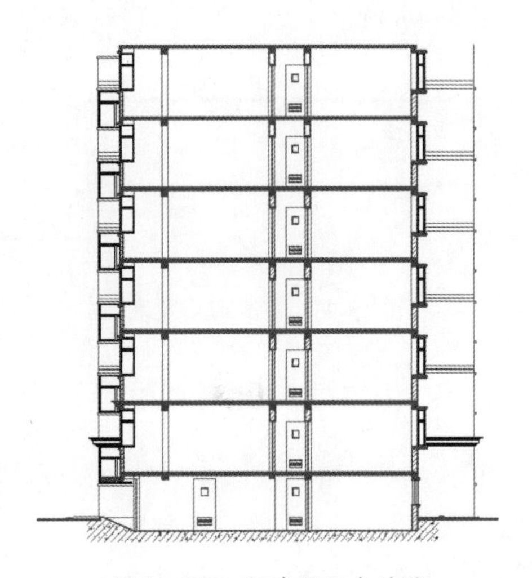

图 15-102　标准层组合结果

15.4.4　绘制顶层剖面图

顶层，也就是第七层，现在就是一个标准层，只要在这个标准层的基础上进行修改即可得到顶层剖面图，修改的具体步骤如下。

1．修改端部屋板

step 01 现在的顶层左端，如图 15-103 所示。单击“修改”工具栏中的“删除”按钮，删除窗户的窗台。单击“修改”工具栏中的“复制”按钮，复制下边的屋板图案到刚才的位置。单击“修改”工具栏中的“延伸”按钮，把屋板图案的水平直线的端部延伸到墙边上，结果如图 15-104 所示。

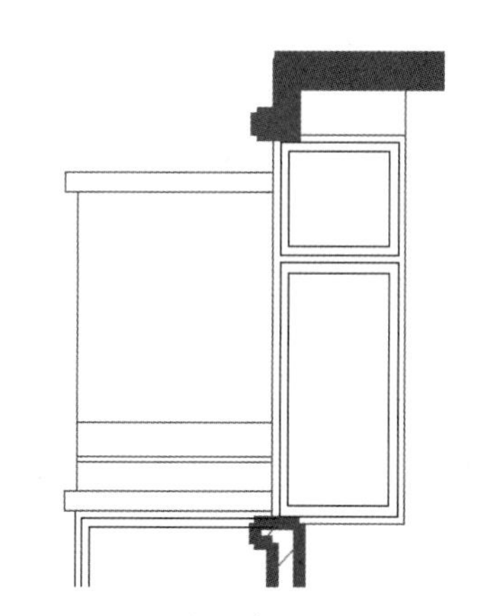

图 15-103　修改前的顶层左端

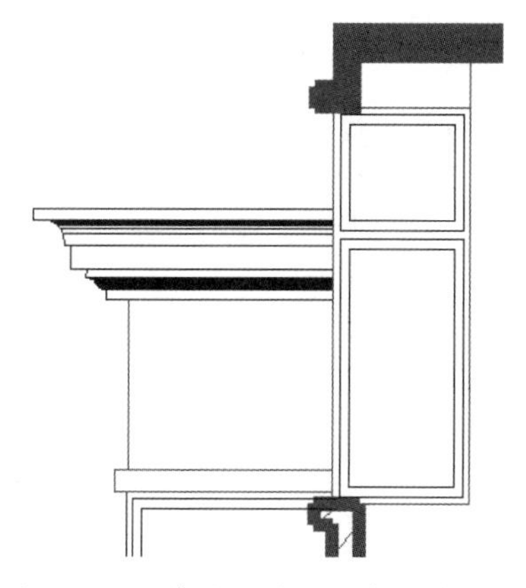

图 15-104　修改后的顶层左端屋板

step 02 单击“修改”工具栏中的“复制”按钮，复制下边右端的屋板图案到顶层右端，得到顶层右端的屋板，绘制结果如图 15-105 所示。

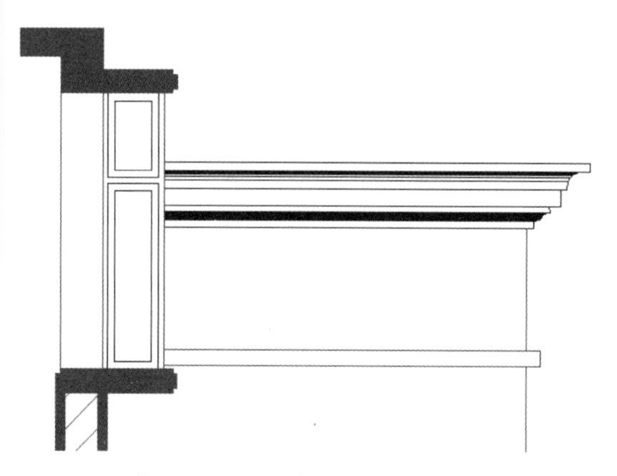

图 15-105　绘制顶层右端的屋板

2．修改顶部屋板

step 01 单击“修改”工具栏中的“复制”按钮，复制对应的一段立墙到顶部的屋板上，得到女儿墙。单击“修改”工具栏中的“复制”按钮，复制一个檐口图案到女儿墙的顶部，绘制结果如图 15-106 所示。

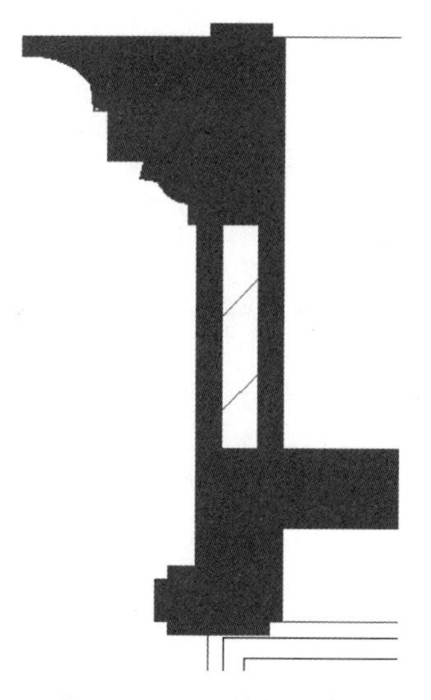

图 15-106　绘制女儿墙

step 02 单击“修改”工具栏中的“镜像”按钮，对女儿墙进行镜像操作，得到另一端的女儿墙。单击“绘图”工具栏中的“直线”按钮，绘制直线将女儿墙的顶部连接起来，同时使用直线绘制屋板的坡度斜线，绘制结果如图 15-107 所示。

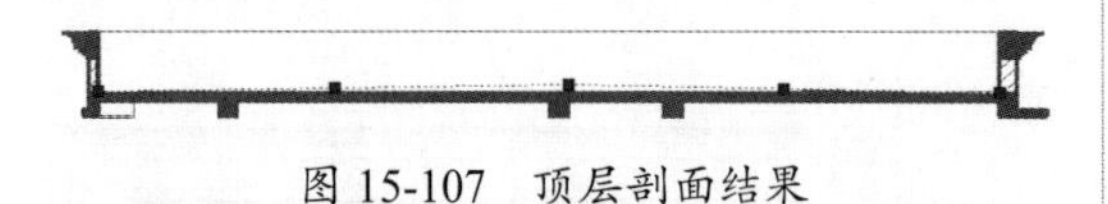

图 15-107　顶层剖面结果

step 03 单击“绘图”工具栏中的“图案填充”按钮，把屋板坡度斜线内部的线条填充，结果如图 15-108 所示。

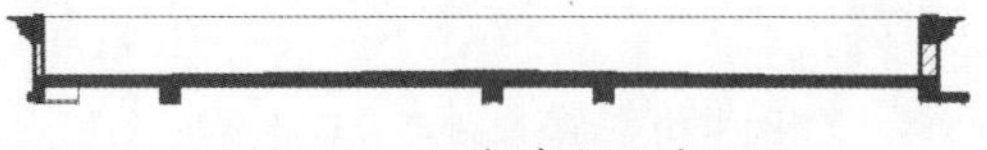

图 15-108　图案填充操作结果

step 04 顶层绘制完成，整个大楼剖面图的绘制结果如图 15-109 所示。

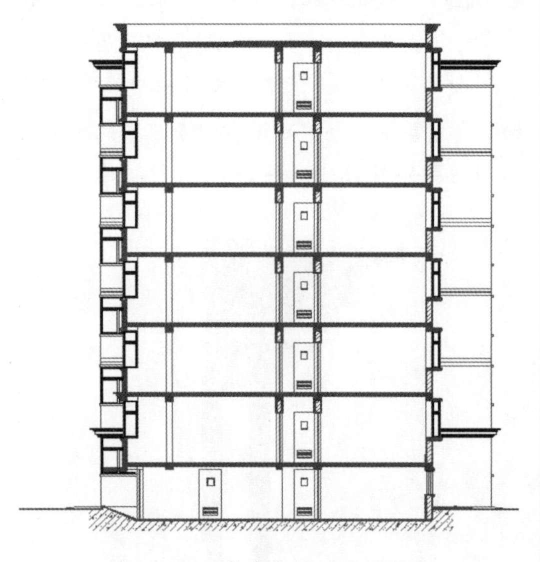

图 15-109　整个大楼的绘制结果

15.4.5　尺寸标注和文字说明

尺寸标柱和文字说明的具体步骤如下。

step 01 单击“图层”工具栏中的“图层控制”下拉按钮，在弹出的下拉列表中选择“标注”选项，使当前图层为“标注”。

step 02 选择菜单栏中的“标注”|“对齐”命令，对各个部件进行尺寸标柱。尺寸标注的结果，如图 15-110 所示。

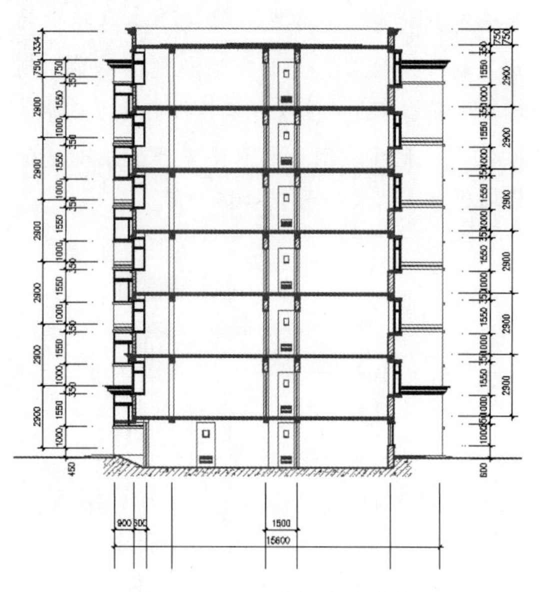

图 15-110　尺寸标注的结果

step 03 单击“绘图”工具栏中的“直线”按钮，绘制一个标高符号。单击“修改”工具栏中的“复制”按钮，把标高符号复制到需要的各处。单击“绘图”工具栏中的“多行文字”按钮，在标高符号上方标出具体高度值。底边的标高则使用镜像操作得到。标高标注结果，如图 15-111 所示。

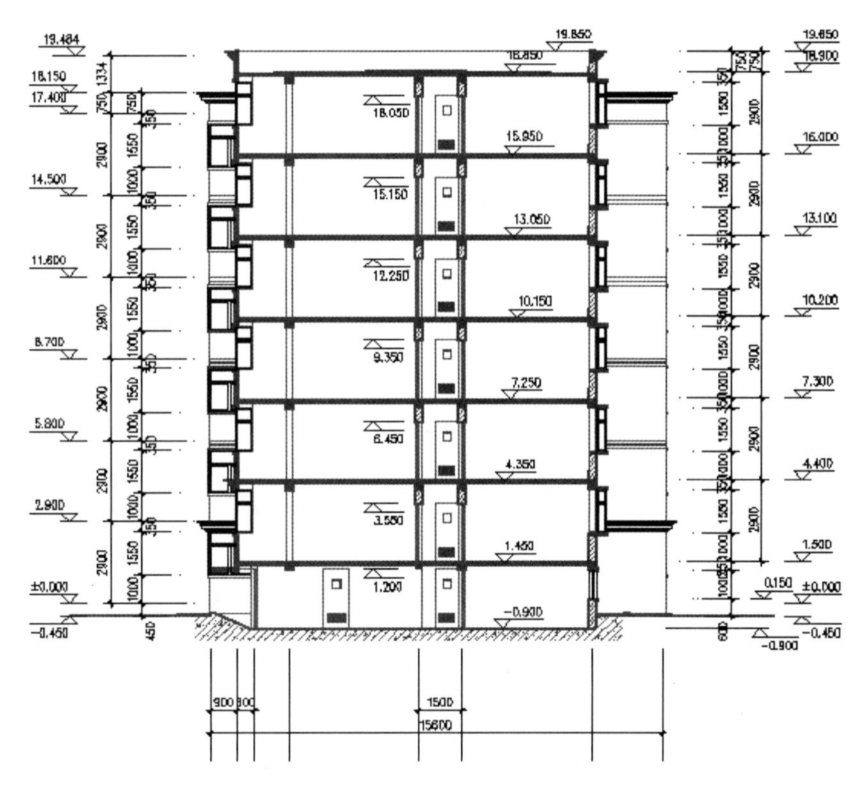

图 15-111　标高标注的结果

step 04 单击“绘图”工具栏中的“圆”按钮，绘制一个小圆作为轴线编号的圆圈。单击“绘图”工具栏中的“多行文字”按钮 A，在圆圈内标上文字 A，得到 A 轴的编号。单击“修改”工具栏中的“复制”按钮，把轴线编号复制到其他主轴线的端点处。双击其中的文字，分别改为对应的文字即可，结果如图 15-112 所示。

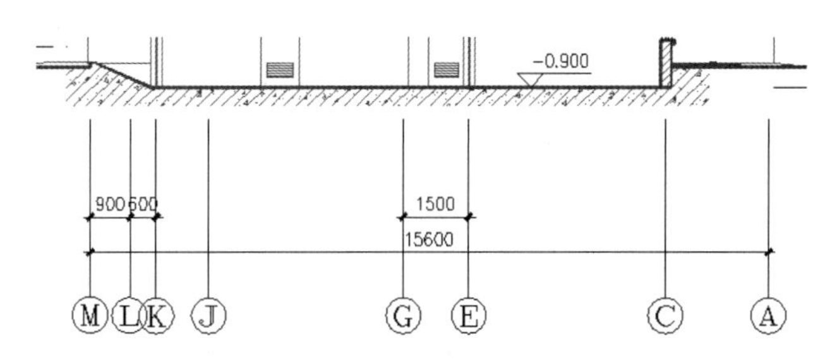

图 15-112　轴线编号的绘制结果

step 05 单击“绘图”工具栏中的“直线”按钮，在图纸的正下方绘制一段细直线。单击“绘图”工具栏中的“多段线”按钮，在细直线上方绘制一段粗直线。单击“绘图”工具栏中的“多行文字”按钮 A，在多段线上方标上文字“1-1 剖面图 1:100”即可。

step 06 至此，建筑剖面图绘制完成，最后将结果保存。

15.5 课后练习

根据本章所学的知识，再结合训练中所讲述的绘制立面图的方法，绘制如图 15-113 所示的某商住楼的立面图。

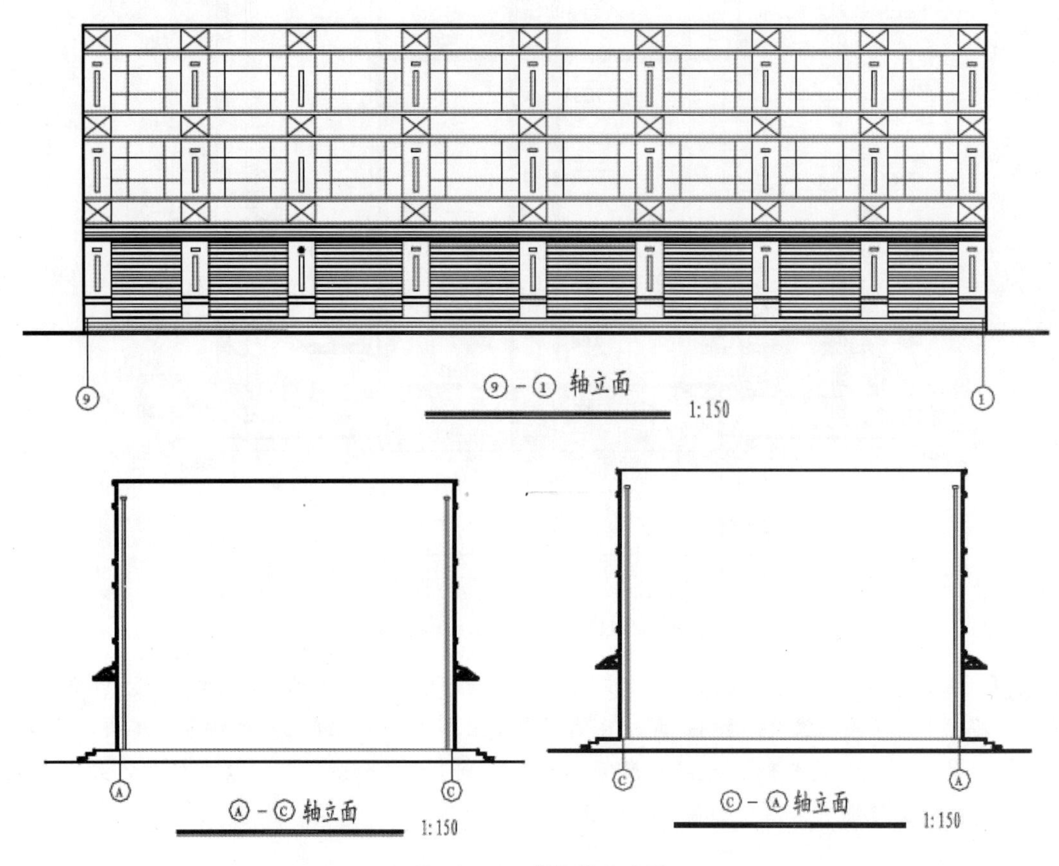

图 15-113　商住楼立面图

第 16 章

绘制建筑详图与结构图

本章内容

建筑详图又称为“建筑节点大样图”，所谓“节点”，就是缘由大样图往往是从建筑平面、立面、平面图上某个构件节点引出，按比例放大，并注明其详细的工艺制作方法及所用材料等，通常都由国家规范和标准图集参照绘制，特殊造型则必须单独绘制并注明。

结构施工图主要分基础图、结构平面购置图和构件详图。本章将主要介绍基础图、建筑结构平面购置图和构件详图的绘制方法。

知识要点

- ☑ 建筑详图概述
- ☑ 绘制天沟详图
- ☑ 建筑结构施工图概述
- ☑ 绘制建筑结构施工图

16.1 建筑详图概述

建筑详图作为建筑施工图纸中不可或缺的一部分，属于建筑构造的设计范畴。其不仅为建筑设计师表达设计内容、体现设计深度，还将在建筑平、立、剖面图中，因图幅关系未能完全表达出来的建筑局部构造、建筑细部的处理手法进行补充和说明。

16.1.1 建筑详图的图示内容

前面介绍的平、立、剖面图均是全局性的图纸，由于比例的限制，不可能将一些复杂的细部或局部做法表达清楚，因此需要将这些细部、局部的构造、材料及相互关系采用较大的比例详细绘制出来，以指导施工。这样的建筑图形称为“详图”。对于局部平面（如厨房、卫生间）放大绘制的图形，习惯称为“放大图”。需要绘制详图的位置一般有室内外墙节点、楼梯、电梯、厨房、卫生间、门窗、室内外装饰等构造详图或局部平面放大图。

如图 16-1 所示为建筑房屋中使用详图表达的部位。

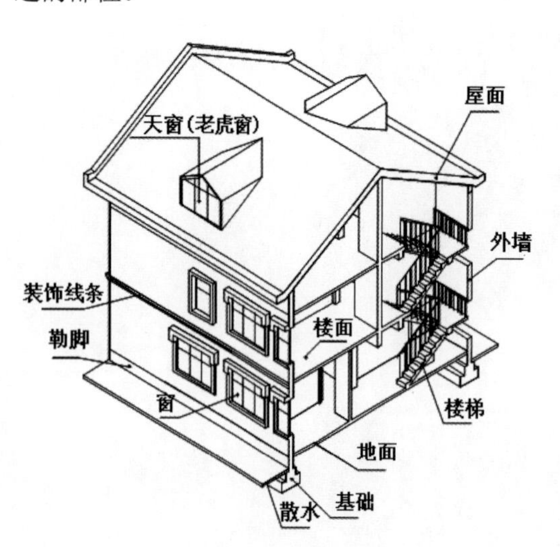

图 16-1 建筑物中要使用详图表达的部位

如图 16-2 所示为某公共建筑墙身详图。建筑详图主要包括以如图 16-2 所示的内容。

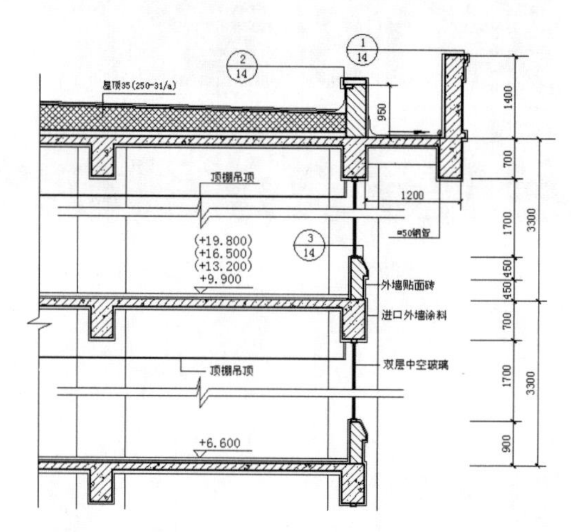

图 16-2 某公共建筑的墙身详图

- 注出详图的名称与比例。
- 注出详图的符号及其编号，如要另画详图时，还要标注所引出的索引符号。
- 注出建筑构件的形状规格，以及其他构配件的详细构造、层次、有关的详细尺寸和材料图例等。
- 各部位和各个层次的用料、做法、颜色以及施工要求等。
- 定位轴线及其编号、标高。

16.1.2 建筑详图的分类

建筑详图是整套施工图中不可缺少的部分，主要分为以下 3 类。

1．局部构造详图

局部构造详图指屋面、墙身、墙身内外装饰面、吊顶、地面、地沟、地下工程防水、楼梯等建筑部位的用料和构造做法，如图 16-3 所示的卫生间局部放大图就是局部构造详图。

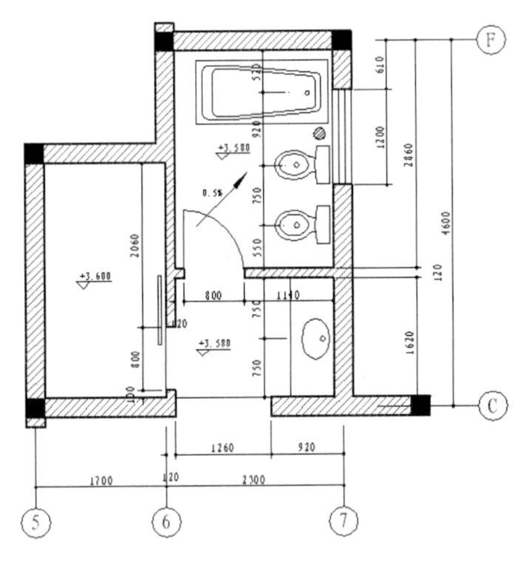

图 16-3　卫生间局部放大图

2．构件详图

构件详图主要指门、窗、幕墙、固定的台、柜、架、桌、椅等的用料、形式、尺寸和构造（活动的设施不属于建筑设计范围）。

例如门窗详图，如图 16-4 所示。门窗详图一般绘制的步骤为：先绘制樘，再绘制开启扇及开启线。

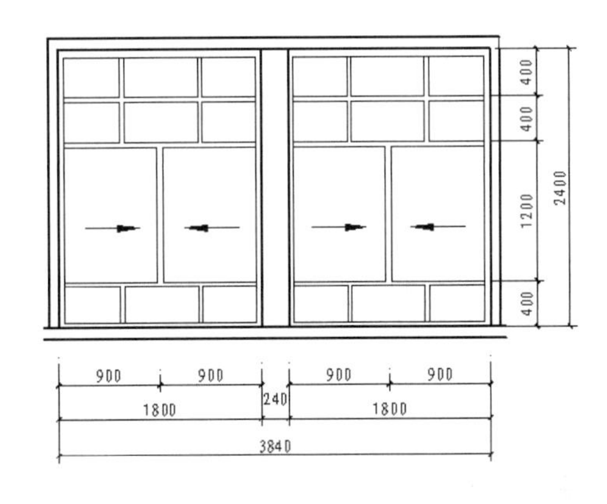

图 16-4　某建筑的门窗详图

3．装饰构造详图

装饰构造详图是指美化室内外环境和视觉效果，在建筑物上所做的艺术处理。如花格窗、柱头、壁饰、地面图案的花纹、用材、尺寸和构造等。

16.2　案例一：绘制天沟详图

本节将详细介绍天沟详图的绘制过程，以及 AutoCAD 绘制技巧。要绘制的天沟详图，如图 16-5 所示。

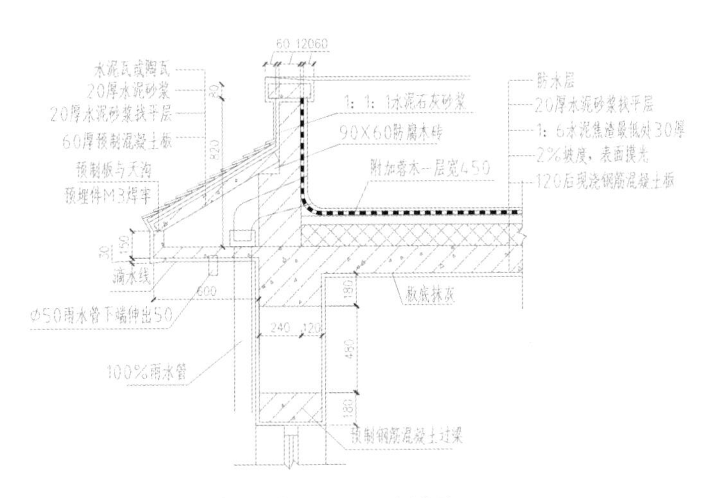

图 16-5　天沟详图

16.2.1 绘制天沟基本图形

本例详图的画法及步骤如下。

1. 绘制结构层

step 01 打开“A4 建筑样板 - 竖放 .dwt”样板文件。

step 02 使用“矩形”命令，在作图区域内绘制一个长为 240、宽为 80 的矩形，如图 16-6 所示。

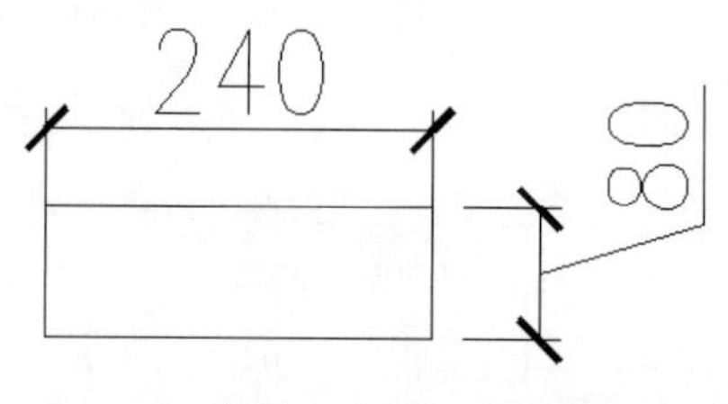

图 16-6　绘制矩形

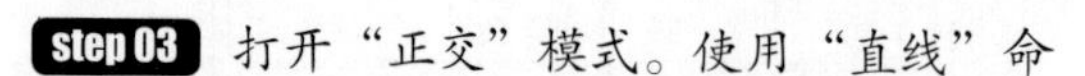

step 03 打开“正交”模式。使用“直线”命令，绘制出如图 16-7 所示的多段线，命令行操作提示如下。

```
命令： _line 指定第一点： 60                          // 从 A 点向右追踪 60 确定直线的第一点 B
指定下一点或 [放弃 (U)]: 415                          // 向下追踪 415 确定 C 点
指定下一点或 [放弃 (U)]: 120                          // 向左追踪 120 确定 D 点
指定下一点或 [闭合 (C) / 放弃 (U)]: 405               // 向下追踪 405 确定 E 点
指定下一点或 [闭合 (C) / 放弃 (U)]:540                // 向左追踪 540 确定 F 点
指定下一点或 [闭合 (C) / 放弃 (U)]: 90                // 向上追踪 90 确定 G 点
指定下一点或 [闭合 (C) / 放弃 (U)]: 60                // 向左追踪 60 确定 H 点
指定下一点或 [闭合 (C) / 放弃 (U)]: 150               // 向下追踪 150 确定 I 点
指定下一点或 [闭合 (C) / 放弃 (U)]: 600               // 向右追踪 600 确定 J 点
指定下一点或 [闭合 (C) / 放弃 (U)]: 910               // 向下追踪 910 确定 K 点
指定下一点或 [闭合 (C) / 放弃 (U)]: 360               // 向右追踪 360 确定 L 点
指定下一点或 [闭合 (C) / 放弃 (U)]: 820               // 向上追踪 820 确定 M 点
指定下一点或 [闭合 (C) / 放弃 (U)]: 1150              // 向右追踪 1150 确定 N 点
指定下一点或 [闭合 (C) / 放弃 (U)]: ↙
```

step 04 使用“偏移”命令，将直线 *MN* 向上偏移 150 创建 *OP*，将直线 *BC* 向右偏移 120 创建 *UV*，如图 16-8 所示。

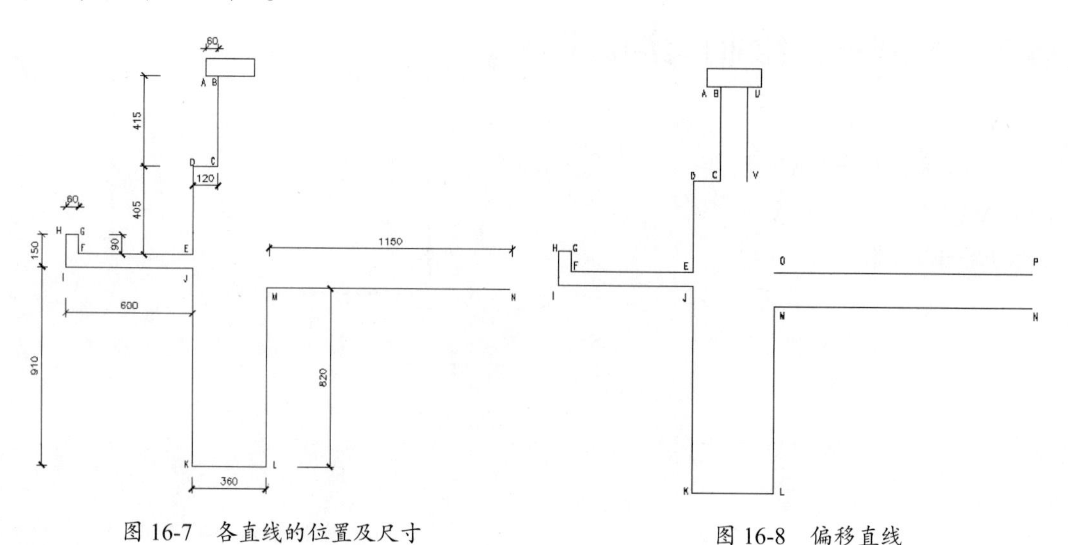

图 16-7　各直线的位置及尺寸　　　图 16-8　偏移直线

step 05 利用夹点编辑来拉长 *OP* 和 *UV*，结果如图 16-9 所示。

step 06 使用“偏移”命令，将直线 *KL* 向上偏移 160 创建 *ST*，再将直线 *ST* 向上偏移 480，结果如图 16-10 所示。

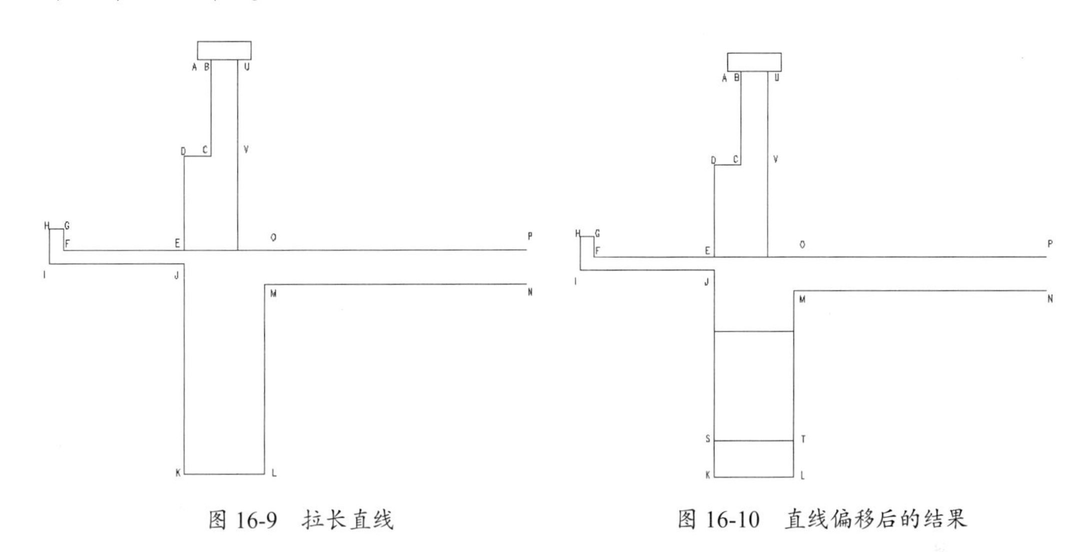

图 16-9　拉长直线　　　　图 16-10　直线偏移后的结果

step 07 使用“直线”命令，绘制如图 16-11 所示的直线，然后使用“修剪”命令将其修剪。命令行提示如下。

```
命令： _line 指定第一点：                    // 单击如图 16-8 左图所示的 D 点位置
指定下一点或 [ 放弃 (U)]： <30               // 画一条以 D 点为起点，角度为 30° 的斜线
角度替代： 30.0
指定下一点或 [ 放弃 (U)]：                   // 单击如图 16-8 左图所示的 Q 点位置
指定下一点或 [ 放弃 (U)]：↙
```

step 08 单击“延伸”按钮，将斜线 *QD* 延伸到线段 *GH* 上，如图 16-12 所示。

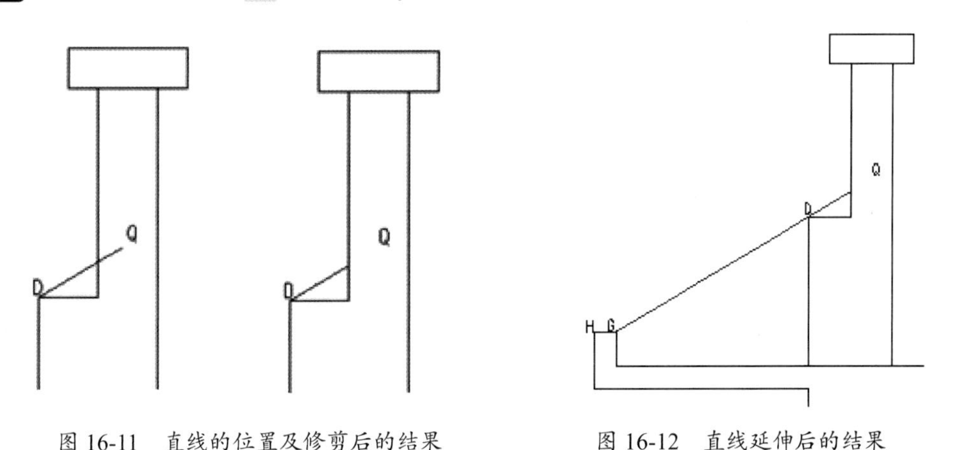

图 16-11　直线的位置及修剪后的结果　　　　图 16-12　直线延伸后的结果

step 09 使用“偏移”，将直线 *W* 向上偏移 60，创建直线 *U*，单击“画直线”按钮，连接斜直线右上两端点，结果如图 16-13 所示。

step 10 单击“圆角”按钮，设置圆角半径为 0，模式为修剪，对直线 *U* 和 *GH* 进行圆角处理，结果两直线交于 *J* 点，如图 16-14 所示。

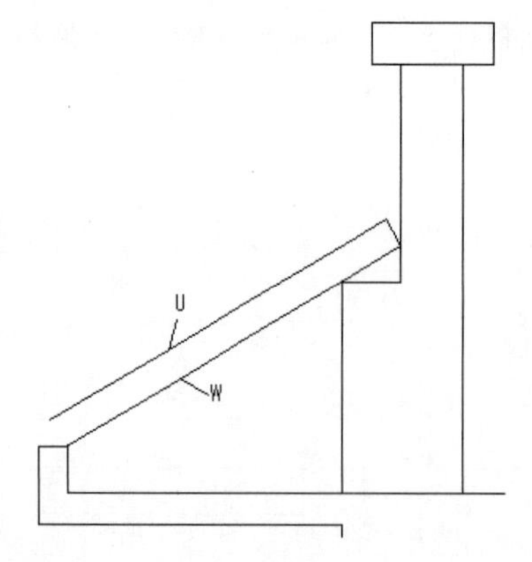

图 16-13　直线偏移及连接后的结果

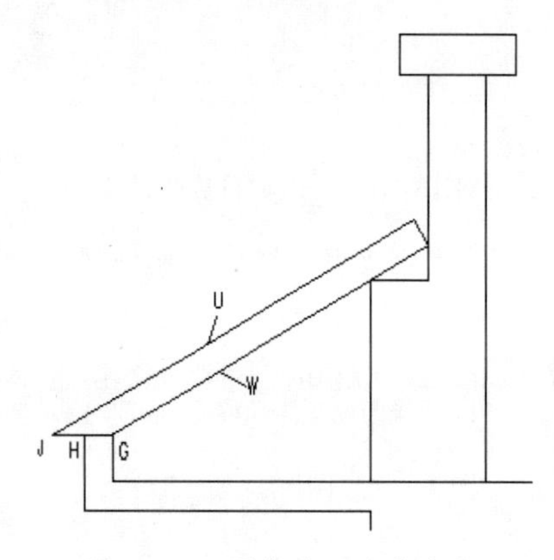

图 16-14　圆角处理后的结果

step 11 将垂足捕捉添加到运行中的捕捉方式中。

step 12 使用“直线”命令，自 *H* 点作直线 *U* 的垂线交 *K* 点，将 *KH* 向右偏移 20 得到直线 *MN*，结果如图 16-15 所示。

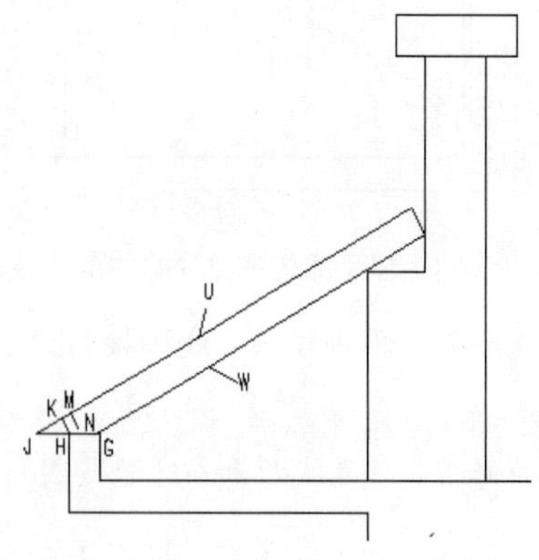

图 16-15　作垂线及偏移后的结果

step 13 单击“延伸”按钮，将斜线 *MN* 延伸到线段 *HG* 上，如图 16-16 所示。

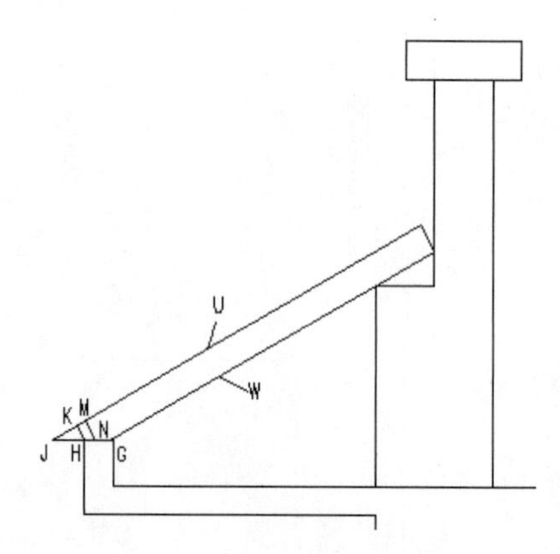

图 16-16　延伸后的结果

step 14 删除直线 *JH* 和直线 *HK*，然后将其修剪成如图 16-17 所示的形态。

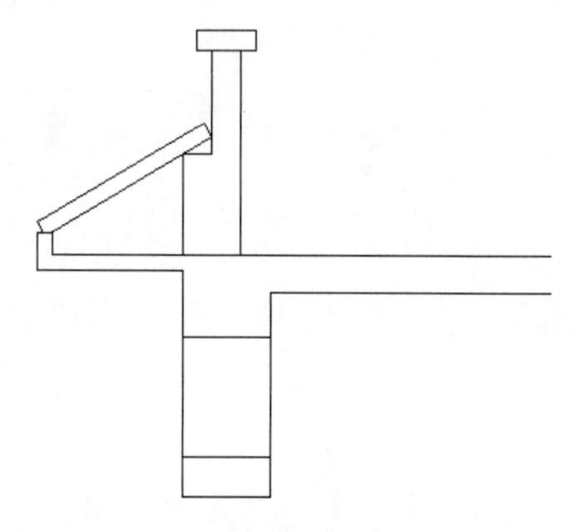

图 16-17　删除及修剪后的结果

2. 画压顶的装饰层

step 01 使用“偏移”命令，偏移第一个矩形，偏移距离为 20，如图 16-18 所示。

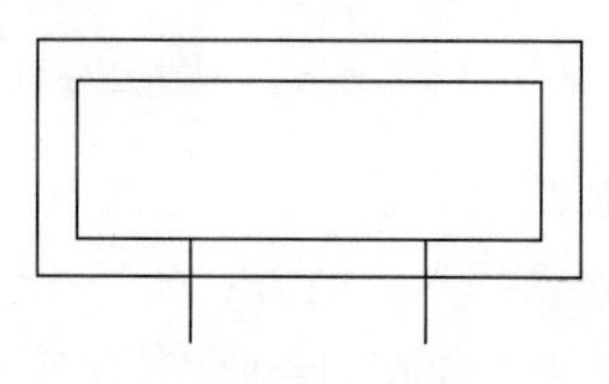

图 16-18　绘制矩形

step 02 利用夹点编辑功能，将矩形的左上角一点向上移动 20，如图 16-19 所示。

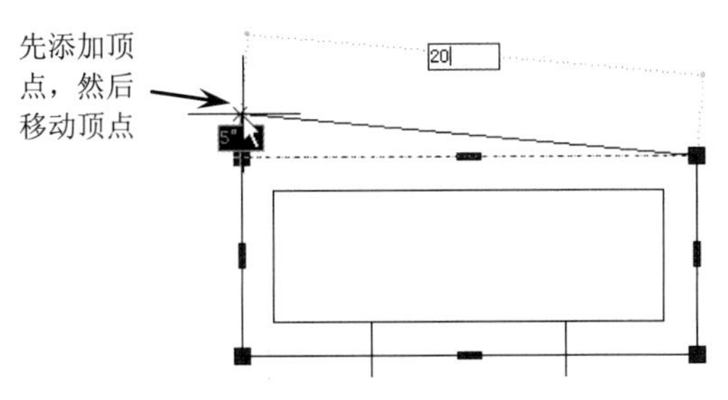

图 16-19　夹点编辑矩形

step 03 使用“直线”命令，以 C 点为起点绘制一条长为 1170 的水平直线 A，以 D 点为起点，绘制终点与直线 A 终点对齐的水平直线 B，如图 16-20 所示

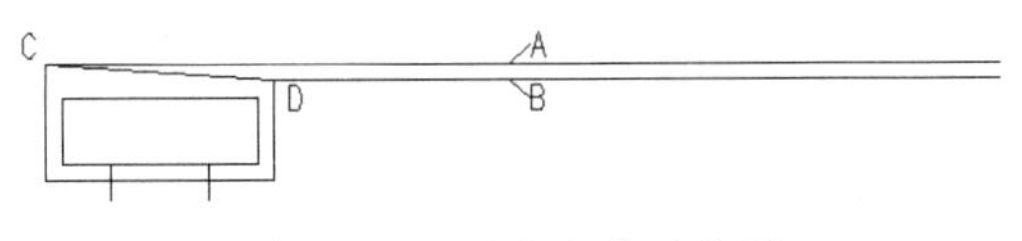

图 16-20　两条直线的位置

3．画屋面上的构造层

step 01 使用“偏移”命令，将直线 L 向上偏移 120，创建直线 Q 并修剪，将直线 Q 向上偏移 50 创建直线 R，将直线 R 向上偏移 40 创建直线 S，将直线 I 向右偏移 40 创建直线 J，结果如图 16-21 所示。

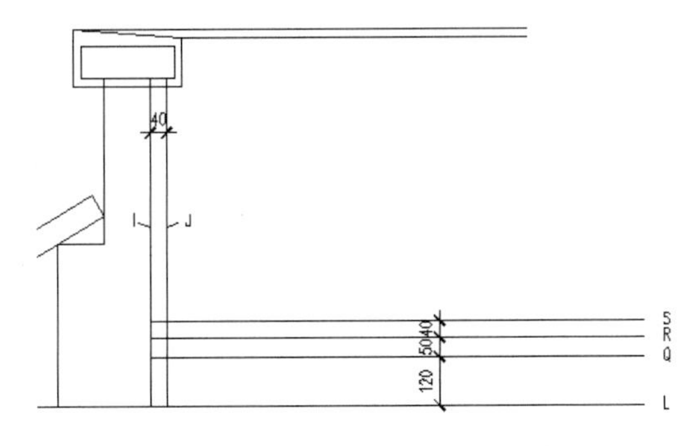

图 16-21　各直线的位置及尺寸

step 02 单击“圆角”按钮，设置圆角半径为 100，模式为修剪，为直线 J 和 S 作圆角处理，如图 16-22 所示。

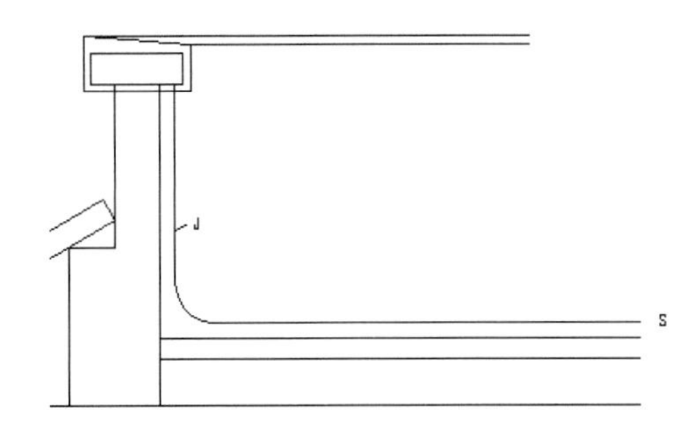

图 16-22　圆角处理后的结果

step 03 使用“偏移”命令，将直线 I 向右偏移 20 创建直线 V，将直线 R 向上偏移 25 创建直线 U，如图 16-23 所示。

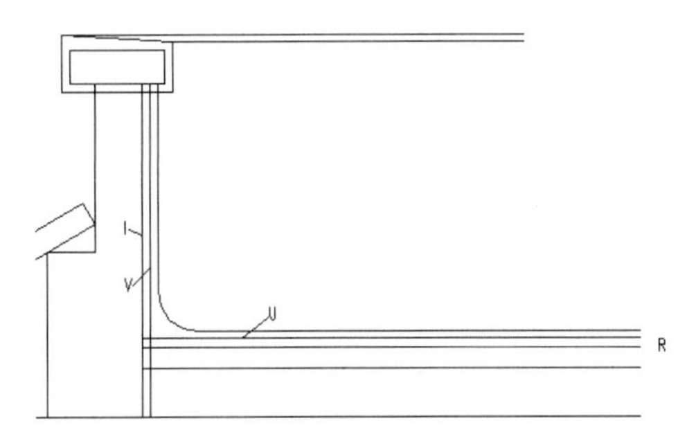

图 16-23　偏移后的结果

step 04 单击“圆角”按钮，设置圆角半径为 100，模式为修剪，对直线 U 和 V 做圆角处理，修剪多余的线段，结果如图 16-24 所示。

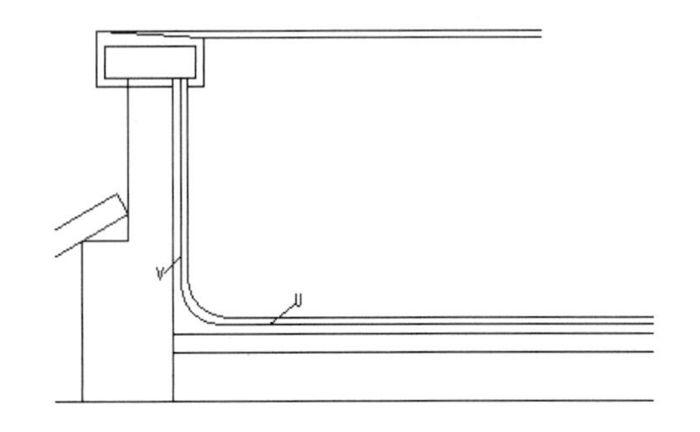

图 16-24　圆角处理及修剪后的结果

step 05 在菜单栏中选择“修改”｜“合并”命令，将 V、U 及圆角合并成一个对象。

step 06 使用“偏移”命令，将合并后的多段线向左偏移 20，结果如图 16-25 所示。

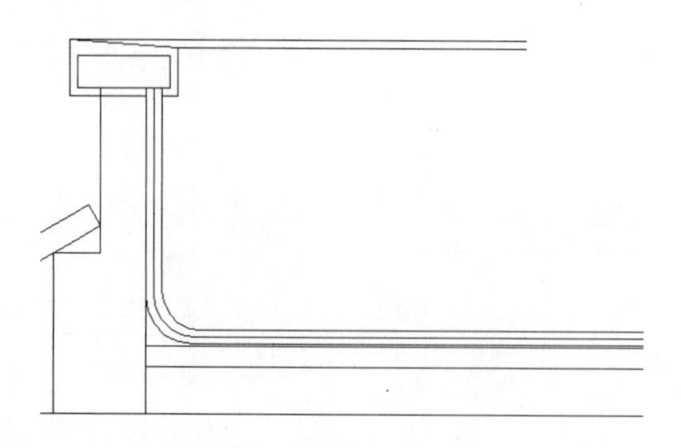

图 16-25　偏移合并的多段线

4. 利用定距等分功能填充防水层图案

step 01 使用“直线”工具，在空白处画一条长为 20 的垂直线段。单击“创建块”按钮，将此线段以“20d”为名定义成块，插入点为下端点。

step 02 在“绘图”面板中单击“定数等分”按钮，然后等分插入前面创建的“20d”块，结果如图 16-26 所示。命令行提示如下。

```
命令： _measure
选择要定距等分的对象：                              // 选择偏移后的多段线
指定线段长度或 [块(B)]: B                           // 调用“块(B)”选项
输入要插入的块名： 20d                              // 输入块名
是否对齐块和对象？ [是(Y)/否(N)] <Y>: ↙
输入线段数目： 60                                   // 输入等分线段的长度
```

提示：

这里必须垂直画线段，否则将得不到需要的结果。

step 03 单击“图案填充”按钮，在“图案填充创建”面板中选择 Solid 图案，将等分后的多段线填充（间断填充）为如图 16-27 所示的状态。

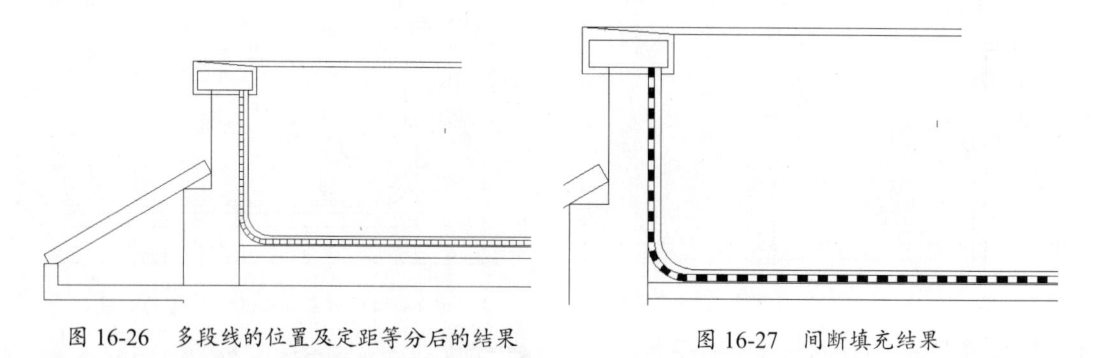

图 16-26　多段线的位置及定距等分后的结果　　　图 16-27　间断填充结果

5. 画天沟上的装饰层及装饰瓦

step 01 使用“偏移”命令，将直线 U 向上偏移 20 创建直线 T，将直线 T 向上偏移 20 创建

直线 S，将直线 P 向右偏移 20 创建直线 Q，将直线 M 向左偏移 20 创建直线 V，将直线 V 向左偏移 14 创建直线 W，结果如图 16-28 所示。

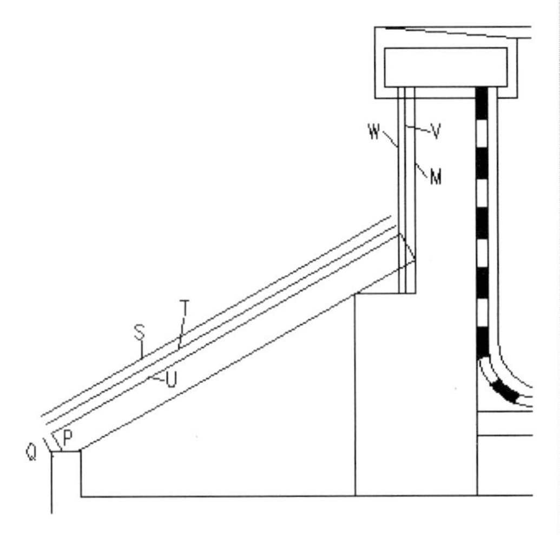

图 16-28　偏移后的结果

step 02 单击“延伸”按钮，将斜线 S 和 T 延伸到直线 V 上，将斜线 U 延伸到直线 M 上，然后修剪成如图 16-29 所示的形态。

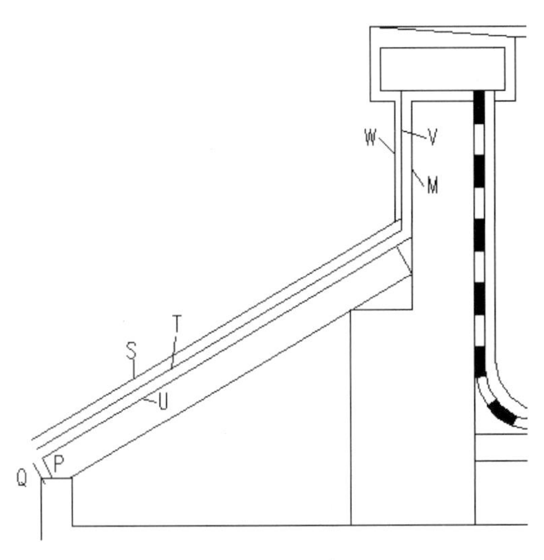

图 16-29　延伸及修剪后的结果

step 03 单击“圆角”按钮，设置圆角半径为 0，模式为修剪，对直线 S 和 Q 做圆角处理，结果如图 16-30 所示。

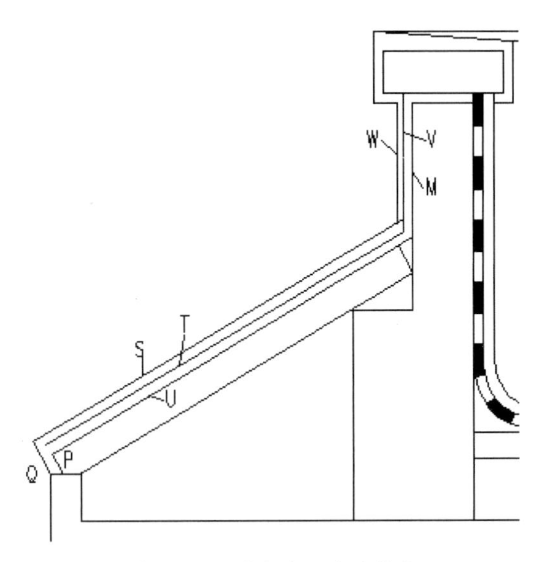

图 16-30　圆角处理后的结果

step 04 单击“延伸”按钮，将斜线 T 延伸到直线 Q 上，结果如图 16-31 所示。

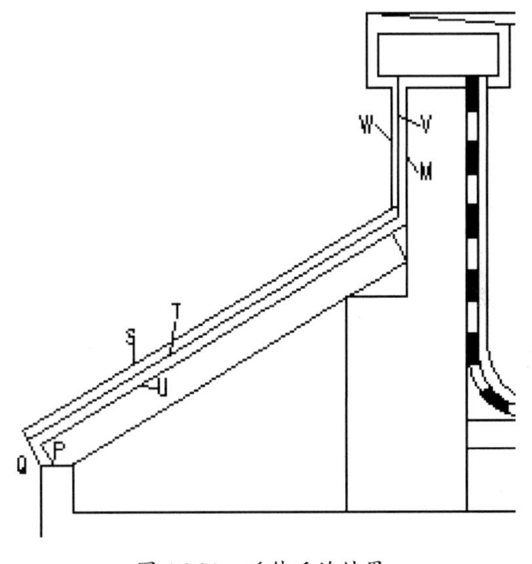

图 16-31　延伸后的结果

6．绘制屋顶瓦

step 01 使用“矩形”命令，在直线 S 上绘制一个长为 94、宽为 13 的矩形作为瓦片，绘制过程中使用“延伸捕捉”功能，且在端点上延长线的追踪为 74，如图 16-32 所示。命令行操作提示如下。

```
命令： _rectang
指定第一个角点或 [倒角(C)/标高(E)/圆角(F)/厚度(T)/宽度(W)]:-74
指定另一个角点或 [面积(A)/尺寸(D)/旋转(R)]: @-94,13↙
```

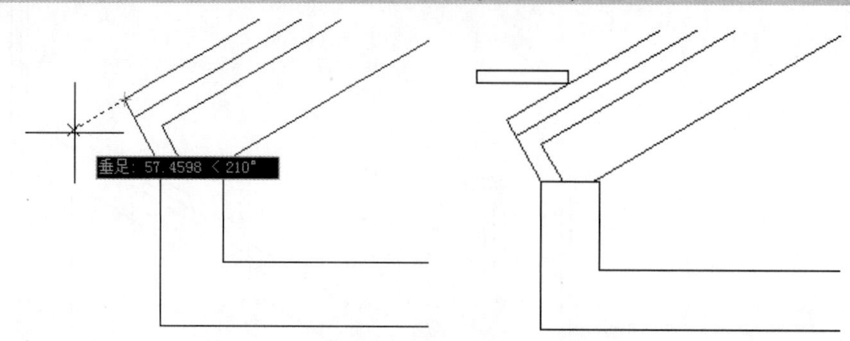

图 16-32　绘制矩形

step 02 单击“旋转”按钮，以瓦片的右下角为基点，将其旋转 20°，如图 16-33 所示。

step 03 选择瓦片，使用“线性阵列”命令，将瓦片阵列。结果如图 16-34 所示。命令行操作提示如下。

```
命令： _arraypath
选择对象： 找到 1 个                          //选择瓦片并单击鼠标右键
选择对象：
类型 = 路径  关联 = 是
选择路径曲线：                                //选择斜线
输入沿路径的项数或 [方向(O)/表达式(E)] <方向>: 12
指定沿路径的项目之间的距离或 [定数等分(D)/总距离(T)/表达式(E)] <沿路径平均定数等分(D)>: 74
按 Enter 键接受或 [关联(AS)/基点(B)/项目(I)/行(R)/层(L)/对齐项目(A)/Z 方向(Z)/退出(X)] <退出>:↙
```

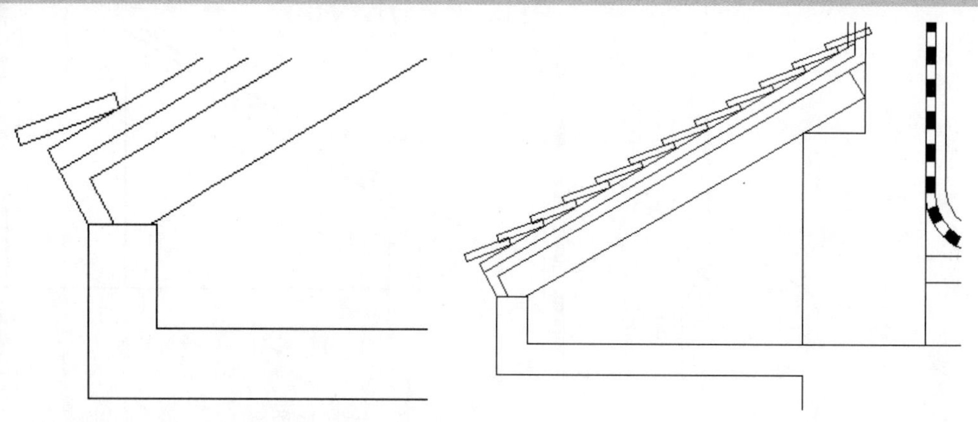

图 16-33　旋转矩形（瓦片）　　图 16-34　线性阵列瓦片

step 04 修剪多余线，结果如图 16-35 所示。

技巧点拨：

要修剪阵列后的矩形（已经是多段线），必须将其分解。

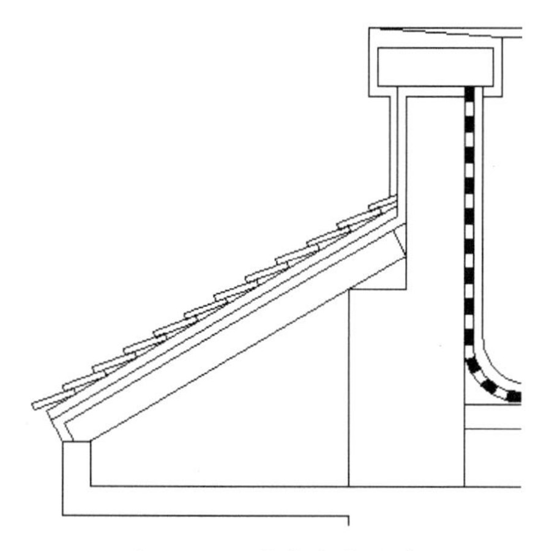

图 16-35　修剪多余图线

step 05 以 H 点为圆心绘制一个半径为 25 的圆，如图 16-36 左图所示，然后将其修剪成如图 16-35 右图所示的形态。

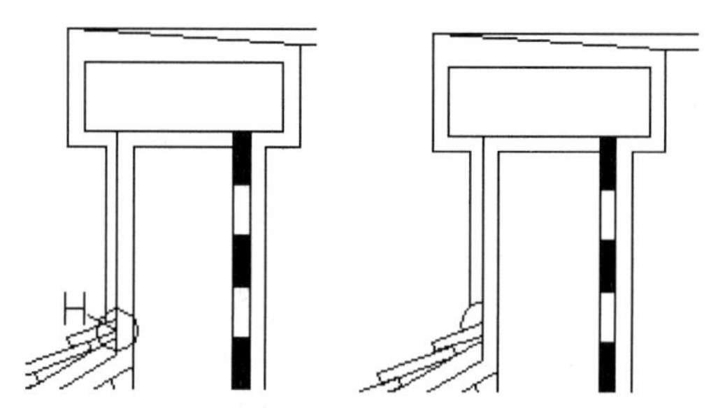

图 16-36　绘制圆角边修剪

step 06 在菜单栏中选择“修改” | “合并”命令，选择如图 16-37 左图所示的直线，将其合并在一起，成为一条多段线。

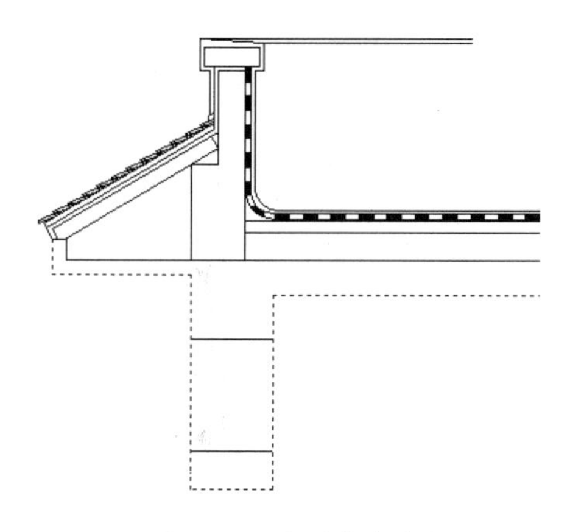

图 16-37　合并多条直线

step 07 使用“偏移”命令，将合并后的多段线向外偏移 20，结果如图 16-38 所示。

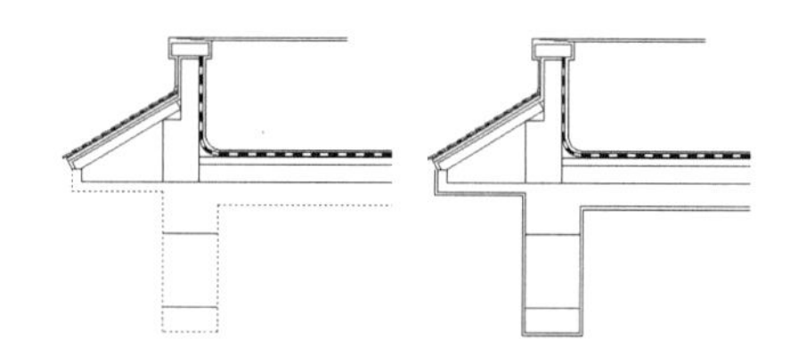

图 16-38　偏移合并的多段线

step 08 使用“直线”命令，绘制一条连接直线。将偏移后的多段线的端点 A 连接到最外侧的瓦片 B 上，如图 16-39 所示。

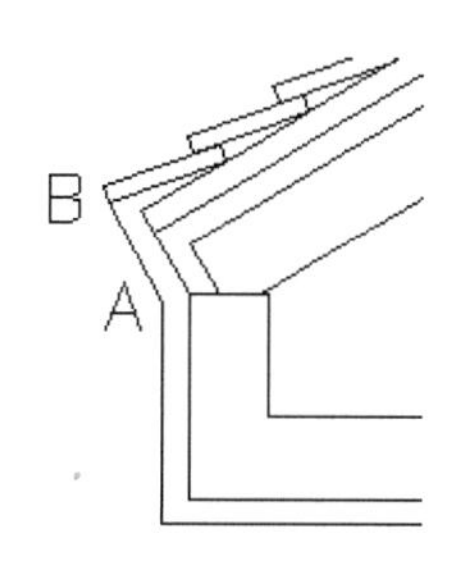

图 16-39　绘制连接直线

step 09 使用“矩形”命令，从 J 点向下追踪至交点 K，确定矩形的第一个角点，输入另一个角点的相对坐标（@10，-40），绘制一个矩形，如图 16-40 左图所示，修剪图形为如图 16-40 右图所示的形态。

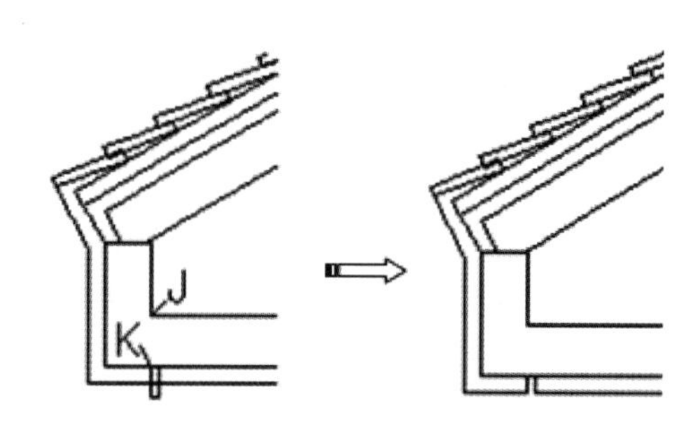

图 16-40　矩形的位置及修剪后的结果

step 10 利用“夹点编辑”功能，将左下角点向下移动 10，结果如图 16-41 所示。

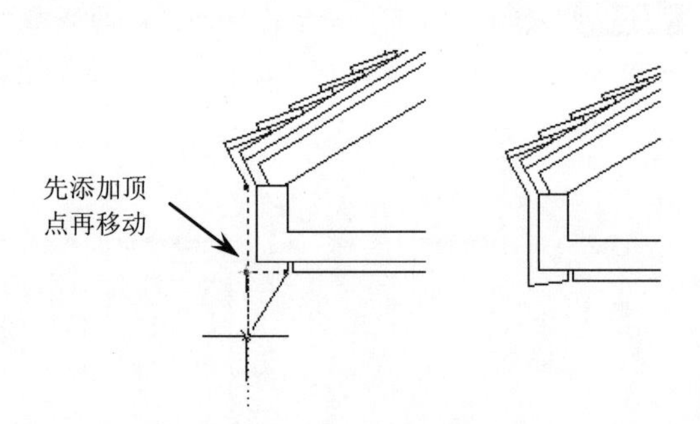

图 16-41　左下角点移动后的结果

16.2.2　填充剖切图案

这里需要在同一区域内填充两种图案。

1. 填充第一层图案

step 01 使用“直线”命令，绘制如图 16-42 所示的图形右侧的折断线。

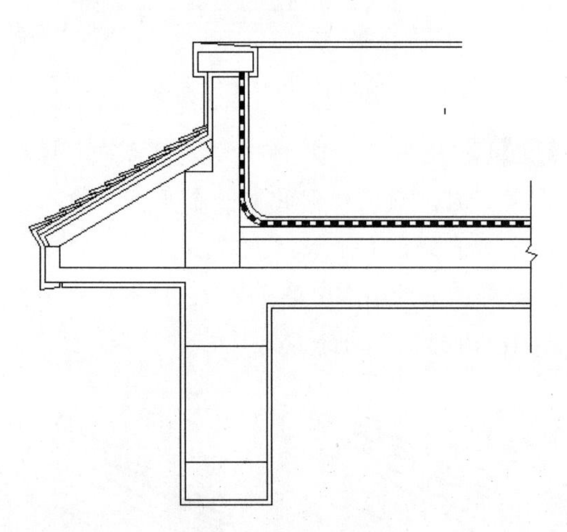

图 16-42　绘制折断线

step 02 将“填充”层置为当前层。使用“填充图案”命令，选择填充图案“AR-CONC”，比例为 1，选择如图 16-43 所示的区域，并进行填充。

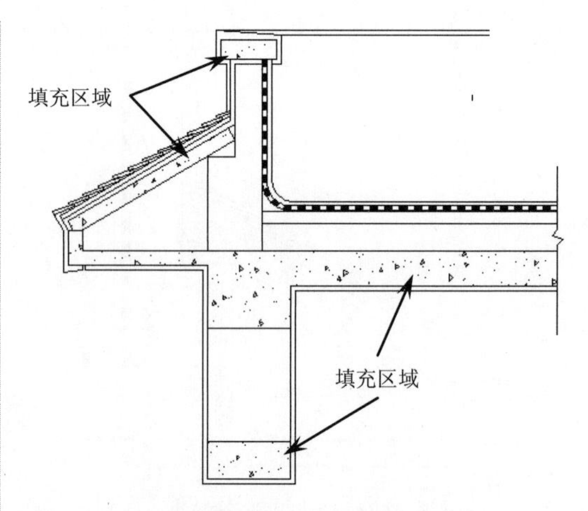

图 16-43　填充区域及填充结果

2. 填充第二层图案

step 01 选择填充图案“ANSI31”，比例为 25，选择如图 16-44 所示的区域，并进行填充。

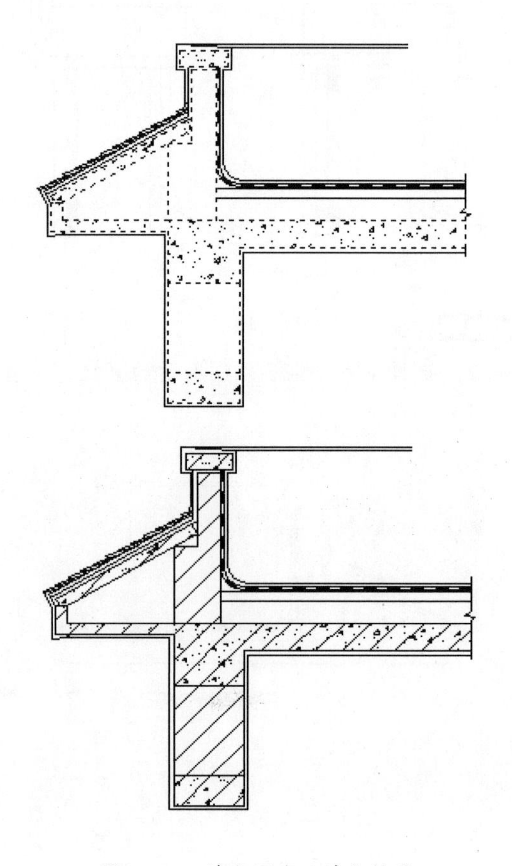

图 16-44　填充区域及填充结果

step 02 选择填充图案“ANSI37”，比例为 20，选择如图 16-45 所示的区域，并进行填充。

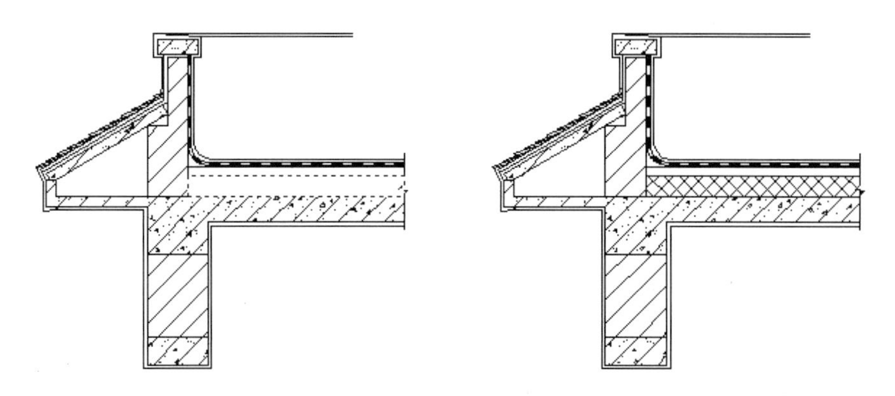

图 16-45　填充区域及填充结果

16.2.3　绘制排水配件及其他

1．绘制雨水管和弯头

step 01 使用“矩形”命令，自交点 A 向左追踪 21，确定矩形的第一角点，然后输入对角点的相对坐标（@ － 147,90），绘制的第一个矩形如图 16-46 所示。

step 02 重复“矩形”命令，在图形区任意位置选取一点作为矩形的一个端点，然后输入“@100,190”确定矩形的第二点。再使用“移动”命令，选择矩形底边中点，将矩形移动至第一个矩形上边中点的垂直延长线上，且向下延长捕捉距离为 60。绘制的第二个矩形，如图 16-47 所示。

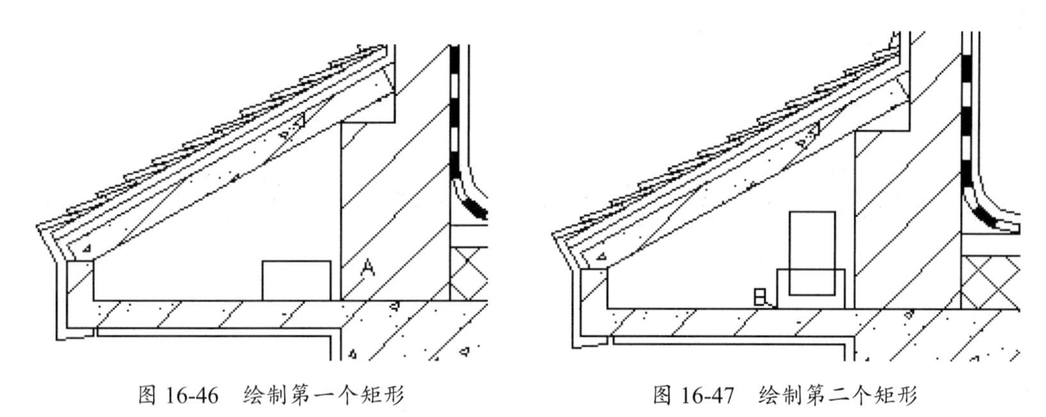

图 16-46　绘制第一个矩形　　　　图 16-47　绘制第二个矩形

step 03 使用“直线”命令绘制如图 16-48 所示的直线。命令行提示如下：

```
命令： _line 指定第一点： 120                    // 自 C 点向上追踪 120，确定直线的第一点
指定下一点或 [ 放弃 (U)]： <14                   // 输入直线的倾斜角度
角度替代： 14.0
指定下一点或 [ 放弃 (U)]：                       // 指定直线另一点的位置
指定下一点或 [ 放弃 (U)]：↙
```

step 04 使用“直线”命令，捕捉 *D* 点作为直线的第一点，利用角度替代的方法绘制一条斜线，倾斜角度为 22°，位置如图 16-49 所示。

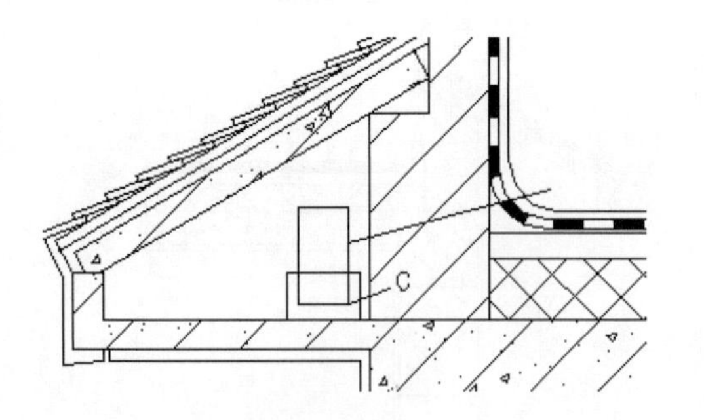

图 16-48 绘制斜线

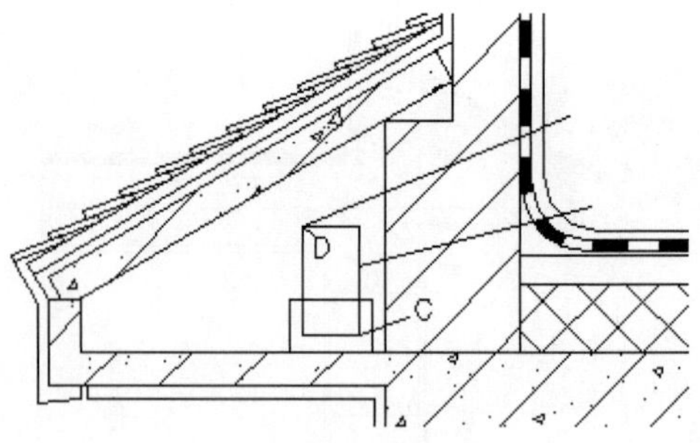

图 16-49 绘制斜线

step 05 选择矩形 *E* 并将其分解。单击“圆角”按钮，模式为修剪，圆角半径为 100，分别对垂直线和倾斜线进行圆角处理，删除多余线段，修剪成如图 16-50 右图所示的状态。

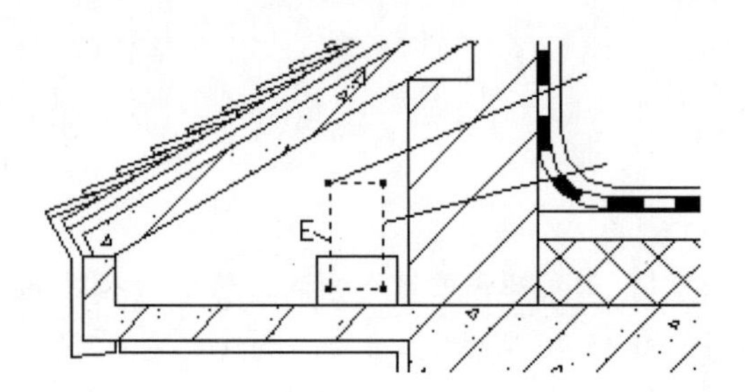

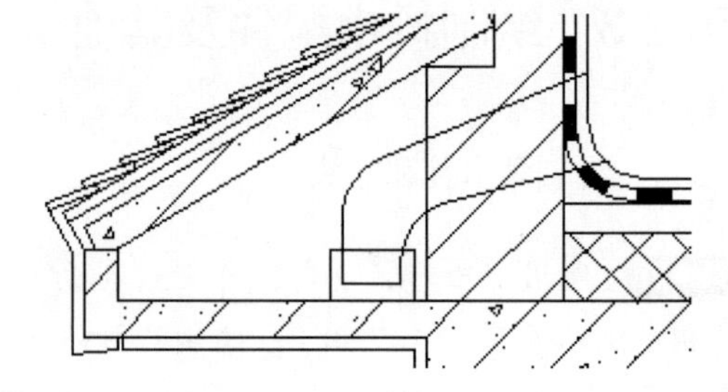

图 16-50 分解矩形 *E* 并做圆角处理

step 06 使用“矩形”命令，自 *F* 点向左追踪 85，确定矩形的第一角点，然后输入对角点的相对坐标（@-50,-110），矩形的位置如图 16-51 所示。

step 07 使用“直线”命令绘制长度为 920 的直线。

step 08 单击“偏移”按钮，将直线 *L* 向右偏移 100，如图 16-52 所示。

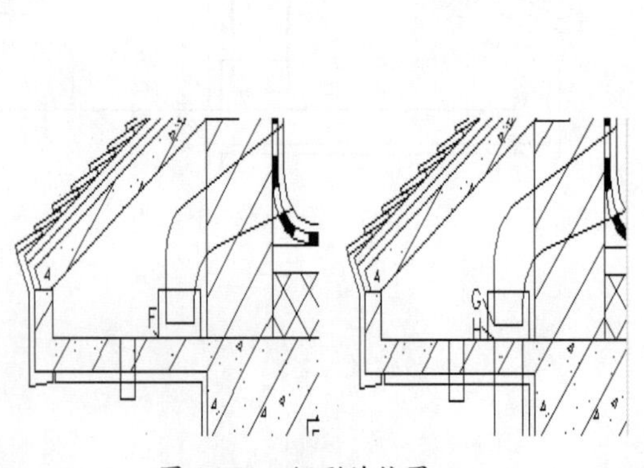

图 16-51 矩形的位置

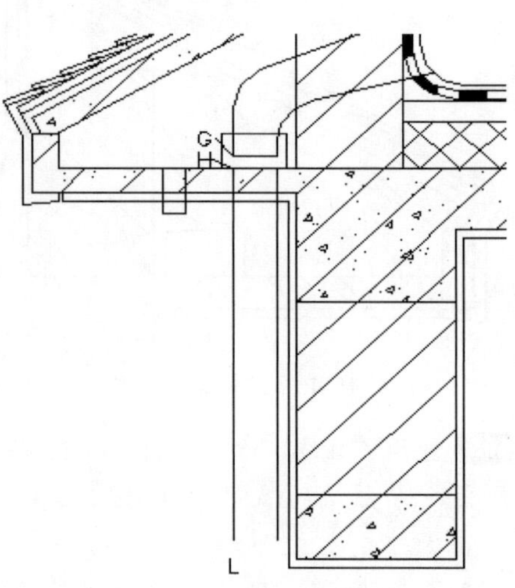

图 16-52 偏移直线

2. 绘制窗及其他

step 01 使用“直线”命令绘制直线，结果如图 16-53 所示。命令行提示如下。

```
命令：_line 指定第一点：160                  //沿A点向右追踪160，确定直线的第一点B点
指定下一点或 [放弃(U)]：54                   //向下追踪54，确定直线的第二点C点
指定下一点或 [放弃(U)]：80                   //向右追踪80，确定直线的第三点
指定下一点或 [闭合(C)/放弃(U)]：54           //向上追踪54，确定直线的第四点
指定下一点或 [闭合(C)/放弃(U)]：↙
```

step 02 再绘制直线，自 *C* 点向下绘制一条长为 200 的竖直线 *L*。使用“偏移”命令，将直线 *L* 分别向右偏移 30、50、80，结果如图 16-54 所示。

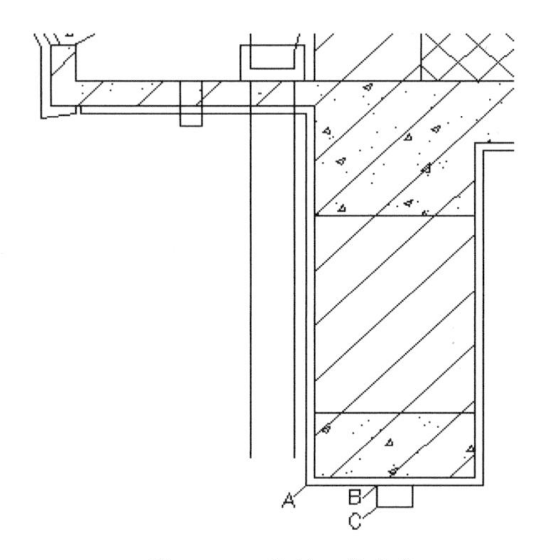

图 16-53　绘制 3 条直线

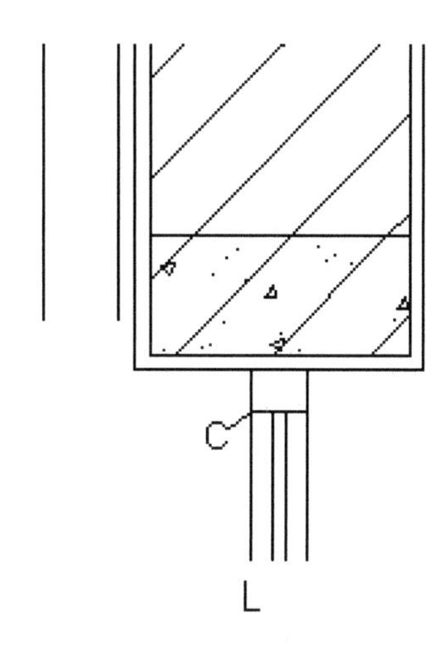

图 16-54　偏移直线

step 03 使用“直线”命令，绘制两侧的直线及折断线，结果如图 16-55 所示。

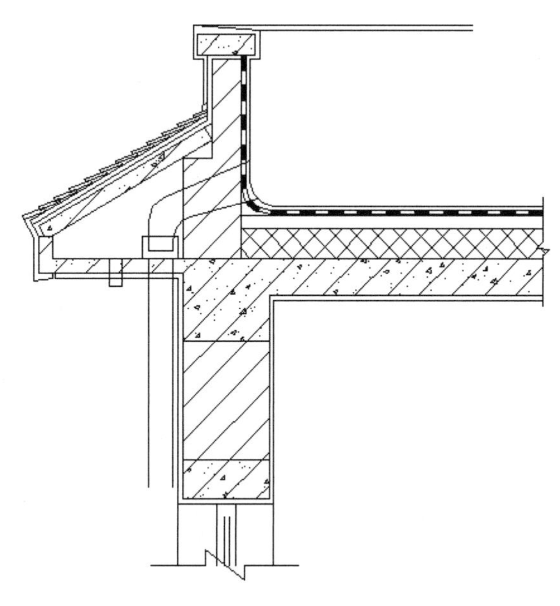

图 16-55　直线及折断线的位置

16.2.4 尺寸和文字标注

step 01 将当前图层设为“尺寸标注”层。

step 02 单击“标注样式”按钮，在“标注样式管理器”对话框中设置“建筑标注-1”为当前样式。

step 03 利用“线性标注”工具、“连续标注”工具、“半径标注”工具和“角度标注”工具，为图形进行尺寸标注，结果如图 16-56 所示

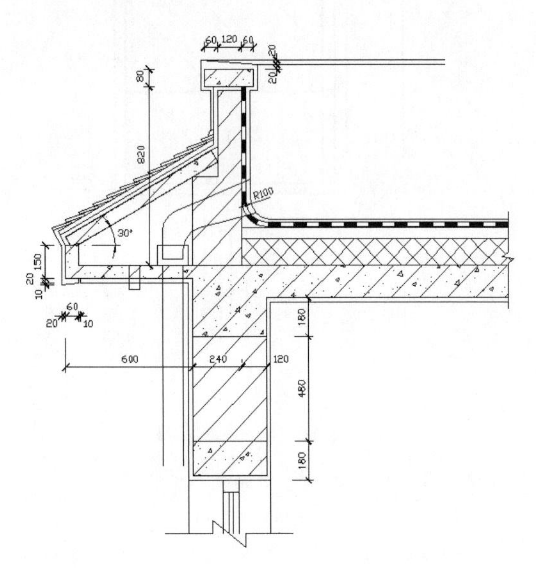

图 16-56 尺寸标注后的结果

step 04 将“文字”层设为当前层，“工程字”样式为当前样式。

step 05 单击“多行文字”按钮，设置多行文字区域后，在“多行文字编辑器”中单击鼠标右键，在弹出的快捷菜单中，选择“段落对齐”|“右对齐”命令，然后输入说明文字，文字大小为 100，如图 16-57 所示。

step 06 单击“移动”按钮，将多行文字移到如图 16-58 所示的位置上。

step 07 使用“直线”命令，在如图 16-59 所示的位置上绘制折线。

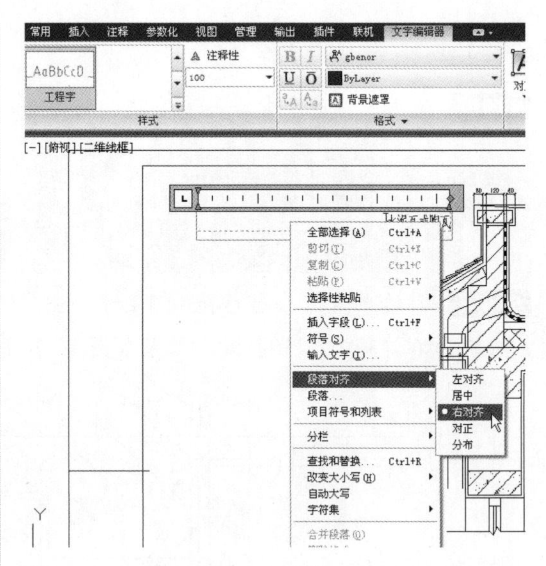

图 16-57 文字输入

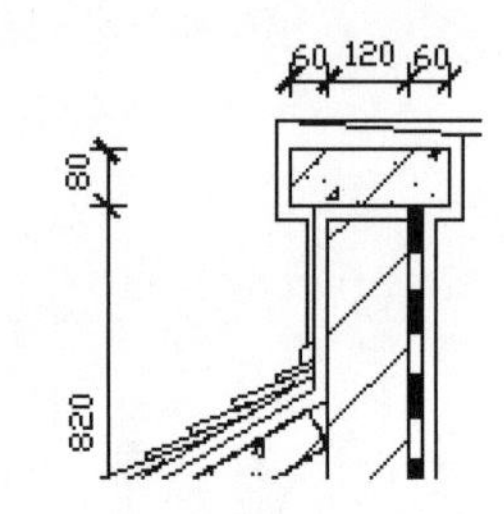

图 16-58 多行文字的位置

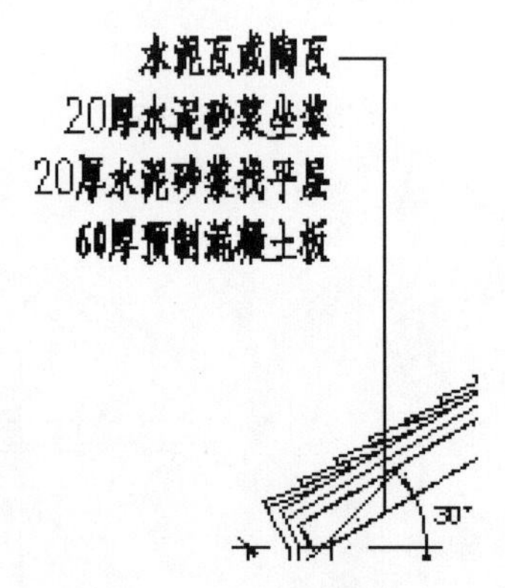

图 16-59 折线的位置

step 08 选择水平线段进行复制，其位置对齐文字中心即可，结果如图 16-60 所示。

step 09 利用相同方法，可标注如图 16-61 所示的文字。不同的是，此处应选择“段落对齐”或“左对齐”。

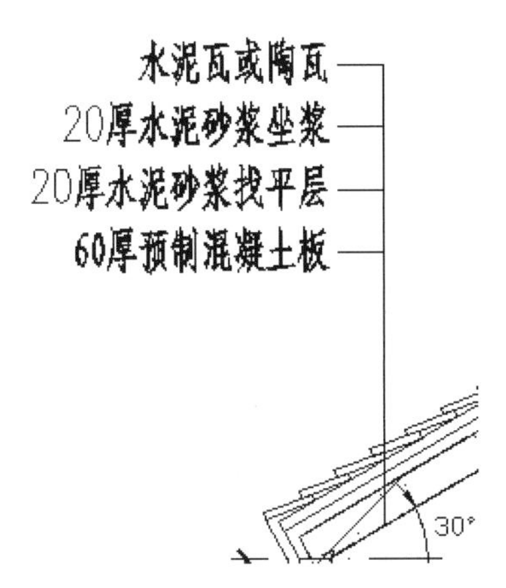

图 16-60　水平线段阵列后的结果

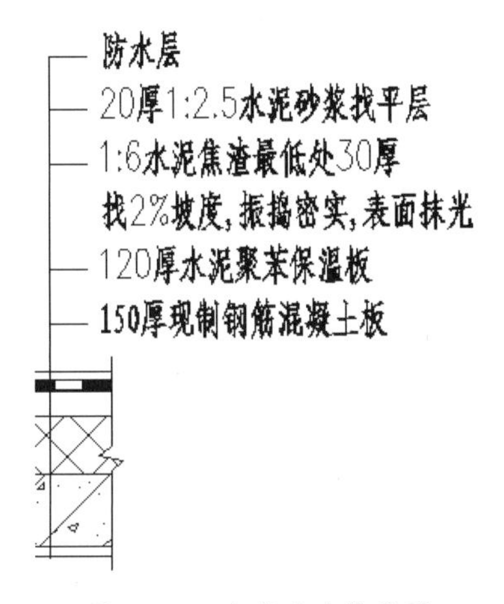

图 16-61　文字及直线位置

step 10　单击“多行文字”按钮 A，设置多行文字区域后，输入说明文字，文字大小为 300，如图 16-62 所示。

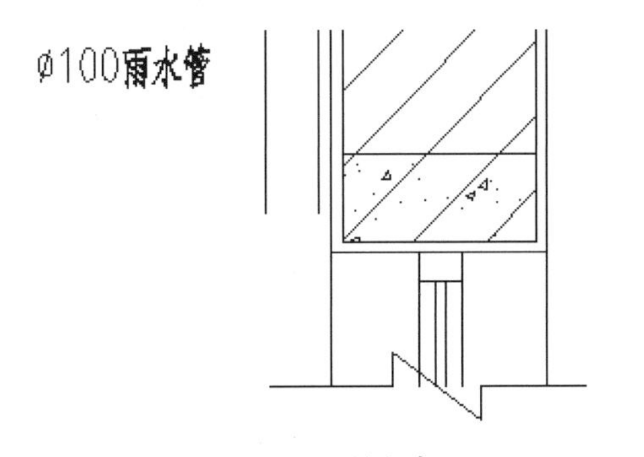

图 16-62　绘制文字

step 11　单击“直线”按钮，在如图 16-63 所示的位置绘制引线。

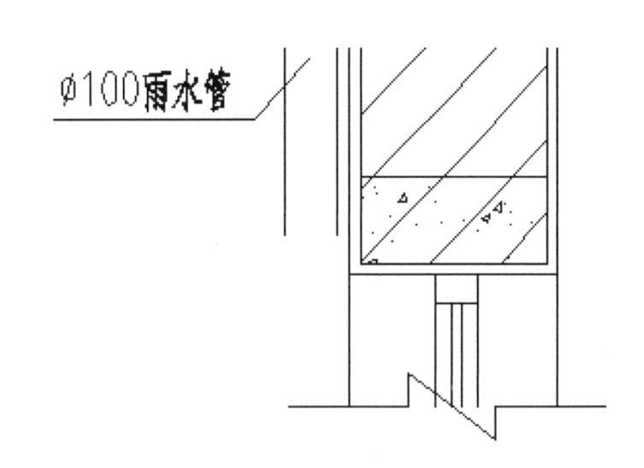

图 16-63　绘制引线

step 12　利用“单行文字”工具，输入其他位置的说明文字，文字大小为 300，用“直线”命令绘制相应位置的引线，结果如图 16-64 所示。

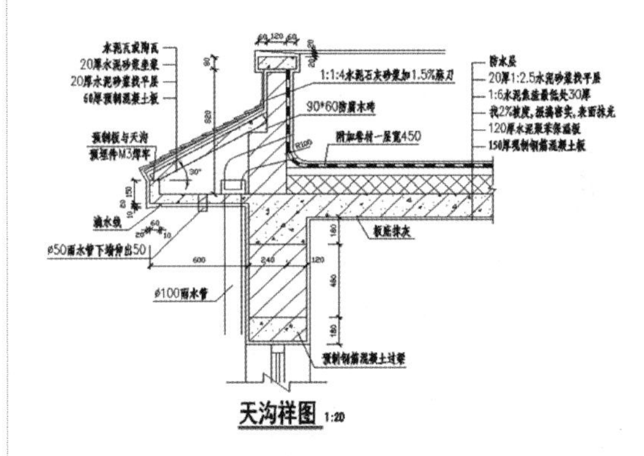

图 16-64　文字及引线

step 13　单击“多段线”按钮，绘制图名底部的两条线，并输入图名。

step 14　单击“多段线”按钮，并设置线宽为 30，绘制一条长为 2600 的水平线段，并将其向下偏移 60，如图 16-65 所示。

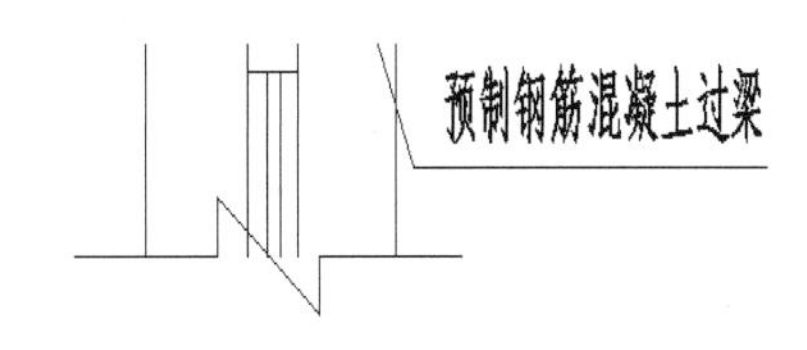

图 16-65　多段线及偏移后的结果

step 15　选择新偏移出的多段线，单击“分解”按钮，结果如图 16-66 所示。

step 16 单击“文字样式”按钮，弹出“文字样式”对话框，新建一个文字样式，命名为“图名”，在“字体”区域的“字体名”下拉列表中选择“黑体”选项。“效果”选项中的“宽度因子”设为 0.7。

step 17 利用“单行文字”工具，在空白处输入“天沟详图”和“1:20”字样，其中“天沟祥图”的文字高度为 600，1:10 的文字高度为 300。将其移动到多段线的相应位置，至此，完成天沟详图的绘制，如图 16-67 所示，最后保存文件。

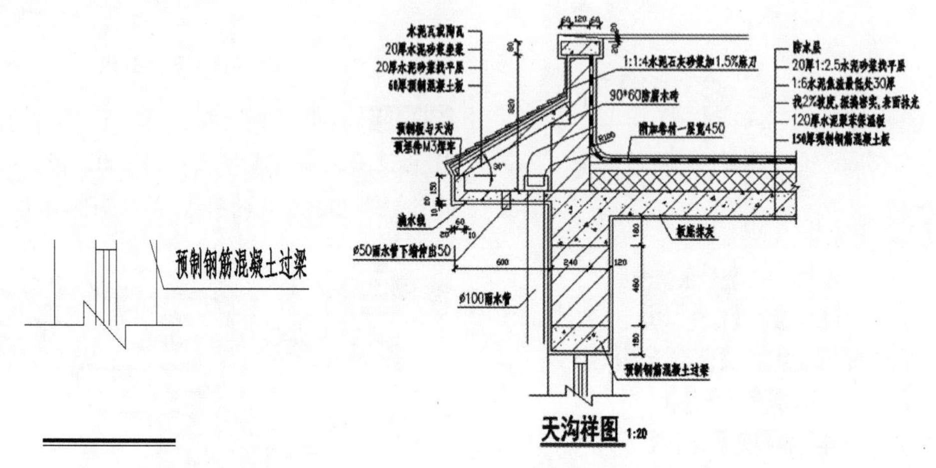

图 16-66　多段线分解后的结果

图 16-67　绘制完成的天沟详图

16.3　建筑结构施工图概述

建筑工程施工图通常由建筑施工图、结构施工图、设备施工图组成。以下为 3 类施工图纸的详细组成部分。

- 建筑施工图：建筑施工图主要表示房屋建筑的规划位置、外部造型、内部各房间的布置、内外装修、材料构造及施工要求等，其主要内容包括建筑设计总说明、建筑总平面图、各层平面图、立面图、平面图及详图等。
- 结构施工图：结构施工图主要表示房屋结构系统的结构类型、构件布置、构件种类、数量、构件的内部构造和外部形状、大小，以及构件之间的连接构造。
- 设备施工图：设备施工图主要表达房屋给排水、供电照明、采暖通风、空调、燃气等设备的布置和施工要求等。主要包括各种设备的布置平面图、系统图和施工要求等内容。设施图可以按工种不同进一步分为水施图、暖通图、电施图等。

16.3.1　结构施工图

在建筑设计过程中，为满足房屋建筑安全和经济施工为的要求，对房屋的承重构件（基础、梁、柱、板等）依据力学原理和有关设计规范进行计算，从而确定它们的形状、尺寸以及内部构造等。将确定的形状、尺寸及内部构造等内容绘制成图样，就形成了建筑施工所需的结构施工图，如图 16-68 所示。

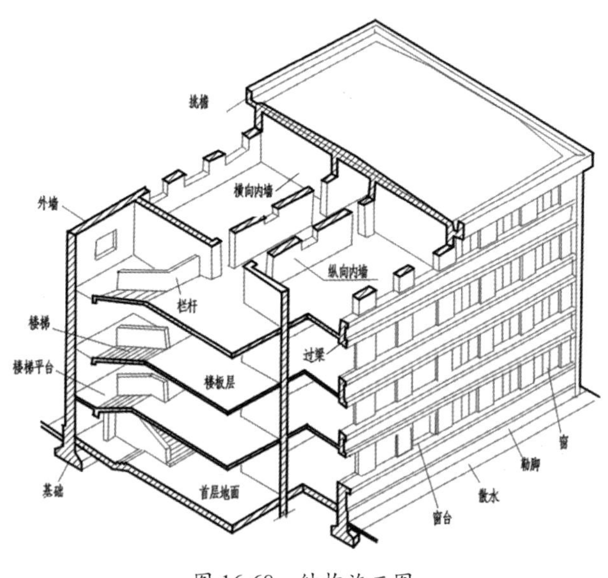

图 16-68　结构施工图

16.3.2　结构施工图的内容

结构施工图的内容包括：结构设计与施工总说明、结构平面布置图、构件详图等。

1．结构设计与施工总说明

结构设计与施工总说明包括：抗震设计、场地土质、基础与地基的连接、承重构件的选择、施工注意事项等。

2．结构平面布置图

结构平面布置图是表示房屋中各承重构件总体平面布置的图样，包括：

（1）基础平面布置图及基础详图。

（2）楼层结构布置平面图及节点详图。

（3）屋顶结构平面图。

3．结构构件详图

结构构件详图包括：

（1）梁、柱、板等结构详图。

（2）楼梯结构详图。

（3）屋架结构详图。

（4）其他详图。

16.3.3 结构施工图中的有关规定

房屋建筑是由多种材料组成的结合体，目前国内建筑房屋的结构采用较为普遍的砖混结构和钢筋混凝土结构两种。

编号为GB/T50105-2018的国家《建筑结构制图标准》对结构施工图的绘制有明确的规定，现将有关规定介绍如下。

1. 常用构件代号

常用构件代号用各构件名称的汉语拼音的第一个字母表示，见表10-1。

表16-1 常用构件代号

序号	名称	代号	序号	名称	代号	序号	名称	代号
1	板	B	19	圈梁	QL	37	承台	CT
2	屋面板	WB	20	过梁	GL	38	设备基础	SJ
3	空心板	KB	21	连系梁	LL	39	桩	ZH
4	槽行板	CB	22	基础梁	JL	40	挡土墙	DQ
5	折板	ZB	23	楼梯梁	TL	41	地沟	DG
6	密肋板	MB	24	框架梁	KL	42	柱间支撑	DC
7	楼梯板	TB	25	框支梁	KZL	43	垂直支撑	ZC
8	盖板或沟盖板	GB	26	屋面框架梁	WKL	44	水平支撑	SC
9	挡雨板、檐口板	YB	27	檩条	LT	45	梯	T
10	吊车安全走道板	DB	28	屋架	WJ	46	雨篷	YP
11	墙板	QB	29	托架	TJ	47	阳台	YT
12	天沟板	TGB	30	天窗架	CJ	48	梁垫	LD
13	梁	L	31	框架	KJ	49	预埋件	M
14	屋面梁	WL	32	刚架	GJ	50	天窗端壁	TD
15	吊车梁	DL	33	支架	ZJ	51	钢筋网	W
16	单轨吊	DDL	34	柱	Z	52	钢筋骨架	G
17	轨道连接	DGL	35	框架柱	KZ	53	基础	J
18	车挡	CD	36	构造柱	GZ	54	暗柱	AZ

2. 常用钢筋符号

钢筋按其强度和品种分为不同的等级，并用不同的符号表示。常用钢筋图例见表10-2。

表 16-2　常用钢筋图例

序号	名称	图例	说明
1	钢筋横断面	•	
2	无弯钩的钢筋端部		表示长、短钢筋投影重叠时，短钢筋的端部用 45° 斜画线表示
3	带半圆形弯钩的钢筋端部		
4	带直钩的钢筋端部		
5	带丝扣的钢筋端部		
6	无弯钩的钢筋搭接		
7	带半圆弯钩的钢筋搭接		
8	带直钩的钢筋搭接		
9	花篮螺丝钢筋接头		
10	机械连接的钢筋接头		用文字说明机械连接的方式

3．钢筋分类

配置在混凝土中的钢筋，按其作用和位置可分为受力筋、箍筋、架立筋、分布筋、构造筋等，如图 16-69 所示。

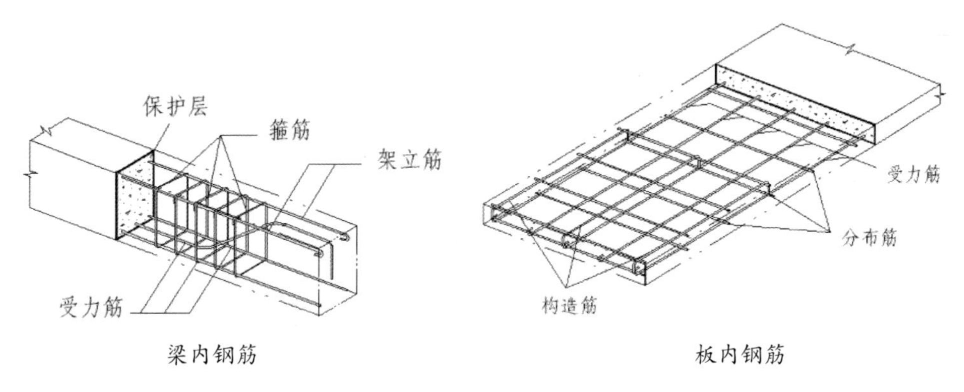

图 16-69　混凝土构件中的钢筋

- 受力筋：承受拉、压应力的钢筋。
- 箍筋（钢箍）：承受一部分斜拉应力，并固定受力筋的位置，多用于梁和柱内。
- 架立筋：用以固定梁内钢箍的位置，构成梁内的钢筋骨架。
- 分布筋：用于屋面板、楼板内，与板的受力筋垂直布置，将承受的重量均匀地传给受力筋，并固定受力筋的位置，以及抵抗热胀冷缩所引起的温度变形。

- 其他：因构件构造要求或施工安装需要而配置的构造筋，如腰筋、预埋锚固筋、环等。

4. 保护层

钢筋外缘到构件表面的填充物称为“钢筋的保护层”，其作用为保护钢筋免受锈蚀，提高钢筋与混凝土的黏结力。

5. 钢筋的标注

钢筋的直径、根数及相邻钢筋中心距在图样上一般采用引出线方式标注，其标注形式有以下两种。

- 标注钢筋的根数和直径，如图 16-70 所示。
- 标注钢筋的直径和相邻钢筋的中心距，如图 16-71 所示。

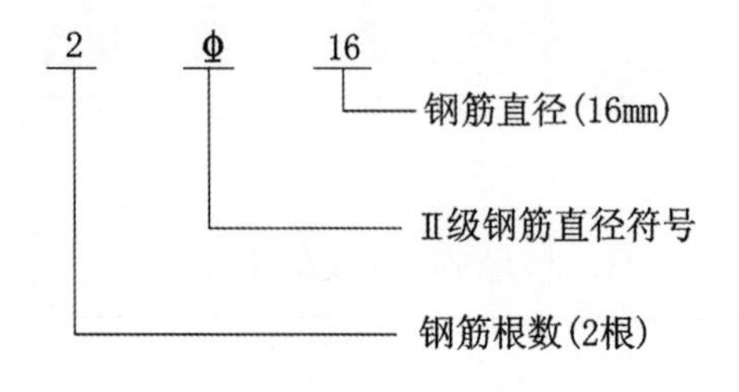

图 16-70　标注钢筋的根数和直径

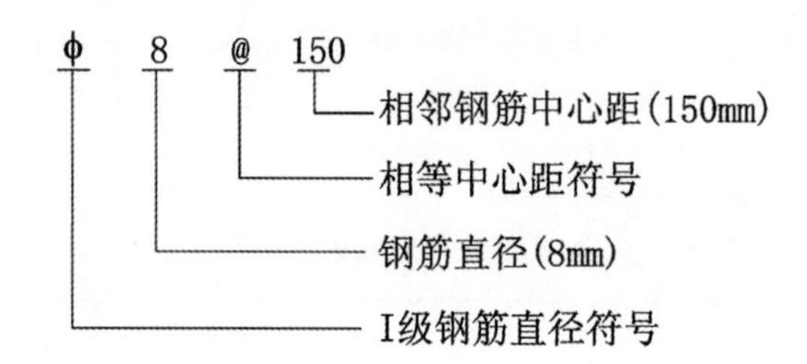

图 16-71　标注钢筋的直径和相邻钢筋的中心距

6. 钢筋混凝土构件图示方法

为了清楚地表明构件内部的钢筋，可以假设混凝土为透明体，这样构件中的钢筋在施工图中便可看见。钢筋在结构图中其长度方向用单粗实线表示，断面钢筋用圆黑点表示，构件的外形轮廓线用中实线绘制。

16.4　案例二：绘制某建筑结构施工图

本节通过练习，详细介绍了在 AutoCAD 中绘制结构施工图的方法，包括基础平面图、结构平面布置图、楼板配筋图、梁配筋图、结构大样图以及钢结构施工图等。完成练习后，用户可以基本上掌握结构施工图的绘制方法。

在房屋设计中，除进行建筑设计、画出建筑施工图外，还要进行结构设计，即根据建筑各方面的要求，进行结构选型和构件布置，决定房屋各承重构件的材料、形状、大小，以及内部构造等，并将设计结果绘成图样，以指导施工，这种图样称为“结构施工图”，简称“结施”。

16.4.1　绘制基础平面图

在房屋施工的过程中，首先要放灰线、挖基坑和砌筑基础。这些工作都根据基础平面图和基础详图来进行。

如图 16-72 所示为本例绘制完成的某建筑基础平面图。

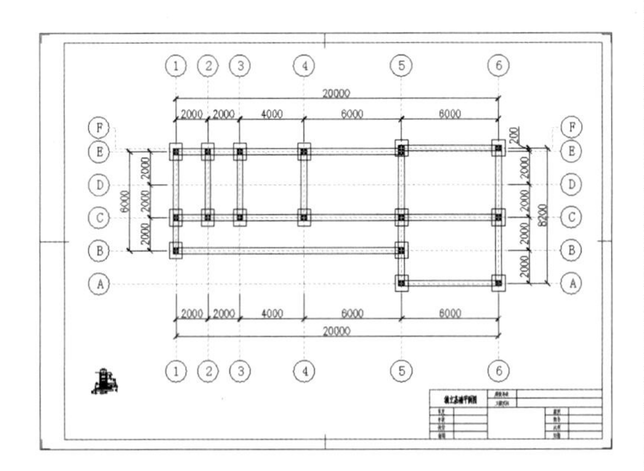

图 16-72　某建筑条形基础图和基础详图

step 01 打开“A2 建筑样板 .dwt”样板文件。

step 02 选择“修改” | “缩放”命令，将整幅图框放大 60 倍，以此能容下整个基础图形。

step 03 打开“标注样式管理器”对话框，修改“建筑标注 -1”样式。其“线”“符号与箭头”和“文字”选项卡的设置，如图 16-73 所示。

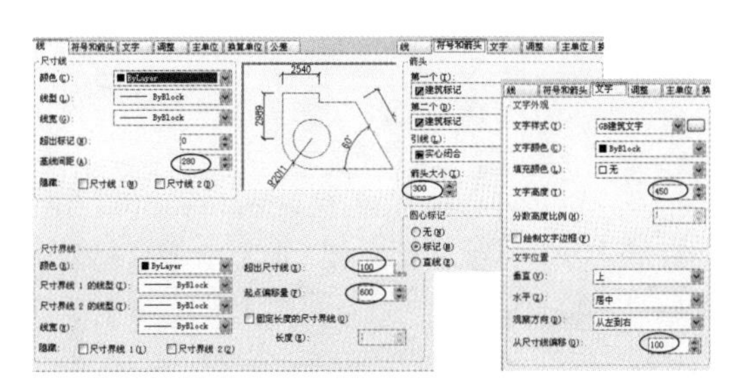

图 16-73　修改标注样式设置

step 04 将“轴线”设为当前层。调用“直线”命令、“偏移”命令绘制出如图 16-74 所示的轴线。

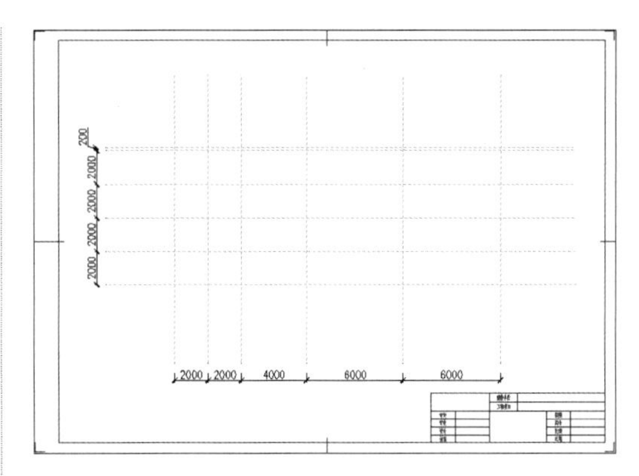

图 16-74　绘制轴线

step 05 使用“圆”命令和“多行文字”命令，在轴线端点绘制编号，如图 16-75 所示。且圆半径为 650，字体高度为 600，字体样式为 Standard。

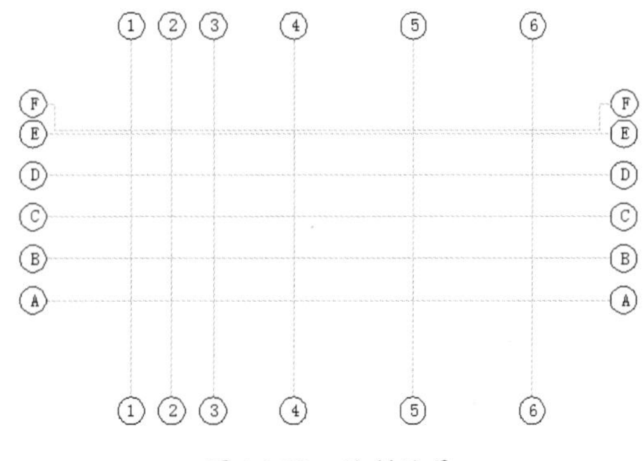

图 16-75　绘制编号

技巧点拨：

绘制方法是，先绘制其中一个编号。其他的采用复制的方法得到，然后修改复制编号的文字即可。

step 06 在菜单栏中选择“格式” | “多线样式”命令，打开“多线样式”对话框。新建“基础墙”多线样式，设置偏移距离为 120 和 -120，并将“基础墙”置为当前，如图 16-76 所示。

图 16-76　设置多线样式

技巧点拨：

在“新建多线样式”对话框中，偏移值为 ±120，实际就是墙体的厚度为 120mm。因此，在绘制多线时，必须将系统默认的比例 20 改为 1，否则将不能创建正确的墙体多线。

step 07 将图层设为“轮廓实线”。在菜单栏中选择“绘图”|“多线”命令，然后捕捉轴线交点，绘制多线，如图 16-77 所示。

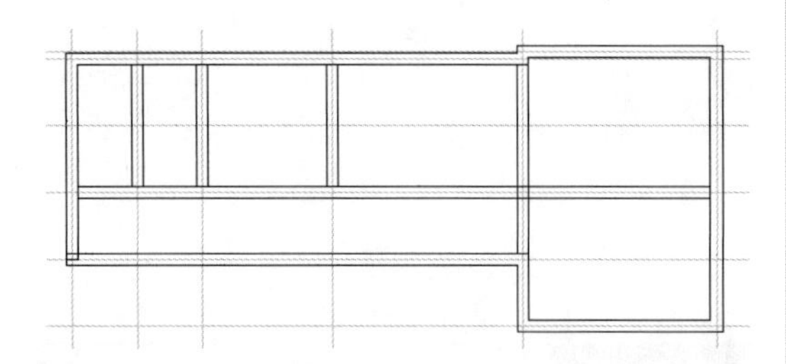

图 16-77　绘制多线

step 08 使用“分解”命令，将多线分解，然后对多线进行修剪，结果如图 16-78 所示。

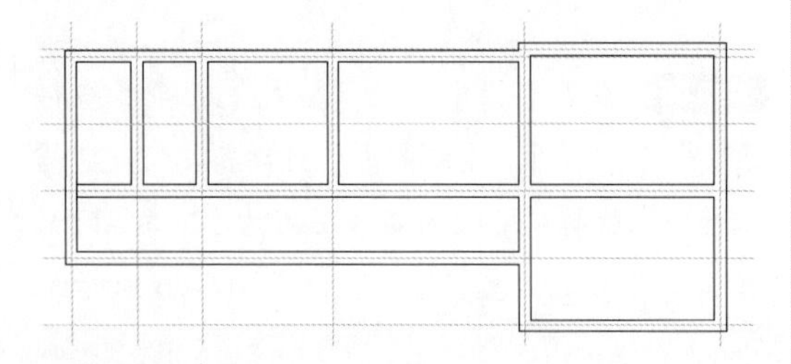

图 16-78　分解和修剪多线

step 09 标注尺寸。只要标注纵向及横向各轴线之间的距离，轴线到基础底边和墙边的距离，如图 16-79 所示。

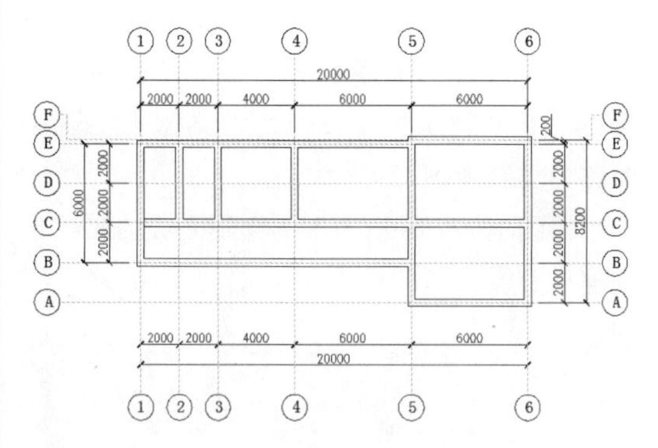

图 16-79　标注尺寸

step 10 至此，基础平面图绘制完成，最后将结果保存。

16.4.2　绘制独立基础图及基础详图

采用框架结构的房屋以及工业厂房的基础经常采用“独立基础”的方法。绘制独立基础图通常包括基础平面布置图与独立基础图或大样图（详图）。下面详细介绍其绘制过程。

如图 16-80 所示为绘制完成的独立基础图及基础详图。

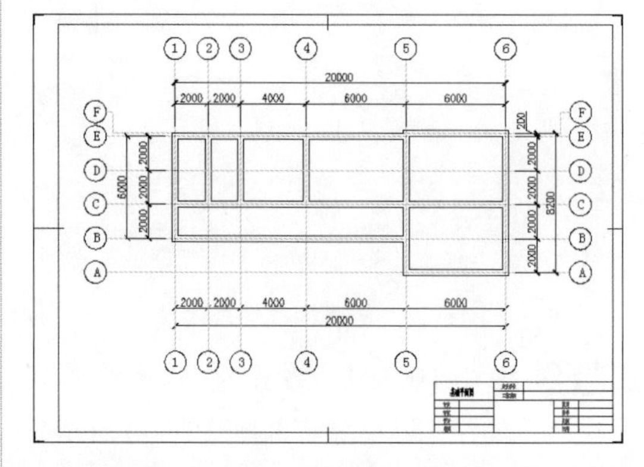

图 16-80　独立基础图及基础详图

step 01 复制前面绘制的基础平面图，作为本例独立基础图的样板。

step 02 打开复制的基础平面图，然后将其另存为“独立基础图”。

step 03 使用“夹点编辑”模式，拉长轴线相交位置的多线，以形成基础柱，如图 16-81 所示。

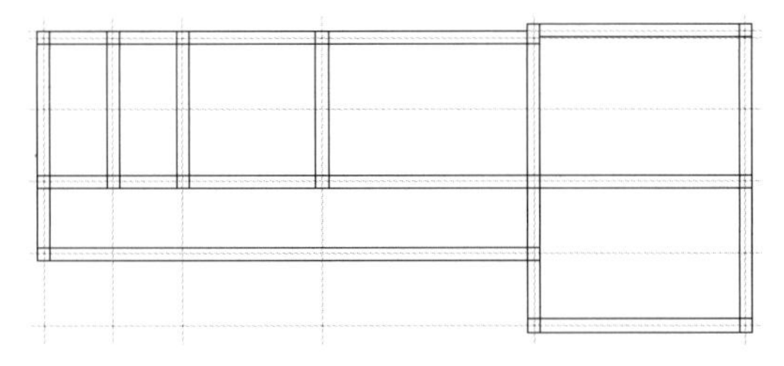

图 16-81　拉长多线

step 04 使用“填充图案”命令，选择 SOLID 图案进行填充，结果如图 16-82 所示。

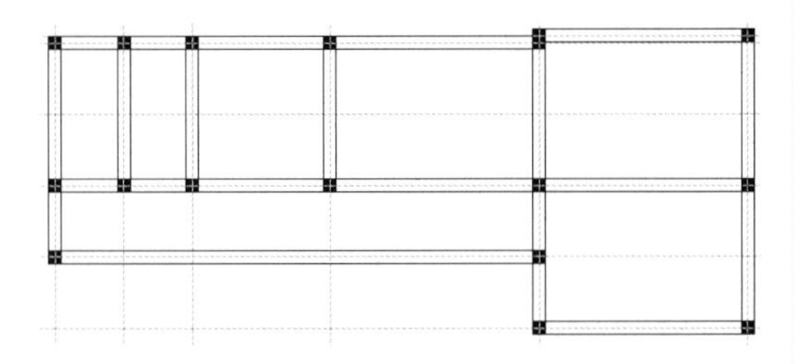

图 16-82　填充图案

step 05 绘制 800×1000 的矩形基础，插入图中柱子的位置，如图 16-83 所示。

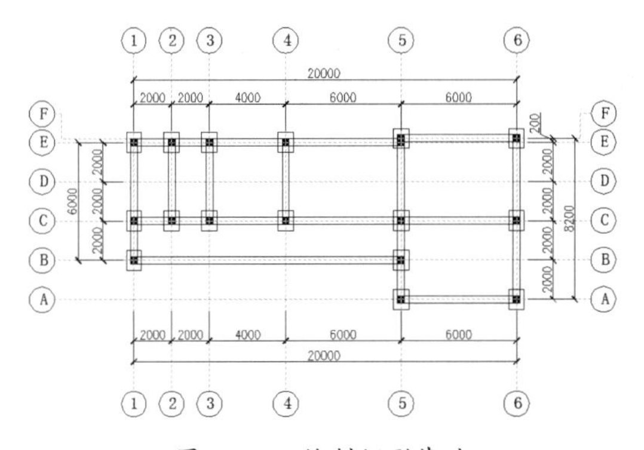

图 16-83　绘制矩形基础

step 06 绘制“基础大样”，按照尺寸调用“直线”命令画出大样轮廓，如图 16-84 所示。

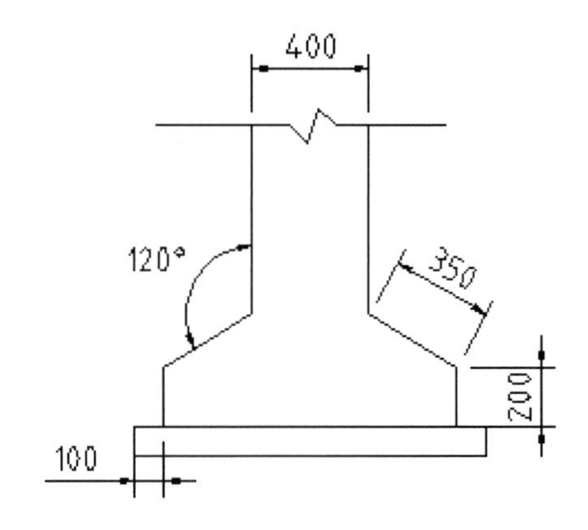

图 16-84　绘制基础大样

step 07 调用“直线”命令，绘制基础剖面大样钢筋，如图 16-85 所示。

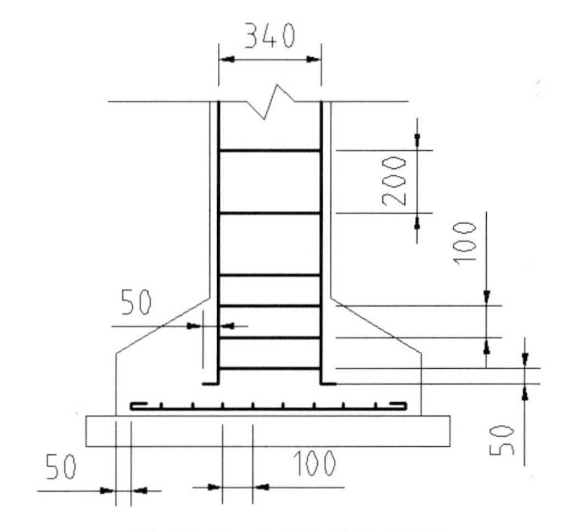

图 16-85　绘制大样钢筋剖面

step 08 至此，独立基础图及基础详图绘制完成，如图 16-86 所示，最后保存结果。

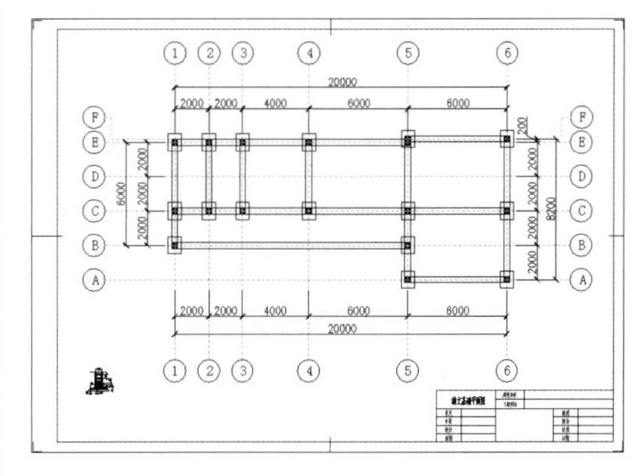

图 16-86　绘制完成的独立基础图及基础详图

16.4.3 结构平面布置图

结构平面图是表示建筑物构件平面布置的图样，分为楼层结构平面布置图和屋面结构平面布置图，本文着重介绍民用建筑的楼层结构平面布置图。

楼层结构平面布置图是假想沿楼板面将房屋水平剖开后所做的楼层结构水平投影图，用来表示每层楼的梁、板、柱、墙等承重构件的平面布置，或现浇板的构造与配筋情况，以及它们之间的结构关系。

本例绘制的结构平面布置图，如图 16-87 所示。

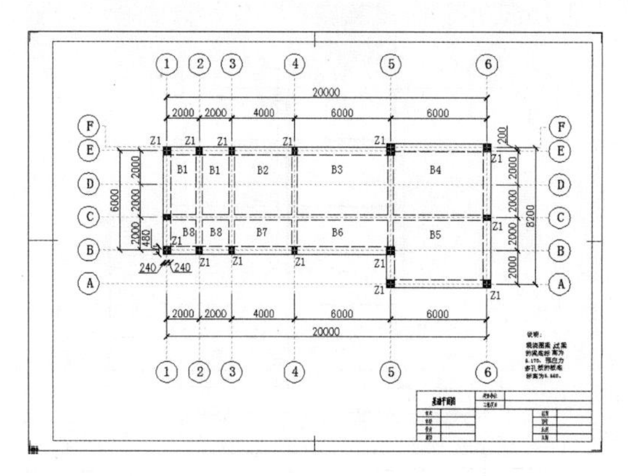

图 16-87 结构平面布置图

step 01 打开基础平面图，然后将其另存为“结构平面图”。

step 02 删除图形中的多线。

step 03 在菜单栏中选择“格式”|“多线样式”命令，打开“多线样式”对话框。新建“外部墙”多线样式。在“创建多线样式 - 外部墙”对话框中设置偏移距离为 180 和 -180，编辑 -180 偏移值时单击“线型”按钮，如图 16-88 所示。

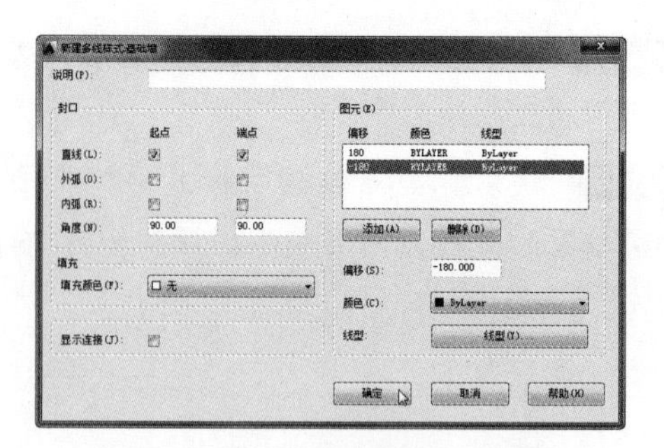

图 16-88 设置外部墙样式的值

step 04 随后弹出“选择线型”对话框，单击“加载”按钮弹出“加载或重载线型”对话框，如图 16-89 所示。

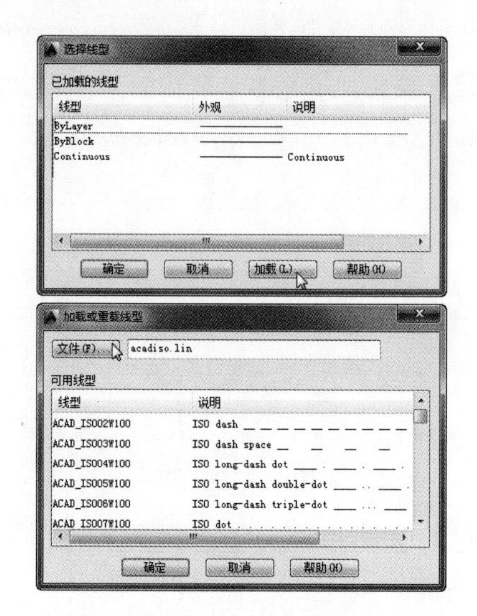

图 16-89 加载线型

step 05 随后弹出“选择线型文件”对话框。选择 acadiso.lin 文件并单击鼠标右键，在弹出的快捷菜单中选择“打开”命令，如图 16-90 所示。

图 16-90 打开 acadiso.lin 文件

step 06 在打开的"acadiso.lin- 记事本"窗口中复制并粘贴 ACAD_ISO02W100,ISO dash ___ ___ 线型。修改此线型，如图 16-91 所示。

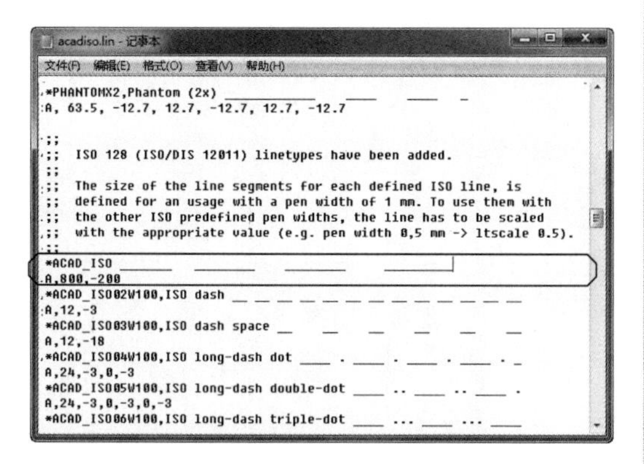

图 16-91 修改线型参数

step 07 修改后将文件另存为 acadiso-1.lin 文件，并关闭记事本窗口。在"选择线型文件"对话框中选择新建的 acadiso-1.lin 文件并加载进 AutoCAD 中。

step 08 在"加载或重载线型"对话框中选择 ACAD_ISO 线型后单击"确定"按钮，然后在"选择线型"对话框中单击"确定"按钮完成加载，如图 16-92 所示。

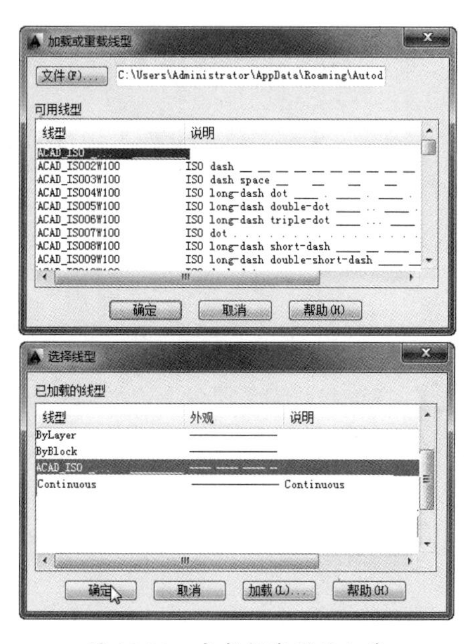

图 16-92 完成新线型的加载

技巧点拨：

将线型的参数进行设置，其目的是为了在绘制中心线时增大比例，便于观察。还有另一种设置线型比例的方法，就是在菜单栏中选择"格式"|"线型"命令，然后在打开的对话框中单击"显示细节"按钮，并在下方设置"全局比例因子"参数。

step 09 关闭"新建多线样式"对话框，完成"外部墙"多线样式的创建。

step 10 同理，新建名为"内部墙"的多线样式。此样式偏移为 9 和 -9，且两线的线型均选择前面新建的 ACAD_ISO 线型，如图 16-93 所示。

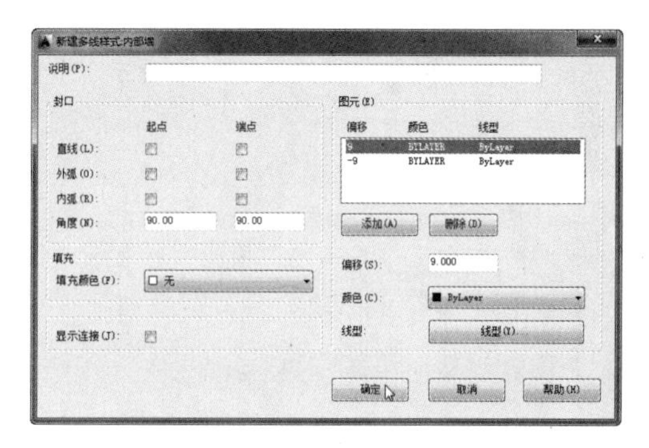

图 16-93 创建"内部墙"多线样式

step 11 将"外部墙"多线样式置为当前。使用"多线"命令，在轴线中绘制外墙。重新将"内部墙"置为当前，然后绘制内墙多线，结果如图 16-94 所示。

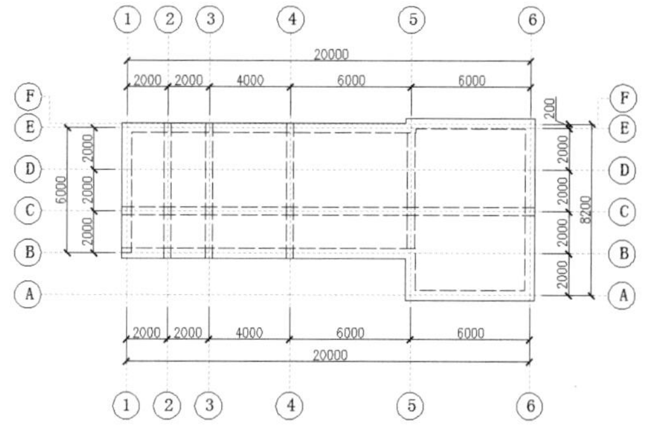

图 16-94 绘制外墙多线

step 12 使用“分解”命令分解多线，然后在某些24墙与18墙的交接处填充“水泥柱”图案，选择填充的图案为SOLID，填充结果如图16-95所示。

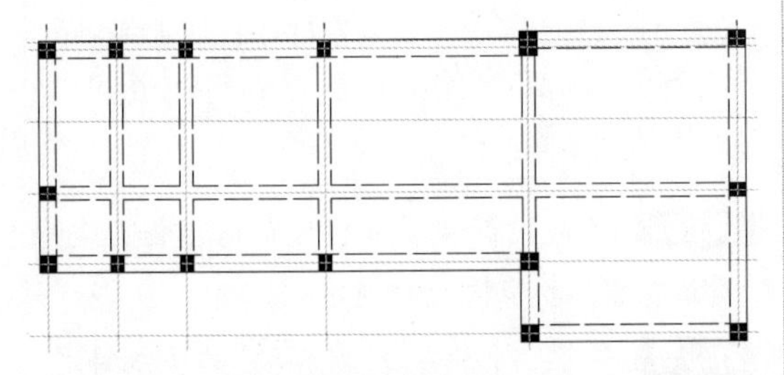

图16-95 填充水泥柱图案

step 13 为墙、柱、梁等构件标注位置和编号，文字高度为500，“工程图”样式。最后输入图纸的说明文字，结果如图16-96所示。

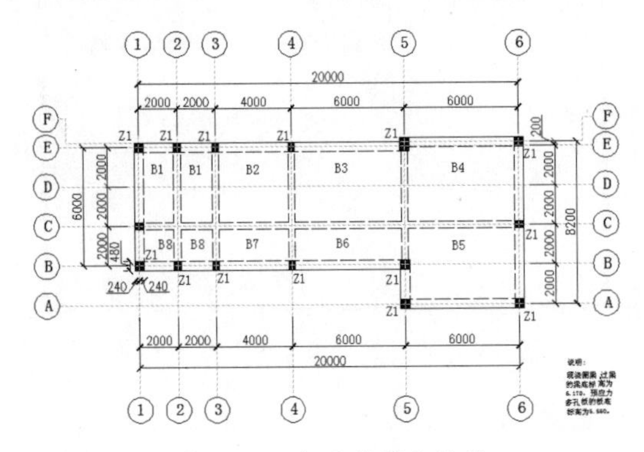

图16-96 标注位置和编号

step 14 至此，结构平面布置图绘制完成，最后将结果保存。

16.4.4 绘制楼板配筋图

一般情况下，结构平面图已经包括了楼板配筋的标注，但也有另外独立绘制楼板配筋图的做法，本节主要介绍如何为结构平面布置图绘制楼板配筋图。绘制完成的楼板配筋图，如图16-97所示。

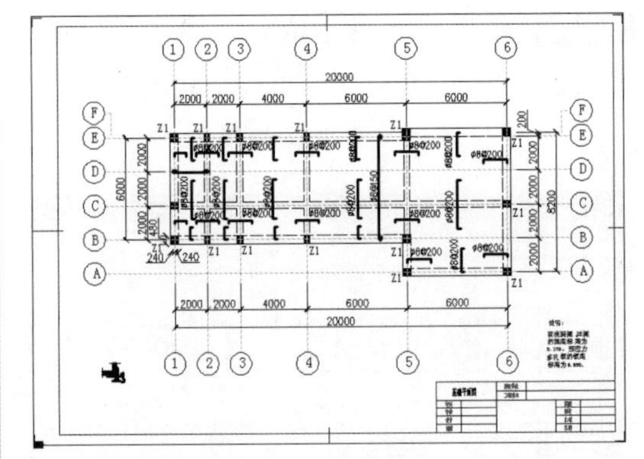

图16-97 楼板配筋图

“楼板配筋图”主要应画出板的钢筋详图，表示受力筋的形状和配置情况，并注明其编号、规格、直径、间距和数量等。每种规格的钢筋只画一根，按其立面形状画在钢筋安放的位置上。如果总图不能清楚地表示钢筋的详细情况，可以另外画出钢筋详图。在结构平面图中，分布筋不必画出。配筋相同的板，只需将其中一块板的配筋画出即可。

step 01 打开素材文件。

step 02 删除平面布置图中内部的编号，然后使用“直线”命令绘制钢筋（顶层钢筋，也称扣筋）的图例，如图16-98所示。由于图中现仅用两种钢筋，故绘制两种图例。

图16-98 钢筋图例

step 03 将绘制的钢筋图例依次插入平面图，如图16-99所示。

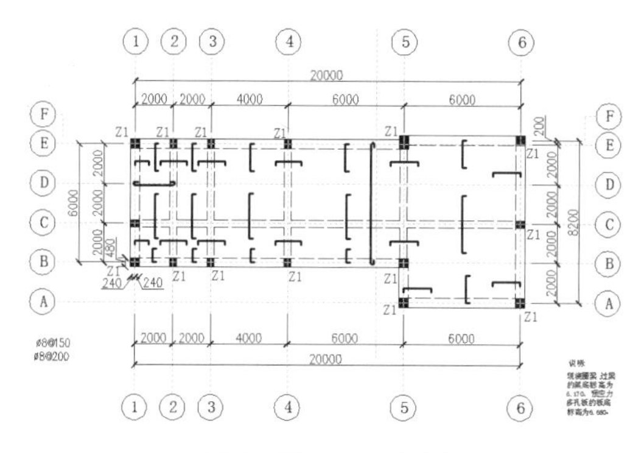

图 16-99　插入钢筋

技巧点拨：

如果钢筋长度不够，采用延伸或拉长的方法，使钢筋至少有一端在轴线上。

step 04 使用“多行文字”命令，为钢筋（顶层钢筋）注明直径和间距，文字高度为 400，字体为“工程图文字”。标注结果如图 16-100 所示。

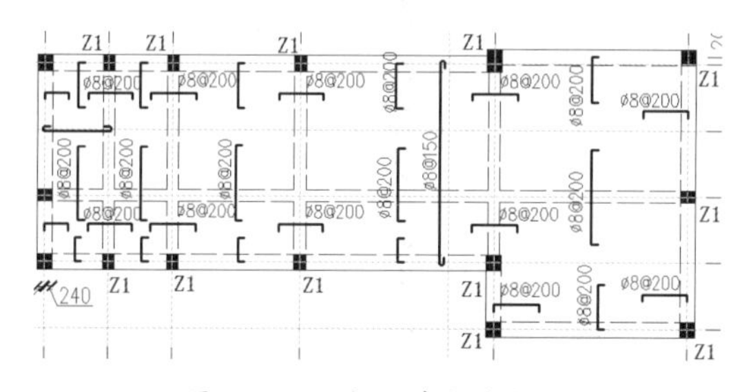

图 16-100　标注直径和间距

step 05 由于图中的钢筋不能清楚表示，需要在图外画出钢筋详图。使用“直线”命令，首先画出墙体、楼板、柱体或梁的外轮廓及其折断线，如图 16-101 所示。

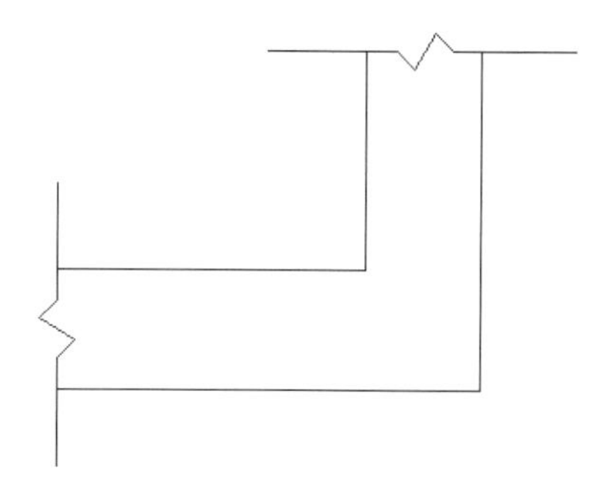

图 16-101　绘制墙体

step 06 将钢筋图形按其楼板形状画在钢筋的实际安放位置上，如图 16-102 所示。

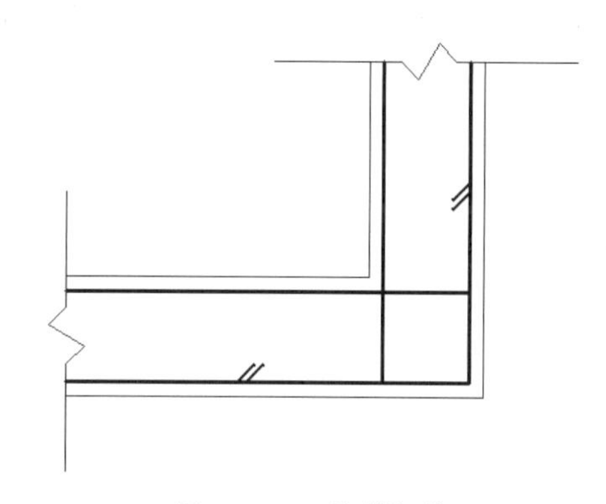

图 16-102　绘制钢筋

step 07 最后在构造详图旁画上钢筋的另外几种可能的配置形式，结果如图 16-103 所示。

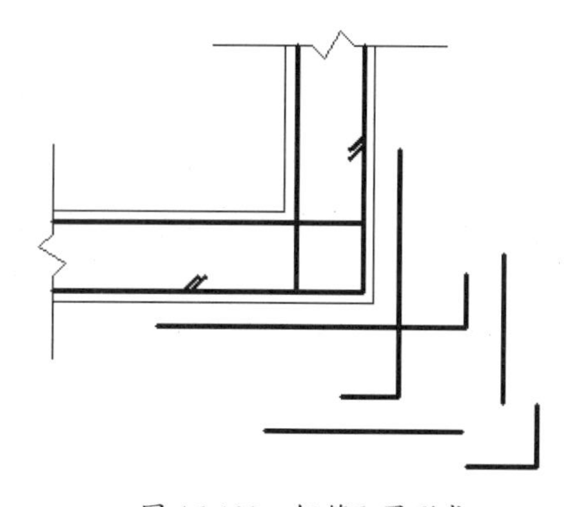

图 16-103　钢筋配置形式

step 08 至此，本例楼板配筋图绘制完成，最后将结果保存。

16.5 课后练习

1．绘制檐口详图

本练习为绘制如图 16-104 所示的檐口节点详图，涉及的命令主要有：偏移、复制、填充等。

2．绘制基础平面图

本练习通过基础平面图的绘制，学习图层、辅助线、定位轴线、墙体的绘制技巧，结果图如图 16-105 所示。

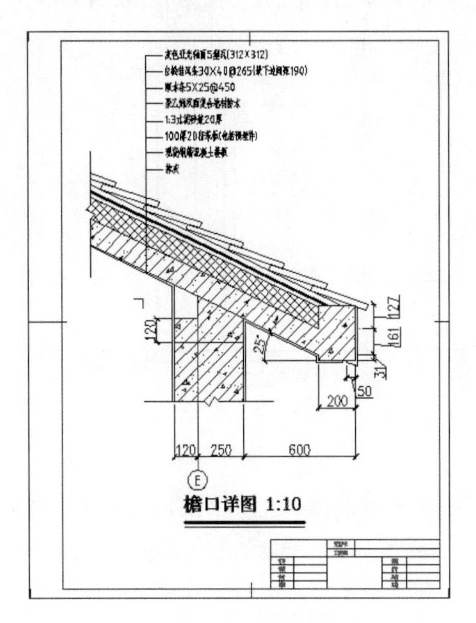

图 16-104 檐口详图

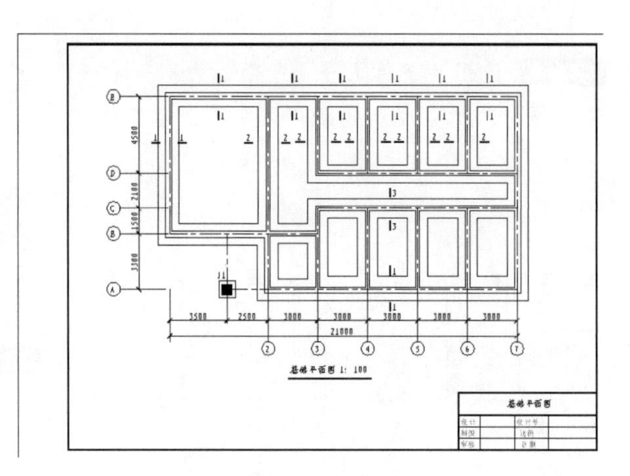

图 16-105 基础平面图

第 17 章

建筑室内布置图设计

本章内容

在进行建筑室内装饰设计过程中，其施工人员要能够准确、快捷地施工，必须有事先准备好的室内装饰施工图，包括平面布置图、天花板布置图、立面图、电气布置图、门窗节点构造详图等，而在这些室内装饰施工图中，尤以平面图最为重要，其他立面图、电气布置图、构造详图等都是在其基础上进行设计的。

本章将详细讲解室内设计中平面布置图的绘制方法，平面布置图的绘制需要考虑的人体尺度、空间位置、色彩等方面的因素，以及 AutoCAD 2018 在设计过程中需注意的问题。

知识要点

☑ 平面布置图绘制概要
☑ 室内空间与常见布置形式
☑ 绘制某 3 居室室内平面布置图

17.1 建筑室内平面布置图绘制概要

平面布置图是室内装饰施工图纸中的关键性图纸。它是在原建筑结构的基础上，根据业主的要求和设计师的设计意图，对室内空间进行详细功能划分和室内设施定位的图纸。

17.1.1 如何绘制平面配置图

放线工作完成后，通常会将平面图复印数张，或以图纸直接覆盖于平面图上，做平面配置的规划草图。

1. 考虑各空间的用途

住宅空间可分为玄关、客厅、餐厅、主卧室、儿童房、幼儿房、长辈房、客房、书房、起居室、工作室、音乐室、收藏品室、音响视听室、休闲娱乐室、储藏室、佣人房、厨房、浴室、阳台等。考虑空间的大小及用途时，应依业主所给予的家庭资料及需求进行规划。

2. 考虑各空间之间的分隔方式

室内采用不同的分隔方式，可以使空间有层次而生动的变化。

（1）全隔间或封闭式隔间

空间以砖墙、木制隔间，或高柜来分隔空间，其视线完全被阻隔，隔音性佳，成为一个强调私密性的空间。

（2）局部隔间或半开放式（半封闭式）隔间

空间以隔屏、透空式的高柜、矮柜、不到顶的矮墙，或透空式的墙面来分隔空间，其视线可以相互透视，强调与相邻空间之间的连续性与流动性。

（3）开放式隔间或称为象征式隔间

空间以建筑架构的梁柱、材质、色彩、绿化植物，或地坪的高低差等，来区分两间。其空间的分隔性不明确，视线上没有有形物的阻隔，但透过象征性的区隔，在心理层面仍是区隔的两个空间。

（4）弹性隔间

有时两个空间之间的区隔方式是居于开放式隔间或半开放式隔间，但在有特定目的时可利用暗拉门、拉门、活动帘、叠拉帘等方式分隔两个空间。例如和室，其兼起居室或儿童游戏空间，当有访客时将和室门关闭，可成为一个独立而又具隐私性的空间。

3. 考虑各空间与空间之间的动线是否流畅

具有良好的动线连接，才能妥善地安排人们日常的生活起居。

- 依人体工学将各种家具、设备及储藏等，在各空间内做合理且适当的安排。
- 考虑住宅自身的条件，梁、柱、窗、空调位、空气对流性、采光及户外景观等，在整个平面规划上的相对关系。

在数个平面配置草图中，逐一加以检查，修正后绘出 1~3 幅平面配置图，再逐一与业主沟通、讲解。在沟通协调的过程中，除了口头叙述和资料、材料的说明外，常以透视图来辅助说明，较能事半功倍地让业主了解设计者的设计理念，也使设计者能更进一步地了解业主对自身住宅的要求和品位。在与业主充分沟通、协调后修正图定案，并完成平面配置图。

17.1.2　室内装饰、装修和设计的区别与联系

室内装饰或装潢、室内装修、室内设计，是几个通常为人们所认同的，但内在含义实际上是有所区别的词汇。

1．室内装饰或装潢

装饰和装潢原义是指“器物或商品外表”的“修饰”，是着重从外表的、视觉艺术的角度来探讨和研究问题。例如对室内地面、墙面、顶棚等各界面的处理，装饰材料的选用，也可能包括对家具、灯具、陈设和小品的选用、配置和设计。

2．室内装修

室内装修着重于工程技术、施工工艺和构造做法等方面，顾名思义主要是指土建施工完成之后，对室内各个界面、门窗、隔断等最终的装修工程。

3．室内设计

现代室内设计是综合的室内环境设计，它既包括视觉环境和工程技术方面的问题，也包括声、光、热等物理环境以及氛围、意境等心理环境和文化内涵等内容。

17.1.3　常见户型室内平面图的布置

平面图应有墙、柱定位尺寸，并有确切的比例。无论图纸如何缩放，其绝对面积不变。有了室内平面图后，设计师就可以根据不同的房间布局进行室内平面设计。设计师在布置之前一般会了解顾客的想法。

居家的家具可以自行购买，也可以委托设计师设计。如果房间的形状不是很好，根据设计制作家具会取得较好的效果。以下是各房间的家具、电器、厨具及洁具配置情况的参考。

- 卧室一般有衣柜、床、梳妆台、床头柜、电视柜、电脑桌等家具。
- 客厅则布置沙发、组合电视柜、矮柜、茶几等。

- 厨房需要布置一些矮柜、吊柜、灶台，此外还放置冰箱、洗衣机、抽油烟机等家用电器。
- 卫生间中则是抽水马桶、浴缸、洗脸盆三大件。
- 书房中的写字台与书柜是必不可少的，如果是计算机爱好者，还会多一张电脑桌。

17.1.4 平面布置图的标注

在室内设计制图规范下，平面布置图中应注写以下项目。

- 各个房间的名称。
- 房间开间、进深以及主要空间分隔物和固定设备的尺寸。
- 不同地坪的标高。
- 立面指向符号。
- 详图索引符号。
- 图名和比例等。

如图 17-1 所示为现代小居的室内平面布置图。

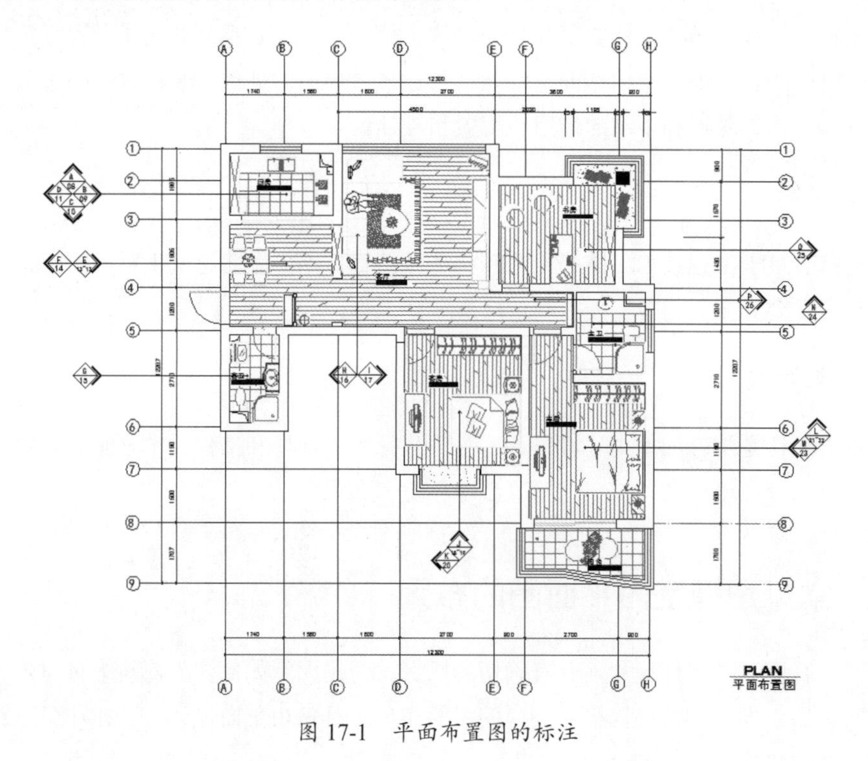

图 17-1 平面布置图的标注

17.2 室内空间与常见布置形式

在进行住宅室内装修设计时，应根据不同的功能空间需求进行相应的设计，也必须符合相关的人体尺度要求，下面就针对住宅中主要空间的设计要点进行讲解。

17.2.1　玄关设计

玄关，原义指大门，现多指进入户内的入口空间。

玄关是进入一个家的第一景观，所以设计成什么样完全取决于你的想象，无论是装饰型的，还是收纳、实用型的都必须用心。

1．玄关设计要点

在设计玄关时，可以参考以下几个要点。

（1）间隔和私密性：之所以要在进门处设置“玄关对景”，其最大的作用就是遮挡人们的视线，不至于开门见厅，让人们一进门就对客厅的情形一览无余。这种遮蔽并不是完全遮挡，而要有一定的通透性。同时注重人们户内行为的私密性及隐蔽性，如图 17-2 所示为几种具有间隔和私密性特点的玄关设计。

图 17-2　玄关的间隔和私密性

（2）实用和整洁：玄关同室内其他空间一样，也有其使用功能，就是供人们进出家门时，在这里更衣、换鞋，以及整理装束，如图 17-3 所示。

图 17-3 玄关必须实用和整洁

（3）风格与情调：玄关的装修设计，浓缩了整个设计的风格和情调，如图 17-4 所示为几种风格的玄关设计。

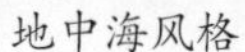

地中海风格　　简约风格　　中式风格

图 17-4　玄关风格

（4）装修和家具：玄关地面的装修，采用的都是耐磨、易清洗的材料。墙壁的装饰材料，一般都和客厅墙壁统一。顶部要做一个小型的吊顶。玄关中的家具应包括鞋柜、衣帽柜、镜子、小坐凳等，玄关中的家具要与整体风格相匹配，如图 17-5 所示。

图 17-5　玄关装修风格的一致性

（5）采光和照明：玄关处的照度要亮一些，以免给人晦暗、阴沉的感觉。对于狭长型的玄关都有通病，那就是玄关采光不足，它会给家庭成员带来很多不便。解决方法就是使用灯饰和光管照明，令玄关更为明亮。或者通过改造空间格局，让自然光线照进玄关，如图 17-6 所示。

图 17-6　玄关的采光和照明

（6）材料选择：玄关中经常采用的材料有木材、夹板贴面、雕塑玻璃、喷砂彩绘玻璃、镶嵌玻璃、玻璃砖、镜屏、不锈钢、花岗石、塑胶饰面材以及壁毯、壁纸等，如图 17-7 所示。

图 17-7　玄关的材料选择

2．玄关的家具摆设

家具布置有以下 3 种方式。

- 设一半高的搁架作为鞋柜，并储藏部分物品，衣物可直接挂在外面，许多现有的住宅玄关面积较小，多采用此种做法，南方地区也多采用这种做法。
- 设置一通高的柜子兼作衣柜、鞋柜与杂物柜，这样，较易保持玄关的整洁有序，但这要求玄关区要有较大的空间。
- 在入口旁单独设立衣帽间。有些家庭把更衣功能从玄关中分离出来，改造入口附近的房间为单独的更衣室，这样增大了此空间的面积。这多是住宅设计中玄关区没有足够的面积而后期改造的方法。

3．玄关设计的尺寸

玄关的宽度最好保证在 1.5m 以上，建议取 1.6~2.4m。入口的交通通道最好与入户后更换衣物的空间不重合。若不能避免，则之间应留一个人更换衣物的最小尺度空间。一般不小于 0.7~1m。玄关的不宜小于 2 ㎡，如图 17-8 所示。

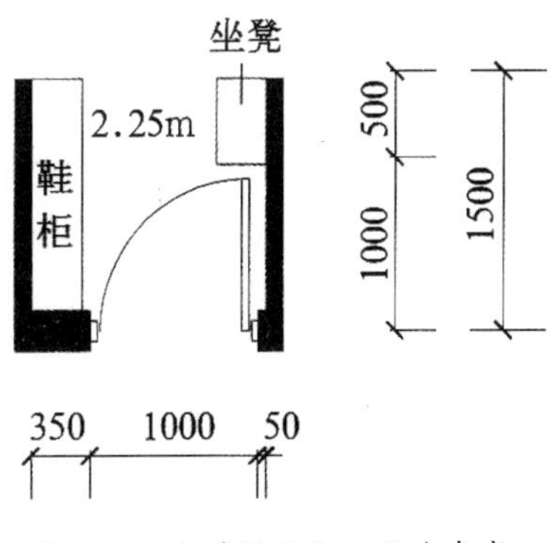

图 17-8　玄关的面积、尺寸参考

当鞋柜、衣柜需要布置在户门一侧时，要确保门侧墙垛有一定的宽度。摆放鞋柜时，墙垛净宽度不宜小于 400mm；摆放衣柜时，则不宜小于 650mm，如图 17-9 所示。

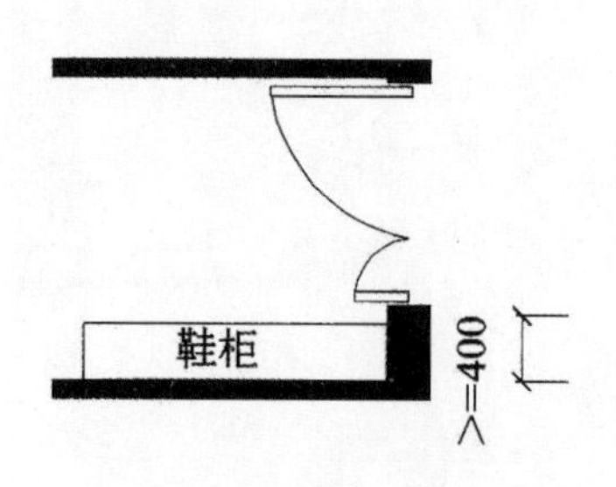

摆放鞋柜的参考尺寸

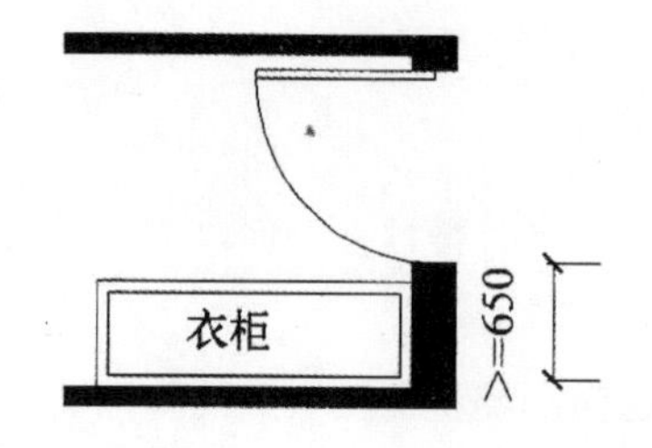

摆放衣柜的参考尺寸

图 17-9　门侧墙垛尺寸参考

17.2.2　客厅设计

客厅是家人欢聚、共享生活情趣的空间，也是家中会友待客的社交场所，可以看作一个家庭的“脸面”，客人可以从这里体会主人的热情和周到，了解主人的品位、性情，因此，客厅有着举足轻重的地位，客厅装修是家居装修的重中之重。

1. 客厅的配置

客厅的配置是室内设计的重点，也是使用最频繁的公共空间，而配置上要考虑的是客厅的使用面积及动线。客厅配置的对象主要有单人沙发、双人沙发、三人沙发、L形沙发、沙发组、茶几、脚凳等，这些配置让客厅的空间极富变化性。

客厅的布置需要注意以下几点。

（1）行走动线宽度（沙发与茶几的间距）约为 450~600mm，而沙发与沙发转角的间距为 200mm，如图 17-10 所示。

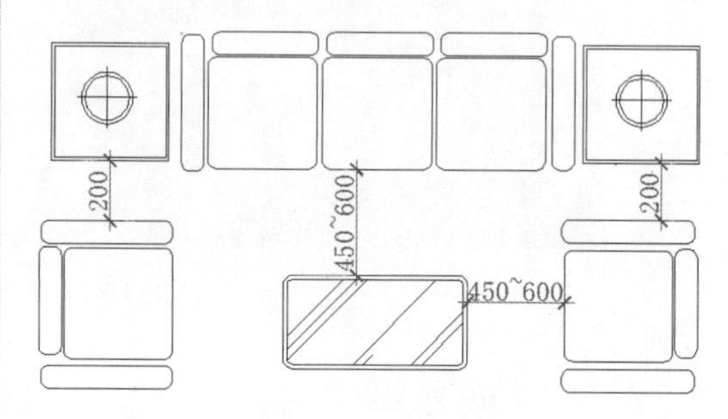

图 17-10 行走动线宽度

（2）沙发的中心点尽量与电视柜的中心点对齐，如图 17-11 所示。

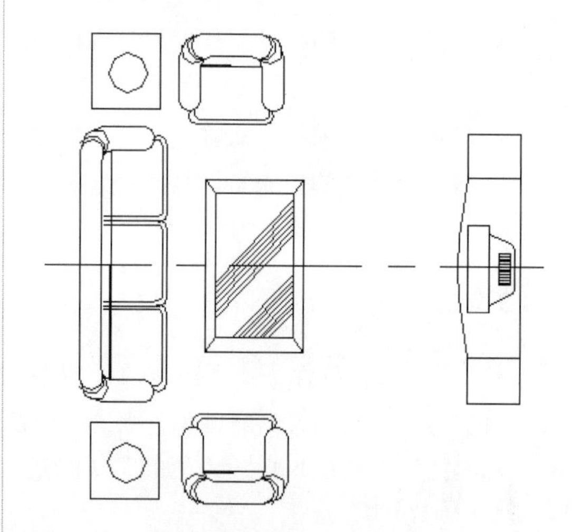

图 17-11 沙发的中心点尽量与电视柜的中心点对齐

（3）配置沙发组图块时，不一定将图块摆放成水平或垂直状态，否则会让客厅显得比较单板，此时可将单人沙发图块旋转 25°、35°或 45°，以此使整体配置显得比较活泼，如图 17-12 所示。

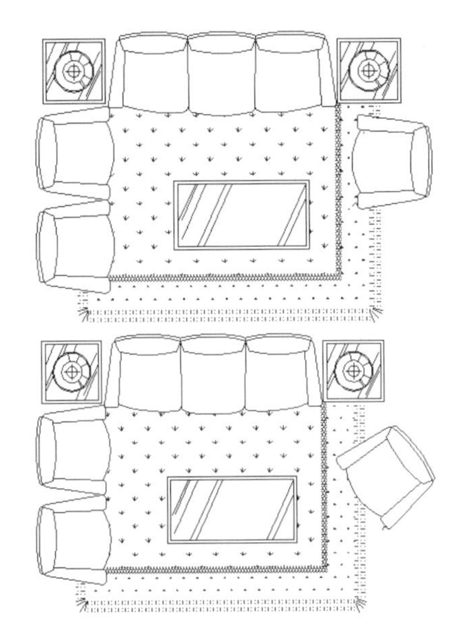

图 17-12　沙发的配置

（4）客厅的配置可与另一格空间结合，可以使用开放性、半开放性、穿透性的处理手法，这些方法可以让客厅空间拓展性更大。客厅与其他空间组合的配置主要包括以下几种情况。

- 客厅与阅读区的有效结合，让空间更有机动性，如图 17-13 所示。

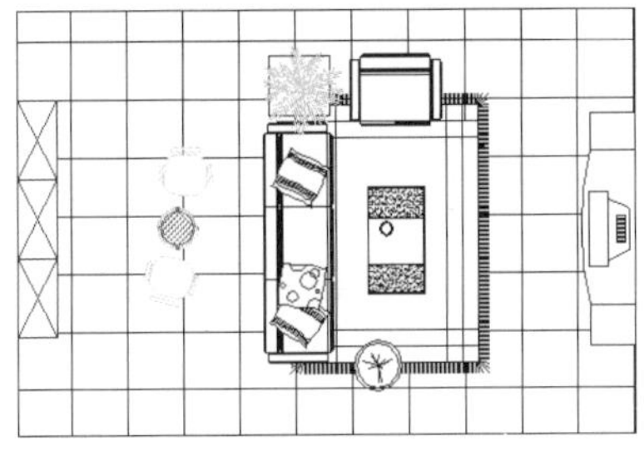

图 17-13　客厅与阅读区结合

- 客厅与开放书房结合，给空间多样化，合理使用了有效空间，互动性增强，如图 17-14 所示。

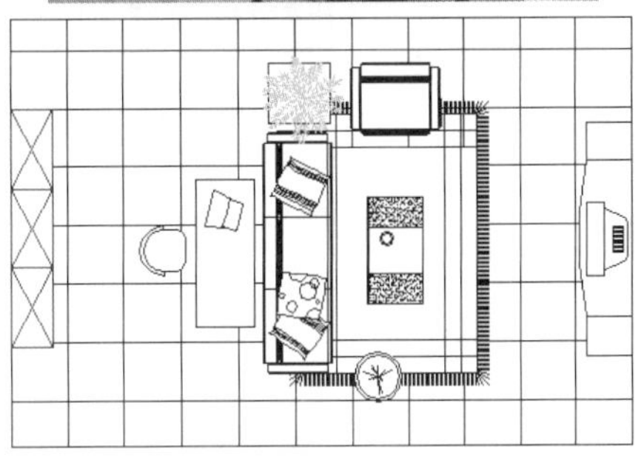

图 17-14　客厅与书房融为一体

- 客厅与餐厅巧妙结合，除了更为合理地利用格局，同时也让用餐和休息变得更加顺畅，如图 17-15 所示。

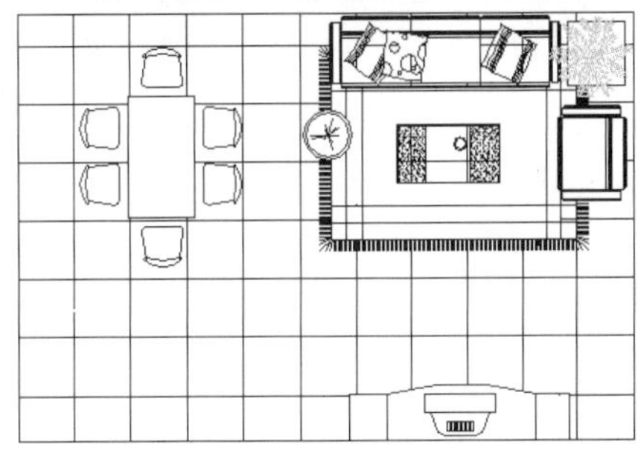

图 17-15 客厅与餐厅的巧妙结合

● 客厅与吧台区的结合，比较适合用于好客的居住者使用，如图 17-16 所示。

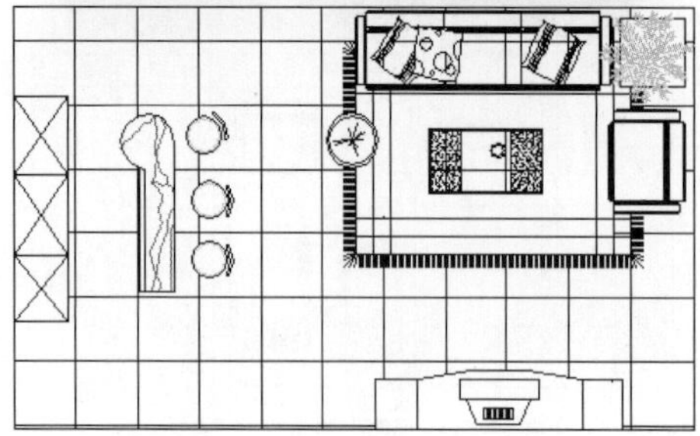

图 17-16 客厅与吧台区的结合

2. 客厅空间尺寸

在不同平面布局的套型中，起居室面积的变化幅度较大。其设置方式大致有两种情况：相对独立的起居室和与餐厅合二为一的起居室。在一般的两室户、三室户的套型中，其面积指标如下。

● 起居室相对独立时，起居室的使用面积一般在 15 ㎡以上。
● 当起居室与餐厅合二为一时，二者的使用面积控制在 20~25 ㎡；或共同占套内使用面积的 25% ~30%为宜。

提示：

起居室的面积标准：我国现行《住宅设计规范》中最低面积为 12m^2，我国城市示范小区设计导则建议为 18~25m^2。

起居室开间尺寸呈现一定的弹性，有在小户型中满足基本功能的 3600mm 小开间“迷你型”起居室，也有大户型中追求气派的 6000mm 大开间的“舒适型”起居室，如图 17-17 所示。

● 常用尺寸：一般来讲，110~150 ㎡的三室两厅套型设计中，较为常见和普遍使用的起居面宽为 4200~4500mm。
● 经济尺寸：当用地面宽条件或单套总面积受到某些原因限制时，可以适当压缩起居面宽至 3600mm。
● 舒适尺寸：在追求舒适的豪华套型中，其面宽可以达到 6000mm 以上。

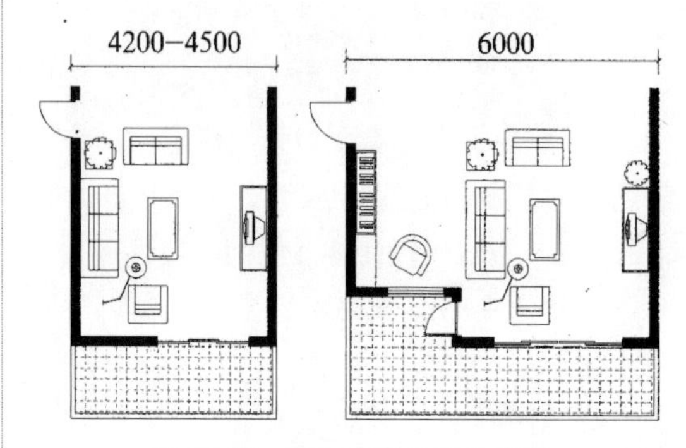

图 17-17 客厅面宽与家具布置

17.2.3 厨房设计

市场调研表明，近几年居住者希望扩大厨房面积的需求依然较为强烈。目前新建住宅厨房已从过去的平均 5~6 ㎡扩大到 7~8 ㎡，但从使用角度来讲，厨房面积不应一味扩大，面积过大、厨具安排不当，会影响到厨房操作的工作效率。

厨房的常见配置有下列 5 种。

（1）一字形厨房。

一字形厨房的平面布局即只在厨房空间的一侧墙壁上布置家具设备，一般情况下水池置于中间，冰箱和炉灶分布在两侧。这种类型的厨房工作流程完全在一条直线上进行，就难免使 3 点之间的工作互相干扰，尤其是多人同时进行操作时。因此，3 点间的科学站位，就成为厨房工作顺利进行的保证。

一字形厨房在布置时，冰箱和炉灶之间的距离应控制在 2.4~3.6m，若距离小于 2.4m，橱柜的储藏空间和操作台会很狭窄。距离过长，则会增加厨房工作往返的路程，使人疲劳从而降低工作效率，如图 17-18 所示。

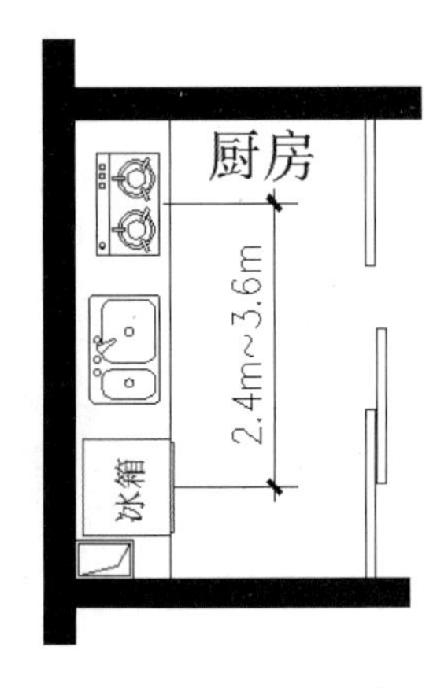

图 17-18　一字形厨房

（2）二字形厨房（双列型厨房）。

二字形厨房的布局即是在厨房空间相对的两面墙壁布置家具设备，可以重复利用厨房的走道空间，提高空间的作用效率。二字形厨房可以排成一个非常有效的“工作三角区”，通常是将水池和冰箱组合在一起，而将炉灶设置在相对的墙上。

此种布局形式下，水池和炉灶往返最频繁，距离在 1.2~1.8m 较为合理，冰箱与炉灶间净宽应在 1.2~2.1m。同时人体工程专家建议，二字形厨房空间净宽应不小于 2.1m。最好在 2.2~2.4m，这样的格局适用于空间狭长型的厨房，可容纳几个人同时操作，但分开的两个工作区仍会给操作带来不便，如图 17-19 所示。

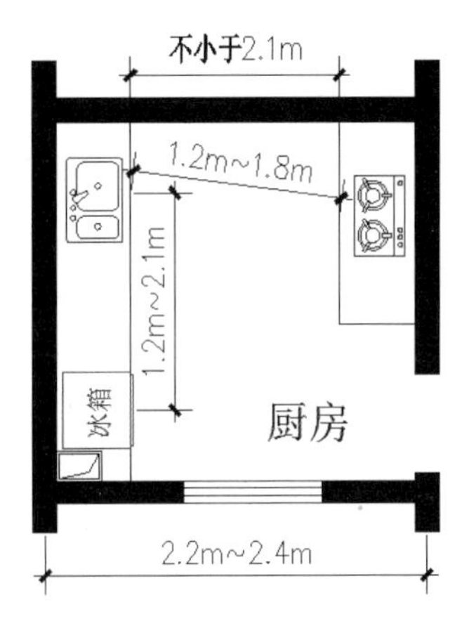

图 17-19　二字形厨房

（3）L 形厨房

L 形厨房的布局是沿厨房相邻的两边布置家具设备，这种布置方式比较灵活，橱柜的储藏量比较大，既方便使用又能在一定程度上节省空间。

这种布置方式动线短，是很有效率的厨房设计。为了保证“工作三角区”在有效的范围内，L 形的较短一边长不宜小于 1.7m，较长一边在 2.8m 左右，水池和炉灶间的距离在 1.2~1.8m，冰箱与炉灶距离应在 1.2~2.7m，冰箱与水池距离在 1.2~2.1m，如图 17-20 所示。

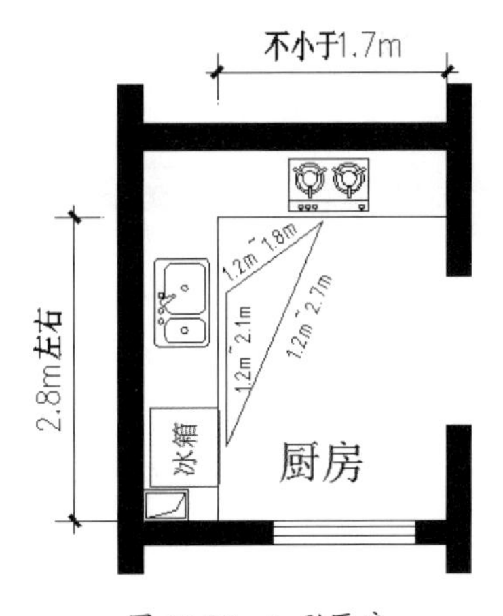

图 17-20　L 形厨房

同时也应满足人体的活动要求，水槽与转角间应留出 30cm 的活动空间，以配合使用者操作上的需要。但是也可能由于工作三角形的一边与厨房过道交合产生一定的干扰。

（4）U 形厨房

U 形厨房的布局即厨房的 3 边墙面均布置家具设备，这种布置方式操作面长，储藏空间充足，空间充分利用，设计布置也较为灵活，基本集中了双列型和 L 形布局的优点。

水池置于厨房的顶端，冰箱和炉灶分设在其两翼。U 形厨房的最大特点在于，厨房空间工作流线与其他空间的交通可以完全分开，避免了厨房内其他空间之间的相互干扰，如甲在水池旁进行清洗的时候，绝对不会阻碍到乙在橱柜中取物品。U 形厨房“工作三角区”的 3 边宜设计成一个三角形，这样的布局动线简洁、方便，而且距离最短。U 形相对两边内两侧之间的距离应在 1.2~1.5m，使其符合“省时、省力工作三角区”的要求，如图 17-21 所示。

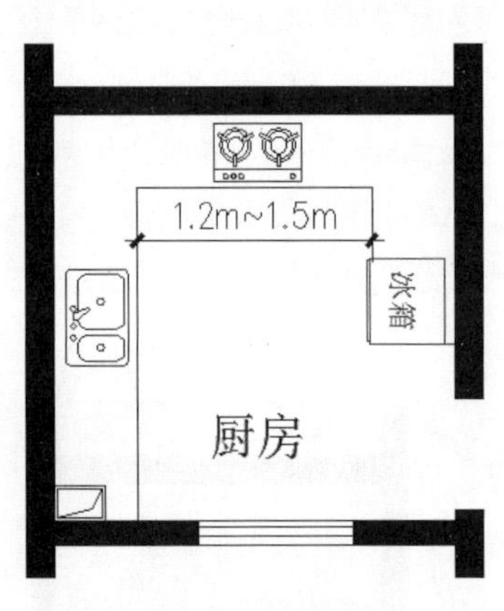

图 17-21　U 形厨房

（5）岛型厨房

岛型厨房是沿着厨房四周设立橱柜，并在厨房的中央设置一个单独的工作台，人的厨房操作活动围绕这个“岛”进行。这种布置方式适合多人参与厨房工作，创造活跃的厨房氛围，增进家人之间的感情交流，由于各个家庭对于“岛”内的设置各异，如纯粹作为一个料理台或在上面设置炉灶和水池，使“工作三角区”变得不固定，但是仍然要遵循一些原则，使工作能够顺利进行。无论是单独的操作岛还是与餐桌相连的岛，边长不得超过 2.7m，岛与橱柜中间至少间隔 0.9m，如图 17-22 所示。

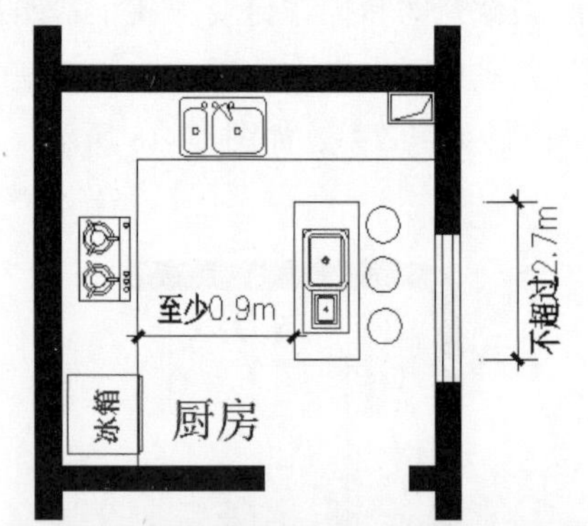

图 17-22　L 形 + 岛型台厨房

17.2.4　卫生间设计

卫生间设计时应注意保持良好的自然采光与通风。无自然通风的卫生间应采取有效的通风换气措施。在实际工程设计中，往往将自然通风与机械排风结合起来，以提高使用的舒适性。

卫生间的地面应设置地漏并具有可靠的排水、防水措施，地面装饰材料应具有良好的防滑性能，同时易于清洁，卫生间门口处应有防止积水外溢的措施。墙面和吊顶能够防潮，维护结构采用隔声性能较强的材料，如图 17-23 所示为卫生间效果图。

图 8-23　卫生间装修效果图

1. 卫生间设计要求

设计中要考虑以下要求。

- 有适当的面积，满足设备设施的功能和使用要求；设备、设施的布置及尺度要符合人体工程学的要求；创造良好的室内环境。设计基本上以方便、安全、私密、易于清理为主。
- 厕所、盥洗室、浴室不应直接设置在餐厅、食品加工或贮存、电气设备用房等有严格卫生要求或防潮要求的用房上层。
- 男女厕所宜相邻或靠近布置，以便于寻找和上下水管道和排风管道的集中布置，同时应注意避免视线的相互干扰。
- 卫生间宜设置前室。无前室的卫生间外门不宜同办公、居住等房门相对。
- 卫生间外门应保持经常关闭状态，通常在门上设弹簧门、闭门器等。
- 清洁间宜靠近卫生间单独设置。清洁间内设置拖布池、拖布挂钩和清洁用具存放的搁架。
- 卫生间内应设洗手台或者洗手盆，配置镜子、手纸盒、烘手器、衣钩等设施。
- 公用卫生间各类卫生设备的数量需按总人数和男女比例进行计算，并应符合相关建筑设计规范的规定。其中，小便槽按 0.65m 长度来换算成一件设备，盥洗槽按 0.7m 长度换算成一件设备。
- 卫生间地面标高应略低于走道标高，门口处高差一般约为 10mm，地面排水坡度不小于 5‰。
- 有水直接冲刷的部位 (如小便槽处) 和浴室内墙面应防水。

厕所、浴室隔间的最小尺寸如图 17-24 所示。隔断高度为：厕所隔断高 1.5~1.8m，淋浴、盆浴隔断高 1.8m。

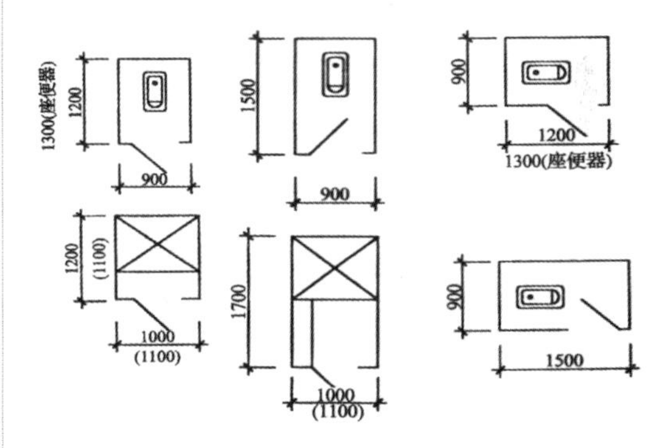

图 17-24　厕所隔间的最小尺寸

2. 卫生间设计尺寸

卫生设备间距应符合下列规定，如图 17-25 所示。

- 洗脸盆或盥洗槽水嘴中心与侧墙面净距不宜小于 550mm。
- 并列洗脸盆或盥洗槽水嘴中心间距不应小于 700mm。
- 单侧并列洗脸盆或盥洗槽外沿至对面墙的净距不应小于 1250mm。
- 双侧并列洗脸盆或盥洗槽外沿之间的净距不应小于 1800mm。

卫生设备间距规定依据以下几个尺度。

- 供一个人通过的宽度为550mm。
- 供一个人洗脸，左右所需尺寸为700mm，
- 前后所需尺寸（离盆边）为550mm。
- 供一个人捧一只洗脸盆将两肘收紧所需尺寸为700mm；隔间小门为600mm宽。

各款规定依据如下。

- 考虑靠侧墙的洗脸盆旁留有下水管位置或靠墙活动无障碍的距离。
- 弯腰洗脸左右尺寸所需。
- 一人弯腰洗脸，一人捧洗脸盆通过所需。
- 二人弯腰洗脸，一人捧洗脸盆通过所需。

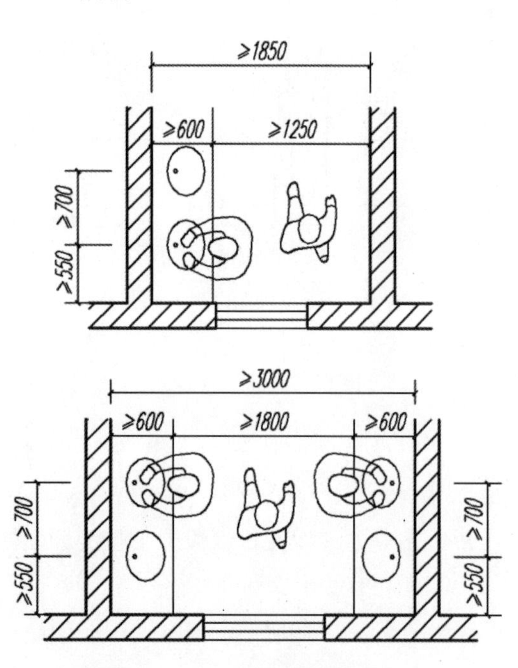

图 17-25　卫生设备间距的最小尺寸

17.2.5　卧室设计

卧室在套型中扮演着十分重要的角色。一般人的一生中近1/3的时间处于睡眠状态，拥有一个温馨、舒适的卧室是不少人追求的目标。卧室可以分为主卧室和次卧室，其效果图如图17-26所示。

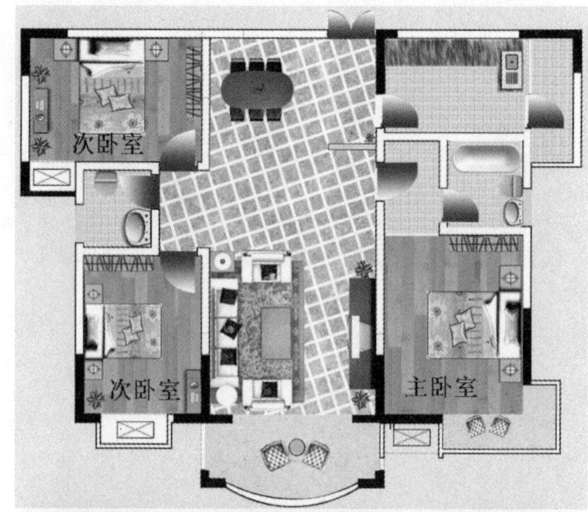

图 17-26　主卧室和次卧室效果图

1．卧室设计要点

卧室应有直接采光、自然通风。因此，住宅设计应千方百计地将外墙让给卧室，保证卧室与室外自然环境有必要的直接联系，如采光、通风和景观等。

卧室空间尺度比例要恰当。一般开间与

之比不要大于 1:2。

2．主卧室的家具布置

（1）床的布置。

床作为卧室中最主要的家具，双人床应居中布置，满足两人不同方向上下床的方便及铺设、整理床褥的需要，如图 17-27 所示。

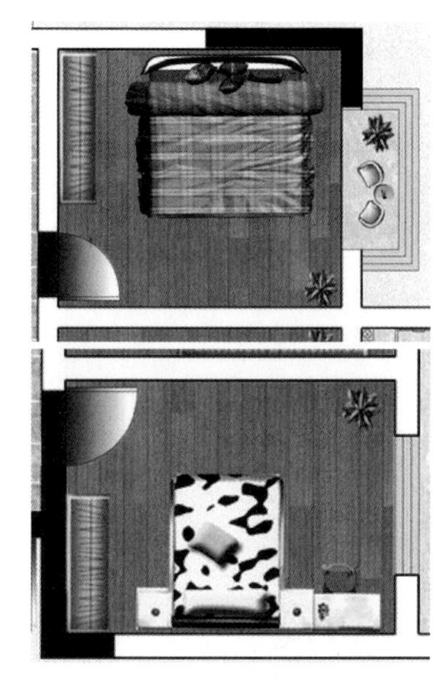

图 17-27　床的布置

（2）床周边的活动尺寸。

床的边缘与墙或其他障碍物之间的通行距离不宜小于 500mm；考虑到方便两边上下床、整理被褥、开拉门取物等动作的需要，该距离最好不要小于 600mm；当照顾到穿衣动作的完成时，如弯腰、伸臂等，其距离应保持在 900mm 以上，如图 17-28 所示。

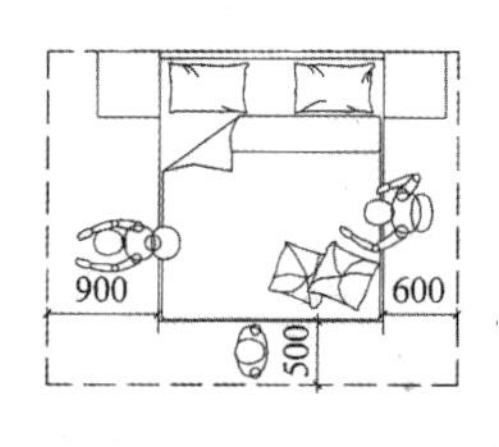

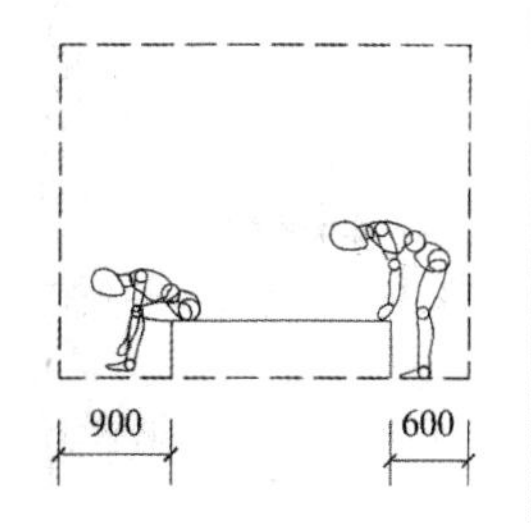

图 17-28　床边缘与其他障碍物之间的距离

（3）其他使用要求和生活习惯上的要求。

- 床不要正对门布置，以免影响私密性，如图 17-29 所示。

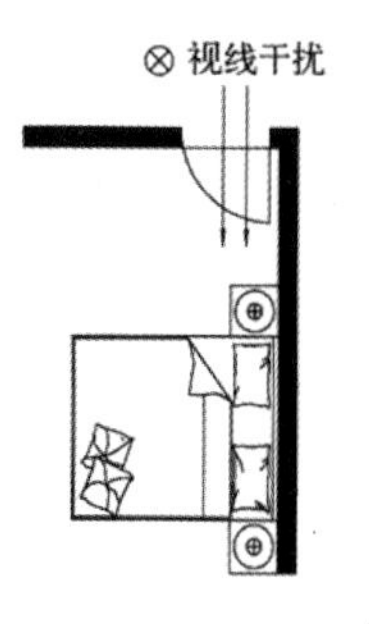

图 17-29　影响私密性的布置

- 床不宜紧靠窗摆放，以免妨碍开关窗和窗帘的设置，如图 17-30 所示。

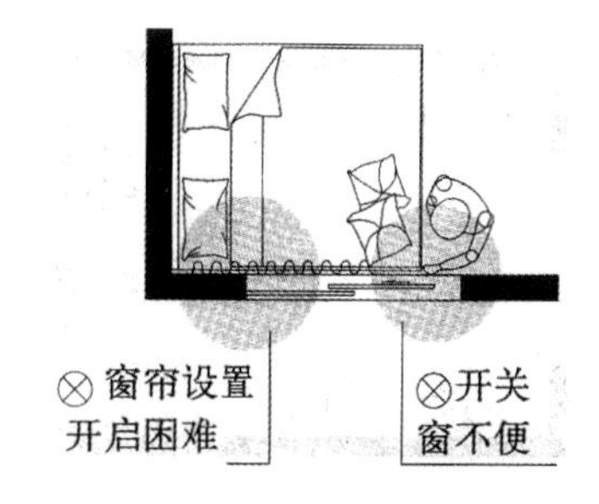

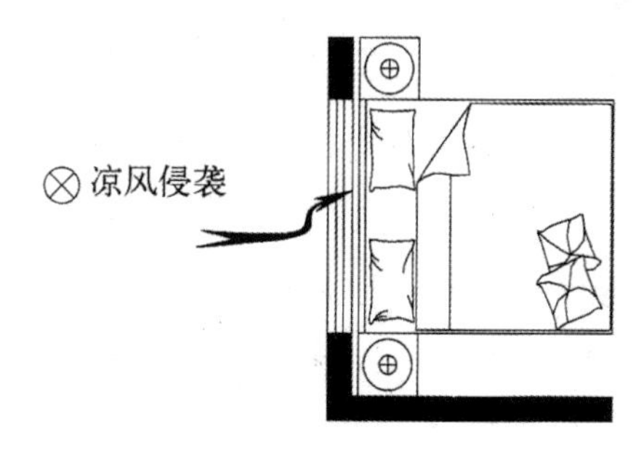

图 17-30　不宜靠窗布置床

- 寒冷地区不要将床头正对窗放置，以免使用者夜晚着凉，如图 17-31 所示。

图 17-31　床头不能正对窗放置

3．主卧室的尺寸

（1）面积。

一般情况下，双人卧室的使用面积不应小于 12 ㎡。

在常见的户型中，主卧室的使用面积适宜控制在 15~20 ㎡。过大的卧室往往存在空间空旷、缺乏亲切感、私密性较差等问题，此外还存在能耗高的缺点。

（2）开间。

不少人有躺在床上边休息边看电视的习惯，常见主卧室在床的对面放置电视柜的方式，造成对主卧开间的最大制约。

主卧室开间净尺寸可参考以下内容确定，如图 17-32 所示。

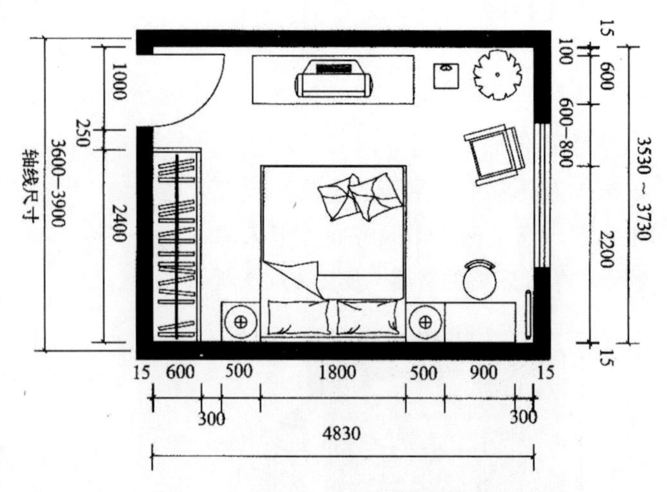

图中 15mm 为装修踢脚线高度，100mm 为电视柜距离墙面的距离

图 17-32 主卧室的平面布置尺寸

- 双人床长度为2000~2300mm。
- 电视柜或低柜宽度为 600mm。
- 通行宽度为 600mm 以上。
- 两边踢脚宽度和电视后插头凸出等引起的家具摆放缝隙所占宽度为 100~150mm。
- 面宽一般不宜小于 3300mm。设计为 3600~3900mm 较为合适。

17.3 综合案例：绘制居室室内平面布置图

本例室内设计中更多地考虑了业主的需要，以简约、高雅、实用的格调展开设计。实例的平面布置图，如图 17-33 所示。

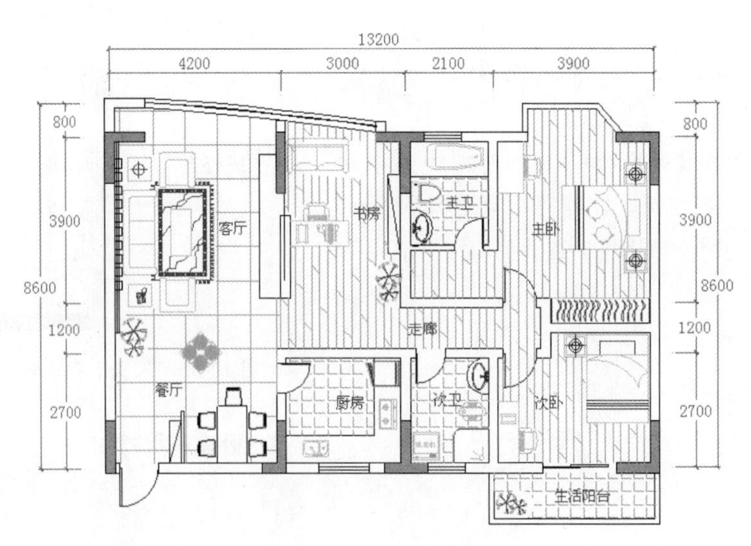

图 17-33 平面布置图

17.3.1　创建室内装饰图形

创建室内装饰图形的过程中，主要绘制鞋柜、电视地台和沙发背景墙等简单图形，一些较复杂的对象可以使用“插入”命令插入收集的素材。

step 01 从本例源文件夹中打开“建筑结构平面图.dwg”文件，作为平面布置图的编辑基础。将“家具”图层设为当前层。选择“矩形”命令和“直线”命令，在如图 17-34 所示的位置绘制 300×1000 和 80×1220 的两个矩形，并绘制连接矩形对角点的斜线。

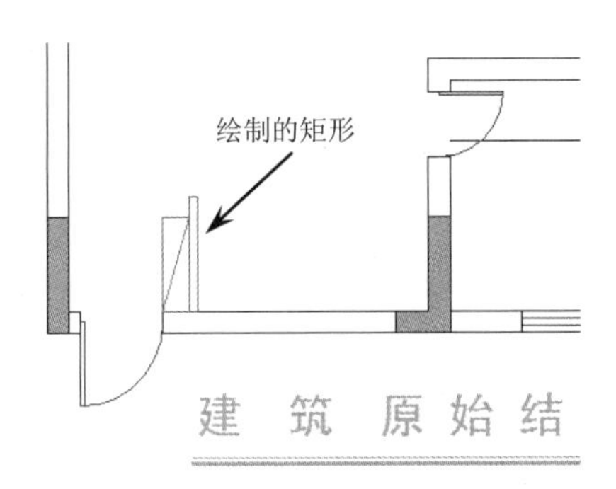

图 17-34　绘制矩形和斜线

step 02 选择“移动”命令，将绘制的矩形及斜线向右移动 280，结果如图 17-35 所示。

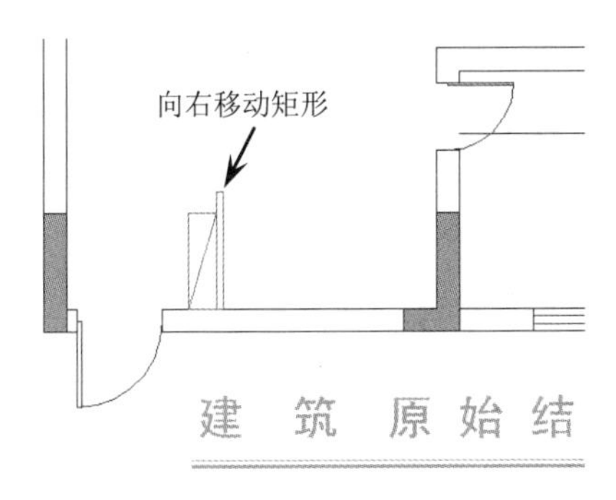

图 17-35　移动矩形

step 03 选择“偏移”命令、“延伸”命令和“修剪”命令，绘制出如图 17-36 所示的交叉直线。

step 04 使用“偏移”命令向右偏移刚才修剪好的垂直线段，偏移距离依次为 520mm、100mm、12mm、150mm，如图 17-37 所示。

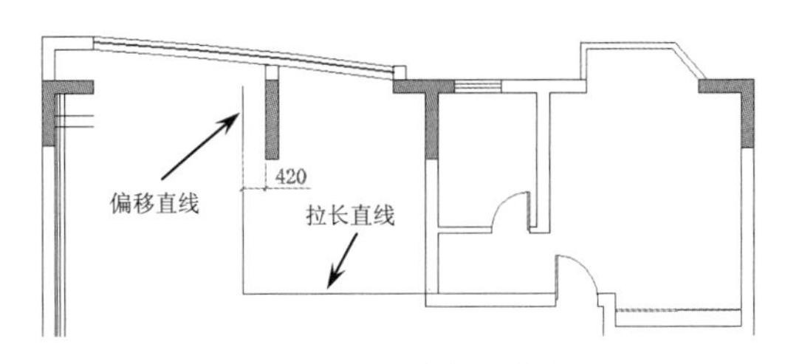

图 17-36　绘制交叉直线

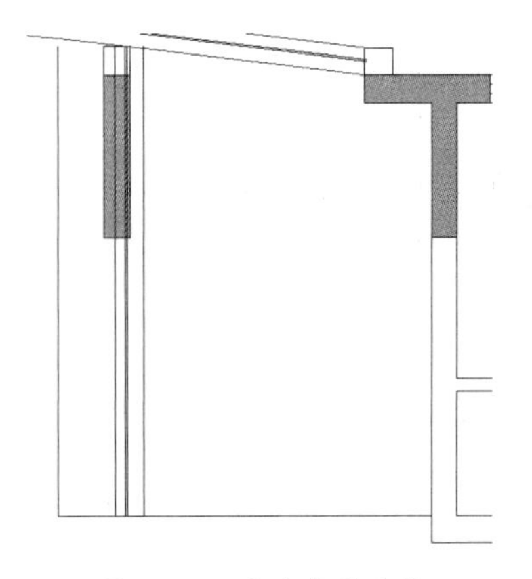

图 17-37　向右偏移直线

step 05 使用“偏移”命令向上偏移水平线段，偏移距离依次为 420mm、1500mm、450mm、1000mm，如图 17-38 所示。

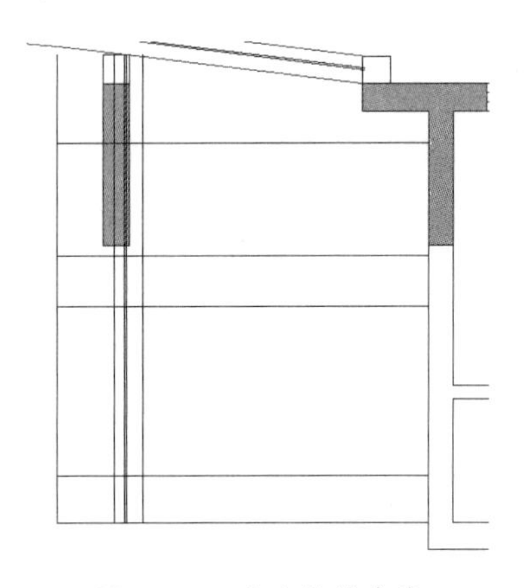

图 17-38　向上偏移直线

step 06 使用“修剪”命令对线段进行修剪，创建电视地台与电视墙的平面效果，如图 17-39 所示。

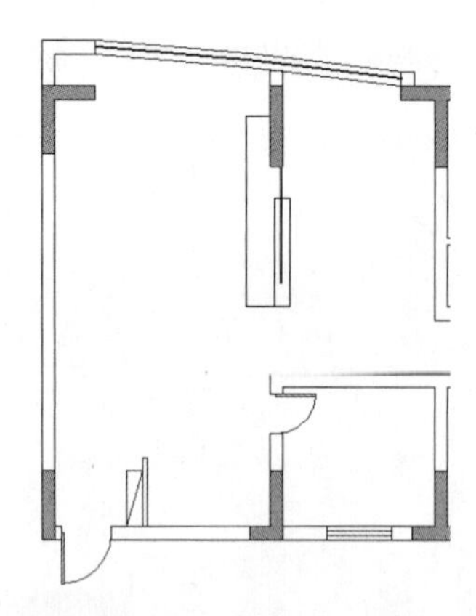

图 17-39 修剪偏移的直线

step 07 使用“偏移”命令向右偏移客厅左侧的内墙线，偏移距离依次为 50mm、50mm、80mm，如图 17-40 所示。

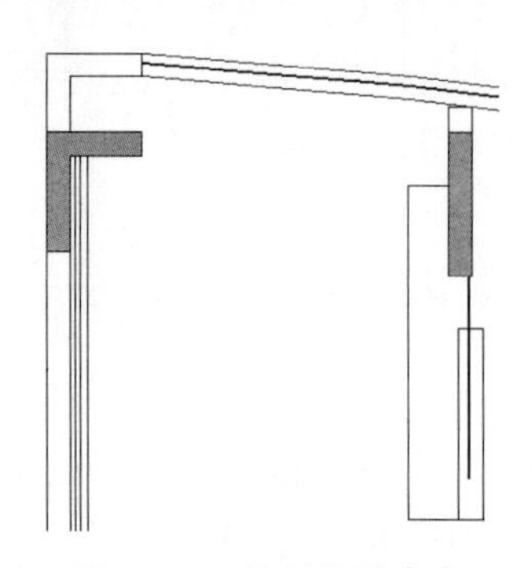

图 17-40 绘制偏移直线

step 08 使用“偏移”命令向下偏移客厅上边的内墙线，偏移距离为 4500mm，使用“修剪”命令修剪多余线段，创建的沙发背景墙平面效果图，如图 17-41 所示。

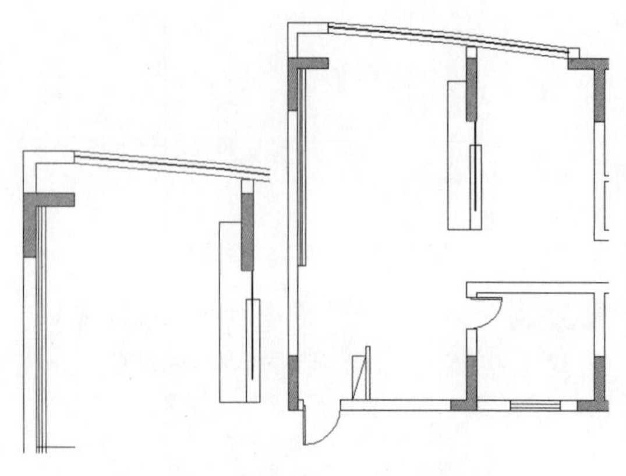

图 17-41 绘制沙发背景墙平面图效果

17.3.2 插入装饰图块

在绘制室内设计图时，通常会使用“插入”命令插入收集的素材，这样可以提高绘图的效率。

step 01 选择“工具”|“选项板”|“设计中心”命令，打开“设计中心”选项板。

step 02 在“设计中心”选项板中选择本例素材中的“图库 .dwg”文件。然后在展开的树列中单击“块”选项，此时选项板右侧显示所有块对象的预览，如图 17-42 所示。

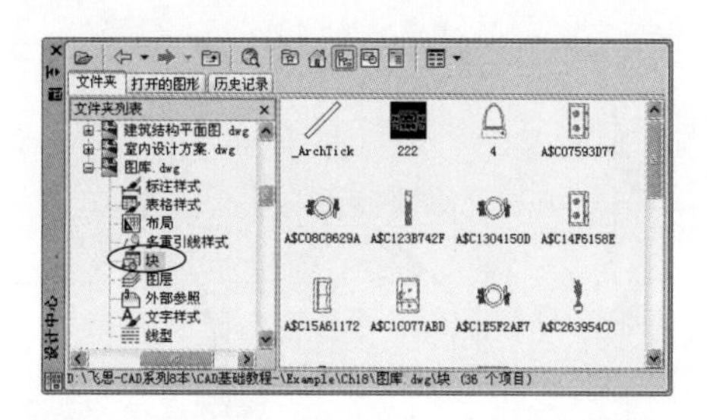

图 17-42 通过“设计中心”打开块对象

step 03 双击要插入的“沙发”图块，打开“插入”对话框，单击“确定”按钮，返回绘图区。拾取一点插入“沙发”图块，图 17-43 所示。

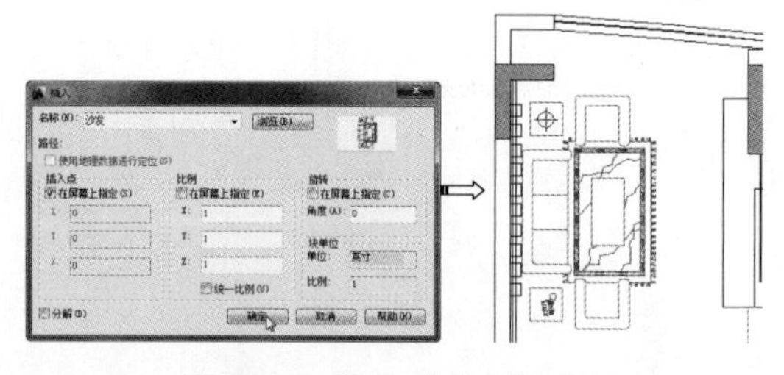

图 17-43 插入“沙发”图块

step 04 使用同样的方法，在客厅和餐厅中插入“图库 .dwg”素材文件中的餐桌图块和植物图块，如图 17-44 所示。

step 05 选择“偏移”命令，对厨房中的内墙线进行偏移，偏移距离为 650mm，然后使用“修剪”命令对其进行修剪，结果如图 17-45 所示。

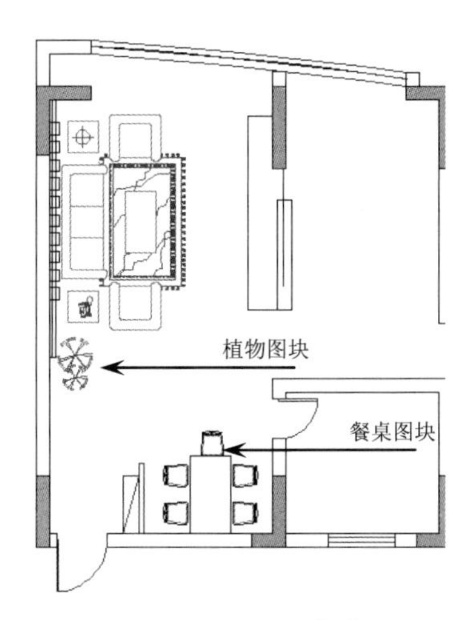

图 17-44　插入植物和餐桌图块

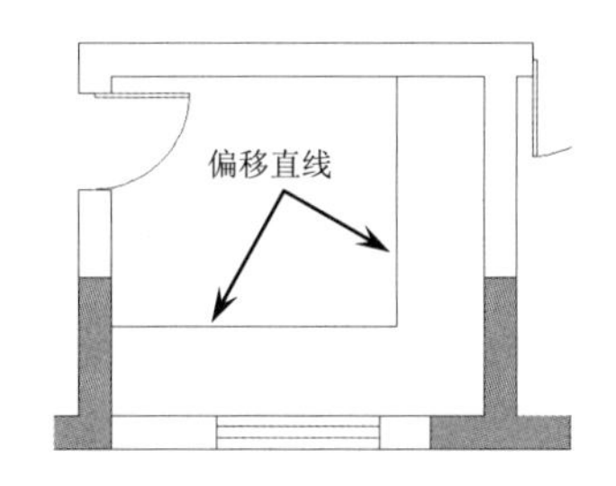

图 17-45　绘制偏移直线，编辑修剪

step 06 在厨房区域插入“图库.dwg”素材文件中的冰箱、洗菜盆、煤气灶图块；在主卧室中插入衣柜、双人床图块；在次卧室中插入小衣柜、单人床、椅子图块。效果如图 17-46 所示。

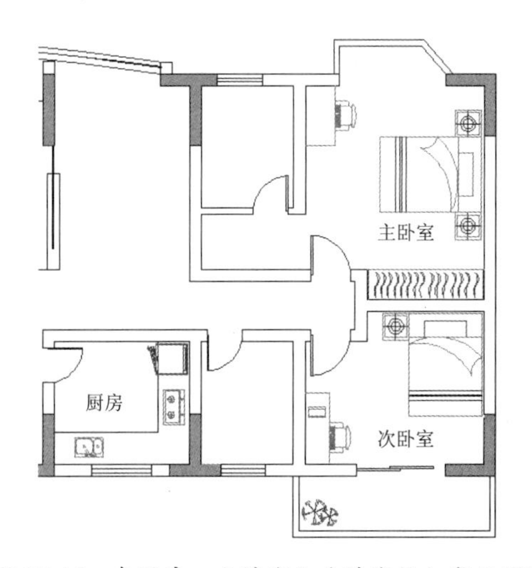

图 17-46　在厨房、主卧室和次卧室插入家具图块

step 07 在书房区域插入办公椅、沙发和植物图块；在卫生间区域插入浴缸、面盆、洗衣机、蹲便器和座便器图块，如图 17-47 所示。

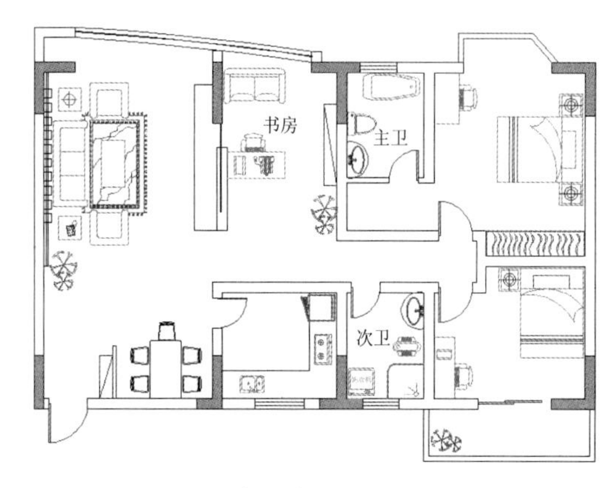

图 17-47　在书房和卫生间插入图块

17.3.3　填充室内地面

使用“插入”命令插入收集的素材后，需要为地面填充材质。填充地面材质时，可以使用“多段线”命令绘制作为填充区域的辅助线条。

step 01 将“填充”图层设为当前层，按 F3 和 F8 键，关闭对象捕捉和正交功能。选择“直线”命令，在客厅和餐厅中绘制一条如图 17-48 所示的连接线。

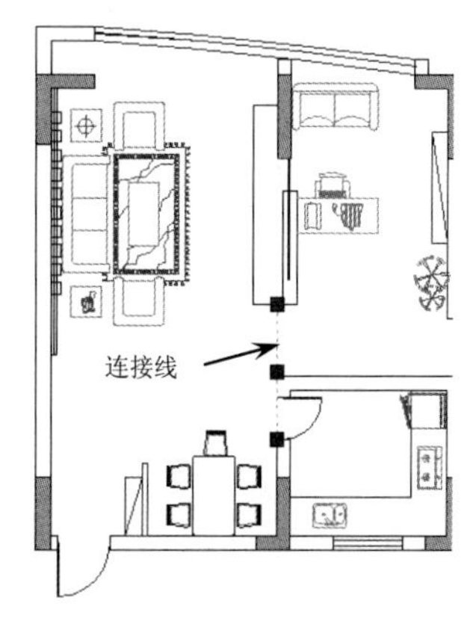

图 17-48　绘制连接直线

step 02 选择“填充”命令，在打开的“填充图案创建”选项卡中选择NET图案，并设置图案的比例为8000，然后选择客厅区域进行填充。填充的结果如图17-49所示。

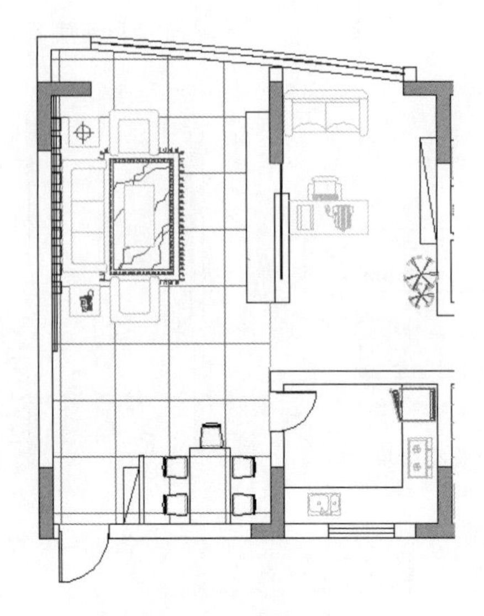

图17-49 为客厅填充图案

step 03 同理，在书房、过道、主卧、次卧中，选择填充样例为DOLMIT，设置角度为90°，比例为30，填充后的效果如图17-50所示。

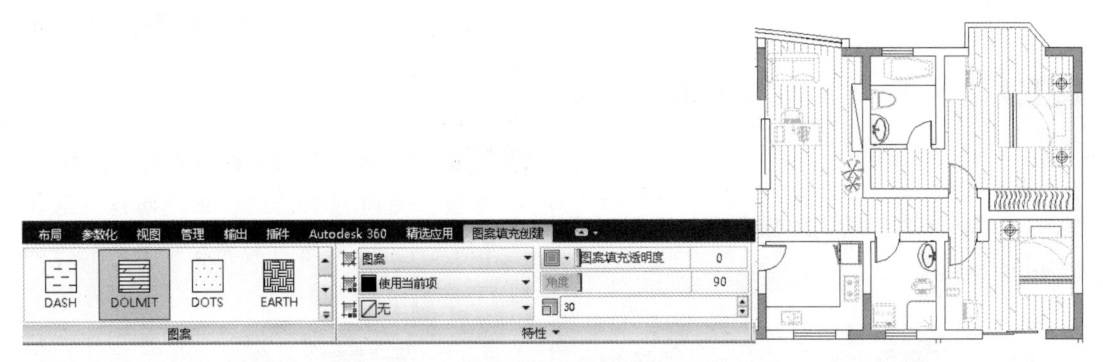

图17-50 填充书房、过道、主卧和次卧

step 04 选择填充样例为ANGIE图案，分别在厨房、卫生间、卧室阳台进行填充。设置比例为40，填充效果如图17-51所示。

图17-51 填充厨房、卫生间、卧室阳台

17.3.4　添加文字说明

创建文字说明，可以使客户很清楚各个房间的功能，更利于与客户沟通，以及清楚地表达设计的内容。

step 01 将“文字”图层设为当前层，选择“多行文字”命令，在客厅位置拖曳出一个矩形框，确定创建文字的区域，如图 17-52 所示。

step 02 在弹出的文字编辑器中创建“客厅”说明文字，设置字体高度为 300，字体为宋体，颜色为红色，如图 17-53 所示。

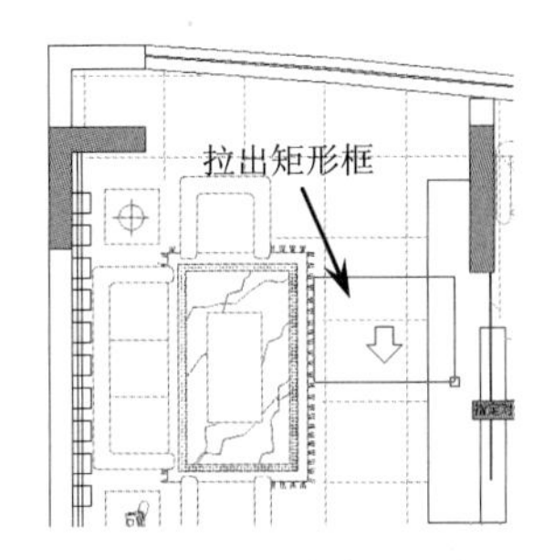

图 17-52　创建矩形框

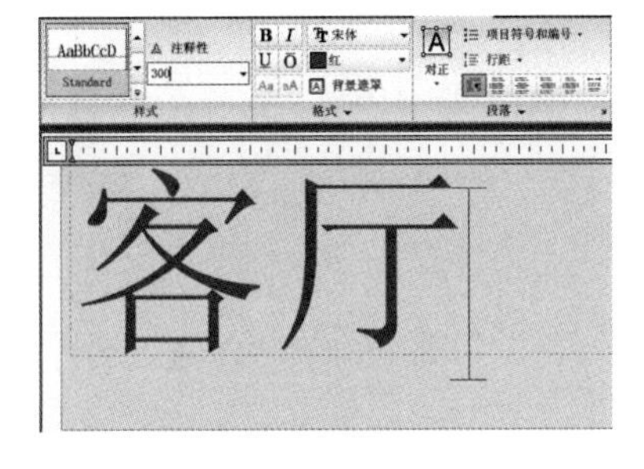

图 17-53　创建多行文字

step 03 使用同样方法创建餐厅、卧室、书房等文字，如图 17-54 所示。

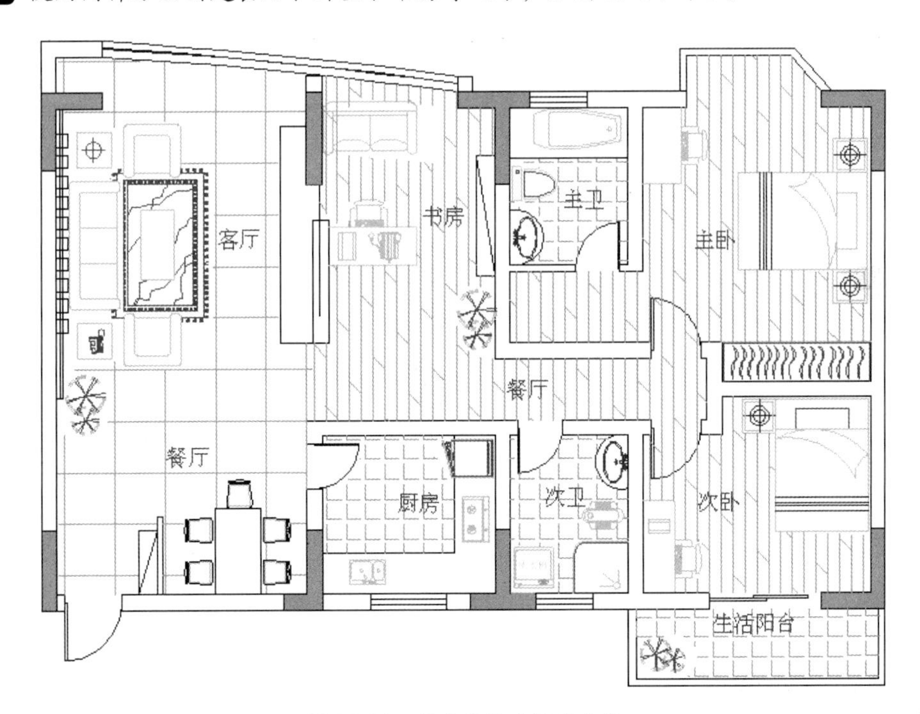

图 17-54　创建其他房间的文字

step 04 将“图库 .dwg”素材文件中的“局部剖面详图标记”复制到图形中，如图 17-55 所示。

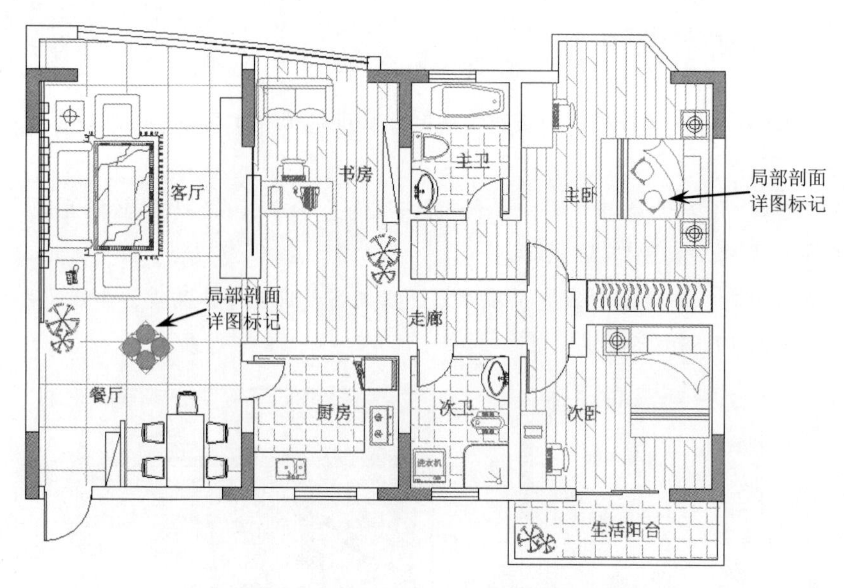

图 17-55 复制“局部剖面详图”标记

step 05 使用“多行文字”命令创建图形说明文字“平面布置图”，并设置文字高度为 480，如图 17-56 所示，完成平面布置图的创建。

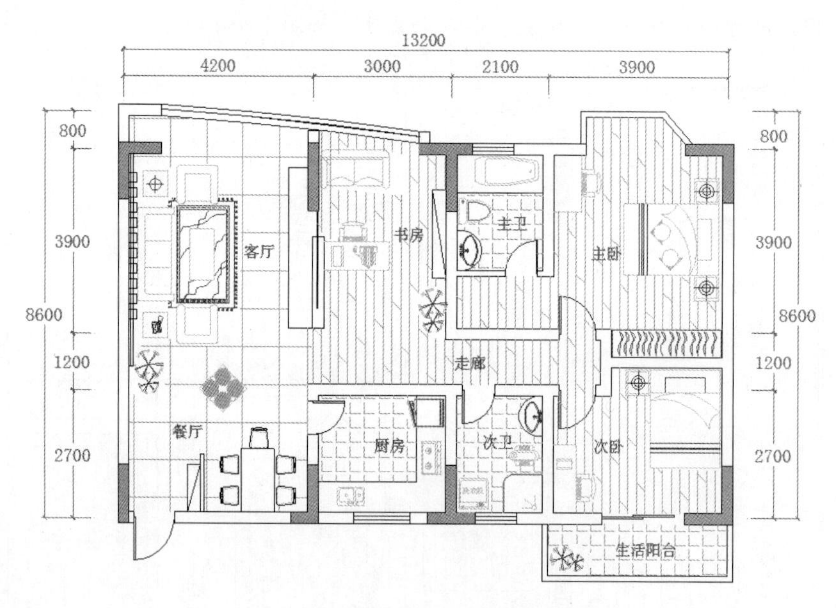

图 17-56 绘制完成的平面布置图

17.4 课后练习

在综合所学知识的前提下，通过绘制如图 17-57 所示的室内平面布置图，熟悉室内用具的快速布置方法和布置技巧。

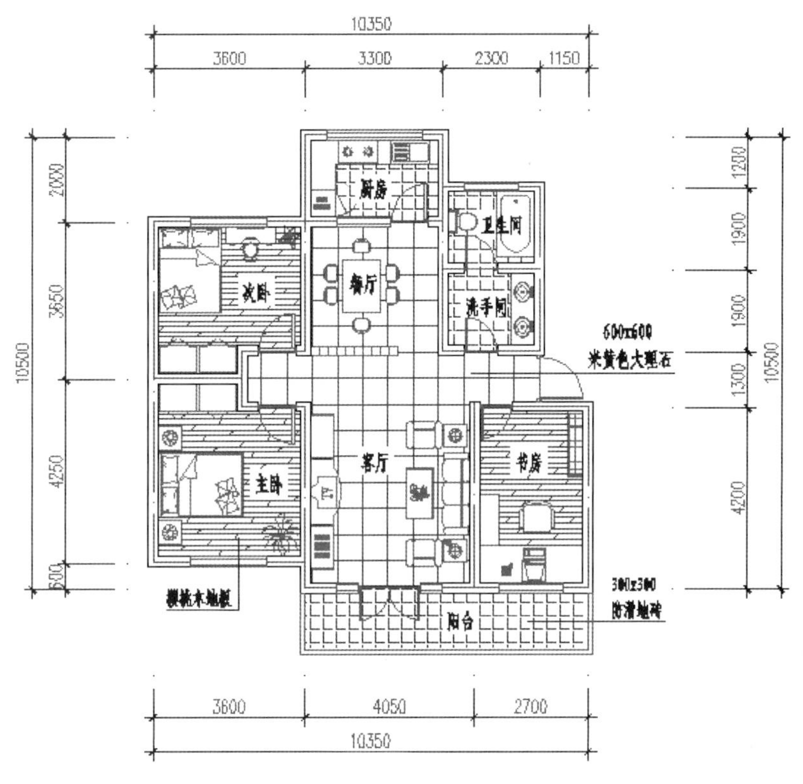

图 17-57　室内平面布置图

练习步骤：

（1）打开原始户型图，进行家具布置，如图 17-58 和图 17-59 所示。

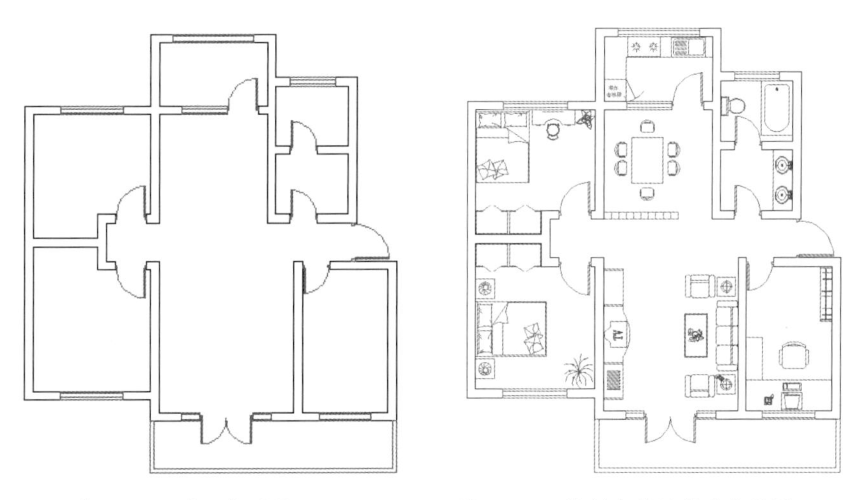

图 17-58　原始户型图　　　　图 17-59　绘制完成的家具布置图

（2）绘制户型图地面材质图。绘制如图 17-60 所示的地面材质图，主要学习室内地面装修材料的快速表达方法和绘制技巧。

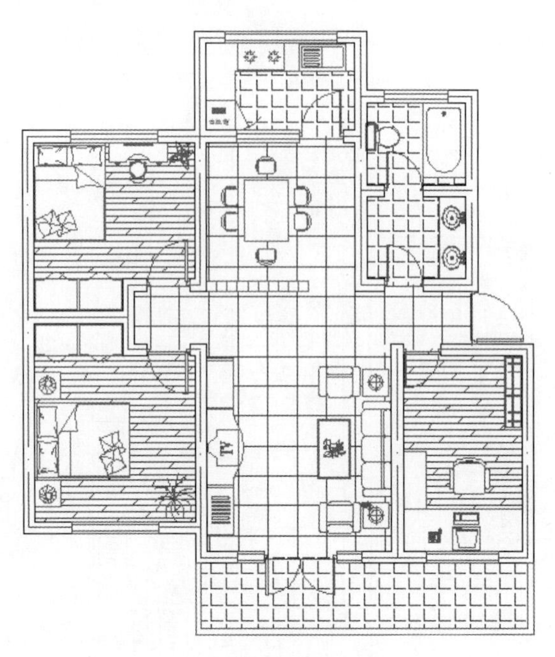

图 17-60　地面材质效果图

（3）标注尺寸与文字。标注如图 17-61 所示的文字注解，主要学习户型图房间功能及地面材质的快速标注方法和标注技巧。

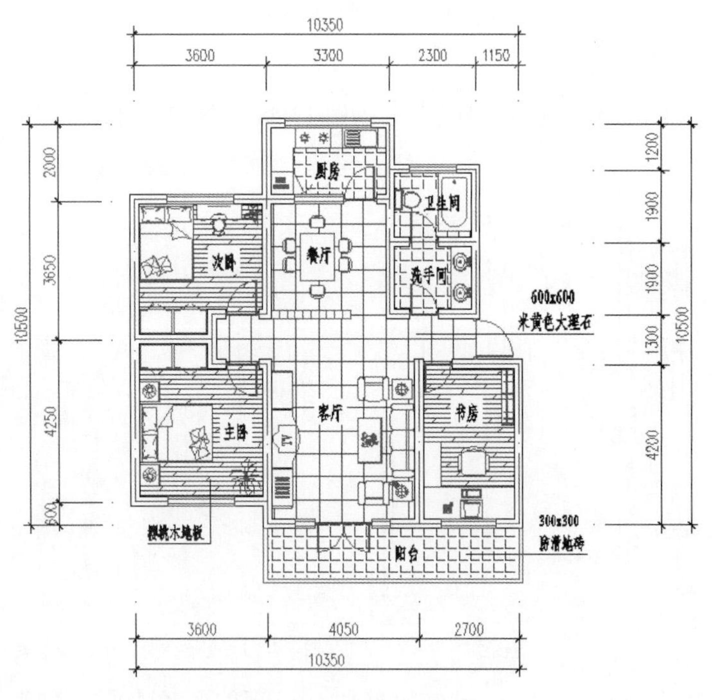

图 17-61　标注完成的效果

第 18 章

建筑室内顶棚平面图设计

本章内容

本章将重点讲解建筑室内装饰施工设计的表现——顶棚平面图的相关理论及制图知识。室内装饰施工图属于建筑装饰设计范围，在图样标题栏的图别中简称“装施”或“饰施”。

知识要点

- ☑ 顶棚的设计形式
- ☑ 室内顶棚平面图的设计方法
- ☑ 吊顶装修必备知识
- ☑ 绘制某服饰旗舰店的顶棚平面图

18.1 建筑室内顶棚平面图的设计要点

顶棚设计，在建筑装饰行业中常称呼为“吊顶”，它是室内空间的主要界面，其设计必须满足功能要求、艺术要求、经济性和整体性要求。

用假想的水平剖切面从房屋门、窗台位置把房屋剖开，并向顶棚方向进行投影，所得的视图就是顶棚平面图，如图 18-1 所示。

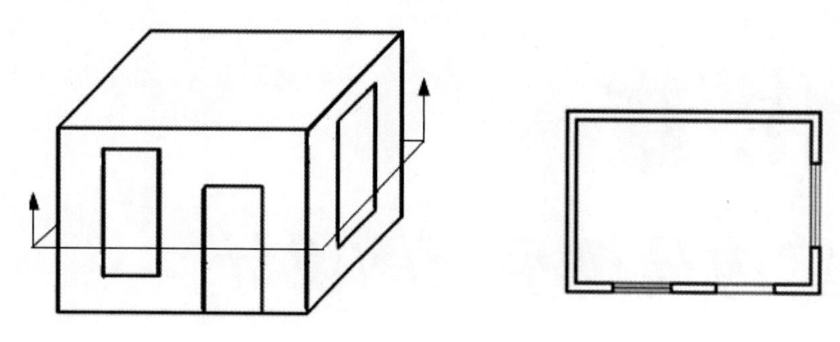

图 18-1 顶棚平面图形成示意图

根据顶棚图可以进行顶棚材料的准备和施工，购置顶棚灯具和其他设备，以及灯具、设备的安装等工作。

表示顶棚时，既可以使用水平剖面图，也可以使用仰视图。两者唯一的区别是：前者画墙身剖面（含其上的门、窗、壁柱等），后者不画，只画顶棚的内轮廓，如图 18-2 所示。

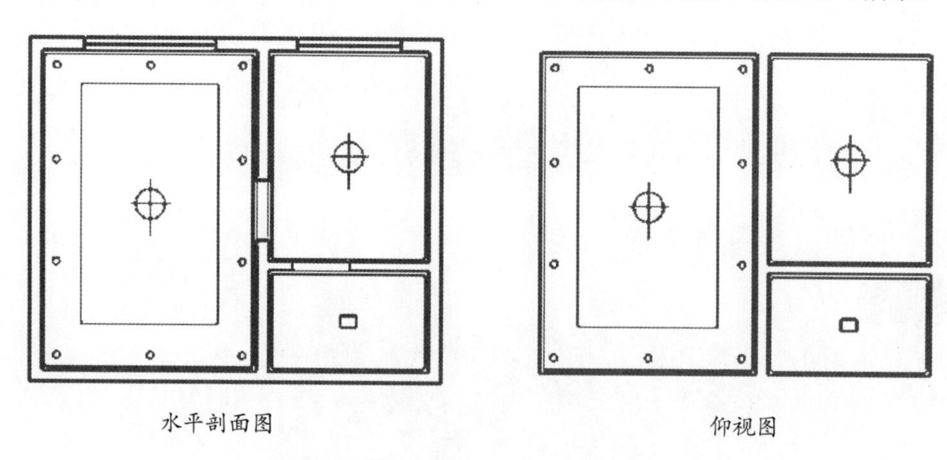

图 18-2 顶棚平面图的表达

1. 顶棚平面图的主要内容

主要表达室内各房间顶棚的造型、构造形式、材料要求，顶棚上设置的灯具的位置、数量、规格，以及在顶棚上设置的其他设备的情况等内容。

2．顶棚平面图的画法与步骤

（1）取适当比例（常用 1:100、1:50），绘制轴线网。

（2）绘制墙体（柱）、楼梯等构（配）件，以及门窗位置（可以不绘制门窗图例）。

（3）绘制各房间顶棚造型。

（4）布置灯具以及顶棚上的其他设备。

（5）标注顶棚造型的尺寸，各房间顶棚底面标高，书写顶棚材料、灯具要求，以及其他有关的文字说明。

（6）标注房间开间、进深尺寸，轴线编号，书写图名和比例。

如图 18-3 所示为某户型的顶棚平面图。

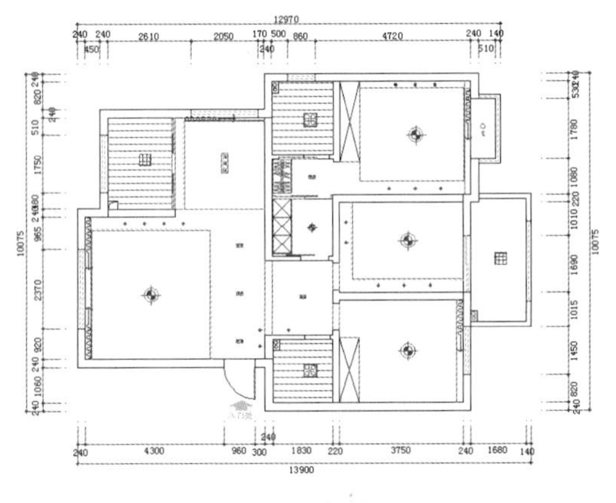

图 18-3　顶棚平面图

3．顶棚平面图的标注

顶棚平面图的标注应包含以下内容。

- 天花底面和分层吊顶的标高。
- 分层吊顶的尺寸和材料。
- 灯具、风口等设备的名称、规格和能够明确其位置的尺寸。
- 详图索引符号。
- 图名和比例等。

为了方便施工人员查看标注图例，一般把顶棚平面图中使用过的图例列表加以说明，如图 18-4 所示为图例表的说明形式。

序号	图形	名称	06		射灯
01		造型吊灯	07		暗藏灯带
02		单管日光灯	08		窗帘盒
03		35*35日光灯	09		浴霸
04		排风扇	10		吸顶灯
05		筒灯	11		镜前灯

图 18-4　顶棚平面图中使用的图例

18.2　吊顶装修的必备知识

“吊顶”对大多数人来说再熟悉不过了，下面介绍一些吊顶装修中的基本知识。

18.2.1　吊顶的装修种类

吊顶一般有平板吊顶、局部吊顶、藻井式吊顶等类型。

1．平板吊顶

平板吊顶一般是以 PVC 板、石膏板、矿棉吸音板、玻璃纤维板、玻璃等材料，照明灯卧于顶部平面之内或吸于顶上，因此房间顶一般安排在卫生间、厨房、阳台和玄关等部位，如图 18-5 所示。

图 18-5　平板吊顶效果图

平板吊顶的构造做法是在楼板底下直接铺设固定龙骨（龙骨间距根据装饰板规格确定），然后固定装饰板主要用于装饰要求较高的建筑，如图 18-6 所示。

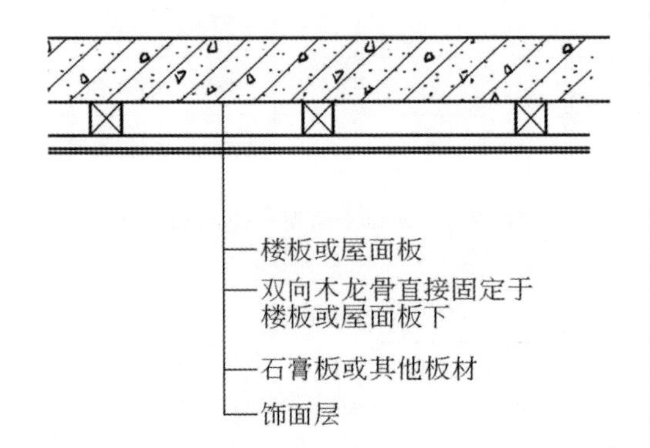

图 18-6　平板吊顶的构造图

2. 局部吊顶

局部吊顶是为了避免居室的顶部有水、暖、气管道，而且房间的高度又不允许进行全部吊顶的情况下，采用的一种局部吊顶的方式。这种方式的最好模式是，这些水、电、气管道靠近边墙附近，装修出来的效果与异型吊顶相似，如图 18-7 所示为玄关的局部吊顶效果图。

图 18-7　局部吊顶

据作者对装修行业的了解，目前大多数业主都喜欢在客厅做局部吊顶。做了吊顶使客厅看起来更加美观，因此，目前客厅做局部吊顶才会那么流行。局部吊顶也分好几种，如异型吊顶、格栅式吊顶、直线反光吊顶、凹凸吊顶、木质吊顶及无吊顶造型等。

- 异型吊顶：适用于卧室、书房等房间，在楼层比较低的房间，把顶部的管线遮挡在吊顶内，顶面可嵌入筒灯或内藏日光灯，产生“只见光影不见灯”的装饰效果。异型吊顶可以采用云形波浪线或不规则弧线，一般不超过整体顶面积的 1/3，产生浪漫、轻盈的感觉，如图 18-8 所示。
- 格栅式吊顶：先用木材或其他金属材料做成框架，镶嵌上透光或磨砂玻璃，光源在玻璃上面，造型生动、活泼，装饰的效果比较好，多用于阳台。其优点是光线柔和、轻松自然，如图 18-9 所示。

图 18-8　异型吊顶

图 18-9　格栅式吊顶

- 直线反光吊顶：目前这种造型比较普遍，大多数人比较崇尚简约、自然的装修风格，顶面只做简单的平面造型处理。据相关人员介绍，为避免单调，消费者会在电视墙的顶部利用石膏板做一个局部的直角造型，将射灯暗藏进去，晚上打开射灯看电视，轻柔、温和，别有一番情调，如图 18-10 所示。

图 18-10　直线反光吊顶

- 凹凸吊顶：这种造型也是选用石膏板，多用于客厅。如果顶面的高度允许，可以利用石膏板做一面造型，顶面凸起，四周内镶射灯，晚上打开灯就是一圈灯带，如图 18-11 所示。

图 18-11　凹凸吊顶

- 木质吊顶：木质吊顶比较厚重、古朴，可以用于卧室、客厅、阳台等。目前市场上有专门的木质吊顶板，厚度、长度、宽度都不尽相同，消费者可根据自家风格量身选择，如图 18-12 所示。

图 18-12　木质吊顶

- 无吊顶造型：由于城市的住房普遍较低，吊顶后感到压抑和沉闷，所以不做吊顶，只把顶面的漆面处理好即可的“无吊顶”装修方式也日益受到消费者的喜爱，如图 18-13 所示。

图 18-13　无吊顶造型

3. 藻井式吊顶

这类吊顶的前提是，房间必须有一定的高度（高于 2.85m），且房间较大。它的式样是在房间的四周进行局部吊顶，可以设计成一层或两层，装修后的效果有增加空间高度的感觉，还可以改变室内的灯光照明效果，如图 18-14 所示。

图 18-14　藻井式吊顶

18.2.2　吊顶顶棚的基本结构形式

常见的吊顶结构安装示意图，如图 18-15 所示。

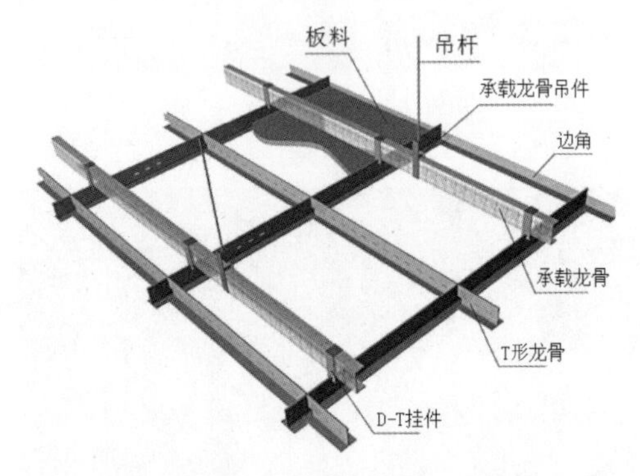

图 18-15　吊顶结构安装示意图

按顶棚面层与结构位置的关系分类，可分为直接式顶棚和悬吊式顶棚，如图 18-16 和图 18-17 所示。

图 18-16　直接式顶棚

图 18-17　悬吊式顶棚

直接式顶棚具有构造简单、构造层厚度小、可以充分利用空间、材料用量少、施工方便、造价较低的特点。因此，直接式顶棚适用于普通建筑及功能较为简单、空间尺度较小的场所。

1. 直接式顶棚的基本构造

包括直接抹灰构造、喷刷类构造、裱糊类顶棚构造、装饰板顶棚构造和结构式顶棚构造。

直接抹灰的构造做法是：先在顶棚的基层（楼板底）上刷一遍纯水泥浆，使抹灰层能与基层很好地粘合；然后用混合砂浆打底，再做面层。要求较高的房间，可以在底板增设一层钢板网，在钢板网上再做抹灰，这种做法强度高、结合牢、不易开裂脱落。抹灰面的做法和构造与抹灰类墙面装饰相同，如图 18-18 所示。

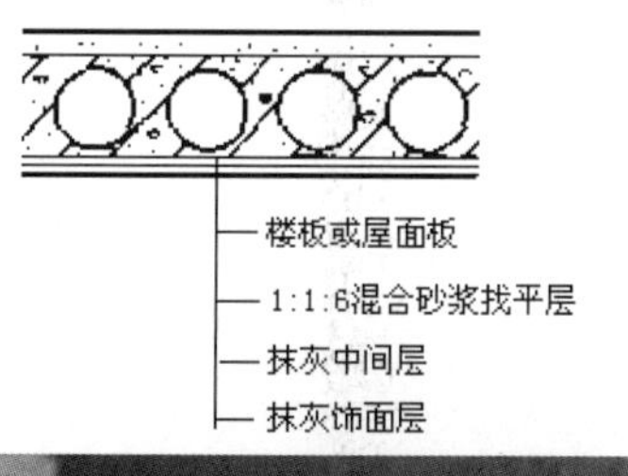

图 18-18　直接抹灰

喷刷类装饰顶棚是在上部屋面或楼板的底面直接用浆料喷刷而成的。常用的材料有石灰浆、大白浆、色粉浆、彩色水泥浆、可赛银等。其具体做法可参照涂刷类墙体饰面的构造，如图 18-19 所示。

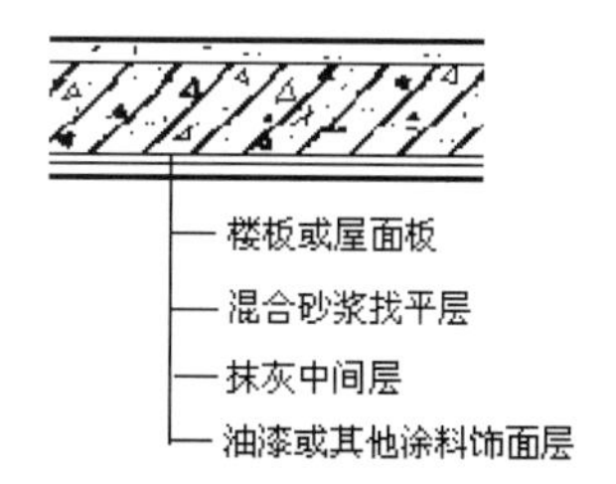

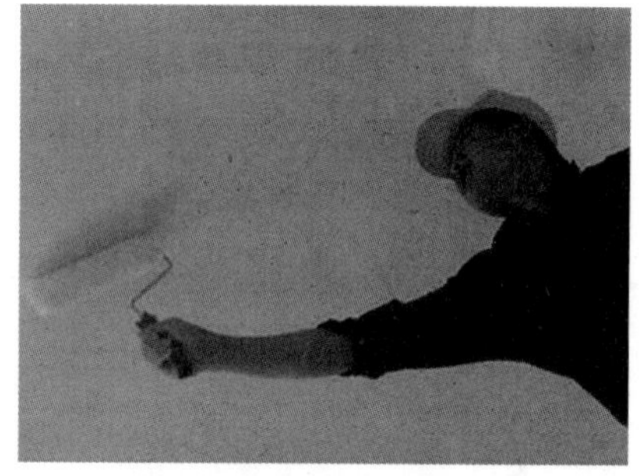

图 18-19　喷刷类顶棚构造

裱糊类顶棚是对于有些要求较高、面积较小的房间顶棚面而言的，可采用直接贴壁纸、贴壁布及其他织物的饰面方法。这类顶棚主要用于装饰要求较高的建筑，如宾馆的客房、住宅的卧室等空间。裱糊类顶棚的具体做法与墙饰面的构造相同，如图 18-20 所示。

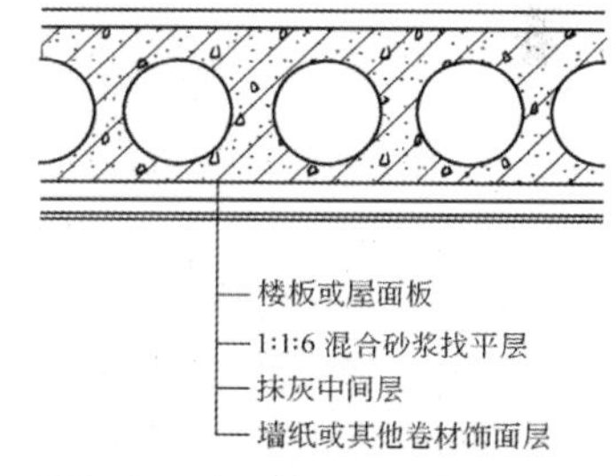

图 18-20　裱糊类顶棚构造

直接装饰板顶棚构造是，直接将装饰板粘贴在经抹灰找平处理的顶板上，结构如图18-21所示。

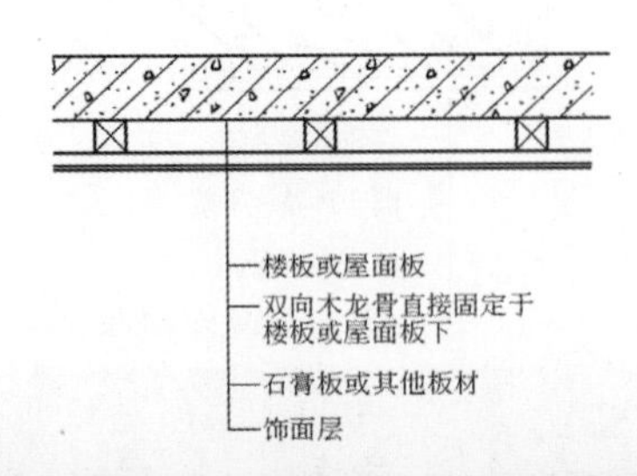

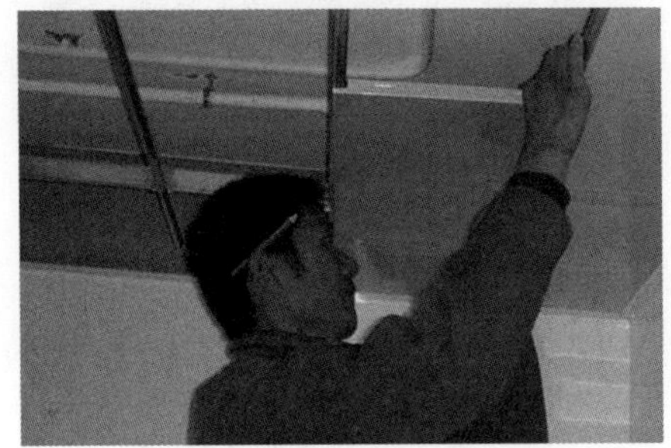

图 18-21　直接装饰板顶棚构造

结构式顶棚构造。将屋盖或楼盖结构暴露在外，利用结构本身的韵律进行装饰，不再另做顶棚，所以称为“结构式顶棚”。结构式顶棚充分利用屋顶结构构件，并巧妙地组合照明、通风、防火、吸声等设备，形成和谐统一的空间景观。一般应用于体育馆、展览厅、图书馆、音乐厅等大型公共性建筑中，如图18-22所示。

图 18-22　结构式顶棚构造

2. 悬吊式顶棚的基本构造

悬吊式顶棚的装饰表面与结构底表面之间留有一定的距离，通过悬挂物与结构连接在一起，如图18-23所示为常见悬吊式顶棚的结构安装示意图。可以结合灯具、通风口、音响、喷淋、消防设施等整体设计。

- 特点：立体造型丰富，改善室内环境，满足不同使用功能的要求。
- 类型外观：平滑式、井格式、叠落式、悬浮式顶棚。
- 龙骨材料：木龙骨、轻钢龙骨、铝合金龙骨悬吊式顶棚。

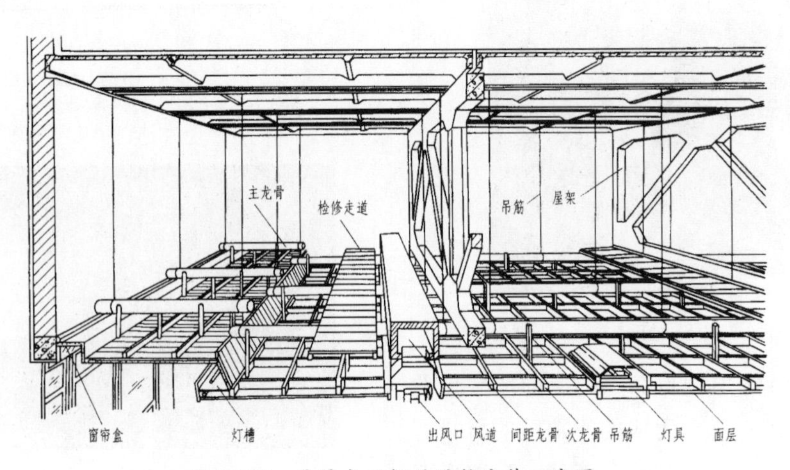

图 18-23　悬吊式顶棚的结构安装示意图

悬吊式顶棚的构造分为抹灰类顶棚、板材料顶棚和透光材料顶棚。

（1）抹灰类顶棚。

抹灰类顶棚的抹灰层必须附着在木板条、钢丝网等材料上，因此首先应将这些材料固定在龙骨架上，然后再做抹灰层。抹灰类顶棚包括板条抹灰顶棚和钢板网抹灰顶棚。板条抹灰顶棚装饰构造，如图 18-24 所示。

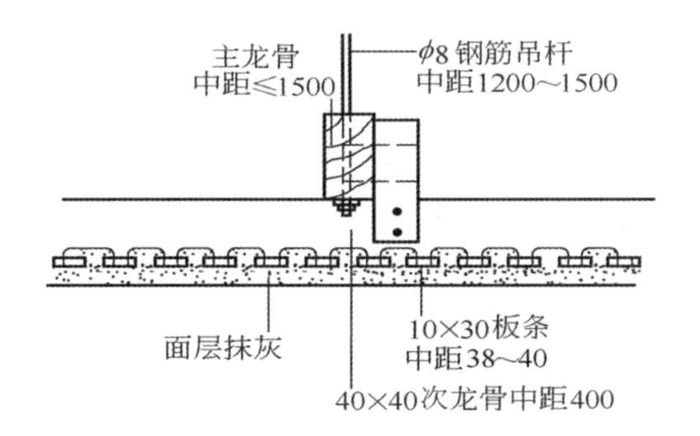

图 18-24 板条抹灰顶棚装饰构造

钢板网抹灰顶棚采用金属制品作为顶棚的骨架和基层。主龙骨用槽钢的型号由结构计算而定；次龙骨用等边角钢，中距为 400mm；面层选用 1.2mm 厚的钢板网；网后衬垫一层 Φ6mm，中距为 200mm 的钢筋网架；在钢板网上进行抹灰，如图 18-25 所示。

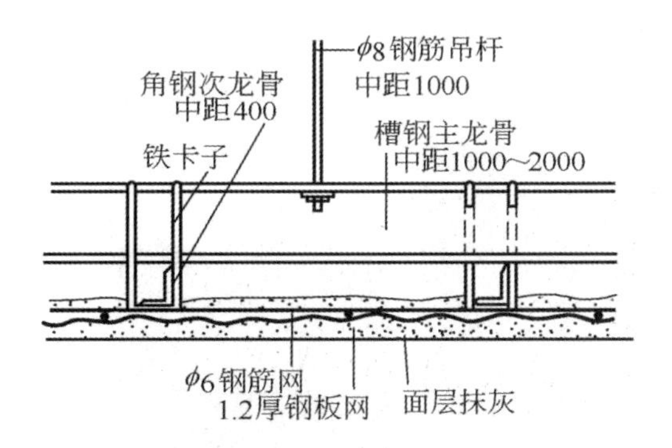

图 18-25 钢板网抹灰顶棚装饰构造

（2）板材类顶棚。

常见板材类顶棚包括：石膏板顶棚（如图 18-26 所示）、矿棉纤维板和玻璃纤维板顶棚（如图 18-27 所示）、金属板顶棚（如图 18-28 所示）等。

图 18-26 石膏板顶棚

图 18-27 矿棉纤维板顶棚

图 18-28 铝合金板顶棚

18.3 综合案例：绘制某服饰店顶棚的平面图

本例的某服饰旗舰店的顶棚平面图主要体现了顶面灯位及顶面装饰材料的设计。设计完成的某服饰旗舰店顶棚平面图，如图 18-29 所示。

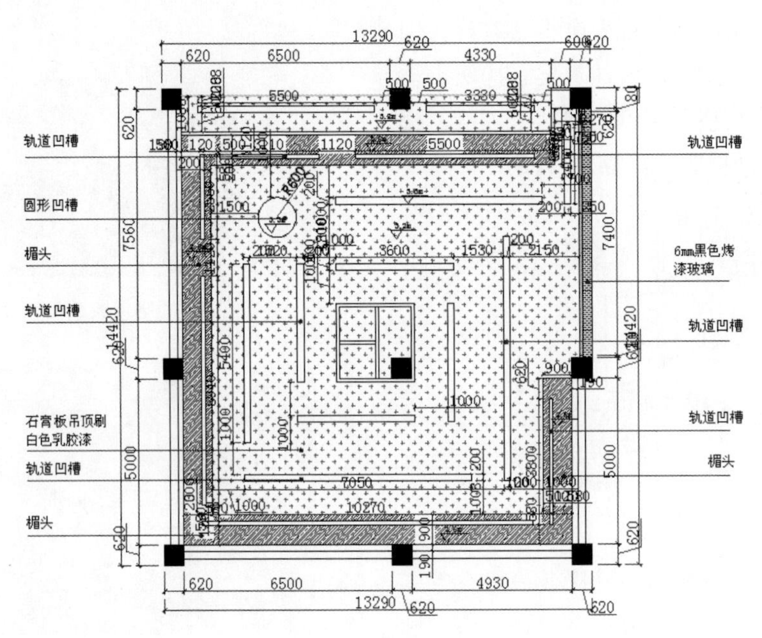

图 18-29 某服饰旗舰店的顶棚平面图

18.3.1 绘制顶面造型

顶面的造型主要是吊顶和灯具槽的绘制。下面介绍详细绘制过程与方法。

step 01 从本例源文件夹中打开“服饰店原始户型图 .dwg”文件。

step 02 使用 L 命令和 O 命令，绘制如图 18-30 所示的天棚轮廓线。

step 03 使用“夹点拉长”模式，将上一步绘制的直线进行拉长，得到如图 18-31 所示的图形。

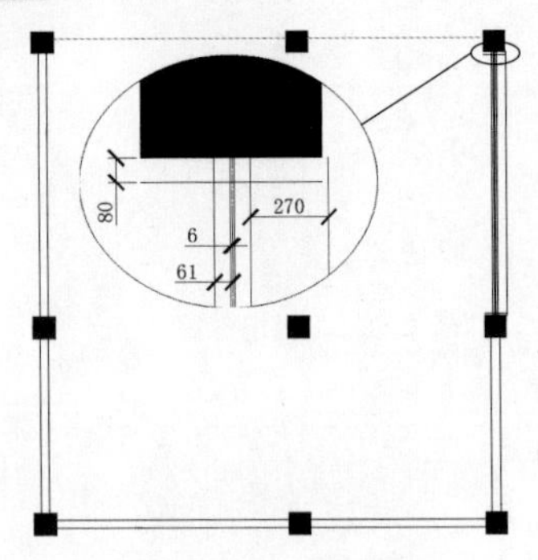

图 18-30 绘制天棚轮廓线

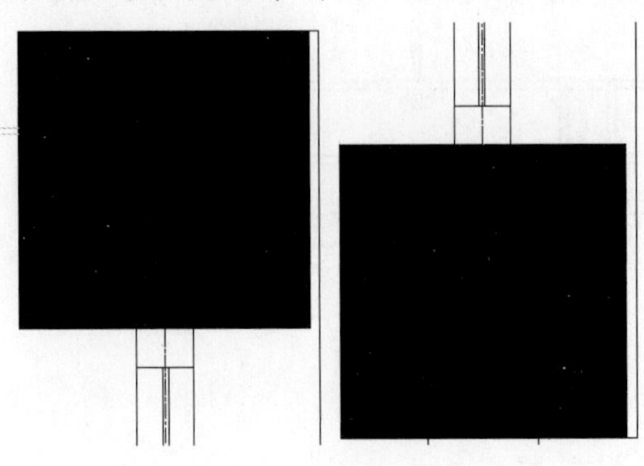

图 18-31 拉长整理轮廓线

step 04 使用 L 命令，在原始图中绘制长度为 1668 的直线。暂且无论位置关系，如图 18-32 所示。

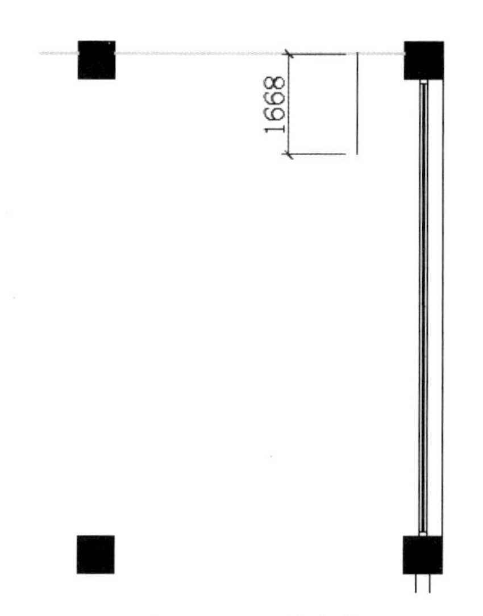

图 18-32　绘制直线

step 05 使用参数化“线型”功能，对直线进行尺寸约束，结果如图 18-33 所示。

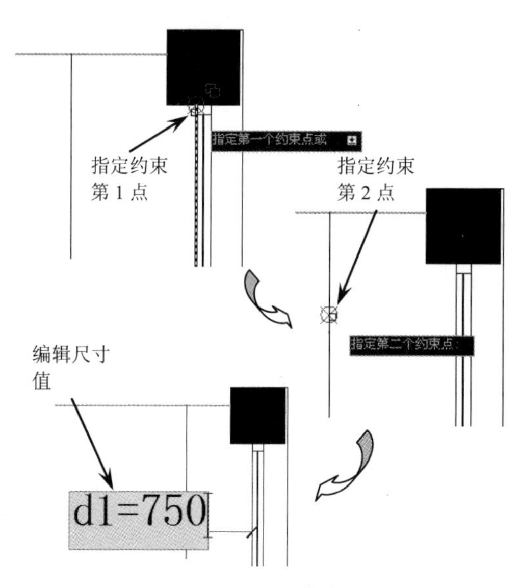

图 18-33　约束直线

step 06 使用“多段线”命令，在直线的端点依次绘制出多段线，结果如图 18-34 所示。

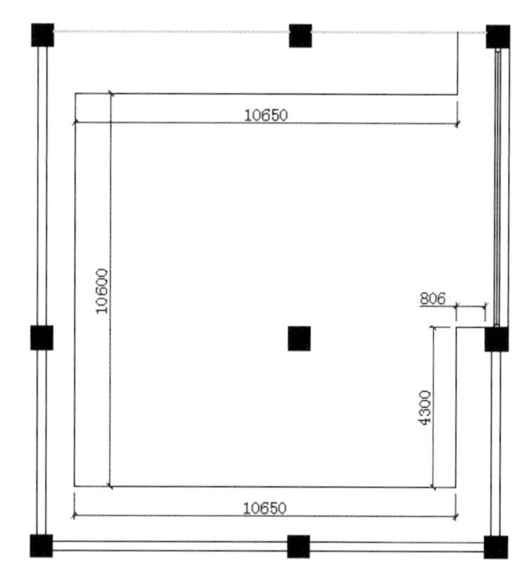

图 18-34　绘制多段线

step 07 使用 O（偏移）命令，绘制如图 18-35 所示的两条偏移直线。

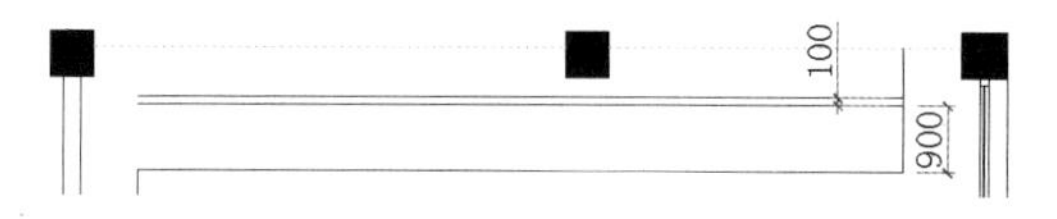

图 18-35　绘制偏移直线

step 08 使用“直线”命令绘制如图 18-36 所示的内墙边线。

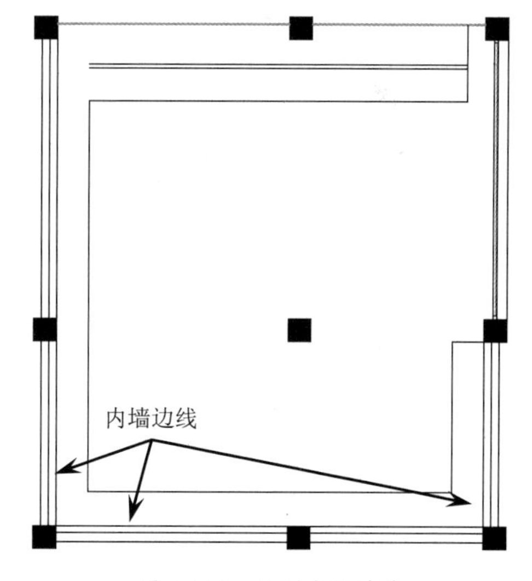

图 18-36　绘制内侧墙线

step 09 将两条偏移直线拉长至与左侧内墙线相交，如图 18-37 所示。

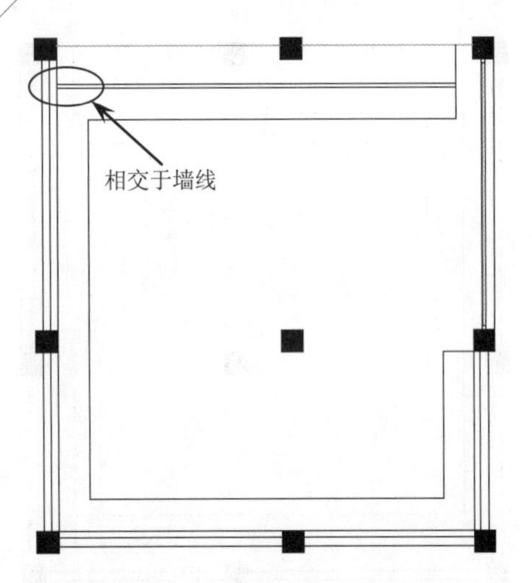

图 18-37　拉长偏移直线

step 10 使用“复制”命令，在右上角复制矩形柱子并将其粘贴，如图 18-38 所示。

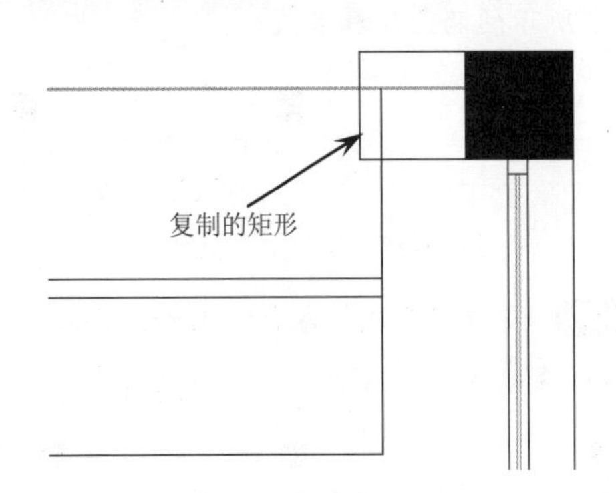

图 18-38　复制矩形

step 11 使用“直线”命令，在粘贴的矩形左下角绘制一条直线，然后使用“修剪”命令修剪相交的线段，结果如图 18-39 所示。

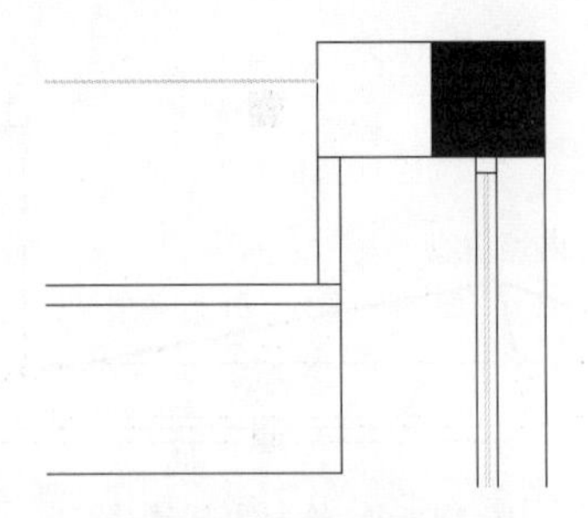

图 18-39　绘制并修剪线段

step 12 使用“矩形”命令，在图形中绘制矩形，位置与尺寸任意，如图 18-40 所示。

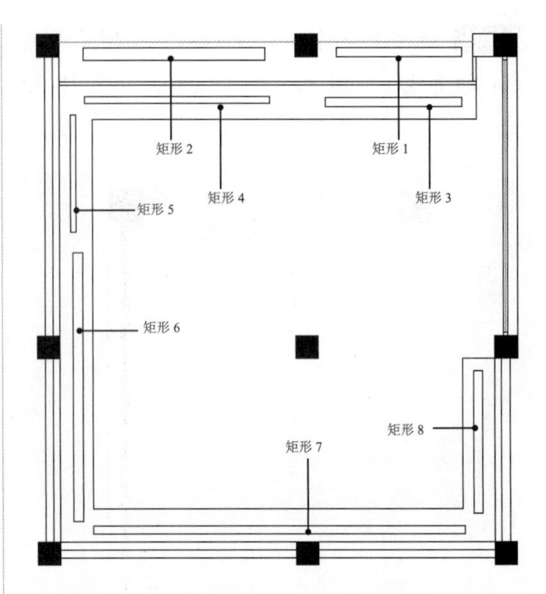

图 18-40　绘制任意尺寸及位置的多个矩形

step 13 在“参数化”选项卡的“标注”面板中单击“线性”按钮，先将矩形的尺寸约束，结果如图 18-41 所示。

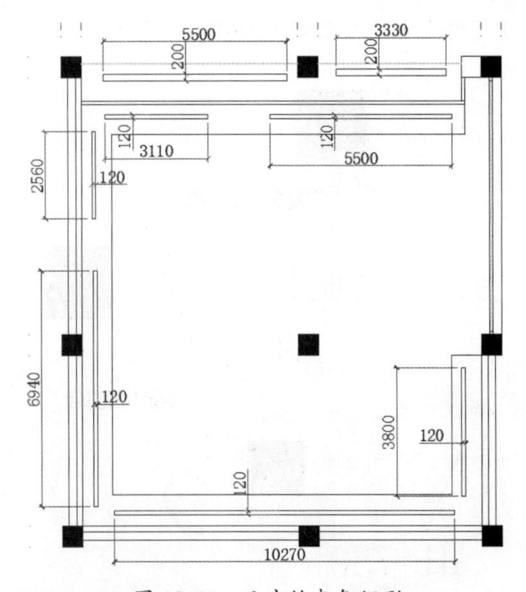

图 18-41　尺寸约束各矩形

技巧点拨：

在指定约束点时，必须指定矩形各边的中点。以此才可以使矩形按要求进行尺寸约束。若是约束直线，只需选择直线的两个端点即可。

step 14 同理，使用参数化的“线性”命令，对各矩形进行位置（定位）约束，结果如图 18-42 所示。

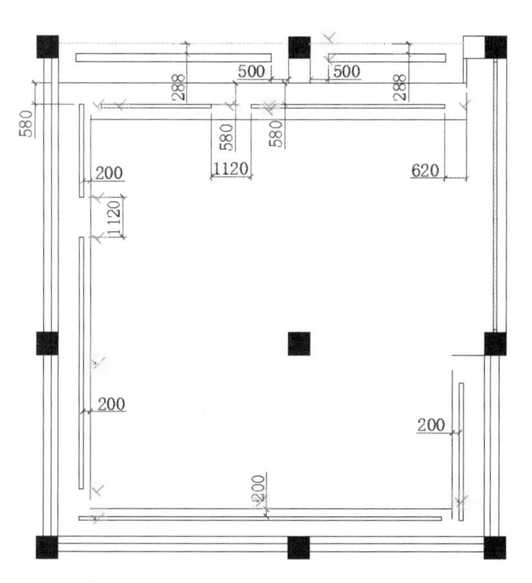

图 18-42　定位约束各矩形

技巧点拨：

在进行定位约束时，先指定固定边作为约束第一点，然后才指定矩形中的点作为约束的第二点。在此例中，部分定位可以使用“平行”“垂直”“共线”等几何约束。此外，在定位约束时，不要删除尺寸约束，否则矩形会发生变化。如果在约束过程中矩形发生改变，在尺寸没有删除的情况下，可以使用几何约束来整理矩形。

step 15 使用“矩形”和“圆”命令，在户型图中绘制多个宽度一致的矩形和半径为 600 的圆，如图 18-43 所示。

step 16 对绘制的矩形和圆进行定位约束，结果如图 18-44 所示。

step 17 使用“矩形”和“偏移”命令，在图形中央绘制一个 2200×2200 的矩形。然后以此作为偏移参照，向外绘制偏移距离为 100 的矩形，结果如图 18-45 所示。

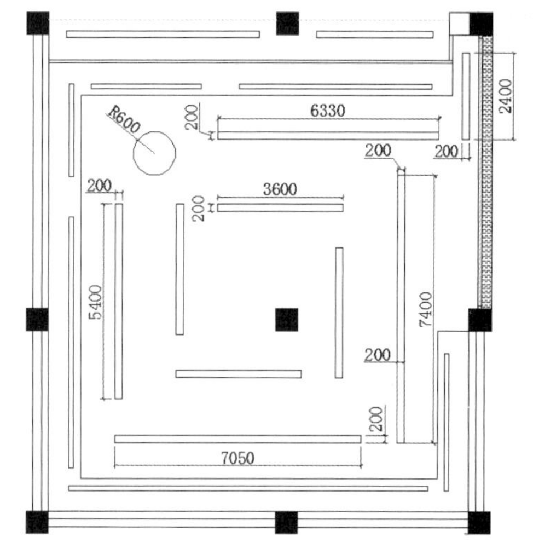

图 18-43　绘制矩形

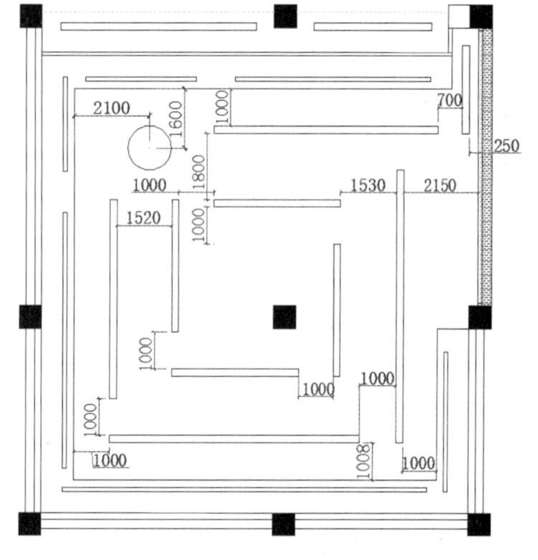

图 18-44　定位矩形和圆

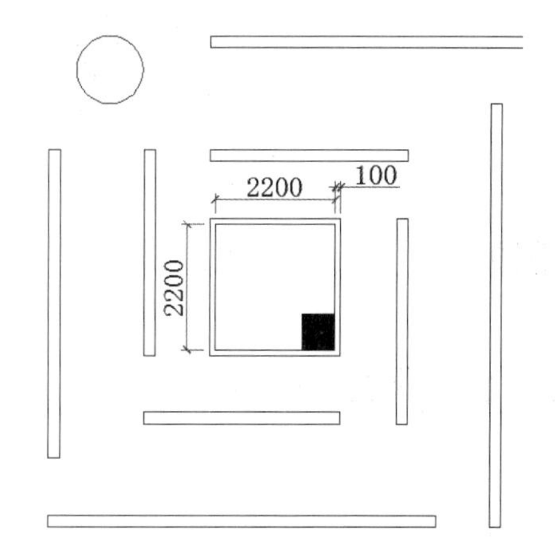

图 18-45　绘制矩形

step 18 使用“直线”命令，在矩形中绘制两条中心线，如图 18-46 所示。

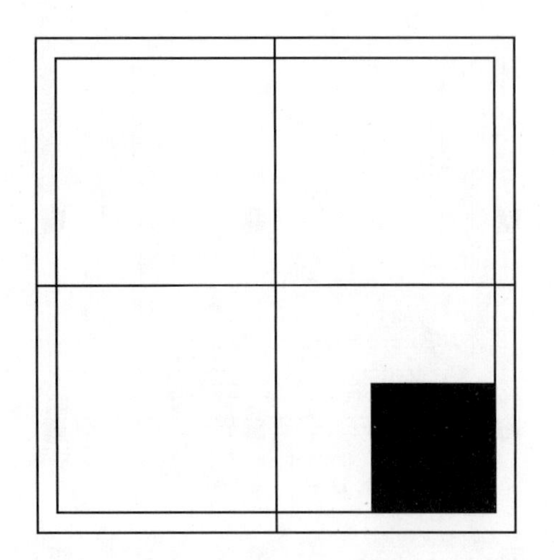

图 18-46　绘制中心线

step 19 使用“偏移”命令和“修剪”命令，以中心线作为参照，绘制偏移距离为 50 的直线，然后进行修剪，结果如图 18-47 所示。

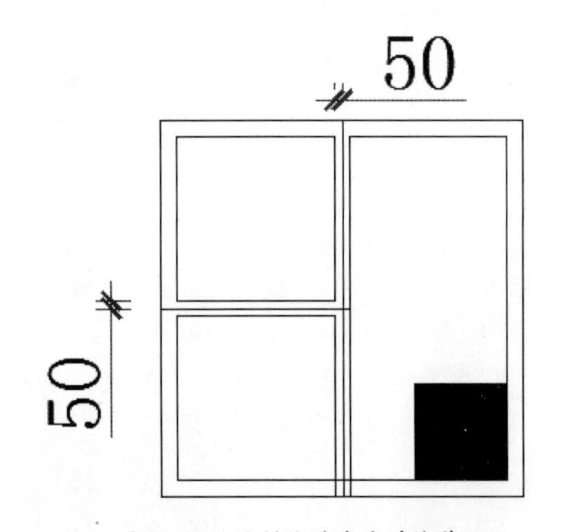

图 18-47　绘制偏移直线并修剪

step 20 至此，顶面的造型设计完成。

18.3.2　添加顶面灯具

在本例中，灯具的插入是通过已创建的灯具图例来完成的。

step 01 从本例素材中打开“灯具图例 .dwg”素材文件，通过按 Ctrl+C 和 Ctrl+V 组合键将灯具图例复制到图形区中，结果如图 18-48 所示。

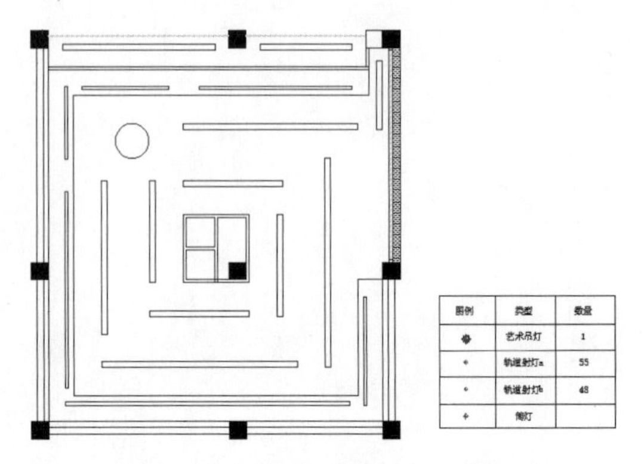

图 18-48　复制、粘贴灯具图例

step 02 使用“复制（CO）”命令将灯具图例中的“轨道射灯 b”图块复制、粘贴到宽度仅有 120 的轨道凹槽中，且间距为 720，结果如图 18-49 所示。

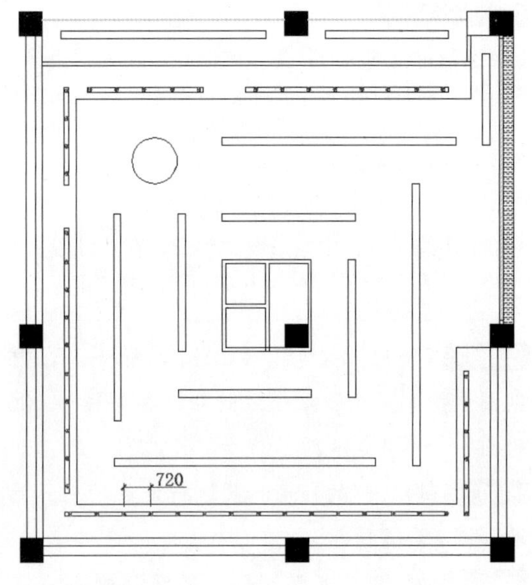

图 18-49　复制“轨道射灯 b”图块

step 03 同理，按此方法将“轨道射灯 a”图块复制到其他轨道凹槽矩形中（间距自行安排，大致相等即可），结果如图 18-50 所示。

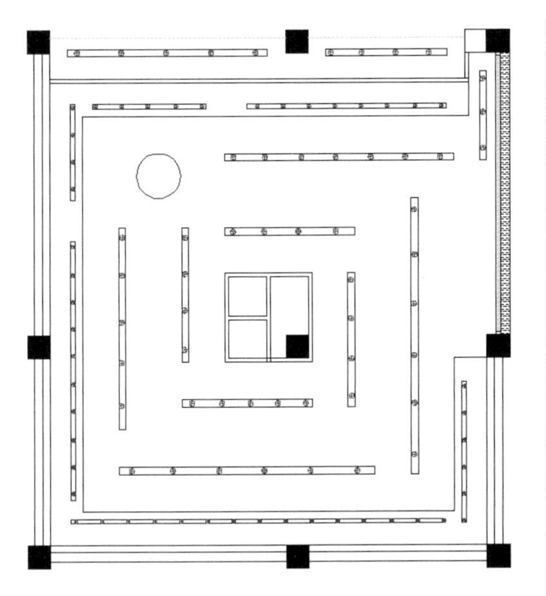

图 18-50　复制“轨道射灯 a”图块

step 04 使用“复制（CO）”命令将“筒灯”图块复制到顶面中心的天窗位置，如图 18-51 所示。

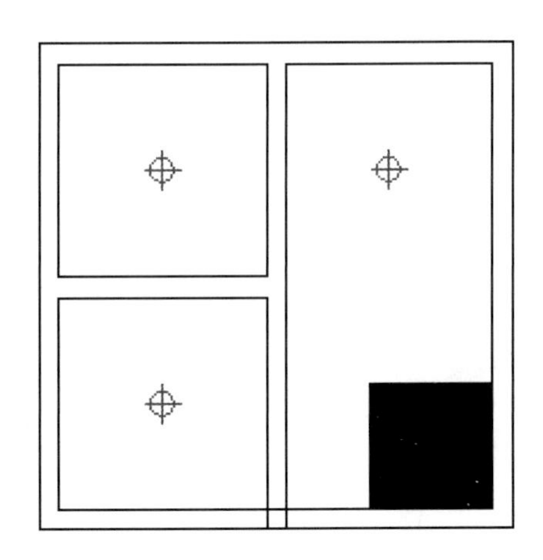

图 18-51　复制“筒灯”图块

技巧点拨：

粘贴时，在矩形上先确定中心点，然后利用“极轴追踪”功能将筒灯粘贴至矩形垂直中心线的极轴交点上。

step 05 最后将“艺术吊灯”图块复制到圆心的凹槽中，如图 18-52 所示。

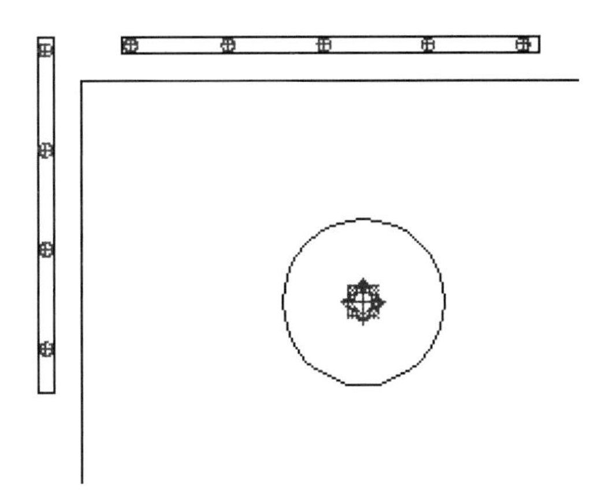

图 18-52　复制“艺术吊灯”图块

step 06 使用“样条曲线拟合”命令，绘制灯具之间的串联电路，如图 18-53 所示。

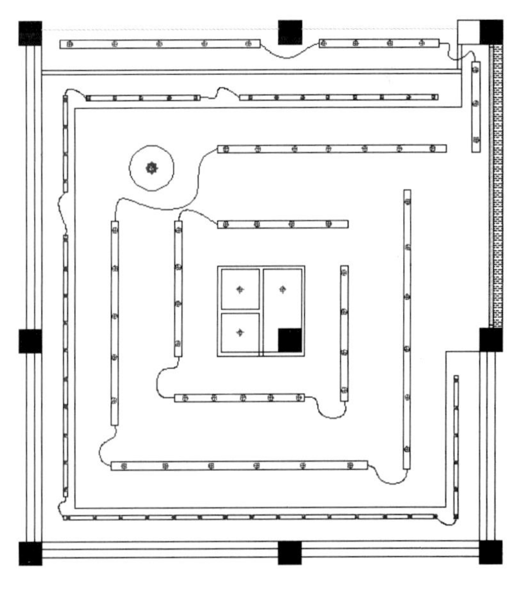

图 18-53　绘制串联电路

18.3.3　填充顶面图案

step 01 使用“填充”命令，打开“图案填充创建”选项卡。在选项卡中选择 CROSS 图案，填充比例为 30，然后对顶棚平面图形进行填充，结果如图 18-54 所示。

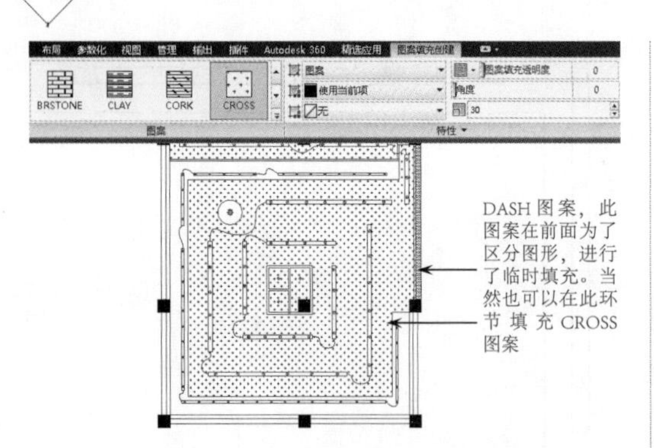

图 18-54　填充 CROSS 图案

step 02 同理，再选择 JIS_SIN_1E 图案，对其他区域进行填充，结果如图 18-55 所示。

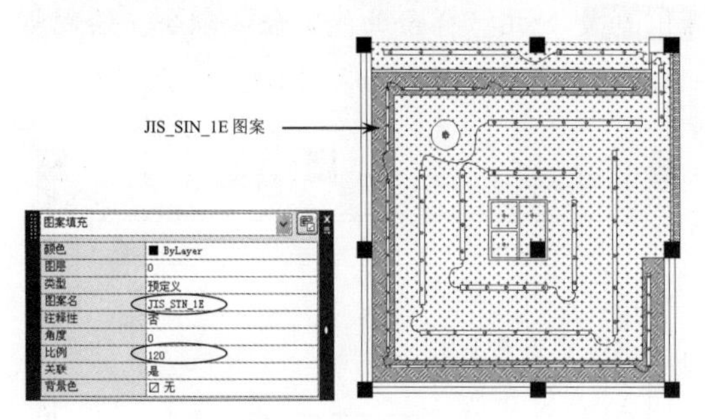

图 18-55　填充其他区域

18.3.4　标注顶棚平面图形

在完成了前面的几个环节后，最后对图形进行文字标注。主要是标明所使用的灯具和天花吊顶的材料名称。

step 01 使用“直线”命令，绘制标高的图形，如图 18-56 所示。

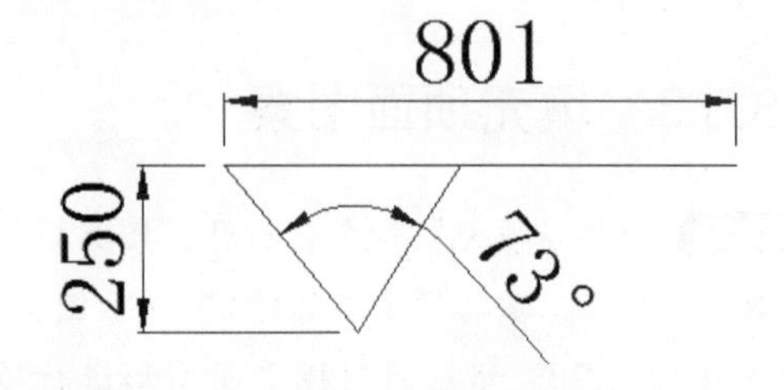

图 18-56　绘制标高图形

step 02 使用“单行文字”命令，在图形上方输入 3.3m 文字，如图 18-57 所示。

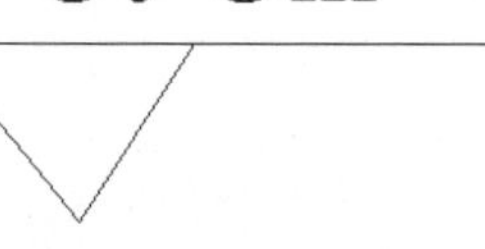

图 18-57　输入标高值

step 03 复制前两步创建的标高图形及高度值，粘贴到顶棚平面图中。

> **技巧点拨：**
>
> 粘贴标高图块时，可以先将填充的图案删除。待完成标高标注的编辑后，再填充。

step 04 双击标高标注的值，将部分值更改，如图 18-58 所示。

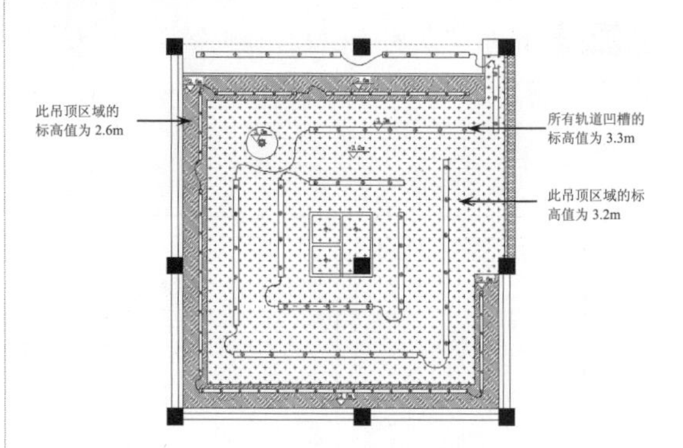

图 18-58　编辑标高标注

step 05 在菜单栏中选择“格式”|“多重引线样式”命令，然后在弹出的“多重引线样式”对话框中选择 Standard 样式，并单击“修改”按钮，如图 18-59 所示。

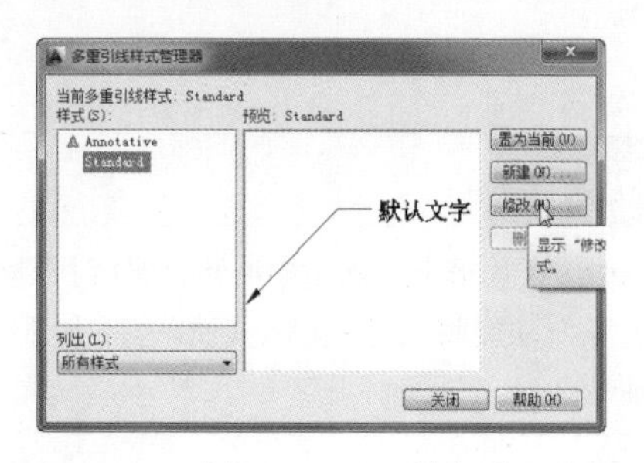

图 18-59　选择 Standard 样式进行修改

step 06 在随后弹出的“修改多重引线样式：

Standard”对话框的“引线格式”选项卡中设置如图 18-60 所示的选项。完成设置后单击“确定”按钮关闭该对话框。

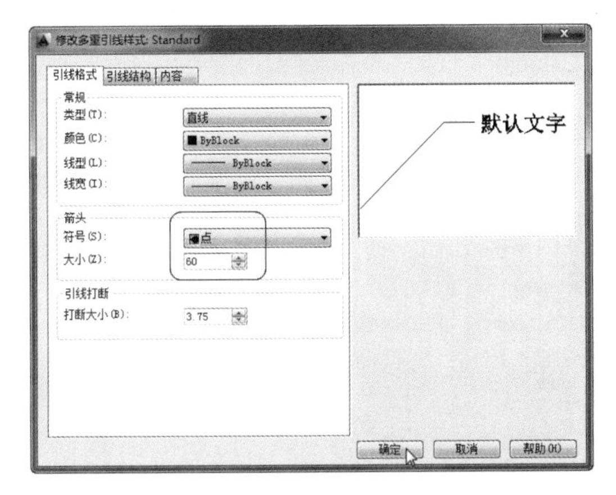

图 18-60　设置多线样式

step 07 在“常规”选项卡的“注释”面板中单击“引线”按钮，然后在顶棚图中创建多条引线。引线的箭头放置在图形中的各区域、轨道槽、灯具位置，如图 18-61 所示。

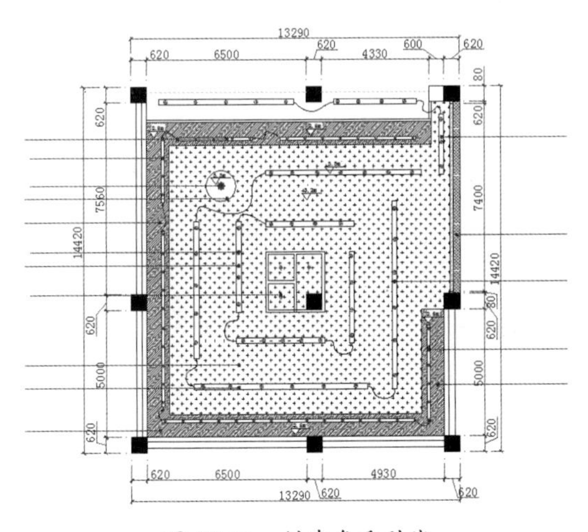

图 18-61　创建多重引线

step 08 使用“多行文字”命令，在引线末端输入相应的文字，且文字高度为 216，如图 18-62 所示。

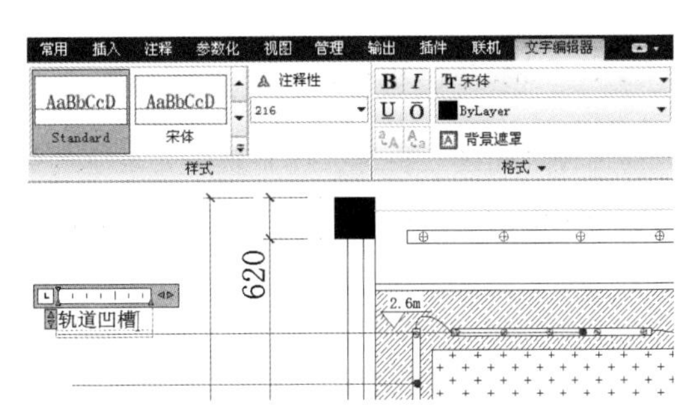

图 18-62　创建多行文字

step 09 同理，在其他多重引线上创建多行文字，结果如图 18-63 所示。

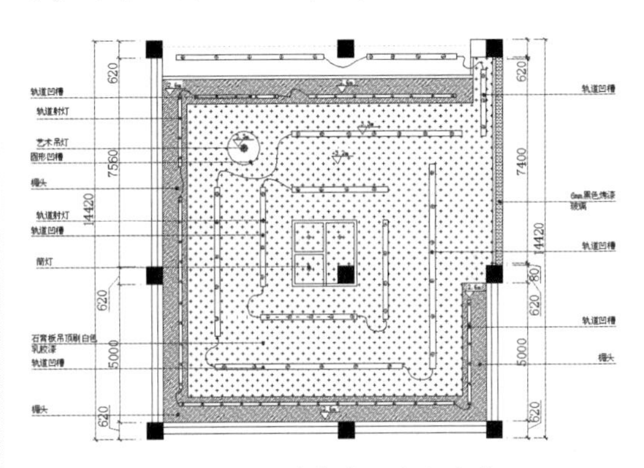

图 18-63　创建其他多行文字

step 10 最后在图形下方创建“顶棚平面图 1:100”的多行文字，如图 18-64 所示。至此完成了某服饰店整个顶棚平面图的绘制。

step 11 最后将绘制完成的结果保存。

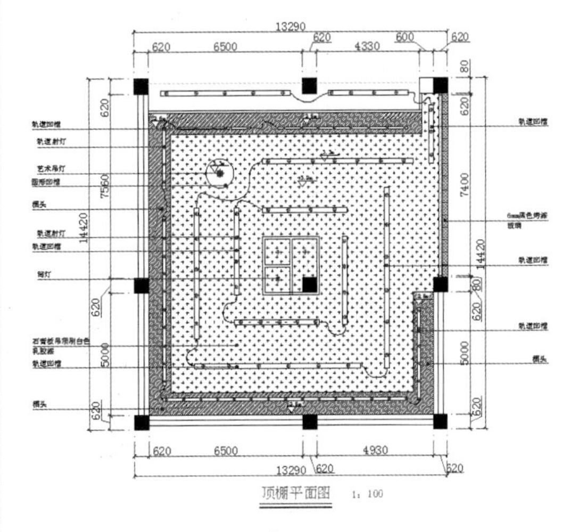

图 18-64　创建图名及绘图比例

18.4 课后练习

顶棚平面图（也称天花布置图）是室内装饰设计图中必不可少的装饰图形，用于直观地反映室内顶面的装饰风格。本练习的效果如图 18-65 所示。

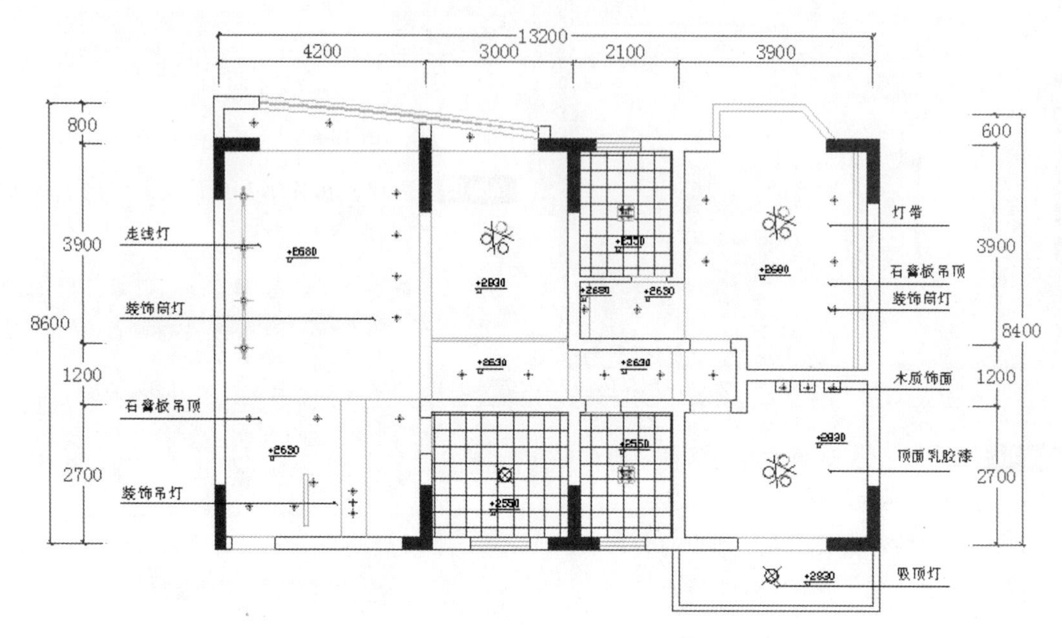

图 18-65 某户型室内顶棚平面图

练习步骤：

（1）绘制顶面造型。原始户型图如图 18-66 所示，顶面造型结果图如图 18-67 所示。

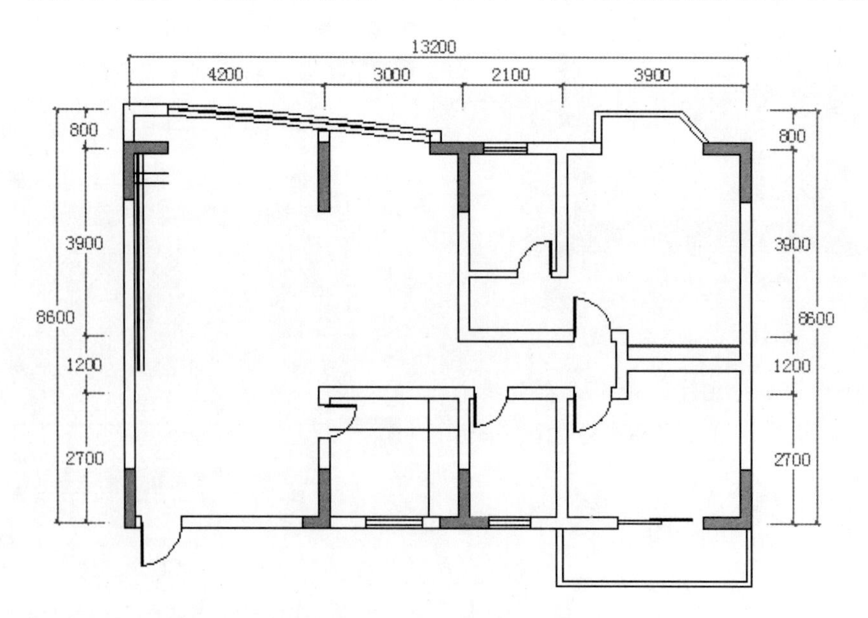

图 18-66 原始户型图

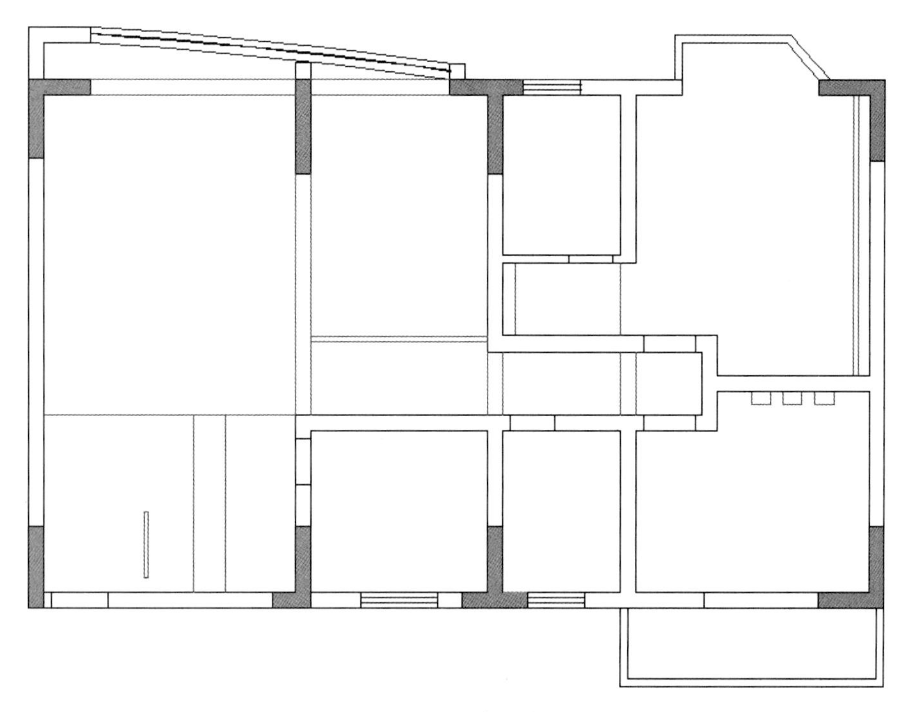

图 18-67　顶面造型结果图

（2）绘制顶面灯具。结果如图 18-68 所示。

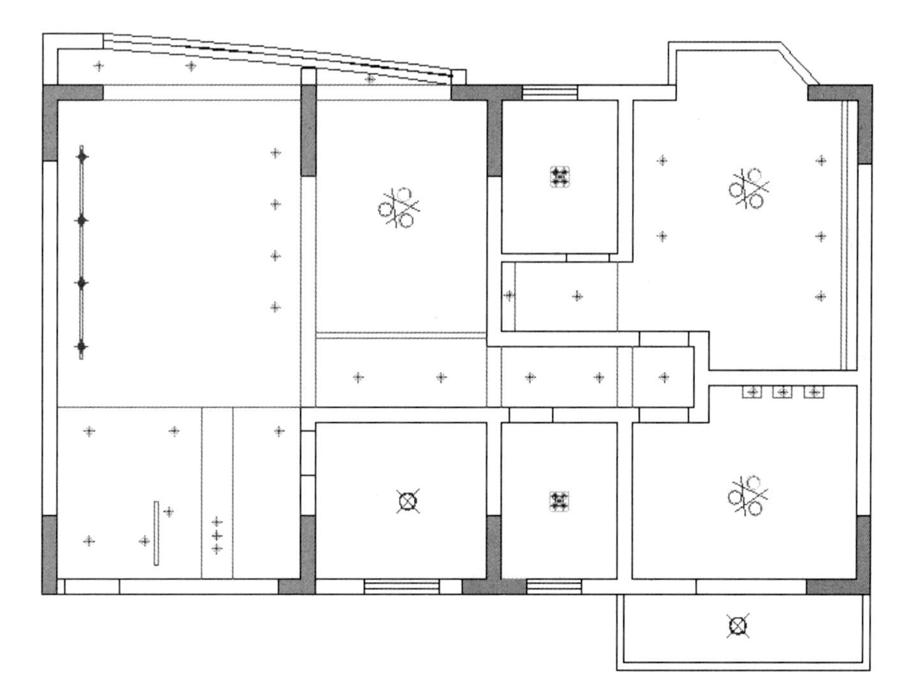

图 18-68　绘制顶面灯具

（3）填充顶面图案。在室内装修设计中，填充顶面图案主要是填充厨卫顶面的铝扣板等图形，在填充图案时，可以选择“用户定义”类型，结果如图 18-69 所示。

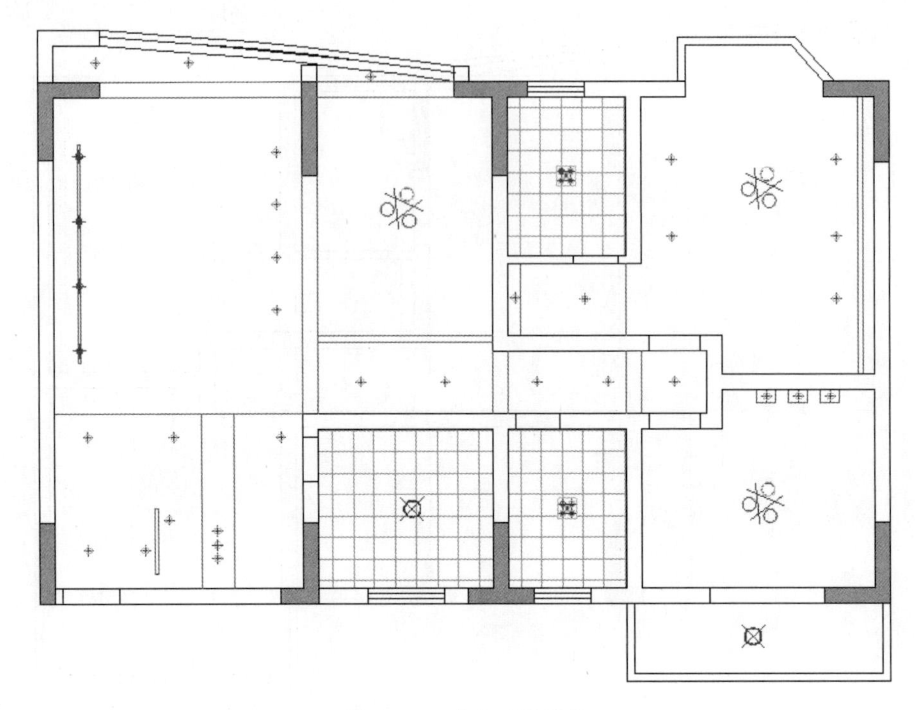

图 18-69　填充顶面图案

（4）标注图形。在标注顶面图形中，除了需要标注顶面的尺寸外，还需要标注顶面的高度，因此，首先需要绘制标高符号，结果如图 18-70 所示。

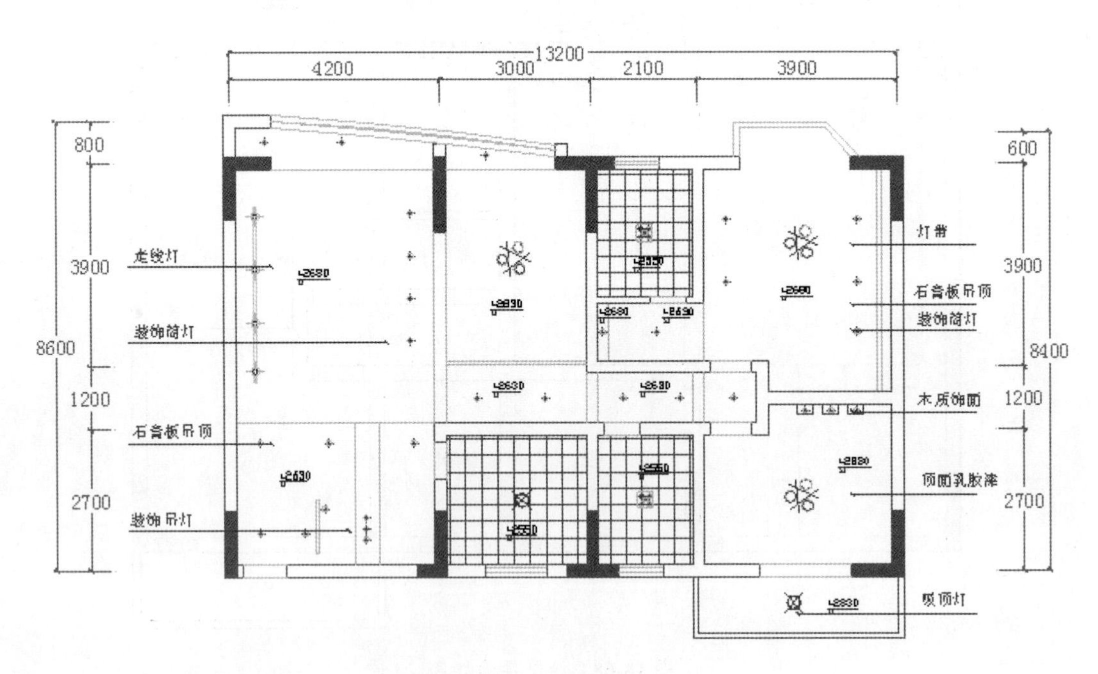

图 18-70　绘制完成的顶棚平面图

第 19 章

建筑室内立面图设计

本章内容

室内户型立面图是室内设计施工图中，能反映室内空间标高的变化、室内空间中门窗位置及高低、室内垂直界面及空间划分构件在垂直方向上的形状及大小、室内空间与家具（尤其是固定家具）及有关室内设施在立面上的关系、室内垂直界面上装饰材料的划分与组合等。

本章将学习 AutoCAD 室内立面图的绘制技巧及绘制过程。

知识要点

☑ 室内平面图基础
☑ 绘制某户型立面图
☑ 绘制某豪华家居室内的立面图

19.1 建筑室内立面图设计基础

在一个完整的室内施工设计中，立面图是唯一能直观表达出室内装饰结果的图纸。下面介绍有关室内立面图设计的相关理论知识。

19.1.1 室内立面图的内容

室内立面图一般包含如下内容。

- 需要表达出墙体、门洞、窗洞、抬高地坪、吊顶空间等的断面。
- 需要表达出未被剖切的可见装修内容，如家具、灯具及挂件、壁画等装饰。
- 需要表达出施工尺寸与室内标高。
- 立面图图纸中还应标注出索引号、图号、轴线号及轴线尺寸。
- 标注装修材料的编号及说明。

如图 19-1 所示为某户型客厅的立面效果图。

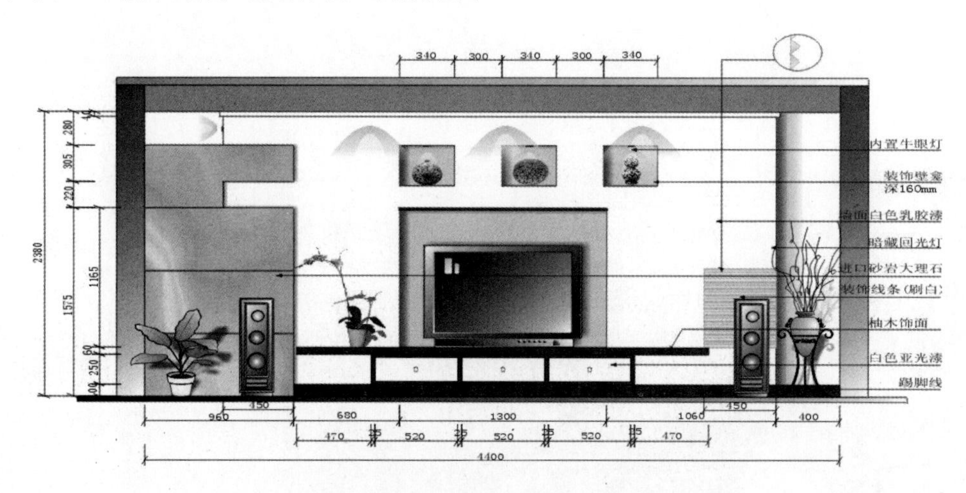

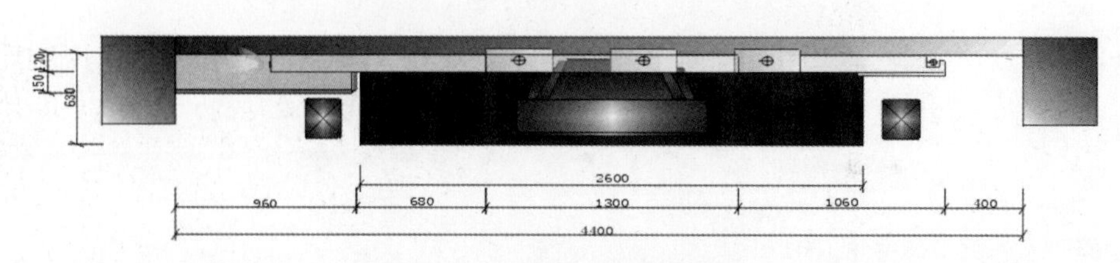

图 19-1　某户型客厅立面效果图

剖立面图中需要画出被剖的侧墙及顶部楼板和顶棚等，而前面章节中介绍的立面图则是直接绘制垂直界面的正投影图，画出侧墙内表面，不必画侧墙及楼板等，如图 19-2 所示。

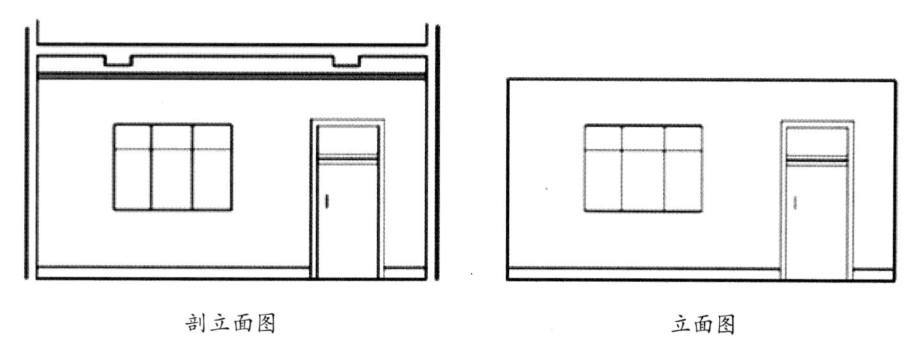

图 19-2　立面图和剖立面图

19.1.2　立面图的画法与标注

与平面图的绘制方法基本相同，立面图的绘制表现在以下几个方面。

- 最外轮廓线用粗实线绘制。
- 地坪线可以用加粗线（粗于标注粗度的 1.4 倍）绘制。
- 装修构造的轮廓和陈设的外轮廓线用中实线绘制。
- 对材料和质地的表现宜用细实线绘制。

立面图的标注包括纵向尺寸、横向尺寸和标高；材料的名称；详图索引符号；图名和比例等。室内立面图常用的比例是 1 ∶ 50、1 ∶ 30、1 ∶ 190，如图 19-3 所示为某卫生间立面图的绘制与标注完成的结果。

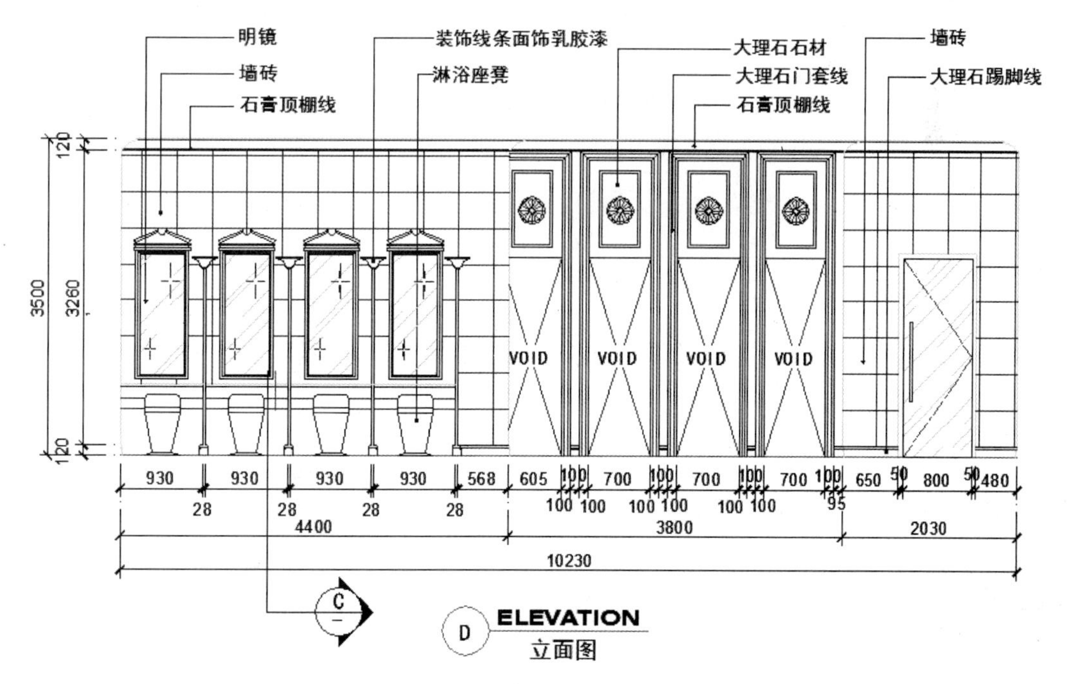

图 19-3　某卫生间立面图

19.1.3　室内立面图的画法步骤

室内立面图的画法步骤如下。

（1）首先选定图幅与比例。

（2）画出立面轮廓线及主要分隔线。

（3）画出门窗、家具及立面造型的投影。

（4）在此基础之上完成各细部绘图。

（5）擦去多余图线并按线型、线宽加深图线。

（6）注全立面图中的相关尺寸，并注写文字说明。

19.2　综合案例一：绘制某户型立面图

立面图是房屋不同方向的立面正投影图，详细反映了房屋的设计意图、其使用材料及尺寸。

19.2.1　案例一：绘制客厅立面图

通常一个房间有 4 个朝向，立面图可根据房屋的标识来命名，如 A 立面、B 立面、C 立面、D 立面等。下面详细介绍客厅立面图的绘制步骤。

1. 绘制 A 立面图

客厅 A 立面图展示了沙发背景墙的设计方案，其绘制完成的结果如图 19-4 所示。

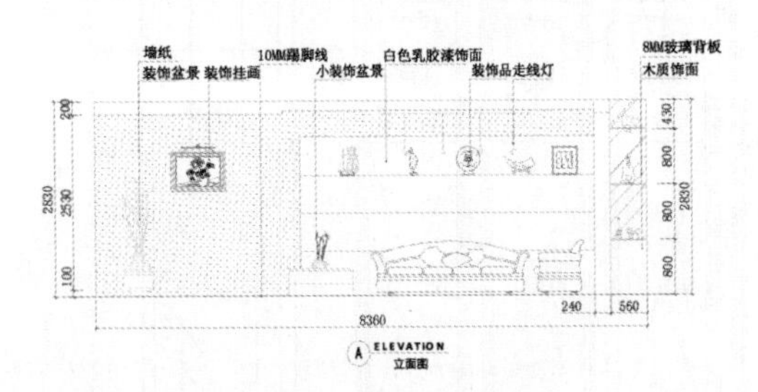

图 19-4　客厅 A 立面图

step 01 新建文件，将新文件另存为“某户型室内立面图 .dwg”。

step 02 使用“直线”命令和“偏移”命令，在绘图区域绘制如图 19-5 所示的直线。

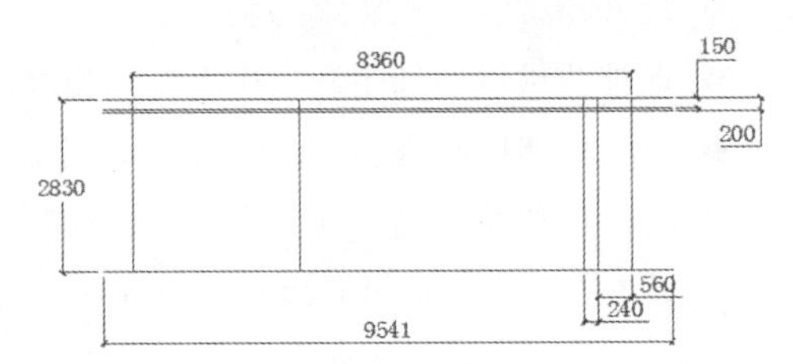

图 19-5　绘制直线

step 03 使用“修剪”命令对直线进行修剪，结果如图 19-6 所示。

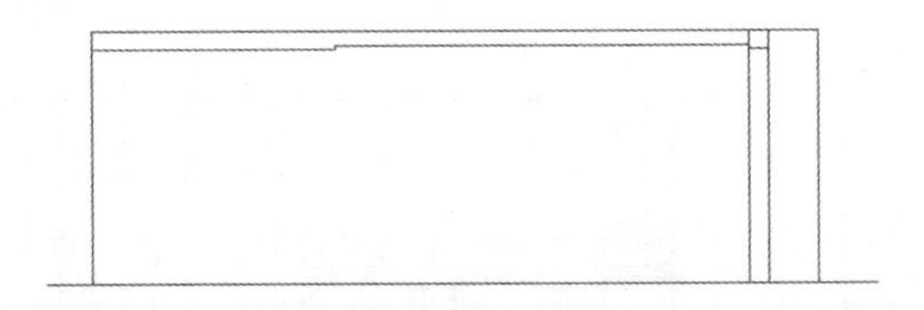

图 19-6　修剪直线

step 04 使用“偏移”命令和，绘制如图 19-7 所示的偏移直线。

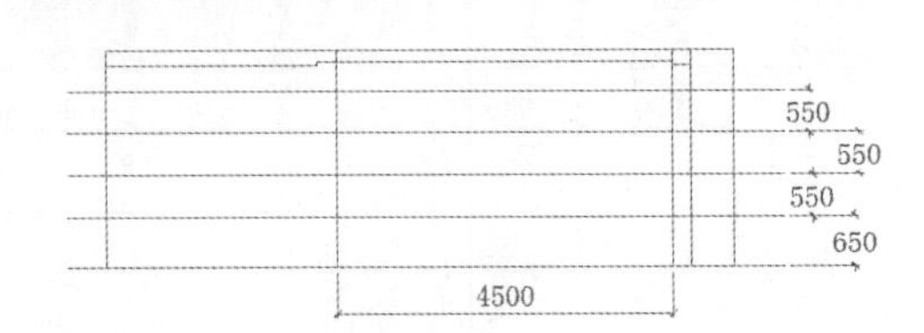

图 19-7　绘制偏移直线

step 05 使用“修剪”命令对线段进行修剪处理，结果如图 19-8 所示。

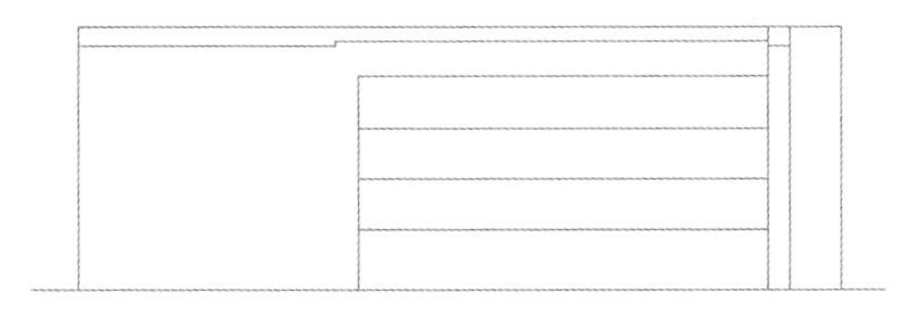

图 19-8　修剪偏移直线

step 06 使用“矩形”命令，绘制如图 19-9 所示的储物柜。使用“修剪”命令修剪图形。

图 19-9　绘制储物柜

step 07 使用“直线”“偏移”命令，绘制如图 19-10 所示的直线和偏移直线。

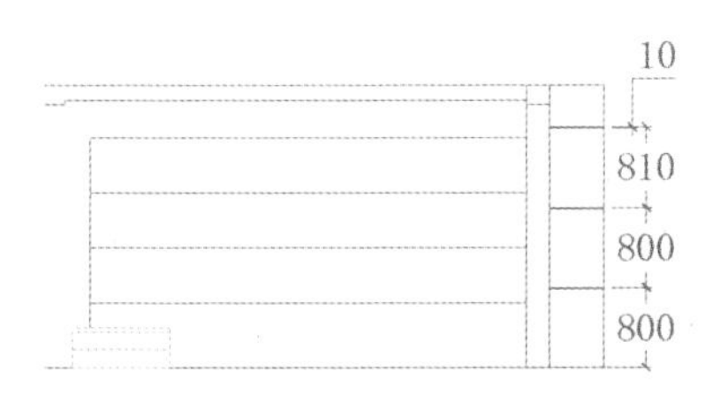

图 19-10　绘制直线和偏移直线

step 08 将本例“图库.dwg”素材文件打开。在新窗口中复制“沙发”立面图块。在菜单栏中选择“窗口”|“某户型室内立面图.dwg”命令，切换至立面图绘制窗口，并将复制的沙发图块粘贴到 A 立面图中，如图 19-11 所示。

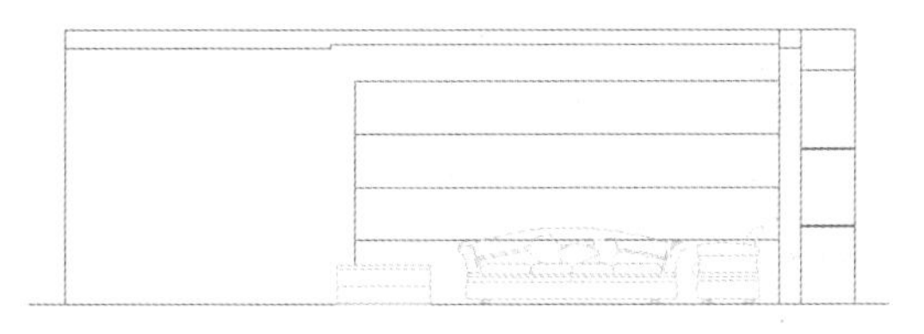

图 19-11　复制、粘贴“沙发”立面图块

step 09 同理，按此方法陆续将花瓶、装饰画、灯具等图块插入到立面图中，结果如图 19-12 所示。

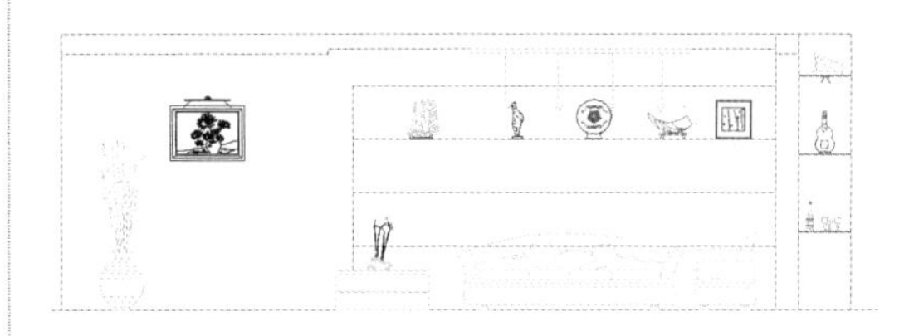

图 19-12　复制、粘贴其他图块

step 10 使用“修剪”命令修剪立面图形，结果如图 19-13 所示。

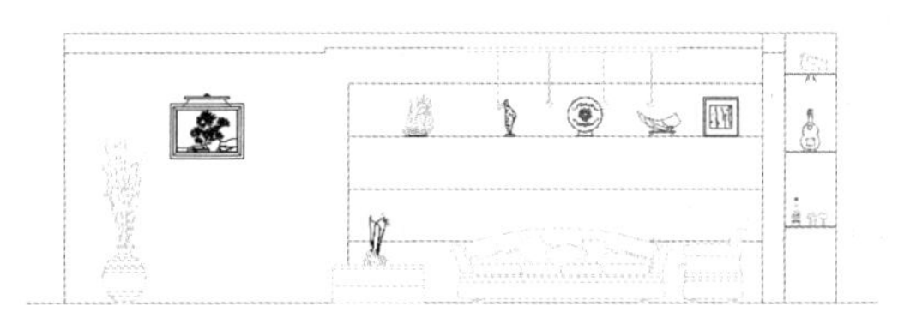

图 19-13　修剪图形

step 11 使用“填充”命令，选择 CROSS 图案，比例为 200，对立面图进行填充，结果如图 19-14 所示。

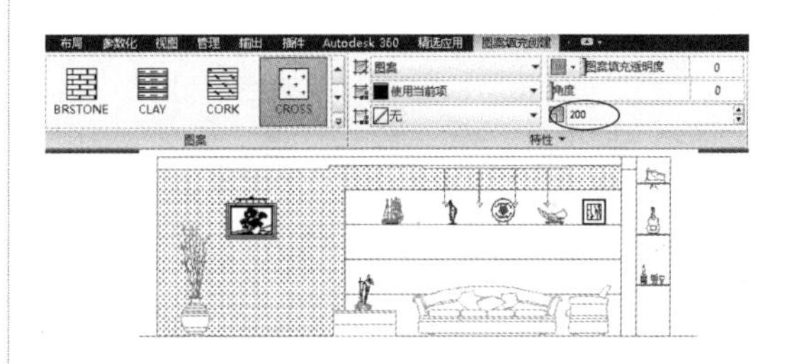

图 19-14　填充立面图主墙

step 12 选择“填充”命令，对右侧的酒柜玻璃门进行填充，结果如图 19-15 所示。

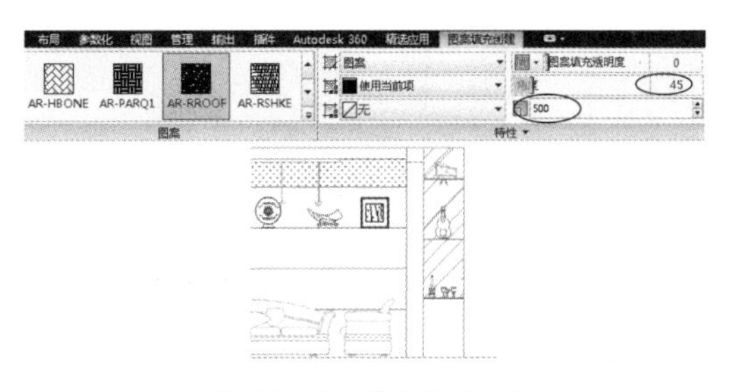

图 19-15　填充酒柜门

step 13 将“标注”层设为当前层，结合使用“线性标注”命令和“连续标注”命令对图形进行标注，结果如图 19-16 所示。

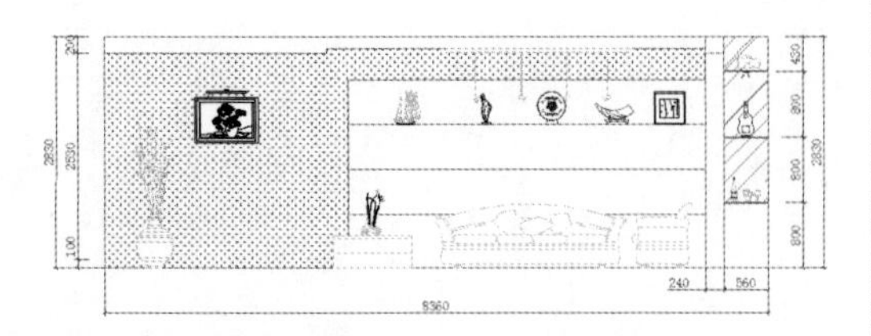

图 19-16　尺寸标注立面图

> **技巧点拨：**
>
> 尺寸标注的样式、文字样式等，可以参照前面章节中介绍的步骤进行设置。

step 14 将“文字说明”设为当前层，选择“多重引线”命令，绘制文字说明的引线，使用“多行文字”命令创建说明文字，如图 19-17 所示。

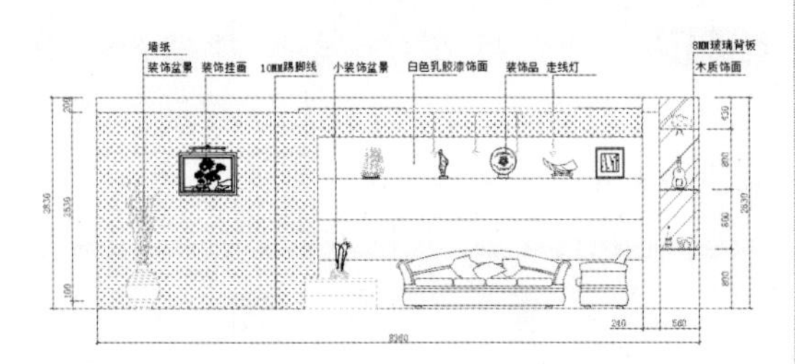

图 19-17　创建引线和文字标注

step 15 复制“图库 16.dwg”素材文件中的“剖析线符号”到 A 立面图中。至此，完成了客厅 A 立面图的绘制，结果如图 19-18 所示。

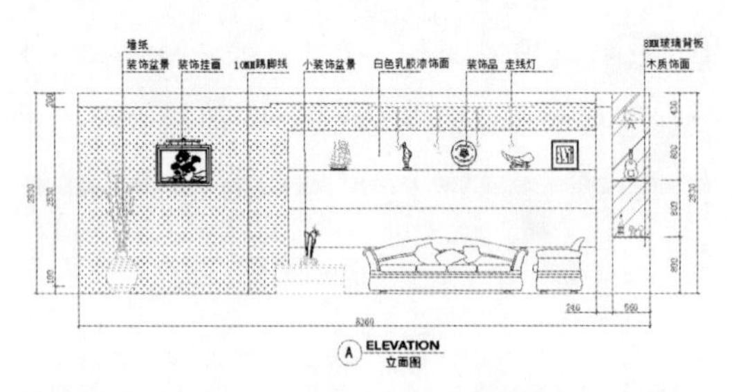

图 19-18　复制“剖析线符号”图块到 A 立面图中

2. 绘制客厅 B 立面图

客厅 B 立面图展示了电视墙、厨房装饰门、鞋柜和玄关的设计方案，其结果如图 19-19 所示。绘制客厅 B 立面图的内容主要包括电视墙、电视、装饰门、隔断等装饰物，在绘图过程中可以使用“插入”命令插入常见的图块，绘制客厅 B 立面图的操作如下。

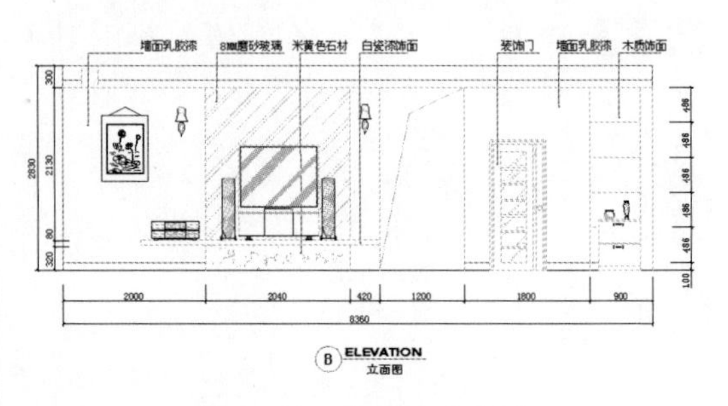

图 19-19　客厅 B 立面图

step 01 将 A 立面图中的墙边线复制，如图 19-20 所示。

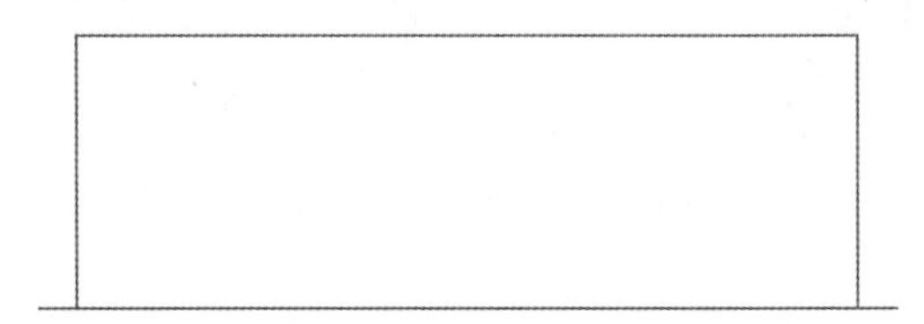

图 19-20　复制 A 立面图的墙边线

step 02 使用“直线”和“偏移”命令，绘制如图 19-21 所示的直线和偏移直线。

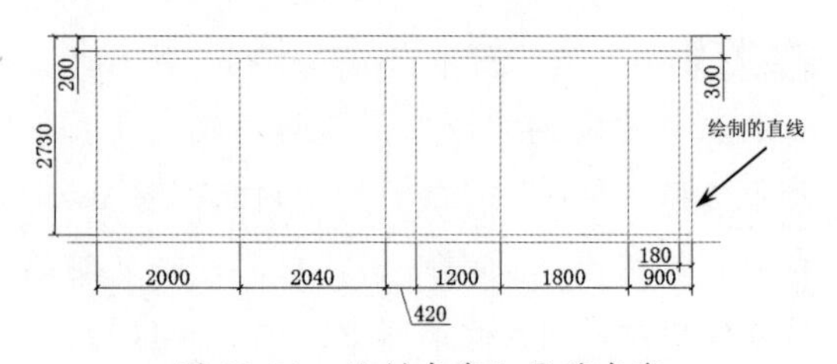

图 19-21　绘制直线和偏移直线

step 03 使用“直线”命令，在图形右侧绘制 4 条水平直线，且不定位。

step 04 使用“参数化”选项卡中的约束功能，对 4 条直线进行定位约束，如图 19-22 所示。

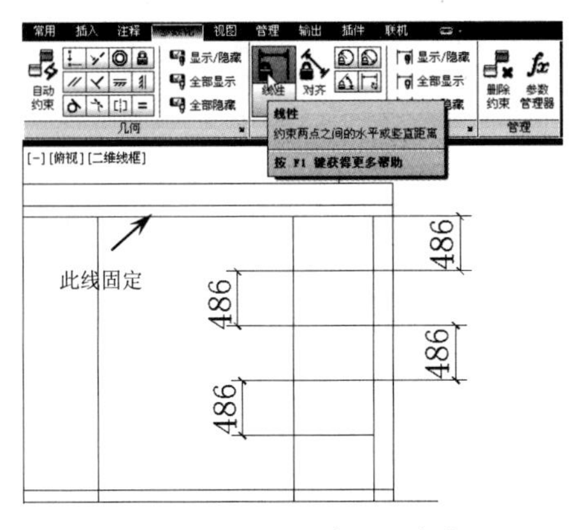

图 19-22　绘制并定位直线

step 05 使用"矩形"命令，绘制 33190×80 的矩形，然后使用约束功能进行定位，结果如图 19-23 所示。

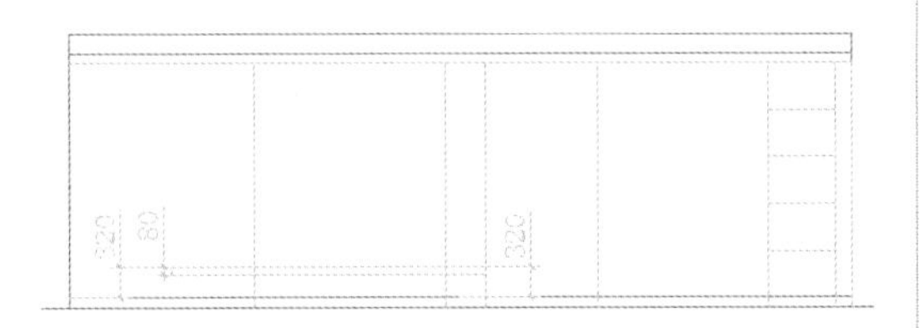

图 19-23　绘制并定位矩形

step 06 使用"直线"命令绘制直线。再使用"修剪"命令修剪图形，结果如图 19-24 所示。

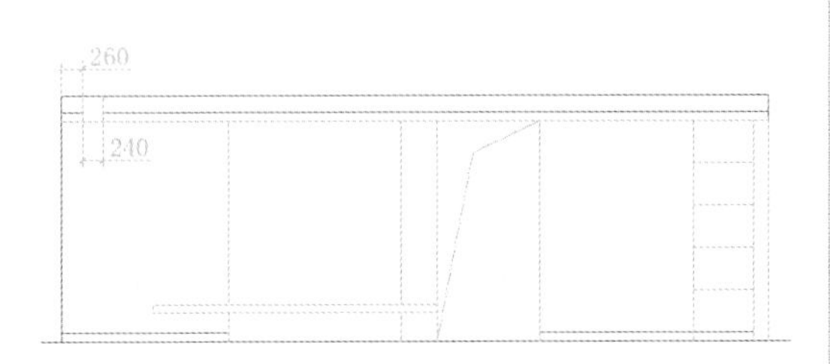

图 19-24　绘制并修剪直线

step 07 将"图库.dwg"素材文件中的电视机、DVD、电灯具器、门、工艺品图块插入立面图，如图 19-25 所示。

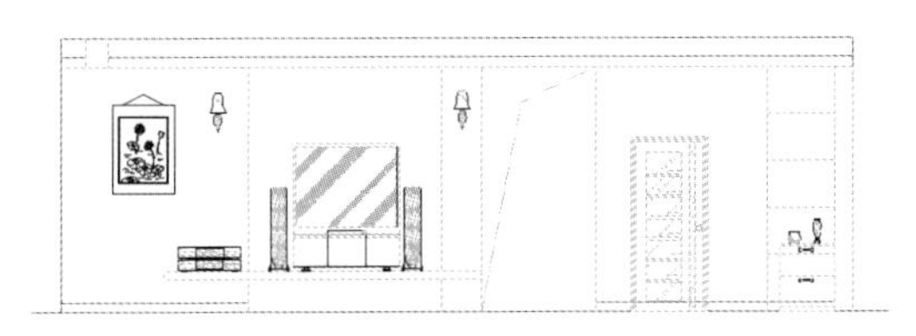

图 19-25　插入图块

step 08 插入图块后，对图形再次修剪，结果如图 19-26 所示。

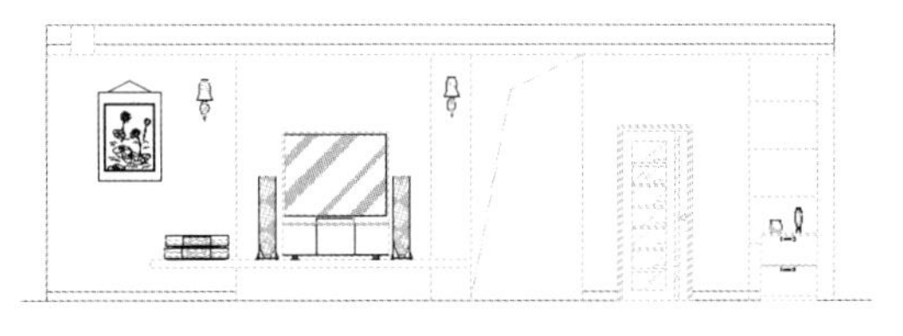

图 19-26　修剪图形

step 09 使用"填充"命令，对 B 立面图进行填充，结果如图 19-27 所示。

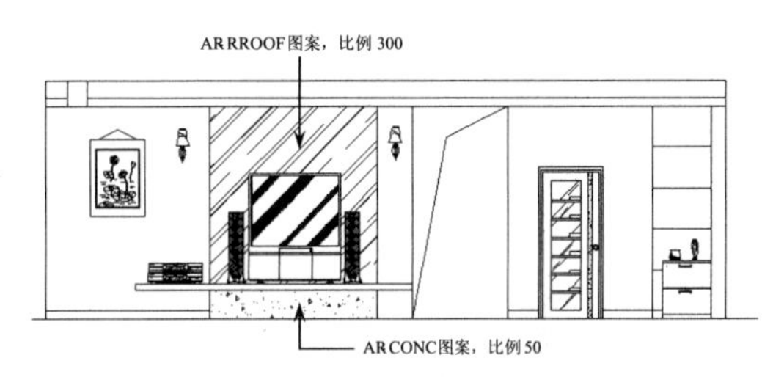

图 19-27　填充 B 立面图

step 10 使用"徒手画（Sketch）"命令绘制电视装饰台面上的大理石材质花纹，结果如图 19-28 所示。

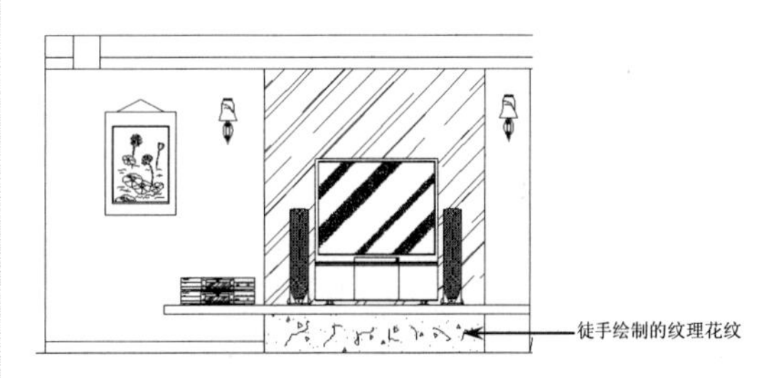

图 19-28　徒手绘制纹理

step 11 将"标注"层设为当前层，使用"线性标注"命令和"连续标注"命令对图形进行标注，结果如图 19-29 所示。

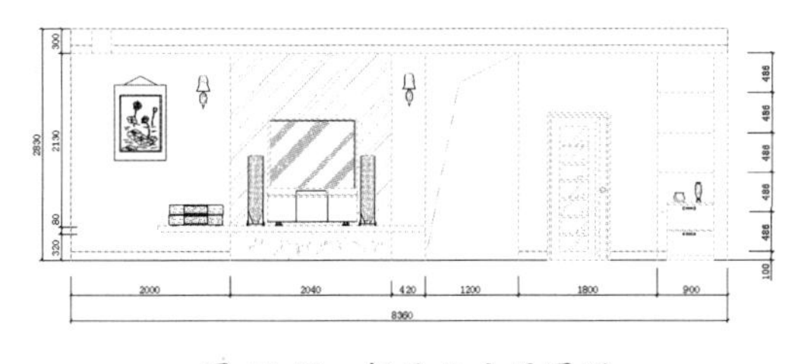

图 19-29　标注 B 立面图形

step 12 将“文字说明”层设为当前层，使用“多重引线”命令，绘制需要文字说明的引线。结合使用“多行文字”和“复制”命令，对图形中各内容的材质进行文字说明，设置文字高度为 120，结果如图 19-30 所示。

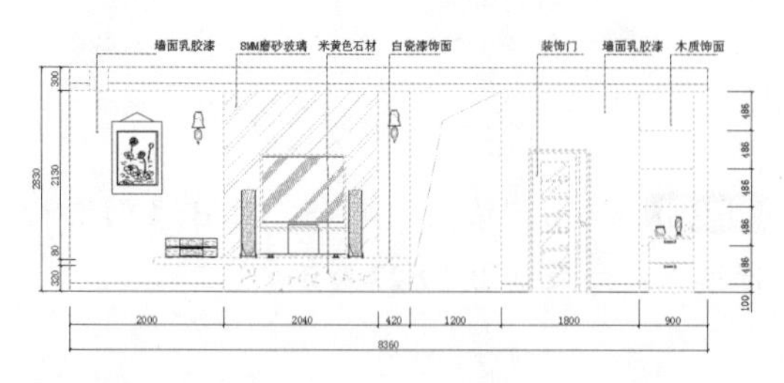

图 19-30　标注文字

step 13 将“图库 .dwg”素材文件中的剖析线符号复制到客厅 B 立面图中，结果如图 19-31 所示。

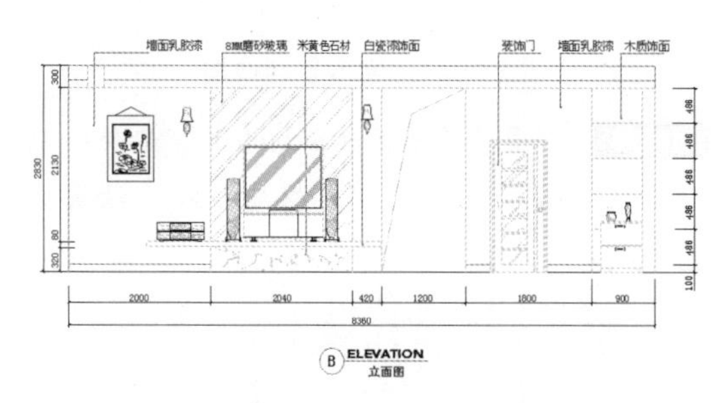

图 19-31　复制剖析线符号

step 14 至此，完成客厅 B 立面图的绘制。

3. 绘制餐厅 C 立面图

绘制餐厅C立面图的内容主要包括餐桌、挂画、进户门、隔断等，在绘图过程中可以使用“插入”命令插入常见的图块，其结果如图 19-32 所示。

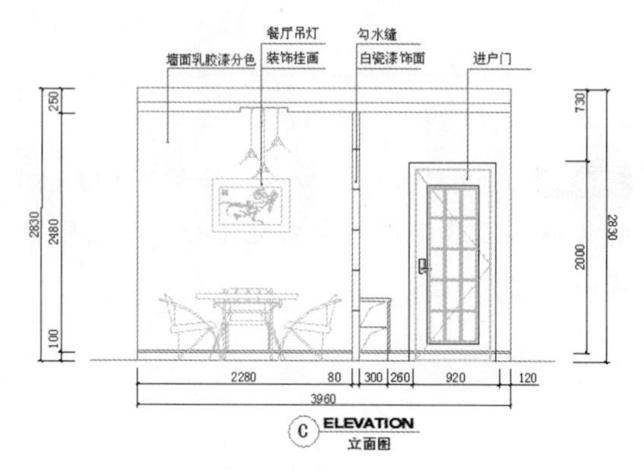

图 19-32　餐厅 C 立面图

step 01 复制 A 立面图墙边线。

step 02 在菜单栏中选择“修改”|“拉伸”命令，将图形整体拉伸，操作过程如图 19-33 所示。命令行操作提示如下。

```
命令： _stretch
以交叉窗口或交叉多边形选择要拉伸的对象 ...
选择对象 : 指定对角点 : 找到 0 个
选择对象 : 指定对角点 : 找到 3 个
选择对象 : ↙
指定基点或 [ 位移 (D)] < 位移 >:
指定第二个点或 < 使用第一个点作为位移 >:
>> 输入 ORTHOMODE 的新值 <1>:
正在恢复执行 STRETCH 命令。
指定第二个点或 < 使用第一个点作为位移 >:  4400 ↙
```

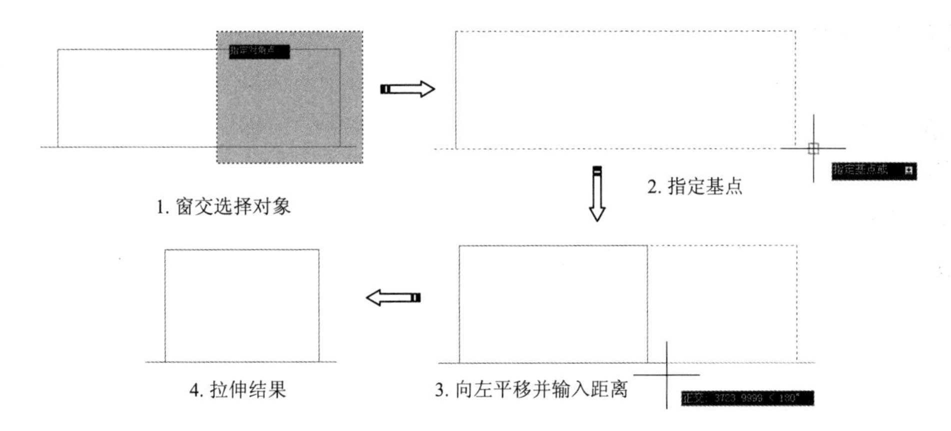

图 19-33　拉伸图形

step 03 使用“偏移”命令向右偏移左侧的垂直线段，偏移距离依次为 2280mm 和 80mm。向上偏移水平线段，偏移距离依次为 80mm、20mm、2480mm、190mm，如图 19-34 所示。

step 04 使用“修剪”命令对线段进行修剪处理，如图 19-35 所示。

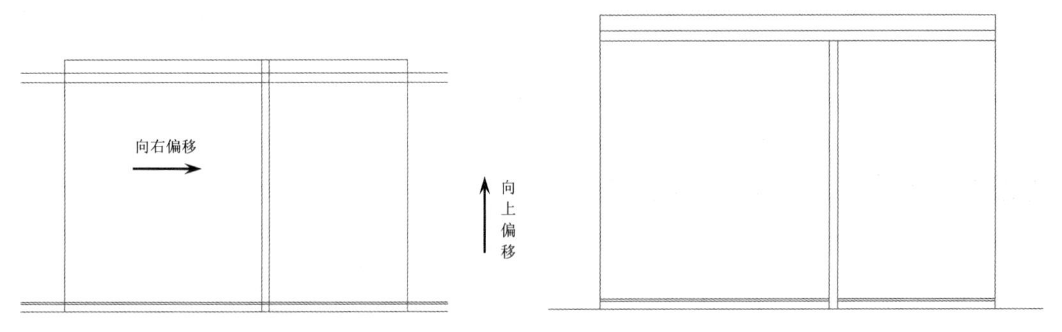

图 19-34　绘制偏移直线　　　　图 19-35　修剪图形

step 05 使用“偏移”命令将天花外框线向下偏移 200mm，再将左侧第一条垂直线向右依次偏移 1190mm 和 500mm，如图 19-36 所示。

step 06 使用“修剪”命令对线段进行修剪处理，绘制出餐厅的灯槽图形。

step 07 使用“偏移”命令和“尺寸约束”功能绘制餐厅装饰隔板的造型，其尺寸和结果如图 19-37 所示。

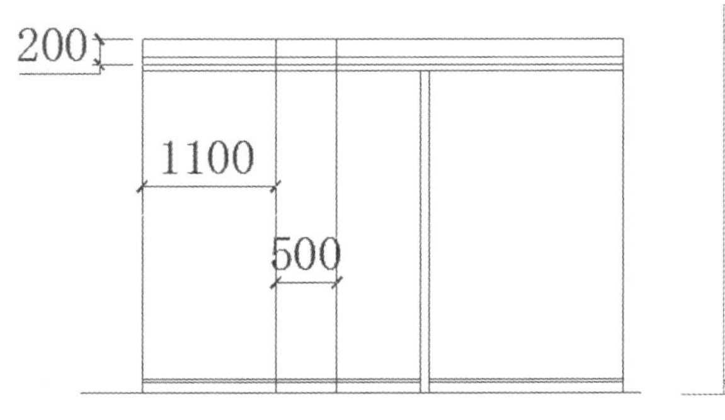

图 19-36　绘制偏移直线

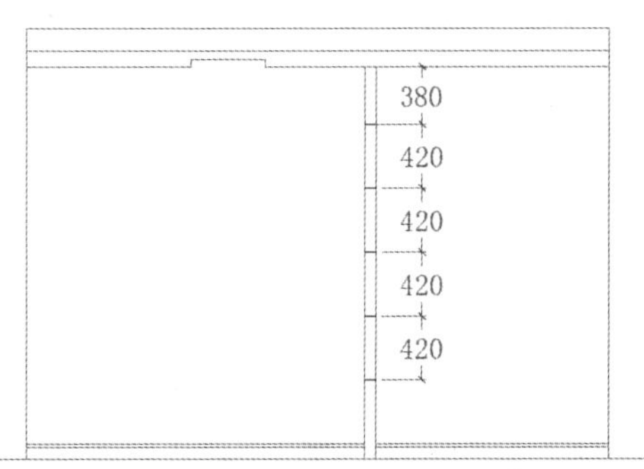

图 19-37　绘制直线

step 08 在立面图中插入“图库.dwg”素材文件中的餐桌立面装饰画图块、面图块、门立面图块、灯具图块，结果如图 19-38 所示。

step 09 将“标注”层设为当前层，结合使用“线性标注”命令和“连续标注”命令对图形进行标注。

step 10 将“文字说明”层设为当前层，使用“多重引线”命令创建文字说明，然后将剖析线符号复制到餐厅 C 立面图中，完成餐厅 C 立面图的绘制。

step 11 最终，餐厅 C 立面图的完成结果，如图 19-39 所示。

图 19-38　插入图块

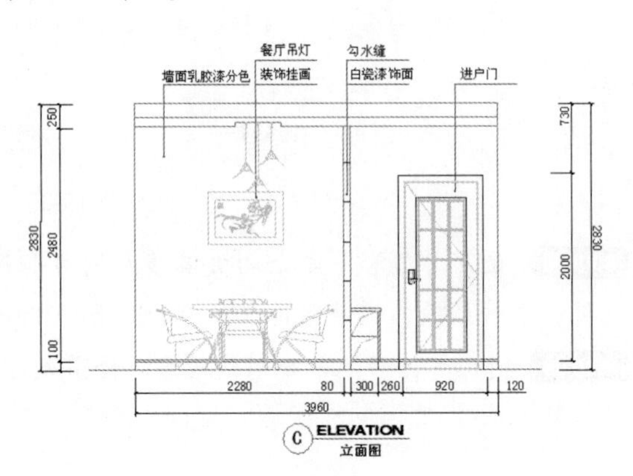

图 19-39　绘制完成的餐厅 C 立面图

19.2.2　案例二：绘制卧室立面图

卧室立面图展示了卧室中衣柜、床、灯具等元素的设计方案，卧室立面图的效果图，如图 19-40 所示。

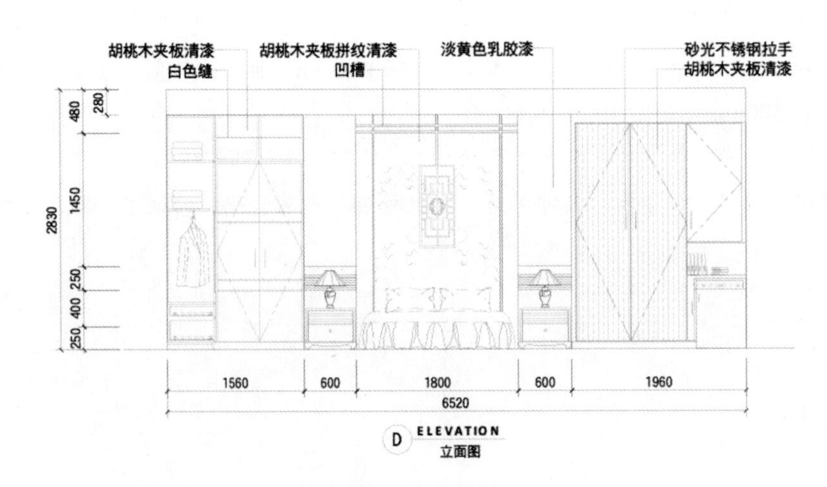

图 19-40　卧室立面图

step 01 新建文件，将其另存为“某户型卧室立面图.dwg”。

step 02 使用“直线”命令，绘制如图 19-41 所示的 6520×2830 的矩形。

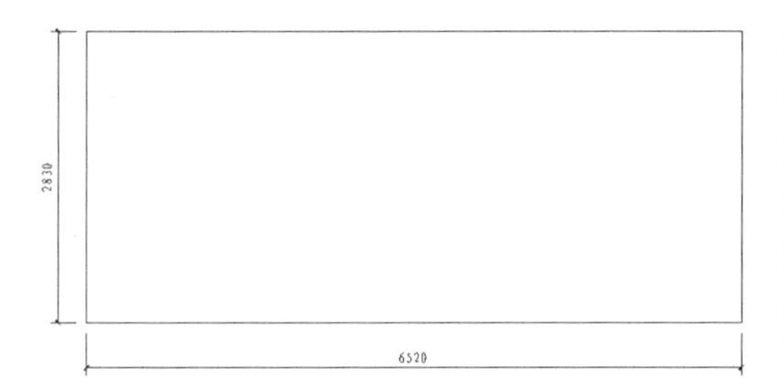

图 19-41　绘制矩形

step 03 利用夹点模式，拉长底边的直线，如图 19-42 所示。

图 19-42　拉长底边

step 04 使用“偏移”命令，绘制出如图 19-43 所示的偏移直线。

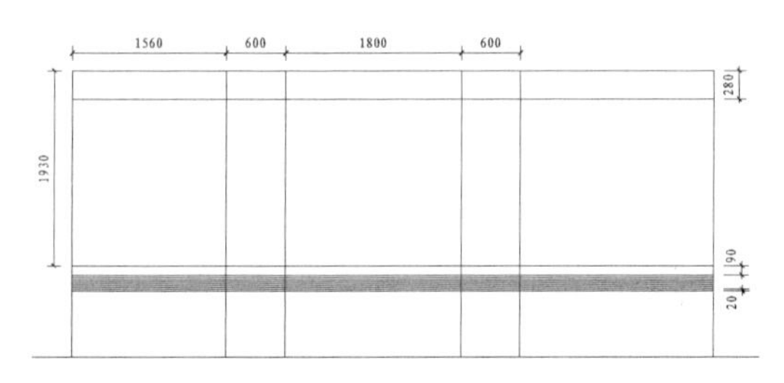

图 19-43　绘制偏移直线

step 05 使用“修剪”命令，将绘制的偏移直线修剪，结果如图 19-44 所示。

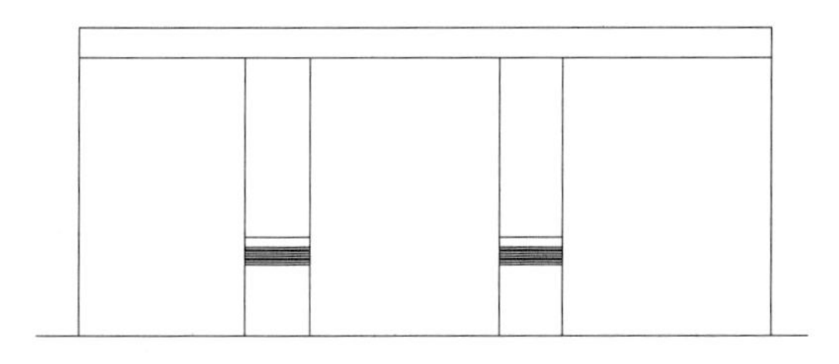

图 19-44　修剪直线

step 06 利用“直线”“偏移”“镜像”“修剪”命令，绘制如图 19-45 所示的木条装饰图形。

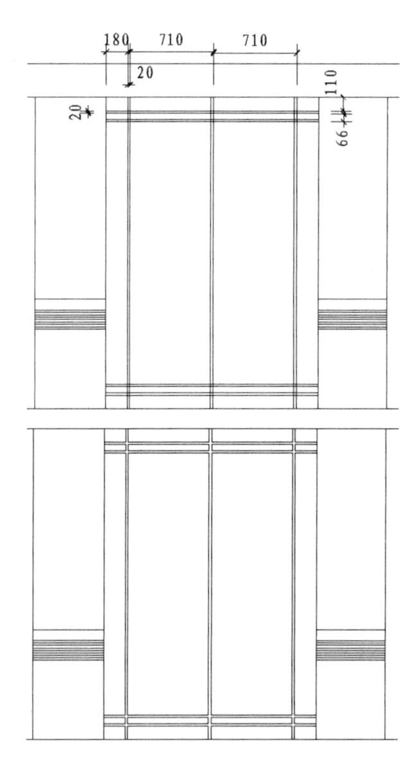

图 19-45　绘制木条装饰图形

step 07 从素材中将“图库 .dwg”素材文件中的衣柜、床、床头柜、台灯、写字桌等图块插入到立面图中，结果如图 19-46 所示。

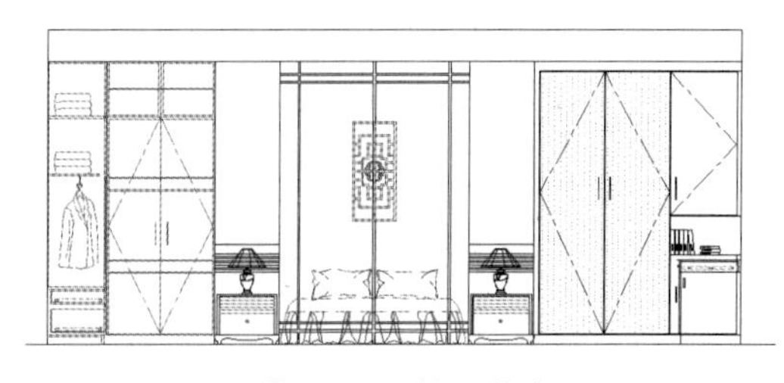

图 19-46　插入图块

step 08 使用“修剪”命令将立面图与图块重合的图线修剪，结果如图 19-47 所示。

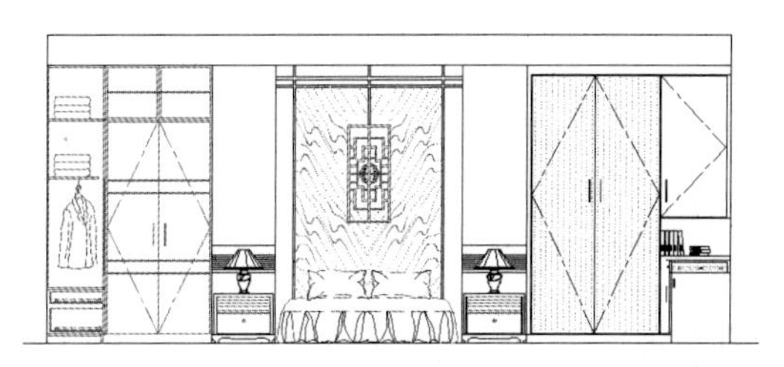

图 19-47　修剪图形

step 09 使用“线性标注”命令和“连续标注”命令，对图形进行标注。

step 10 使用“多重引线”命令创建文字说明，然后将剖析线符号复制到卧室立面图中。

step 11 最终，卧室立面图完成的结果，如图 19-48 所示。

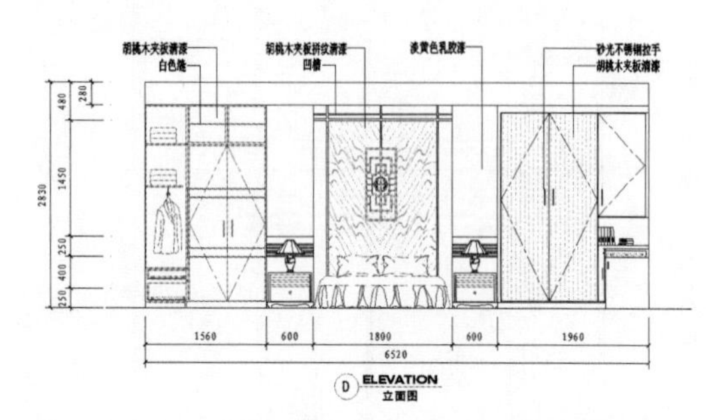

图 19-48　绘制完成的卧室立面图

step 12 最后将绘制完成的结果保存。

19.2.3　案例三：绘制厨房立面图

厨房立面图中展现了厨具、橱柜、灯具及抽油烟机等元素的布置方案，本例中厨房的立面图，如图 19-49 所示。

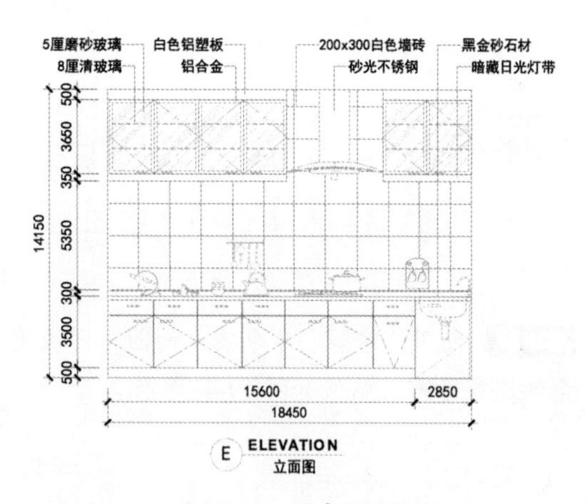

图 19-49　厨房立面图

step 01 新建文件，然后将其另存为“某户型厨房立面图 .dwg”。

step 02 使用“直线”命令，绘制如图 19-50 所示的 3690×2830 的矩形。

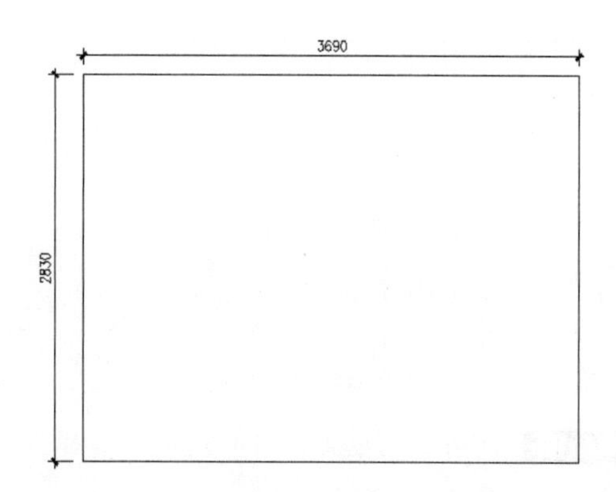

图 19-50 绘制矩形

step 03 使用“偏移”命令，绘制出如图 19-51 所示的偏移直线。

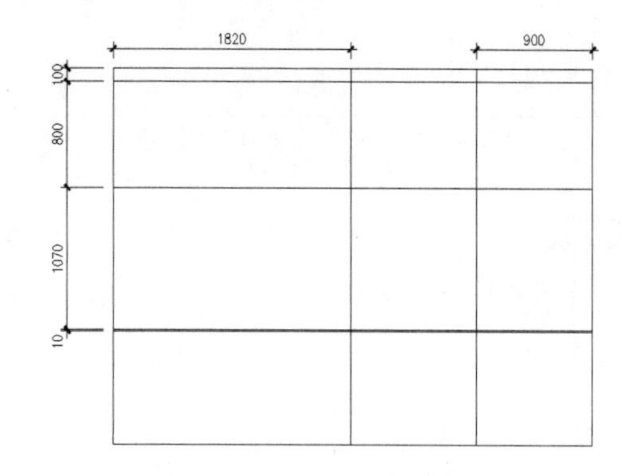

图 19-51　绘制偏移直线

step 04 使用“修剪”命令，将绘制的偏移直线修剪，结果如图 19-52 所示。

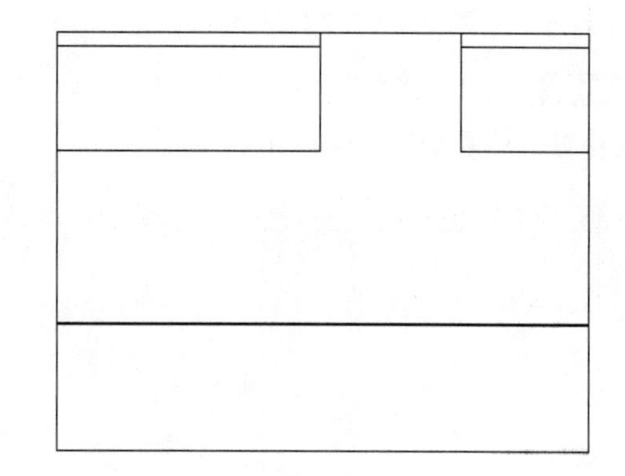

图 19-52　修剪直线

step 05 从素材中将“图库 .dwg”素材文件中的衣柜、床、床头柜、台灯、写字桌等图块插入立面图，结果如图 19-53 所示。

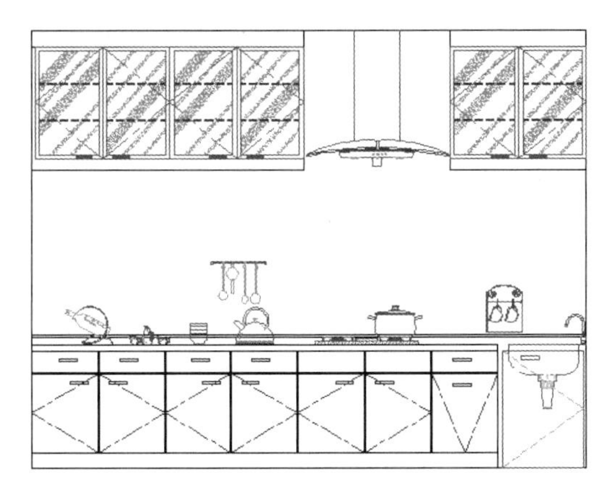

图 19-53　插入图块

step 06 使用“修剪”将立面图与图块重合的图线修剪，结果如图 19-54 所示。

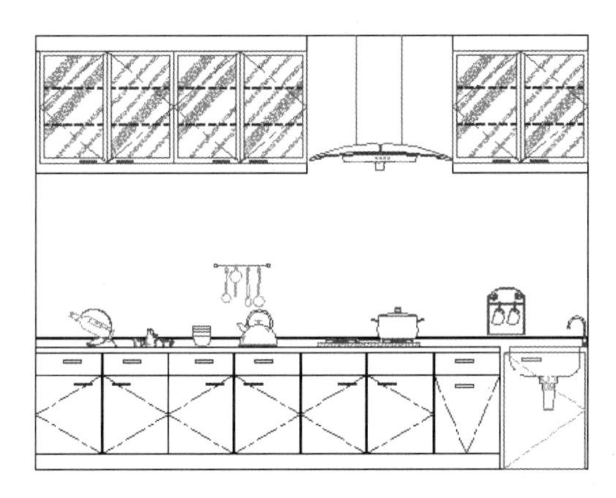

图 19-54　修剪图形

step 07 使用“填充”命令，选择 NET 图案，比例为 80，对厨房立面图进行填充，结果如图 19-55 所示。

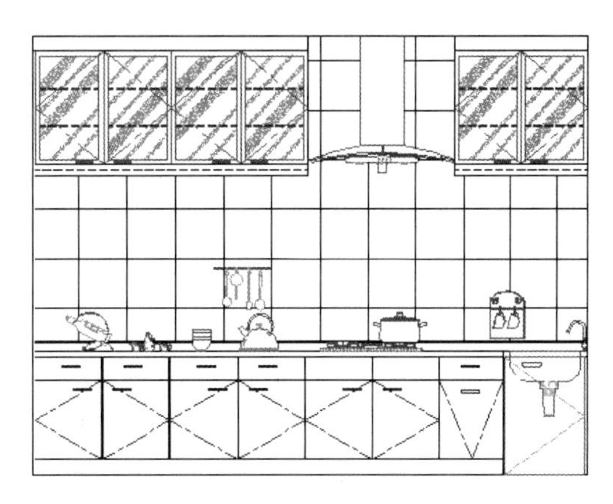

图 19-55　填充图案

step 08 使用“线性标注”命令、“连续标注”命令对图形进行标注。

step 09 使用“多重引线”命令创建文字说明，然后将剖析线符号复制到厨房立面图中。

step 10 最终，厨房立面图完成的结果，如图 19-56 所示。

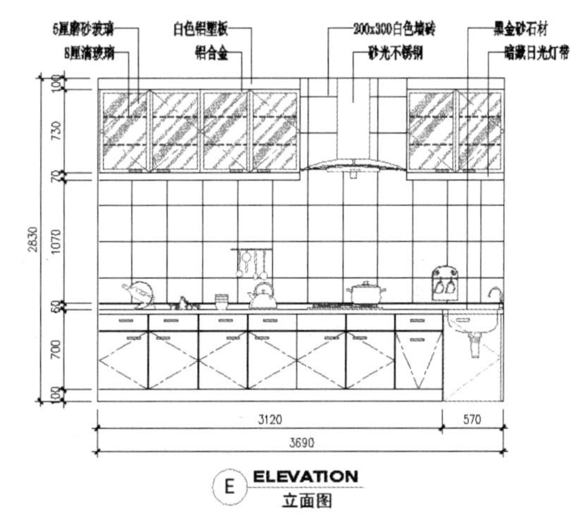

图 19-56　绘制完成的厨房立面图

step 11 最后将绘制完成的结果保存。

19.3　综合案例二：绘制某豪华家居室内立面图

室内施工立面图是室内墙面与装饰物的正投影图，它表明了墙面装饰的式样及材料、位置、尺寸，墙面与门、窗、隔断的高度尺寸，墙与顶、地的衔接方式等。

下面以某豪华居室的客厅及餐厅、书房、小孩房、厨房等立面图的绘制实例，说明AuotCAD 2018 绘图功能的应用技巧。某豪华居室的室内平面布置图，如图 19-57 所示。

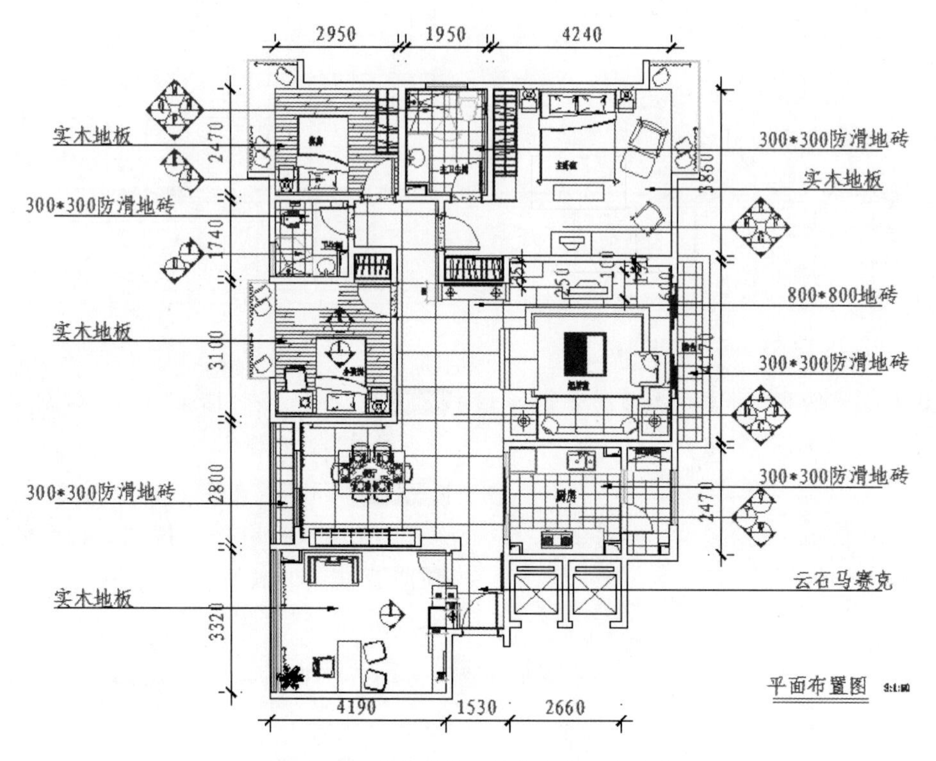

图 19-57　某豪华居室的室内平面布置图

19.3.1　案例一：绘制客厅及餐厅立面图

立面图主要表达了客厅电视背景墙、餐厅背景的做法、尺寸和材料等，下面讲解绘制方法。

立面图的绘制方法与上一节中某户型立面图中同类图纸的画法基本相同。不同的是，立面图内部也要标注关键性的结构尺寸，如图 19-58 所示为客厅及餐厅 A 的立面图。

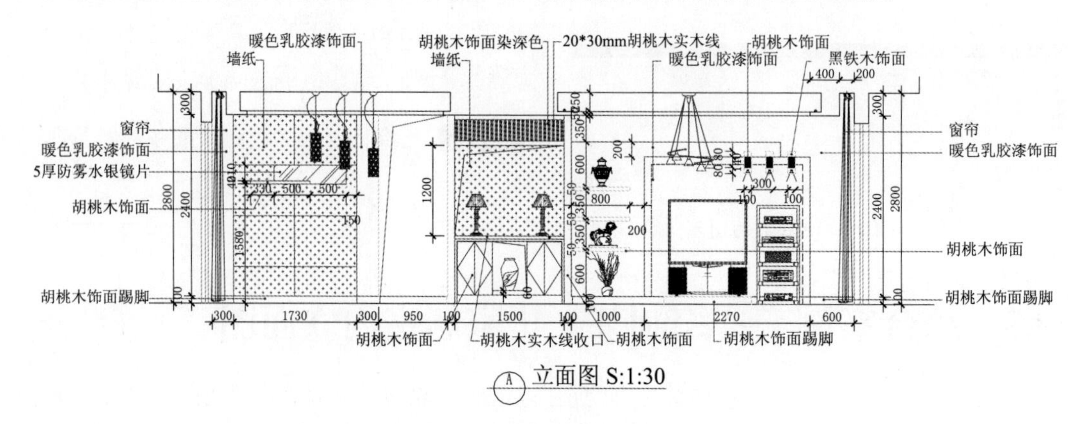

图 19-58　客厅及餐厅立面图

1. 绘制立面图轮廓

step 01 新建文件，然后将其另存为“客厅及餐厅立面图 .dwg”。

step 02 使用 L（直线）命令和 O（偏移）命令，绘制如图 19-59 所示的图形。

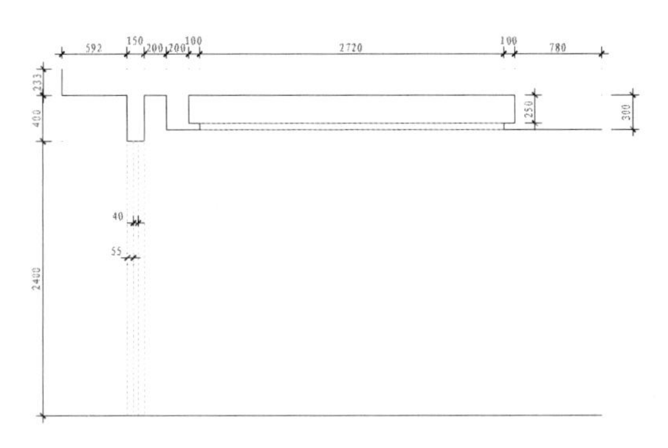

图 19-59　绘制图形

step 03 使用“镜像”命令，将绘制的图形镜像，结果如图 19-60 所示。

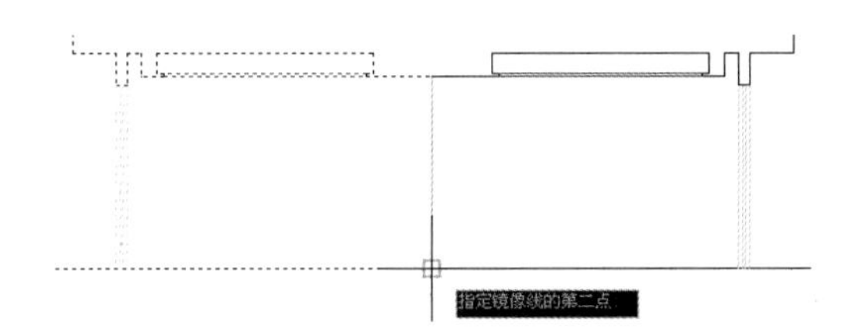

图 19-60　镜像图形

step 04 在菜单栏中选择“修改”|“拉伸”命令，然后将镜像的右侧图形整体向右拉伸 1900，如图 19-61 所示。

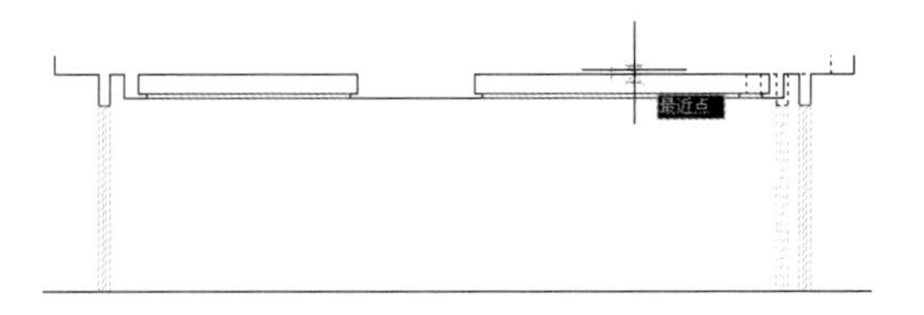

图 19-61　拉伸右侧的图形

step 05 使用 L 命令和 O 命令，绘制出如图 19-61 所示的竖直直线。

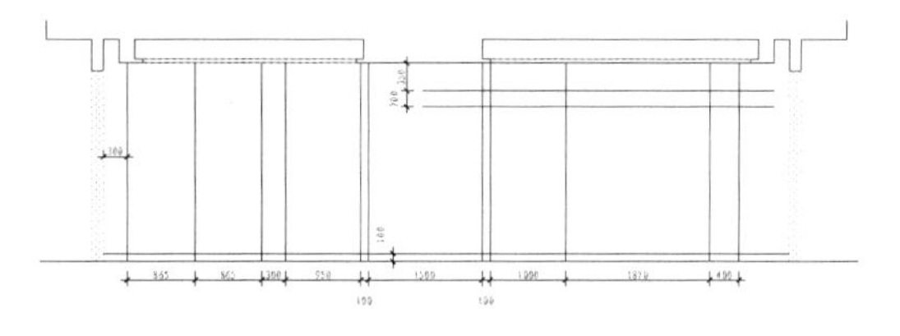

图 19-62　绘制偏移直线

技巧点拨：

绘制直线后，利用约束功能进行定位约束，然后才以此直线来绘制其他偏移直线。

step 06 使用“修剪”命令，修剪偏移直线，结果如图 19-63 所示。

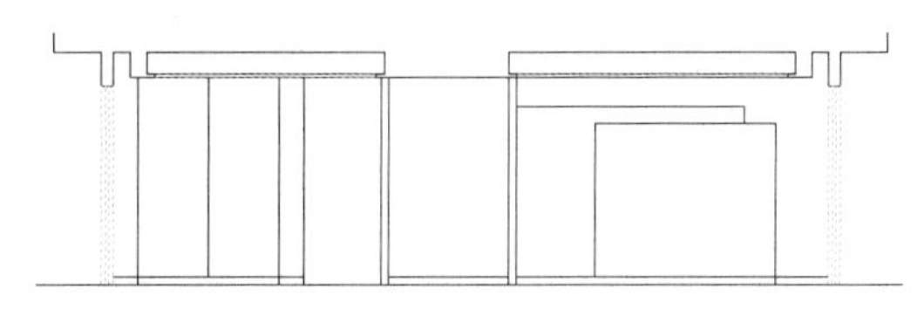

图 19-63　修剪偏移直线

step 07 使用 O 命令，绘制如图 19-64 所示的偏移直线。

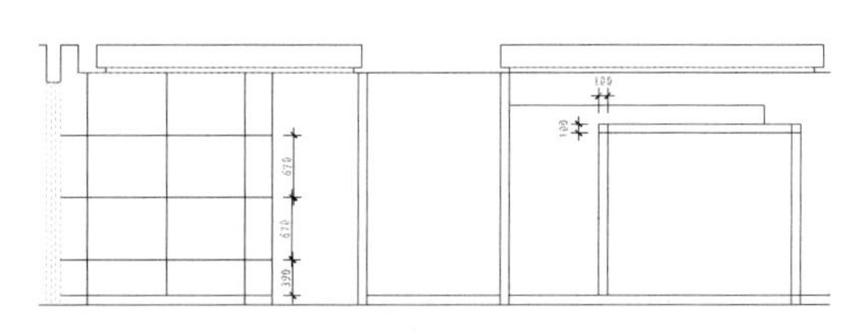

图 19-64　绘制偏移直线

step 08 利用“矩形”命令，绘制如图 19-65 所示的矩形，并利用尺寸约束功能进行定位。

step 09 使用“修剪”命令，对图形进行修剪整理，结果如图 19-66 所示。

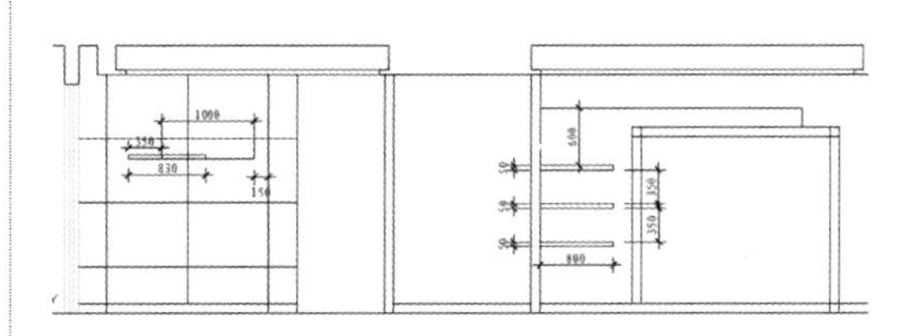

图 19-65　绘制矩形并约束定位

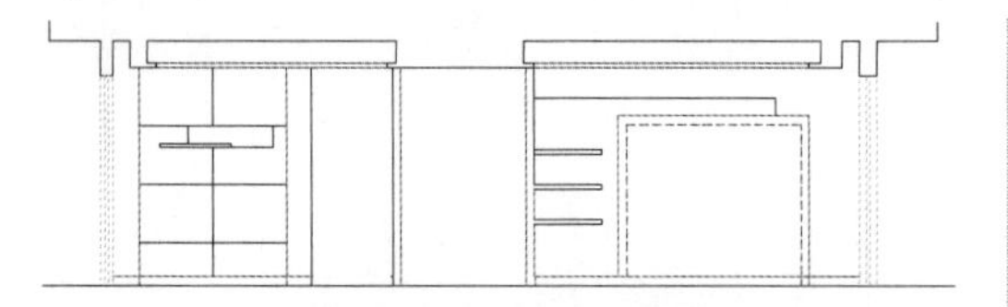

图 19-66 修剪图形

step 10 使用“直线”命令，绘制如图 19-67 所示的直线，绘制直线后使用约束功能进行定位。

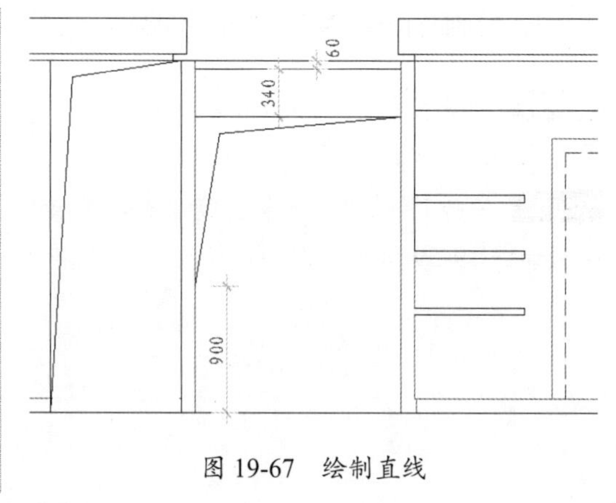

图 19-67 绘制直线

2. 插入图块及图层标注

step 01 从素材中将“豪华家居图块 .dwg”素材文件中的客厅及餐厅 A 立面图图块全部插入到 A 立面图中，结果如图 19-68 所示。

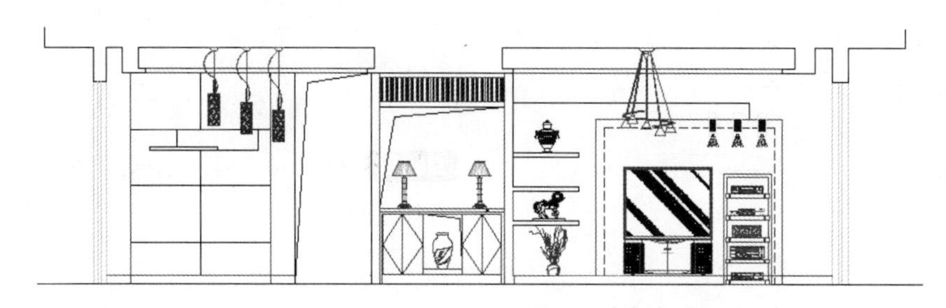

图 19-68 插入图块

step 02 使用“填充”命令，选择 CROSS 图案，比例为 220，对图形进行填充。

step 03 使用“线性标注”命令、“连续标注”命令对图形进行标注。

step 04 创建文字说明，将剖析线符号复制到客厅及餐厅 A 立面图中。最终，客厅及餐厅 A 立面图的完成结果，如图 19-69 所示。

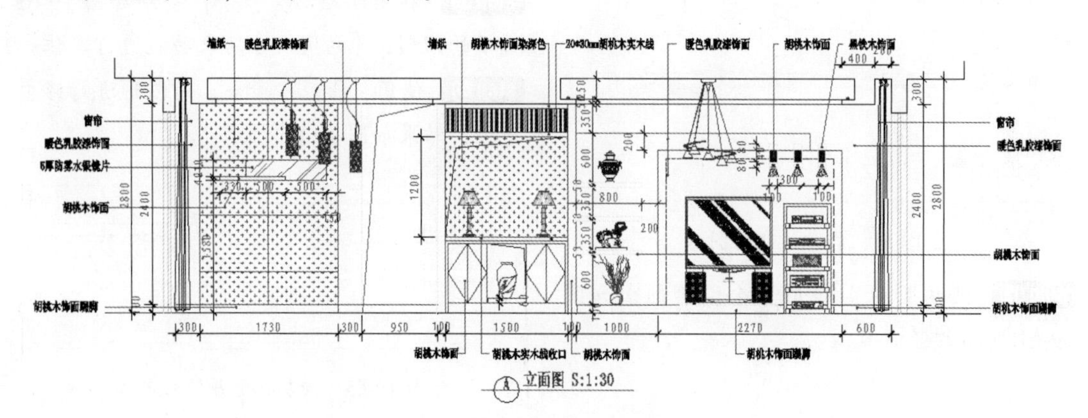

图 19-69 绘制完成的客厅及餐厅 A 立面图

19.3.2　案例二：绘制书房立面图

书房立面图展现了房屋户主的个人喜好，以及对环境的一种特殊要求，包括家具、电器、书籍等。书房立面图总共有两幅：I 立面图和 J 立面图。

1．绘制 I 立面图

书房 I 立面图如图 19-70 所示。

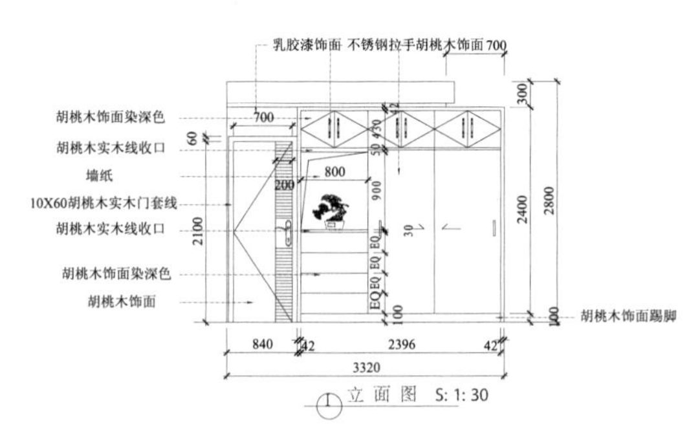

图 19-70　书房 I 立面图

step 01 新建文件，将其另存为“书房立面图 .dwg”。

step 02 使用“矩形”命令，绘制如图 19-71 所示的 3 个矩形。

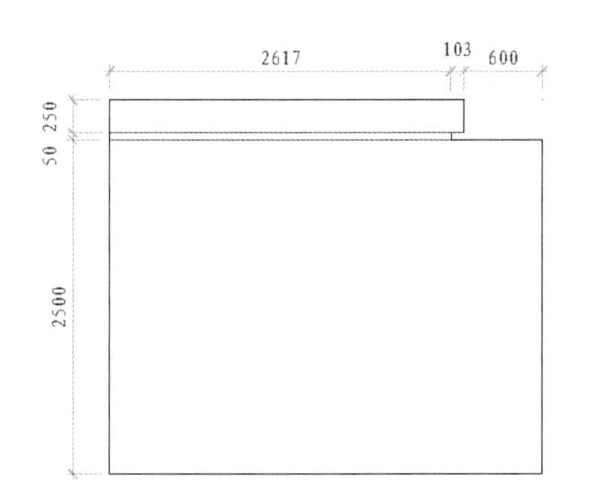

图 19-71　绘制图形

step 03 从素材中将“豪华家居图块 .dwg”素材文件中的书房 I 立面图图块全部插入到 A 立面图，结果如图 19-72 所示。

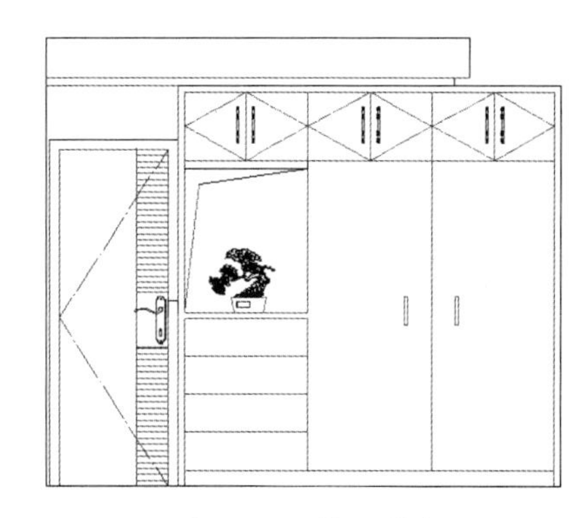

图 19-72　插入图块

step 04 使用“线性标注”命令和“连续标注”命令，对图形进行标注。

step 05 创建文字说明，然后将剖析线符号复制到书房 I 立面图中，最终的完成结果，如图 19-73 所示。

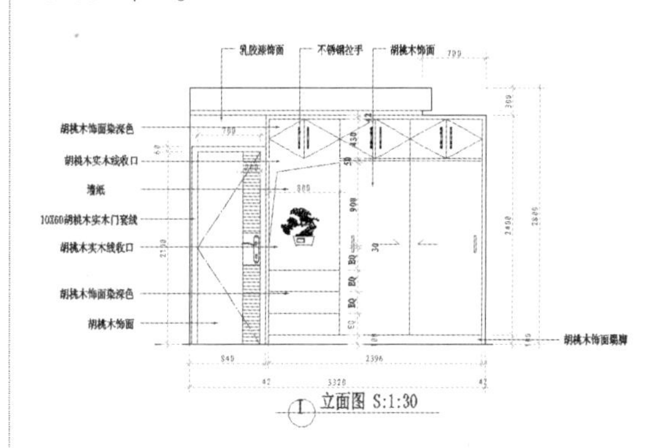

图 19-73　绘制完成的书房 I 立面图

2．书房 J 立面图

书房 J 立面图，如图 19-74 所示。

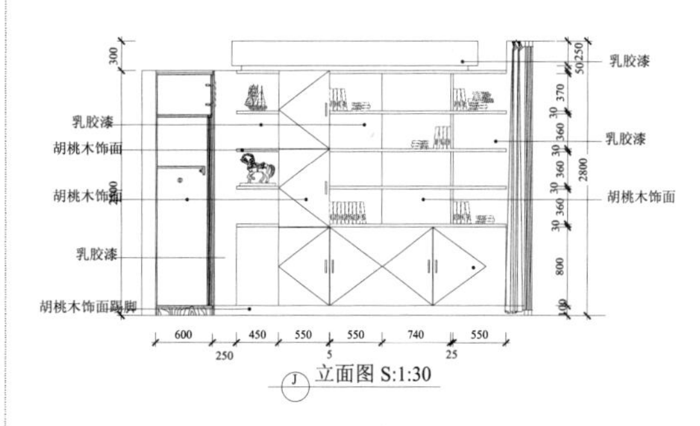

图 19-74　书房 J 立面图

step 01 使用“直线”和“矩形”命令，绘制如图 19-75 所示的图形。

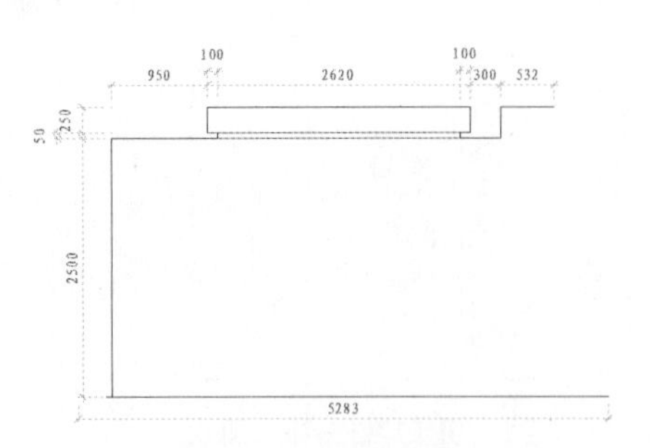

图 19-75　绘制图形

step 02 从素材中将“豪华家居图块 .dwg”素材文件中的书房 J 立面图图块全部插入到立面图，结果如图 19-76 所示。

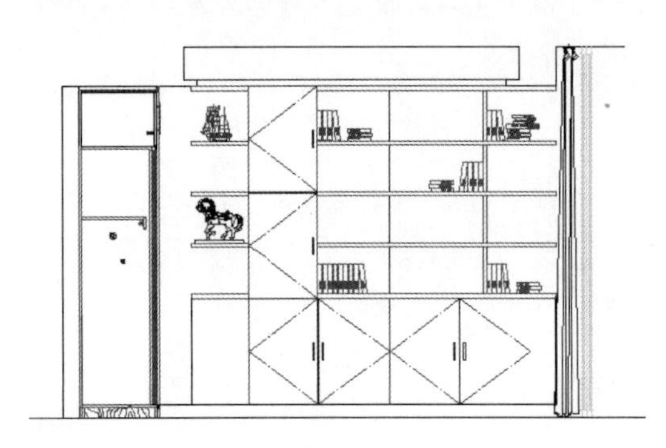

图 19-76　插入图块

step 03 使用“线性标注”命令和“连续标注”命令对图形进行标注。

step 04 创建文字说明，然后将剖析线符号复制到书房 J 立面图中，最终的完成结果如图 19-77 所示。

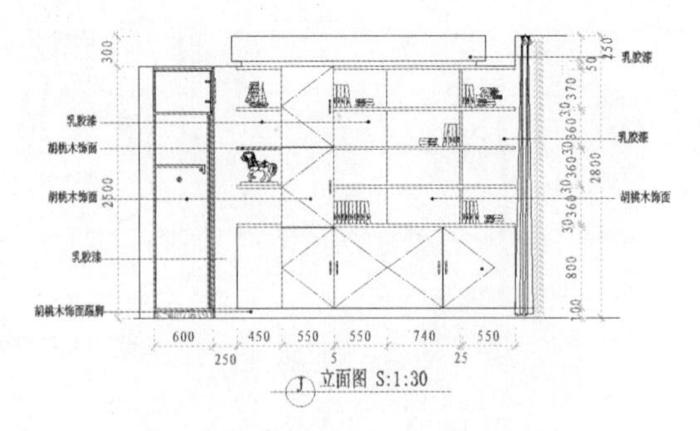

图 19-77　绘制完成的书房 J 立面图

19.3.3　案例三：绘制小孩房立面图

小孩房立面图，如图 19-78 所示。

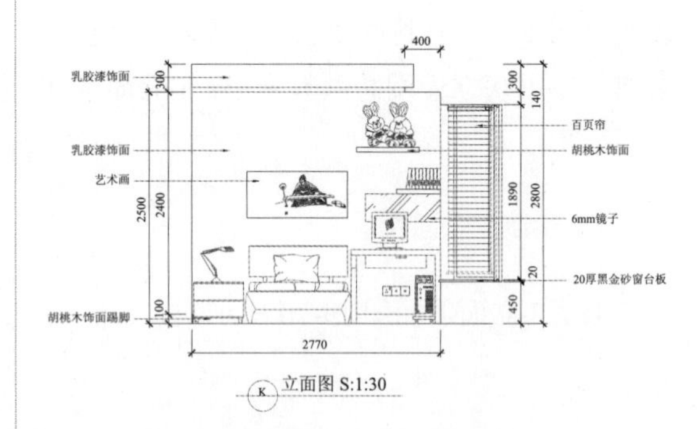

图 19-78　小孩房立面图

step 01 使用“直线”和“矩形”命令，绘制如图 19-79 所示的图形。

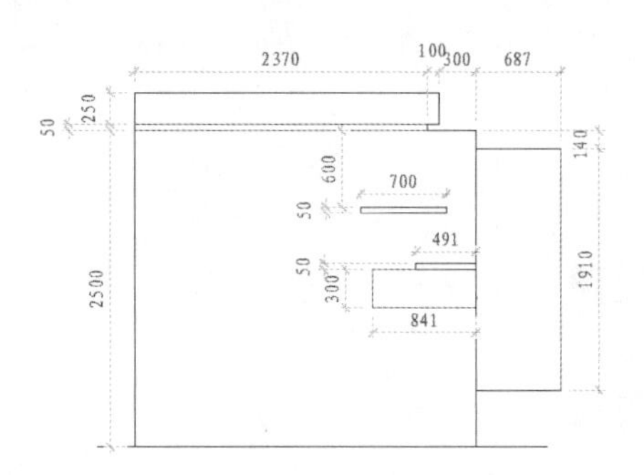

图 19-79　绘制图形

step 02 从素材中将“豪华家居图块 .dwg”素材文件中的小孩房立面图图块全部插入到立面图，结果如图 19-80 所示。

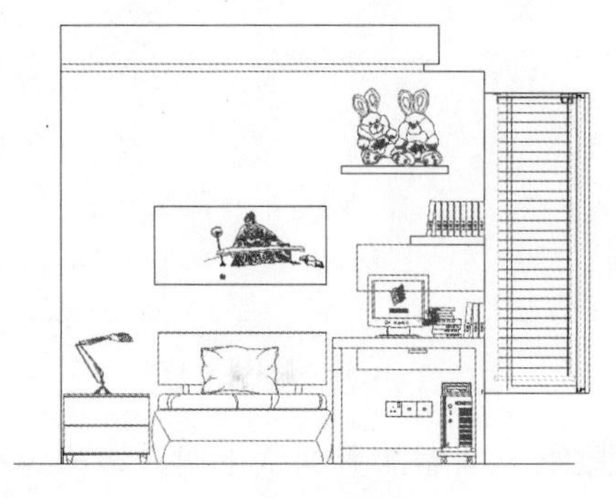

图 19-80　插入图块

step 03 使用“修剪”命令，修剪计算机与镜子重叠的图线。修剪后再使用“填充”命令，选择 AR-RROOF 图案，比例为 250，对镜子进行填充，如图 19-81 所示。

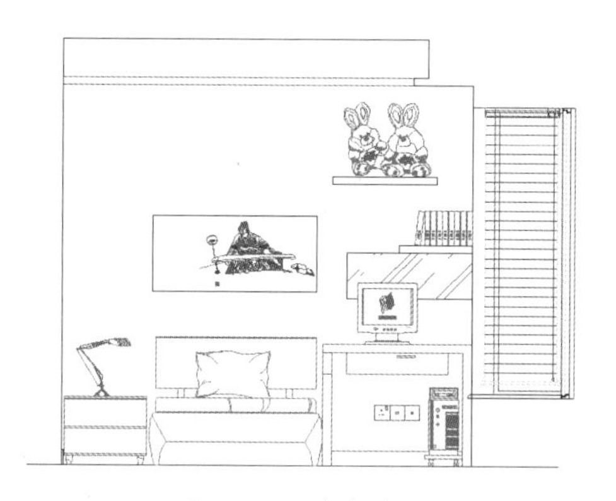

图 19-81　填充镜子

step 04 使用“线性标注”命令和“连续标注”命令对图形进行标注。

step 05 创建文字说明，将剖析线符号复制到小孩房 K 立面图，最终的完成结果，如图 19-82 所示。

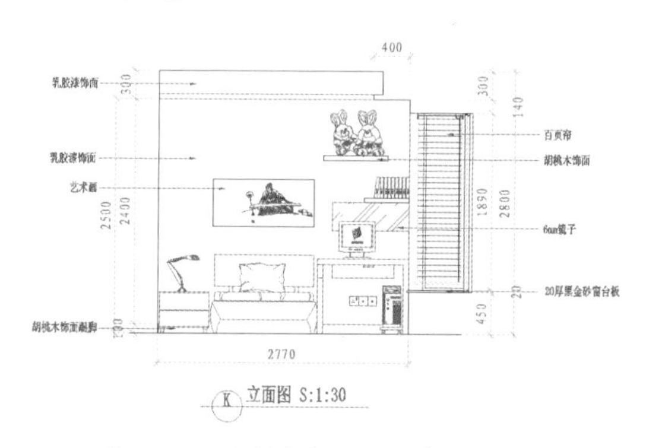

图 19-82　绘制完成的小孩房 K 立面图

19.3.4　案例四：绘制厨房立面图

厨房立面图比较简单，它体现了户主在厨房整体设计上的构思及布局。厨房立面图展现的是橱柜、家电产品及厨具的设计方案，如图 19-83 所示。

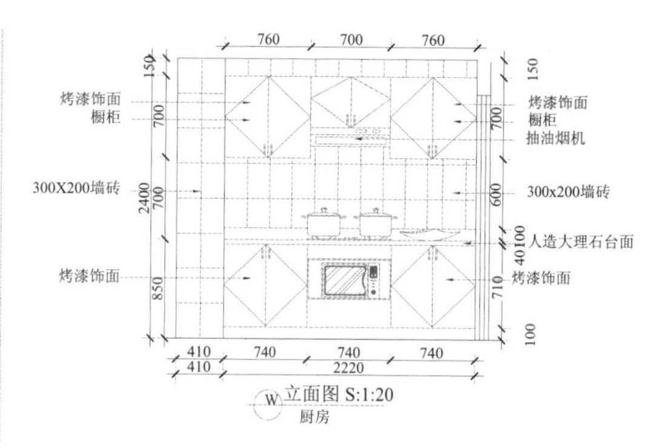

图 19-83　厨房立面图

1. 厨房 V 立面图

step 01 使用“直线”命令，绘制如图 19-84 所示的厨房 V 立面图的轮廓图形。

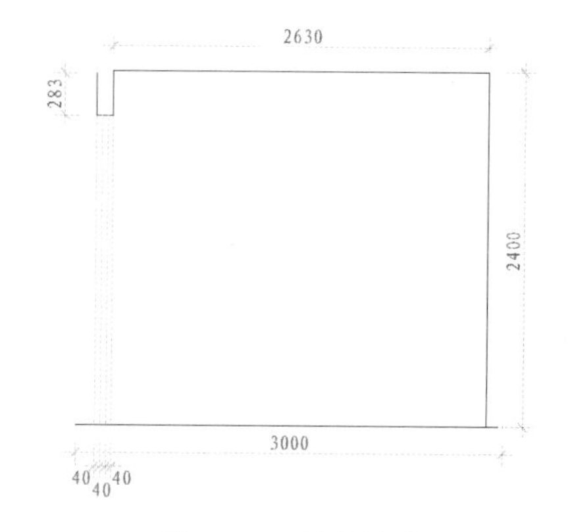

图 19-84　绘制轮廓

step 02 从素材中将“豪华家居图块 .dwg”素材文件中的厨房 V 立面图图块全部插入到立面图，结果如图 19-85 所示。

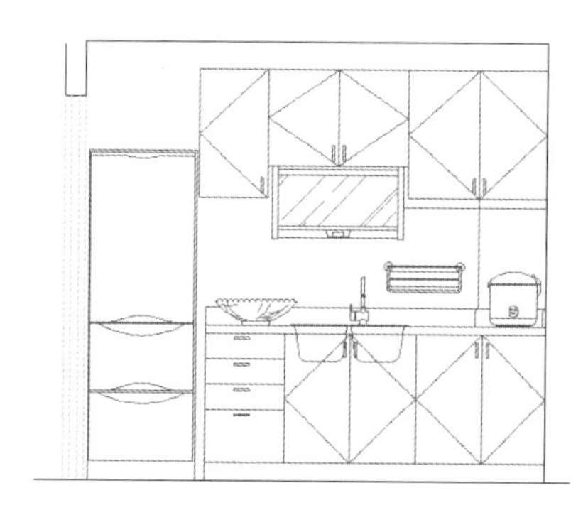

图 19-85　插入图块

step 03 使用“线性标注”命令和“连续标注”命令对图形进行标注。

step 04 创建文字说明，将剖析线符号复制到厨房 V 立面图中，最终的完成结果，如图 19-86 所示。

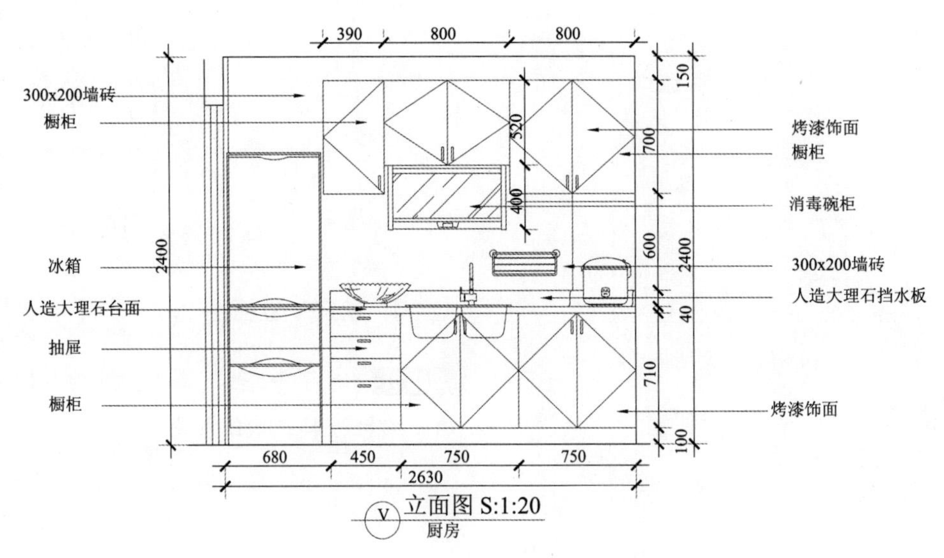

图 19-86　绘制完成的厨房 V 立面图

2. 厨房 W 立面图

step 01 将如图 19-83 所示中的厨房 V 立面图的轮廓图形镜像，删除原图形，即可得到厨房 W 立面图的轮廓，如图 19-87 所示。

step 02 从素材中将“豪华家居图块 .dwg”素材文件中的厨房 W 立面图图块全部插入到立面图，结果如图 19-88 所示。

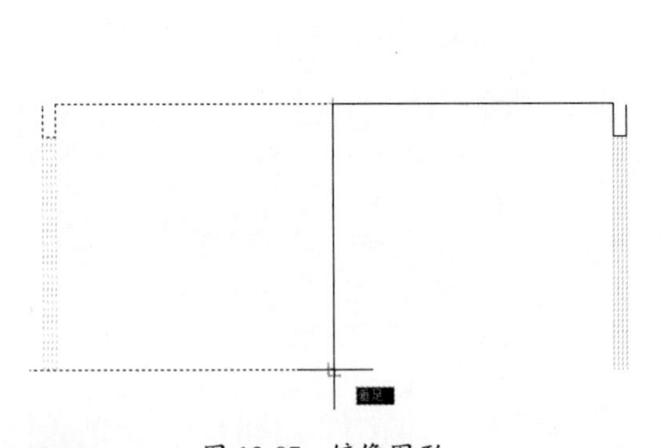

图 19-87　镜像图形

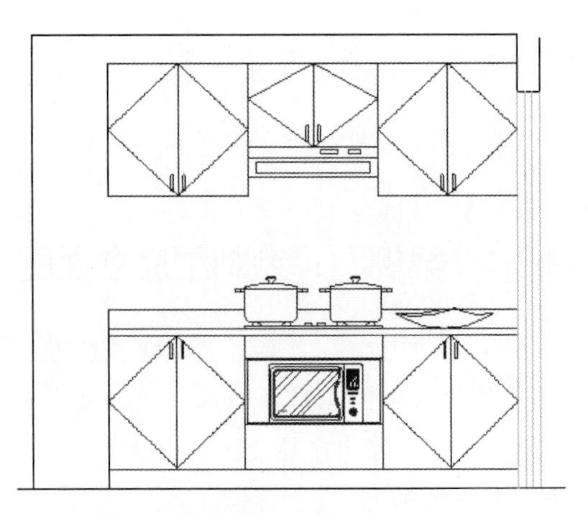

图 19-88　插入图块

step 03 使用“填充”命令，选择 NET 图案、比例为 190，对图形进行填充。

step 04 使用“线性标注”命令和“连续标注”命令对图形进行标注。

step 05 创建文字说明，将剖析线符号复制到厨房 W 立面图中，最终的完成结果，如图 19-89 所示。

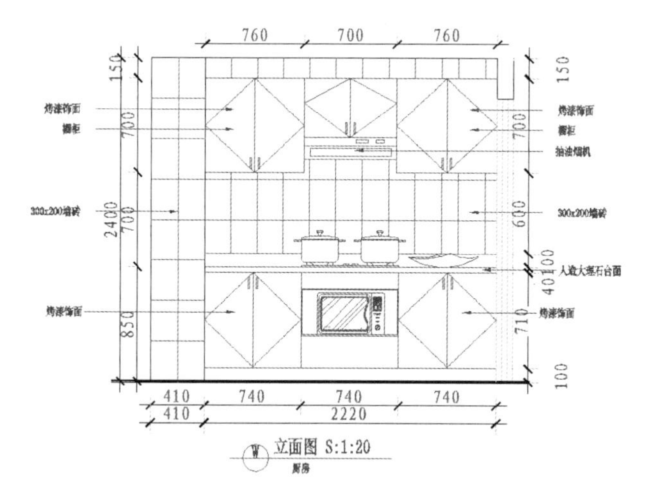

图 19-89　绘制完成的厨房 W 立面图

19.4　课后练习

1．绘制某卧室 A 立面图

经过前面所学的绘图技巧，练习绘制如图 19-90 所示的 A 立面图。

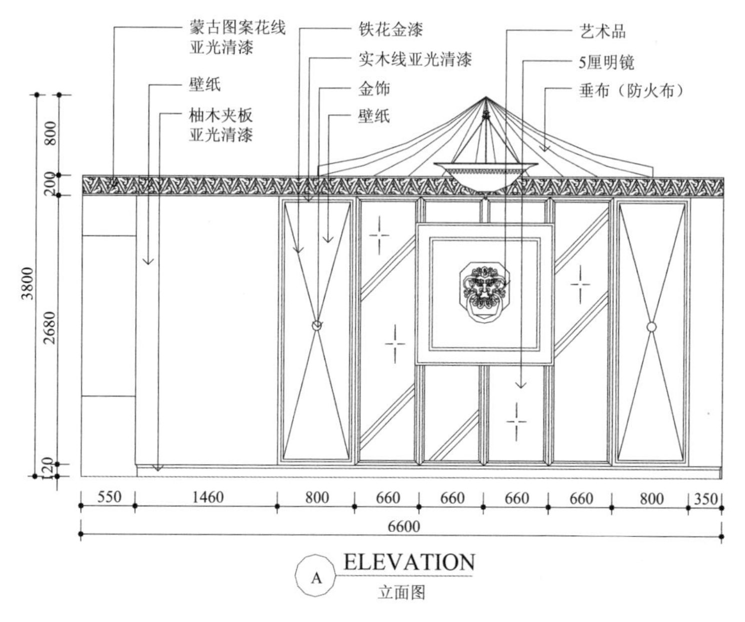

图 19-90　A 立面图

2．绘制某客厅立面图

绘制如图 19-91 所示的某客厅立面图。

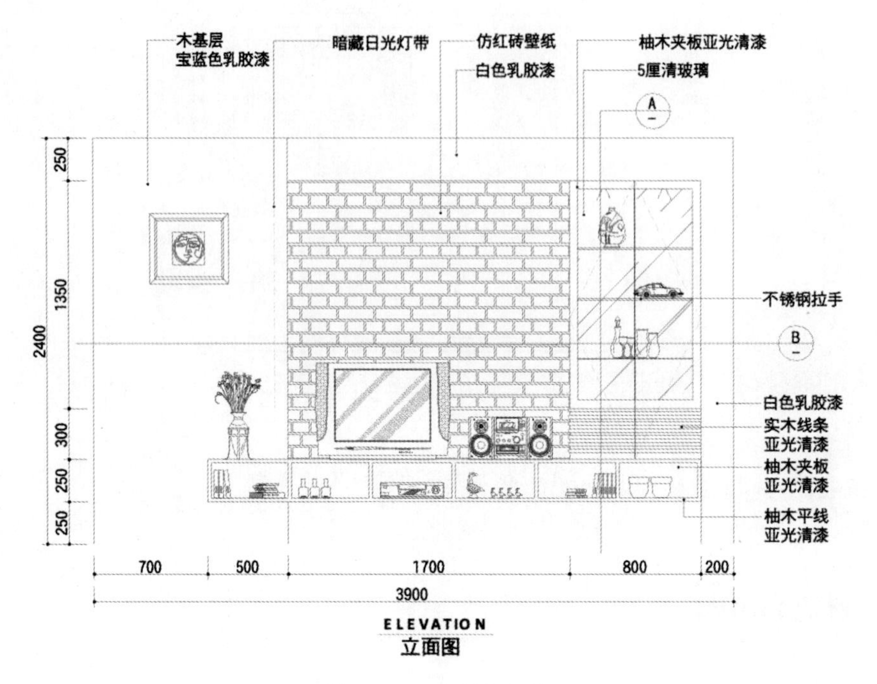

图 19-91　客厅立面图

第 20 章

建筑室内详图设计

本章内容

一般建筑室内施工图中需要绘制详图及局部剖面图。在本章中，将学习到这方面的知识，包括详图的绘制方法。

知识要点

☑ 室内详图的设计内容
☑ 室内详图的画法与标注
☑ 掌握绘制宾馆总体详图的过程与技巧
☑ 掌握绘制某酒店楼梯剖面图的过程与技巧

20.1 建筑室内设计详图的知识要点

详图是建筑室内设计中重点部分的放大图和结构做法图。一个工程需要画多少幅详图、画哪些部位的详图要根据设计情况、工程大小以及复杂程度而定。

20.1.1 室内详图内容

室内详图是室内设计中需要重点表达部分的放大图或结构做法图。一般情况下，室内详图的绘制内容应包括局部放大图、剖面图和断面图。如图 20-1 和图 20-2 所示为某吧台的三维效果图及立面图。

图 20-1 某吧台的三维效果图

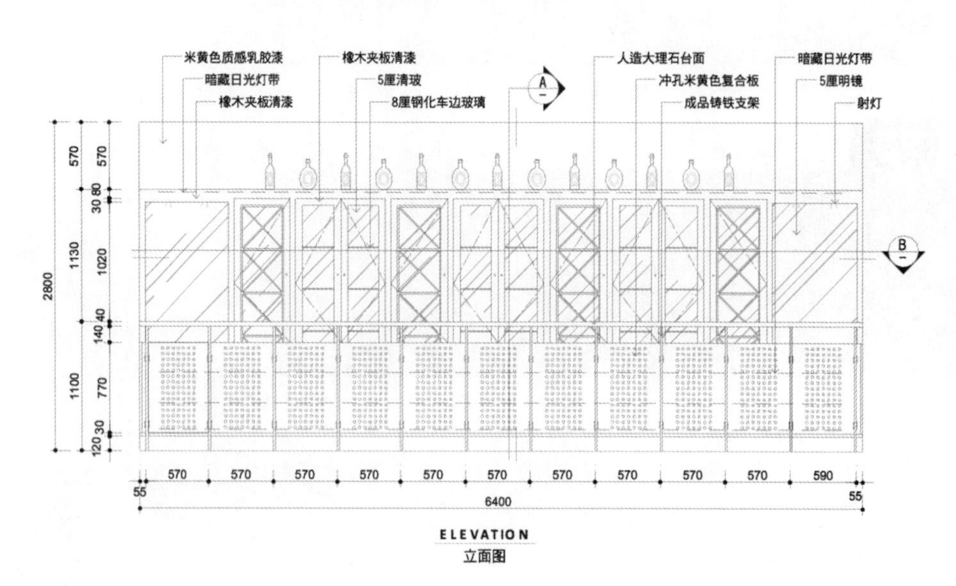

图 20-2 吧台立面图

如图 20-3 所示为吧台的 A、B 剖面图。

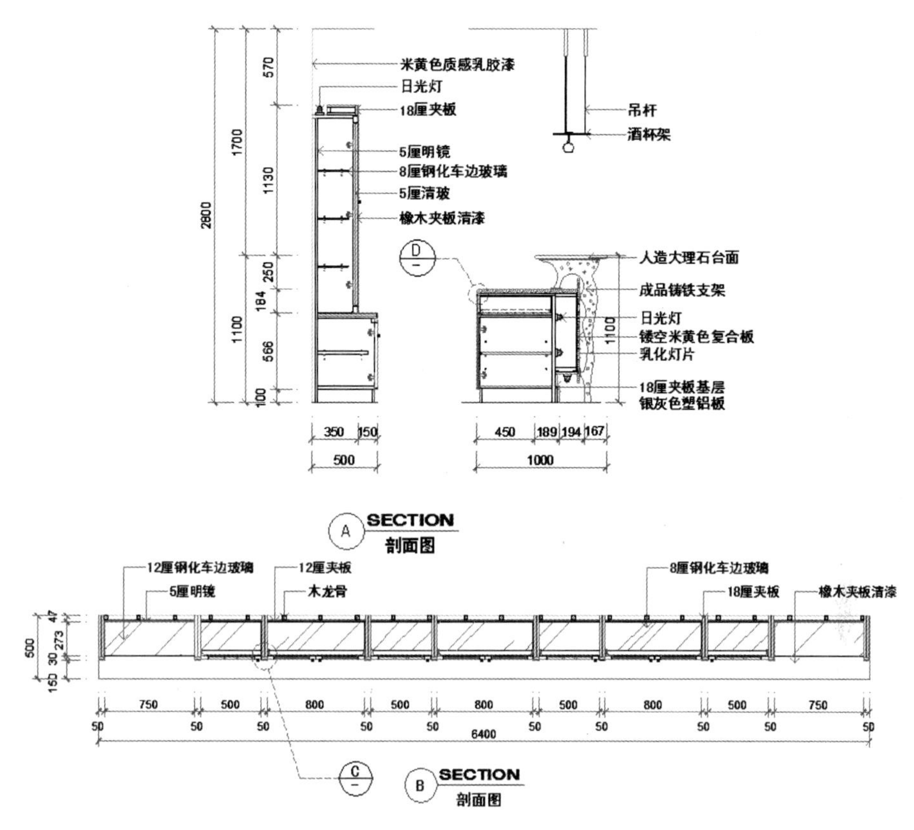

图 20-3　剖面图及局部放大图

如图 20-4 所示为吧台的 A 和 B 剖面图中扩展的 C 和 D 大样图（局部放大图或节点详图）。

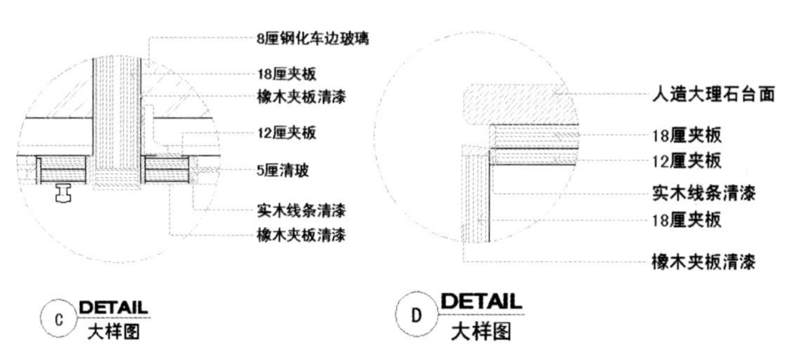

图 20-4　吧台 C 和 D 大样图

20.1.2　详图的画法与标注

凡是剖到的建筑结构和材料的断面轮廓线以粗实线绘制，其他以细实线绘制。

详图的标注方法与室内设计施工图的其他类型图纸的标注方法是相同的，包括标注加工尺寸、材料名称以及工程做法。

20.2 综合案例一：绘制宾馆总台详图

前面介绍了室内设计详图的知识要点，接下来绘制某宾馆的总台详图。详图是以室内立面图作为绘制基础，本案例的宾馆总台的三维效果图，如图 20-5 所示。

图 20-5 宾馆总台的三维效果图

20.2.1 案例一：绘制总台 A 剖面图

绘制 A 剖面图，首先要在总台外立面图中绘制剖面符号，然后根据高、平、齐的原理来绘制出 A 剖面图中的轮廓。总台的外立面图，如图 20-6 所示。

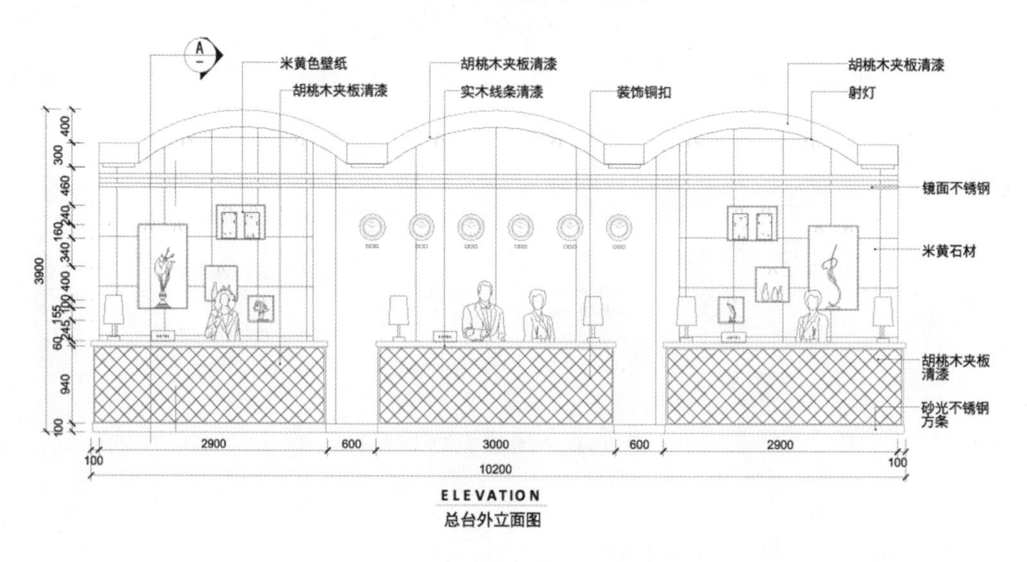

图 20-6 总台外立面图

要绘制的 A 剖面图，如图 20-7 所示。

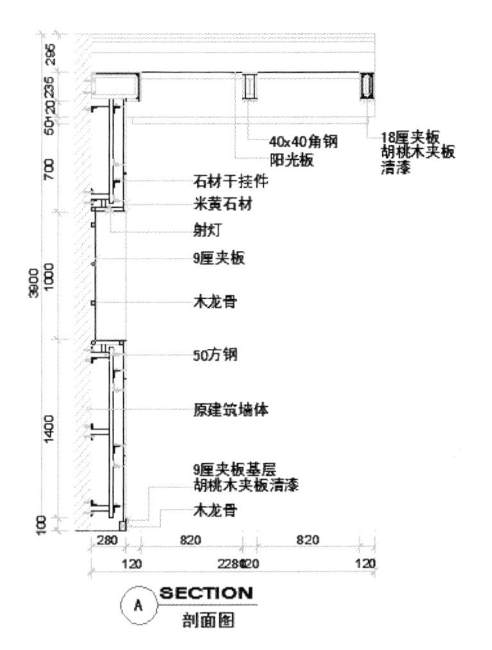

图 20-7　A 剖面图

step 01 从本例素材中复制“总台外立面图.dwg”文件，并重命名为“总台 A 立面图”。

step 02 打开重命名后的“总台 A 立面图.dwg”文件。

step 03 将开始文件的“总台详图图库.dwg”中的 A 剖面符号复制到“总台 A 立面图.dwg”图形中，并使用“直线”命令绘制剖切线，如图 20-8 所示。

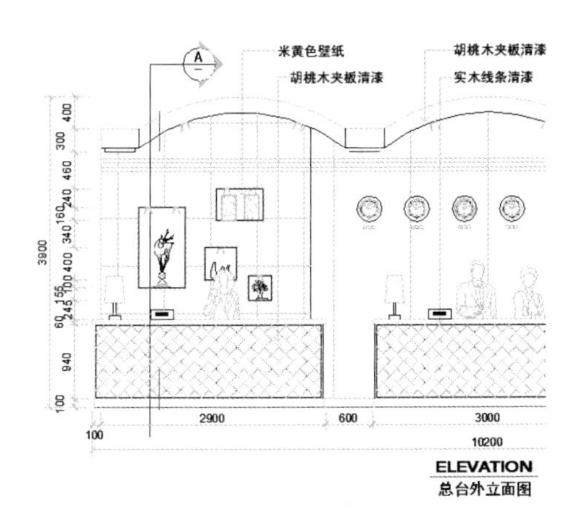

图 20-8　绘制剖切线及符号

step 04 将总台外立面图中左侧的尺寸标注全部删除。

step 05 使用“直线”命令，从外立面图 A 剖切线位置向左绘制水平直线，以此作为 A 立面图的外轮廓，如图 20-9 所示。

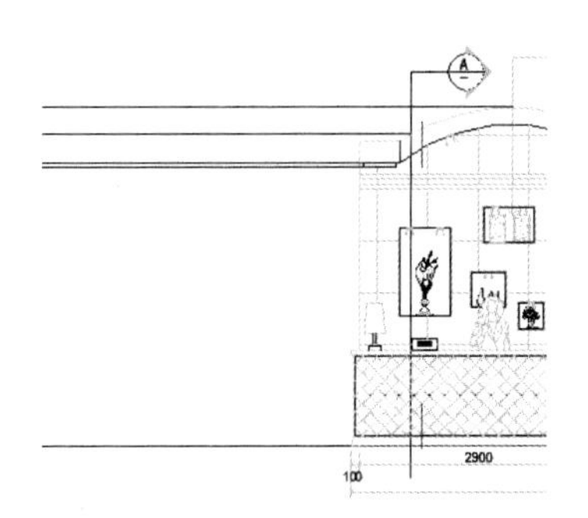

图 20-9　绘制水平直线

技巧点拨：

从此处剖切是因为有一个装饰门洞结构需要表达。

step 06 使用“直线”命令，绘制竖直直线。再使用“修剪”命令修剪直线，结果如图 20-10 所示。

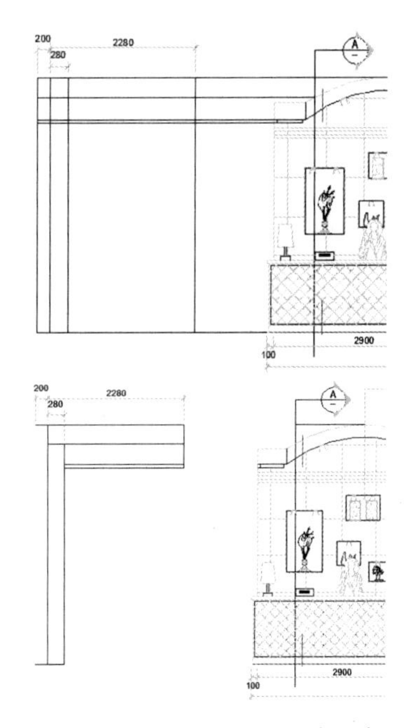

图 20-10　绘制竖直直线并修剪

step 07 使用“矩形”命令，绘制如图 20-11 所示的矩形。

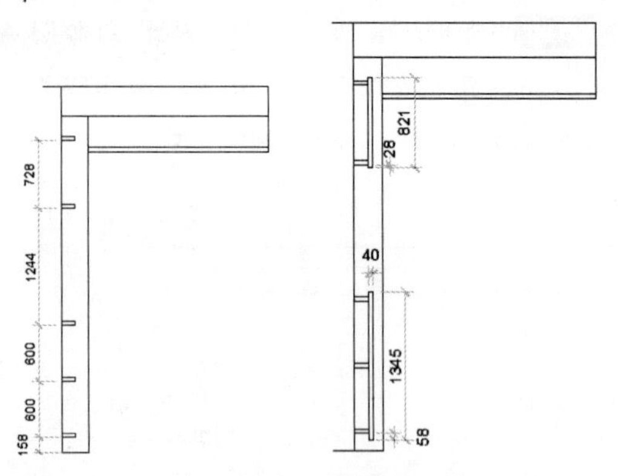

图 20-11　绘制矩形

step 08 使用“直线”命令，绘制如图 20-12 所示的直线。

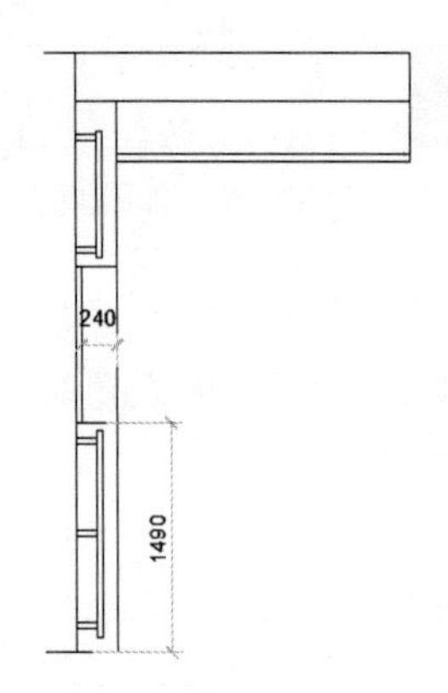

图 20-12　绘制直线

step 09 使用“偏移”命令，绘制如图 20-13 所示的偏移直线。

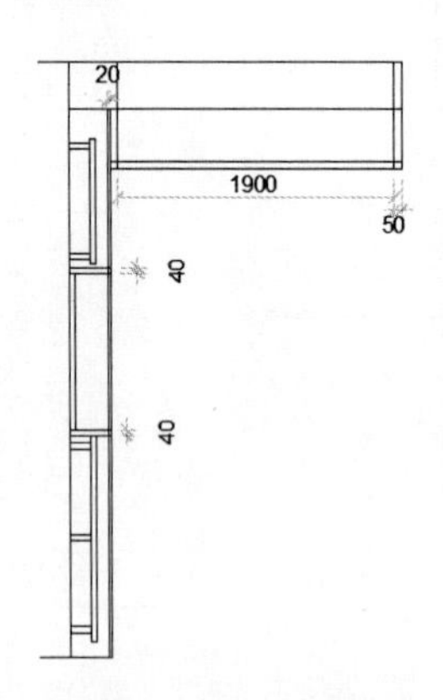

图 20-13　绘制偏移直线

step 10 使用“偏移”命令，对图形进行修剪，结果如图 20-14 所示。

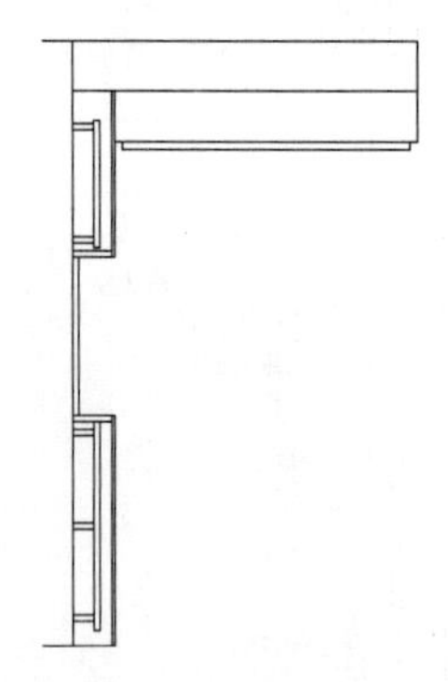

图 20-14　修剪图形

step 11 从本例素材源文件的“总台详图图库 .dwg”文件中，将图块全部复制到当前图形中。放置图块的结果，如图 20-15 所示。

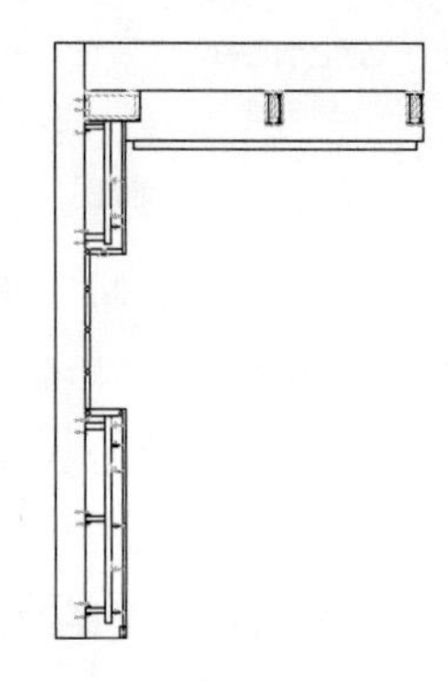

图 20-15　复制、粘贴图块

step 12 使用“图案填充”命令，在“图案填充创建”选项卡中选择 ANSI31 图案，且比例为 400，填充的图案如图 20-16 所示。

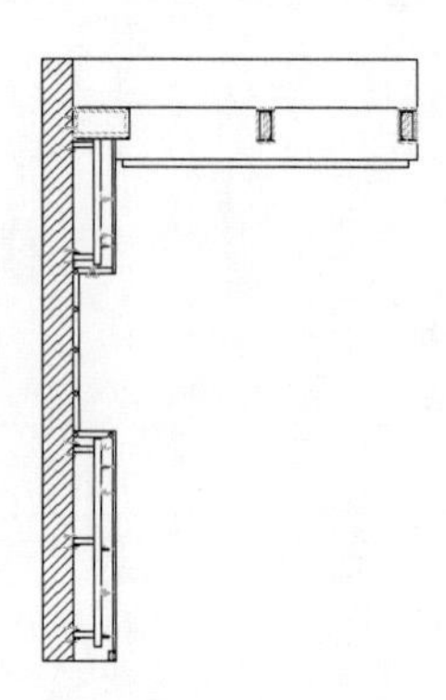

图 20-16　填充图案

step 13 删除左侧的边线，然后再添加几条直线，结果如图 20-17 所示。

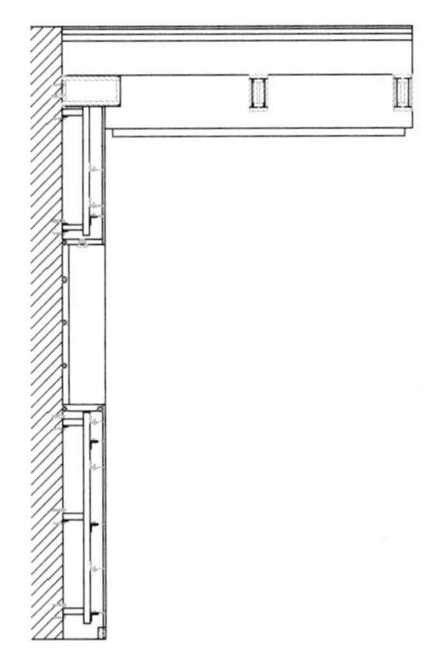

图 20-17　添加直线

step 14 图形绘制完成后，使用尺寸标注、引线和文字功能，对图形进行标注，标注完成的结果，如图 20-18 所示。

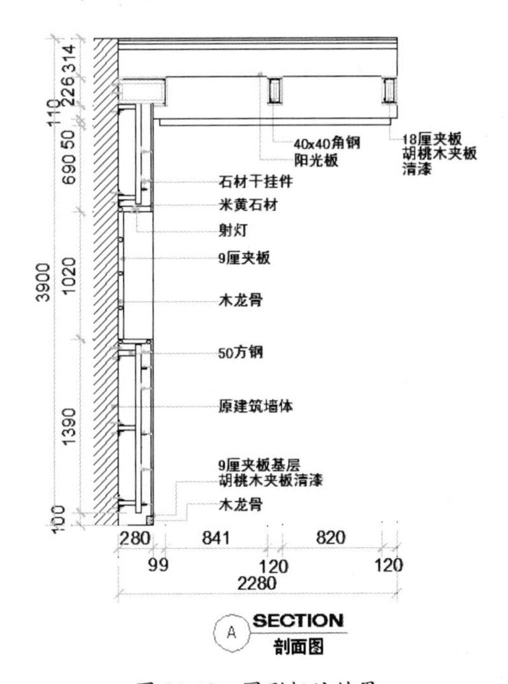

图 20-18　图形标注结果

step 15 至此，总台 A 剖面图已绘制完成，最后将结果保存。

20.2.2　案例二：绘制总台 B 剖面图

总台 B 剖面图是以总台内立面图为基础而创建的，即在内立面图中创建剖切位置。总台内立面图，如图 20-19 所示。

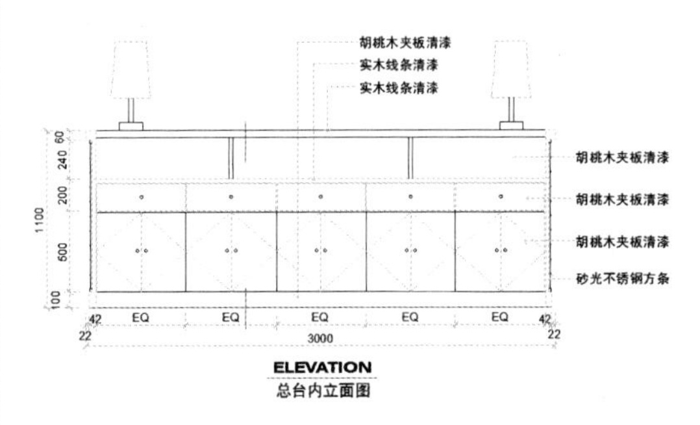

图 20-19　总台内立面图

step 01 从本例素材中复制“总台内立面图 .dwg”，然后重命名为“总台 B 立面图”。

step 02 打开重命名后的“总台 B 立面图 .dwg”文件。

step 03 将源文件的“总台详图图库 .dwg”中的 B 剖面符号复制到“总台 B 立面图 .dwg”图形中，并使用“直线”命令绘制剖切线，如图 20-20 所示

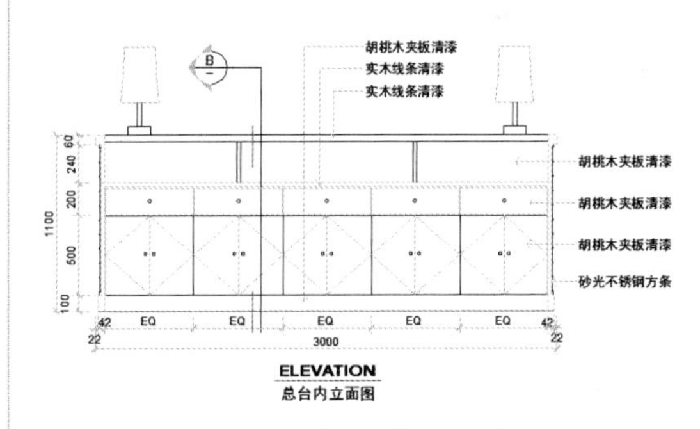

图 20-20　绘制剖切线及符号

step 04 将总台外立面图中左侧的尺寸标注全部删除。

step 05 使用“直线”命令，从外立面图 A 剖切线位置向左绘制水平直线，以此作为 A 立面图的外轮廓，如图 20-21 所示。

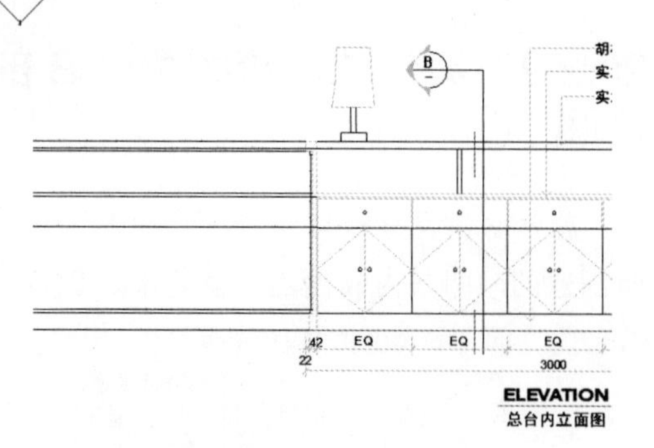

图 20-21 绘制水平直线

技巧点拨：

从此处剖切是因为有一个装饰门洞结构需要表达。

step 06 使用“直线”命令，绘制竖直直线，结果如图 20-22 所示。

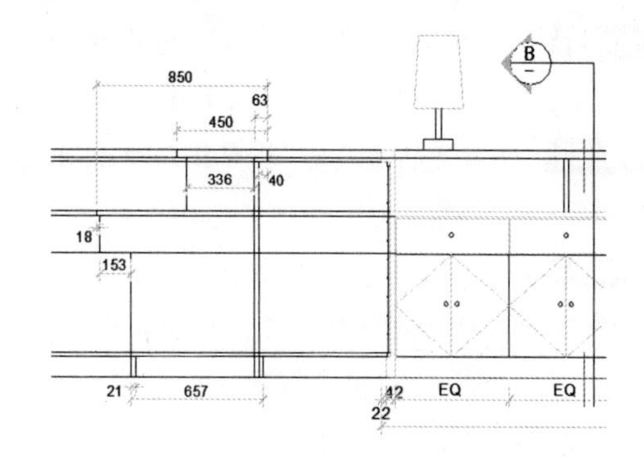

图 20-22 绘制竖直直线

step 07 再使用“修剪”命令修剪直线，结果如图 20-23 所示。

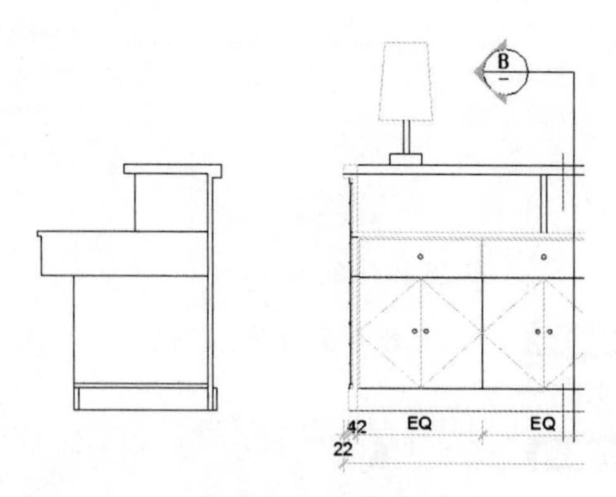

图 20-23 修剪直线

step 08 使用“偏移”命令，绘制如图 20-24 所示的偏移直线，然后使用“夹点编辑”模式，拉长偏移直线。

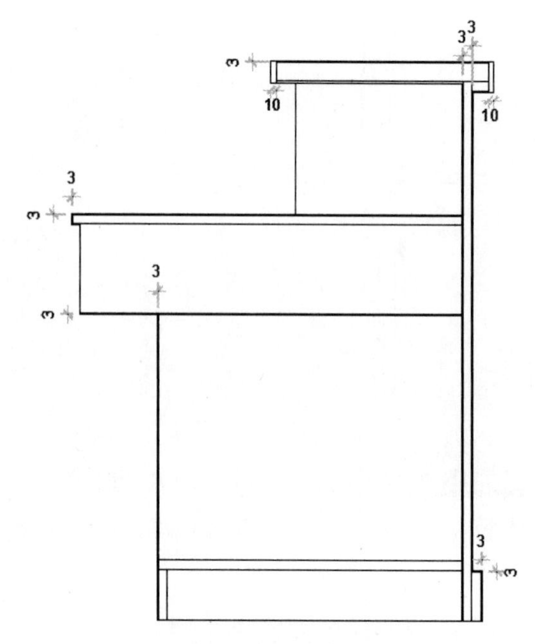

图 20-24 绘制偏移直线

step 09 镜像总台内立面图左侧的装饰条截面图形，结果如图 20-25 所示。

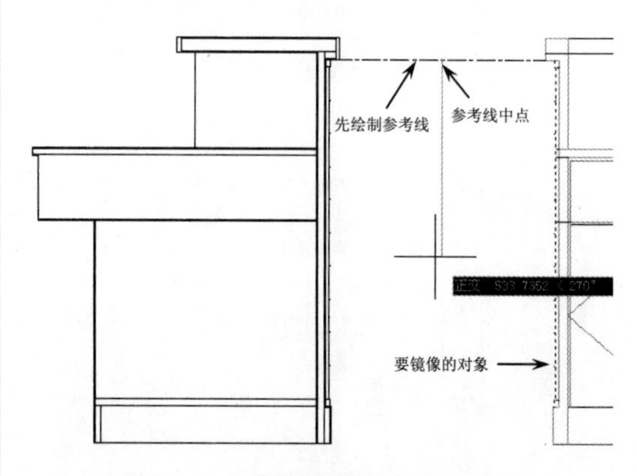

图 20-25 镜像装饰条纹截面图形

step 10 从本例素材源文件的“总台详图图库.dwg”文件中，将 B 剖面图图块全部复制到当前图形中，放置图块的结果如图 20-26 所示。

step 11 从总体内立面图中复制台灯图形至 B 剖面图中，如图 20-27 所示。

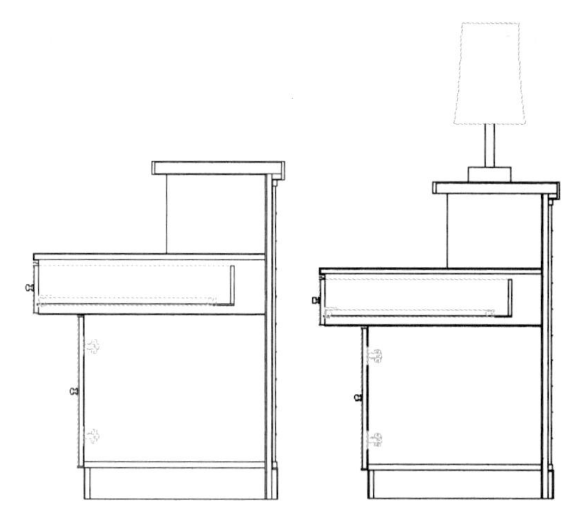

图 20-26　插入图块　　　图 20-27　复制台灯图形

step 12 图形绘制完成后，使用尺寸标注、引线和文字功能，对图形进行标注。标注完成的结果，如图 20-28 所示。

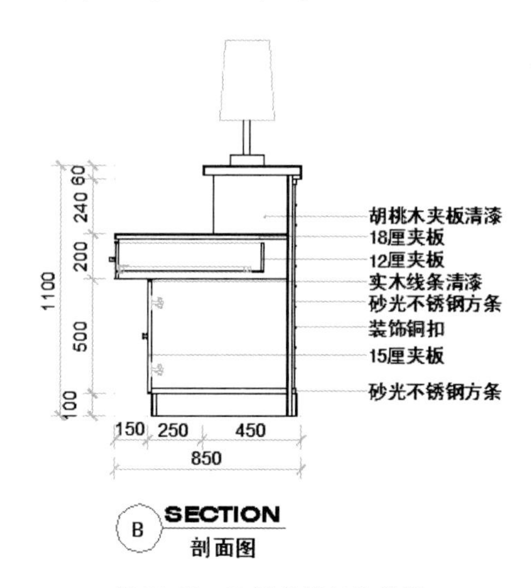

图 20-28　B 剖面图标注结果

step 13 至此，总台 B 剖面图已绘制完成，最后将结果保存。

20.2.3　案例三：绘制总台 B 剖面图的 C 和 D 大样图

C 和 D 大样图是总台 B 剖面图的两个局部放大图，如图 20-29 所示。下面介绍绘制过程。

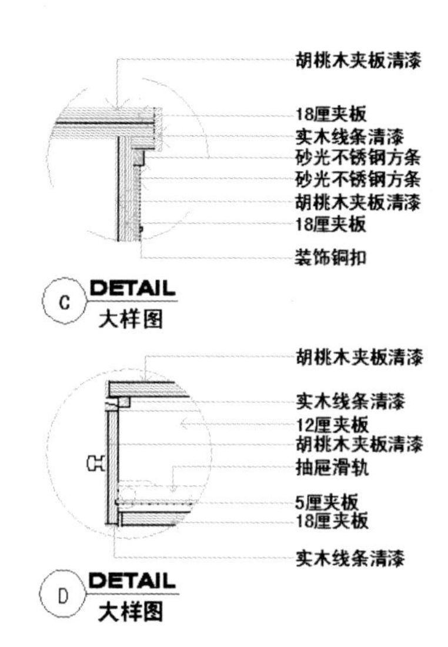

图 20-29　D 和 E 大样图

1. 绘制 C 大样图

step 01 从本例素材中打开“总台 B 剖面图 .dwg”文件。

step 02 使用“圆”和“直线”命令，在 B 剖面图中绘制 4 个圆及引线，如图 20-30 所示。

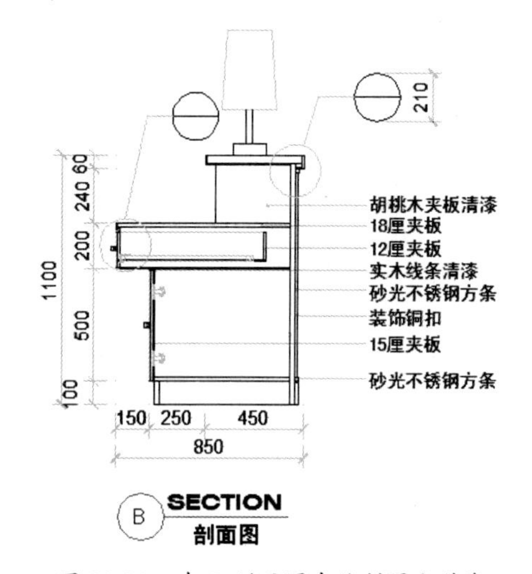

图 20-30　在 B 剖面图中绘制圆和引线

step 03 使用“单行文字”命令，在有中心线的两个圆内，分别输入图编号文字，如图 20-31 所示。

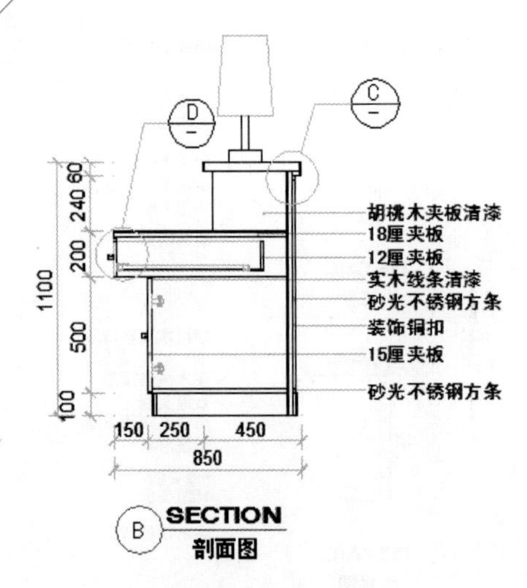

图 20-31　输入大样图编号

step 04 利用窗交选择图形的方式，选择C编号所在位置的图形，并复制、粘贴至B剖面图外，如图20-32所示。

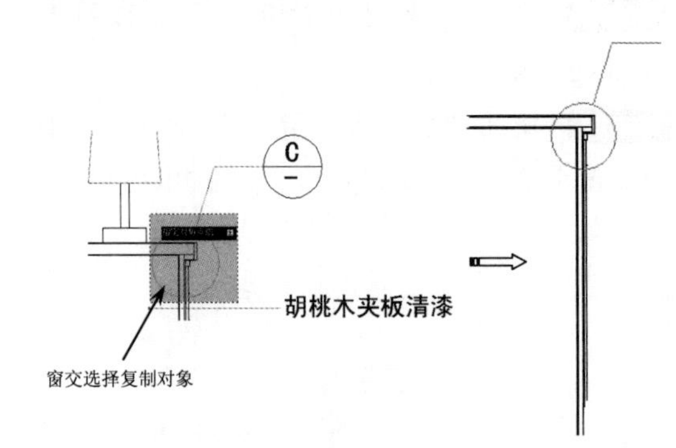

图 20-32　窗交选择图形

step 05 使用“修剪”命令，修剪圆形以外的图形，在菜单栏中选择“修改”|“缩放”命令，将修剪后的图形放大4倍，结果如图20-33所示。

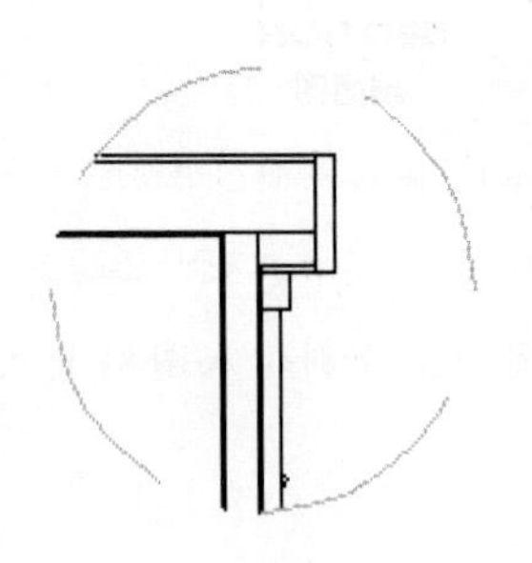

图 20-33　修剪图形

step 06 使用“图案填充”命令，对图形进行填充，结果如图20-34所示。

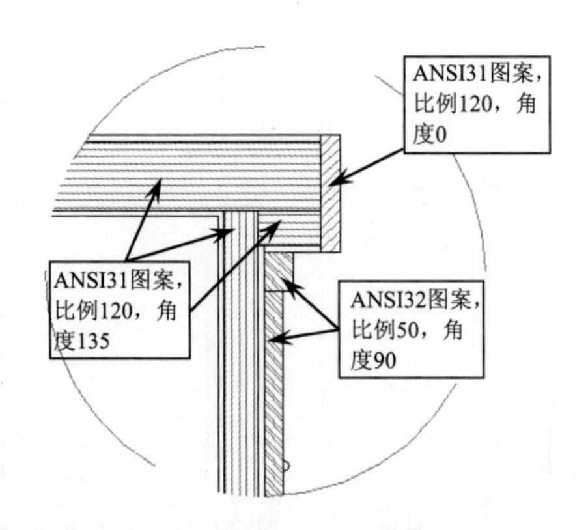

图 20-34　填充图形

step 07 使用“多重引线”和“单行文字”命令，在图形中创建文字注释。引线箭头为“点”，单行文字的高度为60。

step 08 最后在“总台详图图库”中将C大样图图号、图名复制到当前图形中。至此，基于总台B剖面图的C大样图绘制完成。

2. 绘制D大样图

step 01 在B剖面图中将标号B的部分进行窗交选择，并使用“复制”命令将其复制、粘贴到B剖面图外，结果如图20-35所示。

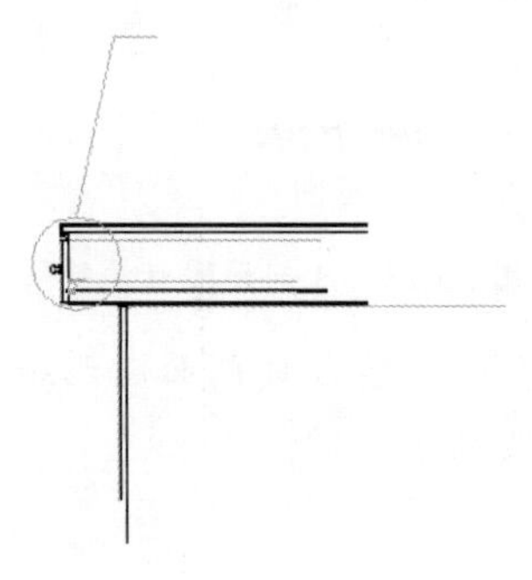

图 20-35　复制图形

step 02 使用“修剪”命令，修剪圆形以外的图形。在菜单栏中选择“修改”|“缩放”命令，将修剪后的图形放大4倍，结果如图20-36所示。

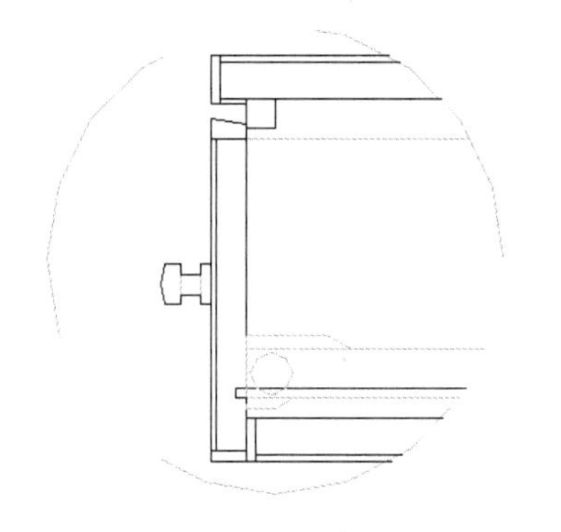

图 20-36　修剪图形

step 03 使用“图案填充”命令，对图形进行填充，结果如图 20-37 所示。

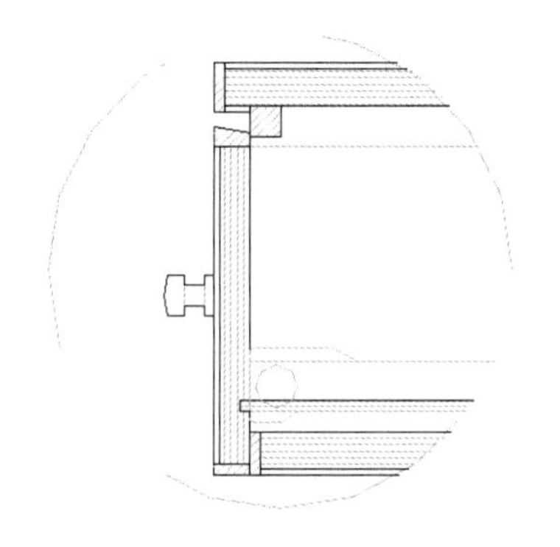

图 20-37　填充图案

step 04 使用“多重引线”和“单行文字”命令，在图形中创建文字注释。引线箭头为“点”，单行文字的高度为 60。

step 05 在“总台详图图库”中将 D 大样图图号、图名复制到当前图形中。至此，基于总台 B 剖面图的 D 大样图绘制完成，如图 20-38 所示。

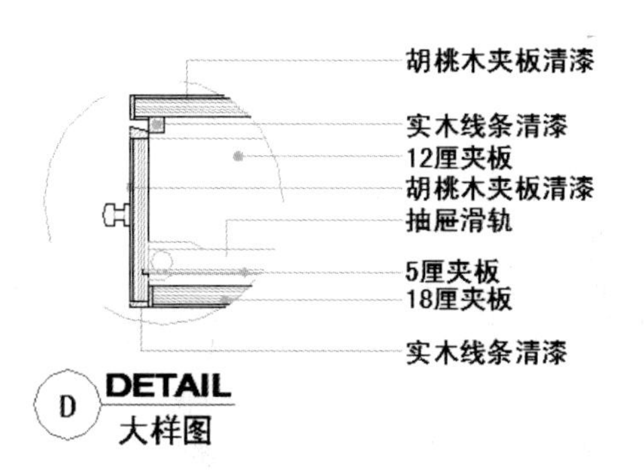

图 20-38　图形标注

step 06 绘制完成的 C 和 D 大样图及 B 剖面图，如图 20-39 所示。

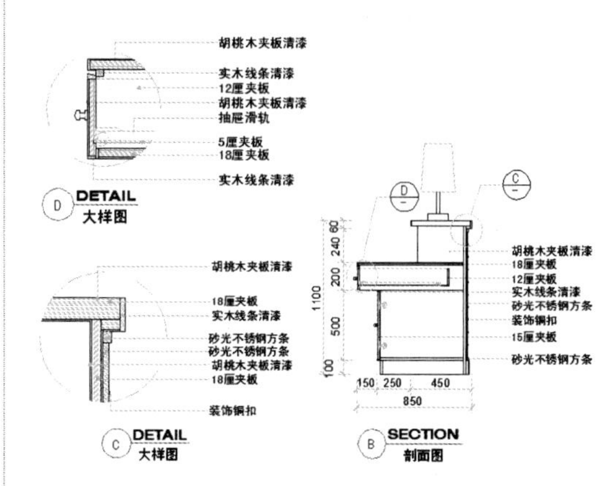

图 20-39　总台 B 剖面图及 C 和 D 大样图

step 07 最后将结果保存。

20.2.4　案例四：绘制总台 A 剖面图的 E 大样图

基于总台 A 剖面图的 E 大样图，其绘制方法及操作步骤与 C 和 D 大样图是完全相同的，那么这里就不再赘述了。按上述方法绘制完成的 E 大样图，如图 20-40 所示。

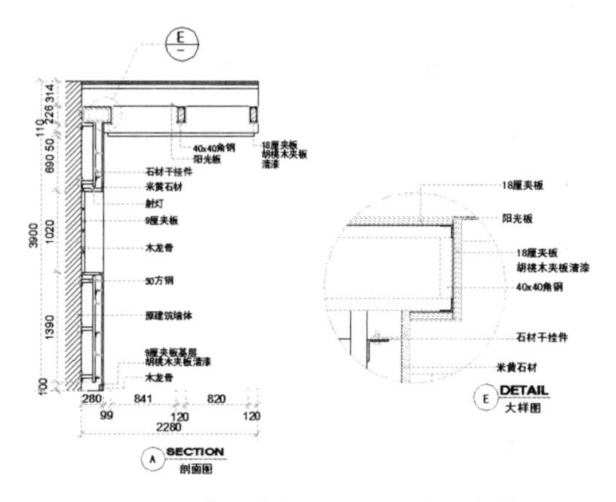

图 20-40　基于总台 A 剖面图的 E 大样图

20.3 综合案例二：绘制某酒店的楼梯剖面图

本例将详细讲解某酒店楼梯剖面图的绘制方法。楼梯剖面图是基于楼梯立面图参考绘制的，我们将楼梯立面图进行 3 个位置的剖切，以此得到 3 幅剖面图。

整个楼梯可以分成 3 部分：楼梯扶手、楼梯踏步、装饰灯座。

A 剖切位置为楼梯扶手；B 剖切位置为楼梯踏步；C 剖切位置为装饰石材灯座。

如图 20-41 所示为某酒店的楼梯立面图。

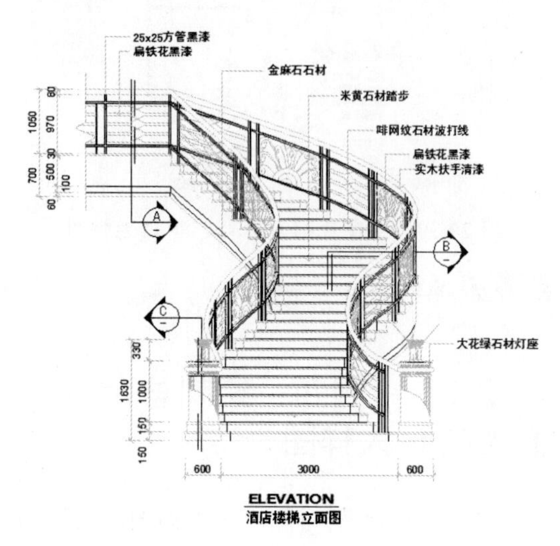

图 20-41 酒店楼梯立面图

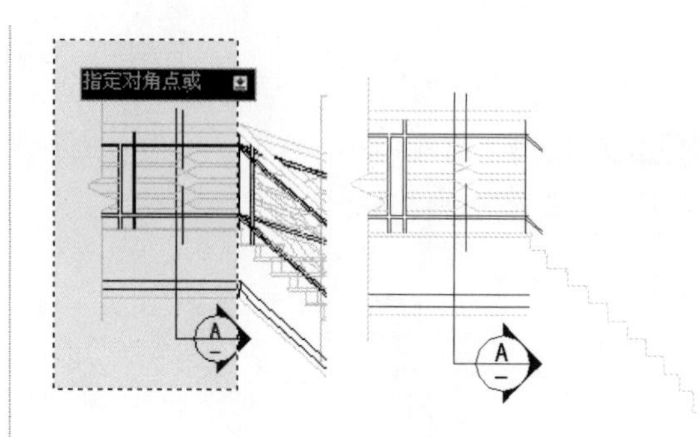

图 20-42 复制图形

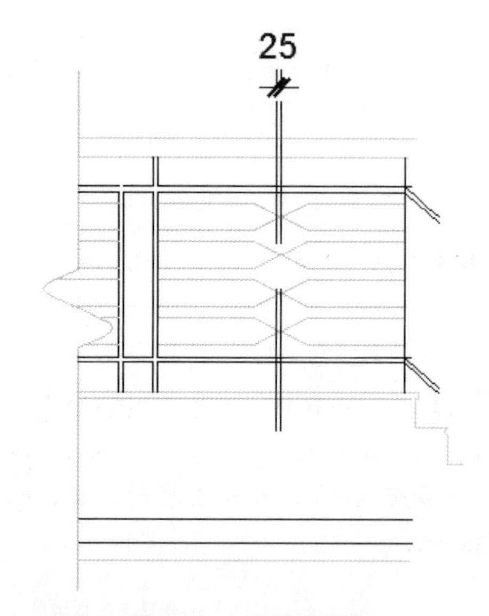

图 20-43 绘制辅助线

20.3.1 案例一：绘制楼梯 A 剖面图

step 01 新建文件，并将文件另存为“楼梯 A 剖面图 .dwg”。

step 02 将本例素材中的源文件“酒店楼梯立面图 .dwg”复制到新建的窗口中。

step 03 在立面图中，将 A 剖面位置的部分图形复制并移动至左侧，结果如图 20-42 所示。

step 04 复制后将符号及剖切线删除。使用“偏移”命令重新绘制辅助线，如图 20-43 所示。

step 05 使用“删除”命令将多余的图线删除，结果如图 20-44 所示。

step 06 从本例素材源文件夹的“酒店楼梯剖面图图库 .dwg”文件中，将楼梯实木扶手、方形管截面、扁铁截面等图形添加到当前图形（楼梯 A 剖面图）中，结果如图 20-45 所示。

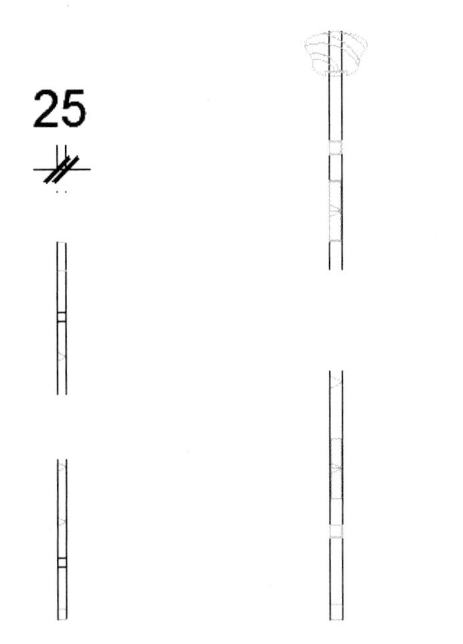

图 20-44　修剪多余曲线　　　图 20-45　插入图块

step 07 使用“直线”和“偏移”命令，绘制楼梯底板的截面图形，结果如图 20-46 所示。

step 08 修剪图形，这便于后续的操作，结果如图 20-47 所示。

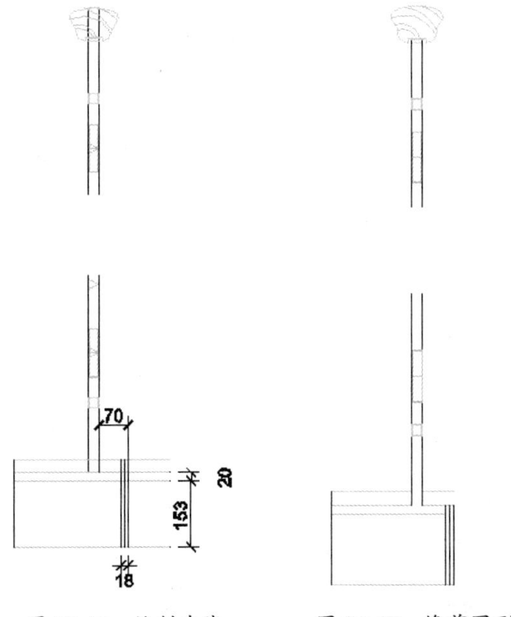

图 20-46　绘制直线　　　图 20-47　修剪图形

step 09 使用“圆弧”命令绘制半径为 15 的圆弧，如图 20-48 所示。

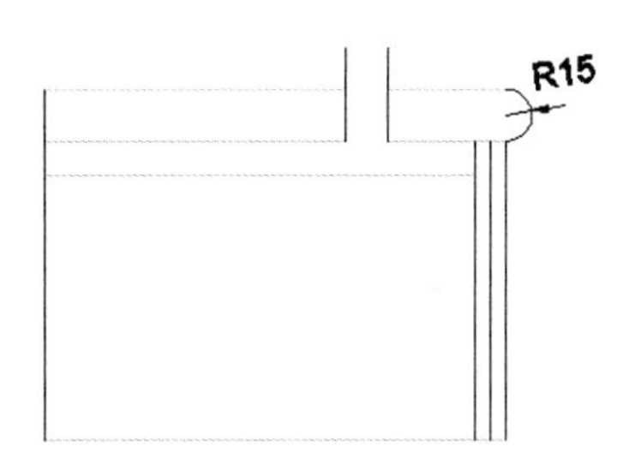

图 20-48　绘制圆弧

step 10 在扶手的截面图形下面，绘制配合图形，并使用夹点模式编辑图形，结果如图 20-49 所示。

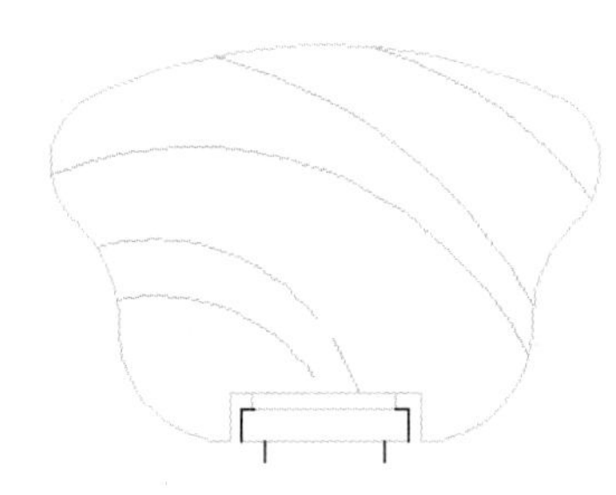

图 20-49　绘制并编辑图形

step 11 使用“直线”命令，绘制折断线。绘制折断线后将上面部分图形整体向下平移，结果如图 20-50 所示。

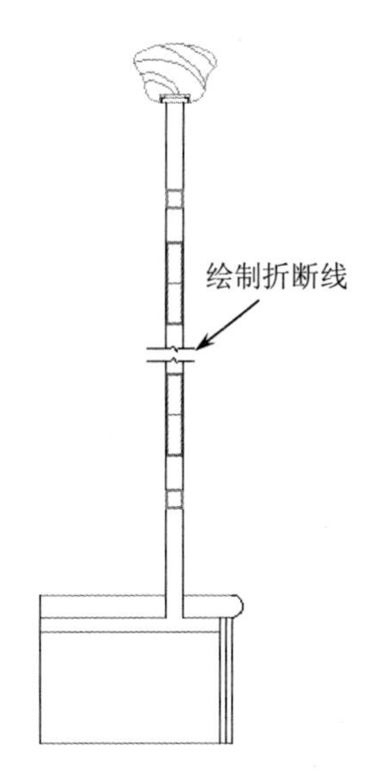

图 20-50　绘制折断线

step 12 将图库中的螺栓及膨胀螺钉插入当前图形中，如图 20-51 所示。

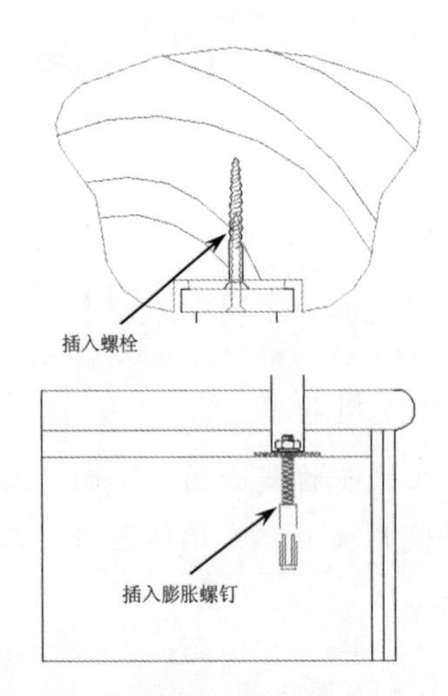

图 20-51　插入图块

step 13 使用“填充图案”命令，对楼梯底板的图形进行填充，结果如图 20-52 所示。

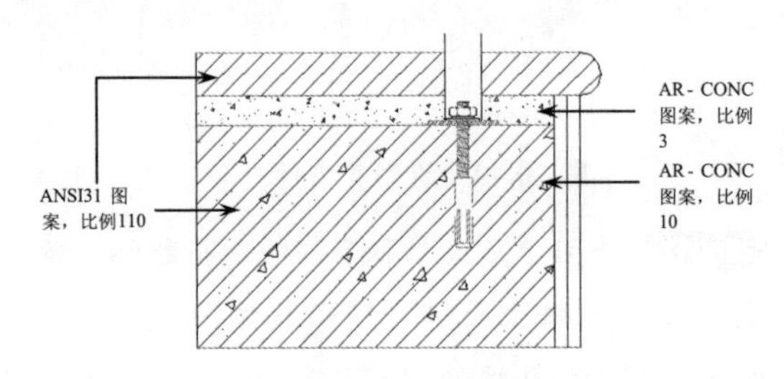

图 20-52　填充图形

step 14 图形绘制完成后，使用尺寸标注、引线和文字功能，对图形进行标注，结果如图 20-53 所示。

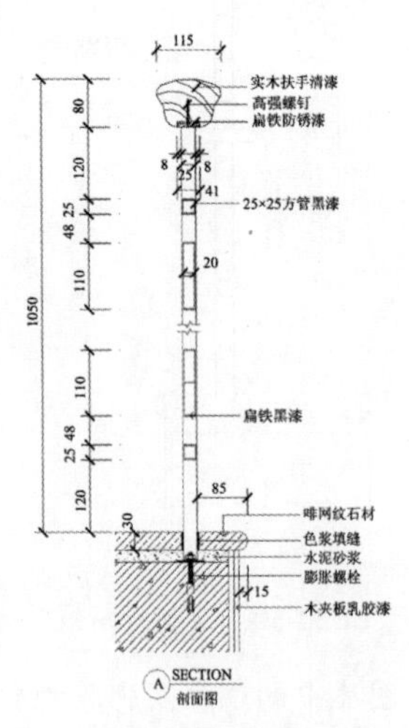

图 20-53　标注完成的楼梯 A 平面图

20.3.2　案例二：绘制楼梯 B 剖面图

楼梯 B 剖面图是为了表达出楼梯踏步的截面形状及尺寸。楼梯踏步包括楼梯斜底板、水泥砂浆、石材踏步和防滑铜条等。

绘制方法及步骤如下。

step 01 新建文件，并将文件另存为“楼梯 B 剖面图 .dwg”。

step 02 使用“多段线”命令，绘制如图 20-54 所示的直线。

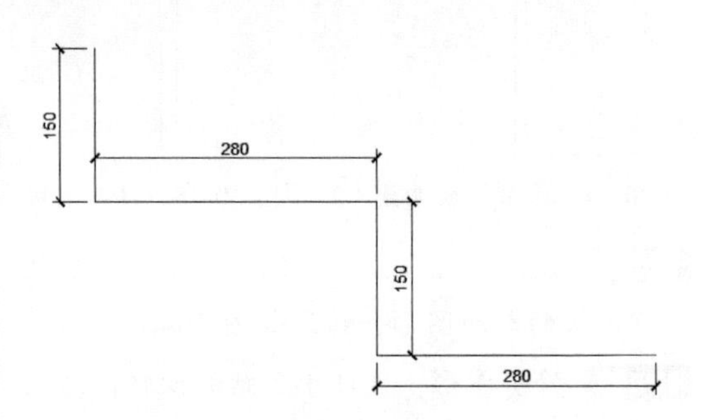

图 20-54　绘制多段线

step 03 使用“偏移”命令，将多段线偏移，结果如图 20-55 所示。

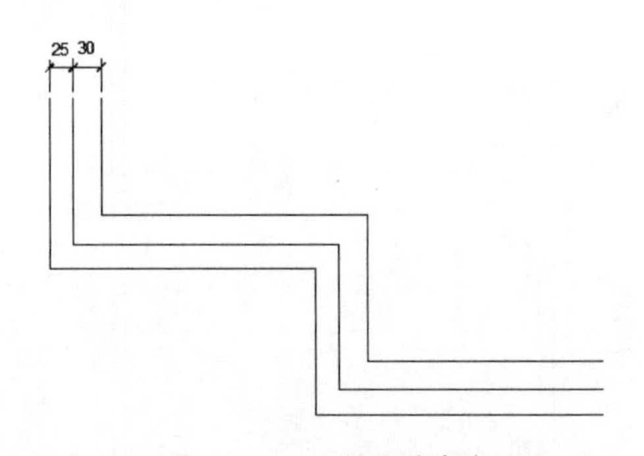

图 20-55　绘制偏移直线

step 04 使用“直线”和“偏移”命令，绘制直线和偏移直线作为斜板的边线，如图 20-56 所示。

step 05 再使用“直线”命令绘制如图 20-57 所示的直线。

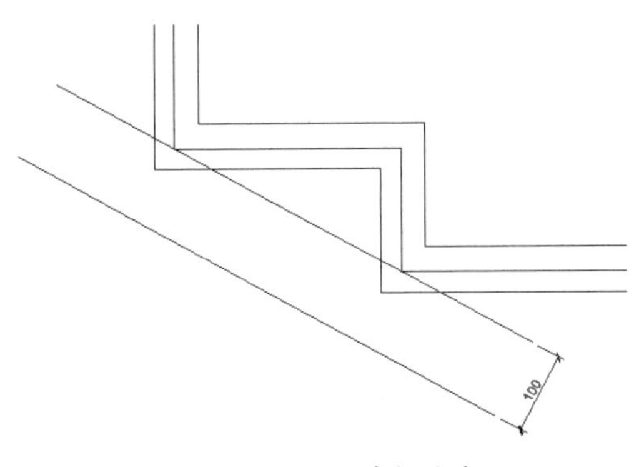

图 20-56　绘制底板边线

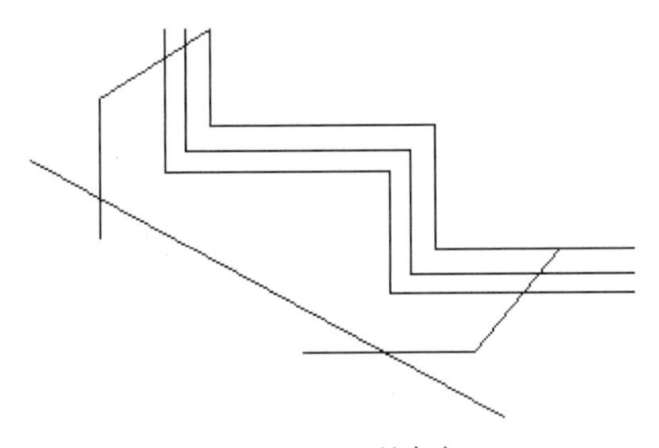

图 20-57　绘制直线

step 06 在菜单栏中选择“修改”|“分解”命令，将多段线分解。使用“圆弧”命令绘制如图 20-58 所示的圆弧。

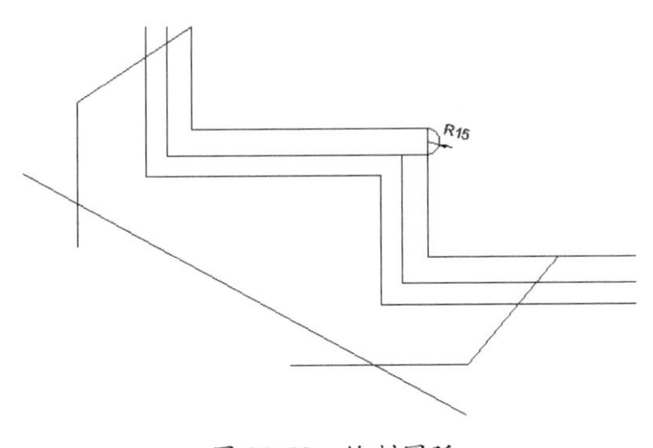

图 20-58　绘制圆弧

step 07 使用夹点模式修改部分图线，再使用“修剪”命令修剪图形。最终结果如图 20-59 所示。

step 08 使用“填充图案”命令，对楼梯 B 剖面图的图形进行填充，结果如图 20-60 所示。

step 09 将黄铜防滑条插入当前图形中。使用尺寸标注、引线和文字功能，对图形进行标注。标注完成的结果，如图 20-61 所示。

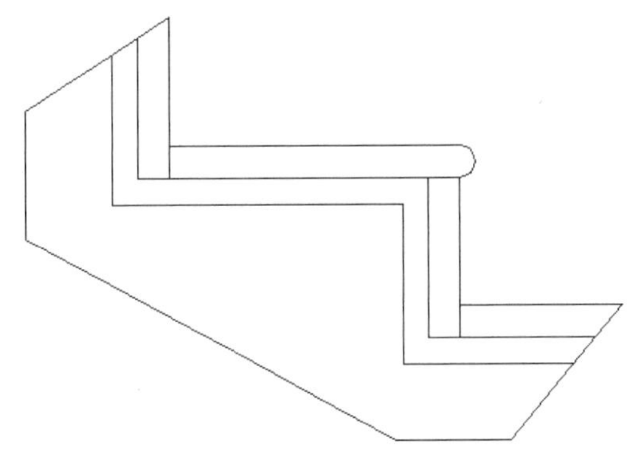

图 20-59　修剪图形

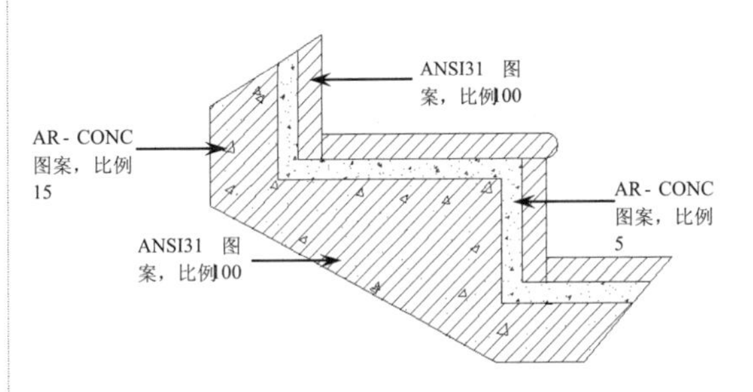

图 20-60　填充图形

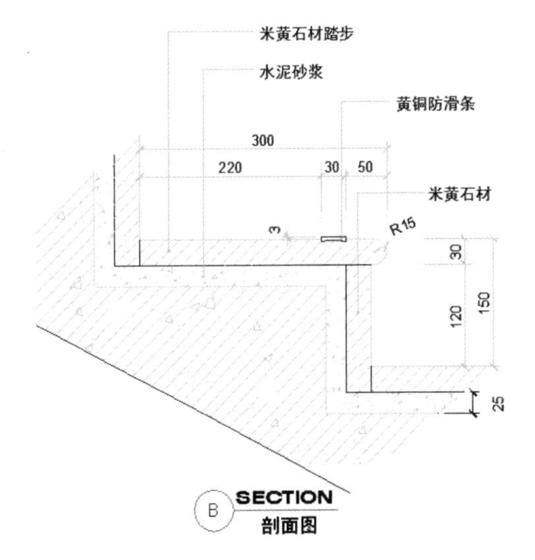

图 20-61　标注完成的楼梯 B 平面图

step 10 至此，楼梯 B 平面图绘制完成，最后将结果保存。

20.4 课后练习

根据前面所掌握的知识，在本练习中以楼梯立面图绘制其他的 A、B、C 详图和钢板踏步大样图，如图 20-62 所示。

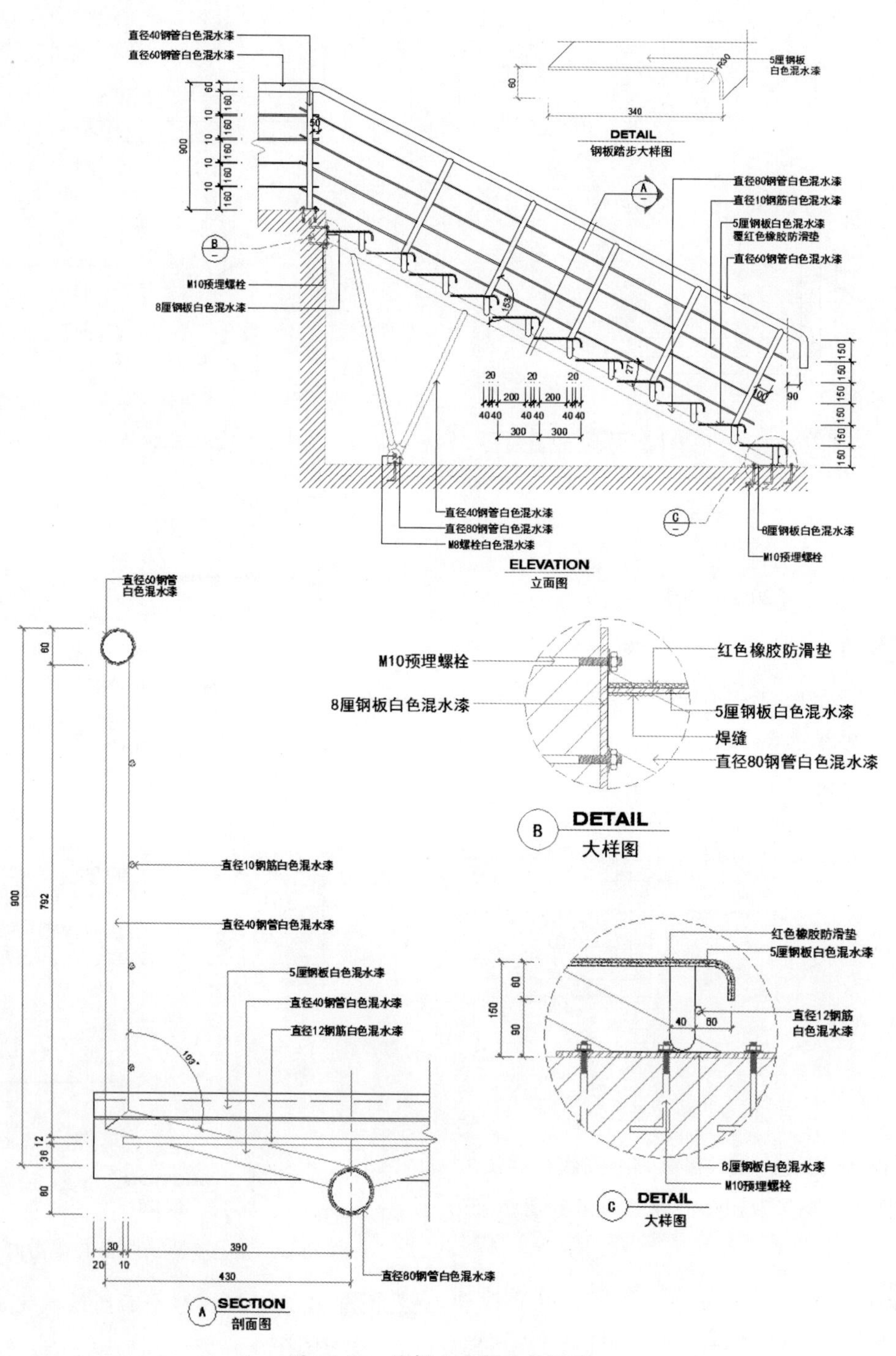

图 20-62 楼梯立面图及其详图

第 21 章

建筑室内水电图设计

本章内容

电气图用来反映室内装修的配电方法，也包括配电箱的规格、型号、配置，以及照明、插座、开关等线路的铺设方式和安装说明等。
冷热水管走向图反映了住宅水管的分布走向，指导水电工施工，该图需要绘制的内容主要为冷、热水管和出水口。

知识要点

☑ 了解室内常用电气设备及用电设备的基础知识
☑ 绘制开关、灯具、插座类图例
☑ 绘制插座、弱电、照明、冷热水管走向平面图

21.1 电气设计基础

室内电气设计牵涉到很多相关的电工知识，这里首先介绍一些相关的电气基础知识。

21.1.1 强电和弱点系统

现代家庭的电气设计包括强电系统和弱点系统两大部分。强电系统指的是空调、电视、冰箱、照明灯等家用电器的用电系统。

弱电系统指的是有线电视、电话线、家庭影院的音响输出线、计算机局域网等线路系统，弱电系统根据不同用途需要采用不同的连接介质，例如计算机局域网布置一般使用五类双绞线，有线电视线路则使用同轴电缆。

21.1.2 常用电气名词解释

1. 户配电箱

现代住宅的进线处一般装有配电箱，配电箱内一般装有总开关和若干分支回路的断路器 / 漏电保护器，有的还装有熔断器和计算机防雷击电涌防护器。户配电箱通常自住宅楼总配电箱或中间配电箱以单相 220V 电压供电。

2. 分支回路

分支回路指从配电箱引出的若干供电给用电设备或插座的末端线路。足够的回路数量对于现代家居生活是必不可少的，一旦某一线路发生短路或其他问题时，不会影响其他回路的正常工作。根据使用面积，照明回路可以选择两路或三路，电源插座三至四路，厨房和卫生间各走一条路线，空调回路两至三路，一个空调回路最多带两部空调。

3. 漏电保护器

漏电保护器俗称“漏电开关”，是用于在电路或电器绝缘受损发生对地短路时，防人身触电和电气火灾的保护电器，一般安装于每户配电箱的插座回路上和全楼总配电的电源进线上，后者专用于防止电气火灾。

4. 电线截面与载流量

在家庭装修中，因为铝线极易氧化，因此常用的电线为 BV 线 (铜芯聚乙烯绝缘电线)。

电线的截面指的是电线内铜芯的截面，导线截面越大，它所能通过的电流也越大。

截流量指的是，电线在常温下持续工作并能保证一定使用寿命（如 30 年）的工作电流大小。电线截流量的大小与其截面积的大小有关，即导线截面越大，它所能通过的电流越大。如果线路电流超过载流量，使用寿命就相应缩短，如不及时换线，就可能引起各种电气事故。

5．电线与套管

强电电气设备虽然均为 220V 供电，但仍需根据电器的用途和功率，确定室内供电的回路划分，采用何种电线类型，例如柜式空调等大型家用电气供电需设置线径大于 2.5 mm^2 的动力电线，插座回路应采用截面不小于 2.5 mm^2 的单股绝缘铜线，照明回路应采用截面不小于 1.5 mm^2 的单股绝缘铜线。如果考虑到将来厨房及卫生间电器种类和数量的激增，厨房和卫生间的回路建议使用 4 mm^2 的电线。

此外，为了安全起见，塑料护套线或其他绝缘导线不能直接埋设在水泥或石灰粉刷层内，必须穿管（套管）埋设，套管的大小根据电线的粗细进行选择。

21.2　综合案例一：绘制电气图例表

图例表用来说明各种图例图形的名称、规格以及安装形式等。图例表由图例图形、图例名称和安装说明等几个部分组成，如图 21-1 所示。

图例	名称	图例	名称	图例	名称
	排气扇	TP	电话出座线		工艺吊灯
	单联单控开关		筒灯		
	双联单控开关		吸顶灯		
	单联双控开关		防水筒灯		
			吊灯		浴霸
	双联双控开关		壁灯		
			工艺吊灯		吸顶灯
	二三插座				
K	空调插座		浴霸		导轨灯
W	电脑网络插座				斗胆灯
	电话插座		筒灯		斗胆灯
	电视插座		壁灯		吸顶灯
TV	电视终端插座		吸顶灯		
TO	数据出座线		筒灯		
	配电箱				

图 21-1　图例表

电气图按照其类别可以分为开关类图例、灯具类图例、插座类图例和其他类图例，下面按照图例类型分别介绍其绘制方法。

21.2.1 绘制开关类图例

开关是用来切断和接通电源的，种类很多，家庭最常见的开关就是单控开关，也就是一个开关控制一件或多件电器，根据所连接电器的数量又可以分为单联、双联、三联、四联等多种形式，如图 21-2 所示为家庭常用开关图例。

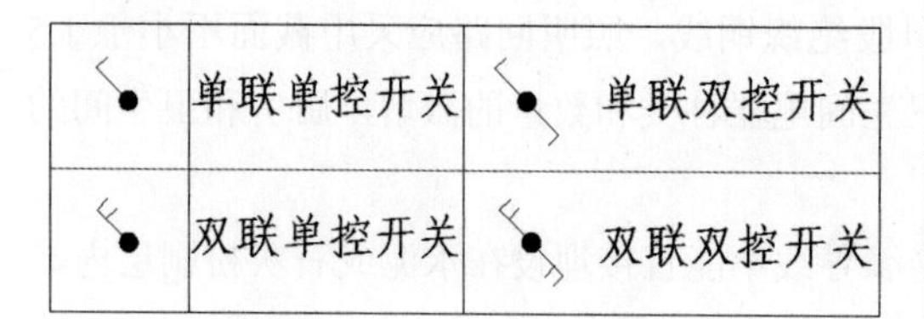

	单联单控开关		单联双控开关
	双联单控开关		双联双控开关

图 21-2 家庭常用开关图例

动手操练——绘制单联双控开关

下面以绘制“单联双控开关”为例，介绍开关类图例的画法。

step 01 设置“DQ_ 电气”图层为当前图层。

step 02 调用 LINE 命令，绘制如图 21-3 所示的线段。

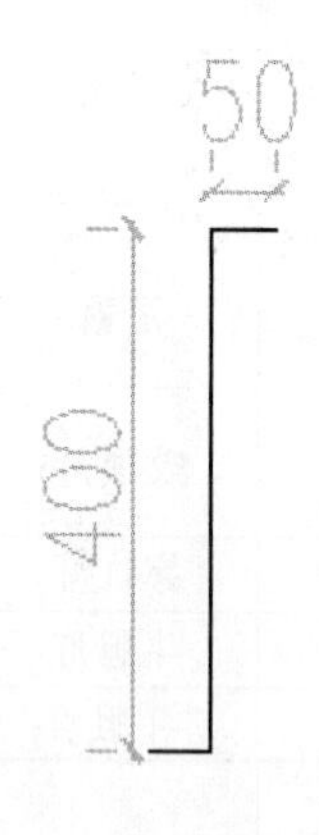

图 21-3 绘制线段

step 03 调用 ROTATE 命令，将绘制的线段旋转 -45° ，效果如图 21-4 所示。

step 04 调用 DONUT 命令，以内径为 0，外径为 40，长线段中点为中心点绘制圆环，效果如图 21-5 所示。

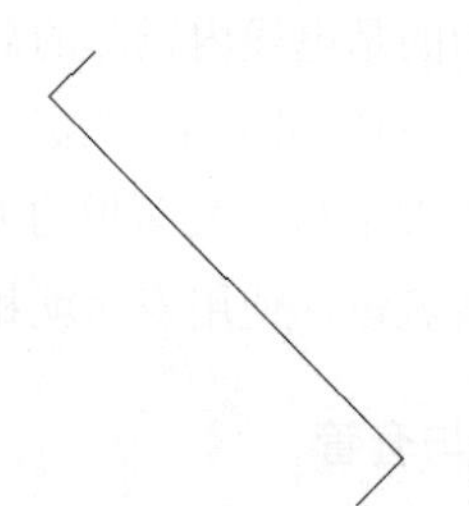

图 21-4 旋转线段

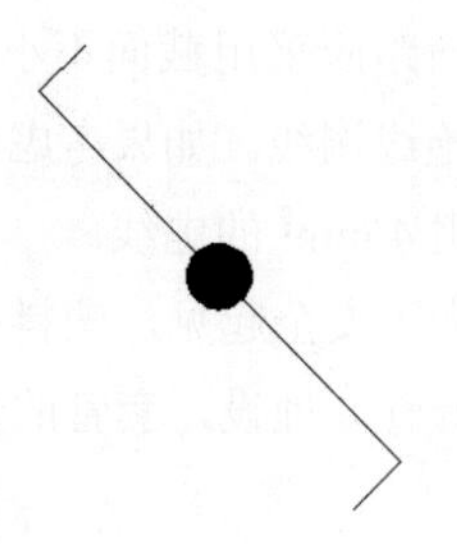

图 21-5 绘制圆环

如果想要得到双联双控开关，只需要将两条短线段偏移即可；想要得到单联单控开关，只需要将实圆心下面部分修剪和删除即可。

21.2.2 绘制灯具类图例

常用的室内照明灯具有筒灯、防水筒灯、普通花灯、吸顶灯、射灯、镜前灯等，如图 21-6 所示为常用的灯具图例。在绘制顶棚图时，可以直接调用图库中的图例。

图例	名称	图例	名称
	筒灯		工艺吊灯
	石英射灯		
	吸顶灯		台灯及落地灯
	射灯		浴霸
	镜前灯		斗胆灯

图 21-6 灯具图例

动手操练——绘制水晶工艺吊灯

为了提高大家的绘图技能，这里以水晶工艺吊灯为例，介绍灯具图例的绘制方法，其尺寸图如图 21-7 所示。

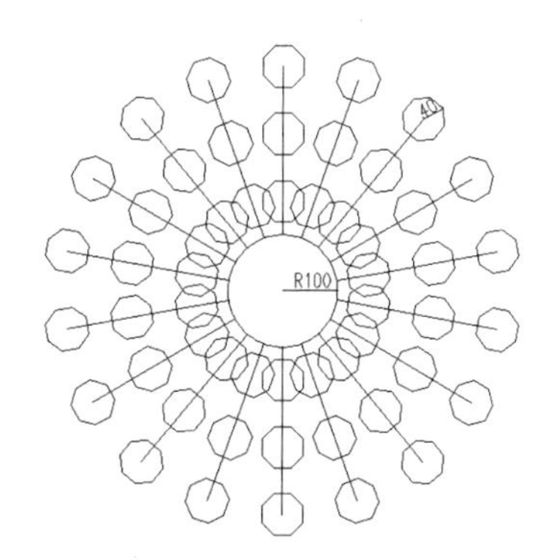

图 21-7　工艺吊灯尺寸

step 01 设置“DQ_ 电气”图层为当前图层。

step 02 调用 CIRCLE 命令，绘制半径为 100 的圆，如图 21-8 所示。

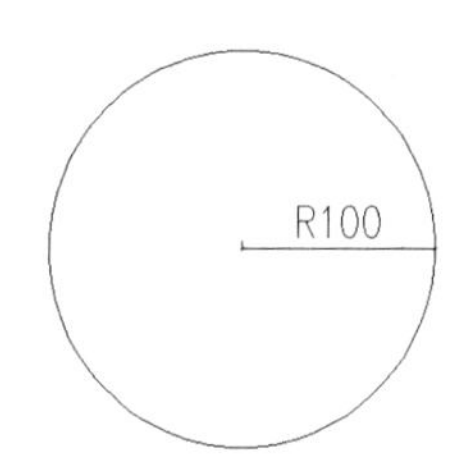

图 21-8　绘制圆

step 03 调用 OFFSET 命令，将圆向外分别偏移 60、120 和 120，并从圆心向外画一条线段，如图 21-9 所示。

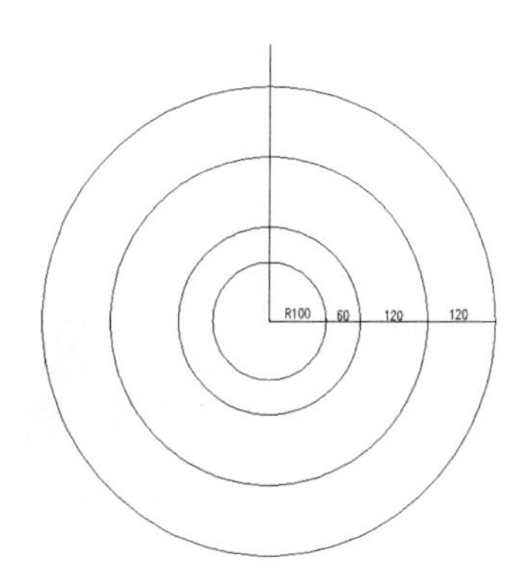

图 21-9　偏移圆

step 04 调用 POLOGN 命令，以线段和偏移 60 的圆交点绘制半径为 40 的八边形，如图 21-10 所示。

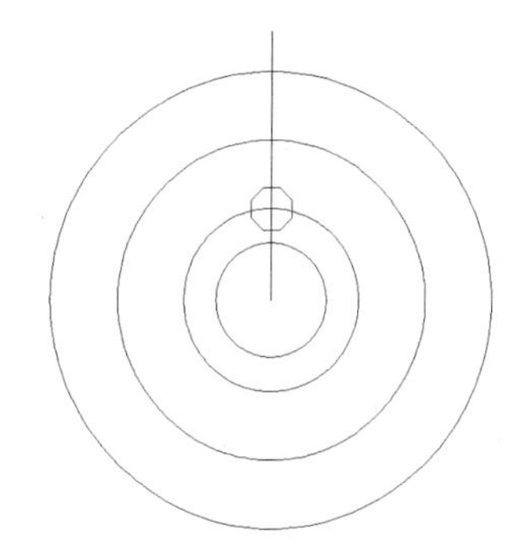

图 21-10　绘制八边形

step 05 调用 ARRAY 命令，选极轴阵列，以圆心为中心点，项目间的角度为 20，对八边形进行阵列，结果如图 21-11 所示。

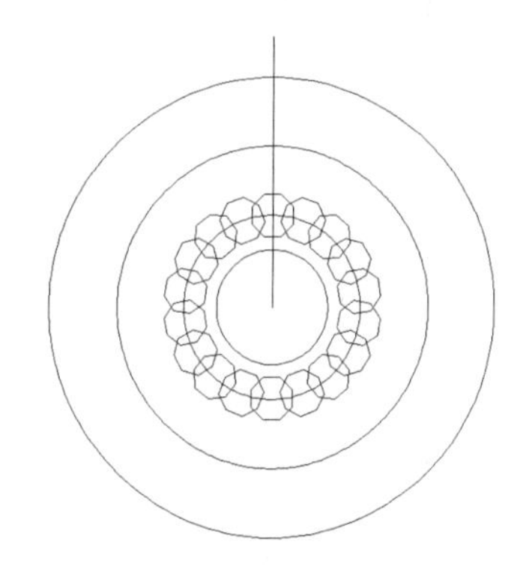

图 21-11　阵列八边形

step 06 采用同样方法，在偏移 120 的两个圆上对八边形进行阵列，结果如图 21-12 所示。

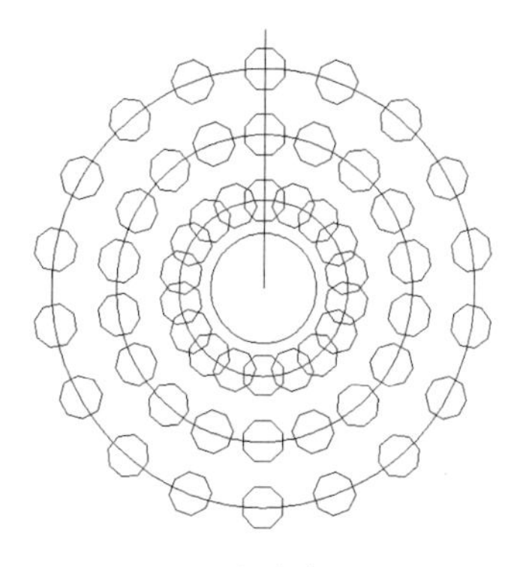

图 21-12　阵列其他八边形

step 07 删除图上线段和偏移圆，并绘制如图21-13所示的线段，完成最终绘制。

图 21-13　工艺吊灯

21.2.3　绘制插座类图例

室内常用插座有单相二、三孔插座、空调插座、电脑网络插座、电话插座、电视插座等，如图21-14所示为插座图例表。

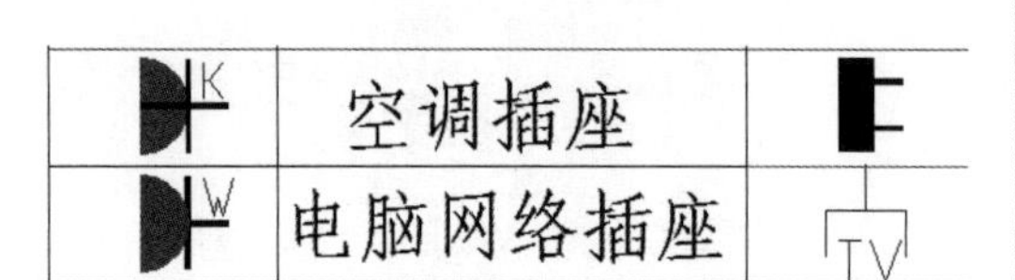

K	空调插座	
W	电脑网络插座	TV

图 21-14　插座图例表

动手操练——绘制单相二、三孔插座

下面以“单相二、三孔插座”图例为例，介绍插座类图例的画法。

step 01 调用 CIRCLE 命令，绘制半径为75的圆，并绘制圆的直径，结果如图21-15所示。

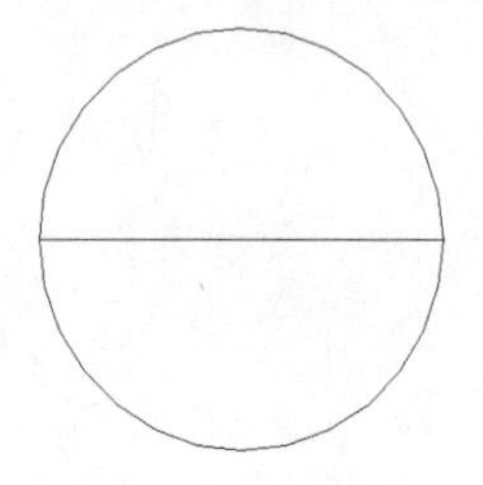

图 21-15　绘制圆

step 02 调用 TRIM 命令，修剪圆的下半部分，等到如图21-16所示的半圆。

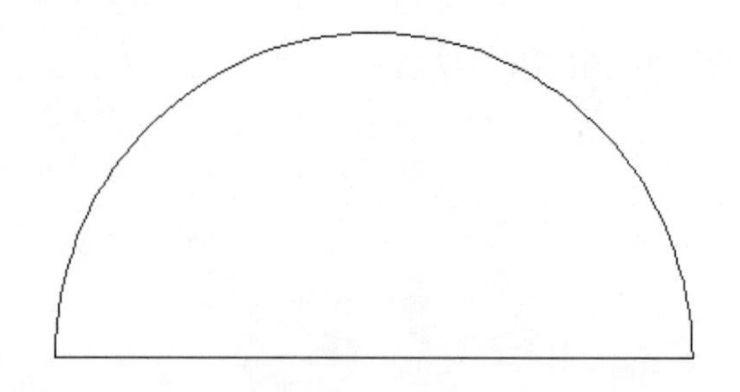

图 21-16　修剪圆

step 03 调用 LINE 命令，在半圆的上方绘制过圆心的线段，结果如图21-17所示。

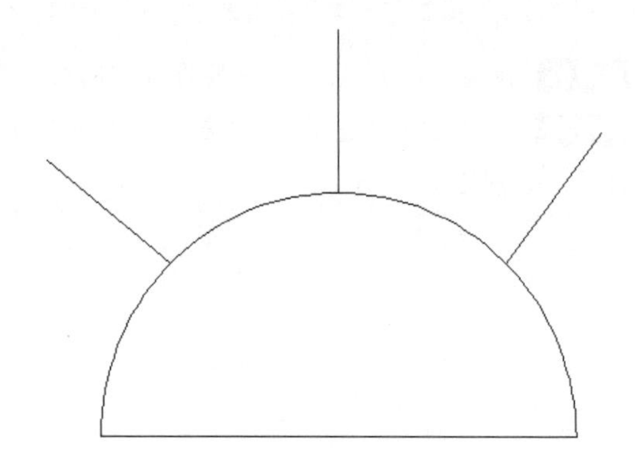

图 21-17　绘制线段

step 04 调用 HATCH 命令，在半圆内填充 SOLID 图案，效果如图21-18所示，“单相二、三孔插座”图例绘制完成。

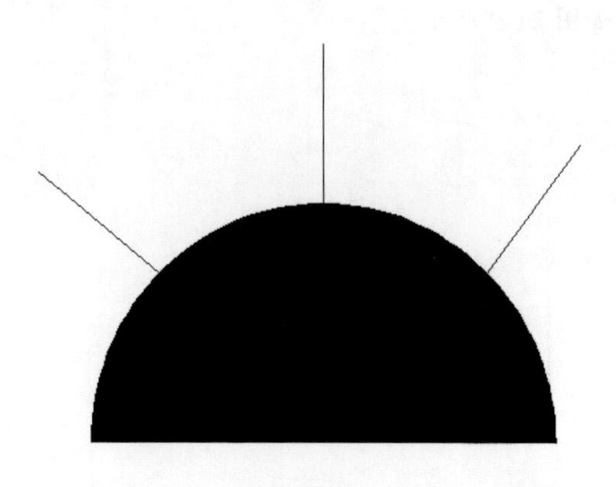

图 21-18　填充半圆

21.3　综合案例二：三居室水电设计

本节用一个三居室的室内水路与电气设备设计典型实例，详解室内施工中的电气图和冷气管走向图的绘制方法。

21.3.1　案例一：绘制插座平面图

在电气图中，插座主要反映了插座的安装位置、数量和连线等情况。插座平面图在平面布置图的基础上绘制，主要由插座、连线和配电箱等部分组成，下面讲解插座系统电路图的绘制方法。

step 01 启动 AutoCAD 2018，打开“三居室平面布置图 .dwg”文件，如图 21-19 所示。

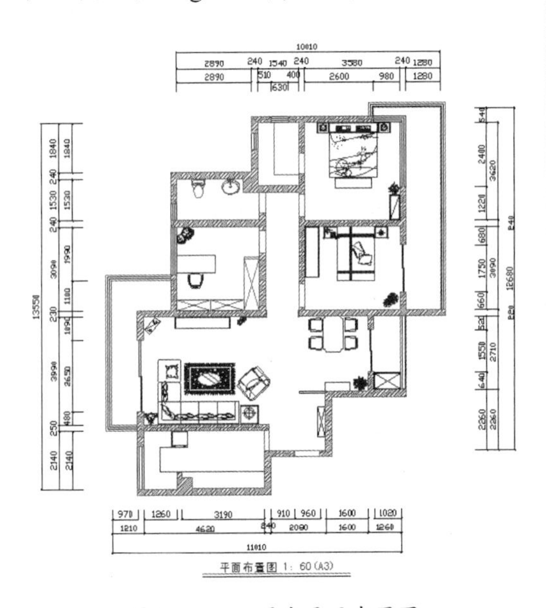

图 21-19　三居室平面布置图

step 02 复制本例所用图例表（如图 21-20 所示）中的插座及配电箱到“三居室平面布置图”中的相应位置，如图 21-21 所示。

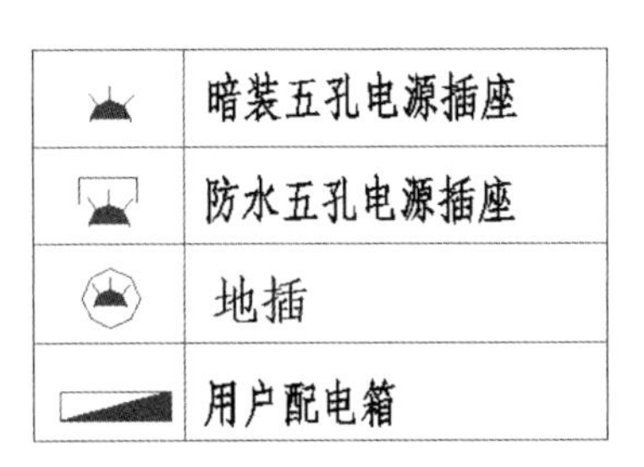

图例	名称
	暗装五孔电源插座
	防水五孔电源插座
	地插
	用户配电箱

图 21-20　图例表

技巧点拨：

家具图形在电气图中主要起参考作用，例如摆放床头灯的位置，就应该考虑在此处设置一个插座，此外，还可以针对家具的布置合理安排插座、开关的位置。

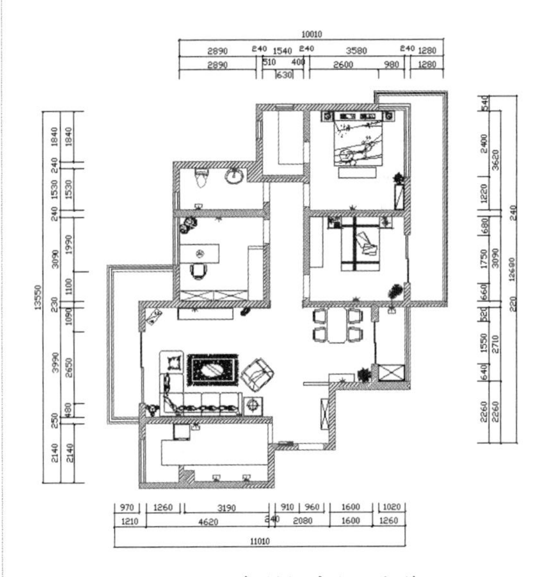

图 21-21　复制插座和配电箱

step 03 绘制连线。连线用来表示插座、配电箱之间的电线，反映了插座、配电箱之间的连接线路，连线可以使用 LINE 和 PLINE 等命令绘制。

下面以三居室厨房部分为例，介绍连线的绘制方法。

● 设置“LX_ 连线”图层为当前图层。

● 调用 LINE 命令，从配电箱引出一条连线到厨房第一个插座的位置，结果如图 21-22 所示。

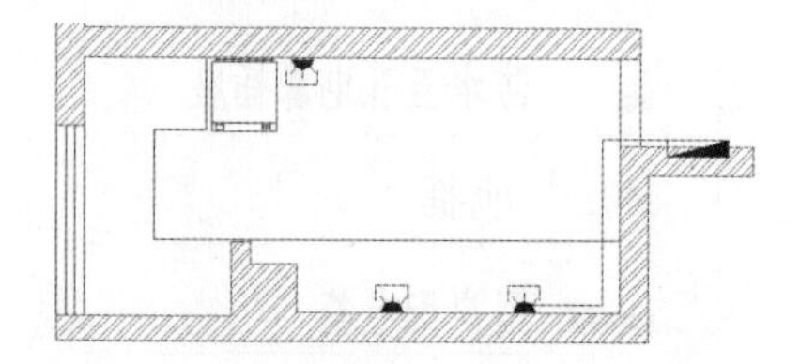

图 21-22　引出连线

● 继续调用 LINE 命令，连接插座，结果如图 21-23 所示。

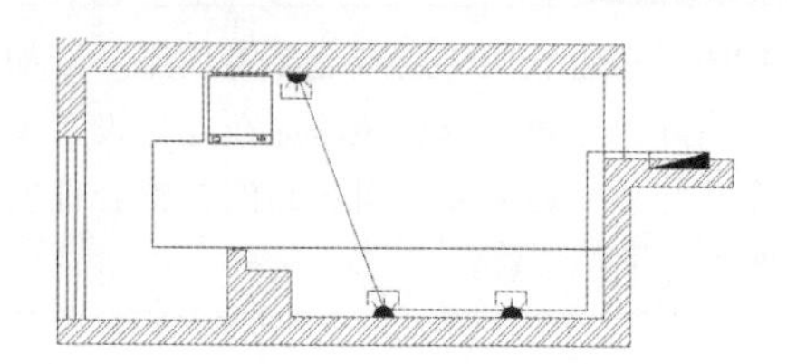

图 21-23　连接插座

● 调用 MTEXT 命令，在连线上输入回路编号，如图 21-24 所示。

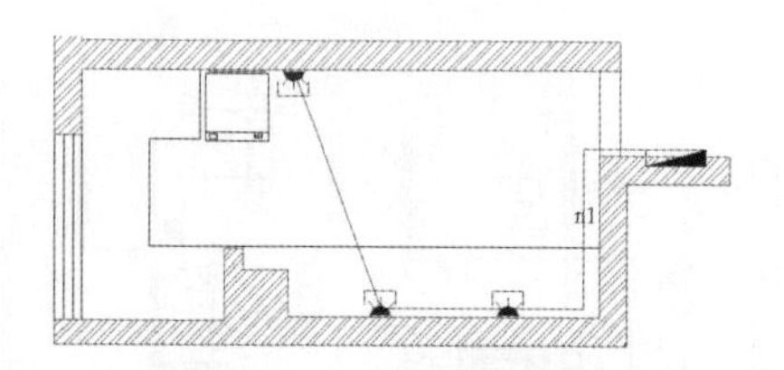

图 21-24　出入回路编号

● 此时回路编号与连线重叠，调用 TRIM 命令，对编号进行修剪，效果如图 21-25 所示。

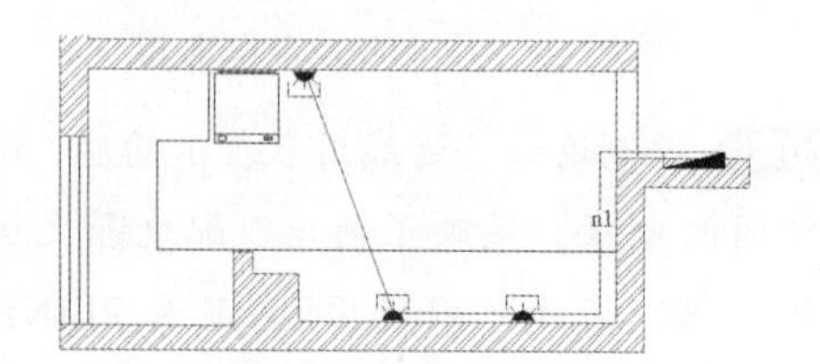

图 21-25　修剪连线

● 采用同样的方法，完成其他插座连线的绘制，效果如图 21-26 所示，完成插座平面图的绘制。

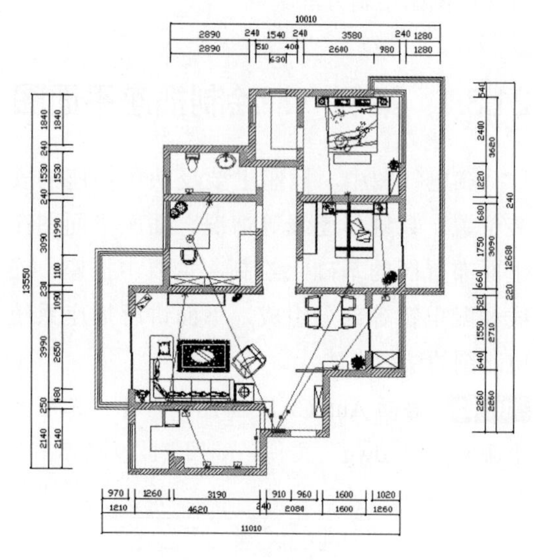

图 21-26　连接插座电路

21.3.2　案例二：绘制弱电平面图

弱电设备主要包括电话、有线电视、宽带网等，下面讲解弱电系统电路图的绘制方法。

step 01 启动 AutoCAD 2018，打开“三居室平面布置图 .dwg”文件。

step 02 复制本例所用图例表（如图 21-27 所示）中的弱点插座及配电箱到“三居室平面布置图”中的相应位置，如图 21-28 所示。

图例	名称
TV	视频信号采集点
TP	电话信号采集点
TP	地插电话信号采集点
WN	宽带信号采集点
	用户配电箱

图 21-27　弱电图例

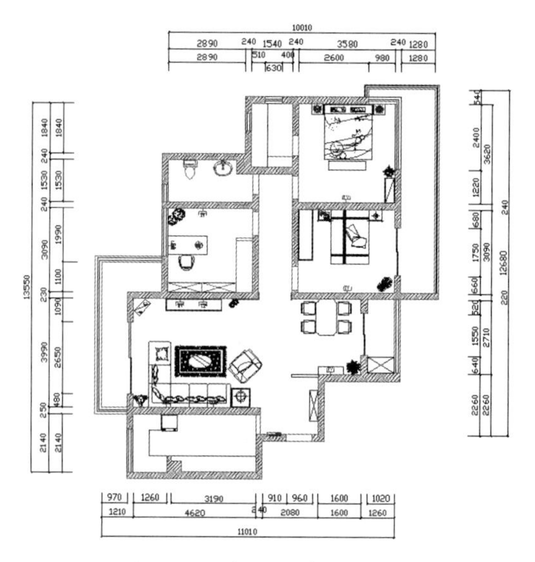

图 21-28　复制插座和配电室

step 03 绘制连线。连线可以通过多线段将各种弱电设备分别连接到门口的弱电箱，其中相同类设备可以连接一条线，绘制结果如图 21-29 所示。

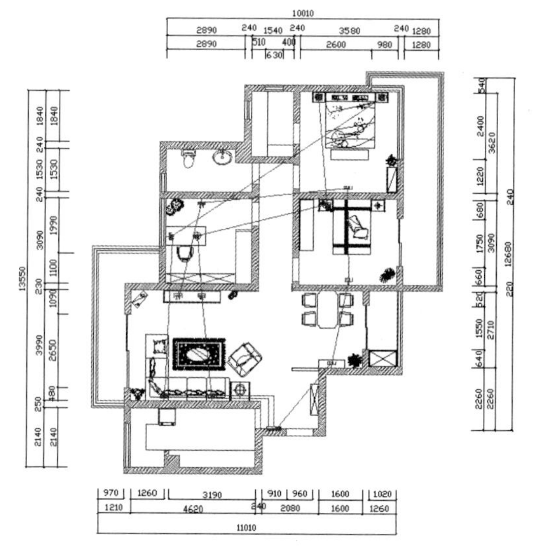

图 21-29　连接插座电路

21.3.3　案例三：绘制照明平面图

照明平面图反映了灯具、开关的安装位置、数量和连线的走向，是电气施工不可缺少的图样，同时也是将来电气线路检修和改造的主要依据。

照明平面图在顶棚图的基础上绘制，主要由灯具、开关以及它们之间的连线组成，绘制方法与插座平面图基本相同，下面以三居室顶棚图为例，介绍照明平面图的绘制方法。

step 01 启动 AutoCAD 2018，打开“三居室平面顶棚图 .dwg”文件，删除不需要的顶棚图形，只保留灯具和灯带，如图 21-30 所示。

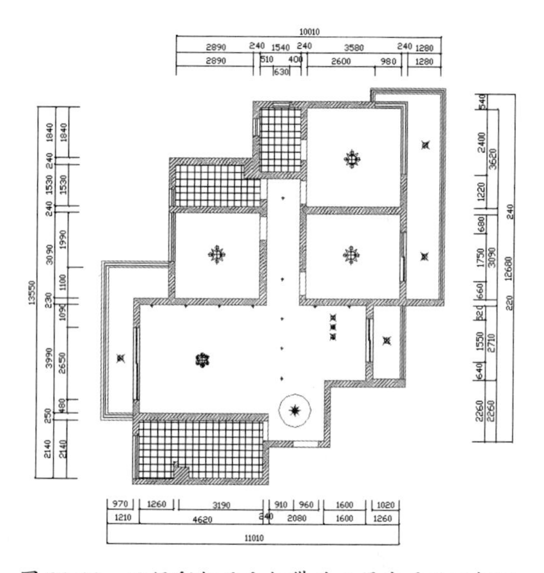

图 21-30　只保留灯具和灯带的三居室平面顶棚图

step 02 复制本例所用图例表（如图 21-31 所示）中的电源开关图例到图 21-30 的相应位置，如图 21-32 所示。

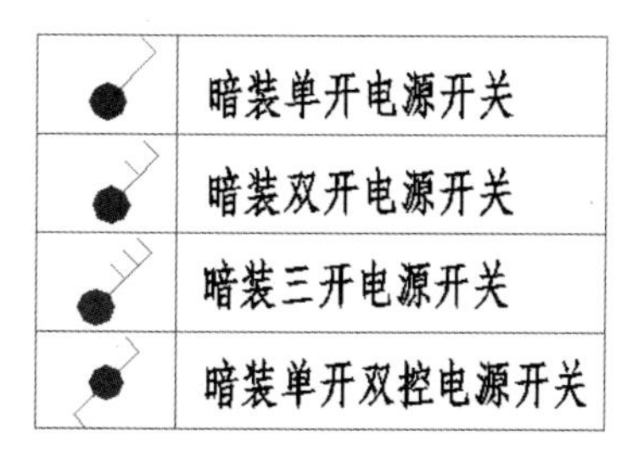

	暗装单开电源开关
	暗装双开电源开关
	暗装三开电源开关
	暗装单开双控电源开关

图 21-31　电源开关图例

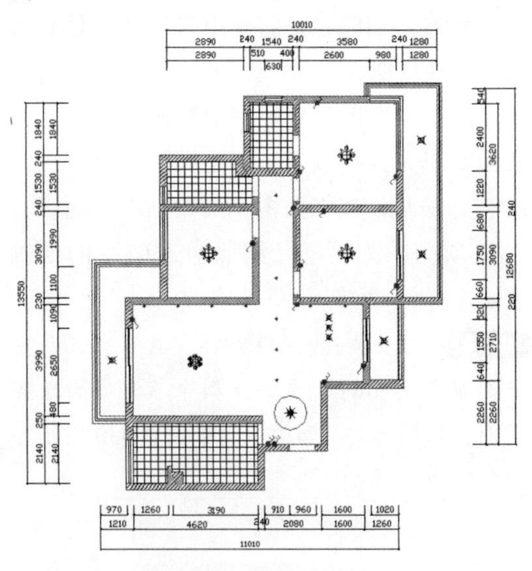

图 21-32　复制开关图形

step 03　调用 SPLINE 命令，绘制开关和灯的连线，完成照明路线的绘制，效果如图 21-33 所示。

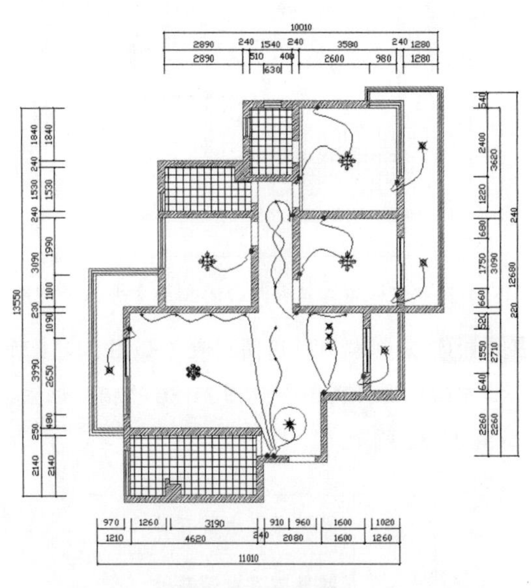

图 21-33　绘制连线

21.3.4　案例四：绘制冷热水管走向图

冷热水管走向图反映了住宅水管的分布走向，指导水电施工。冷热水管走向图需要绘制的内容主要为冷热水管和出水口。冷热水管及其出水口图例如图 21-34 所示。下面介绍冷热水管走向图的绘制方法。

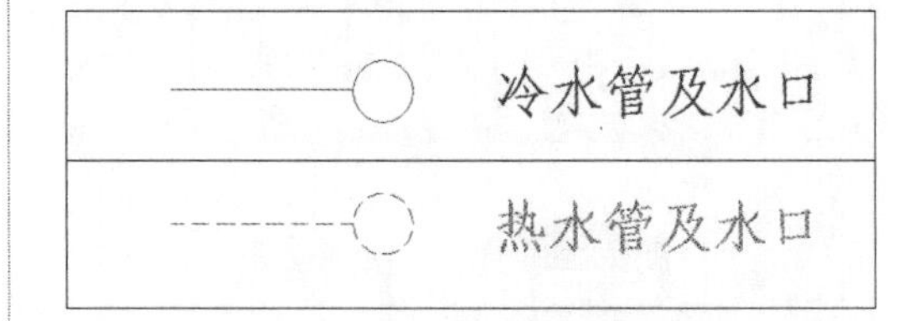

图 21-34　冷热水管走向图图例表

打开三居室平面布置图，删除平面布置图中的家具图形，效果如图 21-35 所示。

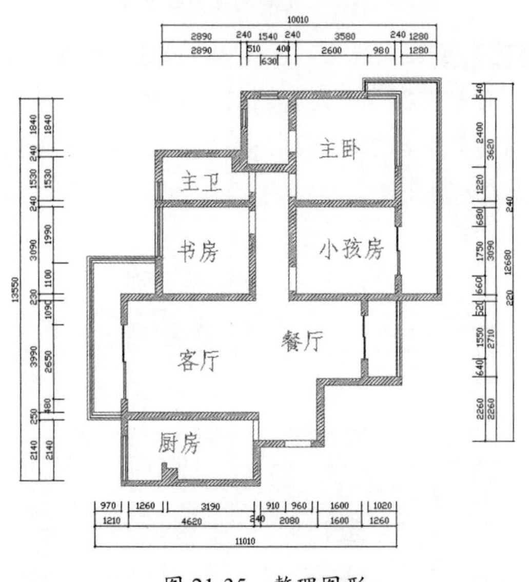

图 21-35　整理图形

1. 绘制出水口

step 01　创建一个新图层——“SG_水管”图层，并设置为当前图层。

step 02　根据平面布置图中的洗脸盆、洗菜盆等需设出水口的位置，绘制出水口的图形，如图 21-36 所示。其中实线表示接冷水管，虚线表示接热水管。

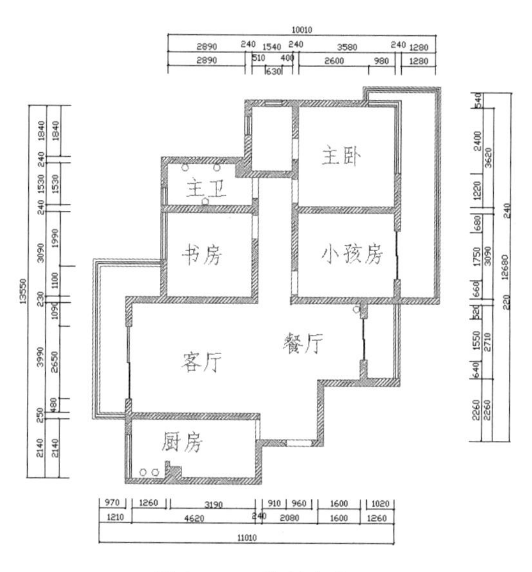

图 21-36　绘制出水口

2. 绘制热水器和冷水管

step 01 调用 PLINE 命令和 MTEXT 命令，绘制热水器，如图 21-37 所示。

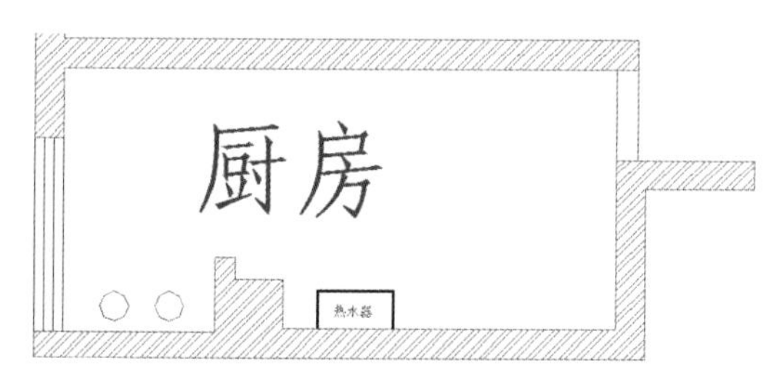

图 21-37　绘制热水器

step 02 调用 LINE 命令，绘制线段，表示冷水管，如图 21-38 所示。

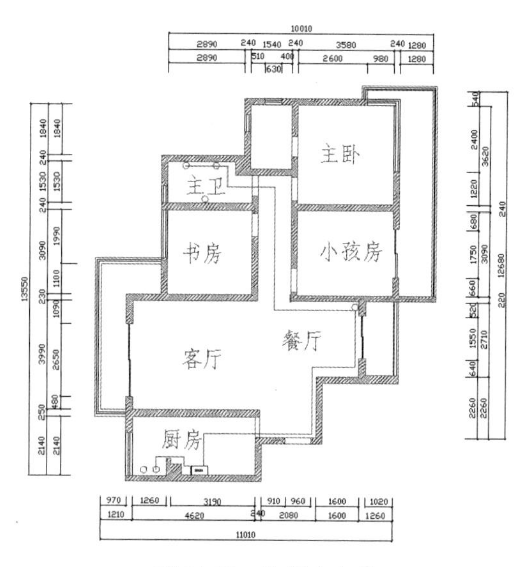

图 21-38　绘制冷水管

step 03 调用 LINE 命令，将热水管连接至各个热水出水口，注意热水管是用虚线表示的，如图 21-39 所示，三居室冷热水管走向图绘制完成。

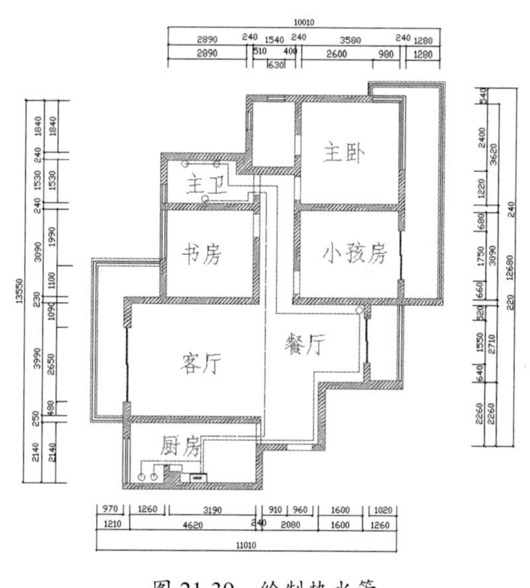

图 21-39　绘制热水管

21.4　课后练习

本练习中，打开室内户型平面图，然后依次绘制照明电气图、插座平面图和水路平面图，如图 21-40~ 图 21-42 所示。

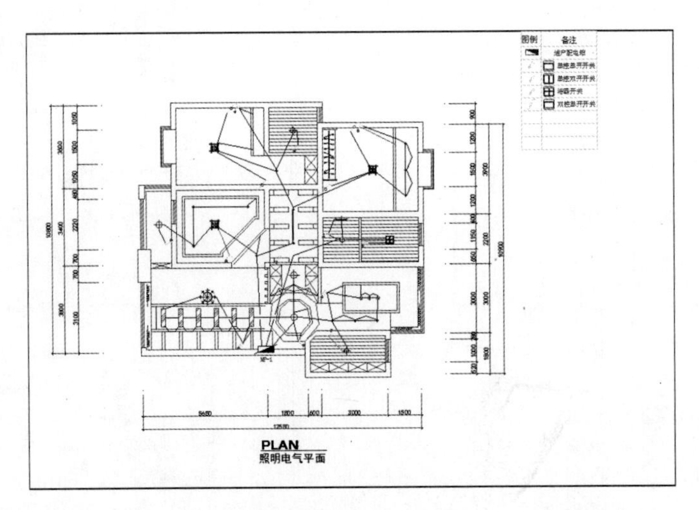

图 21-40　照明电气图

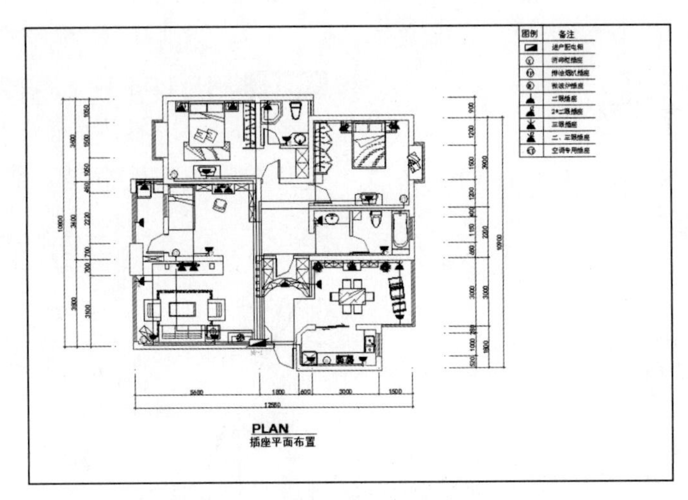

图 21-41　插座平面布置图

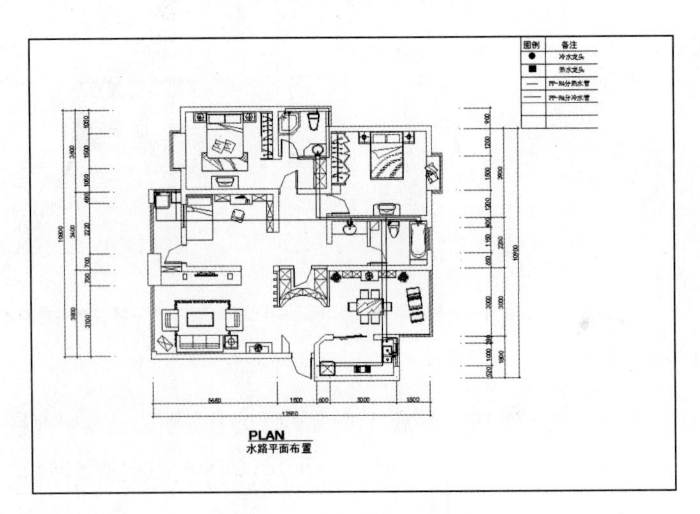

图 21-42　水路平面布置图